친환경 융합부품소재 1

Renewable Energy System Design

신재생에너지 시스템설계

이재근 · 김양도 · 윤석영 공저

홍릉과학출판사

Green Industry-friendly
Fusion Technology Center

본 교재는 교육과학기술부의 재원으로 한국연구재단의 지원을 받아 수행된 광역경제권 선도산업 인재양성사업의 연구결과입니다.

부산대학교 기계기반 융합부품소재 인재양성센터

머리말

환경(Environment)·에너지(Energy)·경제(Economy)는 매우 밀접한 관계를 가지고 있으며, 에너지 문제를 논의할 때 에너지 자원의 고갈에 대한 해결책과 에너지 생산에 대한 경제성 그리고 에너지 소비가 초래하는 환경문제도 함께 고려해야 한다. 극단적으로 에너지 자원이 아무리 풍부해도 환경문제 때문에 에너지를 마음대로 소비하지 못하는 시대가 된 것이다. 에너지 소비는 18세기 산업혁명 후 전기와 자동차의 실용화와 함께 급격하게 증가하게 되었으며, 그로 인해 지구온난화, 오존층 파괴, 산성비, 생물다양성 감소, 유해화학물질 노출, 폐기물, 대기오염, 수질오염 등의 환경문제가 발생하게 되어 인류의 생존위협을 받고 있다.

에너지가 없는 생활을 상상할 수 없으며, 산업의 원동력인 동시에 생활 필수품인 에너지의 수입 비용은 연평균 약 150조 원이다. 한정된 에너지 자원과 환경문제 대처를 위해 우리나라에서도 대체 에너지인 자연 에너지, 신 에너지, 재활용 에너지를 개발하고 기술적인 실용화 수준에 있으며 상당 규모 잠재적 도입량을 기대할 수 있다.

신재생 에너지의 시스템에 관련된 설계는 쉽지 않으며 많은 경험과 노하우가 필요하다. 더구나 이론과 더불어 설계를 통해 이해도를 높이기 위해 본서를 집필하게 되었다. 본서의 특징은 신재생 에너지 시스템의 설계에 대한 필수적인 이론과 적용을 연계하여 실무적으로 도움이 되고자 노력하였다.

저자들은 오류 없이 집필하고자 노력하였으나 초판이라 다소 어색한 부문이 있을 것으로 예상하며, 많은 지적을 부탁한다.

끝으로 이 책이 나오기까지 적극적으로 협조하여 준 부산대학교 동남권 기계기반 융합부품소재 인력양성사업단과 대학원생에게 진심으로 감사를 드린다.

2010년 7월

저자 일동

차 / 례

제1장 에너지 현황과 전망 / 1

제5장 신재생 에너지 재료 / 129

제7장 태양열 이용 기술 / 217

제 9 장 연료전지 / 369

제 1 장

에너지 현황과 전망

1.1 에너지와 환경

환경과 에너지는 매우 밀접한 관계를 가지고 있다. 에너지 문제를 논의할 때 에너지 자원의 고갈에 대한 해결책과 에너지 소비가 초래하는 환경문제도 함께 고려해야 한다. 극단적으로 에너지 자원이 아무리 풍부해도 환경문제 때문에 에너지를 마음대로 소비하지 못하는 시대가 된 것이다.

에너지(Energy)란 〈일을 할 수 있는 능력〉으로 표현되며, 에너지가 없으면 아무런 일도 할 수 없다. 모든 과학에서 가장 중심이 되는 개념은 에너지이다. 우주는 물질과 에너지가 결합된 것으로, 에너지는 우주의 모든 실체를 움직이게 하는 것이다. 18세기에 석탄을 이용하게 되면서부터 산업혁명이 일어나 공업 생산의 시대에 돌입하게 되었고, 석유가 사용되게 됨으로써 동력문명이 정착하게 되었다. 문명이란 생산과 소비 시스템을 말하는 것이지만, 석탄문명이나 석유문명 등과 같이 에너지 자원의 깊이 관여하고 있다. 에너지는 1차 에너지(Primary Energy)와 최종 에너지(Final Energy)로 구분할 수 있으며 1차 에너지는 가공되지 않은 상태에서 공급되는 에너지로 석유, 석탄, 원자력, 천연가스, 수력, 태양열 등이며, 최종 에너지는 산업·수송·가정·상업 활동으로 최종 소비 부문의 에너지 이용 설비에 알맞은 형태로 사용되는 에너지로서, 전력과 석유 제품처럼 1차 에너지 중 일정한 전환 과정을 거쳐서 다른 형태의 에너지로 전환된 에너지이다.

인류문명의 발전과 더불어 인간은 보다 쾌적하고, 안락한 생활 환경을 추구하게 되었으며, 이를 충족시키기 위해 에너지 관련 시스템도 점차 복잡하고, 인위적인 환경 조절 시스템의 개념으로 발전해 왔다. 이에 따라 생활의 질적 성장에 따른 쾌적한 환경 추구는 생활 환경을 자유롭게 조절할 수 있는 새로운 열원 설비 기술과 열원 설비 시스템의 개발을 촉진하였으나, 지난 1970년대 두 차례의 석유파동은 〈에너지 절약〉 그리고 에너지 자원 고갈 예측으로 〈대체 에너지〉이라고 하는 새로운 과제를 우리들에게 던져 주었다.

주된 에너지 자원은 석유, 천연가스, 석탄, 우라늄으로 현재와 같은 추세로 에너지 자원을 사용한다면 석유는 약 42년, 천연가스는 65년, 석탄은 133년, 우라늄은 60년이 지나면 모두 사용될 것으로 예상한다. 그러나 실제로는 채광 기술의 진보 등으로 인해 새롭게 자원이 발견되는 일도 있어 바로 고갈되는 것이 아니지만, 에너지 자원이 실제로 유한하다는 것은 사실이므로 이제부터라도 자원 절약, 에너지 절약을 철저히 하여 에너지 소비 억제를 도모함과 동시에 새로운 에너지 또는 재생 가능한 에너지 개발이 필요하다. 미래를 예측한다는 것은 일반적으로 어려워 정확성을 기대하기는 어렵지만, 이 중에서 예측과 현실이 비교적 일치하는 것이 〈인구〉이다. 최근의 UN 추정에 따르면 21세기 말 세계 인구는 100억을 돌파하게 된다. 현재의 세계 인구는 68억이며, 1인당 수입을 현재의 수준으로 동결한다고 해도 인구가 2배로 되면 세계 경제 규모는 2배가 된다. 경제 규모를 2배 이상으로 확대되면 에너지 소비량도 2배 이상 증가하게 된다. 그러나 에너지 소비 증대를 석유나 석탄, 천연가스 등의 화석 에너지에 의존하면 온난화나 대기오염 등을 초래한다. 또한 현대문명이 계속 발전하기 위해서는 경제 규모, 에너지, 환경 모두가 확대하지 않을 수 없다. 그러나 에너지 사용은 환경을 파괴시키므로 온난화, 산성비, 하천이나 해양의 수질오염, 열대 우림의 파괴, 사막화의 진행 등이 나타나게 되어 지구 환경보전에 한계가 있음을 경고하고 있다. 따라서 에너지(Energy) 문제를 생각할 때에는 그림 1-1처럼 환경(Environment), 경제(Economy)의 3가지를 병행하여 고려해야 한다. 이들은 함께 해결할 필요가 있다는 점에서 삼위일체라고 하기도 하고, 3E가 서로 얽힌 〈3중고〉로 한 가지를 해결하면 다른 한 가지가 해결되지 않는 식의 관계이므로 3가지 문제가 복잡하게 얽혀서 전체적으로 해결해야 할 관계에 있기 때문에 트릴레마(Trilemma)라고 하기도 한다.

표 1-1은 에너지 사용 증가에 따른 환경문제와 환경보전을 위한 운동을 나타낸 것으로, 에너지 소비는 18세기 산업혁명 후 전기와 자동차의 실용화와 함께 급격하게 증가하게 되었다. 이러한 인간 활동의 확대에 따른 에너지와 자원을 많이 소비하게 되어 지구온난화, 오존층 파괴, 산성비 등의 지구 환경문제와 폐기물, 대기오염, 수질오염 등의 지역 환경문제가 발생하게 되어 인류의 생존위협을 받고 있다. 최근 몬트리올 의정서, 기후 변화 협약, 바젤 협약, 생물 다양성 협약 등의 국제 협약으로 지구 환경을 보전하고자 노력하고 있다.

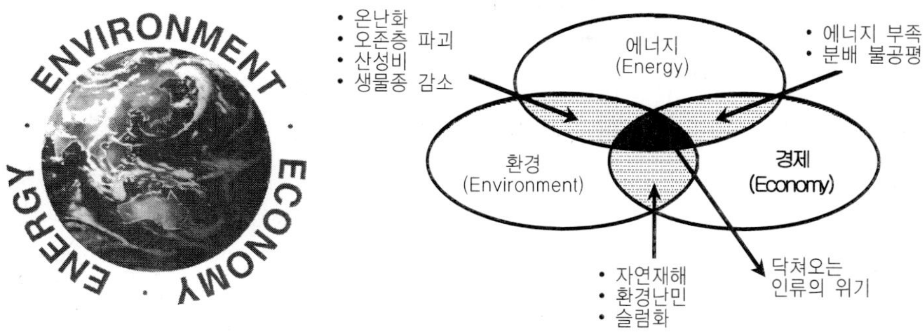

** 그림 1-1 ‖ 에너지(Energy) · 환경(Environment) · 경제(Economy) 삼위일체 관계

** 표 1-1 ‖ 에너지 과다 소비에 따른 지구 환경문제 및 대책

인간 활동의 확대(경제적·기술적 발전)

↓

에너지와 자원 소비 극대화

↓

환경문제	
지구 환경문제	지구온난화, 사막화 오존층의 파괴 산성비, 산림 파괴 야생생물종의 감소
지역 환경문제	폐기물(원자력폐기물 포함) 토양오염(지하수 포함) 대기오염 · 실내오염 수질오염(해양오염 포함) 소음·진동(교통소음 등)

↓

인류의 생존위협

↓

환경보전을 위한 국제 협약 - 몬트리올 의정서(오존층 보호 협약) - 교토 의정서(기후 변화 협약) - 바젤 협약(유해폐기물처리 협약) - 생물 다양성 협약

1.2 태양 에너지와 에너지 사용 흐름

그림 1-2는 X선으로 촬영한 태양의 모습이며, 태양은 G2형 황색왜성이다. 태양의 지름은 약 139만km이며 질량은 189×1,028kg으로 지구 질량의 약 332,946배이며, 평균 밀도는 1.4g/cm^3, 중심부 밀도는 151g/cm^{3}이다. 태양의 구성 성분은 대부분 수소(전체 질량의 약 74%, 전체 부피의 92%)와 헬륨(약 24~25%의 질량, 7%의 부피), 기타 철, 니켈, 산소, 규소, 황, 마그네슘, 탄소, 네온, 칼슘, 크롬 등으로 구성되어 있다. 중심부에서는 2,500억에 달하는 대기압 때문에 핵융합 반응이 일어난다. 태양에서는 매초 7억 톤의 수소가 6.95톤의 헬륨으로 전환되는데, 이때 150만°에 달하는 열이 발생하며 이는 전력으로 환산하면 3억 8천6백만조 메가와트이다. 이 에너지의 대부분은 태양 표면에 다 닿는 과정에서 흡수가 된다. 태양의 표면 온도는 "겨우" 6,000° 밖에 되지 않지만, 눈에 보이지 않는 태양의 코로나는 표면에서 몇 백만 km까지 분출되며, 코로나의 온도는 100만°에 이른다. 태양은 초속 500km/s의 속도로 이온화된 입자들을 우주공간으로 방출한다. 이 태양풍 플라즈마의 흐름은 결국 태양계 외부의 성간 물질들과 맞부딪히게 되는데, 이러한 현상이 일어나는 경계면은 태양권계면(Heliopause)이라고 일컬어지며 태양계의 "경계면"을 정하는 한 가지 기준이 된다. 태양에서 이 경계면까지의 거리는 약 150AU(1AU : 지구-태양 간 평균 거리, 1억 5,000만km)에 달한다. 태양풍은 단순히 학문적 관심거리만은 아니다. 태양풍의 세기는 예측 불가능할 정도로 다양해서, 어떤 경우에는 극적으로 치달아 오른다. 태양풍은 행성의 자기장과 상호 반응을 하여 강력한 전기적 흐름을 만들어 내거나 통신에 영향을 끼치며, 우주선이나 우주기지, 대기층이 얇거나 아예 없는 행성의 정착지에서는 방사능 위험의 원인이 되기 때문에 이들 장소에서는 두터운 방사능 방호막을 설치한다. 지구의 바람과 마찬가지로 태양풍 역시 추진력과 전력에 이용할 수 있다. 플라즈마 돛을 이용하는 우주선은 태양풍을 추진력으로 삼고 있으며, 루나와 수성에 쌓인 태양풍의 입자는 He^{-3} 핵융합 발전의 연료가 된다.

우리가 이용할 수 있는 지표면에 도달되는 태양 에너지는 저밀도의 에너지(최대 1,100W/m^2 이하)로 주간에만 존재하며, 시간에 따라 변화가 크다. 지표면에 도달되는 태양 복사 에너지는 자외선(〈0.3μm), 가시광선(03-0.7μm), 적외선(〉0.7μm) 파장대별 분포를 가지며, 주로 우리가 열 에너지로 이용하는 파장대는 가시광선대이다. 태양으로부터 지표면에 도달되는 복사광선은 크게 직달 일사와 산란 일사 2가지로 구분된다. 직달 일사는 태양으로부터 구름이나 먼지 등에 산란되지 않고 지표면에 직접 도달되는 복사광선으로 임의의 면에 도달되는 이들 광선의 입사 각도는 동일하다. 산란 일사는 태양으로부터 지구로 오는 도중에 구름이나 먼지 등에 산란되어 지표면에 도달되는 복사광선으로 임의의 면에 도달되는 이들 광선의 입사각도는 산란 정도에 따라 제각각 다르다. 태양열 에너지는 태양으로부터 오는 복사 에너지를 흡수하여 열 에너지로 변화시켜 바로 이용하거나 저장하여 필요할 때 이용하는 방법과, 복사광선을 고밀도로 집광해서 열발전 장치를 통해 전기를 발생하는 방법이 있다. 대부분의 경우가 태양 에너지를 열 에너지로 변환해서 사용하고 있다. 태양에너지는 인류가 탄생한 이래 이용해 온 에너지 중 가장 오래된 것이다. 태양 에너지는 약 50억년 동안이나 막대한 양의 복사 에너지를 계속 방출하고 있다. 태양 에너지는 태양 속의 수소 원자의 핵융합 반응에 의해서 생성되는 에너지로서 그 에너지의 양이 거대하며 고갈될 염려가 없고 또한 연소에 따른 오염물질의 배출도 없는 특징이 있다. 태양열 분야는 '신재생 에너지 개발 및 이용보급 촉진법 제2조'를 근거로 한 국가 에너지 산업으로서 무한 미래 에너지 확보 및 산업구조 전환에 필수적이며 지속 가능한 특징을 지닌다. 태양에너지는 무공해 에너지원으로서 화석연료를 바탕으로 하는 기존 에너지생산을 대체함과 동시에 환경문제도 해결하여 인류가 풍요롭고 쾌적한 삶을 영위하기에 필요한 청정 에너지 생산 산업이다. 태양 에너지는 이산화탄소를 배출하는 화석연료와는 달리 환경오염 없는 그린 에너지로 각종 환경규제에 가장 적극 대응할 수 있는 산업이며, 에너지 소비 및 수급 특성상 우리나라 여건에 필수적인 산업이다(표 1-2 참조).

그림 1-3은 태양 에너지와 지구 내에서 에너지 흐름을 나타낸 것으로, 태양으로부터 지구에 전달하는 복사 에너지는 173×10^6GW로, 30%는 대기권에서 반사되고 70%는 지구 내로 유입되어 대기권에 흡수되거나, 광합성으로 동식물에 에너지를 공급하고, 또한 화석 에너지, 지열 에너지, 조석 에너지 등으로 태양 에너지가 변환되어 에너지가 지구 내로 변화되는 것이다. 그림 1-4는 1차 에너지 발생 및 사용에 대한 것으로, 에너지 발생은 원자력, 수력.지열, 석탄, 석유, 그리고 천연가스로부터 발전과 비발전용 에너지를 얻을 수 있으며, 유용 에너지는 34%로 66%를 손실하게 된다.

인간의 생활에 필요한 생활용품, 예를 들어 식료, 의류 등과 관련된 에너지를 생각해 보자. 이들을 생산하거나 운송하기 위해서도 많은 에너지가 사용되고 있다. 가정생활을 영위하는데 얼마만큼의 에너지가 필요한지를 생각하기 위해서는 냉난방이나 취사용과 같이 가정에서 직접 소비된 에너지 이외 가정생활에 필요한 제품의 제조, 운송 등에 사용하는 간접적인 에너지도 포함된 에너지, 즉 에너지를 투입하는 모든 제품의 생산에서 폐기에 이르는 과정에서 사용된 라이프사이클 에너지를 생각할 필요가 있다. 남편 40세, 처 35세, 장남 12세, 장녀 8세의 표준가정에 관한 라이프사이클 에너지를 도식화하면 그림 1-5에 나타낸 바와 같다. 그림에서 흰 부분은 설비에 투입된 에너지를 내구연수(자동차의 경우 10년)로 나눈 값이고, 빗금 친 부분은 운전 또는 이용하기 위해 필요한 에너지(자동차의 연료로 휘발유 등)이다. 또한, 폐기 처분을 위한 에너지(자동차의 예로는 폐차에 필요한 에너지)는 설비 투입 에너지에 더하였다. 이 결과, 표준가정의 라이프사이클 에너지는 설비 투입분의 약 20%, 나머지인 80% 정도가 직접 에너지로 사용되어, 기기의 운용 단계에 있어서 에너지 절약과 적절한 사용 방법이 극히 중요하다는 것을 알 수 있다. 또한, 생활별로 본다면 주거생활 59%, 식생활 18%, 의생활 6%, 공통 분야 3%, 의료·보험, 도서·신문, 정보, 쓰레기 처리·처분 15%로 되어 있다. 이와 같은 평가 기법을 전과정 평가 또는 라이프 사이클 평가(Life Cycle Assessment : LCA)라 부르는데 향후 환경 평가에 필수적인 개념이 될 것이다. 표 1-3은 가정, 식료, 주택, 교통관련 에너지 소비와 인간의 표준대사량으로 환산한 경우의 사람 수를 나타낸 자료이다.

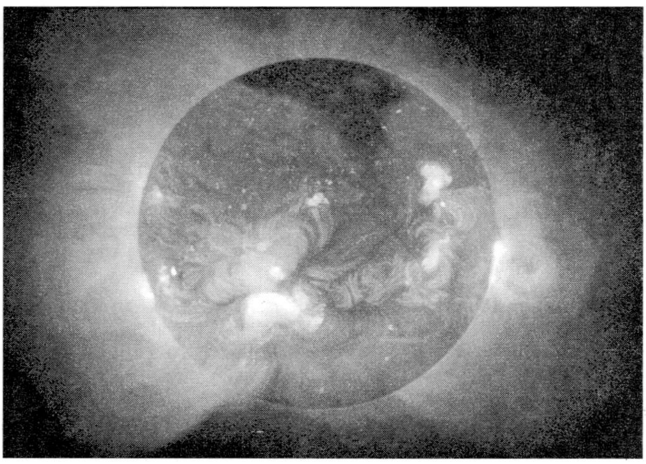

** 그림 1-2 ▎ X선으로 촬영한 태양: 태양으로부터 지구에 전달하는 복사 에너지는 173×10^6GW로 인류가 사용하는 에너지(10^4GW)의 17,000배에 해당됨

(http://rsd.gsfc.nasa.gov/rsd/images/yohkoh_1.gif)

** 표 1-2 ▌ 태양에너지 장단점

장점	단점
- 무공해, 무한량, 무가격의 청정 에너지원 - 기존의 화석 에너지에 비해 지역적 편중이 적은 분산형 에너지원 - 지구온난화 대책으로 탄산가스 배출을 저감할 수 있는 재생 가능 에너지원	- 고급 에너지이나 에너지 밀도가 낮음. - 에너지 생산이 간헐적임. - 계속적인 수요에 안정적 공급이 어려움.

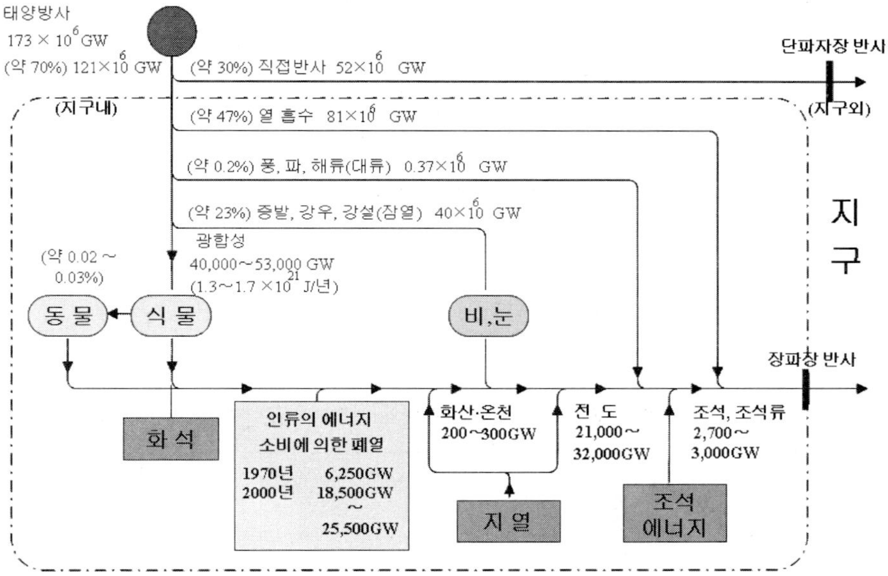

** 그림 1-3 ▌ 태양 에너지와 에너지 흐름(윤정인 외, 2000)

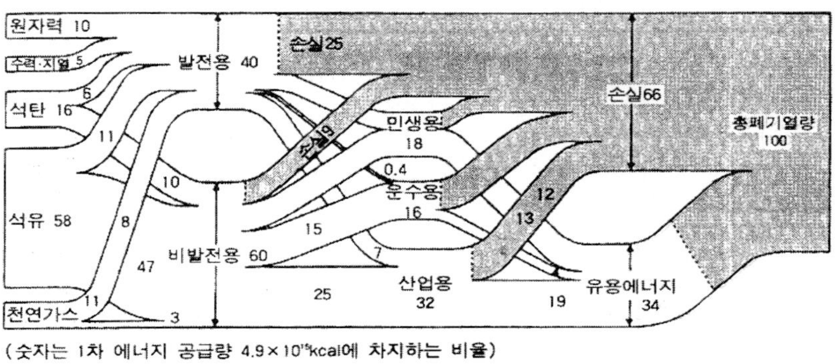

(숫자는 1차 에너지 공급량 4.9×10¹⁵kcal에 차지하는 비율)

** 그림 1-4 ▌ 1차 에너지 사용량 및 분야별 사용 분포 분석(윤정인 외, 2000)

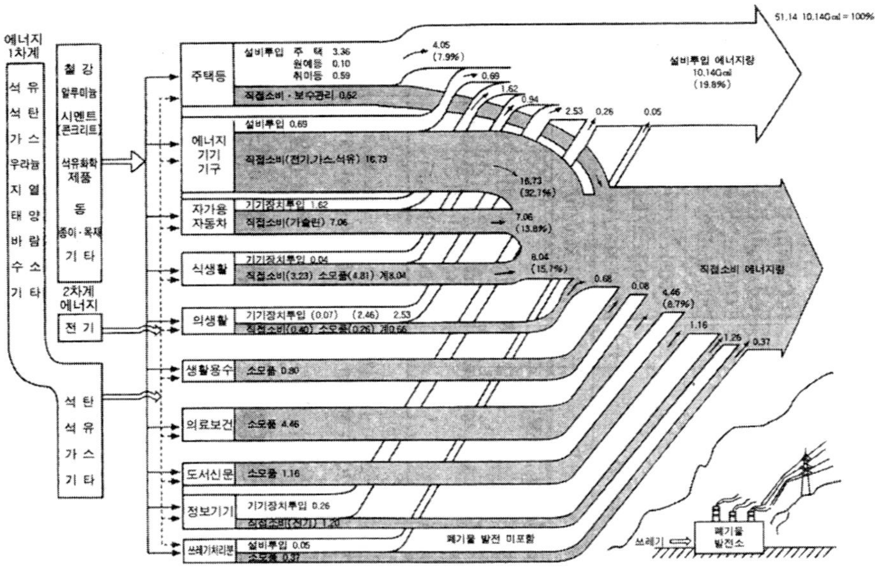

** 그림 1-5 ‖ 4명 가정에서 사용하는 에너지 Life Cycle(윤정인 외, 2000)

** 표 1-3 ‖ 가정, 식료, 주택, 교통 관련 에너지 소비와 인간의 표준 대사량으로 환산한 경우의 사람수

구분		에너지 소비량	표준 대사량으로 환산한 사람 수
가정생활	냉장고	4.5kWh/일	1.5인/일
	조명	1.4kWh/일	0.5인/일
	난방	6.0Gcal/연	6.6인/일
	목욕	3,000kcal/인·개	1.2인/일
식료	토마토(하우스)	3,500kcal/kg	1.4인/kg
	무우	30kacl/kg	0.01인/개
	방어(양식)	30,000kcal/kg	12인/kg
	꽁치(어획)	2,400kcal/kg	1.0인/kg
주택	목조-단독주택	900,000kcal/m²	360인/m²
교통(여행 400km)	도보	38,000kcal(15일)	15인
	고속전철	60,000kcal/인(2시간)	24인
	승용차(2인탑승)	250,000kacl/인(6.5시간)	100인
	제트항공기	260,000kcal/인(30분)	104인

1.3 세계 에너지 매장량과 국제 유가 변동

현대 인류문명은 지난 200년간 석유, 석탄, 천연가스와 같은 화석연료로부터 번영의 에너지를 얻었다. 그러나 현재 우리를 둘러싼 에너지 환경을 살펴볼 때에 우리는 이제 인류가 화석연료로부터 지속적인 번영 에너지를 얻을 수 있을지에 대한 확신을 얻기 어려운 시대를 살고 있으며, 이에 따른 세계 각국의 에너지 자원 확보 경쟁이 갈수록 심화되고 있다. 따라서 지속적인 사회·정치적 파급 효과에 대처할 수 있는 에너지를 확보하는 것은 21세기에 세계 사회가 풀어야 할 중대한 과제이다. 표 1-4처럼 주된 에너지 자원인 석유, 석탄, 천연가스를 현재와 같은 추세로 에너지 자원을 사용한다면 석유는 약 42년, 석탄은 133년, 천연가스는 65년, 우라늄은 60년이 지나면 모두 사용될 것으로 예상한다.

그림 1-6과 표 1-5는 연평균 국제 유가의 변동 상황을 나타낸 것으로, 과거 수차례의 에너지 위기는 원인이 해소되면 과거 시세로 회복되었으나 최근에는 과거의 에너지 가격 상승의 주요 원인이었던 중국·인도 등의 석유 수요 증가, 나이지리아 등 산유국들의 국제 정세 불안과 함께 달러화 약세에 따른 투기자금이 석유시장에 유입되면서 에너지 수급 불안과 에너지 가격 상승을 부추기고 있다. 1990년 걸프 사태 이후 1998년 말까지 국제 에너지 시장은 역사적으로 보기 드문 장기간의 안정세를 유지해 왔다. 그러나 국제 유가는 1990년대 이후 지속되어 온 장기간의 안정세에서 벗어나 1999년 4월 이후 계속 상승하여 2000년 하반기 30~36달러를 정점으로 다소 진정 국면을 보였다. 2003년부터 다시 상승하기 시작한 국제 유가는 2004년 4월부터는 하루가 다르게 최고가 갱신을 지속하여 2006년부터는 70달러에 육박하며 세계 국제 유가 전문가들은 이 시기에 '유가 100시대의 도래' 등의 예측을 내 놓으면서 에너지 위기에 대한 분위기를 고조시켰다.

반면, '국제 유가의 100시대 도래'에 대한 전문가들의 예측은 이미 2008년 2월에 시현되었고 지난 7월에는 국제 유가(WTI油 현물 기준)가 145.31달러로 사상 최고가를 기록하였다. 2008년 상반기 및 7월까지 역사상 유례없는 국제 유가의 급등은 터키-쿠르드 간 무력 충돌 및 이라크의 내정 불안 등의 중동 산유국의 정정 불안, 나이지리아의 원유 생산 차질 및 세계 중간 유분 재고 감소 등의 수급 불안과 함께 달러화 약세 가속화에 따른 투기 세력의 영향력의 확대가 주요 요인으로 작용한 것으로 전문가들은 분석하고 있다.

그러나 지난 2008년 7월 이후로 달러화 강세로 인한 석유 시장의 투기 자금 이탈과 함께 미국발 금융 시장 불안 및 국제 경제 상황 악화로 인한 세계 석유 수요 둔화 등으로 최근 석유수출국기구(OPEC)의 감산 결정에도 불구하고 국제 유가는 70달러 수준으로 급락하였다. 하지만 석유 시장은 심각한 공급 부족 상황에 직면해 있고 OPEC의 자원 통제의 강화 및 고유가 정책 등으로 지속적인 유가 하락의 가능성은 어려울 전망이며 언제든지 국제 유가가 다시 급등할 수 있는 요인들이 상존하고 있다. 또한 미국 캠브리지 에너지 연구소(CERA)에서는 2009년도 국제 유가(Dubai油 기준)를 연평균 86달러 수준으로 전망하고 있으며, 유가 상승 요인에 따라 고유가 시나리오의 경우 103달러 수준까지 이를 것으로 예측하고 있다.

뿐만 아니라 국제 석유 시장에서 잉여 공급 능력이 한계에 봉착함에 따라 최근에는 '석유 피크(Peak)' 논쟁도 뜨겁게 달아오르고 있다. '석유 피크' 논쟁이란, 국제적으로 매년 증가하고 있는 석유 생산량이 더는 증가하지 않고 감소하기 시작하는 시점이 언제냐에 대한 의견 다툼을 말한다. 석유 수급 구조상 석유가 완전히 고갈되어 생산되지 않는 시점보다는 세계 석유 생산이 수요를 충족시키지 못하는 시점이 에너지 위가가 발생하는 시점이기 때문이다. 석유 생산량이 피크 시점을 달성한 이후에는 석유 부족 현상이 만성화되고 시간이 흐를수록 심화될 가능성이 높다.

그림 1-7은 석유고갈이 언제 올 것인가에 대한 낙관론과 비관론을 분석한 것으로, 미국 에너지부(Department of Energy : DOE)에서는 현재의 기술 수준을 감안한다면 2050년까지는 석유 위기가 도래하지 않을 것이라는 낙관적인 전망을 내놓고 있으나, 2020년 내로 석유 위기가 도래할 것이라는 비관론도 있다. 다만 피크 시기는 매장량 확인 및 기술 개발 속도 등을 감안하여 앞으로도 상당한 논란이 계속 진행될 것으로 예상되고 있다.

** 표 1-4 ▌ 세계 가채 매장량 및 가채 연수

구 분	석 유	석 탄	천연가스
가채 매장 확인량	12,379억bbl	8,475억톤	177兆m^3
연간 생산량	298억bbl	64억톤	3兆m^3
가 채 연 수	42년	133년	60년

자료) BP Statistical Review of World Energy(2008.6),bbl: barrel

** 표 1-5 ▌ 연평균 국제 유가(Dubai油 기준, $/bbl)

1985	1988	1990	1994	1996	1998	2000	2001	2002	2003	2006	2007	2008	2009
26.5	13.2	20.3	14.7	18.6	12.2	26.3	22.8	23.9	26.8	61.6	66.9	94.3	51.9

출처: 한국석유공사, *2009년도는 6.30일까지 평균 가격임

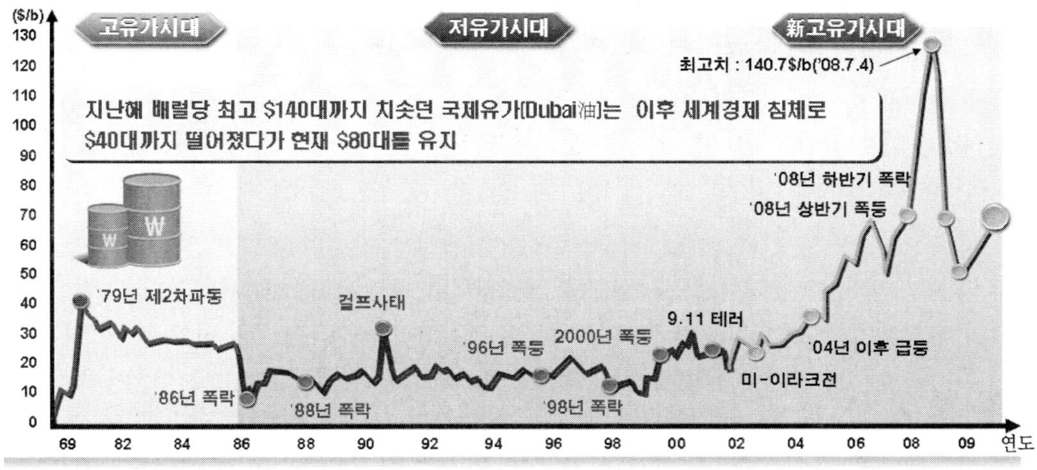

** 그림 1-6 ▌ 연도별 국제 유가 변동 현황(에너지 관리 공단, 2009)

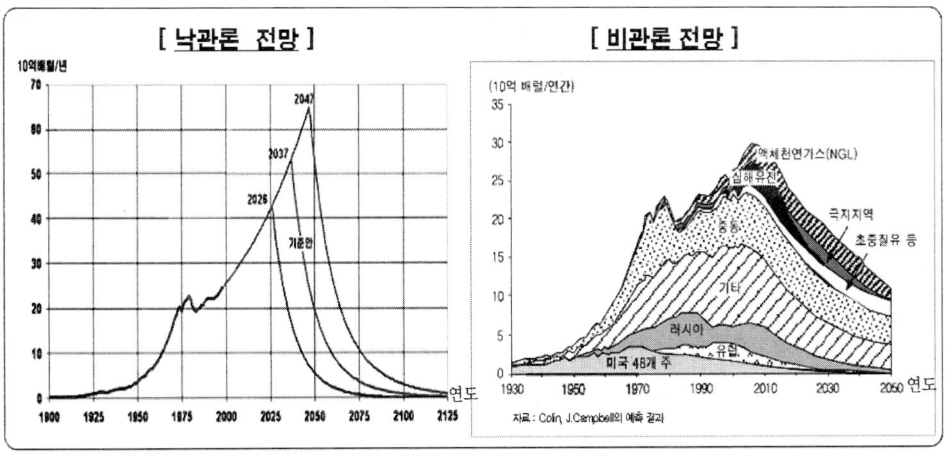

** 그림 1-7 ▌ 소유고갈 언제 오는가?: 낙관론과 비관론(출처: DOE)

1.4 세계 에너지 수요 전망

표 1-6은 주요국의 에너지 소비 증가율을 분석한 것으로, 에너지 수요 전망은 세계 인구 증가, 국가별 GDP와 국제 유가에 크게 관련이 있다. 세계 인구가 연평균 1.0% 증가하면 2006년 65억명에서 2030년에는 82억명이 되며, OECD 국가는 연평균 0.4% 증가할 것으로, 비 OECD 국가는 연평균 1.1% 증가가 예상된다. 특히 인구가 많은 중국 0.4% 그리고 인도 1.1%로 예상한다. GDP는 세계적으로 연평균 3.3% 증가가 예상되며, OECD 국가는 2.0%, 비 OECD 4.8%, 그 중에서 중국은 6.1%, 인도 6.4% 증가가 예상된다. 그리고 국제 유가는 2030년 배럴당 $ 120('07년 실질 가격)로 안정화되는 경로로 가정한다면, 국제 유가(IEA 평균, 명목 가격 기준)는 2006년에는 $69, 2015년에는 $120('15), 그리고 2030년에는 $206로 예상된다.

표 1-7은 세계 1차 에너지 수요 기준 시나리오 전망을 분석한 것으로, 2008년 세계 에너지 기구(IEA)는 각국 정부가 2008년 중반까지 실행하였거나 채택한 에너지정책들의 효과를 반영한 세계 에너지 전망을 발표하였다. 이에 따르면 전망기간('06~'30) 동안 1차 에너지 수요는 2030년까지 연평균 1.6% 증가하여 2006년(117억 toe)대비 45%가 증가한 170억toe에 도달될 것으로 전망된다. 2030년까지 1차 에너지 수요 증가분의 51%를 중국과 인도가 차지할 전망이며, 또한 전체 수요 증가분의 87%를 Non-OECD 국가들이 차지할 것으로 예상하고 있다.

그리고 1차 에너지 수요 증가분의 80%가 화석연료이며 이중 석유가 여전히 절대적 비중을 유지할 전망이다. 그러나 석탄에 대한 수요가 가장 많이 증가할 것으로 예측하고 있다. 석유 수요는 연평균 1.0% 증가하여 그 규모가 2007년 85백만 b/d에서 2030년 106백만 b/d로 확대될 것이다. 특히 석유 수요 증가분의 4/5 이상이 중국, 인도, 중동지역에서 발생할 것으로 전망하고 있다.

천연가스 수요는 연평균 1.8% 증가하고 비중은 2006년 21%에서 2030년에 22%로 1.0% 늘어날 전망이다. 석탄 수요는 연평균 2.0% 증가하고 비중이 2006년 26%에서 2030년에는 29%까지 확대될 전망이다. 원자력 수요는 다소 늘어날 것으로 보이나 상대적인 비중은 현재 6%에서 2030년에는 5%로 감소할 전망이다. 재생에너지(renewable) 수요는 급속히 증가할 것으로 보이며, 석탄 다음의 두 번째 전력원(source of electricity)이 될 것으로 보고 있다. 반면, 세계 에너지 기구는 이와 같은 에너지 수요 증가세에 대응하는 에너지 공급 능력 확충을 위해서 2007년~2030

년 간 총 26조 달러(2007년 불변 가격 기준) 규모의 투자가 필요할 것으로 예측하고 있다. 그리고 투자 소요액의 대부분은 전력 생산 능력 확충과 비 OPEC 지역이 석유·천연가스 탐사 개발에 필요할 것으로 전망하고 있다.

** 표 1-6 ▌ 주요국의 에너지 소비 증가율('01~'07)

구 분	한국	미국	일본	영국	독일	OECD
증가율(%)	3.0	0.8	0.1	△0.5	△0.9	0.9

출처: Energy Balances of OECD Countries(IEA, ' 08), 한국은 국내 통계 기준임

** 표 1-7 ▌ 세계 1차 에너지 수요 기준 시나리오 전망(단위: 백만toe)

구 분	1980	2000	2006	2015	2030	비중(%)	연평균 (2006~2030)
석탄	1,788	2,295	3,053	4,023	4,908	28.8%	2.0%
석유	3,107	3,649	4,029	4,525	5,109	30.0%	1.0%
천연가스	1,235	2,088	2,407	2,903	3,670	21.6%	1.8%
원자력	186	675	728	817	901	5.3%	0.9%
수력	148	225	261	321	414	2.4%	1.9%
바이오매스·폐기물	748	1,045	1,186	1,375	1,662	9.8%	1.4%
기타 신재생	12	55	66	158	350	2.1%	7.2%
합 계	7,224	10,032	11,730	14,122	17,014	100.0%	1.6%

출처: World Energy Outlook 2008 (IEA)

1.5 세계 에너지 공급 전망

표 1-8은 세계 석유 수급 기준 시나리오를 전망한 것으로, 석유 공급은 기준 시나리오에 따르면 세계 석유 공급이 2007년 84백만 b/d에서 2030년 106백만 b/d로 확대될 것으로 전망하고 있다. 석유 공급 md가분의 대부분은 천연가스액(NGL)과 비재래 석유(non-conventional oil)에서 발생하고 재래 석유(conventional oil) 증가분은 5백만 b/d에 그칠 전망이다. 그리고 공급 증가분의 대부분은 OPEC 국가에

서 분담할 것으로 전망되며 공급 비중은 2007년 44%에서 2030년에는 51%까지 증가될 것이다. OPEC은 충분한 석유 자원과 비교적 저렴한 개발 비용으로 인해 석유 생산량이 꾸준히 증가할 것으로 보고 있다. 비 OPEC의 재래 석유 생산은 이미 정체 상태에 있으며 2010년대 중반부터 감소 단계로 진입할 것으로 예상하고 있다. 이는 최근 비 OPEC 지역 내에서 발견되는 유전수가 감소하고 있으며 신규 유전 규모가 소형화되고 있는 것에 기인하고 있는 것으로 보인다. 향후 석유 수요 증가세에 대응하기 위해서 2030년까지 약 64백만 b/d(사우디 생산 능력의 6배)의 추가 생산 능력의 확충이 필요할 전망이다. 천연가스는 생산이 특정 지역에 더욱 집중될 전망이며, 중동지역이 2030년까지 천연가스 생산 증가분의 46%를 차지할 전망이다.

전 세계의 석유·가스 부존 규모(endowment)는 기준 시나리오상의 에너지 수요 증가세를 감당할 수 있는 충분한 규모이다. 석유, NGL 등 재래석유의 증명된 잔존 매장량은 향후 40년 간의 석유 소비분에 해당하는 1.2~1.3조 배럴로 추산되며 채굴 가능한 재래 석유 매장량은 약 3.5조 배럴로 추정된다. 비재래 석유 매장량은 1~2조 배럴로 추정되며 대부분이 캐나다(Alberta)와 베네수엘라(Orinoco Belt)에 존재하고 있는 것으로 추정된다. 천연가스의 증명된 잔존 매장량은 현재 생산량의 60년분인 180조 큐빅 미터이며 채굴 가능한 매장량은 약 400조 큐빅 미터로 추정된다.

최근 800개 유전에 대한 조사 결과, 기존 유전의 생산 감소가 앞으로 가속화될 전망이며 생산 정점을 지난 유전들의 생산 감소율이 현재 6.7%에서 2030년에는 8.6%로 확대될 전망이다. 이에 따라 기존 유전·가스전의 생산 감소에 대처하고 새로운 유전·가스전을 위해서 2030년까지 총 8.4조 달러(2007년 불변 가격 기준)의 투자가 필요할 것으로 추정하고 있다. 표 1-9는 세계 에너지 소비를 전망한 기준 시나리오를 나타낸 자료이다.

** 표 1-8 ▌ 세계 석유 수급 기준 시나리오 전망

구 분	1980	2000	2007	2015	2030	비중(%)	연증가율 (2006~2030)
수 요	64.8	76.3	85.2	94.4	106.4	100.0	1.0%
OECD	41.7	46.0	46.5	45.7	43.9	41.3	△0.2%
비OECD	20.9	27.3	34.9	44.6	57.7	54.2	2.2%
중국	2.0	4.7	7.5	11.3	16.6	15.6	3.5%
인도	0.7	2.3	2.9	4.1	7.1	6.7	3.9%

구 분	1980	2000	2007	2015	2030	비중(%)	연증가율 (2006~2030)
공 급	65.2	76.8	84.3	94.4	106.4	100.0	1.0%
OPEC	28.1	32.1	35.9	44.4	52.9	49.7	1.7%
중동	19.2	21.3	23.7	30.7	37.9	35.6	2.1%
비-OPEC	35.5	42.9	46.3	47.6	50.9	47.8	0.4%
- OPEC	17.3	21.8	19.3	18.6	20.8	19.5	0.3%

출처: World Energy Outlook 2008 (IEA). * Including international marine bunkers

** 표 1-9 ‖ 세계 에너지 소비 전망 기준시나리오(1990년~2030년)(에너지 관리 공단, 2008)

구분	에너지 수요(백만toe)				비중(%)		증가율(%)
	1990	2006	2015	2030	2006	2030	2006~2030
1차 에너지	**8,757**	**11,730**	**14,121**	**17,014**	**100**	**100**	**1.6**
석탄	2,219	3,053	4,023	4,908	26	29	2.0
석유	3,218	4,029	4,525	5,109	34	30	1.0
천연가스	1,673	2,407	2,903	3,670	21	22	1.8
원자력	525	728	817	901	6	5	1.9
수력	185	261	321	414	2	2	1.9
바이오매스·폐기물	902	1,186	1,375	1,662	10	10	1.4
기타 신재생	36	66	158	350	1	2	7.2
발전	**2,985**	**4,424**	**5,649**	**7,130**	**100**	**100**	**2.0**
석탄	1,228	2,075	2,765	3,375	47	47	2.0
석유	377	277	269	204	6	3	△1.3
천연가스	581	947	1,212	1,664	21	23	2.4
원자력	525	728	817	901	16	13	0.9
수력	185	261	321	414	6	6	0.9
바이오매스·폐기물	59	81	132	286	2	4	5.4
기타 신재생	32	55	134	287	1	4	7.1
최종 에너지	**6,285**	**8,086**	**9,560**	**11,405**	**100**	**100**	**1.4**
석탄	762	698	855	1,007	9	9	1.5
석유	2,605	3,481	3,975	4,590	43	40	1.2
천연가스	952	1,233	1,410	1,690	15	15	1.3
전기	833	1,347	1,785	2,420	17	21	2.5
열	333	273	312	342	3	3	0.9
바이오매스·폐기물	796	1,042	1,169	1,294	13	11	0.9
기타 신재생	4	11	24	63	0	1	7.4
산업·非에너지 부문	**1810**	**2,181**	**2,735**	**3,322**	**100**	**100**	**1.8**
수송 부문	**1,575**	**2,227**	**2,637**	**3,171**	**108**	**107**	**1.5**
가정·서비스 농업 부문	**2,429**	**2,937**	**3,310**	**3,918**	**100**	**100**	**1.2**

1.6 국내 에너지 수급 동향

그림 1-8과 표 1-10은 2007년의 우리나라 에너지 밸런스에 관한 것으로 에너지 수입은 97%이며, 석유, LNG, 유연탄이 대부분이다. 에너지 소비는 산업에서 58%, 가정과 상업에서 20%, 수송에서 20% 등으로 분석된다. 그림 1-9는 에너지 위기에 취약한 우리나라 경제구조를 보여주는 것으로 에너지 단가와 에너지 소비가 선진국에 비해 매우 높으며, 유가 상승 시 매우 취약한 구조로 되어 있다. 국내 에너지 생산은 전체 공급량의 약 4% 수준이며, 나머지 96%의 에너지는 해외 수입에 의존하고 있다. 그림 1-10은 2008년 에너지 수입액과 자동차/반도체 수출액과의 비교한 것으로, 에너지 수입액은 1,415억불(전체 수입액의 33%)로서, 주요 수출품목인 자동차·반도체·휴대폰 합계액(1,035억불)을 상회하고 있다.

주력 에너지원인 석유의 의존도는 점차 줄어들고 있으나, 중동지역의 석유 수입 비중(86.3%)은 여전히 높은 수준이며 에너지 안보에 취약하다. 또한 중동 의존도는 1981년 91%에서 1985년 57%까지 하락하였으나, 1989년 이후 70% 수준으로 재상승한 후 2005년 이후 80%대를 기록하고 있다. 최근의 에너지 소비 증가율은 1990년대와 비교시 점차 둔화되고 있는 추세이나 선진국과 비교 시 높은 수준이다(2009년 7.7% → 2000년 3.0%).

표 1-11은 국내 주요 에너지지표를 나타낸 것으로, 우리나라의 에너지 소비 추이는 경제구조의 변화와 밀접한 관계를 가지고 있다. 1960년대 이후 산업화를 추구하면서 농업사회에서 산업사회로의 전환이 이루어짐에 따라 에너지 수요가 급격히 증가하여 왔다. 1980년 이후의 소비 증가율 추이를 살펴보면 1980년대 초반에는 제2차 석유파동으로 탈석유 정책을 펴면서 5% 수준의 낮은 에너지 소비 증가율을 보였다. 그러나 1980년대 후반부터 에너지 가격 정책이 소비자 위주로 전환되고, 석유화학산업의 설비 투자가 크게 늘어나면서 에너지 소비 증가율은 급격히 상승세로 돌아섰다. 1985년~1990년 동안 에너지 소비 증가율은 10.6%, 1990~1995년 동안 10.1%인 높은 증가율을 기록하였다. 높은 증가세를 보이던 에너지 소비는 1998년 들어 IMF 영향으로 경제가 마이너스 성장을 기록하면서 에너지 통계가 집계되기 시작한 이래 가장 큰 폭의 감소율인 △8.1%를 기록하였다. 1998년 외환 위기에 의한 에너지 수요 감소는 2001년에 완전히 회복되었으나, 이후 정부의 에너지 절약 정책 강화, 국제 유가 강세에 따른 국내 에너지 가격 인상 등으로 에너지 소비 패턴과 에너지원별 소비구조에는 영향을 주었다.

외환 위기 이전인 1990년~1997년에는 에너지 소비 증가율이 연평균 9.9%의 높은 증가율을 기록하였으나, 1997년~2002년에는 연평균 2.9%로 같은 기간의 경제 성장률 4.4%보다 낮은 수준을 유지하였다. 1999년 소비 증가율은 1998년의 마이너스 성장의 상대적인 반등으로 9.3%의 증가율을 보였지만, 2000년 6.4%, 2007년 4.1%로 안정적인 증가세를 보이고 있다. 최근 에너지 소비가 다소 둔화 추세를 보이고 있는 것은 고유가의 영향에 따른 국내 경기 위축과 에너지 효율 향상 및 절약시책의 지속 추진 등에 기인한 것으로 판단된다. 이에 따라 국가 에너지효율 지표인 원 단위도 1997년 IMF 이후로 점진적으로 개선되고 있다.

에너지원별로는 1960년대에는 석탄과 신탄이 주요 에너지였으나, 1970년대 들어서는 중화학공업 육성 등으로 석유 비중이 급격히 상승하면서 석유가 주요 에너지로 등장하였다. 1980년대 이후에도 석유의 주된 에너지로서의 지위는 견고하게 유지하고 있다. 1990년대 후반에 들어서면서 사용이 편리하고 깨끗한 LNG 및 전기의 소비가 증가하면서 석유의 소비 비중이 축소되기 시작하여 2007년에는 44.6%로 축소되었다. 1980년대 후반에 도입된 LNG는 1990년대 연평균 20.1%의 급성장을 하면서 2008년에는 소비 비중이 14.4%로 확대되었다. 전력 수요 증가에 따라 원자력의 비중과 유연탄의 비중도 점차 확대되고 있으며, 유연탄은 국내 총에너지 소비의 22.9%를 담당하는 주요 에너지원으로 석유에 이어 제 2위의 지위를 유지하고 있다. 1960년대 국내 에너지 소비의 40%를 담당하였던 무연탄 소비는 1988년을 기점으로 감소하기 시작하여 2007년에는 그 비중이 2.4%로 감소하였다. 이처럼 LNG 소비 점유율 증가 등 석유 소비의 연료 대체 현상은 지속되고 있어 석유 의존도는 점차 낮아지고 있는 추세이다. 또한 경제 규모 성장에 따른 전력 수요 증가로 발전용 유연탄 및 LNG 등 전력 에너지원의 소비도 점진적으로 증가하고 있다.

최종 에너지 소비는 1990년 75.0백만toe에서 2007년 181.5백만toe로 17년 동안 2.4배 증가하여 연평균 증가율 5.3%를 보이고 있다. 1997년도 IMF 사태로 인한 마이너스 경제 성장 시기('98년, 경제 성장률 △8.1%)를 제외하고 지속적인 경제 성장으로 최종 에너지 소비는 지속적으로 증가 추세에 있다. 특히, 최종 에너지 소비 중 가장 높은 비중(57%)을 차지하고 있는 산업 부문은 1990년 대비 2.8배로 가장 많이 증가하였다.

산업 부문의 에너지 소비는 1990년~2000년 기간 중 연평균 8.8%의 높은 증가율을 보였으나, 2000년 이후의 에너지 소비 증가율은 산업체의 자발적 협약, 에너지 관리 진단 제도 등 산업 부문의 에너지 이용 효율 향상을 위한 정책의 지속 추진으로 연평균 2.7% 수준으로 안정적 증가세를 보이고 있다. 수송 부문은 같은 기간

('90~'00) 중 연평균 8.1%의 높은 증가율을 보였으며, 2002년 이후의 지속된 고유가 상황 등을 2007년 소비 증가율은 전년대비 2.9%를 기록했다. 다만 소득 증가 및 편리성 추구에 따른 대형차 선호로 소비 증가 요인이 상존하고 있는 상황이다. 가정·상업·공공부문은 동기간('90~'00)중 산업 및 수송 부문과 달리 상대적으로 연평균 3.5%의 낮은 증가율을 기록하였으며, 2000년 이후에도 지속되는 고유가로 에너지 가격 상승에 따른 에너지 소비 증가율은 2007년 0.4%를 기록하였다. 에너지원별로 소득 증가, 주거형태 변화 등에 따라 소비구조가 급격히 변화되었다. 1990년 이전에는 무연탄이 주에너지원이었으나 1990년 이후에는 석유가 에너지원으로 부상했으며 1990년 후반 이후 전력, 도시가스, 열 에너지 등 고급 에너지로 다변화되고 있다.

표 1.12는 에너지 수요 관련 주요 지표 전망을 나타낸 것으로, 총에너지 수요는 경제 성장률 전망 기간 중 연평균 3.7% 달성 가정 시, 2030년에는 342.8백만toe(연평균 1.6%)에 이를 전망이며 1인당 에너지 수요는 2006년 4.83toe에서 2030년에는 7.05toe로 전망하고 있다. 그리고 1차 에너지 중 수송용과 산업용 석유 수요가 꾸준히 증가하여 전망 기간 중 연평균 0.6%의 증가율을 보여 여전히 주에너지원으로서의 역할을 담당할 것으로 예상된다.

표 1-13은 최종 에너지 부문별 수요 전망을 나타낸 것으로, 최종 에너지 수요는 전망기간('06~'30) 동안 연평균 1.4% 증가하여 2030년에는 245.1백만toe에 달할 전망이다. 이중 석탄 및 석유의 비중은 감소하는 반면, 전력, 도시가스 등 네트워크 에너지 비중은 지속적으로 증가할 것으로 예상된다. 부문별로는 가정·상업 부문이 서비스업의 상대적인 높은 성장으로 가장 빠른 수요 증가가 예상되고 있으며, 수송 부문은 자동차의 보급이 포화 수준에 근접하여 수요 증가세가 둔화될 전망이다. 산업 부문도 비소재 및 첨단 산업 등 에너지 저소비형 고부가가치 산업으로 전환이 예상되어 낮은 에너지 수요 증가율이 예상된다.

표 1-10 ▌ 우리나라 에너지 공급 관련 주요지표

구 분	1981	1990	2000	2005	2007	2008
에너지 수입액(억$)	77.6	109.2	378.9	667.0	949.8	1,414.8
에너지/총수입	29.7%	15.6%	23.6%	25.5%	26.6%	32.5%
수입 의존도	75%	87.9%	97.2%	96.6%	96.6%	96.4%
석유 의존도 (중동 의존도)	58.1% (90.7%)	53.8% (74.3%)	52.0% (76.8%)	44.4% (82.8%)	44.6% (80.7%)	42.8% (86.3%)

출처: 한국석유공사, 한국무역협회(www.kita.net)

표 1-11 국내 주요 에너지 지표(에너지 관리 공단, 2008)

구분	단위	1980	1990	1981~1990	2000	1991~2000	2004	2005	2006	2007
1차 에너지 소비	백만toe	43.9	93.2	(7.9)	192.9	(7.7)	220.2	228.6	233.4	242.9 [236.5]
(증가율)	(%)	(1.6)	(14.1)		(6.4)		(2.4)	(3.8)	(2.1)	(4.1)
최종 에너지 소비	백만toe	37.6	75.1	(7.2)	149.9	(7.3)	166.0	170.9	173.6	180.5 [181.5]
(증가율)	(%)	(1.7)	(14.0)		(4.7)		(1.2)	(2.9)	(1.6)	(4.0)
에너지 탄성치	소비증가/경제성장	−1.0	1.53	0.91	0.75	1.24	0.51	0.91	0.41	0.82
에너지 원 단위	toe/백만원	0.316	0.291	−	0.333	−	0.317	0.316	0.307	0.304 [0.296]
	toe/천$	0.358	0.329	−	0.377	−	0.359	0.358	0.347	0.344 [0.335]
석유 의존도	%	61.1	53.8	−	52.0	−	45.7	44.4	43.6	43.4 [44.6]
석유 정제 능력	천B/일		840	−	2,438	−	2,438	2,735	2,772	2,812
에너지 해외 의존도	(%)	73.5	87.9	−	97.2	−	96.7	96.6	96.5	96.6 [96.5]
에너지 수입액	억$	66.2	109.1	(7.1)	378.9	(15.8)	496.0	667.0	855.7	949.8
(증가율)	(%)	(76.1)	(45.1)		(66.6)		(29.5)	(34.5)	(28.3)	(11.0)
총 수입중 에너지 비중	(%)	29.7	15.6	−	23.4	−	21.2	25.5	27.7	26.6
GDP 성장률	(%)	−1.5	9.2	(8.7)	8.5	(6.2)	4.7	4.2	5.1	5.0
자주 개발률 (석유, 가스)	(%)	−	−	−	−	−	3.9	4.1	3.2	4.2

※ GDP는 2000년 가격 기준. [ ]는 에너지 기본법 시행규칙 별표에 따른 신발열량 기준('06.6)

표 1-12 에너지 수요 관련 주요 지표 전망

구분	2006	2010	2015	2020	2025	2030	연평균 증가율(%)			
							'06-'10	'10-'20	'20-'30	'06-'30
총에너지 수요 (백만toe)	233.4	258.7	286.6	311.6	334.3	342.8	2.6	1.9	1.0	1.6
1인당 에너지 소비(toe)	4.83	5.29	5.82	6.32	6.81	7.05	2.3	1.8	1.1	1.6

자료: 국가 에너지 기본계획('08.8)

** 표 1-13 ‖ 최종 에너지 부문별 수요 전망(에너지 관리 공단, 2008)

(단위: 백만toe)

구분	2006	2010	2015	2020	2025	2030	연평균증가율(%)			
							'06-'10	'10-'20	'20-'30	'06-'30
산업	97.2 (56.0)	105.8 (55.6)	115.8 (55.7)	125.3 (55.6)	134.2 (55.7)	134.0 (54.7)	2.1	1.7	0.7	1.3
수송	36.5 (21.0)	38.9 (20.5)	41.5 (19.9)	44.1 (19.5)	45.8 (19.0)	45.9 (18.7)	1.6	1.2	0.4	1.0
가정/상업	36.0 (20.7)	40.9 (21.5)	45.8 (22.0)	50.7 (22.5)	55.4 (23.0)	59.1 (24.1)	3.3	2.2	1.5	2.1
공공/기타	3.8 (2.2)	4.5 (2.4)	4.5 (2.4)	5.3 (2.4)	5.7 (2.4)	6.0 (2.4)	4.2	1.7	1.1	1.9
계	173.6 (100.0)	190.2 (100.0)	208.1 (100.0)	225.4 (100.0)	241.0 (100.0)	245.1 (100.0)	2.3	1.7	0.8	1.4

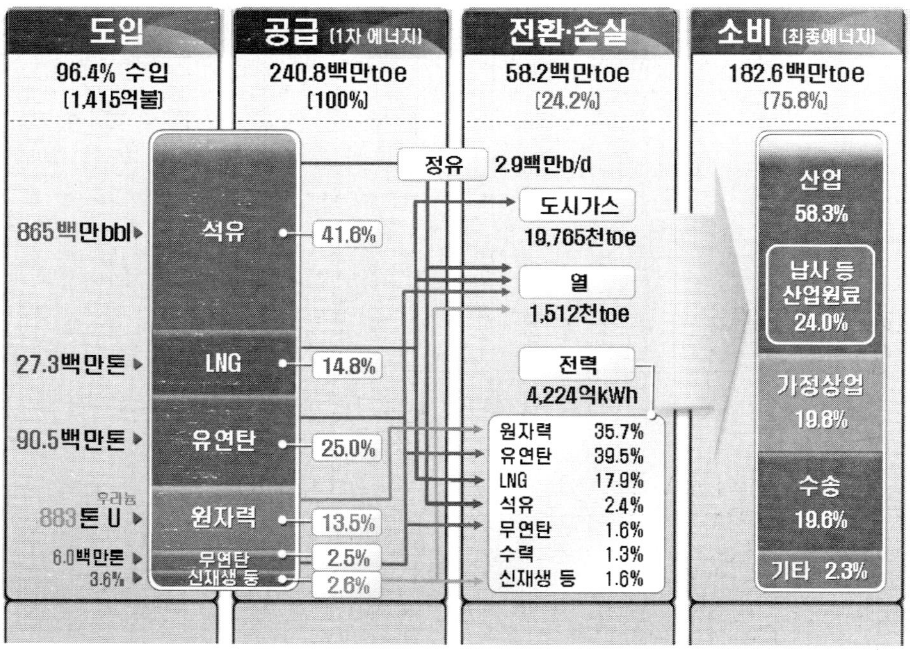

** 그림 1-8 ‖ 2007년 에너지 밸런스(확정, 신발열량 기준)(에너지 관리 공단, 2010)

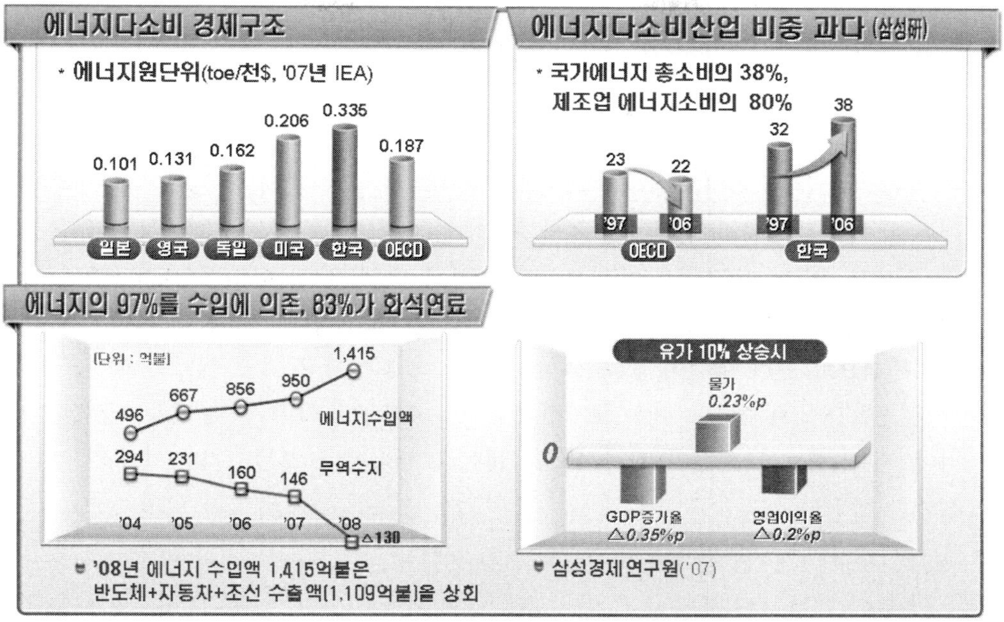

** 그림 1-9 ▌ 에너지 위기에 취약한 우리나라 경제구조(지식경제부, 2009)

** 그림 1-10 ▌ 2008년 에너지 수입액과 자동차/반도체 수출액과의 비교: 2008년도 에너지수입액은 수출 1·2위 품목(반도체, 자동차) 수출 합계보다 큼(에너지 관리 공단, 2010)

1.7 우리나라 2030 국가 에너지 비전

1.7.1 에너지 저소비·저탄소 사회로의 전환

그림 1-11은 우리나라 1차 에너지 총 소비와 온실가스 배출량을 분석한 것으로, 에너지 소비 증가량과 비례하여 온실가스가 증가한 것으로 분석되며, 배출된 온실가스는 발전, 산업, 수송에서 대부분을 차지하고 있다. 뿐만 아니라 우리나라의 에너지 공급 안정성은 매우 취약한 반면, 물가 안정, 국가경쟁력 등을 고려한 저에너지 가격정책으로 인한 에너지 절약 의식 이완과 경제 성장 등으로 에너지 소비와 이에 따른 온실가스 배출량도 지속 증가하고 있다. 그러므로 고유가 및 기후 변화에 대응하여 지속 가능한 성장이 가능하도록 에너지 저소비형 경제·사회구조로의 전환이 시급한 상황이다.

그리고 기후 변화 협약과 관련하여 2005년도에는 교토 의정서가 발효되어 온실가스 배출에 대한 선진국의 온실가스 감축 목표를 부여하고 2008년부터 38개의 국가에서 분격적인 의무 감축을 시행하고 있다. 또한 2007년 12월에는 교토 의정서에 따른 2012년까지의 1차 감축 이행 기간 이후의 기본 방향과 일정 등을 담은 발리로드맵이 채택되어 선진국은 측정, 보고, 검증 가능한 감축 공약 및 정량적인 목표설정을 해야만 하고 개도국들도 측정, 보고 및 검증 가능한 방법을 통해 국내적으로 적정한 온실가스 감축을 위한 노력을 기울이도록 요청하고 있다. 특히 최근에는 세계 각국의 정상들이 기후 변화와 온실가스 감축을 주요 Agenda로 제시하고 있는 등 기후 변화가 국제 무대의 주요 이슈로 부각되고 있어 우리나라 또한 이에 대한 적극적인 대응이 필요할 것이다. 더군다나 포스트 교토 협상에서는 온실가스 의무 감축 대상 국가로 분류될 가능성을 배제할 수 없으며, 어떤 형태로든 감축 참여가 불가피할 전망이다. 따라서 정부는 기후 변화를 위기가 아닌 새로운 기회로 활용하기 위해 저탄소형 에너지 이용 시스템을 구축하고, 에너지효율 제고 및 청정 에너지에 대한 수요 창출 및 투자 증대를 통해 새로운 성장동력을 창출해야만 하겠다.

초고유가 시대의 도래, 지구온난화 및 기후 변화 협약의 발표, 에너지 자원고갈 등 세계 모든 국가의 화두는 에너지와 환경이다. 국가 에너지 소비 에너지의 97%를 해외에 의존하고 있는 상황 속에서 그동안 우리는 에너지 문제를 단순히 경제적 문제이며 에너지 절약보다는 편리성을 추구하는 등의 선진국보다 미흡한 문제 의식을 갖고 있었다. 물론 정부에서는 그간 다양한 에너지 정책을 추진하여 국가 총 에너지 소비의 최소화 및 효율 향상에 노력을 기울여 많은 성과를 거두었다.

그러나 이제는 과거의 안정적 에너지 공급 또는 에너지 이용 합리화를 위한 노력으로 현재의 급변하는 에너지 환경에 효율적으로 대처하고 지속적인 경제 발전을 뒷받침할 수는 없다. 그림 1-12는 우리나라 2030 국가 에너지 비전을 나타낸 것으로, 이에 따라 정부는 20년의 장기적인 안목에서 신국가 발전 전략으로 저탄소 녹색성장을 국가 비전으로 제시하였다. 이를 뒷받침하기 위하여 제1차 국가 에너지 기본 계획을 중심으로 저탄소 녹색성장을 에너지 부문에서 뒷받침하고, 석유 이후의 시대에 대한 전략적 대응을 위한 장기 에너지 정책으로서, ① 에너지를 덜 쓰면서 견실한 성장을 구현하는 사회, ② 에너지를 쓰더라도 환경오염을 최소화하는 사회, ③ 그린 에너지산업이 일자리와 성장동력을 창출하는 사회, ④ 에너지 위기에도 흔들리지 않는 에너지 자립 및 복지 사회 구현을 제시하였다.

이러한 비전을 실현하기 위한 실행 전략으로서 첫 번째로 에너지 저소비 사회를 구현하기 위하여 국가 에너지 이용효율을 획기적으로 개선하여 에너지원 단위를 현재 0.335에서 2030년에는 0.185수준으로 46% 개선하며 그림 1-13은 국가 에너지 효율 목표를 도식화한 것이다. 두 번째로는 석유를 포함한 화석 에너지 비중(1차 에너지 기준)을 현재 83%에서 2030년 61%로 축소하는 한편, 신재생 에너지 비중은 현재 2.4%에서 2030년에는 11%로 현재 대비 4.6배로 확대하여 에너지 공급의 탈화석화를 실현하게 될 것이다. 세 번째로는 "녹색 기술" 등 에너지 기술 수준을 현재 60%에서 2030년에는 세계 최고 수준으로 끌어올려 에너지 산업을 신성장동력으로 육성할 것이다. 마지막으로 현재 4.2%인 석유·가스 자주 개발율을 2030년에는 40% 수준으로 확대하고, 에너지 빈곤층을 모두 해소하는 등 에너지 자립·복지 사회를 구현할 것이다.

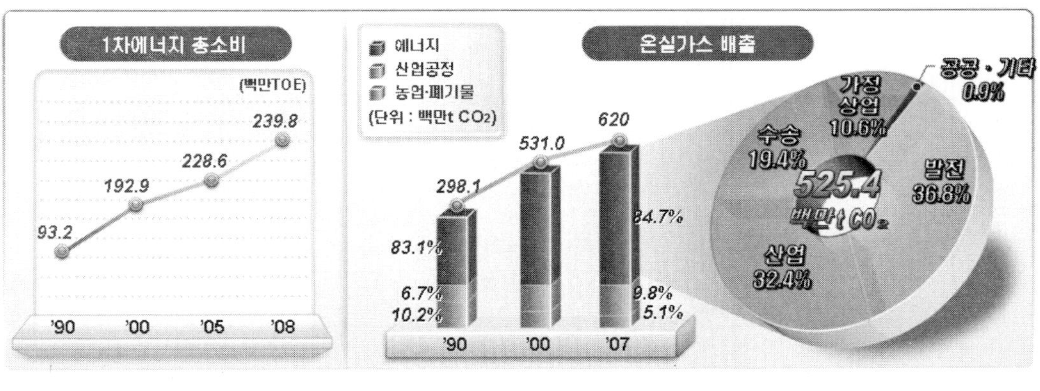

** 그림 1-11 ▌ 1차 에너지 총 소비와 온실가스 배출량 분석(에너지 관리 공단, 2010)

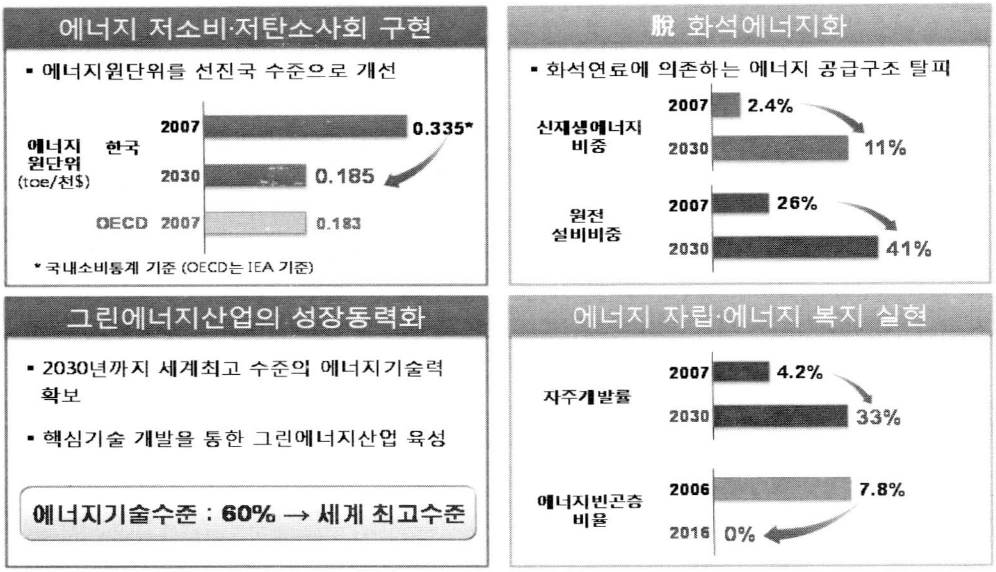

※ 국가에너지기본계획 발췌(2008)

** 그림 1-12 ▌ 우리나라 2030 국가 에너지 비전: 에너지 저소비, 저탄소사회 구현, 탈 화석 에너지화, 그린 에너지산업의 성장동력화와 에너지 자립·에너지 복지 실현(에너지 관리공단, 2010)

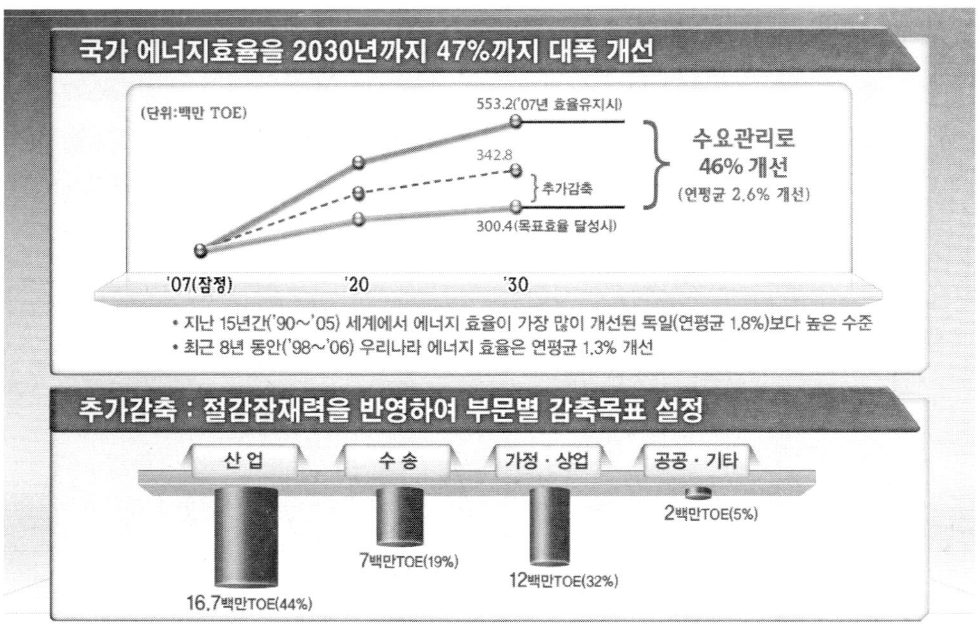

** 그림 1-13 ▌ 국가 에너지 효율 목표: 국가 에너지 이용효율을 획기적으로 개선하여 에너지원 단위를 현재 0.335에서 2030년에는 0.185 수준으로 46% 개선 목표(에너지 관리 공단, 2010)

1.7.2 저탄소·청정 에너지의 비중 확대

신재생 에너지는 에너지 안보를 확충하고 기후 변화에 대응하는 지속 가능한 에너지원으로서 뿐만 아니라 "녹색성장"을 선도하는 차세대 성장동력으로서의 중요성이 부각되고 있다. 우리나라는 그간 제한된 국토여건, 부족한 기술 및 낮은 경제성 등으로 보급 확대에는 애로가 있었다. 그러나 에너지 공급 역량을 확충하여 에너지 안보를 공고히 하고, 기후 변화에 대응한 친환경 에너지 보급에 기여하기 위하여 신재생 에너지 보급 확대가 반드시 필요에 대응한 친환경 에너지 보급에 기여하기 위하여 신재생 에너지 보급 확대가 반드시 필요하다. 따라서 정부는 반도체, 기계 등 관련 분야의 경쟁력을 보유한 우리나라의 강점을 살려 태양광, 풍력, 수소연료전지 등의 핵심 분야에 집중 투자를 통해 2030년에는 현재 2.4% 수준의 신재생 에너지 보급률을 2030년까지 11%까지 확대할 계획이며 그림 1-14에서 자세히 분석한 내용을 볼 수 있다. 이러한 보급률 목표 달성을 위한 추진 전략으로서, 풍력, 조력·조류, 바이오 등 국내 국토여건이 좋은 분야에는 에너지 사업자의 신재생 에너지 의무 할당제(Renewable Portfolio Standard : RPS)를 도입하고, 공공건물의 신재생 에너지에 대한 수요를 창출할 것이다. 아울러, 정부는 신재생 에너지 관련 핵심 원천 기술 개발을 지원하는 한편, 기술 개발과 Green Home 100만호 등 보급 사업을 연계하여 국산 개발 제품의 초기시장을 창출할 계획이다. 또한 정부는 저탄소 에너지인 원전의 활용을 점진적으로 확대하여 2030년에는 전체 에너지 소비 중 원전의 비중을 27.8%까지 제고할 계획이다.

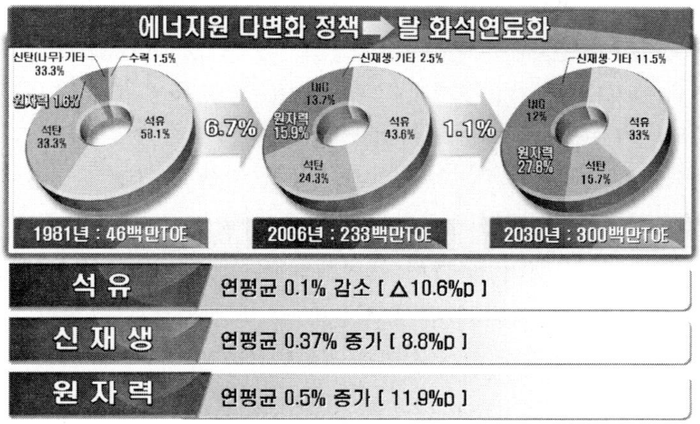

** 그림 1-14 ▌ 에너지믹스 전환으로 화석 에너지로 탈피 정책 방향: 2030년에는 현재 2.4% 수준의 신재생 에너지 보급률을 2030년까지 11%까지 확대할 계획(에너지 관리 공단, 2010)

그림 1-15는 경제성과 환경성을 고려한 친환경 에너지를 분류한 것으로 신재생 에너지는 환경성이 양호하나, 경제성이 낮고, 원자력은 경제성과 환경성이 양호하나 핵폐기 처리와 방사능 오염에 대한 문제를 가지고 있다.

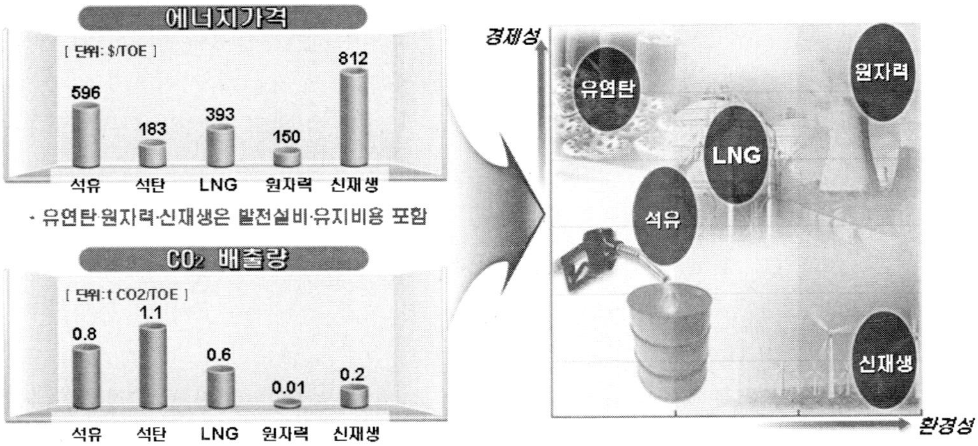

** 그림 1-15 ▌ 경제성과 환경성을 고려한 친환경 에너지 분류(지식경제부, 2009)

1.7.3 녹색강국 구현을 위한 그린 에너지 산업 육성

전 세계적으로 에너지 이용효율 향상과 온실가스 배출을 억제하기 위해 혁신적인 에너지 기술개발을 국가가 주도적으로 추진하고 있으며, 새롭게 열리는 세계시장 선점을 위해 전력투구를 하고 있는 상황이다. 이는 우리나라에게 위기이자 새로운 기회로 해석될 수 있는 중요한 도전이다. 따라서 정부는 2030년까지 세계 최고 수준의 에너지 기술을 확보하고, 이를 통해 에너지 수입국에서 에너지 기술 수출 강국으로 도약할 비전을 제시하고 있다. 이러한 비전을 달성하기 위하여 중장기 에너지 기술 개발 로드맵을 통해 체계적이고 종합적인 기술 개발을 추진하여 에너지 산업의 성장 동력화를 견인하게 될 것이다. 특히 온실가스 저감, 세계시장 선점에 유리한 에너지 기술을 중점적으로 개발하여 차세대 그린 에너지 산업으로 육성할 계획이다. 또한 체계적인 기술 개발을 위해 선진국 간의 기술 협력 등의 국제 협력을 활성화 해 나가고, 기술 개발 및 산업육성에 필요한 전문 인력을 양성할 계획이다.

그림 1-16은 우리나라 그린 에너지 산업의 성장 목표를 제시한 것으로 2030년에 그린 에너지 산업의 수출을 2,100억 달러와 고용 효과를 154만명에 이를 것으로 보

고 있다. 표 1-14는 국가별 그린 에너지 산업의 중점 분야를 나타낸 것으로 우리나라는 태양광, 풍력 수소연료전지, IGCC(석탄가스화 복합 발전), CTL(석탄액화) 및 GTL(가스액화), CCS(CO_2 포집, 저장),LED, 전력 IT, 에너지 저장, 소형 열병합, 히트 펌프, 초전도 등 15개 분야의 그린 에너지 산업을 육성하고자 한다. 그린 에너지 산업 육성을 위한 주요 추진 전략으로, 녹색 기술 R&D 예산을 확대하여 핵심 기술의 선정, 개발 및 도입을 촉진하고, 연구기관의 에너지 기술 지원 가능을 대폭 강화해 나갈 것이다. 아울러 에너지 공기업의 "녹색 기술" 구매를 확대하고, Green Home 100만호 등 공공사업에 "녹색 기술"을 활용해 나아갈 계획이다.

그린 에너지 산업

온실가스를 획기적으로 감축하는 혁신적 에너지 기술에 기반한 산업으로 신재생 에너지, 화석연료 청정화, 효율 향상 3가지 산업 분야로 나눌 수 있음

구 분	주 요 기 술
신재생 에너지	태양광, 풍력 수소연료전지, IGCC(석탄가스화 복합 발전)
화석연료 청정화	CTL(석탄액화) 및 GTL(가스액화), CCS(CO_2 포집, 저장)
효율 향상	LED, 전력 IT, 에너지 저장, 소형 열병합, 히트 펌프, 초전도

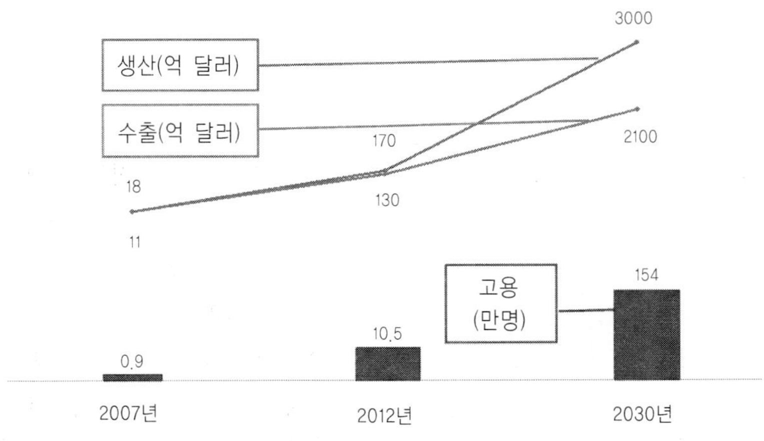

** 그림 1-16 ▌ 우리나라 그린 에너지 산업 성장 목표(에너지 관리 공단, 2008)

** 표 1-14 ▌ 국가별 그린 에너지 산업 중점 분야(한국 에너지 기술평가원, 2009)

구분	성격	Green Energy (한국)	Cool Earth (일)	SET-Plan (EU)	CCTP (미)
우선 성장 동력 (9개)	Market Driven	태양광	○	○	○
		풍력	-	○	○
		고효율 조명(LED)	○	-	○
		전력 IT	-	○	○
	Tech. Driven	연료전지	○	○	○
		청정연료	○	○	○
		석탄가스화 복합 발전 (IGCC)	○	○	○
		CCS	○	○	○
		에너지 저장	○	-	○
단계적 성장 동력 (6개)	기업 주도	히트 펌프	○	○	○
		소형 열병합	-	○	-
		원자력	○	-	○
		에너지절약형 건물	○	-	○
		그린카	○	-	○
	대학·연구소 주도	초전도	○	-	○

1.7.4 에너지 자립 및 에너지 복지 사회 구현

에너지의 97%를 수입에 의존하는 우리나라는 에너지의 안정적인 확보가 국가 생존과 경제 성장을 좌우하는 국가적 과제임에는 틀림없다. 따라서 그간 "안정적 에너지 도입"에서 "적극적인 해외 에너지 자주개발"로 에너지정책 방향을 전환하여 적극적인 해외자원 확보를 추진해야 할 것이다. 뿐만 아니라 그림 1-17처럼 우리나라 에너지 자주 개발 목표를 세우고 해외 자원 개발을 국가적 아젠더로 지속 추진하여 자원 개발 지원 인프라를 혁신하고, 정밀한 에너지 자원 협력을 통해 우리기업의 진출을 적극 지원함으로써 범국가적인 해외 자원 개발 역량을 확충해야만 한다. 정부는 이번 국가 에너지 기본 계획을 통해 해외 자원 개발을 국가적 과제로 선정하여 현재의 4.2% 수준인 자주 개발률을 2030년까지 40% 수준으로 끌어올릴 목표를 제시하고 있다.

그리고 정부는 사회적 양극화 심화와 에너지 가격 상승이 사회 각 계층에 미치는 영향이 다름을 파악하고 모든 국민은 소득에 관계없이 생존에 필요한 최소한의 에너지를 이용할 수 있도록 에너지 빈곤층에 대해서는 광열비 지원, 상대적으로 저렴한 천연가스 보급 확대 및 에너지 시설 효율 개선 등 에너지 복지 정책을 지속 추진해야 할 계획이다.

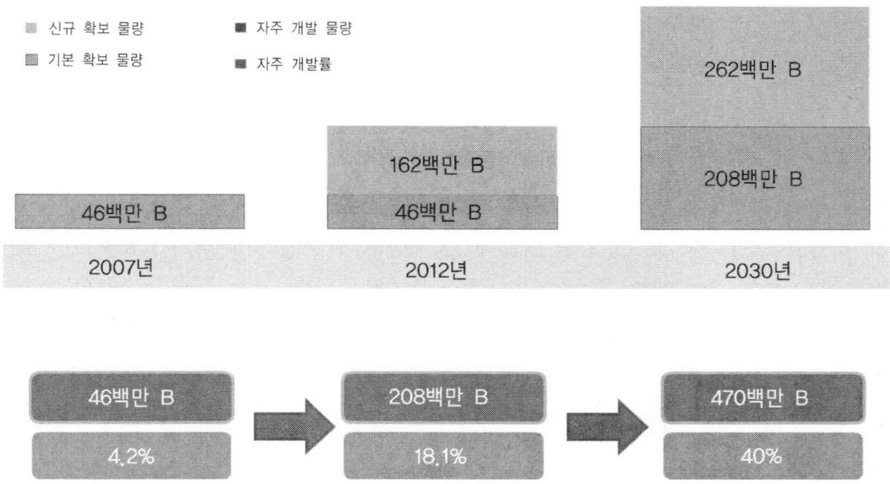

** 그림 1-17 ▌ 우리나라 에너지 자주 개발 목표(에너지 관리 공단, 2008)

1.8 지구 환경, 재현 가능한가?

1987년 미국 아리조나주 남부에 〈Biosphere II〉 프로젝트가 시작되었다. 그림 1-18에서처럼 현재 살고 있는 생물권과 유사한 지구 환경을 재현시키고자 2억 달러를 들여 12,700m^{2}의 대지 위에 유리덮개로 덮어서 외부와 단절시킨 거대한 온실구조물에 8명의 입주자가 2년 동안 생활할 계획이었다. 그림 1-18은 현생태계 구현을 위한 Biosphere Projects용 건축물(12,700m^2)의 사진으로 Biosphere II 실험에서는 두 가지 뚜렷한 목적이 있었다. 첫째는 인간이 어떻게 현재 살고 있는 생물권을 파괴하지 않고 그 안에서 환경과 공존할 수 있는지를 찾는 것이다. 둘째는 인간이 어떻게 지구를 떠나 우주공간에 새로운 삶의 터, 곧 다른 생물권을 만들 수 있을 것인가와 살아갈 수 있는 기술을 배우기 위함이다. 일종의 화성기지 건설을 위한 것으로, 영화 〈Total Recall〉을 생각나게 한다.

자급자족형 생태계(가상 지구)를 인공적으로 창조해 보려는 Biosphere II 실험이 결국 실패로 막을 내렸다. 이 실험에 참가한 미국 미네소타대학, 록펠러대학, 컬럼비아 대학 등의 과학자들은 Biosphere II를 분석한 보고서에서 실패의 직접적인 원인은 (1) 건물의 콘크리트 벽과 환경오염으로 산소 부족, (2) 오염정화는 되나 자연생태계의 재순환 불가, (3) 자연생태계를 재현하는 각종 기계 설비와 공기 조화 제어 미흡 등이다. 더 근본적인 원인은 지구를 운영하는 자연의 복잡하고도 오묘한 이치를 사람이 모두 파악하지 못하는 데 있다는 것이 실험에 참여한 과학자들의 결론이다. Biosphere II는 원시 상태의 지구를 실현해 보려는 획기적인 실험. 흙과 물, 공기, 동식물 등을 갖추고 8명의 사람이 외부로부터 전혀 지원을 받지 않고–식물이 존재할 수 있도록 설계됐다. 실험에 참가한 사람들은 지난 1991년 9월 Biosphere II에 들어가 2년 간 외부와 완전 고립된 채 농사를 지으며 생활할 계획이었다. 그러나 18개월 만에 Biosphere II는 치명적인 불균형 상태를 보이기 시작했다. 산소 농도가 처음 21%에서 14%로 떨어져 사람들이 정상적으로 활동할 수 없을 정도가 됐다. 농사용 토양에 함유된 다량의 유기물은 박테리아 서식에 안성맞춤이었고, 이 박테리아가 산소를 많이 소비하는 통에 산소 농도가 떨어지게 된 것. 건물의 콘크리트 벽–식산소를 흡수하고는 방출하지 않았다. 대농도 Biosphere II에 충만하게 된 이산화탄소와 질소로 인해 잡초만 공제할 수 없을 정도로 자라고, 바퀴벌레와 개미같은 몇몇 곤충들만이 번창하게 됐다. Biosphere II에 있던 25종의 작은 동물들 가운데 19종이 절멸하고 말았다. 식물의 꽃가루받이를 대신 해주던 곤충들이 죽자 식물들도 번식할 수 없게 됐다. 미네소타대학의 데이비드 틸먼 박사는 〈Biosphere II의 실패는 중요한 교훈을 남겼다.〉고 평가했다. 인류가 자연생태계를 계속 파괴할 경우 나중에 이를 치유할 방법이 전혀 없어진다는 점과 현 생태계가 최고이다는 점을 깨우쳐 주었다.

최근에 큰 화제를 모으고 있는 Biosphere II 프로젝트와 국내의 각종 원초적인 대기 및 수질오염을 바라볼 때 환경보호와 환경재앙에 대한 우리들의 준비는 어떠한지 생각하게 된다. 〈모든 국민은 깨끗한 환경에서 생활할 권리를 가지며, 국가와 국민은 환경보전을 위해 노력하여야 한다〉 라는 우리나라 헌법 제33조의 규정은 명문화된 글로서만 우리 곁에 존재하고 있다. 경제부국을 향한 우리나라 정부 정책은 환경보전을 외면하고 사람이 생활하는데 필수적인 먹을 양식, 물, 공기를 오염시켜 21세기의 우리와 자손들의 삶에 큰 회의를 느끼며 Biosphere II 프로젝트에 대한 부러움이 생긴다. 많은 사람들은 인간의 풍요로움과 편리함, 경제 발전에 목적을 두고 많은 산업혁명에 노력하여 왔으나 지구 환경보전에 실천적으로 행동하여야 한다.

** 그림 1-18 ▌ 현 생태계 구현을 위한 Biosphere Projects용 건축물(12,700m^2)

1.9 요약

환경(Environment)·에너지(Energy)·경제(Economy)는 매우 밀접한 관계를 가지고 있으며, 에너지 문제를 논의할 때 에너지 자원의 고갈에 대한 해결책과 에너지 생산에 대한 경제성 그리고 에너지 소비가 초래하는 환경문제도 함께 고려해야 한다. 극단적으로 에너지 자원이 아무리 풍부해도 환경문제 때문에 에너지를 마음대로 소비하지 못하는 시대가 된 것이다. 에너지 소비는 18세기 산업혁명 후 전기와 자동차의 실용화와 함께 급격하게 증가하게 되었으며, 그로 인해 지구온난화, 오존층 파괴, 산성비, 생물 다양성 감소, 유해화학물질 노출, 폐기물, 대기오염, 수질오염 등의 환경문제가 발생하게 되어 인류의 생존위협을 받고 있다. 그래서 국제적으로 몬트리올 의정서, 기후 변화 협약, 바젤 협약, 생물 다양성 협약 등의 국제 협약으로 지구 환경을 보존하고자 노력하고 있다.

에너지가 없는 생활을 상상할 수 없으며, 산업의 원동력인 동시에 생활 필수품인 에너지의 수입 비용은 연평균 약 26조 원으로, 에너지 소비는 세계 11위로 한국은 세계에서 석유를 4번째로 많이 수입하고 있다. 한정된 에너지 자원과 환경문제 대처를 위해 우리나라에서도 대체 에너지인 자연 에너지, 신 에너지, 재활용 에너지를 개발하고 기술적인 실용화 수준에 있으며 상당 규모 잠재적 도입량을 기대할 수 있다. 2002년도에는 우리나라의 환경문제를 해결하기 위해 〈푸른 하늘 21〉 특별 대책 추진, 4대강 유역별 통합 관리 체제 확립. 시행, 자원순환형 폐기물 관리 및 화학물질 안전 관리 체계화, 사전 예방 중심의 국토환경보존 대책강화 등의 환경 정책을 추진하고 상당한 효과를 거두고 있다.

지난 20세기가 자연환경을 이용하고 개발하여 물질적 풍요에 탐닉했던 물량 성장의 시대였다면, 새 천년은 경제적 성과, 사회적 통합, 환경 지속 가능성이 하나로 통합되는 새로운 시대가 되어야 한다. 이를 위해서는 더 많이 생산하고 더 많이 쓰고 더 많이 버리던 시대, 크고 빠른 것이 좋은 것으로 여겨지던 시대를 종료하고, 인간과 자연의 조화와 균형, 경제와 환경의 통합과 상생(相生)이 새로운 가치로 자리 잡는 새로운 시대를 열어야 한다. 이러한 노력이 하나로 될 때 〈인간과 자연이 공존하며 살아 숨쉬는 생명공동체〉를 구현할 수 있을 것이다.

참고문헌

[1] 김미화, 김세중 공역, "첨단기기들은 어떻게 움직이는가", 서울문화사, 2001
[2] 배재근, "첨단에너지기술", 도서출판 아진, 2005
[3] 윤정인, 양영명, 설원실, 김재돌 편역, "에너지시스템", 태훈출판사, 2000.
[4] 에너지 관리 공단, "신재생에너지백서", 2008
[5] 에너지 관리 공단, "신재생에너지 RD&D 전략 2030 시리즈", Vol 1-14, 에너지 관리 공단
[6] 신재생에너지센터, (주)도서출판 북스힐, 2008
[7] 에너지 관리 공단, "에너지.기후변화편람", 2009
[8] 에너지 관리 공단 홈페이지, http://www.kemco.or.kr
[9] 임상훈, 김광렬, 정순오, 최성부 공저, "환경과 에너지", 동화기술, 1998.
[10] 차제호, 강희정, 김정인, 오영삼, 박문희, 홍성안, 황규철, 손학식, 박효순, 금종수, 이성, 심상렬, 강철구, 박영구, "에너지총설-상.하", 한국에너지정보센터, 2003
[11] 한국능률협회 최고 경영자 세미나 자료, "21세기 지속가능발전과 환경정책의 과제", 2002. 7. 18
[12] 한국무역협회, www.kita.net
[13] 한국에너지기술평가원, "그린에너지 전략 로드맵", www.ketep.re.kr, 2009
[14] 환경부 홈페이지, http://www.me.go.kr
[15] Bloomfield, L. A., "How Things Work: The Physics of Everyday Life", John Wiley & Sons, Inc., 1997(번역서: "알기 쉬운 생활 속의 물리" 물리편찬위원회 역, 한승출판사, 2000).
[16] BP Statistical Review of World Energy, 2008
[17] http://rsd.gsfc.nasa.gov/rsd/images/yohkoh_1.gif
[18] IEA, Energy Balances of OECD Countries, 2008

[19] IEA, World Energy Outlook, 2008

[20] Newton Highlight, "인류가 직면한 최대의 과제 지구온난화", (주)뉴턴코리아, 2009

제 2 장

기후 변화 현황과 온실가스

2.1 지구온난화 현황

지구온난화의 주 원인으로 온실효과가 지적되고 있다. 온실효과란 그림 2-1처럼 태양복사 에너지를 흡수한 지구가 온실가스로 인해 우주공간으로 열을 방출하는 능력이 저하되는 현상을 말한다. 온실효과라는 표현은 꽃을 재배할 때 태양에너지가 빠져나가지 못하도록 유리로 만든 온실을 이용하는데서 비롯되었다. 짧은 파장의 태양빛이 유리지붕을 통해 들어와서 온실 안의 흙과 꽃이 태양 에너지를 흡수한다. 한편 태양 에너지를 흡수한 흙과 꽃은 긴 파장의 적외선을 방출한다. 그러나 긴 파장의 복사파동은 유리를 투과하지 못하므로 온실이 더워지게 된다. 지구와 대기권은 태양의 복사 에너지를 받아 더워진다. 한편 지구는 복사 에너지를 우주공간으로 방출하고 있다. 따라서 지구의 온도 변화는 태양의 복사 에너지와 지구 복사 에너지의 차에 의하여 결정된다. 만약 지구가 받는 복사 에너지가 증가하거나 방출하는 에너지가 감소하면 지구의 온도는 상승하게 된다.

태양으로부터의 복사 에너지는 주로 자외선, 가시광선 및 짧은 파장의 적외선 영역에 해당된다. 이처럼 짧은 파장의 파동은 대기층을 쉽게 통과하여 지구표면에 도달할 수 있다. 그러나 지구표면의 온도는 태양보다 낮으므로 주로 긴 파장의 적외선을 방출한다. 이런 긴 파장의 파동은 대기층을 투과하기 어렵다. CO_2에 의한 지구온난화의 메커니즘은 (1) 태양 빛에 의해 데워진 지표에서 적외선이 나오고, (2) 지표에서 나온 적외선의 일부는 그대로 우주로 빠져나가고, (3) CO_2는 적외선을 만나면 내부를 심하게 운동시키고 활성화된 CO_2는 주위의 질소나 산소 분자와 충돌해 에너지를 전달한다. (4) CO_2에서 에너지를 받은 질소나 산소는 진동해서 열을 갖고, 적외선을 방출하며, 질소와 산소분자는 적외선에 부딪쳐도 반응하지 않는다. 그래서 CO_2가 없으면 그들 분자는 진동하지 않으며, 지표를 향해 적외선이 방출되지 않는다. (5) 질소나 산소가 방출한 적외선은 지표를 향하고 지표 부근이 데워진다. (6) 질소나 산소는 우주를 향해서도 적외선을 복사하므로 일시적으로 열이 축적되지만,

장기적으로는 대기 중에 열이 축적되지는 않는다. 대기층의 기체들은(주로 탄산가스와 수증기) 긴 파장의 복사를 흡수하여 재방출하므로 이것들이 지구로 되돌아오게 된다. 따라서 긴 파장의 복사는 지구 대기층을 빠져나가지 못하고 지구를 덥게 만든다. 만약 온실효과가 없다면 지구의 평균 기온이 -18℃가 될 것이므로 온실효과는 인류가 생존하는데 꼭 필요한 것이기도 하다. 그러나 오늘날의 주된 관심은 CO_2, CH_4, CFC 냉매 등과 같은 온실가스들이 인위적으로 급증하여 지구가 너무 더워진다는 것이다. 표 2-1은 온실가스별 주요 특징을 나타낸 자료이다. 실제로 세계는 화석에너지의 연소로 연간 50억 톤이 넘는 CO_2를 방출하는데, 이것이 결국 지구 온실효과를 일으켜 지구온난화 및 사막화 그리고 극지방의 얼음을 녹임으로써 해수면 상승 등으로 지구 생태계에 큰 변화를 가져오고 있는 것이다. 따라서 온실효과를 줄이기 위해서는 에너지 소비를 줄이고 에너지 기기의 효율을 향상시키며 환경오염이 적은 새로운 에너지원과 그 활용 기술을 개발하는 노력이 필요하다.

그림 2-2는 지구온도와 이산화탄소의 상승 변화를 나타낸 것으로, 산업혁명(1800년대)이후 대기중의 CO_2는 280ppm에서 380ppm으로 대폭 증가하였으며, 화석연료에서 배출된 CO_2가 지구온난화의 주된 원인으로 분석하고 있다. 인류의 화석연료 사용 증가로 대기 상의 온실가스 농도가 증가하고 지구의 평균 기온이 상승하는 온난화 효과가 발생하였으며, 이러한 기상이변은 지구온난화가 주요인으로 파악되고 있다. 지난 100년 간(1906~2005) 전 세계 평균 기온은 0.74℃ 증가, 화석연료 사용은 165% 증가하였다. 최근의 이상 고온과 가뭄은 기후학자들에 의해 온실가스가 지구 표면온도를 높이는 역할을 한다는 주장이 제기된 이후, IPCC 3차('01) 및 4차 보고서('07)에서 인간의 활동에 의해 배출된 온실가스가 기후 변화에 명백한 영향을 끼쳤다는 결론에 도달하였으며, 1993년부터 2003년까지 주요학술지에 발표된 928건의 관련 논문 100%가 기후 변화는 인류 활동과 관계있다는 결론을 포함하고 있다. 향후 지구온난화 방지를 위한 범세계적인 추가적 노력이 없을 경우 2100년 지구 온도 최대 6.4℃ 온도상승하고 국가별 GDP의 5~20% 수준의 비용 소요를 전망하고 있다. 참고로 온실가스 농도 550ppm으로 안정화하기 위해 세계 GDP의 0.6% 비용 발생이 예상된다.

그림 2-3은 캐나다의 Muir Glacier의 1941년과 2004년 사이 빙하 변천 모습으로 지구온난화에 의해 빙하가 대부분 녹고 호수로 변해진 모습이다. 그림 2-4는 세계의 바다를 도는 해양 대순환을 그림으로 나타냈다. 바다에는 얕은 곳의 따듯한 표층수와 깊은 곳의 차가운 심층수가 있다. 이 표층수와 심층수는 약 2000년에 지구를

한 바퀴 돌고 있는데 이를 해양 대순환이라고 한다. 태평양이나 인도양의 따뜻한 표층수는 서쪽을 흘러, 남아프리카를 돌아 대서양으로 북상한다. 대서양을 북상해 온 표층수(멕시코 만류)는 염분의 농도가 높아지면서 그린란드 난바다에서 식어 가라앉고, 심층수가 되어 대서양을 남하한다. 북극지역이 온난해지고 그린란드의 얼음이 녹아 바닷물 염분 농도가 낮아지면(1), 그린란드 난바다에서의 침강이 약해지고, 결과적으로 해양 대순환이 약해질 가능성이 있다(2). 대서양을 북상하는 표층수는 적도 부근의 열을 유럽으로 운반하는 역할을 한다. 그래서 해양 대순환이 약해지면 유럽이 추워지거나(3), 열이 달아나기 어려워지는 아프리카의 적도 부근에서 온난화·건조화가 진행될 가능성이 있다(4).

그림 2-5는 지구온난화가 진행될 때 자연환경과 인간사회가 받는 영향을 나타낸 것으로, 니컬러스 스턴(N.Stern)은 영국총리 경제고문(전 세계 은행 부총재)로 지구온난화 경제보고서를 집필하였다. 지구온난화가 계속되면 2050년에는 각국이 관련 문제를 해결하기 위해 전 세계 국내 총 생산(GDP)의 약 1%(약 6,510억 달러, 618조 원)을 지출해야 할 상황에 직면해 있다. 앞으로 200년 안에 세계 경제 규모가 5~20% 줄어들 가능성이 크다. 지구 기온이 3℃ 더 올라가면 40억 명이 물 부족에, 5억 명은 기근에 처할 위기가 있다. 지구온난화 방치 시, 제 2차 세계대전이나 대공황 당시보다 더 큰 경제적 피해가 가능하며, 미국에서는 허리케인 피해가 5~10% 증가하고 피해액이 2배 증가한다. 유럽은 매년 수만 명이 더위로 사망, 아마존 유역은 회복 불능 상태가 될 전망이다.

** 표 2-1 ‖ 온실가스별 주요 특징

구분	이산화탄소 (CO_2)	메탄 (CH_4)	아산화질소 (N_2O)	불화화합물 ($HFCs, PFC_s, SF_6$)
배출원	에너지사용/산업공정	폐기물/농업/축산	산업공정/비료사용	반도체 세정용 냉매, LCD모니터제조 등
온난화 기여도(%)	55	15	6	24
지구온난화 지수 (GWPs)	1	21	310	1,300~23,900

주) 지구온난화 지수(Global Warning Potentials): 50~100년 동안 해당 온실가스의 지구온난화 잠재량을 나타내는 지수, 기준은 이산화탄소 1이다.

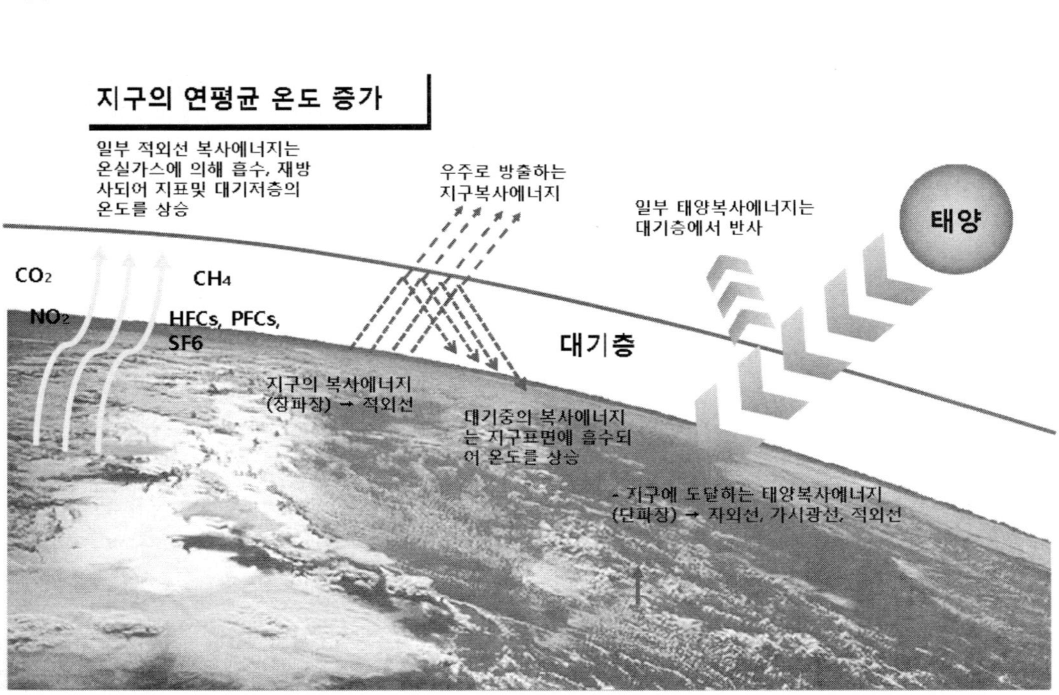

** 그림 2-1 ▌ 온실가스 종류와 지구온난화: CO_2가 지표로부터의 적외선을 만나면 심하게 운동하고 CO_2에서 에너지를 받은 질소나 산소는 진동해서 열을 가지며 질소나 산소가 방출한 적외선은 지표를 향하고 지표 부근이 데워짐(임동순, 2010)

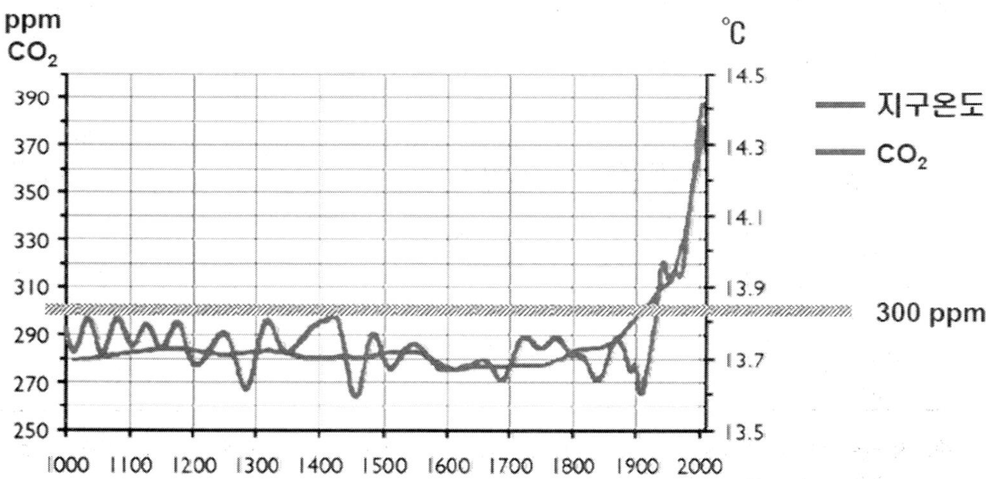

** 그림 2-2 ▌ 지구 온도와 이산화탄소의 상승 변화: 산업혁명(1800년대) 이후 대기 중의 CO_2는 280ppm에서 380ppm으로 대폭 증가하였으며, 화석연료에서 배출된 CO_2가 지구온난화의 주된 원인임(에너지 관리 공단, 2010)

(1) 1941년 8월 (2) 2004년 8월(US Geological Survey)

** 그림 2-3 ▌ Muir Glacier 빙하 변천 모습

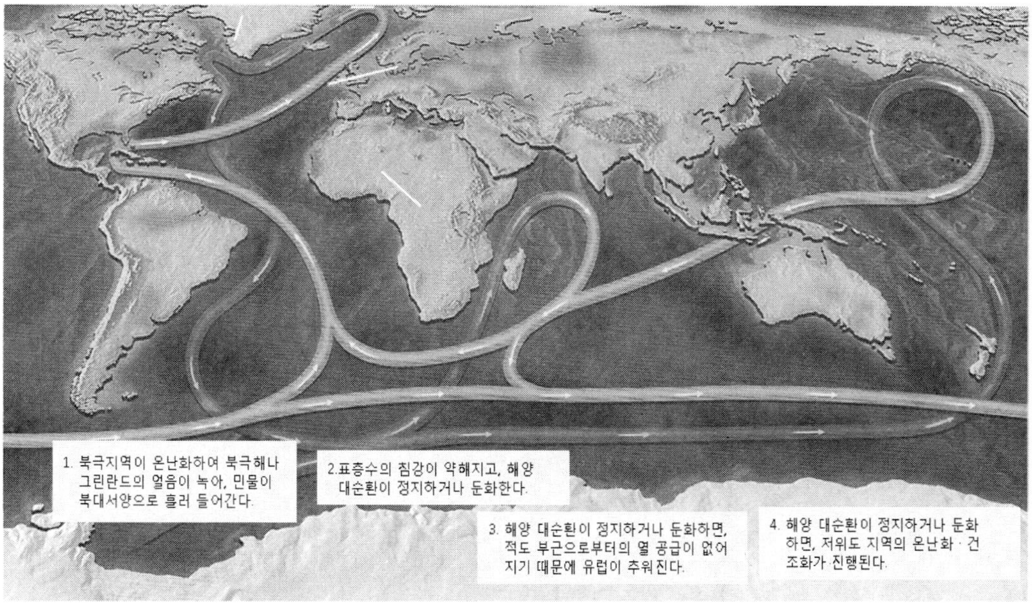

** 그림 2-4 ▌ 지구온난화에 의한 세계 해양 대순환 변화 가능성: 해양 대순환이 정지하면 유럽은 아주 추워지고, 저위도는 더욱 더워짐(Newton highlight, 2009)

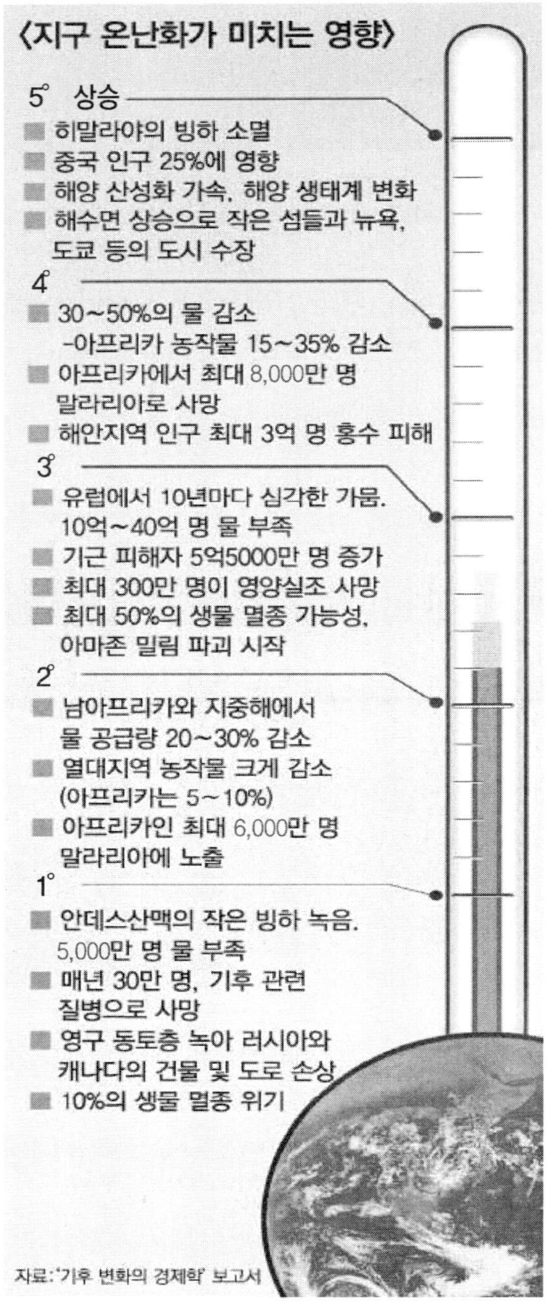

** 그림 2-5 ▌ 지구온난화가 진행될 때 자연환경과 인간사회가 받는 영향(출처: 기후 변화 경제학보고서)

2.2 기후 변화 협약의 주요 내용

그림 2-6은 UNFCCC 기후 변화 협약의 의미를 나타낸 것으로, 기후 변화 협약(United Nations Framework Convention on Climate Change: UNFCCC)은 1992년 6월에 브라질의 리오 "유엔 환경 개발 회의(UNCED)"에서 CO_2 등 온실가스 증가에 따른 지구온난화 및 이상 기후 현상을 예방하기 위한 목적으로 채택된 범지구적 환경 협약이며, 협약의 구체적 이행 시 온실가스 배출 규제에 따른 경제 활동 및 산업 발전의 위축, 온실가스 감축 첨단 기술 보유국과의 경쟁력 차이에 따른 무역 장벽 형성 등의 문제로 이어지는 경제 협약 및 기술 협약의 성격을 지니고 있다. 표 2-2는 1992년 리오 환경 회의에서 기후 변화 협약의 '공통의 차별화된 의무'를 나타낸 자료로, 2009년 4월 현재 192개국 가입되어 있으며, 우리나라는 Non Annex I 국가로 동 협약에 47번째로 가입('93.12월)하였으며, OECD 회원국임에도 불구하고 Non Annex I 국가지위 유지하고 있다. 협약의 기본 원칙은 공통의 차별화된 책임원칙과 선진국의 주도적 역할수행 및 각국의 사회·경제적 여건에 따라 모든 국가가 국제적으로 대응하는 것이다.

그림 2-7은 지구온난화에 따른 기후 변화 관련 국제적인 협상 과정을 나타낸 것이다. 교토 의정서(Kyoto Protocol)는 1997년 12월 선언적인 기후 변화 협약만으로는 지구온난화 방지가 불충분하다고 인식하여 선진국의 구속적인 온실가스 감축 의무를 규정한 교토 의정서를 채택(현재 192개국 비준)하였으며, 2005년 2월 16일 발효되었다. 그 의의는 교토 의정서가 채택됨에 따라 의지 표명 수준이었던 기후 변화 협약이 누가, 얼마만큼, 어떻게 할 것인가에 대한 구체적인 방법이 명시된 법적 구속력이 있는 국제 협약으로 거듭나고 있다. 선진국(Annex I)의 감축 목표 설정하고, 2008~2012년간 선진국(Annex I) 전체의 배출총량을 1990년 수준보다 최소 5.2% 감축하되, 각 국가별로 차별화된 배출량을 규정하였다. 2007년 12월, 인도네시아 발리에서 제13차 당사국 총회가 개최되었으며, 2012년 이후 선진국과 개발도상국의 의무 부담에 대하여 원칙적인 동의를 이끌어낸 발리 로드맵(Bali Roadmap) 채택하였으며, Post-2012 체제에 대한 협상 프로세스가 Two Track으로 진행하기로 하였다. 이에 따라 선진국은 측정, 보고, 검증 가능한 감축 공약 및 정량적인 목표 설정을 해야만 하고 개도국들도 측정, 보고 및 검증 가능한 방법을 통해 국내적으로 적정한 온실가스 감축을 위한 노력을 기울이도록 요청하고 있다. 2008년부터는 OECD 국가 중 한국과 멕시코를 제외한 38개의 선진국(부속서 I 국가)에서 본격적인 의무 감축

을 시행하고 있다.참고로 협약과 의정서를 구분하자면, 협약(Convention)은 일반적인 원칙을 다룬 문서이고 의정서(Protocol)를 통해 구체적인 지침을 수립한다. 의정서는 법률에 대한 시행령의 관계와 마찬가지로 협약을 구체적으로 이행하기 위한 내용을 담은 문서이다.

1992년 리우 환경 개발 회의에서 "기후 변화에 관한 국제 연합 기본 협약(UNFCCC)"을 채택하고(1994년 3월 발효), 1997년 선진국의 구속적 온실가스 감축을 위해 교토 의정서를 채택하였으며, 2005년 2월 교토 의정서 발효한 뒤, 2005년부터 포스트 교토 체제에 대한 협상 진행 중이다. 미국은 2001년 교토의정서를 탈퇴하고 2006년 별도 체제인 『아태 기후변화파트너십』 출범(회원국 : 미국, 한국, 일본, 중국, 호주, 인도)하였다. 2007년에는 기후 변화 문제가 UN, G-8, 다보스포럼 등 각종 국제 정치 무대에서 주요 의제로 부각하였다.

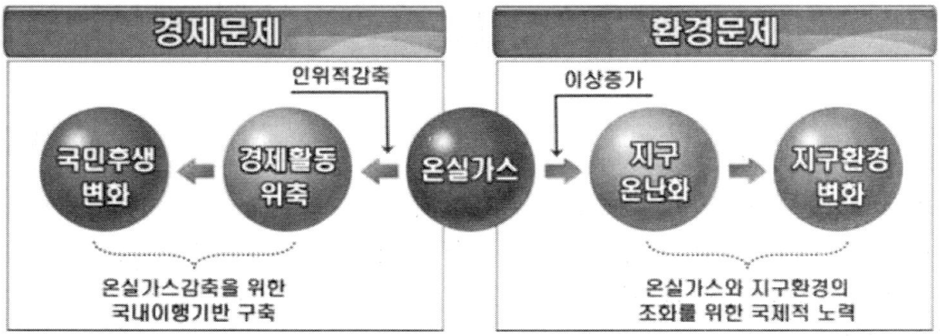

** 그림 2-6 ▌ UNFCCC 기후 변화 협약의 의미(에너지 관리 공단, 2009)

** 표 2-2 ▌ 1992년 리오 환경 회의에서 기후 변화 협약의'공통의 차별화된 의무'

의무 분류	대상국	의무의 내용
공동 의무	기후 변화 협약 비준국 전체	• 온실가스 배출 감축을 위한 국가 전략 수립, 시행 및 공고 • 온실가스 배출량 및 흡수량에 대한 국가통계 및 정책 이행에 관한 국가보고서를 작성하고 당사국총회에 제출(우리나라도 포함) ※ 선진국은 협약 발효 후 6개월, 개발도상국은 3년 이내
특정 의무	Annex Ⅰ	2000년까지 온실가스 배출량을 1990년 수준으로 감축 (강제적인 구속력은 없음)
	Annex Ⅱ	개발도상국에 대한 재정 지원 및 기술 이전

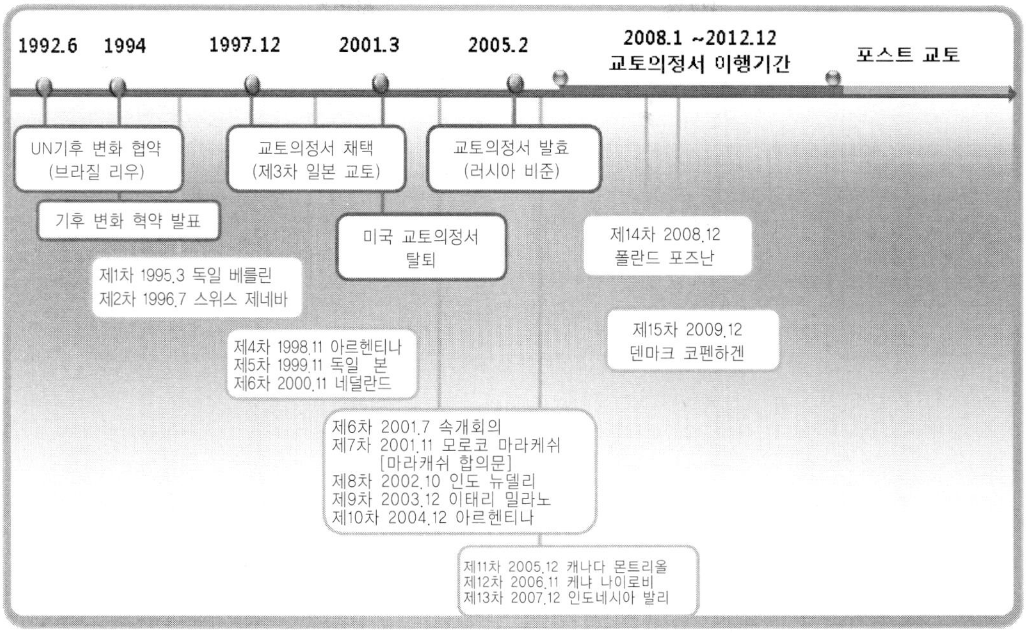

** 그림 2-7 ▌ 기후 변화 관련 협상 과정(임동순, 2010)

2.3 온실가스 배출 현황과 향후 전망

표 2-3에 나타난 것처럼, 2004년 현재 화석연료 연소에서 발생하는 이산화탄소(CO_2) 배출량에서 세계 9위를 차지하고 있고 1990년부터 2004년까지 CO_2 배출 증가율이 OECD 국가들 중 1위였던 한국에게 허용될 수 있을지는 향후 국제 협상 과정에 달렸겠지만, 지구 전체 기후 안정성의 관점에서나 우리사회의 기후 변화 유발에 대한 책임의 관점에서는 허용되기는 힘들다. 한국은 2004년 현재 1인당 CO_2 배출이 9.7톤으로 세계 평균인 4.5톤의 2배가 넘는다.

세계 인구의 0.7%를 차지하지만 CO_2 배출 비중으로는 1.6% 차지를 차지하며 우리보다 경제 규모가 큰 일본이나 독일, 영국과 1인당 CO_2 배출이 유사한 상태에서 CO_2 배출의 상대적 개선이 어느 정도 허용될지는 미지수이다. 그림 2-7에서 보듯이 현재 우리나라는 주요 선진국들에 비해 1인당 CO_2 배출 더 높다. 1990년에는 그림 2-8에 비교된 국가들 중 미국을 제외하고 영국이나 독일, 일본에 비해 1인당 CO_2배출이 낮았지만 2005년에는 역시 미국을 제외한 다른 국가들에 비해 1인당 배출량이

** 표 2-3 ‖ 탄소발자국 세계 10위권 국가들

(단위: %)		CO_2 배출		증감		인구	CO_2/인	
		1990	2004	증감률(%)	증감량(Mt)	2004	1990	2004
1	미국	21.2	20.9	25	1,228	4.6	19.3	20.6
2	중국	10.6	17.3	109	2,608	20.0	2.1	3.8
3	러시아	8.7	5.3	−23	−460	2.2	13.4	10.6
4	인도	3.0	4.6	97	660	17.1	0.8	1.2
5	일본	4.7	4.3	17	186	2.0	8.7	9.9
6	독일	4.3	2.8	−18	−172	1.3	12.3	9.8
7	캐나다	1.8	2.2	54	223	0.5	15.0	20.0
8	영국	2.6	2.0	1	8	0.9	10.0	9.8
9	한국	1.1	1.6	93	224	0.7	5.6	9.7
10	이탈리아	1.7	1.6	15	60	0.9	6.9	7.8
총계		22.7(Gt)	29.0(Gt)	28	6,280	6,378M	4.3	4.5

자료: UNDP, 2007 재구성

더 많은 상태가 된 것이다. 이런 상황에서 우리나라가 에너지 다소비적 산업구조를 이유로 절대적인 감축이 아니라 탄소 집약도나 에너지 효율성을 개선하는 방식을 취하는 것이 어느 정도 가능할지는 확신하기 힘들다. 하지만 우리 국민조차 한국이 보다 적극적인 감축 정책을 마련해야 한다는 견해를 보이고 있기에 이러한 주장이 국제사회에서 수용되기는 쉽지 않아 보인다. 2007년 4월 말에 환경부가 실시했던 기후변화에 관한 국민 의식 조사에서 일반시민들은 '경제적 부담이 크더라도 우리나라가 의무 감축국으로 지정되어야 한다'는 의견에 83.7%가 압도적인 지지를 보였으며, 우리나라가 온실가스 감축 책임을 진다면 '선진국에 가까운 수준'(39.6%)이나 '개도국보다는 높은 수준'(36.4%)의 책임을 지는 것이 바람직하다는 의견을 표명하였다.

그림 2-9는 에너지 발전 방식별로 CO_2 배출량을 분석한 것으로, 발전량 1kWh당 배출되는 CO_2의 양(g)을 Life Cycle Assessment에 비교하였다. 태양광 발전이나 수력발전, 풍력발전 등의 자연 에너지를 이용하는 방식은 화석이나 석유, 천연가스를 이용하는 화력발전에 비해 발전량당 CO_2 배출량이 매우 낮음을 알 수 있다. 그림 2-10은 세계 선진국의 CO_2 배출 감축 시나리오를 나타낸 것으로 온실가스 배출 감축에 적극 의지를 보이고 있다. 그림 2-11은 온실가스 저감을 위한 우리나라 온실가

스 배출에 대한 향후 전망을 나타낸 것으로 2030년에는 배출 전망(Business as Usual: BAU) 62Gton에서 48Gton을 줄인 14Gton 배출 목표를 잡고 있으며, 신재생 에너지원으로 27%, 화석연료 청정화로 37%, 에너지효율 향상으로 36% 감축 목표를 계획하고 있다.

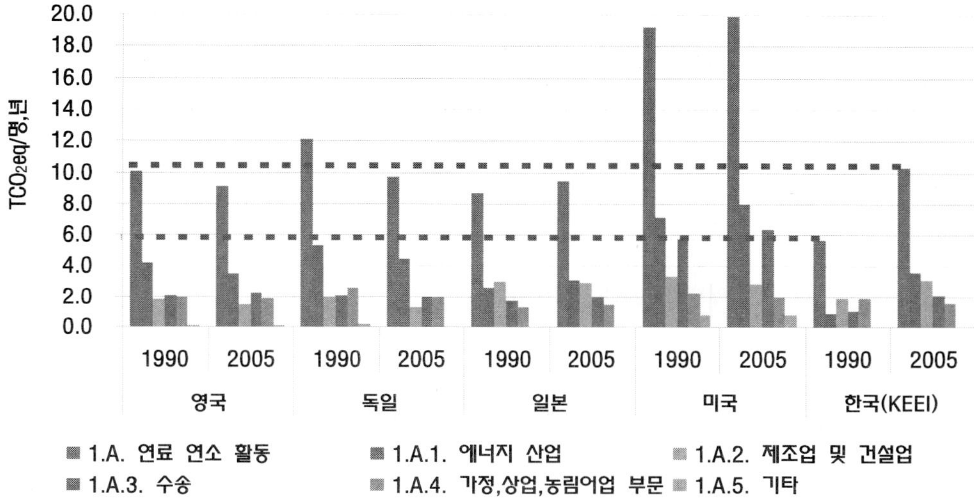

** 그림 2-8 ▌ 주요국의 1인당 CO_2 배출 증감 추세(1990, 2005)

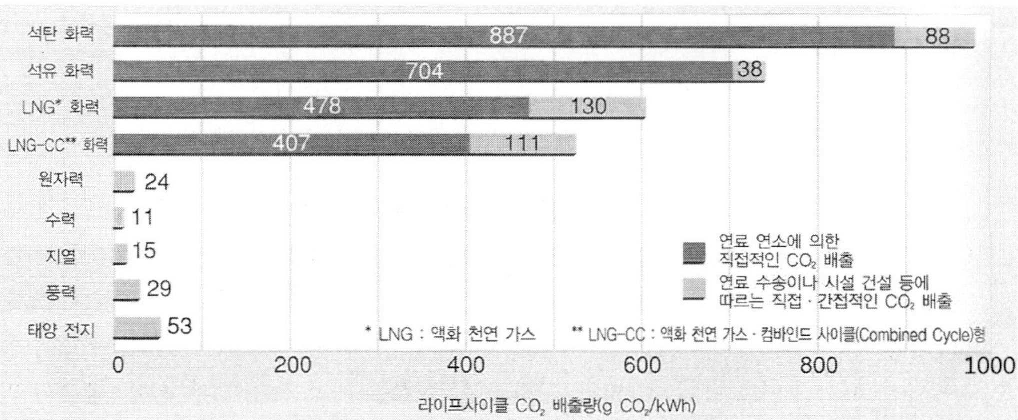

** 그림 2-9 ▌ 에너지 발전 방식별 CO_2 배출량: 발전량 1kWh당 배출되는 CO_2의 양(g)을 Life Cycle Assessment에 비교한 것(Sustainability의 과학적 기초에 관한 조사보고서, 2005)

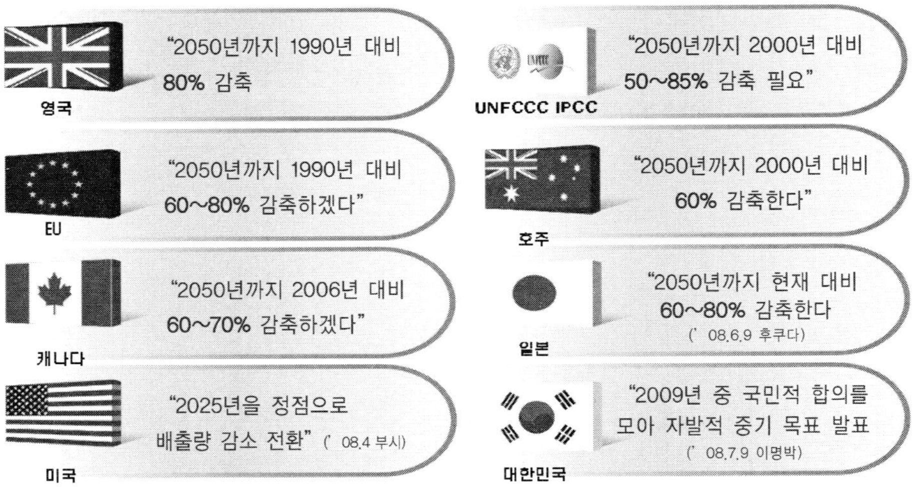

** 그림 2-10 ▌ 세계 선진국의 CO_2 배출 감축 시나리오(한국과학재단, 2008)

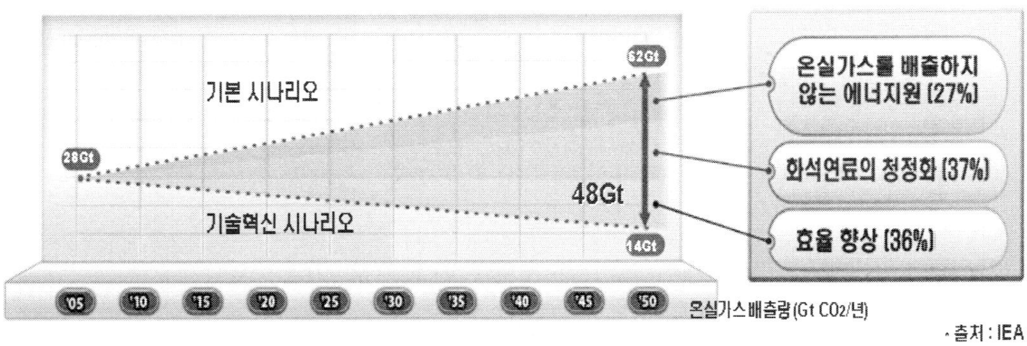

** 그림 2-11 ▌ 온실가스 저감을 위한 우리나라 온실가스 배출 전망(지식경제부, 2009)

표 2-4처럼 2006년 우리나라 온실가스 배출량은 2005년(594백만tCO_2) 대비 0.9% 증가한 599.5백만tCO_2로 '90년 이후 연평균 4.6% 증가('90년 대비 2.0배)하였다. 총 배출량 중 석탄, 천연가스 등의 화석연료 연소에 의해 발생되는 에너지(84.3%) 부문과 산업 공정(10.6%) 부문이 총 배출량의 95% 차지하고 있다. 우리나라는 세계 9위의 연료 연소에 의한 이산화탄소(CO_2) 배출국으로 전 세계 배출량의 1.7%를 차지하고 있으며, 미국 20.3%, 중국 20.0%, 러시아 5.7%, 일본 4.3% 점유하고 있다. 에너지 부문 CO_2 배출은 전환 부문이 35.5%로 가장 높은 비중을 차지하고 있으며, 산업(31.3%), 수송(19.8%), 가정·상업(11.3%), 공공기타(0.9%) 순이다. 온실

가스별 배출량은 이산화탄소가 전체 배출량의 88.8%를 차지한다. 우리나라의 에너지 소비당 CO_2배출 수준은 국제적으로 낮은 편이며, 신재생 등 청정 에너지 보급이 확대됨에 따라 점차 감소하는 추세이다. 주요국 에너지당 배출 수준을 분석하면, 2006, 한국을 100으로 볼 때, 일본 105, 미국 111, 중국 135이며, 에너지당 온실가스 배출(tCO_2/toe)은 2.27('02)→2.24('03)→2.22('04)→2.17('06)로 감소 추세이다.

그림 2-12는 우리나라 1차 에너지 총 소비와 온실가스 배출량을 분석한 것으로, 에너지 소비 증가량과 비례하여 온실가스가 증가한 것으로 분석되며, 배출된 온실가스는 발전, 산업, 수송에서 대부분을 차지하고 있다. 뿐만 아니라 우리나라의 에너지 공급 안정성은 매우 취약한 반면, 물가안정, 국가경쟁력 등을 고려한 저 에너지 가격 정책으로 인한 에너지 절약 의식 이완과 경제 성장 등으로 에너지 소비와 이에 따른 온실가스 배출량도 지속 증가하고 있다. 그러므로 고유가 및 기후 변화에 대응하여 지속 가능한 성장이 가능하도록 에너지 저소비형 경제·사회구조로의 전환이 시급한 상황이다.

그림 2-13은 우리나라 CO_2 배출 전망(Business as Usual: BAU)과 3가지 감축 시나리오를 나타낸 것으로, 2005년 대비 2020년 배출 전망을 21%, 27%, 혹은 30%를 감축하는 목표를 설정하고 있다. 그림 2-14는 일본의 CO_2 배출량 70% 삭감 계획을 나타낸 것으로, 시나리오 1은 기술 지향의 사회를 구현하는 것으로, 1인당 GDP 성장률 연 2% 도시에 인구가 집중하는 회전이 빠른 사회이면서 에너지효율이 높은 기기를 도입하거나, 대규모 에너지 공급 방법으로 전환하는 일이 배출 삭감에 기여할 것으로 보인다. 시나리오 2는 자연지향의 사회를 구현하는 것으로 1인당 GDP 성장률 연 1%, 인구는 각지에 분산된다. 느슨한 사회로 생물에 근거한 바이오 연료나 태양광, 풍력 등의 에너지 이용이 배출 삭감에 기여할 것으로 보인다. 표 2-5는 CO_2 배출량을 줄이기 위한 주요 기술과 방법을 소개하고 있다. 현재 이용할 수 있는 기술과 2030년까지 실현될 것으로 보이는 기술에 대해 IPCC가 요약한 것이다(출처: IPCC 제4차 보고서, 번역: Newton Highlight, 2009).

일본은 교토 의정서에 의해 2008~2012년에 1990년의 온실가스 배출 수준에서 6% 삭감할 의무를 지고 있다. 이에 따라 기업 등에서는 온실가스의 배출 삭감이 진행되고 있다. 그러나 가정이나 사무실에서는 오히려 배출량이 증가하는 경향이다. 특히 가정과 자가용 승용차에서는 배출량이 줄기는커녕 증가하고 있다. 지금이야말로 각 개인의 의식 개혁이 절실한 때이다. 가정에서 배출량이 증가하는 원인으로는, 기업에서는 온실가스 배출량의 삭감이 이익으로 직결되는 데 비해, 가정에서는 목표가 뚜렷하지 않아 스스로 무엇을 해야 할지 알지 못하는 것이 영향을 끼친다고 생각된다. 가정에서는 도시가스나 액화석유가스(LPG)를 연소하면 이산화탄소가 나온다. 또 전기를 사용해도 이산화탄소는 나오지 않지만, 그 전기를 만든 발전소에서 이산화탄소가 배출된다. 우선 우리 생활에서, 어디에서 어느 정도 이산화탄소가 배출되는지를 아는 것이 좋다.

다음으로 각 개인이 6% 삭감을 목표로 계획을 세워 실행해 보자. 온실가스의 배출량 삭감을 위해서는 예컨대 가능한 승용차를 타지 않고 대중교통 기관을 이용하며, 전기 스위치를 부지런히 끄고, 가족 모두가 집에 있을 때 목욕탕을 함께 시용하며, 외출할 때 플러그를 빼는 등의 방법을 등 수 있다. 그림 2-15는 1인 1일 1kg의 CO_2를 삭감하기 위해 무엇을 할 수 있는지를 표시한 것이다. 일본인 약 1억2,800만 명이 실행하면, 1년 동안 4,700만t에 가까운 이산화탄소를 줄일 수 있다. 이것은 일본 정부가 가정에서 삭감해야 할 CO_2 양의 목표로 정한 연간 3,800만 ton을 웃도는 수치이다.

** 표 2-4 ▎ 우리나라 온실가스별 배출량 현황('06년)(에너지 관리 공단, 2008)

CO_2	CH_4	N_2O	HFCs	PFCs	SF_6	합계
532.2 (88.8)	25.3 (4.2)	15.5 (2.6)	5.9 (1.0)	2.9 (0.5)	17.8 (3.0)	599.5 (비중%)

※ HFCs, PFCs 및 SF_6는 산업 공정 부문(반도체·LCD 생산, 자동차용 냉매 등)에서 제품 생산 시 발생하는 합성가스

** 표 2-5 ▎ CO_2 배출량을 줄이기 위한 주요 기술과 방법(IPCC 제4차 보고서)

부문	현재 실용화 하고 있는 주요 기술과 실시 방법	2030년까지 시용화가 예상되는 주요 기술과 실시 방법
에너지	• 석탄에서 가스로의 연료 전환 • 원자력 발전 • **태양광, 풍력, 지열, 바이오 연료 등의 재생 가능한 열 에너지와 전력** • **CO_2 회수·저류 기술의 조기 적용**	• 가스, 석탄을 연료로 하는 발전소의 CO_2 **회수·저류 기술** • 개량형 원자력 발전 • 조수 간만이나 화력, 태양광을 이용한 개량형 재생 가능 에너지
운수	• 저연료비 자동차 • 하이브리드 자동차 • 배기 가스가 깨끗한 디젤 자동차 • 바이오 연료 • 자동차 이용에서 공공 교통 시스템 이용으로 변경 • 자전거, 도보 이동을 늘린다	• 차세대의 바이오 연료 • 연료효율이 좋은 항공기 • **출력이 더욱 높고 신뢰성 높은 전지를 이용한, 전기 자동차나 하이브리드 자동차**

부문	현재 실용화 하고 있는 주요 기술과 실시 방법	2030년까지 시용화가 예상되는 주요 기술과 실시 방법
건축	• **에너지 이용 효율이 좋은 조면, 태양광의 이용** • 에너지 효율이 더욱 좋은 전기기기, 냉난방 설비, 조리기의 이용 • 프레온 가스의 회수와 재이용	• 고성능 미터기를 갖추고, 전력 등을 자동으로 관리할 수 있는 상업용 빌딩의 설계 • 태양전지를 이용하는 빌딩의 설계
산업	• 에너지효율이 더욱 좋은 전기기기의 사용 • 열 및 전력의 회수 • 재료의 재활용 • CO_2 이외의 가스 배출량 제어	• 에너지 이용 효율 향상 • **시멘트나 철강 제조에서 CO_2 회수·저류 기술**
농업	• **토양에서의 탄소 저류량을 늘리기 위해 농지·방목지의 관리 방법 개선** • 메탄의 배출량 삭감을 위해 가축이나 퇴비의 관리 방법 및 벼농사 방법을 개선한다. • N_2O의 배출량 삭감을 위해 질소 비료 이용 방법을 개선한다. • 바이오 연료의 연료가 되는 작물 재배	• 농작물 수확고 향상
임업·삼림	• **새로운 나무 심기나 다시 심기** • 삼림 관리나 벌채의 축소 • 벌채한 나무로 만든 제품의 관리 • 화석연료 대신, 임업 제품을 바이오 연료로 이용	• 바이오 연료 등으로 이용하기 쉽거나 CO_2를 흡수하기 쉬운 나무의 품종 개량 • 식생이나 토양의 탄소 저류 가능량을 분석하거나, 토지 이용의 변화를 감시하는 위성을 이용한 기술의 향상
폐기물	• **폐기물 소각으로 발생하는 에너지 회수** • 매립지에서 발생하는 메탄의 회수 • 유기 폐기물의 퇴비화 • 폐수 처리의 관리 • 폐기물의 재활용과 삭감	• 메탄의 산화를 최적 조건으로 하는 바이오 커버와 바이오 필터

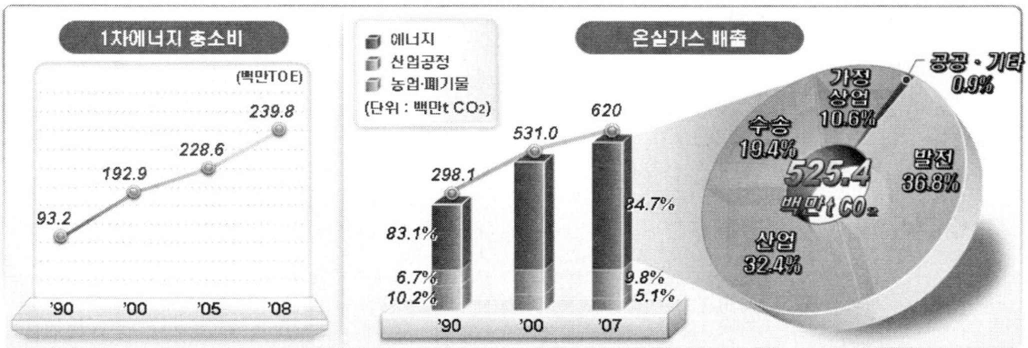

** 그림 2-12 ▎ 우리나라의 에너지 이용에 따른 온실가스 배출 현황(에너지 관리 공단, 2010)

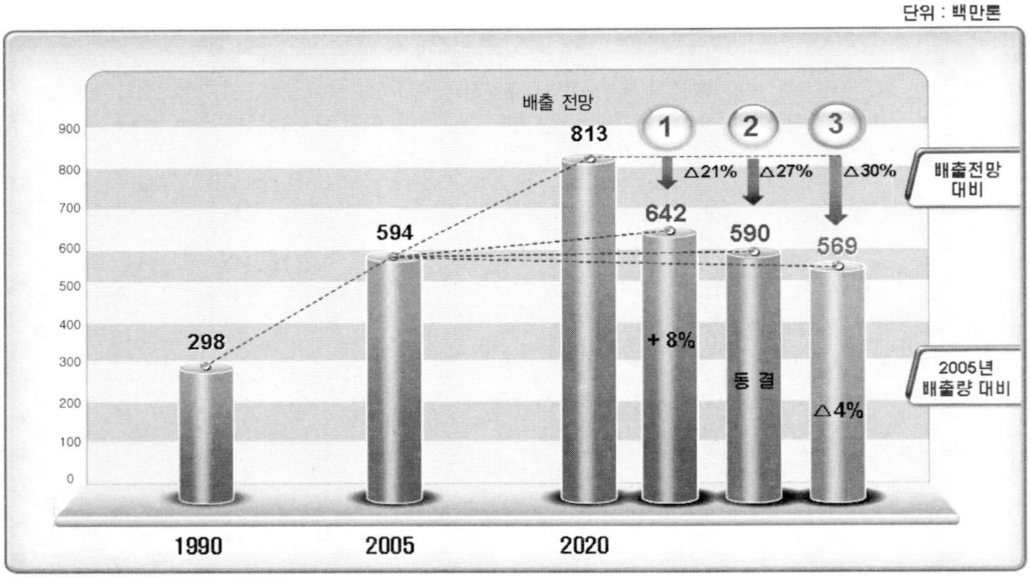

** 그림 2-13 ▌ 우리나라 CO_2 배출 전망(Business as Usual: BAU)과 3가지 감축 시나리오

(에너지 관리 공단, 2010)

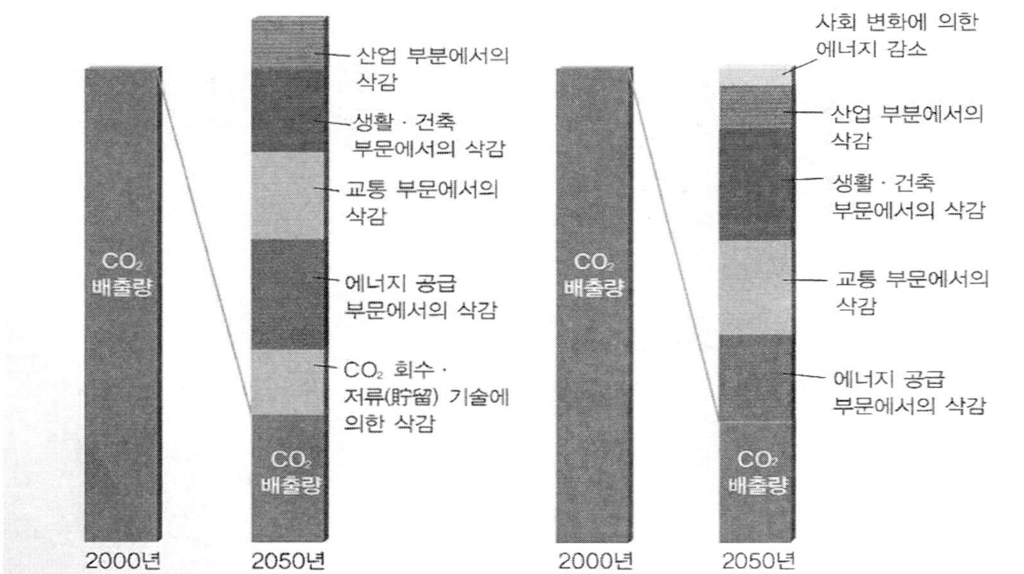

시나리오 1 (기술지향 사회) 시나리오 2(자연지향 사회)

** 그림 2-14 ▌ 일본의 CO_2 배출량 70% 삭감 계획(출처: 저탄소 사회실현을 위한 탈온난화 2050 프로젝트)

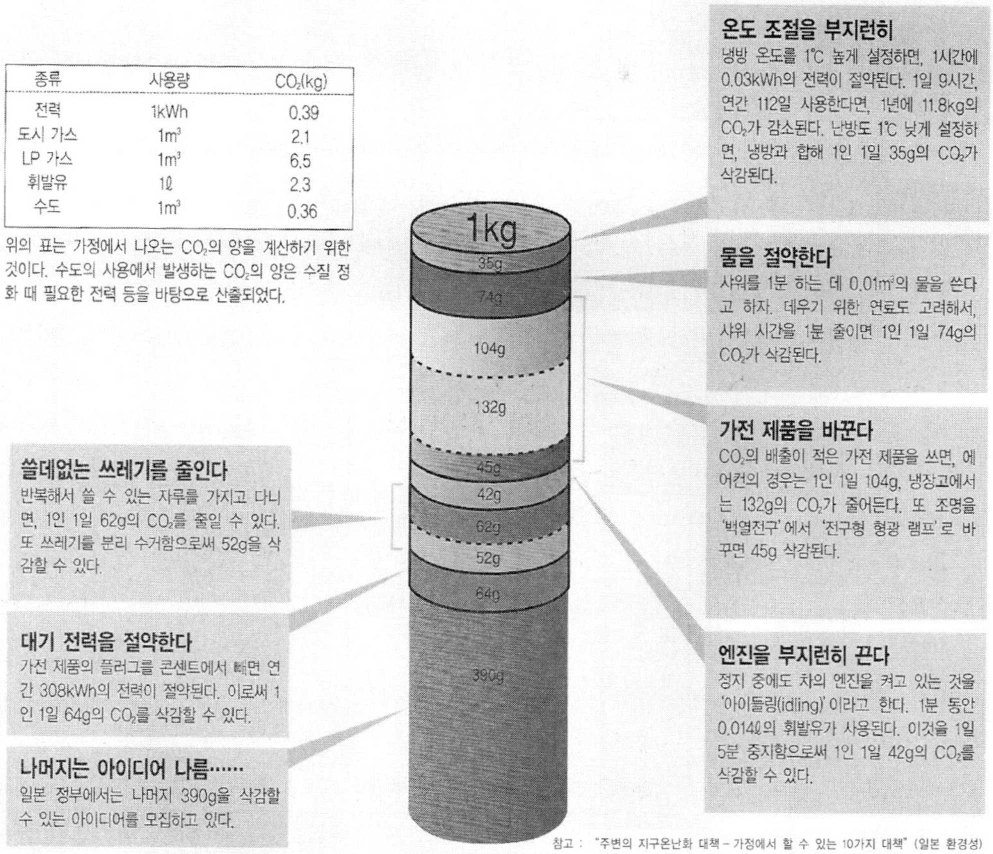

** 그림 2-15 ▌ 1인 1일 1kg의 CO_2를 삭감하기 위해 방법론(출처: 주변의 지구온난화 대책-가정에서 할 수 있는 10가지 대책, 일본 환경청, Newton Highlight 2009 번역)

2.4 국내외 탄소시장 현황 및 전망

탄소시장이란 온실가스 배출권을 거래하는 시장을 의미하며, 크게 할당량 거래시장(allowances market)과 프로젝트 거래시장(Project-based market)으로 구분하며, 할당량 거래시장은 온실가스 배출량이 할당된 국가나 기업들이 할당량 대비 잉여분과 부족분을 거래하는 시장으로서 EU ETS와 미국의 CCX가 대표적이다. EU Emissions Trading Scheme는 EU가 교토 의정서에 의한 온실가스 감축 목표를 효과적으로 달성하기 위하여 기업들로 하여금 배출권을 거래할 수 있도록 2005년부터 가동한 세계 최대의 탄소시장이며, 전력·철강·정유 등 12,000여개 사업체가 참여하고 있다. 표 2-6은 세계 탄소시장 규모를 나타낸 것으로, 시장 규모는 2008년 30.9억tCO_2, 919억불 규모로 세계 탄소시장에서 압도적 비중을 차지하고 있으며, 전체 거래량 기준 64%, 금액 기준 73%이다. 2007년 대비 거래량은 50%와 거래 금액은 87%가량 증가하고 있다. 규제 준수, 리스크 관리, 차익 거래, 차익 실현 등을 목적으로 현물, 선물, 옵션 거래가 이루어지고 있다. 배출권 가격은 2008년 7월 28.73유로까지 거래되던 배출권 현물 가격이 금융 위기로 인해 2009년 2월 7.96유로까지 하락하였다. 금융 위기에 따른 유동성 확보와 생산량 감소에 따른 배출량 감소로 인해 기업들이 무상으로 할당받은 배출권을 대량으로 판매함으로써 거래량이 2008년 하반기에 급증하였고 가격은 급락하였다. Chicago Climate Exchange는 2003년 개장하였으며 참여 주체들은 자발적이지만 법적 의무가 따르는 배출량을 부여받아 배출권을 거래하는 곳이다. 기본 골격은 자발적으로 목표를 설정하고 이에 구속되는 회원을 중심으로 한 "Cap and Trade" 형태이다. 프로젝트 감축 실적에서 발생되는 크레디트("Baseline and Credit")이 연계되어 운영되는 자발적 배출권 거래소시장이다. 회원 이외에 감축 실적 등록을 통한 실적공급자를 포함한 기업, 지방자치단체, 기타 사업장 등 약 300여개의 참여자로 구성되어 있다. 2008년 3월 현재, 회원 99개, 준회원 70개, 참여 회원 155개로 구성되어 있으며, 지리적으로 미국에 한정되어 있지 않으며, 북미지역을 중심으로 세계 각국에서 벌어지는 프로젝트 감축 실적을 수용할 수 있는 개방형 거래소이다. 2008년도 평균 거래 가격은 tCO_2당 $3.86이었다.

프로젝트 거래시장은 온실가스 감축 프로젝트를 실시해 거둔 감축량에 따라 획득한 크레디트를 배출권 형태로 거래하는 시장으로 CDM과 JI가 대표적이다. Clean Development Mechanism(CDM)은 선진국이 개발도상국에 투자하여 감축한 온실가스의 일정량을 자국의 실적으로 인정하는 제도로, 개도국이 자체적으로 사업을 시행하여 선진국에 배출권을 판매할 수도 있다. CDM 시장 규모는 2008년 14.6억tCO_2, 328억불 규모로 추정되어, 전체 프로젝트 시장 거래량의 95%, 금액의 98%를 차지하며, 배출권 가격은 1차 CDM 시장의 CER(Certified Emission Reduction) 가격은 전년대비 16% 높은 11.46유로(16.78불)이었으며, 2차 CER은 평균 24.5유로로 거래되었다. 1차 CDM 시장은 CER의 원소유주와 구매자 간에 거래하는 시장이고, 2차 CDM 시장은 CER의 구매자가 또 다른 구매자를 찾아 거래하는 시장이다. 1차 CDM 시장은 전 세계적인 금융 위기와 Post-2012의 불확실성으로 인해 1차 CDM 시장이 2008년 하반기에 급속히 냉각하였다. Joint Implementation는 선진국이 다른 선진국에 투자하여 감축한 온실가스의 일정량을 자국의 실적으로 인정하는 제도이다. JI

시장 규모는 2008년 20백만tCO_2, 294백만불 규모로 2007년 41백만tCO_2, 499백만불 규모에서 크게 감소하였으며, 배출권 가격은 2008년 평균 9.95유로로 2007년 대비 12% 상승했으나, 아직 CER 평균 가격(1차 CER 11.46유로, 2차 CER 24.5유로)에 비해서는 상대적으로 낮다. 주요 투자 대상국은 러시아(68%)와 우크라이나(18%)의 거래량이 대다수를 차지하고 있다. 2008년 전 세계 탄소시장 거래 규모는 1,263억불로, 2007년 630억불에 비해 2배 증가하였으며, 거래량은 48억tCO_2으로, 2007년 29.8억tCO_2에 비해 61% 증가하였다. 할당량 시장에서는 유럽 배출권 거래제가 가장 규모가 크며, 프로젝트 시장에서는 CDM 사업 시장의 규모가 가장 크다.

그림 2-16은 우리나라 온실가스 감축과 탄소시장 활성화 방안을 표현한 것으로, 국내 탄소시장의 현황을 보면, 우리나라는 온실가스 감축 의무국이 아니므로 CDM 시장과 자발적 시장을 중심으로 탄소시장에 참여하며, 온실가스 배출 감축 사업 등록제도(KCER) 운영 및 해외시장 연계하고 있다. 2005년부터 기업의 자발적 감축실적에 대해 KCER(Korea Certified Emission Reduction)을 발급하고, 탄소시장 활성화 이전에는 정부가 구매하는 제도를 운영하며, 2009.6월 현재 214개 사업이 등록되어 있으며, 이중 194개 사업에서 약 473만tCO_2의 온실가스 감축실적이 발생하였으며, 2009년도 정부 구매 자금으로 90억원을 책정 KCER의 해외시장(CCX) 연계 사례는 남부 발전이 제주도에 설치한 6MW 풍력발전 사업에서 발생하는 온실가스 감축량(연간 약 11,000tCO_2)이 CCX 시장에 상장되었다. 국내외 CDM 사업 참여 실적을 보면, 2005년.3월 울산화학 HFC 분해 사업을 시작으로 2009.6월 현재까지 국내에서 추진되고 있는 CDM 사업은 총 70건(이중 UN등록 27건)이고, 국내 기업의 해외 추진 사업은 약 20여건이다. UN 등록 사업의 연간 감축량은 14,797tCO_2로, 중국·인도·브라질에 이어 세계 4위 수준이다. 에너지 관리 공단은 세계 6번째(개도국 최초)로 CDM 사업 15개 전 분야에 대해 타당성 확인·검인증을 실시하는 기관으로 지정받아 현재까지 국내외의 51개 사업에 대해 평가 서비스 제공하고 있다. 국내 CDM 사업 25건 이 외에도, 세계 최대 CDM 시장인 중국을 비롯하여 베트남, 인도네시아 등 6개국 26개 CDM 사업에 대한 평가 수행하고 있다.

탄소 중립 프로그램은 기업 및 단체의 일상 활동에서 발생하는 CO_2 배출량을 토대로 부문별 중립 목표를 선언하고, CO_2 배출을 상쇄시키는 자발적 프로그램으로, 2008년 8개 단체가 참여하여 등록한 CO_2 배출량 중 약 1,330톤은 신재생 에너지 설비(태양광 발전 9.72kW) 설치를 통해, 685톤과 1,799톤은 각각 KCER 구매와 나무·숲 가꾸기를 통해 상쇄 실시하고 있다. 탄소 캐시백 프로그램은 저탄소 제품 구매 및 실천 매장 등을 이용하는 구매자에게 탄소 포인트를 제공함으로써 소비 형태의 변화를 도모코자 하는 자발적인 참여 프로그램으로, 경상북도, 국민은행, 신세계(이마트), 삼보컴퓨터 등 13개 기관 및 기업이 참여하여 2009.5월부터 시범 운영에 들어갔으며, 탄소캐시백 참여 기관 및 기업은 제조, 유통, 운송, 금융기관, 지자체 등 총 13개사이며, 대상 제품은 6개 업체의 8개 품목 60종이다. 또한 소비자가 탄소 배출이 적은 제품을 선택할 수 있도록 자동차('08.8월부터), 냉장고, 에어컨, 세탁기, 조명기기 등 전기를 사용하는 17개 제품('09.7월부터)에 대해 CO_2 배출 정보 표시하고 있다. 탄소펀드란 온실가스 감축 사업에 투자하여 확보한 탄소 배출권을 배출권 거래시장에 판매한 후 얻은 수익을 투자자들에게 배분하는 펀드이다. 2007.8월 출시된 국내 제1호 탄소펀드(운용사 : 한국투자신탁운용)에서 2008.8월 1MW급 태양광 발전 사업 2건에 대해 투자를 시작하였다. 2008.10월 탄소배출권 거래 및 온실가스 감축 사업 발굴을 전문으로 하는 한국 탄소 금융을 설립하였다.

** 표 2-6 ▌ 세계 탄소시장 규모(거래량: 백만tCO_2, 금액: 백만불)

구분		2007		2008	
		거래량	금 액	거래량	금 액
할당량 시 장	EU ETS(EU)	2,060	49,065	3,093	91,910
	New South Wales(호주)	25	224	31	183
	Chicago Climate Exchange(미국)	23	72	69	309
	RGGI(미국)	-	-	65	246
	AAU	-	-	18	211
	소계	2,108	49,361	3,276	98,859
프로젝트 시 장	1차 CDM	552	7,433	389	6,519
	2차 CDM	540	5,451	1,072	26,277
	Joint Implementation	41	499	20	294
	자발적 시장	49	263	54	397
	소계	876	13,646	1,535	33,487
총 계		2,984	63,007	4,811	126,345

향후 탄소시장 전망을 분석해 보면 전 세계적인 금융 위기로 인해 배출량이 감소함에 따라 선진국의 교토 의정서 상의 배출량 목표 달성이 쉬워지며, 2단계 EU ETS의 배출권 부족량도 줄어들 것으로 예상됨에 따라 CER 및 ERU에 대한 수요 감소가 예상된다. 현재 미국 및 호주의 배출권 거래제 실시는 아직 불확실한 상황이다. 그림 2-16은 우리나라 온실가스 감축과 탄소시장 활성화 지원 시책에 관한 것으로, 국제 CDM 추진, 탄소펀드 조성, 에너지 진단, 에너지 컨설팅, 그리고 배출권 거래 전문 기업 육성이 향후 매우 중요하다.

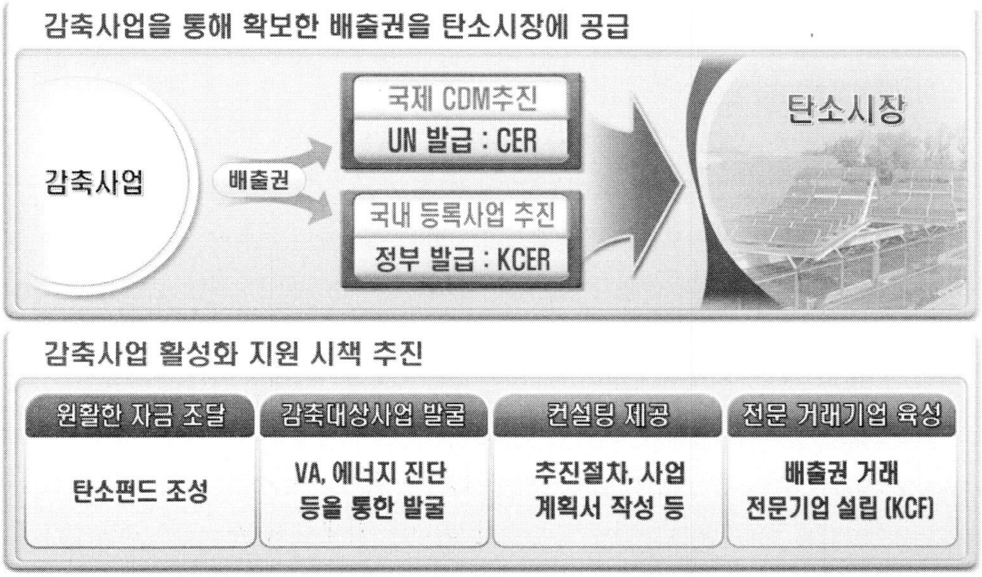

** 그림 2-16 ▌ 우리나라 온실가스 감축과 탄소시장 활성화(certified emmision reduction: CER)

(지식경제부, 2009)

참고문헌

[1] 에너지 관리 공단, "신재생에너지백서", 2008
[2] 에너지 관리 공단, "신재생에너지 RD&D 전략 2030 시리즈", Vol 1-14, 에너지 관리 공단
[3] 신재생에너지센터, (주)도서출판 북스힐, 2008
[4] 에너지 관리 공단, "에너지.기후변화편람", 2009
[5] 에너지 관리 공단 홈페이지, http://www.kemco.or.kr
[6] 이연상, "쉽게 풀어보는 기후변화협약", 한울 아카데미, 2008
[7] 임동순, "탄소시장의 이해와 활용방안", 에너지기술인력양성센터 강연자료, 2010년 2월 17일
[8] 존 휴턴 지음, 이민부, 최영은 번역, "지구온난화", 한울 아카데미, 2007
[9] 차제호, 강희정, 김정인, 오영삼, 박문희, 홍성안, 황규철, 손학식, 박효순, 금종수, 이성, 심상렬, 강철구, 박영구, "에너지총설-상.하", 한국에너지정보센터, 2003
[10] Newton Highlight, "인류가 직면한 최대의 과제 지구온난화", (주)뉴턴코리아, 2009

제 3 장

열유체공학 기본 개념

3.1 힘과 일

힘(Force) 이란 물체의 속도나 그 운동 방향을 바뀌게 하거나 물체를 변형시키는 작용을 말하며 뉴턴의 운동 제 2법칙으로부터 이해할 수 있으며 크기와 방향성을 가지는 벡터(Vector)량이며, 기본 SI 단위는 N(뉴턴)을 사용한다. 뉴턴의 1법칙에 의하면 정지해 있거나 직선상을 일정한 비율로 움직이는 물체는 어떤 힘이 작용하지 않으면 그 상태를 유지하려고 한다. 뉴턴의 2법칙은 외부의 힘이 물체에 작용하면 힘의 방향으로 물체의 가속도(속도의 변화)가 생긴다는 것이다. 식(3.1)은 뉴턴의 운동 제 2법칙을 나타내는 것으로, 여기서 F는 힘(Force), m은 질량, V는 속도이며, mV는 운동량을 표현하며, 첨자 sys는 System을, d는 미분량을 의미한다. 뉴턴의 3번째 법칙은 한 물체가 다른 물체에 힘을 가하면 힘을 받은 물체는 똑같은 힘을 처음 물체에 가한다는 것이다. 작용과 반작용의 원리, 즉 상호작용의 원리는 힘이 물체를 움직이게 하건 안하건 왜 물체를 변형시키려는가를 설명해 준다. 물체의 운동을 연구할 때는 대개 물체의 변형을 무시한다.

$$\Sigma \vec{F} = \frac{d(m\vec{V})_{sys}}{dt} \tag{3.1}$$

일(Work)이란 물체에 힘을 작용하여 힘의 방향으로 물체의 위치를 이동시키는 것으로 표현되며, 기계적 일은 작용력이 물체를 어느 거리 움직일 때 한 것이다. 간단히 말해서 기계적 일은 물체를 움직인 힘의 요소 곱하기 물체가 움직인 거리로 정의된다. 일의 측정 단위는 힘의 단위인 N과 거리의 단위인 m를 곱한 것이다. 따라서 N·m로 쓰며 James Joule을 기념하여 줄(J)이라 부른다. 1J은 1N의 힘으로 1m 이동시켰을 때의 일이며, 대략 사과를 머리 위로 들어 올리는 데 필요한 일이다. 일의 양이 클 때 kJ(1,000J)이나 MJ(1,000,000J)을 사용한다. 역도 선수가 하는 일은 대략 수 kJ이다. 100km/h의 속력으로 달리는 트럭을 멈추는 데는 대략 수 MJ의 일이 필요하다.

계단으로 짐을 들어 올리는데 걸어 올라가나 뛰어 올라가나 한 일은 같다. 그러나 천천히 계단을 올라갈 때 보다 계단을 뛰어 올라갈 때 더 피로한 이유는 무엇인가? 이 차이를 이해하기 위하여 일이 얼마나 빠르게 행해지는가를 따질 필요가 있다. 일률은 단위 시간에 행해진 일을 일률(power)이라고 하며 다음 식으로 정의된다.

$$\text{일률}\,(P) = \frac{\text{한 일}\,(dW)}{\text{일한 시간}\,(dt)} \tag{3.2}$$

일률이 큰 엔진은 빠르게 일을 할 수 있다. 일률이 두 배가 되는 자동차 엔진은 꼭 두 배의 일의 하거나 작은 엔진보다 두 배 빠르게 일을 하는 것이 아니다. 일률이 두 배라는 것은 같은 양의 일을 하는데 $\frac{1}{2}$시간이 걸리거나 같은 시간에 두 배의 일을 한다는 것을 의미한다. 강력한 자동차 엔진이 지니는 장점은 자동차가 낼 수 있는 순간 가속도에 있다. 휘발유 1L는 일정한 양의 일을 할 수 있으나 휘발유가 연소될 때의 일률은 휘발유가 얼마나 빨리 연소되는가에 따라 달라진다. 휘발유 1L를 자동차에서 30분 동안 연소시킬 때의 일률을 50 단위라면, 보잉 747에서 1초 동안 연소시킬 때의 일률은 9×10^4 단위에 해당된다. 일률의 SI 단위는 와트(W)로 알려진 J/s이다. 일률 1W는 1초 동안에 1J의 일을 하는 것에 해당된다. SI 단위가 아닌 일률의 단위로 마력(HP)를 사용하기도 하는데 1HP는 746W와 같으므로 134마력을 내는 엔진은 100kW의 엔진과 같다.

3.2 에너지

3.2.1 에너지란?

에너지(Energy)란 그리스어의 energeia에서 유래한 말이며, en(내부의)+ergon(일)이 합성된 단어로서 "물체의 내부에 간직된 일"이란 뜻이며, 공학적으로 설명하면 "일을 할 수 있는 능력"으로 표현된다. 바꾸어 말하면 에너지가 없으면 아무런 일도 할 수 없다는 말이 된다. 교량이나 고층건물의 기초 공사에서 무거운 말뚝을 박기 위해서 말뚝 박는 기계를 사용해야 하는데, 말뚝 박는 기계가 무거운 해머를 높이 들어 올리는 일을 하면, 해머는 떨어지면서 말뚝을 땅 속에 박을 수 있는 능력을 갖게 된다. 물을 솥에 붓고 뜨겁게 데우면, 뜨거운 수증기가 되어 무거운 솥뚜껑을 들어 올리기도 하고, 이 수증기를 모아 회전 날개에 갖다 대면 날개를 돌릴 수 있는 능력을 갖게 된다. 위에서 말한 높이 올라간 해머와 뜨거운 수증기로 하여금 각각 박고, 올리는 일을 할 수 있게 된다. 결론적으로 일을 할 수 있도록 하는 능력을 바로 에너지라고 부른다.

모든 과학에서 가장 중심이 되는 개념은 에너지이다. 물질과 에너지가 결합된 것이 우주이다. 물질은 실체이고 에너지는 실체를 움직이게 하는 것이다. 물질에 대한 개념을 이해하기는 어렵지 않다. 물질은 느낄 수 있고 냄새 맡을 수 있고 볼 수 있는 실체적인 것으로 질량을 가지고 공간을 점유한다. 물질에 반해서 에너지는 추상적인 개념이다. 다양한 에너지 중 대부분은 볼 수도 냄새 맡을 수도 느낄 수도 없는 것이다. 놀랍게도 에너지에 대한 개념은 Newton 시대에서조차 알려지지 않았다. 에너지의 존재는 1850년대까지 논쟁의 대상이었다. 에너지에 대해서 잘 알고 있다 하더라도 에너지가 추상적인 실체일 뿐만 아니라 일종의 물리적 과정이기 때문에 정의하기 매우 어렵다. 사람, 장소 및 물체는 에너지를 가지고 있지만 에너지의 형태가 전환될 때에만 에너지를 관측할 수 있다. 태양으로부터 얻은 에너지는 전자기파로 전달되지만 우리가 느끼는 것은 열의 형태로 전환된 에너지이다. 식물은 에너지를 흡수하여 분자를 생성하고 물질을 만든다. 우리는 섭취한 음식물을 소화하여 에너지를 얻게 된다. 에너지와 밀접한 관계가 있는 '일'이라는 개념을 통해서 에너지를 이해할 수 있다.

인류문명의 발전과 더불어 인간은 보다 쾌적하고, 안락한 생활 환경을 추구하게 되었으며, 이를 충족시키기 위해 에너지 관련 시스템도 점차 복잡하고, 인위적인 환경 조절 시스템의 개념으로 발전해 왔다. 이에 따라 생활의 질적 성장에 따른 쾌적한 환경 추구는 생활환경을 자유롭게 조절할 수 있는 새로운 열원 설비 기술과 열원 설비 시스템의 개발을 촉진하였으나, 지난 1970년대 두 차례의 석유파동은 「에너지 절약」이라고 하는 새로운 과제를 우리들에게 던져 주었다.

공학적으로 열 에너지의 단위는 일반적으로 일의 단위로 사용하는 줄(1 J=1 N.m)을 사용하나, 에너지 종류에 따라, 또는 각 국별로 여러 가지가 사용되고 있다. 에너지에는 열 에너지, 전기 에너지, 역학적 에너지 등 몇 가지의 형태가 있는데, 이들 상호 간을 환산하는데 있어 공통 척도로 현재 사용되고 있는 것이 "열량"이다. 이 열량의 단위를 한국에서는 칼로리(cal), 영미에서는 Btu, Therm, Joule, Quad, Q등이 사용되고 있다. 아직 표준 석유 발열량을 기준으로 한 석유 환산(1kg=10,000kcal)으로 자주 사용된다. 석유 환산은 TOE라고 나타내는데, 이것은 Tons of Oil Equivalent의 약자이다. 전력량은 와트·시(Wh), 킬로와트·시(kWh)로 표시한다. 이것을 열량으로 환산할 때에는 주의를 요하는데, 전력을 만들 때의 입력 기준인지, 전력을 사용할 때 얻어지는 출력 기준인지를 구분해야 한다. 후자는 1kWh = 860kcal로 단순 명쾌하게 되지만, 전자는 발전효율이 관계되어 있다. 일본에서는 1971년 이후 발전효율을 38.1%로 보아, 1kWh의 전력을 제조하는데 필요한 에너지를 2,250kcal/kWh라고 하고 있다. 최근 주목받고 있는 천연가스의 경우는 수입될 때는 액체(LNG) 중량(톤)으로 표시하지만, 사용될 때는 기체 에너지이므로 용량 단위가 사용된다. 천연가스의 비중은 0.588이므로 LNG 1톤은 천연가스 약 1,400m^3이 된다. 또, LNG 1톤은 석유 1.4kl와 같다.

3.2.2 에너지 종류

에너지(Energy)라는 용어는 1807년 Thomas Young에 의하여 만들어졌으며 1852년 Lord Kelvin이 열역학에서 사용하였다. 이후 당시까지 사용되던 용어들이 정립되어 현재 우리가 사용하는 용어가 되었다. 에너지는 다양한 형태로 관찰되는데, 우리가 일상생활에서 말하고 있는 에너지의 종류를 열거해 보면 위치 에너지, 운동 에너지, 열 에너지, 탄성 에너지, 전기 에너지, 태양 에너지, 화학 에너지, 원자력 에너지, 수력 에너지, 화력 에너지, 조력 에너지, 지열 에너지, 생명 에너지 등이 있다. 이러한 여러 종류의 에너지는 서로 별개의 새로운 개념이 아니고, 서로 바뀌며 상호작용하여 통합된다. 이러한 에너지 형태 중 기계공학에서 중요하게 다루어지는 몇 가지의 에너지를 설명하면 다음과 같다.

위치 에너지(Potential Energy)란 물체의 위치에 따라 저장된 에너지를 말하며, 에너지가 저장되면 물체는 일할 능력 즉 퍼텐셜을 갖게 된다. 예를 들어 말뚝을 박기 위해 높이 올려진 해머는 위치 에너지를 가지고 있다. 놀이공원의 롤러코스트는 초기에 레일의 가장 높은 위치까지 전기모터로 끌어 올려진다. 이후 이 위치 에너지를 운동 에너지로 변환시켜 빠른 속도로 레일 위를 달리게 된다. 다른 형태의 위치 에너지도 살펴보자. 휘어진 활과 압축시킨 용수철은 일을 할 수 있는 위치에너지를 가진다. 또 다른 위치 에너지로서 화학적 위치 에너지를 들 수 있다. 연료가 지니는 화학 에너지는 미시적인 관점에서 볼 때 위치 에너지로 볼 수 있다. 다이너마이트는 순간적으로 화학 반응을 일으킬 수 있는 위치 에너지를 내재한 채로 존재한다. 화학 반응이 유발되면 화학적 위치 에너지는 급격히 열 에너지로 변환되는 것이다. 이러한 화학적 위치 에너지는 화석연료, 전기배터리 또는 음식물 등에도 존재한다.

운동 에너지(Kinetic Energy)란 움직이고 있는 물체가 가지고 있는 운동에 의한 에너지를 말한다. 당구대 위를 구르는 당구공은 운동 에너지를 가지고 있어서 다른 공과 충돌할 때 부딪힌 공을 움직이게 할 수 있다. 도로를 달리는 자동차도 운동에너지를 가지고 있어서 자동차가 정지하기 위해서는 브레이크 패드나 타이어와 도로면 사이의 마찰을 통한 열 에너지 형태로 운동 에너지를 변환시켜야 한다. 물체의 운동 에너지는 움직이는 물체의 질량에 비례하고 속도의 제곱에 비례한다. 속력이 2배인 자동차는 4배의 운동 에너지를 가지고 있는 것이다. 따라서 달리던 자동차가 타이어와 도로 사이의 마찰만으로 정지해야 한다면 2배 속력으로 달리던 자동차는 급정거를 위해 4배의 마찰 에너지를 발생시킬 것이다. 4배의 마찰 에너지를 발생시켜야 한다는 것은 마찰을 일으키며 미끄러지는 거리를 증가시키고 또한 타이어의 온도를 증가시켜 위험한 상황에 빠질 수 있음을 의미한다. 미시적으로 볼 때 운동 에너지는 열 혹은 소리와 같은 형태로도 나타난다. 자유로이 움직이는 분자 운동은 열로, 리듬에 따른 분자의 진동은 음파로 나타난다.

내부 에너지(Internal Energy)는 모든 형태의 미시적 에너지를 합한 값이다. 에너지의 미시적 형태들은 시스템 내부에 존재하는 분자의 구조와 분자들의 활동성 정도와 깊이 관련되어 있으며 외부 환경과는 관계가 거의 없다. 시스템 내부의 각 분자들은 진동, 회전, 이동과 같은 움직임을 가지고 있다. 이러한 움직임을 분자의 운동에너지라고 하며, 분자의 운동 에너지는 온도가 증가함에 따라 커지고 결국 내부 에너지가 커진다.

흐름 에너지(Flow Energy 혹은 Flow Work)는 흘러가는 유체의 에너지와 관계된다. 압력은 단위 면적에 작용하는 힘의 크기로 정의된다. 이 관계를 이용하여 아래 식과 같은 단위 환산을 하면 압력이 단위 체적당 가지고 있는 에너지의 의미를 가진다는 것을 알 수 있다(고종수 외, 2007).

$$\text{압력} = \frac{\text{가해진 힘}}{\text{힘이 작용된 면적}} = \frac{\text{가해진 힘} \times \text{길이}}{\text{힘이 작용된 면적} \times \text{길이}} = \frac{\text{일}}{\text{부피}} \tag{3.3}$$

즉, 압력도 에너지의 한 가지 형태인 것이다. 이는 자동차 타이어의 압력을 높이기 위하여 공기압축기를 구동시키는 에너지가 소비된다는 점과 압축된 공기가 분출될 때 바람개비를 돌릴 수 있다는 점을 상기하면 이해할 수 있을 것이다. 그런데 바람이 불거나 파이프 내부로 물이나 기름 같은 유체가 흐르기 위해서는 압력차가 있어야 한다. 즉 압력은 유체가 흐르도록 밀어주는 역할을 하므로 이를 Flow work 혹은 Flow energy라고 부른다.

열역학에서는 앞에 언급한 내부 에너지와 흐름 에너지를 합한 값을 엔탈피(enthalpy)라고 부른다. 작동 유체를 이용하는 에너지 시스템을 열역학적으로 해석할 때 작동 유체의 내부 에너지와 흐름 에너지는 항상 함께 나오므로 이를 합하여 하나의 값으로 관리하면 편리하다. 따라서 엔탈피라는 개념을 이해하면 에너지 시스템을 이해하는데 편리하다. 즉, 엔탈피는 독립적으로 물리적인 의미를 가진다기 보다는 열역학적 계산의 편리성을 위하여 도입된 인위적 개념으로 이해하는 것이 타당할 것이다.

모든 식물, 동물 및 살아있는 세포는 살아있는 기계로써 에너지의 공급을 필요로 한다. 지구상에 살아있는 유기체를 위한 연료는 산소와 반응하여 에너지를 방출하는 여러 가지 탄화수소 화합물이다. 석유의 연소에서처럼, 음식물 내의 수소, 산소, 및 탄소 사이의 화학 결합으로 생성된 에너지는 소화 후 이산화탄소와 물의 결합으로 얻게 되는 부산물보다 많은 에너지를 저장하고 있다. 두 에너지의 차이가 생명을 유지시킨다.

3.2.3 에너지 보존

에너지가 한 형태에서 다른 형태로 변환되는 현상은 물리학에서 매우 중요하다. 에너지 보존의 법칙이란 "에너지는 생성되거나 소멸되지 않으며 한 형태에서 다른 형태로 변환되더라도 에너지의 총량은 변하지 않는다."라고 설명할 수 있다. 유체역학에서는 위치 에너지, 운동 에너지, 압력에 의한 에너지 등의 에너지 보존 법칙으로부터 Bernoulli 방정식이 널리 사용되고 있다. 에너지가 무엇인가를 설명하는 것보다 에너지가 어떻게 이용되고 변환되는지를 이해하는 것이 훨씬 더 중요하다. 에너지가 한 형태에서 다른 형태로 변환하는 것이나 한 장소에서 다른 장소로 전달되는 것을 분석한다면 자연에서 일어나는 어떠한 과정이나 변화를 더 잘 이해할 수 있다. 새총에 돌을 넣어 고무줄을 당길 때 고무줄을 늘리기 위하여 일을 한다. 즉 고무줄에 위치 에너지를 주는 것이다. 당겨진 고무줄을 놓으면 고무줄의 위치 에너지와 같은 크기의 운동 에너지를 돌이 갖게 되는 에너지 변환이 일어난다. 돌은 운동 에너지를 표적에 전달한다.

그림 3-1은 에너지의 전환을 나타낸 그림으로, 에너지 전환에는 비효율성이 따르며 에너지가 전환될 때, 유용한 에너지는 쓸모없는 에너지로 바뀐다. 양질의 에너지는 각각의 전환 과정에서 감소하여 결국 열로 전환되며 운동 에너지는 열의 형태로

끝나므로 열은 유용한 에너지의 종착역이다. 흔들리는 진자와 같은 간단한 계나 폭발하는 은하계처럼 복합적인 계를 다룰 때, 총체적으로 살펴보면, 변하지 않는 한 가지 물리량, 즉 에너지가 있다. 에너지의 형태가 바뀌거나 한 장소에서 다른 장소로 이동될 수는 있어도 총 에너지는 항상 일정하다. 총 에너지에는 물체를 이루는 원자 자신이 가지고 있는 에너지도 포함된다. 원자 내의 핵들이 재배치될 때 상당한 양의 에너지가 방출된다. 태양은 방출 에너지의 일부를 복사 에너지로 변환시켜 빛을 내고 있다. 원자로에서는 방출 에너지의 많은 부분이 열로 바뀐다. 뜨거운 태양의 깊은 내부에서 매우 큰 중력이 수소 원자들의 핵들을 융합시켜 헬륨 원자를 만든다. 작은 원자 핵들이 결합하는 것을 핵융합이라고 부른다. 이 과정에서 손실되는 질량에 비례하는 에너지($E=mC^2$)를 방출하고 일부가 복사 에너지 형태로 지구에 도달한다. 복사 에너지의 일부는 식물에 흡수되고 식물들은 나중에 석탄이 된다. 한편 복사 에너지의 일부는 식물로부터 시작되는 먹이사슬을 통해서 생명체들을 유지시켜 준다. 그 중 일부는 나중에 석유가 된다. 태양에서 오는 복사 에너지의 일부는 대양의 물을 증발시키고 다시 댐을 채울 수 있는 비의 형태로 대지에 되돌아온다. 댐에 저장된 물의 위치 에너지로 발전소를 가동시켜 전기 에너지를 만든다. 전기 에너지는 전선을 따라 가정에 공급되어 불을 밝히고 난방, 요리 및 전기기구의 동작을 위해서 사용된다. 에너지가 한 형태에서 다른 형태로 바뀐다는 것은 인류 생활에 매우 편리한 원리이다.

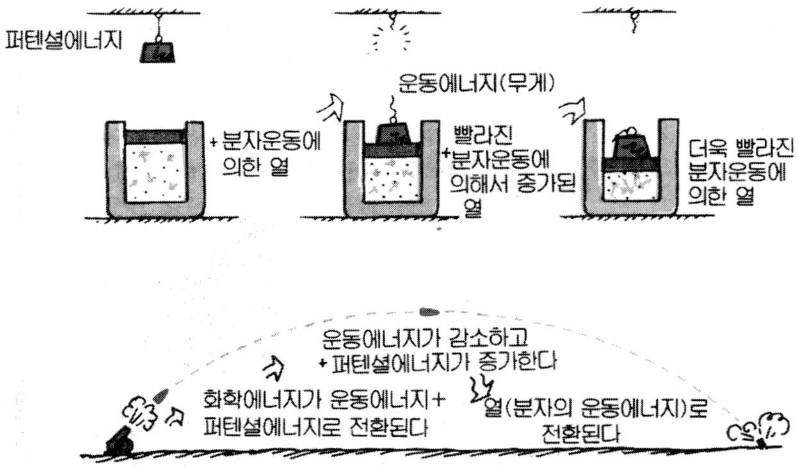

** 그림 3-1 ▌ 에너지의 전환 : 에너지 전환에는 비효율성이 따른다. 에너지가 전환될 때, 유용한 에너지는 쓸모없는 에너지로 바뀐다. 양질의 에너지는 각각의 전환 과정에서 감소하여 결국 열로 전환된다. 운동 에너지는 열의 형태로 끝난다. 열은 유용한 에너지의 종착역임(Hewitt, 1997).

3.3 열역학 물성 개념

3.3.1 온도

온도와 열은 전혀 다른 물리적 개념이다. 온도는 분자의 평균 운동 에너지와 관련이 있다. 열은 온도차에 의해서 이동하는 에너지이다. 온도와 열을 이해하기 위해 확률과 통계 개념으로 분자의 운동을 분석해야 한다. 열에 대하여는 다음 절에서 더 자세히 다루기로 한다. 우선 질량만 있고 부피가 없이 한 점으로 나타낼 수 있는 분자를 가정해 보자. 이러한 분자들은 서로의 인력과 반발력을 생각하지 않아도 되기 때문에 비교적 정확한 이론을 만들 수 있다. 이처럼 분자가 크기가 없는 질점으로 되어 있는 기체를 이상 기체(Ideal Gas)라고 한다. 이상 기체에서는 많은 분자가 벽에 충돌한다든가 서로 충돌을 되풀이하기 때문에 그 결과 속도가 너무 큰 분자는 적당히 늦어지고 속도가 너무 작은 분자는 반대로 빨라져서 통계적인 분포가 실현 된다. 이러한 현상을 브라운 운동(Brownian Motion)이라고 하며, 그림 3-2는 작은 입자의 브라운 운동의 모습을 나타낸 그림으로 작은 입자 운동과 충돌에 의해 큰 입자를 이동시킨다. 브라운 운동이라는 이름은 1827년 영국의 생물학자 Robert Brown이 꽃가루에서 나온 작은 입자들이 물속에서 불규칙하게 움직이는 것을 연구한데서 비롯되었다. 브라운 운동은 아인슈타인에 의해서 체계화되었고, 프랑스의 Perrin는 1908년 이 결과를 바탕으로 아보가드로수를 계산하였다.

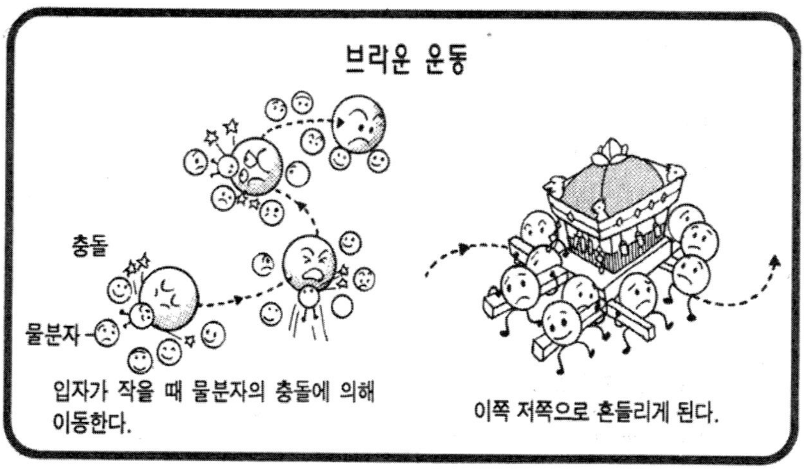

** 그림 3-2 ‖ 작은 입자의 브라운 운동: 작은 입자운동과 충돌에 의해 큰 입자를 이동시킴.

물질을 이루는 원자나 분자는 끊임없이 움직인다. 이러한 움직임은 물질을 이루는 원자나 분자가 가지고 있는 운동 에너지를 나타내며 움직임의 정도에 따라 물질은 고체, 액체, 기체 또는 플라즈마 상태로 존재한다. 따라서 물체를 이루는 입자들이 가지고 있는 평균 운동 에너지는 물체의 온도와 관계가 있다. 입자의 운동 에너지가 증가하면 물체의 온도는 증가한다. 고체, 액체 또는 기체가 외부로부터 열 에너지를 받아들여 뜨거워지면 이들의 원자나 분자가 보다 빨리 움직이게 되는 것이다. 물체를 이루는 원자나 분자들은 각각 다른 속도로 끊임없이 움직이고 있다. 빠르게 움직이는 분자와 느리게 움직이는 분자 등 그 속도 분포는 어떠한 스펙트럼을 가지고 분포할 것이다. 그러나 우리는 분자 하나하나의 운동을 측정할 수가 없고 또한 그러할 필요도 없다. 우리에게 필요한 값은 분자 운동 에너지의 평균치다. 우리가 온도라고 부르는 양은 이 분자 운동 에너지의 평균치 기준이다. 이때 온도가 분자 운동 에너지의 총량을 나타내는 것은 아니라는 점에 유의해야 한다. 예를 들어, 끓는 물 2리터의 총 운동 에너지는 끓는 물 1리터의 총 에너지의 두 배이다. 그러나 분자들의 평균 운동 에너지가 같기 때문에 온도는 동일하다.

일상생활에서 온도는 물체의 뜨거운 정도를 나타내는 기준으로 사용된다. 어떠한 기준에 따라 뜨거운 정도를 숫자로 표기한 것이 바로 온도이다. 거의 모든 물질은 온도가 오르면 팽창하고 내리면 수축된다. 수은이나 색 알코올과 같은 액체의 팽창과 수축을 이용하여 온도를 측정하는 도구를 온도계라고 부른다. 흔히 물이 어는 온도를 0, 표준 대기압에서 물이 끓는 온도를 100으로 표시하고 그 사이를 백등분한 온도계가 바로 섭씨온도계이다. 스위스의 천문학자로 이와 같은 온도계를 제안한 Andres Celsius(1701~1744년)을 기념하여 Celsius 온도계라고 부른다. 미국에서는 물이 어는 온도를 32, 물이 끓는 온도를 212로 표시하는 화씨온도계를 주로 사용한다.

화씨온도계는 독일 물리학자인 Gabriel Daniel Fahrenheit(1686~1736년)에 의하여 고안되었다. 화씨 온도와 섭씨 온도는 $C=\frac{9}{5}F+32$의 관계를 가진다.

과학자들은 이와는 다른 온도 척도, 즉 켈빈 척도를 주로 사용한다. 켈빈이란 용어는 스코틀랜드의 물리학자 Lord Kelvin(1824~1907년)을 기념하기 위한 것이다. 물이 얼거나 끓는점을 사용하지 않고 에너지로 온도를 표기한 것이 켈빈 척도이다. 가장 낮은 온도를 0으로 표시하는데 이온도에서의 운동 에너지가 없으므로 절대 0°라고 부른다. 켈빈 척도의 기본 단위가 섭씨 단위와 같으므로 절대 0°는 섭씨로 −27

3℃이다. 한편 얼음이 녹는 온도는 켈빈 척도로 273K이다. 따라서 켈빈 척도로 음의 온도는 없다.

흥미롭게도 온도계의 눈금이 바로 온도계 자신의 온도이다. 온도를 알고 싶은 물체와 온도계를 접촉하면 에너지가 교환되어 서로의 온도가 같게 된다. 즉 열적 평형 상태가 된다. 이때 온도계의 눈금이 바로 물질의 온도를 나타낸다. 따라서 온도계는 측정 대상 물질의 온도를 바꿀 수 없을 정도로 작아야만 된다. 방 안 공기의 온도를 측정할 때 보통의 온도계는 충분히 작다. 그러나 물 한 방울의 온도를 측정하려고 보통의 온도계를 가져다 대면 물방울의 온도가 바뀔 것이다(고종수 외, 2007).

3.3.2 열, 엔탈피와 비열

열(Heat)이란 온도차에 의해서 높은 곳에서 낮은 곳으로 이동하는 내부 에너지이다. 에너지가 열의 형태로 이동한 다음, 그 물체에 저장될 때는 내부 에너지의 형태로 저장된다. 이처럼 열이란 개념은 에너지가 이동할 때 그 의미를 가지며, 우리가 일상생활 중에 느끼는 뜨거움과 차가움 현상은 주위 환경과 우리 몸 사이에서 일어나는 에너지의 이동 현상, 즉 열이 발생되는 현상이며, 따라서 열이란 개념은 온도의 차이가 존재함과 동시에 성립하게 된다. 만약 뜨거운 난로에 손이 닿으면 에너지를 얻게 되고 반대로 얼음에 손을 대면 에너지를 잃을 것이다. 즉 에너지는 항상 더운 곳에서 차가운 곳으로 흐른다. 물체 사이의 온도 차에 옮겨 다니는 에너지를 열이라고 부른다. 그러나 물질이 열을 갖고 있다고 보지는 않는다. 물질은 열이 아니라 분자의 운동 에너지를 갖고 있다. 열은 옮겨 다니는 에너지를 뜻한다. 일단 열로써의 이동이 끝나면 내부 에너지가 된다. 여기서 내부 에너지란 물질 내의 모든 에너지의 총합을 말한다. 분자나 원자 사이의 힘에 위한 퍼텐셜 에너지와 분자들의 운동에 의한 운동 에너지 모두의 합이다. 따라서 물질은 열을 갖고 있는 것이 아니라 내부 에너지를 갖고 있다.

열은 온도 차에 의해서 이동하는 내부 에너지로 이때의 열량은 이동 과정에 따른 변화량을 측정하여 결정한다. 열량의 단위는 어떤 표준량만큼의 변화를 가져오는 에너지 양으로 선택한다. 가장 많이 쓰이는 열량의 단위는 칼로리(cal)이다. 1cal는 4℃의 순수한 물 1g의 온도를 1℃ 높이는 데 필요한 열량으로 정의한다. 1kcal는 1,000cal로 1kg의 물을 1℃ 높이는데 필요한 열량이다. 오늘날에는 열량의 단위로 줄(J)을 사용하기도 한다(1cal = 4.187J). 이 외에도 열량 단위로서 Btu(British thermal unit)이 현재 미국에서 사용되고 있다. 1 Btu는 60°F의 순수한 물 1 lb의 온도를 1°F 올리는 데 필요한 열량이며 1Btu = 252cal, 1kcal = 3.968 Btu에 해당한다. Btu라는 단위는 이름에서 알 수 있듯이 영국에서 개발된 단위이나 영국은 현재 SI 단위계를 사용하므로 더 이상 사용되지 않고 있다. 대규모 열 에너지의 양을 나타낼 때에는 표준 석유 발열량이 자주 사용된다. 이 값을 TOE라고 나타내는데 이는 Tons of Oil Equivalent의 약자이다. 1toe는 1톤의 석유가 가지고 있는 에너지 양과 같은 크기의 에너지 양을 의미한다. 이 외에도 전력 에너지 양을 나타내는 킬로와트·시(kWh)가 사용되고 있다. 1kWh는 1kW(=1kJ/s) 전력을 1시간 사용하였을 때 소비한 전기 에너지 양(=860kcal)이다. 이 값은 소비한 전력 에너지의 양을 나타낼 뿐 전기를 생산하는데 소비된 열 에너지를 의미하지는 않는다. 발전효율을 38.1%로 가정하였을 경우, 1kWh의 전력을 생산하는데 필요한 에너지는 2,250kcal이다.

엔탈피(Enthalpy)란 물질의 열 에너지와 기계적 에너지를 합쳐서 나타내는 물질의 총괄 에너지의 개념으로, 단어적 의미는 '안을 따뜻하게 하는 것'이라는 말이며, 이는 물질의 내부에 포함되어 있는 열을 의미한다. 엔탈피(H)는 아래 식처럼 내부 에너지(U)와 기계적 에너지(PV) 관계로 표현이 된다.

$$H = U + PV \tag{3.4}$$

비열은 물질의 온도를 1 ℃ 올리는데 필요한 단위 질량당 열량으로 정의하며 여러 물질의 비열은 표 3-1과 같다. 물질의 종류에 따라 내부 에너지를 저장하는 용량이 다르다. 난로에서 물을 끓이기 위해서는 약 15분 정도가 걸리지만 쇳 조각의 온도를 같은 정도로 올리는 데는 불과 2분이면 족하다. 은수저인 경우에는 단지 1분이면 충분하다. 즉 동일 질량의 물질의 동일 온도만큼 올리는 데 필요한 열량이 다른 것이다. 물질에 따라 에너지를 흡수하는 방법이 다르기 때문이다. 어떤 경우에는 흡수된 에너지가 분자의 좌우 진동을 증가시켜서 온도를 올리지만 에너지의 변화로 분자의 내부 진동이나 회전 운동이 달라져서 온도가 변하지 않는 경우도 있다. 두 경우다 흔히 나타난다. 1g의 물을 1℃ 높이는데 1cal의 에너지가 필요하지만 쇳조각인 경우에는 1/8 정도 에너지면 된다. 왜냐하면 물이 보다 많은 에너지를 흡수하기 때문이다. 이때 물의 비열이 높다고 한다. 불과 몇 개의 예외는 있지만 모든 물질 중 물의 비열이 가장 높다. 결국 약간의 물로도 상당히 많은 열을 흡수할 수 있다. 따라서 자동차 엔진의 냉각제로 물을 흔히 사용한다. 만약 비열이 낮은 액체를 냉각제로 사용하면 흡수한 열량에 의해서 엔진의 온도가 더 높아지므로 위험천만이다.

물은 비열이 높으므로 물을 식히려면 오랜 시간이 걸린다. 따라서 추운 겨울밤 뜨거운 물통을 사용하는 것이다(요즈음에는 전기담요를 주로 사용한다). 온도가 변하기 어려운 물의 성질 때문에 지구 상의 기후가 장소에 따라 다르게 된다. 유럽과 캐나다 지역에 쪼이는 태양빛은 같기 때문에 사실상 유럽의 날씨는 북쪽 캐나다처럼 매우 추워야 한다. 그러나 카브리해에서 형성된 따뜻한 걸프 해류가 북쪽 대서양 해안까지 올라오기 때문에 기온이 높아지게 된 것이다. 이것은 물의 비열이 높아서 해류가 많은 양의 내부 에너지를 지닌 채 북쪽 대서양 해안까지 도달하기 때문이다. 물 1g이 1cal의 에너지를 내놓아 유럽 대륙으로 불어오는 차가운 서풍을 데우는 효과가 생긴 것이다. 비슷한 현상이 미국에도 나타난다. 미대륙에도 겨울에는 서풍이 불어서 태평양의 더운 공기가 밀려오므로 태평양 연안의 기후가 따뜻하다. 즉 물의 비열이 높아서 여름과 겨울에 바닷물의 온도가 크게 변하지 않기 때문이다. 겨울에는 물이 공기보다 따뜻하고 여름에는 더 시원하다. 겨울에는 바닷물로 인해서 덥혀진 태평양 공기가 불어와서 북서 해안지방의 기온이 높아진다. 여름에는 바닷물이 공기를 식혀서 해안지방의 기온이 내려간다. 반면에 태평양 연안지방에서는 공기가 미대륙에서 대서양 쪽으로 이동한다. 따라서 비열이 낮은 육지는 여름에는 빨리 더워지고 겨울에는 빨리 식는다. 결국 높은 물의 비열과 바람의 방향 때문에 비슷한 위도에 있지만 워싱톤보다 샌프란시스코의 기온이 겨울에는 더 따뜻하고 여름에는 더 시원한 것이다. 섬이나 반도처럼 바닷물로 둘러싸인 지역은 내륙지방보다 기온의 변화가 심하지 않다. 마니토바나 다코다의 기온이 여름에는 매우 높고 겨울에는 매우 낮은 이유는 주위에 많은 물이 없기 때문이다. 유럽이나 섬지방 및 해안지방의 주민들은 물의 비열이 높은 것을 고맙게 여겨야 한다.

** 표 3-1 ‖ 대기압에서 여러 물질들의 비열(Serway & Faughn, 1995)

물질	J/kg·℃	cal/g·℃	물질	J/kg·℃	cal/g·℃
알루미늄	900	0.125	철	448	0.107
베릴륨	1820	0.486	납	128	0.0305
카드뮴	230	0.055	수은	138	0.033
구리	387	0.0924	실리콘	703	0.168
게르마늄	322	0.077	은	234	0.056
유리	837	0.200	수증기	2010	0.480
금	129	0.0308	물	4186	1.00
얼음	2090	0.500	-	-	-

3.3.3 물질 상태 변화

대부분의 물질들은 네 가지 상태로 존재한다. 예를 들어 얼음은 H_2O의 고체 상태이다. 만약 에너지를 더하면 분자의 운동이 증가하면 H_2O의 상태는 액체 상태로 바뀐다. 더 많은 에너지를 더하면 액체는 기체 상태로 바뀐다. 보다 많은 에너지를 다시 더하면 분자들이 이온과 전자로 분리되어 플라즈마 상태에 이르게 된다. 결국 주어진 온도와 압력에 따라 물질의 상태가 변하게 된다. 물질의 상태가 변하기 위해서는 온도나 압력이 변하거나 또는 둘 다 변해야 된다 – 즉 에너지의 변화에 따라 상태 변화가 일어난다.

열린 그릇 속의 물은 증발하여 결국에는 말라버린다. 왜냐하면 액체 상태의 물이 공기 중의 수증기로 증발해 버리기 때문이다. 여기서 증발이란 표면에서 액체가 기체상태로 상태가 변하는 현상을 뜻한다. 물질의 온도는 구성 분자의 평균 병진 운동 에너지에 따라 정해진다. 액체 상태의 분자들은 제각각의 속력으로 모든 방향으로 움직이므로 서로 충돌하게 되어 각각의 운동 에너지를 잃거나 얻게된다. 이때 액체표면에 위치한 분자가 아래로부터의 충돌로 운동 에너지를 얻게 되면, 액체 상태의 결합으로부터 벗어나 빈 공간을 날아 다니는 기체 분자가 되는 것이다. 이러한 에너지는, 당구공이 서로 충돌하면서 운동 에너지를 교환하듯이, 액체 상태의 다른 분자들에게서 얻은 것이다. 당구공을 충돌시키면 하나는 운동 에너지를 얻고 다른 공은 같은 양의 에너지를 잃게 된다. 액체 상태에서 기체 상태로 바뀌는 분자는 에너지를 얻었고 액체 상태로 남게된 분자는 같은 양의 에너지를 잃은 것이다. 이에 따라 액체 분자의 평균 병진 운동 에너지가 줄어들게 된다. 따라서 증발로 인하여 온도가 내려간다. 그림 3-3은 적도 부근의 고온 다습한 공기의 증발·응축 현상에 의해 발생된 태풍 모습이다.

증발의 반대 현상은 기체가 액체상태로 바뀌는 응축 현상이다. 액체표면에 가까이 있던 기체 분자가 액체 내로 끌려 들어오면 액체 분자와 충돌하면서 운동 에너지를 액체에 전달한다. 따라서 운동 에너지를 흡수한 액체의 온도가 올라가게 된다. 즉 응축으로 온도가 올라간다. 응축을 이용한 대표적인 예가 스팀 장치이다. 스팀장치는 뜨거운 증기가 응축되면서 발생하는 상당한 양의 에너지를 이용하는 장치이다. 따라서 스팀증기에 쪼이면 뜨거운 물에 데인 것보다 훨씬 심한 화상을 입게 된다. 왜냐하면 증기가 액화되면서 상당한 양의 에너지를 방출하기 때문이다. 무더운 한 여름 건조한 지역이 습한 지역보다 더 시원한 이유는 건조한 지역에서의 증발 효과가 응축 효과보다 더 크기 때문이다. 한편 습한 지역에서는 공기 중에 수분이 많아서 응축이 잘 일어나므로 무덥게 느끼는 것이다. 그림 3-3은 적도 부근의 고온 다습한 공기의 증발·응축 현상에 의해 발생된 태풍 모습이다.

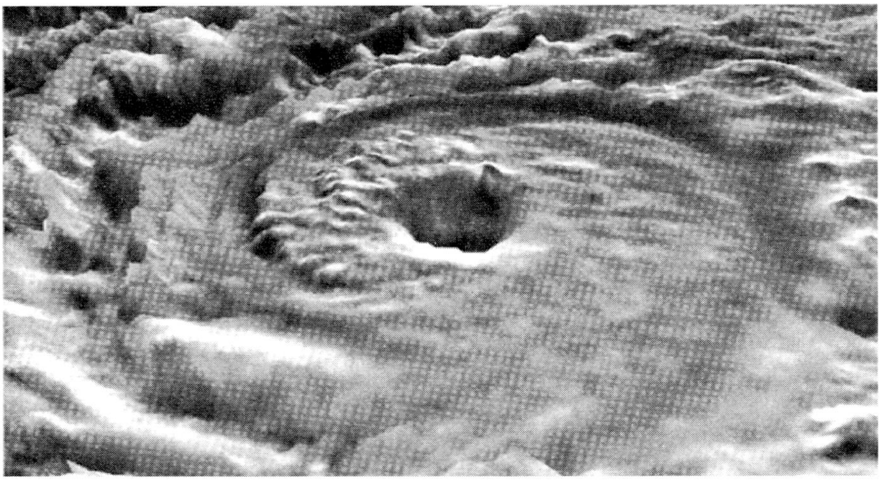

적도부근의 고온 다습한 공기가 강한 상승과 더불어 응결하면서 다량의 잠열[주된 에너지원]이 배출
강한 상승기류는 코리올리힘에 의해 반시계방향으로 소용돌이가 되어 이동함

** 그림 3-3 ▌ 적도 부근의 고온 다습한 공기의 증발·응축 현상에 의해 발생된 태풍 모습

3.4 열역학 법칙

열역학(Thermodynamics)이란 희랍어에서 열의 운동이란 뜻으로, 물질의 상태 변화에 수반되는 에너지를 포함한 열과 에너지와의 열 현상을 연구하는 분야이다. 공학(Engineering)이란 말은 '인간의 창조물'이란 어원적 의미를 지닌 Engine에서 파생된 것으로 열을 이용하여 동력 기관을 운전한다는 의미를 담고 있다. 열역학은 물질내의 원자나 분자의 존재를 알기 전인 19세기 초에 발전된 분야이다. 열역학은 거시적 관점에서 역학적 일, 압력, 온도와 에너지의 전달로 인하여 이들 거시적 물리량이 어떻게 변하는지 알 수 있으며, 열역학은 계를 구성하는 원자나 분자들에 관한 지식이 없어도 계의 거시적 변화를 알 수 있다. 열역학의 기초는 에너지 보존 법칙과 열의 이동 방향에 관한 법칙이다. 이들 두 법칙으로 증기 기관 또는 핵융합로 등의 열 기관과 냉난방 장치에 관한 기초 이론을 확립할 수 있다.

열역학 제 0법칙이란 두 물체가 제 3의 물체와 같이 같은 온도 상태에 있다면, 두 물체는 열적으로 평형 상태에 있다는 것을 말한다. 즉 두 물질이 가지는 물성은 달라도 두 물질의 온도만 같으면 두 물질 사이에 열의 이동이 없다는 것을 말해 준다. 이 법칙으로부터 물질의 온도는 물질 간의 열이동 여부를 결정해 주는 '유일한 변수'라는 것을 알 수 있다.

열역학 제 1법칙이란 열은 에너지의 형태이며 스스로 생성되거나 소멸되지 않는 것으로, "계에 열을 가하면 같은 양의 다른 형태의 에너지로 바뀐다"라고 표현된다. 증기 기관의 증기, 지구의 대기 또는 생물의 몸체 등에 열 에너지를 가하면 이들 계의 내부 에너지가 증가할 것이다. 이때 들어온 에너지 때문에 계는 외부에 일을 할 것이다. 즉 (1) 이 에너지가 계에 머물면서 계의 내부 에너지를 증가시키거나 (2) 계가 외부에 대해서 일을 하게 작용하거나 (3) 일부는 내부 에너지를 증가시키고 나머지는 일을 할 것이다. 따라서 다음과 같이 쓸 수 있다.

$$\text{가해진 열}(Q) = \text{내부 에너지의 증가}(E) + \text{계가 외부에 한 일}(W) \tag{3.5}$$

따라서 제 1법칙은 계 내부의 변화와는 상관없이 전체적인 변화만에 대한 법칙이다. 가해진 열 에너지 때문에 계의 분자 행동이 어떻게 변하든 간에 계는 두 가지 기능만을 수행한다. 계의 내부 에너지를 증가시키거나 계가 외부에 대해서 일을 하게 한다(또는 둘 다 수행한다).

원자나 분자의 행동 방식에 의해 기술되는 계의 미시적 변화로 거시적인 계의 변화를 예견한다는 것은 불가능할 정도로 복잡하다. 그러나 열역학 법칙으로 계의 거시적 변화를 간단히 기술하거나 예견할 수 있다. 따라서 열역학은 미시 세계를 연결하는 중요한 물리 분야이다. 뚜껑 대신에 피스톤이 붙어 있는 공기가 든 깡통을 가열해보자. 처음에는 피스톤이 움직이지 않으므로 계는 아무런 일도 하지 않는 셈이다. 이때 가해진 열은 모두 깡통 내 공기의 내부 에너지를 증가시키는데 소모되었다. 더 가열해 보면 피스톤이 위로 움직일 것이다. 이때 깡통 내 공기의 온도가 내려가는 것을 알 수 있겠는가? 만약 계에 가해진 열로 계가 외부에 대해서 일을 하지 않으면 모든 열이 계의 내부 에너지를 증가시키는데 사용된다. 그러나 계가 외부에 대해서 일을 하게 되면 내부 에너지 증가는 둔화된다. 열역학 제 1법칙은 결국 열역학계에서의 에너지 보존 법칙이다. 증기 기관에 일정한 양의 열을 가해보자. 이 열은 증기의 내부에너지 증가와 역학적 일로 나타난다. 이때 내부 에너지의 증가량과 역학적 일을 더한 값은 증기 기관에 가한 열량과 같다. 결코 들어온 에너지보다 더 많은 에너지를 증기 기관이 가질 수 없다.

그림 3-4는 1839년 제임스 줄(James Joule)의 실험으로, 열 에너지(열)와 역학

적 에너지(일)를 비교하기 위한 최초의 실험 장치로 추가 낙하함에 따라 위치 에너지는 감소하고, 감소한 위치 에너지는 물을 가열시켜 물의 온도 상승을 관찰한 내용으로써, 일정한 일에 해당하는 열의 양을 규명하여 1cal는 4.18J에 해당한다는 사실을 밝혀 내었다. 에너지의 단위인 J은 그의 이름을 따서 명명된 것이다.

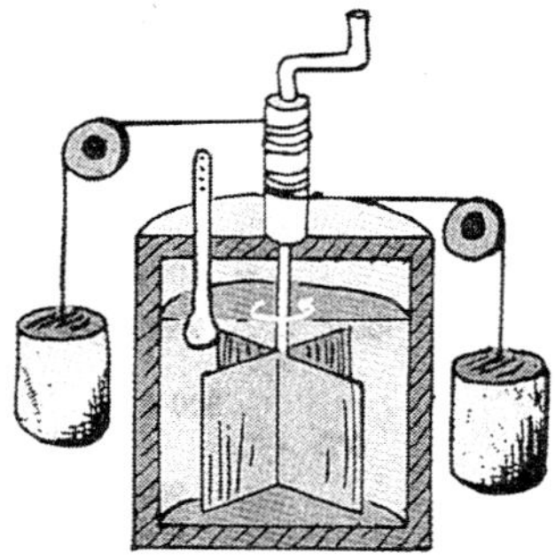

** 그림 3-4 ‖ 열 에너지(열)와 역학적 에너지(일)를 비교하기 위한 최초의 실험 장치

열역학 제 2법칙을 설명하고자 한다. 실험적 증거는 열을 완전히 일로 변환하는 열기관, 즉 열효율이 100%인 기관을 만드는 것이 불가능함을 강력하게 제안하고 있다. 이 불가능함이 다음과 같은 열역학 제 2법칙의 한 형태의 바탕이 된다. 즉, "어떤 계이거나 할 것이 없이 계가 일정한 온도에 있는 저장체로부터 열을 흡수해서 열을 완전히 역학적 일로 변환시키고 난 후 그것이 처음과 같은 상태로 되는 과정이 일어나는 것은 불가능하다".

절연된 장소에서 뜨거운 벽돌을 차가운 벽돌과 접촉시키면 뜨거운 벽돌이 차가운 벽돌에 열을 빼앗겨서 충분한 시간이 지나면 두 벽돌의 온도가 같아진다. 즉 열적 평형 상태에 이르게 된다. 만약 뜨거운 벽돌이 차가운 벽돌로부터 열을 받는다고 가정해보자. 이 경우에는 뜨거운 벽돌이 더 뜨거워지고 차가운 벽돌은 더 차게 될 것이다. 이 과정에서 이동된 열의 양은 서로 같으므로 열역학 제 1법칙에는 위배되지 않는다. 다만 열역학 제 2법칙에 위배되기 때문에 이런 현상은 결코 일어나지 않는다. 즉 제 2법칙은 열의 이동 방향을 정해주는 법칙이다. 열역학 제 2법칙을 여러 가지 형태로 기술할 수 있지만 아마도 다음과 같이 쓰는 것이 가장 간단할 것이다. "열은 차가운 물체에서 더운 물체로 스스로 흐르지 않는다". 열은 더운 곳에서 차가운 곳으로 일방적으로 흐른다. 겨울날 따뜻한 집안의 열이 추운 바깥으로 빠져나간다. 이때 열은 더운 곳에서 찬 곳으로 이동한 것이다. 물론 반대 방향으로 열을 흐르게 할 수도 있다. 그러나 이 경우에는 외부에서 강제로 일을 해야만 된다. 즉 열 펌프를 작동해야만 냉난방이 된다. 외부에서 일을 하지 않고는 해양에 저장된 엄청난 내부 에너지로 전등하나 밝힐 수 없다. 에너지가 낮은 온도의 해양에서 높은 온도의 전등 필라멘트로 스스로 이동하지 못한다. 따라서 외부에서 일을 하지 않으면 열은 언제나 뜨거운 곳에서 차가운 곳으로만 흐른다.

에너지의 질이 악화되는 현상을 엔트로피란 개념으로 설명할 수 있다. 엔트로피는 무질서 정도를 나타내는 양이다. 따라서 엔트로피가 궁극적으로 증가한다는 것이 열역학 제 2법칙의 의미이다. 병을 빠져나온 기체 분자는 상대적으로 질서가 있던 상태에서 무질서 상태로 변한다. 무질서가 증가하면 엔트로피가 증가한다. 물리계의 에너지가 자유로이 분산되면 엔트로피가 증가하면서 일을 할 수 있는 쓸모있는 에너지의 양이 줄어들게 된다. "깨진 달걀을 원래대로 챙길 수 있는가?"란 수수께끼의 해답은 무엇일까? 해답은 "닭 모이를 주면 된다."이다. 왜냐하면 다시 달걀을 낳기 때문이다. 그러나 다시 낳은 달걀이 원래의 달걀과 완전히 같을 수 없으므로 효율이 떨어진 셈이다. 박테리아에서 인간에 이르기까지 모든 생명체는 주변에서 얻은 에너지를 사용하여 생명조직체를 형성한다. 즉 생명체는 엔트로피를 감소시킨다. 그러나 생명을 유지하기 위해서는 주변의 에너지를 소비하므로 결국 엔트로피를 증가시키게 된다. 생명조직체의 형성과 소비를 합하면 총 엔트로피는 결국 증가하게 된다.

열역학 제 1법칙은 예외가 없는 보편적 자연법칙이다. 그러나 열역학 제 2법칙은 확률적 법칙이다. 시간만 충분하다면 가장 믿음직스럽지 않은 상태도 생길 수 있다. 따라서 엔트로피가 감소할 수도 있다. 예를 들어 제멋대로 움직이던 방안 공기가 순간적으로 조화를 이루어 한 방향으로 움직이거나 바닥에 떨어진 동전을 떨어뜨리면 모두 앞면으로 나타날지도 모른다. 왜냐하면 확률적 관점에서 보면 이러한 현상이 나타날 가능성이 극히 적다는 것이지 불가능하지는 않기 때문이다. 따라서 제 2법칙은 확률이 최대한 가장 있음직한 사건이 일어난다는 뜻이다. 열역학 법칙에 의하면 (1) 이길 수 없다(계에 투입한 에너지보다 많은 에너지를 계로부터 얻을 수 없다). (2) 비길 수 없다(사용한 에너지의 이상의 에너지를 얻을 수 없다). (3) 포기할 수도 없다(엔트로피는 항상 증가한다).

표 3-2는 열역학의 법칙과 열역학 개념의 관계를 나타낸 것으로, 열역학 제 1법칙은 에너지가 생성되거나 소멸되지 않음을 나타낸 것으로 내부 에너지의 열역학 개념을 표현하며, 제 2법칙은 에너지의 형태가 쓸모없는 형태로 악화됨을 나타낸 엔트로피 개념을 갖고 있다. 에너지는 분산되어 결국에는 소모된다. 즉 잘 조직된(쓸모

가 있는) 에너지가 무질서한(쓸모가 없는) 에너지로 바뀐다. 가솔린은 쓸모가 있는 에너지이다. 자동차 엔진에서 가솔린이 타게 되면 일부는 자동차를 움직이고, 다른 일부는 엔진이나 주위의 온도를 올리고, 나머지는 배기가스로 방출된다. 이 배기가스로는 다른 자동차를 움직일 수 없으므로 결국 쓸모있던 에너지가 쓸모없는 에너지로 분산되었다.

** 표 3-2 ‖ 열역학의 법칙과 열역학 개념의 관계

열역학의 법칙	열역학의 개념
제 0법칙	온도
제 1법칙	내부 에너지
제 2법칙	엔트로피

3.5 열 기관

열 기관이란 가솔린 기관이나 디젤 기관, 가스터빈 기관, 증기 기관 등 열 에너지를 동력으로 변환하는 엔진이다. 1765년 영국의 제임스 와트(James Watt)에 의해 증기 기관이 발명된 이래로, 많은 사람들이 동력 기관의 열과 일의 전환에 대한 관계를 정립하여 왔다. 그 결과 1824년 프랑스의 니콜라스 카르노(Nicolas Carnot)는 가역과정이라는 개념을 처음 사용하여 카르노 사이클를 연구하였다. 그림 3-5는 열 기관 사이클을 나타낸 것으로, 열기관에서는 공기나 가스, 수증기 등이 작동 매체가 되며, 이것은 어떤 상태에서 출발하여 고온 열원으로부터 Q_1의 열을 받아 저온 열원에 Q_2의 열을 버림으로써, 그 차이 $Q_1 - Q_2$에 상당하는 일을 하고 다시 처음의 상태로 되돌아가는 변화를 반복하는 사이클을 형성한다. 이것이 열 기관 사이클이다.

열 기관의 효율에 대한 정의는 카르노사이클을 설명할 때처럼, 일로 변환된 열과 받아들인 열의 비이다. 이 비율 η를 열효율이라 하며 다음 식으로 표현할 수 있다. 이는 열 기관 성능을 나타내는 지표가 된다.

$$\eta = \frac{(Q_1 - Q_2)}{(Q_1)} \tag{3.6}$$

열 기관을 단독으로 사용하면 위의 열효율밖에 얻을 수 없지만 저온 열원에 버리는 열을 유효하게 재이용하는 시스템을 구축하면 전체적인 효율을 올릴 수 있다. 다

음에 설명할 코제네레이션 시스템(cogeneration system)과 콤파운드사이클 시스템(compound cycle system)이 그 실용 예이다. 따라서 열 기관은 캐스케이드 시스템을 구성하는 중요한 기기가 된다. 열 기관 사이클에는 많은 종류가 있지만, 사용되는 작동 유체가 가스인지 증기인가에 따라 가스사이클과 증기사이클로 구분된다.

제 2법칙을 완전히 이해하기 전에는 만약 열 기관의 마찰이 극히 적다면 거의 모든 흡수 에너지를 일로 바꿀 수 있을 것으로 생각하였다. 그러나 사실은 다르다. 1824년 프랑스의 기술자인 Sadi Carnot은 열 기관에서의 압축과 팽창을 세밀히 관찰하여 중요한 사실을 발견하였다. 가장 이상적인 조건에서 열 기관이 동작하더라도 온도차에 비례하고 그 값에 상한이 있음을 보였다. 그의 결과를 다음의 방정식으로 나타낼 수 있다.

$$\text{카르노 효율} = \frac{(T_{\text{고온}} - T_{\text{저온}})}{(T_{\text{고온}})} \tag{3.7}$$

여기서 $T_{\text{고온}}$은 고열원의 온도이고, $T_{\text{저온}}$ 저열원의 온도를 나타낸다. 즉, 이상적인 열 기관의 효율은 두 열원의 온도 차에 비례한다. 이때의 온도는 절대 온도이다. 예를 들어 증기기의 고열원의 온도가 400K(127℃)이고 저열원의 온도가 300K(27℃)이면, 효율은 (400−300)/300=0.25가 된다. 즉, 가장 이상적인 열 기관에서도 효율이 25% 밖에 안된다. 나머지 75%의 에너지는 방출되어 소비되었다. 이 방정식에 따르면 고열원의 온도가 높을수록 효율이 좋아지므로 증기기관이나 발전소에 증기를 상당히 고온으로 과열시키는 것이다. 예를 들어 고열원의 온도가 600K이면 효율은 50%가 되어 400K일 때의 2배로 높아진다.

그림 3−6(a)에서 열역학 제 2법칙에 의한 열 기관 원리를 알 수 있다. 모든 열 기관은 고온에서 저온으로 열이 이동할 때, 이 열의 일부만을 일로 사용한다(이와 반대로 열 기관에 일을 해주면 열은 냉장고나 에어컨에서처럼 저온에서 고온으로 이동할 수도 있다) 그림 3−6(b)에서 증기 터빈 기관의 간단한 모형을 나타낸 것으로 터빈은 보일러에서 온 고온의 증기가 터빈 날개의 앞쪽에 가해지는 압력은 터빈 날개의 뒤쪽에 가해지는 저온의 증가에 의한 압력보다 더 크므로 터빈은 돌게 된다. 압력 차가 없으면 터빈은 돌지 않고 외부의 부하(예를 들면 발전기)에 에너지를 전달하지 못할 것이다. 터빈 날개 뒤쪽에 작용하는 증기압 때문에 마찰이 없는 이상적인 경우라도 열효율이 100%인 엔진은 있을 수 없다.

Carnot의 방정식은 모든 열 기관의 효율에 상한이 있음을 나타낸다. 열 기관의 동작 온도, 즉 고열원의 온도가 높을수록 효율이 높아진다. 그러나 실제의 열 기관에는 마찰이 있으므로 효율은 이상적인 경우보다 낮게 된다. 마찰 때문에 열 기관의 효율이 떨어지기는 하지만 흡수한 열의 일부분만 일로 바뀐다는 열역학 제 2법칙 때문에 모든 열 기관의 효율에는 근본적인 제한이 있게 된다.

기계는 힘을 배가시키거나 또는 단순히 힘의 방향을 바꾸어 주는 장치이다. 모든 기계의 기본이 되는 것은 에너지 보존과 기계의 개념이다. 어떠한 에너지의 전환에서도 약간의 에너지는 분자 운동 에너지 즉 열로서 소모되어 결국 기계의 온도가 올라간다. 에너지가 한 형태에서 다른 형태로 전환될 때에는 항상 비효율적이다.

자동차 엔진은 연료에 저장된 화학 에너지를 역학 에너지로 전환시키는 기계이다. 석유 분자 사이의 결합이 연료가 공기 중의 산소와 반응하여 연소될 때 끊어진다. 이때 탄소 원자는 산소와 결합하여 일산화탄소를 형성하는데 일산화탄소의 결합 에너지는 석유 분자의 결합 에너지보다 작다. 결합 에너지의 차이에 해당하는 에너지의 일부는 엔진을 작동시키는데 사용된다. 모든 석유 에너지를 기계적인 에너지로 바꿀 수는 없을까? 즉, 100%의 효율을 갖는 엔진을 발명할 수 있을까? 에너지의 일부는 뜨거운 기체로 외부로 방출되고 에너지의 반 정도는 엔진의 작동 과정에서 마찰로 소모되기 때문에 불가능하다. 이처럼 비효율성뿐만 아니라 연료가 완전히 연소되지 않기 때문에 연료 에너지의 일부는 전혀 사용되지도 않는다. 에너지의 전환에는 항상 다음과 같은 비효율성이 따른다. 에너지가 전환될 때 유용한 에너지에서 쓸모없는 에너지로 바뀐다. 양질의 에너지는 각각의 전환 과정에서 감소하여 결국 열로 전환된다. 열역학을 공부하면 열 에너지가 낮은 온도로 전환되는 경우를 제외하고는 전혀 쓸모가 없음을 알게 된다. 열은 유용한 에너지의 종착역이다.

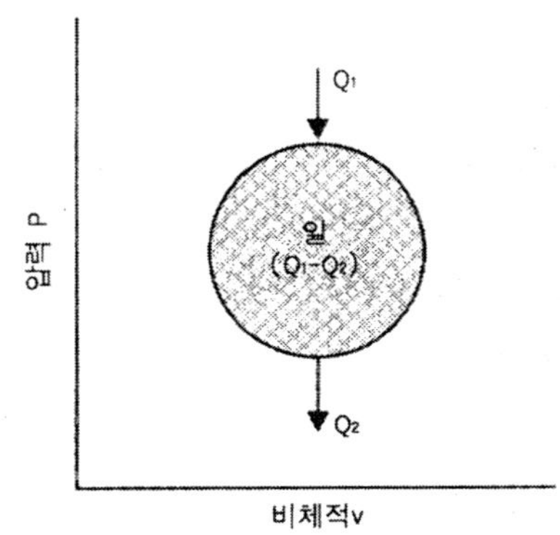

** 그림 3-5 ‖ 열 기관 사이클과 Pv선도

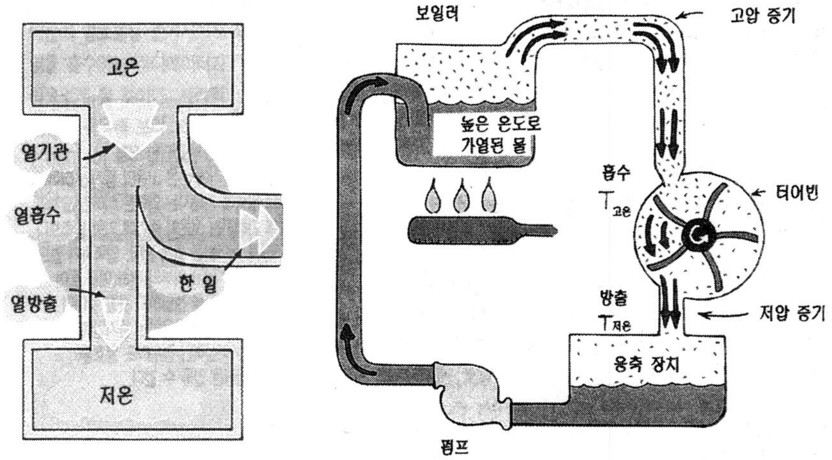

(a) 열역학 제 2법칙에 의한 열기관 원리 (b) 증기 터빈 기관의 간단한 모형(Hewitt, 1997).

** 그림 3-6 ‖ 열기관의 개념

3.6 유체역학 기본 이론

3.6.1 유체역학 개요

유체역학(Fluid Dynamics)은 정지 또는 운동 중에 있는 유체에 의해 발생된 힘, 운동 및 에너지를 다루는 공학 학문의 한 분야이다. 400톤의 비행기가 양력에 의해 날 수 있으며, 공기 조화 시스템으로 쾌적한 실내공간을 조성하고, 추진 원리로 로켓을 발사하고, 골프공이나 야구공의 구질 변화를 일으키게 한다. 또한 유용한 에너지를 생산하는 것치고 유체 유동이 관여하지 않는 것이 거의 없다. 증기 터빈, 왕복 엔진, 가스 터빈, 수력 발전소, 풍차 등에는 복잡한 많은 유동 과정이 관여한다. 유체역학을 공부한다 함은 물리와 공업수학을 바탕으로 열역학과 열전달의 근본 원리를 도입하여 이해를 도모함과 동시에, 유체와 관련된 장비나 공정을 설계하고 평가하는 데 이용할 수 있는 해석적 도구를 터득하는 데 있다.

물리학에서 중요한 3대 보존의 법칙인 질량, 운동량, 에너지 보존의 법칙을 이용하여 중력, 압력, 그리고 점성력에 관한 힘들을 분석하며, 유체 유동을 해석하기 위해 가장 중요한 Newton의 운동 제 2법칙의 일종인 Navier-Stokes 방정식은 비선형이어서 쉽게 풀리지가 않는다. 그림 3-7에서처럼 불규칙하고, 무질서하게 움직이는 난류 유동(Turbulent Flow)은 자연 현상의 유동이나 산업체 응용 유동에서 발견되고 심오한 진리가 숨어 있다. 기원전부터 유체역학에 대한 연구가 시작되었으나, 지금까지 실제 유동 현상의 10% 정도 해석되었으며 향후 유체역학자들이 연구해야 할 대상이 매우 많다.

유체란 전단력(Shear Force)을 받았을 때 그 힘이 아무리 작다 할지라도 그것이 작용하면 연속적으로 변형되는 물질을 의미한다. 일반적으로 물질의 상태는 고체(Solid), 액체(Liquid) 및 기체(Gas)의 3상으로 분류되는데, 이중에서 액체와 기체를 합쳐서 유체(Fluid)라 한다. 유체는 고체와 달리 일정한 형상이 없고, 온도나 압력에 따라 체적이나 형상이 변화하므로 유체의 성질과 아울러 유체에 미치는 힘과 운동에 관한 학문, 즉 유체역학을 이해하지 않으면 안 된다. 모든 물질은 고체와 유체 중 하나이다. 여러분들은 아마 이 둘 사이의 차이점을 성질에 의해 구분할 것이다. 고체는 그 모양을 쉽게 바꾸지 않고, 유체는 그것을 상대적으로 쉽게 바꾼다. 유체에 대한 이러한 개념은, 모양은 쉽게 변하지만 부피는 쉽게 변하지 않는 액체와, 모양과 부피가 모두 쉽게 변하는 기체에 동시에 적용된다.

그림 3-12는 고체와 유체의 차이점을 설명하기 위한 자료로, 유체를 정의하기 위하여 가상적인 고체 뭉치와 가상적인 유체 뭉치를 생각하자. 이 뭉치들은 바닥에서는 고정되어 있고 윗면에서는 전단력이 작용한다. 힘이 가해진 뒤 짧은 시간이 경과하면, 고체는 어떠한 변형된 모양을 견지하게 되는데, 그 변형의 정도는 각도 ø1으로써 측정된다. 만약에 이 힘을 그대로 유지하면서 시간의 경과에 따른 고체의 거동을 조사한다고 하면, 언제나 그 변형된 모양이 변함없음을, 즉 ø2=ø1임을 발견하게 된다. 전단력을 고체에 작용하면 이처럼 어떠한 변형된 모양을 취하고, 그 힘이 유지되는 한 그 모양도 유지된다. 대부분의 고체에서는 변형량은 힘의 크기에 비례한다. 그리고 전단력과 변형량이 어떠한 한계를 넘어서지 않는다면, 그 힘이 제거될 때 고체는 원래의 모양으로 되돌아간다. 이제 유체에 전단력이 작용했을 때를 생각해보자. 힘이 작용한 뒤 짧은 시간이 지나면, 그림에서 ø1으로 표시한 바와 같이 유체는 어떠한 변형된 모양을 취한다. 시간은 더욱 경과하면 변형도 더욱 증가한다. (즉 ø2〉ø1); 말하자면, 힘이 가해지고 있는 한 유체는 연속적으로 변형된다. 만약 힘이 제거되면, 유체는 원래의 모습으로 되돌아가지 않고 그 힘이 제거되는 순간의 모양을 취하게 된다. 즉, 우리는 유체를 다음과 같이 정의할 수 있다. 유체는 전단력 또는 전단 응력이 작용하는 한 계속 변형하는 물질이다. 여기서 연속적으로 변하는 과정을 유동(Flowing)이라고 말한다. 유체는 흐를 수 있는 물질인 것이다. 유체는

전단력이 작용하는 동안에는 계속 흐르기 때문에, 고체역학에서처럼 응력과 변형으로 유체를 분석하거나 논한다는 것은 불가능하다. 그 대신에 응력과 변형률(변형의 속도)의 관계를 고려할 필요가 있는 것이다. 유체는 작용하는 응력에 관계되는 어떠한 빠르기로 변형하는 것이다. 유체는 작용 응력과 저항 응력(Resisting Stress)이 균형을 이루는 '동적 균형'의 상태를 갖는 것이다. 따라서 아래와 같은 유체의 또 다른 정의가 가능하다. 유체는 움직일 때만 전단력에 저항할 수 있는 물질이다.

유체역학 응용 기술은 유체 수송, 에너지 생산, 환경 유체, 수송 기관, 스포츠 분야 등이 있으며, 유체 수송은 유체를 한 곳에서 다른 곳으로 옮겨 그 유체가 사용될 수 있도록 또는 그 자체가 공정을 거치도록 하는 것이다. 예로서, 가정과 도시의 수도, 대륙을 횡단하는 오일, 천연가스와 농업용 화학관로, 화학공장의 관 등이다. 유체 전송에 관여하는 공학자들이 하는 일로서는 펌프, 압축기, 파이프, 밸브, 그리고 많은 다른 부속품들을 설계하는 것 등이 있다. 이와 같이 새로운 시스템을 설계하는 일 외에 기존의 시설이 새로운 요구에 부응할 수 있는지에 대한 타당성 검토, 그리고 기존의 시설에 대한 유지와 향상 등이 포함된다. 유용한 에너지를 생산하는 것치고 유체 유동이 관여하지 않는 것이 거의 없다. 증기 터빈, 왕복 엔진, 가스 터빈, 수력 발전소, 풍차 등에는 복잡한 많은 유동 과정이 관여한다. 이들 장치들의 열역학적 사이클에는 일반적으로 펌프나 압축기와 같은 유체 기계가 유체에 대하여 일을 가할 필요가 있다. 오일 펌프, 기화기, 연료 분사 장치, 보일러의 통풍용 송풍기, 그리고 냉각 장치 등과 같은 보조 장치도 유체 유동을 동반한다. 환경 제어도 유체 유동과 관계한다. 대부분의 건물의 난방 장치는 연소 장치 또는 다른 열원으로부터 난방시키고자 하는 곳으로 에너지를 수송하는 데 유체를 사용한다. 냉방 장치에서는 순환 공기가 유동하는 냉매에 의해 냉각된다. 이와 유사한 과정이 자동차의 냉각 장치, 공작기계의 냉각 장치, 주위 공기를 이용한 전자부품의 냉각에도 일어난다.

우주여행을 제외하고는 모든 수송이 유체라는 매질을 통하여 일어난다(대기 혹은 물). 유체와 수송선 간의 상대 운동은 추구하는 운동과 반대방향의 힘을 일으킨다. 유체역학을 이러한 수송선의 설계에 적용함으로써 이와 같은 부하를 최소화할 수 있는 것이다. 유체는 때로는 긍정적인 방향으로 도움을 주기도 하는데, 배를 뜨게 한다든지 비행기 날개에 양력을 발생시키는 것 등이 그 예이다. 게다가 배나 비행기는 프로펠러 혹은 제트 엔진이 주위 유체와 상호작용하게 함으로써 추력을 발생시키기도 한다. 이와 같은 예들은 얼마든지 있다. 유체역학을 공학에 적용한 다른 예를 들면, 운하, 항구, 댐 등의 설계와 같은 것들이다. 큰 구조물을 설계할 때는 반드시 바람의 영향을 고려해야 한다. 환경공학이나 생의학공학(Biomedical Engineering)에서는 대기와 호수, 강, 바다 또는 인체 내부 등에 자연적으로 흐르는 유동 과정을 취급하지 않으면 안 된다. 기상학 및 기상 예보의 분야에서는 유체 유동의 현상이 핵심적으로 작용한다.

** 그림 3-7 ▌ 흔히 접하는 난류유동: 불규칙 하고 요동이 심하고 무질서한 유동 현상

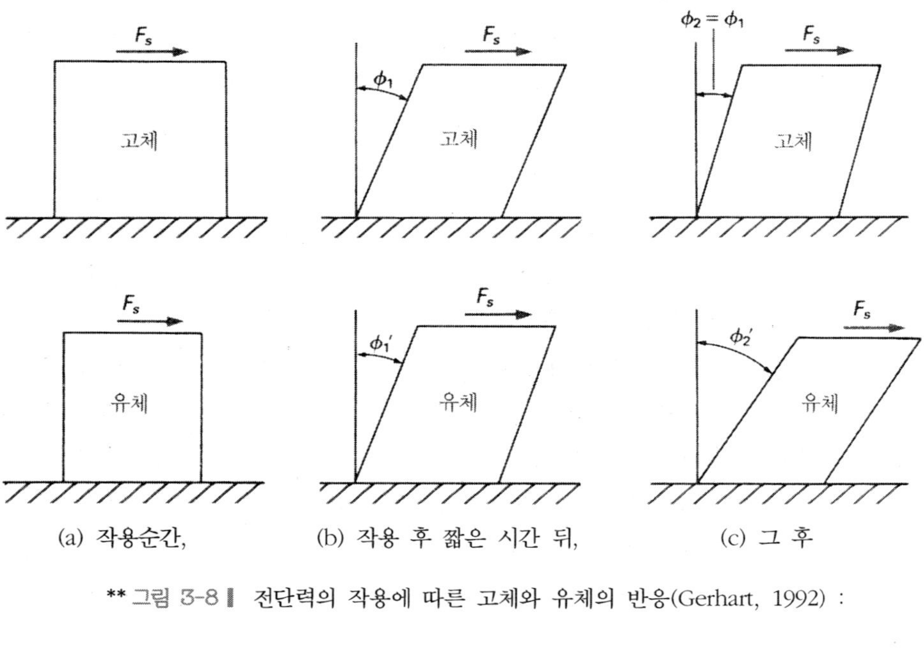

** 그림 3-8 ▌ 전단력의 작용에 따른 고체와 유체의 반응(Gerhart, 1992) :

3.6.2 유체역학 지배 방정식

유체의 흐름(속도)이 깊이(y)에 따라서만 변하여, 같은 깊이에서는 동일한 방향으로 같은 속도로 흐르는 경우를 생각하자. 유체는 무한히 작은 층들이 서로 다른 속도로 움직이는 것으로 볼 수 있다. Issac Newton은 이처럼 일정하게 한 방향으로 흐르는 유체가 흐를 때, 각 층과 층 사이에 작용하는 전단력(τ)은 층의 수직 방향으로의 속도 구배($\partial u/\partial y$)에 비례한다고 가정하였다. 이를 수학적으로 표현하면 아래 식으로 나타낼 수 있다:

$$\tau = \mu \frac{\partial u}{\partial y} \tag{3.8}$$

여기서 μ는 전단력과 속도 구배의 비례상수이며 점성계수(coefficient of viscosity), 점도(viscosity), 혹은 역학점도(dynamic viscosity)라고 부른다. 물과 대부분의 기체는 이러한 관계를 만족시키는데, 이러한 유체를 Issac Newton의 이름을 따서 뉴턴 유체(Newtonian fluids)라고 부른다. 한편, 다수의 기름 종류, 아스팔트, 춋농, 벌꿀 등은 전단력과 속도 구배의 관계가 위 식과 같이 단순한 비례 관계가 아니다. 이러한 유체를 비뉴턴 유체(Non-Newtonian fluids)라고 부른다. 식에서 알 수 있듯이 뉴턴 유체는 해석이 쉬우나 비뉴턴 유체는 해석이 상대적으로 어렵다.

뉴턴 유체의 점도는 온도와 압력만의 함수이고 유체의 고유 특성값이다. 점도는 흔히 "끈적한 정도" 혹은 흐름에 대한 저항으로 이해된다. 그래서 끈적거리는 식용유는 물보다 점도가 크다고 보면 된다. 실제의 모든 유체는 전단력에 대한 저항을 가지고 있다. 점도 혹은 역학점도(dynamic viscosity)와 다른 값으로 동점성계수(kinematic viscosity)가 있다. 동점성계수는 역학적 점도를 밀도로 나눈 값으로 아래와 같다.

$$\nu = \frac{\mu}{\rho} \tag{3.9}$$

역학점도가 흐르는 유체가 운동 방향에 거슬려 저항하는 끈끈한 정도를 절대적 크기로 나타낸 것이라면, 동점성계수는 유체의 유동성이 얼마나 좋은가 즉 잘 흐를 수 있는 정도를 나타내는 상대적으로 나타낸 것이다. 따라서 동점성계수가 작을수록 유체는 잘 흐르는 것이다. 점도를 동점성계수로 바꾸거나 또는 그 반대로 환산할 때에는 반드시 같은 온도에서 측정된 점도와 밀도 값을 사용해야 한다. 일반적으로 온도가 올라가면 점도가 작아지는데, 점도는 온도에 매우 민감하기 때문이다. 한편, 점도가 무한히 작아져 "0"에 이르는 유체를 만들었다면 어떻게 될까? 유체의 유동은 흔히 전기회로 이론과 비교된다. 예를 들어, 모든 전도 물체는 전기저항을 가진다[모든 유체는 점도를 가진다]. 전기저항은 전기의 흐름을 방해하는데 [점도는 유체의 흐름을 방해하는데], 전기저항에도 불구하고 전기가 흐르도록 하기 위해서 전압이 필요하다[점도에도 불구하고 유체가 흐르도록 하기 위해서 압력이 필요하다]. 전기저항이 "0"인 물체를 superconductor라고 부르며 전기의 손실이 없이 전기를 보낼 수 있다[점도가 "0"인 유체를 superfluid라고 부르며 압력의 손실이 없이 유체를 흘려보낼 수 있다]. 물리학자들이 전기전도도 "0"인 물체를 만들어 전기에너지 손실을 최소화하듯이 유체공학자도 점도 "0"인 유체를 만들어 압력 에너지 손실을 최소화할 수 있을 것이다. 대부분의 기체들은 액체에 비하여 상대적으로 점도가 매우 작아서 점도의 영향이 없는 유체로 가정하고 공학적 문제를 접근하는 경우가 많이 있다. 이처럼 점도의 영향이 없다고 가정하는 유체의 흐름을 비점성 유동(inviscid flow)이라고 부른다.

유체역학의 공학적 문제를 해결하기 위한 궁극적인 목적은 유체 유동에 의한 힘과 에너지를 알기 위한 것으로, 이를 해결하기 위해 유동 속도와 압력 분포를 알고 있어야 한다. 비압축성이고 Newtonian 유체이면서 일정한 점성계수를 가지는 유동에서 유속과 압력 분포를 알기 위한 지배 방정식은 질량 보존의 법칙에서 유도된 연속 방정식(Continuity Equation)과 운동량 보존의 법칙인 Newton의 운동 제 2법칙에서 유도된 Navier-Stokes 방정식으로부터 구할 수 있다. 여기서 ρ는 유체 밀도, 벡터 V는 유체 속도, D는 전미분량, g는 중력 가속도, μ는 절대 점성계수이다.

$$\text{연속 방정식: } \frac{\partial \rho}{\partial t} + \nabla \cdot (\rho \vec{V}) = 0 \tag{3.10}$$

$$\text{Navier-Stoks 방정식: } \rho \frac{D\vec{V}}{Dt} = -\nabla P + \rho \vec{g} + \mu \nabla^2 \vec{V} \tag{3.11}$$

Navier-Stokes 방정식의 좌변은 가속도항이고, 우변은 압력, 중력, 점성력으로 표현된다. 위의 식에서 볼 수 있듯이, 밀도와 점성계수가 일정하다면 미지수는 3개의 속도 성분(u, v. w)과 압력(P)으로 4개이면서 방정식도 4개로 유동 분포와 속도를 구할 수 있다. Navier-Stokes 방정식을 직교좌표계를 이용하여 정리하면 아래와 같으며, 좌변의 항을 살펴보면 비선형 가속도항이 있어서, Navier-Stokes 방정식은 비선형 2차 편미분 방정식임을 알 수 있다. 유체역학 지배 방정식이 비선형방정식이므로 유체 유동 해석은 풀기가 매우 어려우므로 근사해를 구하기 위해 실험 유체역학 방식으로 전산 유체역학 방식으로 유체 유동을 해석하고 있다.

$$\rho(\frac{\partial u}{\partial t}+u\frac{\partial u}{\partial x}+v\frac{\partial u}{\partial y})=-\frac{\partial P}{\partial x}+\rho g_x+\mu(\frac{\partial^2 u}{\partial x^2}+\frac{\partial^2 u}{\partial y^2}) \tag{3.12}$$

$$\rho(\frac{\partial v}{\partial t}+u\frac{\partial v}{\partial x}+v\frac{\partial v}{\partial y})=-\frac{\partial P}{\partial y}+\rho g_y+\mu(\frac{\partial^2 v}{\partial x^2}+\frac{\partial^2 v}{\partial y^2}) \tag{3.13}$$

층류 유동(Laminar Flow)이란 유체 입자가 유선을 따라 일정하게 움직이는 유동을 말하며, 난류 유동(Turbulent Flow)이란 유동이 무질서(disorder)라고 불규칙적(random)으로 요동(fluctuation)치는 혼합(mixing)된 유동을 말한다. 유동이 층류인지 난류인지 구분하여 해석하는 것은 매우 중요하다. 무차원 수인 레이놀드 수의 임계값으로 층류 유동인지 아닌지를 구분한다. 흐름에 영향을 줄 수 있는 중요한 양은 지름 혹은 물체 크기 L과 더불어 유체의 밀도 ρ, 점성계수 μ, 그리고 흐름 속도의 크기 U이다. 이들 네 가지 물리량을 가지고 무차원의 양을 만들어 레이놀드 수(Reynolds number)를 정의할 수 있다.

$$Re \text{ 수} \equiv \frac{\rho UL}{\mu} \tag{3.14}$$

레이놀드 무차원 수는 유체 유동의 관성력과 점성력을 크기를 비교하는 물리량으로, 내부유동(Internal Flow)의 임계 Re 수는 2,300, 외부 유동의 임계 Re 수는 320,000이다.

3.6.3 Bernoulli 효과

Bernoulli의 원리는 "유체의 속력이 증가하면 압력은 감소한다"로 표현되며, 에너지 보존 법칙을 뜻한다. 정상류에는 세 가지 종류의 에너지가 있다. 아래 식에서 Bernoulli 방정식을 나타내며, 정상 및 비압축 흐름, 마찰 손실이 없으며, 동일 유선상에서 적용이 가능하며, 움직임에 의한 운동 에너지($V^2/2$), 압력에 의한 에너지(P/ρ) 및 위치에 의한 중력 에너지(gz)이다. 정상류에서는 총 에너지가 변하지 않기 때문에 세 에너지의 합은 항상 일정해야 된다. 따라서 유체의 위치가 바뀌지 않았다면 속력(즉 운동 에너지)의 증가 또는 감소는 압력의 감소 또는 증가를 초래하게 된다.

$$\frac{P}{\rho}+\frac{V^2}{2}+gz=\text{일정} \tag{3.15}$$

정상류에서 유체가 지나는 경로가 바뀌지 않으므로 그림 3-9의 점선처럼 유체의 움직임을 유선으로 표시할 수 있다. 유선은 유체가 흐르는 경로를 상징적으로 나타낸 것이다. 이때 유선이 밀집되어 있는 폭이 좁은 곳에서는 유속이 증가하고 압력이 감소한다. 만약 유속이 상당히 빨라지면 유체의 경로가 갑자기 변하면서 소용돌이치는 난류로 변해서 Bernoulli의 원리가 성립되지 않는다.

그림 3-10에서처럼 종이를 입 앞에 대고 불어보면 종이 끝이 올라갈 것이다. 종이의 윗면으로 흐르는 공기에 의해서 정지 상태에 있는 아래쪽의 압력이 낮아져서 종이 끝이 올라가게 될 것이다. 강풍 속에서 대기압이 낮아진다는 이야기로부터 Beroulli의 원리를 논하기 시작하였다. 그림 3-11은 야구공의 커브와 비행기의 양력을 설명하는 것으로 유속이 빠르면 압력이 작아지는 Bernoulli 효과를 이해하기 쉽다. 그림 3-16 실험에서와 같은 이치로 비행기 날개를 생각해보면 무거운 비행기를 뜨게 하는 부양력을 이해하기 쉽다. 둘 다 아래쪽의 압력이 커져서 지붕이나 비행기 날개를 위쪽으로 밀어 올리는 것이다. 위쪽으로의 압력에 날개의 면적을 곱한 결과가 총 부양력이므로, 날개의 면적이 넓거나 빨리 나르면 부양력이 증가하게 된다. 글라이더의 날개가 매우 큰 이유는 충분히 빠르게 날 수 없기 때문이다. 또 다른 예제로 창문이 밀폐되어서 공기가 통하지 않는 건물인 경우에 특히 강풍이 지붕이 날라갈 가능성이 높다. 이때 강풍에 의해서 지붕이 날라가는 것이 아니라, 강풍으로 외부 대기압이 건물 내부의 대기압보다 상대적으로 낮아져서 지붕이 밀려나는 것이다. 따라서 강풍 속에서 밀폐된 건물에 갇히게 되면 창문을 조금 열어서 외부와 내부의 대기압을 같게 하는 것이 안전할 것이다.

야구시합에서 투수가 커브 볼을 던지는 것을 잘 알고 있다. 야구공에 강한 회전을 주면서 던지면 커브 볼을 구사할 수 있다. 마찬가지로 테니스 선수들이 공에 회전을 걸어서 상대방을 괴롭힌다. 회전하는 공 주위의 얇은 공기층이 야구공의 실밥 또는 테니스 공의 잔털 등과의 마찰로 끌려와서 한쪽에 유선이 밀집되게 된다. 그림 3-12 (b)에서 시계 방향으로 회전하는 경우에 윗쪽에 유선이 밀집된 모습을 볼 수 있다. 결국 아래쪽의 압력이 커져서 화살표 방향으로 공이 휘게 된다. 나란히 항해하는 두 배의 측면 충동에 관한 문제도 Bernoulli의 원리로 해결할 수 있다. 두 배 사이에서 물의 흐름이 바깥쪽의 흐름보다 빠르기 때문에 선체에 작용하는 수압이 줄어든다. 이를 감안하지 않고 항해하면 상대적으로 커진 바깥쪽의 압력 때문에 주 배는 충돌할 위기에 처하게 될 것이다.

또한 수도꼭지를 이용하여 Bernoulli의 원리를 실험할 수 있다. 물을 튼 다음에 테이프로 줄에 매단 탁구공을 가까이 가져가면 공은 물 속으로 빨려들어 간다. 줄을 약간 옆으로 당겨도 결과는 마찬가지이다. 흐르는 물 속에서의 압력보다 정지한 공기의 압력이 더 커서 대기압에 밀려서 공이 빨려 들어간 것이다. 위와 동일한 이유로 샤워할 때 커튼이 몸쪽으로 끌려온다. 다음 샤워 시에 커튼이 몸쪽으로 흔들리면 Bernoulli의 원리를 생각하길 바란다.

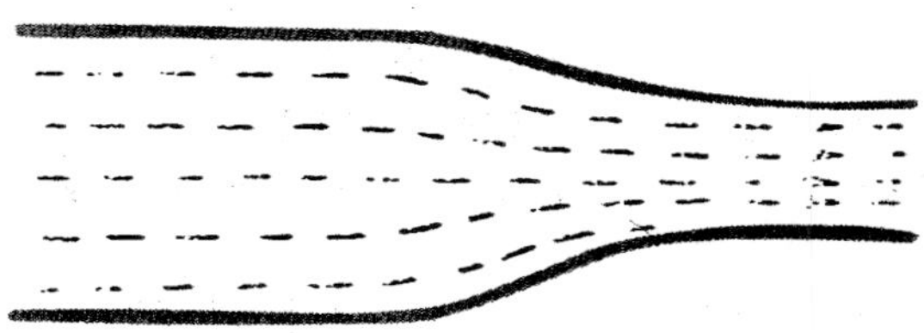

** 그림 3-9 ▌ 단면적이 좁아지는 관 속의 유동 흐름

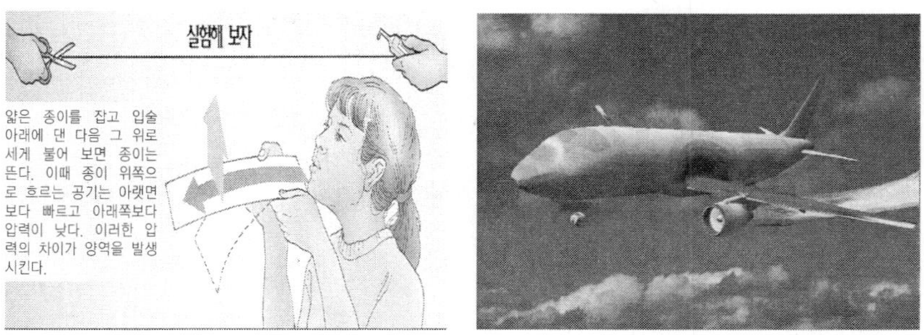

** 그림 3-10 ▌ Bernoulli 효과에 의한 양력 발생 실험과 400톤 중량의 비행기 모습

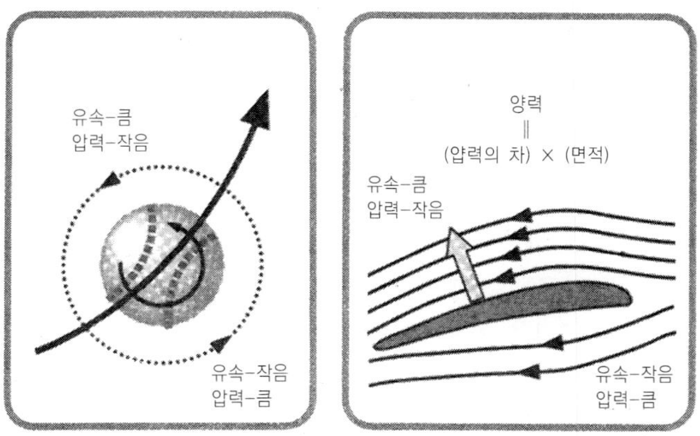

** 그림 3-11 ▌ Bernoulli 효과를 이용한 야구공의 커브와 비행기의 양력 발생 원리

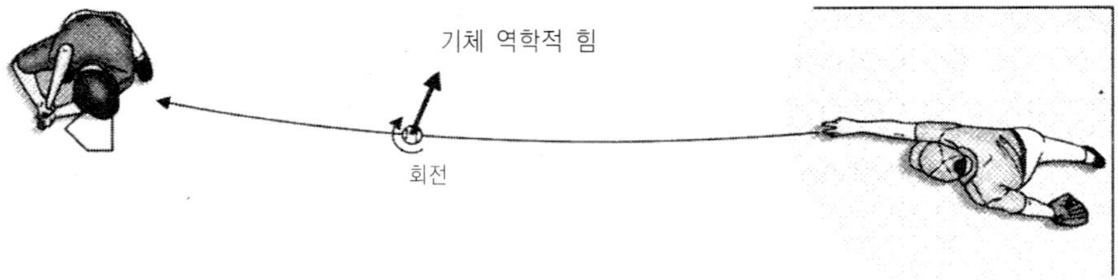

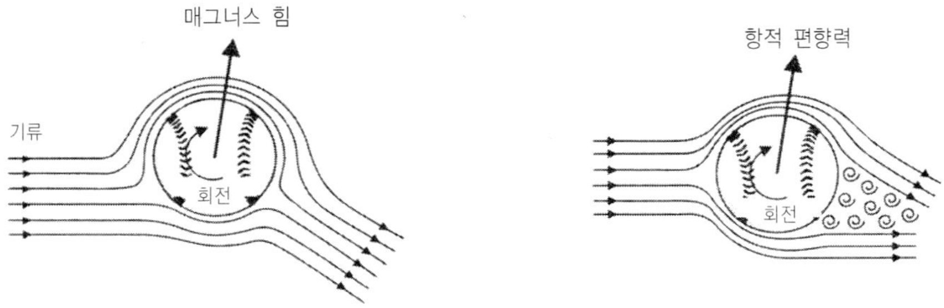

(a) 매그너스 힘은 공이 회전하는 방향으로 공보다 더 빠르게 공기가 흘러 압력이 떨어지기 때문에 나타난다 (Bloomfield, 1997).

(b) 항적 편향력은 공이 회전하는 방향으로 공 주변을 흐르는 공기가 공에 달라붙어 있어서 공의 항적은 편향된다.

** 그림 3-12 ▌ 빠르게 회전하는 야구공은 날아가는 동안 휘도록 하는 두 가지 힘을 받게 된다.

3.7 열전달

열이란 온도가 높은 곳에서 낮은 곳으로 이동하는 에너지라고 정의하였다. 결국 열이란 전달되고 있는 과정에서만 정의되는 개념이고 따라서 열이라는 개념은 전달 과정과 함께 표현될 때 그 의미를 가진다고 할 수 있다. 만약 서로 다른 온도의 여러 물체가 접촉하여 있거나 공간적으로 떨어져 있어도 고온의 물체는 온도가 낮아지고 저온의 물체는 온도가 높아져서 결국 모두 같은 온도에 이르게 된다. 이러한 열전달은 전도(Conduction), 대류(Convection), 그리고 복사(Radiation)라고 불리는 과정에 의하여 이루어지며 그림 3-13에서 개념을 이해할 수 있다. 열전도는 높은 분자들의 에너지가 낮은 에너지를 가진 분자에게 전달되는 현상이며, Bulk Motion이 아닌 분자나 전자의 활성화에 의한 충돌로 에너지가 확산(Diffusion)되는 것이다. 얼마나 열전도가 좋은가는 분자구조의 전기적 결합이 얼마나 강한가에 달렸다. 약하게 결합된 외각전자를 가진 고체는 열을 (전기적으로) 잘 전도한다. 따라서 약하게 결합된 외각전자를 많이 갖고 있는 금속이 열이나 전기 전도체로 가장 좋다. 열대류

(Thermal Convection)은 불규칙한 운동하는 분자들의 운동 확산에 의한 에너지 전달과 분자들의 거시적인 운동(Macroscopic, Bulk Motion)에 의한 에너지 전달로 설명된다. 액체나 기체 같은 유체는 주로 대류에 의하여 열을 전달한다. 열복사는 매체를 이용하지 않고 전자기파 형태로 열을 전달시키는 방법으로, 원자들이 가지고 있는 에너지는 전자기파 형태로 방사되는데, 이때 방사되는 전자기파의 파장(혹은 주파수)은 복사체의 온도에 의해서 결정된다. 낮은 온도의 물체는 에너지가 작은 긴 파장(높은 주파수)의 빛을 복사하고 고온의 물체는 짧은 파장(낮은 주파수)의 빛을 복사한다.

3.7.1 열전도

라면을 끓일 때 쇠 젓가락을 이용하면 젓가락을 잡은 손이 뜨거워짐을 느낀다. 뜨거운 물에 닿아있는 젓가락이라는 물체를 통하여 열이 전달된 것이다. 이러한 방식의 열전달을 "전도"라고 부른다. 일반적으로 금속은 좋은 전도체이고 액체나 기체는 전동성이 좋지 않다. 금, 은, 구리, 알루미늄, 철과 같은 금속은 열전도성이 매우 뛰어나며, 스티로폼, 모피, 오리털과 같이 공기가 갇혀 있는 다공성 물질은 열전도성이 특히 나쁘므로 절연재로 쓰인다. 즉, 모피와 오리털은 추운 기후에서 체열의 전달을 방해함으로써 체온을 보호하는 역할을 하는 것이다. 이러한 특성은 물질을 구성하는 원자의 결합구조와 관계가 있다. 금속은 자유롭게 움직이는 전자가 있어서 열 에너지 전달에 크게 기여한다. 액체와 기체는 원자들 사이의 간격이 멀어서 원자들 사이에 충돌할 수 있는 기회가 줄어든다. 이는 에너지의 전달을 어렵게 하는 원인이다. 일반적으로 물질의 밀도가 작아지면 열전도 성능이 떨어진다. 결국 진공에서는 열전도가 일어나지 않는다. 물체를 통하여 열이 전달되는 전도 과정을 정량적으로 기술하는 방정식을 Fourier 법칙이라고 부른다.

$$\dot{Q} = kA \nabla T \tag{3.10}$$

$\dot{Q}$, A, T는 각각 열전달량, 전열 면적, 그리고 온도를 나타낸다. 위 식에서 온도차에 비례하여 열전달량이 커지게 됨을 알 수 있다. 이때 비례계수, k를 열전도계수(Thermal Conductivity)라고 부른다.

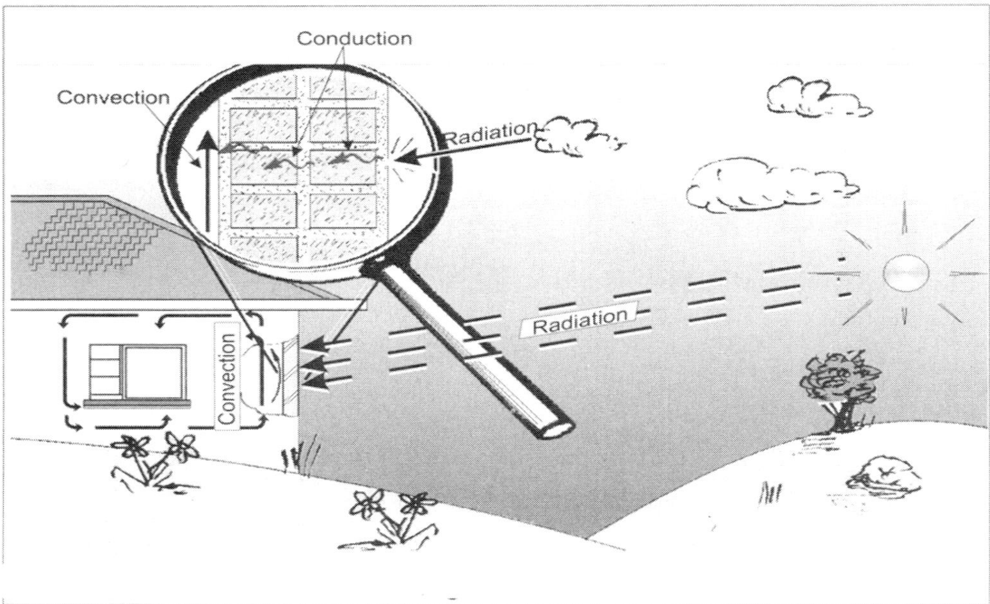

** 그림 3-13 ▌ 열전도, 대류, 복사의 개념(출처: Alder, 2004)

그림 3-14는 열전도 현상을 나타낸 것으로, 쇠막대기의 끝을 붙잡고 불 속에 다른 쪽 끝을 대면 곧 뜨거워져 쇠막대기를 놓치게 된다. 불꽃에 닿아있는 한쪽 끝을 통해서 열이 전달된 것이다. 이런 방식의 열전달을 전도라고 부른다. 불에 의해서 막대기가 가열되어 분자 운동이 빨라지게 된다. 이렇게 빨라진 분자나 자유전자가 옆의 분자와 충돌하게 된다. 이런 충돌이 계속 이어져서 막대기 속의 모든 분자들의 운동이 빨라져서 막대기가 뜨거워진다. 열전도는 분자나 전자의 충돌에 의한 것이다. 얼마나 열전도가 좋은가는 분자구조의 전기적 결합이 얼마나 강한가에 달렸다. 약하게 결합된 외각전자를 가진 고체는 열을(전기적으로) 잘 전도한다. 따라서 약하게 결합된 외각전자를 많이 갖고 있는 금속이 열이나 전기 전도체로 가장 좋다. 그 중에서도 은이 가장 좋고 구리, 알루미늄, 철의 순서로 전도도가 좋다. 나무, 짚, 종이, 코크 및 스티로폼 등은 매우 나쁜 열전도체이다. 이들 물질의 분자는 외각전자와 단단히 결합되어 있기 때문이다. 나쁜 전도체를 흔히 절연체라고 부른다.

일반적으로 액체와 기체는 나쁜 전도체이다. 그 중에서도 공기가 가장 나쁜 전도체이므로 공기가 들어있는 작은 공간이 많은 다공성 물질은 나쁜 전도체이면서, 좋은 절연체이다. 모, 모피 또는 오리털 등이 절연체로 많이 쓰이는 이유는 공기 공간을 많이 포함하고 있기 때문이다. 공기가 나쁜 전도체여서 다행이다. 만약 아니라면 20℃에서도 춥게 느끼질 것이다. 눈 또한 나쁜 전도체(좋은 절연체)로 전도율이 마른 나무 정도에 지나지 않아 눈 덮인 지구가 따뜻해진다고 믿고 있다. 눈송이의 결정구조가 깃털과 비슷하여 그 사이에 공기가 들어차서 지표면으로부터 열이 빠져나가는 것을 방지해준다. 에스키모인의 이글루 위에 덮인 눈이 추위로부터 집안을 보호해준다. 숲 속의 동물들도 눈 언덕에 구멍을 파서 추위를 피한다. 눈이 열을 보태주는 것이 아니라 열이 바깥으로 빠져나가는 것을 막아주는 것이다. 집은 보통 암면이나 유리섬유로 절연시키는데 이는 찬 기운이 집안으로 들어오는 것을 막기 위해서가 아니라 열이 빠져나가는 것을 막기 위한 것이다. 그러나 아무리 좋은 절연체라도 열이 빠져나가는 것을 완전히 막지는 못한다. 단지 빠져나가는 정도를 줄일 뿐이다. 따라서 어떤 집도 결국에는 추워진다. 절연체는 단지 열전달을 지연시킬 뿐이다(그림 3-14 참조).

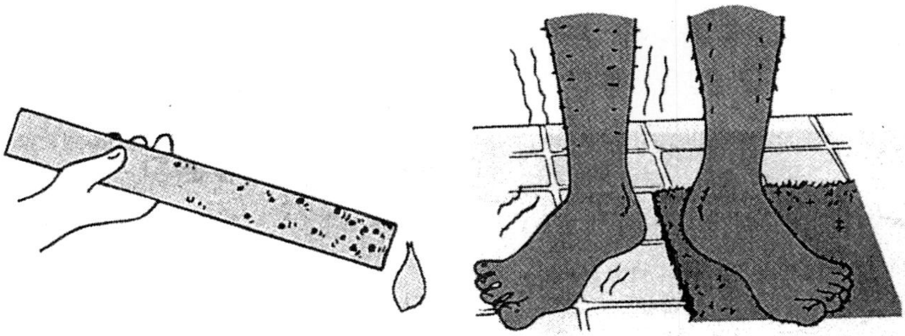

(a) 불꽃으로부터 오는 열은 금속 막대 한 끝의 원자와 전자를 더 빠르게 운동시키며 서로 밀고 당기게 한다. 이것은 막대를 따라 차례로 전달되어 모든 원자들의 운동 에너지를 증가시킨다.

(b) 맨발로 타일 바닥에 서면 차갑게 느껴진다. 반면에 같은 온도의 양탄자는 따뜻하게 느껴진다. 이것은 타일이 양탄자보다 더 좋은 열의 양도체이기 때문이다 (Hewitt, 1997).

** 그림 3-14 ▌ 열전도 현상

3.7.2 열대류

열대류(Thermal Convection)는 불규칙한 운동하는 분자들의 운동 확산에 의한 에너지 전달과 분자들의 거시적인 운동(Macroscopic, Bulk Motion)에 의한 에너지 전달로 설명된다. 액체나 기체 같은 유체는 주로 대류에 의하여 열을 전달한다. 방안에 난로가 놓여 있을 때 난로 주위의 공기는 가열되어 팽창하게 된다. 이는 밀도가 작아짐을 의미하며 이로 인해 뜨거워진 공기는 위로 상승한다. 상승하는 뜨거운 공기가 차지하던 공간은 차가운 공기가 밀려와 채우게 된다. 한편, 뜨거워져 위로 상승한 공기는 주변에 열을 잃으면서 점차 차가워지고 따라서 수축하게 된다. 수축으로 인해 밀도가 커지면 아래로 내려오게 된다. 이처럼 방안의 공기는 순환하게 되며 난로의 열 에너지를 공기가 직접 방안 곳곳에 전해준다. 이와 같은 공기의 대류는 대기에서도 나타난다. 앞서 설명한 해풍과 육풍이 시간에 따라 변하는 현상도 대기의 대류현상이다. 대류는 자연대류(Natural Convection)와 강제대류(Forced Convection)로 나뉜다.

자연대류는 앞서 설명한 것과 같이, 열원 주위의 유체가 열을 흡수하여 밀도가 낮아짐으로써 상승하게 되고 주위의 차가운 유체가 이동하여 이 공간을 채우는 형태의 대류이다. 즉, 자연대류를 일으키는 구동력은 중력과 부력이다. 따라서 부력이 존재하지 않는 무중력 상태에서는 자연대류가 존재하지 않는다. 예를 들어, 우주공간에서 궤도를 따라 움직이는 우주선에서는 중력이 무시할 수 있을 만큼 작다. 따라서 우주인들이 호흡하며 내쉬는 숨은 주위 공기와 잘 섞이지 않을 것이고, 이 경우 옆의 우주인이 이 공기를 직접 들여 마실 수도 있다. 이를 방지하기 위하여 우주선 내부의 공기는 항상 팬을 이용하여 강제로 섞어 주어야 한다. 강제대류는 펌프나 팬 등을 이용하여 유체를 흐르게 하여 인위적으로 만들어진 대류 유동을 말한다. 공학적으로 설계된 시스템에서는 대부분 자연대류와 강제대류를 함께 이용한다. 대류에 의한 열전달은 온도 차에 비례하는데, 공학자들은 이를 정량화하기 위하여 다음과 같은 식을 이용한다.

$$\dot{Q} = hA(T_{hot} - T_{cold}) \tag{3.11}$$

위 식에서 비례상수 h를 대류열전달계수(Convective Heat Transfer Coefficient)라고 부르는데, 열전도계수 (k)와 달리 물질의 고유한 특성치가 아니다. 대류열전달계수는 열전달면의 구조, 유체의 유동 조건 등과 같이 열전달이 일어나는 시스템의 환경에 따라 변하는 값이다. 따라서 대류열전달계수는 실험을 통하여 결정되어야 하는 값이다. 표 3-3은 대류열전달계수의 대표적인 값들을 보여주고 있다.

더운 공기는 위로 올라가는 이유는 부력을 알면 쉽게 설명된다. 더운 공기는 팽창하여 주위의 공기보다 밀도가 낮아져서 고무풍선처럼 위쪽으로의 부력을 받게 된다. 더운 공기 밑의 압력이 위쪽보다 커서 부력이 위방향으로 작용한다. 그리고 부력의 크기가 무게보다 크기 때문에 더운 공기가 위로 올라간다. 또한 다른 관점에서 즉 개별 분자의 운동을 살펴보아도 더운 공기가 상승하는 이유를 알 수 있다. 동일한 기체 분자가 들어 있는 큰 그릇을 생각해보자. 중력 때문에 많은 분자들은 위쪽보다는 그릇바닥에 많이 있다. 따라서 바닥으로 내려오면서 기체 밀도가 증가한다. 만약 어느 곳에서나 온도가 같다면 평균적으로 각 분자의 운동 에너지와 속력이 같게 된다. 따라서 각 분자는 그릇 내에서 같은 크기의 속력으로 움직이게 된다. 여기에 매우 빨리 움직이는 즉, 뜨거운 분자 하나를 넣어보자. 뜨거운 분자는 자신의 과잉 에너지를 천천히 움직이는 분자들에게 전부 다 나누어질 때까지 계속해서 다른 분자와 충돌할 것이다. 만약 이 분자를 그릇의 중간에 넣어두면 모든 방향의 분자들과 똑같이 충돌할 것이다. 그러나 아래쪽의 분자 밀도가 높으므로 아래 방향으로 움직이는 뜨거운 분자는 다른 분자들과 훨씬 많이 충돌하게 된다. 또한 뜨거운 분자가 위로 움직이기 시작하면 분자 밀도가 낮아서 전보다 훨씬 멀리 이동한 후에야 다른 분자와 충돌할 것이다. 이때 평균 자유 행로(충돌 사이의 비행거리)가 길다고 말한다. 따라서 그림 3-15에서 볼 수 있는 것처럼 빨리 움직이는 분자는 위쪽으로 움직이려는 경향이 생겨난다.

더운 공기는 위로 올라가므로 높은 곳일수록 기온이 높을 것으로 기대할 수 있다. 즉 산꼭대기는 덥고 초원지대나 계곡이 추워서 눈에 덮힐 것으로 착각할 수 있다. 그러나 고도가 높아질수록 기온이 내려간다. 주된 이유는 야릇하게도 더운 공기가 위로 올라가는 것과 상당히 관련되어 있다. 더운 공기는 높은 바닥의 대기압에 의해서 압력이 낮은 위쪽으로 이동한다. 이때 공기가 팽창하게 된다. 이러한 공기의 팽창으로 기온이 낮아진다. 반대로 공기를 압축하면 더워진다. 자전거 바퀴에 손펌프로 공기를 넣을 때 펌프가 쉽게 뜨거워지는 것을 느낄 것이다. 펌프질로 인해서 공기 분자의 운동이 활발해지기 때문이다. 즉 공기압축은 온도를 올리고 반대로 공기팽창은 온도를 내린다.

공기의 압축과 팽창을 보다 자세히 살펴보자. 보다 빠른 속력으로 다가오는 분자와 충돌하면 속력이 증가한다. 반대로 도망가는 분자와 충돌하면 속력이 줄어든다. 공쪽으로 다가서며 탁구공을 때리면 공의 속력이 증가하지만 탁구채를 뒤로 빼며 탁구공을 때리면 속력이 감소한다. 공기가 팽창하는 동안에는 다가오는 분자와의 충돌보다는 도망가는 분자와의 충돌이 더 많이 일어난다(공기를 압축할 때는 이와는 정반대로 다가오는 분자와의 충돌이 더 많이 일어난다). 따라서 공기가 팽창하는 동안 분자의 평균 속력이 줄어들어 온도가 떨어진다. 이 경우에 에너지가 어디로 사라졌을까? 이때 주위의 공기 분자들이 퍼져나가도록 일하는데 에너지가 소모되어 내부에너지가 줄어든다. 즉 부피당 에너지가 줄어들어서 온도가 떨어진다.

온도와 분자 운동의 관계에서 흔히 잘못 알고 있는 것은 분자 간의 충돌이 많을수록 열이 생겨서 기체의 온도가 올라간다는 생각이다. 이것은 틀린 생각이다. 비록 개별 분자는 다가오는(도망가는) 분자와 충돌하여 속력이 증가(감소)하지만 총 분자 에너지는 충돌 전이나 충돌 후나 똑같다. 온도란 충돌횟수가 아니라 운동 에너지의 측정값이다. 만약 모든 분자들이 충돌없이 움직인다면 온도는 변하지 않을 것이다. 만약 열을 가하면 분자들은 보다 자주 충돌할 것이다. 열이 가해졌기 때문에 충돌횟수가 늘어난다. 그러나 충돌횟수가 늘어났다고 해서 열이 가해졌다고 볼 수 없다(원인이 결과를 낳는 것은 일방통행로와 같다).

따라서 압축은 공기를 데우고 팽창은 공기를 식힌다. 그러나 일단 압축되거나 팽창되면 주위와 열적 평형을 이루게 된다. 압축된 공기통에 손을 대보면 주위의 온도와 같음을 곧 알게 될 것이다. 그러나 압축공기통 구멍으로 새어나오는 공기에 손을 대보면 온도가 상당히 낮은 것을 느낄 것이다.

그림 3-16은 해풍과 육풍의 원리를 나타낸 그림이다. 대류는 불균일한 가열 때문에 생기고, 육지는 바다보다 낮에는 따뜻하고 밤에는 차갑기 때문에 공기가 흐르는 방향이 밤낮으로 서로 반대가 된다. 즉 대기 중의 대류 흐름에 의해서 바람이 발생한다. 지상의 어떤 지역은 다른 지역보다 태양빛을 보다 빨리 흡수한다. 그 결과 대류흐름이 생겨난다. 해변가에 가보면 확실히 느낄 수 있다. 낮에는 해변이 바다보다 쉽게 더워져서 바닷물 위의 찬 공기에 의해서 위로 올라가므로 바닷바람이 불어온다. 밤에는 해변이 쉽게 식어서 바다 위의 공기가 오히려 상대적으로 더 더워져서 바다 쪽으로 바람이 불어간다. 해변에서 모닥불을 피우면 연기가 낮에는 해변 쪽으로 밤에는 바다 쪽으로 쏠리는 것을 볼 수 있다.

** 표 3-3 ▌ 자연, 강제대류 등 여러 현상의 대류열전달계수(h)

분류	h	
	Btu/h · ft^2 · ° F	W/m^2
공기의 자연대류	1 ~ 5	5 ~ 25
공기의 강제대류	2 ~ 1,000	10 ~ 500
물	20 ~ 30,000	100 ~ 15,000
물끓음	50 ~ 5,000	2,500 ~ 25,000
수증기 응축	1,000 ~ 20,000	5,000 ~ 100,000

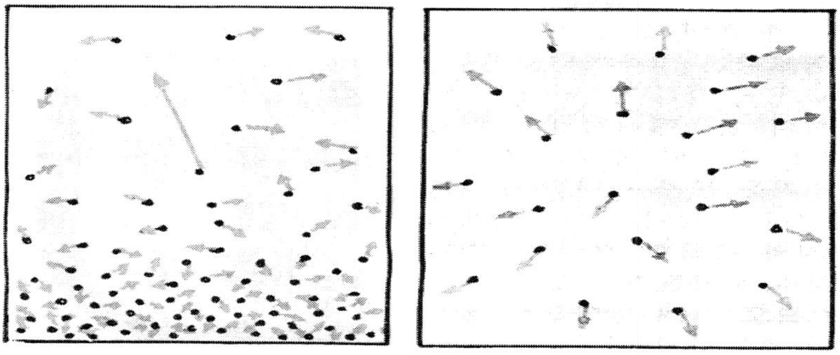

(a) 빨리 움직이는 분자는 제약이 적은 곳, 즉 위쪽으로 이동하려는 경향이 있어서 더운 공기가 위로 올라가게 된다.

(b) 공기가 팽창하는 동안에는 다가오는 분자와의 충돌이 아니라 주로 도망가는 분자와의 충돌이 일어난다. 이러한 충돌마다 되튐 속력이 줄어들어 온도가 떨어진다(Hewitt, 1997).

** 그림 3-15 ‖ 공기 분자 이동 현상

** 그림 3-16 ‖ 해풍과 육풍의 원리: 대류는 불균일한 가열 때문에 생기고 육지는 바다보다 낮에는 따뜻하고 밤에는 차갑기 때문에 공기가 흐르는 방향이 밤낮으로 서로 반대가 됨(Hewitt, 1997).

3.7.3 열복사

앞서 설명한 전도와 대류는 열 에너지를 전달하기 위하여 매체가 있어야 했다. 매체가 없는 경우, 예를 들어 우주공간과 같이 진공 상태인 공간을 통해서도 열전달은 일어난다. 원자들이 가지고 있는 에너지는 전자기파 형태로 방사되는데, 이때 방사되는 전자기파의 파장(혹은 주파수)은 복사체의 온도에 의해서 결정된다. 낮은 온도의 물체는 에너지가 작은 긴 파장(높은 주파수)의 빛을 복사하고 고온의 물체는 짧은 파장(낮은 주파수)의 빛을 복사한다. 일상 온도에서는 가시광선보다 긴 파장의 적외선을 방출한다. 이처럼 매체를 이용하지 않고 전자기파 형태로 열을 전달시키는 방법이 "복사"이다. 지구가 태양으로부터 에너지를 공급받는 방법이 바로 복사에 의한 열전달이다. 사무실에서 사용하는 전기히터도 적외선 영역의 전자기파를 발산시켜 히터와 마주보는 물체의 표면에 열 에너지를 전달해주고 있다. 전자기파를 흡수한 물체는 내부 전자의 진동이 증가하여 온도가 올라가게 된다. 복사 열전달량은 아래 식으로 표현되는 Stefan-Boltzmann 법칙으로 계산된다.

$$\dot{Q} = \sigma A T^4 \tag{3.18}$$

이 식은 단위 시간당 흑체(black body)의 단위 표면적에서 복사되는 에너지의 총량이 절대온도의 4제곱에 비례함을 의미한다. 이때 비례상수 σ를 스테판-볼쯔만 상수(Stefan-Boltzmann Constant) 라고 하며 $5.670400 \times 10^{-8} Wm^{-2}K^{-4}$의 값이다.

벽난로나 태양으로부터 느끼는 열은 복사에 의한 열전달이다. 모든 물체는 전자기파의 형태로 복사 에너지를 방출한다. 태양으로부터의 열이 우주공간을 지나 대기층을 통과하여 지표면을 덥힌다. 공기가 매우 나쁜 전도체이므로 열이 전도에 의해서 대기층을 통과할 수 없다. 또한 대류에 위해서도 불가능하다. 왜냐하면 일단 지구가 더워져야만 가능하기 때문이다. 뿐만 아니라 전도나 대류 현상은 대기와 태양 사이의 빈 공간에서는 일어나지 않는다. 그렇다면 열은 다른 방법-즉 복사에 의하여 전달되어야 한다. 복사에 의해 전달된 에너지를 복사 에너지라고 부른다. 태양이 복사 에너지의 근원인 것은 명백하지만 다른 물체들도 모두 다양한 파장의 복사 에너지를 방출한다. 낮은 온도의 물체는 작은 에너지로 줄을 흔들 때 생기는 파동처럼 긴 파장의 빛을 복사하고 고온의 물체는 짧은 파장의 빛을 복사한다. 보통의 온도에서는 라디오파와 가시광선 사이에 긴 파장에 해당하는 적외선을 방출한다. 흔히 뜨겁다고 느끼는 것은 적외선 보다 짧은 파장의 복사이다. 따라서 적외선 복사를 흔히 열복사라고 부른다. 충분히 뜨거운 물체는 가시광선 영역에 해당되는 에너지를 복사한다. 약 600℃에서는 가시광선 중 파장이 가장 긴 붉은 빛을 방출하기 시작하다가 1,200℃에서는 눈으로 감지할 수 있는 모든 종류의 빛이 방출되어 물체가 하얗게 보인다. 이와 동시에 긴 파장의 빛도 방출되므로 물체는 다양한 파장의 빛을 방출하게 된다. 이러한 파동을 흡수하게 되면 물질 내 전자의 진동이 증가하여 온도가 올라간다. 만약 적외선 영역의 복사가 피부에 도달하면 뜨겁게 느낄 것이다. 이런 방식으로 복사체에서 흡수체로 열이 전달된다.

3.8 온실 효과

지구와 대기권은 태양의 복사 에너지를 받아 더워진다. 한편 지구는 지구복사로 알려진 복사 에너지를 우주공간으로 방출하고 있다. 따라서 지구의 온도 변화는 태양의 복사 에너지와 지구 복사 에너지의 차에 의하여 결정된다. 지난 50만년 동안 지구의 평균 온도는 19℃와 27℃ 사이에서 변동하였고 현재는 높은 쪽에 있다. 만약 지구가 받는 복사 에너지가 증가하거나 방출하는 에너지가 감소하면 지구의 온도가 상승하게 된다.

그림 3-17은 온실 효과를 설명한 것으로, 태양으로부터의 복사 에너지는 주로 자외선, 가시광선 및 짧은 파장의 적외선 영역에 해당된다(태양표면과 같은 온도를 지닌 어떤 물체도 똑같이 복사한다). 이처럼 짧은 파장의 파동은 대기층을 쉽게 통과하여 지구표면에 도달할 수 있다. 그러나 지구표면은 태양보다 차므로 긴 파장의 파동–주로 긴 파장의 적외선을 방출한다. 이런 긴 파장의 파동은 대기층을 투과하기 어렵다. 대기층의 기체들은(주로 탄산가스와 수증기) 긴 파장의 복사를 흡수하여 재방출하므로 이것들이 지구로 되돌아오게 된다. 따라서 긴 파장의 복사는 지구대기층을 빠져나가지 못하고 지구를 덥게 만든다. 이것이 바로 온실 효과이다. 만약 온실 효과가 없다면 지구의 평균 기온이 매섭게 추운 –18℃가 될 지도 모르니 얼마나 고마운가! 그러나 오늘날의 주된 관심은 탄산가스와 다른 기체들이 급증하여 지구가 너무 더워진다는 것이다.

대기권은 온실 효과란 표현은 꽃을 재배할 때 태양 에너지가 빠져나가지 못하도록 유리로 만든 온실에서 비롯되었다. 가시광선은 유리를 투과하지만 자외선이나 적외선은 투과하지 못한다. 즉 유리는 일방통행로와 같다. 유리는 가시광선이 들어오게 하고 긴 파장의 파동이 나가는 것을 막는다. 따라서 짧은 파장의 태양빛이 유리지붕을 통해 들어와서 온실 안의 흙과 꽃이 태양 에너지를 흡수한다. 한편 태양 에너지를 흡수한 흙과 꽃은 긴 파장의 적외선을 방출한다. 그러나 긴 파장의 복사 파동은 유리를 투과하지 못하므로 온실이 더워지게 된다(그림 3-17(b) 참조). 그러나 온실의 유리가 담당하는 주된 역할은 위와 같은 역할보다 외부의 찬 공기와 안의 더운 공기가 대류현상으로 섞이는 것을 막는 것이다. 따라서 값비싼 유리 대신에 비닐을 오늘날엔 많이 사용한다. 흥미롭게도 온실 효과로 인하여 온실보다도 오히려 지구가 더워지게 된다.

실제로 세계는 화석 에너지의 연소로 연간 50억톤이 넘는 탄산가스를 방출하는데, 이것이 결국 지구 온실 효과를 일으켜 지구온난화 및 사막화 그리고 극지방의 얼음을 녹임으로써 해수면 상승 등으로 지구 생태계에 큰 변화를 가져오고 있는 것이다. 온실 효과는 결국 지구온난화뿐만 아니라 또 다른 환경문제를 일으켜 지구적으로는 사막화, 오존층의 파괴, 산성비, 산림 파괴 등을 가져올 뿐만 아니라 야생 생물종의 감소를 일으킨다. 그리고 자연적으로는 원자력폐기물을 포함한 폐기물, 지하수를 포함한 토양오염, 대기오염, 해양오염, 수질오염, 교통소음 등 생활소음, 진동 등도 야기시켜 결국 인류의 생존을 위협하게 되는 것이다.

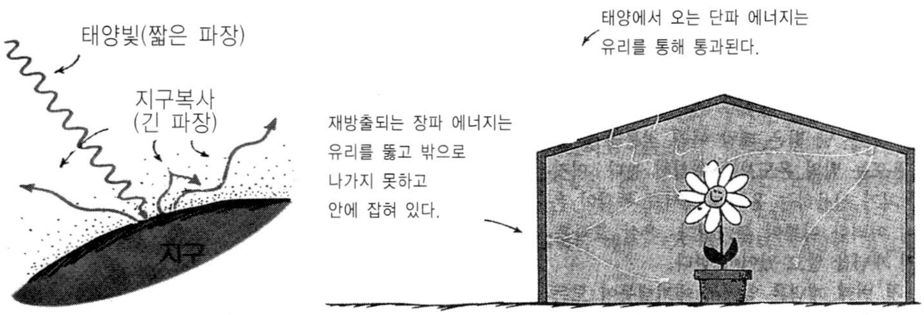

(a) 지구 대기권에서의 온실 효과. 대기층의 탄산가스가 흡수체로 작용하여 우주 공간으로 방출될 열을 흡수한다.

(b) 태양으로부터의 단파복사는 온실의 지붕으로 들어온다. 흙은 장파의 복사 에너지를 방출하게 되는데, 이것은 유리를 통과해 나가지 못한다. 수입이 지출보다 크게 되어 온실 내부는 가열되게 된다.

** 그림 3-17 ▌ 온실 효과

연습문제

01 태풍이 발생하는 원리에 대해서 설명하라.

02 1L의 불을 가열하여 온도가 2℃올랐다고 하자. 2L의 물을 똑같이 가열한다면 몇 ℃나 올라가겠느냐?

03 만약 그릇 속에 담긴 물의 양이 하루가 지난 후에도 변함이 없으면 증발이나 응축이 일어나지 않았다고 할 수 있겠는가?

04 만약 고열원과 저열원의 온도가 400K로 같으면 이상적인 효율은 얼마인가?
고열원의 온도가 400K이고 저열원의 온도가 0K인 열 기관의 이상적인 효율은 얼마인가?

05 0℃의 외기로부터 열을 퍼올려 40℃의 열을 만드는 역카르노사이클 히트펌프의 성능계수는 얼마인가?

06 자동차 비행기를 설계하려고 한다. 자동차 비행기의 무게가 1,500kgf, 날개 면적이 2m × 3m이라면 이륙 시, 최소 속력을 구하라.

참고문헌

[1] 고구레 요조, "즐거운 물리 탐구", 여명출판사, 1996.

[2] 고종수, 이석, 이재근, 정융호, 정지환, 조윤호, 조진래, 최재원, "알기쉬운 기계공학", 홍릉과학출판사, 2007

[3] 고한목 역, "圖解로 배우는 공조기술", 의제, 1996.

[4] 김용은 역, "대학물리학", 대웅, 1997.

[5] 금종수, 김용식, 김재돌 번역, "백만인의 공기조화", Ohmsha & 태훈출판사, 2000.

[6] 대한기계학회, 기계저널, 제40권 제12호, 2000.

[7] 박윤동, "에너지", 대영사, 1994.

[8] 송현갑, 금동혁, 김영복 외, "열에너지공학", 문운당, 2007

[9] 심증수 역, "그림으로 이해하는 열역학", 성안당, 1997.

[10] 엄기창, "열유체공학", 북스힐, 2009

[11] 여상도, "열역학 개념의 해설", 청문각, 2006

[12] 윤정인, 양영명, 설원실, 김재돌 편역, "에너지시스템", 태훈출판사, 2000.

[13] 윤도영, 김병식, 김민찬, 최창균 공역, "열역학의 이해", 사이텍미디어, 1998

[14] 이광식, 고희석, 곽희로, 김인식, 송현석, "에너지공학의 기초", (주)북스힐, 2002

[15] 임상훈, 김광렬, 정순오, 최성부 공저, "환경과 에너지", 동화기술, 1998.

[16] 채 수, 남경덕, 김봉환, 신현승 공저, "생각하는 유체역학", 선학출판사, 2000.

[17] 황도근 엮음, "입체로 읽는 물리", 제2권 열현상과 유체역학, 자작나무, 1994.

[18] Alder, Geoff, "Heat, Energy, and Refrigeration", Purchasing Enquiries, 2004

[19] ASHRAE Handbooks, Vol. 1-4, 1998-2001

[20] Bloomfield, L. A., "How Things Work: The Physics of Everyday Life", John Wiley & Sons, Inc., 1997(번역서: "알기 쉬운 생활 속의 물리" 물리편찬위원회

역, 한승출판사, 2000).

[21] Gerhart, P.M., R. J. Gross, and J. I. Hochstein, "Fundamentals of Fluid Mechanics", 2nd Edition, Addison Wesley, 1992.

[22] Hewitt, P. G., "Conceptual Physics", 3rd Edition, Addison-Wesley Publishing. Inc., 1997(번역서1: 공창식, 남철주, 박성식, 차일환 공역, "알기 쉬운 물리학 강의", 청범출판사, 번역서2: 엄정인, 김인묵, 박홍이, 정광호, "수학없는 물리", 에드텍출판, 1997).

[23] Holman, J. P. "HEAT TRANSFER", 7th Edition, McGraw-Hill Inc., 1992.

[24] Levenspiel, O. "Understanding Engineering Thermo", Prentice-Hall Inc., 1996. (번역서:윤도영, 김병식, 김민찬, 최창균 공역, "열역학의 이해", (주)사이버텍, 1998).

[25] Saeed Moaveni, "ENGINEERING FUNDAMENTALS", BROOKS/COLE, 2002.

[26] Serway, R. A. and J. S. Faughn, "College Physics", 4th edition, Saunders College Publishing, 1996 (번역서: 일반물리편찬위원회, "일반물리학", 청문각, 1996).

[27] Wark, K., "Thermodynamics", 5th Edition, McGraw-Hill Book Co., 1988.

제 4 장

신재생 에너지 종류와 현황

4.1 신재생 에너지 분류 및 특징

대체 에너지의 정의는 각 나라별로 자국의 에너지 상황에 따라 다르며 넓게 정의하는 경우 석유 이외에 석탄, 원자력, 천연가스 및 신재생 에너지 등 석유가 아닌 모든 에너지원으로 정의하기도 하며, 좁게는 신재생 에너지(New & renewable energy) 자체로만 정의하기도 한다. 우리나라에 널리 사용되고 있는 '대체 에너지(Alternative energy)'란 용어는 원래 1970년대 두 차례의 석유파동을 겪으면서 탄생한 사회적 조어(造語)로서 '석유를 대체하는 에너지'를 총칭하는 의미로 사용되기 시작하였다. 따라서 대체 에너지는 기술 용어가 아니기 때문에 사회여건에 따라 약간씩 해석이 다르게 나타난다.

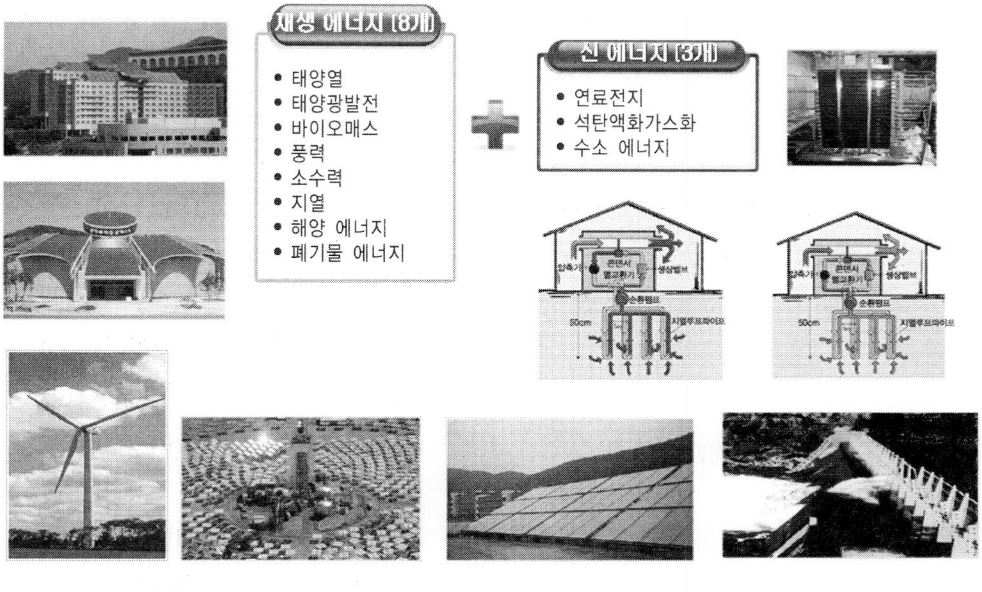

** 그림 4-1 ▌ 우리나라 신재생 에너지 종류: 기존의 화석연료를 변환시켜 이용하거나 햇빛, 물, 지열, 강수, 생활유기체 등을 포함하는 재생 가능한 11개의 에너지를 지정

그림 4-1처럼 우리나라는 2004년 3월 [신 에너지 및 재생 에너지 이용, 개발, 보급촉진법] 제2조에 의해 기존의 화석연료를 변환시켜 이용하거나 햇빛, 물, 지열, 강수, 생활유기체 등을 포함하는 재생 가능한 11개의 에너지를 지정하였으며, 신재생 에너지를 석유·석탄·원자력·천연가스가 아닌 에너지로 정의하고, 그 범주에 태양 에너지(태양광, 태양열), 지열, 바이오 에너지, 풍력, 소수력, 해양 에너지, 폐기물에너지 등 재생 가능 에너지(Renewable Energy)와 연료전지, 석탄을 액화·가스화한 에너지, 수소 에너지 등 신기술의 적용이나 기존 에너지의 새로운 이용 형태를 나타내는 신 에너지(New Energy, 사실상 신 에너지도 기술 용어가 아닌 사회적 조어임)를 포함하여 국제적으로 통용되는 '신재생 에너지'(New and Renewable Sources of Energy : NRSE)와 거의 유사한 개념으로 사용하고 있다.

한편, 일본의 경우에는 우리나라와 달리 '석유 대체 에너지'에는 신재생 에너지 이외에 원자력, 석탄, 천연가스 등이 포함되어 있으며, 최근에는 '화석연료 대체 에너지'라는 용어도 사용하고 있다. 또한, 일본에서 사용되는 신 에너지의 개념은 앞서 언급한 재생 에너지 이외에 신 기술의 적용이나 기존 에너지의 새로운 이용 형태, 그리고 리사이클 에너지를 포함하여 매우 광범위하게 신 에너지를 정의하고 있다. 즉, 석유, 석탄, 천연가스, 원자력, 대규모 수력과 같이 일반적으로 사용하는 '기존 에너지(Conventional Energy)'의 반대 개념인 '비(非)기존 에너지(Nonconventional Energy)'와 유사한 개념으로 신 에너지를 정의하고 있는 것이다. 표 4-1은 1994년 일본 정부가 발표한 「신 에너지 도입대강(導入大綱)」을 기초로 신 에너지 재단(NEF)에서 분류한 신 에너지로 ① 재생 가능 에너지(태양광, 태양열, 풍력 등), ② 리사이클 에너지(폐열, 폐기물 에너지 등), ③ 기존 에너지의 신 이용 형태(열병합발전, 연료전지, 청정 에너지 자동차 등)로 대별하여 총 42종에 달한다. 에너지 절약의 파급효과가 크고, 에너지 공급 잠재량이 큰 기술이나 기존 에너지의 새로운 이용 형태, 즉, 핵융합, 유혈암(Oil Shell)과 유사(Oil Sand), 복합발전, 열병합발전, 스털링 엔진, 슈퍼 히트 펌프, 전자유체발전(MHD), 청정연료 자동차 등을 신에너지의 범주에 포함시킬 것인가의 여부가 아직도 해결되지 않은 상태이다.

표 4-2처럼 신재생 에너지 도입을 위해 해결해야 할 과제들이 많다. 잠재력 측면에서의 제약에서 자연 에너지를 이용한다는 것은 자연 조건에 크게 의존한다는 것으로 에너지 밀도가 낮고, 불안정하다는 특징을 본질적으로 안고 있다. 풍력발전이나 온도차 에너지를 이용하는 데에는 입지점의 자연 조건이나 수요지와의 거리 등이 도입의 제약요인이 된다. 폐기물을 재생 에너지로 이용하는 데에는 입지점 주변지역에

사는 주민들의 이해나 연료로 사용 시 오염물질의 배출 등으로 사회적 측면에서의 제약이 따른다.

표 4-3은 신재생 에너지별 특징을 비교 분석한 것으로, 태양광, 태양열, 풍력은 에너지 밀도가 낮으며, 날씨와 기상에 매우 민감한 불안정한 에너지이다. 반면 지열은 상대적으로 안정적인 에너지로 볼 수 있다. 표 4-4는 신재생 에너지별 설치 단가를 분석한 것이고 표 4-5는 50억원을 투자할 때, 신재생 에너지별 회수 가능한 에너지 양을 분석한 자료이다. 전체적으로 보면 신재생 에너지를 사용한 발전은 생산 단가가 비싸고 설치 비용이 많이 소요되는 것으로 분석되며, 건물의 냉난방과 급탕을 사용할 때는 지열 에너지를 사용하는 것이 경제적이고 안정된 에너지로 평가할 수 있다. 경제성 측면에서의 제약에서 기존 에너지를 대체할 수 있는 어떤 신재생 에너지도 기존 에너지에 비해 가격이 비싸기 때문에 도입 상에 경제적인 제약 요인 따른다. 기업 입장에서는 규모의 경제와 경제성이 확보되어야만 생산·보급이 가능하므로 공급자 가격과 소비자 가격의 괴리를 해소시켜줄 수 있는 정부의 지원책이 조성되지 않는 한 신재생 에너지의 보급은 기대하기 어렵다. 표 4-6은 일정량의 에너지 공급량을 확보하기 위한 신재생 에너지 도입 비용을 비교한 것으로 여타의 신재생 에너지에 비해 폐기물발전이나 풍력발전 등의 비용이 보다 경제적이라는 것을 알 수 있다.

표 4-7처럼 신재생 에너지 이용 설비의 규모와 생산비를 보면 대부분의 경우 생산 단가가 전통 에너지원에 비해 상당히 높은 편이다. 그럼에도 불구하고 일반적으로 전통 에너지에 비해 생산 단가가 높다는 사실은 대부분의 신재생 에너지원이 정책적 지원을 필요로 한다는 것을 의미한다. 그러나 경제적 경쟁 관계는 정태적이 아니고 동태적 차원에서 결정된다. 왜냐하면 신재생 에너지의 비용이 계속 하락하고 또한 전통 에너지 기술도 하락하기 때문이다. 단지, 어느 쪽의 하락폭이 더 큰가 하는 것인데, 신재생 에너지 기술의 비용 하락폭이 더 크게 나타나고 있다. 여기에 더해 전통 에너지원, 특히, 화석연료의 가격 상승 추세가 신재생 에너지에 유리하게 작용하고 있다.

현재의 시점에서 보았을 때, 대수력과 가연 재생 에너지와 폐기물발전을 제외하고는 신재생 에너지 평균 발전 단가는 전력 도매시장 가격과 경쟁할 수 있는 단계는 아니다. 그러나 기술과 응용 분야, 입지 조건에 따라서 계통 연계 전력 소매 가격이나 상업용 난방열과 경쟁 가능하기도 하다. 최적의 조건에서, 즉, 최적 시스템 설계와 입지, 자원부존 상황이 갖추어졌을 때, 바이오매스와 소수력, 풍력, 지열을 이용한 발전이 2~5센트/kWh로 가능하다. 일부 특정 지역에서는 바이오매스와 지열발전, 냉난방이 기존 에너지원과 경쟁하고 있다. 또한 기후 조건과 함께 기술 향상과 생산 기반이 잘 갖추어진 곳에서는 태양열 온수 시스템이 경쟁력을 확보하고 있으며, 이러한 경향은 최근의 고유가 장기화 및 천연가스, 석탄가격의 동반 상승으로 더욱 심화되고 있다. 계통연계 태양광발전은 아직 초기 투자비가 극히 높기 때문에 경쟁력이 없으나 독립형 태양광발전과 계통연계형에서 하절기 첨두부하 삭감용으로는 경쟁 가능하다. 브라질에서는 에탄올이 휘발유와 완전한 경쟁력을 확보한 상태이다. 2010년을 목표 연도로 하였을 때, 풍력의 경우 2010년에는 경쟁력을 확보할 것으로 예상되며, 태양광발전의 경우도 입지가 양호한 지역에서는 조만간 경쟁력을 확보할 것으로 기대된다.

표 4-1 ▌ 일본의 신 에너지 분류표

<table>
<tr><th>구분</th><th colspan="3">대분류</th><th>소분류</th></tr>
<tr><td rowspan="10">재생 가능 에너지</td><td colspan="3">태양광</td><td>태양광발전</td></tr>
<tr><td colspan="3">태양열</td><td>솔라 시스템(강제순환형), 기타</td></tr>
<tr><td colspan="3" rowspan="2">풍력[1]</td><td>풍력발전(또는 발전+다목적 이용)</td></tr>
<tr><td>풍력발전을 타용도로만 이용할 경우</td></tr>
<tr><td colspan="3" rowspan="2">중소수력[2]</td><td>중소수력발전(또는 발전+다목적 이용)</td></tr>
<tr><td>중소수력을 다목적으로만 이용할 경우</td></tr>
<tr><td colspan="3" rowspan="2">지열</td><td>지열발전(또는 발전+다목적 이용)</td></tr>
<tr><td>지열 냉난방, 급탕</td></tr>
<tr><td colspan="3">해양</td><td>파력, 조석·조류, 온도차</td></tr>
<tr><td colspan="3">해수·하천수·하수처리수 이용</td><td>해수·하천수 등 이용 열공급 사업</td></tr>
<tr><td rowspan="15">리사이클 에너지</td><td rowspan="5">폐열 이용</td><td colspan="2">발전소 폐열</td><td>발전소 폐열의 다목적 이용</td></tr>
<tr><td colspan="2">공장 폐열</td><td>공장 폐열 활용: 발전 다목적 이용</td></tr>
<tr><td colspan="2">LNG기화 냉열</td><td>LNG기화 냉열발전 다목적 이용</td></tr>
<tr><td colspan="2">기기.장치폐열 (도시형 폐열)</td><td>대형 전자계산기, 변전소, 지하철 등 폐열</td></tr>
<tr><td colspan="2">기타</td><td>병원의 온배수 등</td></tr>
<tr><td rowspan="10">폐기물 이용</td><td rowspan="3">일 반 폐기물</td><td>소각</td><td>폐기물 소각을 다목적으로만 이용할 경우</td></tr>
<tr><td>고형화연료(RDF)</td><td>RDF화, RDF 이용 등</td></tr>
<tr><td>기타</td><td>폐기물 처리 메탄발효가스 이용 등</td></tr>
<tr><td rowspan="3">산 업 폐기물</td><td>폐액</td><td>공장 폐액 메탄발효가스 이용 등</td></tr>
<tr><td>수질계</td><td>목질계 폐기물 연료이용(오거라이트 등)</td></tr>
<tr><td>폐타이어</td><td>폐타이어 보일러 등</td></tr>
<tr><td colspan="2">축산폐기물</td><td>축산폐기물 메탄발효가스 이용 등</td></tr>
<tr><td colspan="2">농림수산폐기물</td><td>폐가스보일러 등</td></tr>
<tr><td colspan="2">하수·분뇨</td><td>하수·분뇨 처리 메탄발효가스 이용 등</td></tr>
<tr><td colspan="2">기타</td><td>폐플라스틱 유화 등</td></tr>
</table>

구분	대분류	소분류
기존 에너지의 새로운 이용 형태	열병합발전	석유열병합발전
		가스열병합발전
	연료전지	연료전지
	청정 에너지 자동차	전기자동차
		메탄올자동차
		천연가스자동차
		디젤 대체 LPG차, 기타
기 타	시스템 이용	하이브리드시스템
	기 타	상기 내용에 해당되지 않는 이용의 경우

주) 이 표는 1994. 12월 일본 통산성에서 정한「신 에너지 도입 대강(大綱)」을 기초로 실태 조사와 관련하여 재분류한 것으로 중소수력과 지열은「신 에너지 도입 대강」에서 신에너지에 속해 있지는 않으나 지역적 부존량과 재생 가능 에너지라는 점을 감안하여 실태 조사의 대상으로 함

[1] 일본 종합 에너지 조사회 자료를 기초로 재작성

[2] 난이도는 목표 달성이 쉬운지 아닌지의 정도를 나타냄(쉬움←A〉B〉C→곤란)

표 4-2 신재생 에너지 도입의 제약 요인

구분	장소 제약	난이도	제 약 요 인
태양광 발전	–	B	–도입 단가가 높음, 출력 불안정 –주택의 지붕 등 일사가 양호한 공간 확보에 한계가 있음
태양열 이용	–	C	–주택이 지붕 등 일사가 양호한 공간 확보에 한계, 출력 불안정 –가정용 태양열 온수기는 다량 보급되었으나 최근에는 증가세가 정체됨
풍력 발전	○	A	–입지 조건 ①풍황(風況)이 적합할 것(평균 풍속 5m/s이상) ②건설자재 반입 등을 위한 도로 확보 ③송전 설비의 확보가 쉬울 것(입지 가능지역이 한정) –출력이 불안정, 바람을 가르는 소리 등 소음이 심함
지열 이용	–	A	–지열 냉난방에 적용 확대, 안정된 열원 확보와 경제성이 있음 –초기 투자비가 비싸나 다른 신재생 에너지에 비해 취득 에너지가 높음 –지열발전은 적용 초기단계임
폐기물 발전	○	B	–다이옥신 문제 등 폐기물 처리 고유의 문제와 밀접한 관계가 있어 신규 입지를 위해서는 환경 영향 평가와 주변지역의 주민 이해가 필수적임 –소각 처리되는 폐기물의 양에 한계가 있음
폐열 이용	○	B	–폐기물발전과 동일한 양상임. 환경오염 가능성 –폐기물 처리 시설로부터 열수송 유효거리는 2km정도
온도 차 에너지	○	B	–하천이나 해양에서 열수송 유효거리는 1km정도 –자연 열원 시설의 주변에서 냉난방 등의 열 수요를 확보하기가 곤란

** 표 4-3 ▌ 신재생 에너지별 설비 경제성 분석(에너지 관리 공단, 2009)

분 류	태양열온수	태양열 온수+냉난방	태양광	지열냉난방	풍력발전
설치비 (만원)	300(3, 4인) ~ 550(8, 9인)	700~830 (15~45평)	955/kW(고정) 1163/kW(추적)	410/RT (10평당 1RT)	2,000 (3kW기준)
표준공사비 (2008)	900천원/m^2	1,000-1,500 천원/m^2	9,300천원/kW	1,140천원/kW	4,770천원/kW
투자 회수 기간	6년 ±α	6년 ±α	10년 ±α	3~6년 ±α	10~15년 ±α
연간 에너지 절감 효과	35%절감 (가스온수기에 비교)	1년에 유류비를 50% 겨울 30%절감	3kW 설비 시 월 전력요금 4만원선 감소	냉방 시45~55% 절감 난방 시65~75% 절감	오지나 도서지역의 발전 및 바람이 많은 지역에 경제성
시스템 용도	급탕	급탕, 냉난방	발전	냉난방, 급탕	발전
사용시간	일광 시	일광 시	일광 시	항시	바람이 일정 속도 범위에서 볼 때
장점	가장 경쟁력 있는 선택	동절기, 흐린 날에 기존 열원과 병행	우리나라에서 최적한 발전	가장 비용효율적인 공조 시스템	부지의 효율적 이용 및 수려한 미관
단점	동절기, 흐린날에 영향이 큼	난방을 위한 보조 열원 필요	설치 면적이 큼 (3kW에 7~8평 소요)	가정용 설비로는 적합성을 검토	입지 조건이 한정
입지 조건	일조량이 많은 지역	일조량이 많은지역	일조량이 많은지역	지층 안정 지역	풍량 많은 지역
전반적인 국내여건	태양 에너지 밀도 낮음	태양 에너지 밀도 낮음	태양 에너지 밀도 낮음	전국적으로 가능	풍력 에너지 밀도 낮음
유지 보수	적음	적음	적음	적음	낮은 유지 비용
유지 보수	적음	적음	적음	적음	낮은 유지 비용
수명	집열판 20~30년	집열판 20~30년	15~20년 ±α	30~50년 ±α	20~30년 ±α

표 4-4 신재생 에너지별 설치단가(에너지 관리 공단, 2009)

구 분		설치 단가 (단위 : 천원, VAT 포함)
태양광발전 설비	고정식	9,300/kW
	추적식	10,960/kW
	BIPV	13,270/kW
태양열 이용 설비	평판형	$900/m^2$
	단일진공관형	$1,040/m^2$
	이중진공관형	$1,000/m^2$
풍력발전 설비		4,770/kW
지열 이용 설비	수직밀폐형	1,140/kW
	개방형(SCW형)	1,010/kW
집광채광 이용 설비		$4,730/m^2$

注) 1. 설치단가를 고시하지 않은 신재생 에너지원별, 설비타입별 단가는 거래실례 가격을 적용하여 별도 검토
2. 지열 이용설비의 단위는 kW로 환산(1RT는 3.5kW임)
3. 태양열 이용설비의 이중진공관형에서 수관형은 제외
4. 풍력발전 설비는 발전기 1기당 정격용량이 10kW이상인 설비(계통연계형 설비에 한함)
5. 상기단가로 설치가 불가능한 경우 신재생 에너지센터의 승인을 얻어 설치단가를 조정할 수 있음

표 4-5 50억원 투자시 신재생 에너지별 회수 가능 에너지

구분	태양광발전 설비			태양열 이용 설비			풍력발전 설비	지열 이용 설비	
	고정식	추적식	BIPV	평판형	단일 진공관형	이중 진공관형		수직 밀폐형	개방형 (SCW형)
설치 시 회수 가능 에너지[kW]	539.2	457.5	377.9	557.2	482.2	501.5	1,051.3	4,398.8	4,965.0

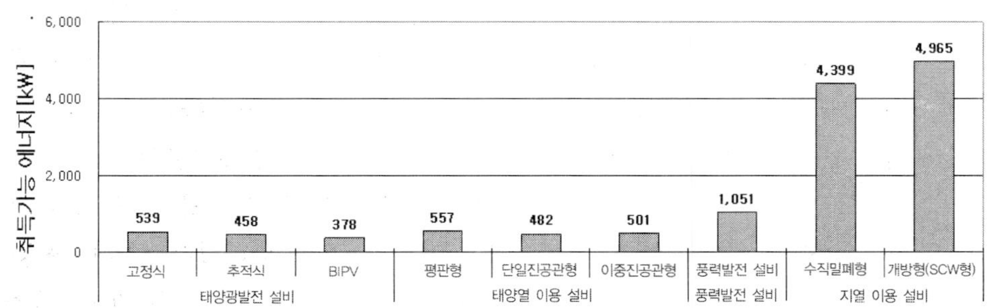

태양열 이용 설비는 m^2에서 취득 가능한 열량으로 환산하여 계산함($10m^2$kW 기준으로 산정. 태양 이용 시설의 경우 사용 연수가 길어질수록 효율이 저하하나, 초기 투자비에 대한 고려이므로 이에 대한 고려는 하지 않았음.)

** 표 4-6 ▌ 기존 에너지 대비 신재생 에너지 도입 비용 비교(예)

구분	도입 비용	기존 에너지 비용과의 비교
태양광발전	700~1,000원/kWh	7~10배(對 전기요금)
태양열 이용(솔라 시스템)	약 230원/kWh	2.5~3배(對 도시가스요금)
풍력발전	160~250원/kWh	3.2~5배(對 화력 발전원가)
폐기물발전	90~150원/kWh	1.8~3배(對 화력 발전원가)
폐기물 열 이용	200~400원/kWh	2~4배(對 도시가스 요금)
온도차 에너지 등	300~500원/kWh	3~5배(對 도시가스 요금)

주) 국내외 자료를 종합하여 작성(에너지총설, 2003)

** 표 4-7 ▌ 신재생 에너지 투자비 및 발전 비용

에너지원	투자비($/kW)	발전 단가(최저)	발전 단가(최대)	발전 단가(2010)
소 수 력	1,000~5,000	2~3	9~15	2
태양광발전	4,500~7,000	18~20	25~80	10~15
바 이 오	500~4,000	2~3	10~15	2
지 열	1,200~5,000	2~5	6~12	2~3
풍 열	850~1,700	3~5	10~12	2~4

주) World Energy Investment Outlook 2005, IEA

4.2 세계 신재생 에너지 보급 현황 및 정책 방향

4.2.1 신재생 에너지 보급 현황

2006년 세계 신재생 에너지 공급량은 약 1,493백만toe로서 세계 총 1차 에너지 공급량 11,741백만toe의 12.7%를 차지하고 있다. 원별로 살펴보면 신재생 에너지 중에 92.3%를 전통 바이오매스(74.8%)와 수력(17.5%)이 차지하고 있는데, 전통 바이오매스에는 농촌지역의 취사용 또는 난방용 신탄 및 농업폐기물이 포함된다. 나머지 7.7% 중 3.1%를 지열이 차지하고 있으며, 태양광과 태양열, 풍력, 조력의 비중은 아직도 미미한 수준이어서 기여율은 거의 없는 것으로 나타났다. 한편, 최종 에너지 기준으로 신재생 에너지 비중을 살펴보면 그림 4-2와 같다. 전통 바이오매스가 13%를 차지, 보다 편리한 에너지로 대체되거나 보다 효율적 소비를 통해 소비 증가율이 느리거나 혹은 감소 추이를 보이고 있다. 대규모 수력은 2.3%를 차지하였다.

신재생 에너지는 4개 분야 시장에서 전통 에너지와 경쟁하고 있다. 즉, 발전 부문, 온수/난방 부문, 수송 부문, 그리고 농촌 부문(주로 독립형)이 그것인데 우선 발전 부문에서 신재생 에너지(대수력 제외)는 총 발전용량에서 5%를, 총 발전량에서 3.4%를 차지한다. 온수와 난방 부문에서는 현재 수천만 개의 빌딩에서 태양열과 바이오매스, 지열이 보습되어 있다. 태양열 온수기만 하더라도 세계적으로 약 5천만 채의 주택이 설치된 것으로 추정된다. 바이오매스와 지열 또한 산업과 주택, 농촌의 난방 열원으로 사용되고 있다. 수송 부문에서는 바이오매스 에탄올과 바이오디젤이 적게나마 보급되고 있으며 매우 빠른 속도의 성장세를 보이고 있다.

2002-2006년 간 풍력, 태양열 온수기, 지열, 독립형 태양광을 포함한 세계 신재생 에너지 설비 규모는 연간 15-30%의 성장세를 나타냈다. 같은 기간에 계통연계형 태양광발전 설비는 연평균 60%의 성장세를 나타냈다. 바이오연료 역시 급속한 신장세를 나타냈는데, 종 기간 중 에탄올은 연평균 15%, 바이오디젤은 연평균 40%를 기록하였다. 또한 대규모 수력, 바이오매스 열병합, 지열발전을 포함한 기타 신재생 에너지 설비는 연평균 3-5%의 신장세를 나타내 최근 전 세계 화력발전 설비 증가세인 2-4%에 비해 높은 증가세를 기록하였다.

그림 4-3은 주요 국가의 신재생 에너지 정책 및 보급률 비교한 것으로 EU는 2020년까지 신재생 에너지 공급 목표를 최종 에너지의 20%로 목표로 하며, 신재생 에너지의 보급률은 유럽국가가 매우 높으며 우리나라는 현재 2.4%로 매우 낮으며 대부분 폐기물 에너지로 구성되어져 있다. 2006년말 현재 대규모 수력을 제외한 전 세계 모든 신재생 에너지 누적 발전 설비 용량은 207GW로 2005년 대비 14% 증가한 것으로서 전체 발전 설비의 5% 정도인 것으로 추정된다. 이중 소수력과 풍력이 3/4를 차지하고 있다. 신재생 에너지 발전 설비 상위 6개국을 포함한 개도국은 중국(52GW), 독일(27GW), 미국(26GW), 스페인(14GW), 일본(7GW) 등이다. 중국을 포함한 개도국은 전체 설비 규모의 43% 수준인 88GW 설비 용량을 보유하고 있으며, 주요 설비는 바이오매스와 소수력 발전이다. 2007년 신재생 에너지 발전 설비 능력은 240GW로 추정된다.

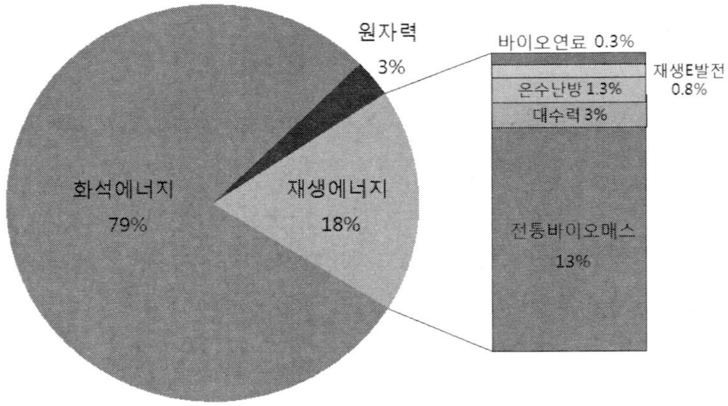

** 그림 4-2 ▌ 2006년 세계 최종 에너지 소비 중 신재생 에너지 비중(에너지 관리 공단, 2008)

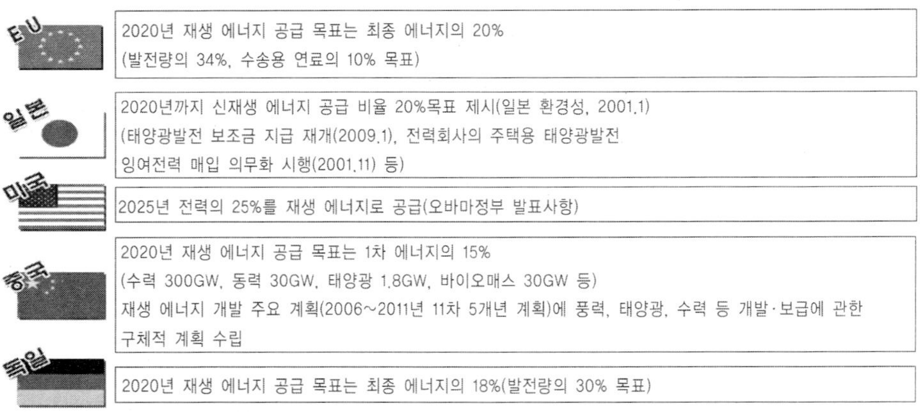

구분	미국	일본	독일	덴마크	영국	한국
보급률(' 07)	5.0%	3.4%	8.6%	18.1%	2.4%	2.4%
보급목표	10.9%(' 30)	20%(' 20)	18%(' 20)	30%(' 20)	15%(' 20)	11%(' 30)

· 출처 : Energy Balance of OECD Countries('09), IEA

** 그림 4-3 ▌ 주요 국가의 신재생 에너지 정책 및 보급률 비교(지식경제부, 2009)

4.2.2 신재생 에너지원별 보급 현황

(1) 태양광 발전

계통연계형 태양광 설비는 2002년과 2006년 사이에 연간 50%씩 성장하여 가장 급속한 신장세를 기록하였으며, 그 결과 2006년 말 현재 설비 용량은 7.8GW에 이른 것으로 추정된다. 이는 지붕형 태양광 설비 기준으로 세계 150만 가구가 전력을 생산하는 규모이다. 계통연계형 태양광 설비의 2006년 국가별 증설 내역을 보면, 독일이 1,050MW, 일본이 290MW, 스페인 106MW 수준이다. 태양광에서 새로운 강자로 떠오르고 있는 스페인의 경우 신규 정책과 기존 정책의 개정을 통해 2007년도에는 더욱 급속한 성장을 보였는데 증설 규모는 400MW로 추정된다. 이러한 설비 용량 증대 추세는 2006~2007 기간 중에 가속화되었다. 캘리포니아 Google 본사에 설치된 1.6 MW 설비는 건물 일체형 태양광발전(Building-Integrated PV: BIPV) 시스템의 대표적인 예이며, 미국 네바다 Nellis 공군기지에 설치된 14MW 설비는 미국에서 가장 큰 규모이고 스페인은 세계 최대 20MW급 설비를 Jumilla시와 Beneixama시에 각각 설치할 계획이다. 2006년 말 기중 7.7GW인 독립형 태양광 설비는 매년 두 자리 수의 성장을 보이고 있는데, 그 결과 2007년 말 기준 10.5GW에 이를 것으로 추정된다.

(2) 풍력

풍력은 이미 세계적으로 70여개국에서 도입하고 있는 가장 광범위한 기반을 가진 신재생 에너지 기술 중의 하나이다. 이에 따라 풍력은 다른 신재생 에너지 발전 기술보다 양적으로 급속 성장하여 2007년에는 21GW의 신규 설비가 증설된 것으로 추정된다. 2006년에 추가로 도입된 풍력발전 설비는 5개국에 집중되어 있다. 즉 미국(2.5GW), 독일(2.2GW), 인도(1.8GW), 스페인(1.6GW), 중국(1.4GW) 등이다. 많은 개도국(브라질, 코스타리카, 이집트, 이란, 멕시코, 모로코)에서도 역시 2006년에 설비를 활발하게 확대하였다. 즉 멕시코와 브라질은 2006년 한 해 동안 30MW에서 300MW에 육박하는 수준으로 10배 가까운 증가세를 기록하였다. 해상 풍력 설비는 육상 풍력에 비해 높은 설치 및 유지비로 인해 보급 속도가 느리다. 최근에 유럽을 중심으로 연간 수 백MW 규모가 추가되는 수준이며, 벨기에는 2007년 유럽에서 가장 큰 규모인 300MW 해상 풍력 설비의 건설을 시작하였다. 프랑스, 스웨덴, 영국에서도 2006~2007 기간 중에 해상 풍력 건설이 시작되었으며, 2008~2009년 까지 풍력단지 규모는 100~150MW로 기대된다.

(3) 바이오 에너지

열병합(발전 및 난방)용으로 일반적으로 채택되는 바이오매스는 최근 유럽 여러 국가에서, 특히 오스트리아, 덴마크, 독일, 헝가리, 네덜란드, 스웨덴, 영국 등에서 소비 증가세를 보인다. 2006년 기준 바이오매스 발전 설비 규모는 45GW로 추정됨.

지역난방 및 열병합 발전을 위한 바이오매스 활용은 오스트리아, 덴마크, 핀란드, 스웨덴, 발트해 연안 국가에서 확대되어 왔다. 쌀겨 혹은 코코넛 껍질과 같은 농업용 부산물을 이용한 소규모 열병합발전은 일부 개도국에서 일반적이다. 호주, 브라질, 중국, 콜롬비아, 쿠바, 인도, 필리핀, 태국과 같이 대규모 설탕 산업을 보유한 국가의 경우에는 Bagasse를 열병합 발전에 이용한다. 우드팰릿은 2006년에 유럽에서 6백만 톤이 소비되었는데, 절반 정도는 가정용 난방용으로 나머지 절반 정도는 발전용(소규모 열병합)으로 소비되었다. 우드팰릿을 사용하는 주요 국가는 오스트리아, 벨기에, 덴마크, 독일, 이탈리아, 네덜란드, 스웨덴 등이다. 세계적으로 소비되는 바이오매스 소비를 가정용과 발전용으로 구분하기는 어렵지만 유럽의 경우 2/3 정도가 난방용으로 소비된다.

(4) 바이오연료

수송연료 부문에서 2006년 자동차용 에탄올 생산량은 2005년 대비 18% 늘어난 390억 리터에 이른다. 늘어난 에탄올 물량의 대부분은 미국에서 생산되었으며, 브라질, 프랑스, 독일, 스페인 등에서도 상당히 증가하였다. 미국은 2006년에 180억 리터가 넘는 양을 생산하면서 브라질을 추월하고 선두 생산국이 되었다. 그럼에도 미국은 에탄올 공급 부족으로 2006년 23억 리터를 수입한 바 있다. 2007년 미국에서 에탄올 소비량이 늘어난 것은 MTBE(methyl-butyl ether) 대체제로 에탄올이 소비된 것에 기인한다.

브라질 에탄올 생산량은 2006년에 180억 리터에 근사한 수준으로 늘어났다. 브라질의 모든 주유소에서는 순수 에탄올과 Gasohol(에탄올 25%와 휘발유 75%를 혼합한 연료)을 함께 판매하고 있다. 2007년에 에탄올 연료 소비가 휘발유에 비해 큰 폭으로 증가하였는데 이는 수년간 브라질 자동차 제작사가 소위 “연료 가변형(Flexible-fuel)” 자동차를 판매함에 기인하며, 브라질에서 판매된 자동차의 85% 정도가 혼합연료를 사용할 수 있다. 최근 들어 브라질이 혼합연료 자동차 주요 수출국이 되면서 에탄올 국제거래가 상당 폭 증가하였다. 미국과 브라질을 제외한 주요 에탄올 생산국은 호주, 캐나다, 중국, 콜롬비아, 도미니카공화국, 프랑스, 독일, 인도, 자메이카, 말라위, 폴란드, 남아공, 스페인, 스웨덴, 태국, 잠비아 등이다. 바이오디젤 생산량은 2006년에 50% 이상 늘어나 세계적으로 60억 리터에 달했다. 독일은 전세계 생산량의 절반 수준의 생산량을 유지하고 있으며, 유럽은 새로운 정책에 의해 바이오디젤의 수용성이 늘어나면서 점유율이 확대되었다. 바이오디젤 생산량은 아시아(말레이시아, 인도네시아, 싱가폴, 중국), 남미(아르헨티나, 브라질) 및 동유럽(루마니아, 세르비아) 등에서도 적극 확대되었다. 말레이시아는 팜오일 농장을 바탕으로 2010년까지 전 세계 바이오디젤 생산량의 10% 점유 목표를 채택하였다. 인도네시아 역시 바이오 연료 확장 정책의 일환으로 1억 달러를 투입하여 2008년까지 팜오일 농장 총 면적을 7백만 헥타르까지 확장할 계획이다.

(5) 태양열 온수/난방

태양열 온수/난방 기술은 널리 보급되었고 중국과 유럽, 이스라엘, 터키, 일본에서 에너지 절약에 많은 기여를 해왔다. 태양열 온수 기술 역시 세계적으로 광범위하게 적용되는 기술이 되었으며, 중국, 이스라엘, 일본, 터키 및 여러 EU 국가 그리고 브라질, 이집트, 인도, 요르단, 모로코, 튀니지 등 국가에서 온수 공급에 상당한 기여를 하고 있다. 관련 신규 정책 도입으로 당분간 급속한 성장이 예상되는 태양열 온수 설비 누적 규모는 2006년에 19% 증가하여 $105GW_{th}$에 이를 것으로 추정된다. 2006년에 추가된 태양열 온수 설비의 75%는 연간 판매량 35% 증가로 $14GW_{th}$(2,000만 m^2)의 설비 능력을 기록한 중국에 의해 기록되었다. 유럽의 태양열 온수 설비는 2006년에 50% 증가하여 $2GW_{th}$를 초과하였으며, 주로 오스트리아, 프랑스, 독일, 그리스, 이탈리아, 스페인 등에 설치되었다. 태양열 온수 설비의 용도 면에서 기존에는 가정용 시장이 주도하였으나 근자에 들어 상업 및 산업용 설비 시장이 급속한 신장세를 나타냈는데 이는 부분적으로 새로운 정책(의무 포함)에 기인한다. 2007년 말 기준 전 세계 태양열 온수 설비 규모는 125~$128GW_{th}$에 이를 것으로 예상된다.

(6) 집광형 태양열발전

집광형 태양열 발전(Concentrating Solar Thermal Power: CSP) 시장은 1990년대 초부터 신규 상업용 플랜트가 시작된 2004년까지 정체되어 있었다. 2004년 이후 포르투갈, 이스라엘, 스페인, 미국에서의 상업용 계획이 신규 투자, 기술 혁신을 이끌고 있다. 2006~2007년 기간 중에 3개의 플랜트가 완성되었는데, 각각의 규모는 64 MW(네바다), 1MW(아리조나), 11MW(스페인)임. 2007년에는 전 세계적으로 20개의 신규 CSP 프로젝트가 건설 중이거나 계획 단계 혹은 실증 연구 단계이다. 스페인의 경우 2007년 말 현재 50MW 설비가 공사 중이며, 50MW 추가 설비가 계획 중이다. 미국 캘리포니아와 플로리다 전력회사는 2,000MW가 넘은 최소 8개의 신규 프로젝트 계획을 발표하였거나 계약하였다. 개도국의 경우 이집트, 멕시코, 모로코에서 Integrated CSP/Combined-Cycle Gas Turbine 발전소를 위한 세계은행 프로젝트가 2006~2007년에 승인되었다.

(7) 지열

지열 에너지도 오랫동안 발전과 난방용으로 이용되어 왔다. 적어도 세계적으로 76개국에 지열 자원이 부존되어 있고, 지열 난방 플랜트(건물 히트펌프 포함)는 현재 최소 76개국에서 사용되고 있다. 더 나아가서 24개국에서 지열발전을 시행하고 있다. 지열은 매년 2~3%의 성장세를 나타내 설비 규모가 10GW에 이르렀다. 지열 설비의 대부분은 이탈리아, 인도네시아, 일본, 멕시코, 뉴질랜드, 필리핀, 미국 등이 보유하고 있으며, 아이슬란드의 경우 전력의 2/3 정도를 지열로 충당하고 있다. 지열 이용 방법 면에서 지열 직접 이용(Direct-heat) 설비가 연간 30~40% 증가하면서 지열발전 설비에 비해 급속한 신장세를 열로 공급하고 있으며 기존 지열 설비의 절반 정도는 냉난방용으로 이용 가능한 히트 펌프 타입이다. 전 세계적으로는 현재 2백만개 이상의 히트 펌프가 이용되고 있다.

(8) 수력

대수력은 가장 저렴한 비용의 발전원이기는 하나 환경 제약과 주민, 이주 문제, 입지 문제 등으로 인해 많은 국가에서 건설에 많은 어려움을 겪고 있다. 대규모 수력은 2006년에 세계 전력 생산의 15%를 담당하여 10여 년 전의 19%에 비해 감소하였다. 2002~2006년 간 대규모 수력은 연간 세계 평균 3%의 신장세를 기록하였으며, 중국은 동 기간 중 가장 급속한 증가세를 보였다. 수력발전 사위 5개국은 중국(세계 수력발전 중 14%), 캐나다와 브라질(각각 12%), 미국(10%), 러시아(6%)이다. 중국은 2006년에 대규모 수력과 소수력 설비를 각각 6GW씩 추가적으로 증설함. 소수력은 개도국에서 경유발전 혹은 기타 소규모 발전소를 대체하거나 지방 전력 공급 설비로 이용되고 있다. 전 세계 반 이상의 소수력 설비 용량이 중국에 설치되어 있다. 기타, 호주와 캐나다, 인도, 네팔, 뉴질랜드에서 계통연계형으로 또는 독립형으로 설치, 가동되고 있다. 최근 환경파괴의 문제가 대두됨에 따라 대수력보다는 소수력 건설을 통해 환경위해를 최소화하는 기술 개발과 운전 방식이 고안되어 보급되고 있기도 하다(출처: 에너지 관리 공단 신재생 에너지 백서, 2008).

4.2.3 신재생 에너지 정책 목표 및 방향

표 4-8은 21세기 대체 에너지 기술과 실용화 시기를 나타낸 것으로 각국에서는 미래 에너지원 확보를 위해 많은 노력을 하고 있다. 또한 현재 66개국에서 신재생 에너지 정책 목표를 설정하고 시책을 전개하고 있다. 이중 64개국이 2007년 현재 신재생 에너지 공급 목표를 설정한 상태이다. 대부분의 국가목표는 전력생산에 대한 비중 형식으로 2~78%의 범위를 보인다. 다른 목표는 총 에너지에 대한 비중 혹은 설비 용량 또는 에너지생산에 대한 최종 에너지에 대한 비중이다. 대부분의 목표는 2010년~2012년의 기간에 대한 것이나 최근에는 2020년과 2030년을 목표 연도로 한 장기 계획도 나오고 있다. 유럽 연합(EU)의 경우 연합 전체 공급 목표와 함께 회원국 각각의 목표를 가지고 있다. EU 전체의 목표로서 2020년까지 총 에너지 소비량(최종 에너지 기준)의 20%를 그리고 발전 부문에서의 재생 에너지 비중 34%를, 그리고 수송용 연료의 10%를 포함한 구속력 있는 목표를 설정하였다.

국가목표를 설정한 상기 64개국에는 개도국으로서 브라질과 중국, 도미니카공화국, 이집트, 인도, 말레이시아, 말리, 필리핀, 남아공, 태국 등의 22개국이 포함된다. 기타 몇몇 개도국들이 가까운 미래에 대열에 합류할 것으로 전망된다. 또한 2007년도 발표에 따르면 중국은 2020년까지 총 에너지 중 점유율 15%, 수력 300GW, 풍력 30GW, 바이오매스 30GW, 태양광발전 1.8GW를 보급할 계획이다. 이는 현재 중국 재생 에너지 설비 용량의 3배가 된다. 이 외에도 몇몇 국가들은 2006/2007년 기존의 목표를 수정하거나 새로운 목표를 수립하고 있다. 아르헨티나의 경우 2016년까지 대수력을 제외하고 신재생 에너지 발전비율 8%를 목표로 하고 있으며, 이집트는 지곤의 2020년 신재생 에너지 발전 비율 14%를 20%로 상향조정하였다. 31개 라틴아메리카/캐리비안 국가그룹은 신재생 에너지로 1차 에너지 기준 10%를 공급한다는 "Barsilia Platform in Renewable Energies"제안을 포함한 가까운 장래에 달성하고자 하는 목표 설정 작업을 하고 있다. 멕시코는 2012년까지 8%의 전력을 재생 에너지로, 인도는 2032년을 목표로 한 장기 계획에서 전력 설비의 15%, 석유 소비의 10%를 바이오연료와 합성연료로 충당할 계획이며, 가능한 장소에서는 태양열 온수 사용을 촉진할 계획이다.

현재까지 적어도 60개국(37개 선진국과 동유럽국, 23개 개도국)이 신재생 에너지 발전 보급 촉진책을 시행 중이다. 신재생 에너지 촉진 정책 도구는 또한 지원 방향에 따라 4가지로 분류될 수 있다. 예컨대, 보급 확대 정책은 수요 측의 소비자 또는 공급 측의 생산자를 목표로 세울 수 있으며, 시설 또는 자본 비용 면에서 설비 용량 또는 생산 및 소비자 가격 면에서 발전을 목표로 세울 수 있다. 몇몇 경우에 있어,

동일한 정책이 다른 분류체제에 속할 수도 있을 것이다.

그림 4-4는 신재생 에너지 시장 확대 정책을 나타낸 것으로, 신재생 에너지발전 시장 확대 정책 수단을 공급 측면과 수요 측면, 그리고 발전 용량과 발전량을 고려하여 구분시켜 본 것으로서 한 측면에만 적용되는 경쟁 입찰제도, 요금상계 제도, 생산세 감면제 등과 함께 여러 가지 측면에서 적용되는 기준 가격 제도, 제 3자 금융 등도 있다. 각국은 재생 에너지를 이용한 발전을 보조하기 위하여 시장원리를 적용한 다양한 정책을 이용한다. 이러한 정책은 크게 두 가지로 분류될 수 있는데, 투자 지원(자본 보조, 구매 제품에 대한 면세 또는 감세)와 운영 지원(가격 보조, 녹색 인증서, 입찰제, 전력 생산에 대한 면세 및 감세) 등이 그것이다.

전체적으로 볼 때, 발전 단위당 보조금 형태의 재생 에너지 운영 보조가 투자 지원보다 월등히 많다. 왜냐하면 생산 유인책이 에너지발전과 같이 사회적 요구를 충족시키기 때문임. 반면 자금 지원책은 필요 자금이 제한적일 때 시장 도입기에 중요한 역할을 할 수 있다. 그리고 운영 지원에는 재생 에너지를 이용한 전력 발전량을 고정시키는 방법이 있다. 경제 이론은 모든 조건이 최적일 경우에는 물량이나 가격이나 동등한 경제적 효율성을 달성하는 것으로 간주한다.

기준 가격 의무 구매제(Feed-In Tariff: FIT)는 현재 가장 보편적으로 시행되고 있는 시장 확대 정책 수단으로서 많은 국가와 지역, 지자체에서 실시 중이다. 미국에서 처음으로 도입된 연방 기준 가격 의무 구매제(PURPA, 1978)는 미국에서 더 이상 시행되지 않고, 1990년대 초에 유럽으로 건너가 독일과 덴마크, 그리스, 이태리, 스페인에서 꽃을 피우게 되었고, 2007년에는 적어도 37개국에서 도입·실시 중이다. 개도국으로는 인도가 처음으로 채택하였고, 스리랑카와 태국이 그 뒤를 따르고 있다. 2005년에는 중국과 아일랜드, 터키, 미국의 워싱턴 DC에서 법제화하였다.

기준 가격 의무 구매제는 기술 개발을 촉진하고 투자자의 관심을 끌기에 충분하여 지난 수년 간 독일과 스페인, 덴마크에서 신재생 에너지발전 시장 확대에 크게 기여하였다. 특히, 독일의 경우 이 제도로 인해 2000년과 2004년 사이에 신재생 에너지 발전량(대부분 풍력발전)이 14TWh에서 37TWh로 2배로 증가하였다. 기타 국에서도 풍력과 소수력의 시장 확대에 절대적인 효과를 발생한 것으로 나타났다. 기준 가격 의무 구매제는 국가별로 여건에 따라 다르게 설계된다. 일부 국가에서는 특정 기술이나 규모에 제한을 두기도 한다. 대부분의 경우 원별, 기술별로 다른 발전 비용을 감안하여 차별화된 기준 가격을 적용한다. 같은 기술이라도 입지와 가동 연수와 계절에 따라 다른 기준 가격을 적용하는 경우도 발견된다. 보통 적용 연수는 15~20년 정도로 하고, 신규로 진입하는 설비에 대하여 기술 개발에 따른 비용 저감 추세를 반영하여 연도별로 하락하는 기준 가격을 적용한다. 일부 국가에서는 고정 가격을 적용하나 다른 국가에서는 시장 또는 비용과 연동한 고정 프리미엄을 적용하기도 한다(스페인).

신재생 에너지발전 의무 비율 할당제(Renewable Portfolio Standards: RPS)는 미국과 캐나다, 인도의 주 및 지자체를 중심으로 확산되고 있으며, 적어도 44개의 국가, 주와 지자체에서 법제화되어 있다. 2001년 이후 호주와 이태리, 영국, 일본, 스웨덴, 폴란드, 중국, 태국의 8개국에서 국가 RPS 제도를 법제화하고 있다. 대부분의 RPS 제도에서 의무 비율 목표치는 5~20%의 범위를 보이고 있고, 목표 연도도 2010년과 2012년으로 설정되었다. 이러한 의무 비율 목표 설정은 신재생 에너지 설비 투자 확대를 의미하며, 한 연구보고서에 의하면 미국 내 주정부의 RPS 법안 통과는 2020년까지 52GW의 신재생 에너지 발전 설비 추가가 요구되는데, 이는 기존 신재생 에너지 발전 설비의 2배에 해당되는 규모이다.

** 표 4-8 ▌ 21세기 대체 에너지 기술과 실용화 시기

대상 기술	실용화 시기
원자력(핵분열) ·차세대형 원자로 ·고속증식로	2010년경 2030년경
원자력(핵융합):토가마크 방식	2030년~2040년경
태양 에너지: 태양광발전	2010년 : 원유 환산으로 120만kℓ에 상용하는 에너지 공급이 해당된다.
수소: 수소연소 터빈	2020년경
선탄액화 ·가스화	2010년경
연료전지 · 인산형 · 용융탄화염형 · 고체전해질형	2000년경 2005년경 2015년경
메탄올 ·메탄올 화력발전 ·메탄올 연료전지	2010년 : 1,000만kW 도입이 예상된다. 2010년 : 240만kW 도입이 목표이다.
우주태양발전	2040년~2050년경
초전도 기술 ·초전도 발전기 ·초전도 자기 에너지 저장 장치	2030년 : 1,000만kW 도입이 예상된다. 2040년경
이산화탄소회수처리 기술	2010년경
SOX, NOX 제거 기술	실용화
방사성폐기물 대책	2030년~2040년경
수소 이용 국제 에너지 네트워크 기술 (WE-NET)	2020년~2030년경

** 그림 4-4 ▎ 신재생 에너지 시장 확대 정책(에너지 관리 공단, 2008)

4.3 우리나라 신재생 에너지 기술 개발 및 보급 목표

4.3.1 개발 및 보급 동향

세계 역사의 발전 단계를 산업적 관점에서 보면 에너지원의 변천사라 볼 수 있다. 21세기에는 태양 에너지를 중심으로 자연 순환계에 순응하는 청정한 신재생 에너지 사용으로 화석연료로 시작한 산업혁명보다 큰 에너지원의 변환이 도래하여 환경친화형 지속 가능한 에너지 패러다임이 전개될 것이다. 즉, 미래 에너지의 흐름은 석유시대에서 천연가스시대를 거쳐 수소를 기반으로 한 신재생 에너지시대로 전환될 전망이다. 최근 우리 정부는 신재생 에너지의 기술 개발과 보급 활성화를 위한 일련의 구체적 조치로서 태양광, 풍력발전 등 대체전력의 우대 구매, 공공기관의 신재생 에너지 사용 의무화, 그린 빌리지의 조성 등을 적극 추진하고 있다. 그리하여, 장기적으로는 신재생 에너지가 우리나라 에너지 공급의 한 축을 담당케 한다는 전략 아래 2011년 1차 에너지 소비의 5%를 신재생 에너지로 공급하지 위하여 신재생 에너지의 이용, 보급 촉진을 추진하고 있다.

신재생 에너지에 대한 연구 및 보급은 1950년대에 태양열, 풍력 등을 이용한 기록들이 남아 있으나 1970년대의 두 차례의 심각한 석유파동을 경험한 후에 정부에서는 장기적이고 안정적인 에너지 수급 기반 조성의 필요성을 인식하고 신재생 에너지의 적극적인 개발 이용을 위한 관련 연구 사업에 많은 관심을 기울이기 시작하면서 개발 및 보급이 본격적으로 시작되었다. 농촌진흥청에서는 1969년부터 농촌에 소규모의 메탄가스 발생조를 연차적으로 보급시켰으며, 태양열의 경우 1950년대 연료난을 겪으면서 농촌사회에 태양열을 이용, 보급시키고자 하는 의지의 표시로 일련의 시험 연구가 실시되었다. 서구식의 풍차가 1950년에 이용된 것으로 기록에 남아있는데, 주로 양수용으로 이용되었고 1970년대로 1972년 10월 경북 울진군에 5kW가, 1974년 6월 전북 부안군에 그리고 1976년 1월에 경기도 옹진군 영종면에 1kW 풍차가 세워졌다. 소수력발전의 경우 1950년 6월 전라남도 강진군 도암면 향촌마을에 소계곡 수력발전용 프란시스 수차를 개발하여 130 등에 불을 켰다.

그림 4-5는 우리나라 신재생 에너지의 보급 현황을 나타낸 것으로, 2008년의 경우 1차 에너지의 2.43%, 총발전량의 1%로 낮은 수준이다. 국내 신재생 에너지 기술수준은 전반적으로 선진국의 71% 수준으로 평가되고 있으나, 수소·연료전지 등 주요 분야 핵심 기술은 50~60% 수준이다. 특히, 주요 시스템 기술, 생산 단가 등은 선진국에 비해 많이 부족한 실정이다. 보급 목표는 2011년까지 총 에너지 수요의 5%를 신재생 에너지로 공급하는 것이며, 태양광, 충력 등 재생 가능한 에너지의 비중을 확대하고 폐기물 에너지의 공급 비중을 축소하는 것이다. 정부에서는 2008년 「국가 에너지기본계획」을 발표하고 저탄소 녹색성장을 위하여 신재생 에너지 산업화를 유도하고 궁극적으로 2030년까지 전체 에너지의 11%를 신재생 에너지로 공급하겠다는 계획을 제시하였다. 또한 제 3차 신재생 에너지 기술 개발 및 이용 보급 기본 계획을 통해 이를 구체화할 계획이다.

표 4-9는 우리나라 재생 에너지의 전체 잠재량을 나타낸 것이다. 한반도에 존재하는 신재생 에너지 자원량을 측정 및 평가하기 위한 다음의 용어를 정의하여 활용하기로 한다. 부존잠재량은 한반도 전체에 부존하는 에너지 총량을 나타내고, 가용잠량은: 에너지 활용을 위한 설비가 입지할 수 있는 지리적인 여건을 고려한 값으로 활용 가능한 에너지의 양을 산정하며, 기술적 잠재량은 현재의 기술 수준으로 산출될 수 있는 최종 에너지의 양을 나타낸 값으로 기기의 시스템 효율 등을 적용한다.

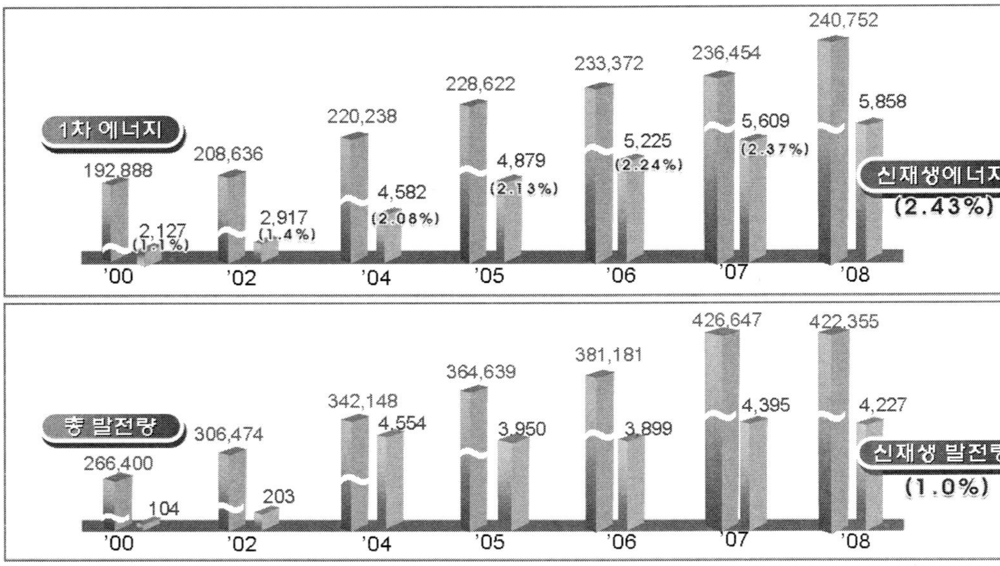

❖ 단위 : 천Toe, GWh, '03년부터 대수력 포함

** 그림 4-5 ▌ 우리나라 신재생 에너지 보급 현황(에너지 관리 공단, 2010)

** 표 4-9 ▌ 우리나라 재생 에너지 전체 잠재량 (단위 : 천)

구분		부존 잠재량	가용 잠재량	기술적 잠재량	비고
태양열 에너지		11,159,495	3,483,910	870,977	태양열 시스템 변환효율(25%) 고려
태양광 에너지				585,315	태양광 시스템 변환효율(15%) 고려
풍력 에너지	육상	26,750	24,675	12,338	2MW급 육상용 국산기기 적용
	해상	220,206	44,041	22,021	3MW급 해상용 국산기기 적용
수력 에너지		126,273	65,210	20,867	소수력과 수력의 구분이 사라짐
바이오매스 에너지		141,855	11,656	2,325 (6,171)	임산, 농부산, 축산, 도시폐기물 바이오매스에 대한 2010년 기준임 2030년 : 6,171예상
지열 에너지		2,352,800,000	160,131,880	233,793	심부지열
해양 에너지		–	–	2,559 288	–
총계		2,364,694,579	163,761,372	1,750,933 (1,754,779)	–

주) 자원 잠재량 용어의 정의 및 구분(에너지 관리 공단, 2008)

4.3.2 신재생 에너지 보급 목표

기준안(Business as Usual: BaU)으로, 1차 에너지 대비 신재생 에너지 비중은 2015년 3.6%, 2020년 4.2%, 2030년 5.7%에 이를 전망이나, 보급 모교는 원별 공급 잠재량과 공급 가능량, 원별 기술 수준 및 경제성, 원별 설비 단가에 따른 투자 규모 원별 국민경제 파급 효과 및 산업 연관 효과 등을 고려하여 2015년 4.3%, 2020년 6.1%, 2030년 11.0%로 설정하였으며 표 4-10에서 신재생 에너지원별 공급 목표를 알 수 있다. 원별 목표 전망을 살펴보면, 현재의 폐기물 중심에서 바이오 에너지, 태양 에너지, 풍력 등 자연 재생 에너지 중심으로 전환되며 해양 에너지, 지열, 태양열, 충력 등의 증가율이 높게 나타나는 반면, 현재 비중이 높은 폐기물과 수력의 증가율은 낮을 전망이다. 또한, 바이오 에너지의 경우 증가율은 비교적 낮은 편이나, 증가량은 가장 많을 것으로 예상된다.

그림 4-6은 우리나라 신재생 에너지의 보급 목표를 나타낸 것으로 2007년의 2.4%에서 2030년에는 11%로 예상하며, 지금의 폐기물 에너지 의존성을 벗어나 태양광, 풍력, 바이오 그리고 지열 에너지의 비중을 확대할 목표를 가지고 있다. 그림 4-7은 에너지원 비중, 경제성과 환경성을 고려한 친환경 에너지의 최적 믹스를 분석한 것으로, 청정하고 자급할 수 있는 에너지 비중을 확대하고, 화석 에너지 비중을 현재 83%에서 2030년에는 61%로 축소하고자 한다.

** 표 4-10 ▌ 제3차 기본 계획에 의한 신재생 에너지 공급 목표 (단위 : 전)

구분	2008	2010	2015	2020	2030	2008~2030 연평균 증가율
태양열	33 (0.5)	40 (0.5)	63 (0.5)	342 (2.0)	1,882 (5.7)	(20.2)
태양광	59 (0.9)	138 (1.8)	313 (2.7)	552 (3.2)	1,364 (4.1)	(15.3)
풍력	106 (1.7)	220 (2.9)	1,084 (9.2)	2,035 (11.6)	4,155 (12.6)	(18.1)
바이오	518 (8.1)	987 (13.0)	2,210 (18.8)	4,211 (24.0)	10,357 (31.4)	(14.6)
수력	946 (14.9)	972 (12.8)	1,071 (9.1)	1,165 (6.6)	1,447 (4.4)	(1.9)
지열	9 (0.1)	43 (0.6)	280 (2.4)	544 (3.1)	1,261 (3.8)	(25.5)
해양	0 (0.0)	70 (0.9)	393 (3.3)	907 (5.2)	1,540 (4.7)	(49.6)
폐기물	4,688 (73.7)	5,097 (67.4)	6,316 (53.8)	7,764 (44.3)	11,021 (33.4)	(4.0)
합계	6,360	7,566	11,731	17,520	33,027	(7.8)
1차 에너지(백만toe)	247	253	270	287	300	(0.9)
비중	2.58%	2.98%	4.33%	6.08%	11.0%	-

* 2006. 9 에너지 기본법 제정 전 발열량 기준(국가 에너지 기본 계획과 동일 기준)
(에너지 관리 공단, 2010)

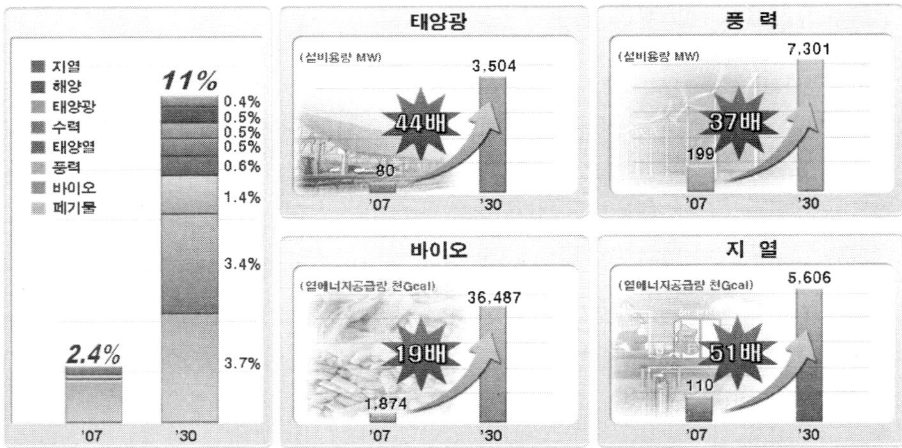

** 그림 4-6 ▌ 우리나라 신재생 에너지 보급 목표: 2007년 대비 2030년(지식경제부, 2009)

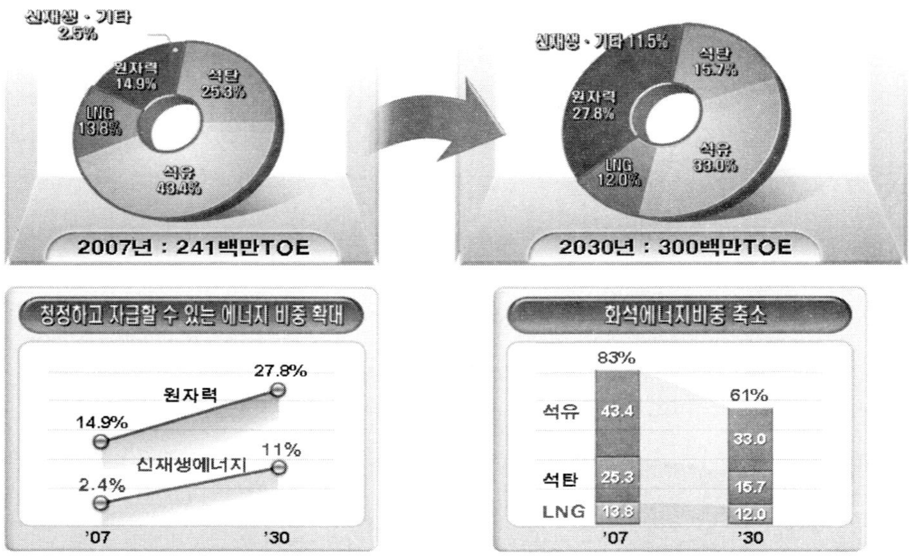

** 그림 4-7 ▌ 에너지원 비중, 경제성과 환경성을 고려한 친환경 에너지 최적믹스(지식경제부, 2009)

4.3.3 신재생 에너지에 의한 발전량 목표

표 4-11은 제 2차 기본 계획에 의한 총 전력 생산 중 신재생 에너지 공급 비중을 나타낸 자료로, 총 전력생산 중 신재생 에너지 발전량이 차지하는 비율의 목표

도 신재생 에너지 전망치 등을 감안하여, 2030년까지 7.7%로 설정하고 풍력, 태양광, 해양 등 재생 에너지는 지속적으로 확대할 계획이다. 연료전지, IGCC(석탄가스화) 등은 통계의 체제 조정 등을 감안하여 잠정적으로 계획에서 제외하였으나, 신에너지의 포함 여부에 따라 새롭게 도입·추진할 계획이다.

** 표 4-11 ‖ 제 2차 기본 계획에 의한 총 전력 생산 중 신재생 에너지 공급비중 (단위 : MWh)

구분	2008	2010	2015	2020	2030
태양열	–	–	15,330	391,890	2,046,139
태양광	202,443	476,709	961,773	1,424,471	1,971,513
풍력	425,297	880,641	4,336,243	8,138,081	16,619,638
소수력	289,949	393,836	653,552	913,269	1,926,163
목질계	–	62,306	166,396	1,146,446	2,628,920
바이오가스	294	3,449	31,372	64,222	161,129
지열	–	70,080	744,600	1,401,600	2,803,200
LFG	597,460	684,853	903,336	1,121,819	1,340,302
해양	876	278,102	1,571,488	3,629,361	6,159,599
대수력	3,494,833	3,494,833	3,631,991	3,746,289	3,860,587
재생 에너지	5,011,152	6,344,809	13,016,081	21,977,446	39,517,190
발전비중	1.2%	1.5%	2.9%	4.7%	7.7%

주) 1. LFG : Land Fill Gas(매립지가스)
2. 총 소비량(수요 관리 후 총 전력 소비량) : 제 3차 국가 에너지 기본 에너지 기본 계획(2008.8)
3. IGCC 및 연료전지 발전에 대한 계획은 잠정적 제외

4.3.4 기술 개발 목표

2020년까지 화석연료 대비 모든 국산 신재생 에너지원의 경제성 확보를 위하여 단계별, 에너지원별 기술 개발 및 상용화 로드맵과 제품 로드맵을 제시하고, 이에 따른 구체적인 경제성 확보 시기를 전망하였다. 주요 국산 신재생 에너지원별 경제성 확보 시기를 살펴보면, 태양광은 1세대 태양전지(Si) 2015년, 2세대 태양전지(Si 박막, CIGS) 2015년, 3세대 태양전지(염료감응, 유기) 2020년이고 충력은 2MW급 풍력발전기는 2010년, 5MW급 풍력발전기 2016년, 도시형 소형 풍력발전기 2010년으로 예측하고 있다. 태양열은 10kW급 접시형 태양열발전 시스템 2012년, 200kW급 접시형 태양열발전 시스템 2013년으로 잡고 있다. 그림 4–8은 우리나라 신재생 에너지의 경제성 확보시기를 나타낸 것으로 신재생 에너지원별로 구분하여 기술 개발을 목표로 하고 있다.

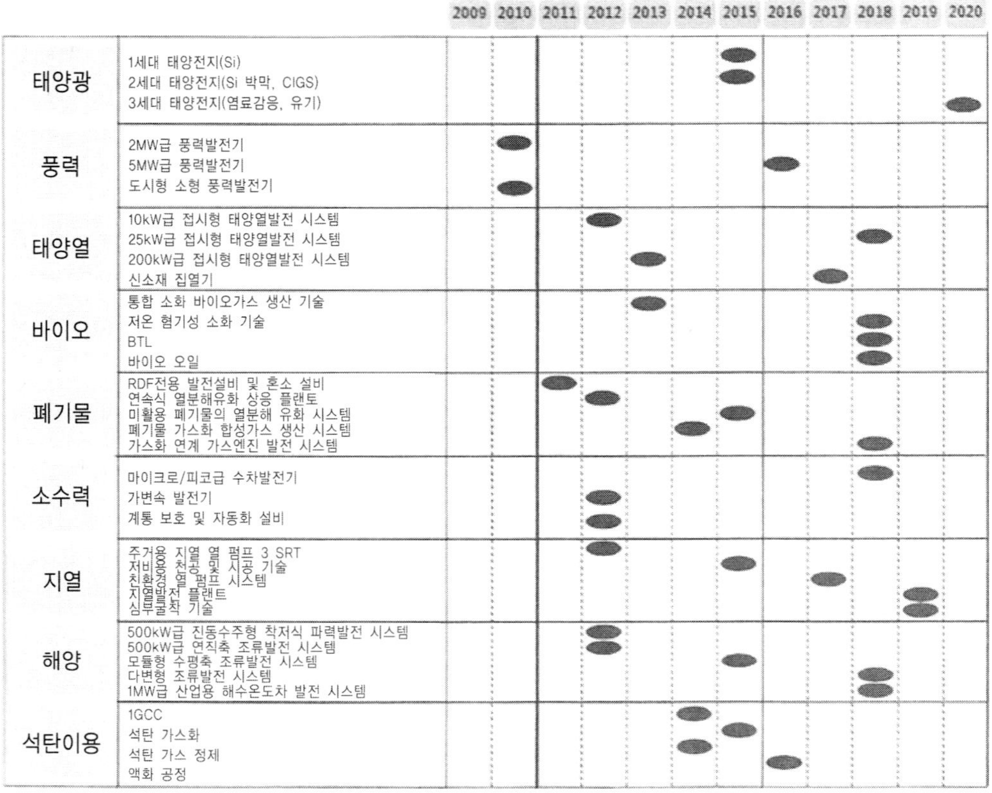

** 그림 4-8 ▌ 국산 신재생 에너지의 경제성 확보 시기(에너지 관리 공단, 2008)

4.3.5 세부 추진 계획

제 3차 신재생 에너지 기본 계획은 중점이 되는 신재생 에너지원에 집중하는 것이 아닌 각 원별로 단기 상용화를 위하여 집중하여야 할 분야, 5~10년 이내에 보급에 중요한 영향을 미치는 분야, 장기적으로 보아 Blue Ocean을 이룰 수 있는 원천 기술 확보를 위한 분야로 구분하여 전략적인 추진을 할 것이다. 단기적인 목표로는 산·학·연 컨소시엄 구성 및 R&D 허브(Hub) 구축 등을 통한 연계 방안을 마련하여 분야별 선도 기업 육성을 통한 가격 저감 가속화를 도모할 예정이며, 보급 확산을 위한 세부 분야별 표준화 및 인증 사업을 병행 추진할 예정이다. 표 4-12처럼 신재생 에너지원별로 구분된 핵심 분야, 단기 일반 분야, 장기 미래 분야는 다음과 같으며, 이에 따라 TRM(Technical Road Map)과 PRM(Product Road Map)을 작성하여 체계적인 기술개발을 유도할 예정이다.

각 세부 기술별 연구 개발 외에도 뒤에 기술한 "2020 Green Home 100만호"사업에 적용될 수 있는 Smart System 및 Zero-Energy House 개발을 하는 것도 R&D의 범위에 동시에 추진할 것이다. Smart System은 태양광+태양열+지열+풍력+연료전지 복합 시스템 및 에너지 절약/전력 IT 기술과의 접목을 통하여 설치 지역에 최적화한 시스템을 말하며, 일반 국민이 신재생 에너지 설비를 쉽게 설치할 수 있는 계기가 될 것이다. 또한 지금까지 계속 지적이 되었던 R&D와 산업화 및 보급 연계 방안 마련을 위하여 '설계+설치 및 시공+운영' 전발에 관한 패키지를 개발하여 접목시킬 예정이며, 신재생 에너지 GIS/RS 기반 자원 지도 및 활용 시스템 개발하여 전국토에 대한 사업성, 경제성 평가가 가능할 수 있도록 각 에너지원별 정밀 자원 현황 데이터 및 분석 자료 제공할 것이다.

지금까지의 보급 사업은 일발적인 정부 주도였다고 하면 3차 기본 계획에 따른 보급 사업은 시장·민간 주도의 보급 방식을 보완적으로 추진할 것이다. 제 2차 기본 계획의 평가에서 정부 주도 보급 방식인 공공 부문 의무화, 대형 보급 사업 등을 통해 초기시장은 구축되었으나, 민간의 자율과 경쟁을 통한 효율성 있는 보급 확대에는 마흡한 것으로 평가되어, 민간 주도형 보급 정책의 개발·확대를 통해 보급 정책의 효율성과 기술 개발 및 보급과의 연계를 강화할 필요가 대두되었다. 향후 정부 주도 보급의 추진방향은 보급이 부진한 도시지역 및 수송용의 보습 확대에 중점을 두고, 사업통합화 및 지자체의 역할을 강화할 것이며, 민간 주도의 RPS 도입, 녹색가격, 산업화와 연계된 기술 개발 등을 통해 보급 정책의 효율성 제고 및 민간 참여 확대하는 것이다.

그림 4-9는 수요 부문별 이용 보급 종합 로드맵을 나타낸 것으로, 또한 원별 보급목표·정책을 통합형 보급 목표·정책으로 전환하여 원 간 경쟁 유도를 통한 경제성 제고와 수요자중심의 보급을 위해 원별 칸막이식, 공급자 위주의 보급 정책을 통합형으로 전환할 것이다. 대표적인 예로는 단기적으로는 2009년부터 신규로 시작되는 그린 홈 100만호 사업과 RPS 도입을 통해 통합형 보급 정책으로 전환하는 한편, 중장기적으로 전기·열·수송 등 수요 부문별 보급 정책으로 이행할 것이다. 신규 보급 정책 추진 시에는 경제성(원가 대비 보급 효과), 기술성(기술 개발 수준, 국산화 수준), 환경성(온실가스 저감 효과, 주민수용성 등), 정책성(보급 목표 달성 기여도 등 정책적 고려)을 고려하여 보급 정책을 디자인하고 실행 후에도 주기적으로 동 요소를 기준으로 보급 정책에 대한 사후 평가를 실시하여 미흡한 부분을 보완하며, 일몰제를 통한 신규 정책의 적극 추진 및 예산의 낭비를 막을 예정이다.

제 3차 신재생 에너지 기본 계획 기간 중 제도 및 정책 개선은 먼저 보급을 하거나 기술 개발 시 장애가 되고 있는 법·제도에 대하여 규제 완화 혹은 철폐를 하는 것이 가장 우선 시 된다. 기존의 통계에서 국내의 통계 기준과 IEA의 통계 기준이 다른 것에 대하여 정합성을 높일 수 있는 체제를 갖춰야 할 것이며, 국내의 제품이 해외로 수출되는데 장애물이 없도록 국제규격에 맞는 인증 제도 운영 및 상호인증의 대상을 확대하여 국내에서만이 아닌 세계적으로 진출할 수 있는 시금석이 되도록 할 것이다. 규제의 완화뿐만 아니라 보급의 확대를 위하여 신도시 신재생 에너지 설계 확대 행복도시, 혁신도시 등 신도시 개발 시 신재생 에너지 설계 확대하고, 행복도시는 총 에너지 부하의 10%를 신재생 에너지 사용할 예정이며, 공공 부문 건물의 신재생 에너지 설비 설치 의무화 제도는 기존의 총 공사비의 5%에서 총 에너지부하의 5%이상 사용 설계하도록 하고, 이 비율은 연차적으로 상향 조정할 예정이다. 이를 위하여 신 에너지 및 재생 에너지 개발·이용·보급 촉진법 시행령 15조 개정을 추진할 것이다. 또한 신재생 에너지 의무 할당제(RPS) 도입 및 수송용 연료의 바이오연료 의무 사용(RFS) 원칙을 천명하고 2012년부터 도입을 추진할 것이다.

** 표 4-12 ▌기술 개발 추진 분야 분류(에너지 관리 공단, 2008)

분야	핵심 분야	단기 일반 분야	장기 미래 분야
태양열	저온형 태양열 설비 개발	중대 규모 태양열 발전 기술 실용화	초고온 태양로 기술 태양열 수소 생산 기술
태양광	실리콘 태양전지	박막 태양전지 (a-Si, CIGS)	3세대 나노 태양전지 (연료감응형, 양자점 태양전지)
풍력	보급형 육상 풍력 및 3MW 이상급 해상 풍력 개발	5MW 이상급 해상 풍력 개발	10MW 이상급 풍력발전 개발 하이브리드 스마트 풍력 시스템
바이오매스	바이오디젤의 경제성 향상	목질계 바이오매스 원료 수집, 가공, 활용 기술	차세대 유기물질 회수 및 활용 기술
지열	지열냉난방 가격 저감화 기술	지열 이용 열펌프 시스템 기술	지열 발전 기술
수력	소수력 자원 조사 및 국내 적합 기술 개발	발전 설비 표준화 기술 계통 보호 및 자동화 기술	타 에너지원과 연동하는 차세대 통합 운영 기술
폐기물	공정 효율 향상	보급 기여도 달성을 위한 실용화 기반 기술	하이브리드 소각 폐열 발전 기술
석탄 IGCC	300MW급 IGCC 발전소 건설	600MW급 IGCC 개발	차세대 IGCC NextGen 개발
해양	국내 실증 및 적용 평가	해양 환경 평가 및 저감 기술	대단위 발전 복합단지 구성
수소 연료전지	산업화 진입 기술	시스템 경제성 향상 (가격 저감 기술)	–

注) 핵심 분야 : 시급성, 기술 파급성, 상업성 예산 투입 필요성 등 최우선 분야
단기 일반 분야 : 5~10년 이후에 중점 분야로 예측되는 기술 분야
장기 미래 분야 : 장기 Blue Ocean 분야

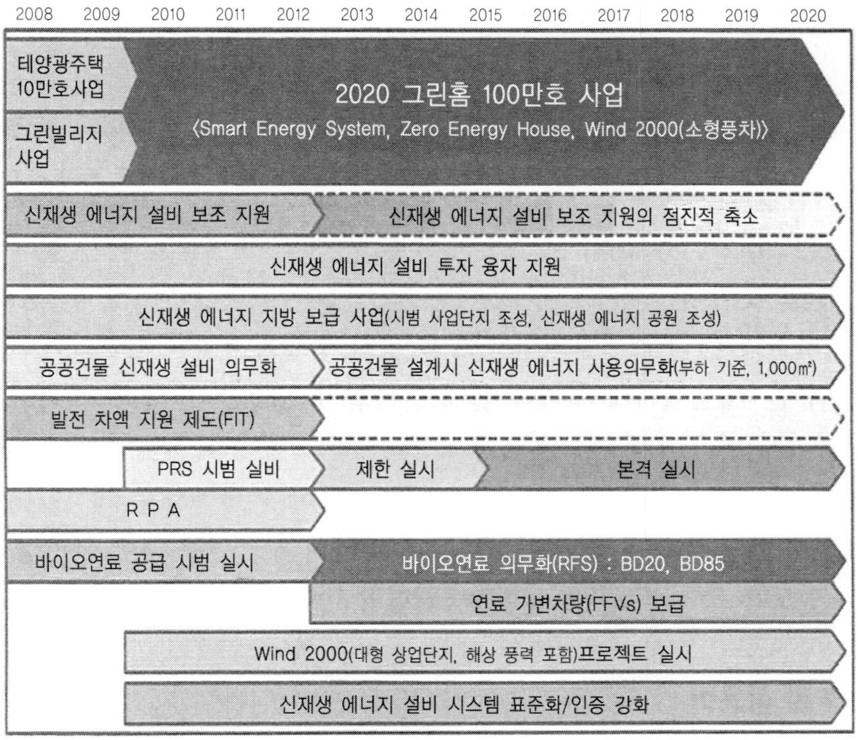

** 그림 4-9 ▌ 수요 부문별 이용 보급 종합 로드맵(에너지 관리 공단, 2008)

0387 34 1 130-3632W1-00067-5

참고문헌

[1] 배재근, "첨단에너지기술", 도서출판 아진, 2005

[2] 산업자원부, 「제2차 국가에너지 기본계획(2002~2011년)」, 2002

[3] 산업자원부, 「대체에너지기술개발 기본계획(1997~2006년)」, 1997

[4] 산업자원부·에너지 관리 공단, 「2001년도 대체에너지기술개발 자료집」 2001

[5] 에너지 관리 공단, "신재생에너지백서", 2008

[6] 에너지 관리 공단, "신재생에너지 RD&D 전략 2030 시리즈", Vol 1-14, 에너지 관리 공단 신재생에너지센터, (주)도서출판 북스힐, 2008

[7] 에너지 관리 공단, "에너지·기후변화편람", 2009

[8] 에너지 관리 공단 홈페이지, http://www.kemco.or.kr

[9] 에너지 관리 공단, 「2003 에너지절약통계핸드북」, 2002

[10] 에너지 관리 공단, 「우리나라의 대체에너지정책 및 지원제도(팜플렛)」, 2002

[11] 지식경제부, "녹색성장을 위한 산업에너지 정책방향", 이민우 서기관 발표자료, 2009.10.

[12] 차제호, 강희정, 김정인, 오영삼, 박문희, 홍성안, 황규철, 손학식, 박효순, 금종수, 이성, 심상렬, 강철구, 박영구, "에너지총설-상.하", 한국에너지정보센터, 2003

[13] 한국에너지공학회, 「에너지공학」, 교보문고, 1996

[14] DOE, "Solar Power Satellite, Concept Development and Evaluation Program." DOE/ER-0023, 1978

[15] IEA, World Energy Investment Outlook 2005

[16] NASA, "Space Solar Power : A Fresh Look at the Feasibility of Generating Solar Power in Space for Use on Earth." 1997

제 5 장

신재생 에너지 재료

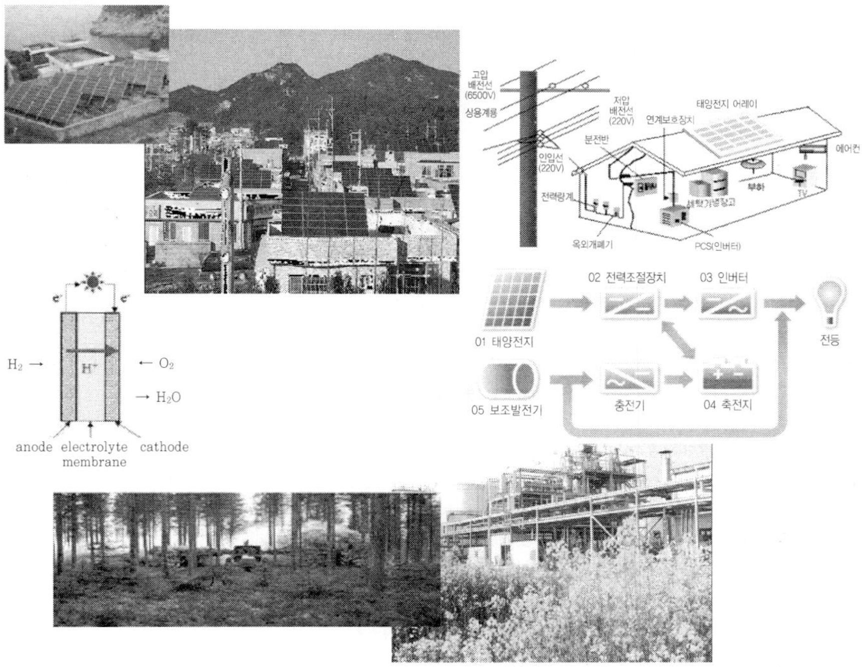

5.1 태양전지 재료

5.1.1 개요

태양전지는 무한한 청정 에너지인 태양광 에너지를 이용하여 전기 에너지를 생산하는 반도체 소자이다. 수명이 반영구적이고 소음이 없으며 유지보수가 간단하고 소규모 전원부터 대규모 발전소용까지 응용이 가능하다는 장점이 있다. 하지만 기존의 주요 에너지원에 비해서 발전 단가가 양이 적은 관계로 생산 단가는 훨씬 비싸다는 단점에도 불구하고 앞에서 언급한 여러 가지 장점으로 인해서 시장이 계속 증가하고 있다. 시장의 성장에 따라서 발전 단가가 계속 내려가고 기술 개발 경쟁이 가속화되면서 또 시장이 성장하는 시너지 효과를 보여 주고 있다. 지금까지 전 세계 태양전지의 기술 개발은 변환효율의 향상과 발전단가를 낮추는 연구가 병행해서 진행되고 있다. 발전 단가는 시장의 규모나 생산 기술에 의존하는 경향이 크고 변환효율은 새로운 구조, 재료, 공정, 이론 등의 발전에 의존하는 경향이 크다. 최근 태양전지 분야의 기술이 급격히 발전하면서 이러한 변환효율의 한계성에 대한 인식이 명확해지면서 여러 가지 해결 방안이 제시되고 있다.

5.1.2 태양전지 원리

태양전지는 일반적으로 접합을 가지는 반도체로 구성되며 Cell이라 부르고 있다. 이 태양전지에 광이 조사되면, 광전환 효과에 의해 n형 반도체 층의 전자가 p형 반도체 층으로 전자가 모여 기전력이 생긴다. 태양전지의 변환효율은 입사되는 태양 복사광 에너지와 태양전지의 단자에서 나오는 전기 출력 에너지의 비를 백분율로 표시한 것이다. 국제 전기 규격 표준화 위원회(IEC TC-82)에서는 지상용 태양전지는 태양 복사의 공기 질량 통과 조건이 AM(Air Mass: 통과 공기 질량) 1.5로, 100mW/cm^{2}의 입력광 파워에 대해 부하 조건을 바꾼 경우의 최대 출력과의 비를 백분율로 표시한 것을 공칭효율이라 정의하고 있다. 공칭효율의 측정에는 미리 자연 태양방사광 스펙트럼을 모의한 솔라 시뮬레이터를 사용하여 그 출력파워가 지상용 태양전지에서는 AM 1.5, 100mW/cm^2 우주용 태양전지에서는 AM 0, 135.3mW/cm^{2}로 미리 입사광 조건을 설정해서 측정한다. 예를 들면, 지상용 태양전지의 입사광 조건하에서 측정된 최대 출력점 P(Vmax, Imax)과 개방 전압 Voc, 단락광 전류 Isc가 구해지면, 공칭 변환효율 η, 유효 수광 면적을 S(cm^2)로 하면, 다음의 식(5.1)로 표현된다.

$$\begin{aligned}\eta &= \{(Vmax \cdot Imax)/Pin \cdot S\}\times 100\% \\ &= \{Voc \cdot Isc \cdot FF\}/100(mW/cm^2 \cdot S)\}\times 100\% \\ &= Voc \cdot Isc \cdot FF/S(\%)\end{aligned} \tag{5.1}$$

$$FF = \{(Vmax \cdot Imax)/Voc \cdot Isc \tag{5.2}$$

FF는 곡선인자(Curve Fill Factor)라고 하여 태양전지의 성능의 정도를 표시하는 중요한 지수이다. 식(5.1)에서 알 수 있듯이 입력파워를 100mW/cm^2 로 규격화한 측정에서는, 실험에서 구해진 Voc를 비롯하여 Jsc와 FF를 알아내 전부

곱한 것이 공칭효율이 된다. 그림 5-1에 태양전지의 전류와 전압 곡선으로부터 상수들을 나타내었다. 일반적인 실리콘계 태양전지의 경우 소면적($4cm^2$)에서의 변환효율은 호주 UNSW(University of New South Wales)의 24.7%(J. Zhao., 1995)가 최고이며, 독일의 프라운호퍼 연구소에서는 22.3%의 효율을 내고 있다. 면적이 확대시켜 $45.7cm^2$의 경우 UNSW가 21.3%의 효율을 갖고 있다. 미국의 Sun Power사의 경우 면적이 $21cm^2$의 경우 21.4%의 효율을 내고 있다. 이러한 태양전지들은 제조 공정이 복잡하고 청정 시설이 필요하고 제조 단가가 비싸 특수 목적용으로 한정되어 적용되고 있으며, 실용적인 모듈의 변환효율은 단결정 실리콘의 경우 12~14% 정도이다.

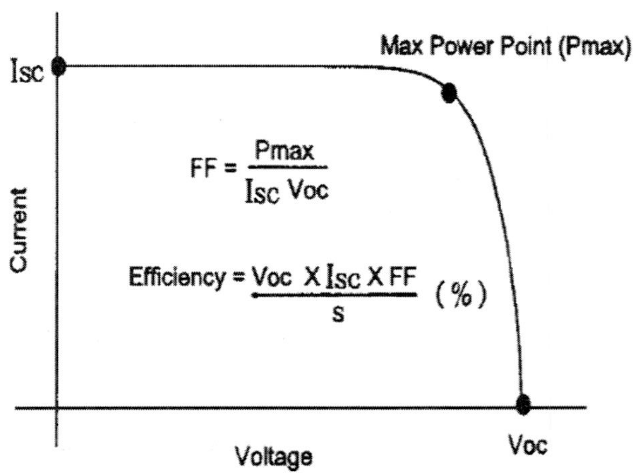

** 그림 5-1 ‖ 태양전지의 전류-전압 곡선(한국과학기술정보연구원, 2005)

5.1.3 태양전지 재료 종류

주요 태양전지로 사용되는 재료는 단결정, 다결정 및 비정질형이 있다. 단결정은 효율에서 우수하나 제조 단가가 비싸며, 다결정은 단가는 낮으나 효율이 다소 떨어진다. 그리고 비정질은 효율은 낮지만, 저렴하다는 특징이 있다. 현재 발전용으로 가장 많이 사용되고 있는 반도체 재료는 결정형 실리콘으로 시장의 80%를 차지하고 있으며, 전력이 탁월한 비정질 실리콘 박막 태양전지도 널리 이용되고 있다. 그림 5-2에 태양전지의 종류를 나타내었다.

- 태양전지
  - Si 계
    - 결정질 Si
      - 기판형
        - 단결정 (Single Crystalline Si)
        - 다결정 (Poly Crystalline Si)
      - 박막형 (Poly Crystalline Si thin film)
    - 비정질 Si 박막 (a-si Thin Film)
  - 화합물반도체
    - II-VI족 : CdTe, CIS 등
    - III-V족 : GaAs, InP, InGaAs 등
    - 기타 : Quantum Dot Cell, Dye Cell 등

** 그림 5-2 ▌ 태양전지의 분류표(신재생 에너지 센터)

(1) 결정형 실리콘 태양전지

그림 5-3에 결정형 실리콘 태양전지의 제조 공정을 나타내었다. (a)는 CZ법으로 제조한 실리콘 단결정 기판을 이용한 경우로 환형 주괴를 와이어로 잘게 절단하여 불순물 확산으로 pn 접합 등을 형성하고, 안팎에 전극을 제작한다.

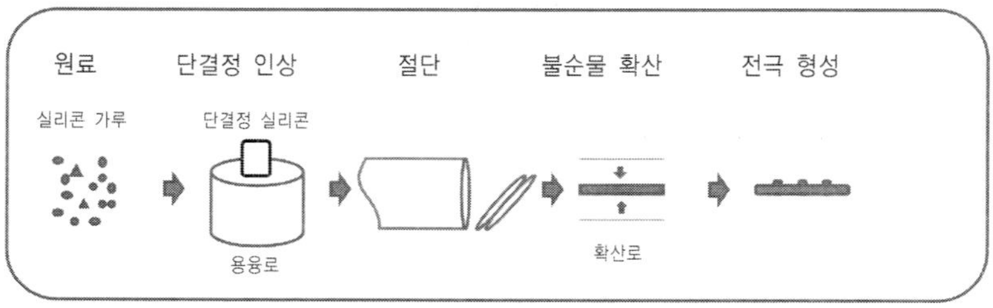

(a) 단결정 Si 태양전지의 제조 공정

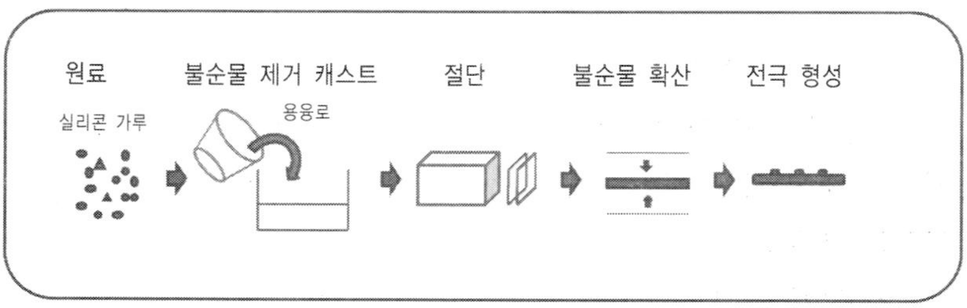

(b) 다결정 Si 태양전지의 제조 공정

** 그림 5-3 ▌ 결정 실리콘 형 태양전지의 제조공정의 개략(배재근, 2005)

실험실과 생산 레벨에서 다른 것은 특히 전극 형성 기술이며, 생산 현장에서는 저

비용의 인쇄 기술이 사용된다. 기타 반사 방지막 형성, 주변 접합 분리 등이 필요하다. 다결정에서는 보통 Cast법에 의해 저위 품위의 실리콘 원료로부터 각형 Ingot를 제작한다.

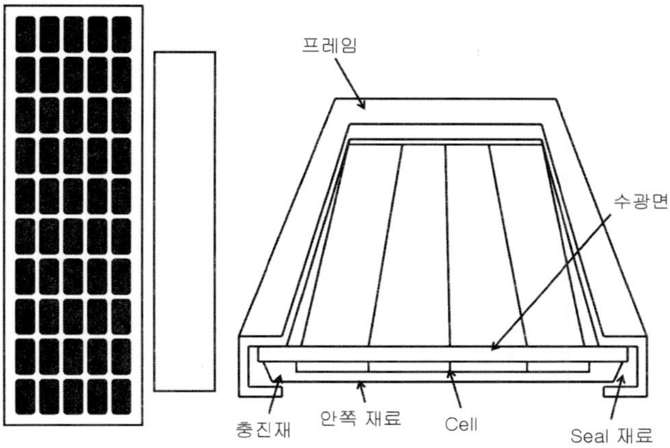

(a) 모듈의 외관 사진 (b) 모듈의 단면 구조

** 그림 5-4 ‖ 태양전지 모듈의 외관 사진과 단면구조(배재근, 2005)

제품의 태양전지는 Cell을 직병렬로 접속한 모듈구조로 되어 있다. 그림 5-4는 36개의 Cell이 직렬로 접속한 예로 이 단면구조를 (b)에 나타내었다. 이 구조는 Super straight라 불리며, 수광면 재료는 백색판유리, 안팎 재료는 불소수지 Sheet, 충진 재료는 EVA(에틸렌비닐아세테이트), 프레임은 알루미늄 및 Seal 재료는 부틸 고무로 되어 있다.

실용적인 태양전지인 결정 Si 계에서의 연구 개발 수준의 Cell 및 모듈의 최고 변환효율은 표 5-1과 같다. 표 5-1 중의 FZ와 CZ는 Si 단결정의 제조 기술로 대용융법으로 뽑아 올리는 방법에 대응하여 cast는 주물 주입법으로 대형의 다결정 제조 방법이다. 단결정 Si 태양전지에서의 최고 효율은 호주 New South 웨일즈 대학의 Cell구조의 것이다. 이 구조에서는 표면이 역 필라멘트 구조를 가지고, 그 위 MgF_2/ZnS 이층 반사 방지막을 피복하여 광의 표면 반사 손실을 철저하게 저감하고 있다. 또한 결정 내부에서는 표면과 안쪽 면에 SiO_2 산화막을 설치하여, 생성한 Carrier의 손실 저감과 두껍게 막을 덮으므로 전극저항을 저감하는 등의 고안이 시행되고 있다. 그 결과 최고 효율로서 24.5%(면적 $4cm^2$)를 달성하고 있다. 일본에서서는 산화로의 Cleaning화 등에 의해 전류 수치의 개선을 계획하고, 변환효율 22.6%를 얻고 있다. 한편 다결정 실리콘형 태양전지에서는 단결정 Cell의 제작 프로세스를 이용하여 작은 면적에서 최고 19.8%, 큰 면적에서 17.2%가 달성되고 있다. 실제로 태양전지를 사용할 경우는 태양전지 1개로는 아니고, 여러 개를 직렬로 접속한 모듈이 이용되어 그 효율은 보다 중요하다. 고효율은 먼저 24%의 태양전지 Cell을 이용 제작한 22.7%이지만, 저비용으로 실용적인 다결정 cast cell에서는 15%이다. 다결정과 단결정형 모듈 효율의 차이는 공장 수준에서는 2에서 3%이며, 이 차이는 모듈에서는 다결정이 각형이므로 그다지 큰 차이는 없다.

** 표 5-1 ‖ 결정 Si 태양전지 Cell 및 모듈의 변환효율(배재근, 2005)

종류	결정	효율(%)	면적(cm^2)
Cell	FZ 단결정	24.5 22.6	4.0 4.0
	CZ 단결정	21.6	45.7
	cast 다결정	19.8	1.0
		17.2	100
		17.2	225
모듈	FZ 단결정	22.7	778
	cast 다결정	15.3	1,017

(2) 박막형 태양전지

박막 태양전지의 재료로는 가격이 저렴해야 하며 장래의 대량 사용을 고려하면 자원 공급적인 면에서 문제가 없는 재료를 선택해야 한다. 실리콘 박막을 형성하기 위한 기판 재료로는 박막 형성 온도에서 기판이 실리콘과 반응하지 않고 더욱 밀착성을 가지며, 열팽창 계수가 좋고 실리콘 박막과 정합하여 비틀림이나 깨짐이 일어나지 않으며, 평탄한 표면이 쉽게 형성하며, 형성되는 실리콘 막 중에 혼입하여 유해물 발생이 되지 않고 전기저항이 작은 특성 등을 갖는 재료이다. 이러한 특성을 만족하는 후보 재료로는 그라파이트 세라믹, 내열성 금속, 보로실리케이트 유리, 석영 유리, 알루미늄 판, 강철판 등이 있으나, 어떤 경우도 반도체 재료적 관점에서 보면 기판재료의 순도가 불충분하며, 처리 온도가 높은 막 형성 조건에 있어서는 그 영향이 문제가 된다. 박막형에는 크게 나누어 비정질 Si계, 황산구리철형(카르코바이라이트)계, II~VI계, 다결정 Si 등이 있다.

■ 비정질 Si계 태양전지

비정질 Si계 태양전지에서는 두께 약 1μm의 반도체 층을 유리기판 위에서 저온으로 형성시킬 수 있기 때문에 가장 저렴한 태양전지가 형성될 가능성이 있다. 이 태양전지는 유리기판 위에 SnO_2의 투명 도전막을 부치고 그 위에 pin형의 2층 탄뎀형의 a-Si 태양전지를 적층한 것이다. 이 제조 공정을 그림 5-5에 나타내었다. 우선 Cell의 직렬 접속을 위해 투명 전극의 Patterning을 행하고, 플라즈마 CVD법에 의해 p,i 및 n층과 연속적으로 형성하여 a-Si층의 Patterning 및 금속 전극의 Patterning을 거쳐 태양전지 모듈이 제조된다. 현재까지 얻어져 있는 변화효율의 최고치는 United Solar 사가 발표한 a-Sic/a-Si/a-Sige 3층 탄뎀형 구조로 작은 면적(0.25cm^2)에서 13.2%를 달성하고 있다. 그러나 a-Si형 태양전지는 광열화가 있으며, 태양광 아래서 약 10% 효율이 저하한다. 실용 크기에서의 광열화 후의 변환효율은 면적 12,000cm^2의 Sub 모듈에서 고효율 공정은 9.5%, 고속 공정에서의 파이로트 플랜트에서는 9.2%의 변환효율이 얻어지고 있다.

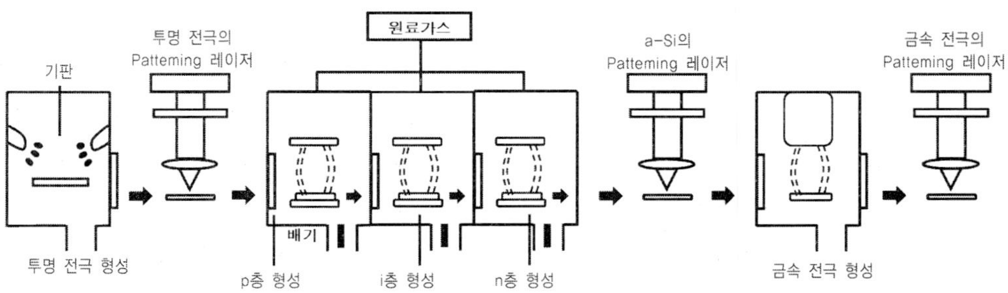

** 그림 5-5 ‖ 비정질 Si 태양전지의 제조 공정(배재근, 2005)

현재, 비정질 Si형 태양전지의 제조가 일반용으로 한정된 생산량은 그 만큼 많지 않기 때문에 결정 Si형에 비교하여 비용이 높아지게 된다. 비정질 Si device로서는 액정표자원용 박막 트랜지스터가 현재 양산화 중이고, 이후 태양전지에서의 전개가 일어나면 급격한 액저하를 일으킬 수도 있다.

■ 황산구리철계 및 CdTe계 태양전지

황산구리철계 태양전지로는 현재 Cu(InGa)Se2가 연구되어 고효율, 고신뢰성 박막형 태양전지로서 최근까지도 주목받고 있다. 그 제조 공정을 그림 5-6에 나타내었다. 우선 유리기판 위에 스퍼터법으로 Mo 전극을 증착하여 Patterning을 행한다.

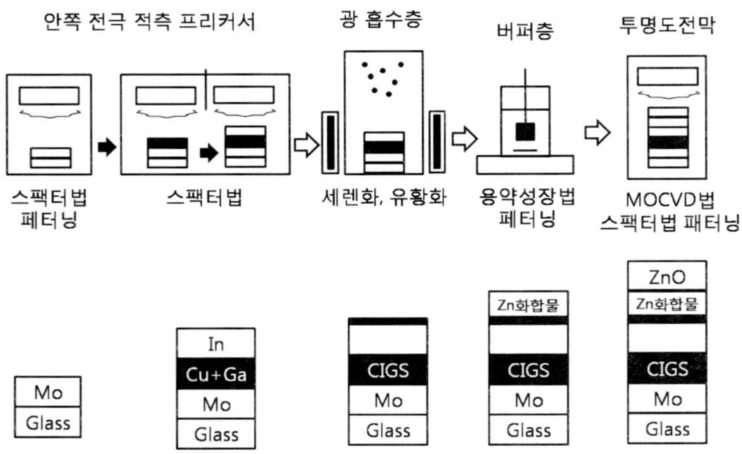

** 그림 5-6 | Cu(InGa)Se_2형 박막 태양전지의 제조 공정(배재근, 2005)

다음에 스팩터법에 의해 반도체 층을 형성하기 위한 프리커서로는 In/CuGa In/을 형성한 뒤, 셀렌화 및 황화에 의해 CIGS 광흡수를 제작한다. 그 뒤 용액 성장법에 의해 Zn화합물 버퍼를 형성한 후, ZnO를 도전막을 형성하고, 모듈 I 기본구조가 되어 왔다. CIGS형에서 가효율이 높은 것은 NREL IZnO/CdS/Cu(InGa)Se_2 구조에서 18.8%(면적 0.2cm^2), 송하전기의 IITO/ZnO/CdS/Cu(InGa)Se_2 구조에서 18.5%(면적 0.96cm^2)에서 박막계에서는 가장 높은 수치로 되어있다. 대면적화가 이후의 과제인데, sub 모듈에서 효율 14.2%와 비정질 Si Cell 보다 높은 수치가 얻어지고 있다. 이후는 대면적화 기술이나 저비용 양산화 기술의 개발이 필요하다.

CdTe형 태양전지는 Cd의 공해문제가 있는 인쇄 기술 등의 저비용 기술이 사용되기 위해서 장기간 연구되어 왔다. 이 효율도 다른 박막형 태양전지와 같은 정도의 높은 수치가 보고되고 있다. 예를 들면, 송하전지에서 면적 1cm^2에서 효율 16%의 수치가 얻어지고 있다. 대면적화에서는 BP Solar사가 전착법을 이용하여 면적 706cm^2에서 효율 10%를 얻고 있다.

(3) Ⅲ-Ⅴ족 화합물 태양전지

단결정 화합물 Ⅲ-Ⅴ족 태양전지는 주로 집광 발전용이나 우주용 태양전지로 개발되고 있으며, GaAs 태양전지는 25.7%, AlGaAs/GaAs 탄뎀형은 27.6%, GaAs와 GaSb를 붙여서 만든 탄뎀형은 집광 시에 35.8%에의 변환효율이 보고되었다. InP 태양전지는 22%의 변화효율이 실행되고 있으며, 이 전지는 우주선에 의한 열화가

광 조사, 순방향 전류에 의하여 회복되는 등 우주에서 응용이 이점이 되는 특성을 가지고 있다.

Ⅲ-Ⅴ족 화합물 반도체 중에서 태양전지 재료로서 가장 많이 개발 된 것이 GaAs 이며 기초적 물성이나 결정 성장법이 가장 명확히 되어 있다. GaAs와 Si의 경우를 비교하여 보면 동일한 변환효율에도 개방전압은 GaAs이, 단락 광전류는 Si 쪽이 크다. GaAs 쪽이 전류가 작고 직렬저항의 영향을 받기 어렵다. 이러한 특징은 특히 고배율을 집광해서 대 전류를 흘리는 경우에 현저하게 나타난다.

그림 5-7은 모든 태양전지 중에서 현재 최고 효율이 얻어지는 Cell구조로 Ge기판 위에 InGaAs 보텀 Cell을 형성 후 터널 집합을 끼워 InGaP tough cell 형성한 탠덤 구조로 되어 있다.

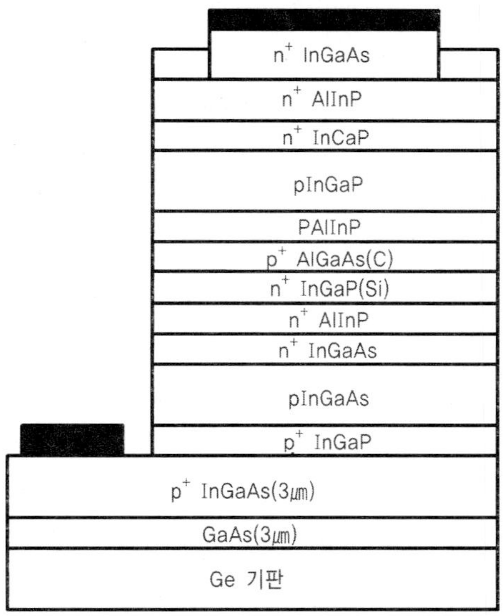

** 그림 5-7 ▌ InGaP/InGaAs형 탄뎀 태양전지의 Cell 구조(배재근, 2005)

(4) 유기물 태양전지

셀레늄을 이용하기 전까지는 빛을 이용한 전자소자는 유기물 반도체를 이용하였다. 1954년 실리콘을 이용한 태양전지가 개발되면서 최근까지 무기물을 이용한 태양전지 연구가 주류를 이루었으나 최근 반도체 특성을 가지는 폴리머를 이용한 태양전지의 제조가 쉬워짐에 따라서 다시 많은 연구가 진행되고 있다. 전통적인 무기물 태양전지는 최근에 많은 발전을 이루고 있지만 일부 재료는 부존 자원이 충분하지 않고 일부 재료는 가격이 비싸다는 단점이 있다. 태양전지 시장의 95% 이상을 점유하고 있는 실리콘 태양전지는 대량 생산에 힘입어 가격이 많이 내려가고 있는 추세에 있지만 재료비가 여전히 비싸고 일부 반도체 공정이 적용되기 때문에 가격 감소 추세가 비교적 완만하게 이루어지고 있다. 결정질 실리콘 태양전지를 대체하기 위해서 박막 태양전지에 대한 연구가 진행되고 있지만 변환효율이 낮아서 본격적으로 실용화되지 못하고 일부 용도로 사용되고 있다. 또한 이러한 무기물 태양전지들의 가격이 높은 대표적인 이유는 이러한 태양전지들이 고온 공정이나 진공 공정을 통해서 이루어지기 때문이다. 이러한 무기물 태양전지들이 가지는 한계점을 극복하기 위한 하나의 대안으로 유기물 반도체를 이용한 태양전지 연구가 진행되고 있다. 유기물 태양전지는 폴리머 박막 제조 방법들을 응용하여 쉽게 제조할 수 있다는 장점이 있다. 현재 사용되는 유기물 태양전지의 문제점인 낮은 효율이나 안정성이 극복된다면 아주 낮은 단가로 태양전지를 제조할 수 있을 것이다. 예를 들면 Roll-to-Roll 제조 공정을 이용하여 대량으로 태양전지를 제조하는 것도 가능할 것이다. 유기물 태양전지는 값싸게 제조될 수 있을 뿐만 아니라 가볍고 기계적으로 유연하고 반투명 하다는 것도 장점들이다. 유기물 태양전지를 실용화하기 위해서는 새로운 재료, 새로운 제조방법, 새로운 구조의 소자, 새로운 기판 재료, 새로운 인캡슐레이션 재료의 개발이 선행되어야 하면 이러한 연구를 위해서 많은 인력과 연구비가 투입되고 있다. 다행히 분자 반도체(molecular semiconductor)는 현재 많이 이용되고 있는 기술 분야이기 때문에 기존의 기술을 태양전지 개발에 활용하고 있다. 최근에는 유기물을 이용한 발광소자(Organic LED)가 태양전지와 유사한 기술의 대표적인 예이다. 그림 5-8에 나타낸 유기물 LED는 하부의 투명 전극과 상부의 금속 전극 사이에 분자 반도체 층을 삽입한 구조로 태양전지와 유사한 구조를 보여주고 있다. 적당한 반도체나 전극 물질을 이용하면 입력된 전기 에너지를 빛으로 변환하는 LED의 원리를 바로 태양전지에 응용할 수 있다는 것을 그림에서 알 수 있다. OLED는 집중 투자에 힘입어 급속한 발전을 거듭하여 현재 실용화되고 있으며 그 응용 범위를 넓혀가고 있다. 유기물 트랜지스트를 이용한 직접회로도 필립스에 의해서 개발되고 있다. OLED에 사용되는 물질 합성, 고순도화, 전극 제조, 반도체 증착과 같은 기술은 유기물 태양전지에 응용할 수 있는 기술들이다.

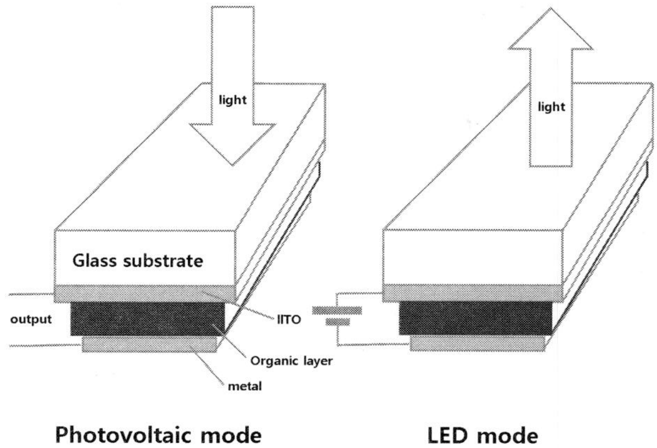

** 그림 5-8 ▌ 반도체 층이나 금속 전극의 선택에 따라서 발광소자나 태양전지로 작동될 수 있는 분자 반도체 다이오드의 구조도(한국과학기술정보연구원, 2005)

5.1.4 태양전지 재료의 전망

태양광발전의 실용화는 이미 구미 선진국을 중심으로 현재 활발하게 전개되고 있다. 미국은 정부의 주도로 대규모 태양광발전소를 계속적인 증설하고 있으며, 전기 자동차의 생산을 의무적으로 늘려나가는 법안을 통과시켜 이미 시행하고 있다 산업체는 또한 새로운 공장과 생산량을 꾸준히 늘려가고 있다. 일본은 정부 주도로 개인 주택용 태양광발전 시스템의 설치 비용을 50% 무상 지원해주고 있으며 "Sun shine project"라는 국가차원의 대규모 태양 에너지개발 계획을 예로 들 수 있다. 이제, 우리나라도 태양광발전이 더 이상 남의 나라 이야기만은 아니다. 결정 Si형 태양전지는 현재 시장에서 주역이다. 그러나 원료 Si의 공급 불안이나 성능 향상 기술이 포화됐다고 느끼고 있다. 박막형에서는 효율이나 신뢰성 향상 및 양산화 기술 개발 등 남아있는 과제도 많다. 이들 과제를 주택용 태양광발전 시스템의 전개로 해결하고, 각종 태양전지의 득실이 평가된다고 생각된다.

5.2 염료감응형 태양전지 재료

5.2.1 개요

광전기 화학 태양전지(Photo electro chemical Solar Cell: PSC)는 광 전극

(photo electrode), 산화환원 전해질(redox electrolyte), 상대 전극(cou-nter electrode)으로 구성되어 있다. 실리콘(Si), 갈륨아세나이드(GaAs), 인듐포스파이드(InP), 카드뮴설파이드(CdS) 등의 형태의 단결정 및 다결정을 포함한 여러 반도체 재료들이 광 전극으로 사용되어 왔다. 이와 같은 재료들은 적당한 산화환원 전해질과 함께 사용되었을 때, 약 10% 정도의 광전 변환효율을 만들어 낼 수 있다. 그러나 광조사 하에서, 전해질 용액 내에 전극(electrode)의 광부식(photocorrosion)이 자주 발생하여 전지의 안정성을 매우 저하시키기 때문에, 세계적으로 더 안정한 PCS를 개발하고자 하는 연구가 계속되고 있다. 산화물 반도체 재료들은 용액 내에서 우수한 안정성을 갖는다. 그러나, 안정한 상태의 산화물 반도체 재료들은 상대적으로 넓은 밴드갭을 갖고 있기 때문에 가시광선을 흡수할 수 없다. 감광제를 갖는 이산화티타늄(TiO_2), 산화아연(ZnO), 이산화주석(SnO_2)와 같은 넓은 밴드갭의 산화물 반도체의 감광은 가시광을 흡수할 수 있기 때문에, 19세기 이래 사진 기술의 개발과 관련하여 광범위하게 연구되어 왔다. 감광 과정에서 감광제는 반도체 표면에 흡수된 가시광을 흡수하고, 여기된 전자들은 반도체 전극의 전도대에 주입된다. 이와 같은 염료감응형 산화물 반도체 광 전극은 PSC로 사용되어 왔다. 최근에 염료감응형 태양전지의 성능은 Swiss Federal Institute of Technology에 Gratzel의 연구 그룹에 의해 비약적으로 향상되었다. 이들은 염료감응형 태양전지로 AM 1.5 상태에서 태양 에너지 변환효율 7~10%를 달성하였다. 그 염료감응형 태양전지는 나노 결정의 이산화티타늄 박막으로 구성되어 있다. 염료감응형 태양전지는 태양전지의 응용을 위해 세계적으로 광범위하게 연구되고 있다.

5.2.2 염료감응형 태양전지의 구조 및 작동원리

불소를 도핑한 SnO_2의 투명도전막을 코팅한 도전성 유리기판 2매 사이에 산화환원 짝을 함유한 전해질 용액을 봉입한 샌드위치형의 구조를 가지고 있다. 유리 기판의 한쪽은 투명도전막 위에서 TiO_2 초미립자로부터 구성되는 다공질막을 퇴적하고, 아울러 색소 증감제를 그것에 흡착시키고 작용 전극으로 한 것이다. 다른 쪽은 투명전도막 위에 소량의 Pt를 코팅하여 상대극으로 하고 있다. 전해질 용액은 에틸렌 카보네이트와 아세트 니트릴의 혼합 용매에 요오드(I2)와 테트라 프로필 암모늄 아이오다이드($(C_3H_7)_4NI$)를 첨가한 것으로 $I^-/I3^-$ 산화환원 짝으로서 사용한다. 상대 극인 Pt에는 산화 환원 W가의 $I3^-$를 I^-로 환원하는 촉매 작용이 있다(Pt 대신으로 카본이 이용되는 것도 있다.). 2매의 전극유리 기판의 사이에는 Spacer 등은 특히 사용하지 않고, 그 사이의 공간에 모세관 현상을 이용하여 전해질 용액이 주입된다. 이상의 구조 설명에서도 알 수 있듯이, 그레셀에서는 Si 태양전지 등과 비교하여 구조가 훨씬 단순하며, 제작에서 그만큼 특수한 설비를 필요로 하지 않는다는 특징이 있다. 가정에서도 간단하게 이것을 제작하는 것이 가능하며, 교육용 키트로도 판매되고 있다. 그림 5-9는 염료감응형 태양전지의 개략적인 구조를 그림 5-10은 개략적인 에너지 도표와 동작원리를 나타내었다.

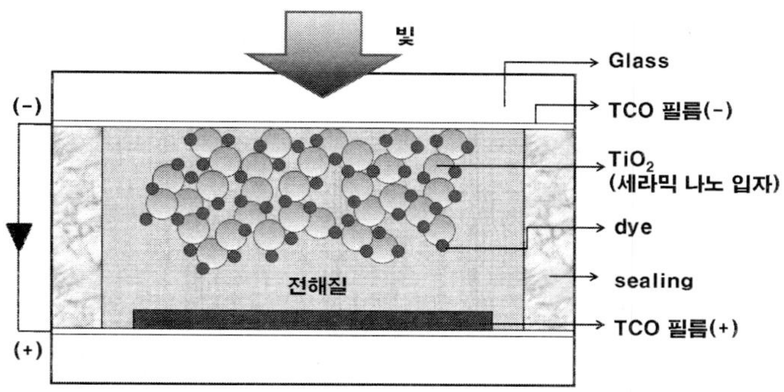

** 그림 5-9 ‖ 염료감응형 태양전지의 개략도(한국과학기술정보연구원, 2005)

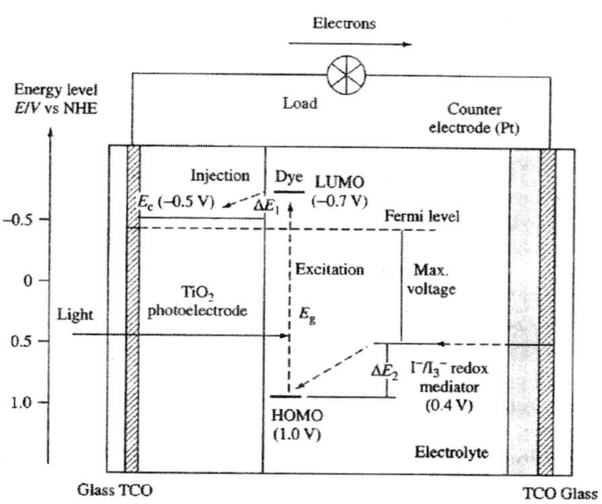

** 그림 5-10 ‖ 염료감응형 태양전지의 개략적인 에너지 도표와 동작원리(한국과학기술정보연구원, 2005)

다음은 광자가 전류로 변환되는 주요 단계이다.

① 태양광을 흡수한 증감 색소는 여기되어 전자적인 기저 상태에서 여기 상태로

천이한다.

② 여기된 증감 색소의 전사는 TiO_2전극의 전도대에 주입되고, 증감 색소는 산화 상태로 된다.

③ 반도체 전극에 주입된 전자는 도선을 통해 상대 극으로 이동한다.

④ 전해질 용액 중의 산화 환원 짝이 상대 극에서 전자를 받는다.

⑤ 산회된 증감 색소가 산화 환원으로 전자를 받아 환원된다. 이 태양전지의 최대 발생 전위(△V)는 반도체 전극의 페르미 레벨(TiO_2와 같은 n형 반도체에서는 전도대 근방에 있다.)과 전해질의 산화 환원 Potential 차로 규정된다.

이러한 발전기구를 가진 색소 증감형 태양전지의 특징으로 실리콘 태양전지와 같은 pn 접합형 태양전지와 달리, 전자만이 반도체 전극에 주입되기 때문에 전자, 정공의 재결합이 거의 없고, 전하 분리가 효율인 것인, 또한 빛의 포착과 전자전달이 별도의 Site에서 이행되므로 광전 변환이 효율적이라는 것을 들 수 있다. 흥미로운 것은 이 광전기변환 프로세스는 클로로필이라는 색소에서 빛을 포착하여 세포막을 통해 전자이동을 하는 식물의 광합성 프로세스와 유사하다는 것이다. 이 때문에 색소 증감형 태양전지는 광합성 모방형 태양전지라고 불리기도 한다.

5.2.3 구성요소

(1)투명 전극 코팅된 유리기판

TCO가 코팅된 유리는 이산화티타늄 광전극의 기판으로 사용된다. 고효율의 태양전지를 얻기 위해서는 면저항이 낮고 투과도가 높은 특성을 갖는 기판이 필요하다. 또한 이산화티타늄 전극의 열처리가 450~500℃에서 진행되기 때문에 기판의 면저항은 500℃까지 거의 변하지 않아야 한다. 인듐-주석 산화물(Indium-tin oxide : ITO)은 TCO 재료 중 가장 잘 알려진 물질이다. 상온에서는 저항이 낮음에도 불구하고, ITO의 저항은 공기 중 고온에서 뚜렷하게 증가한다. 일반적으로, 플로린이 도핑된 이산화 주석(fluorine-doped SnO_2)이 염료감응형 태양전지의 TCO 기판으로 사용된다.

(2) 이산화티타늄 광 전극

이산화티타늄은 가시광 하에서 화학적 안정성이 우수하며, 독성이 없고 저렴한 장점을 갖고 있다. 박막의 이산화티타늄 광 전극은 매우 간단한 프로세스로 준비된다.

이산화티타늄 막을 만들기 위해서, 이산화티타늄 콜로이드 용액(또는 페이스트)을 TCO 기판에 코팅한 후 450~500℃에서 소결한다. 이 막은 이산화티타늄 나노 입자(10~30nm)로 구성되어 있기 때문에, 다공질 나노 구조를 갖고, 이산화티타늄의 실제 표면적(actual surface area)은 유효 표면적(apparent surface area)과 비교된다. 요철인자(Roughness factor : RF)가 1,000보다 큰 $1cm^2$의 이산화티타늄 막(10m 두께)은 $1,000cm^2$의 실제표면적을 갖는다. 염료는 이산화티타늄 표면에 단분자층(monolayer)으로 흡착되는 것으로 생각된다. 이처럼 다공질의 나노 이산화티타늄 막이 RF가 높으면 흡착되는 염료의 양이 급증하고, 염료의 최고 흡수 파장에서 거의 100%로 광 수확효율(Light Harvesting Efficiency : LHE)의 증가에 기인한다. 상대적으로, 최고 파장에서 LHE가 1% 정도 될 만큼 단결정과 다결정 재료의 표면에 흡착된 염료의 양은 매우 작다. 보통 큰 이산화티타늄 입자(250~300nm)를 포함하는 이산화티타늄막은 LHE를 향상시키기 위해서 입사하는 광자를 효과적으로 산란할 수 있다. 환원 이온을 포함하는 전해질이 막에 효과적으로 침투할 수 있어야 하기 때문에 막의 기공률 또한 중요하다. 약 50~70%의 적절한 기공률은 소결 과정에서 이산화티타늄 콜로이드 용액이나 페이스트 안에 폴리에틸렌 글리콜(Polyethylene Glycol : PEG), 에틸 셀룰로스 (Ethyl Cellulose : EC)와 같은 고분자를 첨가하여 제어한다.

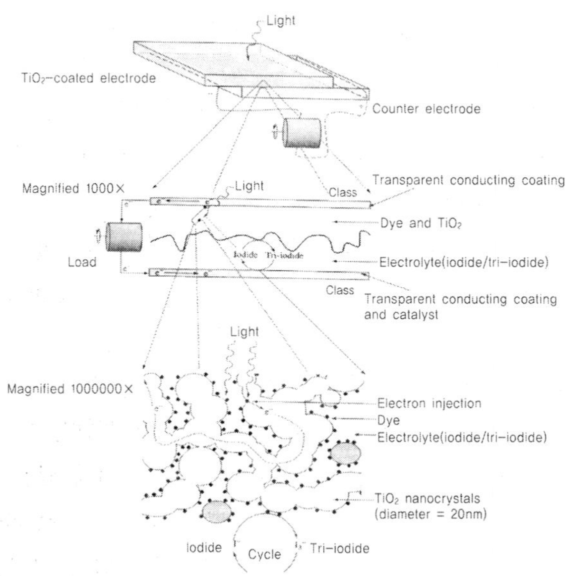

** 그림 5-11 ▌ 나노 결정 염료감응형 태양전지의 구조(한국과학기술정보연구원, 2005)

(3) 루테늄(Ru) 복합체 감광제

광자의 흡수와 전자 주입 첫 단계에 기여하는 루테늄 복합체 감광제는 이산화티타늄 표면에 흡착된다. 그림 5-12와 같은 전형적인 루테늄 복합체 감광제의 화학적 구조는 Gratzel 그룹에 의해 알려졌다.

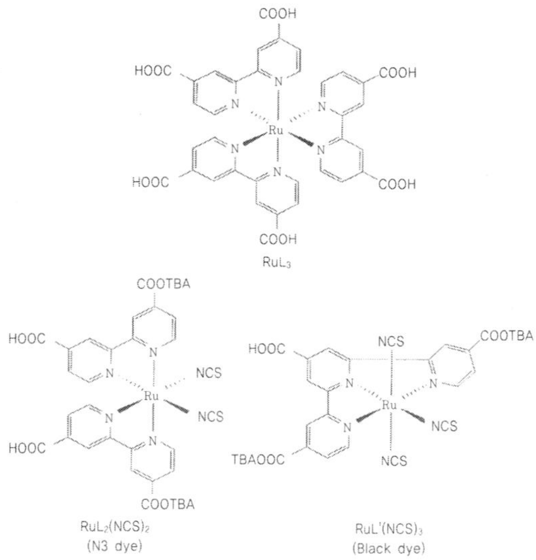

** 그림 5-12 ▌ 전형적인 루테늄 복합체 감광제의 분자구조(한국과학기술정보연구원, 2005)

그림 5-13은 용액에서의 복합체들의 흡수 특성을 나타낸다. y축은 흡수(A)와 1-T (=1-10-A)로 표현된다(T는 투과율). N3 염료 또는 붉은(red) 염료라 불리는 cis-bis (4,4'-dicaboxy-2,2'-bipyridine) dithio cyanato ruthenium(II) (루테늄$L_2(NCS)_2$ 복합체)는 400~800nm 가시광 영역의 넓은 범위를 흡수할 수 있다.

Trithiocyanato4,4'4"-tricarboxy-2,2':6',2"-terpyridine ruthenium(II)(black dye) (루테늄$L'(NCS)_3$ 복합체)는 900nm까지 적외선(IR) 근접 영역을 흡수한다. 가시광과 IR 근접 영역에서 이러한 염료들에 의한 흡수는 금속-리간드 전자 이동 전이(metal-to-regand charge transfer transition)에 기여한다. 가장 높은 점유된 분자 괘도(highest occupied molecular orbital : HOMO)와 가장 낮은 점유되지 않은 분자 괘도(lowest unoccupied molecular orbital : LUMO)는 주로 루테늄 금속의 d궤도(d-orbital)와 리간드(ligand)의 π궤도(π orbital)로부터 각각 얻어진다. NCS 리간드는 HOMO 준위를 음의 방향으로 바꾸고, 염료가 복합체의 흡수 특성을 바꾸도록하며 감소된 환원 이온(I^-)으로부터 전자를 받아들이는데 기여한다.

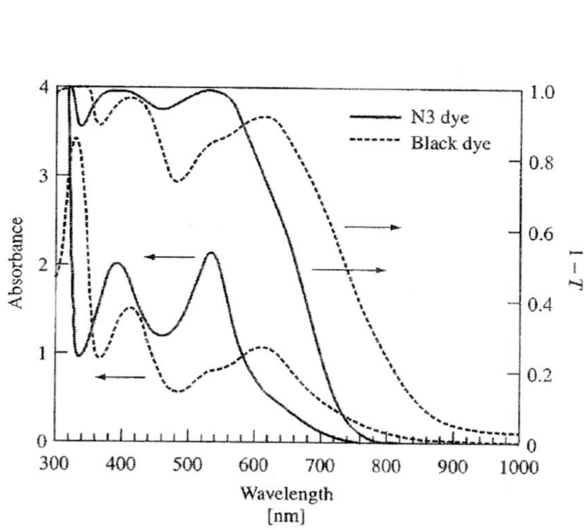

** 그림 5-13 ▌ N_3 염료와 검은 염료의 흡수 스펙트럼(한국과학기술정보연구원, 2005)

이들 루테늄 복합체들은 이산화티타늄 표면에 고정되기 위해서 카르복실기를 갖는다. 고착화(anchoring)는 이산화티타늄의 전도대와 리간드 사이의 큰 전기적 상호작용의 근거이며, 루테늄 복합체로부터 이산화티타늄으로 효과적으로 전자를 주입시킨다. FT-IR 흡수 분석에 측정된 바와 같이, 루테늄 복합체는 카르복실기의 두 톱니 모양 배위(carboxylate bidentate coordination) 또는 에스테르 결합(ester bonding (−C(=O)O−))을 매개로 이산화티타늄 표면에 흡착된다. 그림 5-14는 이산화티타늄의 (101) 표면에 흡착된 N_3 염료의 고착화 구조를 나타낸다. N3 염료를 갖는 이산화티타늄 표면의 범위는 염료의 양과 이산화티타늄 표면적으로부터 유도했을 때 거의 100%에 도달한다.

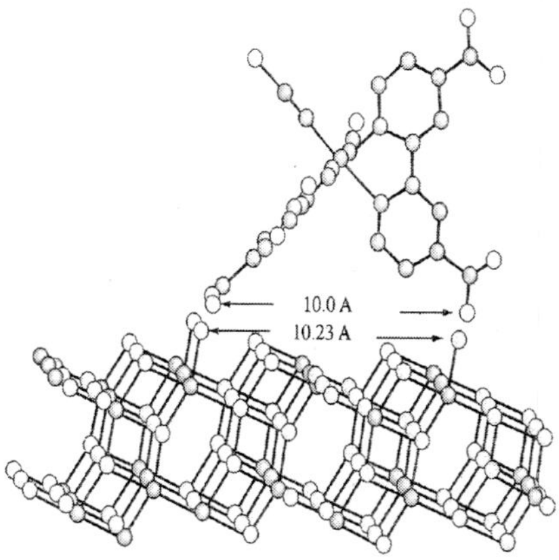

** 그림 5-14 ▌ 이산화티타늄의 (101) 표면에 흡착된 N_3 염료의 고착화(anchoring) 구조 (한국과학기술정보연구원, 2005)

(4) 산화환원 전해질(Redox electrolyte)

염료감응형 태양전지에 사용되는 전해질은 이산화티타늄 광 전극와 상대 전극(counter electrode) 사이의 매개 전자로 I^-/I_3^- 환원 이온을 포함한다. LiI, NaI, KI, tKraalkyl ammomium iodide(R4NI), 0.1~0.5M 몰 농도의 imidazolium-derivative iodides와 같은 요오드화물(iodides) 의 혼합물과 예를들어, nonprotonic solvent(예를 들어 acetonitrile, propionitrile, methoxyacetonitrile, propylene carbonate 및 이들의 혼합물) 에 용해된 0.05~0.1M I2- 등이 사용된다. 염료감응형 태양전지의 셀 성능은 전해질 내에서 다른 이온 전도도를 갖거나, 또는 이산화티타늄 표면에 흡착하여 이산화티타늄 전극의 전도대 준위의 이동을 유도하는 Li^+, Na^+, K^+, R_4N^+와 같은 요오드화물의 상대 양이온(counter cation)에 의존한다. 용매(solvent)의 점도는 전해질의 이온 전도도에 직접적으로 영향을 주며, 낮은 점도의 용매가 바람직하다. methoxyacetoni-trile에서 I_3^-의 확산계수는 $5.4\sim6.2\times10^{-6}cm^2/s$로 평가되었다. Tert-butyl pyridine과 같은 기본적인 화합물은 셀의 성능을 향상시키기 위해 전해질 용액에 첨가한다. Br^-/Br_2과 히드로퀴논(hydroquinone) 역시 염료감응형 태양전지의 산화환원 전해질로 사용되어 왔으나, 요오드(iodine) 산화환원 전해질이 가장 우수한 성능을 나타내었다.

5) 상대 전극

I^- 이온을 갖는 염료 양이온들의 환원에 의해 형성되는 $I3^-$(tri-iodide ion)들은 상대전극에서 I^- 이온으로 재환원 된다. Tri-iodide 이온들을 환원하기 위해서 상대전극은 높은 전기적 촉매 활성도(elec- trocatalytic activity)를 가져야 한다. TCO 기판(약 200nm 두께) 위에 코팅된 백금(Pt) 또는 탄소(carbon)가 보통 상대전극으로 사용된다.

6) 밀봉 재료

밀봉 재료는 용매의 증발과 전해질의 누출을 막아야 한다. 전해질, 요오드, 용매에 대해 밀봉 재료의 화학적 및 광화학적 안정성이 요구된다. Surlyn(Du Pont), 에틸렌(ethylene) 혼성중합체, 아크릴산(acrylicacid) 등이 이러한 요구에 적합하다.

5.2.4 염료감응형 태양전지의 전망

Grazel 그룹에서 고효율의 새로운 염료감응형 태양전지의 개발을 표한 1991년 이래로 전 세계의 연구원들은 염료감응형 태양전지의 기구들, 새로운 재료들, 그리고 상업화에 대해 광범위하게 연구해 왔다. 10.4%의 최고 효율은 실험실에서 AM 1.5 조건에서 얻어졌다. 게다가 상대적으로 까다롭지 않은 실험 조건(낮은 온도와 UV 노출이 없는 제건)에서 밀봉된 Cell의 만족스러운 장기적인 안정성을 얻어냈다. 가까운 미래에 계산기나 시계와 같이 실내에서 사용하는 응용 제품에 대하여 염료감응형 태양전지의 상업적인 생산이 이루어질 가능성이 있다.

5.3 연료전지 재료

5.3.1 개요

연료전지는 가장 주목을 받고 있는 분산 발전 및 대체 에너지 기술 중의 하나로 환경오염 문제를 해결하고, 전력 수요 및 에너지 수요에 효율적으로 대비할 수 있는 일종의 전기화학 장치이다. 전기는 수소와 산소 기체와의 반응을 통해 얻게 되고, 부산물로 물이 생성된다. 즉, 연료전지는 수소와 산소가 가지고 있는 화학 에너지를 전기 화학 반응에 의하여 직접 전기 에너지로 변환시키는 고효율의 무공해 발전 장치로서 공기극(cathode)에는 산소가, 연료극(anode)에는 수소가 공급되어 물의 전기분해 역반응으로 전기화학 반응이 진행되어 전기, 열, 물이 발생한다. 연료전지의 개념은 이처럼 수소와 산소의 전기화학 반응에 의하여 물이 생성되며, 동시에 발생하는 전기를 이용하는 것으로 설명할 수 있다. 연료 극에서 수소가 수소 이온과 전자로 분해하고, 수소 이온은 전해질을 거쳐 공기 극으로 이동한다. 전자는 외부회로를 거쳐 전류를 발생하며, 공기 극에서 수소 이온과 전자, 그리고 산소가 결합하여 물이 된다. 연료전지는 물의 전기 분해와 반대된다 원리로 발전을 하는데, 물을 전기 분해할 때는 외부의 전기를 통해 흡수하여 물을 수소와 산소로 분해하는 반면, 연료전지는 수소와 산소를 전기화학적으로 반응시켜 전기를 발생한다. 수소 단독으로 자연계에 존재하지 않기 때문에 다른 물질로부터 추출해야 하는데, 수소를 여러 가지 연료에서 추출하는 것을 개질이라고 하며, 가정용 연료전지의 병합발전은 도시가스, LPG, 등유에서, 연료전지 자동차는 메탄올, 가솔린 등에서 수소를 추출한다. 연료전지에 사용되는 산소는 공기 중에 있는 것을 이용하고 수소는 도시가스 등 천연가스 등에서 추출하여 사용하는데, 최종적으로 전기와 열 및 물이 동시에 생성된다.

5.3.2 연료전지의 기본원리

연료전지는 연료와 산화제를 전지 내부에 저장하지 않고 필요 시에만 전지 내로 연료를 공급·발전하는 시스템으로 통상의 열 기관과 비슷하다. 그러나 종래의 대부분의 에너지 변환 장치는 화학 에너지→열 에너지→기계적 에너지→전기 에너지의 단계를 거치나 연료전지에서는 반응물의 화학 에너지가 열 에너지를 경유하지 않고 직접 전기 에너지로 변환시킬 수 있는 매우 효율적인 에너지 생산 방식이다. 중간 에너지 단계로 열을 거치는 동안 모든 열 기관을 카르노 사이클 효율에 의해 제한을 받게 되어 전체 에너지 변환효율은 감소하게 되나 연료전지는 카르노 사이클 효율에 의해 제한을 받지 않아 높은 효율의 발전을 할 수 있다. 연료전지는 연료 극(anode), 공기극(cathode), 그리고 이온 전도성 전해액으로 구성된다. 그림 5-15에 나타낸 바와 같이 연료전지는 연료 극에서 수소가 이온화되어 수소 이온의 형태로 전해액을 통해 공기 극으로 이동하고 이온화 시 발생한 전자는 외부회로를 통하여 공기 극으로 흘러가게 된다. 공기 극에서 만난 산호, 수소 이온 그리고 전자가 반응하여 물을 생성한다. 전극의 산화 환원 반응에서 평행 기전력 에너지는 네른스트 방정식으로 계산되고 수소-산소의 평형 기전력은 25℃에서 1.229V이다.

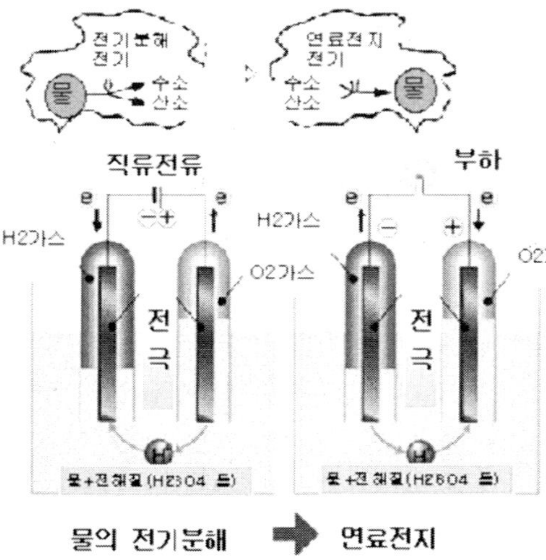

** 그림 5-15 ▌ 연료전지의 기본원리(한국과학기술정보연구원, 2006)

그러나 실제로 전지를 운전하여 전류를 방출시키면 소위 분극 현상 때문에 연료전지의 작동 전압 V는 평형 기전력 에너지보다 과전압만큼 낮아진다. 이 과전압에 활성화 과전압, 농도 과전압 및 저항 과전압이 있다. 이중 활성화 과전압이 다른 둘 보다 크며, 특히 산소 환원 속도가 매우 늦기 때문에 산화 전극에서의 과전압을 줄이기 위한 연구가 중점적으로 진행되고 있다.

〈전기화학적인 반응식〉

전체 반응 : $H_2 + 1/2O_2 \rightarrow H_2O$ + 전기

연료 극 반응 : $H_2 \rightarrow 2H^+ + 2e^-$

공기 극 반응 : $1/2O_2 + 2H^+ + 2e^- \rightarrow H_2O$

5.3.3 연료전지의 종류

연료전지의 종류는 표 5-2에서 보는 것처럼 사용되는 전해질의 종류에 의해서 AFC(Alkaline Fuel Cell), PAFC(Phosphoric Acid Fuel Cell), MCFC(Molten Carbonate Fuel Cell), PEMFC(Polymer Electrolyte Membrane Fuel Cell)과 SOFC(Solid Oxide Fuel Cell) 등 5가지로 일반적으로 구별되어진다.

** 표 5-2 ▌ 전해질의 종류에 따른 연료전지 분류(기계와 재료, 2006)

전해질 종류 / 연료전지 종류	Electrolyte	Mobile ions	Phase	Operating Temp. (℃)
AFC	KOH solution (30~85wt%)	OH^-	L (asbestos matrix)	80~250
PAFC	100% H3PO4	H^+ or H_3O^+	L (SiC matrix)	~220
MCFC	Li2CO3 or K2CO3	CO_3^{2-}	L ($LiAlO_2$ matrix)	~650
PEMFC	Polymer (Nafion)	H^+ or H_3O^+	S + L	〈100
SOFC	Oxide (YSZ)	O^{2-}	S	600~100
PCFC	Solid protonic conductor	H^+	S	100~500
DMFC	polymer (Nafion)	H^+ or H_3O^+	S +L	〈100

액체전해질을 사용하는 연료전지는 AFC, PAFC 및 MCFC이고, 고체전해질을 사용하는 연료전지는 PEMFC 및 SOFC이다. 그리고 현재 연구가 진행되고 있는 PCFC (Protonic Conducting Fuel Cell)에서는 고체전해질을 사용한다. DMFC(Direct Methanol Fuel Cell)는 PEMFC와 마찬가지로 고체 고분자전해질을 사용하지만 기체 상태의 연료를 사용하는 기존의 연료전지들과는 달리 액체 상태의 메탄올 용액을 연료로 사용하기 때문에 전지반응 기구가 다르고 운전 특성이나 휴대 특성이 달라

PEMFC와 구별하여 부르고 있다. DMFC는 소형으로 제작이 가능하고 운반이 쉽고 상대적으로 안전하여 소형 전자기기에 사용할 목적으로 많은 연구가 진행되고 있다. 액체전해질을 사용하는 연료전지의 경우 액체전해질을 공간적으로 원하는 위치에 담아두기 위해서 다공성 담체를 이용한다. 담체로는 주로 전해질의 작동 조건에서 안정한 세라믹 재료를 사용한다. 액체전해질의 단점은 전해질의 위치 제어가 어렵고, 휘발성이 있어서 전해질 양이 시간에 따라 감소함으로써 성능이 감소하며 전해질 자체의 부식성이 있어서 주변 소재의 퇴화를 촉진하는 점들이 있다. 고체전해질은 상대적으로 전해질의 위치 제어가 쉽고, 전해질의 위치가 고정되어 있어서 전해질 고갈의 위험성이 없으며, 부식성이 약하여 소재의 수명이 길어지는 장점들이 있다. 고분자전해질의 경우 수분이 어느 함량 이상 내부에 존재할 때 수소 이온 전도도를 나타내므로 액체전해질과 고체전해질의 중간 성격을 띤다. 즉 고분자전해질은 액체전해질에서 전해질을 담아두는 구조가 필요한 것처럼 마찬가지로 수분을 고분자전해질 내에 담아줄 수 있는 장치가 추가로 필요하다. 그러나 한편 고체전해질과 마찬가지로 전극 내에서의 전해질의 위치가 고정되어 있는 특징이 있다. 연료전지의 출력은 단위 전지의 반응 면적과 적층된 단위 전지의 수에 비례한다. 각각의 연료전지는 종류에 따라 증가시킬 수 있는 단위 전지의 반응 면적과 적층할 수 있는 단위 전지의 수가 달라진다. 예를 들어 DMFC의 경우 연료가 액체 상태이므로 전극 내부의 촉매 표면으로 연료의 이동이 기체 상태의 연료에 비해 어렵다. 따라서 큰 면적이나 적층된 복잡한 구조의 스택에서는 액체 연료의 공급과 제어가 쉽지 않아서 그림 5-16에서 보는 것처럼 DMFC는 출력의 증가에 따라 효율이 감소되는 특성을 나타낸다.

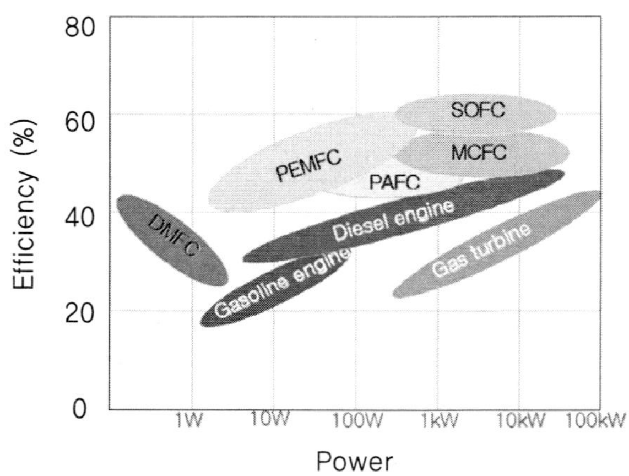

** 그림 5-16 ▌ 출력에 따른 연료전지의 효율(기계와 재료, 2006)

반면에 기체 연료를 사용하는 다른 연료전지들의 경우에는 출력의 증가에 따라 효율이 감소되는 특성이 나타나지 않는다. SOFC나 MCFC 그리고 PAFC의 경우에 효율은 출력의 증가에 무관한 특성을 나타내고, PEMFC의 경우에는 출력의 증가에 따라 효율이 조금 증가하는 경향을 나타낸다. 용량에 따른 적적한 연로전지의 종류는 그림 5-16에서 보는 것처럼 대용량의 발전용으로는 MCFC나 SOFC가 적당하며, 수송용이나 가정용의 중용량에는 대체적으로 PEMFC가 적절한 것으로 알려져 있다. 대용량에 적합한 연료전지는 대체적으로 작동 온도가 높은 MCFC나 SOFC인데, 그 이유는 고온에서 열병합에 의한 발전이 가능하여 효율이 높아지기 때문이다. 연료전지의 작동 온도는 효율의 측면뿐만 아니라 선택 가능한 소재의 종류 및 가공 방법의 제한 그리고 열응력의 문제 등의 측면에서 매우 중요하다.

5.3.4 구성요소

(1) 전극과 촉매 소재

전기화학 반응이 일어나는 Anode와 Cathode 를 총칭하여 전극(Electrode) 이라 부른다. Anode는 산화 반응이 일어나는 전극을 뜻하고 Cathode는 환원반응이 일어나는 전극을 의미한다. 전극은 각각 전기화학 반응이 빠르게 일어날 수 있는 자리를 제공해 주는 촉매 재료(Catalyst material) 와 촉매 재료가 적절한 위치를 차지할 수 있도록 지지해 주는 역할을 하는 지지체(Supporting material)로 구성된다. 전극에서 지지체는 기계적 강도를 유지해줄 뿐만 아니라 전기화학 반응에 필요한 전자의 이동이 쉽게 이루어지도록 전자 전도도(Electronic conductivity)가 높아야 한다. 또한 반응가스의 공급이 이루어지도록 다공질로 구성되어야 하며, 사용 환경에서 화학적으로 안정하여야 한다. 위의 모든 조건들을 만족시키는 지지체 물질로는 탄소 입자들과 전자 전도성 세라믹 입자들이 있다. 전기화학 반응이 일어나는 자리를 제공해 주는 촉매 재료들은 연료전지의 종류에 따라 다를 수 있다.

** 표 5-3 ‖ 연료전지의 촉매 소재(기계와 재료, 2006)

촉매소재 / 연료전지 종류	Catalyst (anode)	Catalyst (cathode)
AFC	Pt/Ni	Pt/Ag
PAFC	Pt catalyst	Pt catalyst
MCFC	Ni	NiO
PEMFC	Pt/Pt alloy	Pt/Pt alloy

연료전지 종류 \ 촉매소재	Catalyst (anode)	Catalyst (cathode)
SOFC	Ni-YSZ cermet	Perovskite materials
PCFC	Pt/Ni	Pt/NiO
DMFC	Pt-Ru	Pt/Pt alloy

표 5-3은 각 연료전지에서 주로 사용되는 촉매 재료들을 보여주고 있다. 저온에서는 백금 (Pt)이 촉매로 주로 사용되고 있으며, 고온에서는 Ni, NiO나 세라믹 재료가 촉매로 사용될 수 있다. DMFC의 경우 메탄올의 산화 과정에서 발생된 일산화탄소(CO)가 자신은 더 이상 산화되지 않으면서 촉매 표면에 강하게 흡착하여 촉매의 기능을 저하시키는 피독 효과(Poisoning effect)가 나타난다. 따라서 DMFC의 경우 CO의 빠른 산화를 돕는 Ru 이 포함된 촉매가 Anode catalyst 로 사용된다.

(2) 전해질 소재

연료전지에 사용되는 전해질의 종류는 연료전지의 작동 온도를 결정하는 매우 중요한 인자이다. 연료전지 개발 초기에는 주로 액체전해질이 사용되었고, 연료전지의 연구가 진행됨에 따라 점차 고체전해질로 변환되는 경향을 보이고 있다. 고체전해질은 액체전해질이 갖는 강한 부식성과 휘발성의 문제가 없고 위치 제어가 상대적으로 쉬워서 고효율의 특성을 나타낸다. 지금까지 개발된 고체전해질로는 100℃ 이하에서 작동하는 고분자전해질과 600℃ 이상에서 작동하는 산화물 전해질이 있다(표 5-2 참조). 100℃ 이하의 저온의 작동 온도는 전기화학 반응 속도가 느리고 사용 가능한 촉매 재료가 값비싼 백금계에 국한된다는 단점이 있고, 600℃ 이상 고온의 작동 온도는 전기화학 반응 속도가 빠른 장점이 있지만 고온에 견디는 재료를 사용해야 하기 때문에 상대적으로 재료의 가격이 높아지고 열 충격 문제가 발생하는 단점을 나타낸다. 따라서 저온과 고온의 문제를 최소화할 수 있는 중온형 고체전해질의 개발이 매우 중요하다. 현재 연구되고 있는 중온형 고체전해질은 수소이온전도성 고체전해질로서 금속산화물 및 수산화물 그리고 고체 산이나 다양한 무기물들이 있다.

(3) 집전체

연료전지에서 집전체는 촉매층과 분리판층을 전기적으로 연결시키는 본 기능 외에 공급된 가스를 촉매층으로 균일하게 분산시켜주는 기능과 생성된 물을 쉽게 배출되도록 돕는 기능을 한다. 촉매층과 분리판층 사이에 집전체를 사용하지 않을 경우 접촉저항이 커지고 반응물과 생성물의 원활한 공급과 제거가 일어나지 않아 성능이 저하되는 현상이 일어날 수 있다. 널리 사용되고 있는 집전체로는 발수 처리된 다공성 탄소 종이(Porous carbon paper)나 탄소 천(carbon cloth), 혹은 금속 망(metal mesh)들이 있다.

(4) 분리판

연료전지 스택에서 분리판(separator)은 단위 전지들 사이를 격리하는 역할을 한다. 단위 전지들 사이의 격리는 연료가스와 산소가스의 혼합을 막기 위함이다. 또한 분리판은 연료전지의 모양을 유지하는 내구성을 확보하는데 이용될 뿐만 아니라 연료의 공급에 필요한 유로(Flow channel)를 제공하는 역할도 수행하고 있다. 분리판의 유로 형태는 연료전지의 성능을 좌우하는 중요한 인자로서 현재 많은 연구자들에 의해서 연구가 진행되고 있다.

(5) End plate

여러 개의 단위 전지가 서로 연결되어 연료전지 스택을 이루고 완성된 스택은 최종적으로 End plate에 의해서 모든 단위 전지 부품들이 기계적으로 균일한 접촉을 하여 내부 전기저항을 최소화하고 전체적으로 안정된 모양이 유지된다. End plate에는 가스의 공급 및 온도를 측정할 수 있는 장치들이 고정되기도 한다. End plate 재료로는 무게를 줄이고 기계적 강도를 부여할 수 있는 알루미늄 합금 재료가 널리 사용되고 있으며, 내식성을 부여하기 위하여 양극 산화 처리 후 사용되고 있다.

5.3.5 고체산화물 연료전지 재료

SOFC는 인산형, 용융탄산염형, 고분자형 등의 여러 연료전지 유형 중 에너지효율이 가장 높고, 높은 운전 온도로 인해 고가의 외부 개질 장치 없이 LPG, LNG 등의 탄화가스를 직접 연료로 사용할 수 있을 뿐만 아니라 자체적인 내부개질에 의해 다양한 연료 사용이 가능하다고 알려져 있는 발전 시스템이다. 또한 SOFC는 다른 유형의 연료전지 시스템에 비해 구조적 신뢰성을 가지는 모듈화가 쉬우며, 낮은 소음과 진동으로 인하여 온 싸이트 발전에 유리하다고 알려졌다. 최근 들어선 SOFC 발전 시 발생하는 양질의 고온 폐열을 가열 공정에 사용하거나 열병합 발전에 접목하여 열효율을 증가시킬 수 있다는 점 때문에 온 사이트 발전 등의 중소형 발전 시스템 뿐만 아니라 중대형 발전 시스템으로도 각광받고 있다. 고체산화물 연료전지 또는 세라믹 연료전지는 연료전지 중 가장 높은 고온에서 작동되며 고체산화물을 전해질로 사용하는 연료전지이다. 일반적으로 고체산화물 연료전지의 구성요소로는 크게 양극, 전해질, 음극, 접속자, 밀봉재로 나뉘는데 각 구성 성분들이 처한 물리화학적 환경과 전기화학적 장치 구성요소로서의 역할에 따라 다양한 요구 조건들이 제시되고 있다. 표 5-4에는 각 구성요소들이 가져야 하는 특성들을 정리해 놓았다.

** 표 5-4 ▌ 고체산화물 연료전지 구성요소별 요구 조건(포항산업과학연구원, 2006)

구성요소	요구조건				
	전도성	안정성	화학적 반응	기공도	열팽창
전해질	높은 이온 전도도 낮은 전자 전도도	산화 및 환원 분위기 하에서 화학적, 상형상 치수 안정성	주위 구성 부품과 화학 반응이나 상호 확산이 없을 것	치밀 조직	주위 구성요소와 열팽창계수가 같을 것
양극	높은 이온 전도도 낮은 전자 전도도			충분한 기공	
음극	높은 이온 전도도 낮은 전자 전도도			충분한 기공	
접속자	높은 이온 전도도 낮은 전자 전도도			치밀 조직	
밀봉재	높은 이온 전도도 낮은 전자 전도도			치밀 조직	

고체산화물 연료전지는 단전지의 형태에 따라 원통형과 평판형으로 분류되며 형태에 따른 구성 소재들도 각기 다르다. 표 5-5에는 현재 가장 널리 적용되고 있는 구성 소재들을 연료전지 유형에 따라 정리하여 놓았다.

** 표 5-5 ▌ 연료전지 유형에 따른 구성요소별 재료(포항산업과학연구원, 2006)

구 분		구성요소	구성소재
원통형	단 전지식	지지관	Doped $LaMnO_3$, YSZ, CSZ
		전해질	10% Y_2O_3–ZrO_2
		양극	10% SrO doped $LaMno_3$
		음극	Ni / YSZ
		접속자	10% Mg doped $LaCrO_3$
	다 전지식	지지관	CSZ
		전해질	YSZ
		양극	$LaCoO_3$, Doped $LaMnO_3$
		음극	Ni / YSZ
		접속자	NiAl, TiO_2
평판형		전해질	YSZ
		양극	Doped $LaMnO_3$
		음극	Ni / YSZ
		접속자	Doped $LaCrO_3$ 또는 금속재
		밀봉재	유리 또는 결정화 유리

고체산화물 연료전지는 그 형태에 따라 제조 공정도 각기 다르다. 현재 가장 일반적으로 사용되고 있는 고체산화물 연료전지 제조 공정을 유형별로 표 5-6, 표 5-7에 정리해 놓았다.

** 표 5-6 ▌ 원통형 고체산화물 연료전지 제조 공정(포항산업과학연구원, 2006)

구성요소	재료	두께 (μm)	제조 공정			
			EVD	slurry 코팅	플라즈마 용사	압축형
지지관	CSZ	1200~2000	×	×	×	O
전해질	YSZ	40~150	O	O	×	×
음극	Ni+YSZ	80~100	O	O	O	×
(음극지지체)	Ni+YSZ	~2000	×	×	×	O
양극	(La,Sr)MnO_3	150~200	×	O	×	×
(양극지지체)	(La,Sr)MnO_3	85~100	×	×	×	O
세라믹접속자	(La,Sr)CrO_3)	100~150	O	O	O	×
금속접속자	NiAl	100~150	O	×	×	×

** 표 5-7 ▌ 평판형 고체산화물 연료전지 제조공정(포항산업과학연구원, 2006)

구성요소	재료	두께 (μm)	제조 공정					
			용사	slurry 코팅	Tape casting	스크린 인쇄	압축 성형	기계 가공
전해질	YSZ	10~50	O	O	O	O	×	×
(전해질지지체)	YSZ	250~500	×	×	O	×	O	×
음극	Ni+YSZ	25~100	O	O	O	O	×	×
(음극지지체)	Ni+YSZ	800~2,000	×	×	O	×	O	×
양극	(La,Sr)MnO3	25~100	O	O	O	O	×	×
세라믹접속자	(La,Sr)CrO3)	200~1,000	O	×	O	×	O	×
금속접속자	고온 내열합금	2,000~6,000	O	×	×	×	×	O

5.3.6 연료전지의 전망

현재 전 세계는 각국 정부의 주도하에 연료전지를 포함한 대체 에너지의 개발에 천문학적인 연구 개발비를 투자하고 있다. 상업적 목적으로 연구 개발이 시작된 것은

1960년대에 시작하여 1980년대에 본격적으로 시작되었다. 현재 연료전지 관련 기술이 가장 앞서 있는 국가로는 미국을 비롯하여 일본, 캐나다 그리고 유럽의 국가들이 있다. 미국에서는 DOE(Department of Energy)의 주도하에 연구개발에 박차를 가하고 있으며, 새로운 개념의 연료전지의 개발에 필요한 기초 연구뿐만 아니라 기존의 PEMFC 및 SOFC의 응용 연구에 이르기까지 광범위한 연구가 진행 중이다. 일본에서는 경제산업성의 주도 아래 많은 연구 개발 투자가 이루어지고 있고, 그 외에 캐나다, 독일, 영국, 이탈리아, 스위스, 스페인, 터키, 벨기에, 인도, 호주, 뉴질랜드, 브라질, 스웨덴, 네덜란드, 프랑스, 러시아, 오스트리아, 중국 등에서도 실증 연구가 현재 진행 중이다. 연료전지 자동차 시판 1호는 2002년 12월 일본에서 만들어졌고, 2003년 1월에는 미국 부시 대통령 수소 프로그램에 5년 간 12억 달러 투자를 발표하였다. 2003년 11월에는 일본, 미국, 유럽 등 15개국과 유럽위원회가 참가한 수소경제를 위한 국제파트너십(International Partnership for Hydrogen Economy : IPHE)이 발효되었고, 2005년부터는 실용화 연구에 대한 본격적인 연구 개발이 시작되었고 그 발전 속도는 점차 빨라지고 있다.

5.4 바이오 에너지 재료

5.4.1 개요

광합성을 하는 모든 유기물(주로 식물체)과 유기물을 소비하여 생성되는 모든 생물유기체(Biomass)의 에너지를 바이오 에너지라고 한다. 바이오 에너지 생산 기술이란 동식물과 같은 유기체를 각종 가스, 액체 혹은 고형연료로 변환하거나 이를 연소하여 열, 증기 혹은 전기를 생산하는데 응용되는 화학, 생물, 연소공학 등을 일컫는다. 바이오매스란 태양 에너지를 받은 식물과 미생물의 광합성에 의해 생성되는 식물체, 균체와 이를 먹고 살아가는 동물체를 포함하는 생물유기체를 말한다. 따라서 바이오매스 자원은 곡물, 감자류를 포함한 전분질계의 자원과 초본, 임목과 볏짚, 왕겨와 같은 농수산물을 포함하는 셀룰로오스계의 자원과 사탕수수, 사탕무와 같은 당질계의 자원은 물론 가축의 분뇨, 사체와 미생물의 균체를 포함하는 단백질계의 자원까지를 포함하는 다양한 성상을 나타내며 이들 자원에서 파생되는 종이, 음식찌꺼기 등의 유기성폐기물도 포함한다.

5.4.2 바이오 에너지 특징 및 분류

바이오 에너지는 풍부한 자원과 환경친화적 생산 시스템에 의해 온실가스같은 환경오염의 배출이 감소하는 장점이 있으며, 생성 에너지의 형태가 다양하다. 그러나 자원이 각지에 산재하여 수집 및 운송에 어려움이 있으며, 과도 이용 시 오히려 환경을 파괴할 수 있는 우려를 낳을 수 있으며, 생산 설비를 위해 대규모 설비 투자가 필요한 단점이 있다. 표 5-8 에 바이오 에너지의 장단점을 정리하였다.

** 표 5-8 ▌ 바이오 에너지의 장단점(한국과학기술정보연구원, 2008)

장점	단점
• 풍부한 자원과 큰 파급 효과 • 환경 친화적 생산 시스템 • 환경오염의 저감 (온실가스 등) • 생성 에너지의 형태가 다양(연료, 전력, 천연화학물 등)	• 자원의 산재 (수집, 수송 불편) • 다양한 자원에 따른 이용 기술의 다양성과 개발의 어려움 • 과도 이용 시 환경 파괴 가능성 • 단위 공정의 대규모 설비 투자

바이오 에너지는 화학적 변화 공정을 거쳐 에너지로 사용이 가능한데 그림 5-17에 바이오 에너지의 변환 시스템을 나타내었다.

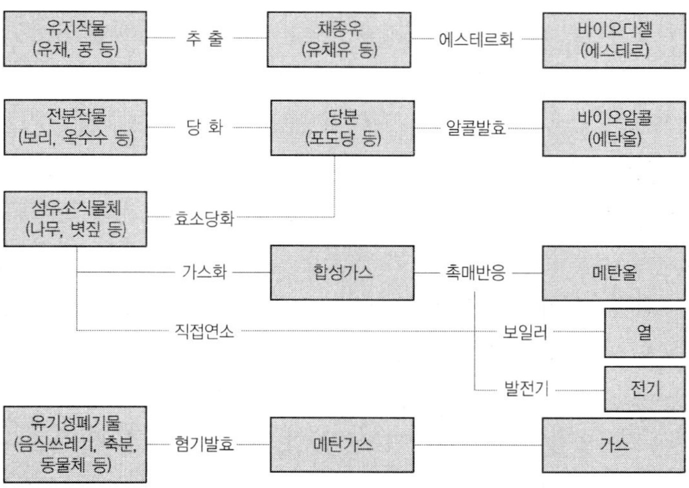

** 그림 5-17 ▌ 바이오 에너지의 변환 시스템(한국과학기술정보연구원, 2008)

바이오 에너지는 다양한 동식물로부터 에너지를 얻는 기술이다. 바이오 에너지를 얻는 기술에 따라 분류하면 표 5-9와 같다.

** 표 5-9 ‖ 바이오 에너지 분류(한국과학기술정보연구원, 2008)

대분류	중분류	내용
바이오 액체 연료 생산 기술	• 연료용 바이오 에탄올 생산 기술 • 바이오디젤 생산 기술 • 바이오매스 액화 기술(열적전환)	• 당질계, 전분질계, 목질계 • 바이오디젤 전환/엔진 적용 기술 • 바이오매스 액화/연소/엔진 이용 기술
바이오매스 가스화 기술	• 혐기소화에 의한 메탄가스화 기술 • 바이오매스 가스화 기술(열적 전환) • 바이오 수소 생산 기술	• 유기성 폐수의 메탄가스화 기술 및 매립지가스 이용 기술 (LFG) • 바이오매스 열분해, 가스화, 가스화 발전 기술 • 생물학적 바이오 수소 생산 기술
바이오매스 생산, 가공 기술	• 에너지 작물 기술 • 생물학적 CO_2 고정화 기술 • 바이오 고형 연료 생산, 이용 기술	• 에너지 작물 재배, 육종, 수집, 운반, 가공 기술 • 바이오매스 재배, 산림녹화, 미세조류 배양 기술(왕겨탄, 칩, RDF(폐기물연료) 등)

5.4.3 바이오 에너지 기술의 최근 추세

지금까지 바이오매스 자원을 이용하여 주로 연료(eg. bio-ethanol, hydrogen etc.)나 화학원료(eg. organic acid, other platform chemical) 생산 기술은 석유자원을 이용한 화학적 합성 공정에 의존하였으나 이로 인한 환경문제 및 자원 고갈 등의 문제가 대두되고 있다. 따라서 이러한 공해 유발형 및 고에너지 소비형 화학 원료 생산 공정을 재생 가능한 자원(renewable feed stocks)인 바이오매스를 이용한 생물공학적 발효 공정으로 대체하여 탈공해 및 저공해의 청정 생물공학 기술(green-biotechnology)을 이루려는 연구가 활발히 진행되고 있다. 바이오매스를 구성하는 탄수화물은 석유를 구성하는 탄화수소와 마찬가지로 이론적으로는 화학, 생물공학 기술을 응용하여 우리 일상생활에 쓰이는 거의 모든 화학제품을 만들 수 있다. 다만 탄탄한 인프라를 구축하고 값싸게 공급되는 석유화학제품을 경제성 면에서 극복하지 못하고 있을 뿐이다. 예를 들어 미국의 카길사(Cargill corp.)는 네바라스카 주에 건설된 Biorefinery에서 옥수수를 원료로 Lactic acid(젖산)를 포함한 수개의 화학제품과 생분해성 플라스틱인 PLA(poly(lactic acid))를 생산하기 시작하였고, 이 같은 바이오매스를 이용한 범용 화학제품의 생산은 비 연료유용 석유(나프타)의 소비를 절약할 뿐만 아니라 공정 자체의 에너지 소비를 줄일 수 있어 석유 소비를 절감하며, 유화계 플라스틱 등을 대체하여 환경오염을 저감할 수 있다. 그림 5-18에 바이오 에너지 개발 대상 Biorefinery의 원료 및 중점 제품 공정도(진하게 표시한 부분)를 나타내었다.

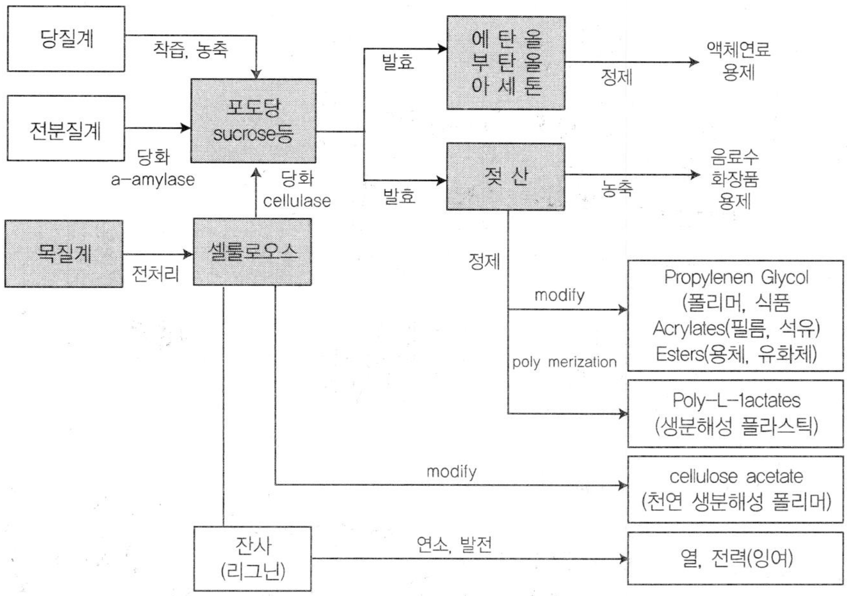

※ 그림 5-18 ‖ 바이오 에너지 개발 공정도(한국과학기술정보연구원, 2008)

01 아래의 그림은 염료감응형 태양전지의 구조를 나타내고 있다. 다음의 물음에 답하시오..

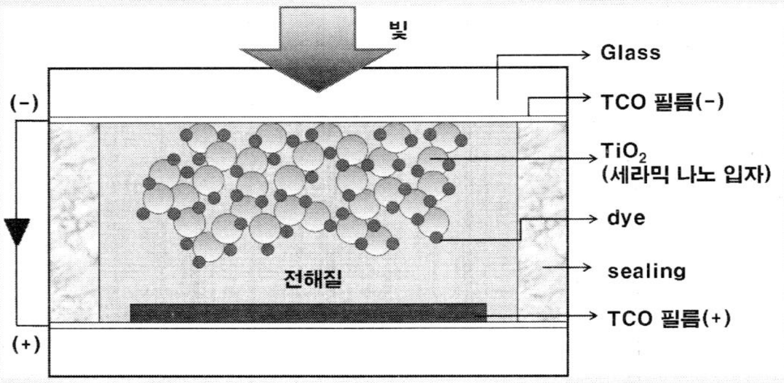

1) 전해질의 역할은?
2) 전해질로는 액상과 고상이 사용될 수 있는데 그 차이점은?
3) 현재 염료감응형 태양전지의 효율은 어느 정도인지? 효율을 향상시킬 수 있는 설계 및 제안점은?

02 1,000° 이상의 고온에서 작동이 가능한 고체산화물전지는 전해질로 이트리아 안정화 지르코니아(YSZ)를 많이 사용하고 있다. 한편, 전해질로 사용되는 YSZ 세라믹 재료의 제조 공정 및 성형 기술의 난이도로 인해 작동 온도를 낮추기 위한 연구가 많이 진행되고 있다.

1) 작동 온도를 낮추는 방안으로 어떤 방법들이 제시되고 있는가?
2) 제시한 방법 중 YSZ를 대체 할 수 있는 전해질로 어떤 재료들이 제시되고 있는지? 그리고 그 이유는?

참고문헌

[1] 강종석, 이상필, 허훈, "태양전지 기술개발 동향", 한국과학기술정보연구원, 2002

[2] 공업조사회, "바이오에너지", 화학·농·바이오장치 13권, 1호, 2005

[3] 권옥배, "연료전지(Introduction of fuel cell)", 한국가스공사 연구개발원

[4] 김창수, "연료전지 기술개발과 보급전망", 한국에너지기술연구소

[5] 김현후, 전준형, 김광태, 윤상현, "연료전지의 개요와 국·내외 개발동향", 한국전기전자재료학 회지, 18권, 2호, 2005

[6] 박수길, "MEMS 기술을 응용한 마이크로 연료전지의 기술 동향 및 전망", 한국전기전자재료학 회지, 18권, 2호, 2005

[7] 박순철, "바이오 에너지 기술개발과 보급의 최근동향", 한국태양 에너지학회지, 2005

[8] 배재근, "첨단에너지환경기술", 도서출판 아진, 2005

[9] 삼성 SDI, "초고효율 결정질 실리콘 태양전지 개발", 2002

[10] 성준용, "연료전지의 기술현황", 대한기계학회지, 30권, 6호, 1990

[11] 에너지 관리 공단, "바이오에너지", 에너지관리, 326호, 2003

[12] 오재기, 백수현, "연료전지 기술 동향", 대한전기학회지, 55권, 5호, 2006

[13] 오희갑, 남시도, 권영일, "태양전지 기술", 한국과학기술정보연구원, 2005

[14] 이일형, 최붕기, 박남규, "염료감응 태양전지", 한국과학기술정보연구원, 2005

[15] 조영화, "고효율 나노태양전지", 한국과학기술정보연구원, 2005

[16] 정용수, 문성모, "연료전지 개론", 기계와 재료, 18권, 1호, 2006

[17] 차종희, "박막결정질 실리콘 태양전지 제조기술 개발 동향", 한국과학기술정보연구원, 2003

용어정리

- **기저 상태** : 양자역학적인계에서 에너지가 최소인 정상 상태
- **감광제** : 감광약에 젤라틴이나 갖풀 따위를 섞어서 만든 약제
- **도핑** : 금속공학에서 고의로 미량의 다른 물질을 재료에 첨가하여 그 성질을 개선하는 일
- **분극 현상** : 수소 기체가 환원 반응을 막아 전류의 흐름을 방해해 전압이 떨어지는 현상
- **밴드갭** : 반도체, 절연체의 띠구조에서 전자에 점유된 가장 높은 에너지의 맨 위부터 가장 낮은 바닥까지 사이의 에너지 준위나 그 에너지 차이
- **스퍼터법** : 스퍼터링 방식으로 진공 상태에서 아르곤 가스를 소량 주입하고 한편에는 재료 물질인 원반형 타깃을 두고 반대쪽에는 기판을 두고 둘 사이에 전압을 인가박막을 제조하는 방식
- **여기 상태** : 양자역학적 상태 중 에너지가 높은 상태, 짧은 시간 동안 유지되다가 곧 바닥 상태로 다시 돌아가면서 그 에너지에 해당하는 크기의 전자기파를 방출
- **인캡슐레이션** : 인캡슐레이션은 정보를 감추기 위한 한 형태인데, 클래스나 내부적인 자세한 실행 상황을 숨기는 것
- **작용 전극** : 전기 분석법에서, 대상 물질을 전해하거나 환원·산화시키는 전극
- **전도대** : 반도체와 부도체에서 전도대란 원자가보다 높은 전자 에너지의 범위
- **전해질** : 물 등의 용매에 녹아서 이온으로 해리되어 전류를 흐르게 하는 물질
- **카르노 사이클 효율** : 열기관의 최고 열효율을 알기 위해 N.L.S.카르노가 발표한 열역학 상의 가역 사이클
- **콜로이드** : 보통의 분자나 이온보다 크고 지름이 1nm~100nm 정도의 미립자가 기체 또는 액체 중에 분산된 것
- **클로로필** : 비타르계 천연 포르필린계 색소이다. 츄잉껌, 과자류, 면류 수산연제품 등의 착색에 사용
- **탄뎀(tandem) 방식** : 먼저 NN을 이용하여 음소 집합에 대한 사후 확률을 계산하며, 그 계산된 사후 확률을 이용하여 전통적인 HMM을 이용하는 방식
- **페르미레벨** : 결정 내에서 어떤 에너지를 가지는 전자 수의 분포는 페르미 디랙(Fermi-Dirac)의 통계에 따르는데, 이 경우 전자의 존재 확률이 2분의 1이 되는 에너지 레벨. 이 레벨을 경계로 해서 전자의 분포 모양이 현저하게 변화
- Amorphous : 규칙성이 거의 없는 물질. 무기유리, 천연고무, 천연수지, 합성고무, 플라스틱 등

- CIGS : 구리·인듐·갈륨·셀레늄을 이용해서 만든 박막태양전지
- Hydroquinone(히드로퀴논) : 히드로퀴논 (현상약·산화 방지제·페인트·연료용)
- LED : Light Emitting Diode (발광 다이오드), 이는 p형 반도체와 n형 반도체를 접합시키고, p형 반도체 부분에 '+'전압을 걸어 전자를 빼어내 정공(hole)을 만들고, n형 반도체 부분에는 '–' 극을 걸어 전자를 주입시키면 이들이 확산되어 접합면에서 결합할 때 빛을 내는 원리를 이용한 방식
- NREL : 미국 에너지부의 국립 재생 에너지 연구소(The National Renewable Energy Laboratory)
- OLED : 형광성 유기화합물에 전류가 흐르면 빛을 내는 전계 발광 현상을 이용하여 스스로 빛을 내는 자체 발광형 유기물질
- Surlyn(Du Pont) : surlyn(설린) 대부분의 볼을 만드는 재료

6881 34 4 L36-3032W1-00067-6

제 6 장

태양광발전

6.1 태양광발전의 개요

태양광발전 기술은 크게 태양광 에너지를 직류 전기 에너지로 변환하는 태양전지 기술과 그 결과 발생한 직류 전력을 교류 전력으로 변환하는 전력 변환 및 제어기술이라고 할 수 있다. 태양전지는 기본적으로 그림 6-1과 같이 전기적 성질이 서로 다른 p형의 반도체와 n형의 반도체를 접합시킨 구조를 하고 있으며, 이 접합 경계 부분을 pn 접합이라고 부른다. 이러한 태양전지에 입사된 태양광은 태양전지 속으로 흡수되며, 그 에너지에 의해 (+)와 (−)의 전하를 띈 입자 (전자−정공 쌍)가 생성되어 전자는 n형 반도체로, 정공은 p형 반도체로 이동하게 된다. 이러한 반도체에 전기적 연결, 즉 전극을 두고 부하 (전구, 모터)를 연결하게 되면 전류가 흐르게 된다.

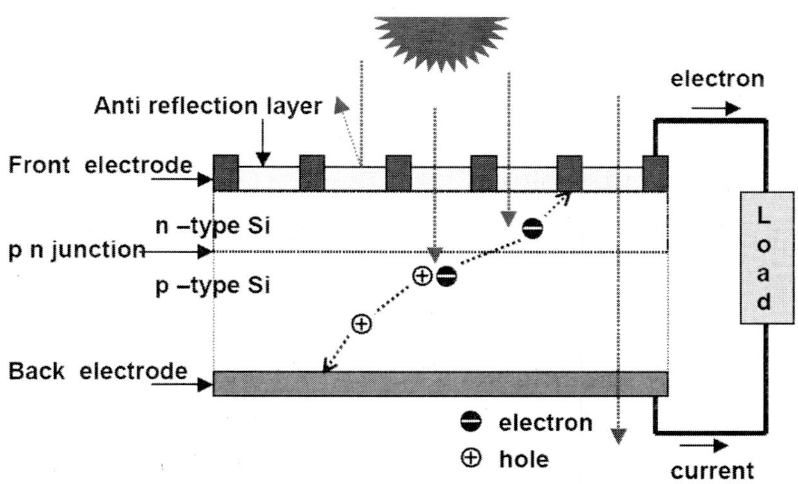

** 그림 6-1 ▌ 태양전지의 구조 및 발전원리(김동환, 2008)

현재 가장 높은 효율의 발전은 Gas−Turbine에 의한 Combined Cycle형 화력발전 Plant로 총합 효율은 50%이다. 이에 반해 태양전지의 변환효율은 10~20%이며,

단순 비교로는 태양광발전의 효율이 낮아 발전 시스템으로 채택이 불가하다고 판단하기 쉽다. 그러나 화력발전에 비해 태양광발전은 무한정·무공해의 큰 장점을 가지고 있기 때문에 지구온난화 방지와 안정적인 에너지 공급의 가능성이 기대된다. 표 6-1은 태양광발전의 장점과 단점에 대해서 정리한 것이다.

** 표 6-1 ‖ 태양광발전의 장 · 단점

장점	단점
청정발전	-
가동 부분, 고온 · 고압 부분이 없음	대전력을 얻기 위해서는 대면적 필요
보수쉬움, 무인화 가능	상용 전력 대비 고가
무한한 에너지원	직류 전력 (장점으로 활용 가능)
양산성 풍부	발전량의 일사 시간 의존성
시스템 규모의 가변성	-

자료) KIST, 2002

지구 상의 총 태양 에너지는 1.2×10^{14}kW로 지구 전체 소비량의 약 1만 배이고, 국내의 총 태양 에너지는 1.5×10^{10}kW로 국내 전 소비량의 약 100배이다. 지표에 내리쬐는 태양빛은 1kW/m^{2}에 상당하는 에너지를 보유하고 있다. 태양광발전 시스템을 이용한 전기 변환의 경우, 시스템의 총 변환효율을 10%로 산정하면, 1m^{2}당 0.1kW의 정격 출력으로, 1m^{2}에서 태양빛이 1시간 내리쬐면 0.1kWh를 발전하게 된다. 따라서 표준 상태의 경우, 10m^{2}의 태양전지로 1 kW의 정격 출력으로 생각할 수가 있다(참고: 1kWh=860kcal, 1cal=4.19J). 연간 최적 경사각에 있어서 1일의 m^{2}당 일사량은 3.4～4.5kWh/m^{2}이며 연간으로는 (3.4～4.5)×365일≒1,200～1,650kWh/m^{2}이 된다. 일사량 단위는 (kWh/m^2 · 기간)으로 나타내며, 발전량 계산 시 기초 자료로 사용한다. 실측치로부터 각지의 일사량을 추정할 수 있으며 일사량으로부터 정격 출력당 발전량을 구할 경우, 일사량에 종합설계계수 (0.65~0.8 정도)를 곱하여 구할 수가 있다. 예를 들어 종합설계계수 0.7로 하면, (1,200~1,650)×0.7= 840~1,155kWh로 되며, 1kW 정격의 태양광발전 시스템에 의해 1년 동안에 약 1,000kWh의 발전을 기대할 수 있다. 따라서, 정격 출력 kW의 약 1,000배가 기대 가능한 연간 발전량이라고 생각할 수 있다.

지구온난화에 대한 세계적 관심이 커지고 이산화탄소 배출권에 대한 협약이 맺어지고 있는 지금 한층 더 신 에너지 도입 및 에너지 절약을 추진할 필요가 있다. 태양광발전은 태양으로부터 빛을 받아 발전하므로, 화력발전과 같이 이산화탄소나 질소 산화물 등의 대기오염물질뿐만 아니라, 진동, 소음의 발생이 없다. 또한, 이산화탄소의 배출에 대해서는 제조 공정까지 고려한 Life-Cycle에 있어서 화석연료발전 대비 배출량도 상당히 적으므로 환경보전 효과가 높다.

6.1.1 태양광발전 핵심 요소 기술

태양광발전의 핵심 요소 기술은 크게 태양전지 제조 기술과 PCS(Power Conditioning System) 기술, 기타 구성요소 기술 및 시스템의 최적 설계 등의 주변장치 기술로 구성되는 종합 기술의 융합이라고 할 수 있다. 태양전지의 제조 기술은 기판의 종류나 반도체의 형성법 등에 따라 나뉘는데 최근의 기술 연구는 주로 신뢰성 및 에너지 변환 효율 향상, 저가화에 중점을 두고 추진되고 있으며, 발전 시스템의 설치비용 중 약 40% 이상을 차지하는 태양전지의 저가화는 태양광발전의 핵심 기술이라고 할 수 있다. 태양전지는 흔히 재료에 따라 실리콘계 태양전지와 화합물 반도체 태양전지로 분류되고, 재료의 형태에 따라 기판형 (결정형)과 박막형으로 구분된다. 현재 태양광발전용으로 사용되고 있는 기판형 결정질 실리콘 태양전지의 경우 기판의 형성법과 기판의 가공 및 도핑법이 주된 기술로 연구되고 있고, 박막형의 경우 증착법의 저가화와 막질 개선 및 각 박막의 특성을 이용하는 제조 기술이 연구되고 있다. 태양광발전용 PCS 기술은 디지털 기술의 발전으로 많은 기술 향상을 가져 왔으나, 기존의 기술로는 저가화와 신뢰성 및 전력 변환효율에 한계가 있어 잠재 능력과 부가가치 향상을 위해 기능 다양화에 대한 연구가 추진 중이다. PCS의 전력 변환효율은 95% 이상에 도달하고 있으며, 시스템 설치 비용 중 약 25~30%를 차지하고 있다. 그 외에, 태양전지 및 PCS를 제외한 태양전지 모듈, 태양전지 어레이, 전력 저장 장치(축전지), 구성요소 간의 최적 매칭 기술, 가대, 시스템의 최적 설계 기술 등을 태양광발전 시스템의 주변 장치(Balance Of System : BOS) 기술로 정의하고 있다.

6.1.2 태양광발전 시스템의 구성

표 6-2와 같이 태양광발전 시스템은 직류 전력을 발전하는 태양전지와 발전된 전력을 부하에 공급하는 부하 매칭의 기본 기능이 요구된다. 그림 6-2에서 이것을 도식적으로 표현하였다.

** 표 6-2 ‖ 태양광발전 시스템의 구성

태양전지 어레이	일사량에 의존하여 직류 전력을 발전
축전 기능	발전한 전기를 저장하는 전력 저장
PCS(Power Conditioning System) 기능	발전한 직류를 교류로 변환하는 인버팅 기능과 전력 품질 및 보호 기능
Back-up 기능	전력 계통이나 다른 전원
대상 부하	발전된 전력 공급

자료) KIST, 2002

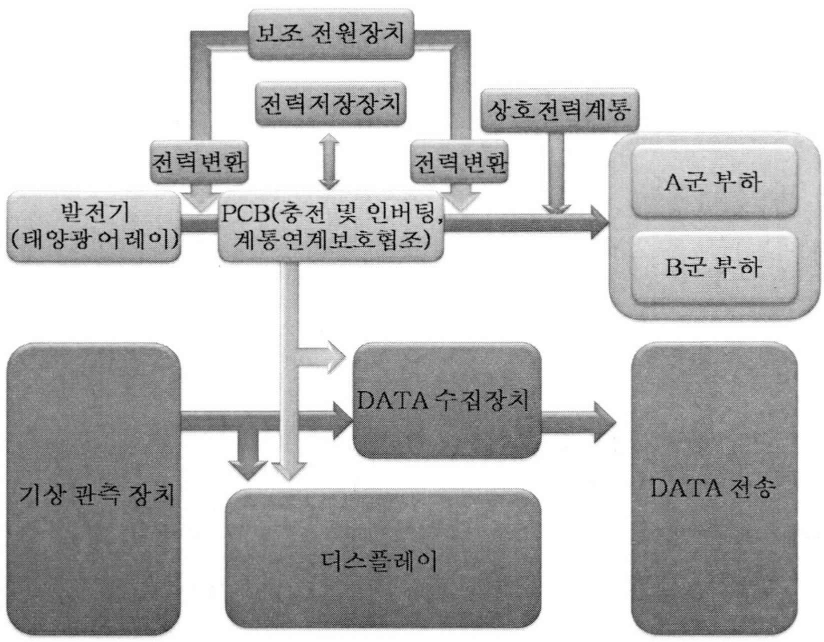

** 그림 6-2 ‖ 태양광발전 시스템의 일반적인 구성 예(KIST, 2002)

6.1.3 태양광발전 시스템의 분류

그림 6-3에서 나타낸 바와 같이 태양광발전 시스템 구성은 상용 전력 계통 연계 여부에 따라 독립형과 연계형 시스템으로 크게 분류된다. 독립형의 경우 상용 전력 계통과 독립하여 태양광발전 전력만으로 부하에 전력을 공급한다. 또한 일반적으로

부하 용도에 따라 축전지와 보조 발전기를 사용하여 발전의 불안정성을 보완하며, 보조 전원 장치의 사용 유무에 따라 다양한 형태로 분류한다. 이에 반해 연계형의 경우는 상용 계통과 분리 시 자립운전기능의 유무와 태양광 시스템과 상용 계통간 역조류 기능의 유무에 따라 다양한 형태로 분류할 수가 있다. 또한, 태양광발전 시스템은 태양전지 어레이의 형태, 태양전지의 규모, 집광 유무, 부하 형태와 이용 방법에 따라서 여러 가지로 구분하여 생각할 수 있다.

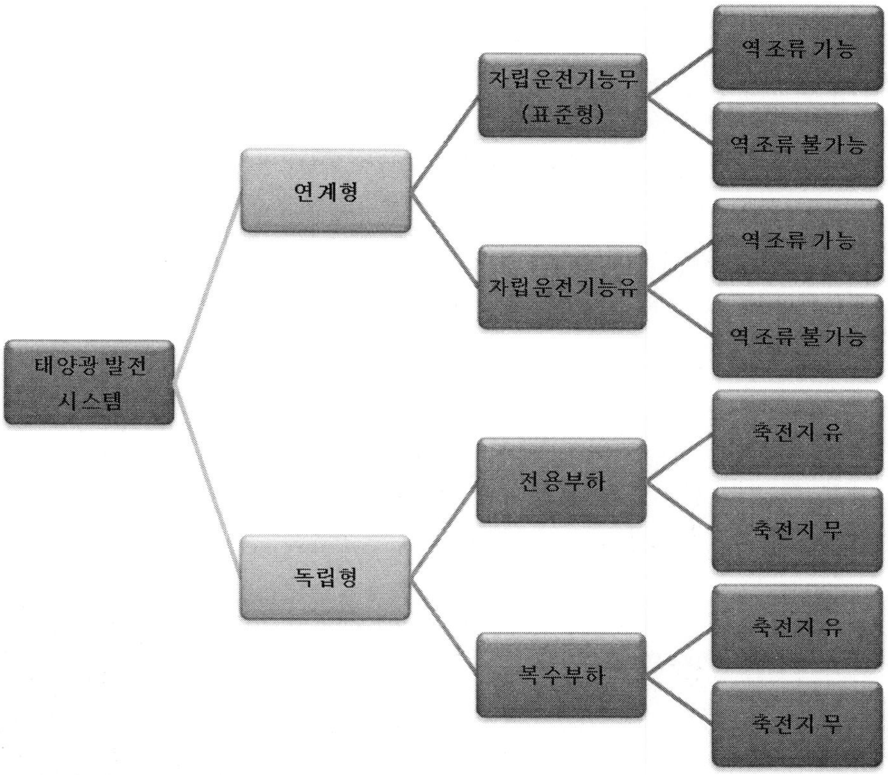

** 그림 6-3 ▌ 태양광발전 시스템의 분류(KIST, 2002)

어레이의 경우, 저가의 고정형과 발전효율을 극대화시키기 위해 태양 직사광선을 태양전지 전면에 수직 입사시키도록 태양의 방향을 추적하는 추적형이 있다. 추적형은 동력 또는 기기 조작을 통하여 태양의 위치를 추적해 가는 방식으로 추적 방법에 따라서 감지식, 프로그램 제어식, 혼합형 추적 방식 등이 있다. 그 밖에 태양광선의 집광 유무에 따라서 평판형과 집광형 어레이를 생각할 수 있다. 반고정형 어레이는 경사각을 계절 또는 월별에 따라서 변화시켜 주는 방식으로 일반적으로 각 계절에 한번 씩 어레이 경사각을 변화시킨다. 이때 경사각은 설치지역의 위도에 따라서 최대 경사면 일사량을 갖도록 설치한다. 발전량은 고정형과 추적식의 중간 정도로 고정형 대비 보통 20% 가량의 발전량 증가를 가져온다. 고정형의 경우 가장 값싸고 안정된 구조로써 비교적 설치 면적의 제약이 없는 곳에 많이 이용되고 있으며, 특히 도서지역 등 풍속이 강한 곳에 설치된다. 발전효율은 낮은 반면에 초기 설치비가 적고 보수 관리 위험이 없어서 많이 이용되는 방법이다.

일반적으로 태양전지의 변환효율은 어느 정도의 한계까지는 집광시켰을 때 높아진다. 즉 집광 렌즈 등을 사용하여 태양광선을 집광시켜 태양전지에 조사시켰을 때에 보다 높은 발전효율은 기대할 수가 있다. 이러한 경우 집광된 광선이 태양전지 전면에 입사될 수 있도록 양방향 추적식 어레이 구성이 필요하다. 이러한 집광 방식은 일반적으로 고가의 태양전지 재료를 사용하여 제작된 고효율의 태양전지에 많이 이용되고, 집광률에 따라서 발생하는 많은 열로 인한 온도 상승은 변환효율을 감소시키므로 공냉 또는 수냉식 강제 냉각 시스템으로 온도 상승을 막아야 한다. 그러나 이 경우 생산가가 높고 구조가 복잡하여 경제성이 미흡한 것으로 알려졌다. 또한 태양광발전은 발전량에 따라 나뉘는데, 그림 6-4와 같은 소형 시스템은 적은 용량의 태양전지를 이용하여 필요기기나 설비에 직접 부착시켜 전력을 공급하는 형태로써 휴대용 전원(라디오, TV, 무전기)과 소규모 발전 시스템(가로등 유·무인 측정기, 유·무인 중계소, 등대 부표)으로 분류된다.

(a) 태양광 펌핑 시스템

(b) 태양광 자동차

** 그림 6-4 ▌ 소형 태양광발전 시스템(Corbis, 209)

그림 6-5와 같은 소규모 태양광발전 시스템은 100kWp 미만을 말하며, 목적에 따라서 다양한 BOS를 갖추어 시스템을 구성할 수 있어, 계통선의 공급이 어려운 지역(주택용 시스템, 산간벽지 전원, 유인 등대용 전원, 유인 도서용 전원, 비상대피소 전원)에 많이 이용되고 있다. 또한 그림 6-6과 같은 중규모 발전은 태양전지 용량이 100kWp~500kWp 정도의 비교적 대단위 비상 전원 공급을 위한 발전소로, 계통선과 연계하여 발전하는 설비(비행장, 병원 등)나 또는 계통선 공급이 어려운 지역의 독립 전원용으로 설치한다. 그리고 그림 6-7과 같이 500kWp급 이상으로 국가나 전력공급회사에서 상용발전소로 계통선과 연계 운영하는 대용량 발전 시스템 있다.

(a) 주택용 태양광발전 시스템

(b) 건축전용 태양광발전 시스템

** 그림 6-5 ▌ 소규모 태양광발전 시스템(Corbis, 2009)

(a) 옥상 적용 태양광발전 시스템

(b) 사막지역 적용 태양광발전 시스템

** 그림 6-6 ▌ 중규모 태양광발전 시스템(Corbis, 2009)

** 그림 6-7 ▌ 대규모 태양광발전 시스템(Corbis, 2009)

6.2 태양전지의 원리

6.2.1 실리콘의 결정구조?

실리콘과 같은 4족 원소들은 4개의 최외각 전자를 가지고 있다. 그러므로 화학적으로 안정된 구조를 위해서는 전자 4개를 받아들이거나 내주어야 한다. 그림 6-8에서 나타낸 실리콘의 경우, 다이아몬드 결정구조를 형성하고 있는 각 원자들이 이웃하고 있는 4개의 원자들과 전자를 공유하고 있다. 이처럼 이웃하는 원자들이 전자를 공유함으로써 원자들은 최외각에 8개의 가전자를 보유하여 안정한 구조를 이룬다. 이와 같은 결합을 공유 결합(covalent bonding)이라 한다.

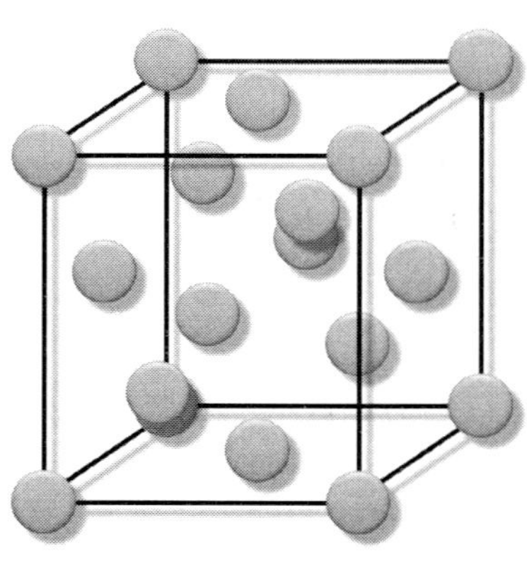

** 그림 6-8 ▌ 실리콘 결정구조(Askeland, 2006)

6.2.2 에너지 밴드의 형성

독립된 원자 내의 전자는 양자화되어 불연속적인 특정 에너지를 갖는 위치만이 허용된다. 고체와 같이 원자와 원자 사이의 거리가 가까워지면 에너지 함수가 서로 겹쳐지게 되며, 여러 개의 원자로 구성된 시스템에서는 전자가 파울리의 배타원리(Pauli's exclusion principle)를 따르게 된다. 그림 6-9와 같이 수많은 갈래로 나눠진 에너지 값의 묶음은 하나의 대역(band)을 형성하게 된다. N개의 원자를 생각하면 1s, 2s, 2p, 3s, 그리고 3p 상태가 각각 2N, 2N, 6N, 2N 및 6N개가 존재할 것이다. 원자 사이의 거리가 감소함에 따라서 이들 에너지 준위는 대역(band)으로 되며, 이것은 최외각 궤도에서부터 시작된다. 3s와 3p에 대응하는 대역은 점차 그 폭이 벌어짐에 따라 합쳐져 에너지 준위가 혼합된다. 이 3s와 3p 준위의 혼합체로 이루어지는 대역은 8N개의 핵외 전자가 점유할 수 있는 에너지 상태를 포함하고 있다. 원자 사이의 거리가 평형 원자거리에서 이들 대역은 에너지 갭(E_g)만큼 떨어져 있는 두 개의 대역으로 분할된다. 이때 위쪽 대역을 전도 대역(conduction band)이라 하고, 아래쪽 대역을 가전자 대역(valence band)이라 하며, 이 두 에너지 밴드 사이의 간격은 밴드갭(band gap)이라 한다.

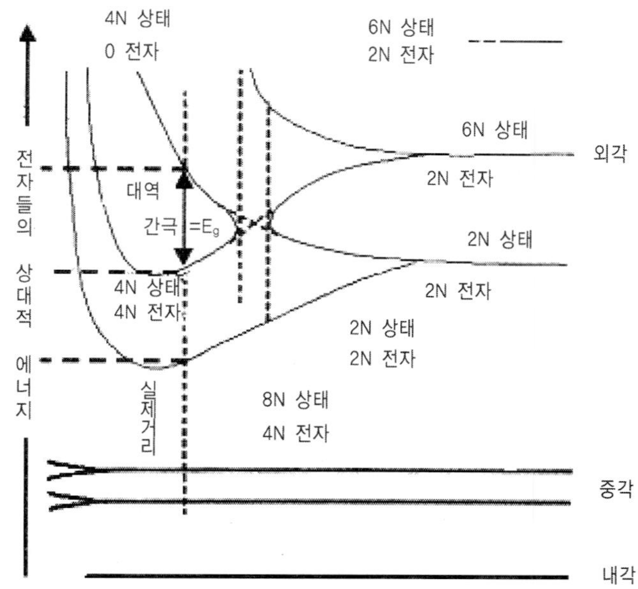

** 그림 6-9 ‖ 실리콘 에너지 밴드 형성(이재형, 2005)

6.2.3 전자와 정공의 이동

반도체의 특이한 성질은 전도 대역 내의 자유전자뿐만 아니라 가전자 대역에 있는 전자 또한 전류의 흐름에 기여한다는 것이다. 즉, 외부로부터 에너지를 받아 전도대로 뛰어오른 전자만큼 가전자 대역에는 전자의 빈 공간이 남게 되고, 전자가 이 빈 공간을 통하여 위치 이동을 할 수 있게 된다. 이것을 다른 관점에서 보면 (−) 전하를 가지는 전자가 빈 공간을 이용하여 이동하는 대신, 빈 공간 자체가 (+) 전하를 가지고 전자와는 반대 방향으로 이동한다고 볼 수 있다. 이 빈 공간을 정공이라고 하며, 전자와 정공을 가리켜서 캐리어(carrier)라고 한다. 반도체 내에서 전류의 변화는 캐리어를 통하여 설명할 수 있다.

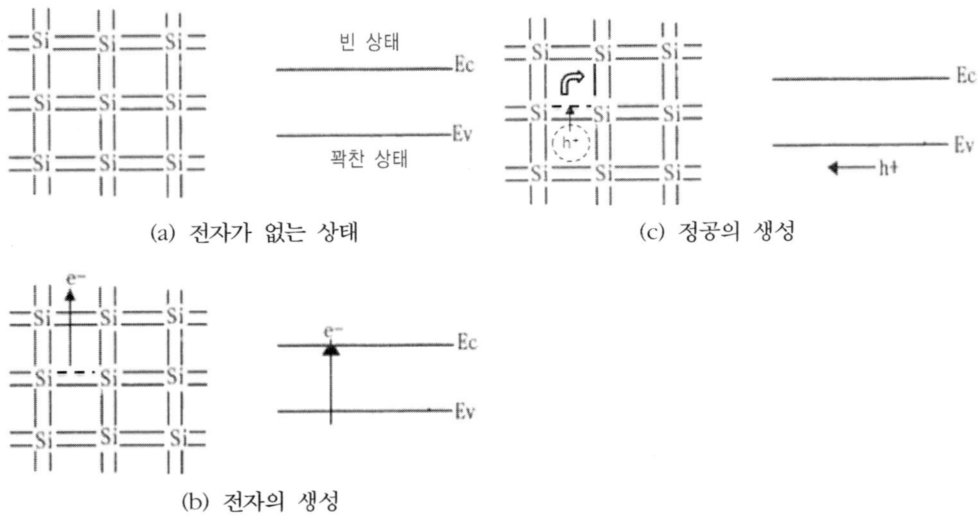

** 그림 6-10 ‖ 결합 모형을 이용한 캐리어의 가시화(이재형, 2005)

그림 6−10(a)에서와 같이 실리콘 결정이 어떠한 끊어진 결합도 포함하고 있지 않다면 캐리어의 흐름이 존재하지 않을 것이다. 마찬가지로 에너지 밴드 모형에서도 가전자 대역이 전자들로 완전히 채워져 있고, 전도 대역에는 전자가 거의 없다면 캐리어 흐름이 존재하지 않을 것이다. 그러나 그림 6−10(b)와 같이 공유 결합이 깨어져 전자가 결정 내에서 이동할 정도로 자유로워지면, 그 방출된 전자는 캐리어가 된다. 마찬가지로, 에너지 밴드 모형에서 가전자 대역의 전자가 외부로부터 에너지를 받아 전도 대역으로 여기 되면 캐리어를 형성한다. 실리콘 결정 내에서 공유 결합의

파괴는 전자를 내보내는 것과 더불어 그림 6-10(c)와 같이 결합 구조 내에 결합이 없어지거나, 빈 공간을 만들게 된다. 또한, 에너지 밴드 모형에서, 가전자 대역으로부터 전자가 제거되면서 가득 찬 준위에서 하나의 빈 준위가 만들어진다고 생각할 수도 있다. 그 빈 준위는 가전자 대역의 전자들의 이동으로 인해서 자유롭게 격자 내부를 돌아다닌다. 이때의 빈 준위가 정공이며, 전자와 동일한 역할을 한다는 것을 확인 할 수 있다.

6.2.4 반도체의 도핑

도핑(doping)이란 반도체의 전기 전도성을 제어하기 위해 의도적으로 불순물을 반도체에 주입시키는 것으로, 치환형 불순물 원자를 통해 전자나 정공을 제공하게 된다. 예를 들면, 4족의 원소인 실리콘이 규칙적으로 배열된 결정에서 하나의 실리콘 원자를 꺼내서 그 자리에 실리콘보다 하나 더 많은 가전자(valence electron) 를 가지는 5족 원소인 As를 넣게 되면, 그림 6-11과 같이 주위의 실리콘과 결합을 하고, 남은 전자는 묶여 있는 정도가 매우 약하여 작은 에너지를 얻더라도 모원자로부터 쉽게 분리가 된다. 이 전자는 모원자를 (+)로 대전된 이온의 형태로 남겨놓고, 주변의 격자 사이로 움직일 수 있는 자유전자가 된다. 이처럼, 자신은 (+)로 대전되고, 주변의 결정구조에 하나의 자유전자를 제공하는 불순물을 도너(donor)라고 하고, 이것에 의해 도핑된 반도체를 n-type 반도체라 한다. n-type 반도체의 경우, 전도 대역 내에 도너에 의해서 생성된 전자의 수가 열에 의해 생성된 정공의 수보다 훨씬 많아지게 되며, 이때, 전자를 다수 캐리어, 정공을 소수 캐리어라 한다.

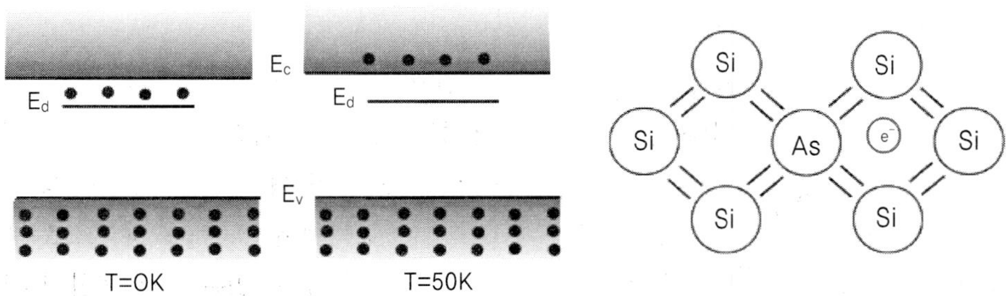

** 그림 6-11 ▌ 도너로 도핑된 n-type 반도체(이재형, 2005)

이와 반대로, 그림 6-12와 같이 주위의 반도체 원자에 비하여 하나의 가전자를 덜 갖는 원자를 주입 할 때, 예를 들면 실리콘에 3족 원소인 B를 넣게 되면, 이 B원자가 주위의 실리콘 원자와 공유 결합을 하는데 있어서 하나의 전자가 부족하게 된다. 이 정공은 주변의 실리콘 원자에 속해 있던 전자에 의해서 점유되며, 이와 같은 과정을 반복하게 되면 전자는 이 빈자리를 이용하여 움직일 수 있다. 이처럼 주변으로부터 한 개의 전자를 제공받아 자신은 (-) 이온이 되고, 그 주변에 빈자리를 제공하는 불순물을 억셉터(acceptor)라고 하며, 이러한 반도체를 p-type 반도체라 한다. p-type 반도체의 경우, 가전자 대역 내의 정공의 수가 전자의 수보다 훨씬 많으므로 정공이 다수 캐리어가 되고, 전자가 소수 캐리어가 된다.

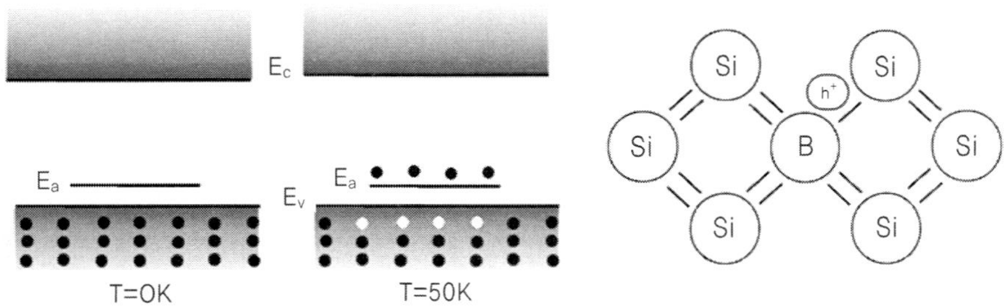

** 그림 6-12 ▌ 억셉터로 도핑된 p-type 반도체(이재형, 2005)

6.2.5 p-n 접합의 형성

일반적인 태양전지는 기본적으로 매우 넓은 면적의 p-n 접합 다이오드이다. 이 다이오드는 n-type과 p-type 영역 사이에 접합을 형성시켜 만든다. 광기전력 에너지의 변환에 필요한 기본 방법은 반도체 구조의 전자적인 비대칭이다. 그림 6-13은 p-n 접합이 가지고 있는 비대칭을 보여주고 있다. n-type 영역은 높은 전자 밀도와 낮은 정공 밀도를 가진다. 그렇기 때문에, 전자는 재료 안에서 순조롭게 흐를 수 있지만 정공은 매우 어렵다. p-type 재료에서는 정확히 반대의 상황이 나타난다. 재료가 빛을 받게 되면, 재료 전체에서 과잉된 전자-정공 쌍이 빛에 의해서 생성된다. 캐리어 이동의 비대칭이 생성된 전자를 p-type 영역에서 n-type 영역으로 흐르도록하고 정공을 이와 반대 방향으로 흐르게 한다. 빛을 받고 있는 p-n 접합이 전기적으로 단락되면, 연결된 외부 도선을 통해 전류가 흐르게 된다.

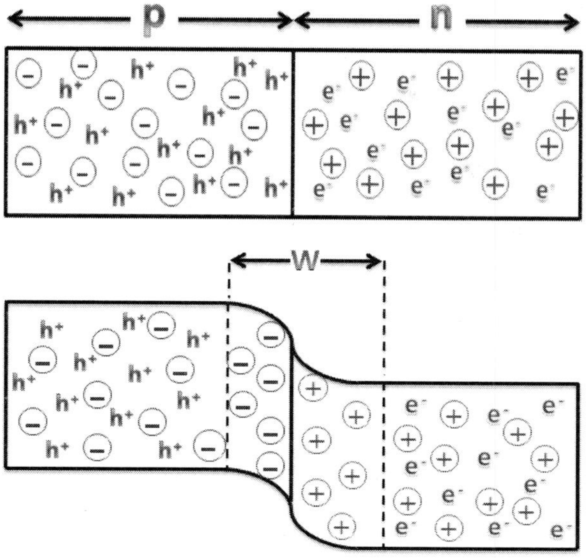

** 그림 6-13 ▌ p-n 접합(이재형, 2005)

6.2.6 광 에너지의 변환

반도체의 경우 가전자 대역에는 많은 전자를 포함하고 있고, 전도 대역에는 전자가 여기되어 들어갈 수 있는 빈 에너지 상태를 가지기 때문에 광자 흡수를 통해 전자가 여기(excitation)될 확률이 크다. 광자의 에너지와 파장과의 관계는 $E = hc/\lambda$로 주어진다. 이때, 에너지가 $h\nu \geq E_g$인 광자 빔이 반도체에 조사되면 물질의 성질로 결정되는 일정 양의 흡수가 이루어진다. 밴드갭보다 큰 에너지를 가진 광자는 상당히 흡수되어 전자를 전도 대역의 높은 위치로 여기 시킨다. 만약 광 에너지가 밴드갭보다 훨씬 큰 경우 $h\nu - E_g$의 에너지를 열 에너지의 형태로 소모하고, 가장 낮은 준위의 전도 대역으로 이동한다. 이 전자는 확산하는 도중 격자 결함에 의해 잡히거나 정공과 재결합하여 소모된다. 살아남은 전자는 접합에 도달하여 강한 표동전계에 의해 가속되어 에너지가 낮은 n-type 영역으로 이동하게 된다. n-type에서는 전자가 다수 캐리어이기 때문에 이동된 전자는 재결합되지 않고, 전극을 통해 외부 회로로 유출되어 일에 쓰이게 된다. 빛에 의해 생성된 캐리어의 수집 그 자체만으로는 전력을 생산할 수 없다. 전력을 생산하기 위해서는 전류뿐만 아니라 전압도 발생되어야 한다. 태양전지 내에서 전압은 광기전력 효과(photovoltaic effect)라 알려진 과정에 의해 발생된다. 광기전력 효과란 밴드갭 폭이 E_g인 금속 - 반도체 혹은 p-n 접합이 빛을 받으면, E_g보다 큰 에너지를 가진 입사 광자에 의해서 전자-정공 쌍이 생성되어 p-n 접합의 양 끝에 전위차가 발생하는 것이다.

6.2.7 태양전지 등가회로

빛이 조사될 때 태양전지의 등가회로는 그림 6-14와 같이 나타낼 수 있다. 이상적인 경우 I_{sc}의 정전류원과 다이오드로 구성되어 있지만 실제로는 직렬저항 (R_s)과 병렬저항(R_{sh})이 존재하게 된다. 병렬저항은 이상적인 다이오드 특성에서 벗어나 일정한 저항으로 표시되는 누설 저항을 나타낸다. 이는 전지의 측면을 따라 형성되는 표면 누설 및 접합의 결함에 의한 누설 전류에 기인하거나, 전위 또는 결정입계를 따라서 형성되는 확산 스파이크, 그리고 전극 형성 후 미세균열, 결정입계, 적층결함과 같은 결정 결함을 따라서 형성되는 미세한 금속 브리지들에 의해 나타난다. 직렬저항은 전지의 전면과 후면에서 금속 접촉저항, 기판 자체의 저항, 얇게 확산되거나 성장된 표면층의 면 저항, 그리고 금속 전극 자체의 저항 성분으로 구성되며, 출력 전류가 증가함에 따라 전류 감소를 발생시킨다.

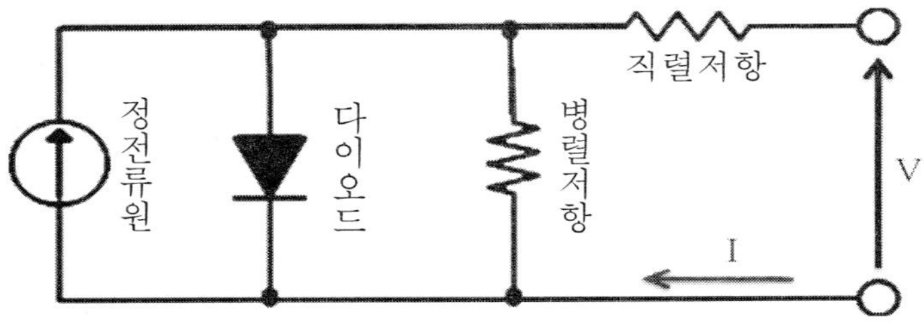

** 그림 6-14 ‖ 태양전지 등가회로(이재형, 2005)

6.2.8 태양전지의 전류, 전압 특성

태양전지는 넓은 면적의 다이오드로 볼 수 있으므로 이것의 전류 - 전압 곡선은 암 상태에서의 다이오드 전류-전압 곡선에 광 생성 전류를 중첩시키면 된다. 즉, 그림 6-15처럼 암 상태에서의 다이오드 전류 - 전압 곡선을 아래쪽으로 광 생성 전류만큼 이동시키면 된다.

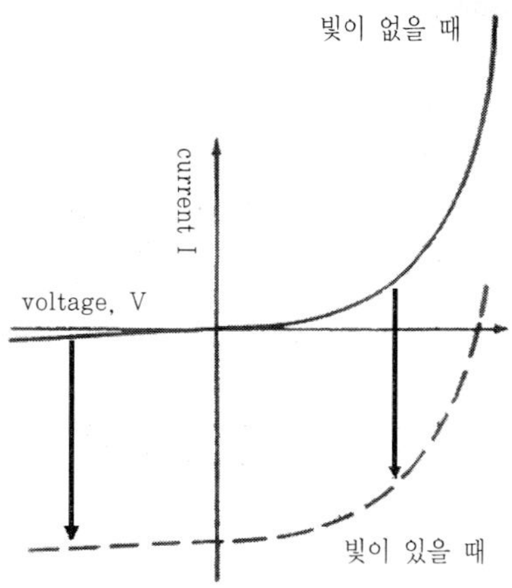

** 그림 6-15 ▌ 전류-전압 곡선(이재형, 2005)

개방 전압(Open-Circuit Voltage : V_{oc})은 전류가 0일 때 태양전지 양단에 나타나는 전압으로, 태양전지로부터 얻을 수 있는 최대 전압에 해당한다. p-n 접합이 잘 형성되면 금지대폭이 큰 반도체일수록 개방 전압은 커지며, 상대적으로 단락 전류는 작게 된다. 따라서 최대효율을 얻을 수 있는 밴드갭이 존재하는데 1.4~1.5 eV이다. 단락 전류(Short-Circuit Current : I_{sc})는 태양전지 양단의 전압이 0일 때 흐르는 전류를 의미한다. 단락 전류는 광에 의해 발생된 캐리어의 수집에 기여하므로 이상적인 태양전지의 경우, 단락 전류와 광 생성 전류는 동일하다. 그러므로 단락전류는 태양전지로부터 끌어낼 수 있는 최대 전류이다. 곡선인자(Fill Factor : FF)는 개방 전압과 단락 전류의 곱에 대한 출력의 비로 정의되며, 다음 식으로 주어진다.

$$FF = \frac{I_m \cdot V_m}{I_{sc} \cdot V_{oc}} \tag{6.1}$$

곡선인자는 그림 6-16의 전류-전압 곡선에서 채울 수 있는 최대 직사각형 면적에 해당한다. 즉, 곡선인자는 최적 동작 전류 I_m과 최적 동작 전압 V_m이 I_{sc}와 V_{oc}에 가까운 정도를 나타내며, I_{sc}, V_{oc}와 더불어 전지의 효율에 직접적인 영향을 미치는 중요한 인자이다.

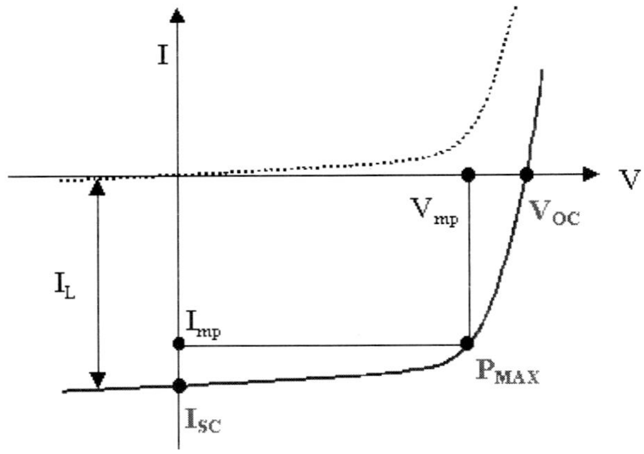

** 그림 6-16 ▌ 태양전지의 전력 곡선(이재형, 2005)

6.2.9 캐리어의 수집 확률

태양전지의 광 생성 전류는 캐리어의 수집 확률과 생성률에 의해 결정된다. 광 생성 전류는 전지의 각 지점에서의 캐리어 생성률과 수집 확률의 곱에 전체 전지 두께에 대한 적분값으로 계산할 수 있다.

$$J_L = q\int_0^W G(x)CP(x)dx \tag{6.2}$$

여기서 W는 태양전지의 두께, G(x) 는 캐리어 생성률, CP(x) 는 수집 확률이다. 그림 6-17은 태양전지 내의 거리에 따른 캐리어 생성률과 수집 확률을 나타낸 것이다. 캐리어 수집 확률은 태양전지의 특정 영역 내에서 흡수된 광에 의해 생성된 캐리어가 p-n 접합에 의해 수집될 확률을 나타낸다. 수집 확률은 광 생성 캐리어가 확산거리에 비교하여 이동해야 할 거리가 커질수록 감소한다. 또한 수집 확률은 전지의 표면 특성에 의해서도 변화된다. 공핍층 내에서 전자-정공 쌍은 전계에 의해 빠르게 휩쓸려 내려가 수집되므로 이 영역에서의 수집 확률은 1이다. 접합으로 멀리 떨어진 경우 수집 확률은 줄어든다. 만일 접합으로부터 확산거리 이상 떨어진 곳에서 캐리언가 생성된 경우 이 캐리어의 수집 확률은 아주 작다. 또한, 접합에서보다 높은 재 결합률을 갖는 표면 같은 영역 근처에서 생성된 캐리어는 재결합할 것이며, 그 결과 수집 확률은 감소한다.

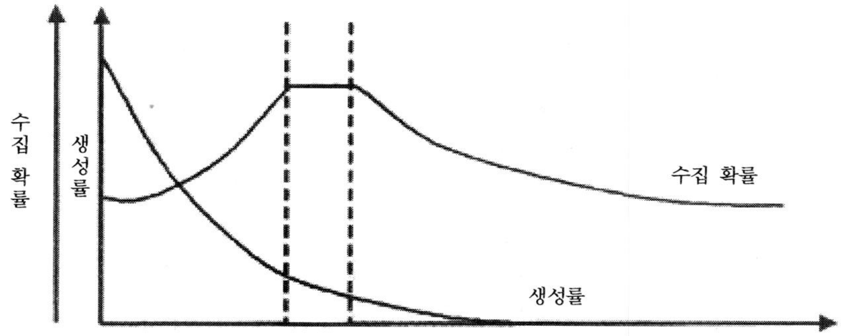

** 그림 6-17 ▮ 거리에 따른 캐리어 생성률과 수집 확률(이재형, 2005)

6.2.10 양자효율

양자효율(quantum efficiency) 은 태양전지에 입사되는 광자 수에 대한 수집되는 캐리어 수의 비를 의미하며, 입사되는 광자의 파장 또는 에너지의 함수로서 주어진다. 만약 일정 파장의 모든 광자가 흡수되고, 그 결과 소수 캐리어가 수집된다면 특정 파장에서의 양자효율은 1이다. 밴드갭보다 작은 에너지를 갖는 광자에 대한 양자효율은 0이다. 그림 6-18은 이상적인 태양전지에 대한 양자효율 곡선을 나타낸 것이다. AM 1.5 조건에서 300nm보다 짧은 파장에서의 빛 세기는 매우 약하므로 보통 이 이하의 파장에서 양자효율은 측정하지 않는다. 이상적으로 양자효율은 직각 형태이지만, 대부분의 태양전지의 경우 재결합 효과로 인해 양자효율은 감소한다. 양자효율은 수집효율과 같은 기구에 의해 영향을 받는다. 또한 태양광 스펙트럼 중 단파장 영역의 빛은 표면에 매우 가까운 곳에서 흡수되므로 큰 전면 재결합은 양자효율 스펙트럼에서 단파장 쪽의 효율에 영향을 미친다. 이와 비슷하게, 장파장 영역의 빛은 태양전지의 내부에서 흡수되며, 캐리어의 짧은 확산거리로 인하여 양자효율 스펙트럼에서 장파장 쪽의 효율이 감소한다. 양자효율은 두 가지로 나누어진다. 외부 양자효율(external quantum efficiency)은 투과와 반사와 같은 광학적 손실에 영향을 받는다. 그러나 종종 반사되거나 투과된 빛에 의해 손실된 부분을 제외하고 남은 빛에 대한 양자효율을 구하는 것이 유용한 경우도 있다. 내부 양자효율(internal quantum efficiency)은 전지로부터 반사 또는 투과되지 않은 광자가 수집 가능한 캐리어를 생성할 효율을 의미한다. 내부 양자효율은 전지의 반사나 투과를 측정함으로써 외부 양자효율로부터 계산할 수 있다.

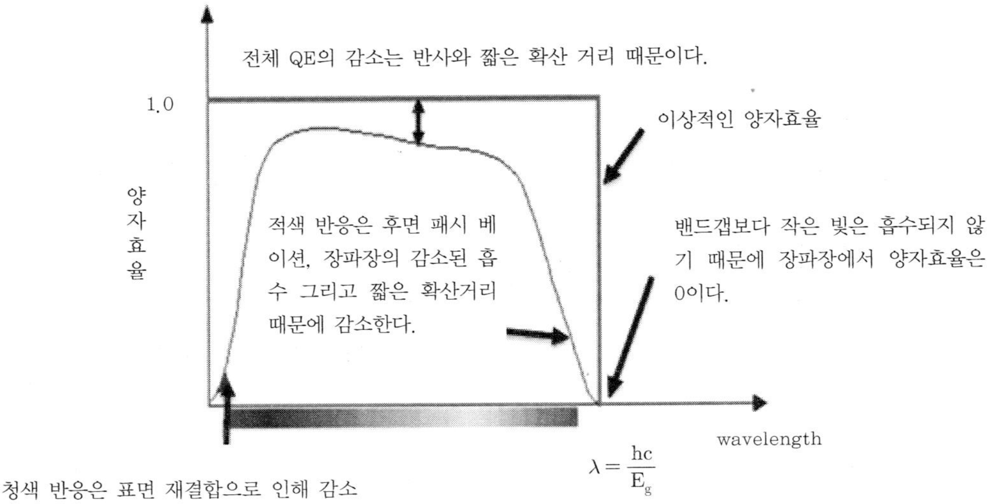

** 그림 6-18 ‖ 실리콘 태양전지의 양자효율(김동환, 2008)

6.3 태양전지의 종류

그림 6-19에는 태양전지의 종류를 나타내고 있다. 태양전지는 재료에 따라 흔히 실리콘과 화합물 반도체 태양전지 등으로 분류하며, 현재 상용화되어 시판되고 있는 태양전지는 단결정 및 다결정 실리콘 태양전지, 비정질 실리콘 태양전지 등으로 태양전지의 에너지 변환효율은 단결정 실리콘 태양전지가 18%, 다결정 실리콘 태양전지 15%, 비정질 실리콘 태양전지 10% 정도이다. 또한 태양전지는 재료의 형태에 따라 결정형과 박막형으로 나뉘는데, 현재 태양광발전용으로 널리 쓰이고 있는 것은 결정형 Si 태양전지이며, 나머지 대부분은 인공위성의 전원같은 특수한 용도에 한정되어 사용되고 있으며 개발 단계에 머물러 있었다. 하지만 최근 태양광에 대한 관심이 증대되고, 태양전지의 저가화를 위한 해결책으로 박막형 태양전지에 대한 관심이 증가함에 따라 많은 연구가 진행되어, 박막 실리콘 태양전지가 8%, CdTe가 10%, CIGS가 12% 정도의 효율을 내며 전체 태양광 시장의 약 15%를 차지하며 성장하고 있다.

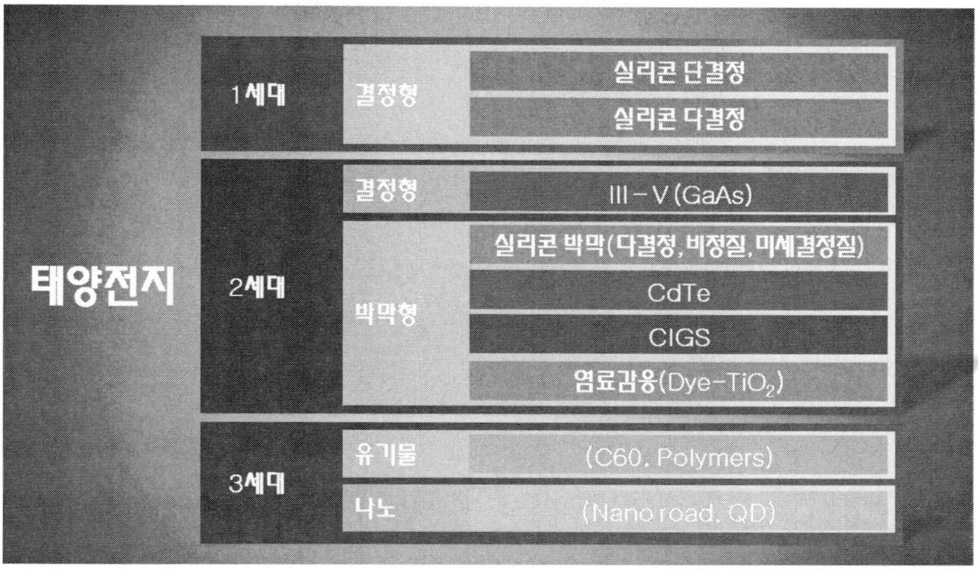

** 그림 6-19 ▌ 태양전지의 종류(KIST, 2002)

또 다른 분류로 기술적인 분류를 보면 결정형 실리콘 단, 다결정 태양전지가 제 1세대, 박막형 태양전지가 제 2세대라고 불리며 최근의 태양광 시장을 이끌어 가고 있고, 연구소 단위에서는 제 3세대로 불리는 유기, 나노 태양전지 등의 연구가 진행되고 있으며, 이론적으로 40% 이상의 고효율 태양전지가 개발될 수 있을 것으로 예상된다.

6.3.1 실리콘 태양전지

(1) 단결정 실리콘 태양전지

시판되고 있는 단결정 실리콘 태양전지의 경우 그 대부분이 IC 제조용으로 생산된 실리콘 규격 제품을 재용융한 후 결정을 성장시켜 기판으로 사용하고 있다. 단결정의 경우 다결정에 비해 기판 가격이 비싸지만, (100) 기판은 피라미드 모양의 텍스처링 에칭이 쉬워 작은 반사율과 고품질의 기판을 얻을 수 있어 고효율을 갖는다는 장점이 있다. 이러한 단결정 태양전지의 고효율화는 동일 전력에 대한 필요 면적이 감소함에 따라 모듈 제조 비용이나 설치 비용, 설치 면적 등이 감소하므로 최종 설치 가격을 감소시킬 수 있어, 어느 수준의 시장 점유율을 유지할 것으로 예상된다. 이러한 변환효율의 향상을 위해서는 새로운 구조의 개발, 결정의 고순도화 및 고품질화가 필요하며, 이를 위해 캐리어의 재결합 감소나 기판 표면에서의 가시광의 반사량 감소를 위한 기판 표면의 피라미드 형태의 요철, 전지 내에 입사한 광의 이용 효율을 향상시키기 위한 패킹 기술의 개발 등이 추진되고 있다.

(2) 다결정 실리콘 태양전지

다결정의 경우 단결정 대비 저효율이지만 간단한 제조 공정과, 높은 생산성으로 인한 저가화의 장점을 가져 시장 점유율이 증가하고 있다. 다결정 태양전지는 기판으로 고순도 다결정체를 사용하며, 원리적으로는 단결정과 거의 동일하다. 이러한 단결정, 다결정 실리콘 기판의 제조에는 고도의 기술과 다량의 에너지가 필요하며, 이는 태양전지 제조 단가를 높인다. 즉, 결정질 실리콘 태양전지는 고효율이지만 가격이 비싼 문제가 있고, 이에 대한 대책의 하나로 제안되는 것이 박막형 태양전지이다.

(3) 비정질 실리콘 태양전지

비정질 실리콘 (a-Si) 의 경우 광흡수계수가 결정질 실리콘에 비해 10배 이상 높아 약 0.5~1.0μm의 실리콘 막으로도 제조가 가능하여 기판 재료비가 결정계 태양전지에 비해 현저히 낮다는 장점을 갖는다. 이에 반해 낮은 광전변환 효율을 단점으로 갖는데, 연구용으로는 10%를 약간 넘는 효율이 발표되고는 있지만 실용적인 전지는 7~8% 수준이다. 이에 따라 광전효율 향상을 위해 비정질과 다결정 실리콘을 적층한 다층구조 전지나, 커버 유리 위에 비정질 실리콘 막을 직접 형성하여 유리 기판이 필요 없는 구조를 만드는 등 여러 기술이 연구 개발되고 있다. 비정질 실리콘 태양전지의 가장 큰 문제점은 빛의 조사에 의해 효율이 감소하는 광열화 현상의 발생이다. 이것은 생성된 캐리어가 갭 준위에 포획되어 발생하는 재결합이 원인으로 알려지고 있으며, 태양전지를 얇게 제조해 생성 캐리어를 단시간에 소모하는 것이 효과적이다.

(4) 실리콘 태양전지의 고효율화와 상용화 기술

결정질 실리콘 태양전지 (c-Si)의 경우, 제조 단가 감소를 위한 공정 비용 축소와 저가 기판을 이용한 고효율화 연구가 집중적으로 진행되고 있다. 예를 들어 사진 식각법을 이용한 고가의 공정을 큰 효율 변화가 없이 저가의 공정으로 대체하거나, 대량 생산에 가장 적합한 공정인 스크린 프린팅의 단점인 저변환효율을 높이기 위한 연구가 있다. 또한 태양전지 수요의 증가로 대량 생산에 유리한 연속 생산 개념을 적용한 공정을 개발함으로써 저가화하려는 노력이 계속되고 있다.

실리콘 태양전지는 1950년대에 처음 등장했지만 1970년대 중반의 Violet, Black 전지 이후 약 10년 간 효율의 큰 변화가 없었다. 그러나 1980년대에 실리콘 산화막을 이용한 표면 Passivation 기술과 전극의 Passivation 기술을 적용(마이크로일렉트로닉스)하면서 고효율 태양전지가 만들어지기 시작했다. 대표적인 전지로는 MINP (Metal-Insulator-NP Junction) 전지와 PESC(Passivated Emitter Solar Cell)가 있으며 PESC는 최초로 변환효율 20%를 넘겼다.

그림 6-20에서 보는 바와 같이 MINP와 비슷한 구조를 가진 PESC 태양전지는 전면전극 하부의 얇은 산화막에 홈을 내어 전면 전극과 실리콘 기판이 직접 접촉이 되도록 하는 구조를 가지고 있어 변환효율이 보다 높으며, PERC(Passivated Emitter and Rear Cell)는 PESC 태양전지에서 후면 전극 구조를 개선하여 Voltage 특성을 향상시키고자 고안된 구조로 변환효율 23.3%가 보고되었다.

그림 6-21의 PERC 구조는 후면 금속 전극이 실리콘에 직접 접촉되기 때문에 재결합 속도가 크고, 실리콘의 도핑 농도가 작은 경우에는 접촉저항도 커지기 때문에 비저항이 낮은 웨이퍼를 사용해야 한다. 그림 6-22와 같은 PERL 구조는 전극 부근의 실리콘을 보론으로 고농도 도핑을 하여 전극을 Passivation하고 전극의 접촉저항을 낮추는 구조로 PERC 구조에서 후면 전극 접촉 부분에 국부적으로 p+ 층을 형성하여 접촉저항을 낮추고 변환효율을 향상시켰다. 이 구조에서 단일 접합 결정질 실리콘 태양전지의 최고 효율인 24.7%를 기록하였다(M. A. Green, 1991).

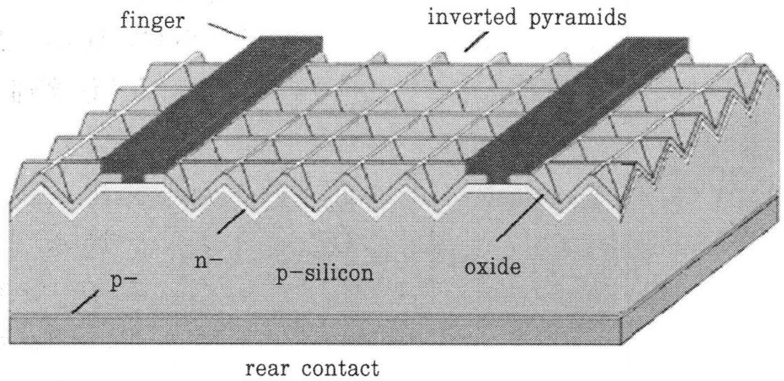

** 그림 6-20 ▌ PESC 구조(Green, 1991)

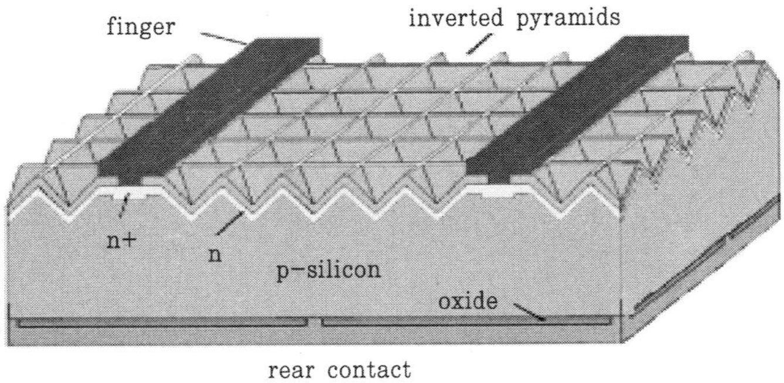

** 그림 6-21 ‖ PERC 구조(Green, 1991)

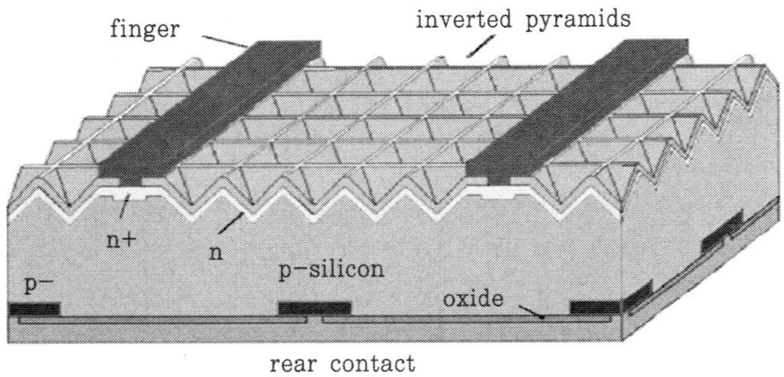

** 그림 6-22 ‖ PERL 구조(Green, 1991)

근래에 들어 태양광 기술 발전에 따른 제조 공정의 단순화 및 자동화가 가능해지면서, 저 제조단가의 스크린 프린팅 태양전지가 개발 상용화되고 있다. 이 기술은 은이나 알루미늄 페이스트를 스크린을 이용하여 프린팅하여 전극을 형성하며, 변환효율은 약 14~16% 수준이다. 이러한 낮은 변환효율의 개선을 위해 연구된 BCSC 태양전지의 구조(그림 6-24)는 에미터를 덮고 있는 절연막을 레이저로 선택적으로 제거하고 전극 형성을 위해 니켈과 구리를 무전해 도금한 것으로, 성능과 구조는 스크린 프린팅에 비해 우수하지만 공정이 양산성 문제 때문에 단결정 고효율 태양전지 생산에 적용되어 왔는데, BP Solar에서 전극의 모양이나 공정의 단순화를 통한 대량 생산을 시작하였다. 이러한 BCSC의 후면 금속 전극은 표면 재결합 속도를 증가시켜 개방 전압을 낮추는 요인으로 작용하며 비싼 진공 증착 장비를 필요로 하는 단점을 가지고 있다. 이 문제를 해결하기 위해서 DSBC(그림 6-25)가 개발되었는데, 후면 산화막 Passivation은 표면 재결합 속도를 감소시켜 BCSC 대비 10% 정도의 효율 향상을 가져올 수 있으며 비저항이 높거나 두께가 얇은 기판을 사용할 경우도 개방 전압에 미치는 영향을 작게 할 수 있다. 또한 진공 증착하지 않기 때문에 제조 단가가 낮고, Static Concentrator를 사용할 경우, 빛을 전지 후면에도 입사시켜 태양전지의 면적에서 효율적 사용이 가능하다는 장점이 있다.

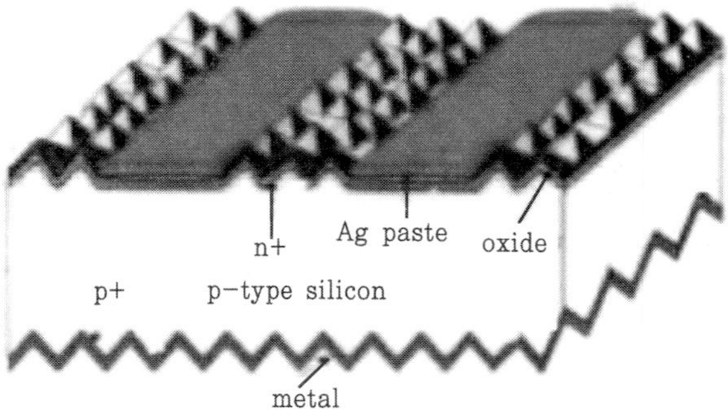

** 그림 6-23 ▌ 스크린 프린팅 태양전지(Green, 1991)

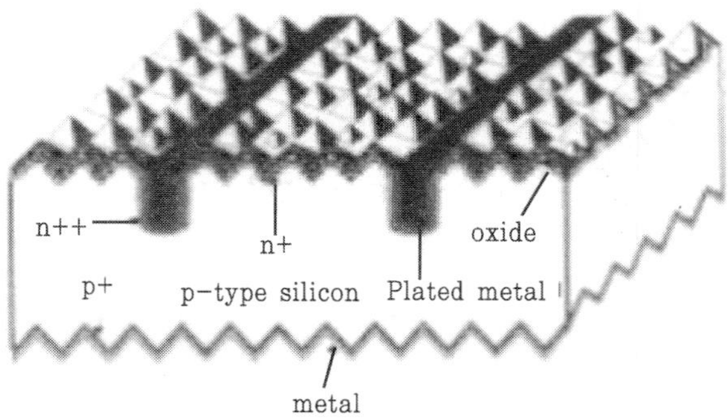

** 그림 6-24 ▌ BCSC 태양전지(Green, 1991)

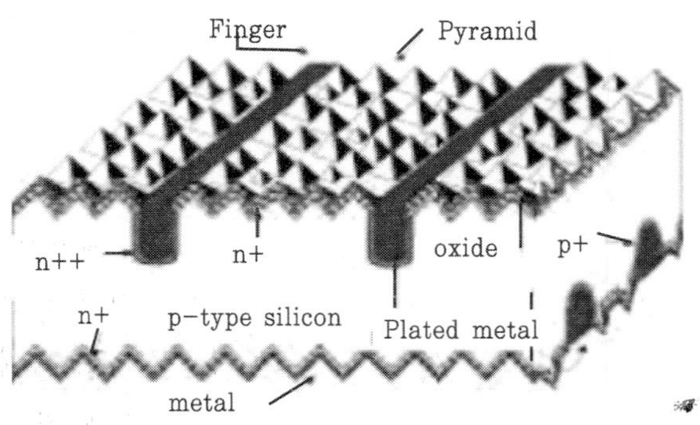

** 그림 6-25 ▌ DSBC 태양전지(Green, 1991)

앞서 살펴본 상용화된 결정질 실리콘 태양전지 이 외에도 그림 6-26과 같은 비정질 실리콘과 단결정 실리콘의 장점을 동시에 이용한 HIT(Hetero-Junction with Intrinsic Thin Layer) 구조의 태양전지가 일본에서 개발되었다(M. Taguchi, 2000). 기존의 태양전지가 고온에서 확산 공정에 의해 에미터를 형성시킨 것과는 달리 HIT 구조에서는 p-type과 Intrinsic 비정질을 이용하여 결정질 실리콘에 형성시킨 것이 특징이며, 비정질 층은 접합만 형성시켜주고 실제 빛의 흡수는 아래의 결정질 실리콘 영역에서 일어난다. 또한, 접합계면 절연층의 존재는 전지의 역포화 밀도를 줄여 개방 전압을 높이고, 온도 증가에 의한 개방 전압의 감소도 줄여 일반 태양전지에 비해 우수한 온도 특성을 갖는다.

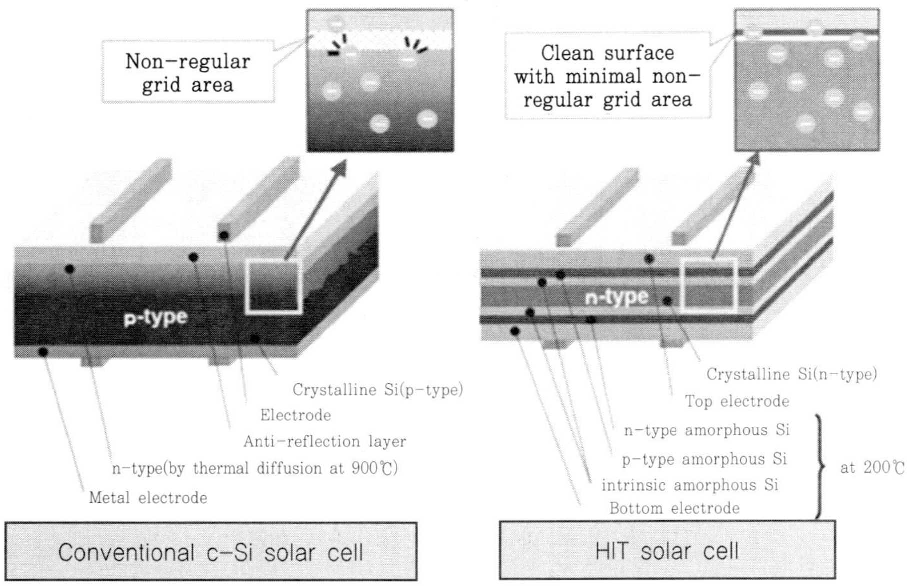

** 그림 6-26 ‖ HIT 구조(SANYO, 2009)

6.3.2 화합물 태양전지

현재 태양전지 시장은 결정질 실리콘 기판을 이용한 태양전지가 주를 이루고 있지만, 전체 가격 중 기판 소재 가격의 비중이 높은 결정질 실리콘 태양전지의 가격은 원소재의 가격 변동에 많은 영향을 받고 있다. 또한 잉곳-웨이퍼-전지-모듈 등의 복잡한 공정으로 인해 가격 저감에 한계가 있다. 이에 실리콘 웨이퍼의 두께를 줄이는 기술과 함께 박막형 태양전지가 대안으로 제시되고 있다. 박막 태양전지는 수 μm의 박막을 태양전지 광 흡수 층으로 이용해 극히 적은 원자재를 소모하며, 반도체 공정을 사용하여 연속 공정이 가능하다. 또한 유리, 금속 등의 기판을 사용한 저가의 건물 일체형 태양전지 모듈도 제조할 수 있다.

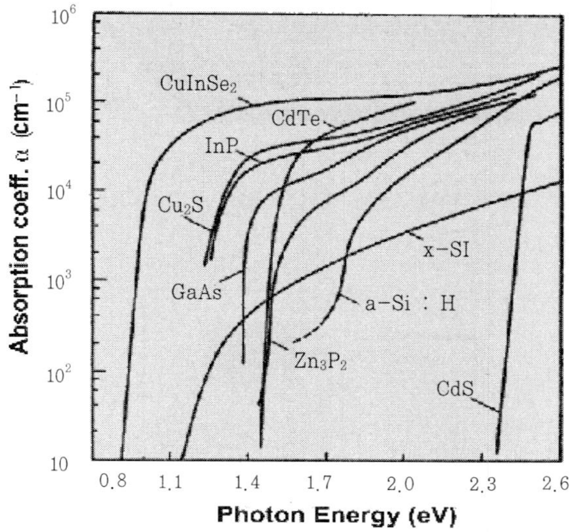

** 그림 6-27 ▌ 태양전지 재료별 흡수계수(윤재호, 2008)

박막 태양전지는 광 흡수 층 재료에 따라 실리콘 박막, 화합물 박막 태양전지로 구분되며, I-III-VI족 화합물인 $Cu(In,Ga)Se_2$ (CIGS) 박막 태양전지와 II-VI족 화합물인 CdTe 태양전지가 대표적이다. 이러한 CIGS, CdTe 태양전지는 모두 Se, Te 등의 VI족 원소를 사용하기 때문에 칼코지나이드계(Chalcogenide Photovoltaic material)라고 말하기도 하며, 그림 6-27과 같이 실리콘 대비 광 흡수계수가 매우 높다. 즉, 얇은 두께의 광 흡수 층으로도 보다 효과적인 빛의 흡수가 가능하다.

(1) I-III-VI 화합물 박막 태양전지 CIGS ($Cu(In,Ga)Se_2$)

그림 6-28에서 나타난 CIGS는 유리를 기판으로 5개의 단위 박막(배면 전극, 광 흡수 층, buffer 층, 전면 투명 전극, 반사 방지막)을 순차적으로 형성시켜 만든다. 각 단위 박막별로 다양한 종류의 재료와 조성이 가능하며, 그림 6-29와 같이 여러 가지 물리적, 화학적 박막 제조 방법이 사용될 수 있다. 이러한 대면적 증착된 태양전지는 면저항이 증가하여 효율이 감소하므로 일정한 간격으로 직렬 연결이 되도록 패터닝한다.

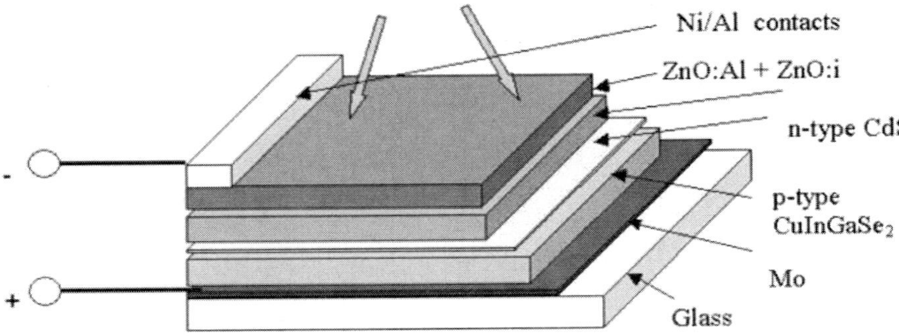

** 그림 6-28 ▌ CIGS 박막 모듈의 구조(Green, 1991)

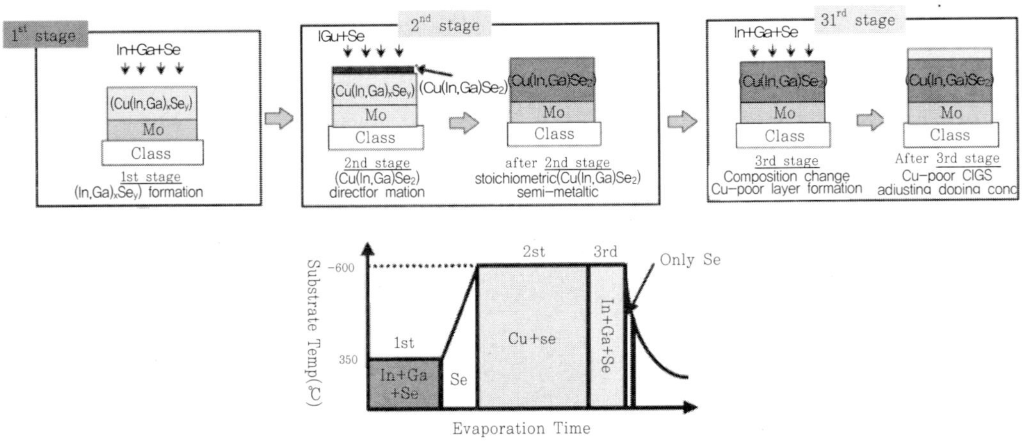

** 그림 6-29 ▌ 3단계 Co-evaporation법의 열 이력 곡선 및 CIGS 형성 과정(윤재호, 2008)

기판 재질로는 일반적으로 유리를 사용하지만, 그 밖에 알루미나와 같은 세라믹 기판, 스테인리스스틸, Cu tape 같은 금속기판, 폴리머 등도 사용이 가능하다. 미국 NREL이 기록한 19.9%의 변환효율은 소다회유리를 기판으로 사용한 것으로 공정 온도의 한계(600℃)가 있음에도 코닝 유리 기판에 비해 저렴하다는 장점으로 인해 사용되었는데 소다회 유리에서 확산된 Na이 효율을 향상시킨다는 것이 확인 되면서 가장 널리 사용되고 있다.

(2) II-VI 화합물 박막 태양전지 CdTe

그림 6-30과 같이 CdTe는 CdS (광 투과 층)와의 이종 접합을 기본으로 전면 투명 전극과 배면 전극으로 구성된다. CdTe 태양전지도 n-type 물질로 CdS 박막을 사용하며, 박막 제조 방법으로 진공 증착법(Vacuum Evaporation), 스퍼터링(Sputtering),

화학 기상 증착법(Chemical Vapor Deposition), 열분해법(Spray Pyrolysis)과 CBD법(Chemical Bath Deposition) 등이 있다. 특히 CBD법의 특징은 CdS 박막이 성장하는 기판을 비롯하여 여러 화학종의 수용액에서 화학반응을 통한 증착속도 조절이 가능한 것이 특징이다. CdTe는 Sputtering, Evaporation, Electro-deposition 등 다양한 방법으로 제조가 가능하지만 일반적으로 CSS(Close Spaced Sublimation) 법으로 광 흡수 층을 증착한다. 이 CSS법은 장치가 간단하고 유지가 간편하며, 특히 소스와 기판과의 간격이 수 mm 정도여서 빠른 증착 속도로 대면적의 제조가 가능하다.

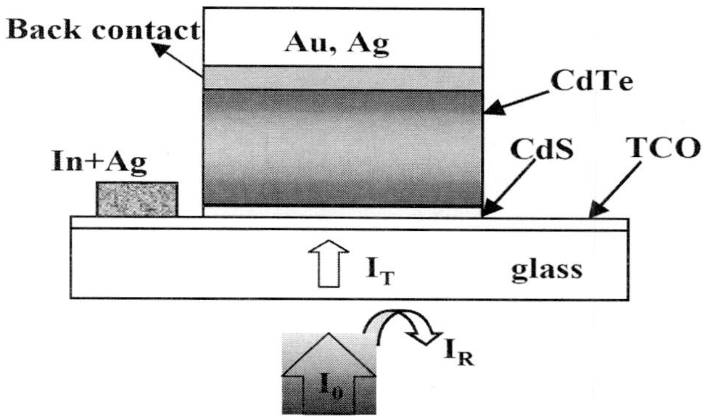

** 그림 6-30 ▌ CdTe 태양전지의 구조(윤재호, 2008)

6.3.3 염료감응 태양전지

염료감응 태양전지(Dye-Sensitized Solar Cell : DSSC)는 1971년 식물의 광합성 원리를 응용하여 엽록소의 클로로필을 사용하는 방식이 처음 제안되었으나, 효율이 낮아 주목받지 못했다. 그 이후 1991년 스위스 Lausanne 공과대학 Graetzel 교수가 고효율의 화학적 광전기 태양전지를 최초 개발하였고, 1993년에 변환효율 10.58%를 발표한 후 꾸준히 연구되어 오고 있다. 기존 실리콘 태양전지에 비해 제조 원가가 20%~25% 수준으로 매우 낮고 원재료인 산화티탄, 색소, 전해질 용액의 자원적인 제약이 없으며, 대기압 하에서 인쇄 방식이나 계통 생산 방식으로 대량 제조할 수 있어서 저가격, 고성능의 차세대 태양전지로 주목받고 있다. 구조는 광 전극과 대극 그리고 그 사이에 충진된 수십 μm두께의 전해질로 구성되어 있으며 그림 6-31은 Graetzel 교수가 제안한 염료감응 태양전지의 개략도이다. 염료감응형 태양전지의 작동원리는, 광 전극의 도전성 유리 기판을 통해 태양광이 흡수되면 루테늄계 염료가 여기 되어 전자-정공 쌍을 생성하며, 전자는 반도체 산화물의 전도대로 주입되는데, 이때 반도체 산화물 전극으로 주입된 전자는 나노 입자간 계면을 통하여 투명 전도성 막으로 전달되어 전류를 발생시킨다. 한편 염료 분자에 생성된 정공은 레독스 전해질에서 전자를 받아 다시 환원되어 원상태로 돌아가고 I^-는 산화되어 I^{-3}가 되었다 Pt 전극으로부터 전자를 받아 다시 I^-로 되돌아가는데, 이것이 전자의 한 사이클로써 진행된다(Hariskos D, 2004).

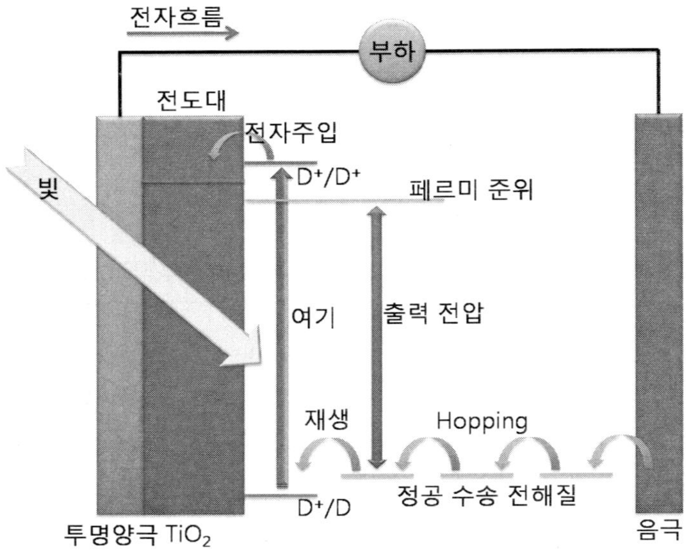

** 그림 6-31 ❙ 염료감응 태양전지의 구조(Hariskos, 2005)

6.3.4 차세대 고효율 태양전지

태양전지가 30%의 변환효율을 극복하기 위해서는 광 흡수 대역을 넓히는 방법이 필요하다. 이 방법에는 그림 6-32(a)와 같이 입사되는 빛을 여러 개의 파장 대역으로 분리하고 각각의 파장 대역에 알맞은 태양전지를 수평 배치하는 방법과, 그림 6-32(b)와 같이 빛의 입사 방향으로 흡수 대역이 에너지가 큰 태양전지부터 차례로 적층하는 방법이 있다(한원석, 2007).

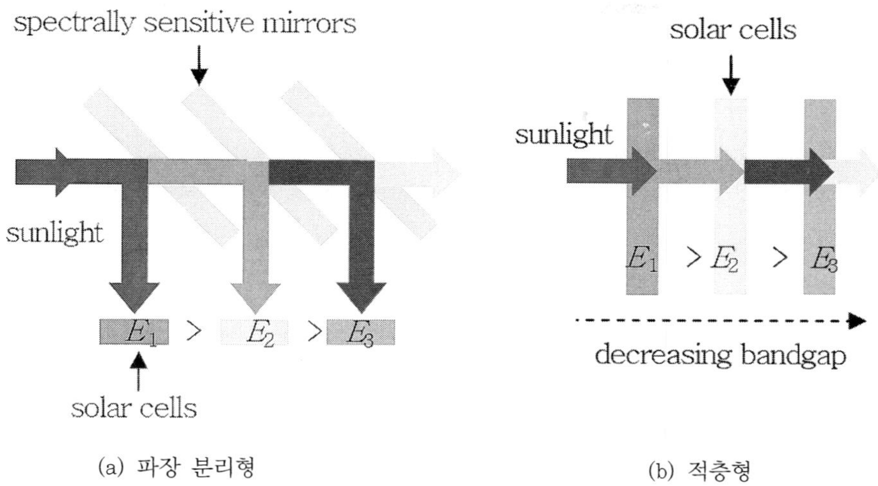

** 그림 6-32 ▍ 다중 접합 태양전지 개념도 (한원석, 2007)

파장분리형은 다양한 물질의 태양전지를 이용하여 각각의 파장 대역에 가장 적합한 태양전지를 배치함으로써 광 흡수를 극대화할 수 있는 장점이 있다. 그러나 광학계를 사용함으로써 제작이 복잡하여 대면적으로 제작이 어렵고 대량 생산에 한계가 있다.

(1) 적층형 태양전지

그림 6-32(b)와 같은 적층형 태양전지는 각각의 파장 대역에 적합한 태양전지를 흡수 에너지 대역이 높은 순서로 수직으로 배치하고 각각에 전극을 연결하는 방법이다. 하지만, 각 태양전지 증착 시 사용한 기판을 제거하거나 최대한 얇게 제작해야 하며, 하부 전극을 최소화하거나 투명 전극을 사용하여 빛 투과를 최대화해야 하는 많은 기술적인 어려움이 있다. 이러한 시도는 박막형 실리콘 태양전지 등에서 이루어지고 있지만, 전극 제작 공정이 까다로워 높은 효율을 얻지 못하고 있으며 대면적으로 제작이 어려워 제작 단가가 비싼 문제가 있다. 그러나, 이러한 시도는 MOCVD와 MBE 같은 박막 증착 장비의 발달과 III-V 화합물 반도체 태양전지 분야에서의 터널 접합 기술이 개발됨에 따라, 단일 접합 태양전지 사이에 금속 전극없이 반도체 박막만으로 직렬 연결하는 기술이 개발되면서 가능하게 되었다. 그림 6-33과 같은 서로 다른 흡수 대역을 가지는 태양전지들 사이에 터널 접합 구조를 삽입하여 한 번의 박막 증착 공정만으로 그림 6-34와 같이 Monolithic하게 다중 접합 태양전지 제작이 가능하다(Lawrence L, 2006). 이러한 구조의 경우 단일 접합 태양전지 간의

직렬 연결 시 별도의 전극 공정이 필요하지 않으므로 단일 접합 태양전지 제작 공정과 동일하다. 따라서 적층 수가 증가하여도 제조 공정에 별도의 비용 증가가 없고 공정이 단순해 대량 생산이 쉽다.

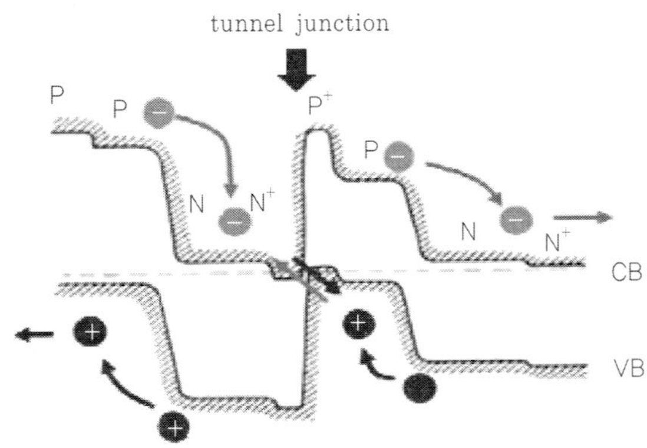

** 그림 6-33 ▌ 터널 접합 동작원리(한원석, 2007)

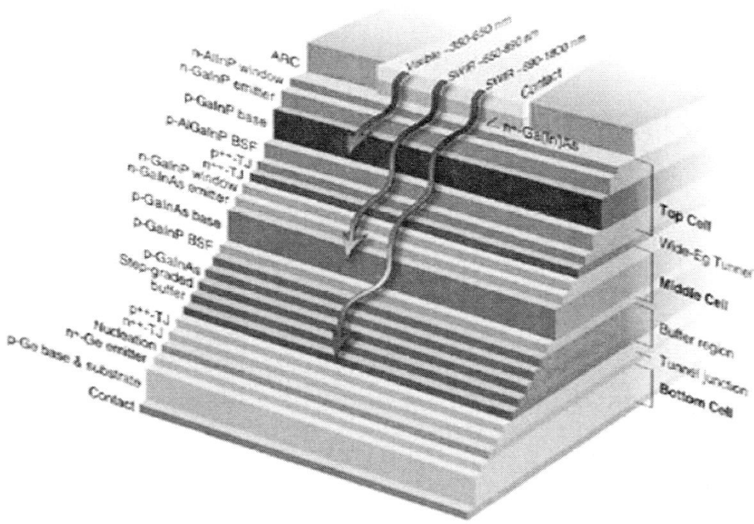

** 그림 6-34 ▌ III-V 화합물 반도체를 이용한 GaInP/GaInAs/Ge 3중 접합 태양전지(한원석, 2007)

(2) 집광형 태양전지

III–V 화합물 반도체 태양전지는 다중 접합 구조를 이용하여 매우 높은 효율을 얻고 있지만 고가의 원재료를 사용하고 있어 제조 단가가 비싼 단점을 가지고 있다. 이 문제를 해결하여 지상용 에너지원으로 사용하기 위해 집광 장치(concentrator) 와 III-V 화합물 반도체 태양전지를 결합한 낮은 제조 가격의 구조가 연구 개발되고 있다. 집광형 태양전지는 그림 6-35와 같이 렌즈나 거울 등을 이용하여 넓은 면적의 태양광을 작은 면적의 태양전지에 빛을 모으는 방법을 사용한다. 집광형 태양전지는 가격이 저렴한 플라스틱 렌즈나 알루미늄 코팅 거울을 사용함으로써 태양광의 집광도가 높을수록 제조 단가가 비싼 태양전지의 면적을 줄일 수 있어 태양전지 모듈 제조 단가를 대폭 줄일 수 있다. 집광형 태양전지는 1970년대 초반부터 연구가 시작되었지만 실리콘 태양전지는 20배 이상 집광 시 효율이 급격히 감소하는 문제로 인하여 널리 사용되지 못하였다. 그러나 III-V 화합물 반도체 태양전지는 집광률이 200배까지 집광률 증가에 따라 효율이 증가하고, 500배 이후에는 고집광으로 인해 많은 전류가 발생하여 전극에 저항이 발생하여 효율이 감소하는 경향을 보인다(Masafumi Yamaguch, 2006). 그러나 1000배 집광 시 III-V 화합물 반도체 태양전지는 효율이 약 1% 정도만 감소하므로 고집광형 태양광발전 시스템에 적합하다고 볼 수 있다.

** 표 6-3 ‖ 집광형 III-V 화합물 반도체 태양광발전 시스템의 강점

장 점	비 고
저비용	• 태양광발전 시스템 비용에서 태양전지 모듈 비중을 최소화(고집광) • 값싼 플라스틱 렌즈 사용
고효율성	• 설치비용 및 관련 부대 비용(땅과 유지보수비) 등 감소
재료 절감	• 태양전지의 면적을 최소화함으로써 실리콘 공급 부족 현상이나 CIGS와 같은 Indium 부족 현상이 적다.
높은 발전 단가 감소율	• 시스템에서 태양전지의 비중이 낮으므로 태양전지 효율 향상만으로도 발전 단가 감소 효과가 크다.
성능 향상 쉬움	• 보다 효율 높은 태양전지로 교체가 가능하므로 전체적인 시스템 성능 향상이 가능하다(반사형이 쉬움).
재생 가능	• 시스템 구성이 대부분 철, 알루미늄, 플라스틱 등으로 이루어져 있어 재활용이 쉽다.
고부가가치 산업	• III-V 고효율 태양전지의 경우 태양전지 제조가 어려워 고부가 가치 산업으로 육성 가능하다.

(자료)한원석, 2007

(a) 렌즈형

(b) 반사형

** 그림 6-35 ▌ **집광형 태양광발전 시스템**(한원석, 2007)

이러한 고효율 III-V 태양전지와 집광 장치를 결합한 태양광발전 시스템이 실리콘 태양광발전 시스템보다 발전 단가가 낮아 보다 경제적인 것으로 보고되고 있으며, (Richard M, 2000) 집광형 III-V 화합물 반도체 태양광발전 시스템은 표 6-3과 같은 많은 장점을 가지고 있어 기존의 평판형 실리콘 태양광발전 시스템보다 경제적이고 친환경적이다. 그림 6-35는 대용량 발전을 위한 고집광 태양광발전 시스템으로 일본은 그림 6-35(a)와 같은 렌즈형 위주로 연구 개발 중이며, 미국과 호주는 그림 6-35(b)와 같은 대용량 발전이 가능한 반사형 집광 시스템 상용화에 주력하고 있다.

6.3.5 3세대 태양전지

그림 6-36(a), (b)와 같이 1, 2세대 태양전지의 광전 변환 방법은 흡수되는 광자의 에너지와는 무관하고 오직 흡수된 광자의 수에 비례하여 전자-정공 쌍을 생성한다. 따라서 높은 에너지를 가지는 광자는 남는 에너지를 열로 손실하므로 매우 비효율적이다. 그러나, 3세대 태양전지는 그림 6-36(c)와 같이 높은 에너지의 광자를 흡수하여 생성된 전자와 정공이 낮은 에너지 상태로 천이하면서 1개의 전자-정공 쌍을 생성하고, 천이 때 생성되는 빛 에너지를 재흡수 하여 2개 이상의 전자-정공 쌍을 생성하는 메커니즘을 이용하고 있다. 이러한 태양전지를 MEG(Multi-Exciton Generation) 태양전지라고 한다(Santonio Luque, 2007). MEG 태양전지는 빛에너지를 보다 효율적으로 전기 에너지로 전환하는 것이 가능하기 때문에 효율을 획기적으로 높일 수 있

다. 그러나 이에 대한 많은 연구가 진행되고 있지만, 현재는 이론적인 가능성만을 보여주고 있는 상태이다(Randy J, 2005).

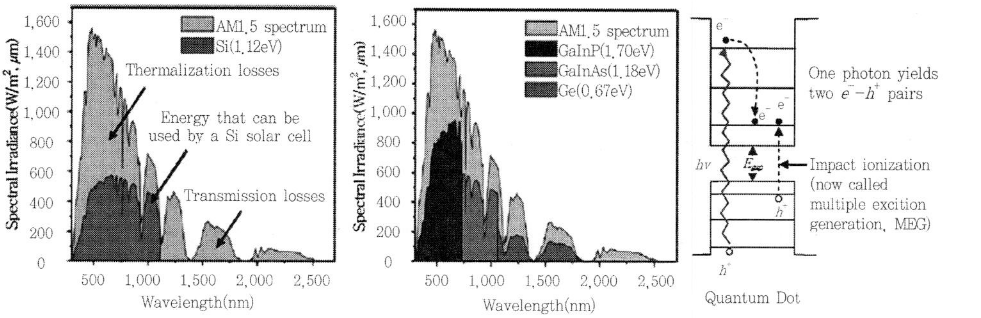

(a) 1세대 태양전지 (단일 접합 Si 태양전지)

(b) 2세대 태양전지 (다중 접합 태양전지)

(c) 3세대 태양전지의 광전 변환 메커니즘 (MEG 태양전지)

** 그림 6-36 ‖ **태양전지 구조에 따른 광 흡수 대역**(한원석, 2007)

6.4 기본 설계

앞서 살펴본 바와 같이 태양광 시스템을 구성하기 위해서는 태양광 셀 및 모듈에서부터 전력 연계와 축전 및 제어 시스템이 필요하다. 이러한 태양광발전 구성요소들을 설계하는데 있어서 우선적으로 고려할 사항은 첫째, 설치하려는 장소의 연중 일사량을 확인하여 어레이 방향을 정하고, 최고효율 입사 경사각을 산정한 고정형 어레이를 선택하거나 추적형 어레이의 선택을 고려한다. 둘째로 필요 발전량과 설치면적, 비용을 고려해 알맞은 태양전지 모듈을 선택하고 집광의 유무를 결정한다. 셋째로는 설치 장소와 사용 장소 간 거리에 따른 저항 손실을 고려하고, 축전의 유무나 계통연계의 유무를 결정한다.

6.4.1 일사량

태양광 시스템의 설계를 위해서는 우선 설치하려는 장소의 일사량을 알아야 한다. 태양전지의 발전량은 입사되는 태양광의 양과 태양전지의 효율에 비례하는데, 일사량은 계절과 지역에 따라 큰 차이를 보이며, 입사되는 면의 경사각에 따라서도 변화한다. 그림 6-37은 전국 전일 법선면 직달 일사 태양광 에너지 연평균으로 단위는 kWh/m^2/day를 사용한다. 하지만 그림 6-37의 데이터는 연평균 값으로 실제로는 계절에 따라 그림 6-38과 같이 일사량은 변화한다. 그리고 그림 6-39(a)와 그림 6-39(b)에서 보는 바와 같이 태양광의 경우 날씨가 대기 중 먼지의 양이 많거나 구름이 많은 경우 일사량이 감소하게 되는데 이는 일사량과 마찬가지로 계절에 따라 달라진다.

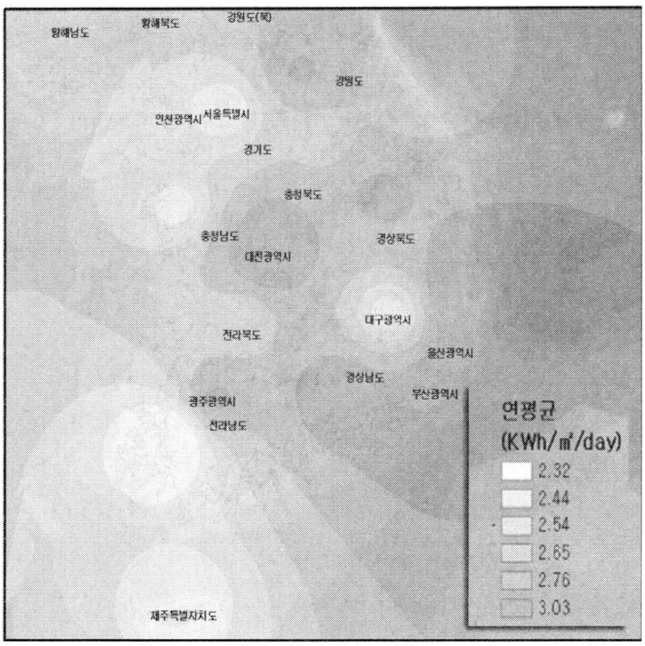

** 그림 6-37 ‖ 전국 전일 법선면 직달 일사 태양광 에너지 연평균
(신재생 에너지 자원 지도 데이터 센터, 2009)

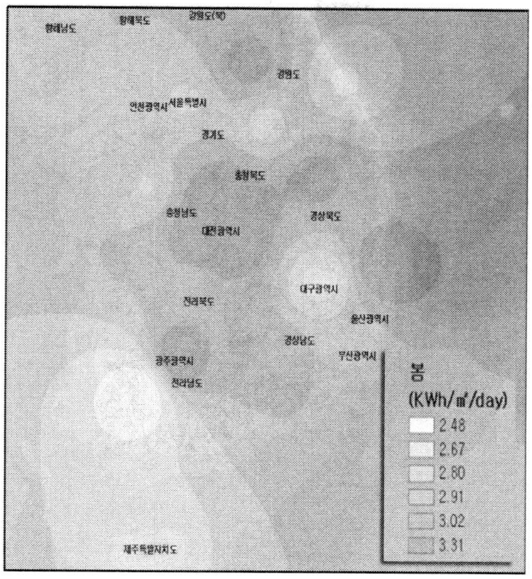

(a) 봄

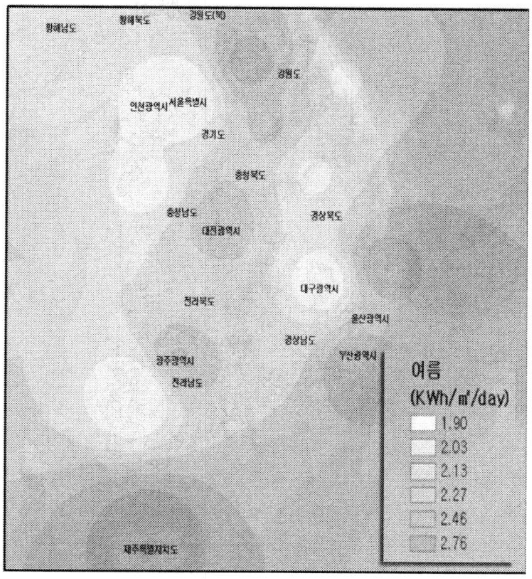

(b) 여름

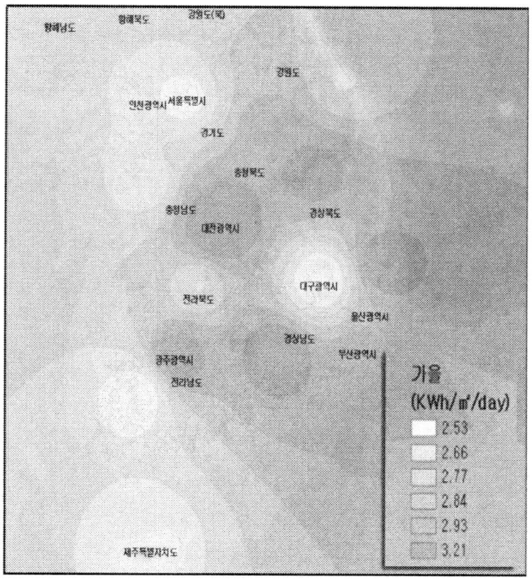

(c) 가을

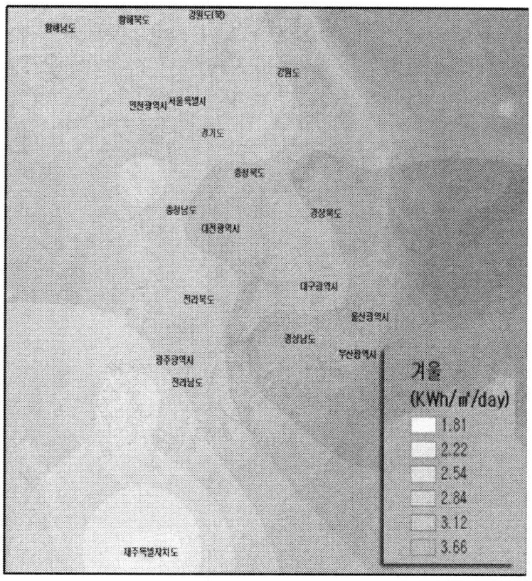

(d) 겨울

** 그림 6-38 ▌ **계절별 전국 전일 법선면 직달 일사 태양광 에너지**
(신재생 에너지 자원 지도 데이터 센터, 2009)

이 외에도 대기 중 수분의 양이나 지형적인 요소들에 영향을 받지만, 일반적으로 그림 6-40(a)의 태양 에너지 잠재량 시도별 등급이나 그림 6-40(b)의 태양 에너지 가용량 시도별등급을 통해 해당 설치 지역의 가용 태양 에너지를 예측할 수 있다.

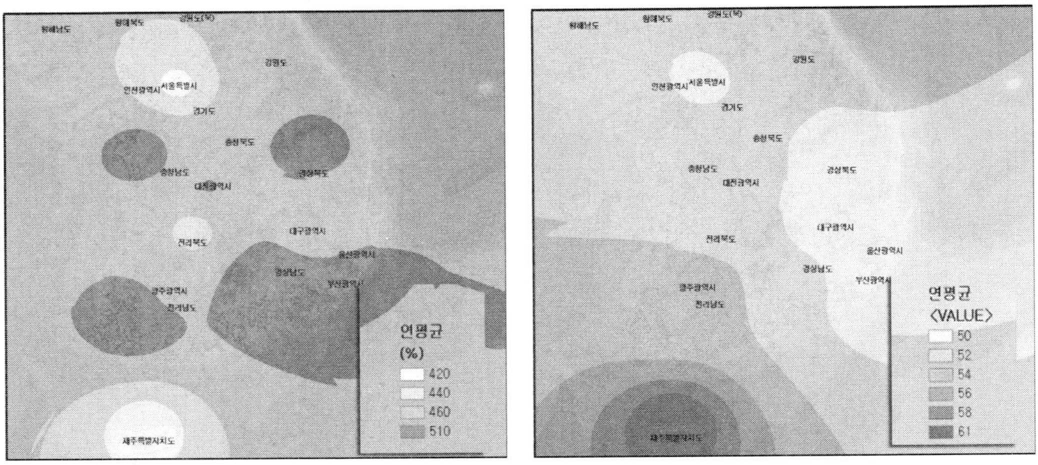

(a) 대기청명도 태양 에너지 연평균 (b) 전국 운량 분포 지도 연평균

** 그림 6-39 ▌ 전국 전일 대기 청명도 및 운량에 따른 태양 에너지 연평균
(신재생 에너지 자원 지도 데이터 센터, 2009)

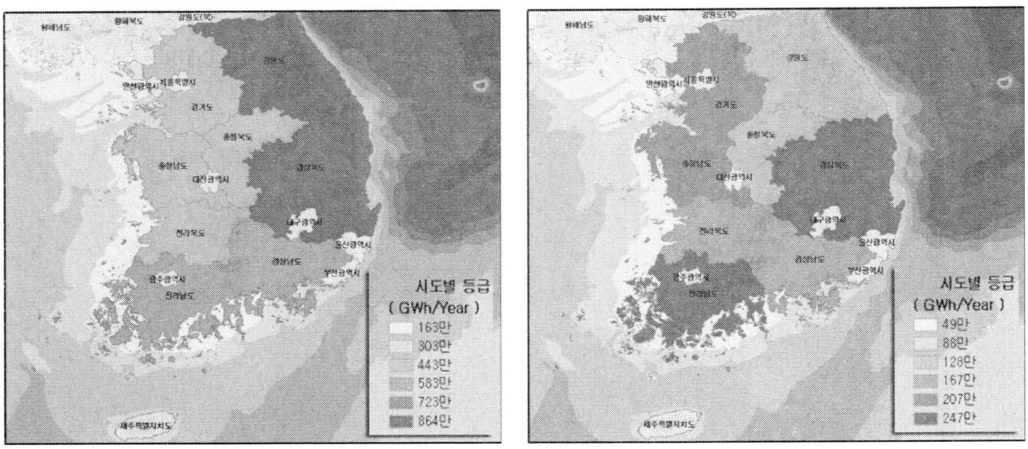

(a) 잠재량 (b) 가용량

** 그림 6-40 ▌ 태양 에너지 잠재량 및 가용량 시도별 등급(신재생 에너지 자원 지도 데이터 센터, 2009)

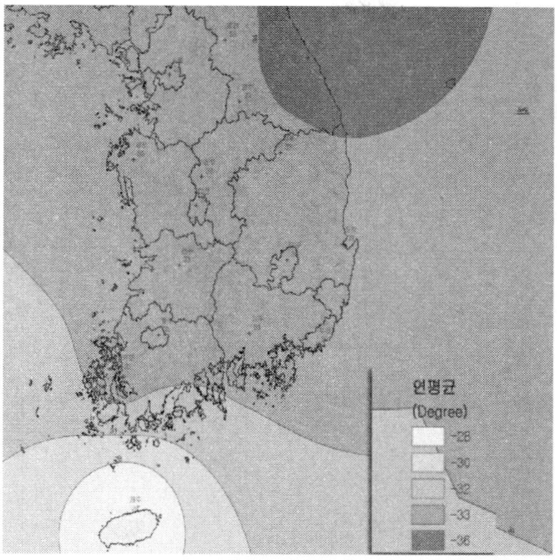

(a) 남향 기준

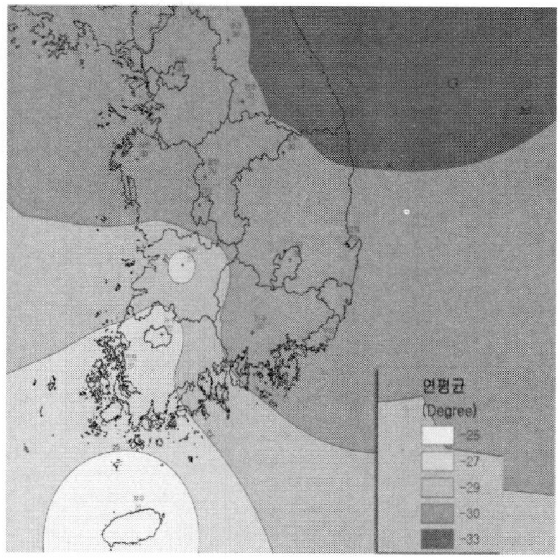

(b) 남동 및 남서향 기준

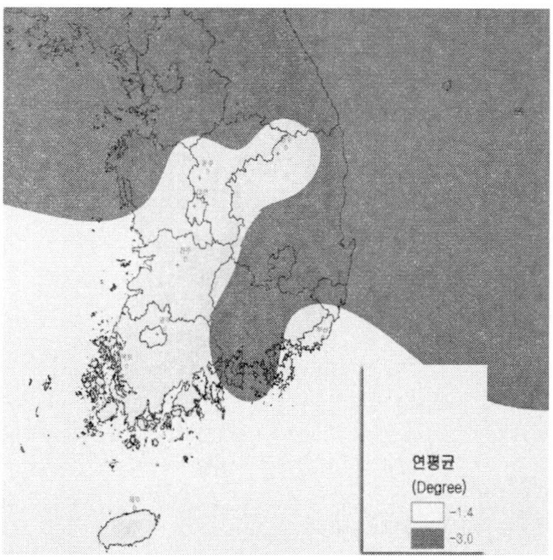

(c) 동 및 서향 기준

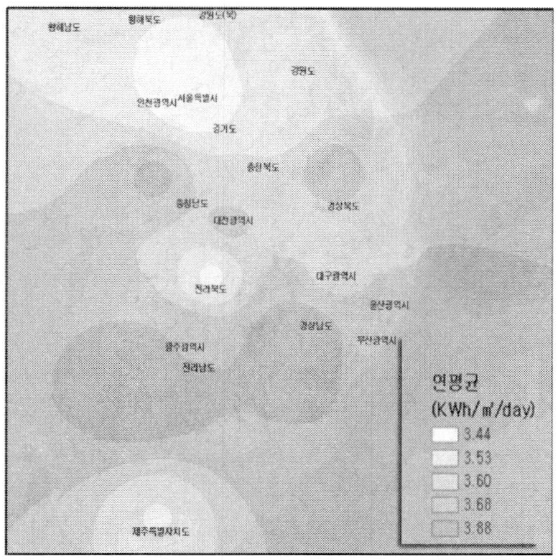

(c) 동 서향 기준 최대 경사면 태양광 에너지 연평균

** 그림 6-41 ‖ 전국 시스템 최적 경사각 태양 에너지 자원지도 (신재생 에너지 자원 지도 데이터 센터, 2009)

설계에 있어서 이러한 기본적인 지역별 태양광 에너지의 일사량을 우선적으로 고려해야 하겠지만, 또한 그림 6-41에서와 같이 각 지역별로 입사를 받는 모듈의 방향과 경사각에 따라 입사되는 태양광 에너지가 달라지므로 이를 고려한 방향과 경사각의 설계 및 어레이의 방식을 설계하여야 한다.

6.4.2 태양전지 모듈의 선택

앞서 태양광 개요에서 살펴본 바와 같이 태양광발전의 발전량은 해당 지역의 어레이 경사각(추적형 어레이의 경우는 추적 시 경사각)과 하루 입사되는 태양 빛으로부터 설치장소의 입사 태양 에너지를 산출한 후, 태양전지 모듈의 효율과 시스템 저항 손실을 고려하면 산출되어진다. 즉 설치 장소의 입사 태양 에너지가 정해지면 원하는 발전량에 알맞은 발전효율의 태양광 모듈을 정할 수 있다. 그러나 아직은 태양광발전 설비의 가격이 상용 전력과 비교해서 고가이기 때문에 설치하고자 하는 시스템을 산정하기에 앞서 여러 보조금 제도를 고려해 적정한 가격의 태양전지를 선택하는 것이 옳다.

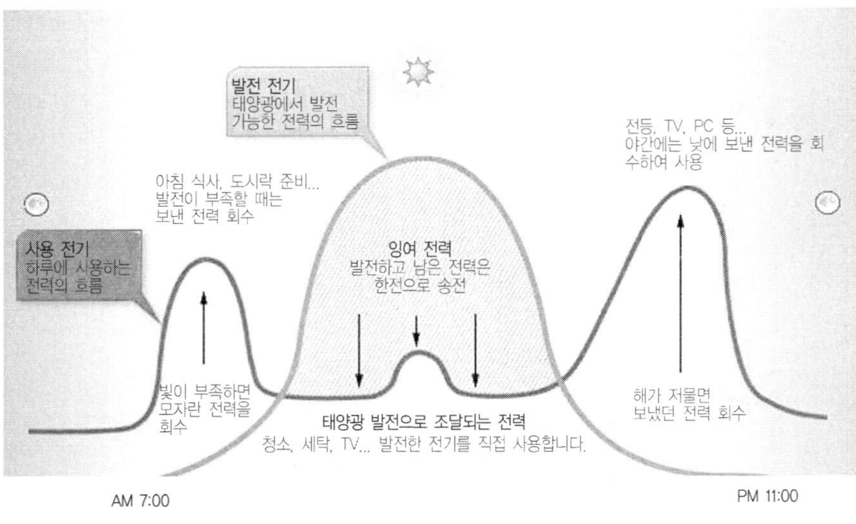

** 그림 6-42 ▌ 그린홈 100만호 보급 사업(바론이엔씨, 2009)

태양광 산업의 활성화를 위한 여러 지원 제도가 존재하는데, 예를 들어, 신재생에너지 투자경제성 확보를 위해 신재생 에너지 발전에 의하여 공급한 전기의 전력거래 가격이 지식경제부 장관이 고시한 기준 가격보다 낮은 경우, 기준 가격과 전력거래와의 차액(발전 차액)을 지원해주는 제도인 발전 차액 지원 제도가 있고, 이러한 사업을 하는데 필요한 소요 자금의 90% 이내(최대한도 70억)와, 운전자금(연이율 3.75%), 생산 시설 자금(3.5%, 신용 대출 경우 6.0% 이내) 등의 융자를 지원하고 있으며, 세제에 있어서도 당해연도 투자 금액의 법인 소득세 중 20%를 공제받거나 신재생 에너지 해당 품목 관세를 65% 경감받을 수 있다. 그 외에도 그림 6-42와 같이 일반 가정에 태양광 시스템을 설치해 사용전력 외의 전력을 전송해 그 발전액만큼 전력 사용액을 차감 받는 그린홈 100만호 사업, 지방자치단체나 학교 등에 설치하는 경우 지원받는 지방 보급 사업, 공공건물 건축 시 건축비의 5% 이상을 신재생 에너지 시설에 투자하게 하는 공공의무화 사업 등과 일단 기업에서 설치 시 60% 이내의 설치비를 지원받는 일반 보급 사업 등이 있다.

6.4.3 시스템 설계

태양광발전의 시스템은 총 발전량과 소비량에 따라 남는 전력의 소비나 부족한 전력의 보충 방법에 따라 설계가 달라진다. 소단위의 발전의 경우 주로 발전된 전력을 자체적으로 소모하는데, 태양광발전의 특징상 발전하는 시간이 낮 시간에 한정되고 날씨에도 영향을 받으므로 축전 기능은 반드시 필요하며, 전력 사용양이 많아 축전된 전력만으로 전력 소비를 충당 못하는 경우에는 계통을 연계해 부족한 전력을 공급받을 필요가 있다. 이러한 연계형의 경우 부족한 전력을 공급받는 이점도 있지만 반대로 남는 전력을 연계를 통해 공급하고 그 발전량만큼 전력 사용료를 차감 받는 것도 가능하다(그린홈 100만호 사업). 그러나 연계형의 경우 발전 장소와 공급처 간의 거리가 멀어지면 전력 수송에서 저항으로 인한 손실이 커지기 때문에 근거리 네트워크의 필요성이 있으며, 이것이 불가능한 산간 외지와 같이 거리가 매우 먼 경우 연계를 사용하지 않는 독립형의 시스템이 주로 사용된다.

태양광발전 시스템은 전력의 사용과 연계뿐만 아니라 시스템의 제어 장치가 필요한데, 독립형의 경우 발전량뿐 아니라 축전하고 사용하기 위한 최소한의 기능을 가진 인버터로 가능하지만 연계형은 발전량과 연계를 통해 수송하는 전력 양에 대한 제어 및 그에 대한 데이터 축적 기능도 필요하다. 이 외에도 어레이의 방식이 고정형이 아닌 추적형의 경우에는 기상 상태와 일사량에 대한 정보를 받아 작동하기 때문에 추가로 데이터를 받아 동작할 수 있는 장치의 설계가 필요하고, 데이터 연계형이 아닌 광센서 추적형의 경우 추적에 필요한 광센서의 설치와 그에 따르는 제어 장치 설계가 필요하다. 중소 규모의 태양광발전이 아닌 대형의 발전소 형태의 시스템은 기존의 전력 생산 발전소들이 갖추는 전력 수송에 대한 장치뿐 아니라 발전소 내 각 모듈의 상태를 확인할 수 있는 모니터링 시스템 및 모듈의 클리닝 시스템 등의 추가 설계가 필요하다.

6.5 적용 설계 사례

6.5.1 태양광 주택

2007년 3월에 완공된 전라남도 목포의 '옥암 푸르지오' (그림 6-43)에는 태양광 발전 모듈 682장이 설치돼 단지 전체 전력 사용량의 5%에 달하는 하루 최대 600kW의 전력을 생산하고 있다. 이렇게 생산된 전력은 아파트 단지 내 복도와 주차장 등의 공용 전력에 사용된다. 단지 내 엘리베이터 8~10대가 사용하는 전력도 역시 이를 통해 만들어진다. 태양광으로 생산된 전력은 공동전기료 부문에서 연 1,700만원의 전기세를 절감하고 있는 것으로 추산된다(한국경제, 2009).

** 그림 6-43 ▌ 목포 '옥암 푸르지오'에 설치된 태양광 모듈(한국경제, 2009)

** 표 6-4 ▌ 태양광 설치 전, 후 전기요금 비교(LG전자, 2010)

태양광 설치 전		태양광 설치 후				
총 사용량	전기요금(원)	태양광발전량 (kWh)	한전 사용량 (kWh)	전기요금 (원)	월 절감액 (원)	연 절감액 (원)
350	56,350	335	15	1,350	55,000	666,000
400	70,490	335	65	4,480	66,010	792,120
450	94,720	335	115	9,130	85,590	1,027,080
600	194,830	335	265	33,260	161,570	1,938,840

자료) LG전자, 2001

6.5.2 태양광발전소

2008년 6월 충남 태안군 원북면 방갈리 일대 약 30만 평방미터 대지에 14 MW급 태양광발전소(그림 6-44)를 완공했다. 태안지역 전체 2만 가구 가운데 40%인 8천 가구에 1년 간 전력을 공급할 수 있는 규모인 연간 19GWh의 전력을 생산할 수 있다. 하루 평균 발전 시간은 3.8시간이고, 여기서 생산된 전기를 한국 전력 공사에 677원/kW에 판매, 연간 130억 원의 매출을 올릴 수 있다. 특히 태양광발전을 통해 연간 약 1만 2천 톤의 이산화탄소를 저감할 수 있어 이로 인해 얻게 되는 탄소 배출권을 판매함으로써 약 28만 5천 달러 규모의 추가 수익을 올릴 수 있다. 이 발전소는 156mm(가로)×156mm(세로) 크기의 태양전지 60개를 붙여놓은 태양전지 모듈 총 7만 7천개로 구성되어 있으며, 모듈 하나의 가격은 80만원이다. 또한 이 모듈을 떠받치고 있는 철근 구조물은 순간 초속 60m의 강풍에도 견딜 수 있도록 설계되었다.

** 표 6-5 ‖ 충청남도 태안군 잠재량 통계

에너지 원		에너지 량	단 위
태양광	부존 잠재량	727,498.96	GWh/Year
	가용 잠재량	366,272.37	GWh/Year

자료) KIER, 2009

** 그림 6-44 ‖ LG 솔라 에너지 태안 태양광발전소(LG 솔라 에너지, 2008)

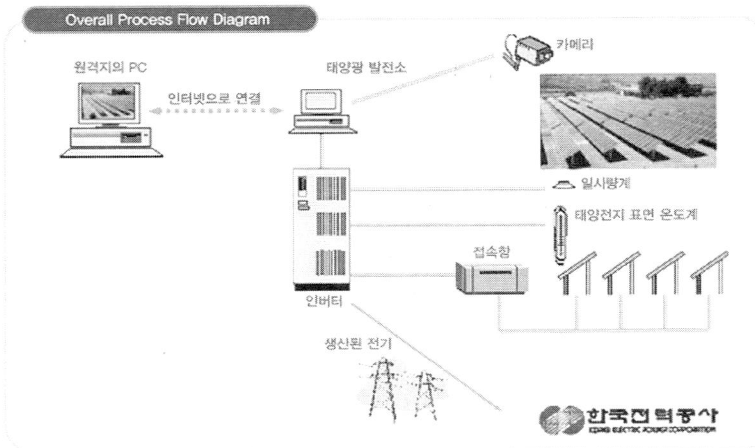

** 그림 6-45 ▌ 태양광발전소의 시스템 구성(한국전력공사, 2010)

** 표 6-6 ▌ 발전 차액 지원제도

적용 시점	설치 장소	적용 기간	30kW 이하	30kW 초과 ~200kW 이하	200kW 초과 ~1MW 이하	1MW 초과 ~3MW 이하	3MW 초과
2010년	일반 부지	15년	566.95	541.42	510.77	485.23	408.62
		20년	514.34	491.17	463.37	440.20	370.70
	건축물 활용	30년	606.64	579.32	546.52	–	–
		40년	550.34	525.55	495.81	–	–

자료) LG 전자, 2010

** 표 6-7 ▌ 고효율 단결정 모듈(LG 전자, 2010)

모델명	LG230M1W-E1
셀 배열	6×10
셀 제조사	LG 전자
셀 종류	단결정
셀 크기	156×156㎟
전극 버스 바 개수	3
규격	1658×993×45
최대하중(Pa)	5,400
중량	22kg(±1)kg

자료) LG 전자, 2010

** 표 6-8 ▌ 모듈 전기적 특성(LG 전자, 2010)

최대 출력	230 Wp	출력 온도 계수	−0.46%/K
최대 출력 허용 오차 범위	0~+3%	전압 온도 계수	−0.12V/K
최대 전압	30.3V	전압 온도 계수	−0.34%/K
최대 전류	7.60A	ISC 온도 계수 전압	3.7mA/K
개방 전압	37.0V	ISC 온도 계수 전압	0.043%/K
단락 전류	8.24A	최대 시스템 전압	1,000V
직렬 퓨즈 용량	11A	전원 케이블 길이	2×1000㎜

자료) LG 전자, 2010

01 태양전지의 기본 원리 및 각 태영전지 종류별 특징 및 장단점을 설명하고 양자효율의 감소를 막는 방안을 조사하시오

02 태양광발전 시스템은 대형 발전소 형태와 건물 설치형으로 나눌 수 있다. 두 시스템의 특징을 조사하시오.

03 지표 입사 태양광의 보유 에너지가 $1kW/m^2$일때, 태양광발전 시스템을 이용한 전기 변환의 경우, 시스템의 총 변환효율을 20%로 산정하면, $10m^2$의 태양전지로 표준 상태의 경우 정격 출력은 얼마이며, 종합 설계계수가 0.7일 때, 연간 발전량이 200MWh 이상이 되기 위해서 필요한 설치 면적은 얼마인가?

04 태양광발전 시스템의 설치 비용의 구성 비율이 태양전지 모듈 40%, PCS 30%, 주변 장치 30%(어레이 50%) 이고, 각 종류별 태양전지의 효율과 가격은 아래 표를 따른다고 할 때, 주어진 설치 면적 $10,000m^2$에 대해 설계하고 각각의 발전량과 설치 비용을 비교 하시오

태양전 지소재	제조 단가 ($/W)(효율 %)
초고효율 단결정 실리콘	$1.80(22%)
단결정 실리콘	$2.00(20%)
다결정 실리콘	$1.95(17%)
비정질 실리콘	$1.00(7.5%)
CIGS	$0.90(10.0%)
CdTE	$1.00(11.5%)

참고문헌

[1] 김동환, "Solar cells and their application 강의자료", 고려대학교, 2008.

[2] 박남규, "염료감응 태양전지 최신 연구개발 동향, 고분자 과학기술", 제14권 4호, pp. 407-410, 2008.

[3] 이재형, "태양전지 원론", 홍릉과학출판사, 2005.

[4] 한원석, "전자통신 동향분석", 한국전자통신연구원, 제 22권 제 5호, 2007. 10.

[5] 황선일, "유기 태양전지의 최신기술동향", KISTI, 2004. 9.

[6] "신재생에너지", 자원지도 데이터 센터.

[7] "태양광발전 기술개발", 태양광발전기술연구회.

[8] "태양광발전 시스템", 바론이엔씨.

[9] "태양광발전 시스템", KIST, 2002.

[10] "태양광발전 용어집", 산업자원부, 2007.

[11] "태양전지 모듈", LG 전자.

[12] 태양전지 이미지, Corbis, 2009

[13] Askeland, Donald R., Pradeep P. Phule, "The Science and Engineering of Materials Fifth edition", Thomson, 2006.

[14] Barnham, K.W.J., J. Appl. Phys., Vol. 67, No. 7, pp. 3490, 1990.

[15] Barnham, Keith, Appl Surf. Science, Vol. 113, pp. 722, 1997.

[16] Becquerel, A.E., Comt, Rend. Acad. Sci., Vol. 6, pp.561, 1839.

[17] Duren, "The Next Generation In Thin - Film Photovoltaic Process Technology", Nano solar, 17th PVSEC, Fukuoka, Japan, 2007.

[18] Fahrenbruch, Alan L., Richard H. Bube, "Fundamentals of Solar Cells", Academic Press, 1983.

[19] Goetzberger, A., J. Knoblock, B. Voss, "Crystalline Silicon Solar Cells",

Wiley, New York, 1998.

[20] Granata, "Proc. of the Second World Conference on Photovoltaic Energy, [ ] Conversion", New York, 1998.

[21] Green, M.A., "Solar Cells: Operating principles, Technology, and System Applications", Prentice-Hall, 1982.

[22] Green, M.A., "10th European Photovoltaic Solar Energy Conference", Lisbon, p 250, 1991.

[23] Green, M.A., "Silicon Solar Cells: Advanced Principles and Practice, Bridge Printery", Sidney, 1995.

[24] Green, M.A., IEEE Transactions on Electron Devices, Vol. 46, No. 10, 1999.

[25] Grohe, A., "Third World Conference on Photovoltaic Energy Conversion", Osaka, 2003.

[26] Hariskos, D., Thin Solid Films Vol. 480-481, pp. 99, 2005.

[27] Hezel, R., Sol. Energy Mater. Sol. Cells., Vol. 65, pp. 311, 2001.

[28] Hironori, Harakawa, "고성능 색소 증감 태양전지의 요소 기술 응용물리" 제 73권 제 12호, 2004.

[29] Keevers, M.J., M.A. Green, J. Appl. Phys. Vol. 75, No. 8, pp. 4022, 1994.

[30] Lawrence, L., "A 2005 Technology Overview", J. Elec. Spectroscopy and Related Phenomena, Vol. 150, pp. 105-135. 2006.

[31] Lee, Soo Hong, "Polymer Science and Technology" Vol. 17, No. 4, August 2006.

[32] Luque, Sntonio, "Solar Cells Based on Quantum dots: Multiple Exciton Generation and Intermediate Bands," MRS BULLETIN, Vol. 32, pp. 236-241, Mar, 2007.

[33] Mcintosh, K.R., et al., "Third World Conference on Photovoltaic Energy Conversion", Osaka, 2003.

[34] Nakada, Jpn. J. Appl. Phys., Vol. 36, pp. 732, 1997.

[35] Nakaya, H., M. Nishida, Y. Takeda, S. Moriuchi, T. Tonegawa, T.

Machida, T. Nunoi, Sol. Energy Mat. Sol. Cells, Vol. 34, pp. 769–772, 1994.

[36] Nijs, J., E. Demesmaeker, J. Szlufcik, J. Poortmans, L. Fresson, K. De Clereq, M. Ghannam, R. Mertens, R. Van Overstraeten, "Proc. First World Conference on Photovoltaic Energy conversion", Hawaii, pp. 18 – 22, 1994.

[37] Probst, "Proc. of the First World Conference on Photovoltaic Energy, Conversion", IEEE, New York, p.144, 1994.

[38] Probst, "Shell Solar GmbH", Munich, Germany, PV Net Workshop, Feb. 14th, 2003.

[39] Randy, J., "Highly Efficient Multiple Exciton Generation in Colloidal PbSe and PbS Quantum Dots", Nano Lett., Vol. 5, No. 5, pp. 865–871, 2005.

[40] Repins, Ingrid, Prog. Photovolt: Res. Appl., 2008.

[41] Richard, M., "Promise of Concentrators", Prog. Photovolt. Res. Appl., Vol. 8, pp. 93–111, 2000.

[42] Schneiderochner, E., Prog. Photovoltaics, Vol. 10, pp. 29, 2002.

[43] Shirasawa, K., H. Watanabe, Y. Inomata, K. Fukui, K. Okada, M. Takayaka, H. Watanabe, "Proc. 12th European Photovoltaic Solar Energy Conference", Amsterdam, pp. 757 – 760, 1994.

[44] Streetman, Ben, Sanjay Banerjee, "Solid State Electronic Devices 6th edition", Prentice–Hall, 2005.

[45] Taguchi, M., K. Oota, Prog. Photovoltaics, Vol. 8, pp. 492, 2000.

[46] Takayama, M., H. Yamashita, K. Fukui, K. Masuri, K. Shirasawa, H. Watanabe, Tech DigestInt, PVSEC – 5, pp. 319 – 322, 1990.

[47] Tanaka, M., "Third World Conference on Photovoltaic Energy Conversion", Osaka, 2003.

[48] Taunier, "Sulphurisation and Selenization of CIGS Layers Electrolytically [ ] Deposited by Thermal Annealing"; European Patent, EP1883975, 2008.

[49] Wolf, M., et. al., J. Appl. Phys, Vol. 83, No. 8, pp. 4213, 1998.

[50] Wu, X., "17th Eurepoan Photovoltaic Solar Energy Conference", Munich,

Germany, 2001.

[51] Yamaguch, Masafumi, "Super High-efficiency Multijunction and Concentrator Solar Cells", Solar Energy Materials & Solar Cells, Vol. 90, pp. 3068-3077, 2006.

[52] "Electricity from sunlight", IT Power, UK, 1997.

[53] "Photovoltaic News", Vol. 20, No. 2, Feb., 2001.

[54] "The Future of Thin Film Solar", Greentechmedia, Vol. 1, No. 1, August, 2007.

용어정리

- **Back surface field effect** : 태양전지 기판 뒷면 전극 부근의 첨가물 농도가 높은 영역에 기인하는 내부 전기장(internal field) 이 형성되기 때문에 뒷면 가까이에서 생성된 운반자가 효과적으로 수집되는 효과.
- **MIS 태양전지(metal-insulator-semiconductor solar cell)** : 쇼트키(Schottky) 장벽 태양전지에서 기판 반도체와 금속 전극 사이에 매우 얇은 절연층이 끼어 있는 구조를 가진 태양전지.
- **p-i-n 접합(p-i-n junction)** : 소수 운반자(minority carrier)의 재결합(recombination)을 줄이기 위하여 p층과 n층 사이에 불순물이 첨가되지 않은(도핑되지 않은) i층을 둔 구조의 접합. 주로 비정질 규소 등의 박막 태양전지에 사용된다.
- **p-n 접합(p-n junction)** : 연속체인 반도체에서 한쪽은 p형, 다른 쪽은 n형인 구조를 가진 반도체 접합.
- **p-n 접합 태양전지(p-n junction solar cell)** : 반도체 pn 접합을 이용한 태양전지.
- **계통 연계 보호 장치(utility interactive protection unit)** : 계통 연계형 태양광발전 시스템에서 출력을 직접 전력 계통으로 보내는데 필요한 보호 장치.
- **광기전력 효과(photovoltaic effect)** : 복사 에너지가 직접 전기 에너지로 변환되는 현상. 즉, 빛을 받아 기전력이 발생하는 현상으로, 광전 효과의 일종.보통 반도체 접합에서 볼 수 있다.
- **광 전류(photovoltaic current, photocurrent)** : 광전 변환 소자에 빛이 비칠 때 생성되는 전류.
- **교류 계통 접속 장치(utility interface)** : 직교 변환 장치 출력 측과 전력 계통 접속 장치. 계통과 병렬로 교류/교류 전압 변환부, 필터, 계통 연계 보호 장치 등으로 구성된다.
- **교류 모듈(AC module)** : 교류 출력 조절기를 내장하여 교류 출력을 직접 얻을 수 있도록 만든 태양광발전 모듈.
- **교류/교류 접속 장치(AC/AC interface)** : 직교 변환 장치의 출력 측과 교류 부하 접속 장치. 교류/교류 전압 변환부, 보조 교류 전원 접속부, 여파기 등으로 구성된다.
- **기판(substrate)** : 태양전지 제조의 기본 재료. 결정질 규소 태양전지의 경우에는 규소 웨이퍼를 가리키며, 이 위에 접합과 전극을 형성하여 태양전지를 제조한다. 박막 태양전지의 경우에는 박막을 성장시키는 지지체를 말하며 유리, 스테인리스 스틸(stainless steel) 등이 사용된다. 태양광발전 모듈에서는 모듈의 기계적 강도를 유지하기 위한 판재를 가리킨다.

- **다결정(polycrystal, multicrystal)** : 임의의 결정 방위를 가진 다수의 작은 단결정 입자(grain)가 집합되어 있는 결정.
- **단결정(single crystal, monocrystal)** : 결정 재료 전체를 구성하는 원자의 배열이 규칙성을 가지고 있어 단일 결정축을 정할 수 있는 결정 물질의 일반적인 호칭.
- **다수 캐리어(majority carrier)** : p형 물질에서의 정공 또는 n형 물질에서의 전자와 같이 비교적 많은 수의 캐리어.
- **덮개 유리(cover glass)** : 태양전지를 보호하기 위한 목적으로 모듈 전면에 사용되는 유리.
- **박막 태양전지(thin film solar cell)** : 반도체 박막을 소재로 사용한 태양전지. 주로 비정질 규소, CdTe, CdS, CuInSe2 태양전지 등이 있다.
- **반사 방지막(antireflection coating, ARC)** : 태양전지 표면에서 빛의 반사 손실을 줄이기 위해 형성시킨 막.
- **비정질 또는 비결정(amorphous)** : 원자 배열에 넓은 범위에 걸치는 질서가 존재하지 않는 고체의 준안정 상태.
- **빛 가둠 효과(light confinement effect, light trapping effect)** : 결면구조 등을 사용하여 빛을 태양전지 내부에 가둠으로써 빛의 흡수를 증대시켜 단락 전류가 늘어나는 효과.
- **산란 일조(diffuse insolation)** : 태양광선이 대기를 통과하는 동안에 공기 분자, 구름, 연무(aerosol) 입자 등으로 인하여 산란되어 도달하는 햇볕.
- **소수 캐리어(minority carrier)** : n형 물질에서의 적은 수의 정공 또는 p형 물질에서의 적은 수의 전자.
- **쇼트키 장벽 태양전지(Schottky barrier solar cell)** : 금속-반도체 계면의 쇼트키(Schottky) 접합을 이용한 태양전지.
- **수평면 일조(global insolation)** : 직달 햇볕과 산란 햇볕을 합쳐 일컫는 말이며, 전일조라고도 한다.
- **습식 태양전지(photoelectro-chemical cell, liquid junction solar cell)** : 반도체와 전해질의 접합을 이용한 태양전지. 재료의 선택에 따라 반도체/전해질 계면은 쇼트키 (Schottky) 접합과 같은 정류 특성을 갖게 되며, 빛을 받으면 태양전지로서 동작한다.
- **시스템 감시 및 제어용 하위 시스템(monitor and control subsystem)** : 모든 하위 시스템(subsystem) 들의 상호작용을 조절하고 시스템의 전체적인 운영을 감시하는 논리 및 제어 회로.
- **시험 조사 강도 (test irradiance(Gt))** : 시험에 이용되는 빛의 조사 강도로서, 기준 소자로 측정한다(단위 : W/m^2).
- **실리콘 태양전지(silicon solar cell)** : 반도체 소재로 규소를 사용한 태양전지. 주로 단결정 및 다결정 규소 태양전지와 비정질 규소 태양전지가 있다.
- **에너지 간격(energy gap, band gap)** : 반도체의 에너지 띠(energy band) 중에서 전자가 존재할 수 없는 띠의 폭.

- **이종 접합**(hetero junction) : 에너지 간격이 다른 2종류의 반도체로 이루어진 접합. 이질 접합이라는 용어도 가끔 사용된다.
- **이종 접합 태양전지**(heterojunction solar cell) : 서로 다른 종류의 반도체로 이루어진 이종 접합을 이용한 태양전지.
- **일조**(insolation, solar radiation) : 지표면에 도달하는 태양의 복사 에너지.
- **일조 강도**(solar irradiance, G) : 단위 시간 동안 표면의 단위 면적에 입사되는 태양 에너지(단위 : W/m²).
- **일조량**(irradiation, H) : 규정된 일정 기간 (1시간, 1일, 1주, 1월, 1년 등) 의 일조 강도(햇볕의 세기)를 적산한 값. 일조 강도와 같이 직달, 산란, 수평면, 경사면 등의 접두어를 붙인다. 수평면 일조량은 전 일조량이라고도 한다(단위 : J/m², MJ/m², kWh/m², kWh/m² 등).
- **적층형 태양전지**(stacked solar cell, tandem solar cell) : 흡수 대역이 서로 다른 여러 개의 태양전지를 적층하여 입사광이 이들을 차례로 투과하고 흡수되도록 한 태양전지.
- **조사강도**(irradiance) : 단위 면적당 광원으로부터 단위 시간에 조사되는 에너지(단위 : W/m²).
- **조사량**(irradiation) : 어떤 일정 기간 동안 조사 강도를 적산한 값(단위 : J/m²).
- **주 감시 제어 장치**(master control and monitoring system) : 태양광발전 시스템 및 직교 변환 장치 (인버터) 의 기동·정지 제어, 축전지의 충방전 제어, 계통/부하의 전력 제어, 자동·수동 전환, 어레이의 태양 추적, 자료 수집 및 데이터 통신,표시 등의 일부 또는 모두를 포함하는 시스템 전체의 제어, 감시 기능을 가진 장치.
- **직교 변환기**(inverter) : 직류 입력을 교류 출력으로 변환하는 장치. 즉, 직류 전력을 교류 전력으로 변환하는 장치이다.
- **직달 일조**(direct insolation) : 태양으로부터 지표에 직접 도달하는 햇볕.
- **직류 조절기**(DC conditioner) : 개폐기 등의 직류기기, 직류/직류 전압 변환, 최대 출력 추종 기능 등의 일부 또는 모두를 가진 장치.
- **직류/직류 접속 장치**(DC/DC interface) : 직류 조절기의 출력 측과 직류 부하 접속 장치. 개폐기, 보조 직류 전원 접속 여파기(filter) 등으로 구성된다.
- **집광형 태양전지** (concentrator solar cell, concentrating solar cell) : 렌즈 등을 이용해서 햇빛을 1 sun 이상으로 집광하여 발전하는 태양전지.
- **집적형 태양전지**(integrated solar cell) : 한 장의 기판 위에 여러 개의 태양전지를 직렬로 접속한 구조의 태양전지. 이런 구조를 가진 대표적인 것으로는 비정질 규소 태양전지를 들 수 있다.
- **출력 조절기 또는 전력 조절기**(power conditioning system, PCS) : 태양광발전 어레이의 전기적 출력을 사용에 적합한 형태의 전력으로 변환하는데 사용하는 장치. 태양광발전 시스템의 중심이 되는 장치로서, 감시·제어 장치, 직류 조절기, 직류-교류 변환 장치, 직류/직류 접속 장치, 교류/교류 접속 장치, 계통 연계 보호 장치 등의 일부 또는 모두로 구성되며, 태양전지 어

레이의 출력을 원하는 형태의 전력으로 변환하는 기능을 가지고 있다.

- **태양 에너지, 태양 복사 에너지**(solar energy) : 태양에서 방출되는 복사 에너지. 태양 에너지의 근원은 수소의 핵융합 반응이며, 그 복사 스펙트럼(빛 띠)은 약 6,000K의 흑체에 가깝다.
- **태양광발전**(photovoltaic power generation) : 햇빛이 가진 에너지를 직접 전기 에너지로 변환하는 발전 방식. 일반적으로 광기전력 효과를 이용한 태양전지를 발전 소자로 사용한다.
- **태양광발전 전지 또는 태양전지**(photovoltaic cell, solar cell) : 태양광발전 모듈(태양전지 모듈)을 구성하는 최소 단위. 최근에는 태양전지라는 말 대신에 태양광발전 전지라는 용어의 사용 빈도가 늘어나고 있다.
- **태양전지**(solar cell, photovoltaic cell) : 햇빛에 노출되었을 때 즉, 햇빛을 받을 때 그 빛 에너지를 직접 전기 에너지로 변환하는 반도체 소자. 광기전력 효과를 이용하는 광전 변환 소자의 일종이며, 태양전지·태양전지 모듈·태양전지 널판(panel)·태양전지 어레이(array) 등을 총칭하는 경우도 있다. 최근 들어서는 태양전지(solar cell)보다는 태양광발전 전지(photovoltaic cell)이라는 용어를 사용하는 경향이다.
- **태양전지 모듈 또는 태양광발전 모듈** (solar cell module, photovoltaic module) : 서로 결선한 단위. 태양전지·태양전지 셀(cell) 또는 소모듈(submodule)을 환경적으로 완전히 보호할 수 있게 내환경성을 가진 구조로 봉입하고(encapsulated) 규정된 출력을 갖게 만든 가장 작은 조립체로서 발전 소자의 최소 단위이며 어레이 구성의 최소 단위.
- **텍스처 구조** (textured surface, textured structure) : 표면 반사 손실을 줄이거나 빛을 가두어 광 흡수율을 높이기 위한 목적으로 태양전지의 표면이나 뒷면의 짜임새에 요철을 두어 까끌까끌하게 만든 것.
- **투명 전극** (transparent conducting electrode) : 태양전지의 빛이 입사되는 쪽 표면에 형성시킨 광투과율이 높으면서 전기 전도율이 큰 성질을 가진 전극.
- **화합물 태양전지 또는 화합물 반도체 태양전지** (compound semiconductor solar cell) : 복수의 원소로 이루어진 화합물 반도체를 소재로 사용한 태양전지. 그 구성 원소에 따라서 Ⅲ-Ⅴ족 태양전지, Ⅱ-Ⅵ족 태양전지, Ⅰ-Ⅲ-Ⅵ족 태양전지 등으로 나뉜다. GaAs, InP, CdTe, CdS, CuInSe2 태양전지 등이 있다.
- **확산층** (diffusion layer) : p-n 접합을 형성하기 위하여 의도적으로 첨가물을 확산시켜 형성시킨 p층 또는 n층의 부분.
- **휘어지는 태양전지** (flexible cell) : 합성수지나 얇은 금속판과 같은 유연하고 잘 휘어지는 기판에 형성시킨 태양전지, 또는 충분히 얇아 구부러질 수 있는 규소 기판을 소재로 한 태양전지.

제 7 장

태양열 이용 기술

7.1 태양열의 시스템

7.1.1 태양열 시스템의 종류

우리가 이용할 수 있는 지표면에 도달되는 태양 에너지는 저밀도의 에너지(최대 1,100W/m^2 이하)로 주간에만 존재하며, 시간에 따라 변화가 크다. 지표면에 도달되는 태양 복사 에너지는 파장대별 분포를 가지며, 우리가 주로 열 에너지로 이용하는 파장대는 가시광선대이다. 태양으로부터 지표면에 도달되는 복사광선은 크게 직달 일사와 산란 일사 2가지로 구분된다. 직달 일사는 태양으로부터 구름이나 먼지 등에 산란되지 않고 지표면에 직접 도달되는 복사광선으로 임의의 면에 도달되는 이들 광선의 입사 각도는 동일하다. 그러나 산란 일사는 태양으로부터 지구로 오는 도중에 구름이나 먼지 등에 산란되어 지표면에 도달되는 복사광선으로 임의의 면에 도달되는 이들 광선의 입사 각도는 산란 정도에 따라 제각각 다르다. 따라서 고온을 얻기 위해서 집광하는 경우 에는 산란 일사는 집광할 수가 없으며, 직달 일사만이 집광이 가능하게 된다. 지표면에 도달되는 전체 일사량 중 직달 일사가 차지하는 비율이 높으면 높을수록 날씨가 청명하다는 것을 의미한다. 구름이 많거나 오염이 심한 지역의 일사는 대부분 산란 일사이다.

태양열 에너지는 태양으로부터 오는 복사 에너지를 흡수하여 열 에너지로 변환해서 직접 이용하거나 저장했다가 필요 시 이용하는 방법과, 복사광선을 고밀도로 집광해서 열발전 장치를 통해 전기를 발생하는 방법이 있다. 대부분의 경우가 태양 에너지를 열 에너지로 변환해서 사용되고 있다. 태양열 시스템이란 태양 에너지를 건물의 난방 혹은 냉방에 이용하는 방법이다. 시스템은 크게 집열부(Collector Element), 축열부(Thernal Storage Element), 그리고 분배 및 활용부(Distribute & Use Element)의 3가지로 구성된다. 그림 7-1과 같이 구성요소 간의 열전달 방법이 모두 기계적 강제 순환 방식에 의할 때 이것을 설비형(Active) 시스템이라고 하며, 자연 순환 방식에 의할 때 이를 자연형(Passive) 시스템이라고 분류한다. 주로 자연 순환 방식에 의한 것이나 약간의 기계적인 순환 방식이 병용되는 방식은 혼합형(Hybrid) 시스템이라고 한다. 기계적 강제 순환 방식이라 함은 펌프(Pump)나 송풍기(Fan) 등과 같이 별도의 에너지를 소모하는 기계를 사용하는 열의 전달 방식을 뜻하며, 자연 순환 방식은 외부로부터의 에너지 공급 없이 열의 전달이 전도, 대류 또는 복사와 같은 자연적인 열전달에 의해서만 수행되는 방식을 의미한다. 한편 설비형 시스템은 태양열 집열기를 이용하여 태양 복사를 열 에너지로 변환하여 변환된 열 에너지를 직접 이용하거나 별도의 축열 장치에 저장했다가 필요할 때 사용하는 시스템이다. 보통 태양열 집열기를 사용하는 태양열 시스템이 여기 포함되며, 최근에 온수급탕용이나 난방용으로 보급되고 것이 바로 설비형 태양열 시스템이다. 이 시스템은 일반적으로 그림 7-2에 있는 바와 같이 태양열을 집열하는 집열기, 집열된 열을 저장할 수 있는 축열조, 태양열이 없거나 부족할 경우 열을 공급하는 보조 열원 장치(보일러), 이용부와 이를 총괄적으로 제어하는 제어 장치로 구성된다.

태양열 에너지는 집열 온도에 따라서 표 7-1과 같이 저온 분야와 중고온 분야로 분류하여 저온 분야는 주로 건물의 냉난방 및 급탕과 대규모 온수급탕 시설이 포함되고, 중고온 분야는 산업 공정열 및 열발전과 기타 특수 분야에 이용된다. 태양열 분야를 기술 개발 및 산업화 기준으로 저온 태양열과 중고온 태양열 기술로 크게 나누어 분류된다. 표 7-2와 같이 저온 태양열 기술은 건물 및 산업 태양열 기술로서 기존에 개발된 기술을 바탕으로 성능 향상 및 신공정 개발과 함께 복합화를 위한 기술로 분류되어 있다. 이와 더불어 기존 산업 공정에서 사용되는 화석연료의 사용을 태양열로 대체하기 위한 산업 이용 기술 개발에 초점을 맞추었다. 표 7-3과 같이 중고온 태양열 분야는 태양열 발전과 태양 연료 생산 기술을 포함하고 있으며, 현재 일부 기술이 상용화에 진입한 단계로서 세계적으로 연구 개발의 초기 단계인 미래 기술이라 할 수 있다. 따라서 중고온 태양열 분야는 연구 개발의 초기 단계인 요소 기술 개발과 이를 이용한 일부 대규모 상용화를 목표로 기술을 분류하였다.

** 표 7-1 ▌ 태양열 시스템의 분류(에너지 관리 공단, 2008)

구분	자연형	설비형		
		저온용	중온용	고온용
활용 온도	60℃ 이하	100℃ 이하	300℃ 이하	300℃ 이상
집열부	자연형 시스템	평판형 집열기	진공관형 집열기 PTC형 집열기 CPC형 집열기	Dish형 집열기 Power Tower 태양로
축열부	공기 Tromb Wall	저온 축열	중온 축열	고온 축열

구분	자연형	설비형		
		저온용	중온용	고온용
적용분야	건물난방, 온실	건물난방 및 급탕, 농수산 분야	건물냉난방, 산업공정열, 폐수처리	열발전, 태양화학, 우주용

** 표 7-2 ▌ 저온 태양열 기술의 분류(에너지 관리 공단, 2008)

대분류	중분류	소분류	세분류
저온 태양열 기술 (건물 및 산업 태양열기술)	저가 고효율 첨단 집열 기술	신소재 적용 집열기 자동화 기술	집열기 신생산 공정 기술
			신소재 적용 집열 기술
			선택 흡수막 코팅 자동화 기술
		복합 이용 집열기 기술	광복합 PVT 집열 기술
			Concentrated Photo Voltaic Thermal기술
			건물 일체형 신집열 기술
		성능 평가 및 인증 평가 기술	연간 성능 평가 기술
			규격 표준화 및 국제화
	고효율 집열 기술	현열 축열 기술	고효율 축열조 일체형 시스템 기술
			고효율 수축열 시스템 기술
		잠열 축열 기술	PCM 잠열 축열 기술
			고효율 MPCM 기술
	대규모 복합화 및 산업이용 기술	태양열 구동 고효율 냉방 기술	태양열 구동 고효율 흡수식 냉방 기술
			태양열 구동 고효율 흡착식 냉방 기술
		건물 적용 태양열 복합 기술	가정용 Combi-Plus 시스템 기술
			최적 ZESH 적용 기술
		태양열 이용 집단 에너지 기술	태양열 이용 집단 에너지 공급 기술
			태양열 지역 에너지 복합 시스템 설계 기술 및 실증
		산업이용 기술	산업 공정열 생산 기술
			해수 담수화 기술
			태양열 냉동 기술
			태양열 수처리 기술
		시스템 신뢰성 향상 기술	Smart 제어 및 모니터링 기술
			태양열 이용 시스템 성능 평가 및 인증 평가 기술
			태양열 이용 시스템 표준화 및 국제화
		태양 에너지 자원 측정 및 분석 기술	일사량 측정/교정, 네트워킹, 모니터링 기술
			일사량 성분 분석과 자료 표준화 기술
			일사량 예측, 분석, 및 평가 기술

** 표 7-3 ▌ 고온 태양열 기술의 분류(에너지 관리 공단, 2008)

대분류	중분류	소분류	세분류
중고온 태양열 기술 (태양열발전 기술, 태양연료 생산기술)	중대규모 발전기술	Novel 흡수기 기술	과열 증기 이용 흡수기 기술
			Volumetric Air 흡수기 기술
			Molten Salt 흡수기 기술
			초임께 유체 이용 흡수기 기술
		고온 축열 기술	고온 고체 축열 기술
			고온 상변화 축열 기술
			화학반응 이용 축열 기술
		중대 규모 고 집열 기술	PTC 집열 기술
			Tower용 집열 기술
			Fresnel 집열 기술
		복합발전기술	화석연료 복합발전 기술
			재생 에너지 복합발전 기술
		발전 시스템 최적화 기술	시스템 설계 및 평가 기술
			시스템 운전, 제어 및 모니터링 기술
	소규모 분산형 발전기술	차세대 소규모 집열 기술	Dish 집열 기술
			소형 타워 집열 기술
		소규모 태양열발전 기술	고효율 스터링 엔진 기술
			CPV 발전 기술
	화석/바이오 에너지 태양열 전환기술	메탄 수소 생산 기술	메탄 리포밍 수소 생산 기술
			메탄 직접 분해 기술
		석탄 가스화 기술	고효율 태양열 반응기 설계 기술
			태양열 석탄 가스화 시스템 기술
		바이오매스 가스화 기술	고효율 태양열 반응기 설계 기술
			태양열 바이오매스 가스화 시스템 기술
		다단계 열화학 반응 수소 생산 기술	태양열 IS 사이클 수소 생산 기술
			하이브리드 열화학 수소생산 기술
	태양열 수소생산 기술	금속산화물 이용 수소 생산 기술	반응기 설계 기술
			금속산화물 회수 기술
			금속산화물 내구성 향상 기술
		직접 물 분해 기술	고온 고압 반응기 설계 기술
			분리 저장 기술
		초고온 태양로 기술	초고온 집광 기술
			초고온 재료 기술

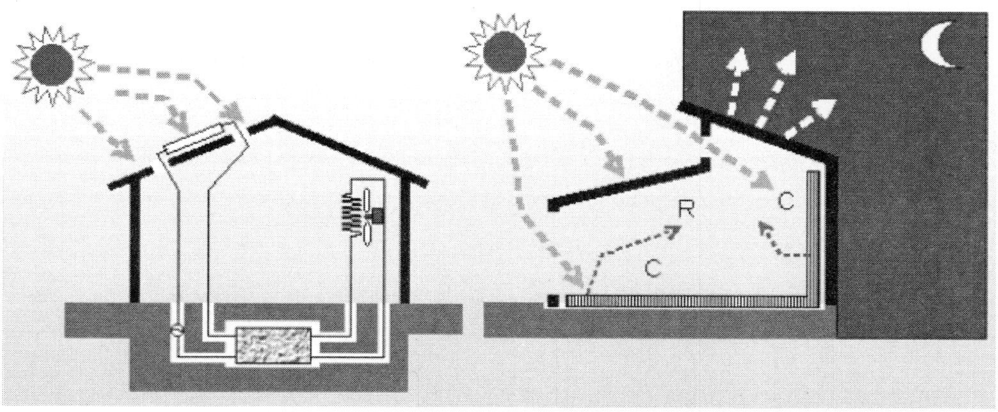

(a) 설비형 (b) 자연형

** 그림 7-1 ▌ 설비형 및 자연형 태양열 시스템(에너지 관리 공단, 2008)

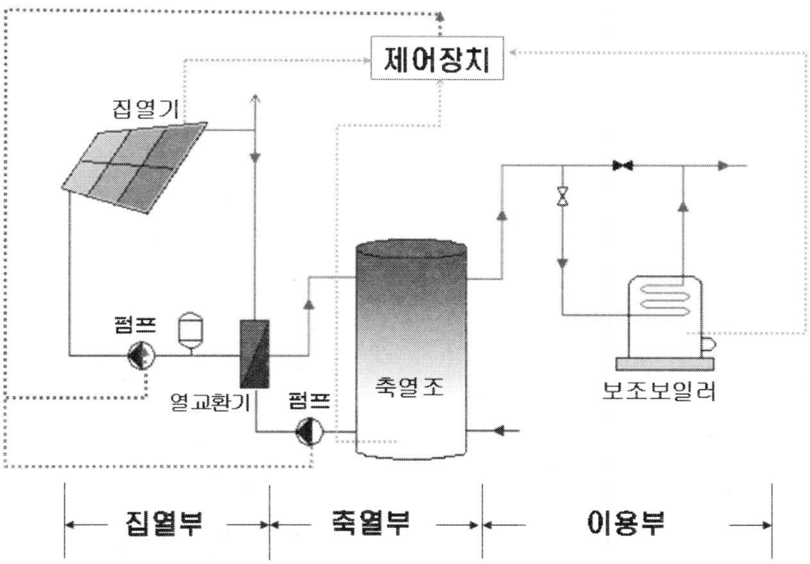

** 그림 7-2 ▌ 액체식 태양열 시스템 개략도(온수급탕용)(에너지 관리 공단, 2008)

7.1.2 태양열 시스템의 구성요소

태양열 시스템은 표 7-4와 같이 태양열 관련 기술 분류를 하였는데 집열부, 축열부, 이용부, 제어 장치로 분류할 수 있다. 집열부는 태양으로부터 에너지를 모아서 열로 변환하는 장치이며, 축열부는 모아진 열을 저장했다가 필요할 때 사용하기 위한 저장 탱크이며, 이용부는 태양열 축열조에 저장된 태양열을 효과적으로 공급하고 사용량 부족시 보조 열원으로 이용되며, 제어 장치는 태양열을 효과적으로 집열, 축열 공급하기 위한 조정 장치다. 태양열 에너지는 에너지 밀도가 낮고 계절별, 시간대별 변화가 심한 에너지이므로 집열과 축열 기술이 가장 근본이 되어야 하는 기술이다. 태양열 분야를 기술의 정의별로 분류하였다. 즉, 태양열 분야 핵심 기술을 집열기, 축열, 제어/설계, 활용 분야/시스템의 4개 분야로 나누고 각 핵심 기술에 해당하는 기술 내용을 나타내었다. 그림 7-3과 같이 태양열 시스템의 구성요소는 크게 3가지로 나누는데 태양열 이용 기술, 집열 기술, 축열 기술로 나눈다.

** 표 7-4 ‖ 태양열 관련 기술 분류(에너지 관리 공단, 2008)

<table>
<tr><th>분야</th><th>핵심 기술</th><th colspan="2">기술 내용</th></tr>
<tr><td rowspan="19">태양열</td><td rowspan="5">집열기</td><td>평판형</td><td>평판형집열기(Glazed 및 Unglazed 타입)</td></tr>
<tr><td>진공관형</td><td>단일진공관, 이중진공관</td></tr>
<tr><td>집광형</td><td>CPC, PTC, Dish, Power Tower, Solar Furnace(태양로)</td></tr>
<tr><td>구성요소</td><td>반사체, 투과체, 흡수체, 단열재, 히트파이프, 흡수막 코팅, 선택흡수막 코팅, Heiostat</td></tr>
<tr><td>건물일체형</td><td>지붕일체형, 벽면일체형, 창일체형</td></tr>
<tr><td rowspan="3">축열조</td><td>축열물질</td><td>현열, 잠열 화학 축열 물질</td></tr>
<tr><td>축열조 설계</td><td>현열, 잠열 및 incapsulation, 화학 축열조 구조 설계</td></tr>
<tr><td>축열조 재질</td><td>현열, 잠열 화학 축열조 재질</td></tr>
<tr><td rowspan="4">제어
설계</td><td>태양추적</td><td>장치 및 방법, 센서 및 방법, 추적 프로그램 포함</td></tr>
<tr><td>제어</td><td>유량, 온도 제어 및 센서, 시스템 자동 운전</td></tr>
<tr><td>안전</td><td>안전, 동결 방지</td></tr>
<tr><td>기타</td><td>설계, 검증, 모니터링 기타</td></tr>
<tr><td rowspan="6">활용
분야
시스템</td><td>급탕</td><td>온수기, 수영장</td></tr>
<tr><td>냉난방</td><td>주택, 건물, 온실, 건조, 지역 냉난방 및 재료</td></tr>
<tr><td>자연형 건물</td><td>Passive 난방, 자연냉방</td></tr>
<tr><td>발전</td><td>태양열발전 시스템 (Dish, Power Tower : PTC), 복합발전</td></tr>
<tr><td>화학</td><td>태양연료(수소 생산), 화학 반응, 화학 공정 등</td></tr>
<tr><td>기타</td><td>산업 공정열, 우주용, 농수산, 군용, 해수 담수화, 태양열 조리기, 태양열 냉동, 태양수 처리, 에너지 캐빈 등</td></tr>
</table>

** 그림 7-3 | 태양열 시스템의 구성요소(에너지 관리 공단, 2008)

7.2 태양열 집열 기술

평판형 집열기는 집열면이 평면을 이루면서 태양 에너지 흡수 면적이 태양 에너지의 입사 면적과 동일한 집열기라 정의하며, 태양열 난방 및 급탕 시스템 등 저온 이용 분야에 사용되는 기본적인 태양열 기기이다. 집열기로 입사된 태양 에너지는 흑색으로 도장된 집열판에 열 에너지로 대부분 흡수되며 흡수된 열 에너지는 순환되는 열전달 매체에 전달되고 일부는 주위로 손실된다. 열전달 열매체에 옮겨진 열 에너지는 가용 집열량으로 저장되거나 열 부하에 직접 공급된다. 표 7-5를 보면 집열기의 종류는 크게 평판형 집열기와 진공관형 집열기 그리고 집광형이 있다. 표 7-5를 보면 집열기 종류에 따라 사용 가능한 온도가 있고 또한 그 온도대에서 적용할 수 있는 분야를 참고 바란다.

그림 7-4와 그림 7-5와 같이 평판형 태양열 집열기는 크게 뚜껑 없는 형태와 있는 형태로 나눈다. 평판형 집열기는 집열 매체의 취득 온도를 외기 온도 이상 100℃ 이하의 범위로 보며, 이 집열기의 장점은 전 일사량, 즉 직접 및 분산 일사 성분 모

두를 이용할 수 잇다는 점과 태양광을 추적하지 않아도 된다는 점이다. 평판형 집열기의 필수적인 구성품은 투명 덮개(Transparent Cover), 흡열판(Absorber Plate), 집열 매체도관(Riser), 단열재(Thermal Insulation)및 집열기 외장박스(Housing)로 이루어진다. 그림 7-6과 그림 7-7과 같이 진공관형 태양열 집열기는 크게 이중 진공관형과 단일 진공관형으로 나눈다. 진공관형 태양열 집열기는 집열체가 내부를 진공으로 한 유리관 내에 유지된 형태의 집열기라 정의하며, 진공 기술을 사용함으로 인해 집열면에서의 대류열 손실을 획기적으로 줄일 수 있어, 설치 면적을 줄일 수 있고, 중온 활용에서도 높은 집열 효율을 유지한다. 또한, 경량이고 설치가 쉬우며, 기존 건물의 외관과 친화적이다. 진공관형 태양열 집열기는 유리관이 파손되더라도 파손된 유리관만을 교체 사용할 수 있으며, 태양빛의 입사각에 상관없이 모든 방향에서 빛을 흡수할 수 있는 구조를 가지고 있다. 종류는 진공관형 태양열 집열기는 단일 진공 유리관형과 이중 진공 유리관형으로 나누어진다. 단일 진공 유리관형 집열기에는 대부분 히트파이프가 집열체로 삽입되어 밀봉 처리된다. 진공으로 밀봉된 유리관 내에 히트파이프로 구성된 태양열 집열기의 구조 및 작동은 다음과 같다. 집열체는 작동 매체로 채워진 밀봉된 히트파이프(Heat pipe)로 상단에는 선택 흡수 처리된 집열판이 부착되어 있다. 각 튜브의 상단 끝에 있는 열 교환기(Manifold)를 통래 집열체로 집열된 열을 축열조나 이용부로 가져간다. 이중 진공 유리관식 태양열 집열기는 내부유리관과 외부유리관 사이를 진공 처리하여 열손실을 최소화하는 방식으로 U자형 등의 열매체 순환 튜브를 삽입하여 집열하는 집열기 이다. 선택흡수막은 내부유리관 외벽에 코팅하여 사용한다.

CPC형 태양열 집열기는 태양을 추적하지 않고 고정 설치하며, 태양 에너지 흡수면적이 태양 에너지의 입사 면적보다 적은 집열기로 정의하며, 중온(100~200℃) 범위의 온도를 얻을 수 있는 고정 형태의 집광형 집열기로 일반 평판형 집열기와 동등하게 설치 가능하다. 또한 집광비(10 이하)의 선택에 따라 원하는 온도를 얻을 수 있어 사용처가 선택되어지면 집광비를 선택하여 사용처의 온도 요구 조건을 만족시킬 수 있다. 고효율 CPC 태양열 집열기는 태양광을 반사시키기 위한 복합 포물면 반사판과 반사된 태양광을 수광하기 위한 흡열관과 반사판을 보호하고 열 손실을 줄이기 위해서 유리관이 반사판을 둘러싸는 구조이다. CPC 고정 집광형 태양열 집열기는 진공관형 태양열 집열기 특성을 공시에 보유하고 있으며 독일 파라디그마(Paradigma)사와 독을 쇼트(Schott)사 집열기가 대표적이다. 전자는 CPC 집광부위가 진공관 외부에 노출되어 있으나 후자는 CPC 집광 부위가 진공관 유리벽 내부에 위치한다.

그림 7-8과 같이 집광 장치를 통하여 고온으로 집열된 태양 에너지를 활용하는 응용 분야는 다양한 형태의 집광 방식에 따라 분류될 수 있는데, 각각의 집광 방식이 가지는 특성과 한계로 인하여 획득 온도 및 활용 방식이 결정된다. 일반 집광 방식은 기존에 널리 사용되는 집광 방식은 홈통형(PTC), 타워형(Tower), 파라볼라 접시(Dish)형 및 복합형 네 가지로 분류된다. 홈통(Parabolic Trough : PTC)형 집관 방식은 1축 방식의 태양 추적이 가능한 파라볼라 곡면의 반사경을 통하여 300℃ 내외의 열원을 얻을 수 있는 집광 장치로 주로 스팀 생산을 통해 태양열 발전 설비에 응용되어지는 고전적인 집광 방식이다. 중앙타워(Central Tower)형 집광 방식은 개별적으로 태양을 추적하는 수백 개의 반사경(Heliostat)을 이용하여 중앙의 타워(Tower)에 집광을 행하는 방식으로 홈통형 집광 방식보다 높은 온도의 획득이 가능하여 대규모 발전 및 화학 반응에 응용되고 있다. 파라볼라 접시형 집광 방식은 작은 집열 면적으로 고집광이 가능하여 스터링 엔진 등을 구동하는 소규모 독립형 발전 시스템에 주로 응용되고 있다.

복합형 방식은 기존의 중앙타워형 집광에 반사경을 설치하고 이를 통하여 반사된 빛을 CPC같은 2차 집광 장치로 빛을 전달하여 보다 높은 초고온의 획득이 가능토록 하는 특별한 집광 형식으로 이때 CPC는 타워에 직접 설치될 수도 있다. 고집광과 초고온 태양로는 일반적으로 초고온 태양로라고 하면 기존의 파라볼라 접시형 반사경 혹은 타워형 집광 설비에 CPC 형태의 2차 집광 시스템을 추가로 설치하여 수천 K에 이르는 초고온을 얻을 수 있는 장치를 의미한다. 1,000~수천K에 이르는 고온의 획득이 가능한 초고온 태양 에너지 집광 설비는 기존의 태양열 발전이 아닌 화학 반응을 통해 보다 유용한 에너지의 획득이 가능한 첨단 설비가 된다고 할 수 있다. 고온으로 집열된 고집광 태양 에너지를 활용하여 화학 반응을 수행할 경우 복사 에너지를 효과적으로 활용해야 하는 관계로 화학 반응 시스템의 구조는 기존의 방식과 다른 형상을 필요로 하게 되는데. 이에 따라 반응기의 형상, 열전달, 촉매의 적용 등 핵심 요소 기술도 기존의 것과는 다른 방식으로 응용되어져야 한다. 그러나 1,000K 이상의 초고온 태양열 화학 반응을 응용하는 고집광 태양 에너지의 활용을 위한 반응기는 효과적인 열전달을 위해 반응물과 집광된 태양 에너지가 Window를 사이에 두고 직접 접촉하는 형태를 가지고 있다. 세계적으로 초고온 태양열 화학 반응기들은 작동의 개념과 특성에 따라 회전 캐비티형 반응기, 와류 캐비티형 반응기, 2-캐비티형 반응기로 명명하고 있으며, 2,000 이상의 초고온에서 태양 연료 생산을 위한 화학 반응을 수행할 수 있다(그림 7-9 참조).

태양열 집열기의 집열 효율은 그림 7-10과 같이 집열기의 종류에 따라 집열 온도가 다르기 때문에 용도에 따라 집열기를 선택해주면 된다. 집열기의 효율은 집열기 입구 측 열매체 온도(Ti), 외기 온도(Ta), 일사량(IT)에 의해 표현이 된다. 플라스틱 수영장 집열기는 수영장의 온도를 유지하는 수준인 영역에서는 사용이 가능하지만 고온 영역에서는 사용이 적합하지 않음을 알 수 있다. 진공관형은 저온 영역에서는 상대적으로 효율이 높지 않지만 고온 영역에서 효율의 저하가 작아 고온 영역에서 적합한 집열기임을 알 수 있다. 태양열 시스템을 난방에 사용하기 위해서는 높은 열매체의 온도가 필요한데 진공관형과 고효율 평판형 제품이 이에 해당한다.

** 표 7-5 ‖ 태양열 집열기 종류

<table>
<tr><th>종류</th><th>세부 분류</th><th>특징</th><th>적용 분야</th></tr>
<tr><td rowspan="2">평판형 집열기</td><td>Unglazed</td><td>저온 활용(~30℃), 자유롭게 설치 가능, 가벼움, 낮은 압력 운전</td><td>수영장 가열용</td></tr>
<tr><td>Glazed</td><td>저/중온(~60℃), 무겁고 파손 우려</td><td>건물의 급탕</td></tr>
<tr><td rowspan="2">진공관형 집열기</td><td>이중 진공관 (Thermosphere, U-tube, Heat pipe)</td><td>중온용(~300℃), 보온병의 원리, 파손 우려, 추운 기후에서 열 손실 발생</td><td>온수급탕</td></tr>
<tr><td>단일 진공관</td><td>중온용(~300℃), 열 손실(대류,전도) 없음, 파손 우려, 유지보수 편리, 추운 기후에서도 고효율</td><td>온수급탕, 산업 공정 열원 활용</td></tr>
<tr><td rowspan="5">집광형 집열기</td><td>PTC(Parabolic Troughs Concentrate)</td><td rowspan="3">고온 이용(300℃ 이상), 추적 시스템 필요, 태양빛이 반사판에 반사되어 빛을 한곳으로 모이게 하는 초점 원리 이용, 직달 일사량만이용</td><td>스팀 생산을 통해 태양열 발전 설비에 응용</td></tr>
<tr><td>Parabolic Dish</td><td>스터링 엔진 등을 구동하는 소규모 독립형 발전 시스템</td></tr>
<tr><td>Power Tower</td><td>대규모 발전 및 화학 반응에 응용</td></tr>
<tr><td>Compound Parabolic Concentrator</td><td>고정 설치, 중온(100~200℃)</td><td>건물냉난방, 산업 공정열</td></tr>
<tr><td>초고온 태양로</td><td>파라볼라 접시형 반사경 혹은 타워형 집광 설비에 CPC 형태의 2차 집광 시스템, 초고온(1000~수천 K)</td><td>화학 반응</td></tr>
</table>

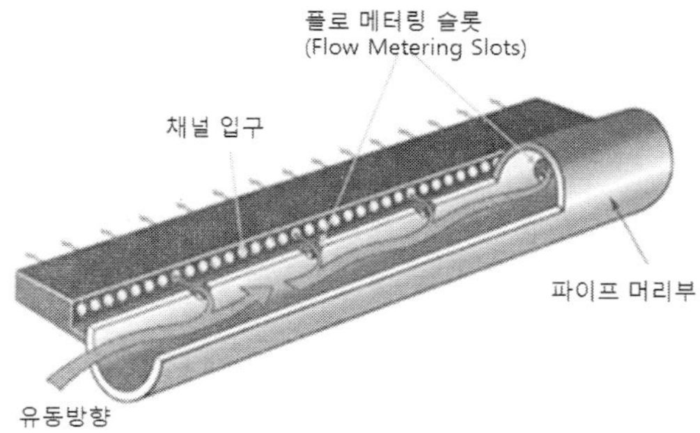

** 그림 7-4 ▌ 평판형 태양열 뚜껑 없는 집열기의 구조(송규섭, 2010)

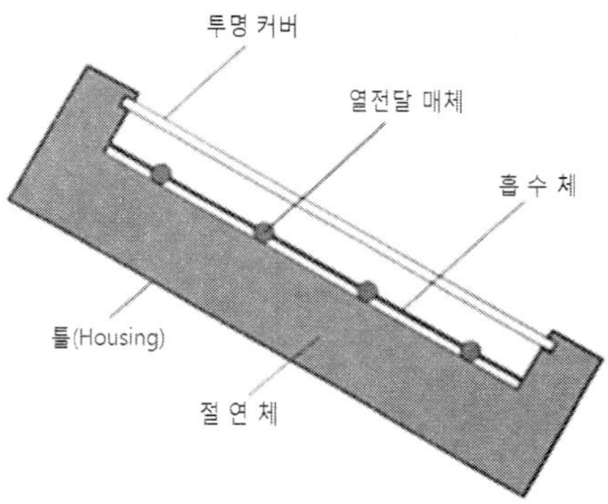

** 그림 7-5 ▌ 평판형 태양열 뚜껑 있는 집열기의 구조(송규섭, 2010)

** 그림 7-6 ▌ 이중 진공관형 집열기(송규섭, 2010)

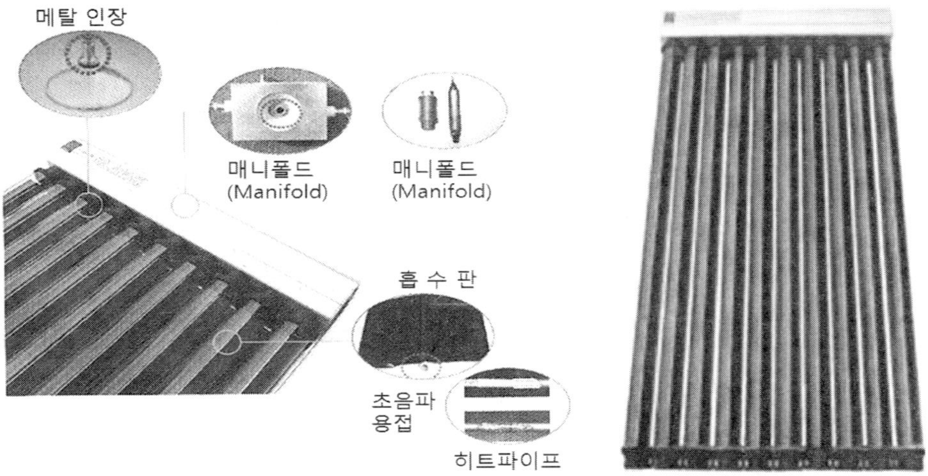

** 그림 7-7 ▌ 단일 진공관형 집열기(송규섭, 2010)

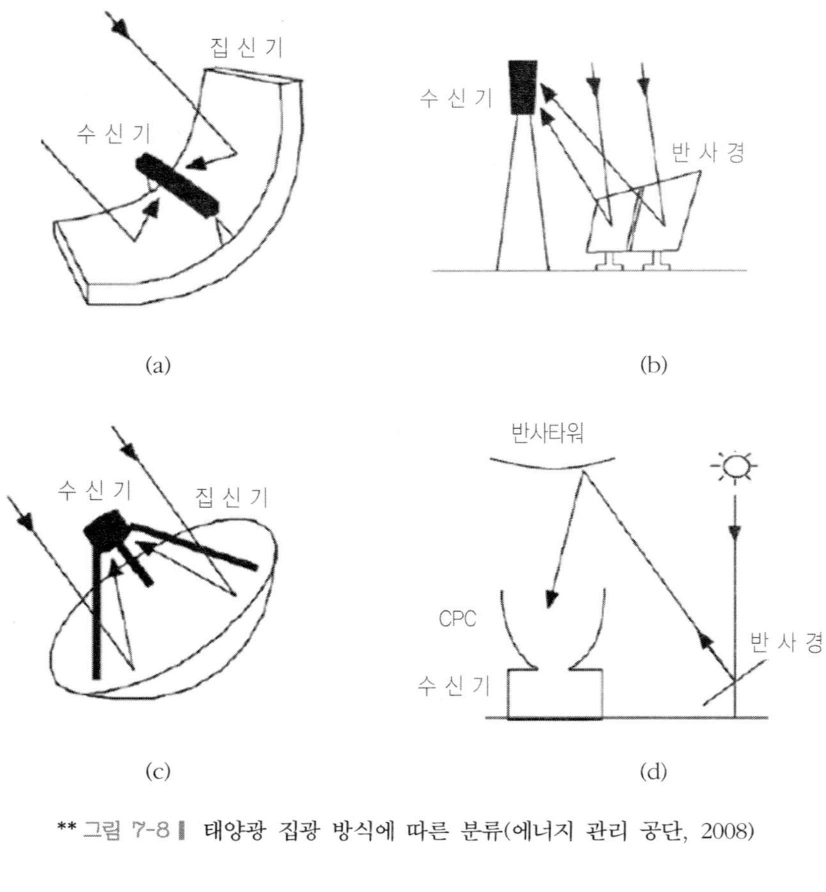

** 그림 7-8 ▌ 태양광 집광 방식에 따른 분류(에너지 관리 공단, 2008)

** 그림 7-9 ▌ 초고온 태양로 실험 설비(미국, 프랑스, 스위스)(에너지 관리 공단, 2008)

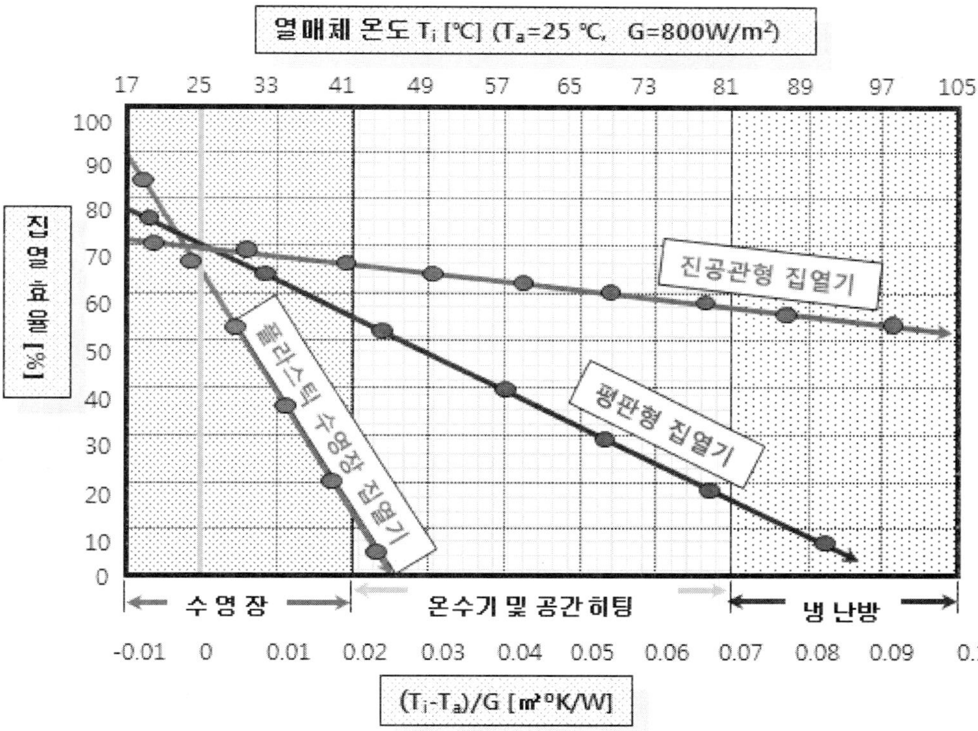

Ti : 열매체 온도
Ta : 외기 온도
G : 일사량

** 그림 7-10 ▌ 태양열 집열기 집열효율(송규섭, 2010)

7.3 태양열 축열 기술

열을 발생하는 열원과 그 열을 이용하는 열기기 사이에는 대체로 공간적이나 시간적인 거리가 있다. 공간적인 거리를 극복하기 위해서는 열을 이동시킬 수 있는 열교환기나 배관이 필요하며, 시간적인 거리를 극복하려면 축열이 필요하다. 더욱이 축열 시스템은 열원과 열기기 사이의 순간적인 부하 불균형을 조정하여 전체 시스템의 성능을 증가시키며 또한 저밀도 에너지를 고밀도 에너지로 전환시킬 수도 있다. 따라서 축열 시스템의 기능은 열원과 열기기 사이의 시간적, 질적, 양적인 불일치를 감소시키는 것이라고 정의 될 수 있다. 특히 태양 에너지를 이용한 시스템에 있어서는 열원인 태양의 일사량 자체의 주기적인 비연속성과 간헐성 때문에 축열 시스템은 집열 시스템과 더불어 가장 중요한 요소 중 하나이다. 축열 시스템은 역사적으로는 주로 열기기에 균일한 에너지를 공급하기 위하여 사용되거나 건물의 냉난방 설비의 용량 감소, 혹은 체육관이나 대형 회의장 등에 일시적으로 매우 큰 냉난방 공급 등의 경우에 주로 이용되어 왔다.

경제적인 축열 시스템은 단위 용적당 축열 용량이 크고 값이 싸고 인체에 해가 없어야 하며 수명이 길고 열 확산 계수가 커서 열 저장 속도가 커야 하며, 집열 또는 방열 시스템과의 연계 조합이 쉬워야 한다. 위에 열거한 모든 조건을 동시에 만족시킬 수 있는 열 저장 매체는 없으며, 실제의 축열 시스템의 설계 제작에 있어서는 저장 가능한 온도의 범위나 집열 방열 시스템과의 연계성을 고려하여 가장 경제적인 축열 시스템을 결정하게 된다. 축열 방법의 종류가 다양하므로 그 분류 방법에는 관점에 따라 여러 가지가 있을 수 있다. 가장 쉬운 방법으로는 에너지의 저장 온도에 따른 분류를 들 수 있으며, 평판형 집열기를 사용하는 태양열 난방 등 100~500℃ 또는 500℃ 이상의 중온 및 고온 저장 등으로 나누는 것이 이에 해당된다. 또 에너지의 저장 기기에 따라 단기 저장 저장과 장기 저장으로 분류하는 수도 있으며, 보통의 태양열 냉난방 시스템에서는 2~3일 동안의 정장은 단기 저장, 하절기의 태양열을 지하의 대수층에 저장한 후 동절기에 사용하는 것이 장기 저장이라 할 수 있을 것이다. 그러나 축열 방법을 분류하는 가장 일반적인 방법은 역시 저장하는 에너지의 형태에 따른 분류라고 할 수 있으며, 대표적인 에너지의 저장 형태로는 열 저장, 전기 저장, 기계적 저장, 화학적 저장 등을 들 수 있다.

7.3.1 현열 이용

현열을 이용한 열 저장은 태양열 냉난방에 가장 보편적으로 적용되는 방법의 하나이며, 이는 축열 매체의 온도 변화에 따른 열의 저장 및 방열 능력을 이용한 것이다. 현열을 이용한 태양열의 저장 방법은 축열 매체의 종류에 따라 그림 7-11과 같이 액체식과 고체식으로 분류하거나 혹은 저장 온도에 따라 저온과 고온 저장으로 분류할 수도 있다. 일반적으로 평판형 액체식 또는 그림 7-12와 같이 공기식 집열기를 사용하는 태양열 난방 시스템에는 100℃ 이하의 저온 저장이 이용되며, 집광형 집열기를 이용한 고온의 집열에는 고온 저장이 필요하다. 현열을 이용한 여러 액체 축열 매체로는 물, 다우썸, 프로필렌 그리콜 등이 있으며, 일반적인 태양열 난방이 100℃ 이하의 온수로 작동됨을 감안하여 역시 물이 가장 경제적인 축열 매체이다. 100℃ 이상의 산업 공정열 이용 등의 축열을 위해서는 물 이외에 담열재 등 여러 매체가 이용 가능하다. 일반 가정의 태양열 난방 시스템의 축열에는 잠열보다는 현열이 이용되는데, 그 이유는 현열 이용이 잠열 이용에 비해 상대적으로 큰 축열조를 필요로 하고 저장 온도도 일정하지 못한 담점이 있기는 하나, 값이 씨고 수명이 길다는 장점을 가지고 있기 때문이다.

7.3.2 잠열 이용

잠열이란 물질의 상이 변화할 때 동온에서 흡수, 방출되는 열로서, 얼음이 녹을 대 흡수하는 80cal/g의 융해열이나 물이 증발할 때 흡수하는 540cal/g의 증발열 등을 대표적인 예로서 들을 수 있다. 현재까지 태양 에너지 응용 분야에서 사용하고 있는 PCM은 크게 파라핀 왁스 같은 유기물과, 망초나 염화칼슘 6수화물 등의 무기 수화염으로 나눌 수 있다. 좀더 고온을 요구하는 경우에는 불화물(Fluoride)이나 금속의 합금 등을 이용할 수도 있으나, 아직까지는 실용화된 예를 찾기가 힘들고 주로 연구 및 개발 단계에 머물러 있다. 축열(Thermal Energy Storage)의 관점에서 볼 때 상변화 물질이 당위 부피당 가지는 잠열은 사용 가능한 온도 범위 내에서 가질 수 있는 현열에 비하여 대단히 크다. 따라서 열에너지 저장에 필요한 공간이 절약될 뿐만 아니라, 일정한 온도에서 열을 흡수 방충하므로 과열 현상을 막아 외부로의 열손실을 줄이고, 열전달 시스템을 적절히 설계함으로써 온도 제어 장치 없이 시스템의 온도를 거의 일정하게 유지할 수 있는 장점을 가지고 있다. 실용화된 PCM은 대부분이 PCM 물질뿐만 아니라 PCM 용기(Incapsulation)와 시스템을 통시에 고려한 개념이다. 즉, PCM 자체는 주어진 온도와 열의 공급 방출 등에 의하여 상을 변화할 수는 있으나, 열 매체와의 열 교환 및 열 에너지를 효과적으로 이용하고, 이를 지속적으로 사용하기 위해서는 적절한 PCM 용기 개발 및 사용 방법이 물질과 전체 시스템의 열 수지에 따라 개발되어야 한다. 실제로 현재까지 PCM을 이용한 TES 및 PCM의 신뢰성과 이에 따른 실용성에 대하여는 많은 논쟁이 있어 왔으며, 과냉의 크기, 가역성, 부식성, 화학적 안정성 및 제품 원가 등의 여러 가지 인자들 때문에 PCM을 널리 사용하고 있지는 못한 실정이다. 앞에서도 지적되었듯이 잠열 축열(열 저장 및 방열) 시스템 설계는 잠열 저장재와 독립적으로 이루어지는 것이 아니라, 각 잠열 저장재마다 가지는 상평형, 결정화 속도 및 열전달 특성이 동시에 고려되어야 한다. 즉, 상평형 온도가 같다고 하더라도 유기 잠열재와 무기수화염은 우선 용기가 다르고, 결정화 혹은 고화 속도가 다르며, 용기 내부에서의 자연 대류 특성이 서로 다르므로 시스템 디자인이 서로 다를 수밖에 없으며, 아직까지는 어떠한 물질에 대하여 어떠한 방법이 최적이라고 할 수 있을 정도로 연구가 되어 있지는 못하다. 지금까지 개발된 잠열 축열에서는 주로 PCM을 판형 또는 구형의 용기나 선반 등에 놓고, 공기나 물 등의 열 매체를 용기 밖으로 흘리든지, PCM을 저장고에 넣고 코일을 통하여 열 매체를 순환시키는 방법을 사용하고 있다. 특히 공기가 열 매체인 경우에는 용기를 사용하는 전자의 방법을, 물 등의 액체가 열 매체인 경우에는 후자의 방법이 일반적이다. 축열 장치는 크게 관상형과 캡슐형으로 나눌 수 있으며 히트파이프(Heat Pipe)의 이용, Moving scraper 이용, 직접 접촉식, 회전형 축열법 등의 특이한 방법도 있으나 특별한 경우에만 적용되는 경우가 대부분이다. 시스템 비용은 PCM 자체보다도 PCM 용기를 만드는데 더 많이 소요되며, 대개의 경우 PCM 값이 8~10배 정도까지로 추산되고 있다.

7.3.3 화학 반응열 이용

화학 반응열을 이용한 축열 및 방열 기술은 현열 및 잠열을 이용하는 것에 비해 축열 밀도가 크며 보온이 필요 없이 장기간 열 저장이 가능하다는 장점이 있다. 특히 이용 가치가 적은 낮은 온도를 승온(Chemical Heat Pump)하는 것이 가능하므로 현재 여러 방면으로 연구가 활발히 진행 중에 있다. 이 축열 방식이 현열 및 잠열을 이용하는 것과 근본적으로 다른 점은 화학 평형이 존재한다는 점이다 이 평형 관계에 대해서는 물리 화학, 반응 공학, 열역학 등 기존 대학 교재에서 잘 설명되고 있다, 또 이용 형태는 폐쇄계(Closed System) 및 개방계(Opened System)로 대별되며, 앞의 경우 방열 과정은 가압을, 축열 과정은 감압(Reduced Pressure)을 함으로써 승온 효과, 즉 Heat Pump의 효과를 얻을 수 있다. 한편 뒤의 경우 최대로 승온이 가능한 온도는 대기압(1atm)의 평형 온도 이하가 된다.

화학 반응열을 실제 적용하려고 할 때에는 태양열을 이용할 수 있는 온도 범위를 고려하여 최적의 반응계를 선택하여야 한다. 축열재의 선택은 곧 반응계의 선택과 같으므로 축열 온도 및 축열 용량, 축열 및 방열 속도, 축열 물질의 취급상의 문제 등에 특히 유의해야 한다. 반응의 평형 온도, 반응열 등에 대하여 열역학적인 검토로 어느 정도의 예비 지식을 얻을 수 있으며, 화학 반응에 대한 반응 속도론적 검토 및 열전달의 속도론적 검토가 필요하며, 축열 장치의 설계 및 운전에 매우 중요하므로 실험을 통한 데이터 수집이 필요하다. 또한 축열 물질의 안정성 및 가격 등의 문제는 물론이며, 반응 물질 간의 접촉 또는 분리를 어떻게 할 것인가에 대한 연구가 매우 중요하므로 이를 축열 시스템에 잘 적용할 수 있도록 해야 한다.

7.3.4 축열조의 형상 및 재질 선정

축열조의 형상은 장방형 또는 구형이나 원통형 등 여러 가지가 가능하다. 가장 이상적인 형상은 표면적 대 부피의 비가 가장 작아 열 손실을 줄일 수 있으면서 내압성이 좋고 제작이 쉬운 원통형이 일반적으로 상이 되나 장, 정방형 등도 많이 사용된다. 축열조의 재질은 물을 축열 매체로 사용하는 경우에는 축열 온도, 형상과 크기의 제한, 누구의 가능성 또는 내압성 등 여러 가지 용인들을 검토한 후에 결정하게 된다. FRP 탱크의 경우는 가볍고 녹이 슬지 않는 들의 장점이 있으나 70℃ 이상의 온도에서는 사용치 않는 것이 바람직하다. 또한 현장에서 제작되지 않고 공장에서 이미 제작된 탱크를 사용할 경우에는 출입구의 크기는 탱크가 통과할 수 있어야 하는 것도 주의 하여야 한다.

7.3.5 축열조 온도 성층화

축열조 안에서의 온도 성층화는 축열 매체의 온도 변화에 따른 밀도 차이로 축열조 윗부분에 온도가 높은 물, 밑 부분에는 온도가 낮은 물이 위피하여 상당히 안정된 상태를 유지함을 의미한다. 이러한 상태에는 밀도가 낮은 매체가 축열조 상단부 있고 ,밀도가 큰 매체가 축열조 하단부에 위치하기 때문에 열대류 현상은 일어나지 않고 단지 경계층에서 열전도만이 이루어진다. 온도 성층화된 축열조는 완전 혼합된 축열조와 비교하여 약 10% 정도의 축열 효율이 증가한다는 것이 일반적으로 알려져 있다. 온도 성층화를 위해서 일반적으로 그림 7-13과 같이 디퓨저를 이용한 온도 성층화와 그림 7-14와 같이 Multiple pipe를 이용하여 해당 온도층으로 들어가고(축열) 나오게(방열)하는 방법이 있다.

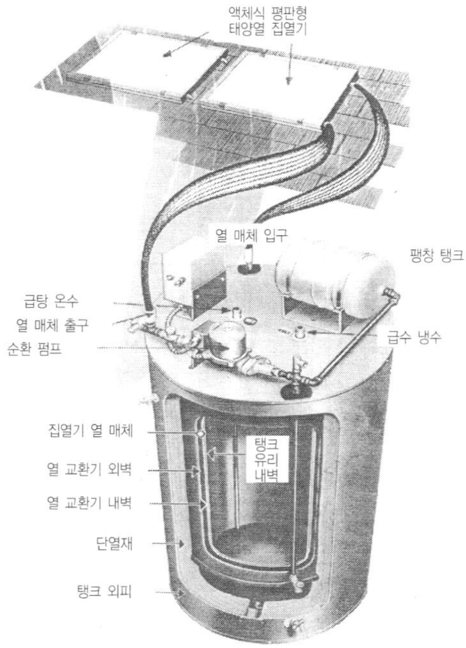

** 그림 7-11 ▌ 태양열 액체식 원통형 축열 탱크의 투시도(오정무, 2005)

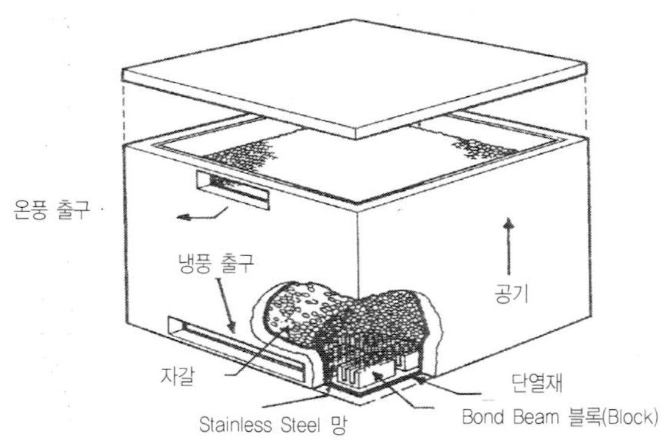

** 그림 7-12 ▌ 태양열 수직형 공기식 자갈 축열조의 개념도(오정무, 2005)

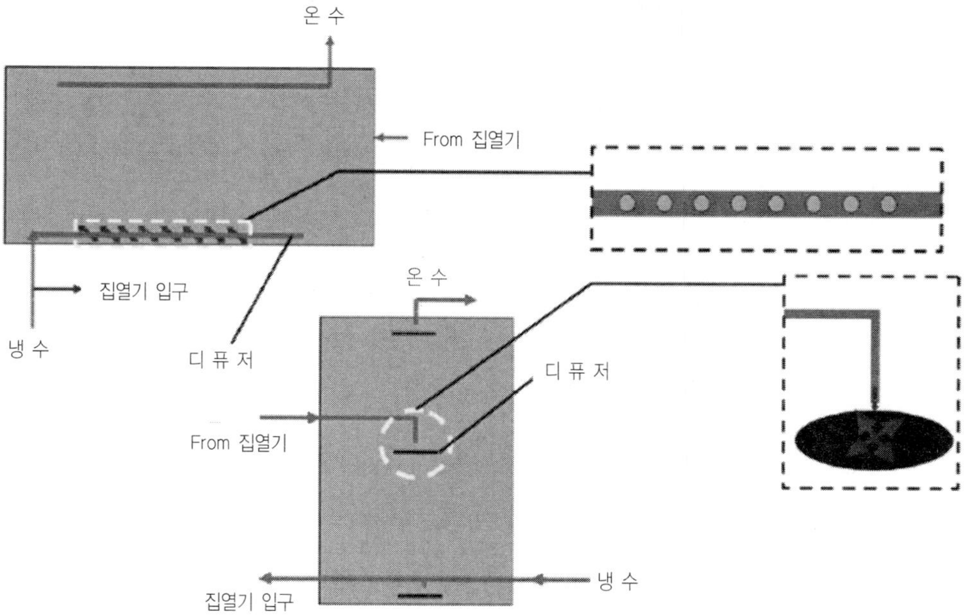

** 그림 7-13 ▌ 여러 가지 형상 디퓨저(에너지 관리 공단, 2008)

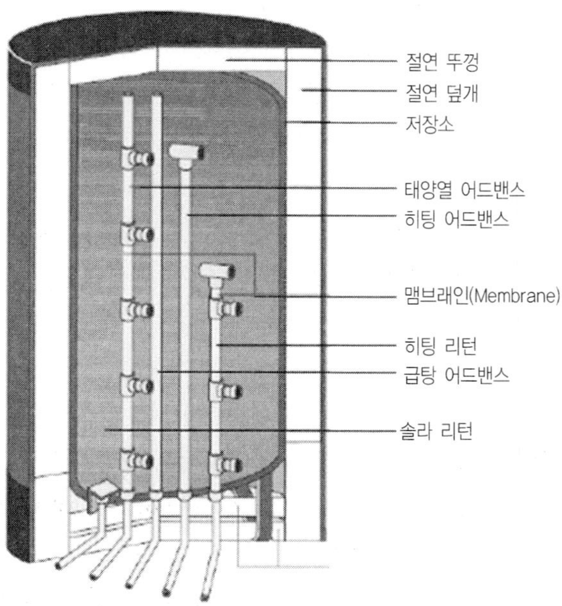

** 그림 7-14 ▌ Multiple Pipe를 이용하여 온도층으로 들어가고 나가게 하는 방법(에너지 관리 공단, 2008)

7.4 설비형 태양열 시스템

설비형 태양열 시스템은 태양열을 흡수하는 집열부와 집열된 열을 저장하는 축열부 및 축열된 열을 사용하는 이용부로 구성된다. 기타 순환 시설, 보조 열원 및 제어 장치가 추가 설치된다. 태양열을 이용하려면 우선 태양열을 모으는 집열기가 있어야 하고, 그 모은 열을 사용할 곳으로 운반하는 전열 매체를 포함한 순환 시설이 있어야 한다. 또 흐린 날이나 밤에 사용할 수 있도록 태양열을 저장하는 축열조가 있어야 한다. 이처럼 설비형 태양열 시스템은 집열기가 필수적이며 집열기효율에 따라 시스템 효율에 큰 영향을 미치므로 집열기 선택이 중요한 요소이다. 태양열 시스템 설계 시에 어떤 기기를 선정하며, 어떻게 조합하며, 왜 제어해야 할 것인가를 고려해야 한다. 태양열 난방 및 급탕 설계자는 위의 방법을 고려하여 시스템의 열적 성능이 최대가 되도록 하여야 한다.

7.4.1 태양열 난방 및 온수급탕 시스템

태양열 난방 시스템은 집열기로 물 또는 공기를 열 매체로 하여 태양열을 집열하여, 이 열을 직접 실내 공기 가열에 사용하는 것으로서, 집열부, 축열부, 이용부와 기타 순환 시설, 보조 열원 및 제어 장치로 구성되어 있다. 태양열 난방 시스템의 종류는 집열 매체에 따라 액체식과 공기식이 있다. 액체식은 집열 매체를 물이나 부동액을 사용하고 있으며, 공기식은 공기를 집열 매체로 사용하고 있다. 액체식 시스템의 장점으로는 열 매체가 직접 축열 매체로 사용되므로, 축열조에서의 온도 강하가 없고, 축열조의 부피가 작아진다는 것이다. 반면에 결빙 문제가 제기되며 열 교환기가 필요하며, 부식 문제가 발생하는 단점이 있다. 그림 7-15와 같이 액체식 시스템은 집열 열전달 매체로서 물이나 부동액을 사용하고 축열 매체로는 물을 주로 사용한다. 태양열 집열기는 입사된 태양 복사 에너지를 가용 열 에너지로 전환하는 데 이용된다. 이 에너지는 수조식 축열조에 현열 또는 잠열의 형태로 저장되고, 난방 및 온수급탕에 열이 필요한 경우에 공급된다. 결빙기에 태양열 집열기 및 배관에서의 동파를 방지하기 위하여 자동 배수 방식을 이용하거나 부동액을 열전달 매체로서 사용한다. 부동액을 열전달 매체로서 사용할 경우에는 집열기와 축열조 사이에 액체-액체식 열 교환기를 설치한다. 또한 액체식 열 교환기를 하나 더 두어 온수 급탕에는 이용된다. 보조 열원은 축열조의 열로서 불충분한 경우에 사용된다. 그 밖에 제어 장치, 압력 조절 밸브, 펌프 및 배관 등으로서 시스템이 구성된다. 보통 태양열 집열기내 열매체 설계 유량은 집열 면적 $1m^3$당 약 0.0151/sec이다. 축열조 열량은 집열 면적 m^2당 50~100리터의 수량이다. 공기식 시스템은 태양열 집열기로부터 더워진 공기가 실내나 축열조로 보내지도록 된 것이다. 집열된 태양 복사 에너지는 더워진 공기에 의하여 자갈을 덮여 가용 열 에너지로서 저장된다. 난방이 필요할 경우 태양열 집열기로부터의 열이 불충분하면 자갈식 축열조로 통하여 공기가 순환되어 실내로 열을 공급하게 된다. 보조 열원은 자갈식 축열조의 열이 부족할 경우에 사용된다. 온수급탕에 필요한 열은 태양열 집열기로부터 나오는 더워진 공기에 의하여 공기-액체식 열 교환기로 액체식 태양열 시스템에서와 같이 예열된다. 만일 태양열로서 불충분하면 일반 온수기로 승온하여 급탕하게 된다. 태양열 집열에 드는 비용을 고려한 경제적인 집열 공기 유량은 집열 면적 $1m^3$당 5~20ℓ/sec이다. 축열조의 용적은 집열 면적 $1m^2$당 0.15~0.35m^3이다. 이러한 공기식 시스템의 장점은 액체식 시스템에 비해 집열기에서 결빙 문제를 우려할 필요가 없으며 부식이 작고, 축열조 자체가 열 교환기 역할을 하고, 열풍을 열 교환기 없이 직접 건물에 주입시키는 것이다. 반면에 온수 생산이나 냉방을 겸할 경우 공기의 열전달 계수가 작아 열 교환기가 커야 하고, 송풍기의 동력 소비가 크며 축열조에 먼지가 쌓일 염려가 있다는 단점이 있다. 공기식 태양열 시스템의 구성 및 조합은 집열 장치와 공기에 의해서 열이 순환되는 자갈식 축열 장치, 자동댐퍼, 필터 및 송풍기로 구성되는 공조 시스템, 온수급탕을 위한 공기-액체식 열 교환기와 보조 열원 장치로 구성된다.

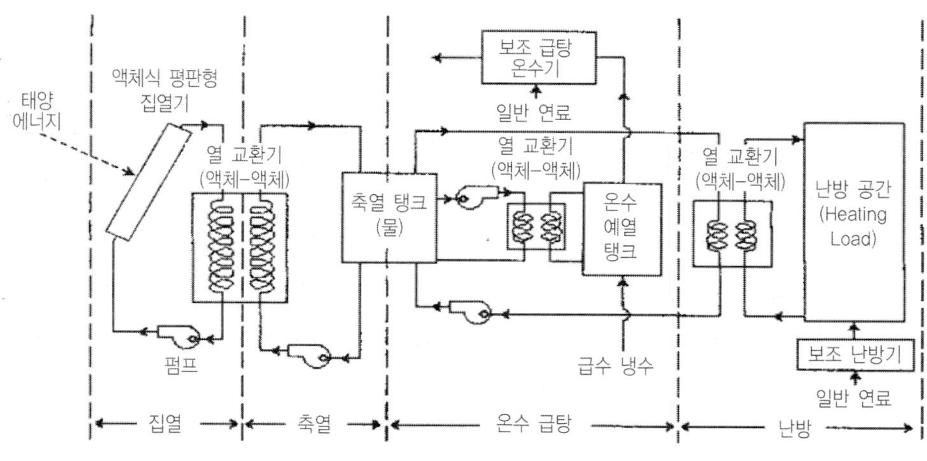

** 그림 7-15 ‖ 액체식 태양열 난방 및 온수급탕 시스템(오정무, 2005)

7.4.2 태양열 냉방 시스템

태양열 냉방에는 주거의 냉방은 물론 음식물의 냉장도 생각할 수 있으며, 무엇보다도 난방 시스템과 병행하여 여름철에는 냉방에, 겨울철에는 난방에 같은 집열기를 공용할 수 있는 시스템이 관심을 끌고 있다. 이에 태양열 냉방 시스템의 시설비가 크므로 가능한 한 이의 비용을 줄이기 위함이다. 태양열 냉방 시스템의 종류는 표 7-6과 같이 크게 개방형과 밀폐형으로 구별되고 태양열의 구동 열원으로는 냉열을 생산하는 시스템은 크게 흡수식 냉방 및 제습 냉방(Desiccant Cooling)과 기타 증기 압축식, 흡착식 등으로 구분할 수 있다. 좀 더 구체적으로 현재까지 연구 개발되었거나 개발 중에 있는 태양열 냉방 및 냉동 시스템은 다음과 같은 것들이 있다.

$LiBr-H_2O, H_2O-NH_3$, $LiCl-H_2O, NH_3-LiNO_3$ 등을 이용한 태양열 흡수식 냉방 시스템과 $CaCl_2-NH_3$와 같은 고체흡수제를 이용한 흡수식 냉동시스템과 $Zeolite-H_2O$, 실리카겔-H_2O, 실리카겔-메탄올 활성탄-메탄올 등 고체흡착제-냉매 쌍을 이용한 태양열 흡착식 냉동 시스템과 Rankine Engine을 이용한 증기 압축식 냉동 시스템과 Photovoltaic Panels로부터 생산된 전기를 이용하여 기존의 냉동기(에어컨)를 구동하여 냉방하는 태양열 압축식 냉방 시스템이 있다. 이처럼 여러 종류의 시스템 개발에도 불구하고 태양열 냉방은 전 세계적으로 보급 활성화가 되지 못하고 있는 실정이다. 이들 중 태양열 흡수식 냉방과 제습 냉방이 그래도 가장 활발하게 연구가 수행되어 왔으며, 앞으로 보급 잠재력이 큰 것으로 평가되고 있다. 이 외에 흡착식 냉동 시스템은 전기가 없는 지역에서 의약품 및 식품 보관을 위한 냉동 및 저온창고용으로 상품화가 되었으나 경제성 확보를 위해서는 아직도 연구 단계에 있다고 볼 수 있다. 대체적으로 열에 의해서 구동되는 냉방 시스템은 난방이나 급탕에 비하여 비교적 높은 온도의 열을 필요로 한다. 그런데 태양열 시스템은 집열 온도가 높아질수록 시스템 효율이 크게 저하될 뿐만 아니라 축열에 어려움이 있다. 따라서 집열기나 축열조의 비용이 고가가 될 수밖에 없으며 또한 시스템 효율이 저하 될 수밖에 없다. 그래서 지금까지 태양열 냉방에 대한 연구는 가능한 한 저온에 의해서 구동될 수 있는 냉방 사이클 및 시스템 개발에 초점을 맞추어져 왔다. 태양열 냉방 시스템의 전체효율은 집열기의 집열효율도 중요하지만 집열된 열과 전기를 어떻게 이용하느냐에 따라 달라진다.

표 7-6 태양열 냉방 기술(곽희열, 2009)

방법	밀폐형 사이클		개방형 사이클	
냉각 사이클	밀폐 냉각 사이클		냉매가 대기와 접촉	
원리	냉각수		공기의 제습 과 증발 냉각	
흡수면	고체	액체	고체	액체
사진				
냉매제 종류	물-실리카 겔	물-물/리튬브로마이드, 암모니아/물	물-실리카 겔, 물-리튬브로마이드	물-칼슘클로라이드, 물-리튬 클로라이드
적용 분야	흡수식 칠러	흡수식 칠러	데시칸트 냉동	-
냉동 능력 (kW)	50~430kW	15kW~5MW	20kW~350kW	-
COP	0.5~0.7	0.6~0.75	0.5~1	〉1
적용 온도	60~90℃	80~110℃	45~95℃	45~70℃
태양열 집열기	진공관형 집열기, 평판형 집열기	진공관형 집열기	평판형 집열기, 집광형 집열기	평판형 집열기, 집광형 집열기

그림 7-16의 내용을 자세히 설명하면 흡수식 냉동 사이클을 이용한 태양열 냉방 시스템은 $LiBr-H_2O$, H_2O-NH_3를 용액으로 사용하는데, 85℃ 이상의 비교적 중저온 열 에너지를 필요로 하므로 성능이 좋은 평판형 태양열 집열기로도 가능하기 때문에 태양열 냉난방시스템으로 적정한 것으로 알려지고 있는 시스템이다. 특히 이 시스템은 비냉방 기간에 난방이나 급탕용으로 효과적으로 사용할 수 있으며, 운전이 정숙하고, 대용량도 가능하며, 부분 부하에서도 성능 저하가 거의 없다. 냉방 COP (여기서는 시스템 전체효율을 의미)는 집열면 일사량을 기준으로 했을 때 대략 0.1~0.2 정도가 된다. 태양열은 고농도의 용액(흡수제/냉매)으로부터 냉매를 증발 분리(용액의 재생이라 함)시키는데 필요한 열을 공급하는데 사용되는데, 냉매의 보존 여부에 따라서 밀폐형과 개방형으로 구분된다. 밀폐형 태양열 냉동기는 일반적으로 흡수식 냉동기와 동일하나 단지, 태양열에 의해서 가열된 온수가 구동 열원이 되기 때문에 발생기 부분이 다르며 또한 저온으로도 용액의 재생이 가능해야 하기 때

문에 COP가 낮아 직화식에서는 거의 사용되지 않는 1중 효용이 효과적으로 사용된다. 개방형은 밀폐형 흡수식 냉동기에서 응축기를 없애고 재생기에서 증발된 냉매 증기를 외부(대기)로 방출하는 시스템이다. 증발기와 흡수기 및 용액 열 교환기는 밀폐형과 동일하다.

개방형은 저가의 집열기를 재생기를 사용하므로 시스템 가격이 저렴하며, 성능은 밀폐형과 유사하다. 특히 이 시스템은 최저 작동 온도를 밀폐형보다 낮출 수는 있으나 대신 흡수기의 냉각수 온도가 낮아야 한다. 그림 7-17과 같은 태양열 제습 냉방 시스템은 제습제를 사용하여 실내로 들어가는 공기로부터 제습하여 습도를 낮추고 그후 증발 냉각 장치에 의해 적정한 온도로 냉각시켜서 실내로 공급하는 냉방 방식이다. 이 시스템에서 태양열은 제습제를 재생시키는데 사용되는데, 가능한 한 낮은 온도(60~80℃)로 재생 가능하도록 하는 것이 중요하다. 제습 냉방 시스템에서는 공기 조화(제습 및 냉각) 과정과 재생 과정의 2가지 작동 과정이 있다. 태양열 냉방 이전에 회전형 배드를 갖는 제습기들이 개발된 바 있으며 다음과 같은 종류가 있다. 이들은 주로 가스를 재생 열원으로 하는 것들이다. 고운 철망에 실리카겔을 채운것과 LiCl을 함유하고 있는 Fiberglass matrix와 Molecular sieve를 함유하고 있는 Paper가 있다.

그림 7-18의 흡착식 냉동 장치는 제습 냉방에 있는 바와 같이 고체흡착제가 온도에 따라 기체 분자(냉매 증기)의 평형 흡착량이 변하는 현상을 이용한 것으로서 온도가 높으면 높을수록 평형 흡착량이 적어져서 흡착제에 흡착되어있던 일부의 냉매가 탈착(재생)되고, 다시 흡착제의 온도가 흡착탑에 있는 흡착제를 가열하면 흡착되어 있던 냉매가 탈착되어 증기압이 증가하여 응축기에서 응축하게 된다(재생 과정 또는 탈착과정이라 함). 반대로 흡착탑에 있는 흡착제를 냉각시키면 흡착제의 평형 흡착량이 증가하여 냉매 증기를 흡착하여 증기압이 떨어져서 증발기에서 증발이 일어난다(흡착 과정이라 함). 이때 냉열이 발생한다. 이처럼 흡착식 냉동기는 흡착제의 가열 또는 냉각에 의해서 구동된다. 이 시스템은 냉매 증기가 흡착될 때 흡착열이 발생하므로 이 열을 제거시켜 주어야 하며, 탈착할 때는 탈착에 필요한 열을 공급해주어 한다. 태양열 흡착식 냉동 시스템은 재생 시 흡착제를 재생 온도까지 가열하는데 필요한 열을 태양열로 이용하는 것이다. 일반적으로 많이 사용되고 있는 다음과 같은 흡착제/냉매 쌍은 다음과 같다. 활성탄/메탄올, 제오라이트/물, 활성탄/암모니아, 제오라이트/메탄올, 제오라이트/암모니아이다. 태양열 흡착식 냉동 장치에 접합한 흡착제/냉매 쌍은 재생 온도가 낮은 활성탄(또는 실리카겔)/메탄올이 비교적 좋은 것으로 보고되고 있다. 활성탄은 재생 온도가 최대 140℃ 미만이나 보통 100℃

전후에서 재생된다. 이 흡착제 쌍을 이용해서 만든 시스템에서 집열기효율을 고려하지 않은 상태에서 COP는 약 0.4 정도가 된다. 그림 7-19를 보면 태양 에너지를 이용한 다양한 최신 냉방 시스템의 개요와 잠재적인 영향력은 태양전지는 효율이 10%이고 이것을 COP가 3인 Vapor Compression을 이용하게 되면 1,000W의 태양 에너지를 300W의 냉방 에너지로 이용할 수 있다. 태양열을 이용한 집열기의 효율은 태양전지보다 높은 50%이고 데워진 150℃의 물을 COP가 1.2인 흡수식 Double-effect를 이용하면 600W의 냉방 에너지로 이용할 수 있다.

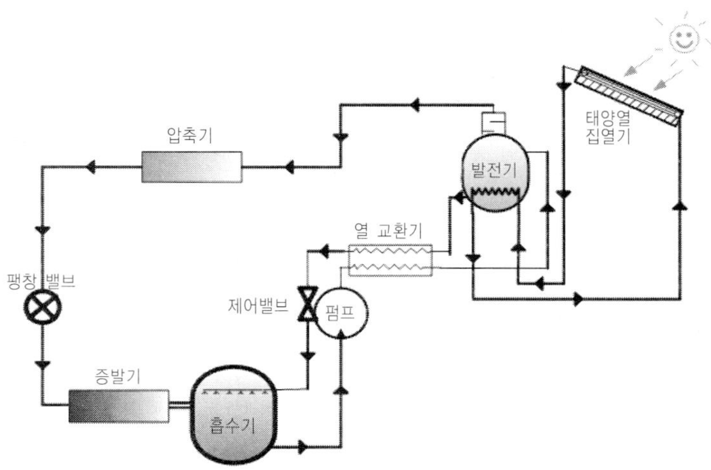

** 그림 7-16 ‖ 태양열 구동 흡수식 냉동기

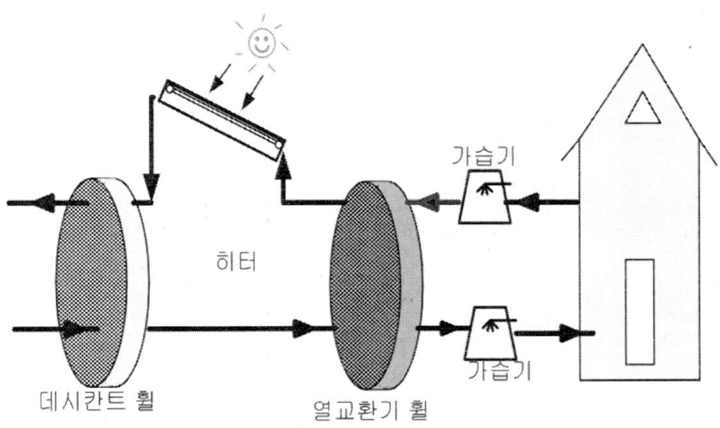

** 그림 7-17 ‖ 태양열 제습 냉방(김영일, 2008)

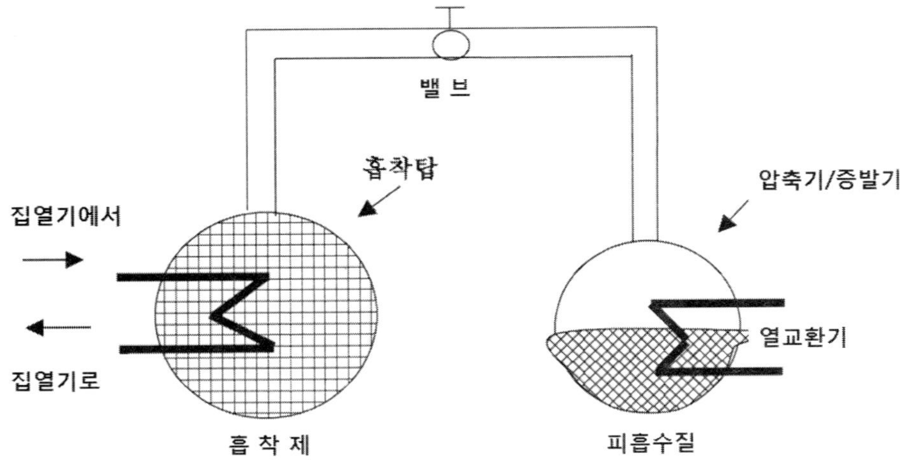

** 그림 7-18 ▌ 태양열 흡착식 냉동 장치 개념도(에너지 관리 공단, 2008)

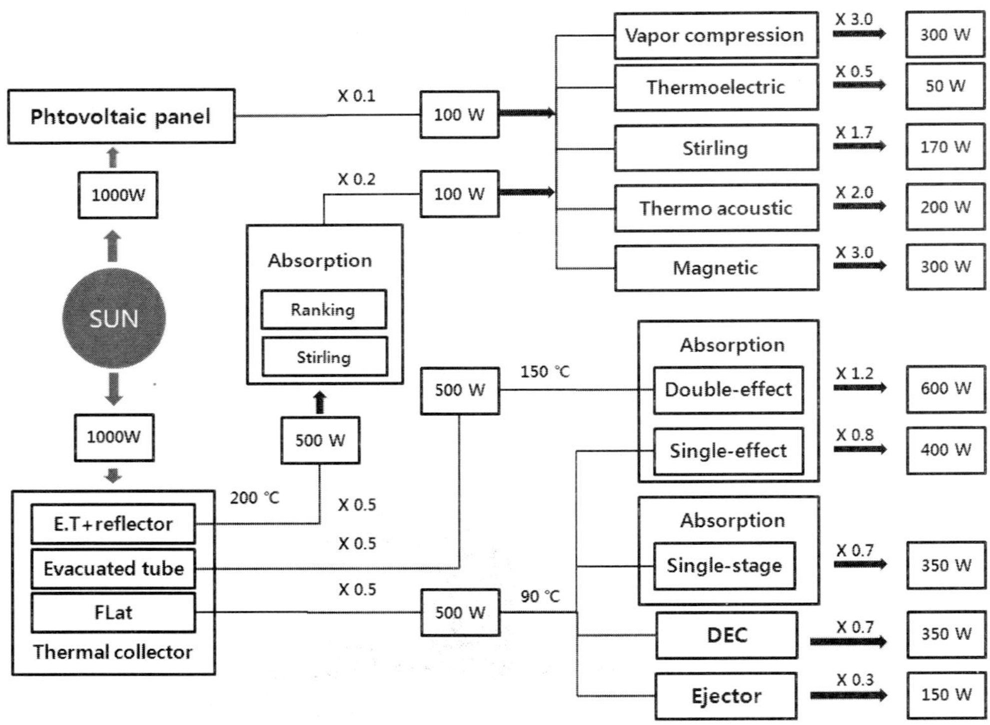

** 그림 7-19 ▌ 태양열 냉방 시스템별 효율(Kim et al., 2008)

7.4.3 중고온용 태양열 시스템

태양 에너지를 이용하는 기존의 방법은 열 이용의 경우 건물에 일사되는 태양 에너지를 수동적으로 활용하거나, 평판형 혹은 진공관형 집열기 등을 이용하여 열 에너지를 회수하여 난방이나 급탕 등의 목적으로 활용하여 왔으며, 전기 이용의 경우 PV셀을 이용하는 광화학적 방법을 통해 약 10% 내외의 효율로 전기를 생산하는 고가의 이용 기술의 널리 적용되고 있다. 그러나 태양 에너지는 이를 일정한 장치를 통하여 집적하여 고집광의 태양 에너지를 얻어 활용할 경우보다 다양하고 높은 효율의 활용이 가능하다. 발전의 경우 고온태양열을 이용한 고효율의 발전과 고집광 기술을 적용한 고효율 PV 발전 등이 가능하며, 열화학 반응 응용 분야의 경우, 수소 등의 유용한 에너지 저장/수송 매체를, 궁극적으로는 이산화탄소의 배출 없이 생산하는 등 각종 첨단 활용기술의 적용이 가능하다. 고집광에 따른 이점을 추산해 보기 위하여 태양 에너지의 일사량이 최고 약 $1kW/m^2$라 가정하고 집열효율을 계산하면, 각각 다른 집광비에서 집열 온도에 따라 그림 7-18의 실선과 같이 나타낼 수 있다. 또한 이러한 이상적인 집열 온도로부터 열역학적 최대효율인 Carnot효율을 계산하고, 집열효율과 Carnot효율로부터 최대 시스템 효율을 추산할 수 있다. 계산된 Carnot효율과 시스템 효율은 그림 7-20에 집열효율과 함께 나타내었다. 이상적인 경우에 대한 계산 결과인 예로 1,000배의 집광비를 살펴볼 경우, 완벽한 광학 장비를 이용하여 최상의 일기 조건에서 집광을 할 때에, 최고 약 2,050K의 온도를 얻을 수 있으며, 약 1,100K 근처에서 최대 시스템 효율 약 0.68을 얻을 수 있음을 알 수 있다. 이러한 수치들은 이상적인 값으로 반사에 따른 손실이 증가하고 흡수율이 감소하거나 방사율이 증가할 때에, 또한 태양 에너지의 일사량이 감소할 때에 낮아질 수 있다. 그러나 그림을 통하여 기본적으로 두 가지 중요한 정보, 즉 집광을 통하여 그 활용의 폭이 매우 넓은 높은 열원의 획득이 가능하다는 사실과, 보다 높은 고집광을 통하여 보다 높은 효율의 에너지 활용이 가능하다는 사실을 확인할 수 있다.

지금까지 연구 개발되어 보급된 평판형 태양열 집열기는 중온 이하의 온도를 얻는 데 적합하여 가정용 온수급탕이나 난방 등에 활용되고 있다. 그러나 냉방이나 산업 이용을 위해 중온(65℃) 이상의 온도를 사용하고자 할 경우에는 넓은 열 손실 면적으로 인해 효율이 급격히 떨어지므로 사용할 수 없다. 태양 에너지를 이용하여 중고온을 얻기 위해서는 태양광을 집광하여 유용한 에너지 형태로 변환시켜야 한다. 변환된 에너지는 산업 공정열, 전력 발생 또는 화학 공정 등에 유용하게 사용되고 있다. 현재까지 개발된 집광형 태양열 집열기는 태양을 추적할 수 있으며, 태양광을 집속하여 흡수기로 반사시키기 위한 반사경으로 구성된다. 평판형 집열기는 모두 고정형이며, 온도 범위도 100℃ 이하로 공정열 및 전력 발생용으로는 사용할 수 없다. 집광형 집열기는 100~500℃의 온도를 얻을 수 있어 태양열 발전 및 산업 공정열 등에 널리 보급되어 활용되고 있다. 집광형 집열기는 반사경 면적과 흡수기 면적비(집광비)로서 필요한 온도를 집광할 수 있다.

집광형 집열기는 집광 형태의 기하하적 구조에따라 진공관형, PTC(Prabolic Trough Concentrator)형이나 CPC(Compound Parabolic Concentrator), Parabolic Dish형 및 그 외의 집광형 집열기 등이 있다. Compound Parabolic 및 V-Trough 형 집열기의 집광비는 1~10범위이며, 반사경을 사용하는 Dish형은 수천까지 얻을 수 있다. 또한 태양을 정확히 추적함으로써 더 높은 온도를 얻을 수 있다. 온도 수준에 따라 시스템 가격에 많은 영향을 미친다. 국내 에너지 소비의 절반 이상을 차지하는 산업 에너지 부문에서의 태양열 이용은 중고온 이용 기술과 더불어 산업용 태양열 시스템의 개발이 필수적이다. 국가적 에너지 소비 구조의 절반을 차지하는 산업 분야에 태양열 중고온 이용은 이 분야에 대체 에너지원 및 대체 시스템의 적용으로 범국가적 에너지 절감 및 새로운 대체 에너지원의 확보가 가능하다. 이와 같은 태양열 중고온 이용 산업 분야는 공정열수(Process Heat Water), 건조탈수(Drying & Dehydration) 및 공정증기(Process Steam)의 세 분야로 대별된다. 이와 같은 산업용 태양열 시스템 기술 분야는 집광 시스템 개발을 제외하면 태양열 복합축 열 기술과 태양 에너지 유독 처리 기술, 태양열 담수화 기술 등이 있다.

태양열 복합축 열 기술은 저온은 물론 중고온 축열을 포함하는 축열 방법으로 현열, 잠열 및 화학 축열 등을 타 열원과의 복합으로 경제성을 확보하는 것이 필요하다. 현재 개발 중인 복합 축열 시스템은 타 열원 및 지중열 복합 태양열 축열 시스템과 태양열 냉난방용 캡슐 PCM 요소화 및 축열 시스템 등이 있다. 태양 에너지 유독 처리 기술은 광 에너지를 이용하여 유독성 폐기물을 무해한 물질로 완전 분해하는 기술을 말한다. 그러나 산업폐수, 지하수 등을 오염시키는 대부분의 유독성 물질들은 태양광을 흡수하지 못하여 분해되지 않으므로 이들을 분해하기 위해서는 필요한 파장대의 태양광을 흡수하여 광 에너지에 의한 화학적 반응을 유도할 수 있는 보조물이 필요하다. 이렇게 반응의 초기 유발을 도와주는 반도체성 보조 물질을 광 촉매라고 한다. 광 촉매의 효율 향상을 위하여 졸-겔법, dialysis법 등 다양한 제조 기술 개발과 함께 광 반응기 설계 및 구성 기술이 조화를 이루어야 고효율의 광 반응기 개발이 이루어질 수 있다. 이들 기술의 개발은 대기/토양 처리뿐 아니라 해양 유출유 처리, 탈취 처리, 유독성 배기가스 저감 등 다양한 분야에 적용할 수 있다.

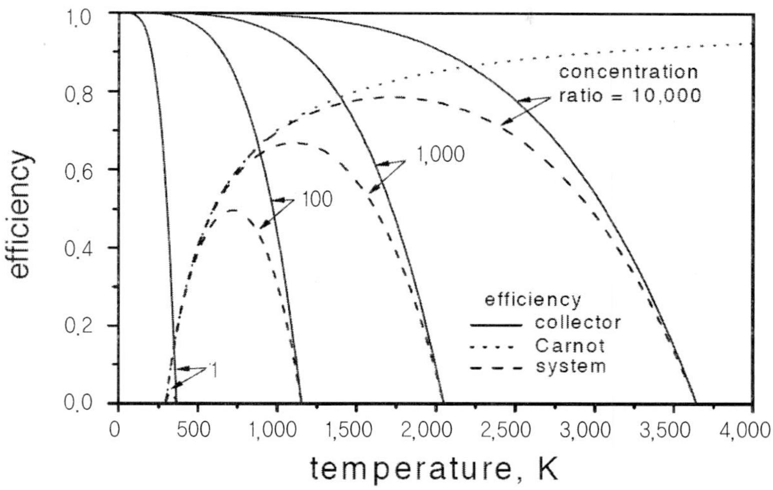

** 그림 7-20 ‖ 집광비별 획득온도 및 효율(에너지 관리 공단, 2008)

7.4.4 태양열발전 시스템

태양열발전은 일사된 태양 복사 에너지를 고비율로 집광하여 회수된 고온(250~1,200℃)의 열 에너지를 이용, 발전 설비를 구동하여 전기 에너지를 얻는 것으로서, 대규모 태양열 발전 설비는 기본적으로 집광, 흡수, 저장, 발전 시스템을 포함하고 있다. 이때 전달된 고온의 태양 에너지는 열 에너지의 형태로 발전 설비에 공급되어 직접 전기를 생산하거나 열 함량이 증가되는 연료 혹은 수소 등의 화학 에너지 생산을 위한 흡열 반응의 열원으로 공급되어 발전을 위한 연료의 생산에 이용되기도 한다. 또한 발전 방식 및 고온 태양열 연계 방식에 따라 효과적이고 안정적인 발전을 위해 별도의 연료를 사용하는 복합 시스템을 구축하기도 한다. 태양열발전 시스템 종류는 집열 방식에 따라 집중형과 분배형으로 나누어지며, 집중형의 경우는 대규모 발전 플랜트에 적합하고 분배형은 중규모 이하 플랜트나 독립형 발전 시스템에 적합하다. 에너지 전환 시스템으로는 발전기와 열방출 부설 시스템이 부착된 열엔진(증기랭킨, 유기랭킨, 가스 브래이튼 또는 스터링)으로 구성되며, 열엔진에 따라 시스템 설계 및 구성이 변한다. 에너지 수송 및 저장은 기존 타열원 발전 시스템과 유사하여 기술의 공유가 가능하다. 태양열발전 시스템의 개발과 더불어 운전 기술의 확보는 시스템 최적화 및 효율 향상을 위해 필수적이며, 시스템의 성능 미치 경제성 평가를 위한 측정 평가 기술도 필요하다. 집광 기술에 따른 분류를 하면 표 7-7과 같이 구유형(Parabolic

Trough), 파워타워형(Power Tower), 파라볼라 접시형과 프레넬형이 있다.

그림 7-21과 같이 홈통형의 반사면은 Trough의 초점에 놓인 흡열관에 태양열을 모은다. 집열관 내의 가열된 열매체는 파이프를 통해 터빈/발생기에서의 사용을 위해 열 교환기로 수송되어 증기를 생산하거나 직접 집열관에서 증기로 만들기도 한다. 홈통형은 1축은 고성되어 1축만 태양을 추적한다. 이 기술은 공정열이나 화학 반응을 위해 열을 제공하기 위해 제공되며, 현재는 전력 생산을 위해 많이 사용되고 있다. 집광비는 10~30sun 정도이다. 그림 7-22와 같은 파워타워형 시스템에서는 일광 반사 장치가 중앙타워에 설치된 흡수기에 태양 일사를 반사하고 모으는 역할을 한다. 집열기의 열전달 매체로는 용융염, 공기 또는 액체 금속 등이 사용된다. 가열된 열매체는 축열 탱크를 거쳐 전력 변환 장치에서 전기를 생산한다. 이 시스템의 집광비는 300~1,500sun 정도이며 1,500℃ 이상에서도 작동이 가능하다. 그림 7-23과 같은 파라볼라 접시형 시스템은 파라볼라 접시의 초점에서 태양열을 모은다. 이 시스템은 수 천 sun의 집광비를 얻을 수 있다. 이 집열기는 태양 에너지를 직접 열로 변환시켜 열로 직접 이용하거나 화학 공정에 사용할 수 있으며, 가장 보편적인 사용 형태는 전력 생산이다. 태양 에너지는 일조 시간 및 기후 조건에 따른 자원 활용의 시간적 한계를 가지고 있다. 이러한 약점을 보완할 수 있는 방법은 크게 두 가지로 볼 수 있는데, 첫째는 태양 에너지를 일정한 저장 매체를 통하여 저장하고 야간이나 기후 조건이 좋지 않은 시기에 적절하게 활용하는 방법으로, 이는 사막 등에 설치된 대규모 태양열 발전 설비에서 일반적으로 사용되고 있는 방법이다. 두 번째는 태양 에너지와 천연가스 등의 화석연료를 동시에 이용하는 복합시스템을 구축하는 것으로, 이러한 방식은 일조 조건에 따라 화석연료의 사용량을 조절하여 발전의 경우 발전 설비를 최적의 조건에서 최대용량으로 운전하여 일정한 양의 전기를 지속적으로 생산할 수 있으며, 공급되는 태양 에너지를 모두 발전에 사용할 수 있다는 장점을 가지고 있다. 따라서 별도의 화석연료 공급이 불가능한 특수한 지역에서의 태양열 발전 설비가 아니라면 두 번째 방법인 복합 발전은 중, 단기적으로 태양열 이용하여 고효율, 양질의 발전을 행할 수 있는 가장 효과적인 대안이 될 수 있다. 그림 7-24와 같이 복합 발전을 이용한 발전 시나리오는 태양열 집열 방식, 이에 따른 집열 온도, 발전 방식, 사용되는 화석연료의 종류, 복합열원 연계방식, 발전용량 등 다양한 조건에 따라 서로 다른 시나리오를 가지게 되는데, 현재 전 세계적으로 적용 가능한 기술 수준을 고려할 때에 5가지로 크게 분류할 수 있다. 그 밖에도 기존의 발전 설비와 적절한 방식으로 열을 교환하여 전체적인 열효율을 높임과 동시에 발전을 위해 태양 에너지를 효과적

으로 활용토록 하는 다양한 형태의 복합 시스템의 구축이 가능하다. 현재 적용되고 있는 4개의 태양열 발전 기술별로 적용되는 요소 기술 용량, 작동 조건, 경제성 등을 비교하여 표 7-8로 나타내었다. EU의 Road map(ECOSTAR)의 태양열 발전 기술별 분석 내용에서 EU는 2005년 태양열 발전 분야의 기술별 현황과 전망에 대한 상세한 Road Map을 보고한 바 있다. 그 보고에 따르면 2040년 예측 태양열 발전 설비의 용량은 40GW에 이르며 이 중 유럽의 설비는 약 10GW에 이를 것으로 예측하고 있다.

** 표 7-7 ▌ 태양열발전 종류와 특징(Deutshche Bank 2009, Greenpeace 2009)

구분	구유형	타워형	접시형	프레넬형
집열방식	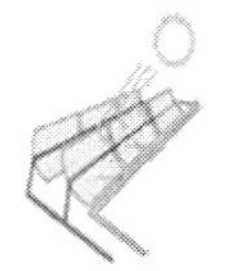	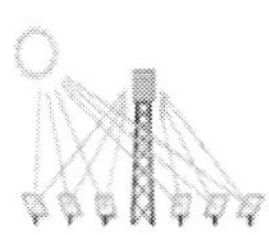	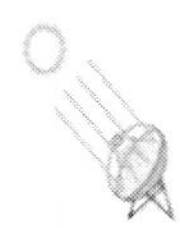	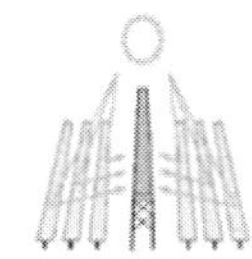
용량(MW)	10~200	10~200	0.1~1	10~200
효율(%)	10~25	10~25	16~29	9~17
온도(℃)	350~415	250~565	750~800	270~500
투자비용(유로/KW)	3,000~6,500	4,000~6,000	4,000~10,000	2,500~5,500
개발상황	상업화	상업화 진행	프로토타입 테스트	프로토타입
장점	시스템 안정성 높은 효율	높은 온도 높은 효율	아주 높은 효율 모듈 방식	낮은 재료비용 효율 향상이 기대
단점	효율 향상이 어려움.	상업화 입증 안됨. 높은 운영비용	신뢰성 입증 안됨. 축열 불가능	낮은 효율

자료 : Deutsche Bank(2009), The CSP industry An awakening giant, Greenpeace(2009), Concentrating Solar Power Global Outlook 09

** 표 7-8 ▌ 태양열발전 기술별 분석(에너지 관리 공단, 2008)

기술	포화 증기 중앙집중형	대기 공기 중앙집중형	압축 공기 중앙집중형	접시 엔진 시스템
그림	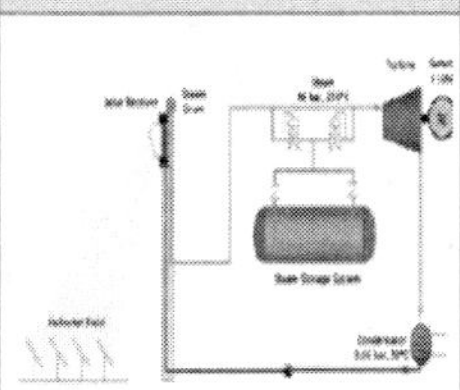	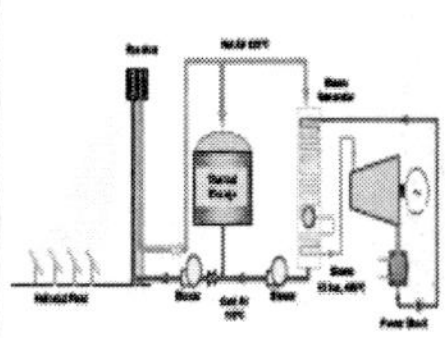	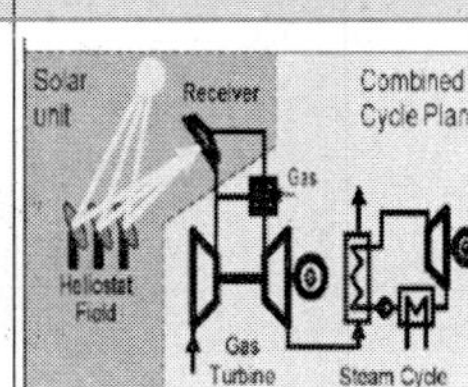	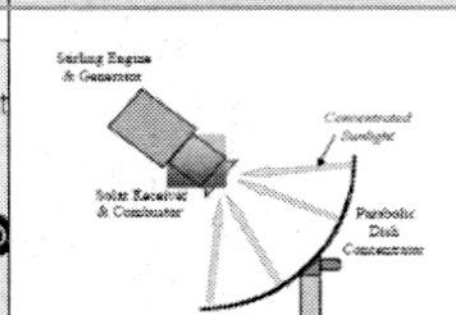

기술	포화 증기 중앙집중형	대기 공기 중앙집중형	압축 공기 중앙집중형	접시 엔진 시스템
기술 디자인 변수				
집열기	일광 반사 장치	일광 반사 장치	일광 반사 장치	파라볼릭 접식
수신기	포화 증기형	용적 대기공기형	압축 공기형	튜브 & 공동형
저장 장치	스팀 완충 저장	세라믹 변온 열 저장	–	–
사이클	랭킨 사이클	랭킨 사이클	복합 사이클	스터링 사이클
계획, 건설된 사이즈				
모델	PS 10(11 MW), 건설 중, 스페인	PS 10(11 MW) 컨셉 디자인	Soligate 14.6MW	22kW
진행 사항	2MW 테스트	2.5MW, 스페인	2×200kW, 이태리	25W(30개)
온도	250℃	750℃	800℃	800℃
사이즈	5×11MW	10×47MW	4×14.6MW	2,907×25kW
집열효율	26%	33%	11%(55%)	22%
1 Unit 당 단가	0.241유로/kWh	0.234유로/kWh	0.147유로/kWh	0.281유로/kWh
Total unit 단가	0.169유로/kWh	0.179유로/kWh	0.139유로/kWh	0.193유로/kWh

** 그림 7-21 ▎ PTC 태양열집광 시스템(미국 NREL, 한국 KIEL)(에너지 관리 공단, 2008)

** 그림 7-22 ▌ 미국 샌디아 연구소 파워타워(에너지 관리 공단, 2008)

** 그림 7-23 ▌ 파라볼라 접시형 태양열발전 시스템(호주, 한국)(에너지 관리 공단, 2008)

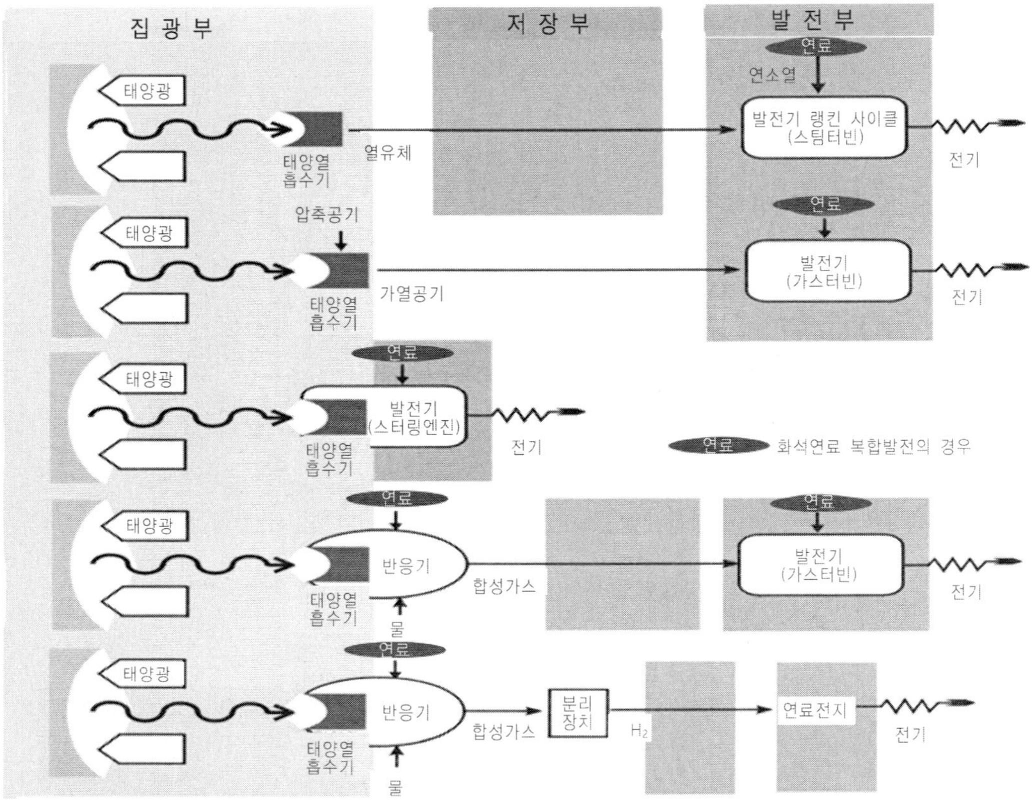

** 그림 7-24 ▌ 태양열 발전 시나리오(에너지 관리 공단, 2008)

7.5 태양열 시스템 국내외 사례

태양열 시스템의 국내 핵심 소재 소용 및 부품 기술(원천 기술)없이 껍데기 연구개발(해외모방)만을 시행하여 실질적인 국제경쟁력이 전무한 상태임, 이러한 문제점을 극복하기 위하여 태양열도 태양광처럼 일정 규모 이상의 시장을 만들어 주어 산업화를 촉진하고, 다방면의 다양한 분야의 전문가와 업계가 참여하여 핵심 소재, 부품, 장비 및 생산기술개발에 주력해야만 세계적 경쟁력을 확보 할 수 있다. 기술 개발은 제품 관련 기업의 제조 설비, 시스템의 심장 역할을 하는 제어 장치 등 태양열의 주요 부품, 태양열 시스템 엔지니어링 기술이 부족하며, 업계에 종사하는 사람들의 엔지니어링 기술이 부족하다. 또한 기술 개발을 필요하다면 아주 사소한 분야라도 적은 규모로 기술 개발을 할 수 있도록 하는 것이 필요하다. 즉 많은 수의 소형 과제도 할 수 있도록 기술 개발 제도의 변화가 필요하다. 그림 7-25는 각 나라별 태양열 발전 시나리오를 나타내었다. 그림 7-26과 같이 중고온 태양열 활용 국내의 관련 연구는 대부분 한국 에너지 기술연구원(KIER)에서 이루어져 왔으며 최근 개발을 완료하고 시범 보급 사업을 진행 중인 Dish-Stirling 발전 시스템을 중심으로 소규모 태양열 발전에 관한 연구 개발에 주력하여 왔다. 대규모 발전을 고려한 시스템 개발에 관한 연구로는 한중 국제 공동 과제로 1MW급 타워형 발전 시스템 개발에 관한 연구가 수행되고 있으며, 태양열 화학 분야에 관한 연구는 발전과 연관된 일부 반응 기술 개발과 고집광 설비 구축 등을 제외하고 본격적 연구가 아직까지 시작되지 않았다. 표 7-9와 표 7-10은 국내외 설치 사례 분석을 정리하였다.

표 7-11과 표 7-12는 저온 분야와 중고온 분야의 국내외 기술 선도 기업을 정리하였는데 국외 분야를 보면 저온 분야와 중고온 분야 둘 다 독일에서는 기업들이 포함되어 있는데 이것은 독일에서 태양열 시스템 분야에 많은 투자를 하고 있음을 알 수 있다. 그림 7-27과 그림 7-28은 저온 및 중고온 분야 국내 개발 로드맵을 보면 태양열에너지 중 잠재 수요를 개발하고 보급 극대화를 위한 난방 및 냉방 복합 시스템을 지속적으로 사용화 추진, 이를 위한 저가 고효율화를 지속적으로 추진하여야 한다(에너지 관리 공단, 2008).잠재 수요 개발과 보급 확대를 위한 보급형 Solar House 개발과 이의 시장 확대 방안 구축이 필요하다. 열 에너지원으로서의 경제성 확보를 위한 대규모 산업화와 복합화 단지 구성을 목표로 하는 기술 개발과 상용화 그리고 정책적 지원 체계 구축을 하여야 한다. 기존 에너지원에 의한 열 에너지 공급의 대체를 위하여 기여를 위한 상용화, 대형화 및 이와 연관된 핵심 요소 기술 개발이 필요하다. 태양열발전 분야의 실질적, 가시적 신재생 에너지 기여를 위한 상용화, 대형화 및 이와 관련된 핵심 요소 기술 개발이 중요하다. 태양열을 이용하여 이송 가능한 연료를 직접 생산하는 태양열 연료 생산 분야의 조속한 기술 확보 및 실용화 추진이 필요하며 태양열 상용화가 발전 가능한 산업화가 될 수 있도록 개발 단계부터 대기업 참여 유도하여 효율적인 A/S 체계 구축 및 보급 활성화를 위해 태양열 설비 공용 부품 개발 및 표준화 연구를 추진하여야 한다.

표 7-9 ▌ 태양열 시스템 국내 설치 사례(송규섭, 2010)

설치 사례	시스템 설명
	- 태양열 냉난방 및 급탕 시스템 - 광주 서구 문화 센터 - 집열 면적 : 200m² - 태양열 이용량 110Gcal/yr - 흡수식 냉동기/냉방 면적 : 10RT, 330m² - 축열 탱크 : 냉난방 6ton, 급탕 3ton - 사용처/사용 온도 : 냉난방 및 급탕,95℃
	- 태양열-지열 냉난방 및 급탕 시스템 - 집열 면적 : 24m² - 히트 펌프 : 3kW - 축열 탱크 : 난방 4,000liter 급탕 600liter 고온 축열조 1,000liter
	- 태양열 급탕 시스템 - 함양 성민보육원 - 집열 면적 : 176m²(80장) - 일일 9,000liter의 온수 생산 - 집열판 1단 - 환탕 설비 설치
 	- 태양열 지역 난방 시스템 - 한국지역난방공사 - 집열 면적 : 평판형 432m²(216장) 진공관형 637m²(250 모듈) - 순환 펌프 9.6kW, 변유량형 판형열 교환기 - 기존 축열조를 배재하여 설치

** 표 7-10 ‖ 태양열 시스템 국외 설치 사례(곽희열, 2009)

설치 사례	시스템 설명
	- 태양열 냉방 시스템 - 그리스의 화장품 공장 - 집열 면적 : 2,700m² - 2개의 흡수식 시스템 - 3개의 Compression chillers
	- 중앙집중식 태양열 난방 시스템 - 독일 Rostock - 집열 면적 : 908m² - 난방 면적 : 9,100m² - 열 부하 : 497MWh/yr - 태양열 이용량 : 307MWh/yr - 축열조 용적 : 20,000m³
	- 태양열 난방 시스템 - 독일의 Solar combisystem - 집열 면적 : 11.1m² - 난방 면적 : 386m² - 연간 난방 부하 : 30,880kWh/yr - 난방 탱크 : 0.73m³
	- 태양열 냉난방, 온수급탕 시스템 - 일본 Shizuoka press tower - 평판형 태양열 집열기 - 흡수식 30RT - 저장 탱크 12Ton

**표 7-11 ▌ 저온 태양열 분야 국내외 기술 선도기업(에너지 관리 공단, 2008)

<table>
<tr><th colspan="2">국가</th><th>회사</th><th>기술</th></tr>
<tr><td colspan="2" rowspan="5">국내</td><td>(주)에이팩</td><td>단일진공관 집열 장치</td></tr>
<tr><td>제인상사</td><td>메가 평판형 집열 장치</td></tr>
<tr><td>모인에너지</td><td>고효율 태양열 집열기·온수기</td></tr>
<tr><td>(주)강남</td><td>태양열 난방·온수 콤비형</td></tr>
<tr><td>신양에너지</td><td>태양열 코팅기술</td></tr>
<tr><td rowspan="11">국외</td><td>호주</td><td>Solar hart</td><td>평판형 태양열 집열기 및 온수기 제작</td></tr>
<tr><td>영국</td><td>Thermomax</td><td>단일 진공관형 집열기 생산</td></tr>
<tr><td rowspan="4">독일</td><td>Viesman</td><td>평판형 태양열 집열기 및 온수기 제작</td></tr>
<tr><td>RITTER Solar</td><td>이중 진공관형 집열기 생산업체
(국내 코팩이티에스와 기술제휴)</td></tr>
<tr><td>Paradigma</td><td>이중 진공관형 집열기 생산업체</td></tr>
<tr><td>SCHOTT</td><td>이중 진공관형 내부에 CPC 집열판 설치한 형태의 집열기 제작</td></tr>
<tr><td rowspan="5">중국</td><td>Himin</td><td>진공관형 집열기 및 온수기 제작, 200만 m^2/연 생산 설비
(국내의 (주)에이팩은 1만 m^2/연)</td></tr>
<tr><td>Tsinghua</td><td>진공관형 집열기 제작업체</td></tr>
<tr><td>Sunda</td><td>영국의 Thermomax사의 단일 진공관과 유사한 Type의
집열기 제작업체</td></tr>
<tr><td>Sunrain</td><td>진공관형 집열기 제작업체로써 국내 판매사는 울진(대구 소재)</td></tr>
<tr><td>화재</td><td>진공관형 집열기 제작업체로 국내 판매사는 그랜드코리아
(시흥 소재)</td></tr>
</table>

**표 7-12 ▌ 중고온 태양열 분야 국내외 기술 선도기업(에너지 관리 공단, 2008)

<table>
<tr><th colspan="2">국가</th><th>회사</th><th>기술</th></tr>
<tr><td colspan="2" rowspan="2">국내</td><td>동아산전</td><td>중고온 발전 플랜트 자동제어</td></tr>
<tr><td>한라산업기술</td><td>중고온 발전 프랜트 개발 R&D 참여</td></tr>
<tr><td rowspan="4">국외</td><td>스페인</td><td>Solucar</td><td>태양열발전 업체</td></tr>
<tr><td>독일</td><td>Solo</td><td>태양열발전용 엔진(Stirling Engine) 제작업체</td></tr>
<tr><td rowspan="2">일본</td><td>NERC</td><td>태양열 및 바이오디젤 발전용 엔진 제작업체</td></tr>
<tr><td>Yazakii</td><td>태양열 구동 흡수식 냉동기 제작업체 : 세계시장 독점</td></tr>
</table>

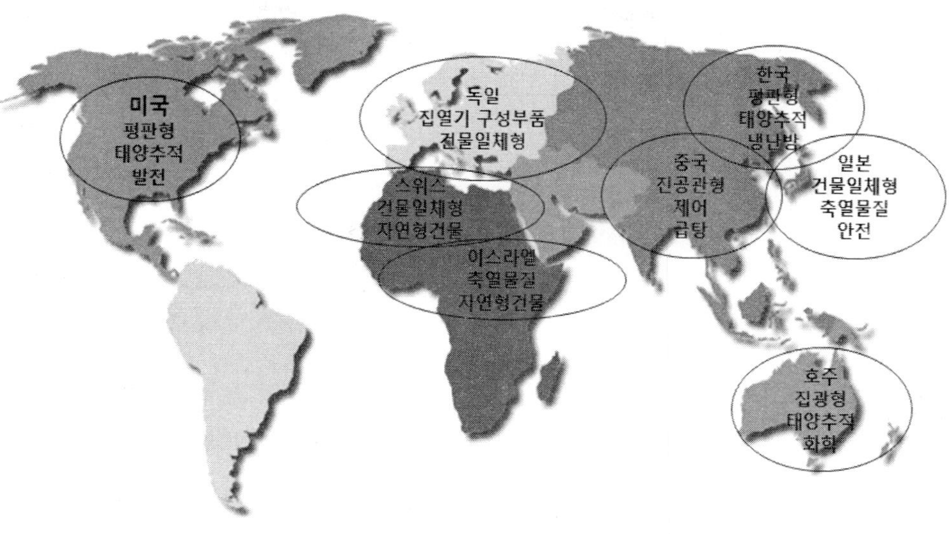

** 그림 7-25 ▌ 태양열발전 시나리오(에너지 관리 공단, 2008)

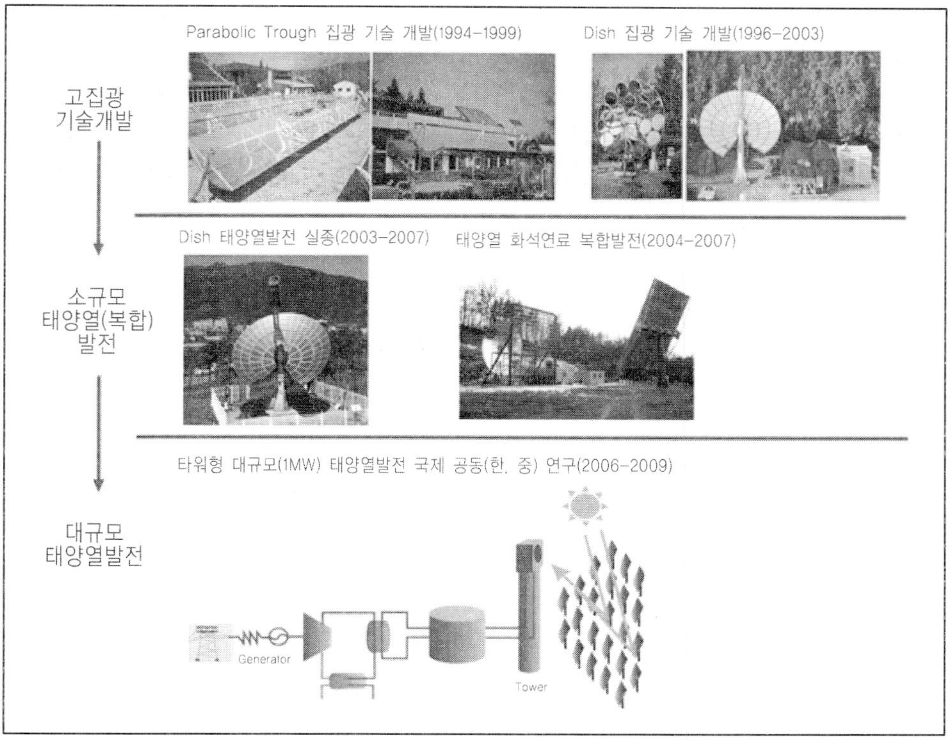

** 그림 7-26 ▌ 태양열 중고온 분야 국내 연구 개발 현황(에너지 관리 공단, 2008)

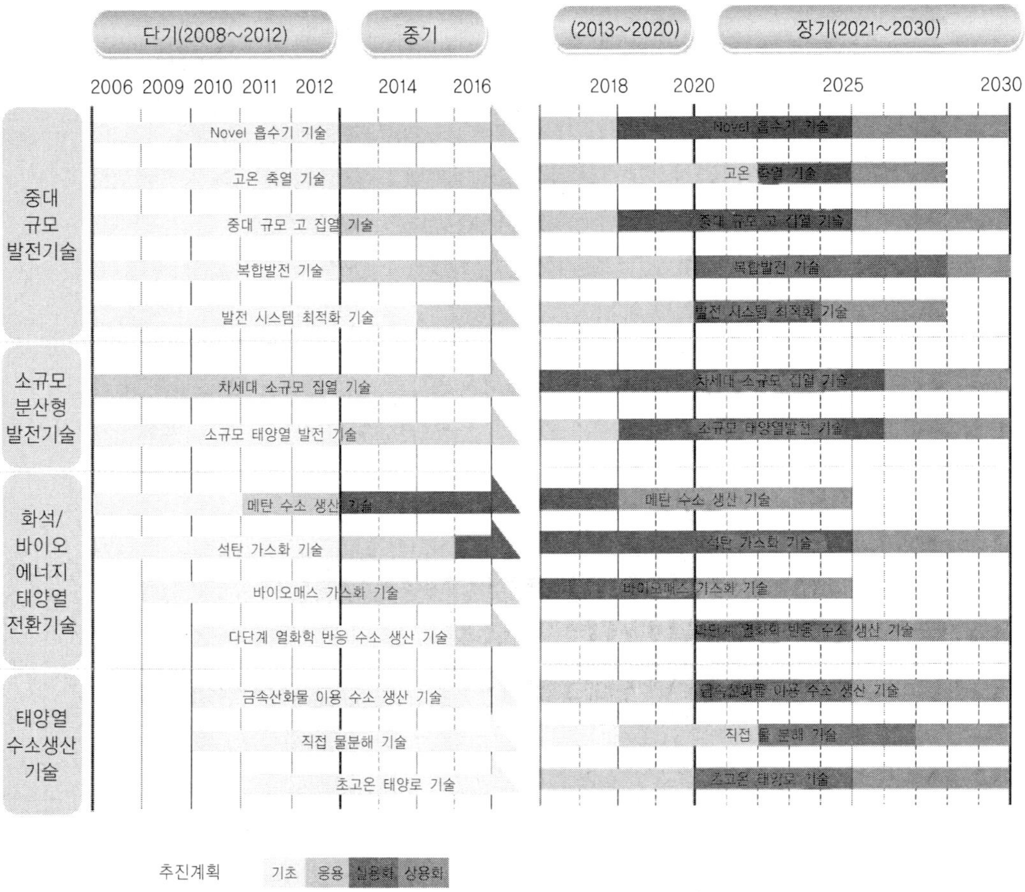

** 그림 7-27 ▌ 저온 태양열 분야 국내 기술 개발 로드맵(에너지 관리 공단, 2008)

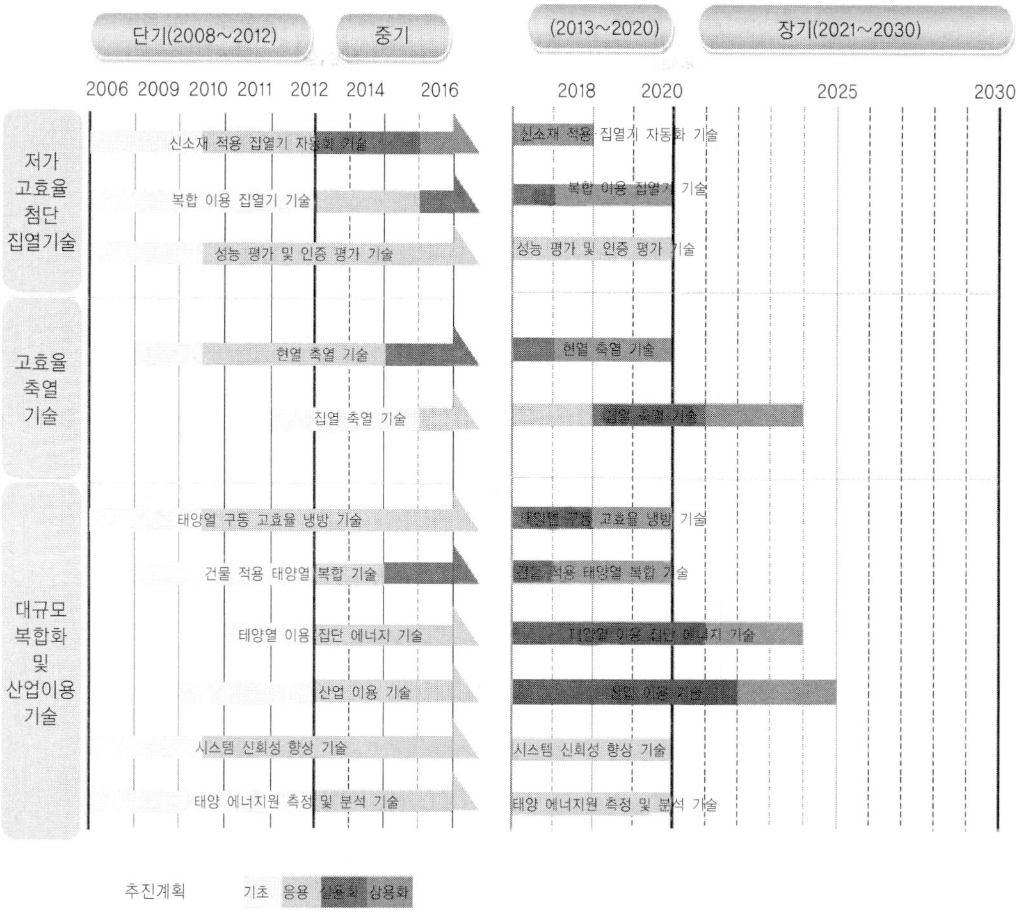

** 그림 7-28 ▌ 중고온 태양열 분야 국내 기술 개발 로드맵(에너지 관리 공단, 2008)

7.6 기본 설계: 태양열 난방·온수급탕 시스템

태양열 시스템의 설계를 위해서는 우선적으로 이해해야 할 3가지가 있다. 첫째, 대상 건물의 열 부하의 특성을 이해해야 한다. 태양 에너지는 에너지의 생산이 간헐적이고, 계속적인 수용에 안정적인 공급이 어렵기 때문에 대상 건물의 부하 특성이 집열기, 보조 열원, 축열조 등의 설계에 큰 영향을 준다. 둘째, 태양열 집열기의 특성에 대한 이해가 필요하다. 개별 집열기마다 집열 성능에 차이가 있고, 특히 목표로 하는 온도 범위에 따라 집열기의 성능은 크게 차이를 보인다. 마지막으로 태양열 시스템의 특징에 대한 이해가 필요하다. 태양열 시스템은 급탕, 난방, 냉방등 다양한 분야에 사용되고 있다. 각각의 사용 목적에 따라 필요로 하는 온도가 다르며, 이용 특성 또한 큰 차이를 보인다. 예를 들어 급탕의 경우 순간 부하는 크지만 난방의 경우 급탕에 비해 순간 부하의 크기는 크지 않다. 태양열 시스템의 설계는 대상 건물의 부하 특성, 사용 목적, 설치 위치 등에 따라 다소 차이는 있지만 일반적으로 그림 7-29의 절차에 따라 이루어진다. 태양열 시스템의 설계 절차는 다음과 같이 첫째, 대상 건물의 열 부하를 계산하기 위해 일별, 월별 평균 부하와 최대 부하를 계산(냉방,난방)하고 시간대별 부하 패턴을 생성한다. 둘째, 태양열을 이용하여 구성되어지는 시스템의 종류(급탕 , 난방, 냉방)에 따라 필요한 집열 온도를 구한다. 집열 온도, 동절기 성능, 하절기 가열 문제 등을 고려하여 최적의 집열기가 선정된다. 셋째, 집열기의 종류가 선정되면 수요자와의 협의 및 설치 가능 면적 등을 고려하여 집열 면적을 결정하게 된다. 넷째, 열 부하와 집열 면적이 결정되면 대상 건물에 적용할 태양열 시스템의 개략도를 작성한다. 시스템의 개략도에는 기존 열원 설비가 있는 경우에는 기존 설비와 연계한 설계를 하게 되고, 기존에 열원 설비가 없는 경우에는 태양열 시스템 단독으로 보조 열원을 고려하여 설계한다. 다섯째, 상세 설계의 단계에서는 집열부, 축열조, 열 교환기, 펌프 등을 설계한다. 마지막으로 태양열 시스템의 시공과 유지보수를 위한 기타 설계도서의 작성이 이루어진다.

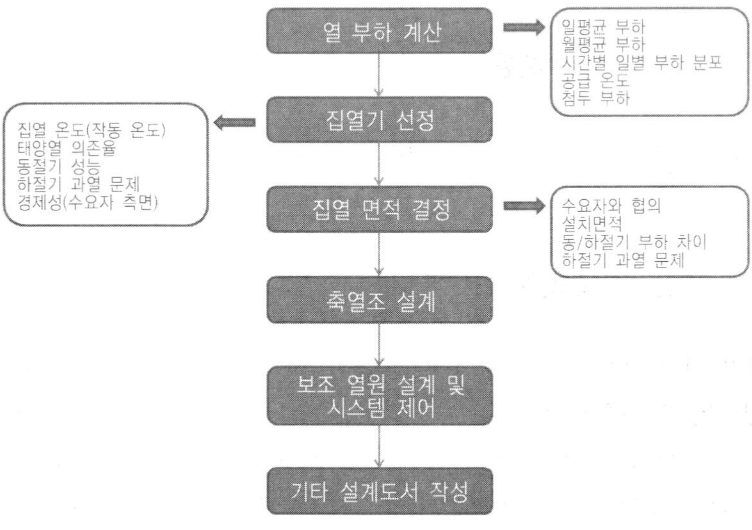

** 그림 7-29 ▌ 태양열 시스템의 설계 절차(백남춘, 2009)

7.6.1 열 부하 계산

공조 부하(열 부하)란 공조 대상 공간의 설계 조건으로 규정된 실내 온습도 조건이나 청정도를 유지하기 위한 부하로 냉방을 위해 제거해야만 하는 열량을 냉방 부하, 난방을 위해 실내에 공급해야 하는 열량을 난방 부하라 한다. 이 공조 부하의 크기나 변동 상태에 따라 채용할 공조 방식이나 공조 설비의 각부의 기기나 덕트·배관 등의 용량, 치수 등이 결정된다. 공조 부하의 구성요소로는 열 취득/열 손실, 실내 열 부하, 제거 열량, 외기 부하, 공조기 부하, 열원 부하, 예냉/예열 부하, 현열부하/잠열 부하가 있다. 일사 부하나 전열 부하, 실내 발열 부하, 극간풍 부하 등으로 인한 열 취득, 열 손실은 실내에 축열 부하와 함께 실내 열 부하가 된다. 공조기 부하는 앞에서 서술한 것과 같이 실내 열 부하에 예열 부하 및 예냉 부하와 외기 부하 그리고 덕트로부터의 배관열 손실이나 송풍기의 발열 등을 포함하는 것이 공조기와 관계된 부하이고 공조기 부하(장치부하)가 된다. 건물 전체로 놓고 보면 냉동기랑 보일러 등의 열원 기계에 관한 부하를 열원 부하라 한다. 이런 열원 부하는 각 계통의 장치 부하의 합계와 배관에서의 열 손실, 반송용 펌프로부터의 발열 부하, 간헐 운행에 따른 기계 배관의 축열 부하를 합한 것이다.

공조 부하 계산 방법으로는 정해법, 간이법, 전부하 상당 운전 시간법, 시간 대 시간법으로 분류할 수 있다. 먼저 정해법은 공조 장치의 연간 에너지 비 등을 예측하여 설계 과정에서 에너지 소비량을 정량적으로 분석 평가하는데 이용된다. 필요 자료는 외기압 자료로서 건구 온도, 절대 습도, 법선면의 직달 입사량, 수평면 천공 일사량, 운량, 풍량, 풍속과 같은 7가지 요소에 대한 매시간별 자료가 필요하다. 입력 자료가 방대하고 처리 시간이 오래 걸리므로 통상 전산 처리하여 산정한다. 주요 Code로는 DOE2, HASP/ACLD, TRANSYS, AIRCON-E 등이 있다. 간이법으로는 도일법(난방 일수법), Manual-J법(최대 부하 계산법), BIN법, 수정 BIN법, 전부하 상당운전 시간법, 시간대 시간법 및 기타-간이법 등이 있다. 도일(Degree Day)법은 건물의 연간 에너지 소비량을 예측하는데 가장 간단한 방법으로서 외기 온도가 18℃일 때 건물의 일사 취득과 내부 발열 등으로 인하여 건물의 열 손실이 상쇄되어 에너지가 평형을 이룬다는 가정하에 에너지량을 산출하는 방식이다. 즉 일평균 온도와 기준 온도 18℃와의 차이를 일별로 누적하여 일평균 온도가 기준 온도보다 높은 경우는 냉방 도일로, 낮은 경우에는 난방도일로 계산한다. 과거에 사용했던 도일법은 일사나 내부 발열 등에 의해 상승된 실내 온도를 감안하지 않아 난방 부하가 실제보다 과다 산정되었다, 이러한 문제점을 보완하기 위해 확장-도일법에서는 종래 도일법에 일사, 내부 발열, 야간 복사량 등의 부하 요소를 첨가하였다. 이상과 같이 이 방법은 가장 간단한 방법이긴 하나 결과의 신뢰성이 높지 않으며 운영효율이 외기환경에 영향을 많이 받는 열 펌프의 경우에는 잘 맞지 않는다. Manual-J법(최대 부하 계산법)은 최대 부하 계산 순서는 사무실이나 주택이나 동일하다. Manual-J에 수록된 내용을 충실하게 따르면 주어진 기상 조건이나 건물 조건에 무관하게 냉난방 부하를 구할 수 있다. Bin 방법은 비교적 간단한 방법으로서 외기 온도와 부분 부하를 고려할 수 있는 장점이 있다. 외기 온도의 빈도를 이용한 BIN법 또는 온도-BIN법을 이용하여 필요한 냉난방 부하를 산정하는 방법이다. 외기 온도는 여러 단계로 세분하여 각 BIN에서 에너지량을 계산하고 그 계산치에 온도 출현 시간수를 곱하여 가중 계산을 한다. 개개 BIN 온도 간격은 일반적으로 2.8~3℃이다. 이때 외기 엔탈피를 사용해서 냉방 부하를 계산하고 해당 건물 내 점유 시간(Occuied)과 비점유 시간(Unoccupied)을 모두 고려하여 평형점 온도를 조정하여 내부 부하를 재조정한다. 이 방법은 특정 시스템의 필요성에 부합되게끔 조정이 가능하다. 다음으로 기타 간이계산법은 주택이나 소규모 건물의 냉난방 부하 계산은 간헐 운전을 하는 일반 집합 주택설비(사무실 등)와 24시간 연속 운전을 하는 고기밀 집합주택의 설비 및 온수식 바닥 난방 설비의 부하 계산법이 있다. 전부하 상당 운전 시간법은 연간 냉난방 부하의 합을 냉동기의 최고용량으로 나눈 값이다. 즉 연간 부하=(전부하 상당시간×냉동기 용량)이다. 여기에 전부하 상당운전시간 기준치의 설정, 설비의 정격 입력값의 에너지, 시스템의 특성에 따른 효율, 연간 공조 에너지양(공조 부하, 반송 부하)을 가산한다. 시간 대 시간법(Hour by Hour Method)은 상당히 정밀을 요하는 대규모 상업용 시스템에서 주로 사용된다. 태양열 시스템의 경우 에너지의 생산이 연속적이지 못하는 등의 특징으로 인해 시간 부하 패턴이 생성이 매우 중요하다. 시간 부하 패턴은 열의 생산과 열 부하가 발생하는 시간대가 어떠한 경향을 보이느냐에 따라 축열조 용량 설계 등에 많은 반영이 이루어진다. 보다 간단한 냉난방 부하를 산출하기 위하여 표 7-13에서 보는 바와 같이 건물 또는 용도에 따라서 면적당 냉난방 부하를 산출 할 수도 있다.

** 표 7-13 ▌ 건물 또는 용도에 따른 냉난방 부하

건물 종류	용도	냉방 부하[kcal/hm^2]	난방 부하[kcal/hm^2]
사무소 건축	저층 고층	70~130(연 면적) 100~170(연 면적)	70~110(연 면적) 100~200

(http://www.kemco.or.kr/up_load/pds/hongbo/a_7.ppt)

건물 종류	용도	냉방 부하[kcal/hm^2]	난방 부하[kcal/hm^2]
주택-집단 주택	남향 북향	190~250 140~200	(일반) 100~150 (한랭지) 130~180
극장, 공회당	객석 무대	450~550 100~150	390~450 190~240
백화점	1층 매장 일반 매장	350~400 260~350	50~100 50~90
호텔	객실, 로비	70~160(연 면적)	100~140(연 면적)
병원	병실, 진료실 수술실, 검사실	80~90, 150~220 300~660, 150~330	100~150, 110~150 400~800, 130~240

7.6.2 집열기 선정

집열기의 선정에 있어 가장 먼저 고려해야 할 사항은 대상 건물의 열 부하 측에서 필요로 하는 온도이다. 집열기 종류별 작동 온도의 범위에 차이가 있고, 집열 효율 또한 큰 차이를 보이며 일반적으로 일차 함수의 형태로 나타나게 된다. 적합한 집열기를 선택하기 위해서는 첫째, 적용하고자 하는 온도 범위에서 집열효율이 높은 집열기를 선정한다. 둘째, 집열기의 제품 가격과 설치 면적, 시공 비용 등 수요자 측면에서 경제성이 고려되어야 한다. 마지막으로 집열부는 온도 변동이 심하기 때문에 온도의 변화에 따른 부식, 균열, 내구성 등이 고려해야 하며, 하절기 과열 문제 또한 고려하여야 한다.

그림 7-30은 3가지 타입의 평판형 집열기에 대해 열수지를 대략적으로 도식화한 예이다. 집열 에너지 [kcal/h] Q_u의 계산은 식 (7.1)과 같다. Ac는 집열 면적[m^2], I_t는 집열면 일사량[kcal/m^2·hr], τ는 투명 덮개 투과율, α는 흡수판 흡수율, U_L은 열손실계수[kcal/m^2·hr·℃], $\overline{t_p}$는 흡수판 표면의 평균 온도 [℃], t_a는 외기 온도 [℃]를 나타낸다. Qu의 값은 $I_t(\tau\alpha)$의 값과 $U_L(\overline{t_p}-t_a)$의 값에 의해 결정된다. 집열면 일사량 I_t가 같다고 가정하면 집열량은 투명 덮개 투과율 τ와 흡수판 흡수율 α가 클수록 커진다. 또한 외기 온도 t_a가 일정하다고 가정하면 열 손실계수 U_L과 흡수판 표면의 평균 온도 $\overline{t_p}$가 작을수록 집열량이 커진다. 집열기의 전체효율은 흡수율 α에 의해 가장 크게 좌우되는데 금속 산화물과 대부분의 흑색 페인트는 그 흡수율이 95% 수준이다. 유리의 광선 투과율은 유리의 질과 유리면과 광선의 각도에 따라 변

화한다. 일반적으로 유리 한 장이 반사시키는 양은 직사광선의 8% 수준이다.

$$Q_u = A_c[I_t(\tau\alpha) - U_L(\overline{t_p} - t_a)] \tag{7.1}$$

정밀한 집열 에너지를 구하려면 집열기의 설계 조건은 물론 일사량, 흡열판의 평균 온도 및 외기 온도 등을 알아야 한다. 일사량과 외기 온도의 경우 비교적 쉽게 알 수 있지만 흡열판의 평균 온도는 집열기 입구 측의 열 매체 온도와 열 매체의 유량 변화에 따라 변화가 심하다. 일반적으로 흡열판의 평균 온도 대신에 구하기 쉬운 집열기 입구 온도로 $\overline{t_p}$를 대체하고 집열기 수정계수 F_R을 보정값으로 사용하여 식 (7.2)와 같이 집열량은 계산한다.

$$Q_u = F_R A_c[I_t(\tau\alpha) - U_L(t_i - t_a)] \tag{7.2}$$

태양열 집열기의 성능은 집열기 열성능 곡선에 의해 결정되어 지는데 열 성능 곡선을 수식으로 표현하면 식(7.3)과 같다. $F_R(\tau\alpha)_n$는 y절편으로 집열기의 광학적 특성에 의해 결정된다. 집열기의 효휼은 열 손실이 없다고 가정한 상태에서 태양열 투과 흡수율이다. $F_R U_L$은 일차 함수의 기울기를 표현하며 집열기의 열 손실을 의미한다. 집열기의 성능은 $F_R(\tau\alpha)_n$의 값이 클수록 성능이 좋은 집열기이며, $F_R U_L$의 절대값이 작을수록 열 매체가 고온인 영역에서도 성능의 저하가 작다.

$$\eta_c = F_R(\tau\alpha)_n - F_R U_L(T_i - T_a)/I_T \tag{7.3}$$

그림 7-31은 4가지 제품의 집열기 효율 곡선을 표시하였다. 집열기의 효율은 집열기 입구 측 열 매체 온도(T_i), 외기 온도(T_a), 일사량(I_T)에 의해 표현이 된다. 저온 영역에서는 평판형과 흑색 도장의 효율이 가장 높은데 온도가 높아짐에 따라 효율의 저하가 급격히 일어남을 볼 수 있다. 흑색 도장의 경우 수영장의 온도를 유지하는 수준인 영역에서는 사용이 가능하지만 고온 영역에서는 사용이 적합하지 않음을 알 수 있다. 진공관형의 경우 저온 영역에서는 상대적으로 효율이 높지 않지만 고온 영역에서 효율의 저하가 작아 고온 영역에서 적합한 집열기임을 알 수 있다. 태양열 시스템을 난방에 사용하기 위해서는 높은 열 매체의 온도가 필요한데 그림 7-31에서 살펴보면 진공관형과 고효율 평판형 제품이 이에 해당한다고 할 수 있다.

표 7-14와 실제 제품의 제원을 나타내고 있으며, 그림 7-32에서는 이 제품들의 성능 곡선을 나타내고 있다. 표 7-14의 정체 온도는 집열기의 성능 중 중요 요소 중 하나인데, 유체의 흐름이 없는 상태에서 태양 에너지가 최대치일 때 집열기에서 발

생하는 최대 온도에 견딜 수 있는 능력을 말한다. 최대 온도는 펌프나 송풍기의 작동 이상으로 유체의 흐름이 멈춘 상태 또는 시스템을 설치하는 동안 일어난다. 그림 7-32에서 7번은 진공관형 태양열 집열기인데 평판형에 비해 저온 영역에서는 효율이 떨어지지만 고온 영역에서는 높은 효율을 나타냄을 볼 수 있다.

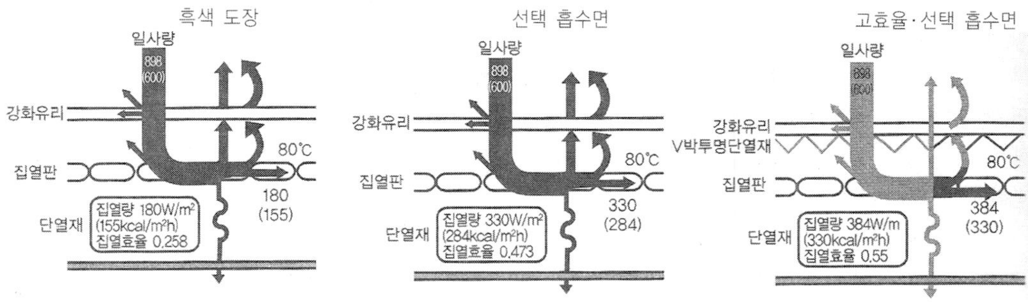

주) : 계산 조건 풍속 3m/s, 외기 온도 30℃, 집열 온도 80℃, 흑색면 태양관선 흡수율 = 방사율= 0.97, 선택 흡수면 태양광선 흡수율 = 0.93, 방사율 = 0.10

** 그림 7-30 ▌ 평판형 집열기의 열수지 계산(차재호 외, 2003)

** 표 7-14 ▌ 실제 집열기의 제원(신정철, 2004)

흡열판 재료	집열기 번호	제조업자 (비고)	흡열판 표면 피막 처리	투명 덮개		정체 온도 (°F)*
				개수	재료	
Aluminum	1	NASA/Honeywell	black nickel	2	glass	466
Aluminum	2	–	black nickel	2	iedlar	313
Aluminum	3	NASA/Honeywell	black paint	1	glass	274
Aluminum	4	NASA/Honeywell (mylar honeycomb)	black paint	2	glass	475
Aluminum	5	NASA/Honeywell	black paint	2	glass	355
Aluminum	6	PPG	black paint	2	glass	268
Glass	7	Owens (evacuated tube)	selective surface	1	glass	1,150
Steel	8	Solaron 열전달 유체는 공기	black paint	2	glass	355

* : 일사량 I_t는 300Btu/ft^2·hr 옥외 공기 온도 t_a는 70°F로 가정

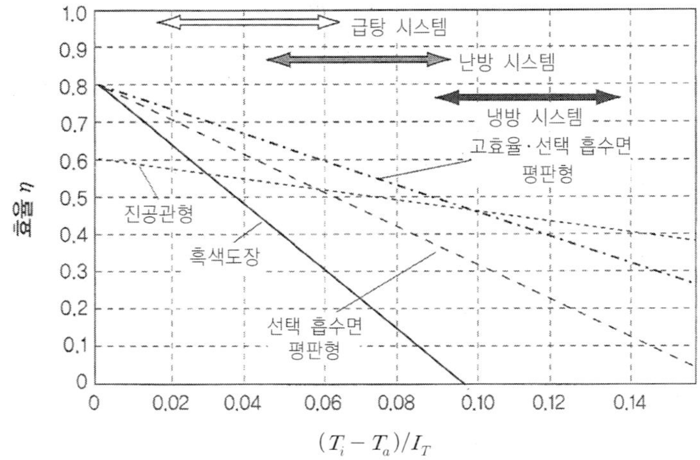

** 그림 7-31 ‖ 집열기의 열 성능 곡선(차재호 외, 2003)

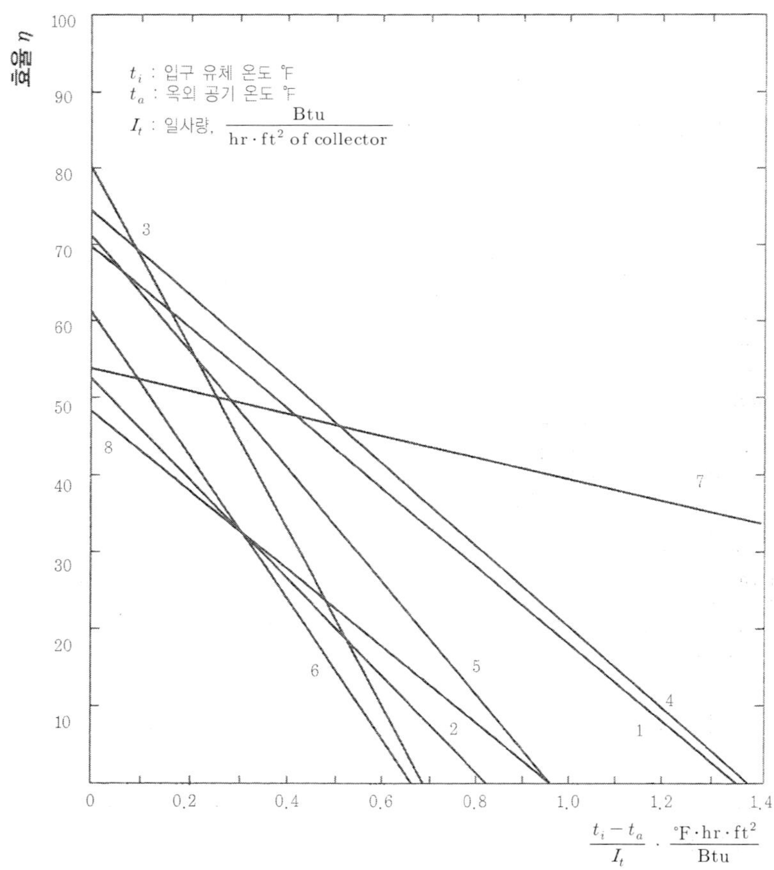

** 그림 7-32 ‖ 실제 집열기의 성능 곡선(신정철, 2004)

7.6.3 집열 면적 결정

태양열 시스템의 규모는 전체 시스템 중 가장 큰 면적을 차지하는 집열기의 면적에 의해 결정되어진다고 할 수 있다. 집열기의 면적을 결정하는 두 가지 요소는 크게 설치 장소의 제약과 경제성에 따른 최적 크기의 선정이다. 설치 장소의 제약은 설치 대상 부지의 공간적 한계에 의한 요인으로 집열기 면적이 크기를 제한하게 되는 요소이다. 일반적으로 집열기의 면적은 설치 면적에 제한이 없다고 가정한 상태에서 태양열 의존율이 대략 표 7-15 수준이 되도록 설계되는 것이 경제적이라고 알려졌다. 여기서 태양열 의존율[%] f의 정의는 식(7.4)와 같다.

$$f = \frac{\text{태양열에 의한 에너지 절감량}}{\text{전체 열 부하}} \times 100 \tag{7.4}$$

그림 7-33은 태양 의존율과 집열 면적과의 관계를 나타내고 있다. 태양 의존율이 60% 이하인 구간에서는 집열 면적의 증가와 태양 의존율이 거의 비례하는 일차 함수의 형태를 취하지만, 태양 의존율이 60%를 넘어가게 되면 집열 면적의 증가분에 대한 태양 의존율 증가분은 점점 작아지게 된다. 예를 들어 태양 의존율이 60%인 경우 집열 면적은 A이고, 태양 의존율이 80%인 경우는 집열 면적이 2A로 면적이 2배 증가 하였을 때 태양 의존율은 1.33배 증가 하였다. 하지만 집열 면적이 A에서 4A로 4배 증가한 경우는 살펴보게 되면 태양 의존율은 60%에서 90%로 1.5배만 증가한 것을 알 수 있다.

태양열 시스템에서 집열 면적은 태양열 시스템의 전체적인 크기를 결정하게 되고, 그 크기는 초기 투자비와 비례하게 된다. 이는 태양 의존율이 60% 이하인 영역에서는 초기 투자비가 태양열 시스템의 증가에 선형적인 관계를 가지지만, 태양 의존율이 60%를 넘게 되면, 그 이상인 구간에서는 지수 함수의 형태로 초기 투자비가 증가함을 알 수 있다. 즉 태양 의존율이 60%를 넘게 되면 초기 투자비의 비중이 커지게 되고 경제성 측면에서 불리하다는 것을 알 수 있다. 식(7.5)를 이용하여 집열 면적을 구한다.

$$A = \frac{Q_L \times n_c}{M_{day}} \tag{7.5}$$

Q_L은 필요 부하이고 n_c는 집열효율 M_{day}는 하루 동안의 일사량이다. 표 7-16은 1882년 1월부터 2005년 12월까지의 기간 동안 한국 에너지 기술연구원이 실시해 온

측정 자료를 연도별로 비교한 자료이다. 자료에서 나타난 바와 같이 우리나라 주요 16개 전 지역에서 측정된 태양열 자원, 즉 수평면 전 일사량은 연평균치로 계산하였을 때, 전국이 하루에 3,086kcal/m²/day 정도의 태양열 에너지를 받고 있다. 국내의 태양 에너지 자원 부존량은 연가 111억toe의 석유 에너지의 해당되며 태양 에너지 자원의 연간 가용량은 국토면적 중 임야와 하천 면적 등을 제외한 사람이 살 수 있는 거주지 면적(30,870km²)으로 계산하여 31.5%(35억toe) 규모로 추정하고 있다. 지난 24여 년 간 동안 가장 높게 나타난 일사치 1982년 6월에 4,880kcal/m²/day로 나타났으며, 가장 낮게 나타난 일사치는 1989년 1월로 1,362kcal/m²/day로 나타났다. 평균적으로 가장 변화가 심했던 달은 6월로 조사되었으며, 가장 안정된 변화를 보였던 달은 12월로 나타났다. 우리나라의 태양열 자원에 대한 월별 수평면 전 일사량을 일년을 기준으로 볼 때, 태양열 조건이 가장 좋은 달은 5월로 4,306kcal/m²/day인 것으로 나타났으며, 가장 낮은 달은 12월로 1,733kcal/m²/day로 나타났다. 계절별로는 연중 여름철과 봄철의 태양열 조건이 가장 좋으며, 가을철과 겨울철은 연평균치에도 훨씬 못 미치는 낮은 수준인 것으로 나타났다. 연 평균치에 대한 계절별 태양열 조건은 봄과 여름철은 각각 25%, 21%가 높았으며, 가을과 겨울철은 12%, 33% 정도가 상대적으로 낮았다. 그림 7-33과 그림 7-34는 국내의 연평균 수평면 전일사량 자원 분포도와 사계절 일평균 수평면 전 일사량 자원 분포도이다. 전체적으로 남해안 지역이 일사량의 값이 큰 것을 알 수 있다.

** 표 7-15 ▎ 경제적인 시스템 규모 산정을 위한 적정 태양열 의존율(백남춘, 2009)

시스템 종류	적정 태양 의존율	비고
태양열 난방 시스템	40~60%	동절기 일사량이 낮은 추운지방에서는 보다 낮게 설계되는 것이 바람직함. 이 경우 일사량이 좋은 초봄과 늦가을의 경우 태양 의존율은 온수는 100%, 난방 시스템은 80~90% 정도 공급이 가능
태양열 온수급탕 시스템	60~80%	

※ 적정 의존율은 열 부하 분포 등에 따라서 달라질 수 있음.

** 표 7-16 ▌ 연도별 지역에 따른 일년 동안 총 일사량

구분	1989	1995	2000	2005	2008
대관령 (MJ/m²)	4123.39	4555.44	4336.01	4913.33	5240
춘천 (MJ/m²)	4351.87	4377.64	4800.06	5111.74	5072.22
강릉 (MJ/m²)	4522.05	4751.97	3979.1	5159.22	5028.26
서울 (MJ/m²)	4181.42	3946.41	3902.49	4554.04	4571.81
인천 (MJ/m²)	4613.01	4403.63	4669.85	5280.39	4987.56
원주 (MJ/m²)	4261.64	4665.82	4753.45	4971.06	4909.06
수원 (MJ/m²)	4136.13	4262.99	4882.36	5117.34	4870.32
서산 (MJ/m²)	5038.38	4763.35	4887.29	5132.89	5004.24
청주 (MJ/m²)	4607.67	4717.3	4887.73	5100.27	4947.87
대전 (MJ/m²)	4472.28	5208.23	5073.36	4819.86	5317.14
추풍령 (MJ/m²)	4818.83	3965.12	4970.72	4943.93	5319.11
안동 (MJ/m²)	4341.29	5397.76	4586.18	4475.47	5476.7
포항 (MJ/m²)	4027.21	5093.59	4869.49	5118.81	5488.84
대구 (MJ/m²)	4511.59	4671.3	4904.97	5202.9	5206.52
전주 (MJ/m²)	4624.44	4196.36	4550.59	4906.84	5040.5
광주 (MJ/m²)	4623.97	4922.38	4063.25	5486.95	5124.49
부산 (MJ/m²)	4169.7	4939.26	4996.93	5351.58	5557.58
목포 (MJ/m²)	4758.88	5231.49	5222.77	5322.92	5258.88
제주 (MJ/m²)	4371.01	4264.42	4799.21	5086.58	4856.76
고산 (MJ/m²)	4690.79	4897.01	5399.53	4758.76	5285.95
진주 (MJ/m²)	4984.47	5157.38	4998.81	5236.41	4720.19

(http://www.kma.go.kr/weather/main.jsp)

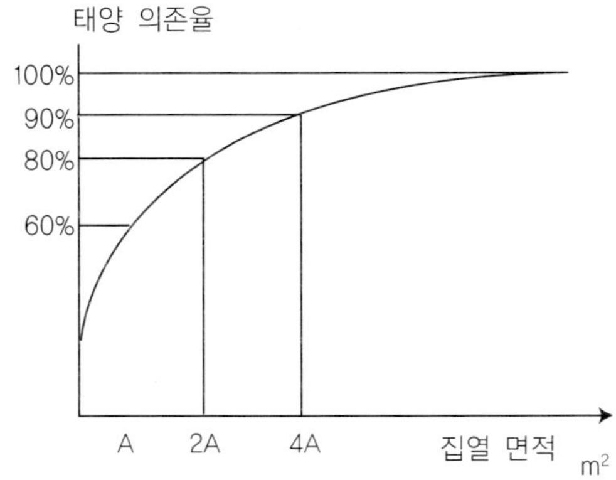

** 그림 7-33 ▌ 집열 면적과 태양 의존율의 관계(백남춘, 2009)

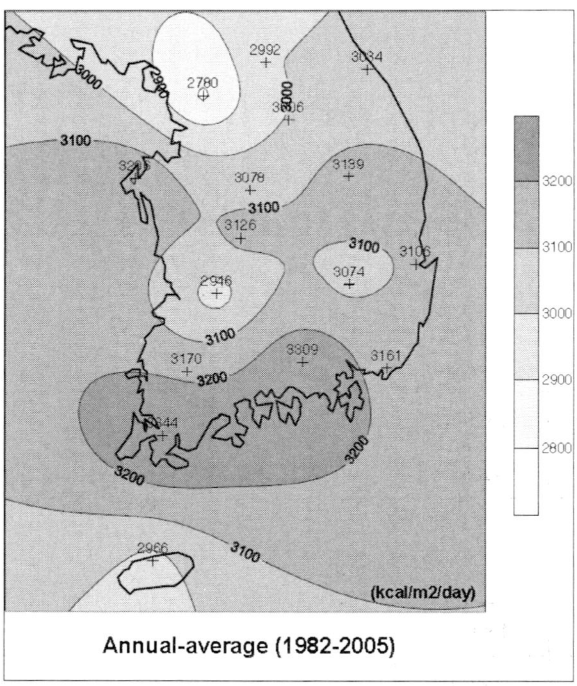

** 그림 7-34 ▌ 연평균 수평면 전 일사량 자원 분포도(에너지 관리 공단, 2008)

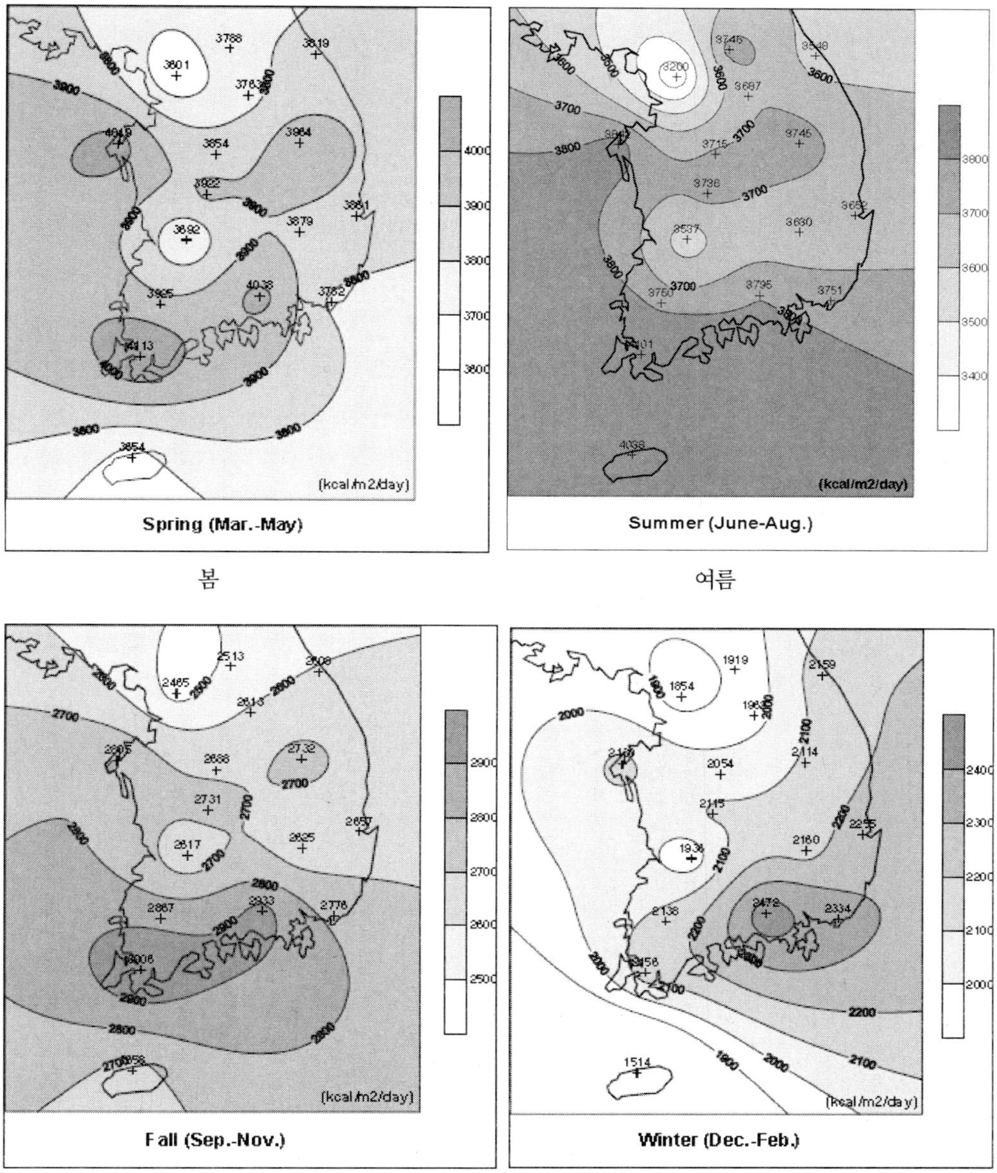

봄 여름

가을 겨울

** 그림 7-35 ▌ 사계절 일평균 수평면 전 일사량 자원분포도(에너지 관리 공단, 2008)

7.6.4 축열조 설계

축열조 설계는 형상을 장방형 또는 구형이나 원통형 등 여러 가지가 가능하다. 가장 이상적인 형상은 표면적 대 부피의 비가 가장 작아 열 손실을 줄일 수 있으면서 내압성이 좋고 제작이 쉬운 원통형이 일반적으로 사용되나 장, 정방형 등도 많이 사용된다. 축열조의 재질은 물을 축열 매체로 사용하는 경우에는 축열 온도, 형상과 크기의 제한, 누구의 가능성 또는 내압성 등 여러 가지 용인들을 검토한 후에 결정하게 된다. FRP 탱크의 경우는 가볍고 녹이 슬지 않는 들의 장점이 있으나 70℃ 이상의 온도에서는 사용치 않는 것이 바람직하다. 또한 현장에서 제작되지 않고 공장에서 이미 제작된 탱크를 사용할 경우에는 출입구의 크기는 탱크가 통과할 수 있어야 하는 것도 주의 하여야 한다. 축열조 안에서의 온도 성층화는 축열 매체의 온도 변화에 따른 밀도 차이로 축열조 윗부분에 온도가 높은 물, 밑부분에는 온도가 낮은 물이 위피하여 상당히 안정된 상태를 유지함을 의미한다. 이러한 상태에는 밀도가 낮은 매체가 축열조 상단부에 밀도가 큰 매체가 축열조 하단부에 위치하기 때문에 열 대류 현상은 일어나지 않고 단지 경계층에서 열전도만이 이루어진다. 온도 성층화된 축열조는 완전 혼합된 축열조와 비교하여 약 10% 정도의 축열 효율이 증가한다는 것이 일반적으로 알려져 있다.

온수 부하는 건물 유형별로 많은 차이가 있지만 특정 시간대에 높은 부하가 발생하는 경우가 많다. 예들 들어 기숙사의 경우 등하교 시간대와 취침전에 하루 중 부하의 대부분이 발생한다. 축열조 설계에 있어 온수 부하의 패턴은 아주 중요한 요소로써 용량 결정에 큰 역할을 한다. 집열 가능한 시간대와 사용 시간대가 유사할수록 즉, 열의 생산 후 사용이 즉각적으로 이루어질수록 더 작은 축열조 용량으로도 온수 부하에 대응이 가능하다. 반면에, 집열 가능한 시간대와 사용 시간대의 차이가 클수록 축열조 용량은 커지게 되는데 이는 집열 가능한 시간대에 피크 부하 시간 동안 사용할 온수를 대부분 축열하여야 하기 때문이다. 일반적으로 온수 급탕의 경우 축열조의 용량은 집열기 단위 면적당 약 50 L/m^{2}를 기준으로 산정하며, 난방용인 경우는 약 70 L/m^{2}를 기준으로 한다. 태양열 온수 시스템에서 축열조의 크기는 20~82 L/m^2 수준으로 온수 부하의 패턴에 따라 그 값이 많은 차이를 보인다. 온수급탕의 경우 표 7-17과 같이 부하 패턴에 축열조 용량이 제시된다.

축열조 설계 구비 조건 및 연결 배관 부분을 살펴보면 내부 부식 방지를 위하여 처리가 되어야 하고 배관, 맨홀, 설치대 구조, 제어용 센서 등에 다한 구체적이 설계가 필요하다. 온수 공급관과 집열기로부터 유입되는 고온 입구 배관은 상단부, 저온 입구 및 출구 배관은 최하단부에 위치하도록 하고 축열조 내 온도층화를 위해서 각각의 배관은 수평으로 물이 분산되도록 디퓨저 설치를 해야 한다. 또한 수평으로 눕여 놓는 축열조는 고온 배관은 상단부, 저온 배관은 하단부에 위치시키되 서로 반대 방향에 놓이도록 양측면을 위치시켜야 한다.

주로 사용되는 태양열 온수급탕 시스템의 축열조를 살펴보면 대부분 그림 7-36의 형태 중 하나이다(김성수 외, 2008).

(a)는 자연 순환형으로 가장 단순한 구조를 가진다. 집열기의 열 매체가 온도에 따른 밀도 차에 의해 자연 순환되며, 축열조 내에 성층화가 자연스럽게 이루어진다. 열매체가 물인 경우 시수가 자연스럽게 축열조 아래로 공급되고 가열된 물이 축열조의 상부에 위치하고 부하 발생 시 상부의 더운물을 사용하게 된다. 하지만 동파 방지를 위해 열 매체로 부동액을 사용할 경우 시수가 축열조 내의 열 교환기를 통과하는 구조를 가지게되며 이로 인해 시스템의 열효율이 저하된다.

이 방식의 단점은 동파의 가능성이 높아 이에 대한 방지법이 필요하다는 것이다. 열 매체로 물을 사용하는 경우 동파 방지를 위해 주로 사용되는 2가지의 방법이 있다. 첫째, 트레이싱 법으로 국내의 자연형 태양열 온수기에서 주로 사용되는 방법이다. 전열선을 이용하는 방법으로 외기 온도가 0℃ 이하로 떨어져 동파의 위험이 있을시 전열선이 배관을 가열하게 된다. 동절기가 긴 지역의 경우 전열선의 사용이 빈번하게 되고, 장시간 운전이 필요한 상황이 많아진다. 전열선의 장시간 사용은 전열선의 파손을 가져오며, 소비 전력 또한 크게 증가한다. 아열대 기후 지역에 적합한 시스템이며, 주로 소형 시스템에 적용된다. 둘째, 내부의 열 매체 온도가 동결점에 접근하게 되면 동결 방지 밸브(Freeze Protection Valve : FPV)를 개방하는 방법이다. 외기 온도 또는 배관 내부 온도를 감지하여 FPV의 개방 여부를 결정한다. 동결에 가까운 온도일수록 FPV의 개도를 증가시키고, 동결에 안전한 범위에서는 FPV를 폐쇄한다. 두 가지 방법 모두 아열대 기후에서 유용한 방법으로 국내의 경우 남부지방과 제주도 등에서 적용 가능한 방법이다.

(b)는 강제 순환형으로 순환 펌프를 사용하여 열 매체인 물을 순환시킨다. 집열기 입출구의 온도차를 감지하여 제어부에 의해 on/off 작동을 하게 된다. 열 교환기를 사용하지 않는 방식으로 집열기 입구 온도가 낮아 집열효율이 높으며, 순환유량을 줄일 경우 성층화를 촉진시킬 수 있어 태양열 의존도가 높은 방식이다. 0℃ 이하에서는 동파에 대비하여 축열조 및 배관의 물을 축열조 혹은 별도의 조에 완전히 빼내

는 구조를 취하게 된다. 이로 인해 개방형 축열조를 사용해야 하므로 펌프 동력 면에서 다소 손해이며, 공기와의 접촉으로 부식이 촉진되어 수명이 짧아지는 단점이 있다. 기존의 개방형 시스템의 단점을 보완하기 위해 밀폐형 축열조와 FPV가 사용된다. 중대형 시스템에 적용 가능한 방식이며, 외기 온도가 0℃ 이하인 기간이 연간 500시간 이하인 남부지방에 설치가 적합하다.

(c)는 코일 내장 강제 순환형으로 동파 방지를 위해 집열기 순환 루프에는 부동액을 사용하고 축열조 내부에 내장된 열교환 코일을 통해 열을 전달하는 방식이다. 외부 열 교환기 방식에 비해 구조가 간단하나, 조 내의 열 교환이 자연 대류에 의존하므로 작은 열전달계수를 넓은 면적으로 보상해야 한다. 시스템이 커지는 경우 코일이 매우 길어져 소형 시스템에 적합한 구조이다.

(d)는 외부 열 교환기 강제 순환형으로 혹한기가 존재하는 한국의 기후 특성에 가장 적합한 방식이며, 소형에서 대형 시스템까지 적용이 가능하다. 그러나 시스템이 2대의 펌프가 필요한 2개의 순환 루프로 구성되고 시스템이 복잡하다. (a)~(c)의 시스템에 비해 상대적으로 고장 가능성이 높고 초기 투자 비용이 커서 소형 시스템에는 적합하지 않다. 또한 원활한 열 교환을 위해서는 충분한 유량이 요구되므로 성층화 유지에는 불리한 구조이다

(e)는 맨틀형 축열조 자연 순환형으로 탱크 내 탱크(tank-in-tank) 방식으로도 불리는 축열조로서, 작동 매체는 탱크와 탱크 사이의 재킷부를 통과하면서 축열조 내의 물을 가열하게 된다. 열 교환 코일 내장 자연 순환형보다 단순한 구조이다. 그러나 축열조 내부의 대부분이 물로서 동파에 대단히 취약하기 때문에 한국의 기후 조건에는 부적합하다. 또한 여타 자연 순환형에 비해 온도 성층화에는 다소 불리한 측면이 있다. 소형의 강제 순환형에 사용되기도 하며, 이 경우 축열조 열 교환 코일 내장 방식과 특징은 유사하나 구조가 보다 단순해진다.

(f)는 나선 재킷형 축열조 강제 순환형으로 맨틀형 축열조를 강제 순환형에 확장한 것이다. 여러 선행 연구를 그 실효성이 검증된 바 있는 방식이다. 시스템 커지면 집열 면적에 비례하여 축열조 용량($\sim l^3$)이 증가하나 축열조 표면적은 l2로 증가하므로 열 교환 능력을 높이기 위해서는 유속을 증가시킬 필요가 있다. 따라서 유로를 나선 구조로 하여 열전달계수를 높인 방식이며 구조가 간단하면서도 코일 내장 강제 순환형과 동일한 효과를 얻게 된다.

** 표 7-17 ▌ 온수 부하 패턴에 따른 경제적 크기(이동원 외 2008)

부하 패턴	집열 면적 당 최소 축열조 크기(ℓ/m^2)
7일/주 주간 시간대 일정 부하	20~30
5일/주 주간 시간대 일정 부하 주말 부하 없음	40~45
야간 시간대 일정 부하	70~82

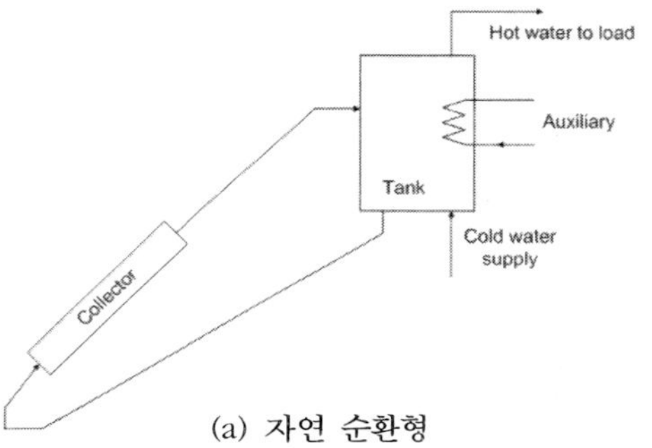

(a) 자연 순환형

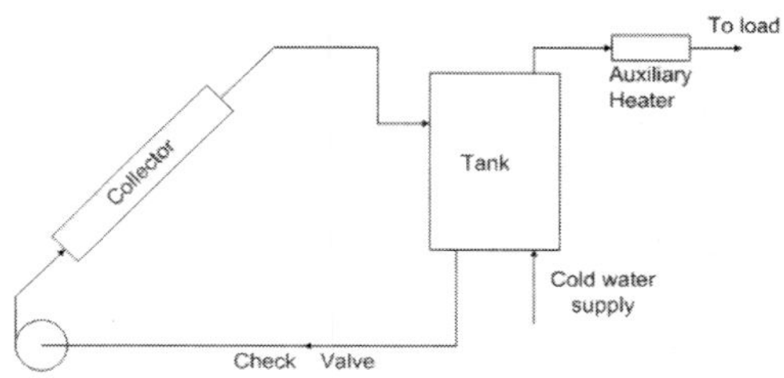

(b) 강제 순환형

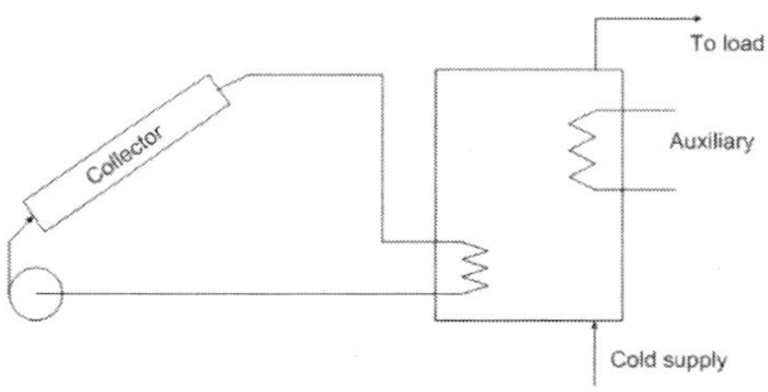

(c) 코일 내장 강제 순환형

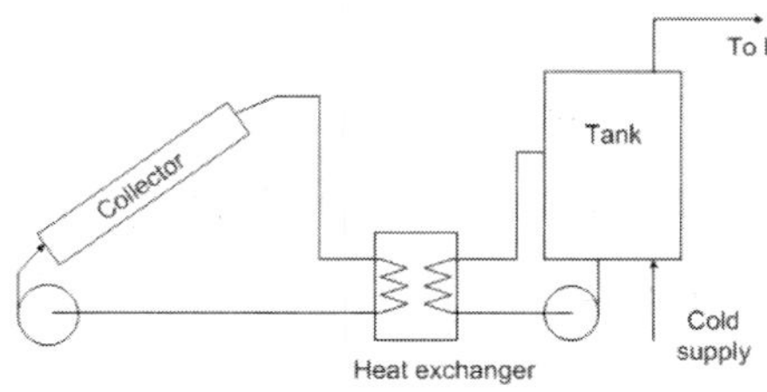

(d) 외부 열 교환기 강제 순환형

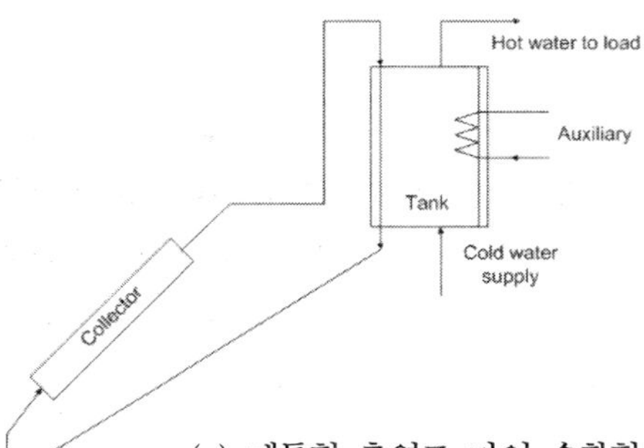

(e) 맨틀형 축열조 자연 순환형

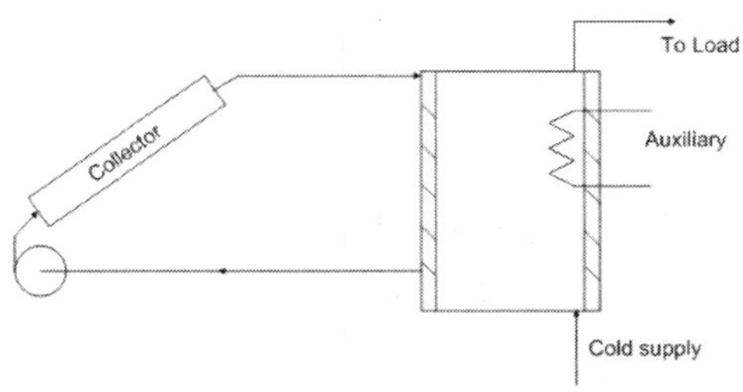

(f) 나선 재킷형 축열조 강제 순환형

** 그림 7-36 ▌ 태양열 온수급탕 시스템의 축열 방식 개략도(김성수 외, 2008)

7.6.5 태양열 시스템 제어 및 보조 열원 설계

태양열 시스템에서 제어 장치는 일반적으로 차온 제어 장치(Differential Temperature Controller : DTC)가 사용된다. 제어는 태양열을 최대로 집열해서 사용할 수 있도록 즉, 보조에너지 소비가 최소가 되도록 제어되어야 하며, 또한 동파 및 과열 방지도 포함되는 것이 좋다. 태양열 시스템 제어는 제반 모든 소요 동력을 고려해서 순순히 얻어지는 에너지가 많을 때 작동되어야 한다. 이러한 측면에서 차온 제어 장치의 On-Off 제어는 대략 11/3℃ 내외가 적정한 값이다. 축열조 과열 온도 제어는 99℃ 이내에서 조절하도록 하고, 저온 리미트 스위치는 4~10℃ 범위로 설정하고 7℃가 적정하다. 차온 제어 장치와 저온 및 고온 리미트 스위치는 안전성 보완을 위해 직렬로 연결한다. 주로 집열기 출구 부위의 열매체 온도와 축열조 하단부의 온도를 감지하여 집열하는 것이 일반적이다. 따라서 센서의 위치는 반드시 이 부위의 온도를 감지할 수 있도록 설치되어야 한다.

집열기에서 집열된 태양열 에너지는 축열조에 저장되었다가 열 부하(난방 및 온수부하)가 발생되면 공급된다. 이때 태양열이 부족하거나 없을 경우 보조 열원에 의해서 공급되어야 한다. 태양열 시스템은 보조 열원과의 연계에 따라서 시스템의 효율이 달라지며 여러 가지 장단점이 있다. 태양열 시스템과 보조 열원과의 연계 방식은 크게 3가지로 나누인다. 첫째, 축열조 직접 가열 방식으로 시스템은 간단하나 축열조 온도가 보조 열원에 의해서 항상 높아져 있어 태양열 시스템의 작동 온도가 높아져서 축열조로부터의 열 손실이 많아지거나 집열효율이 낮아질 수 있다. 이 경우 축열조의 온도 층화가 잘 이루어질 경우 온수급탕 시스템의 경우 효과적일 수 있으며, 난방 시스템의 경우는 환수 온도를 제어하는 방식이 바람직하다. 이 시스템은 주로 소형의 태양열 온수급탕 시스템에서 자주 사용되는 방식으로 대표적인 것이 태양열 온수기이다. 둘째로는 축열조와 보조 보일러 병렬 연결 방식으로 난방 시스템에서 사용되는 방식으로 태양열로 난방 가능할 경우에는 태양열 축열조로부터, 태양열이 부족하거나 불가능할 경우에는 보일러로부터 공급되는 방식이다. 보조 보일러 대신에 보일러에 의해 가열되는 저탕조를 설치하는 경우도 있다. 이 방식은 난방 시스템에서 주로 사용되며 온수급탕 시스템의 경우는 태양열 시스템의 효율 저하로 거의 사용이 안되고 있다. 세 번째로는 축열조와 보일러 직렬 연결 방식으로 간단하기는 하나 온수 시스템으로 사용될 경우는 보조 보일러의 On-Off 작동이 빈번해지는 단점이 있으며, 난방에 적용할 경우는 난방 환수 온도에 의해 난방 순환 펌프가 On-Off하는 방식이 태양열 효과적으로 사용할 수 있는 방법이다. 이 경우도 보일러 대신에 보일러에 의해 승온되는 고온 축열조(저탕조)를 설치할 수도 있으며, 온수급탕 시스템의 경우는 대부분 저탕조를 두는 방식을 채택하는 것이 여러 가지 장점이 있다.

7.6.6 경제성 분석

시스템의 경제성을 평가하는 다양한 방법이 있다. LCC(Life cycle cost) 분석법은 시스템의 기획부터 폐기까지의 전 과정에서 발생한 모든 비용을 분석하는 방법이며 화폐의 시간 가치에 대한 고려로서 공통의 시점으로 환산하는 방법에 따라 현가법, 종가법, 연가법으로 구분한다. 태양열 시스템은 사용 기간 동안 발생하는 연비용이 동일하기 때문에 이에 적합한 현가법을 사용하여 분석하였다. 현가법에서 이미 현가인 초기 비용과 장래에 발생되는 비용과 같이 현가로 환산되어야 하는 비용이 있다. 태양열 시스템의 경우 미래에 발생하는 반복 비용 중에서 상승률이 있는 경우이기 때문에 식(7.6)을 사용하여 현가로 환산하였다.

$$P = A \times \frac{\left(\frac{1+e}{1+i}\right) \cdot \left(\left(\frac{1+e}{1+i}\right)^n - 1\right)}{\left(\frac{1+e}{1+i}\right) - 1} \tag{7.6}$$

식(7.6)에서 A는 n년간 걸쳐 계속되는 일정한 기말지불액[원], e는 에스컬레이션 [%], i는 할인율 [%]이고 P는 현가 [원]이다. LCC 분석을 위해서는 태양열 시스템의 초기 투자비에 대한 분석이 필요하다. 태양열 시스템의 초기 투자비 분석을 위해서는 다양한 방법이 사용될 수 있다. 첫째, 기존 문헌에 의한 방법으로 학회지, 저널 등에 소개된 경제성 분석 자료를 분석하여 목표로 하고 있는 시스템의 초기 투자비를 계산하는 방법이 있다. 둘째, 기존 태양열 시스템을 취급하는 업체에 문의하는 방법과 정부에서 지원하는 신재생 에너지 관련 금융 지원 중 설비에 지원하는 표준 고시 금액을 부석하는 방법이 있다. LCC 분석에서 미래 가치를 현재 가치로 환산할 때는 할인율이라을 적용하게 되는데 LCC 분석에 있어 중요한 개념 중 하나이다. 할인이란 서로 다른 시점에서 발생하는 비용과 효용을 기준이 되는 시점으로 바꾸어 비교하기 위해 사용하는 방법이다. 경제성 분석의 모든 계산들은 둘 또는 그 이상의 대안들을 서로 비교하기 위하여 미래의 비용과 효용을 동일 기준으로 평가할 필요가 있다. 할인은 효용이나 비용이 발생한 시점, 발생하는 형태, 할인율 등에 따라 적절한 방법으로 이루어져야 한다. 미래에 발생될 것으로 예상되는 비용을 현재 가치로 환산하기 위해서 사용되는 할인율의 불확실성은 Life Cycle Cost 분석의 실질적인 적용을 저해하는 주요 요인 중의 하나이다. e는 같은 비율로 상승이 예상되는 비용을 의미하며 LNG, 유류 같은 연료비와, 전력요금 등이 범주에 속한다. 태양열 시스템과 같은 신재생 에너지 설비의 경제성 분석을 위해서 마지막으로 고려되어야 할 부분은 정부의 금융지원 정책이다. 설비 비중 일정 부분을 지원하는 방법과 저리 대출, 세금 감면 등의 방법이 주로 시행되고 있다. 신재생 에너지 설비의 경우 정책적인 지원 없이는 경제성이 좋지 않기 때문에 다양한 정책 지원을 고려한 분석이 꼭 필요하다 할 수 있다.

아래의 경제성 평가 예제는 "태양열 설비 시스템 표준화" 보고서의 내용을 일부 발췌 하였다. 태양열 온수급탕 시스템은 연료로 경유를 사용하는 효율 85%의 보일러를 대체하는 것으로 가정하였다. 태양열 설비를 활용한 연간 총 이용 열량의 계산은 보고서의 내용을 참조바라며 여기서는 요약된 결과값을 표 7-18에 나타내었다. 경제성 평가는 3가지 방법을 이용하여 비교하였다. 첫째, 가장 손쉽게 사용할 수 있고 수계산이 가능한 단순 투자회수 기간법을 사용 하였다. 둘째, 위에서 설명한 LCC 분석법을 이용하여 경제성을 분석하였다. 마지막으로 정부 지원 제도를 고려한 경우에 대하여 LCC 분석법을 이용하여 경제성을 분석하였다.

태양열 시스템이 대체한 화석연료(경유)의 양은 연간 총 이용 열량(36,393Mcal)에 경유의 저위 발열량(8,450kcal/L) 을 나눈 값을 통해 구하였다. 이때 구해진 경유의 양은 4,307Liter이다. 이번 예제의 경우 보일러의 열효율을 85%로 가정하였기 때문에 실제 절감되는 경유의 양은 4,307Liter에 열효율 0.85를 나눈 5,067Liter가 된다. 경유의 리터당 단가를 1,600원으로 가정하면 연간 연료비 절감액은 8,107천원이 된다. 태양열 시스템의 초기 투자비를 100,000천원으로 가정하면 단순 투자회수 기간은 12.3년이 된다.

LCC 분석법을 이용한 방법을 사용하기 위해서는 단순 투자회수 기간을 분석하기 위해 가정한 조건 이외에 더 많은 조건이 가정되어야 한다. 경유의 연간 가격 상승률을 10%로 가정하였고, 할인율은 8%로 가정하였다. 지원 제도의 경우 전액을 3년 거치 5년 분할 상환의 조건으로 하였고 이자율은 2.5%를 적용하였다. LCC 분석 결과는 그림 7-38에 요약하였다. 지원 제도가 없는 경우에는 11년으로 단순 투자회수 기간을 계산한 경우와 큰 차이가 없음을 알 수 있다. 하지만 3년 거치 5년 분할 상환 조건의 지원 제도를 적용하게 되면 분할 상환 기간인 6~8년 구간에서만 경유 보일러 비해 일시적인 부담이 발생할 뿐 경유 보일러를 사용할 경우에 비해서 큰 비용 절감의 효과가 기대됨을 알 수 있다. 더욱 정교한 결과 도출을 위해서는 연료의 가격 상승률, 할인율에 대한 분석이 필요하며, 정부의 물가지표 관련 자료를 토계 처리하여 신뢰성 높은 가정이 가능하다. 지원 제도의 경우 부처별, 시도별 다양한 지원이 실제로 이루어지고 있는데 에너지 관리 공단, 지식경제부, 환경부, 부산광역시 등의 홈페이지를 통해 정보를 획득 할 수 있다.

그림 7-37은 표준적인 가정용 태양열 이용 시스템(6m^2 집열기, 300L 저탕조)을 이용하는 경우 에너지 절감 효과를 나타내고 있으며, 일반적인 가정용 보일러만을 사용 하였을 경우보다 급탕 난방 에너지의 46%를 절감할 수 있는 것을 나타내고 있다. 이 값은 우리나라의 한 하구 평균 총 소비 에너지의 20%를 넘는 수치이다.

CO_2 Emission Factor는 개별 연료의 Carbon Emission Factor와 CO_2 Conversion Factor의 곱으로 구해진다. 화석연료의 Carbon Emission Factor는 일반적으로 IPCC에서 산출한 값을 사용한다. 국내의 광역시 이상의 도시에서는 보일러의 연료도 대부분 LNG를 사용하고 있다. 표 7-19에서는 주요 에너지원인 LNG와 전력의 Carbon Emission Factor만을 나타내었다. 전력의 Carbon Emission Factor는 국가마다 발전소의 연료 구성비가 달라 그 값 또한 다르다. 전력의 Carbon Emission Factor를 구하기 위해서는 한전에서 발간하는 전력 통계 자료를 모두 분석하여 개별 연료의 사용 총량을 계산하여 CO_2을 구하고, 총 발전량을 나누는 방법이 있다. 하지만 개인이 통계처리를 하기에는 방대한 양으로 일반적으로 한국에서 전력의 CO_2 Conversion Factor는 Korea Energy Economics에서 2005년에 발행한 보고서의 결과 값을 사용한다.

표 7-19에 정리된 자료를 이용하여 CO_2 배출계수를 구하면 전력의 경우 0.424 CO_2ton/MWh이고 LNG의 경우 0.002231 CO_2ton/Nm^{3}이다. 전력 1MWh를 생산하기 위해서는 0.424tCO_2의 이산화탄소가 발생하고 1000Nm^{3}의 LNG를 사용하게 되면 2.231tCO_2의 이산화탄소가 발생하게 된다.

그림 7-39는 태양열 이용 시스템의 대체적인 온실가스 저감량을 나타내고 있다. 태양열 이용 시스템의 CO_2의 연간 저감량은 220~470kg-c으로 한 가구당 총 배출량의 3~6%에 수준이다.

** 표 7-18 ‖ 월별 급탕 부하 및 태양열 이용 열량(이동원 외 2008)

월	일수	월별 급탕 부하 [Mcal]	월별 일평균 일사량 [kcal/m²day]	열 손실률 [%]	월별 집열 열량 [Mcal]		월별 이용 열량 [Mcal]		월별 이용 열량 [%]	
					평균	손실률	평균	손실률	평균	손실률
1월	31	9,393	2,877	55	2,997	2,408	2,997	2,408	31.9	25.6
2월	28	8,387	3,309	50	3,113	2,780	3,113	2,780	37.1	33.1
3월	31	8,052	3,482	45	3,627	3,562	3,627	3,562	45.0	44.2
4월	30	5,034	3,609	40	3,638	3,898	3,638	3,898	72.3	77.4
5월	31	4,196	3,483	35	3,628	4,211	3,628	4,196	86.5	100.0
6월	30	3,429	3,170	25	3,195	4,280	3,195	3,429	93.2	100.0
7월	31	2,008	2,460	25	2,562	3,432	2,008	2,008	100.0	100.0
8월	31	2,008	2,896	30	3,016	3,771	2,008	2,008	100.0	100.0
9월	30	3,429	3,309	35	3,335	3,872	3,335	3,429	97.3	100.0
10월	31	4,196	3,441	40	3,584	3,840	3,584	3,840	85.4	91.5
11월	30	8,052	2,677	50	2,698	2,409	2,698	3,409	33.5	29.9
12월	31	8,387	2,459	55	2,561	2,058	2,561	2,058	30.5	24.5
계(평균)		*58,184*	*(3,098)*	–	*37,956*	*40,519*	*36,393*	*36,025*	*(54.7)*	*(54.1)*

** 표 7-19 ‖ 이산화탄소 배출 분석

Energy type	Unit	Toe	CEF	CCF	CO_2 emission factor
Electricity	MWh	–	–	0.424	0.424
LNG	Nm3	0.000955	0.637	44/12	0.002231

*Toe : Tons of oil equivalent
*CEF : Carbon emission factor
*CCF : CO_2 conversion factor

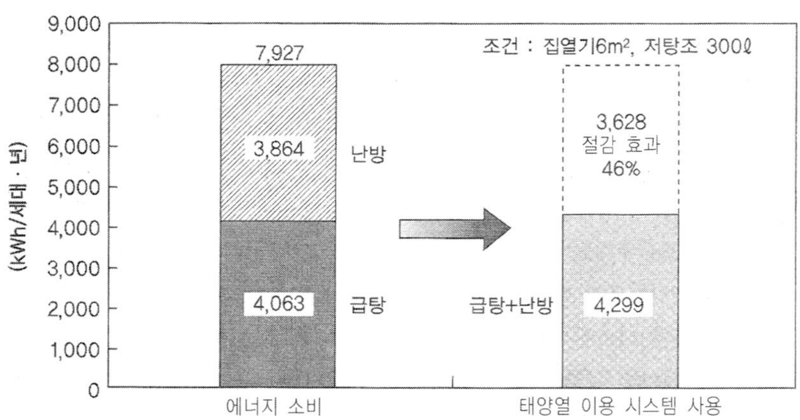

** 그림 7-37 ‖ 태양열 시스템에 의한 급탕·난방 시 에너지 절감 효과(차재호 외, 2003)

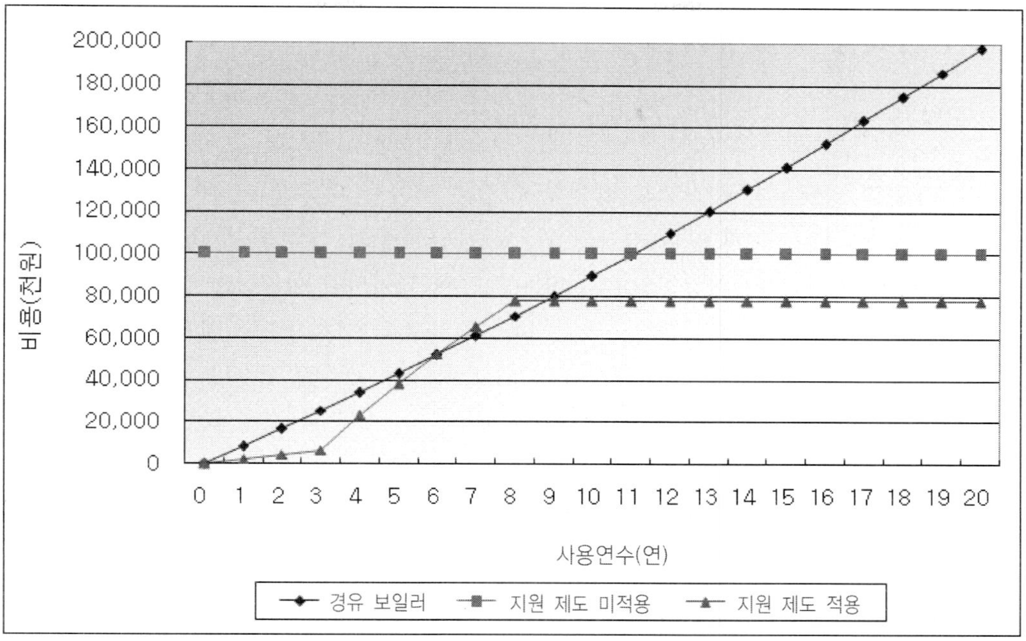

** 그림 7-38 ▌ 지원 제도 유무에 따른 LCC 분석

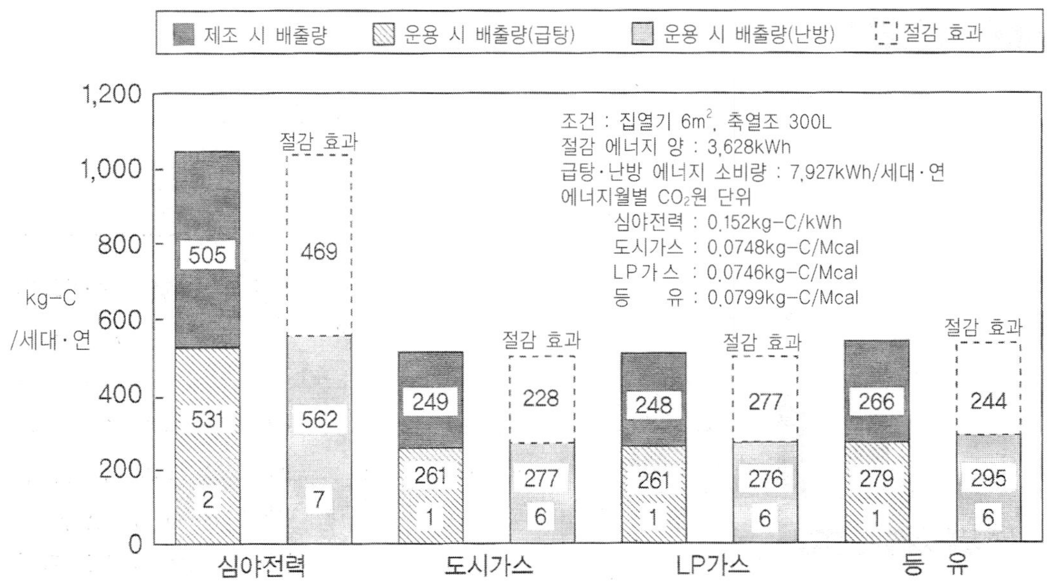

** 그림 7-39 ▌ 태양열 이용 시스템의 온실가스 저감 효과(차재호 외, 2003)

7.7 적용 설계 사례

7.7.1 주택공사 태양열 급탕난방 시스템

태양열 급탕난방 시스템을 설치한 현장은 아파트 14층과 15층(최상층)이며 건물의 개요는 표 7-20과 같다(최기환 외, 2004). 14층의 경우 발코니를 개조하여 집열기를 설치하였으며, 최상층의 경우에는 지붕에 집열기를 설치하여 상호 비교가 가능한 시스템을 구성하였다. 표 7-21은 14층과 15층의 구성요소별 설계 결과를 보여주고 있다. 발코니에 설치하게 되는 14층의 경우에는 공간의 제약과 입주자에 대한 고려를 반영하여 설치 면적을 6.3m^{2}로 설계하였고, 15층의 경우에는 24m^{2}으로 설계하였다. 축열조의 용량은 1월 평균 축열 온도를 40℃로 유지하도록 14층의 경우 200 l와 250l, 15층의 800l로 설계하였다. 14층과 15층에 설치한 태양열 시스템의 실증 운전을 통해 실제 연료비 절감 효과를 분석하였다.

** 표 7-20 ‖ 태양열 설비 적용 대상 건물 개요(최기환 외, 2004)

구분 \ 층수	14층	15층(최상층)
위치	광주광역시 화정동 주공아파트	
전용 면적	32평형 (84m^2)	32평형 (84m^2)
설치 대상 세대	1401호, 1402호, 1403호, 1404호	1501호, 1502호, 1503호, 1504호
거주자 현황	1401호, 1402호 : 일반인 거주 1403호, 1404호 : 공가세대	1501호, 1502호 : 일반인 거주 1503호, 1504호 : 공가세대
집열기 설치 위치	발코니	지붕
난방 방식	개별 난방	개별 난방

표 7-20의 결과는 급탕과 난방의 결과를 종합하여 나타내고 있다. LNG 연료의 Nm^{3}당 단가는 518원으로 가정하였고 보일러의 열효율은 100%로 가정 하였다. 단순 투자 기간 분석 방법을 통해 투자비 회수 기간을 분석하였고 24~30년이라는 결과를 보이고 있다. 일반적으로 기계 설비의 내구 연수가 최대 20년이고 보일러의 경우 10년이면, 주요 부품의 내구 수명이 한계에 이른다고 볼 수 있다. 24~30년이라는 결과는 정부부처에서의 지원제도가 없다면 설치가 불가능하도고 판단 할 수 있다.
표 7-22의 결과는 2004년에 발표된 결과로 2010년을 기준으로 LNG의 Nm^{3}당 단가는 720원 수준이다. 또한 태양열 시스템의 경우 다양한 지원 제도가 적용되고 있어 실질적인 투자비 회수 기간은 10년 이내일 것으로 보인다.

** 표 7-21 ▌ 태양열 시스템 구성요소 설계 요약(최기환 외, 2004)

구분 \ 층수	14층	15층	비고
설계 목표	1월 평균 축열조 온도 15℃→40℃로 축열	1월 평균 축열조 온도 15℃→40℃로 축열	–
집열기 면적	$6.3m^2$	$24m^2$	–
집열기 각도	70°	22°	–
집열 매체 유량	$6.7lpm(0.017\ell/sm^2)$	$24.5lpm(0.017\ell/sm^2)$	–
펌프 양정	5m	10m	압력 손실 계산
축열조 용량	200, 250ℓ	800ℓ	–
집열 배관 직경	15.88, 22.22	28.58, 22.22, 15.88	–
관 외측 대류열전달계수	-정체 경우 : 약 $300\sim320W/m^2K$ -위로 흐를 경우 : 약 $615W/m^2K$		실험값
관 내측 열전달계수	$1{,}900W/m^2K\sim2{,}700W/m^2K$		실험식
집열용 열 교환기 길이	15.88 스테인레스관 : 34m	15.88 SUS관 : 103m	LMTD법
급탕용 열 교환기	축열조 출구 온도 60℃일때 열 교환기 길이 38m	좌동	–
난방용 열 교환기	35m	좌동	–
집열기 구성	3장직렬	4장 직렬, 3장 병렬	–
열원 시스템 형태	type 1 : 1401호, 1403호 type 2 : 1402호, 1404호	type 1 : 1501호, 1503호 type 2 : 1502호, 1504호	–

** 표 7-22 ▌ 태양열 급탕난방 시스템의 경제성 분석(최기환 외 2004)

구분 \ type	type1(지붕형)	type2(지붕형)	type2(발코니형)	type2(발코니형)
급탕난방 총 부하량(Mcal/yr)	17,840			
총부하의 태양열 의존율	28.6%	27.9%	8.7%	8.3%
질감 부하량(Mcal/yr)	5,103	4,975	1,552	1,481
가스 질감량(m^3/yr)	607	592	185	176
총 절감 금액(원/yr)	314,660	306,960	95,720	91,320
초기 투자비(원)	7,698,000		2,814,000	
회수 기간(연)	24	25	29	30

7.7.2 광주문화센터 태양열 냉난방 시스템

그림 7-40은 같이 2005년 태양열 냉난방 시스템을 설치한 광주 서구 문화센터의 사진으로, 최대 수용 인원은 300명으로 제 1열람실은 168명, 제 2열람실은 132명 정도를 수용할 수 있는 규모이다(송규섭, 2010). 기존 건물과 의장적 조화를 강조하였으며 3층 옥사 휴게 공간 상부 차양 시설로써의 활용이 가능하며 2pieces 방식으로 중량감을 줄였다. 표 7-23에 설치 사양을 보면 집열기의 종류는 단일 진공관형 태양열 집열기를 설치하였으며 집열기 모듈은 SP-10(2.55m²/모듈)로서 107모듈을 설치하여 열람실 냉난방 및 급탕에 146Gcal/year의 열을 공급할 것으로 기대하고 있다. 또한 이로 인해 LPG의 16,322m³와 CO_2의 17.14TC를 절감효과를 기대할 수 있다.

그림 7-40은 광주 서구 문화센터에 설치한 태양열 냉난방 시스템의 계략도이다. 일일 냉방 열 실험을 위해 냉방 기간인 2007년 8월 1일 실시하였다. 그림 7-41과 같이 실험은 태양열 냉방을 10시간(8시~18시) 가동하여 시간에 따른 온도 변화와 유량 변화를 관찰하였다. 가동 시간 동안 냉동기 냉온수 온도는 일정하게 유지되었다. 그림 7-42을 보면 일사량은 12시에 가장 높아서 획득량도 가장 크게 나타났지만 집열 효율은 14시에 가장 높게 나타났다. 그림 7-43은 냉방 기간인 8월 한 달 동안(8월 1일~30일) 연속 냉방 열 성능 평가를 실시한 일일 일사량, 획득량, 냉동기 태양열공급량, 태양열 냉방, 태양열 급탕과 집열기 효율을 나타냈다. 8월 1일에 가장 높은 일사량이 나타났으며 획득량 또한 가장 높게 나타났다. 그러나 집열효율은 8월 7일에 가장 높게 나타났다. 8월의 일평균 일사량은 764kWh이고 획득량은 400kWh이다.

그림 7-44는 일별 태양열 냉방 및 보조 냉방 사용량을 나타내었는데 8월 1일날 일사량이 가장 많아서 태양열을 이용한 냉방이 크게 나타났다. 표 7-24는 8월 1의 결과값을 정리하였는데 일사량은 1,196kWh이고 획득량은 698kWh로서 집열 효율은 58.4%로 나타났다. 냉동기에 태양열을 공급한 열량은 385kWh이다. 태양열 냉방에 202kWh, 태양열 급탕에 126kWh 그리고 보조냉방은 26kWh가 사용되었다. 태양열 유효 에너지 사용량은 511kWh로 나타났다. 그리고 이때 집열기 효율은 52%이며 태양열 공급량은 235kWh이고 태양열 냉방에 114kWh이며 태양열 급탕 56kWh이다. 보조 냉방 사용량은 69kWh이다. 태양열 유효 에너지 사용량은 291kWh이다.

** 표 7-23 ▌ 태양열 냉난방 시스템 설치 사양(송규섭, 2010)

구분	내용		기대 효과
설치 장소	광주 서구 문화센터(2005.7)		- 획득 열량 : 146Gcal/year - LPG 절감량 : 16,322m³ - CO_2: 17.14TC
집열기 형태	단일 진공관형 태양열 집열기		
집열기 모듈	모델	SP-10(2.55m²/모듈)	
	집열 면적	272.85m²(107모듈)	
시스템 구성	태양열 축열 탱크(6Ton), 급탕 탱크(2Ton), 냉수 탱크(0.5Ton)		
	열원 구동 흡수식 냉동기(10RT)		
	컴퓨터와 인터넷을 이용한 모니터링		
적용처/ 사용 온도	열람실 냉난방 및 급탕 / 88℃		

** 표 7-24 ▌ 태양열 냉난방 시스템 실험 8월 일평균 값(송규섭, 2010)

일사량	획득량	집열 효율	냉동기 태양열 공급 열량	태양열 냉방	태양열 급탕	보조 냉방	태양열 유효 에너지 사용량
1196kWh (598W/m²)	698kWh (394W/m²)	58.4%	358kWh	202kWh	126kWh	26kWh	511kWh (73%)

** 그림 7-40 ▌ 평판형 집열기 설치 전경(송규섭, 2010)

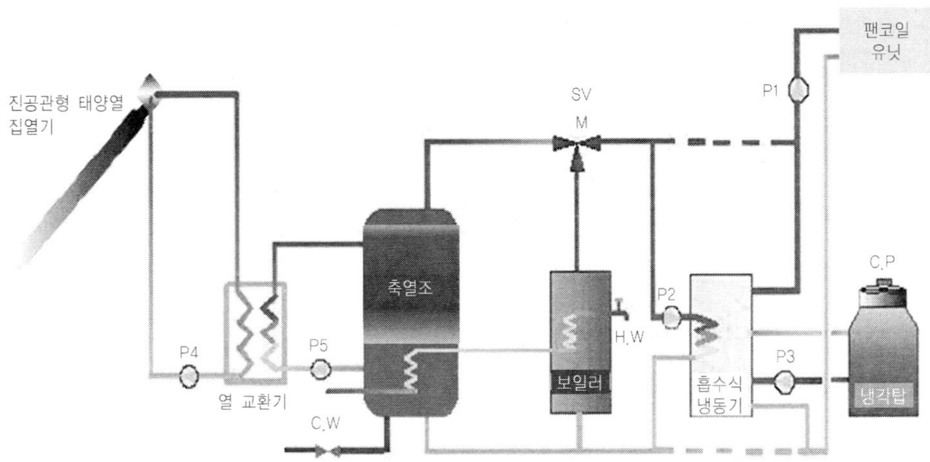

** 그림 7-41 ▌ 태양열 냉난방 시스템 개략도(송규섭, 2010)

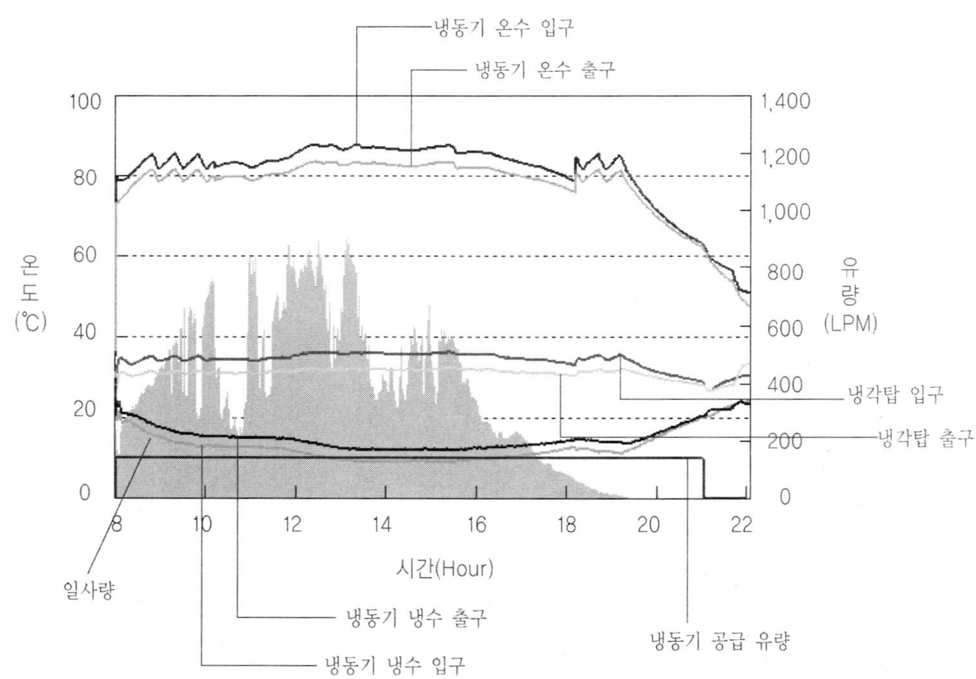

** 그림 7-42 ▌ 시간별 온도, 유량 변화(송규섭, 2010)

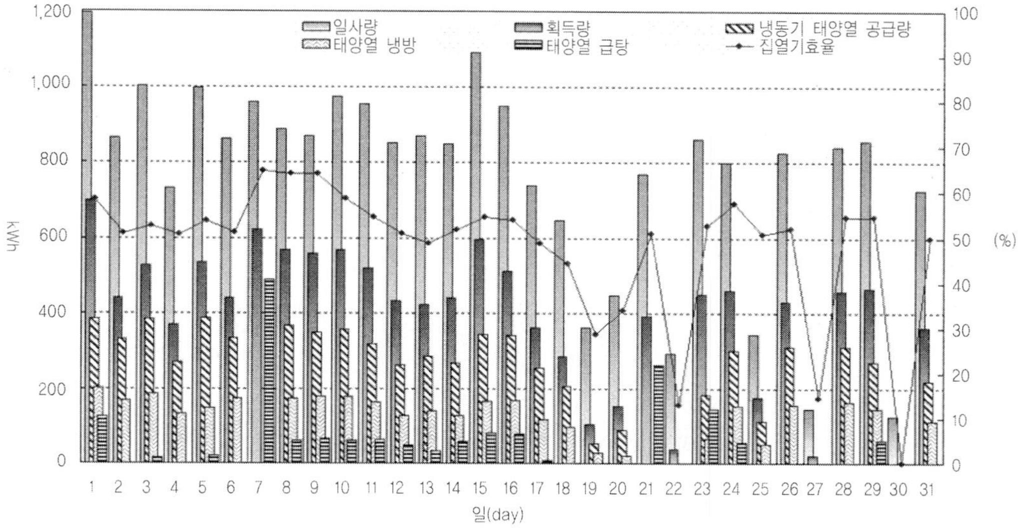

** 그림 7-43 ▌ 일별 태양열 시스템의 실험값(송규섭, 2010)

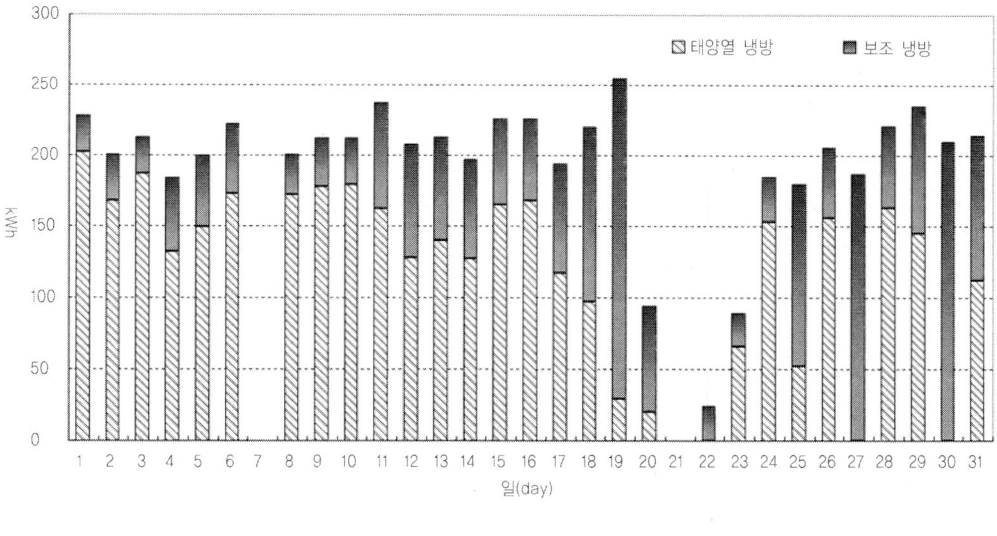

** 그림 7-44 ▌ 일별 태양열 냉방 및 보조 냉방 사용량(송규섭, 2010)

7.7.3 반도체 공정 태양열 시스템

그림 7-45는 반도체 표면 처리 공장에 태양열 산업 열 공정 시스템을 설치하였다. 표 7-25는 태양열 산업 공정 시스템의 설치 사양을 나타냈으며 그 내용을 살펴보면 적용처는 산업 공정열에 적용하였고 집열기의 종류는 단일 진공관형 태양열 집열기를 사용하였다. 집열기 모듈 종류는 SP-10(2.55m^2/모듈)로 266개의 모듈을 설치하여 산업 공정열에 408Gcal/year를 획득할 것으로 기대하고 있다. 또한 이로 인해 LPG의 50,650m^{3}와 CO_2의 33.9TC를 절감할 것으로 예상하고 있다. 집열 면적은 678m^{2}이고 태양열 축열 탱크는 47Ton이다. 그리고 DI Water의 오염방지를 위해 SUS 배관을 사용했다. 이 시스템을 모니터링하기 위해서 컴퓨터와 인터넷을 이용하였다. 그림 7-46은 태양열 산업 공정 시스템의 개략도를 나타내었다.

그림 7-47은 2006년부터 2007년까지의 모니터링 내용을 살펴보면 온수 생산량은 일사량이 가장 많은 8월에 가장 높게 나타났다. 그림 7-48은 연도별 월 가스사용량을 비교하였는데 2005년과 산업 열 공정 시스템을 설치했을 때의 2006년과 2007년 8월의 가스사용량을 비교해보면 대략 10,000m^3 정도의 차이가 나게 된다. 가스 소비량을 8월을 기준으로 봤을 때 77% 정도의 절감 효과가 나타난다. 그림 7-49를 시간별 일사량과 집열효율을 나타내었는데 일사량은 12시에 가장 높아서 획득량도 가장 높으나 집열효율은 15시에 가장 높게 나타났다. 표 7-26은 태양열 산업 공정 시스템 실험 결과값을 나타내었다. 모니터링의 결과를 보면 총 일사량은 5,147W/m^{2}이고 획득량은 3,238W/m^{2}로써 집열효율이 64%로 나타났다.

** 표 7-25 ▌ 태양열 산업공정 시스템 설치 사양(송규섭, 2010)

구분	내용		기대 효과
설치 장소	충북 청주 (2005.12), 반도체 표면 처리 공장		- 획득 열량 : 408Gcal/year - LPG 절감량 : 50,650m^3 - CO_2 절감량: 33.9TC
집열기 형태	단일 진공관형 태양열 집열기		
집열기 모듈	모델	SP-10(2.55m^2/모듈)	
	집열 면적	678m^2(266모듈)	
시스템 구성	태양열 축열 탱크(47Ton), Hot DI Tank		
	DI water의 오염 방지 위한 SUS 배관 사용		
	컴퓨터와 인터넷을 이용한 모니터링		
적용처/사용 온도	산업 공정열 / 70℃		

** 표 7-26 ▌ 태양열 산업 공정 시스템 실험 결과값(송규섭, 2010)

총 일사량	태양열 획득량	집열효율	축열조 온도
5,147W/m²	3,238W/m²	64%	50~70℃

** 그림 7-45 ▌ 태양열 산업 공정 시스템(송규섭, 2010)

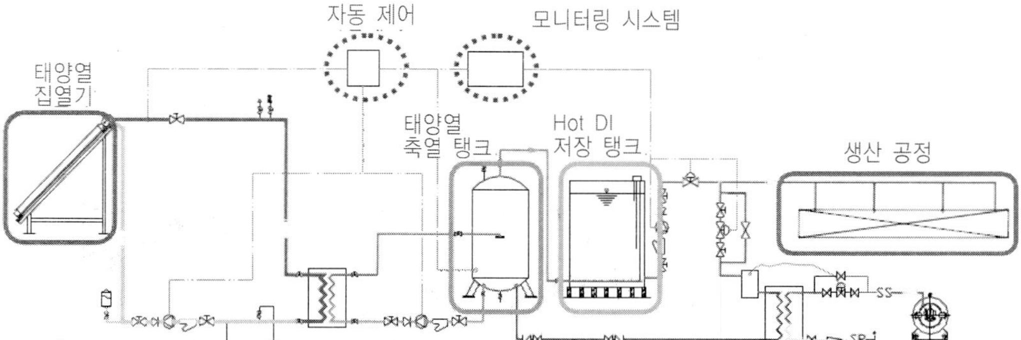

** 그림 7-46 ▌ 태양열 산업 공정 시스템 개략도(송규섭, 2010)

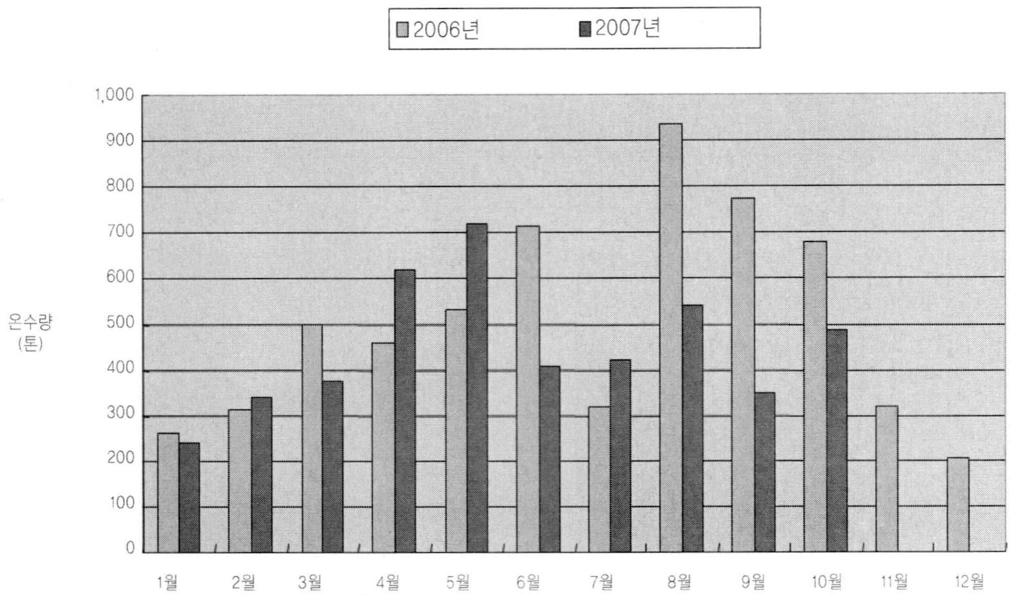

** 그림 7-47 ▌ 월별 태양열 온수 생산량(송규섭, 2010)

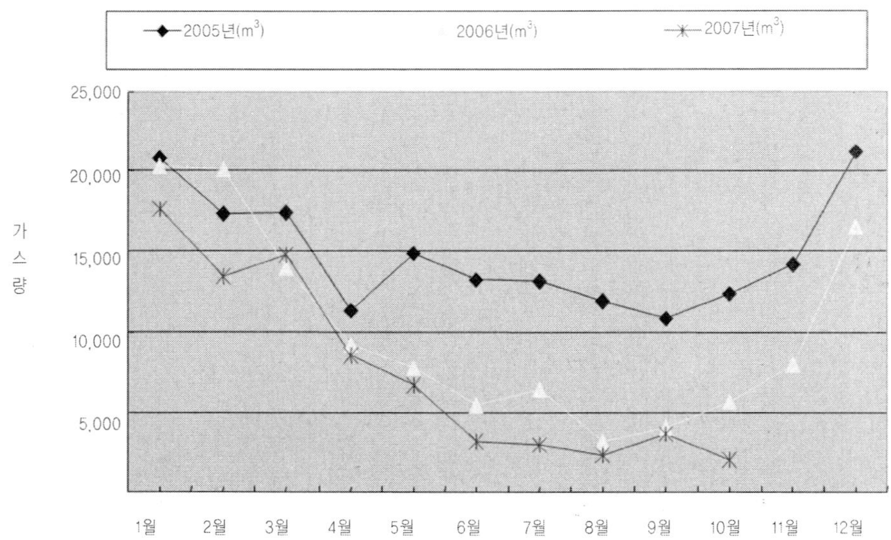

** 그림 7-48 ▌ 연도별 월 가스사용량(송규섭, 2010)

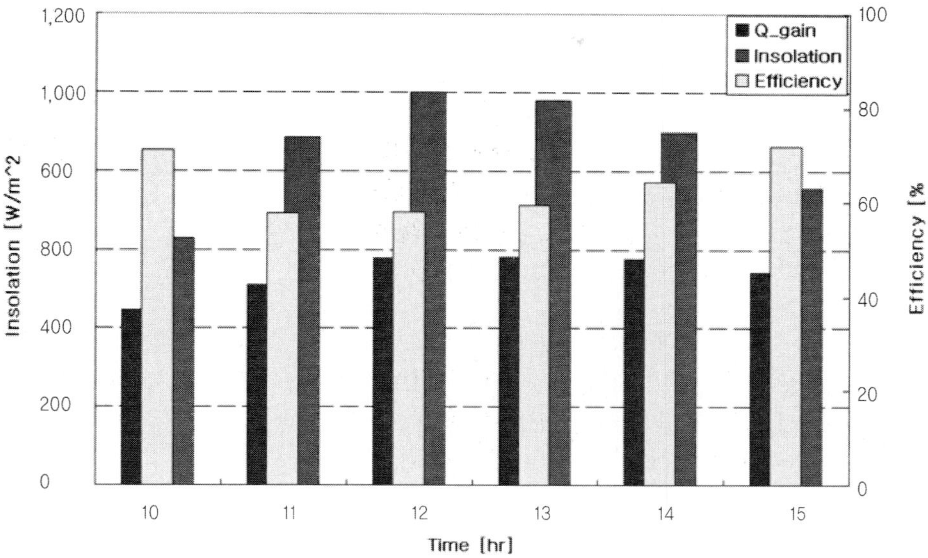

** 그림 7-49 ‖ 시간별 일사량과 집열효율(송규섭, 2010)

연/습/문/제

01 어떤 시각에서 집열기 입구의 열 매체 온도 10℃, 외기의 공기 온도 -5℃, 집열면 일사량 1,200kacl/m^2hr, 집열효율 수정 계수 0.75, 열 손실 계수 6.0kcal/m^2hr ℃, 투명 덮개 투과율 0.8, 흡수판 흡수율 0.75일 때 이론적인 집열기 효율을 구하시오.

02 부산지역에 남향으로 50m^2의 주택에 집열효율이 60%인 태양열 집열기를 설치하여 온수급탕을 하려고한다. 태양열 집열기 면적을 구하라. 또한 집열효율이 80%일 때 집열면적을 구하라.

03 부산에 남향으로 100m^2의 주택을 지으려고 한다. 이때, 신재생 에너지를 사용하여 냉방시설을 설계하고자 한다. 태양열을 이용한 2중 효용 흡수식 냉방기를 설계하라.

04 서울에 고층 사무실을 지으려고 한다. 사무실의 층수는 20층이고 넓이는 300m^2이다. 이때, 신재생 에너지를 사용하여 19, 20층에는 냉난방 시설을 설계하고자 한다. 태양열을 이용하여 증기 압축 냉방기를 설계하라. 또한 18층에는 제습 냉방 시스템을 설계하라.

05 태양열에 이용할수 있는 시스템의 COP를 조사하여 정리하라.

참고문헌

[1] 건설자료연구사, "태양열 주택", 건우사, 1980.

[2] 김진수, 강용혁, "고온태양열 이용 열화학반응 응용분야에 대한 고찰", 2003 한국 태양 에너지학회 추계 학술 발표회 논문집, pp. 120-126, 2003.

[3] 김영일, "데시칸드 공조시스템III", 설비공조냉동위생, pp. 108-119, 2008.

[4] 곽희열, "태양열 구동 흡수식 냉/난방 실증", 부산대학교 인력양성 강좌, 2009년 7월 24일

[5] 산업자원부, "공동주택의 태양열이용시스템 보급을 위한 적용방안 연구", 2004.

[6] 산업자원부, "대규모 태양열 지역냉난방 및 급탕 시스템 개발 및 적용 연구", 2007.

[7] 신정철, "태양열 냉난방 기술", 구민사, 2004.

[8] 송규섭, "태양열 이용에너지 기술과 향후전망", 부산대학교 에너지최고전략과정, 2010년 1월 21일

[9] 에너지 관리 공단 신재생에너지센터, "신재생에너지 RD&D 전략 2030시리즈 태양열", 북스힐, 2008.

[10] 오정무, "태양열 냉난방 및 온수급탕시스템", 예일기획, 2005.

[11] 오부석, "태양열 주택", 명지출판사, 1991.

[12] 차재호, 강희정, 김정인, 오영삼, 박문희, 홍성안, 황규철, 손학식, 박효순, 금종수, 이성, 심상렬, 강철구, 박영구, "에너지총설", 한국에너지정보센터, 2003

[13] 이동원, 곽희열, 이진국, 윤응상, 이순명, 주문창, 정대헌, "태양열설비 시스템 표준화", 지식경제부, 2008

[14] 최기환, 심태철, 이종성, 조균형, "태양열 설비형 시스템의 보급사례", 한국태양 에너지학회지 제3권 제2호, 2004

[15] 김성수, 홍희기, "한국형 태양열 온수급탕 시스템의 대책과 제안", 설비공학논문집 제20권 제9호, 2009

[16] 백남춘, "태양열시스템의 최적설계", 한국에너지기술연구원, 2009.

[17] 한국태양 에너지학회, "태양 에너지 핸드북", 태림문화사, 1991.

[18] Deutsche Bank, "The SCP industry an awakening giant", 2009.

[19] Fisk M. J., H. C. W. Anderson, "Introduction to Solar Technology", Addison-Wesley Publishing Company Inc,1982.

[20] Greenpeace, "Concentrating Solar Power Global Outlook 09", 2009.

[21] Hand J., "Home Guide to Solar Heating and Cooling", Times Mirror Mazines Inc, 1978.

[22] Izquierdo M., F. Hernandez, E. Martin, "Solar Cooling in Madrid : Available Solar Energy", Solar Energy, Vol. 53, No. 5, p. 431~443, 1994.

[23] Kim. D.S, C.A. Infante Ferreira, "Solar refrigeration options a state of the art review" INTERNATIONAL JOURNAL OF REFRIGERATION, 2007.

[24] Millan M. I., F. Hernandez, E. Martin, "Solar Cooling in Madrid : Energetic Efficiencies", Solar Energy, Vol.60, No. 6, pp. 367~377, 1997.

[25] Montgomery R. H., J. Budnick, "The Solar Decision Book", Jhon Wiley & Sons, 1978.

[26] Streicher, W., "Solar Thermal Heating Systems", Lecture Note, Daejeon Convention Center, Korea, KIER, 2009. 7. 16

[27] Volker Quaschning, "Technical and economical system comparison of photovotaic and concentrationg solar thermal power systems depending on annual global irradiation", Solar Energy, Vol. 77, 171-178, 2004.

[28] Hwang. Y.H. , R. Radermacher, "Review of Solar Cooling Technologies", HVAC&R RESEARCH, 2008.

[29] http://www.env.go.jp/policy/tech/nano_tech/review/theme/02/04.html

[30] http://www.kemco.or.kr/up_load/pds/hongbo/a_7.ppt

[31] http://www.kma.go.kr/weather/main.jsp

용어정리

• **간접 시스템**(indirect system) : 물이 아닌 열매체가 궁극적으로 소비되거나 집열기를 순환하여 온수가 얻어지는 태양열 온수 급탕 시스템이다.

• **강제 순환 시스템**(forced-circulation system) : 기계 장치 혹은 외부 가압에 의해 집열기에 열매체를 강제로 순환시키는 시스템이다.

• **개방형 시스템**(open system) : 열전달 유체가 대기와 광범위하게 접하는 시스템이다.

• **건물 일체형 집열기**(building integrated collector) : 건물의 벽체나 지붕재를 겸해서 쓰는 집열기로 공기식과 액체식이 있으며 규모가 큰 메가 집열기 등이 여기 속한다.

• **경위 추적기**(altazimuth tracker) : 태양 고도각과 태양의 방위각을 운동 좌표로 하는 태양 추적 장치이다.

• **공기식 태양열 집열기**(air heating collector) : 열매체로 공기를 사용하는 태양열 집열기이다.

• **밀폐형 시스템**(closed system) : 열전달 유체가 대기와 완전히 분리된 시스템이다.

• **반구 태양 일사**(hemisoherical solar irradiance) : 입체각 2πsr로부터 표면 영역으로 흡수되는 주어진 흡수기 면에서의 복사 흐름의 비율. 경사각과 표면의 방위는 반드시 정의되어야 한다. 반구 일사는 $W \cdot m^{-2}$의 단위를 가진다.

• **발전탑**(Power Tower) : 헬리오스타트가 중앙타워에 설치된 흡수기에 태양 일사를 반사하고 모으는 역할을 한다. 집열기의 열전달 매체로는 molten salt, 공기 또는 액체금속 등이 사용된다. 가열된 열 매체는 축열조를 거쳐 전력 변환 장치에서 전기를 생산한다. 이 시스템의 집광비는 300~1,500sun 정도이며 1,500℃ 이상에서도 작동이 가능하다.

• **방사율**(radiant exitence) : 표면의 한 지점에서 영역을 떠나는 복사 에너지 흐름으로 해당 영역당 수치임. 공식적으로 방사율(radiant emmitance)이란 용어가 사용된다.

• **배수형 시스템**(drainback system) : 일반 작동 사이클 부분에서 재사용을 위해 집열기로부터 열전달 유체를 추출한 시스템이다.

• **배치형 온수 급탕기**(batch solar hot water heater) : 집열과 축열 기능을 동시에 만족하는 설계 및 제작이 가장 간당한 구조로 태양에 직접적으로 노출된 축열 탱크를 사용한다. 이 탱크는 보온이 되어 있지 않으며, 무광택 흑색 페인트나 선택 흡수막으로 처리되어 집열 기능을 갖는다.

• **분리 저장형**(remote-storage system) : 축열조가 집열기로부터 분리되어 떨어진 곳에 설치된 시스템이다.

- **비형상 집열기**(non-imaging collector) : 태양 복사를 초점에 모으는 대신 상대적으로 작은 흡수기에 모으는 집광형 집열기이다.
- **산란 태양 일사**(diffuse solar irradiance) : 주어진 흡수기 면에서의 태양 산란 복사. 경사각과 표면의 방위는 반드시 정의되어야 한다. 산란 태양 일사는 $W \cdot m^{-2}$의 단위를 가진다.
- **상변화형 온수 급탕기**(phase change solar hot water heater) : 열전달 매체로 상변화 물질을 사용한다. 상변화 물질은 배관 내에서 부식을 일으키지 않는 물질이며 일사되는 동안 집열기에서 액체 상태에서 증기 상태로 바뀌어 보다 높은 열전달을 한다.
- **선 집광 집열기**(line-focus collector) : 한 면에서만 태양 복사가 집광되는 선형 초점이 형성되는 집열기이다.
- **선택 집열면**(selective-surface) : 집열판의 흡수율을 높이고 방사율을 줄이기 위해 집열판 표면에 black-cr, TiO_2 등이 코팅된 면이다.
- **설비형 태양열 시스템**(active solar system) : 태양열 시스템 각 구성부(집열부, 축열부, 이용부) 간의 에너지 전달 방법이 기계 장치로 태양 에너지를 강제적인 방법으로 집열, 저장하여 이용할 수 있도록 한 것이다.
- **액체식 태양열 집열기**(liquid heating collector) : 열 매체로 액체를 사용하는 태양열 집열기
- **일사**(irradiation) : 종종 1시간 또는 1일로 정의되는 시간격에서 일사 통합에 의한 단위 면적 당 입사 에너지. 일사는 $MJ \cdot m^{-2}$로 표현된다.
- **일사도**(irradiance) : 표면에 입사되는 복사의 전력 밀도. 즉, 표면에 입사되는 복사 흐름의 비율. 일사는 $W \cdot m^{-2}$로 표현된다.
- **일체 저장형**(close-coupled system) : 축열조와 집열기가 합체 하에 있으며 지지부에 의해 지지되어 설치된 시스템이다.
- **입사각**(angle of incidence) : 태양 원의 중심에서 일사면 지점으로의 연결선과 일사면에 수직인 선과의 사이각이다.
- **자동 배수형 시스템**(draindown system) : 열전달 유체가 추출된 후 버려지는 시스템이다.
- **자연 대류형 온수 급탕기**(thermosyphon solar hot water heater) : 자연 대류를 작동원리로 하는 시스템의 구조는 태양열 집열기와 그 위에 설치된 축열 탱크, 그리고 이 둘을 연결하는 관으로 구성된다. 이 시스템은 온도 차에 의한 작은 압력차로 순환되므로 집열기와 축열 탱크의 위치 관계, 연결과의 구경, 배치 등의 설계상 세심한 주의가 필요하다.
- **자연 순환형 시스템**(thermosiphon system) : 집열기와 축열조 사이의 순환을 위해 밀도 차만을 이용하는 시스템이다.
- **자연형 태양열 시스템**(passive solar system) : 태양열 시스템 각 구성부(집열부, 축열부, 이용부) 간의 에너지 전달 방법이 자연 순환, 즉 전도, 대류, 복사 등의 현상에 의한 것으로 특별한 기계 장치없이 태양 에너지를 자연적인 방법으로 집열, 저장하여 이용할 수 있도록 한 것이다.

자연형 태양열 시스템은 적용 방법상 직접 획득형(Direct Gain), 간접 획득형(Indirect Gain), 분리 획득형(Isolated Gain)으로 구분한다.

- **작은면 집열기(faceted collector)** : 작은 면에서 태양 복사를 집광하기 위해 많은 평면 반사 영역들을 사용하는 집광형 집열기이다.
- **적도 추적기(equatorial tracker)** : 회전축이 지구 축과 평행한 태양 추적 장치. 작동 계수는 시간각과 태양 경사이다.
- **전 태양 복사(global solar radiation)** : 수평면에 도달하는 반구 태양 복사. 지표면에 흡수되는 약 99%의 태양 직사는 0.3~3.0 μm 파장 범위 내에 해당된다. 태양 관계자는 흔히 반구 태양 복사 대신 지구 복사(global radiation)라는 용어를 사용한다.
- **점 집광 집열기(point-focus collector)** : 한 점에 태양 복사가 집광되는 집광형 집열기이다.
- **제로에너지 태양열 주택(zero energy house)** : 태양열을 비롯한 재생 에너지를 사용하여 외부에서 전혀 동력이 유입되지 않고 자체적으로 냉난방, 전력을 완전히 해결한 주택이다.
- **지구 태양 일사(global solar irradiance)** : 수평면에서의 반구 태양 일사. 이는 $W \cdot m^{-2}$의 단위로 표현된다.
- **직달 태양 복사(direct solar radiation)** : 주어진 면에 입사거나 태양원에 집중된 작은 입체각으로부터 발생한 복사. 일반적으로 직달 태양 복사는 시야각이 6°인 기기에 의해 측정된다. 따라서 태양원 주위의 산란 복사가 포함되며 태양원 자체의 시야각은 0.5°이다. 직사는 정상 입사에서 주로 측정된다. 지표면에 흡수되는 약 99%의 태양 직사는 0.3~3.0 μm 파장 범위 내에 해당된다.
- **직달 태양 일사(direct solar irradiance)** : 태양원의 작은 입체각으로부터 표면에 흡수된 주어진 흡수면 상에서 복사 흐름의 비율. 면이 입체각의 축과 수직이라면 정상 직접 태양 일사가 흡수된다. 직달 태양 일사는 $W \cdot m^{-2}$의 단위를 가진다.
- **직렬 연결 시스템(series-connected system)** : 유체가 공급 점으로부터 집열기를 통과하여 축열조나 부가 열원 및 사용 지점으로 직접 가열되어 이동하는 태양열 온수 급탕 시스템
- **직접 시스템(direct system)** : 물이 아닌 열매체가 궁극적으로 소비되거나 집열기를 직접 순환하여 온수가 얻어지는 태양열 온수 급탕 시스템이다.
- **진공관형 집열기(evacuated tube collector)** : 관 벽과 흡수기 사이가 진공인 평행 배관한 진공형 집열기. 흡수기는 내관 또는 열에너지 방출을 위한 다른 모양의 관으로 구성된다.
- **진공형 집열기(evacuated collector)** : 흡수기와 덮개 사이의 공간이 진공이 집열기. 이 집열기의 성능은 진공 공간의 압력에 따라 다르다.
- **집광형 집열기(concentrating collector)** : 공동을 통과하여 공동보다 작은 면적의 흡수기로 전달되는 태양 복사를 간접 혹은 집광하는 반사기, 렌즈 혹은 다른 시각 장치로 사용되는 태양열 집열기. 반사경을 갖거나 진공관형 집열기의 관 뒤에 반사기가 있는 평판형 집열기는 집광형

집열기이다.

- **집열창이 없는 집열기**(unglazed) : 흡수기에 집열창이 없는 태양열 집열기이다.
- **추적 집열기**(tracking collector) : 하나 혹은 두 축을 중심으로 회전하여 낮 동안 태양의 분명한 움직임을 추적하여 이동하는 집열기. 추적 종류는 단, 이축 추적이다.
- **충만형**(filled system) : 열전달 유체로 집열기가 가득 차 있는 시스템이다.
- **태양 경로 도표**(sun-path diagram) : 태양 경도 대 태양 방위를 보여주는 도표로 태양의 위치를 연중 여러 다른 날의 함수로 보여준다.
- **태양 경사**(solar declingation) : 태양-지구를 연결하는 선과 적도면 사의 각(분반구가 양), 태양 경사는 춘/추분에서 0이며 +23.45°(6월 22일)에서 −23.45°(12월 22일)의 범위 내에서 변화한다.
- **태양 고도각**(solar altitude/elevation angle) : 태양 천정각의 여각 h=90° 정오에 동일한 면에 투영된 태양 사이의 각. 태양 시간 각은 24시간 내에 약 360° 변화한다. 이 각은 아침 시간에는 음의 값을 가지며 오후 시간에는 양의 값을 가진다. $\omega \approx 15(\mathrm{Hr}-12)$
- **태양 기여도**(solar contribution) : 전체 시스템 중 태양열 부분이 공급하는 에너지의 비. 시스템의 태양 기여도 및 부가 손실은 정의되어야 하는데 그렇지 않은 경우 태양열 비율은 하나로 정의되지 않는다.
- **태양 방위각**(solar azimuth angle) : 관측점으로부터 태양으로 향하는 직선과 정남(북반구)/정북(남반구) 사이의 투영된 각으로 국부 수평면상의 투영을 이용하여 북반구(남반구)에서는 시계(반시계) 방향으로 측정한다. 태양 방위각은 아침에 음의 값(동쪽 방향)을 가지며 정오에 0° 또는 180°이고 오후에는 양의 값을 가진다. 이는 지구 전체에서 정남으로부터 시계 방향으로 측정되는 지리적(geographical) 방위와 다르다.
- **태양 복사**(solar radiation) : 태양으로부터 방출되는 복사. 지표면에 입사되는 약 99%의 태양 복사는 $3\mu m$ 이하의 파장을 가진다.
- **태양 산란 복사**(diffuse solar radiation) : 반구 태양 복사에서 직달 태양 복사를 뺀 값. 태양 에너지 기술의 목적에 따라 산란 복사는 대기에서 산란된 태양 복사 및 지면에서 반사된 태양 복사를 포함하는데 이는 흡수면의 경사에 따라 다르다. 경사각과 표면의 방위는 반드시 정의되어야 한다.
- **태양 상수**(solar constant) I_0 : 지구와 태양이 평균 거리일 때(149.5 × 106 km) 복사 방향에 수직인 면에서 지구 대기 외부의 태양 일사. 태양 상수의 측정치는 1367±7 $\mathrm{W \cdot m^{-2}}$이다.
- **태양 선속**(solar flux) : 태양으로부터 유입되는 복사 에너지 흐름이다.
- **태양 시간**(solar time) : 태양 정오를 기준점으로 할 때 태양의 각운동이 하늘을 통과하면서 결정되는 시간. 태양 시간 = 표준 시간 + 4($L_{st} - L_{loc}$) + E 이며 이때, L_{st}는 국부 시간 영역에서의 표준 자오선이며 L_{loc}는 주어진 위치에서의 경도이고 E는 태양이 관측자의 자오선을 통과

할 때 시간에 영향을 주는 태양 주위를 회전하는 지구의 회전 비율을 고려한 식 내의 시간이다. 4($L_{st} - L_{loc}$) + E는 분 단위를 가지며 표준 시간으로 일광 절약 시간(daylight saving time)이 사용되는 경우 추가 수정이 요구된다.

- **태양 에너지**(solar energy) : 전자기 복사 형태로 태양으로부터 방출되는 에너지. 태양 에너지는 주로 0.3~3.0μm의 파장을 가진다. 태양 에너지는 일반적으로 태양 복사에 의해 전환 및 흡수되는 모든 유용한 에너지를 의미한다.
- **태양 연료**(solar noon) : 태양이 관측자의 자오선을 통과할 때 국부 시각이다.
- **태양 천정각**(solar zenith angle) : 수직으로부터의 태양의 각 거리이다.
- **태양 추적 장치**(solar tracker) : 동력 혹은 수동을 작동되는 이동 가능한 지지대로 태양을 따라가도록 장치가 고안되었다.
- **태양로**(solar furnace) : 일반적으로 초고온 태양로라고 하면 기존의 dish형 반사경 혹은 central tower형 집광 설비에 CPC 형태의 2차 집광 시스템을 추가로 설치하여 수천 K에 이르는 초고온을 얻을 수 있는 장치. 1000~수천 K에 이르는 고온의 획득이 가능하여 기존의 태양열 발전이 아닌 화학 반응을 통해 보다 유용한 에너지의 획득이 가능하다.
- **태양열 냉방 시스템**(solar cooling system) : 태양열을 구동 열원으로 해서 냉열을 생산하는 시스템은 크게 흡수식 냉방 및 제습 냉방(desiccant cooling)과 기타 증기 압축식, 흡착식 등으로 구분할 수 있다
- **태양열발전 시스템**(solar thermal power system) : 일사된 태양 복사 에너지를 고 비율로 집광하여 회수된 고온(250~1,200℃)의 열 에너지를 이용하여 발전 설비를 구동하여 전기 에너지를 얻는 시스템으로, 대규모 태양열발전 설비는 기본적으로 집광, 흡수, 저장, 발전 시스템을 포함하고 있다.
- **태양열 복합발전 시스템**(solar hybrid power generation system) : 태양 에너지는 일조시간 및 기후조건에 따른 자원 활용의 시간적 한계를 보완할 수 있는 방법으로, 태양 에너지를 일정한 저장 매체를 통하여 저장하고 야간이나 기후 조건이 좋지 않은 시기에 적절하게 활용하는 방법과 태양 에너지와 천연 가스 등의 화석연료를 동시에 이용하는 복합 시스템이다.
- **태양열 비율**(solar fraction) : 시스템의 태양열 비율을 전체 시스템 부하로 나눈 공급 에너지. 시스템의 태양열 비율 및 부가 손실은 정의되어야 하는데 그렇지 않은 경우 태양열 비율은 하나로 정의되지 않는다.
- **태양열 산업공정열 시스템**(solar industrial process heat system) : 중고온 태양열 시스템으로 산업 공정에 쓰이는 열수, 건조, 증기를 생산하는 시스템이다.
- **태양열 예열 시스템**(solar preheat system) : 보조 가열 없이 온수 가열기에 유입되기 이전에 시수를 예열하기 위해 설치한 시스템이다.
- **태양열 온수급탕 시스템**(solar heating system) : 온수급탕을 위해 태양 에너지를 열에너지로 변

환시키는 모든 장치이다.

- **태양열 전용 시스템(solar-only system)** : 부가 열원이 없는 태양열 온수급탕 시스템이다.
- **태양열 제습 냉방(desiccant cooling)** : 이 시스템은 제습제를 사용하여 실내로 들어가는 공기로부터 제습하여 습도를 낮추고 그 후 증발 냉각 장치에 의해 적정한 온도로 냉각시켜서 실내로 공급하는 냉방 방식이다. 이 시스템에서 태양열은 제습제를 재생시키는 데 사용되는데, 가능한 한 낮은 온도(60~80℃)로 재생 가능하도록 하는 것이 중요하다. 제습 냉방 시스템에서는 공기조화(제습 및 냉각) 과정과 재생 과정의 2가지 작동 과정이 있다.
- **태양열 집열기(solar collector)** : 복사 에너지 흡수 및 작동 유체에 열에너지를 전달하는 장치이다.
- **태양열 축열(solar storage)** : 태양 에너지를 이용한 시스템에 있어서는 열원인 태양의 일사량 자체의 주기적인 비연속성과 간헐성(예: 낮과 밤 또는 맑음과 흐림) 때문에 축열 시스템은 집열 시스템과 더불어 가장 중요한 요소 중의 하나이다.
- **태양열 해수담수화 시스템(solar sea water desalination)** : 태양열을 이용하여 해수를 담수화하는 시스템으로 태양열의 경우 증발법을 가장 널리 사용되고 있다. 증발법 담수화 설비는 현재 전 세계의 담수화 설비 중 약 70%를 차지하고 있다. 증발법으로 만들어진 담수의 염도는 이론적으로 "0"이기 때문에 보일러용 초순수의 제조 등에도 응용되고 있다. 증발법 담수화 설비는 증발기의 형상과 열원의 이용 방법에 따라 다중 효용 방식, 다단 플래시 방식, 증기 압축 방식 등으로 분류할 수 있다.
- **태양열 화학 반응기(solar chemical reator)** : (초)고온으로 집열된 고집광 태양 에너지를 활용하여 화학 반응을 수행하는 반응기. 이 반응기는 다양한 반응을 통해 수소 등 태양연료를 생산한다.
- **태양열 흡착식 냉방 시스템(adsorption solar cooling system)** : 제습냉방과 같이 고체흡착제가 온도에 따라 기체 분자(냉매증기)의 평형 흡착량이 변하는 현상을 이용한다. 태양열 흡착식 냉동 시스템은 재생 시 흡착제를 재생 온도까지 가열하는데 필요한 열을 태양열로 이용하는 것이다. 일반적으로 많이 사용되고 있는 "흡착제/냉매" 쌍은 활성탄/메탄올(Activated carbon/Methanol), 제오라이트/물(Zeolite/Water), 활성탄/암모니아(Activated carbon/Ammonia), 제오라이트/메탄올(Zeolite/Methanol), 제오라이트/암모니아(Zeolite/Ammonia) 등이 있다.
- **태양열과 보조 열원 결합 시스템(solar-plus-supplementary system)** : 태양열과 보조 열원 장치를 결합하여 사용하며 태양 에너지의 이용과 무관하게 온수 공급이 가능한 시스템이다.
- **태양열 시스템 제어 시스템(solar therm system control system)** : 태양열 시스템 제어는 주어진 조건하에서 집열량을 최대화시키기 위한 목적으로 사용되며, 설비형 태양열 시스템은 대개가 집열기 입출구 온도 차에 의한 제어에 의해 시스템이 운전되고, 이 온도 차에 의한 출력이 집열회로 내의 열 매체를 순환시키는 펌프를 가동시켜 집열한다. 태양열 시스템에서 불규칙한 일사량의 변화에 따라 효율적으로 태양열을 집열할 수 있도록 제어 장치가 필요하며, 제어 장치의 최적 운전을 위한 작동 온도 차 설정이 중요하다.

- **통기형 시스템(vented system)** : 열전달 유체와 공기가 급수관의 자유면이나 수조관, 혹은 열린 환기관에서만 제한적으로 접하는 시스템이다.
- **통합 집열기-축열 시스템(integral collector-storage system)** : 태양열 집열기가 축열 장치의 기능까지 갖는 태양열 온수급탕 시스템이다.
- **평판형 집열기(flat-plate collector)** : 흡수면이 평면인 집광형이 아닌 집열기이다.
- **포물선-구유형 집광기(parabolic trough concentrator)** : PTC의 반사면은 Trough의 초점에 놓은 집열관에 태양열을 모은다. PTC는 1축은 고정되어 1축으로 태양을 추적한다.
- **포물선-접시형 집열기(parabolic-dish collector)** : 포물선 접시 형상의 반사경을 갖는 점 집광 집열기이다.
- **프레즈넬 집열기(Fresnel collector)** : Fresnel 렌즈를 흡수기에 태양 복사를 모으기 위해 사용하는 집광형 집열기이다.
- **헬리오스타트(heliostat)** : 발전탑에 일사광선을 자동 2축 추적을 하여 반사키는 반사 시스템이다.
- **흡수기(absorber)** : 복사 에너지를 흡수하고 이를 열 에너지로 변환시키는 태양열 집열기의 부분이다.
- **흡수식 태양열 냉방 시스템(absoption solar cooling system)** : 흡수식 냉동 Cycle을 이용한 태양열 냉방 시스템으로 LiBr-H_2O, H_2O-NH_3를 용액으로 사용한다. 태양열은 고농도의 용액(흡수제/냉매)으로부터 냉매를 증발 분리(용액의 재생이라 함)시키는 데 필요한 열을 공급하는데 사용되는데, 냉매의 보존 여부에 따라서 밀폐형과 개방형으로 구분된다.
- **흡수판(absorber plate)** : 평면 모양의 흡수기이다.
- CPC(Compound Parabolic Concentrator) : 혼합 포물선 집광형 집열기로 태양 복사의 집광을 위해 포물선형 반사경을 사용하는 비형상 집열기. 포물선형 반사경은 모든 입사되는 복사를 공동면에서 광범위한 입사각 내에서 반사시킨다. 용어 CPC는 형상이 다를지라도 많은 비형상 집광형 집열기에 적용된다.
- CPV(Concentrated Photovoltaic) : 집광형 태양광발전이다.
- CPVT(Concentrated PhotoVoltaic-Thermal) : 광복합 태양광발전이다.
- MPCM(Phase Change material) : 마이크로캡슐 내에서 용융과 응결 상태의 상변화 과정을 수행하는 물질이다.
- PCM(Phase Change material) : 상변화 물질이다.
- PTC(Parabolic Trough Concentrator) : 홈통형 집관 방식은 1축 방식의 태양 추적이 가능한 파라볼라 곡면의 반사경을 통하여 300℃ 내외의 열원을 얻을 수 있는 집광 장치로 주로 스팀 생산을 통해 태양열발전 설비에 응용되어지는 고전적인 집광 방식이다.
- ZESH(Zero Energy Solar House) : 제로 에너지 솔라 하우스이다.

제 8 장

지열 에너지

8.1 지열 에너지 개요

8.1.1 에너지원으로서의 지열

지층의 토양은 지표면으로부터 일정한 깊이 이하에서는 연중 일정 온도를 유지하게 되며, 이러한 지층의 토양이 포함하고 있는 열 에너지(지열)는 개발의 여지가 충분하지만 아직까지 미활용 에너지로 취급되고 있다. 그동안 지열 에너지는 저급 에너지로 취급되어 유효하게 이용하기에는 한계가 있다고 판단하여 왔다. 이를 유효하게 활용할 수 있는 기법이 개발된다면 막대한 양의 토양 에너지를 무제한적으로 활용할 수 있는 장점이 있다. 최근 산업의 발달과 함께 생활 수준의 향상으로 국가 에너지 소비량은 빠른 속도로 증가하고 있다. 화석연료의 소비량이 급격히 증가하면서 발생되는 지구온난화, 사막지역의 확장, 기상이변 등 지구 환경에의 영향으로 인한 세계 기후 변화 등은 이제 전 인류의 당면 과제로 주목되고 있는 21세기의 주요 문제로 등장하게 되었다.

최근 환경오염과 세계 기후 변화에 대한 인식이 새롭게 부각되면서 청정 에너지원이라 할 수 있는 지열 에너지의 활용에 대하여 관심을 모으고 있다. 외국에서는 하천수, 배수, 해양열, 지열 등의 미이용 에너지원을 활용한 각종 열원 시스템에 대한 연구가 활발하게 이루어지고 있으며, 그중에서 지열을 활용한 히트펌프 시스템의 개발을 적극적으로 추진하여 신뢰성 있는 대체 에너지로서 지열이용 에너지 절약형 냉난방 시스템으로 활발하게 보급하고 있다.

우리나라에서 실용화가 가능한 대체 에너지로서 태양열, 풍력발전, 바이오매스, 지열 등의 형태가 연구되고 있다. 태양열 이용 기술은 과거 20여 년 간 가장 많은 연구가 진행되어 왔으나 대부분 난방이나 급탕용 등 겨울철의 한정된 사용과 기상 조건에 따른 이용의 제한, 겨울철 동파 방지 등 유지 관리 기술이 매우 복잡하고 어렵기 때문에 널리 보급되지 못하고 있는 형편이다. 최근에는 태양광전지(Solar Cell)

등에 의한 이용 범위를 확장하고 있으나 아직은 그 효과에 비하여 투자 비용이 높기 때문에 현실화하기에는 많은 제약이 있는 시스템으로 받아들여지고 있다. 또한 풍력 발전은 지리적 조건에 큰 영향을 받아 일정지역을 제외하면 현실성이 없는 시스템으로 판단되고 있다. 지열 이용 시스템은 지리적 조건이나 기상 조건과 무관하게 연중 일정한 열원을 확보할 수 있어 현실적으로 가장 보편화될 수 있는 기술로 평가되고 있다. 선진국에서는 이미 지열 이용 히트펌프 시스템에 의한 기술 개발이나 제품의 보급이 활발한 것에 비하여 우리나라는 이에 대한 연구가 매우 미흡한 실정이어서 아쉬움을 주고 있다. 막대한 양의 지열 에너지를 효과적으로 활용할 수 있는 기법을 개발한다면 청정 에너지원, 비고갈성 에너지원, 대체 에너지원으로 매우 유용한 에너지원이 될 수 있다.

8.1.2 지열 에너지 이용

지구 상에는 태양 에너지의 51% 정도가 지중이나 해양에 흡수되어 보존되어 있다가 대기로 방산되거나 다시 우주로 반사되는 형태의 열 평형을 유지하고 있다. 지열 이용 기술이란 이러한 과정에서 지중의 토양이나 수분에 축적된 열 에너지를 활용한다는 점에서 매우 유용한 대체 에너지로 자리잡게 되었다. 과거의 지열 이용 기술이란 화산지역이나 온천지역에서 일정 온도 이상의 뜨거운 온천수나 마그마의 지열을 이용하여 물을 가열시켜 직접 난방에 활용하거나 지열발전을 통하여 전기를 생산하는 직접 이용 기술로 소개되었다. 그러나 이러한 방법은 지리적 조건의 제한으로 인하여 온천지역이나 화산지역이 발달하지 않은 우리나라에서는 거의 효용성이 낮은 방법으로 평가되어 기술 개발에는 큰 관심을 모으지 못하였다. 우리나라의 기후 조건에서 지하심도 6~8m 이하에서는 연평균 14~16℃ 정도의 일정한 온도 분포를 유지하는 것으로 보고되고 있어 이를 히트펌프의 열원으로 활용한다면 안정적인 성능을 확보할 수 있으며 냉난방 열원으로의 유효하게 이용할 수 있을 것이다. 일반적으로 알려진 공기열원보다도 안정된 히트펌프의 구성이 가능할 수 있다. 우리나라 기후 조건에 알맞은 지열 에너지의 채열 방식의 개발과 건물의 용도와 규모에 따른 적정 용량의 설계 기술의 확보, 냉난방 부하에 적합한 히트펌프의 용량과 이에 대응한 지열 교환시스템의 안정성 등이 확보된다면 국가 에너지 정책에도 널리 활용할 수 있는 시스템으로 발전될 수 있는 기술 분야이다. 이러한 지열 이용 히트펌프 시스템은 청정 에너지를 활용한 환경친화적이며, 에너지 절약형 시스템이다. 그러나 우리나라의 기후 조건에 알맞은 적정 용량의 확보와 건물의 부하 특성에 따른 적정한 성능의 확보를 위한 기술의 정립과 안정된 시스템의 보급으로 신뢰성 있는 지열 이용 시스템의 기술 발전과 보급이 시급히 요구되고 있다.

미국의 환경청(US EPA)에서는 지열 이용 히트펌프 시스템(Geo-Thermal Heat Pump)이 현재까지 개발된 냉난방 기술 중에서 가장 에너지 효율이 높은 에너지 절약 시스템으로 평가하고 있으며 이를 적극적으로 보급하기 위하여 에너지스타(Energy Star) 프로그램 등에의 활용을 추천하고 있다. 미국의 EPA에서 적용 예에 대한 분석 자료에 따르면 건물의 냉난방 에너지 소비량이 최고 73%(난방용) 까지 경감되고 평균적으로 45% 정도(냉방용)의 에너지 절약 효과가 있는 것으로 보고하고 있다. 미국 환경청에서 조사된 냉난방 시스템의 종류에 따른 사용자들의 만족도를 보면, 지열 이용 히트펌프의 기술에 대한 만족도가 타 시스템보다 상당히 높게 나타나고 있다. 이는 지열 이용 시스템이 한번 시공하고 나면 매우 안정적인 냉난방 시스템으로 평가되고 있다. 이 시스템은 기후 조건이나 재실자의 요구에 따라 수시로

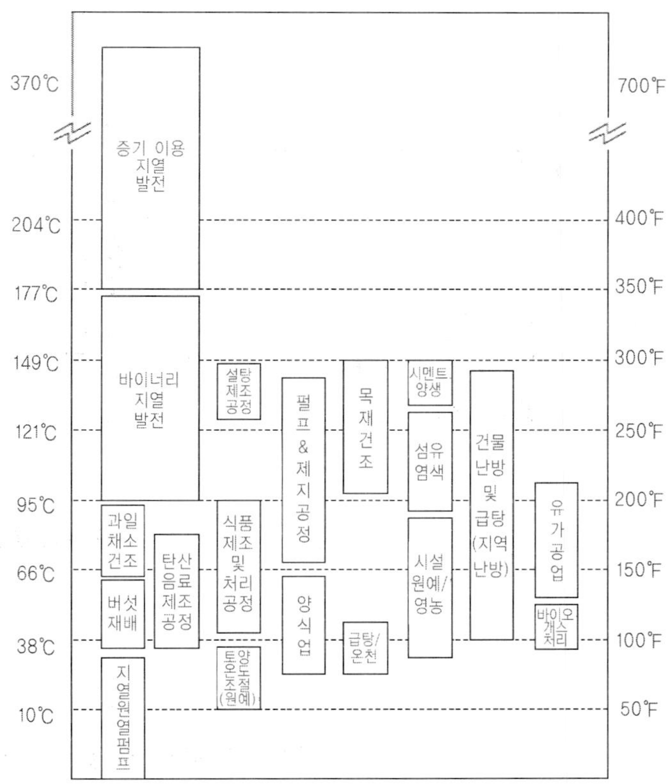

** 그림 8-1 ‖ 지열 에너지의 이용(에너지 관리 공단, 2008)

냉방이나 난방 모드로의 전환이 쉬울 뿐 아니라 대형 냉동기나 보일러가 불필요하여 유지 관리에 특별한 기술이 요구되지 않으며, 관리요원도 고압가스 기사 등의 특수 기술분야의 자격증이 필요하지 않는 등 많은 장점을 지니기 때문으로 판단되어진다. 또한 건물의 사용 시간대에 따라 필요한 시간대에 간편하게 냉난방이 가능한 방법이라고 할 수 있다. 건물의 용도와 규모 등에 따라서 적정한 용량의 산정과 초기투자비의 경감, 국산화 기술의 개발 등을 통하여 관련 기술의 발전을 위한 연구가 필요하다고 생각되며 적극적인 보급을 통하여 친환경 시스템으로 매우 효과적으로 적용할 수 있는 건축 설비 시스템의 한 분야라고 생각할 수 있다.

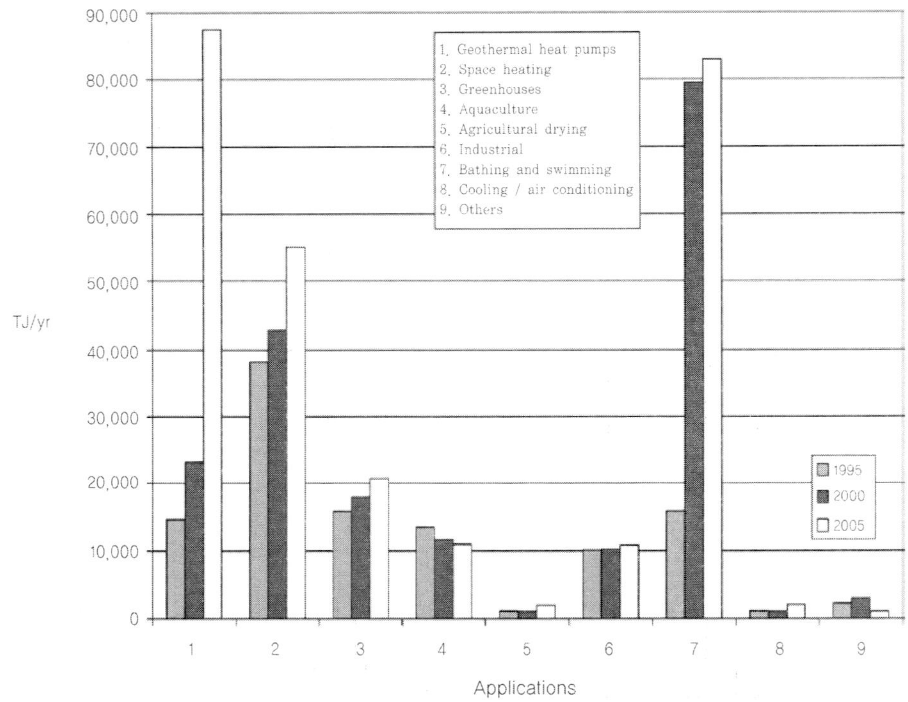

** 그림 8-2 ‖ 활용 방식별 전 세계 지열 에너지 연간 이용량(에너지 관리 공단, 2008)

8.2 지열발전

지열발전은 지표에서 시추공을 파서 고온의 지하수와 수증기를 뽑아내고, 불순물을 제거하여 수증기는 발전소의 증기 터빈으로 주입된다. 지열발전 방식은 현재 건조 증기(Dry Steam), 플래 시증기(Flash Steam), 바이너리 사이클(Binary Cycle) 방식 등이 상업화되어 있으며, 각 방식은 유체의 상태(물 또는 증기)와 온도에 따라 결정된다. 아울러 국내에 적용할 수 있는 방식 중의 하나인 EGS(Enhanced Geothermal Systems) 기술이 현재 각 국에서 개발 중에 있다. 이 기술은 고온의 암반까지 천공한 후, 물을 주입하여 수증기를 만들고, 다시 이 수증기로 터빈을 돌려 전기를 생산하는 방식이다.

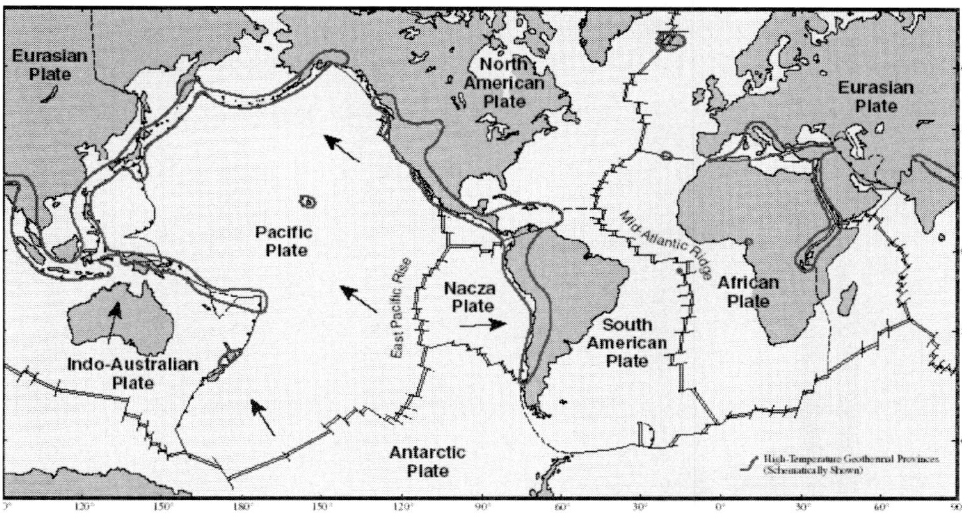

** 그림 8-3 ‖ 고온의 지열 자원 분포 지역(에너지 관리 공단, 2008)

8.2.1 지열발전의 역사와 현황

지열발전은 1904년 이탈리아 Larderello 발전소에서 최초로 시작되었으며, Larderello는 한 때 350MWe 용량의 발전을 하였다. 1960년대에는 세계 최대 규모의 지열발전소인 The Geysers가 미국 캘리포니아에 건설되었다. 현재의 기술로 지열발전이 가능한 규모는 72,500MWe이고 EGS 기술을 포함하면 137,100MWe 규모로 추정된다(ABS Energy Research, 2007). 현재 전 세계에서 약 24개국이 지열발전을 통해 전기를 공급하고 있으며, 미국·필리핀·멕시코·이탈리아·인도네시아·일본 등이 이 분야를 주도하고 있다. 최근 들어 멕시코와 인도네시아의 성장세가 두드러진 것을 확인할 수 있으며, 여기에 새롭게 지열발전을 시작한 나라로 에티오피아·과테말라·호주·니카라과 등을 꼽을 수 있다. 지열발전은 다른 대부분의 재생 에너지원과 달리 24시간 내내 제공되는 장점이 있다. 따라서 지열발전이 우리의 기초 에너지 자원으로서 그 역할을 충분히 담당할 수 있을 것으로 판단된다. 지열발전 플랜트의 크기는 국가별 또는 각 지역별 지하 열 자원 분포 특성과 발전 요구량에 따라 100kW급에서 크게는 100MW급의 용량을 보인다. 지열발전 플랜트의 시설 용량 면에서 위에서 언급한 여섯 나라가 전 세계 지열발전의 86%를 차지한다. 그림 8-4의 국가별 지열발전 용량 그래프에서와 같이 전체 지열발전 용량은 2000년 7,972MWe에서 2005년 8,933MWe로 증가하였으며, 이 기간 동안 연평균 2.3%의 성장세를 보였다. 이전 5년(1996~2000년) 동안의 연평균 성장세인 3.25%와 비교했을 때 다소 줄어든 수치지만, 해마다 꾸준한 성장세를 보이고 있다. 아울러 2005년도의 시설 용량은 전 세계 총 발전 시설 용량의 0.2%를 차지하는 용량이다.

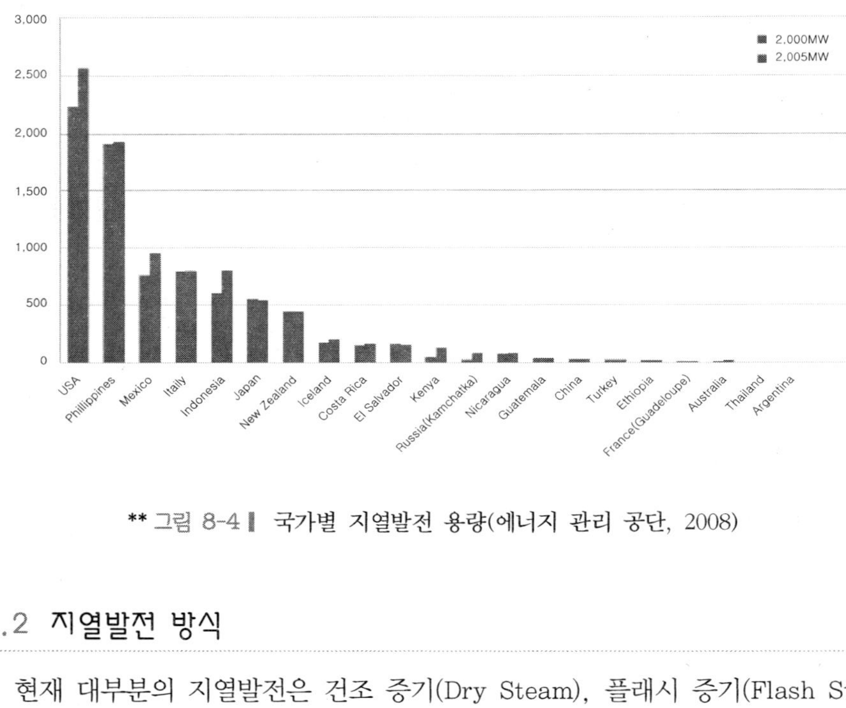

** 그림 8-4 ▌ 국가별 지열발전 용량(에너지 관리 공단, 2008)

8.2.2 지열발전 방식

현재 대부분의 지열발전은 건조 증기(Dry Steam), 플래시 증기(Flash Steam) 및 바이너리(Binary Cycle) 방식의 3가지 방법으로 이루어진다. 그림 8-5에서 그림 8-7은 각 방식에 대한 모식도를 나타낸 것이다. 건조 증기 방식(그림 8-5)은 지열 증기가 물과 혼합되지 않는 곳에 적절하다. 유입정(Production Well)을 대수층(Aquifer)까지 천공하여 과열, 가압된 증기(180℃~350℃)를 표면까지 고속으로 끌어와 전기를 발생하도록 증기 터빈을 통과시킨다. 단순 동력발전소에서는 터빈으로부터 나오는 저압 증기를 대기로 배출하지만, 일반적으로는 증기를 물로 변환시키기 위하여 증기를 응축기에 통과시킨다. 이것은 터빈의 효율을 증가시키고 증기를 대기에 직접 방출함에 따라 부수적으로 발생하는 환경문제를 회피할 수 있다. 버려지는 물은 배수정(Injection Well)을 통하여 지층으로 배수된다. 일반적으로 기존의 화석연료발전소에서 버려지는 열은 냉각탑을 통하여 배출되며, 에너지변환 효율은 약 30% 정도로 낮다. 건조증기발전소의 효율과 경제성은 CO_2나 SO_2와 같은 비응축 가스의 존재에 의해 영향을 받는다. 이러한 가스의 압력은 터빈 효율을 감소시키며, 부가적으로 환경보호를 위하여 가스 제거에 필요한 운영 비용이 증가된다. 건조 증기발전소는 단순하고 가장 경제적인 기술로 널리 사용되고 있으며, 1904년 Italy에서 최초로 사용된 가장 오래된 발전소의 형태이다. 이 기술은 잘 개발되어 상용화되어 있으며, 일반적으로 Unit당 35~120MW 영역에 있다. 미국과 Italy는 가장 큰 건조 증기 지열원을 갖고 있으나, 인도네시아, 일본, 멕시코에서도 발견되고 있다. 미국 California의 Geyser는 세계의 가장 큰 지열발전원으로, 설치된 용량만 약 1,360MW이다.

지열원이 액체형태로 존재하는 곳에서 사용되는 플래시 증기 기술은 그림 8-6과 같다. 지열원인 액체보다 훨씬 저압인 플래시 탱크로 액체가 분무되면 액체는 급속히 증발되어 증기로 변한다. 액체에서 변환된 증기는 건조 증기발전소와 같이 터빈에서 팽창되어 터빈을 구동하며, 발전기와 연결되어 전기를 생산한다. 지열유체가 정(Well) 내에서 플래시되는 것을 방지하기 위하여, 정은 고압으로 유지된다. 대부분의 지열유체는 플래시되지 않으며, 이러한 유체는 지역 직접 열 적용(Local Direct Heat Application)으로 사용되거나 저수지에 재배출된다. 탱크 내부에 남아 있는 유체가 충분히 고온이면 압력 강하가 플래시를 더 많이 유도하여, 증기로 변환되는 제 2탱크로 유입될 수 있게 선택이 가능하다. 이 증기는 주터빈으로부터 배기되는 증기와 합하여져 부가적인 전기를 생성하기 위하여 제 2터빈 또는 주 터빈의 두 번째 단을 구동하는데 사용된다. 일반적으로 출력의 증가분이 20~25% 정도 획득되지만, 발전소 비용도 5% 정도 상승된다. 플래시 증기발전소의 발전기 크기는 10MW에서 55MW이지만, 필리핀이나 멕시코를 포함하는 일부 국가에서는 표준으로 20MW를 사용한다.

그림 8-7의 바이너리 방식은 증기를 효율적으로 만들기 위하여 지열원이 충분히 높지 않은 중온수 또는 지열원이 플래시를 하기 위하여 너무 많은 화학적 불순물을 함유하는 곳에서 사용된다. 바이너리 과정에서 지열유체는 열 교환기를 통과하여, 물보다 낮은 비등점을 갖는 유기혼합물인 이소부탄(Isobutane) 또는 펜탄(Pentane)

등의 제 2유체를 기화시킨다. 기화된 제 2유체는 전기를 생산하기 위하여 터빈에서 팽창되며, 팽창된 작동유체는 응축되어 다른 사이클에서 재사용된다. 모든 지열유체는 밀폐 사이클 시스템의 지하로 배출된다. 바이너리 사이클발전소는 플래시 증기발전소보다 높은 효율을 달성할 수 있고, 낮은 온도의 열원을 사용할 수 있으며, 부식 문제를 피할 수 있다. 하지만, 바이너리 사이클 발전소는 비용이 많이 들며, 발전소 출력의 대부분을 소비하는 대형 펌프가 필요하다. 일반적으로 유닛의 크기는 1MW에서 3MW이며, 모듈 배열에 의해서 사용된다. 밀폐사이클에서 작동유체 증기는 전력을 생산하는 터빈/발전기 유닛을 회전시키고, 열 교환기에서 재증발되기 전에 액체로 응축된다. 플래시 증기 사이클 이중 발전소에서 존재하는 열을 고갈한 지열수는 저수원(Reservoir)으로 분출된다. 플래시와 바이너리 사이클은 지열을 전기로 변환시키는 가장 효율적인 일련의 장치로 결합될 수 있다. 이러한 하이브리드 발전소(Hybrid Power Plant)에서, 유입정의 고온수는 처음에 증기로 플래시되어 주터빈/발전기 유닛을 회전하는데 사용된다. 플래시 사이클로부터 응축된 증기는 플래시되지 않고 남아 있던 물과 혼합되어 더 많은 전기를 생산하기 위하여 이중 유닛으로 보내진다. 일반적으로 지열 전기발전소는 시간에 따라 95% 정도의 발전이 이용 가능하며, 기본적으로 필요한 양에 따라 모듈로, 점차적으로 시공될 수 있다. 이러한 발전소의 건설은 상대적으로 빠르게 진행될 수 있다. 예로, 0.5~10MW 유닛은 반년 안에, 250 MW 또는 그 이상의 용량에서는 발전소의 클러스터를 짓는데 약 1~2년 정도 소요된다. 앞서 언급하였듯이, 2005년까지 세계에서 490기의 지열발전 플랜트가 건설되었으며, 총 용량은 8,933MWe다. 이중에서 1단 플래시 증기(Single Flash Steam) 방식은 37%, 2단 플래시 증기(Double Flash Steam) 방식은 26%를 차지하고 있어, 단연 플래시 증기 방식이 지열발전의 대세라고 할 수 있다. 뒤를 이어 건조 증기 방식이 28%, 바이너리 방식이 8%, 역압(Back Pressure) 방식이 1%의 점유율을 보이고 있다(그림 8-8). 반면 바이너리 방식은 전체 490기의 플랜트 중 208기(42%)를 차지하고 있어, 플랜트의 수만 보면 타방식[플래시 증기 195기(40%), 건조 증기 58기(12%)]보다 우세하였다.

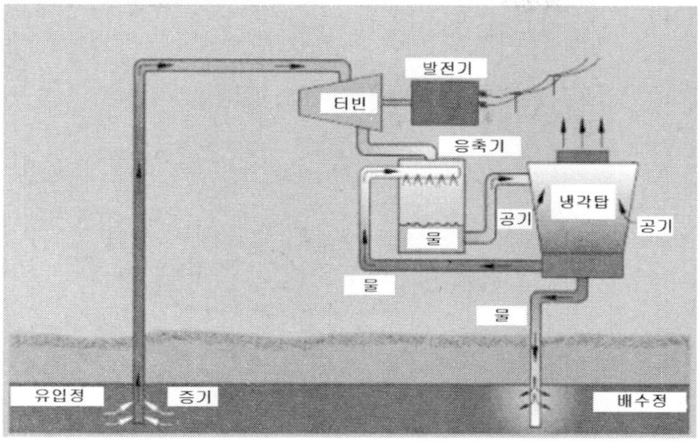

** 그림 8-5 ▌ 건조 증기(Dry Steam) 발전 개념도(에너지 관리 공단, 2008)

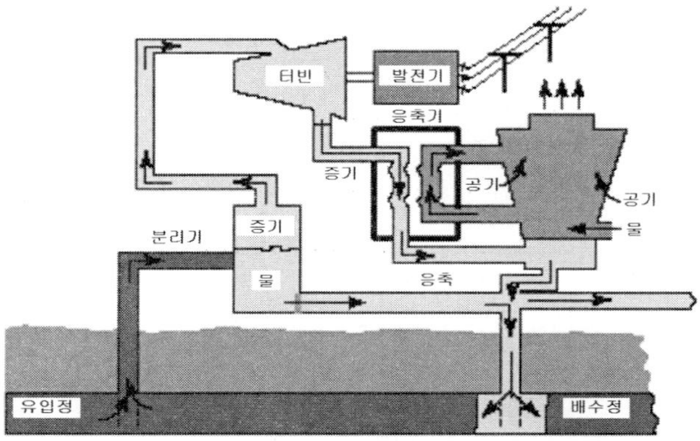

** 그림 8-6 ▌ 플래시 증기(Flash Steam) 발전 개념도(에너지 관리 공단, 2008)

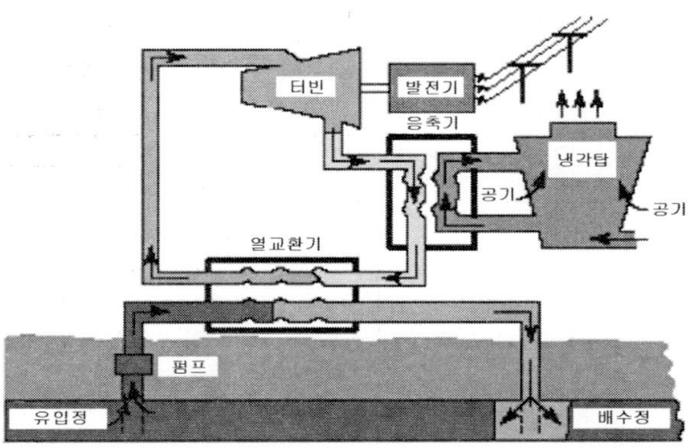

** 그림 8-7 ▌ 바이너리(Binary Steam) 발전 개념도(에너지 관리 공단, 2008)

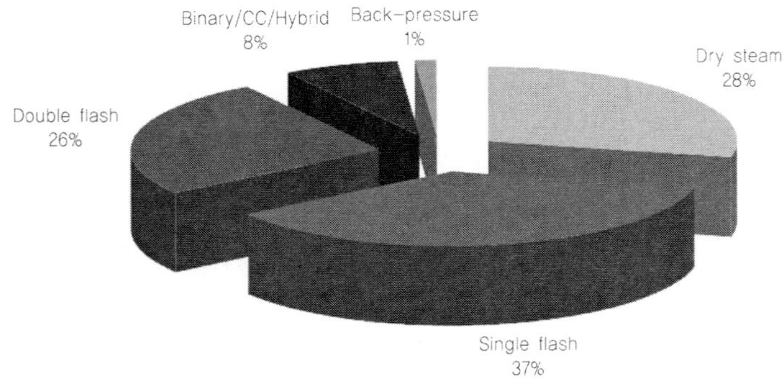

** 그림 8-8 ▎ 전 세계 지열발전 방식별 점유율(에너지 관리 공단, 2008)

대분류	중분류	세 부 기 술
지열발전	소형 플랜트 (1MW급 이하) 개발 기술	• 천부 지열 자원 탐사 및 평가 기술 • 굴착 중 정보를 반영한 굴착 제어 기술 • 저소음 저분진 굴착 기술 개발 • 바이너리 발전에 대한 열 수력 및 사이클 해석 기술 • 200kW급 소형 바이너리 발전 도입 및 시운전 • 소형 시스템의 성능 평가 및 국산화
	중형 플랜트 (10MW급 이하) 개발 기술	• 천부 지하 열 자원 탐사 기술의 확장 • 고정밀 탐사 기술 및 해석 기술 개발 • 친환경 저류층 평가 기술 개발 • 저비용 굴착 기술 및 장비 개발 • 인공파쇄대 형성 밀 설계 기술 개발 • 고온·고압용 소재 개발 • 굴착 모델링 및 설계 기법 개발 • 건조 증기 발전 기술 개발 • 증발 증기 발전 기술 개발 • 중형 플랜트 열 수력 설계 기술 개발 • 플랜트 성능 평가 기술 개발
	대형 플랜트 (10MW급 이상) 개발 기술	• 지열발전 보급화 연구 • 열 손실 방지 기술 개발 • 플랜트 유지·관리 기술 개발 • 지하 구조 유지·관리 기술 개발 • 신개념 지열발전 시스템 및 건설 기술 연구 개발 • 환경 영향 평가 및 계획 기술 개발 • 환경 영향 최소화 기법 및 기술 개발

** 그림 8-9 ▎ 지열발전 시스템의 기술 분류(에너지 관리 공단, 2008)

8.2.3 EGS(Enhanced Geothermal Systems) 기술

지열발전이라고 하면 일부 한정된 지역, 즉 열 구배가 높은 지역에서만 가능한 것으로 인식하여 기초 에너지 공급원으로 생각하지 않았다. 하지만 EGS 기술을 적용할 경우, 지역적 한계를 극복하여 지열발전을 할 수 있는 것으로 입증되었다. EGS 기술은 HDR(Hot Dry Rock), HWR(Hot Wet Rock), HFR(Hot Fractured Rock) 등으로도 불린다. 이 기술은 발전 용량을 극대화하고 발전소 위치 선정의 제약을 줄이기 위해, 심부지층의 파쇄대나 절리를 통해 주입한 물을 통과시켜 열을 얻는 방식을 말한다(그림 8-10). 기존 지열발전 시스템을 기술적으로 개량한 것인데, 보다 정확한 용량 산정과 투자비 절감을 위해 개발된 것이다. 기존 지열발전과의 큰 차이점은 지열원을 얻기 위해 주입정을 두어 물을 공급한다는 점과 발전 용량 증대를 위해 지중 파쇄대를 인공적으로 생성한다는 점이다. 최근 미국에서는 물 대신 CO_2를 이용한 시스템 개발에 관심을 갖고 있다. 이는 물을 이용하는 것보다 발전 용량이 커지며, 물의 사용을 최소화할 수 있기 때문에 더 경제적이다. 그림 8-10은 EGS 발전소 운영 모습을 나타내며, 기존 발전 설비에 비해 EGS는 표 8-1에 나타난 것처럼 큰 발전 용량, 장수명 플랜트, 열원의 확장성이 우수, 플랜트 부지 선정 및 규모 제약의 최소, 친환경적이다라는 장점들을 가지고 있다. 하지만 표 8-1에서 처럼 큰 장점에 비해 단점도 수반하게 되는데, 이는 전체 프로젝트의 성공을 좌우하는 요인이기도 하다. 단점으로는 경제적인 파쇄대 형성과 우물 굴착에 대한 예측이 불명확, 지진 발생 가능성 존재이다. 실제 이와 같은 단점으로 인해 프로젝트가 중단된 곳도 있기 때문에 기술적인 접근을 보다 신중히 할 필요가 있다. 지열발전 프로젝트 수행 시 발생하는 지진을 보통 미소지진(Microearthquake)이라 칭한다. 극히 국지적이며 그 규모가 작기 때문인데 이는 파쇄대 형성 과정이나 순환수 주입 시에 보통 발생한다.

그림 8-11은 지열발전 시스템 설치 과정을 나타내며, 먼저 주입정 굴착은 원하는 온도대의 심층암반까지 주입정을 굴착한다. 이때 이 암반층은 반드시 불투수층이어야 한다. 이러한 지층은 대부분 심도 1.5km 이상인 지하수면 아래에 있다. 공급수 주입에서는 주입정의 하부에 위치한 기반암에 균열이 생성될 수 있도록 충분한 수압으로 물을 주입한다. 수압 파쇄대에서는 물을 계속 가압하게 되면 균열은 계속 진행하면서, 기존의 균열과 합해지며 점차 대규모 파쇄대가 형성된다. 이 과정이 EGS에서 가장 중요하며 조심해야 할 부분이다. 생산정 굴착에서는 생성된 파쇄대 내에 순환수가 물, 또는 증기 형태로 빠져 나올 수 있도록 생산정을 굴착한다. 이때 기반암은 지속적으로 불투수를 유지해야 한다. 발전 용량의 확대에서는 크게 생성된 기반

암의 파쇄대에 발전소 설계 용량만큼 필요한 생산정을 추가로 더 설치한다. 이로써 심부암반은 깨끗하고 지속적인 열원으로 사용이 가능하다.

상용 EGS 프로젝트는 호주, 미국, 독일에서 대부분 수행되고 있다. 전 세계적으로 가장 큰 현장은 호주의 쿠퍼 유역으로 5,000~10,000MW급의 개발이 가능한 지역이다. 현재 33개사가 이 지역을 굴착 및 개발을 하고 있다. 호주 정부는 2025년까지 전체 에너지 소비량의 25%를 신재생 에너지로 대체하려는 국가 포트폴리오를 계획하고 있다. 독일은 타 국가에 비해 열악한 지열 자원 개발을 위해 지열발전 생산량에 대해 kWh당 23센트의 정부 보조금을 지급하고 있다. 현재 란도우 프로젝트가 정부 지원금을 받고 있는 대표적인 경우이다. 미국은 캘리포니아주의 게이저스 지역에 지열발전 플랜트가 집중되어 있다. 사막지역으로 개발이 쉽고 열원의 온도가 높아 경제성이 있기 때문이다. 이 지역은 최근 주입수 부족으로 인해 산타로사시에서 하수를 끌어와 재활용하는 방법을 선택하였다. 30년 동안 하루에 5,000만 리터의 하수를 산타로사에서 끌어 들여 2~3km 지하로 주입하여 85,000세대에 전기 공급이 가능한 85MW의 전력을 생산하게 된다. 표 8-2는 세계 주요국가의 EGS 개발 현황을 나타낸다.

** 표 8-1 ‖ EGS의 장단점

장점	단점
· 큰 발전 용량 · 장수명 플랜트 · 열원의 확장성 우수 · 플랜트 부지 선정 및 규모 제약의 최소 · 친환경적인 장점	· 경제적인 파쇄대 형성과 우물 굴착에 대한 예측이 불명확 · 지진 발생 가능성 존재

** 표 8-2 ‖ 주요국가의 EGS 개발 현황

프로젝트명	용도	국가	규모(MW)	굴착심도(km)	현황
슐츠	연구용	프랑스	1.5	4.2	운영
데저트 피크	연구용	미국	11~50	–	개발
란도우	상용	독일	3	3.3	운영
파라라나	상용	호주	7~30	1.5	굴착
쿠퍼	상용	호주	250~500	4.3	굴착

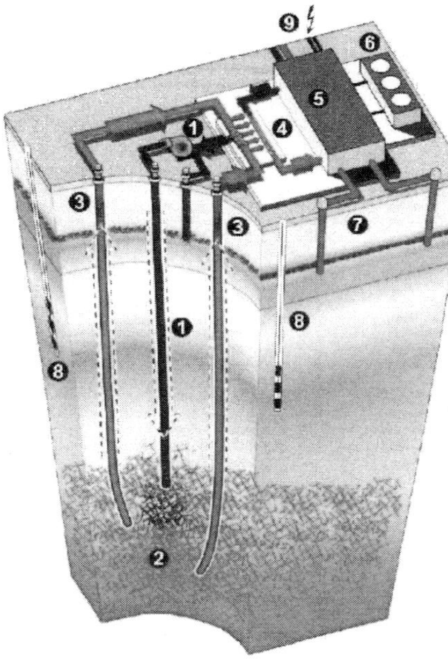

① 주입정 및 주입 펌프
② 인공 파쇄대
③ 증기 생산정
④ 열 교환기
⑤ 터빈과 발전기
⑥ 냉각 순환로
⑦ 고온 지중 저장고
⑧ 진동 발생 계측공
⑨ 전력 및 난방수 공급관로

** 그림 8-10 ▌ EGS의 발전 개략도(백성권, 2009)

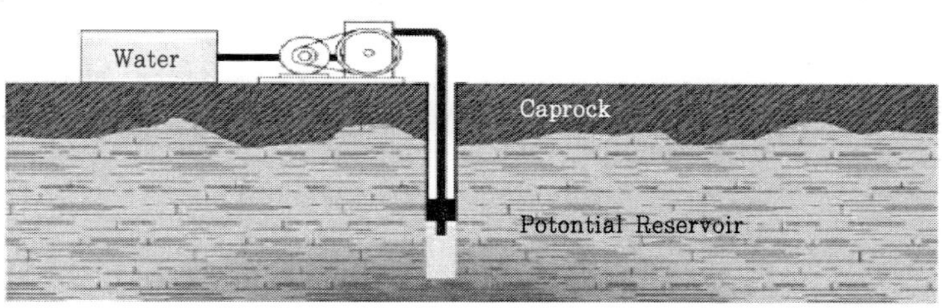

(a) 주입정 굴착

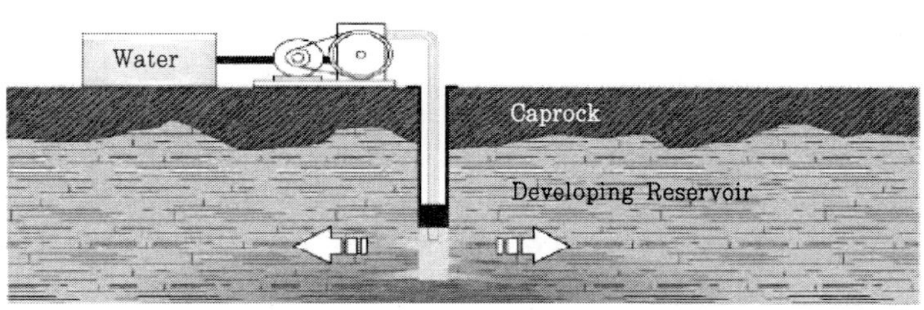

(b) 공급수 주입

** 그림 8-11 ▌ 지열발전 시스템 설치 과정(백성권, 2009)

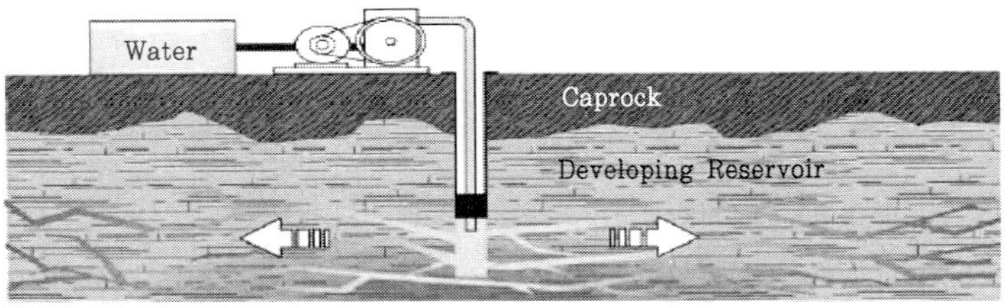

(c) 수압 파쇄대

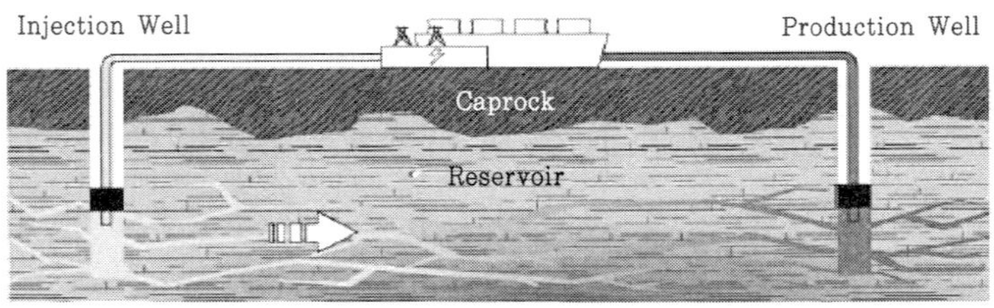

(d) 생산정 굴착

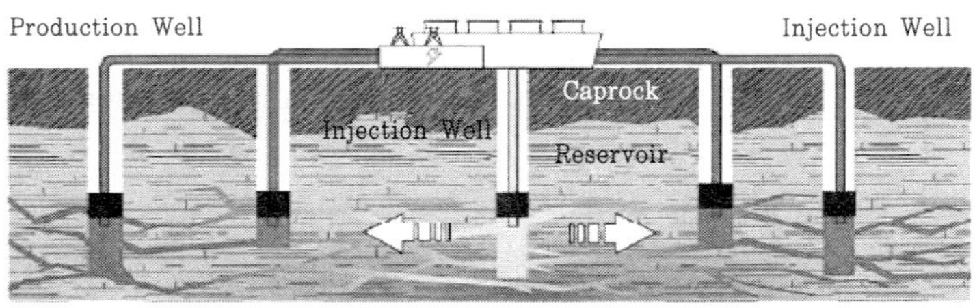

(e) 발전 용량의 확대

** 그림 8-11 ▌ 지열발전 시스템 설치 과정(백성권, 2009)

8.3 지열 히트펌프 시스템

8.3.1 지중 온도 변화

최근 관심을 모우고 있는 미이용 에너지원인 지중열의 유효 이용을 도모하기 위한 기술적 자료를 에너지 유효 이용 차원에서 제시하고 있다. 그림 8-12에서 보는 바와 같이 지하 10m 정도만 내려가도 연중으로 거의 일정한 온도를 유지하는 지열을 확보할 수 있다. 막대한 지구 에너지를 유용하게 활용하기 위한 것으로 지중 일정한 심도 이하의 깊이에 설치된 지중 열 교환 장치를 통하여 일정 수준의 수온과 수량을 확보하고, 이를 이용하여 겨울철에는 난방용으로 활용하며, 여름철에는 냉방용으로 활용하기 위한 기술이다. 비교적 저급 에너지원으로 생각되던 지열 에너지는 연중 일정한 온도를 유지하는 토양의 열을 활용하는 것으로 수열원 히트펌프 시스템과 접목되면서 에너지 절약형 냉난방 시스템으로 활용될 수 있는 반영구적인 친환경 열원 시스템으로 평가되고 있는 시스템이다. 우리나라는 기후적인 특성으로 인하여 겨울철의 외기 온도가 너무 낮아 그동안 공기 열원 히트펌프의 적용에는 많은 문제점이 발생될 수 있다. 그러나 연중 일정한 온도를 유지하는 지열을 활용하여 일정 수온을 획득하여 겨울철의 난방에 활용하고 여름철에는 실내에서 흡수된 열을 방열하는 열침(Heat Sink)으로 활용하는 수열원 히트펌프 시스템은 우리나라의 기상 조건에 적합한 매우 효과적인 냉난방 시스템이라 할 수 있다. 우리나라의 기후 조건과 지질, 시공 방법을 고려한 가장 경제적인 냉난방 시스템을 달성할 수 있는 지열 냉난방 시스템의 기술 개발과 보급이 이루어져야 한다. 이러한 기술은 중소 규모의 건물과 공동 주거단지, 단독주택, 학교, 관공서, 체육시설, 군 관련시설 등 적용 범위가 다양한 새로운 냉난방 시스템으로 평가된다.

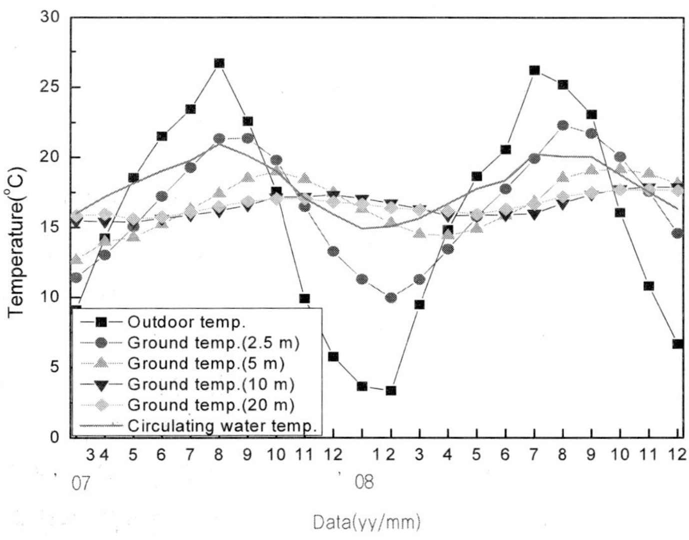

** 그림 8-12 ▌ 연중 외기 온도 및 지중온도 변화(김의영 외, 2009)

8.3.2 지열 히트펌프 시스템의 냉난방 원리

지열원 히트펌프가 냉방 사이클로 작동할 때 히트펌프는 실내에서 열을 흡수하고 그 열을 지중 열 교환기를 통해 방출한다. 고온, 고압의 냉매는 과열 증기 상태로 압축기를 나와 4방 밸브를 거쳐 응축기로 흡입된다. 응축기에서 고온의 증기 냉매는 상대적으로 온도가 낮은 지중 열 교환기의 순환유체(물 또는 부동액)와 열 교환을 한다. 이 과정에서 부동액의 온도는 상승하며 증기 냉매는 기상에서 액상으로 상변화(응축)를 하게 된다. 온도가 상승한 부동액은 지중 열 교환기 내를 순환하면서 열을 지중으로 방출한다. 응축기로부터 토출된 고온의 냉매(액상)는 팽창 밸브를 지나면서 저온, 저압 상태가 된다. 저온·저압 상태의 액체 냉매는 증발기에서 실내공기와 열 교환을 한다. 이 열 교환 과정에서 액상 냉매는 증발기로 유입되는 실내 공기를 냉각하면서 증기로 상변화(증발)를 하게된다. 증발기를 나온 저온, 저압의 액상 냉매는 4방 밸브를 지나 압축기로 들어가 압축 과정을 겪으면서 다시 고온, 고압의 냉매(증기)가 된다. 한편, 전형적인 시스템에서 응축기 입구의 부동액 온도(Entering Water Temperature : EWT)는 약 15℃이며, 응축기 출구에서 부동액의 온도(Leaving Water Temperature : LWT)는 열 펌프의 냉매로부터 열을 흡열하여 약 5~6℃ 정도 상승한다. 이렇게 온도가 상승한 부동액은 지중 열 교환기 파이프 내를 순환하면서 약 12℃의 토양과 열 교환을 하여 설정 EWT(약 15℃)로 된다(그림 8-13). 지중 열 교환기의 사양은 부동액의 응축기 입구와 출구 온도차 및 부동액의 유량, 토양의 열 용량, 그리고 실내 냉난방 부하 및 열펌프 성능 등을 고려하여 계산된다.

지열은 냉방 사이클과는 반대로 난방 에너지원으로도 이용된다. 먼저 압축기로부터 토출된 고온, 고압의 냉매증기는 4방 밸브를 거쳐 응축기로 유입된다. 응축기로부터 배출된 고온의 냉매(증기)는 실내의 순환 공기(물-공기방식) 또는 물(물-물방식)과 열 교환이 이루어지면서 액상으로 상변화를 한다. 이때 실내를 순환하는 공기 또는 물은 냉매가 갖고 있던 열에 의하여 승온되며, 승온된 공기 또는 물을 분배 장치를 통하여 강제 순환시켜 난방을 하거나 온수를 공급하게 된다. 응축기를 통과하면서 액상으로 상변화한 냉매는 팽창 밸브를 지나면서 온도와 압력이 감소하여 증발기로 유입된다. 증발기로 유입된 냉매액은 지중 열 교환기를 순환하는 고온의 부동액에 의해 증발하고, 4방 밸브를 거쳐 압축기로 흡입된다. 지중 열 교환기를 순환하는 부동액은 증발기에서 냉매를 증발시키고 보통 5~6℃ 정도로 온도가 감소하는데 이때 부동액의 증발기 입구 온도는 대략 10℃이다. 이렇게 온도가 낮아진 부동액은 지중 열 교환기 내를 순환하면서 토양과 열 교환되어 설정 EWT로 된다(그림 8-14).

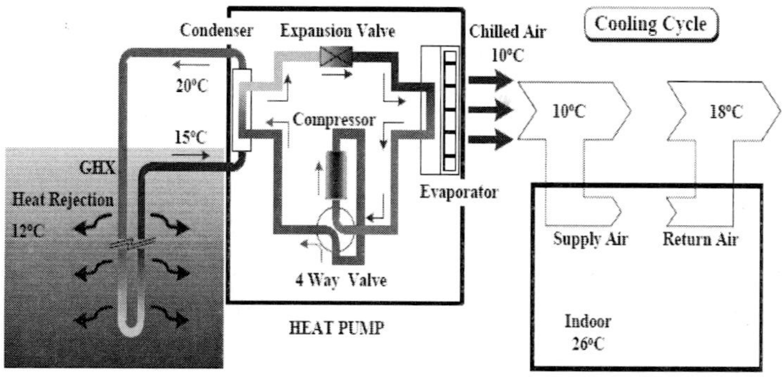

** 그림 8-13 ‖ 지열 히트펌프 시스템의 냉방 사이클 개략도

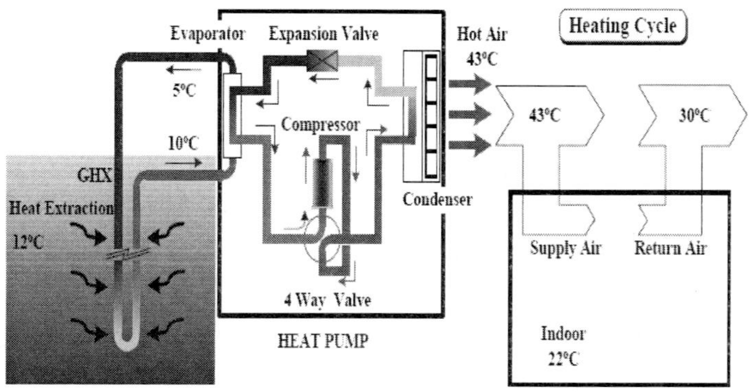

** 그림 8-14 ‖ 지열 히트펌프 시스템의 난방 사이클 개략도

8.3.3 지열 히트펌프 시스템의 종류

GSHPs는 시스템의 방식에 따라 물-물 지열 시스템, 물-냉매 지열 시스템, 냉매-냉매 지열 시스템 등으로 구분된다. 물-물 방식 지열 시스템은 그림 8-15(a)에서 보는 바와 같이 지중 열 교환기, 지열 순환펌프, 히트펌프, 실내기, 온수 순환펌프, 축열조, 버퍼 탱크 등으로 구성되어 있다. 이 시스템의 효율은 2차 측의 열 교환기 효율에 따라 시스템 전체 성능이 저하되고, 물-냉매 방식에 비해 성적계수가 상대적으로 낮다. 시공성 측면에서도 실내 측이 수배관이므로 천정 속 공간이 증가하고, 2차 측 물 순환 위한 펌프 및 버퍼탱크가 부가적으로 필요하다. 또한 유지보수 측면에서는 실내에 수배관으로 인한 물 피해가 우려되며, 혹한시 가동 중단으로 인한 동파가 우려된다. 그림 8-16(b)는 물-냉매 방식 지열 시스템을 나타낸다. 이

시스템은 지중 열 교환기, 지열 순환펌프, 히트펌프, 실내기 등으로 구성되어 있다. 효율성 측면에서는 물-물 방식보다 높으며, 공기 방식에 비하여 기기 효율이 증가한다. 시공성 측면에서는 실내 측이 냉매관이므로 천장 속 공간이 최소화되며, 기계실의 축열조 및 버퍼탱크가 없어 시스템이 간단해진다. 유지보수에서는 실내측이 냉매관이므로 동절기 동파 염려가 없으며, 실내기의 개별 제어가 가능하다.

그림 8-15는 냉매-냉매 방식 지열 시스템의 지중 열 교환기와 히트펌프를 나타낸다. 이 시스템은 지중 열 교환기가 냉매 방식으로 되어서 지중과 직접 열 교환을 하며, 지중을 순환시키는 물펌프가 필요 없다는 장점이 있다. 그리고 물-냉매 방식처럼 실내 측 역시 천장 속 공간이 최소화되어 시스템이 간단해진다.

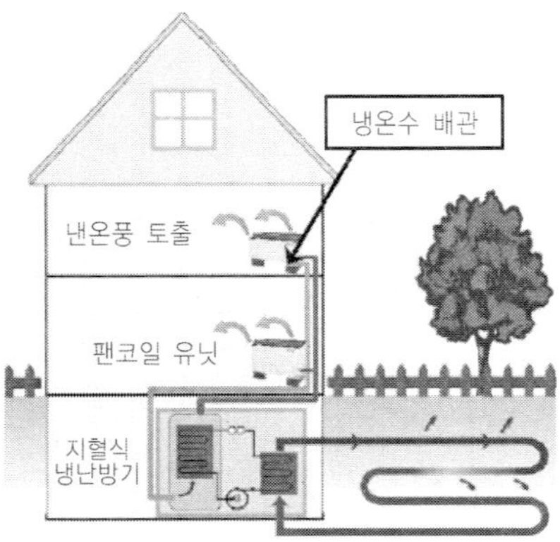

(a) 물-물 방식

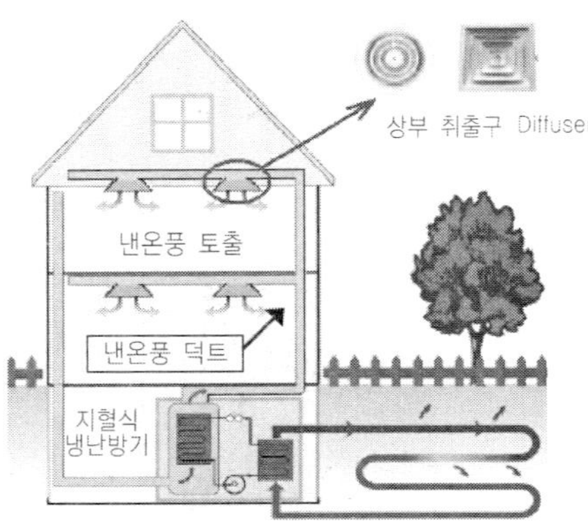

(b) 물-냉매 방식

** 그림 8-15 ▌ 지열 히트펌프 시스템(남임우,2006)

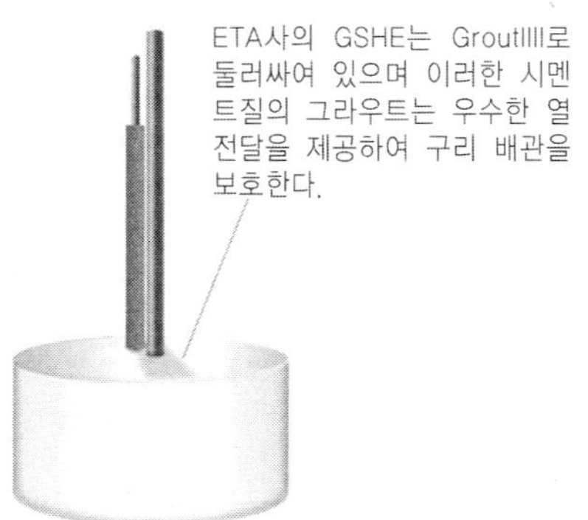

** 그림 8-16 ▌ 냉매-냉매 지열 히트펌프 시스템의 지중 열 교환기와 히트펌프

(Earth To Air Systems, http://www.earthtoair.com/earth-to-air-products.php)

그리고 열원과 히트싱크의 종류에 따라 지열 히트펌프 시스템은 토양 이용 히트펌프(Ground-Coupled Heat Pump), 지하수 이용 히트펌프(Ground Water Heat Pumps), 지표수 이용 히트펌프(Surface Water Heat Pumps) 그리고 하이브리드 지열원 히트펌프(Hybrid Ground Source Heat Pumps) 등으로 구분된다. 현재 국내외에서 주를 이루고 있는 시스템은 토양 이용 열펌프이다. 토양 이용 히트펌프(이하 GCHPs)는 그림 8-17에서 보는 바와 같이 지중 열 교환기의 매설 형태에 따라 수직형과 수평형 시스템으로 분류된다. 수직형 지중 열 교환기는 지중(토양)에 수직으로 매설되며 시공 부지의 제약이 상대적으로 적다. 또한 건물 냉난방 부하와 부지 조건에 따라 다양한 깊이로 시공할 수 있다. 일반적인 수직형 지중 열 교환기는 직경 100~150mm, 깊이 75~180m의 보어홀을 지면에서 천공한 후, 외경 3/4~11/2in.의 폴리에틸렌 U자관을 삽입하고, 이 U자관과 보어홀 사이의 빈 공간을 그라우팅 재료로 채워 완성된다.

그림 8-17의 (b)는 수평형 지중 열 교환기를 채택한 지열 히트펌프 시스템으로 시공 비용은 수직형에 비해 상대적으로 저렴하다. 대상 건물 주변에 수평형 지중 열 교환기 파이프를 매설할 수 있는 부지가 충분할 경우에 고려할 수 있는 시스템이다. 수평형 시스템의 지중 열 교환기 파이프는 지면에서 1.5~3m 깊이로 굴착된 골(Trench)에 매설된다. 이때 지중 온도와 지중 열물성치 등은 계절이나 연간 강우량 등에 의해 영향을 받기 때문에 시스템 효율은 수직형 시스템보다 다소 낮다. 그림 8-18은 지하수 열원 히트펌프 시스템을 개략적으로 보여주고 있다. 이 시스템은 양질의 지하수가 풍부할 때, 이를 열원이나 히트싱크로 활용하는 시스템이다. 개방형 시스템은 전체 지열 시스템 중에서 효율이 높지만, 지하수에 포함된 오염물질은 배관이나 열 교환기에 파울링(Fouling) 또는 스케일(Scale)을 일으킬 수 있다. 이때 스케일은 주기적인 세정에 의해 줄일 수 있으나, 세척제에 함유된 산(Acid) 성분으로 인한 금속 부식작용은 열 교환기의 수명을 단축시킬 수 있다. 따라서 지하수 수질이 우수한 것으로 판명되었을 경우에만 이 시스템을 적용해야 한다. 아울러 시스템 설계가 적절하지 못하거나 지하 대수층 깊이가 깊을 경우, 지하수 순환펌프의 소비 동력이 증가하여 시스템 효율은 감소하게 된다. 그림 8-19는 소형 건물에 적용된 지표수 열원 히트펌프 시스템을 보여주고 있다. 지표수 열원 히트펌프 시스템은 자연연못, 인공연못, 호수, 저수지, 원수 등을 냉열원과 온열원으로 활용한다. 일반적으로 밀폐형 지표수 시스템은 나선(Spiral) 형상의 지중 열 교환기를 사용한다. 이때 물속의 지중 열 교환기 파이프가 부력에 의해 뜰 수 있기 때문에 설치에 주의를 기울여야 한다. 연못이나 호수의 크기가 작을 경우, 외기 온도 변화에 영향을 받아 시스템

효율이 감소할 수도 있다.

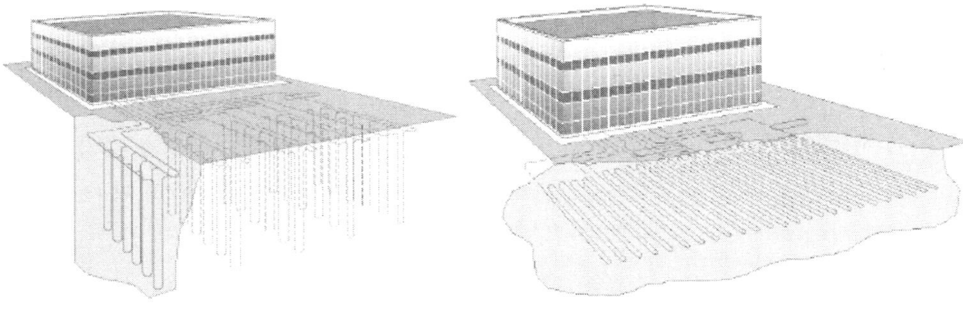

(a) 수직형 (b) 수평형

** 그림 8-17 ▌ 토양 열원 히트펌프 시스템(에너지 관리 공단, 2008)

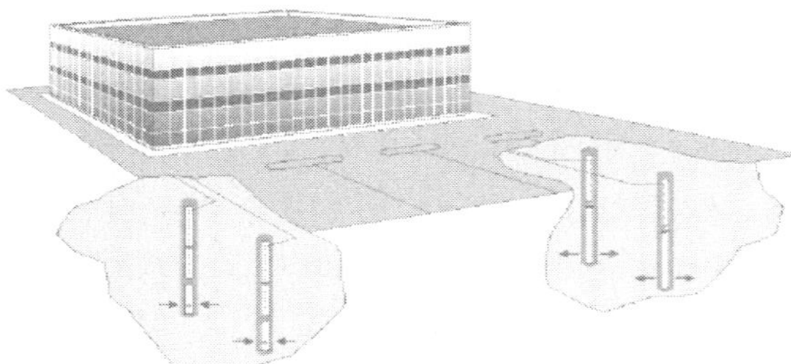

** 그림 8-18 ▌ 지하수 열원 히트펌프 시스템(에너지 관리 공단, 2008)

** 그림 8-19 ▌ 지표수 열원 히트펌프 시스템(에너지 관리 공단, 2008)

토양 열원 히트펌프 시스템은 지중 열 교환기 설치를 위한 부지와 설치 비용 면에서 제약을 받으며, 건물이 커질수록 지중 열 교환기 설치 비용은 더욱 상승하게 된다. 이러한 점을 보완하기 위해 제안된 방식이 하이브리드 지열 시스템이다. 이 시스템은 보조 냉열원(냉각탑 등)이나 보조 온열원(보일러, 태양열 집열판 등)을 병행함으로써 지중 열 교환기 개수나 길이 등을 줄일 수 있다. 그림 8-20은 보조 열원을 병용하는 하이브리드 시스템의 개략도를 보여주고 있다. 상용 난방 설비에 사용되는 보일러나 태양열 집열판 등을 보조 열원으로 사용할 수 있다. 냉방 시에는 냉각탑(Cooling Tower)과 판형 열 교환기를 수직형 토양 열원 히트펌프 시스템에 연결하여 사용할 수 있다(그림 8-21). 정해진 수준의 부하까지는 지중 열 교환기를 이용하고, 설정 수준을 넘어서는 부하에 대해서는 냉각탑이나 보조 열원을 동시에 가동하게 된다.

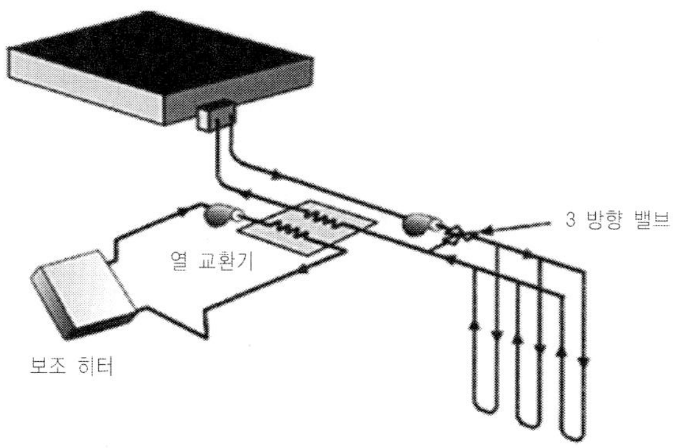

** 그림 8-20 ‖ 보조 열원을 병용하는 하이브리드 지열 히트펌프 시스템(에너지 관리 공단, 2008)

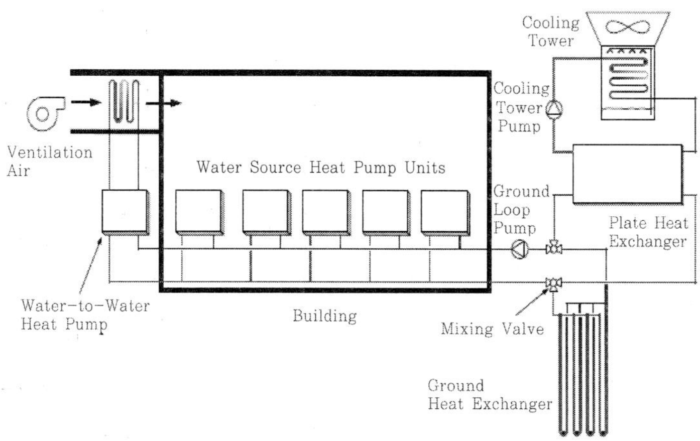

** 그림 8-21 ‖ 냉각탑을 병용하는 하이브리드 지열 시스템(에너지 관리 공단, 2008)

대분류	핵심기술	세부기술
지열 냉난방	열 공급 시스템 개발 기술	• 시스템 성능 해석 및 설계 프로그램 기술 • 부하 대응형 열펌프 시스템 기술 • 가정용 소형 열펌프 시스템 기술 • 하이브리드 시스템 기술 • 친환경 냉매 적용 기술 • 대온도 차 이용 기술 • 캐스케이드 열펌프 시스템 기술 • 고온수 출력 열펌프 시스템 기술 • 지중 온냉열 축열 기술 • 시스템 최적 운전 제어 기술 • 시스템 내구성/신뢰성 향상 기술 • 저온 구동 흡수식 냉동기 기술 • 스마트 열 환경 제어 지열 시스템
	지중 열 자원 개발 기술	• 열물성 측정 기술 • 지열 자원 분포 DB 구축 기술 • 국내 토양 및 암반에 대한 열물성 DB 구축 • 지중 열거동 시뮬레이션 기술 • 지중 특성별 지중 열 교환기 설계 기술 • 내식성 열 교환기 제작 기술 • 지하수 이용 열 교환 기술 • 지표수 이용 열 교환 기술 • 천공 및 굴착 기술 • 지열 자원 개발 시공 장비 기술 • 에너지 말뚝 이용 시공기술 • 그라우팅 및 혼합재 기술 • 지중 계측 및 모니터링 기술 • 심부 열원 타당성 분석 및 심부 굴착 기술
	인증 및 표준화 기술	• 시스템 내구성 및 수명 평가 도구 기술 개발 • 지열 시스템 성능 평가 기술 • 지중 열 교환기 설치 표준화 및 성능 평가 기술 • 요소 부품 내구성 및 수명 평가 도구 기술 개발 • 고성능 핵심 원천 부품 인증 기술
	응용 기술	• 건물 냉난방 연계 기술 • 양어 및 건조, 시설 영농 지원 기술 • 지하수/지중 환경 영향 평가 기술 • 융설 및 도로 연계화 기술(snow melting) • 터널 열 이용 기술 • 폐광 및 폐정 활용 기술 • 지역 난방 및 열 병합 연계 기술 • 대용량 열펌프(100RT 이상) 기술 • 지열 장거리 수송 기술 개발

** 그림 8-22 ▍ 지열 냉난방 시스템의 기술 분류(에너지 관리 공단, 2008)

8.3.4 지열 히트펌프 시스템의 구성요소

GSHPs는 대상 건물, 히트펌프, 지중 열 교환기 시스템의 3가지 주요요소로 이루어져 있다. 세부적으로 그림 8-24와 같이 지중 열 교환기 시스템의 구성요소가 나타나 있으며, 공급 및 환수 헤더(Supply/Return Header)는 지열원 히트펌프와 지중 열 교환기 사이에 위치하여 부동액(순환유체)분배 및 이송을 담당한다. Loops는 공급 헤더와 환수 헤더 사이의 관군을 나타내며, U-Bend는 지중 열 교환기의 바닥부를 연결하는 방법으로 부동액(순환유체)의 방향을 전환한다.

** 그림 8-23 ▌ 지열 히트펌프 시스템의 구성

(신재생 에너지 센터, http://www.energy.or.kr/pic/ground1)

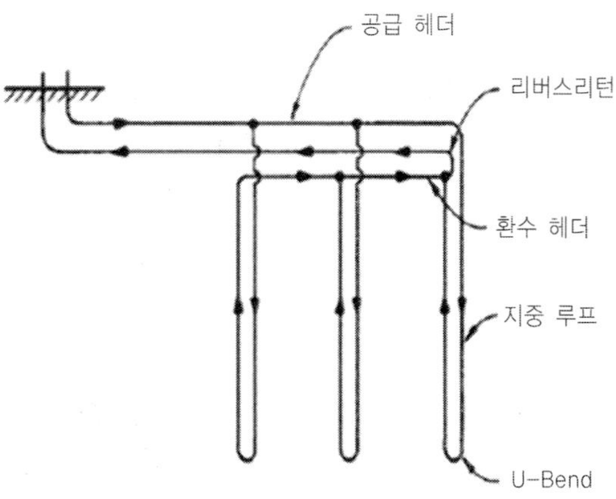

** 그림 8-24 ▌ 지중 열 교환기 구성요소(박성구,2007)

8.4 지열 히트펌프 시스템의 국내외 사례

우리나라는 2000년경에 지열 냉난방 시스템을 도입한 후, 초기 시장 진입 단계에서 많은 시행착오를 겪었다. 전문 시공 기술과 관련 기준 등이 없어, 소비자들의 만족도가 높지 않았던 것도 사실이다. 하지만 2003년부터 체계적인 시스템을 도입하고, 기술 인력이 확보되면서 경쟁력을 바탕으로 한 시장 확보가 가능하게 되었다. 여기에 정부(에너지 관리 공단)지원에 의한 보급 정책에 힘입어, 2003년까지 약 30개소에 시스템이 설치되었으며 2004년에는 공공기관 의무화 제도 등의 정책에 힘입어 약 24개소에 추가 설치되었다. 2006년을 기준으로 총 15,071RT 용량의 지열 냉난방 시스템이 설치된 것으로 조사되었다. 지열 냉난방 시스템의 보급은 연간 100% 이상 지속적인 성장을 보일 정도로 시장이 확대되고 있다. 이같은 시장 확대에 신재생 에너지 센터의 지원 제도가 많은 기여를 했다. 지열 시장의 확대를 위한 제도로 '공공기관 설치 의무화 제도'·'일반 보급 보조 사업'·'지방 보급 사업'·'융자 사업'이 있다. 이 중에서 신재생 에너지 센터의 지원 외에, 교육부의 학교 냉난방기 설치 사업 등이 지열 시스템이 시장에 보급되는 데 큰 역할을 하고 있다.

지열 히트펌프 시스템의 설치 사례로는 아래의 표 8-3에 나타난 지열 열펌프 시스템의 설치 사례로 동남권 유통단지 이주전문상가의 경우 지하 5층에서 지상 11층의 건물 규모로 건축 면적은 25,037m^{2}이다. 밀폐회로형 지열 냉난방 시스템을 실제 건물에 적용하였으며, 100개의 보어홀이 4m의 천공 간격으로 200m의 깊이로 설치 되어 있다. 차량 검수 시설의 경우 넓은 부지 특성상 지열을 활용할 수 있는 여건이 유리한 경우로 건물 면적이 33,436.91m^{2}이며, 설비 투자비를 고려하여 종합관리동과 중수선공장에 지열 히트펌프 냉난방 설비를 국한시켰다. 종합관리동 앞 조경 부분에 총 12개의 보어홀이 150m의 깊이로 설치되어 있다. 이천 두산베어스 클럽하우스의 경우 폐회로 수직형 시스템에 20개의 보어홀이 150m의 깊이로 설치되어 있다. 이 시설은 지열 히트펌프에서 생산된 냉온수를 이용하여 실내 팬코일을 통해 냉난방을 적용한다. 순창군청 제 2청사의 경우 건물 연 면적이 838평이며, 수직 폐회로 시스템을 적용하고 있다. 총 25개의 보어홀이 180m의 깊이로 설치되어 있다(지열 히트펌프 시스템 적용 설계에 대한 자세한 설계 내용은 참고문헌을 참조). 표 8-4는 지열 열펌프 시스템의 국외 설치 사례를 나타내고 있다. 먼저 메릴랜드주에 있는 아파트로 총 14층의 104가구가 거주하는 시설로 수직 밀폐형 시스템을 적용하여, 각 175ft 깊이로 160개의 보어홀이 건물주차장에 설치되어 있다. Joseph Medical Center의 경우 총 건물 면적이 6,500ft²이며, 물 대 공기 방식의 지열 히트펌프를 사용하고 있다. 총 6개의 보어홀이 각 220ft의 깊이로 설치되어 있다. 다음으로 The Prairie Electric이란 사무실로 사용되는 건물로 전체 면적은 25,000ft²이며, 건물 옆 연못을 이용하여 밀폐형 표층수 이용 지열 히트펌프 시스템을 적용하였다. 지중 열 교환기의 총 길이는 9,000ft이다. Onamia Elementary School의 경우 수직 밀폐형 시스템으로 총 193RT의 용량으로 50개의 보어홀이 각 560ft의 깊이로 설치되어 있다.

** 표 8-3 ‖ 지열 히트펌프 시스템 국내 설치 사례

설치 사례	시스템 설명
	• 동남권 유통단지 이주전문상가"가"블럭 • 건물 규모: 지하 5층, 지상 11층 • 건물 면적: 25,037m² • 지열 히트펌프 시스템(폐회로 수직형) • 지열 히트펌프 용량: 140kW×10대 • 지중 열 교환기 개소: 200m×100홀 • 지열 히트펌프 형식: Water to Water
	• 차량 검수 시설 • 건물 면적: 33,436.91m² • 지열 히트펌프 용량 -49,800kcal/h×2EA • 지중 열 교환기 개소: 150m×12홀
	• 이천 두산베어스 클럽하우스 • 장소: 경기도 이천시 • 용도: 체육근린시설 및 숙소 • 지열 히트펌프 시스템(폐회로 수직형) • 지열 히트펌프 용량: 30RT×2EA • 지중 열 교환기 개소: 150m×20홀

설치 사례	시스템 설명
	• 순창군청 제 2청사 • 장소: 전북 순창군 • 용도: 군청 민원실 및 의회사무실 • 건물 연 면적: 838평 • 수직 폐회로 시스템 • 지열 히트펌프 용량: 30RT×3EA • 지중 열 교환기 개소: 180m×25홀

표 8-4 지열 히트펌프 시스템 국외 설치 사례

설치 사례	시스템 설명
	• 오션시(Ocean City), 메릴랜드주, 아파트 • 건물 개요: 14층, 104가구, 가구 당 900ft^2 • 냉난방 유닛: 107개의 Heat Pump 사용(총 222RT) • 수직 밀폐형 시스템 • 지중 열 교환기: 160개의 보어홀을 각각 175ft 깊이로 건물주차장에 설치
	• Hazleton St, Joseph Medical Center • 건물 개요: 면적 6,500ft^2 • 지열 열펌프 개요: 물 대 공기 방식 열펌프 유닛 설치(5RT 2대, 7.5RT 1대) • 지중 열 교환기 개소: 220ft×6홀 • 총 길이 3,100ft, 직경 1.5"의 폴리에틸렌 파이프 사용

설치 사례	시스템 설명
	• The Prairie Electric, 사무실 • 건물 개요: 전체 면적 25,000ft^2, 사무실과 창고로 구성 • 시스템 개요: -밀폐형 표층수(연못) 이용 지열 열펌프 시스템 -총 길이 9,000ft의 파이프를 지중 열 교환기로 사용 -2대의 6RT 열펌프 유닛 사용
	• Onamia Elementary School • 건물 개요: 78,000ft^2 • 시스템 개요: -수직 밀폐형 시스템 -총 193RT 용량(53개의 열펌프 유닛) -50개의 보어홀을 각 560ft 깊이로 설치 -지중 열 교환기 내 열교환 유체의 유량 : 400gpm

8.5 기본 설계: 지열 히트펌프 시스템

겨울철에 지중에서 지열을 추출하고 여름철에는 실내에서 추출한 열 에너지를 지하로 방열시키기 위해 지하에 설치한 순환수의 순환회로를 지중 순환회로(루프 시스템), 지중코일, 지중 열 교환기(Ground Hat Exchanger : GHEX) 또는 단순히 지중루프라고 한 바 있다. 지중 열 교환기 설계는 최소 비용으로 최대 효과를 얻을 수 있는 지중 순환회로의 종류와 형식을 결정하는데 있다. 그러나 지중 열 교환기의 종류와 형식 중에서 가장 양호한 것이란 있을 수 없기 때문에 설계자는 여러 대안 중 최적의 대안을 선택해야 한다.

8.5.1 지열 히트펌프 시스템 설계 순서

지열 히트펌프 시스템의 설계 절차는 그림 8-25에 보여지는 것과 같이 첫째, 건축주와의 협의를 통해서 건축주 또는 건축사의 요구사항을 설계에 반영한다. 둘째,

대상건물의 공조 부하를 계산하기 위해 내부공간의 설계 부하와 에너지 자료를 확보하여 월별 냉난방 부하와 최대 부하를 계산(냉방, 난방)한다. 셋째, 지중 열 교환기 형상결정에서 현장 여건 파악 및 지중 열 교환기의 형태를 결정하고, 순환유체의 순환 방식이 직렬인지 병렬 흐름인지를 결정한다. 넷째, 지중 열전도도 실험을 한다. 실제 보어홀 사양과 동일하게 천공하여 지중 열전도도를 계산한다. 다섯째, 지중 열 교환기 상세 설계를 한다. 히트펌프를 결정하고 물-물 히트펌프의 경우 부하에 공급되는 냉수 및 온수의 온도 및 유량을 결정한다. 또한 냉난방 운전 시의 Entering Water Temperature를 결정하고 지중 루프의 부동액과 순환수 루프의 순환량 및 압력 손실을 결정한다. 마지막으로 지열 히트펌프 시스템의 요소 설계로 열 교환기 파이프 재질, 지중 열 교환기 소요 길이, 설치 가용 부지 면적, 토양 종류 및 물성치, 순환수 펌프소비 동력, 보어홀 간격 및 개수, 그라우팅 재료 종류 등을 조사 및 이용하여 상세 설계를 한다. 여섯째, 지중 열 교환기를 시공한다. 보어홀 천공과 U자관(지중 열 교환기)을 삽입하고 그라우팅, 파이프 연결, 트렌치 되메움으로 마무리한다. 일곱째, 지열 히트펌프 시스템이 설계 절차에 따라 시공이 되었지는 검토 후, 시스템 시운전을 통해 확인한다. 여덟째, 지열 히트펌프 시스템을 정상 운전을 시켜 대상 건물의 냉난방 부하를 처리한다.

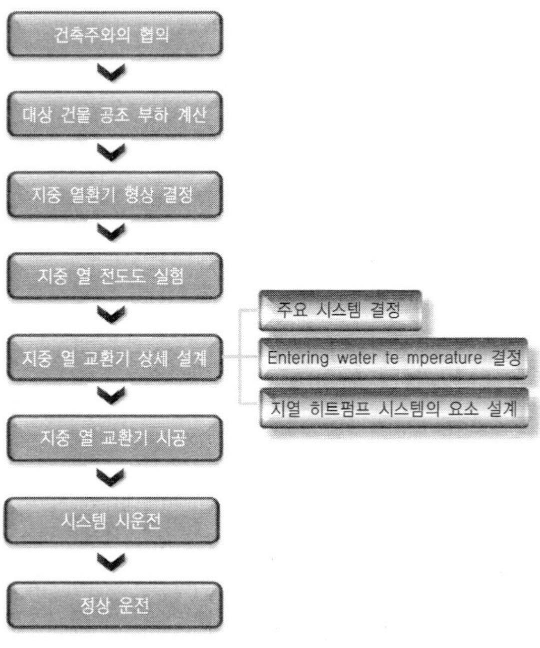

** 그림 8-25 ▌ 지열 히트펌프 시스템 설계 순서도

8.5.2 대상 건물 공조 부하 계산

공조 부하(열 부하)란 공조 대상 공간의 설계 조건으로 규정된 실내 온습도 조건이나 청정도를 유지하기 위한 부하로 냉방을 위해 제거해야만 하는 열량을 냉방 부하, 난방을 위해 실내에 공급해야 하는 열량을 난방 부하라 한다. 이 공조 부하의 크기나 변동 상태에 따라 채용할 공조 방식이나 공조 설비의 각부 기기나 덕트·배관 등의 용량, 치수 등이 결정된다. 공조 부하의 구성요소로는 열 취득/열 손실, 실내열 부하, 제거 열량, 외기 부하, 공조기 부하, 열원 부하, 예냉/예열 부하, 현열 부하/잠열 부하가 있다. 일사 부하나 전열 부하, 실내 발열 부하, 극간풍 부하 등으로 인한 열 취득, 열 손실은 실내에 축열 부하와 함께 실내 열 부하가 된다. 공조기 부하는 앞에서 서술한 것과 같이 실내 열 부하에 예열 부하 및 예냉 부하와 외기 부하 그리고 덕트로부터의 배관열 손실이나 송풍기의 발열 등을 포함하는 것이 공조기와 관계된 부하이고 공조기 부하(장치 부하)가 된다. 건물 전체로 놓고 보면 냉동기랑 보일러 등의 열원 기계에 관한 부하를 열원 부하라 한다. 이런 열원 부하는 각 계통의 장치 부하의 합계와 배관에서의 열 손실, 반송용 펌프로부터의 발열 부하, 간헐 운행에 따른 기계 배관의 축열 부하를 합한 것이다.

공조 부하 계산 방법으로는 정해법, 간이법, 전부하 상당 운전 시간법, 시간 대 시간법으로 분류할 수 있다. 먼저 정해법은 공조 장치의 연간 에너지 비 등을 예측하여 설계 과정에서 에너지 소비량을 정량적으로 분석 평가하는데 이용된다. 필요 자료는 외기압 자료로서 건구 온도, 절대 습도, 법선면의 직달 입사량, 수평면 천공 일사량, 운량, 풍량, 풍속과 같은 7가지 요소에 대한 매시간별 자료가 필요하다. 입력 자료가 방대하고 처리 시간이 오래 걸리므로 통상 전산처리하여 산정한다. 주요 Code로는 DOE2, HASP 및 ACLD, Transys, Aircon-E 등이 있다. 간이법으로는 도일법(난방일수법), Manual-J법(최대 부하 계산법), Bin법, 수정 Bin법, 전부하 상당 운전 시간법, 시간 대 시간법 및 기타-간이법 등이 있다. 도일(Degree Day)법은 건물의 연간 에너지 소비량을 예측하는데 가장 간단한 방법으로서 외기 온도가 18℃일 때 건물의 일사 취득과 내부 발열 등으로 인하여 건물의 열 손실이 상쇄되어 에너지가 평형을 이룬다는 가정하에 에너지 양을 산출하는 방식이다. 즉 일평균 온도와 기준 온도 18℃와의 차이를 일별로 누적하여 일평균 온도가 기준 온도보다 높은 경우는 냉방 도일로, 낮은 경우에는 난방 도일로 계산한다. 과거에 사용했던 도일법은 일사나 내부 발열 등에 의해 상승된 실내 온도를 감안하지 않아 난방 부하가 실제보다 과다 산정되었다, 이러한 문제점을 보완하기 위해 확장-도일법에서는 종래 도일법에 일사, 내부 발열, 야간 복사량 등의 부하 요소를 첨가하였다. 이상과 같이 이 방법은 가장 간단한 방법이긴 하나 결과의 신뢰성이 높지 않으며 운영효율이 외기 환경에 영향을 많이 받는 열펌프의 경우에는 잘 맞지 않는다. Manual-J법(최대 부하 계산법)은 최대 부하 계산 순서는 사무실이나 주택이나 동일하다. Manual-J에 수록된 내용을 충실하게 따르면 주어진 기상 조건이나 건물 조건에 무관하게 냉난방 부하를 구할 수 있다. Bin 방법은 비교적 간단한 방법으로서 외기 온도와 부분 부하를 고려할 수 있는 장점이 있다. 외기 온도의 빈도를 이용한 Bin법 또는 온도-Bin법을 이용하여 필요한 냉난방 부하를 산정하는 방법이다. 외기 온도는 여러 단계로 세분하여 각 Bin에서 에너지양을 계산하고 그 계산치에 온도 출현 시간수를 곱하여 가중 계산을 한다.

표 8-5 건물 또는 용도에 따른 냉난방 부하

건물 종류	용도	냉방 부하[kcal/hm^2]	난방 부하[kcal/hm^2]
사무소 건축	저층 고층	70~130(연 면적) 100~170(연 면적)	70~110(연 면적) 100~200
주택-집단 주택	남향 북향	190~250 140~200	(일반) 100~150 (한랭지) 130~180
극장, 공회당	객석 무대	450~550 100~150	390~450 190~240
백화점	1층 매장 일반 매장	350~400 260~350	50~100 50~90
호텔	객실, 로비	70~160(연 면적)	100~140(연 면적)
병원	병실, 진료실 수술실, 검사실	80~90, 150~220 300~660, 150~330	100~150, 110~150 400~800, 130~240

(한미, http://www.kemco.or.kr/up_load/pds/hongbo/a_7.ppt)

개개 Bin 온도 간격은 일반적으로 2.8~3℃이다. 이때 외기 엔탈피를 사용해서 냉방 부하를 계산하고 해당 건물 내 점유 시간(Occuied)과 비점유 시간(Unoccupied)을 모두 고려하여 평형점 온도를 조정하여 내부 부하를 재조정한다. 이 방법은 특정 시스템의 필요성에 부합되게끔 조정이 가능하다. 다음으로 기타 간이 계산법은 주택이나 소규모 건물의 냉난방 부하 계산은 간헐 운전을 하는 일반 집합 주택설비(사무실 등)와 24시간 연속 운전을 하는 고기밀 집합주택의 설비 및 온수식 바닥 난방 설비의 부하 계산법이 있다. 전부하 상당 운전 시간법은 연간 냉난방 부하의 합을 냉동기의 최고 용량으로 나눈 값이다. 즉 연간 부하 = (전부하 상당 시간×냉동기 용량)이다.

여기에 전부하 상당 운전 시간 기준치의 설정, 설비의 정격 입력값의 에너지, 시스템의 특성에 따른 효율, 연간 공조 에너지양(공조 부하, 반송 부하)을 가산한다. 시간대 시간법(Hour by Hour Method)은 상당히 정밀을 요하는 대규모 상업용 시스템은 이 방법을 이용한다. 보다 간단한 냉난방 부하를 산출하기 위하여 표 8-3에서 보는 바와 같이 건물 또는 용도에 따라서 면적당 냉난방 부하를 산출할 수도 있다.

8.5.3 지중 열 교환기 형상 결정

지중 순환회로(루프)인 지중 열 교환기의 설치 방식을 수평 또는 수직 지중 순환회로와 직열 또는 병열 흐름 배열 중 한 가지 또는 조합으로 결정한다. 수평 또는 수직 지중 순환회로(Horizontal or Vertical Loop)는 지중 순환회로를 설치할 토지의 가용성, 해당 부지의 국지적인 토양/암석의 특성, 굴착비 및 미관 유지의 필요성 등에 따라서 지중 열 교환기는 수평 또는 수직으로 설치한다. 만일 암반과 같은 견고한 암석이 분포되어 있지 않는 곳으로서 공지가 넓은 지역에서는 수평으로 루프를 설치하는 것이 가장 경제적인 방법이다. 각종 배관이 설치되어 있는 곳에서는 수평 루프 설치가 쉽지 않다. 특히 수직 루프 시스템은 우리나라의 도시지역처럼 토지 가용성이 제한되어 있는 곳에서 설치하는 방법일 뿐만 아니라 일반 굴착기로는 굴착이 불가능한 암반 분포지역에서 주로 이용하는 방법이다. 수평 또는 수직 루프 가운데 어떤 형식을 선택할 것인가를 결정할 때는 반드시 공사비를 검토해 보아야 한다. 직열 또는 병열 흐름 배열(Series and Parallel Flow)에서 직열 배열 방식은 지중 순환회로 내에서 순환수(물과 부동액의 혼합액)의 흐름이 한 방향(Only One Fluid Path)으로만 흐르지만 병열인 경우에는 둘 이상의 반대 방향으로 순환수가 흐른다. 선택 방법은 루프의 설치비에 좌우된다. 일반적으로 직열형 루프의 경우에는 파이프 직경이 크기 때문에 병열형에 비해 자재비가 더 많이 들지만 굴착 및 천공비는 적게 든다. 병열 방식(Parallel)은 직열 방식에 비해 구경이 적은 파이프를 사용하기 때문에 비용이 적게 든다. 구경이 적은 파이프를 사용하기 때문에 고속의 세정 작업을 할 때 배관 내에 잔존해 있던 공기가 완전히 배제될 수 있도록 파이프를 설계하고 조립해야 한다. 뿐만 아니라 개개 병열회로는 길이가 서로 같아야 하고(허용차 10% 이내) 지중 순환회로 내에서의 유속이 동일해야 한다. 또한 개개 루프의 입구와 출구에서 작용하는 압력을 동일하게 유지시키기 위해 루프관의 구경보다 큰 관으로 만들어진 상부 연결관(Header Pipe)를 설치한다.

** 표 8-6 ‖ 지중 열 교환기 설치 방식에 따른 장단점(한정상, 2004)

구분	장점	단점
직렬 방식	-한 방향으로만 순환수가 유동하며 구경이 큰 파이프를 사용할 수 있다. -구경이 비교적 큰 파이프를 사용하기 때문에 파이프의 단위 길이당 열적 성능(Thermal Performance)이 양호하다.	-배관경이 크기 때문에 많은 부동액이 필요하다. -배관비가 많이 들며, 무겁기 때문에 설치비가 많이 든다. -관내 마찰 수두 손실이 감소되기 때문에 설치 길이에 제한을 받는다.
병렬 방식	-구경이 적은 파이프를 사용하므로 자재비가 저렴하다. -소량의 부동액을 사용해도 되며, 가볍고 취급이 간편해 설치 비용이 저렴하다.	-루프 내에 잔존해 있는 공기 제거시 고속의 세정용 펌프(Flushing Pump)를 이용하여 제거시켜야 한다. -개개 루프의 길이는 동일해야 하며, 배관내 유속이 동일해야 한다.

8.5.4 지중 열전도도 측정

지중 열전도도 값은 지중 열 교환기 설계시 가장 중요한 항목이다. 수직형 지중 열 교환기를 설계할 경우 깊이에 따른 지중의 열적 물성치가 다르므로 깊이에 따른 열적 물성치의 평균값으로 설계하는 것이 가장 효과적이다. 지중의 열적 물성치를 구하기 위해 현장에 시추공을 천공하고 지중 열 교환기를 설치한 후 지중 열 교환기의 입/출구 온도 측정 및 히터의 소비 전력을 측정한다. 지중열전도도의 해석 이론은 Kelvin의 Line-Source 이론을 바탕으로 ;

i) 시추된 보어홀을 무한히 긴 열원으로 가정하고,
ii) 열전달은 보어홀과 지반의 접촉면에서 열원의 수직 방향으로만 일어나며,
iii) 열원의 온도는 항상 일정하게 유지된다

는 가정하에 표 8-7에 나타난 선형 방정식으로 나타낼 수 있다. 여기서 ΔT는 보어홀 입구에서의 순환유체 온도 차, A는 상수, Q'는 단위 길이당 열전달량, k는 지중열전도도, Le는 보어홀 유효 깊이, Slope는 시간-온도 그래프의 기울기를 나타낸다.

지중 열 교환기 설계는 최종적으로 대상 건물의 총 냉난방 부하에 적합한 보어홀(Borehole)의 전체 천공 길이를 산정함으로서 이루어진다. 보어홀의 천공 길이는 표 8-7에 나타난 식을 이용하여 구할 수 있다. 여기서 L은 보어홀의 전체 천공 길이(m), Q는 총 냉난방 부하(kcal/h), q는 보어홀 단위 길이당 열전달량(kcal/h.m), t_p는 파이프 온도(℃), t_b는 보어홀 온도(℃), R_b는 보어홀 지중열 저항치($m \cdot ℃/W$)

를 나타낸다. 정상 상태의 파이프 온도(t_p)는 순환유체의 초기 온도(Tf)와 일치하고 보어홀 자체의 온도(t_b)는 지중에서의 초기 온도(To)와 같다고 가정할 때, 보어홀 전체에 걸친 지중열 저항치(Rb)는 그림 8-27과 같은 모델로 해석할 수 있다. 또한 그림 8-28과 8-29에서 보는 바와 같이 지중 온도 정보를 확보하여 초기 지중 온도 데이터로 활용할 수 있다. 그림 8-27과 같이 보어홀 열저항은 보어홀 내 파이프의 열저항과 그라우트의 열저항 그리고 지중 물성치에 따른 열저항의 합으로 나타낼 수 있다. 그러한 보어홀 전체의 등가 열저항은 표 8-7의 식에 의해 구해지는데, 표 8-8에 도시된 시추공 설계에 따른 외부 조건을 이용하여 산출 가능하다. 여기서 R_b는 보어홀 열저항치, R_p는 보어홀 HDPE 파이프 열저항치, R_g는 그라우트 열저항치, R_{ground}는 지중 열저항치를 나타낸다. 보어홀의 형상계수는 보어홀 내의 파이프 위치에 의해 결정된다. 표 8-9에서 형식 A는 파이프가 서로 밀착된 형상이고 B의 경우 파이프가 밀착되지 않은 형상이다. 그리고 C의 경우 보어홀 외벽에 밀착된 형상이다. 여기서 D_o는 루프 Pipe의 외경, D_b는 수직 천공의 굴착경을 나타낸다. 보어홀 열저항을 기준으로 단위 길이당 열전달량을 구할 수 있으며 이를 이용하여 보어홀 전체 길이를 구할 수 있다.

** 표 8-7 ▌ 지중 열 교환기 설계요소 계산식(한정상, 2004)

구분	식
지중 열전도도	$\Delta T = A + (\frac{Q'}{4\pi k})\ln(t)$
	$k = \frac{Q'}{4\pi \times L_e \times slope}$
보어홀의 천공 길이	$L = Q/q$
보어홀 단위 길이당 열전달량	$q = (t_p - t_b)/R_b$
보어홀 열저항치	$R_b = R_{pp} + R_g + R_{ground}$
보어홀 HDPE 파이프 열저항	$R_p = \frac{1}{2\pi K_p} ln[\frac{D_{OE}}{D_{OE} - (D_o - D_I)}]$
	$R_{pp} = \frac{R_p}{2}$
그라우트 열저항치	$R_g = 1/K_g \cdot S_b$
지중 열저항치	$R_{ground} = \frac{\ln(\frac{r}{r_b})}{2\pi k_s}$
형상계수	$S_b = \beta_0 (\frac{D_b}{D_0})^{\beta_1}$

** 표 8-8 ▌ 시추공 열저항 외부 조건(한정상, 2004)

항목	내용
순환유 초기 온도	T_f
지중 초기 온도	T_o
보어홀 간 이격거리	r
보어홀 유효 깊이	Le
보어홀 외경	D_b
PE파이프 내/외경	D_o/D_i
PE파이프 열전도도	k_p
그라우트 열전도도	k_g
형상계수	S_b

** 표 8-9 ▌ 보어홀 파이프의 형상계수의 변수값(한정상, 2004)

배열	형식	β_0	β_1
	A	20.1	-0.9447
	B	17.44	-0.6052
	C	21.91	-0.3796

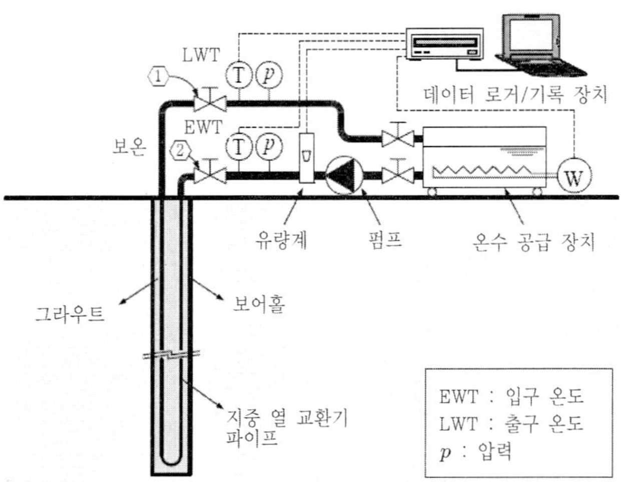

** 그림 8-26 ▌ 지중 열전도도 실험 계통도(신현준, 2006)

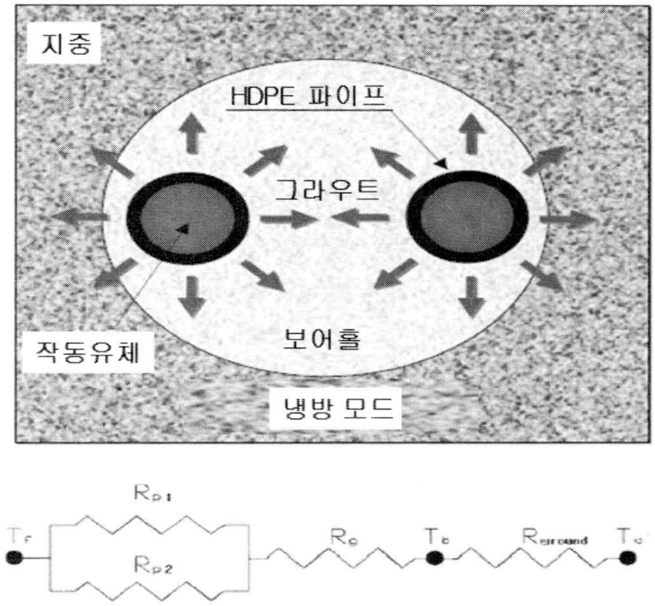

** 그림 8-27 ▌ 보어홀 지중열 저항치 산정 모델(박성구, 2007)

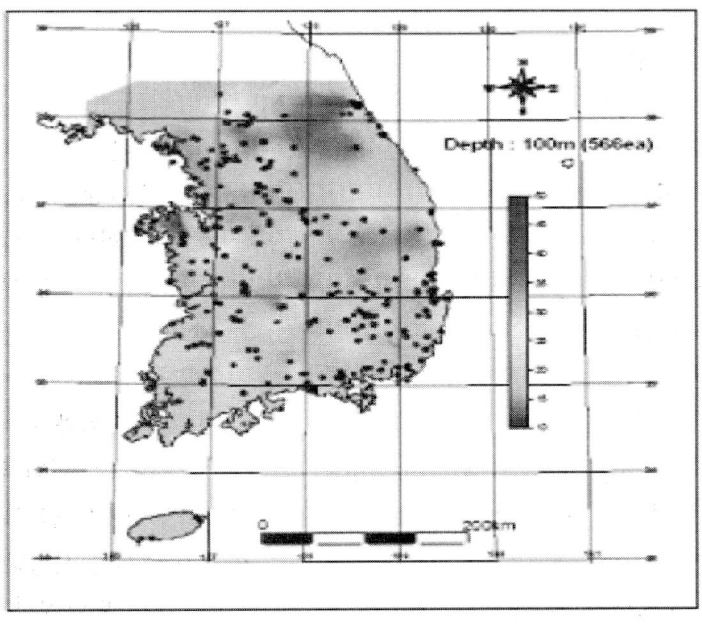

** 그림 8-28 ▌ 지중 100m의 온도 분포(김진상, 2006)

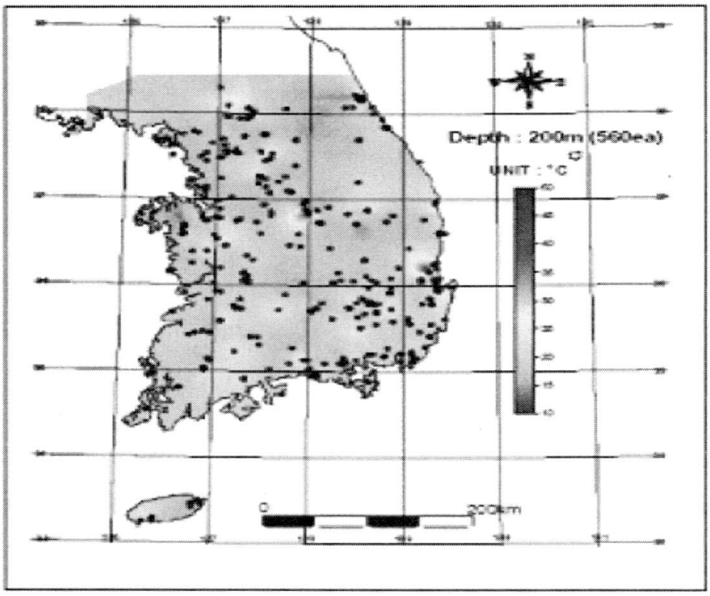

** 그림 8-29 ‖ 지중 200m의 온도 분포(김진상, 2006)

8.5.5 지중 열 교환기 상세설계

지중 열 교환기 설계프로그램(GLD)은 In-Situ Thermal Conductivity test에서 얻어진 열전도 계수값과 그 이외의 데이터(지열순환 유체의 물성치, 지중토양의 물성치, 열 교환기 형상 및 타입, 주변기기들의 소비전력등)값들을 입력하여, 시스템에서 요구되는 지중 열 교환기의 최적화 된 설계를 수행한다. Ground Loop Design을 이용한 설계순서는 먼저 분석목표 및 기본자료를 설정 및 수집한다. 그리고 대상건물의 부하를 구역별, 평균값을 산출하여 입력한다. 다음으로 히트펌프를 설정하며, 열 교환기 모듈을 결정한다(수직형, 수평형, 지표수). 또한 펌프사양을 입력하며, 보어홀 형상패턴과 U-Tube의 타입을 설정한다. 지중열전도도 실험에서 얻어진 토양 Properties와 부동액 정보를 입력한다. 산출된 보어홀의 깊이와 길이를 검토한다. Ground Loop Design프로그램의 입력목록은 표 8-10에 보이는 바와 같이 여러 변수들을 설정하여 입력한다. 지중 열 교환기의 설계 프로그램인 GLD를 사용하는 것보다 좀 더 간단하게 냉·난방 부하에 따른 지중 열 교환기의 길이를 산정하는 방법으로는 표 8-11에 나타난 식을 이용할 수 있다. 이 식은 Oklahoma 대학에서 지중루프를 설계시 사용하는 것으로 난방 시 1RT당 소요되는 루프 길이(L_H)와 냉방 시 1RT당 소요되는 루프 길이(L_C)를 계산한다. RP는 루프파이프의 열저항치(h·m℃/Kcal), RS는 토양/암석의 열저항치(h·m℃/Kcal), Tmax는 지열펌프로 유입되는 평균 최고 입구 온도, T_{min}는 지열펌프로 유입되는 평균 최저 입구 온도, FH는 겨울철 동안 지열펌프의 가동 시간을 분율로 나타낸 값, FC는 여름철 동안 지열펌프의 가동 시간을 분율로 나타낸 값, T_H와 T_L은 최고, 최저 지중 온도를 나타낸다. 일반적으로 사용되어지는 위 항목들의 값(R_P=0.066, R_S=0.357, T_{max}=26.6, TH=16.7, F_C=0.309, EER=6.4)을 이용하여 대략적인 냉방 부하를 계산하면 1RT당 약 61m 지중 열 교환기를 필요로 한다는 것을 알 수 있다.

** 표 8-10 ▌ 지중 열 교환기 설계 프로그램 입력 자료

Process	입력 자료
부하	- 월별 전체 부하와 시간당 피크치 입력
히트펌프	- Heat Pump 모델 기입(제조사, 형식, 이름) - 유량, 냉난방 입구 온도 입력
부동액(순환수)	- 냉난방 입구 온도, 부동액 종류, 어는점
토양	- 지중온도, 열전도율, 열확산도, 예측 기간
보어홀 패턴	- 가로·세로 행수, 시추공 이격거리, 수평 회로당 시추공수 입력
보어홀 U-tube	- 파이프 크기, 파이프 타입, Flow Type, 보어홀 직경, 보어홀 열전도율
추가 전력 산정	- 펌프의 특징(Pump Head, Flow Rate, Pump Efficiency) 입력하여 Input Power 계산 - Pump Power, 펌프 모터효율 입력
정보	- 프로젝트명, 고객명, 주소 등 입력

** 표 8-11 ▌ 지중 열 교환기 길이 산정식(한정상, 2004)

구분	식
난방 시 1RT 당 소요되는 루프 길이	$L_H = \dfrac{3{,}024[(COP_H - 1)/(COP_H)] \times (R_P + R_S \times F_H)}{T_L - T_{\min}}$
냉방 시 1RT 당 소요되는 루프 길이	$L_C = \dfrac{3{,}024[(EER + 0.86)/(EER) \times (R_P + R_S \times F_C)}{T_{\max} - T_H}$

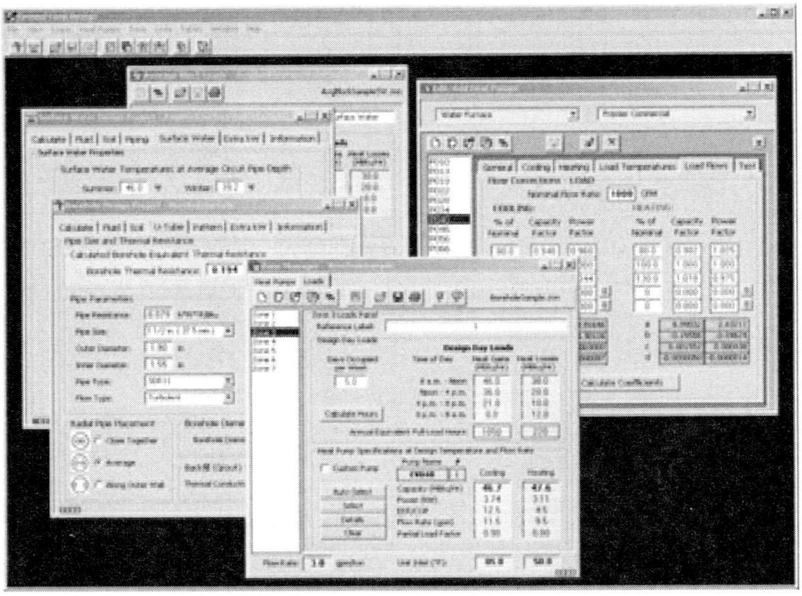

** 그림 8-30 ▌ 지중 열 교환기 설계 프로그램 입력값

8.5.6 지중 열 교환기 시공

지중 열 교환기 시공은 표 8-12에 나타난 것과 같이 보어홀 천공, U자관 삽입, 보어홀 그라우팅, 파이프 연결, 트렌치/되메움 다짐 순서로 시공을 진행한다.

** 표 8-12 ▌ 지중 열 교환기 시공 절차 및 주의 사항(에너지 관리 공단, 2008)

시공 절차	시공 내용	주의 사항
1. 보어홀 천공 	천공 장비 이용, 설계 깊이까지 보어홀 천공	-천공 시, 보어홀 휨 또는 붕괴 방지에 주의를 기울여야 한다. -천공용 슬러리(니수)가 주변 지중 환경에 영향을 미치는 일이 없도록 주의를 기울여야 한다. -설계 깊이까지 완벽하게 시공되어야 하며, 안전사고 예방에 안전을 기해야 한다.

시공 절차	시공 내용	주의 사항
2. U자관 삽입 	고밀도 폴리에틸렌 U자관과 트레미 파이프 삽입	- U자관을 보어홀에 삽입하기 전에 연결 부위 검사 및 압력 테스트 등을 충분히 시행한다. - U자관과 트레미 파이프를 함께 묶어 보어홀 안으로 삽입해야 한다. - 아울러, U자관 길이 또는 시공 깊이를 확인하여 보어홀이 설계대로 천공되었는지 확인한다.
3. 보어홀 그라우팅 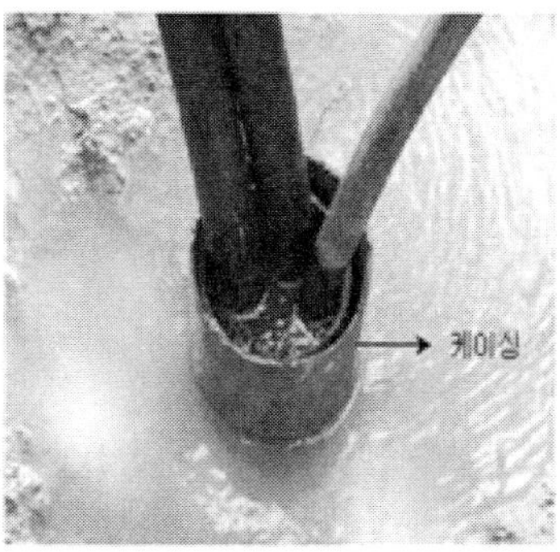	전용 이송펌프와 트레미 파이프를 이용하여 그라우팅 재료로 뒤채움	- 이송펌프와 트레미 파이프를 이용하여 수직 보어홀 최하단부터 그라우팅 재료가 채우면서 올라오도록 한다. - 그라우팅 재료로 국내외에서 인증된 제품을 사용해야 한다. - 시공자는 재료 자체의 열전도도 값을 확보하고 있어야 하며, 발주자 또는 감리자가 요구 시 제시해야 한다.
4. 파이프 연결 	지중 루프 열 교환기 파이프를 기계실 내 열펌프로 연결	-설계에 맞추어 수평 트렌치를 굴토하여야 한다. -트렌치 내부에 날카로운 돌 또는 이물질이 없도록 깨끗한 상태를 유지하여 수평 트랜치 파이프를 기계실로 인입한다. -주의를 기울이면서 U자관 끝단 -상부 헤더-기계실 내 열펌프를 연결한다.

시공 절차	시공 내용	주의 사항
5. 트렌치 되메움/다짐 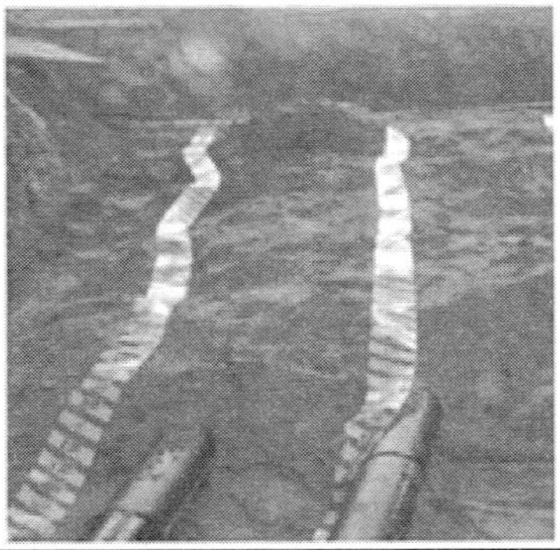	수평 트렌치 부분 되메움 및 다짐	- 트렌치 내부에 날카로운 돌 또는 이물질이 없도록 깨끗한 상태를 유지하여 트렌치를 되메운다. - 시공 기준에 의거하여 트렌치를 흙으로 채우고 다진다. - 트렌치 되메움에 앞서, 수평 트렌치 파이프가 매설되어 있다는 표식을 해두어야 한다.

8.5.7 경제성 분석

지열 히트펌프 시스템의 초기 투자비는 크게 열펌프 구입비, 지중 열 교환기 시공비(보어홀 천공, 그라우팅 재료 구입, 지중 열 교환기 파이프 구입 등) 실내 공조 설비 구입비와 시공 비용자동 제어 장치 시공 비용 등으로 구성된다. 일반적으로 전체 초기 투자 비중, 보어홀 천공을 포함한 지중 열 교환기 시공비(40~50%)와 열펌프 구입비(15~25%)가 대부분을 차지한다. 따라서 핵심 기기와 자재를 전량 수입하고 있는 우리 실정을 감안하면, 열펌프를 포함한 각종 기기와 자재의 국산화는 지열 시스템의 보급 활성화를 위해 반드시 해결해야 한다. 지열 산업이 초기 단계인 국내에는 시공비에 대한 표준 데이터가 없는 것이 현 실정이다. 표 8-13은 일반 주택용 지열 열펌프 시스템에 대한 각 국의 시공 비용을 비교한 결과다. 본 시스템이 널리 보급되고 있는 미국이 저렴한 비용으로 시공하고 있는 것을 확인할 수 있다. 미국의 경우 지중 열 교환기 파이프, 천공, 그라우팅(뒤채움) 등을 포함한 전체 지중 열 교환기 시공 비용은 미터당 45~70달러이며, 특히 수직형 지중 열 교환기인 경우 지역과 지중 조건에 따라 서로 다르지만, 미터당 25~50달러인 것으로 조사되었다[(Rafferty,1995),(Cane,1996)]. 산업 기반과 경제 상황이 서로 다른 외국과 비교하는 것은 무리가 있지만, 이들 데이터를 참고하여 우리 현실에 적합한 시공 비용을 확립하는 것은 무엇보다 중요하다. 일반적으로 지열 열펌프 시스템은 초기 투자비가 큰 대신 운전 비용과 유지 비용을 절감하여 경제성을 확보한다. 지역마다 에너지 단가(전기, 가스 비용 등)가 다르고 또한 다양한 시스템이 운전되고 있는 미국의 경우, 지속적인 현장 조사를 통해 표준 운전 비용과 유지 비용 데이터를 제시하고 있다. 일례로 Geothermal Heat Pump Consortium은 중·대형 상업용 건물에 설치된 지열 시스템의 연간 유지 비용은 제곱 미터당 1.08~2.36달러이며, 이는 기존 냉난방 설비의 평균 유지 비용인 제곱 미터당 5.38달러보다 매우 낮은 비용이라고 밝혔다.

** 표 8-13 ▌ 일반 주택용 지열 열펌프 시스템에 대한 각 국의 시공 비용 비교

(에너지 관리 공단, 2008)

국가	시공 비용[1] (USD)	단위 용량당 시공 비용(USD/kW)	비고
오스트리아	21,000(바닥 난방 설비 포함) 13,000(공조 설비 제외)	1,500 930	수평형 DX[2]
캐나다	9,500~13,000 (실내 덕트 설비 포함)	700~1,000	700: 수평형 DX 1,000 : 수직형
노르웨이	7,500~10,000 (실내 공조 설비 제외)	1,500~2,000	수직형, 바닥 난방[3] 설계 부하의 50%
스웨덴	6,300(실내 공조 설비 제외) 7,100(실내 공조 설비 포함)	1,250~1,420	수직형, 바닥난방 설계 부하의 50%
스위스	20,000(실내 공조 설비 제외) 27,000~36,500(실내 설비 포함)	1,900 2,800~3,800	수직형, 바닥 난방
미국	7,500~10,000	700~1,000	수직형, 덕트 설비

1) 가정 주택(Single Family House)에 3RT(10.5kW) 용량의 시스템 시공.

2) 수평형 DX : 냉매 직접 팽창형(Direct Expansion Type) 코일을 지중에 수평으로 매설, 즉, 별도의 지중 열 교환기가 없음.

3) 수직형, 바닥 난방 : 지중 열 교환기는 수직형이며, 실내 난방을 위해 바닥 난방 코일을 설치.

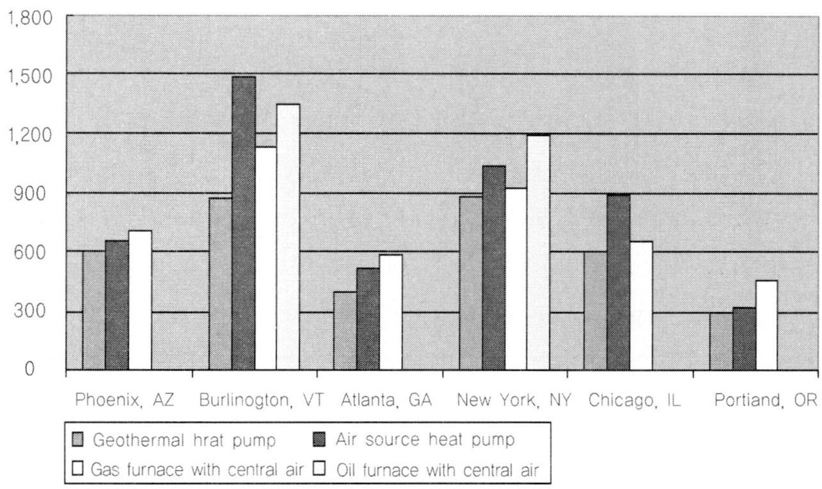

** 그림 8-31 ▌ 연간 냉난방 비용 비교(에너지 관리 공단, 2008)

8.6 적용 설계 사례

8.6.1 부산대학교 지열 히트펌프 시스템

지열 히트펌프 시스템 기본 설계의 순서에 따라서 부산대학교 제 1교수 연구동에 적용 설계를 하였다. 이 건물은 지하 1층, 지상 6층으로 3층~6층은 EHP 냉난방 시스템을 적용하고 있으며, 1층과 2층은 냉난방 면적이 1,192m^{2}으로 지열 히트펌프 시스템을 적용하고 있다. 설치 용량은 120HP으로 냉난방용이 100HP(10HP×10대) 그리고 급탕용이 20HP(10HP×2대)이다.

- 건물 개요
  - -지하 1층, 지상 6층
  - -3층~6층: EHP 냉난방 시스템
  - -1층~2층: 지열 히트펌프 시스템
  - -냉난방 면적: 1,192m^2
- 설치 용량
  - -냉난방용:100HP(10HP×10대)
  - -급탕용: 20HP(10HP×2대)

** 그림 8-32 | 부산대학교 제 1교수 연구동과 지열 히트펌프 설계 사양(Hwang et al., 2009)

(1) 대상 건물 공조 부하 계산

대상 건물의 공조 부하를 계산하기 위하여 그림 8-33에 보이는 바와 같이 상용 S/W인 Visual DOE를 이용하여 건물의 냉방 부하 및 난방 부하를 계산하였다. 대상 건물의 계산 결과 표 8-14와 같이 월별 부하를 계산할 수 있었으며, 여름철에는 8월이 35.9MWh로 가장 높았으며, 겨울철에는 1월이 16.8MWh로 가장 높았다. 냉방과 난방 시의 피크 부하는 각 128.7kW, 51.0kW이다.

** 표 8-14 | 연구동 건물의 냉난방 부하(MWh)

구분	1월	2월	3월	4월	5월	6월	7월	8월	9월	10월	11월	12월
난방 부하	16.8	9.7	6.2	0.9	0.1	0	0	0	0	0.8	6.0	11.6
냉방 부하	0	0	0	0	24.4	28.0	35.6	35.9	29.9	0	0	0

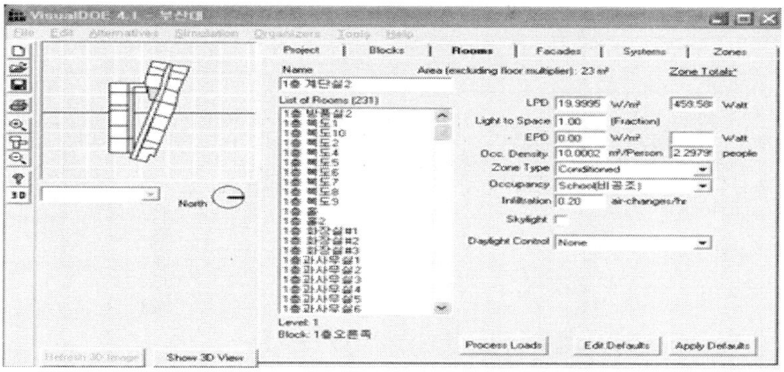

** 그림 8-33 ‖ Visual DOE Data 입력 화면

(2) 지중 열 교환기 형상 결정

제 1교수 연구동의 설치 면적을 고려하여 그림 8-34에 나타난 수직형 지중 열 교환기 배치도와 같이 시공 부지의 제약이 상대적으로 적은 수직형으로 결정하였으며, 지중 열 교환기의 설치 위치는 대상 건물의 중앙에 공원을 선택하였다. 각 지중 열 교환기의 길이는 175m이며, 각 보어홀 간에 5m의 간격을 유지하며 설치되었다. 총 24개의 지중 열 교환기가 설치되었으며, 지중 열 교환기를 통과한 유체는 기계실에 위치한 히트펌프로 들어가게 된다. 그림 8-35에는 기계실에 위치한 지열 히트펌프의 시스템 계통도를 나타낸 것으로, 지중 열 교환기에서 나온 유체는 헤더에 모여서 각각의 히트펌프로 분배된다. 여기서, 지중 열 교환기는 총 10개의 냉난방 부하를 담당하는 히트펌프와 급탕을 담당하는 2개의 히트펌프를 지나게 되며, 히트펌프에서 열 교환을 한 후 다시 지중으로 돌아가게 된다.

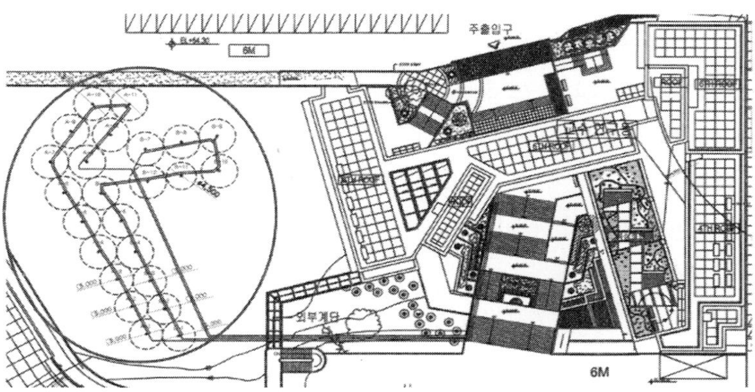

** 그림 8-34 ‖ 건물 평면도와 수직형 지중 열 교환기 배치도 : 175m 깊이, 총 24개, 각 보어홀 간 5m 간격으로 설치

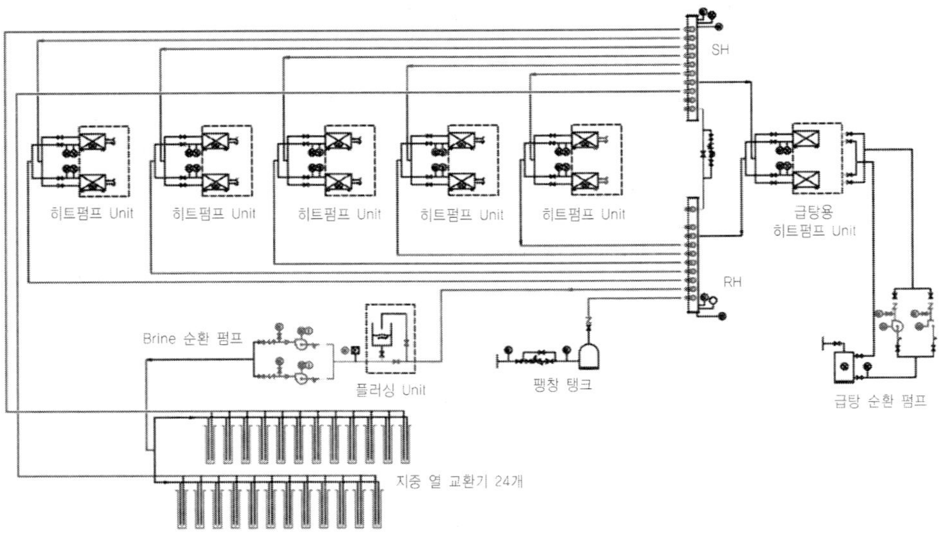

** 그림 8-35 ▌ 지열 히트펌프 시스템 계통도

(3) 지중 열전도도 실험

지중 열전도도의 값은 앞서 설명한 Kelvin 의 Line-Source 이론을 바탕으로 만들어진 표 8-7에 나타난 지중 열 교환기 설계요소 계산식을 이용하여 그 값을 계산할 수 있다. 부산대학교 제 1교수 연구동의 지중열전도도 측정 실험에서 그림 8-36의 시간-온도 그래프를 얻을 수 있다. Slope를 만족하는 구간은 $\frac{\alpha_s \times t}{r_b^2} \geq 5$ 을 만족하는 15.1h~71.9h 사이로서 지중 열전도도의 평균값을 얻을 수 있다. 여기서 α_s는 지중열확산계수(m^2/s), t는 시간, r_b는 보어홀 반경(m)을 나타낸다. 지중 열전도도 실험 결과 Slope는 약 0.769이고 보어홀의 유효 깊이는 175m, 유효열량(Q')은 5.2 kW로서 지중 열전도도(k)는 3.075(kcal/hm)의 값을 얻을 수 있다. 따라서, 지중열전도도 Test 결과 열전도도는 3.08W/m℃이다. 또한 표 8-16에 나타난 시추공 열저항 외부 조건을 이용하여 표 8-16에 보이는 바와 같이 보어홀 열저항치를 산출 할 수 있으며, 천공 가능한 깊이를 고려하여 유효 깊이를 175m로 하였을 때의 보어홀의 개수를 구할 수 있다.

표 8-15 | 지중 열전도도 실험 결과

항목		내용
시험 기간		72시간
평균 히터 전력(Q)		5.2(kW)
유량		2.4(m^3/h)
기울기(Slope)		0.769
보어홀 규격	직경	150mm
	깊이(L)	175m
PE 파이프 규격		호칭: 40, 외경: 48mm, 내경: 42mm
열전도도 관계 식		$k = \dfrac{Q}{(4\pi \times L \times slope)}$
열전도도(Conductivity)		3.08(W/m℃)

표 8-16 | 지중 열 교환기 설계요소

	항목	내용
시추공 열저항 외부 조건	순환유 초기 온도(Tf)	23℃
	지중 초기 온도(To)	16.7℃
	보어홀 간 이격거리(r)	6m
	보어홀 유효 깊이(Le)	175m
	보어홀 외경(Db)	150mm
	PE 파이프 내/외경(Do/Di)	48.26mm/39.47mm
	PE 파이프 열전도도(k_p)	0.335kcal/hm
	그라우트 열전도도(k_g)	1.26kcal/hm
	형상계수(S_b)	8.78
보어홀 지중열 저항치 산정 결과	그라우트 열저항(R_g)	0.09h·m·℃/kcal
	파이프 열저항(R_p)	0.0655h·m·℃/kcal
	지중 열저항(R_{ground})	0.07175h·m·℃/kcal
	보어홀 열저항(R_b)	0.1945h·m·℃/kcal
지중 열 교환기 보어홀 개수 산정	단위 길이당 열전달량(q)	32.39kcal/h·m
	보어홀 전체 길이(L)	3,669m
	보어홀 개수(N)	23.4EA

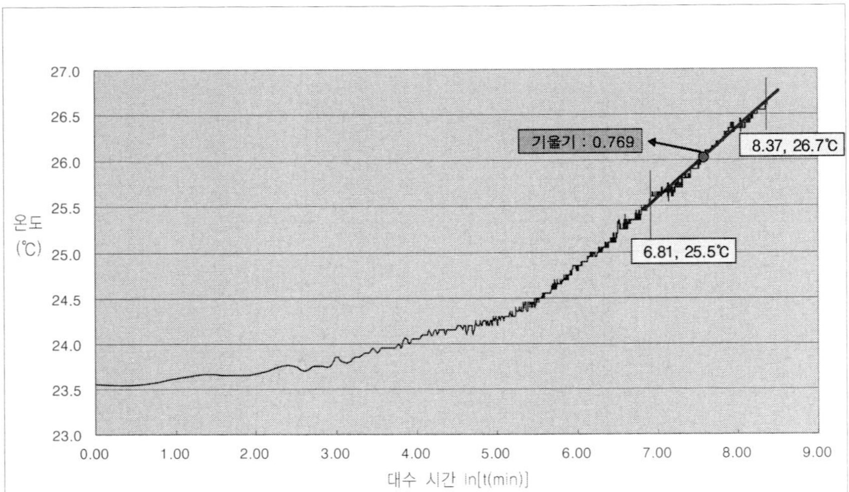

** 그림 8-36 ▌ 지중 열전도도 측정 실험에서의 시간-온도 그래프

(4) 지중 열 교환기 상세 설계

지중 열 교환기 설계 프로그램인 GLD(Ground Loop Design)를 이용하여 결과값을 산출한다. 입력값으로 히트펌프의 종류와 부동액의 냉난방 입구 온도와 종류, 토양의 온도와 열전도, 열확산도 그리고 보어홀의 직경과 열저항, 그라우트 열전도도를 입력하여 이를 통하여 얻어진 지중 열 교환기 개수를 이용하여 지중 열 교환기 배치 및 루프를 설계하였다. 그림 8-37에 보이는 바와 같이 지중 열 교환기의 배치 설계시 지중 열 교환기가 서로 간섭을 받지 않도록 5m의 이격거리를 주었으며, 지중 열 교환기 사이에 온도 센서를 2.5m, 5m, 10m, 20m, 30m의 깊이로 설치하여 지중의 깊이에 따른 온도 변화를 측정하였다. 또한 지중 열 교환기로부터 1.5m, 2.5m 떨어진 곳에도 온도 센서를 측정하여 시스템 가동 기간 동안 순환수 온도 변화에 따른 지중 온도 변화를 측정하였다. 깊이에 따른 온도변화는 8.3절에서 설명한 것과 같이 그림 8-12에 나타나 있으며, 지중 열 교환기로부터 1.5m, 2.5m되는 곳의 순환수 온도 변화에 따른 지중 온도 변화는 그림 8-38에 나타난 것과 같이 시스템 가동기간 동안 순환수 온도는 외기 온도의 영향을 받고, 순환수 온도에 따라 지중 열 교환기의 표면 온도는 변화가 크지만 지중 열 교환기에서 1.5m와 2.5m 떨어진 지점에서의 온도는 동일하며, 순환수 온도에 의한 지중 온도는 변화가 거의 없었다. 표 8-17의 GLD 입력목록에 보이는 바와 같이 순환수의 냉난방 입구 온도는 각 23, 10℃이며, 부동액은 에틸렌 글리콜(wt 10%)을 선택하였다. 지중 열전도도 실험에서

측정된 지중 온도 16.7℃를 입력하였으며, 앞서 계산된 3.08W/m·k의 값을 열전도도로 입력하였다. 보어홀 패턴 부분에서는 지중 열 교환기의 설치 공간을 고려하여 가로·세로 행수가 2×12인 총 24개의 보어홀을 설정하였다. 보어홀 직격은 150mm로 보어홀 열저항은 0.1945h·m℃/kcal, 그라우트 열전도도는 1.26kcal/h·m를 입력하였다. 지중 열 교환기 설계와 관련된 입력목록을 이용하여 GLD프로그램으로 설계한 결과 총 지중 열 교환기 길이는 3,955.8m이다.

** 표 8-17 ▌ 지중 열 교환기 설계를 위한 GLD 입력목록

Process	입력 Data	입력값
Heat Pump	히트펌프 종류	Custom Pump
부동액(순환수)	냉난방 입구 온도	23, 10℃
	부동액 종류	에틸렌 글리콜(wt 10%)
토 양	지중 온도	16.7℃
	열전도도	3.08W/m·K
	열확산도	0.07m^2/day
보어홀 패턴	가로·세로 행수	2×12=24 보어홀
	시추공 이격거리	5m
	파이프 크기	48.26/39.47mm
	파이프 타입	HDPE(40)
보어홀 U-tube	보어홀 직경	150mm
	보어홀 열저항	0.1945h·m·℃/kcal
	그라우트 열전도도	1.26kcal/h·m

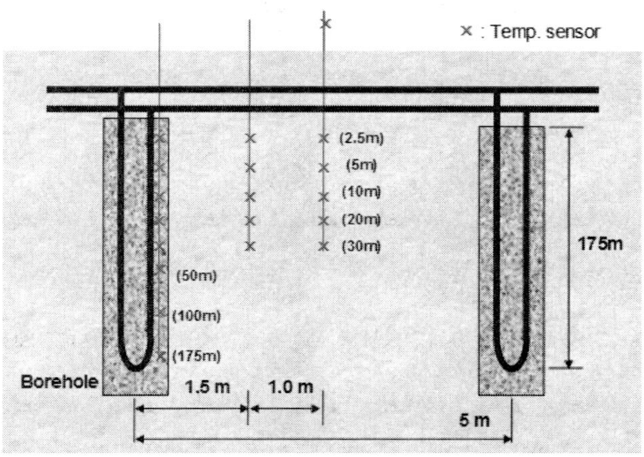

** 그림 8-37 ▌ 지중 온도 계측을 위한 열전대 설치 위치

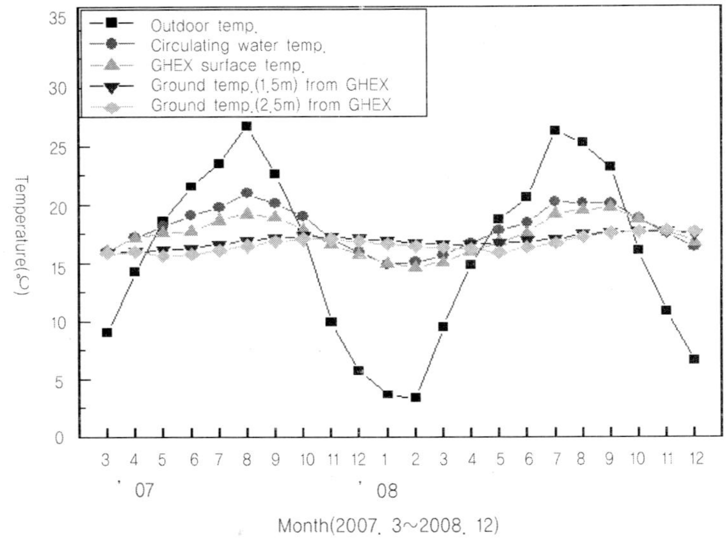

** 그림 8-38 ▌ 지중 열 교환기로부터 1.5m와 2.5m 떨어진 지점에서의 지중 온도 측정 값

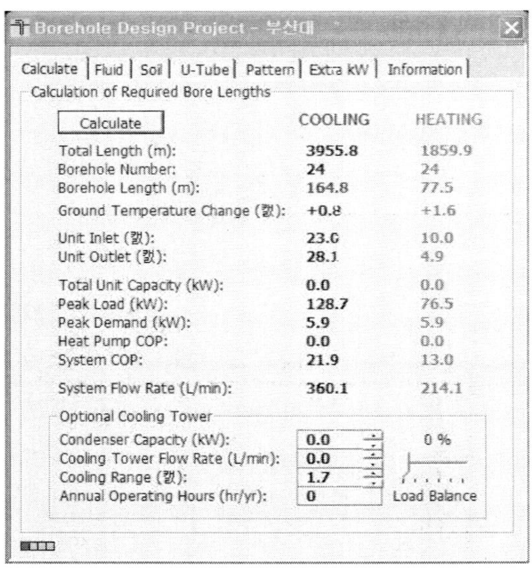

** 그림 8-39 ▌ 지중 열 교환기 설계 프로그램(GLD)에서 얻어진 계산 결과

(a) 지중 열 교환기 매설지역

(b) 기계실

** 그림 8-40 ▌ 부산대 지열 히트펌프 시스템 시공 후

(5) 운전 결과 및 성능 분석

지열 히트펌프 시스템을 설계 후, 운전 결과와 성능 분석에 관한 것을 그림 8-41 ~8-42에 나타내었다. 그림 8-41에 보이는 바와 같이 냉방 시즌의 2007년 8월16일 하루 동안의 외기 온도와 순환수 온도를 분석한 결과 외기 온도에 따라서 지중의 온도 변화는 영향을 거의 받지 않는다는 것을 알 수 있다. 그림 8-42에 보이는 바와 같이 Cooling Load의 변화에 따라 지열 히트펌프 시스템의 COP를 비교할 수 있다. 하루 중 히트펌프를 처음 가동시기는 9:30에 Cooling Load가 가장 크다는 것을 알 수 있으며, Cooling Load가 감소할수록 COP가 증가한다는 것을 알 수 있다. 그림 8-43은 냉방 시 지열원 히트펌프 시스템과 공랭식 히트펌프 시스템을 P-h 선도상에서 작동 사이클로 성능을 비교한 것이며 표 8-18은 두 시스템의 냉방 성능을 비교한 것이다. 지열원 히트펌프의 냉방 COPhp는 8.3 COP_{oveall}는 5.9이며 공랭식 히트펌프 시스템의 냉방 COP_{hp}는 3.9 COP_{oveall}는 3.4으로 지열원 히트펌프 시스템이 공랭식 히트펌프 시스템에 비해 히트펌프의 냉방 성능은 약 53%, 시스템 전체의 냉방 성능은 약 42% 우수한 것으로 나타났다. 표 8-19는 두 시스템의 난방 성능을 비교한 것이다. 지열원 히트펌프의 난방 COP_{hp}는 5.1, COP_{oveall}는 4.2이며 공랭식 히트펌프 시스템의 난방 COP_{hp}는 3.8 COP_{oveall}는 3.2로 지열원 히트펌프 시스템이 공랭식 히트펌프 시스템에 비해 히트펌프의 난방 성능은 약 25%, 시스템 전체의 난방 성능은 약 24% 우수한 것으로 나타났다. 그림 8-44에 보이는 바와 같이 난방 시즌의 2008년 1월 8일 하루 동안의 외기 온도와 순환수 온도를 분석하였다. 냉방 시즌과

같이 외기 온도에 따라서 지중의 온도 변화는 거의 없다는 것을 알 수 있다. 그림 8-45는 하루 동안의 Heating Load의 변화에 따른 지열원 히트펌프의 성능을 나타낸 것으로, Heating Load의 변화에 상관없이 COP가 일정하게 유지되는 것을 알 수 있다. 그림 8-46은 난방 시 지열원 히트펌프 시스템과 공랭식 히트펌프 시스템을 P-h 선도상에서 작동 사이클로 성능을 비교한 것이다.

** 표 8-18 | 지열 히트펌프 시스템과 공랭식 히트펌프 시스템의 냉방 성능 비교

(Hwang et al., 2009)

구분		지열원 히트펌프 (부하율 60%)	공랭식 히트펌프 (부하율 60%)
Condenser	Inlet Water Temperature(℃)	21.5	-
	Outdoor Temperature(℃)	32.7(Average)	35
Compressor	High Pressure(kPa)	1,620	2,731
	Low Pressure(kPa)	956	956
Cooling Performance	COPhp	8.3	3.9
	COPoverall	5.9	3.4

- 지열원 히트펌프 시스템의 경우 외기 온도 32.7℃(평균), 순환수 입구 온도 21.5℃ 기준
- 공랭식 히트펌프 시스템 경우 실내 27℃ DB/ 19.5℃ WB, 실외 35℃ DB/24℃ WB 기준

** 표 8-19 | 지열 히트펌프 시스템과 공랭식 히트펌프 시스템의 난방 성능 비교

(Song et al., 2010)

구분		지열원 히트펌프	공랭식 히트펌프
Evaporator	Inlet Water Temperature(℃)	15.3	-
	Outdoor Temperature(℃)	6.3(Average)	7
Compressor	High Pressure(kPa)	2,850	2,892
	Low Pressure(kPa)	1,060	634
Heating Performance	COPhp	5.1	3.8
	COPoverall	4.2	3.2

- 지열원 히트펌프 시스템의 경우 외기 온도 6.3℃(평균), 순환수 입구 온도 15.3℃ 기준
- 공랭식 히트펌프 시스템 경우 실내 20℃ DB/ 15℃ WB, 실외 7℃ DB/6℃ WB 기준

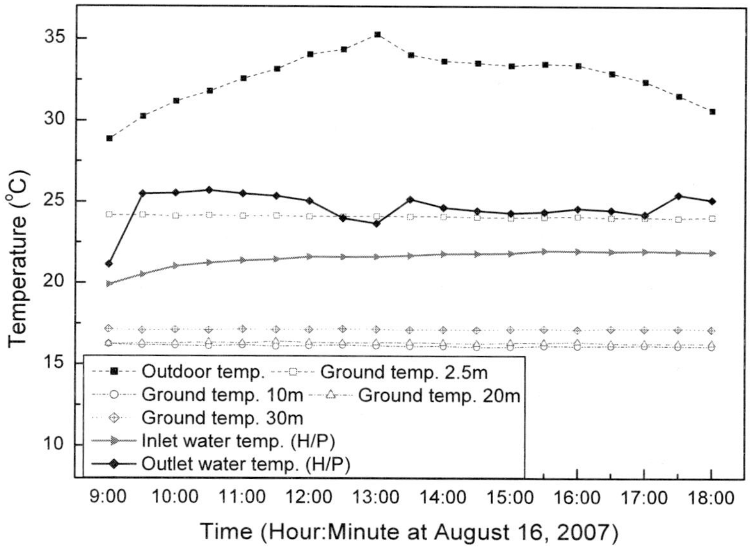

** 그림 8-41 ▌ 냉방시 외기 온도와 순환수 온도(Hwang et al., 2009)

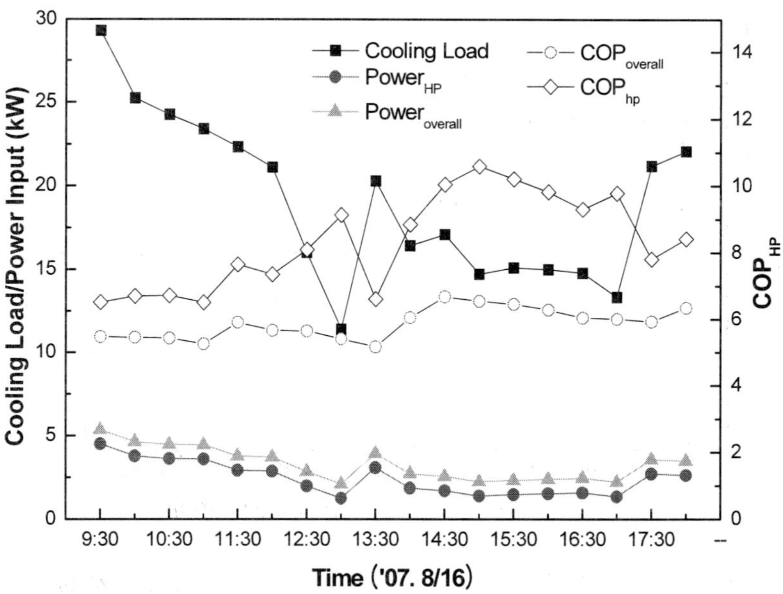

** 그림 8-42 ▌ 지열 히트펌프 시스템의 냉방 성능(Hwang et al., 2009)

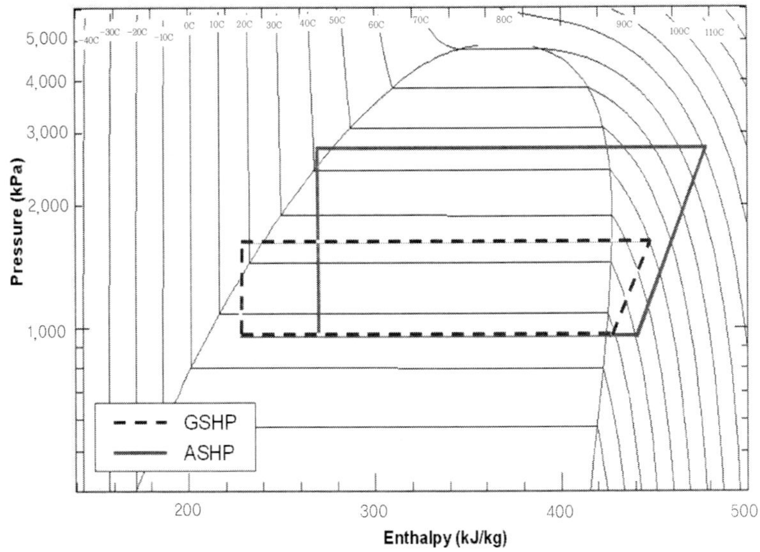

** 그림 8-43 ▌ 지열 히트펌프 시스템과 공랭식 히트펌프 시스템의 냉방 성능 비교(Hwang et al., 2009)

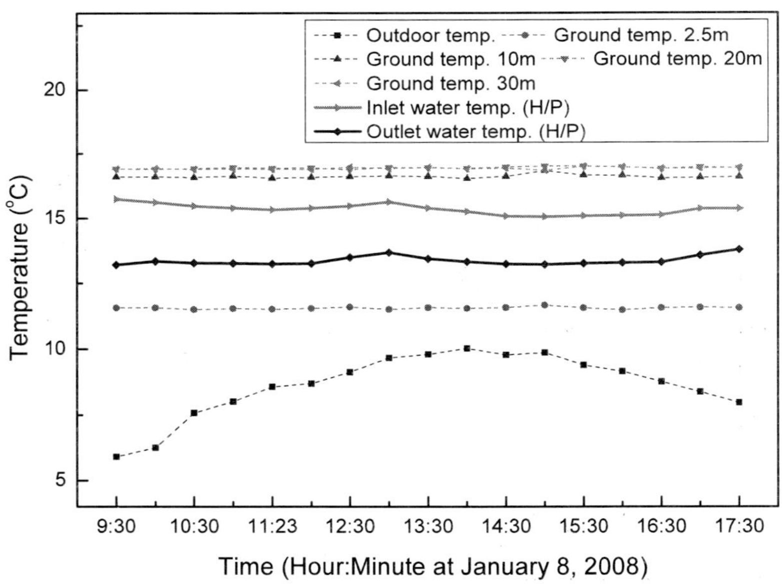

** 그림 8-44 ▌ 난방 시 외기 온도와 순환수 온도(Song et al., 2010)

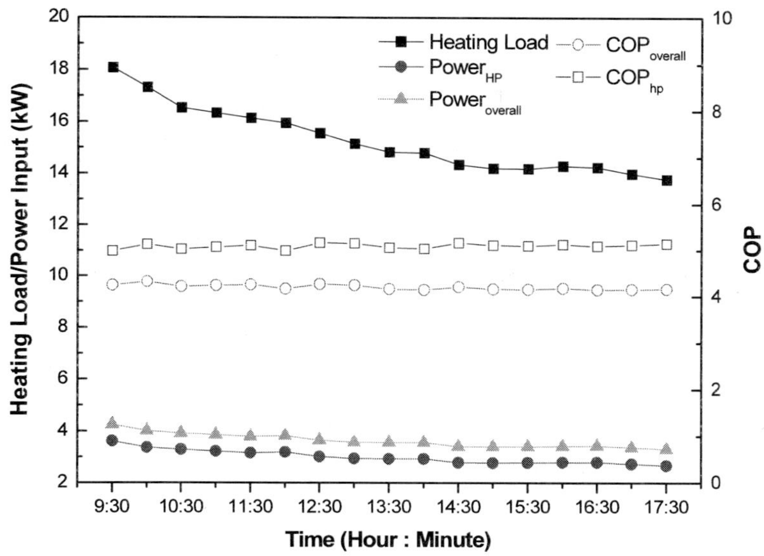

** 그림 8-45 ▌ 지열 히트펌프 시스템의 난방 성능(Song et al., 2010)

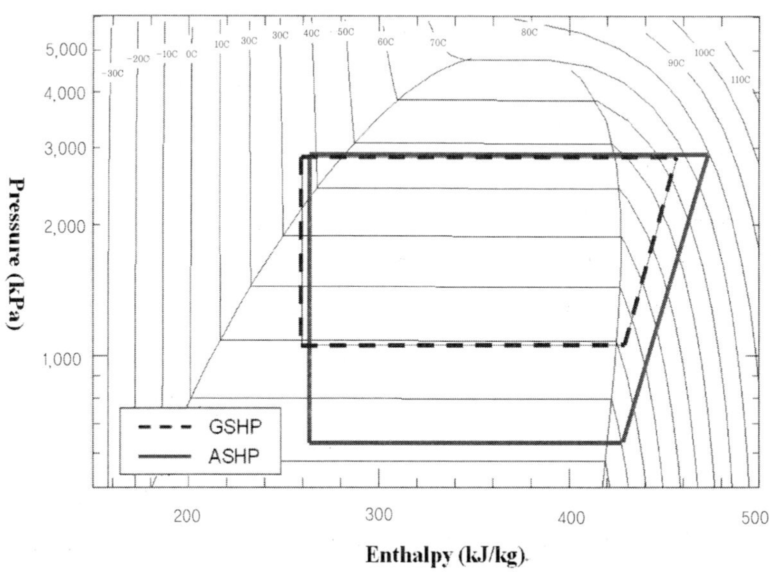

** 그림 8-46 ▌ 지열 히트펌프 시스템과 공랭식 히트펌프 시스템의 난방 성능 비교(Song et al., 2010)

8.6.2 유스호스텔 지열 히트펌프 시스템

본 설계 사례는 청소년 휴양시설인 유스호스텔의 냉난방 열원 설비를 지열 히트펌프 시스템 기본 설계의 순서에 따라 적용 설계를 하였다. 그림 8-47에 나타난 이 건물은 지하 1층, 지상 7층으로 총 341명 수용할 수 있는 시설로 숙박 94실, 대강당, 중형 회의실 및 세미나실, 헬스장, 카페, 식당 등으로 이루어져 있다. 친환경적인 지중열을 이용하여 대체 에너지를 도입하였으며, 지하주차장은 무덕트 유인팬으로 기류를 확보하였다. 헬스클럽의 경우 사용 시간대를 고려하여 계획하였으며, 전기 히트펌프 냉난방기로 운영의 편리성을 확보하였다. 로비의 공기조화는 대기 인원을 고려한 용량을 산정하였으며, 쾌적성 향상을 위해 전공기 방식을 적용하였다. 또한 객실의 경우 문화의 다양성을 고려하여 냉난방을 분리하여 공급하며, 바닥 난방+팬코일 유닛 방식이다. 또한 친환경적인 위생 설비로 빗물을 재활용하여 조경 용수로 확보하였다. 이 건물의 총 연면적은 9,807.01m^{2}이다. 본 적용 설계의 사례는 장병윤(2009)의 내용을 참고하였다.

대상 건물의 공조 부하가 필요한 냉난방 면적은 4,660m^{2}이며, 전체 냉방 부하는 860.74kW이다. 이중 지열 히트펌프가 담당하는 냉방 부하는 316.47kW이며 난방 부하는 284.82kW이다. 지중 열 교환기의 형상 결정을 위해 건축물 터파기와 지하주차장 천공작업, 공사 기간 및 공법 측면을 고려하여 수직형으로 결정하였다. 지열 설계용 열전도 측정 및 지질 확인을 위하여 150A, 150m 심도 1공 시험을 굴착하여, 각 심도마다 토질 및 암반 샘플을 채취하였다. 굴착 완료 후 32A PE(SDR11) 배관 루프를 삽입한 후 그라우팅 작업(그라우팅 재질: 벤토나이트+물)을 진행하였다. 그라우팅 주입 후 72시간 이상 안정화 작업을 진행하였으며, 안정화 완료 후 48시간 이상 열전도를 측정하였다. 지중 열전도도(k) 측정 결과 k=2.60W/mK로 나왔다. 대상 건물에 대한 지열 히트펌프 시스템의 담당 부하와 신재생 에너지 의무 설치 용량 및 에너지 관리 공단 인증 등을 고려하여 히트펌프 적용 방식은 물-냉매 방식, 히트펌프 적용 용량은 371.25kW(냉방), 319.50kW(난방)으로 설정하였다. GLD 프로그램을 이용하여 냉난방 피크 부하, 연간 냉난방 등가 운전 시간, 히트펌프 용량, 열전도 측정값을 입력하여 지중 열 교환기 개수와 길이, 배치 및 루프를 설계하였다. 선정 결과 표 8-20과 같이 지중 열 교환기 1개소당 200m 선정 시 총 34공을 천공하는 것으로 설계하였다.

** 표 8-20 ‖ 프로그램 산출 결과값

구분	냉방	난방
전체 길이(m)	6,583.5	3,712.9
시추공의 갯수	34	34
시추공의 길이(m)	198.6	109.2
지중 온도 변화	+0.2	+0.4
인입 온도(℃)	25.0	5.0
토출 온도(℃)	30.9	1.3
전체 유닛 용량(kW)	371.3	319.5
최대 부하(kW)	318.5	284.9
최대 요구량(kW)	64.8	86.2
펌프의 COP	5.6	3.7
시스템의 COP	4.9	3.3
시스템의 유량(L/min)	935.8	842.2

부동액		토양	
유량	10.4(L/min)/3.5kW	지중 온도	15.0℃
부동액	30% 에탄올	열전도성	2.60W/(m·k)
비열(Cp)	4.028kJ/(K·kg)	열 분산	$0.054m^2$/day
밀도(ρ)	$999.6kg/m^3$	–	

파이프	
파이프 종류	1 1/4in.(32mm)–SDR11
부동액 종류	난류
파이프 저항값	0.061m·k/W
U자관의 형태	한겹
시추공 단면에서 파이프 위치	보통 간격
시추공 직경	150.1mm
그라우팅재의 열 특성	0.91W/(m·k)
시추공의 열저항	0.140m·k/W

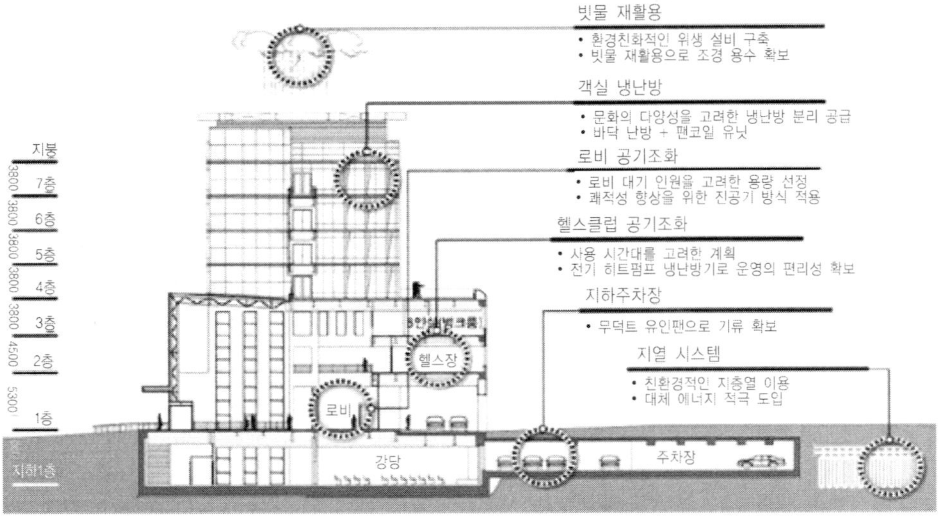

** 그림 8-47 ‖ 대상 건물의 주요 설비 적용 사항(장병윤, 2009)

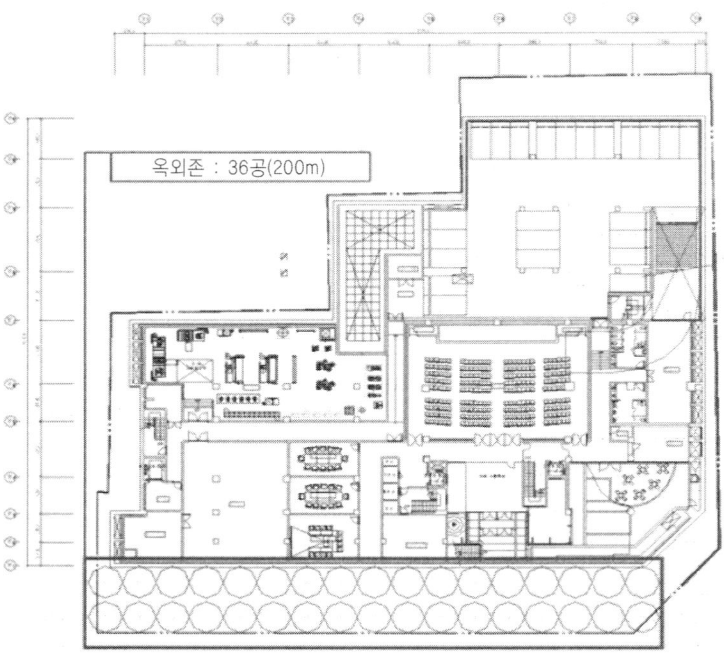

** 그림 8-48 ‖ 지중 열 교환기 배치도

8.6.3 학교시설용 지열 히트펌프 시스템 경제성 분석

(1) 대상 건물 개요 및 공조 부하

일반적으로 냉난방 설비의 경제성은 건축 형태, 즉 신축과 개보수 등에 따라 상이한 결과가 도출될 수 있다. 따라서 지열 히트펌프 시스템의 경제성을 분석하기 위해 경기도 평택에 위치한 J 고등학교의 신축 도서관 및 기숙사를 대상 건물로 설정하였다. 대상 건물은 연면적 2,990m^2, 지하 1층의 기계실 그리고 지상 4층으로 구성되었으며, 냉난방 부하 및 급탕 부하는 각각 326.6kW, 249.8kW, 34.9kW이다. 지상 1층과 2층은 도서관으로서 자료실, 열람실, 세미나실 등으로 되어 있으며, 3층과 4층은 세탁실, 샤워실, 휴게실, 26개의 방으로 구성된 기숙사이다. 대상 건물에 설치된 지열원 히트펌프는 냉매 22를 작동유체로 사용하는 물 대 물 방식(Water-to-Water Type)이다. 대상 건물의 냉난방을 위해 20RT급 4대와 10RT급 1대의 히트펌프를 사용하였으며, 급탕용으로 10RT 용량의 히트펌프 1대를 지하 기계실에 설치하였다(손병후, 2004).

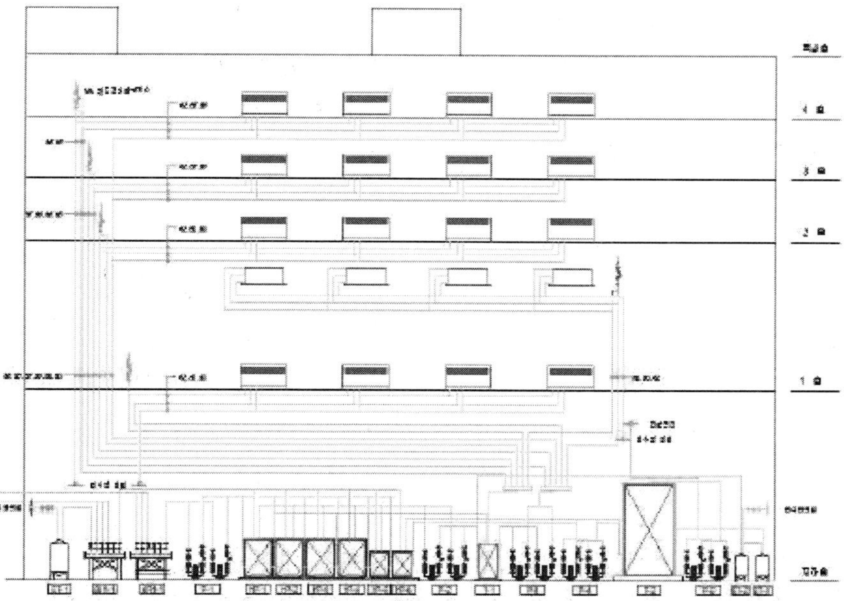

** 그림 8-49 ▌ 경기도 평택에 위치한 J고등학교의 신축 도서관 및 기숙사의 계통도(손병후, 2004)

** 표 8-21 ▌ 대상 고등학교 건물의 개요와 냉난방 부하값(손병후, 2004)

항목	내용
층 면적	820m^2
전체 면적	2,990m^2
층 수	B1~4F
냉방 부하	326.6kW
난방 부하	249.8kW
급탕 부하	34.9kW

(2) 지열원 히트펌프 시스템

그림 8-50은 기계실의 히트펌프와 연결된 지중 열 교환기의 위치 및 배열을 개략적으로 보여주고 있다. 지중 열 교환기의 설계는 상용 소프트웨어인 GLD를 이용하였다. 지면에서 150m 깊이까지 천공 한 36개의 보어홀에 직경 25mm의 고밀도 폴리에틸렌 U자관을 수직으로 매설하여 지중 열 교환기로 사용하였다. 이때 지중 열 교환기 파이프를 보어홀에 삽입한 후 뒤채움채를 이용하여 보어홀 사이의 빈 공간을 마무리하였으며 지중 열 교환기와 히트펌프 사이를 순환하는 2차 순환유체는 에탄올과 물을 혼합한 부동액을 사용하였다. 이 건물의 특성상 아침 및 저녁시간에 급탕 부하가 집중되므로, 7,000L의 급탕 탱크를 기계실에 설치하였다. 지열원 히트펌프 시스템과 경제성 검토 대상인 냉난방 설비는 경유(Light Oil)용 증기보일러와 개별 에어컨으로 설정하였다.

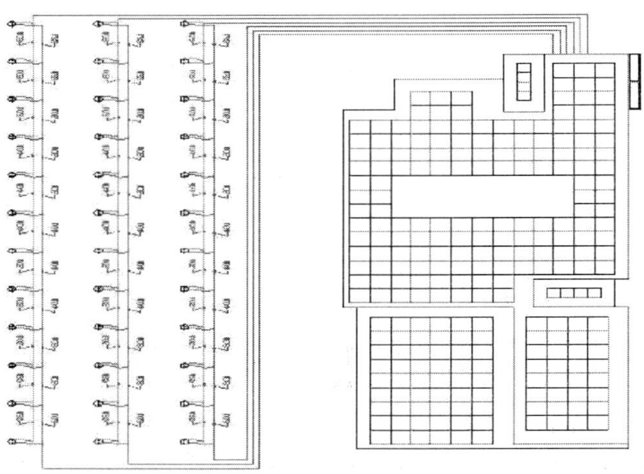

** 그림 8-50 ▌ 지열 히트펌프 시스템의 계통도(손병후, 2004)

(3) 연간 에너지 소비량 계산 결과

경제성 분석에 가장 큰 영향을 미치는 연간 에너지 소비량을 정확히 산출하기 위해서는 현장 실증에 의한 방법을 사용하여야 한다. 그러나 현장 조사에 의한 설비 가동 시간 및 이에 따른 에너지 소비량을 정확하게 추정하는 것은 불가능한 실정이다. 따라서 상용 소프트웨어를 이용하여 연간 에너지 소비량을 산출하였다. 이때 대상 건물의 냉난방 부하 및 사용 형태(일일 운전시간, 공휴일 및 일요일, 방학 등), 외기 조건, 기기의 효율 등 제반 변수들을 모두 고려하였으며, 표 8-22에 정리하였다. 지열원 히트펌프는 압축기 및 부동액 순환펌프를 가동하기 위해 전기 에너지만 사용하며, 경유(Light Oil)용 증기보일러와 개별 에어컨은 경유와 전기를 동시에 사용한다. 냉방의 경우 8월에 그리고 난방의 경우에는 12월에 에너지를 가장 많이 소비하는 것으로 나타났다.

** 표 8-22 ▌ 시스템별 연간 에너지 소비(손병후, 2004)

항목	지열 히트펌프 시스템		경유(Light Oil)용 증기 보일러와 개별 에어컨	
	전력(MWh)	경유(Liter)	전력(MWh)	경유(Liter)
봄·가을철	12.0	0	0	3,808
여름철	123.3	0	173.6	1,115
겨울철	257.2	0	0	81,385
전체	392.5	0	173.6	86,308

(4) LCC(Life Cycle Cost) 분석 조건 설정

지열 히트펌프 시스템과 기존의 시스템에 대한 LCC 분석 시에는 초기 투자비, 유지 관리비 및 기기 폐각 비용과 같은 구성요소를 바탕으로 이자율, 에너지 비용 상승률, 내용 연수 등이 종합적으로 고려되어야 한다. 초기 투자비는 분석 시점에서의 현재 가격으로 이루어지며, 지열 히트펌프 시스템인 경우 실제 시공 비용을 경유(Light Oil)용 증기 보일러와 개별 에어컨에 대해서는 견적 자료를 기준으로 산출하였다. 정기적인 유지 관리비에 포함되는 항목으로는 수리비, 점검비, 청소비, 운영 인건비, 일반 관리비 등이 있으며 건물과 설비의 특성과 관리 능력에 따라 상당한 차이가 있을 것이다. 경유(Light Oil)용 증기 보일러와 개별 에어컨에 대한 유지 관리비의 경우 국내 자료 수집의 어려움으로 초기 투자비의 5%로 가정하였다. 또한 지열 히트펌프 시스템이 활성화되어 있는 외국이나 보급 초기 단계인 국내의 경우 유지 관리비의 정확한 자료가 거의 없는 실정이어서 1.5%로 가정하였다. 또한 운전 기간 내에 돌발적인 고장 없이 사용한 후 설비를 전량 교체하는 것으로 가정하였으며, 따라서 건물을 운영할 때 예상치 못한 시점에서 발생하는 비정기적인 운영 비용은 없는 것으로 가정하였다. 에너지 비용의 산출은 전기의 경우 건물 용도, 계약 전력, 계절, 사용 시간대, 월별 총 사용 전력량 등에 따라 달라진다. 이번 분석에서는 표 8-23의 에너지원 별 단가를 적용하였다. 건물의 냉난방 설비에 대해 LCC 분석을 수행할 때, 여러 가지 가격 변동 요소에 대한 고려가 필요하다. 이에 대한 체계적인 데이터가 국내에는 없기 때문에 통계청의 경제 동향 데이터를 근거로 현가 환산율(Discount Rate)은 8%, 물가 상승률(Price Escalation Rate)은 5%로 하였다. 그리고 에너지가격 변동률(Energy Price Escalation Rate)은 전기인 경우 3%, 경유인 경우에는 9%를 적용하였다.

** 표 8-23 ▌ 각 에너지별 가격(손병후, 2004)

항목		가격
전력 (교육용)	기본 요금	5,210/kW
	전력량 요금	86.2/kW 여름철 (7,8) 55.4/kW 봄·가을철 (4~6, 9) 59.6/kW 겨울철 (10~3)
경유		750/Liter

(5) LCC(Life Cycle Cost) 분석 결과

전술한 LCC 분석 조건과 표 8-22의 연간 에너지 소비량을 기준으로 지열 히트펌프 시스템과 경유(Light Oil)용 증기 보일러와 개별 에어컨 시스템에 대해 LCC 분석을 수행한 결과는 표 8-24와 같다. 표 8-24와 그림 8-51에서 보는 바와 같이 초기 투자비 면에서는 경유(Light Oil)용 증기보일러와 개별 에어컨이 유리하나 에너지 소비량이 과대하여 총 LCC가 크게 상승하였다. 또한 정기적인 유지 관리비, 기기 교체 비용, 잔여 가치 등에서도 지열 히트펌프 시스템이 경제적인 시스템인 것을 알 수 있다. LCC 분석을 통해 지열 히트펌프 시스템을 설치하여 수명주기 동안 발생하는 순이익은 1,034,342천원이고, 투자 대 이익의 비율은 5.41, 내부 수익율(Internal Rate of Return)은 17.51%로 나타났다. 또한 투자 회수 기간(Payback Period)은 4년인 것으로 나타났다. 표 8-25는 수명주기 동안 두 설비가 배출하는 오염물질을 BLCC를 이용하여 계산한 것이다. NOx를 제외하고 전체적으로 지열 히트펌프 시스템이 이산화탄소와 같은 환경오염 물질을 적게 배출하는 것으로 미루어 친환경적인 시스템인 것을 알 수 있다.

**** 표 8-24 ▌ 시스템별 Life Cycle Cost 비교(단위: 1,000원)(손병후, 2004)**

항목	지열 히트펌프 시스템	경유(Light Oil)용 증기 보일러와 개별 에어컨
초기투자비	455,631	189,846
에너지비	313,271	1,542,895
보전비	100,960	140,222
갱신비	42,632	60,903
잔존가치	12,969	0
LCC	899,524	1,933,866

**** 표 8-25 ▌ 시스템별 Life-Cycle Emissions 비교(손병후, 2004)**

항목	연평균 배출량		Life-Cycle 감소
	지열 히트펌프 시스템(kg)	경유(Light Oil)용 증기 보일러와 개별 에어컨(kg)	
전 기			
CO_2	395,422.3	174,898.4	−4,244,266.2
SO_2	1,219.2	539.2	−13,085.1
NOx	1,191.2	526.9	−12,785.6
경 유			
CO_2	0	260,963.8	5,022,079.6
SO_2	0	1,866.7	35,924.2
NOx	0	235.2	4,527.1
전 체			
CO_2	395,422.3	435,862.2	777,853.4
SO_2	1,219.2	2,405.9	22,839.1
NOx	1,191.2	762.1	−8,528.5

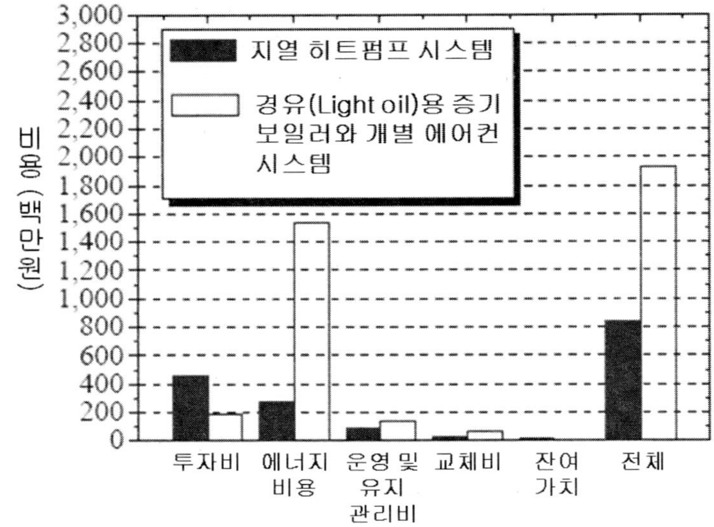

** 그림 8-51 ‖ 지열 히트펌프 시스템과 경유(Light Oil)용 증기 보일러와 개별 에어컨 시스템의 Life Cycle Cost 비교(손병후, 2004)

연/습/문/제

01 Binary System 지열발전의 열역학전 사이클을 설명하라.

02 지중 열 교환기에서 지중으로 열전달되는 열전달 방정식을 설명하고 열저항을 표현하라.

03 지중 열 교환기를 대체하는 Heat Pipe를 이용한 지열 Heat Pump 시스템에 대해 설명하라.

04 부산에 남향으로 주택($300m^2$)을 지으려고 한다. 지열 히트펌프 시스템을 적용하여 지중 열 교환기 길이를 계산하라.

05 어느 지역에 지중 열 교환기를 설치하기 위해 지중 열전도도를 측정 실험을 한 결과, 평균 히터 전력(Q)은 4.9kW, 기울기(Slope)는 0.678, 지중 열전도도(k)가 2.876W/m·k일 때, 지중 열 교환기의 길이를 계산하라(단, $\pi = 3.14$로 계산).

참고문헌

[1] 김수빈, 최연, 안양환, "지열 이용 설비의 적용사례(Ⅰ)-동남권 유통단지 이주전문 상가 "가" 블록", 설비기술, 제 47권 제10월호, 2009

[2] 김진상, "지열히트펌프 시스템 설계", 발표자료, 에너지 관리 공단 신재생에너지센터 신재생에너지 전문가연수 지열과정, 2006년 11월 22일

[3] 김승욱, "지열 냉난방 시스템 소개", 설비기술, 제 47권 제 10월호, 2009

[4] 김의영, 정영만, 송재도, 이재근, 김인규, 이동혁, "학교 건물에 설치된 지열원 열펌프 시스템의 실사용을 통한 냉난방성능연구", 대한설비공학회 2008하계학술발표대회, pp586-589, 2009

[5] 구경민, 정영만, 황유진, 이재근, 장세용, 김인규, 진심원, 이동혁, "지열원 히트펌프 시스템의 실사용을 통한 난방성능연구", 대한설비공학회 2008하계학술발표대회, pp1341-1346, 2008

[6] 남임우, "지열원 냉난방 시스템의 설계 및 시공기술", 발표자료, 서울산업대학교 건축설비의 에너지 절약기술과정, 2006년 6월 4일

[7] 박성구, "지열설비의 시공 및 점검기술", 발표자료, 한국에어콘냉동기기연구조합 & 차세대 냉동공조시스템 기술인력양성센터 지열 열펌프 유니트 인증 및 성능시험 단기강좌, 2007년 3월 21일

[8] 박성구, 전보경, "열전도도에 따른 지중 열 교환기 규격 추이검토", 설비저널, 제38권 제1호 1월호, 2009

[9] 백성권, "선진 지열발전 시스템", 설비저널, 제38권, 제1호 1월호, 2009

[10] 신현준, "지열원 열펌프 설비의 성능 평가 및 감리", 발표자료, 에너지 관리 공단 신재생에너지센터 신재생에너지 전문가연수 지열과정, 2006년 11월 23일

[11] 손병후, "단독주택용 지열 냉난방 시스템의 개발 필요성", 설비저널, 제38권, 제1호 1월호, 2009

[12] 손병후, "지열 열펌프 시스템의 경제성 분석", 발표자료, 에너지 관리 공단 신재생

에너지센터 신재생에너지 전문가연수 지열과정, 2007년 11월 2일

[13] 손병후, "지열원 열펌프와 상용 공기조화 설비의 수명주기비용 비교 분석", 대한설비공학회 2004 하계학술발표대회, pp1339-1344, 2004

[14] 이동락, 조재일, "지열 이용 설비의 적용사례(Ⅱ)-차량검수시설 이전 건설공사 턴키설계", 설비기술, 제 47권 제10월호, 2009

[15] 에너지 관리 공단, "신재생 에너지 RD&D 전략 2030 시리즈8(지열)", 북스힐, 2008

[16] 장병윤, "지열 이용 설비의 적용사례(Ⅲ)-제 2유스호스텔 건립공사", 설비기술, 제 47권 제10월호, 2009

[17] 한정상, 한규상, 한혁상, 한찬, "지열펌프 냉난방 시스템", 도서출판 한림원, 2004

[18] ABS Energy Research, "The Geothermal Energy Report, direct use and power generation", ABS Energy Research, London. UK., 2007

[19] Cane, D., Clemes, P.E. and Morrison, A., "Experiences with commercial ground source heat pumps", ASHRAE Journal, pp. 31-36, 1996

[20] Hwang, Yujin, Jaekeun Lee, Youngman Jeong, Kyungmin Koo, Donghyuk Lee, Inkyu Kim, Simwon Jin, Soo H. Kim, "Cooling performance of a vertical ground-coupled heat pump system installed in a school building", Renewable Energy, Vol. 34, pp578-582, 2009

[21] Rafferty, K. A., "Capital cost comparison of commercial ground source heat pump systems", ASHRAE Trans. Vol. 101, pp. 1095-1100, 1995

[22] Song, Jaedo, Kwanho Lee, Youngman Jeong, Seongir Cheong, Jaekeun Lee, Yujin Hwang, Yeongho Lee, Donghyuk Lee, "Heating performance of a ground source heat pump systeminstalled in a school building", Science in China. Series E, Technological sciences, Vol.53, No.1, pp. 80-84, 2010

[23] Earth To Air Systems, http://www.earthtoair.com/earth-to-air-products.php

[24] 한미 C&E, http://www.kemco.or.kr/up_load/pds/hongbo/a_7.ppt

용어정리

- **고온발전** : 180℃ 이상의 지열수를 이용한 발전으로 발전 효율이 높은 것이 특징.
- **기반암** : 퇴적물 아래의 단단한 암반.
- **기저 부하** : 한정된 기간 동안에 계속적으로 걸리는 부하. 하루를 기준으로 한 경우, 24시간 지속적으로 걸리는 부하.
- **대수층** : 지하수가 있는 지층.
- **물 대 공기 열펌프** : 팬, 냉매 대 공기 열 교환기, 필터, 압축기, 4방 밸브(4Way Valve 또는 Reversing Valve), 팽창 장치, 물 대 냉매 열 교환기 그리고 이들 요소 기기를 연결하는 배관 등이 케이싱 안에서 조립된 일체형 기기, Water-to-Air Hear Pump Unit.
- **물 대 물 열펌프** : 압축기, 4방 밸브, 팽창 장치, 2개의 냉매 대 물 열 교환기 및 이들 요소 기기를 연결하는 배관 등이 일체형으로 구성된 기기, Water-to-Water Heat Pump Unit.
- **방향성 시추** : 시추 방향을 필요에 맞게 조절하는 시추 방법, Directional Drilling.
- **보어홀 (Borehole)** : 열정과 같은 의미이며 지상에서 지열 에너지를 이용하기 위하여 시추한 구멍.
- **수압 파쇄법 (Hydraulic Fracturing)** : 시추공 내에 수압을 작용시켜 공벽에 인장 균열이 발생시키는 방법.
- **스케일링** : 금속 표면에 흡착된 이물질을 제거하는 일.
- **양수발전소** : 수력발전의 한 형태, 야간이나 전력이 풍부할 대 펌프를 가동하여 아래쪽 저수지의 물을 위쪽 저수지로 퍼올렸다가 전력이 필요할 때 방수하여 발전함.
- **열수력 설계 (Thermal Hydraulic Design)** : 지열 플랜트의 열수력 설계.
- **인공 파쇄대** : 인공적으로 지하에 형성된 파쇄대.
- **입지선정 기법** : 지열발전 플랜트가 설치될 지역을 선정하는 기법.
- **저온발전** : 180℃ 이하의 지열수를 이용한 발전으로 발전효율이 다소 낮은 것이 특징.
- **저류층** : 유체(물, 석유 등)를 함유하고 있는 지층.
- **재생 에너지** : 계속 써도 무한에 가깝도록 다시 공급되는 에너지.
- **지열유체** : 지열 에너지를 가진 유체.
- **지열 구배** : 심도에 따라 증가되는 온도(℃/m).

- **지열 유량** : 지구 하부에서 상부로 이동하는 열량(cal/cm^2).
- **지열 열펌프 시스템** : 열펌프 유닛(Heat Pump Unit), 지중 열 교환기(Ground Heat Exchangers), 지중 열 교환기 작동유체 순환펌프(Circulating Pumps), 실내 공기 조화 설비(덕트 설비 또는 공기조화기) 등으로 구성되는 냉난방 겸용 설비.
- **지열정** : 지열 에너지를 이용하기 위하여 시추된 정(Well).
- **지중 열 교환기 순환수** : 지중 열 교환기와 열펌프의 물 대 냉매 열 교환기를 순환하는 작동유체(Working Fluid). 지열 열펌프 시스템이 냉방 모드로 작동할 경우, 지중 열 교환기 순화수는 실내의 열을 지중으로 방출하고, 반대로 난방 모드로 작동할 때에는 지중에서 흡수한 열을 실내로 전달하는 목적으로 사용. 이때 열펌프의 물 대 냉매 열 교환기(냉방 모드인 경우 응축기, 난방 모드인 경우 증발기)에서 지중 열 교환기 순환수와 냉매 간의 열 교환이 발생. 지중 열 교환기 순환수로 물을 사용할 수 있으며, 동파 방지를 위해 일정 조건을 구비한 부동액 사용.
- **지하수** : 넓은 의미로, 지표 밑에 있는 모든 물. 우리나라의 지하수법은 '지하의 지층이나 암석 사이의 빈틈을 채우고 있거나 흐르는 물'을 지하수로 정의.
- **직접이용 지하수 열펌프 시스템 (Direct Use Ground Water Heat Pump System)** : 취수정의 지하수를 열펌프의 물 대 냉매 열 교환기로 직접 순환시켜 지하수와 냉매 간의 열전달이 이루어지도록 하는 시스템. 지하수가 열펌프의 열 교환기 내를 직접 순환하기 때문에, 열 교환기 금속 재질의 부식(Corrosion) 및 오염(Scale 또는 Fouling) 방지에 주의를 요함. 따라서 지하수 수질이 매우 우수할 경우에만 적용 가능.
- **파쇄결정대** : 인공 파쇄대와 같은 의미.
- **판형 열 교환기** : 전열판(또는 유로 판, Plate), 고정 덮개(Fixed Frame)와 제거 가능한 덮개(Pressure Plate)로 구성 되는 외판, 상·하부 안내봉(Carrying Bar), 체결 볼트 및 너트, 개스킷(Gasket) 등으로 구성, 고온유체(냉방 모드인 경우 건물 순환수, 난방 모드인 경우 지하수)와 저온유체(냉방 모드인 경우 지하수, 난방 모드인 경우 건물 순환수)는 여러 장의 전열판에 의해 형성된 각각의 유로 내를 유동하면서 열을 교환.
- **Hot Spring** : 높은 온도의 지열수가 용출되는 지역.
- **MIT 보고서** : EGS 기술을 활용한 21세기 미국 지열에너지 이용에 관한 보고서.
- **Single Flash** : Flash Steam 발전 방식의 하나.
- **Double Flash** : Flash Steam 발전 방식의 하나.
- **Water-Dominated** : 지열정으로부터 올라오는 지열수의 형태가 액체가 지배적인 경우.
- **Working Fluid** : 기화점이 낮은 유체로 열펌프에 의해 지열유체의 열을 흡수하여 증기화되어 터빈을 회전시키는 유체.

제 9 장

연료전지

9.1 연료전지의 개요

9.1.1 연료전지의 역사 및 필요기술

표 9-1은 연료전지의 개발 역사를 나타낸 것으로, 1801년 연료전지의 원리가 발명되었으며, 1839년 영국의 Grove가 연료전지를 발명, 1952년 Bacon이 베이컨전지를 개발하여 특허를 취득한 후 미국에서 이 특허를 개량하여 1969년 아폴로 11호에 알칼리형 연료전지를 개발 탑재하였다. 선진국에서는 이미 실증 연구 및 실용화 단계에 와 있으며, 미국은 1970년대, 일본은 1980년대 초부터 본격적인 개발에 착수하여 현재 미국과 일본이 실용화 기술을 다수 보유하고 있는 실정이다. 또한 정부의 적극 지원하에, 기업이 모든 기술을 보유하고 있기 때문에 핵심 기술은 기업 비밀로 되어 있는 상황이다.

연료전지 관련 필요 기술은 아래의 그림 9-1과 같이 분류되며 기계공학, 재료공학, 화학공학을 필요로 한다. 기술 수준을 보면 우선 실용화 단계로써 용융탄산염형 250kW급이 기술 개발 및 실증 단계를 거쳐 미국(FCE)사에서 전 세계에 보급하고 있고 MW급 발전소의 실용화를 추진 중이며, 고분자 전해질형은 가정용 1~5kW급이 실증 단계를 거쳐 실용화 단계에 있다. 실증 연구 단계로는 용융탄산염형 250kW급을 모듈형인 2~11MW급 발전 플랜트 실증 실험을 완료, 자동차용 고분자 연료전지는 지속적으로 개발 및 실증 테스트 중이며 기술 개발 단계로 고체산화물형 250kW급 모듈형을 개발 중이고, 기존 기술 대비 설비 단가를 감소시키는 등 경제성 확보에 주력하고 있다. 그리고 수소 에너지 기술은 수소 생산, 저장, 운반, 이용 기술로 분류되며 그림 9-2와 같이 발전용, 수송용. 가정/상업용, 휴대용으로 구분되어 있다.

** 표 9-1 ▌ 연료전지의 개발 역사

구분(년)	내 용
1801	[연료전지의 발명] 영국의 데이비 경에 의해 연료전지의 원리가 발명
1839	[첫실험] 영국 과학자 윌리엄 · 로버트 · 클로브경이 연료전지의 발전 실험에 성공
1932	[실용화연구] 베이컨이 실용화의 연구를 개시
1952	[특허취득] 영국의 베이컨이 현재 연료전지의 원형이 되는 실험에 성공, 특허를 취득, 그 후 5kW의 발전 시험에도 성공
1958	[알칼리형의 실용화] 미국의 유나이티드에어 크레프트사가 베이컨의 특허권을 획득, 알칼리형 연료전지의 실용화에 성공
1965	[신용 제1호] 미국의 제미니 계획으로 제미니 5호에 연료전지가 탑재
1967	미국 TARGET 계획이 시작
1968	[미국 아폴로계획] 아폴로 계획에 연료전지가 채용
1969	아폴로우주선에 연료전지가 탑재
1972	[민생용의 개발시작] 미국 TARGET계획으로 정치용 인산형 연료전지의 개발이 시작, 12.5kW의 실증 실험을 실시
1981	[일본에서의 개발, 본격 시작] 일본 통산성(당시) 공업기술원이 문라이트 계획(Moon Light Plan)에 따라 연료전지의 개발을 개시
1992	[일본 필드테스트 사업] 인산형 연료전지에 대한 필드테스트를 실시, 일본의 누적 운전 대수는 209대
1993	[뉴선샤인 계획] 일본에서 뉴선샤인 계획이 시작
2000	[일본 밀레니엄 프로젝트] 소형 정치용 연료전지에 대해 국가프로젝트인 [밀레니엄 프로젝트]가 시작

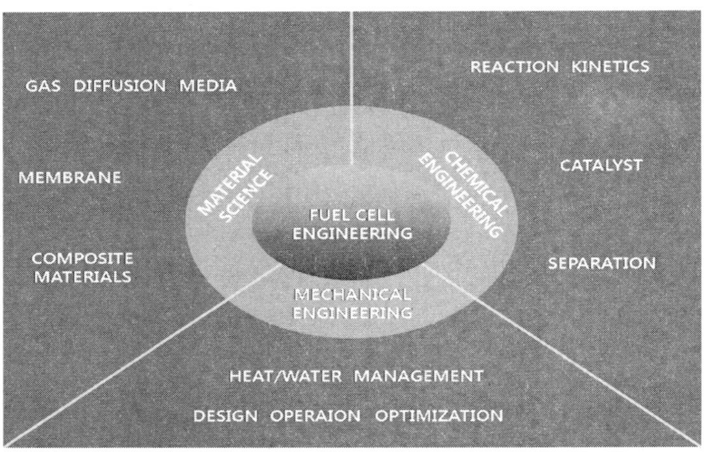

** 그림 9-1 ▌ 연료전지 관련 필요 기술(에너지 관리 공단, 2007)

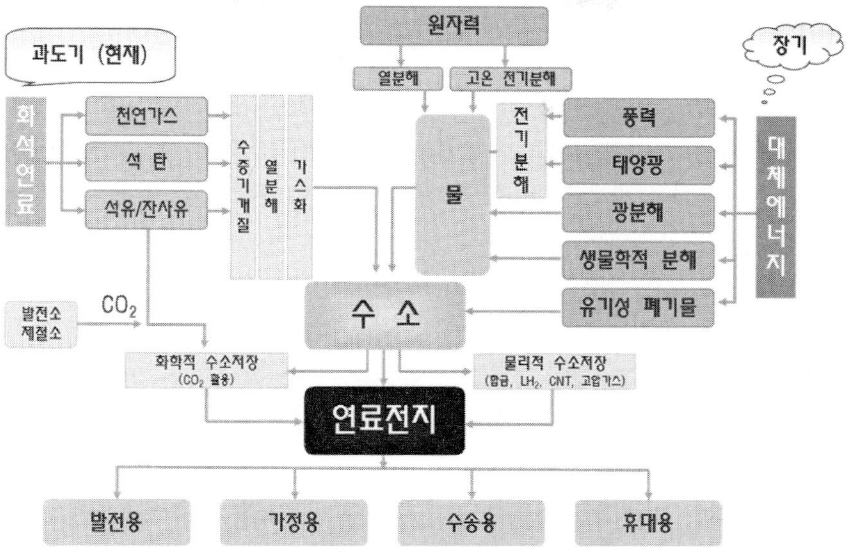

** 그림 9-2 ▌ 수소 경제와 연료전지(http://www.kemco.or.kr)

9.1.2 연료전지의 원리와 특징

물에 전기 에너지를 가하여 분해하면(전기 분해 반응), (−)극에서는 수소기체가, (+)에서는 산소기체가 발생한다. 이와는 반대로 그 수소분자 두 개와 산소 분자 한 개가 반응을 하게 되면 물 분자 두 개가 생성되는데, 이때, 단지 물만 만들어 지는 것이 아니라 에너지가 방출된다. 수소와 산소가 가지고 있던 에너지보다 물이 갖고 있는 에너지가 더 적기 때문에, 남은 에너지가 밖으로 나오게 되는 것인데, 연료전지는 바로 이 에너지를 전기로 전환하는 장치이다. 아래의 그림 9-3과 같이 연료극 (−)극에서 수소가 이온과 전자로 분리되어, 이온은 전해질을 통과하여 반대편으로 이동하여 산소극(+극)에서 산소를 만나 물을 만든다(산화−환원반응). 이때, 수소에서 떨어져 나온 전자는 밖의 전기회로를 돌면서 일을 하게 된다.

연료전지란 전기 화학 반응에 의한 화학 에너지로부터 직접 전기를 만들어내는 장치를 말하며, 그 중 PEM 연료전지는 고분자막(Polymer Membrane) 연료전지 또는 단순히 막형(Membrane) 연료전지라고도 한다. 초기(1960년대)에는 고체 고분자 전해질(Solid Polymer Electrolyte : SPE) 연료전지라 했다. 이 기술이 가장 주목을 끈 이유는 단순성, 실용성, 빠른 시동, 그리고 가능한 거의 모든 용용 분야에서 시험된 것이라는 사실 때문이다. PEM 연료전지의 핵심에는 독특한 성능을 가진 고분자막이 있다. 이 막은 기체는 통과시키지 않지만 양이온은 전도한다. 이 때문에 양이온 교환막이라 한다. 전해질로 작용하는 이 막을 전기전도성이 있는 두 다공질 전극 사이에 압착한다. 이러한 전극은 대개 탄소천, 즉 탄소섬유(Carbon Fiber Paper)로 만든다. 다공질 전극과 고분자막 사이의 계면에는 촉매 입자층이 있는데, 주로 탄소에 담지한 백금이다. 전기 화학 반응은 전해질과 막 사이의 계면에 있는 촉매 표면에서 일어난다. 막 한쪽에서 공급되는 수소는 두 기본 성분인 수소 이온과 전자로 분할된다. 수소 원자 하나는 전자 하나와 수소이온 하나로 되어있다. 수소이온은 막을 통해 이동하고, 전자는 전기 전도성 전극, 집전 장치, 외부회로를 통해 이동하는데, 여기에서 유용한 일을 하고 난 후 막의 다른 쪽으로 돌아간다. 이 전자는 막과 다른 전극 사이의 촉매에서 막을 통과한 수소 이온, 반대쪽에서 공급된 산소와 만난다. 전기화학 반응에 의해 생성되는 물은 과잉 산소 흐름에 의해 전지로부터 밀려나간다. 이러한 반응의 실질 결과는 외부회로를 통한 전자의 흐름, 즉 직류 전류이다. 연료전지의 수소쪽은 '−'로서 애노드(Anode)라하고 산소 쪽은 '+'로서 캐소드(Cathode)라 한다. 대개 하나의 셀(Cell)에서 1V 정도를 발생하므로 실용적 전압을 발생하려면 몇 개의 셀을 직렬 연결해야 한다. 용도에 따라서 출력 전압을 6~200V 또는 그 이상으로 할 수 있다.

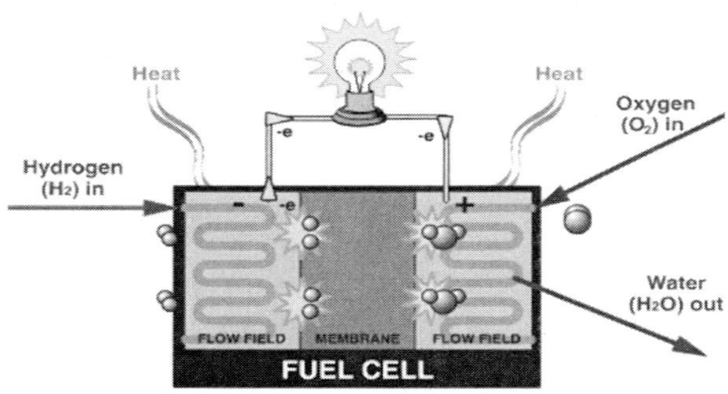

Anode : $H_2 \rightarrow 2H^+ + 2e^-$

Cathode : $1/2O_2 + 2H^+ + 2e^- \rightarrow H_2O$

Overall : $H_2 + 1/2O_2 \rightarrow H_2O$ + 전류 + 열

** 그림 9-3 ▌ PEM 연료전지의 작동원리(http://jeju.kier.re.kr)

9.1.3 연료전지의 장단점

연료전지의 장점을 들자면 전기 화학 반응으로 화학 에너지를 전력으로 변환하므로 화력발전과 같이 카르노 효율의 제약이 없으며, 전술한 바와 같이 특히 저온에서 원리적으로 높은 효율이 가능하다. 엔탈피의 감소분에서 깁스 에너지의 감소분을 공제한 나머지 부분은 열로 발생하므로 연료전지를 동작시키면 필연적으로 열이 발생

한다. 이상 열효율은 온도 상승과 더불어 낮아지는 경향을 갖지만, 반대로 카르노효율은 온도 상승과 더불어 향상되므로 고온에서는 연료전지의 효율보다도 카르노효율이 높아진다. 따라서 SOFC처럼 고온에서 동작하는 연료전지는 배출되는 열을 가스 터빈이나 증기 터빈에 도입함으로써 종합적으로 높은 발전효율을 실현할 수 있다. 이처럼 전력과 함께 필연적으로 열이 발생하므로 코제너레이션(Cogeneration : 열병합 발전)에 적합하다. 그리고 수소를 사용하기 때문에 배기가스를 배출하지 않으며 미반응 공기와 물을 배출할 뿐이다. 따라서 수송용뿐 아니라 실내용 및 잠수함용으로도 매력적이다. 그러나 수소는 직접 구할 수 있는 연료가 아니므로, 수소 발생 장치를 연료전지에 장착하거나, 수소 대신에 메탄올을 사용하면, 이산화탄소를 비롯한 배기가스가 발생한다. 하지만 일반적으로 이러한 배기가스는 재래식 에너지 변환 기술에 비하면 낮은 수준이다. 또한 일반 열 기관에서 볼 수 있는 가동 부분이 없으므로 공기 공급 블로어를 제외하면 진동이나 소리의 발생원이 거의 존재하지 않아 소음이 없다. 반응 생성물이 원리적으로 물 뿐이므로 출력당 CO_2가 작아 친환경적이다.

단점으로는 초기 설치 비용이 높은 점과 기술적인 문제점 등을 들 수 있겠다. 연료전지는 매우 작은 규모의 셀이 다수 집적된 구조를 하고 있으며, 셀이나 셀 스택에서는 화학 반응 외에도 열, 유체(연료나 공기), 전기 현상이 복잡하게 공존하므로, 높은 성능이나 내구성을 갖는 연료전지를 실현하기 위해서는 고도의 종합적인 과학적 식견과 기술이 필요하며 현존하는 발전, 동력 기관과 경쟁하기 위해 가격을 낮춰야 한다. 그리고 화석연료의 공급 및 저장 인프라를 바탕으로 한 현대사회에서 차츰 수소를 공급하기 위한 시설을 늘리고 있지만 아직 이를 보편화시키기엔 미흡하다는 점을 들 수 있겠다. 이 장단점을 아래의 표 9-2에 간략히 나타내 보았다.

** 표 9-2 ▌ 연료전지의 장단점 비교

장점	단점
높은 에너지 효율(40% 이상, CHP 경우 80% 이상) 환경오염이 적음 (NOx 및 SOx 무배출) 화석연료의 의존성이 적음 소음이 적음(기계적 Moving Part 부재) 이동이 자유로움(설치 장소의 제약이 적음) 폐열 활용이 가능함(열병합 발전)	초기 설치 비용의 경제성 문제 기술적 신뢰성 및 내구성 문제 수소 공급, 저장 등 인프라 구축 문제

9.2 연료전지의 종류

9.2.1 연료전지 종류별 특징

연료전지는 아래 표 9-3과 같이 전해질이 KOH인 경우 수 mW의 알칼리 연료전지, Proton Exchange Membrane인 경우 1~10kW의 고분자 전해질형 연료전지, 500W의 직접 메탄올 연료전지, 수 MW의 용융탄산염형 연료전지이며 H_3PO_4인 경우 200kW의 인산형 연료전지, 그리고 Solid Oxide $ZrO_2-Y_2O_3$인 경우 수 MW의 고체산화물형 연료전지로 나뉜다. 연료전지의 종류별 적용 분야로 그림 9-4와 같이 휴대용으로는 알칼리 연료전지와 직접 메탄올형 연료전지, 고분자전해질형 연료전지가 쓰이고 있으며 가정용, 수송용으로는 고분자 전해질형 연료전지와 고체산화물형 연료전지, 대형발전용으로는 용융탄산염형 연료전지와 고체산화물형 연료전지를 주로 사용한다.

** 표 9-3 ▌ 전해질에 따른 연료전지 구분

종류	전해질	동작 온도	촉매	용량	용도
알칼리 (AFC)	KOH	50~200℃	Pt, Ni	수mW	아폴로와 우주 왕복선 등 우주용으로 사용
고분자전해질형 (PEMFC)	Proton Exchange Membrane	30~100℃	Pt	1~10kW	자동차용, 모바일 기기용, 저출력 CHP 시스템
직접메탄올 (DMFC)	Proton Exchange Membrane	20~90℃	Pt-Ru	500W	저출력으로 장기간 이용하는 휴대용 전자 시스템에 적합
인산형 (PAFC)	H_3PO_4	약 220℃	Pt	200kW	다수의 200kW CHP 시스템에 사용 중
용융탄산염형 (MCFC)	Proton Exchange Membrane	약 650℃	Ni, LiNi	MW 이상	중~대규모 CHP 시스템 MW 용량까지 적합
고체산화물형 (SOFC)	Solid Oxide $ZrO_2-Y_2O_3$	500~1000℃	Ni	MW 이상	2kW~수 MW의 모든 크기의 CHP 시스템에 적합

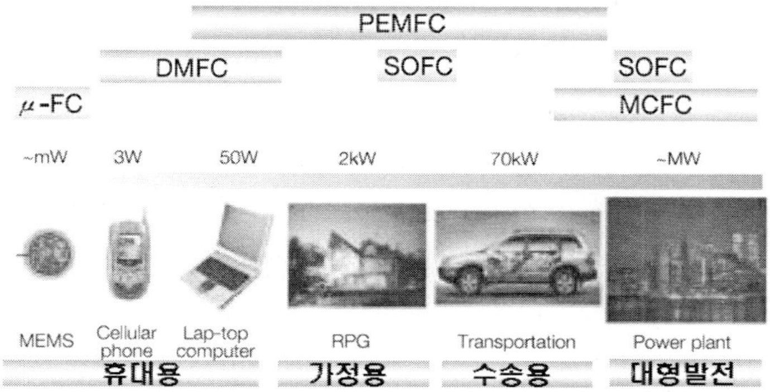

제품종류		용 량	연료전지				
			PAFC	MCFC	SOFC	PEMFC	DMFC
발전	대 형	수십 MW	○	●	●	○	○
	분산형	수십 kw - 수십 MW	●	●	●	●	○
	가정용	수 kw - 수십 kw	○	○	●	●	○
수 송		수 kw - 수백 kw	○	▲	●	●	○
휴 대		수백 W - 수 kw	○	○	●	●	●
		수 W - 수백 W	○	○	○	●	●

● : 적용 ▲ : 일부고려 ○ : 적용가능성 희박

** 그림 9-4 ▌ 연료전지의 응용 분야(에너지 관리 공단, 2004)

9.2.2 연료전지 종류별 원리

알칼리형 연료전지는 전해질로써 수산화칼륨과 같은 알칼리를 사용하며 그 원리는 그림 9-5와 같다. 연료로서 순수 수소를 쓰며, 산화제로써는 순수 산소를 쓰고 운전 온도는 대기압에서 60~120℃ 이다. Anode의 촉매는 니켈망에 은을 입힌 것 위에 백금-납을 사용하고, Cathode는 니켈망에 금을 입힌 것 위에 금-백금을 쓴다. 알칼리 연료전지의 고효율화의 기본적인 목적은 자동차 산업의 전원 공급용이다. 알칼리 연료전지는 알칼리가 이산화탄소에 민감하기 때문에 인산형 연료전지의 개발보다 늦게 개발되었다. 알칼리 연료전지 시스템에서 수소의 저장과 이산화탄소의 경제적인 제거는 알칼리 연료전지의 상업화에 가장 중요한 요소이다. 자동차의 경우에 알칼리 연료전지가 확보할 수 있는 시장 비율은 경쟁성 기술에 의하여 영향을 받을 것이다. 알칼리 연료전지 기술 전망은 수소 저장과 대규모 상업화를 시작하기 전에 유통망의 개량을 필요로 한다. 과학자들에 의하여 오랫동안 주장되어 온 수소를 기초한 미래 자동차의 경제성은 알칼리 연료전지의 상업화를 선호하게 될 것이다.

인산형 연료전지(Phosphoric Acid Ffuel Cell : PAFC)는 그 기술이 20년 이상

개발되고 개선되어 왔고, 전기 생산에 비교적 순수한 수소(70% 이상)를 요구한다. 원리는 그림 9-6과 같고 인산형 연료전지 내의 전극은 탄소 지지체의 표면적 위에 촉매로써 백금이나 백금 혼합물을 포함한다. 인산형 연료전지의 운전 온도는 약 200℃이다. 이것은 인산 전해질의 안정도를 위하여 허용하는 최대값이다. 이 기술로 현재까지 순수한 발전효율은 40~50% 정도이다. 이 수준보다 높은 효율을 갖기 위해서는 전지와 스택 구성품의 지속적인 개발에 의한 종합 시스템 제어에 의존하여야 한다. 일례로 인산형 연료전지의 반응이 발열 반응이므로 연료전지가 반응온도인 200℃로 유지함이 최적의 운전 조건이 된다. 따라서 연료전지 반응 시 반응열을 냉각시켜야 하며 이때 생성되는 반응열을 이용하면 효율을 70% 이상 높일 수 있다. 인산은 저온 연료전지를 위한 전해질로써 필요한 수명을 가진 그런 유일한 물질로 알려졌다. 이것이 낮은 이온 전도율을 가지고 있다 할지라도 이것의 안정도는 전류 상태를 증진시키는 전지 개발에 기여하였다. 인산형 연료전지 응용은 휴대용, 자동차용 및 고정용 전원을 포함한다.

용융 탄산염 연료전지(Molten Carbonate Fuel Cell : MCFC)의 전해질은 낮은 용융점을 가지는 탄화리튬과 탄화포타슘의 혼합물이다. 원리는 그림 9-7과 같고 전극은 다공성 니켈로 만드는데 전극의 부식성과 내구성은 아직 개발에 중요한 애로점이다. 용융탄산염형 기술의 산 또는 알칼리 연료전지 기술보다 뚜렷한 장점은 일산화탄소, 이산화탄소 및 수소에 대하여 내성이 있는 점이다. 이것은 일산화탄소와 이산화탄소를 분리하는 공정을 필요로 하는 다른 것들보다 초기 투자비가 낮고 시스템 설계가 매우 단순해지는 결과를 가져온다. 용융탄산염형 연료전지의 운전 온도는 약 650℃이고, 전지 스택의 열로 전지 내부의 탄화수소 기체의 개질을 허용한다. 내부 개질의 장점은 30% 또는 그 이상의 비용을 감소시킨다. 용융탄산염 연료전지를 상업화하기 전에 내구성과 신뢰도를 개량시킬 필요가 있다. 운전 온도가 높아 정상 운전 되는 동안 용융탄산염 전해질의 결핍과 증발로 인하여 양이 줄어들기 때문이다. 이것이 운전의 안정성과 현재 용융탄산염형 연료전지의 유효 수명의 제한점이다. 발전용으로써의 MCFC는 스택, 모듈 및 BOP로 구성되며, 현재 여러 종류의 연료전지들 중에서 기술적 성숙도와 경제성에서 상용화에 가장 근접한 기술로 평가된다. MCFC는 600℃ 이상의 고온에서 작동하기 때문에 백금 등 귀금속 전극물질을 사용하지 않고도 45% 이상의 발전효율 달성이 가능하며 천연가스 외에도 석탄, 석유, 매립지 가스, 하수처리 부생가스 등 다양한 연료의 사용이 가능하며 양질의 폐열을 활용한 열병합이 쉽다. 2012년의 발전의 MCFC는 분산발전용을 위주로 연간 약 2.6조원 규모의 시장이 형성되며, 이후 연간 35%의 성장률로 시장 규모의 증가가 예상된다. MCFC 개발 제품이 진입 가능한 대상 시장을 분산발전용, 산업용, 플랜트 연계형과 발전시장 외 무정전백업, 선박용등 대규모 잠재수요가 존재하며 그 시스템 구성은 그림 9-8과 같다.

고체산화물형 연료전지(Solid Oxide Fuel Cell : SOFC)의 특징은 탄화수소를 직접 전기로 변화시킬 수 있는데 있으며 원리는 그림 9-9와 같다. 전해질은 안정화된 산화이트늄으로 가스가 스며들지 않은 산 이온이 효율적으로 접촉하고 있는 얇은 산화지르코늄 층이다. Cathode는 안정된 산화이트늄으로 된 지르코늄으로 만들어졌고, Anode는 니켈-지르코늄 세라믹 합금으로 만들어졌다. 고체산화물형 연료전지의 가장 독특한 특성은 운전 온도는 약 1,000℃로써 매우 높다는 것이다. 이 온도에서는 수소와 일산화탄소의 전기 화학적 산화 반응이 일어나고 촉매없이 연료가 개질된다. 운전 온도 1,000℃에서 금속 재료의 적당한 열적-기계적 강도를 요구하기 때문에 가스 누출 방지가 가장 중요한 문제이다. 세라믹 재료 기술의 개발은 고체산화물형 연료전지가 상업적으로 발전을 시작하기 전에 필요한 기술이다. 고체산화물형 연료전지는 상업적으로 자동차 응용에 연구되어지고 있다. 자동차에 사용하기 위한 이 전지 기술의 모형화가 밧데리 전원 공급형 자동차가 아닌 전위 밀도를 요구하는 것과 접목시키는 것이 궁극적인 목적이다.

고분자 전해질형 연료전지(Polymer Electrolyte Membrane/Proton Exchange Memberane Fuel Cell : PEMFC)의 전해질은 액체가 아닌 고체 고분자 중합체(Membrane)로써 다른 연료전지와 구별된다. 원리는 그림 9-10과 같으며 인산형 및 알칼리형 연료전지 시스템과 비슷하게 맴브레인을 이용하는 연료전지는 촉매로써 백금을 사용한다. 맴브레인 연료전지의 개발 목표는 최소 1.5g/kW 의 백금 촉매를 쓰는 것이다. 이 백금 촉매는 일산화탄소에 의한 부식에 민감하므로 일산화탄소의 농도는 1,000ppm 이하로 유지하여야만 한다. 고분자 전해질형 연료전지 시스템의 소형화는 자동차 응용에 가장 중요한 역할을 한다. 개발 사업은 인산형 연료전지보다 약 10년이 뒤져 있지만, 인산형에 비해 저온에서 동작되며, 출력 밀도가 크므로 소형화가 가능하며, 기술이 인산형과 유사하여 응용 기술의 적용이 쉽기 때문에 현재는 고분자 전해질형 연료전지의 이용 규모가 적을지라도 상업화할 수 있다. 더욱이 현재 몇 개의 시범용 고분자 전해질형 연료전지의 전원에 의한 자동차는 실험 결과 우수성이 입증되어 더 많은 연구 계획을 진행 중에 있다.

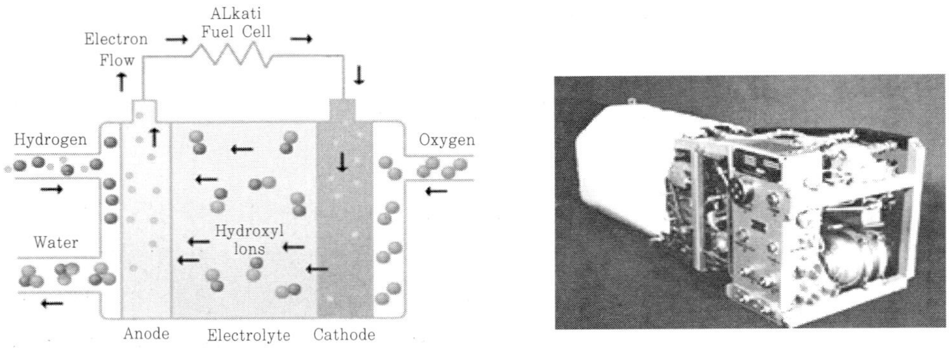

** 그림 9-5 ▌ 알칼리형 연료전지의 원리(좌) 및 UTC Power사의 AFC 시스템(우)
(http://nfcrc.kier.re.kr/info/fuel_2.asp#01)

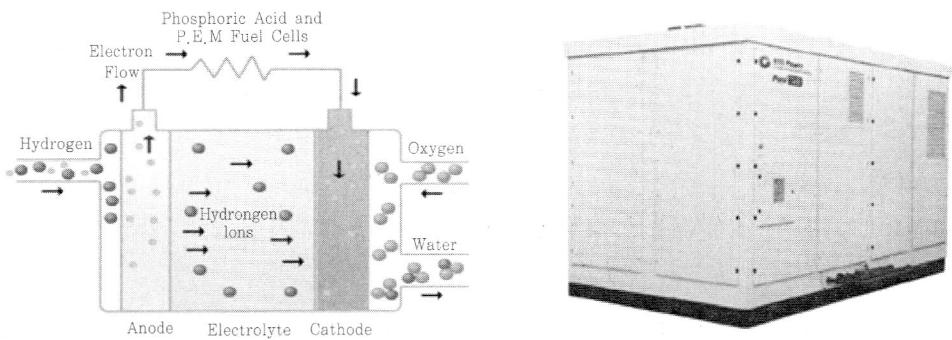

** 그림 9-6 ▌ 인산형 연료전지의 원리(좌) 및 UTC Power의 200kW급 PAFC(우)
(http://nfcrc.kier.re.kr/info/fuel_2.asp#01)

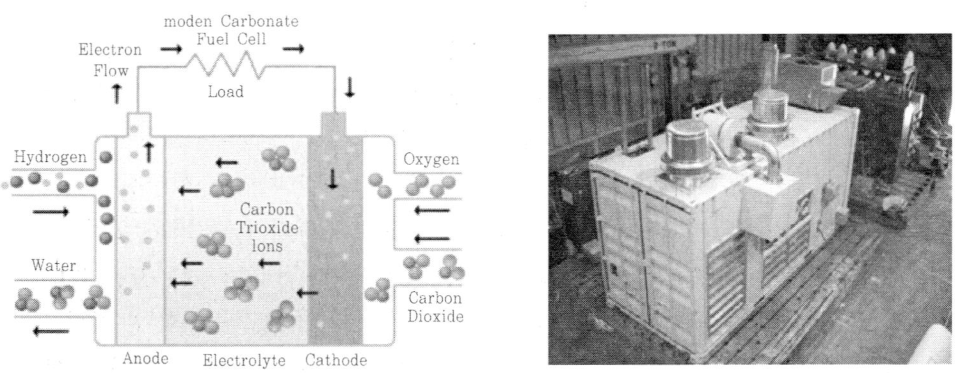

** 그림 9-7 ▌ 용융 탄산염 연료전지의 원리(좌) 및 FCE 사의 MCFC 발전 시스템(우)
(http://nfcrc.kier.re.kr/info/fuel_2.asp#01)

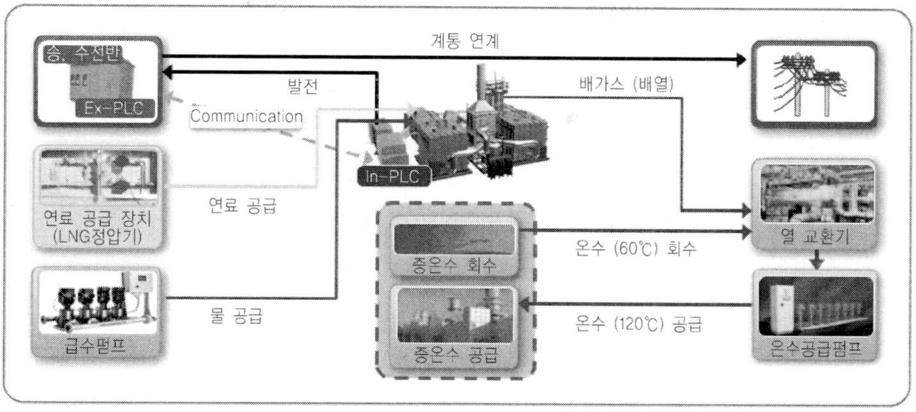

** 그림 9-8 ▌ 발전용 MCFC 연료전지 시스템의 구성(한국 에너지 기술평가원, 2009)

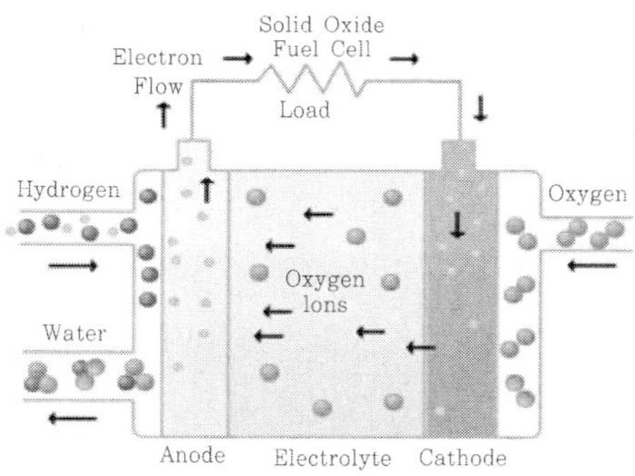

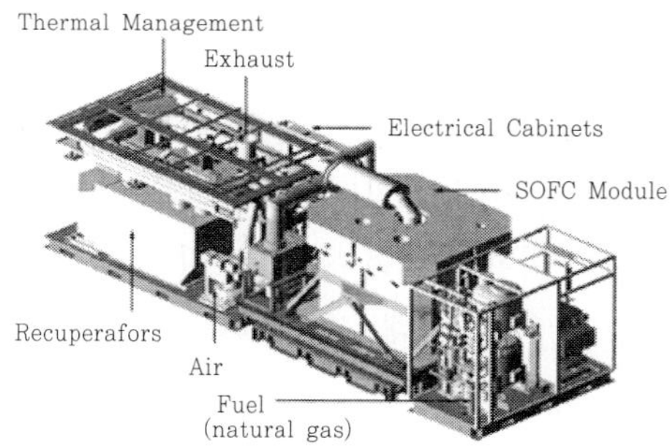

** 그림 9-9 ▌ 고체산화물형 연료전지의 원리(좌) 및 Siemens의 열병합발전용 SOFC 시스템(우)
(http://nfcrc.kier.re.kr/info/fuel_2.asp#01)

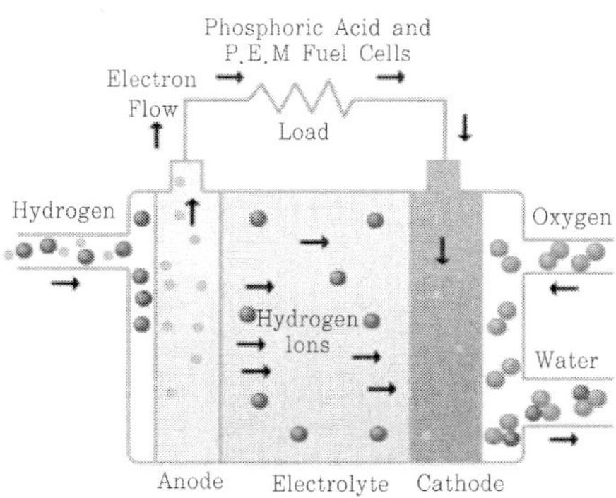

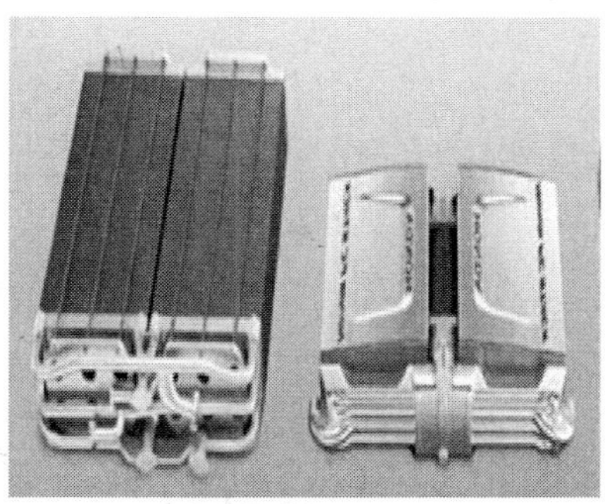

** 그림 9-10 ▌ 고분자 전해질형 연료전지의 원리(좌) 및 혼다의 PEMFC Stack(우)
(http://nfcrc.kier.re.kr/info/fuel_2.asp#01)

9.2.3 열병합 연료전지 시스템

연료전지는 연료에 포함되어 있는 수소와 산소의 전기 화학적 반응을 통해 연속적으로 전기와 열을 동시에 생산하기 때문에 열병합발전에 쉽다. 소용량화, 고효율화에 뛰어나고 환경친화적인 발전 설비로써 도시의 밀집지역에서의 배열 이용을 포함한 분산형 전원 시스템으로써 이용이 기대되고 있다. 특징으로는 온수와 수증기를 함께 발생하므로 열병합발전 시스템용의 경우에는 이들을 모두 이용하여 높은 에너지 이용효율을 기대할 수 있으며 회전형 원동기에 비하여 스케일 이점이 작기는 하나 소형으로 고효율을 실현할 수 있다. 발전 시스템의 크기는 거의 효율에 영향을 미치지 않으며 부분 부하에서의 효율 저하는 그다지 없는 편이다. 송풍기, 물 펌프 등과 같이 가동 부분을 갖는 것이 있으나 일반적으로 가동 부분이 없고 저소음이다. 그리고 환경오염물질의 배출이 적은데 에너지효율이 향상하는 만큼 이산화탄소의 배출량도 감소한다. 산화제로 공기를 사용하나 작동온도가 낮아서 질소산화물을 거의 발생시키지 않고 연료중의 황 화합물은 탈황기로 처리되므로 다른 발전기기에 비해 황산화물이 아주 적다. 연료전지로부터 얻어지는 전기는 직류로써 전지의 기전력은 반응에 의해 결정되는데, 전지의 기전력은 1V 전후이기 때문에 높은 전압을 얻기 위해서는 적층·직렬 접속할 필요가 있다. 전류는 전지에서 소비하는 물질(연료, 산화제)의 양에 의해 결정된다.

열전 가변형 소형 가스터빈은 높은 에너지 변환 효율을 가지는데 전기효율은 35% 이상, 총 효율 75% 이상이며 단위 주택이나 단위 건물용 주전원 및 열원으로 사용이 가능하고 저온열을 이용한다. 또한 전송 손실이 없고 환경친화적이라는 특징을 가지고 있다. 아래의 그림 9-11과 그림 9-12는 열병합발전의 개략도와 시스템 구성도를 나타낸 것이다.

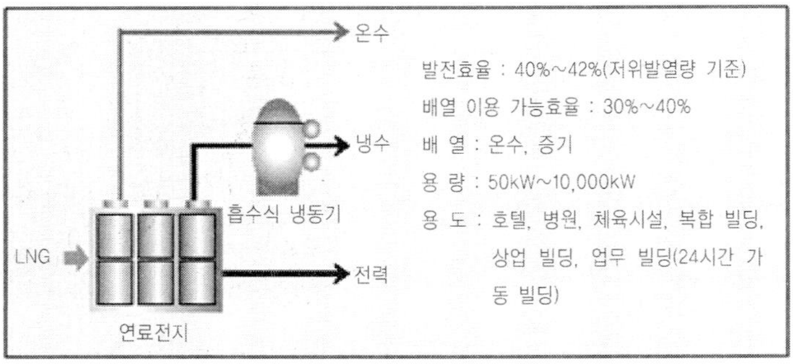

** 그림 9-11 ▎ 열병합발전의 개략도(이원용 외, 2010)

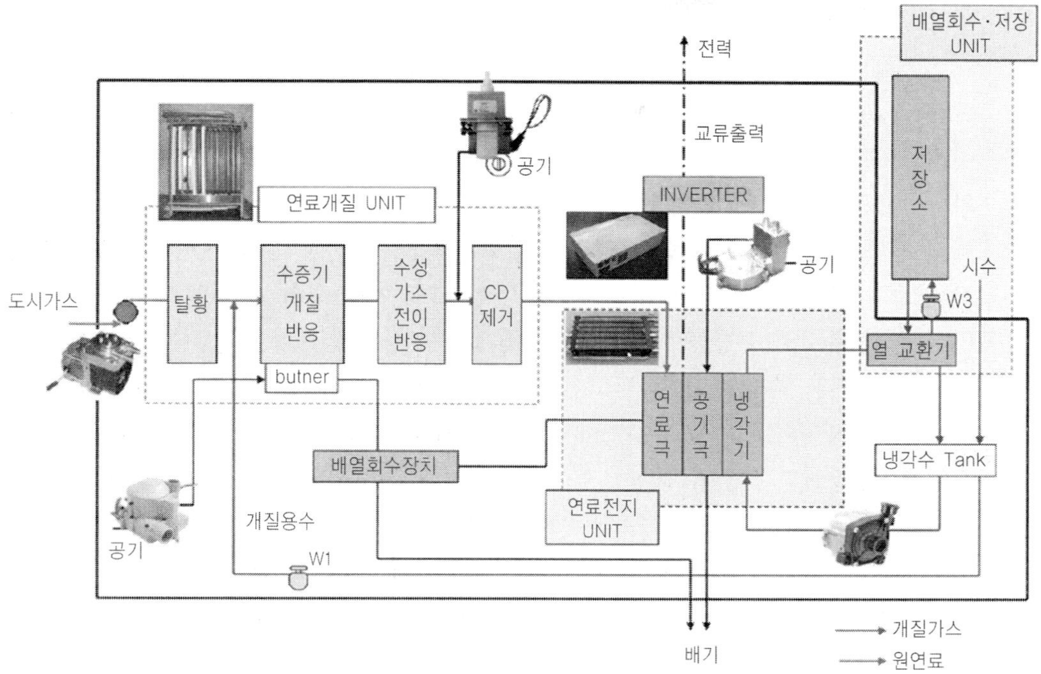

** 그림 9-12 ▌ 연료전지 코제너레이션 시스템 구성도(이원용 외, 2010)

9.3 연료전지의 시스템 구성요소

연료전지의 구성은 스택, 연료전지 운전 장치(BOP), 그리고 수소 저장 시스템으로 그림 9-13과 같이 크게 나뉜다. 우선 스택은 수소와 산소의 전기 화학 반응이 일어나는 부품으로 1V 내외의 전기를 생산하는 단위전지를 원하는 전압에 이르기까지 수백장을 적층한 차량의 구동에 필요한 전기를 생산하는 핵심부품으로 위 그림 9-14와 같이 다양한 부품들로 이루어져 있으며 단위 셀 구조는 그림 9-15에 나타나 있다. 연료전지의 핵심은 고분자 물질인 양이온 전도성 막인데 이 막의 양쪽에 다공질 전극이 있으며 전극은 다공질로 만들어서 후면에서 공급한 기상 반응물이 전극과 막의 계면, 즉 촉매층, 좀 더 정확하게는 촉매 표면에 도달해 전기 화학 반응이 일어날 수 있도록 한다. 기술적으로 촉매층은 제조 방법에 따라, 다공질 전극 부분일 수도 있고, 막 부분일 수도 있다. 두 전극 사이에 샌드위치처럼 막을 끼운 다층 복합체를 대게 막-전극 복합체(Membrane Electrode Assembly : MEA)라 한다. 이 MEA

는 다시 집전체 및 분리판 사이에 샌드위치처럼 끼운다.

집전체(Collector)는 전류를 모아 전도하고, 다중 셀(Multicell) 구조에서 분리판(Seperator)는 인접한 셀의 기체를 분리한다. 다중 셀 구조에서는 한 셀의 음극을 인접한 셀의 양극과 물리적/전기적으로 연결하므로 이극판(Bipolar Plate)이라고도 한다. 이극판은 반응 기체의 통로(흐름장, Flow Field)를 제공하는 동시에 셀의 구조적 강도를 제공한다. 또한 분리판은 연료극(Anode)와 공기극(Cathode) 표면에 각각 연료와 산화제를 균일하게 분포시킴과 동시에, 어떤 셀의 연료극으로부터 이웃한 셀의 공기 속으로 전류를 모아 흐르게 한다. 현재 가장 널리 사용되는 분리판의 재질은 흑연이다. 흑연은 전기 전도성이 좋고 기계 가공도 매우 쉬운 편이며 CNC 가공을 통해 자동화가 가능하지만 절삭에는 고가의 기계가 장시간 필요하다. 또한 취성이 강해 깨지기 쉬우며 완성된 분리판을 취급하는데 주의가 필요하며 조립이 어렵다. 이러한 흑연을 이용한 분리판의 제작 외에 금속분리판을 이용하는 방법에 관한 연구가 활발히 진행 중인데, 금속으로 분리판을 제작할 경우 제조 단가를 매우 낮출 수 있으며 연료전지의 부피와 무게도 크게 줄일 수 있다. 그러나 금속분리판은 연료전지 반응 중 부식이 일어나는 큰 단점이 있다.

개스켓은 금속이나 그 밖의 재료가 서로 접촉할 경우, 접촉 면에서 가스나 물이 새지 않도록 하기 위하여 끼워 넣는 패킹이다. 기체나 액체의 기밀성 유지와 판 사이에서의 절연성 유지 등을 위해 사용되어 지며 일반적으로 연료전지에서는 내화학성 유지를 위해 불소계 고무를 사용하거나, 성능이 개선된 실리콘 개스켓을 많이 사용하고 있다. 기체 확산층은 막 전극 접합체와 분리판 사이에 위치하며 물리적으로 촉매층을 지지하고 있으며 분리판의 유로를 통해 연료전지 내부로 유입된 유체를 촉매층에 전달하고 화학 반응으로 생긴 유체를 다시 분리판의 유로로 이동하게 하는 유체의 확산을 담당하고 있는 부분이며, 전기 화학 반응에 의해 발생한 전자를 분리판에 전달해 주는 기능을 한다. 이 때문에 기체 확산층은 높은 전기 전도도, 화학적 안정성, 다공성 등이 중요한 인자이며 주로 탄소종이, 탄소천, 탄소펠트 등으로 만들어진다. 기체 확산층은 약 50~90%의 기공율을 가진 다공성 물질이 사용되며, 반응기체 중에 포함되어 있는 수분이 기공을 막는 현상을 방지하기 위해 일반적으로 PTFE(Polytetrafluoroethylene)로 함침을 하게 되는데 너무 적은 양을 함침하게 될 경우 생성된 물의 제거가 어렵게 되며, 과량을 함침하게 되면 전도도의 저하가 발생하기 때문에 적절한 양을 함침해야 한다.

두 번째로 연료전지 운전 장치인 BOP는 스택이 원하는 상태로 운전될 수 있도록 수소와 공기를 공급해 주고 스택의 운전 조건을 조절해 주는 시스템이다. 이것은 공기 공급계, 수소 공급계, 열 및 물 관리계 등으로 구성되며 아래 그림 9-16과 같은 시스템으로 되어 있다. 마지막으로 수소 저장 시스템은 차량 내 수소를 저장하는 시스템으로 수소를 직접 저장하는 고압 소수 저장시스템, 액화수소 저장 시스템과 기타 수소 저장 물질을 사용하는 경우로 구분된다. 현재는 35MPa 또는 70MPa 의 고압수소를 저장하는 시스템이 차량에 적용되고 있으며, 고압 탱크와 각종 안전을 고려한 부품들, 그리고 고압의 수소를 스택에서 사용될 수 있도록 저압으로 강하시키는 압력 조절기 등의 부품들로 구성되며 수소 저장 기술은 다름의 그림 9-17에 나타나 있다.

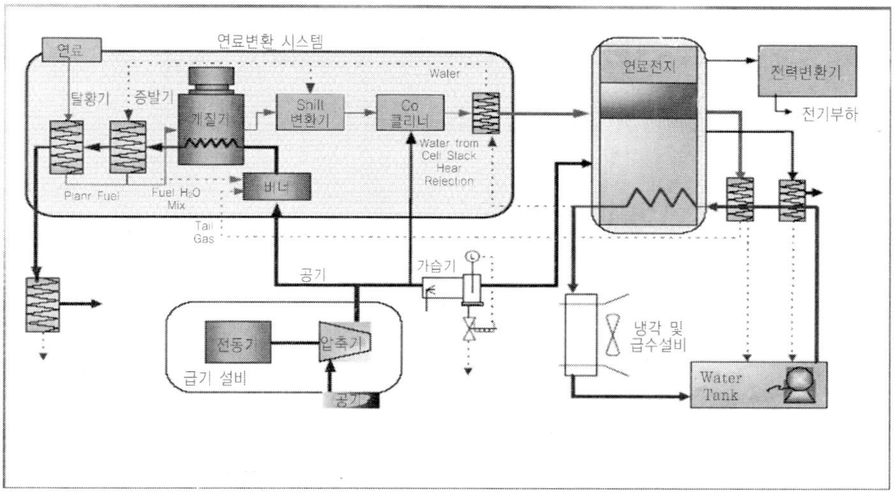

** 그림 9-13 ▌ 연료전지 시스템의 구성도

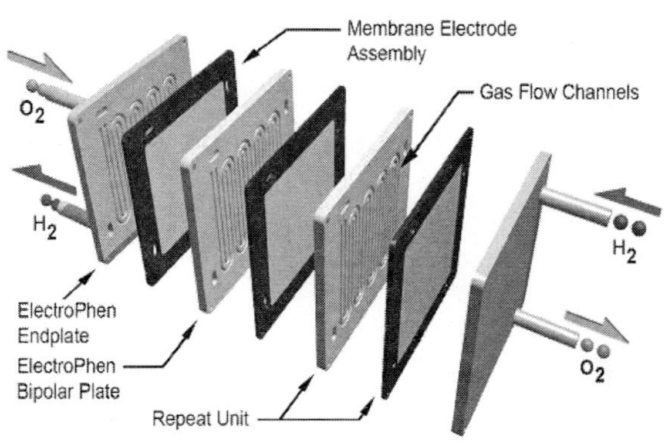

** 그림 9-14 ▌ 연료전지 스택의 구조(www.futureenergies.com)

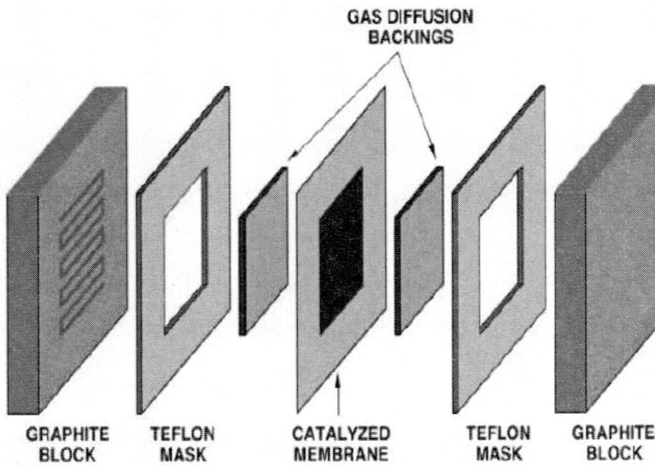

** 그림 9-15 ▌ 스택의 단위 셀 구조(www.capiweb.org)

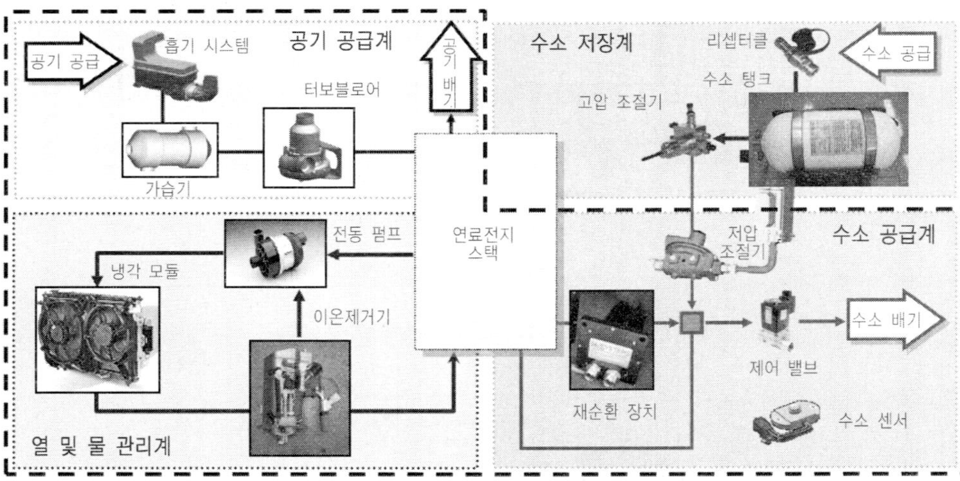

** 그림 9-16 ▌ 운전 장치 시스템의 Sub-시스템 및 주요 부품 구성(www.katech.re.kr)

구분 / 특징 / 원리	Hydrogen	고체상 수소저장 재료 (Solid State Absorbers)	Chemical Hydrides
	직접 저장	가역적 수소 흡/방출	비가역적 수소 방출 (남은 물질은 회수 필요)
액화 or 압축	- 액화수소 - 압축수소	 	
열분해 (Pyrolysis)	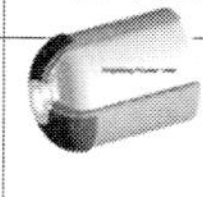	- Complexed Metal Hydride - Metal Hydride - Carbon 나노재료, MOF	- $3BH_3NH_3 \rightarrow B_3N_3H_6 + 6H_2$ - $2NH_3 \rightarrow N_2 + 3H_2$
탄화수소 개질 반응 **(Reforming)**		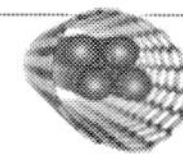	- $CH_4 + O_2 \rightarrow CO_2 + 2H_2$ - $H_xC_y + yO_2 \rightarrow yCO_2 + (x/2)H_2$ - $2CH_3OH + O_2 \rightarrow 2CO_2 + 4H_2$
가수 분해 **(Hydrolysis)**		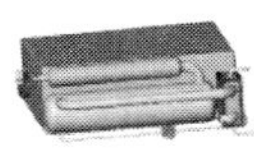	- $H_2O + NaH \rightarrow NaOH + H_2$ - $2H_2O + NaBH_4 \rightarrow NaBO_2 + 4H_2$ - $H_2O + Si \rightarrow SiO_2 + H_2$

** 그림 9-17 ‖ 수소 저장 기술의 분류(에너지 관리 공단, 2007)

9.4 국내외 동향

현대 사회에서는 분산발전이 점차 늘어나는 추세이다. 우선 분산발전의 종류 및 특징에 대해 그림 9-18에서 간략히 살펴보겠다. 전 세계 발전 시장의 흐름을 살펴보면, 신재생 에너지의 사용량이 확대됨에 따라 소규모 분산발전 방식의 수요가 확대되고 있다. 분산발전 방식에는 가스 터빈, 마이크로 터빈, 디젤 엔진, 연료전지, 태양광, 풍력발전 등이 있는데 이러한 여러 종류의 분산발전 방식을 비교하면, 가격측면에서는 가스 터빈, 엔진류의 발전 방식이 상대적으로 연료전지에 비해 저렴하나, 효율 및 친환경성 측면에서는 연료전지가 상대적으로 우수하다. 그러나, 현재의 기술개발 속도와 관련 기업들의 과감한 투자를 고려할 때 가격적인 측면에서도 향후 연료전지는 경쟁력을 확보할 것으로 예상된다. 우리나라의 경우에는 2013년부터 시작되는 '포스트 교토 의정서' 체제에서 온실가스 의무 감축 대상에 포함될 가능성이 높아 친환경발전 방식에 대한 요구는 더욱 강화될 것으로 보인다.

국내시장 동향으로 크게 건물용 연료전지와 분산발전용 연료전지에 대해 언급하겠다. 건물용 연료전지의 경우 국내 전력 시장 중 건물용 연료전지 적용 잠재 가구는 1,640만호이며, 2012년까지 1만호 시범 보급 사업으로 시장 진입이 시작되어,

2020년에는 200만호 이상으로 확대될 것으로 예상된다. 시장 형성 시 유관 산업인 부품, 소재, 유통 산업 등과 같은 다양한 산업의 동반 성장이 예상되는데 이들 관련 산업 유발 효과를 고려하면 2013년 누적 1조원 이상의 산업 유발 효과가 예상된다. 분산발전용 연료전지의 경우 포스코는 2008년 8.8MW 설비를 가동 중이며 2009년 22MW 설치 예정이고, 시장 규모로는 1,000억원에 이른다. 2015년 세계 2,500MW, 5조 9천억 원의 시장이 예상된다. 현재 선박용 연료전지 시장은 전무하나, 2016년 국제 해양 오염방지 조약(MARPOL 73/78)에 따라 NOx 규제가 시작되면 선박용 연료전지가 본격적으로 보급이 예상되며, 국내 조선 산업의 위상을 고려할 때 가능한 시장 규모는 4,000MW(보조전력)로 예상된다.

세계시장 동향으로 건물용 연료전지을 보면 1~수십kW급 건물용 연료전지 시장은 세계적 증가 추세를 이루고 있으며, 2007년까지 세계적으로 7,000대 설치를 돌파하였는데 일본이 80%, 미국이 15% 정도를 설치하였으며, PEMFC가 90%, SOFC가 10%이다. 또한 세계의 건물용 연료전지 시장 현황은 그림 9-19에 나타냈다. 유럽은 건물용 보일러 대체 시장으로 형성되고 있고 2010년 이후 아시아 다음의 최대 규모의 시장이 예상되며 독일 정부는 일본을 벤치마킹하여 건물용 연료전지 2,250기를 2012년까지 실증 평가를 할 계획이다. 일본의 건물용 연료전지 시장은 2009년 상용화 개시와 함께 2010년 회사별 연간 1만대 규모로 생산 계획 중이며, 유럽은 2012년 건물용 보일러를 대체한 연료전지 시스템의 양산 시작을 통해 2015년 연간 20만대 시장 판매를 목표로 한다. 일본은 1kW급, 북미 및 유럽은 5~10kW 시스템이 시장을 주도하였으며 2010년 이후 건물용 연료전지 시장의 급속한 성장과 함께 북미와 일본에 2015년 1,000MW, 2020년 3,200MW 이상의 건물용 연료전지 시장의 형성이 예상되었으며 북미와 일본의 건물용 연료전지 시장의 전망은 그림 9-20에 나타내었다. 분산발전용 연료전지를 보면 수백 kW~10MW 급의 연료전지 분산발전 시장은 사업화 초기 단계이므로 시장 예측이 예측 기관에 따라 편차가 매우 크지만, 비교적 중간 정도의 예상치를 제시한 ADL(Arthur D. Little)사와 WADE(World Aliance for Decentralized Energy)사의 시장 규모 예측은 그림 9-21에 나타내었다. 수백kW 에서 10MW 급 분산형 전원의 경우 시장 성장 가능성이 매우 밝으며, 2010년까지 신설 전원의 20%를 분산형 전원으로 대체하면 1년에 약 10GW 규모의 시장이 형성될 것으로 예측된다. 세계적으로 분산발전 연료전지 시장은 2005년 0.11GW 에서 2010년까지 20GW, 2020년까지 96GW로 성장할 것으로 예측된다. 발전용 연료전지 시장 규모 및 기관별 발전용 연료전지 시장의 규모는 표 9-4에 나타내었으며 전체 전력 용량 대비 분산발전형 용량 전망을 예상해보면 2010년에는 4.135GWe의 발전량 중 414GWe 발전량이 분산발전으로 얻어지며, 시장 점유율은 10%에 이를 것이다. 또한 2020년의 경우 총 5,241GWe의 발전량 중 681GWe 발전량이 분산발전으로 얻어지며 시장 점유율은 13% 정도를 차지하며 2015년 총 분산발전량은 505GWe이며 이중 연료전지 발전량은 46GWe로써 전체 분산 발전량의 약 10% 정도를 차지한다.

선박용, UPS, 물류용 등의 파생 시장은 선박의 경우 기존 디젤발전기의 낮은 발전효율, 환경오염원 방출 및 소음 발생으로 차세대 발전 시스템의 필요성이 증대되고 있으며 전 세계 선박용 보조 전원 시장의 규모는 연간 7,581MW 정도이고 세계 선박용 전원 시장의 규모는 그림 9-22에 나타내었다. 전 세계 무정전 연료전지 발전 시스템 시장은 작년 한해 35% 상승했으며, 국내 시장 규모는 5GW 이상으로 전체 발전량의 10%로 추정된다. 미국의 IDC(Internet Database Center)용 UPS 시장의 경우 60GW 규모로 경제성보다는 신뢰성 확보를 위한 기술 개발이 필요하다. IT 산업의 발전 및 단전 비용의 증대, 고품질 전력 요구의 증대에 따라 UPS 시장이 지속적으로 성장하고 있으며 연 10% 내외의 높은 성장률과 함께, 2010년 3,200만대의 시장이 형성될 것으로 예측된다. 조기 산업화를 실행하여 UPS 시장 중 1% 점유율을 목표 시, 2012년 최소 30만대의 수출 시장 확보가 가능하다. 세계 UPS 시장 분석을 그림 9-22에 나타내었으며 소형선박, 비행체, 캠퍼, 요트 등 레저용 보조 전원(APU)은 친환경, 저소음, 늘어난 작동 시간으로 고가의 보조 전원 장치로 응용되기 시작하고 있으며 연도별 100% 이상의 시장 성장을 이루고 있다. 물류 운반용 Forklift는 긴 작동시간, 친환경, 충전 시간의 감소 등의 장점으로 상업적 판매가 이루어지고 있으며 주로 북미와 EU 지역에서 시장 전개가 이루어진다.

** 표 9-4 ▌ 발전용 연료전지 시장 규모 및 기관별 발전용 연료전지 시장 규모(한국 에너지 기술 평가원, 2009)

연도	2000	2005	2010	2015	2020	2025	2030	Ref
전 세계 발전 용량(GWe)	3,250	3,672	4,135	4,655	5,241	5,752	6,473	1
분산발전 용량(GWe)	228	312	414	535	681	892	1,186	1
비율(%)	7	8.5	10	11.5	13	15.5	18.3	1
분산발전용 FC비율(%)	–	–	2~3	7~10	17~20	23~26	28~30	2
분산발전용 FC용량(GWe)	–	–	8.3~12.4	37.5~53.5	115.2~136.2	205.2~231.9	332.1~355.8	2
평균(GWe)	–	–	10.4	45.5	126	218.6	344	2

** 표 9-5 ▌ 연료전지의 국내외 적용 사례

구분	제조회사	적용 대상 / 기업	제품 성능
국내	포스코파워주식회사 (www.poscopower.co.kr)	포항 연료전지 공장, 전주과학산업단지, 군산 페이퍼코리아 공장	2.4MW 급 발전 전기효율 : 47%, 열병합효율 : 최대 90% 설치 면적 : 100평
	퓨얼셀파워 (www.fuelcellpower.co.kr)	COEX, 경남에너지, 경남테크노파크, 경동도시가스, 과천시청, 대한도시가스, 서울대학교, 한국에너지기술연구원, 한국가스안전공사 등	1kW 급 발전 크기 : 80cm × 65cm × 185cm 발전효율 : 34% 열회수효율 : 50% 총효율 : 84% 급탕 능력 : 25,000kcal/hr 설치 면적 : 0.56m^2(0.17평)
	현대·기아자동차 (www.hyundai.com)	투싼 자동차	100kW급 연료전지 스택 항속거리 : 355km 최고 속도 : 152kph 연비 : 26km/l
국외	후지전기 (www.hujielectric.co.kr)	야마가타시 정화 센터	100kW PAFC 발전기 2대 발전효율 : 38% 열효율 : 49% 종합효율 : 87%
	간사이 발전소	록코의 신에너지 센터	200kW PAFC발전기
	신니혼석유	간토(關東)권 10개 현	발전용량 : 750W 발전효율 : 34% 열회수효율 : 76% 가정 사용 전기량의 70% 공급
	GM (www.gmdaewoo.co.kr)	승용차 EV-1	연료 : 메탄올 출력용량 : 100kW 주행거리 : 500km

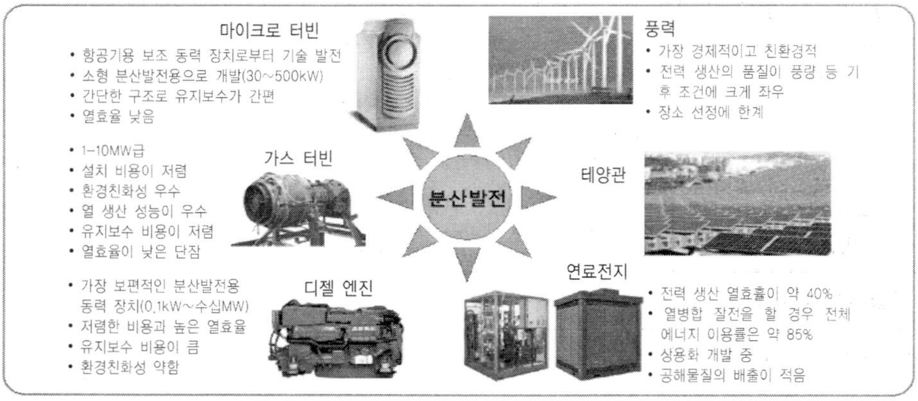

** 그림 9-18 ▌ 분산발전의 종류 및 특징(한국 에너지 기술평가원, 2009)

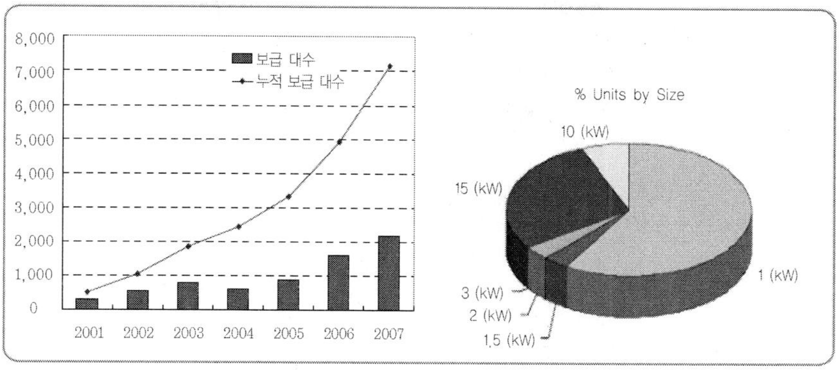

** 그림 9-19 ▌ 세계 건물용 연료전지 시장 현황(한국 에너지 기술평가원, 2009)

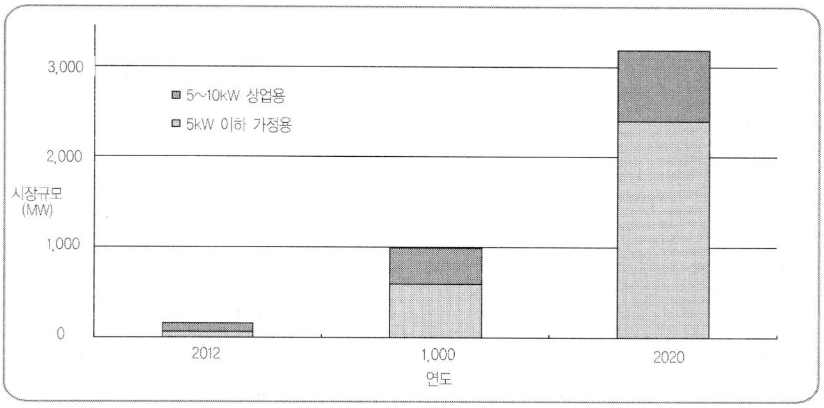

** 그림 9-20 ▌ 북미, 일본의 건물용 연료전지 시장 전망(한국 에너지 기술평가원, 2009)

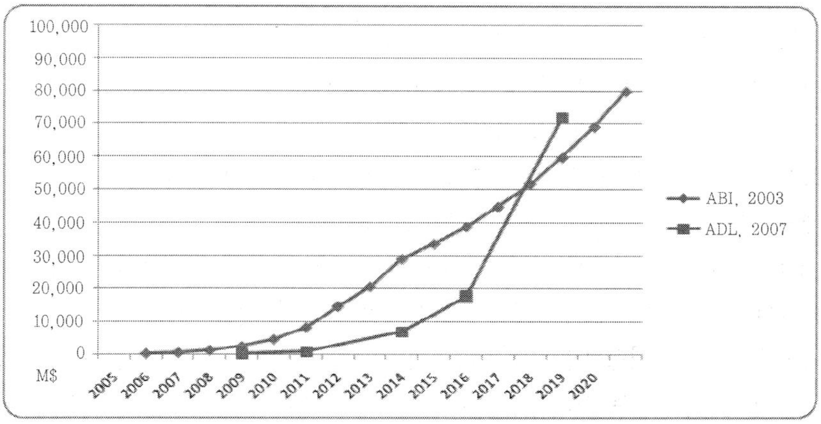

** 그림 9-21 ▌ 발전용 연료전지 세계 시장 규모 예측(한국 에너지 기술평가원, 2009)

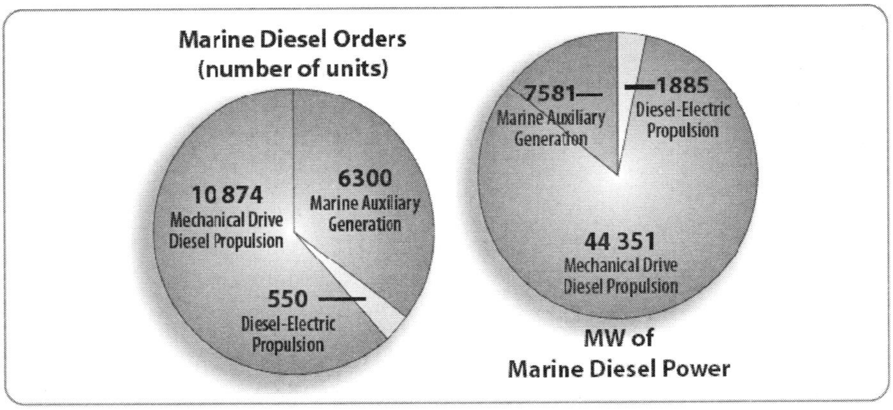

** 그림 9-22 ▌ 세계 선박용 전원 시장(한국 에너지 기술평가원, 2009)

9.5 기본 설계

9.5.1 연료전지 스택의 설계 및 성능 평가

그림 9-23은 연료전지 스택을 설계 및 제작, 평가하기 위한 업무 흐름도이다. 목표로하는 연료전지 시스템의 사양이 결정되면 이로부터 시스템에서 요구하는 스택의 사양을 결정할 수 있다. 스택에서 발생되어야 할 전압, 전류 등을 확인하고, 시스템에서의 스택의 운전 조건을 결정하여야 한다. 이를 통해 스택의 셀 수 및 면접이 결정되며, 부가적으로 가습기 및 인버터의 사양과 필요한 BOP(Balance Of Plant)의 사양이 결정되어진다. 이 과정에서 스택의 효율이 결정되며, 이를 구현할 수 있도록 분리판을 설계하고, 적합한 MEA를 선정한다. 특히 Inverter 및 각종 BOP들은 Stack과 밀접한 연관이 있으며, 또한 기생 전력 등으로 시스템 효율에 직접적인 영향을 미치므로 충분한 검토를 통해 스택 및 기타 부품의 사양을 결정하여야 한다. Stack의 출력, 전압, 전류 등이 결정되면 이에 맞는 Active Area(유효 면적 또는 전극 면적)와 적층해야 할 Cell 수가 결정된다. 전극 면적은 시스템에서 요구되는 Stack의 전체 크기에 부합되어야 하며, 분리판에서 차지하는 전극의 유효 면적을 가급적 크게 하기 위한 방안이 함께 도출되어야 한다. 유효 면적을 늘리게 되면 적은 적층을 통해 큰 출력을 얻을 수 있는 장점이 있으나, 낮은 전압은 인버터 효율의 저하요인으로 작용할 수 있기 때문에 인버터 효율과의 연관성을 고려해야 하며, 높은 전압을 위해 셀 수를 증가시키게 되면 많은 수의 Repeated Part로 인한 가격 증가

로 이어지므로 어떠한 설계가 연료전지 시스템의 구현에 더욱 효율적인지 확인하여 결정해야 한다. 또한, 연료전지 시스템의 구현 방식에 따라 스택의 운전 조건을 확정하여야 하며, 이에 따라 가습기의 사양이나 특성을 결정하고 이에 적합한 가습 방식 및 가습기를 채택하여야 한다.

화학 반응이 발생하는 촉매층의 온도가 가장 높고 냉각판 사이에 여러 셀이 위치할 경우에는 중간 셀의 온도가 가장 높은데 양 끝 셀의 온도가 가장 낮다. 냉각판과의 거리가 가까울수록 온도가 낮아지고 냉각판 사이의 셀 수를 줄임으로써 온도 차를 줄일 수 있다는 것을 그림 9-24에서 볼 수 있다. 냉각수의 저온 운전 영역에서 Fluctuation이 발생(Water Flooding)이 일어나며 45~75℃에서 가장 안정적 출력을 내는 것과 열제거량 0.4~0.6W/cm^2 범위에서 안정적인 출력을 보이는 것을 그림 9-25에서 볼 수 있는데 이를 고려하여 스택을 설계해야 한다. 유효면적이 결정되면 분리판에 대한 Drawing을 실시하게 된다. 이때 가장 중요한 것은 Flow pattern에 대해 결정하여야 한다. Flow Pattern은 일반적으로 크게 4가지로 나누게 되는데, 평행 Type(Parallel Type), 사행 Type(Serpentine Type), 평행-사행 혼합 Type (Parallel-Serpentine Hybrid Type), 회전 Type(Spiral Type)이다. 가장 이상적인 설계로는 기체(Fuel and Oxidant Gas)가 각 채널에 균일하게 분배되고 일정한 압력 강하를 통해 적절한 Gas를 공급함은 물론, 생성되는 수분에 대한 배출이 원활하게 이루어져야 한다. 유로 패턴의 결정을 위해서는 다양한 형태의 유로를 설계하고 이를 CFD(Computational Fluid Dynamics) Simulation을 통해 유체의 흐름을 미리 확인하여, 실제 운전 상황에서 가장 적합한 유로 방식을 채택하여야 한다. 다양한 CFD Simulation을 통해 실제 스택 제작과 평가에 소요되는 경비나 시간을 절감할 수 있다. 또한 각 셀간의 일정한 기체 분포를 위해서는 Manifold의 크기와 입구의 Design, Port Size, Distributer에 대한 영향도 고려하여야 하며, 이런 모든 잠재적 고장 형태를 파악하기 위해서 아래의 그림 9-24와 같이 CFD Tool을 적극 사용하여 검증한다. 또한 실제 실험을 통해 CFD 해석의 정확성을 확인하고 검증하는 작업을 반복적으로 실시하여야 한다.

선정한 유효 면적과 셀 수에 변수를 Manifold의 사이즈로 두어 Manifold 내부에서의 유동 현상을 확인한 다음 그 결과를 통해 셀 스택의 가스 유입 Manifold 사이즈를 결정하여 Sub-Stack을 제작한다. MEA의 설계와 검증을 위해서는 촉매, 전해질, 기체확산층 등의 다양한 물성을 파악하고, 이러한 물성들이 MEA의 성능에 어떠한 방식으로 영향을 미치는가를 확인하여, 안정적이고 우수한 성능을 발휘할 수 있도록 설계가 진행되어야 한다. 설계된 MEA는 단위전지 평가를 통해 성능, 특성, 수명 등을 확인하고, 다시 대면적 Sub-Stack에서 유로에 의한 영향의 검증 작업을 실시한다. Sub-Stack 평가를 통하여 대면적 MEA에 대한 검증을 물론, Flow Field에 대한 적합성 확인, 설계된 Stack의 예상 성능과 비교, 분석하여 최종 설계를 확정하게 된다. 즉, 일반적으로 일컫는 Stack 설계는 Drawing을 통한 도면 구현뿐만이 아니라 Sub-Stack Test를 통해 얻는 성능 Data의 확보를 의미하며, 이에 대한 검증은 CFD 해석 및 Unit Cell, Sub-Stack 평가를 통해 이루어진다. 또한 문제가 발견되는 부분에 대해서는 지속적인 설계 최적화를 통해 확인함으로써 가장 우수한 성능에 도달할 수 있도록 제반 조건을 확정지어지는 작업을 의미하는 것이기도 하다. 또한 단위전지 평가나 Sub-Stack 평가에서는 연료전지 시스템에 맞추어 모의 개질가스 등을 투입하여 개질가스에 대한 영향평가를 확인하여야 한다. 모의 개질 가스는 수소, 이산화탄소, 메탄, 질소, 일산화탄소 등의 혼합가스를 조성에 따라 사용하게 된다. 또한 장기 운전 실험을 통해 장기 운전 시 발생하는 촉매층의 열화 현상, 전해질에서 술폰산기의 이탈에 따른 전해질 특성 저하, 기체확산층의 발수 처리 물질의 함량 감소로 인한 발수성 감소, 분리판에서의 함침액 누설에 따른 수소투과도 증가 등 다양한 문제점들에 대한 현상을 규명하며, 이에 대한 보완 및 대책을 찾아 개선시켜야 한다. 즉, Full Scale Stack을 제작하고, 운전했을 되는 문제점을 발견, 도출하여 보완함으로써, 실제 Full Scale Stack에서는 이러한 문제점들의 발생이 최소가 될 수 있도록 하는 것이 스택의 설계와 제작 및 평가 과정에서 이루어져야 한다. 활성면적 등 여러 변수에 의해 1kW당 필요한 셀의 수는 달라지겠지만 530cm^{2}을 기준으로 잡았을 때 기본 사양을 표 9-6에 나타내었으며 추가로 건물용 연료전지로 쓰이는 PEMFC에서의 기술들을 표 9-7에 나열해 보았다.

연료전지 스택의 성능 평가는 분리판, MEA, End Plate, 그리고 Current Collector 등의 부품들이 스택어로 조합되었을 때 어떠한 특성을 나타내는지를 확인하는 작업을 의미한다. 분리판의 경우 그 소재의 종류(흑연분리판, 탄소복합체 분리판, 금속분리판)에 따른 소재의 물성 평가 및 스택 제작 후의 특성 평가, 유로 설계에 따른 성능 평가, 운전조건에 따른 성능 평가 등이 기본으로 수행되어야 한다. 성능 평가는 매우 다양한 방법으로 진행될 수 있는데, 특히 중요하다고 판단되는 평가 항목에는 분리판의 종류에 따른 성능 평가, 운전 조건에 따른 성능 평가, 장기 수명 평가 및 시스템의 적용 스택의 성능 평가를 예로 들 수 있다. 분리판의 종류에 따라 그 강도와 전기비저항이 각각 차이를 보일 것인데 우선 강도 측면에서는 강하게 체결된 연료전지 스택을 장시간 운전하게 되면 소재가 약할 경우 분리판에 형성시킨 Flow Field의 단면적이 부분적으로 변동될 수 있는 여지를 발생시킬 수 있고 전기비저항의 경우 xy 방향과 z 방향의 전기 전도도의 정도에 따라 성능의 차이가 발생하기 때문에 이들을 서로 비교해 봄으로써 최적의 분리판 소재를 선택하여야 한다. 또한 스택은 운전온도와 공급되는 연료 및 공기의 가습 정도에 따라 성능뿐만이 아니라 수명에도 큰 영향을 미친다. 이에 스택으로 공급되는 기체의 온도 및 습도에 따른 스택의 성능 평가를 수행하여야 하며 스택의 수천 시간의 가동 시간 후의 성능의 평가 정도인 장기 내구성 또한 고려해야 한다.

** 표 9-6 ‖ 활성 면적 530cm^{2}인 경우에서의 기본 스택 사양

구분	비고
연료전지 종류	고분자 전해질형 연료전지
셀 전압(Volt)	0.6~0.8
정격 출력 1kW당 셀 개수 (기준 : 활성면적 530cm^2)	3.5장

** 표 9-7 ‖ 건물용 연료전지(PEMFC)의 기술 분류

기술군	시스템	모듈	부품 소재
Cell Stack	발전 모듈	MEA 부품	고분자 전 해질막 전극촉매 카본페이퍼
		분리판 및 실링 부품	카본 및 금속계 소개 분리판, 고분자 Gasket
연료 변환 부문	연료 변환 시스템	탈황 모듈	탈황 촉매
		연료개질 모듈	개질용 촉매, 반응기
		CO 변성 모듈	CO 변성 촉매, 반응기
		CO 제거모듈	CO 제거 촉매, 반응기
전장	전력 변환 시스템	DC-DC 컨버터	고효율 부품 및 설계
		DC-AC 인버터	고효율 부품 및 설계
	제어 운전 시스템	센싱, 운전 제어 모듈	센서, 제어장치
보조기기	보조 기기 시스템	구동 모듈	송풍기 및 펌프
		열 교환기	고성능 열 교환기
		수처리 장치	이온 교환수지
		공기처리 장치	불순물 제거 필터

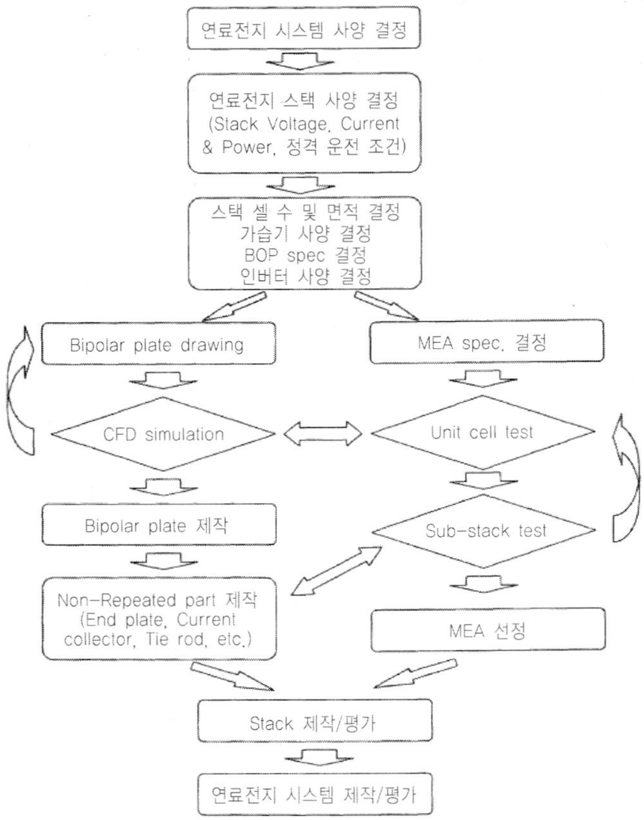

** 그림 9-23 ▌ 연료전지 스택의 설계 흐름도(황정태 외, 2006)

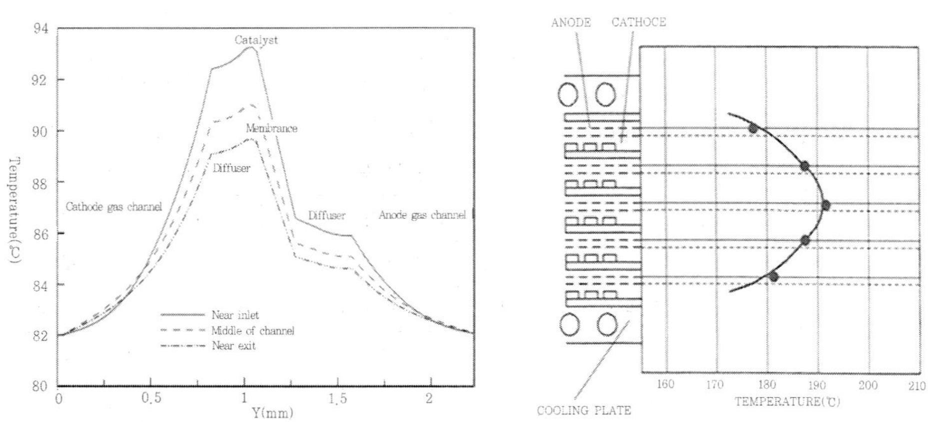

** 그림 9-24 ▌ 전산 해석에 의한 PEMFC 내부의 온도 분포와 냉각 유로와의 거리에 따른 연료전지 Stack의 온도 분포

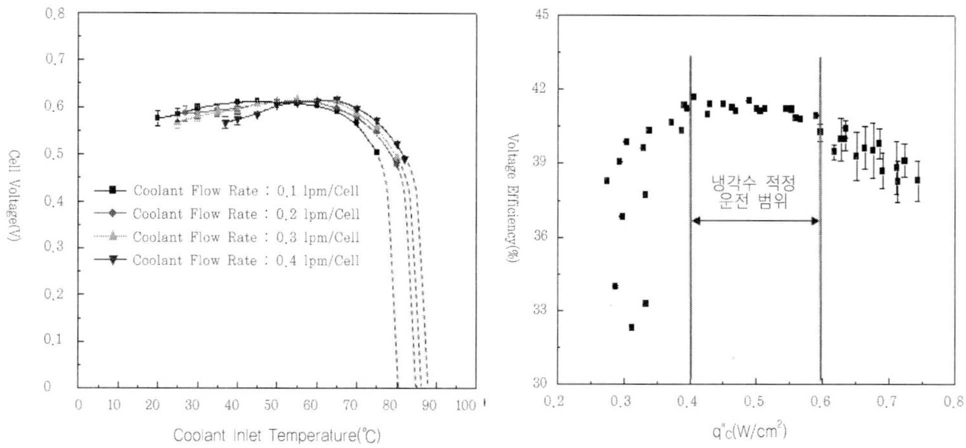

** 그림 9-25 ▌ 냉각수 운전에 따른 출력 특성 분석(정성일 외, 2008)

9.5.2 연료전지의 경제성 분석

연료전지 스택의 성능 평가는 분리판, MEA, End Plate, 그리고 Current Collector 등의 부품들이 스택어로 조합되었을 때 어떠한 특성을 나타내는지를 확인하는 작업을 의미한다. 분리판의 경우 그 소재의 종류(흑연분리판, 탄소복합체 분리판, 금속분리판)에 따른 소재의 물성 평가 및 스택 제작 후의 특성 평가, 유로 설계에 따른 성능 평가, 운전 조건에 따른 성능 평가 등이 기본으로 수행되어야 한다. 성능 평가는 매우 다양한 방법으로 진행될 수 있는데, 특히 중요하다고 판단되는 평가 항목에는 분리판의 종류에 따른 성능 평가, 운전 조건에 따른 성능 평가, 장기수명평가 및 시스템의 적용 스택의 성능 평가를 예로 들 수 있다. 분리판의 종류에 따라 그 강도와 전기비저항이 각각 차이를 보일 것인데 우선 강도 측면에서는 강하게 체결된 연료전지 스택을 장시간 운전하게 되면 소재가 약할 경우 분리판에 형성시킨 Flow Field의 단면적이 부분적으로 변동될 수 있는 여지를 발생시킬 수 있고 전기비저항의 경우 xy 방향과 z 방향의 전기 전도도의 정도에 따라 성능의 차이가 발생하기 때문에 이들을 서로 비교해 봄으로써 최적의 분리판 소재를 선택하여야 한다. 또한 스택은 운전 온도와 공급되는 연료 및 공기의 가습 정도에 따라 성능뿐만이 아니라 수명에도 큰 영향을 미친다. 이에 스택으로 공급되는 기체의 온도 및 습도에 따른 스택의 성능 평가를 수행하여야 하며 스택의 수천 시간의 가동 시간 후의 성능의 평가 정도인 장기 내구성 또한 고려해야 한다.

현재 연료전지는 상용화 이전의 단계이기 때문에 각 구성품에 대한 단가가 높은 편이며 Stack 또한 높은 가격대를 차지하고 있다. 투자회수 기간을 구할 때 고정비용의 값이 크므로 투자회수 기간이 연간이익에 비해 큰 수치로 나타날 것이다. 여기서 투자회수 기간은 고정 비용을 연간 이익으로 나눈 것으로써 연간 이익은 전기 및 열 부하에 대한 사용 비용에서 연료전지를 운전하였을 때 사용되는 운전 비용을 비교한 값이다. 그리고 연료전지 시스템의 수명을 10년으로 보고 계산을 하여야 하며 Stack은 5년 사용 후 1회 교체하는 것으로 그때의 교체 비용은 초기 구입 비용의 70% 수준으로 본다. 예를 들어 가정용 PEMFC의 경우 연료전지 시스템 가격이 1kW당 1,000만원이 되면 투자비 회수 기간이 3년 안에 이뤄질 수 있다. 설치 보조금과 우선 구매가 함께 이뤄질 경우 시스템이 1kW당 3,000만원일 때는 9년, 500만원일 때는 1년 반 정도의 회수 기간이 걸린다. 지원 제도가 전혀 없을 경우에는 연료전지 가격이 500만원 이상이라도 회수 자체가 어렵다. 이 분석은 가정용 연료전지 시스템의 수명이 10년임을 전제로 할 경우이고 이밖에 시스템 효율 80%(발전효율 40%), 설치 보조금 30%, 우선 구매 제도 320원/kWh, 추가 유지보수 비용이 없고 일일 운전 시간 24시간일 때로 제한을 한다는 가정을 하고난 결과이다. 그리고 이와 함께 발전용 MCFC는 발전 차액 적용 여부에 따라 500kW 연료전지 시스템 가격에 따른 경제성 평가가 다르게 나오는데 분산발전 시스템 효율 90%(발전효율 45%, FCE 기준), 설치 보조금 50% 차입, 우선 구매 제도 320원/kWh(5년), 50원/kWh(미적용 시) 등을 가정하고 BOP 상각년수 16년, 연간 운전 시간 8,000시간이라는 전제 조건 하에 발전 차액 적용 시 연간 4,000MW 발전량에 따른 매출액은 15억 9,900만원이며 발전 차액을 적용하지 않았을 경우 매출액은 5억 1,900만원이 나온다. 일반적인 1kW급 시스템 가격에 따른 경제성 평가에 대한 자료는 표 9-8에 나타나 있다.

** 표 9-8 ▌ 1kW급 가정용 연료전지 시스템 가격에 따른 경제성 평가(에너지 관리 공단, 2007)

시스템 가격 (만원/kW)	이익 / 연	회수 기간	
		설치 보조금 70% 적용 시	보조금 지원 없을 경우
1,000	103	2.4년	불가
500	103	1.0년	4.4년
300	103	0.4년	2.4년

9.6 적용 설계 사례

9.6.1 30kW급 연료전지 자동차 설계

30kW급 연료전지 자동차는 "연료전지 자동차 구동 시스템 개념 설계" 논문을 바탕으로 설명하고자 한다(이봉도 외, 2007). 연료전지차의 주요 구성 부품과 제어 시스템 구성은 그림 9-26과 9-27에 나타나 있으며 연료전지 자동차 구성도는 그림 9-28에 나타냈다. 자동차의 구조 설계상 요구되는 용적과 무게의 한도를 벗어나지 않기 위하여 연료전지 동력 시스템은 반드시 높은 용적과 질량 밀도를 가져야 한다. 개발된 고분자 전해질 연료전지의 동력 밀도는 약 100~145W/kg 정도이며, 개발 가능한 고분자 전해질 연료전지의 질량 동력 밀도는 350W/kg에서 최고 800W/kg까지도 예상되고 있다. 주어진 기존 승용차에서 최대로 허용 가능한 동력기관의 무게를 350kg으로 고려할 경우에는 기술 개선에 의하여 주어진 범위에서 운전 동력을 얻을 수 있다. 질량 동력 밀도와 더불어 체적 동력 밀도도 중요한데, 승용차의 경우에는 최대 350L 이하가 요구된다. 현재 개발 중인 고분자 전해질 연료전지는 용적 동력 밀도가 150~250W/L로 실제 자동차에서 요구되는 부피를 어느 정도 만족하고 있다. 실제 기존 자동차의 구조적 디자인에 부합되기 위해서는 동력 밀도가 각각 130W/L과 130W/kg 이상이 되어야 하는데 이는 현재 개발 중인 기술에 의하여 도달될 수 있는 값이다.

연료전지 승용차에서 가장 중요한 요구 사항은 계속 변하는 부하 상태에 필요한 동력을 공급하는 기능이다. 운전 계획에 따라 심하게 변하는 가속도와 속력에 대해 수초 정도의 지연 시간만을 요구한다. 보통 소형 승용차를 위해 요구되는 최대 출력은 45kW 정도로, 이 조건에서 연료전지와 축전지의 최대 출력을 설정하여야 한다. 일반적으로 소형 승용차에서 70km/h의 경제 속도로 운전할 때 평균 출력은 약 30HP이다. 또한 부하 속도 변화에 따른 추종 능력과 축전지 충전 능력을 고려하면 승용차용 연료전지가 부담해야 할 출력 용량은 약 30kW를 요구한다. 따라서 축전지는 약 15kW의 용량을 필요로 한다. 자동차용으로 연료전지가 사용되기 위해서는 동력 밀도 및 동적 성능 이 외에도 비용, 시동 특성, 공회전 및 대기 상태, 내진성 및 내가속성, 수명, 안정성, 작동 온도 등의 제반 요구 조건을 만족하는 자동차를 설계하여야 한다.

연료전지는 축전지와 연계하여 자동차의 모든 종류의 운전 모드에 관계없이 부하

부담을 최적으로 수행할 수 있도록 설계하여야 한다. 연료전지의 활성 면적과 셀 수가 실제 주행 시 축전지의 용량과 충전 상태에 미치는 효과를 분석하여 연료전지의 제원을 결정한다. 분석된 연료전지 및 전기자동차의 기술 수준을 바탕으로 승용차를 위한 연료전지 동력 시스템의 설계 목표를 정리한 것이 표 9-9이다. 제 1안은 이미 기술이 확립된 연료전지 자동차의 수준에 의한 설계 요구조건이며, 제 2안은 1997년 정도에 도달이 가능한 고분자 전해질 연료전지 기술 수준에 의해 수소를 연료로 한 연료전지 시스템에 대한 목표값이며, 제 3안은 기술 개발에 의해 3년 내에 도달이 가능한 개질기 및 스택, 종합화 기술 등을 바탕을 연료전지 및 축전지 하이브리드 시스템으로 설정한 설계 제안이다.

앞의 승용차 설계 요구 조건의 부하 성능과 연료전지 기술 수준을 고려하여 승용차용 연료전지는 30kW급을 기준으로 설계하였다. 연료전지를 설계하기 위하여 2가지 특성을 이용하였다. 하나는 연료전지의 성능을 나타내는 전류-전압 특성을 이용하였으며, 검증을 위하여 연료전지의 동력 밀도를 이용하였다. 그림 9-35는 활성면적과 단위 셀 높이를 바탕으로 하여 구한 동력 밀도를 나타낸 것으로 현재의 기술 수준을 바탕으로 도달 가능한 목표를 설정하였다. 현재 개발 중인 연료전지의 평균 성능을 기본으로 하여 현재의 최고 수준(선택 1) 및 목표값(선택 2)을 기준으로 연료전지 동력 장치를 설계한 결과값을 정리한 것이 표 9-11이다.

** 표 9-9 ‖ 연료전지 동력원 설계 제안

조 건	1 안	2 안	3 안
연료전지 종류	PEMFC	PEMFC	PEMFC
연료전지 정격 용량	20kW급	30kW급	정격 30kW
연료 종류	압축 수소(14,000scl)	액체 수소	천연가스, 메탄올
운행거리	350km	400~500km	2안 기준
정격 속도	70km	100KPH	2안 기준
최고 속도	100KPH	130KPH	2안 기준
탑승 인원	2명	2명	4명

표 9-10 | 승용차용 연료전지 설계 기준

연료전지	기본	선택 1	선택 2
종류	PEMFC	PEMFC	PEMFC
활성 면적(cm^2)	780	780	530
최대 전류 밀도(mA/cm^2)	450	800	800
셀 전압(Volt)	0.67	0.65	0.67
셀 수	128	74	105
정격 출력(kW)	30	30	30
크기(mm)	2×500×300×300	650×300×300	550×250×250
무게(kg)	220	65	40

표 9-11 | 전체적인 승용차용 연료전지 시스템의 제원

구분	종류	PEMFC
연료전지	활성 면적(cm^2)	530
	최대 전류 밀도(mA/cm^2)	800
	셀 전압(Volt)	0.67
	셀 수	105
	정격 출력(kW)	30
	크기(mm)	550×250×250
	무게(kg)	40
전동기	종류	직류전동기
	크기(mm)	23Liter(L360×D300)
	무게(kg)	75
개질기	종류	메탄올 수증기 개질기
	크기(mm)	21Liter(L340×D280)
	무게(kg)	60
축전지	종류	Non-Sintered Ni-Cd
	전지 셀 수	60
	용량(Ah)	200
	에너지(kWh)	16
	크기(mm)(5셀 모듈)	184W×600L×248H
	무게(kg)	160

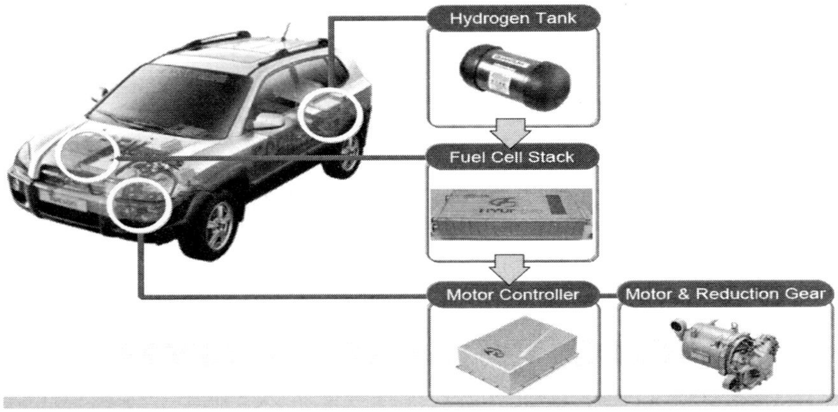

** 그림 9-26 ▌ 연료전지차 주요 구성 부품(http://www.hyundai.com/kr)

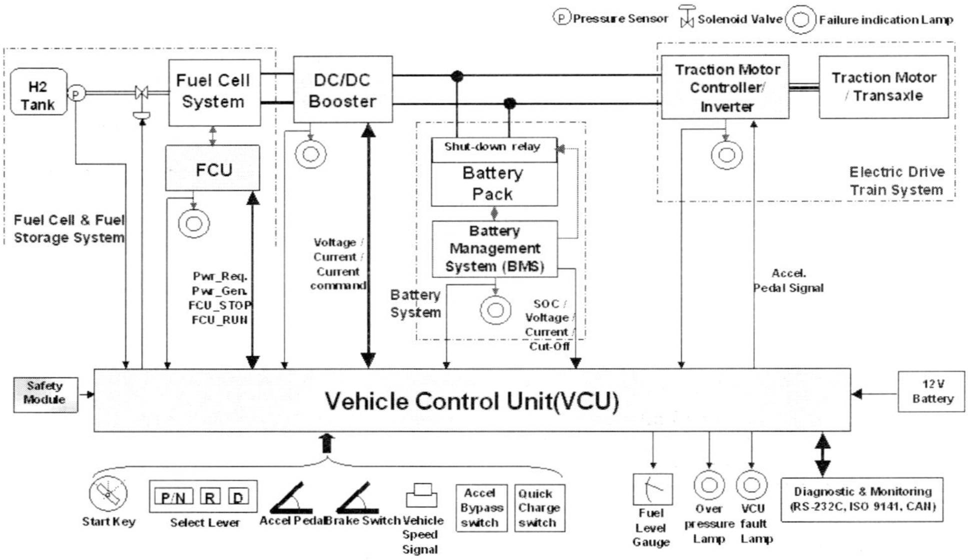

** 그림 9-27 ▌ 연료전지 자동차의 제어 시스템 구성(정현욱, 2004)

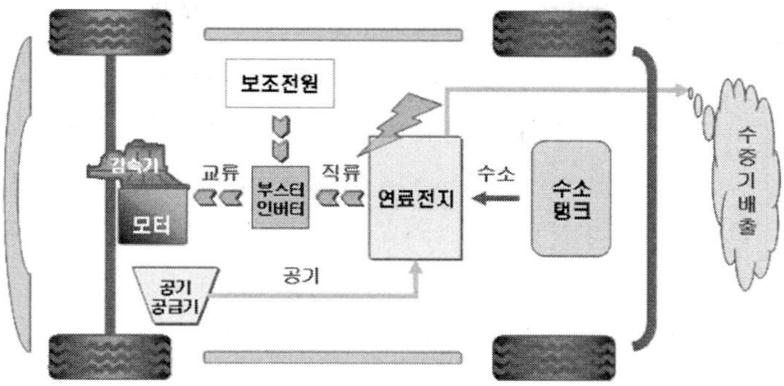

** 그림 9-28 ▌ 연료전지 자동차의 구성도

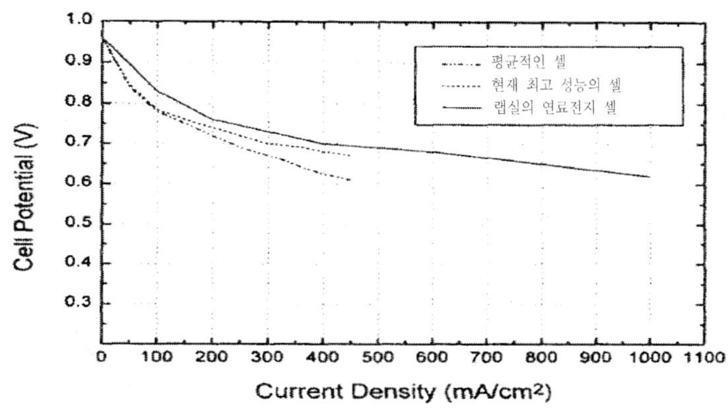

** 그림 9-29 ▌ 고분자 전해질 연료전지 동력 밀도 분포(이봉도 외, 2007)

9.6.2 3kW급 가정용 연료전지 시스템 설계

3kW급 가정용 연료전지 시스템은 "1.5/3kW급 가정용 연료전지 시스템 실증 연구" 연구보고서를 바탕으로 설명하고자 한다(황정태, 2006). 열과 전기 설비의 포괄적 구성으로 계통 연계형 코제너레이션 시스템에 대한 모델링과 해석을 수행하였는데 기본구조 및 구성도는 그림 9-30과 같다. 설계에 쓰이는 다른 과정은 해당 논문을 참조하고 해석 순서로 전기 에너지와 열 에너지 계산, 개질기 열수지 계산, 사용연료 계산, 계절별 전기 및 열 부하 특성 고려로 진행된다. 해석에 사용된 특성 곡선과 출력 특성은 그림 9-31과 같고 연료전지 스택의 전극 면적은 200cm^{2}이며 셀의 개수는 141개, 전류 32A 일 때 단위전지 평균 전압이 0.7Volt에서 3kW의 출력을 보인 사양을 표 9-12에 나타내었다.

기체 연료의 연료 소비량 온압 보정은 $F=(F_1/1000\times180)\times298.2/(273.2+T_1)\times(P_1+P_2)/101.3$로 나타내어지고 F는 3시간 동안 소비된 온압 보정 후 연료 소비량(m3), F1은 연료 유량의 평균치(L/min), T1은 연료 온도의 평균치(℃), P1은 연료압력의 평균치(kPa, Guage), P2는 대기압의 평균치(kPa)이다. 연료 소비열량은 $I=F\times C/3.6$으로 나타내어지며 I는 연료 소비열량(kWh), F는 온압보정 후의 연료 소비량(m3), C는 연료발열량(MH/m^3)이다. 단위 체적당의 연료 발열량은 $C=\Sigma(Q_a\times V_a/100)=44.04(MJ/m^3)HHV=39.82(MJ/m^3)LHV$이며 여기서 Qa는 온도 25℃, 대기압 101.3kPa에서의 각성분의 발열량이며 Va는 셀 전압이다.

배열회수효율은 $H=(T_2-T_3)\times(F_2/1000\times180)\times D\times C_p3600/I\times100$ 이며 H는 열회수 효율(%), T_2는 열회수 유체 출구 온도(℃), T_3는 열회수 유체 입구 온도(℃), F_2는 열회수 유체 유량(L/min), D는 열회수 유체의 밀도 997(kg/m^3 @T=25℃), Cp는 열회수 유체의 비열 4.187(kJ/kgK @T=25℃), I는 연료 소비열량(kWh)이다.

** 표 9-12 ▌ 1kW 급 가정용 연료전지 사양(황정태 외, 2006)

연료전지 종류	고분자 전해질형 연료전지
전극 면적(cm^2)	200
셀 전압(Volt)	0.7
셀 수	141
전류(A)	32
정격 출력(kW)	3

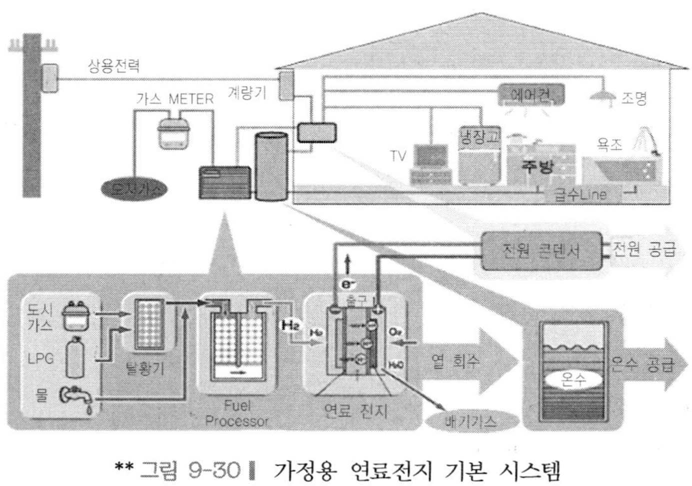

** 그림 9-30 ▌ 가정용 연료전지 기본 시스템

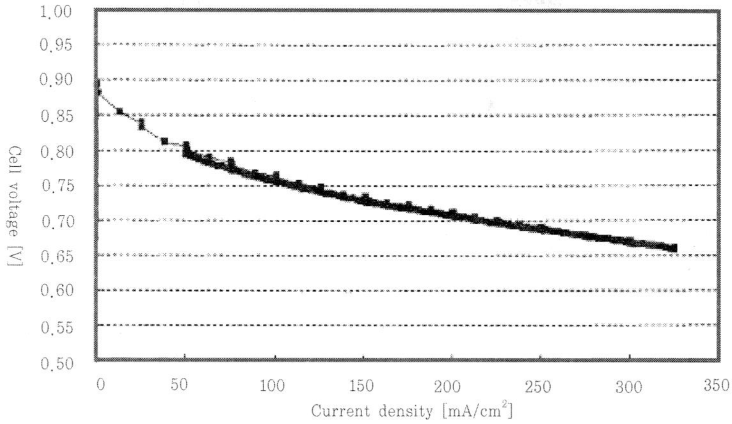

** 그림 9-31 ‖ 1kW급 연료전지의 I-V곡선 및 출력 곡선(황정태 외, 2006)

9.6.3 50W급 노트북 PC용 연료전지 설계

50W급 노트북 PC용 연료전지는 "노트북 PC용 50W급 PEMFC 시스템 개발" 연구 보고서를 바탕으로 설명하고자 한다(신순철 외, 2007). 본 과제의 목적은 연료전지 시스템으로부터 얻어진 전력을 Note PC에 안정되게 공급하여 이것을 구동하기 위한 것으로 안정된 전력 공급을 위한 회로를 설계하기 위해서는 Note PC의 평균적인 소비 전력과 그 범위 등의 특성을 우선 파악해야 한다. 그 특성을 파악하기 위하여 각 Power Mode별로 소비 전력 평가를 실시하였다. 평가 대상으로는 19V의 Adapter 공급전압, 3S 2P(11.1V Operating, 12.6V Charging)의 Battery 사양인 삼성전자 Sens Q35가 선정되었다. 노트북의 소비 전력 평가 단계적으로 Booting Mode, Normal Mode, Movie Mode, Shutdown Mode 등으로 나누어 실시하였다. 그리고 노트북의 화면 밝기의 영향을 고려하여 Booting과 Shutdown Mode에서는 노트북에 지정된 조건을 반영하였고, Normal과 Movie Move에서는 노트북에 지정된 조건을 반영하였고, Normal과 Movie Mode에서는 밝기를 세 단계로 조절해 가면서 영향을 관찰하였다. 소비 전력 측정 실험 방법은 노트북의 Battery단으로 Power Supply를 이용해 전력을 공급했다.

시스템에 대해서는 전력 변환 향상을 위하여 연료전지 시스템의 출력 전압이 바로 노트북에 인가될 수 있도록 11~13V 사이에서 운전되는 노트북을 선정하였다. 11~13V 영역에서 소모 전력 측정 결과, 전반적으로 구동 전압에 높을수록 소비 전력이 낮은 경향을 보임을 알 수 있었다. 예를 들어 13V 운전 시 평균 소비 전력은

9~13W 범위로 15W를 넘지 않는 것으로 나타났다. 이와 같은 노트북의 소비 전력 유형(평균 15W 이하)을 고려할 때 연료전지 시스템에 대한 정격 출력 50W 설계는 노트북을 운전하기에 비효율적인 면이 있으며 이를 구현하기 위한 연료전지 시스템의 부피와 효율 저감에 대한 우려가 뒤따른다. 따라서 이 시스템의 경우에는 정격 출력은 공급 전압 13V를 넘지 않는 범위 내에서 30W 수준으로 반영하였으며 유사시 Battery Power Sharing을 통하여 최고 출력 50W까지 가능하도록 설계하였다.

** 표 9-13 ▌ SENS Q35 Note PC의 각 Mode별 평균 소비 전력(신순철 외, 2007)

Operating Mode		평균 소비 전력(W)		
		구동 전압 : 11V	12V	13V
Booting	1/8 MODE	12.26	11.64	10.62
Normal	1/8 MODE	10.08	9.36	9.12
	4/8 MODE	11.64	11.04	9.96
	8/8 MODE	13.92	12.96	11.88
Movie	1/8 MODE	13.32	12.12	11.04
	4/8 MODE	15.48	14.28	13.08
	8/8 MODE	17.64	15.72	14.64
Shutdown	8/8 MODE	13.91	13.16	12.38

** 표 9-14 ▌ 노트북용 연료전지 공급 전력 설계 안

구분	전력	비고
정격 출력(W)	30	12V 공급
스택 출력(W)	38	12V 공급
시스템 BOP 소모 전력(W)	8.0	회로 소모 전력 포함
최고 출력(W)	50	Battery power sharing 고려

** 표 9-15 ‖ 노트북 연료전지 시스템 (V2) 주요 스펙

구분	세부 설계 사양
최고 출력(W)	50
정격 출력(W)	30
스택 단위 셀 수(ea)	19
스택 출력(W)	38~40
BOP 소모 전력(W)	8.3
수소 유량(ccm)	700
개질가스 유량(ccm)	1,000
연료소모량(ccm)	0.5
시스템 연비(Wh/L)	1,000
부피/무게(L,kg)	1.32L, 1.0kg
에너지 밀도(Wh/L, Wh/kg)	227Wh/L, 300Wh/kg

9.7 향후 전망

단계별 추진 전력을 살펴보면 2007년~2012년 연구 개발 및 실증 단계로써 연료전지 분야의 경우 기술의 신뢰성 향상 및 제조 단가 저감에 연구 개발이 집중되어야 하며 수소의 경우 신재생 에너지원으로부터 수소 제조 및 수소 저장 연구에 많은 기술 개발이 이루어져야 한다. 1단계는 연구 개발 및 실증 단계로 2단계에서 본격적 연료전지 보급이 가능하게끔 연료전지의 시스템 가격을 적정선까지 낮추는 단계이다. 이 단계에서는 무리한 정책보다는 연구개발의 가속화 및 개발제품의 실증에 주력하여야 할 것이다. 연료전지 분야의 경우 수명 향상, 제조 단가 저감이 반드시 이루어져야 하며 제조 단가 저감 측면에서 많은 연구 개발 진보가 있다 할지라도 대량 생산, 핵심 부품 기술의 선진화 없이는 목표 달성이 어려워서 기술의 산업화가 이루어지기까지는 정부의 발전 차액 보조 및 우선 구매 등을 통한 지원 정책이 효율적으로 선행되어야 한다. 수소연료전지 분야 스택 및 시스템의 주변 기술, 즉 부품 기술의 선진화없이는 산업화 시기가 지연될 수밖에 없다. 해당 기술별로 부품 및 주변 기술의 선진화를 위한 방안이 수립되어야 할 것이며 이를 종합하는 검토가 이루어져야 할 것이다.

수소 스테이션의 실증 및 운영은 규모 면에서 상용이 아닌 시범 운행 연료전지 차 수소 공급용이 예상되며 수소 제조는 상당 부분 천연가스, 프로판 등의 화석연료로부터 제조하는 현지 설치형이 주류를 이룰 것이다. 가정용 연료전지의 경우 현재 kW당 8,000만원 정도의 제조 단가를 1,500만원까지 낮출 수 있느냐의 여부가 매우 중요하다. 목표 달성을 위해 최소한의 보급 물량을 정책적으로 지원하여야 할 것이다. 연료전지 자동차의 경우 목표가 달성될 경우 현재의 7~8억 원에서 1.5억 원까지 낮출 수 있으리라 예측된다. 발전소 연료전지의 경우 내부개질형 용융탄산염 연료전지를 중심으로 일부 보급이 형성될 것이다. 휴대용 연료전지의 경우 산업화 성공 여부가 1단계에서 결정될 것이다. 고분자 연료전지의 경우 경박 단소한 수소 발생기 제작 여부가 주요 이슈이며, 메탄올 연료전지의 경우 메탄올을 수소 대신 주입할 경우 발생되는 기술적 단점을 극복하는 것이 관건이다. 2단계는 2013~2020년 기간의 연료전지 시장 형성기로써 수소, 연료전지 전 분야의 기술 개발이 성숙단계에 도달할 것이며 연료전지 분야는 발전용, 수송용, 가정용 모두 대량생산 체제를 갖춤으로써 본격적인 제조 단가 절감이 이루어져 연료전지 산업 및 시장이 형성되는 단계이다. 수소 생산과 저장 분야에서도 상당한 기술 진보가 이루어져 가격 경쟁력을 보유하게 될 것이다. 여전히 수소 생산은 천연가스 등 화석연료가 중심이 될 것이며 석탄가스, 원자력 에너지, 신재생 에너지원으로부터 수소 생산 기술이 시장을 개척하게 될 것이다. Power Park 또는 수소 충전소가 수소 운송 수단의 중요한 역할을 할 것이며 풍력, 태양광 기술과 연계된 수소 제조 기술이 실증, 보급 단계에 이를 것이다. 그리고 중앙정부와 지방자치단체의 설비 및 건물 등이 수소, 연료전지 분야 시장을 형성하는데 중요한 역할을 할 것이며 연료전지 차량의 경우에도 시장 형성 초기에는 공공성을 띠는 곳에서부터 보급이 시작될 것이고 수소, 연료전지 기술의 상당 부분이 군수용에 적용되기 시작할 것이다.

3단계로써 2021~2030년 동안 연료전지 시장 확대기로써 정부의 지원 정책이 최소화된 상태에서 연료전지의 경우 본격적 시장이 시작된다. 수송용의 경우 연료전지 버스가 본격적으로 도입되며 공공부문 차량에서 민수용으로 시장이 형성되기 시작하였다. 역시 공공시설뿐만 아니라 민수부문 가정, 상업용에 이용되기 시작하며 새로이 건설되는 화력발전소 및 생산되는 자동차에 연료전지가 우선 고려될 것이다. 수소의 경우, 기술의 진보 및 화석연료의 가격 상승에 의하여 가격 경쟁력을 갖게 되며 연료전지 수요 증가에 따라 시장이 확대될 것이다. 대체 에너지원으로부터 수소 생산 시장이 화석 에너지원으로부터 수소 제조와 비교하여 경쟁력을 갖기 시작할 것이며 본격적 수소 인프라가 구축될 것이다. 또한 나노 기술에 의해 수소 저장 기술에도 획기적 진보가 이루어져 산업이 형성되기 시작할 것으로 예측된다.

결론적으로 원천, 핵심기술 연구 프로그램이 필요한데 현재 진행되고 있는 대부분의 연구 개발 프로그램은 기업주도 산업화 연구에 지원되고 있다. 제도적으로 기술료 징수 과제 우선 지원 정책에서 연유하였으나 연료전지 산업화를 위한 제반 기술적 장애요인은 내구성 및 가격저감 이슈이며 이러한 문제를 해결하기 위해서는 연료전지 핵심 부품의 소재 개발, 내구성 향상 관련 연료전지 부품 열화기구, 촉매 저감 연구 등 원천, 핵심 기술이 필요하다. 연구 개발 투자비의 일부(예를 들어 5% 이내)는 기술료 비징수 과제 성격의 원천, 핵심 기술 프로그램을 운영할 필요가 있다. 그리고 핵심 부품 및 주변 기기 개발 프로그램이 필요하다. 건물용 연료전지의 경우 국내 기술로 시제품을 만들어 모니터링 사업을 진행하고 있지만 연료전지 차 및 건물용 연료전지 제품의 구성요소에 해당하는 MEA 등의 핵심 부품 및 주변 기기 대부분은 외국제품이다. 이는 물론 아직 국내에 연료전지 사업이 전무하여 이를 제공하는 메이커가 없는데서 연유하였다. 향후 연료전지 기술의 산업화에 대비하여 핵심 부품 및 주변 기기를 생산하는 기업을 육성하기 위한 연구 개발 프로그램이 필요하다. 부품 국산화는 반드시 달성되어야 할 사안이지만 모든 부품을 국산화하느냐의 문제는 선택과 집중 측면에서 고려되어야 하느냐는 정책의 문제이다. 연구 개발비의 기업 부담금 및 기술로 제도의 탄력적 운영 또한 필요한데 연료전지 연구 개발 사업은 대략 15년 후 산업화를 고려할 때 장기적 접근이 필요하다. 그만큼 위험 부담이 큰데 특히 연료전지의 부품 개발은 기술 특성상 중소기업이 주도 기술 개발이 성공하더라도 사업적 측면에서 부품의 공급량, 주 개발업자와의 하청관계, 산업화 시기 등을 고려할 때 위험요소가 있다. 이러한 연유로 획일적으로 적용되고 있는 연구 개발 사업의 기업 부담금 및 기술료 제도의 탄력적 운영이 필요하며 이를 통하여 부품 기업을 육성하는 정책 도입이 필요하다.

모니터링 사업 확대 운영을 위해 연료전지 국산화 및 가격 절감을 가속화시키는 과정에서 2009년 8월 종료되는 1차 모니터링 사업에 이어 2~3년 더 2차 모니터링 사업을 추진하는 것이 필요하다. 2차 모니터링 사업이 원활히 수행된다면 건물용 연료전지의 경우 2012년까지는 보급 사업이 가능한 단계까지 가격저감을 달성할 수 있다고 예측하였다. 연료전지 조기 사업화 및 수소인프라 구축 지원에 필요한 자원을 확보해야 하는데 연료전지 조기 산업화를 유도하기 위해서는 가격 저감 이슈가 해결되어야 한다. 가격 저감은 강력한 기술 개발 지원 정책 및 핵심 부품 국산화에 의한 방법도 있지만 양산 체제 구축이 효과적이며 조기 양산 체제 구축을 위해서 산업화까지는 보급 사업에 의거 보급 물량을 점진적으로 늘려나가야 할 것이다. 현재 발전 차액 혜택은 200kW급 이상 규모의 연료전지 시스템에서만 적용되고 있지만, 건물용 연료전지 발전 시스템의 원활한 보급을 위해 용량의 한계를 없애도록 규정을 변경해야 한다. 한편 보급 물량이 증가할수록 엄청나게 증가하는 정부지원 자원 조달의 대체 방안이 필요할 것으로 판단된다. 물론 개발 업자는 시스템 단가를 낮추는 노력이 병행되어야 할 것이다. 마지막으로 연료전지 초기 시장 확보를 위한 기술표준화를 추진해야 하는데 발전용 연료전지 분야에 대한 국제 표준화 활동 지원 확대 및 전문 인력 양성이 시급하다. 현재 국내에서 개발한 부품의 인증을 받기 위하여 해외 시험평가 기관을 이용하여야 하는 불편함이 있는데 이 때문에 비용 및 개발 기간의 단축이 어렵다. 따라서 수소 안전 및 신뢰성 관련 공인 평가 기관 선정이 필요하다. 그리고 수소 생산 단가를 예상해보면 2020년~2030년까지는 천연가스나 석탄으로부터 가스화 복합발전을 통한 집중식 수소 생산 기술이 경쟁력을 가질 것으로 전망되며 신재생 에너지원으로부터의 수소 생산은 2030년 이후 경쟁력을 가질 것으로 전망된다. 미래에는 기존의 화력발전소가 아닌 연료전지 발전소가 들어서 각각의 주택이나 아파트 단지에 전기를 공급할 것이며 자동차, 지하철, 선박 등에도 연료전지가 적용될 것이다. 또한 수소 인프라가 구축되면서 수송 수단으로의 연료전지 사용이 상용화되고 열병합 발전을 이용한 주택 등이 늘어날 것이며 이에 관련된 예상도가 그림 9-33에 나타나 있다.

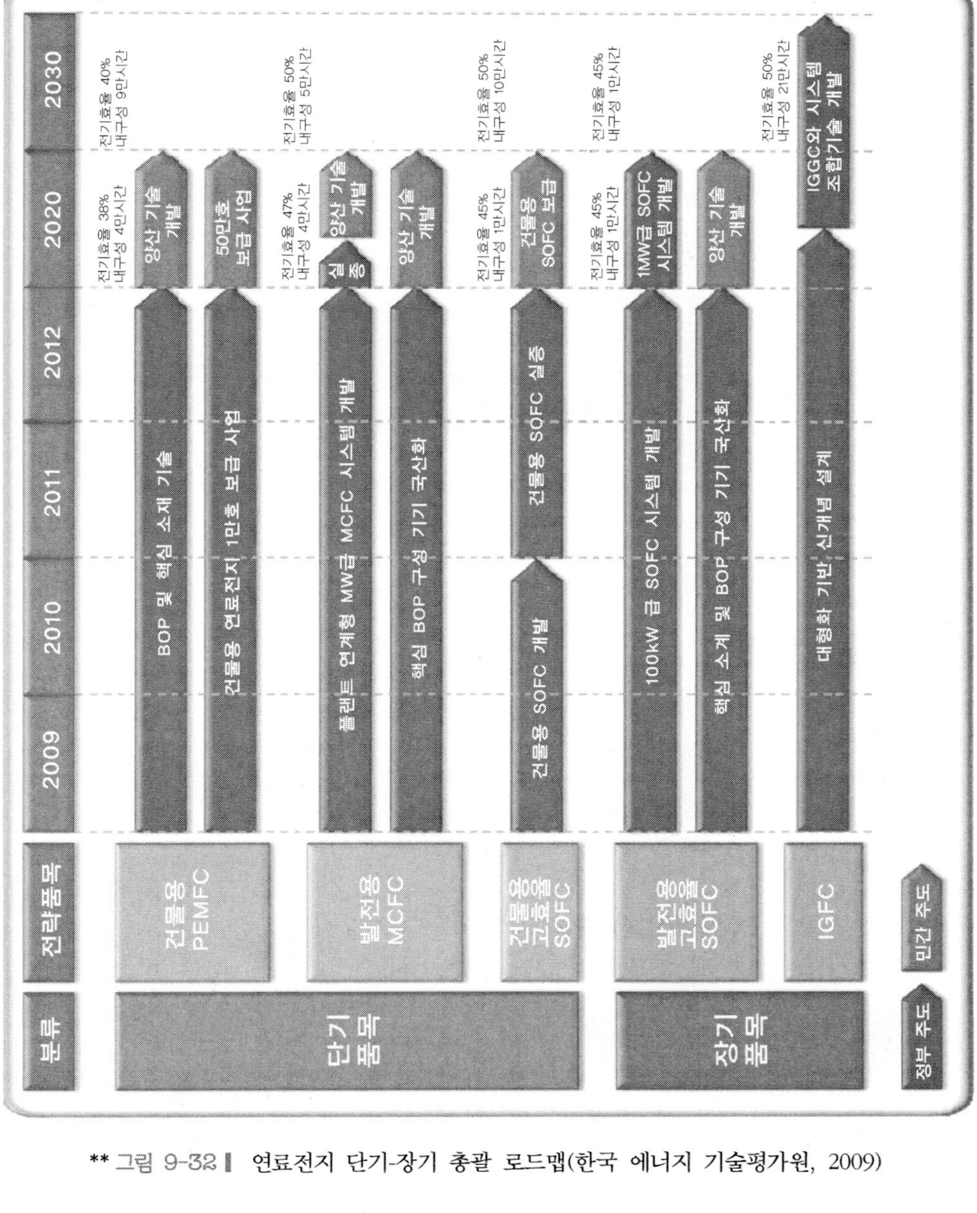

** 그림 9-32 ▌ 연료전지 단기-장기 총괄 로드맵(한국 에너지 기술평가원, 2009)

미래상

(a)

수소마을

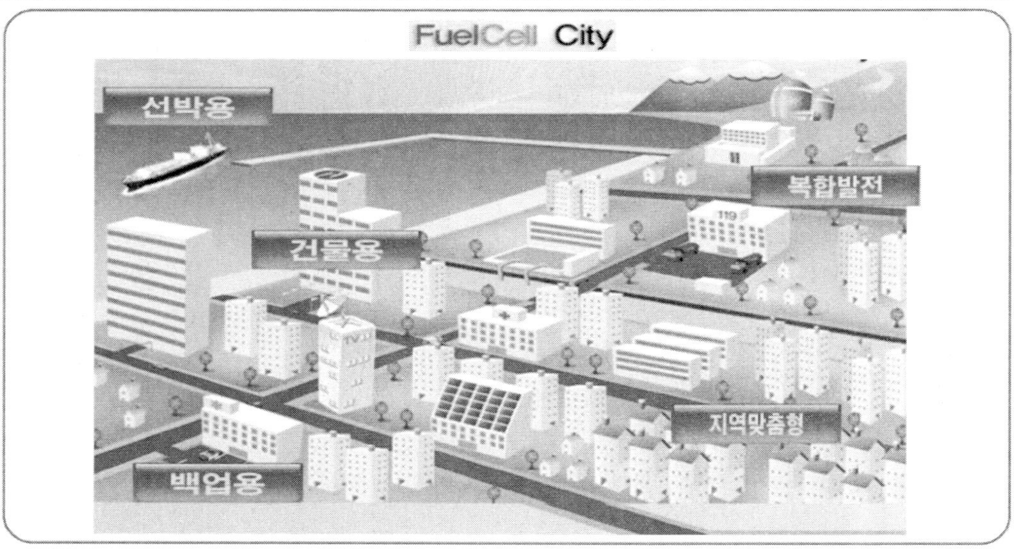

(b)

** 그림 9-33 ‖ (a) 연료전지가 상용화된 미래의 모습 (b) 다용도의 연료전지 발전
(한국에너지기술평가원, 2009)

연/습/문/제

01 80kW급 연료전지 자동차의 스택을 설계하라.

02 50,000m^{2}의 면적을 가지는 병원에서의 연료전지 코제너레이션 시스템을 설계하라. (건물에 따른 부하량 계산은 표 7-4를 참고하라.)

03 연료전지가 적용되고 있는 국내외 사례를 각각 3가지 이상 조사하고 종류별 연료전지의 사양을 비교하라.

참고문헌

[1] 김광수, "마이크로 연료전지의 최적 설계에 관한 연구", 강원대 대학원, 2008

[2] 신순철, 설용건, 김건, 김창기, 이동욱, 조은숙, 박찬희, 안성진, 서동명, 곽찬, 이동윤, 주리아, 손인혁, 공상준, 이용걸, 김주용, 한국 산업자원부, 두산 전자, 연세대학교, 고려대학교, 한국에너지 기술연구원, 삼성 SDI(주), "노트북 PC용 50W 급 PEMFC 시스템 개발", 산업자원부, 2007

[3] 에너지 관리 공단, "신재생에너지 RD&D 전략 2030, 연료전지", 2007

[4] 이봉도, 이원용, 신동열, "연료전지 자동차 구동시스템 개념 설계", 대한전기학회 하계학술대회 논문집, 2007

[5] 이원용, 문현주, "연료전지 현황 및 전망", 설비저널, 제 39권, 제 1호, pp46, 2010

[6] 정성일, 김태완, 이창건, 김두현, 안영철, 이재근, 황유진, "고분자연료전지의 냉각수 운전 조건에 관한 실험적 연구", 설비공학논문집, 제20권 제8호, pp541-546, 2008

[7] 한국에너지기술평가원, "그린에너지 전략 로드맵, 연료전지", 2009

[8] 황정태, 김재동, 이원용, 최영태, GS퓨얼셀주식회사, 한국가스공사, 한국에너지기술연구원 ,한국생산기술연구원, 한국 산업자원부, "1.5/3kW 급 가정용 연료전지시스템 실증연구", 산업자원부, 2006

[9] 황수영, "시뮬레이션 기반 가정용 연료전지 시스템의 경제적 설계", 연세대 대학원, 2008

[10] Frano Barbir, "고분자연료전지공학", 북스힐, 2005

[11] http://nfcrc.kier.re.kr/info/fuel_2.asp#01

[12] http://richis.tistory.com/entry/본업-가스-연료전지

[13] http://www.autospy.net

[14] http://www.capiweb.org

[15] http://www.energy.or.kr/NC/NC251000.jsp

[16] http://www.futureenergies.com

[17] http://www.hyundai.com/kr

[18] http://www.jeju.kier.re.kr

[19] http://www.katech.re.kr

[20] http://www.kemco.or.kr

용어정리

- **가습**(Humidificationi) : 연료나 산화물의 반응 기체 흐름과 함께 연료전지로 수분을 공급하는 과정이다.
- **가역 연료전지(또는 재생형 연료전지, Reversible Fuel Cell : RFC)** : 화학적 반응물이 가역 반응을 수행하는 연료전지의 형태를 말하며, 분리된 장치로부터 재충전이 가능한 연료전지이다. 예를 들면, 물의 전기분해를 통해 수소와 산소를 생산하고 이를 연료전지 반응을 통해 다시 물을 생산하면서 전기를 발생시키는 경우를 말하며, 재생형 연료전지(Regenerative Fuel Cell : RFC)라고도 한다.
- **가정용 연료전지 열병합 발전 시스템**(Residential Fuel Cell Cogeneration System) : 도시가스(천연가스)를 전기 에너지로 직접 변환함으로 시스템 전체 효율이 75~90%의 고효율이고, 이산화탄소 배출량이 기존의 발전 시스템에 비해 약 40%정도가 절감되는 환경친화적인 기술이다. 또한 연료전지 시스템의 운전 시 발생되는 폐열을 회수하여 가정의 급탕 및 난방용 온수로 활용 가능하다는 특징이 있다.
- **개스킷**(Gasket or Seal) : 금속이나 그 밖의 재료가 서로 접촉할 경우, 접촉 면에서 가스나 물이 새지 않도록 하기 위하여 끼워 넣는 패킹이다.
- **개질 가스**(Reformate Gas) : 연료 변환기에서 나와 연료전지 스택으로 유입되는 유체이다.
- **계통 독립**(Grid Isolated, Grid Independent) : 연료전지 시스템의 계통과 별도로 독립적인 전력 공급 장치로 사용될 경우 이를 계통 독립형 연료전지 시스템이라고 한다. 이 경우 연료전지는 계통의 정전과 상관없이 전력을 공급할 수 있다. 독립형 연료전지 시스템의 경우 일반적으로 초기 시동을 위해 배터리와 연계하여 연료전지 시스템을 구성한다.
- **계통 연계**(Grid Connected) : 연료전지 시스템으로부터 생산된 전력이 계통에 직접 연결되어 있는 경우이며, 이때 전력 사용자는 계통의 전력과 연료전지 시스템으로부터 생산된 전력을 함께 사용하게 된다. 즉, 연료전지 시스템에서 생산된 전력량이 사용자가 필요한 전력량보다 적을 경우 계통의 전력을 함께 사용하게 되며, 반대로 연료전지 시스템에서 생산되는 전력량이 많아서 잉여 전력이 발생할 경우 계통으로 전력을 공급(역송전)하게 된다. 신재생 에너지(연료전지, 태양광, 풍력 등)가 역송전할 경우 발전 차액을 제도적으로 지원하고 있다. 이 경우 계통의 전원이 차단되게 되면 연료전지 시스템의 발전이 중단되게 된다.

- **고분자 전해질 연료전지(Polomer Electrolyte Fuel Cell : PEFC)** : 고분자를 전해질로 사용하는 연료전지이며, 100℃ 이하에서 운전되며, 주로 사용되는 운전 온도는 상온에서 80℃ 정도이다. 고분자 전해질을 사용하는 연료전지는 일반적으로 전해질 연료전지(PEFC)와 직접 메탄올 연료전지(Direct Methanol Fuel Cell : DMFC)가 있으며, 이 두 형태의 연료전지가 모두 프로톤 교환막을 사용하기 때문에 이 둘을 합하여 프로톤 교환막 연료전지(Proton Exchange Membrane Fuel Cell : PEMFC)라고도 한다. 일반적으로 고분자 전해질 연료전지는 수소를 연료로 사용하는 경우에 가장 많이 일컬어진다.
- **고체산화물 연료전지(Solid Oxide Fuel Cell, SOFC)** : 전해질로 고체산화물(주로 이트륨옥사이드 (Y_2O_3)로 도핑된 지르코늄 옥사이드(ZrO_2)를 많이 사용하는 연료전지이다.
- **기체 확산층(Gas Diffusion Layer)** : 막 전극 접합체(MEA)와 분리판(Separator) 사이에 위치하며 물리적으로 촉매층으로 지지하고 있으며, 분리판의 유로를 통해 연료전지 내부로 유입된 유체를 촉매층에 전달하고 화학 반응으로 생긴 유체를 다시 분리판의 유로로 이동하게 하는 유체의 확산을 담당하고 전기 화학 반응에 의해 발생한 전자를 분리판에 전달해 주는 기능을 한다.
- **단위 전지(Unit Cell)** : 완전한 연료전지 반응이 일어날 수 있도록 구성된 연료전지가 하나만으로 구성되었을 경우를 의미한다.
- **막 전극 접합체(Membrane Electrode Assembly, MEA)** : 전극과 막이 일체형으로 접합된 상태를 말하며 연료전지에서 실제 전기화학 반응이 발생하는 부분으로 연료전지의 성능을 좌우한다. 막전극 접합체의 가장 중요한 기술적 지표는 단위 면적당 출력 성능 및 내구성이다.
- **매니폴드(Manifold)** : 하나의 본 줄기관으로부터 여러 개의 지관이 갈라져 있는 관으로 연료 변환기에서 각 버너들로 가스를 분배하는 부분, 혹은 버너와 개질기로 분배하는 부분과 연료전지 스택에서 각 셀들로 연료 및 산화제를 분배하는 부분을 말한다.
- **분극(Polarization)** : 전극과 전해질 사이에 전기가 흐른 결과, 원래의 전류 방향과 반대 방향의 기전력이 생기는 현상이며, 특히 전지의 경우 전류의 경우에 관계한 전압의 변이현상을 의미한다.
- **분극 곡선(Polarization Curve)** : 전류 혹은 전류 밀도의 함수로써 연료전지의 전압을 도시한 곡선이며, 연료전지의 기본적인 성능을 나타내기 위해 가장 많이 사용되는 그래프이다.
- **분리판(Separator)** : 연료전지 스택에서 각 전지를 분리하고 있는 전도성 판이며 연료가스와 공기를 차단하는 역할 외에 연료가스와 공기의 유로 확보 및 외부회로에 전류를 전달하는 역할을 하므로 높은 전기 전도성, 내식성, 열전도성과 함께 낮은 기체 투과성이 요구된다.
- **분산 발전(Distributed Generation)** : 대용량의 발전소에서 전기를 생산하여 소비자에게 공급하는 형태가 아니라 소규모의 전력 생산을 소비자 인근지역에서 생산하여 전기를 공급하는 발전방식 이다. 분산 발전의 경우 송전에 의한 손실을 억제할 수 있고, 송전탑이 불필요하다는 장점을 가진다.
- **서브 스택(Sub-Stack)** : 연료전지 스택의 제작 및 평가에는 많은 비용과 시간적 소모가 발생하므

로 이를 줄이기 위해 단위 전지를 이용해 다양한 평가를 수행한 후 이를 스택에 적용한다. 하지만 단위전지만으로는 정확한 평가 자료의 산출이 어려우므로 스택과 동일한 디자인을 갖는 분리판을 이용하여 수 개의 단위 전지를 적층하여 만든 서브 스택을 이용하여 보다 스택의 실제 운전에 가까운 신뢰성 있는 자료를 얻을 수 있다.

- **셀**(Cell) : 연료전지 스택은 여러 개의 단위 셀이 직렬로 적층되어 있는 것이며 이 각각의 하나를 셀이라 한다.
- **스택**(Stack) : 수소 원료의 화학적 에너지를 전기 에너지로 직접 변환시켜 직류 전류를 생성하는 발전 장치로 휴대형 장치의 구동, 가정용 전원 공급 또는 차량 주행에 필요한 전원을 공급하는 역할을 한다.
- **알칼리 연료전지**(Alkaline Fuel Cell : AFC) : 농축수산화칼륨(Concentrated KOH)을 전해질로 사용하는 연료전지로 수산화칼륨의 농도는 전지의 작동 온도(최대 250℃)에 따라 35~85wt%범위에서 선택된다.
- **연료전지 모듈**(Fuel Cell Module) : 화학적 에너지를 전기 화학적인 방법으로 전기 에너지와 열 에너지로 전환하는 연료전지 스택을 포함한 어셈블리를 뜻한다.
- **용융 탄산염 연료전지**(Molten Carbonate Fuel Cell : MCFC) : 전해질로 용융탄산염을 쓰는 연료전지로 600℃ 이상의 고온에서 작동하고, 양질의 폐열을 얻을 수 있어 열병합 발전으로 시스템의 효율을 증대시킬 수 있으며, 연료로는 수소 이외에 일산화탄소도 사용이 가능하므로 석탄가스화 장치와 조합하여 대규모 발전 시스템을 구성할 수 있다.
- **유로**(Flow Field) : 연료전지 셀(혹은 스택)로 유입되는 연료와 산화물이 촉매와 만나 전기 화학 반응을 원활하게 하기 위해서는 공급된 연료와 산화물이 각각의 촉매와 잘 접촉할 수 있도록 해주어야하며 이를 위해 분리판에 유체의 이동 통로를 만들어 두는데 이것을 유로라 한다. 연료전지 스택에서는 외부에서 공급되는 연료와 산화물이 매니폴드를 통해 각 셀로 분배되며 셀 내부에서는 유로를 통해 흘러가게 된다. 또한 반응에 의해 열이 발생하게 되는데, 발생된 열을 방출하면서 스택(혹은 셀)전체의 온도를 어느 정도 범위에서 균일하게 제어하기 위하여 냉각수를 흘려주며, 이러한 냉각수의 통로 역시 유로라고 부른다.
- **인산형 연료전지**(Phosphoric Acid Fuel Cell : PAFC) : 전해질로 인산(H_3PO_4)을 사용하는 연료전지이며, 작동 온도는 160~250℃ 정도이다. 천연가스, 나프타, 액화석탄가스와 같은 화석연료나 메탄올 등의 연료를 개질기를 통하여 수소를 발생시켜 사용할 수 있으며 이에 함유되어 있는 이산화탄소나 미반응 탄화수소도 연료전지의 반응에는 영향을 미치지 않는 장점이 있다.
- **전해질 막**(Electrolyte Membrane) : 저온형 연료전지에서 사용되는 전해질 막은 전해질이 고체 상태에서 이온의 이동에 의하여 전류를 통할 수 있는 물질로써 고체 고분자 전해질막이라고도 하며 이온의 교환 반응이 일어나기 때문에 이온 교환막이라고도 한다.
- **주변기기**(Balance Of Plant : BOP) : 동력 시스템에서 동력을 생산하는 주요 부품을 동작시키기

위한 보조 구성품으로 연료전지 시스템에서의 주변 기기는 공기 공급계, 수소 관리계, 열 및 물 관리계, 전력 변환 장치 등을 포함한다.

- **직접 메탄올 연료전지**(Direct Methanol Fuel Cell : DMFC) : 고분자 전해질 연료전지의 작동원리와 유사하게 동작되는 직접 메탄올 연료전지는 메탄올을 직접 연료로 사용한다는 것이 가장 큰 차이점이다. 고분자 전해질 연료전지 시스템의 경우 연료로 직접 수소를 사용하지 않을 경우 개질기가 필요하지만, 직접 메탄올 연료전지는 개질기가 필요없기 때문에 시스템을 보다 간소화시킬 수 있고, 부하 응답 특성을 향상시킬 수 있다는 장점이 있다.
- **활성 면적**(Active Area) : 셀의 전체 면적 중에서 실제 화학 반응에 참여하는 부분의 면적이다.
- **흡착**(Adsorption) : 2개의 상이 접할 때, 그 상을 구성하고 있는 성분 물질이 경계 면에 농축되는 현상, 용질이 두 상의 경계면을 지나 1개의 상으로부터 다른 상으로 이동하는 흡수(Absorption)와는 구별된다. 표면 또는 계면에 흡착이 일어날 때를 양흡착이라고 하며, 그 반대로 계면 쪽이 내부보다 성분 농도가 엷어진 때를 음흡착이라 하며, 다량의 양흡착을 일으키는 물질을 흡착제라 한다. 대표적인 예로 연료전지 촉매의 지지체로 많이 사용되는 활성탄(Activated Carbon)이 있다.
- AFC(Alkaline Fuel Cell) : 알칼리 연료전지이다.
- BOP(Balance Of Plant) : 주변 기기이다.
- DMFC(Direct Methanol Fuel Cell) : 직접 메탄올 연료전지이다.
- MCFC(Molten Carbonate Fuel Cell) : 용융탄산염 연료전지이다.
- MEA(Membrane Electrode Assembly) : 막 전극 접합체이다.
- PAFC(Phosphoric Acid Fuel Cell) : 인산형 연료전지이다.
- PEMFC(Proton Exchange Membrane Fuel Cell) : 고분자 전해질 연료전지이다.
- RFC(Reversible Fuel Cell) : 가역 연료전지이다.
- SOFC(Solid Oxide Fuel Cell) : 고체산화물 연료전지이다.

제 10 장

풍력발전

10.1 풍력발전의 개요

풍력은 태양광에 의한 지구표면의 복사열에 의해 공기 비중의 변화에서 이동 상승하는 순간 위치 에너지이다. 인간은 몇천 년 전부터 이 공기의 흐름을 이용한 동력을 이용해서 농사용 관개 수리 등에 이용해 오다가 19세기 초 증기 기관의 발명과 화석연료를 이용한 내연 기관의 등장으로 그 효용성을 상실하였다가 1970년대 초의 1차 에너지 shock와 1980년대부터 관심을 끌기 시작한 화석연료의 과다 사용으로 인한 환경오염 등에서 다시 새로운 청정 대체 에너지로서 각국에서 경쟁적으로 연구개발하게 되었다. 풍력발전의 기초를 만든 선구자는 19세기 말에 덴마크의 에디슨이라고 불리는 p. 라쿠르교수이다. 그는 덴마크의 연구소에서 회전차(rotor)의 직경이 23m나 되는 대형풍차를 사용하여서 1세기 이상 전부터 직류발전기에 의한 발전, 축전기에 의한 충전, 더욱이 물을 전기 분해하여 수소를 발생시켜 그것에 의한 전력을 저장하였다. 이후 100년 동안 소형기로부터 대형기까지 풍력발전의 기술은 대폭적으로 진보를 보이고 있다.

풍력발전은 20세기 초부터 5~20kW급 풍차를 연구자들이 설계했지만, 1940년경보다 편리한 화석 에너지에 밀려 그 연구도 점차 쇠퇴 경향을 나타내었다. 이러한 경향을 타파하고 기존의 에너지 고갈과 지구 환경문제에 대한 의식이 높아진 1980년대 초에 미국 캘리포니아주의 윈드팜이 출현하였다. 일본의 경우도 1980년 후반부터 1990년대 초반에 걸쳐 일시적으로 둔화되기는 하지만, 1990년대 중반부터 다시 큰 성장률을 나타내고 있다. 독일, 덴마크 등의 환경선진국과 인도, 스페인 등에서 설치 수량이 증가하여 풍력발전기의 표준 용량이 1980년대 100kW급에서 600kW급으로 옮겨갔고, 우리나라도 동해지역, 제주도 등 도서지역에 풍력발전이 증대될 전망이다.

풍력발전은 이미 3,000년 전부터 풍차는 농경이나 양수 혹은 범선 등의 주 동력원으로서 사용되어 왔으나 산업혁명 이후 화석연료에 의해 저렴한 동력과 전화 사업에 의해 거의 사용되지 않게 되었다. 풍력에 의한 발전은 19세기 말 미국의 Brush가 12kW DC 발전기를 만든 것과 그림 10-1의 덴마크의 Pour La Cour의 연구가 효시이지만 20세기에 들어서서도 거의 주목을 받지 못했다. 1941년 미국의 Smith Putnam (그림 10-1)의 1,250kW 풍력 발전기는 회전자 직경 53m에 피치 제어를 하는 당시 획기적인 풍력발전기이었지만 1945년 치명적인 고장을 일으키고 말았다. 이 이후로도 러시아, 영국, 덴마크, 프랑스 등에서 다양한 시도가 있었는데 덴마크의 Gedser의 200kW, 회전자 직경 24m와, 독일의 Hutter가 설계 제작한 각종 새로운 경량 풍력 발전 시스템이 1950년과 1960년대의 특기할 만한 풍력 발전 시스템으로 꼽을 수 있었다. 그러나 1973년 오일 쇼크 이전에는 별로 관심을 받지 못했다. 오일 폭등의 자극을 받은 각국 정부에서 풍력발전기에 대한 연구에 대해 실질적인 투자가 시작되었으며 미국에서는 38m 회전자 직경의 100kW Mod-0(1975년)와 97.5m 회전자 직경의 2.5MW Mod-5B(1987년)를 개발하였다. 캐나다에서는 4MW 수직축 다리우스 풍력발전기가 건설되었고, 영국에서는 Dr. Peter Musgrove가 H형 다리우스를 제안하여 1981년 500kW 용량이 건설되었다. 이러한 정부 투자 연구의 결과로 풍력발전기는 대체로 설계 의도에 부합되는 특성을 보이고 있지만 대형 풍력발전기의 신뢰성이 떨어져서 무인 운영을 하기에는 어려움이 있었다. 이러한 까닭에 기업들은 크기가 작고 간단한 풍력발전기를 시판하게 되었고, 미국 캘리포니아에서는 주 정부의 지원으로 1980년 중반에 100kW 미만의 수많은 풍력발전기가 세워지게 되었다. 이 다양한 형태의 풍력발전기들은 많은 문제점을 가지고 있었지만 크기가 작아서 보수와 수정에는 편리한 장점이 있었다. 소위 덴마크식 풍력 발전기는 3개의 날개와 실속 제어(stall regulated) 그리고 정속, 유도 전동기를 사용하는 것이며, 거짓말 같이 간단한 구조는 실제 적용되어 큰 성공을 거두었다. 지금은 날개 길이 90m가 넘는 3MW급의 풍력발전기가 이미 시판되고 있으며 이들은 변속, 피치 제어 방식을 채용하고 있다. 풍력발전기의 발전은 1973년 오일 쇼크와 화석연료 매장량의 제한성에 대한 대비를 위해 시작되었지만 지금은 그 보다는 기후 협약과 관련된 온실가스의 저감 문제가 풍력발전기 개발과 설치의 실질적인 원동력이 되고 있다. 풍력발전기는 제작에서 폐기에 이르기까지 온실가스의 발생이 대단히 적다. 1997년 발간된 유럽연합의 백서에 의하면 2010년까지 유럽연합 총 에너지 수요의 12%를 대체 에너지로 충당할 것을 요구하고 있으며 이중 풍력 발전이 핵심적인 역할을 할 것으로 예상되고 있다. 우리나라에서도 1970년 중반부터 소형 풍력발전기에 대한 연구가 시작된 바 있으나 그다지 성공적이지 못하였다. 1994년 한국 에너지 기술연구원에서 제주 월령 신재생 에너지 시범 사업을 성공적으로 수행하여 국내의 풍력발전 이미지 제고와 풍력발전의 가능성을 홍보하였고, 이는 제주 행원 지역의 국내 최초의 상용 풍력 발전 단지 조성으로 이어졌다.

풍력발전이란 공기의 유동이 가진 운동 에너지의 공기역학적 특성을 이용하여 회전자를 회전시켜 기계적 에너지로 변환시키고 이 기계적 에너지로 발생되는 유도 전기를 전력계통이나 수요자에게 공급하는 기술이다. 바람 에너지를 날개를 이용해서 전기에너지로 바꾸는데 이때 날개의 이론상 바람 에너지 중 59.3%만이 전기 에너지로 바뀔 수 있는데 이것도 날개의 형상에 따른 효율, 기계적인 마찰, 발전기의 효율 등을 고려하면 실제적으로 20~40%만이 전기 에너지로 이용 가능하다. 약 50년 전에 현대적 개념의 200kW급 풍력발전기가 덴마크의 Gedser 해안에서 개발된 이후 1973년 오일 쇼크를 거치면서 풍력발전기의 설계 기술은 비약적으로 진보되었고, 최근 들어 독일과 덴마크를 중심으로 5MW 이상의 대형 풍력발전기가 개발되면서 대용량 풍력발전과 계통 연계 등과 같은 다양한 연구가 진행되고 있다. 그리고 표 10-1은 풍력발전 시스템의 장단점을 나타내었고, 표 10-2는 2002년 영국에서 발표된 자료로 에너지별 발전단가 비교를 바탕으로 한 2020년의 예상 발전 단가 비교를 보이는데, 이 예측 보고서에서는 Biomass를 포함해 육상 및 해상 풍력발전이 CO_2 감축에 고효율, 저비용임이라고 결론을 내렸다.

** 표 10-1 ▌ 풍력 발전 시스템의 장단점

장 점	단 점
풍력 에너지원은 무한한다: 세계 전력 수요를 공급할 잠재력이 있다.	**지역에 따라 개발이 제한되어 있다:** 평균 풍속 7m/s, 높이 80m 이상
발전 연료 비용이 제로이며 청정 에너지이다: 이산화탄소 배출이 매우 낮으며 기존 화석연료 대체시 이산화탄소 절감 효과가 있다.	**초기 설치 비용이 높다:** 초기 설치 비용이 국가에 따라 기존 화력발전소에 비해 높다.
인프라 구축이 짧다: 발전기만 설치하면 바로 발전을 시작할 수 있고 오프쇼어 대형 풍력기지 조차 2년 내에 건설이 가능, 전력 생산량을 단기간에 증가시키기에 유용하다.	**전력 공급이 바람의 간헐성에 영향을 받는다:** 간헐적인 바람에 의존하므로 저장 장치나 보조발전기가 필요하며, 바람의 불규칙성에 따라 설비 효율이 감소할 수 있다.
발전 부지 소요 면적이 타 에너지보다 작다: 풍력발전기 설치에 필요한 면적을 제외하고는 다른 용도로 부지를 활용 가능하다.	**시각적인 충격, 소음, 지역 생태계 파괴 등의 환경적 위험 가능성이 있다.**

** 표 10-2 ▌ 에너지별 발전 단가 비교(에너지 관리 공단, 2008)

분야	2020년의 단가(5%~15% 할인율) €cents/kWh	예측 적중률
태양광	15~24	높음
풍력-옥상	2.3~3.8	높음
풍력-해상	3~4.5	중간
농작물	3.8~6	중간
조력	4.5~9	낮음
화석(CO_2저감)	4.5~6.8	중간
원자력	4.5~6	중간
복합가스	3~3.5	높음
Coal gasification	4.5~5.3	중간

(Paul La Cour, 1891, Denmark)

(Smith Aeromotor, 1942)

** 그림 10-1 ▌ 풍력발전의 효시(황병선, 2009)

10.2 풍력발전의 원리

풍력발전의 원리는 그림 10-2와 같이 바람의 운동 에너지를 블레이드를 통해 기계적 에너지로 변환시킨다. 이렇게 변화된 기계적 에너지가 다시 발전기를 통해 전기에너지로 만들어 지게 되고 생성된 전기를 축전지에 저장을 하거나 전력선을 통해 수요자에게 공급하는 기술이다.

$$E= \frac{1}{2}MV^2 = \frac{1}{2}(\rho A V)V^2 = \frac{1}{2}\rho A V^3 = \left(\frac{\pi\rho}{8}\right)d^2 V^3 \tag{10.1}$$

풍속과 출력은, 운동하는 물체의 에너지는 물체의 질량을 M, 속도를 V라 하면 식(10.1)로 표현된다. 그림 10-3과 같이, 풍차의 수평면을 단위 시간에 통과하는 바람의 체적은 풍속 V와 수풍 면적 A를 서로 곱하여, VA로 표시되므로 이것에 공기의 밀도 ρ를 곱하면 질량 M은, $M = \rho VA$로 표시된다. 회전 블레이드의 직경을 d라 하면 수풍 면적 A는, $A = \pi(d/2)^2$로 표시된다. 풍차의 수풍면에서 바람의 에너지는 풍속은 3제곱에 비례하며, 회전 블레이드 직경의 2제곱에 비례한다. 로터 블레이드의 지름은 풍력발전기에 따라 정해져 있지만 풍속은 지역과 지형, 계절에 따라서 변한다. 결론적으로 출력이 풍속의 세제곱에 비례한다는 것은 풍속이 10%로 떨어지면 출력은 30%로 떨어지는 것을 의미한다. 단, 바람이 가지고 있는 에너지 전부를 이용할 수는 없다. 바람이 가지고 있는 에너지의 약 59.3%가 이론적으로 끄집어낼 수 있는 한계(베츠(Betz)의 이론)로 되어 있다.

현재, 풍력발전용으로 가장 많이 사용되고 있는 것은 수평축형 풍차의 대표인 프로펠러형 풍차이다. 프로펠러형 풍차의 블레이드 형상은 항공기의 날개와 비슷하다. 그림 10-4와 같이, 바람이 어떤 영각(令角)으로 블레이드에 닿아 블레이드의 한쪽 면에서 기류가 빨라지면 「유체의 속도 헤드와 압력 헤드의 합은 일정」 하다는 베르누이(Bernoulli)의 법칙에 따라 기류가 빠른 면의 압력이 상대적으로 낮아진다. 이때 블레이드에 양력이 발생한다. 프로펠러형과 같이 양력으로 도는 풍차에서는 블레이드의 속력이 풍속의 3~10배나 되며, 풍속과 블레이드의 풍력을 합성한 기류 속도가 블레이드에 닿는 상대적인 풍속이 된다. 프로펠러의 매수는 한 장이나 두 장인 것도 있으며, 3장의 블레이드에 비하여 블레이드의 풍력은 빠르게 취할 수 있지만, 풍력발전용으로는 회전의 안정성을 이유로 3장의 블레이드가 많이 사용되고 있다.

그림 10-5에 풍속의 빈도수와 발전된 전기 에너지, 발전기 출력의 관계를 도시하

였다. 출력은 낮은 풍속(0~3m/s)에서는 없다가 풍속 3m/s에서부터 풍속의 세제곱으로 증가된다. 발전기는 15m/s에서 정점인 100kW를 지난 후에 출력을 현 상태로 유지하다가 기종에 따라 다르지만 20~25m/s에서 안전을 위해 운행을 정지하게 된다. 태풍이 불면 바람이 매우 부는데도 풍력발전기의 파손 방지를 위해 팁 스포일러(tip spoiler)와 기계적인 브레이크를 이용해 운행을 정지한다. 이때의 풍속을 한계풍속(cut out wind speed)이라고 한다. 바람이 세게 부는 날이 있는가 하면 없는 날이 있고, 바람이 세면서 오랜 시간 동안 부는 날이 있고 세지만 짧게 부는 날이 있다. 풍력발전에서 중요한 것은 적당히 센 바람이 얼마나 오랫동안 불었느냐 하는 것이다. 그 정도를 나타내어 주는 것이 '풍속의 빈도수'이다. 풍속을 100시간 동안 측정했을 때에, 그 중에 센(예를 들면 풍속 5~5.5m/s인) 바람이 10시간 동안 불었으면 풍속의 빈도수는 그림 10-5와 같이 10%가 되는 것이다. 풍속 측정 기간은 위와 같지 않고, 바람도 계절에 따라서 달라짐으로 1년 단위로 측정한다. 그림 10-5에서 풍속 5~5.5m/s인 바람의 빈도수는 10%이고, 즉 1년간 약 37일 동안 이런 바람이 분 것이다. 이 바람에서 얻을 수 있는 에너지는 발전기의 출력 곱하기 시간임으로 그림 10-5에서 150kW이다. 반면에 풍속 7~7.5m/s인 바람은 약 6%의 빈도수를 나타내지만 210kWh의 전기 에너지를 만든다. 이와 같은 식으로 풍속 15~20m/s에서는 빈도수 1% 미만이고 발전된 전기 에너지는 10kWh 미만이다. 100kW급의 풍력발전기는 풍속 15m/s 이상에서 100kW의 출력을 내는 발전기이지만 이 풍속에서 최대 전기 에너지를 얻을 수 있는 것은 아니다. 이때의 풍속을 최대 출력 풍속(rated wind speed)라고 한다. 전기 에너지 발전량은 풍속의 빈도수에 달린 것이다.

풍력발전기의 효율은 그림 10-6과 같이 풍력 에너지는 풍력 터빈에서 축의 회전 에너지로 바뀌어, 증속기에서 교류발전기가 필요로 하는 회전수까지 축 회전을 올린 후 발전기로부터 전기 에너지로 변환된다. 그 동안에 에너지의 변환 손실(loss)이 있으며, 풍력 에너지의 30% 정도를 전기 에너지로 끄집어낼 수 있게 된다. 연간 평균 풍속이 6~7m/s를 넘는 것이 사업화에 적합한 기준이 된다.

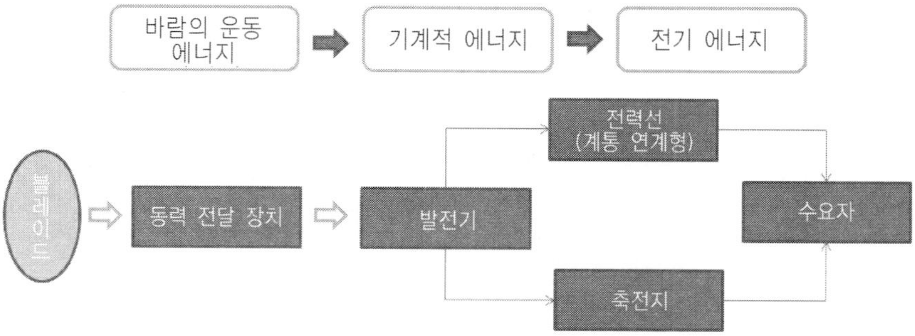

** 그림 10-2 ▌ 발전기의 구성요소(하상안, 2009)

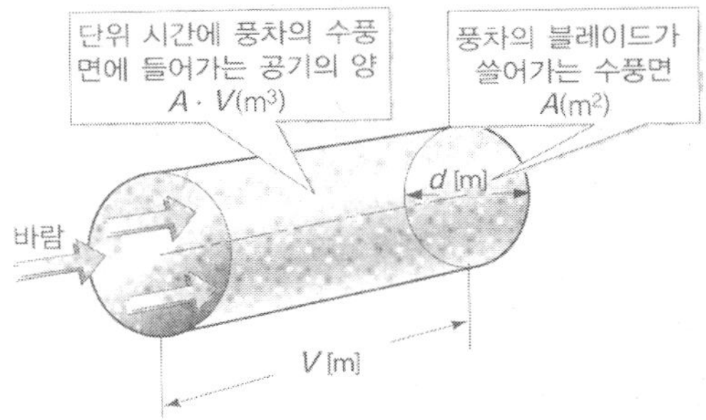

** 그림 10-3 ▌ 단위 시간에 수풍면을 통과하는 기류(장태익 외, 2007)

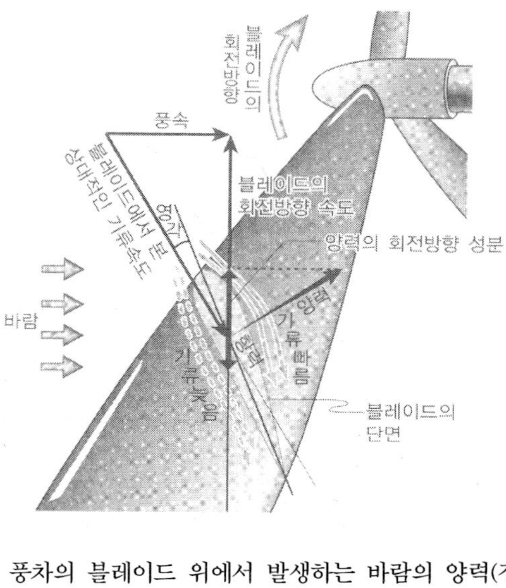

** 그림 10-4 ▌ 풍차의 블레이드 위에서 발생하는 바람의 양력(장태익 외, 2007)

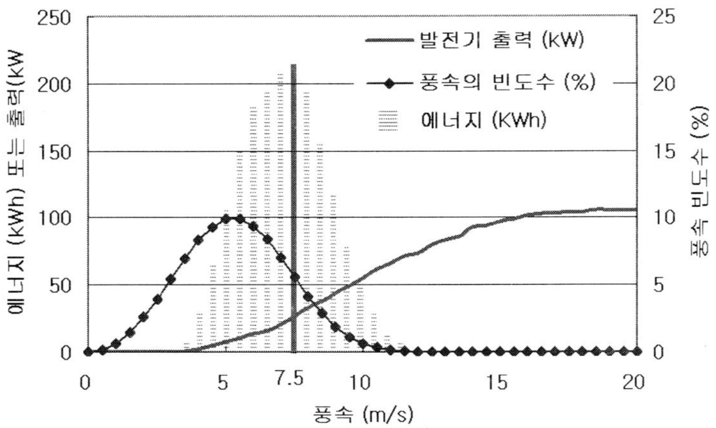

** 그림 10-5 ▌ 풍속의 빈도수와 발전된 전기 에너지, 발전기 출력의 관계(김종민, 2004)

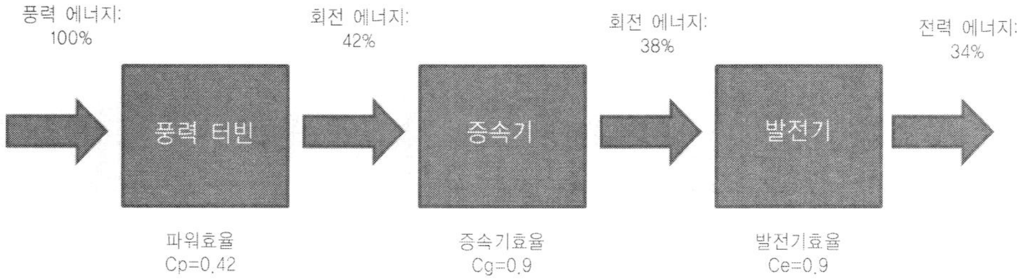

** 그림 10-6 ▌ 전기 에너지에의 변환 손실(장태익 외, 2007)

10.3 풍력발전의 분류

풍력발전기의 분류는 표 10-3과 같이 구조상 분류, 운전 방식에 따른 분류, 출력 제어 방식, 전력 사용 방식으로 분류한다. 구조상 분류는 수직 풍력발전기, 수평 풍력발전기 및 수직, 수평축 통합형으로 구분한다. 운전 방식에 따라 정속 운전과 가변속 운전으로 구분할 수 있다. 출력 제어 방식에 따라 Pitch형과 Stall 조절 방식으로 구분한다. 발전 시스템 운전 방식에 따라 계통 연계형과 독립전원형 풍력발전기로 구분한다. 그림 10-7의 수직축 풍력발전 시스템은 회전자축이 지면에 대해 수직으로 회전하는 것으로 바람의 방향에 관계없이 운전되는 특징이 있으므로 바람 추적 장치가 필요 없어 구조가 간단하고 시스템 가격이 저렴하다. 미국 등의 몇몇 회사가 개발을 지속 중에 있으나 대형화에 실패하여 상용화된 대용량 시스템은 없으며 주로 소용량으로 운전된다. 수평축 풍력발전 시스템은 회전자축이 지면에 대해 수평으로 회전하는 것으로 바람 에너지를 최대로 받기 위한 바람 추적 장치 등이 필요하여 시스템 구성이 다소 복잡하나 지속적인 기술 개발로 현재 가장 안정적인 고효율 풍력발전 시스템으로 인정받고 있다. 현재 세계 시장에 풍력발전기의 대부분을 차지하고 있으며, 지속적인 기술 개발로 보급 잠재력이 가장 큰 시스템이다.

그림 10-8의 운전 방식에 따른 기어리스형은 대부분 가변속 운전 동기형(또는 영구자석형, 유도기형) 발전기를 사용하는 풍력의 전 시스템에 해당된다. 유도기의 경우 전력 변환 장치를 통하여 여자의 전압과 주파수를 조절하여 공급하며, 역률의 개선을 이룰 수 있다. 동기기의 경우 회전자의 구동력을 증속 장치 없이 직결형으로 전달하고 전력 변환 장치를 통하여 전력 계통에 연결한다. 동기발전기의 경우 유도발전기보다 발전효율은 높으나, 비싸고 직경이 큰 단점을 가지고 있다. 그리고 기어형은 대부분의 정속 운전 유도기형 발전기를 사용하는 풍력발전 시스템에 해당되며, 유도형 발전기의 높은 정격회전수에 맞추기 위해 회전자의 회전 속도를 증속하는 기어장치가 장착되어 있는 형태이다. 유도발전 방식은 전력계통과 변압기를 통하여 직접 연결되어 여자를 받게 되므로 역률개선을 위하여 전력 콘덴서가 필요하다. 또한, 전력계통과 연계할 때 돌입전류를 줄이기 위하여 소프트 스타터(soft starter)가 필요하다. 전통적인 풍력발전의 전력 계통 연계 방식으로 좋은 전력 품질 유지는 어렵지만 단순하고 저렴한 장점이 있는 반면 회전자를 정속으로 운전해야 하므로 공력 성능 향상에 한계가 있고 동력 전달 체계에 무리를 줄 수 있다.

출력 제어 방식에는 수동형 실속 제어(Passive Stall Control), 능동형 실속 제어(Active Stall Control), 날개각(Pitch) 제어 방식 이렇게 3가지가 있다. 먼저 수동형 실속 제어(Passive Stall Control)는 일정풍속에서 최대의 추력계수가 발생되도록 날개의 붙임각이 고정되어 일정한 날개각이 유지되게 함으로써 정격 풍속 이상에서 날개에 실속이 유발되게 하는 방식이다. 하지만, 수동형이 갖고 있는 근본적인 기술적 한계로 일정한 정격출력 유지가 어렵고 어느 정도의 범위 내에서 변동의 발생을 감수해야 한다. 능동형 실속 제어(Active Stall Control)는 회전자 날개의 붙임각을 조절하는 피치 제어 메커니즘을 두고, 정격 풍속 이상에서 풍차의 출력을 정격출력으로 일정하게 유지하기 위하여 유입 공기의 에너지에 대한 전환효율이 감소되도록 회전자 날개의 받음각을 크게 해줌으로써 실속 현상이 유발되어 출력계수가 낮아지도록 한 방식이다. 단순하고 효율적인 장점을 갖고 있어 정속 운전 방식에 널리 적용되고 있지만, 실속 현상에 의한 양력계수의 감소와 함께 항력계수의 증가를 가져오게 되어 날개에 걸리는 공력 하중이 커지게 됨으로써 날개의 휨이나, 떨림, 결과적으로 소음이 발생되는 등의 기술적 문제가 발생될 수 있다.

마지막으로 날개각(Pitch) 제어 방식은 정격 풍속 이상에서 정격 출력을 일정하게 유지하기 위하여 회전자 날개를 조절하는 방식이다. 경사도 조절 장치는 초기에는 유압식이 많이 이용되었으나 장기간 운전 혹은 돌풍 시에 유압 장치 실린더와 회전자 간의 기계적 링크 부분의 손상이 발생할 수 있다. 근래에는 주로 전기식을 사용한다. 이 방식은 어느 정도 능동형 실속 제어 방식이 갖고 있는 문제의 해결은 쉬우나, 섬세한 제어가 요구된다.

** 표 10-3 ▌ 풍력발전 시스템 분류(에너지 관리 공단, 2008)

구조상 분류 (회전축 방향)	운전방식	출력 제어 방식	전력 사용 방식
• 수평축(HAWT) – 프로펠라형 • 수직축(VAWT) – 다리우스형 – 사보니우스형	• 정속 운전 (Fixed Rotor Speed) – Geared형 • 가변속 운전 (Variable Rotor Speed) – Geared형 – Gearless형	• Pitch(날개각) 제어 • Passive Stall 제어 • Active Stall 제어	• 계통 연계 – 유도발전기 – 동기발전기 • 독립전원 – 동기발전기 – 유도발전기

수직축 풍력발전

수평축 풍력발전

** 그림 10-7 ▌ 수직축과 수평축 풍력발전(에너지 관리 공단, http://www.knrec.or.kr/)

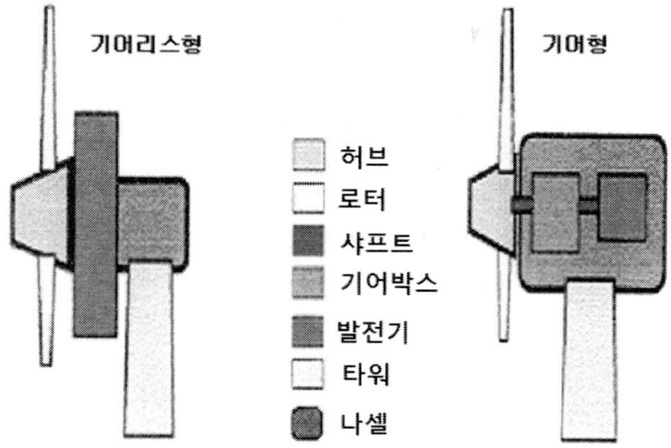

** 그림 10-8 ▌ 기어리스(Gearless)형과 기어(Geared)형 풍력발전기
(에너지 관리 공단, http://www.knrec.or.kr/)

10.4 풍력발전의 구성요소

풍력발전기는 풍력이 가진 에너지를 흡수, 변환하는 운동량 변환 장치, 동력 전달 장치, 동력 변환 장치, 제어 장치 등으로 그림 10-9와 같이 구성되어 있으며, 이러한 구성요소는 독립적으로 그 기능을 발휘하지 못하며 상호 연관된 전체적인 시스템으로서의 기능을 수행한다. 기계 장치부는 바람으로부터 회전력을 생산하는 회전날개(Blade), 회전축(Shaft)을 포함한 회전자(Rotor)이다. 이를 적정 속도로 변환하는 증속장치(Gearbox)와 제동과 운용 효율성 향상을 위한 Brake, Pitching, Yawing 시스템 등의 제어 장치 부문으로 구성된다. Gearless형 풍력발전기는 대개 증속 장치가 없다. 전기 장치부는 발전기와 전력 변환 장치로 구성된다. 유도발전기는 수천 kW이하의 발전에 많이 사용된다. 유도발전기는 농형발전기와 2차 권선형 발전기가 있다. 계통으로부터의 여자 전류를 필요로 하지만, 여자 장치가 없고 구조가 간단하며 보수성이 좋은 것이 특징이다. 풍차와 발전기 사이에 증속기를 거쳐 회전수를 40배정도 올려서 발전한다.

계통 연계는 AC 링크 방식이 일반적이다. 권선형 유도발전기에서는 가변속 운전이 가능하다. 다극형 동전발전기를 사용하는 경우 풍차의 로터와 40~70극에 의해 증속기를 거치지 않고 낮은 회전수로서 발전이 가능하게 된다. 단, 다극형 동기발전기는 직경이 1~4m로 크게 된다. 계통에는 연계는 컨버터와 인버터를 거친 DC

링크 방식으로 된다. 최근에는 점차로 DC 링크 방식이 증가하고 있다.

제어 장치부는 풍력발전기가 무인 운전이 가능토록 설정, 운전하는 제어 시스템 및 Yawing & Pitching 제어기와 원격지 제어 및 지상에서 시스템 상태 판별을 가능케 하는 모니터링 시스템으로 구성되어 있다. Yaw 제어는 바람 방향을 향하도록 블레이드의 방향을 조절 하는 것이다. 풍력발전 출력 제어 방식은 날개각(Pitch), 수동형 실속(Passive Stall), 능동형 실속(Active Pitch) 제어로 구분된다.

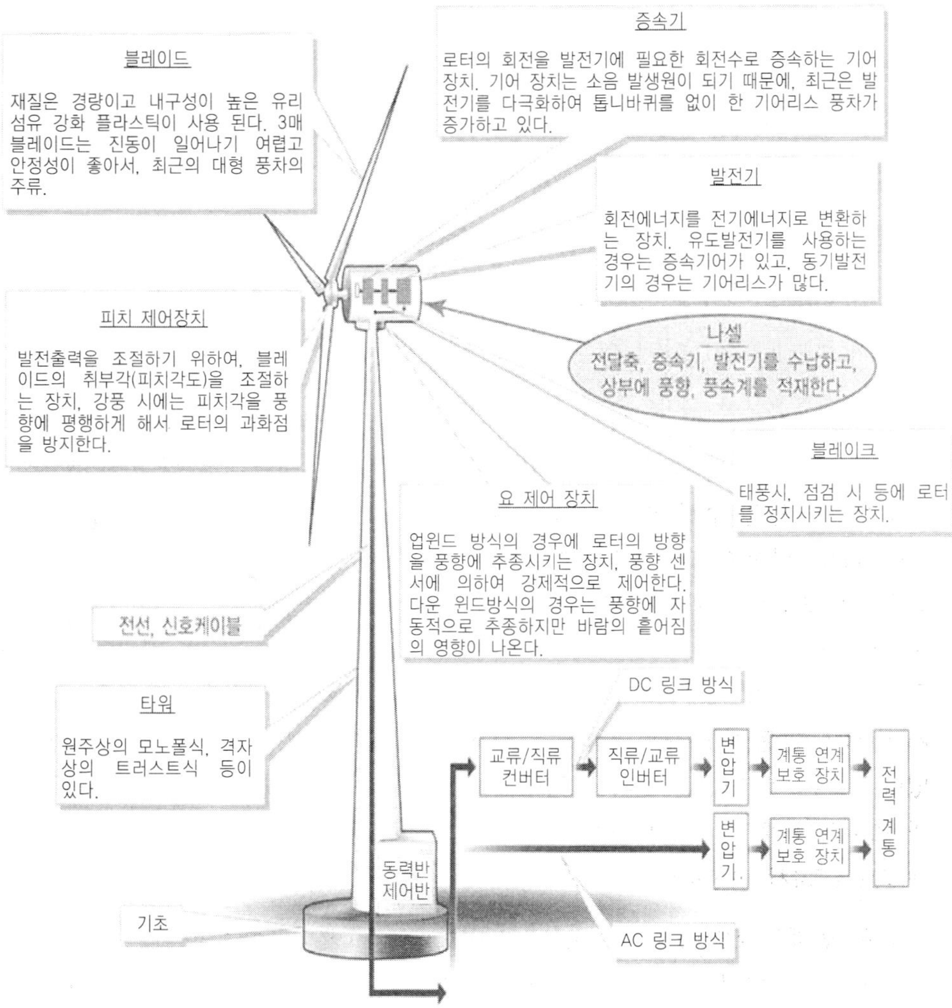

** 그림 10-9 ▌ 풍력발전 시스템의 전체 구성도(장태익 외, 2007)

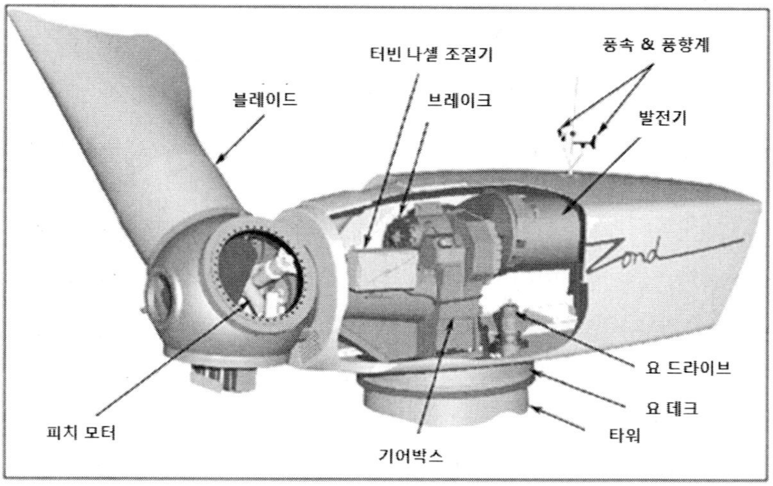

** 그림 10-10 ▌ 풍력발전 시스템 발전기와 증속기 구성도
(에너지 관리 공단, http://www.knrec.or.kr/)

10.5 국내외 풍력발전 사례

10.5.1 국내 풍력발전 사례

현재 국내에 보급되어 있는 풍력 설비들은 소형 풍력의 경우 국내 개발된 기술 또는 도입 기술이 혼용된 형태로서 풍력 산업의 성장과 보급 확대가 이루어지고 있다. 현재 상업 운전 중인 중형급 이상의 대부분의 풍력발전 설비의 주요 부품은 수입에 의존하고 있고, 타워 구조물이나 기초 구조물 정도만이 국내에서 제작 및 시공되고 있는 실정이다. 현재까지 국내에 보급된 풍력 설비의 총 규모는 2007년 9월 약 180MW이며, 대관령(약 103MW급), 영덕(39.6MW급), 행원(약 908MW급), 새만금(7.9MW급), 한경(6MW급), 풍력발전 단지를 중심으로 상업용 풍력발전이 이루어지고 있다. 국내 풍력 에너지 잠재량은 1,069TWh/year이며 이 중 가용 풍력 자원은 93TWh/year이다. 2007년 9월 말 현재 국내에 보급된 풍력발전 시스템은 총 122여 기, 약 180MW 용량으로서 2007년 1월부터 8월까지 8개월 동안 225.2GWh의 전력을 생산하였다. 영덕 풍력발전 단지(39.6MW)와 대관령 풍력발전 단지(약 103MW), 행원 풍력발전 단지(약 10MW)의 세 개의 풍력발전 단지가 국내 풍력 에너지 보급량의 약 86%를 담당한다. 국내 풍력발전 단지 사업은 아직 초기 시장 진입 단계이며,

2002년 이후 개발 된 단지가 대부분이다. 지역별 보급 현황을 살펴보면 대부분의 운전 중인 풍력 설비는 Vestas(덴마크)와 같은 해외업체로부터 수입되어 운전되고 있는 실정이다. 정부는 이러한 기술 격차를 극복하기 위해 국책 과제로 2001년부터 750kW급 개발에 착수하였고 2004년에는 2MW급 풍력발전 시스템 개발 과제를 추진하였다. 또한 육상보다 훨씬 큰 잠재량을 가지고 있는 해상 풍력 자원의 활용을 위해 2004년도에는 4MW급 해상 풍력 실증 연구 단지를 조성에 착수하였고, 2006년에는 3MW급 해상 풍력발전 시스템 개발 과제를 착수하였다. 이러한 결과 현재 750kW급과 1.5MW급의 풍력발전기가 국제 인증을 획득하였고, 100kW급, 2MW급 풍력발전기 개발이 완료되어 실증 중에 있다. 국내 풍력 발전 시장 규모의 예측은 기술로드맵을 작성함에 있어서 가장 중요한 부분으로 미래시장을 정확하게 예측함으로써 시장 확보를 위한 요구 기술을 선행 개발하는 것이 목적이다. 미래 시장을 예측하는 것은 기본적으로 상당한 불확실성이 존재하므로 다양한 예측을 종합한 후 가장 가능성이 높은 시나리오를 설정하여 시장 규모를 예측하는 방법을 사용한다. 향후 예측 보완을 위해서는 다중 시나리오에 의한 다중 예측으로 다양한 가능성을 대비한 대체기술을 고려하는 것이 바람직하다. 한전 전략기술경영연구소에서 예상한 2010년까지 육상 풍력은 859MW가 보급될 것으로 예상하고 있으며 2006년도의 보급량 예측인 208MW는 2006년도 후반부의 보급 실적과 매우 근접함을 확인할 수 있다. 2010년도 이후의 풍력발전 산업의 성장은 해상 풍력발전 보급에 의해 결정될 것으로 예상된다. 향후 국내 시장 규모는 전략기술경영연구소의 2006~2010년까지 풍력발전 보급 예측 시나리오를 기본으로 하였으며 아래의 가정을 통해 예측하였다.

표 10-4는 지역별 풍력발전 설치 용량이다. 현재 국내에 보급되어 있는 풍력 설비들은 소형 풍력의 경우 국내 개발된 기술 또는 도입 기술이 혼용된 형태로서 풍력 산업의 성장과 보급 확대가 이루어지고 있다. 현재 상업 운전 중인 중형급 이상의 대부분의 풍력발전 설비의 주요 부품은 수입에 의존하고 있고, 타워 구조물이나 기초 구조물 정도만이 국내에서 제작 및 시공되고 있는 실정이다. 현재까지 국내에 보급된 풍력 설비의 총 규모는 2007년 9월 약 180MW이며, 대관령(약 103MW급), 영덕(39.6MW급), 행원(약 908MW급), 새만금(7.9MW급), 한경(6MW급), 풍력발전 단지를 중심으로 상업용 풍력발전이 이루어지고 있다.

국내 풍력 에너지 잠재량은 1,069TWh/year이며 이중 가용 풍력자원은 93TWh/year이다. 2007년 9월 말 현재 국내에 보급된 풍력발전 시스템은 총 122여기, 약 180MW 용량으로서 2007년 1월부터 8월까지 8개월 동안 225.2GWh의 전력을 생산하였다. 영덕 풍력발전 단지(39.6MW)와 대관령 풍력발전 단지(약 103MW), 행원 풍력발전 단지(약 10MW)의 세 개의 풍력발전 단지가 국내 풍력 에너지 보급량의 약 86%를 담당한다. 국내 풍력발전 단지 사업은 아직 초기 시장 진입 단계이며, 2002년 이후 개발된 단지가 대부분이다. 지역별 보급 현황을 살펴보면 대부분의 운전 중인 풍력 설비는 Vestas(덴마크)와 같은 해외업체로부터 수입되어 운전되고 있는 실정이다. 정부는 이러한 기술 격차를 극복하기 위해 국책 과제로 2001년부터 750kW급 개발에 착수하였고 2004년에는 2MW급 풍력발전 시스템 개발 과제를 추진하였다. 또한 육상보다 훨씬 큰 잠재량을 가지고 있는 해상 풍력 자원의 활용을 위해 2004년도에는 4MW급 해상 풍력 실증 연구 단지를 조성에 착수하였고, 2006년에는 3MW급 해상 풍력발전 시스템 개발 과제를 착수하였다. 이러한 결과 현재 750kW급과 1.5MW급의 풍력발전기가 국제 인증을 획득하였고, 100kW급, 2MW급 풍력발전기 개발이 완료되어 실증 중에 있다. 국내 풍력 발전 시장규모의 예측은 기술 로드맵을 작성함에 있어서 가장 중요한 부분으로 미래시장을 정확하게 예측함으로써 시장 확보를 위한 요구 기술을 선행 개발하는 것이 목적이다. 미래 시장을 예측하는 것은 기본적으로 상당한 불확실성이 존재하므로 다양한 예측을 종합한 후 가장 가능성이 높은 시나리오를 설정하여 시장 규모를 예측하는 방법을 사용한다. 향후 예측 보완을 위해서는 다중 시나리오에 의한 다중 예측으로 다양한 가능성을 대비한 대체기술을 고려하는 것이 바람직하다. 한전 전략기술경영연구소에서 예상한 2010년까지 육상 풍력은 859MW가 보급될 것으로 예상하고 있으며 2006년도의 보급량 예측인 208MW는 2006년도 후반부의 보급 실적과 매우 근접함을 확인할 수 있다. 2010년도 이후의 풍력발전 산업의 성장은 해상 풍력발전 보급에 의해 결정될 것으로 예상된다. 향후 국내 시장 규모는 전략기술경영연구소의 2006~2010년까지 풍력발전 보급 예측 시나리오를 기본으로 하였으며 아래의 가정을 통해 예측하였다.

본 시나리오는 육상 풍력발전 보급만을 고려한 것으로 해상 풍력발전 보급은 2009년 이후에 시작될 것으로 가정하였다. 연간 변동 요인을 무시하고 풍력발전 단지 개발 공사비는 15억원/MW를 전 예측 기간에 대하여 동일하게 적용하였으며 발전 차액 보전도 100원/kWh로 일정하게 적용하였다. 육상 풍력발전 단지의 경우 지형적인 제약 요건에 의하여 일부의 경우를 제외하면 대규모 단지화에 어려움이 많을 것으로 예상되어 소규모 단지 규모(10MW/단지)를 기본으로 적용하였다. 육상용 풍력발전기의 보급 기종을 1MW로 가정하였으며 그에 의한 연간 전력 생산량은 2GWh/연/MW로 일률 적용하였다. 국산 풍력 터빈의 점진적 시장 진입 반영은 2007년 이후로 가정하였으며 국산화 풍력발전기의 국내시장 점유를 2007년 10%를 시작으로 2010년 40%

까지 점진적으로 증가하는 시나리오를 적용하였다. 풍력발전 단지 설계 기술은 하드웨어 분야인 풍력발전기에 비하여 집중 개발 및 정부의 유도 정책에 의해 전략적인 급성장이 가능한 소프트웨어 분야이므로 2007년 20%를 시작으로 2010년 80%까지 급성장하는 시나리오를 적용하였다. 상기 기본 시나리오와 가정에 의한 국내 육상 풍력발전 보급 시장예측 결과를 보면 풍력발전기 시장의 경우 2010년까지의 누적 매출액의 20%를 점유할 것으로 예상되며 시장의 누적 규모는 1조 2,750억 원으로 예상된다(국산 풍력 터빈의 매출 규모는 2,700억 원 예상). 단지 설계 시장의 경우 50%를 국내제품 및 기술이 점유할 수 있을 것으로 예상되며, 단지 설계 시장의 누적 규모는 375억 원으로 예상된다(국내 설계 기술의 매출 규모는 180억 원 예상). 풍력 터빈 시장의 고용효과는 2010년 기준으로 연 인원 4,000명에 이를 것으로 예상된다.

정부는 2002년 12월에 확정된 「제 2차 국가 에너지 기본 계획」에 의거하여 2006년 3%, 2011년 6%의 대체 에너지 공급 목표를 설정하고, 이중에서 풍력발전은 2012년까지 2,250MW를 보급하여 총 발전량 369,973GWh의 1.8%에 해당하는 6,639.1GWh를 보급하는 것을 계획하고 있다. 현재까지 알려진 국내 보급 예정인 풍력 설비의 총 규모는 그림 10-12에서 확인할 수 있듯이 2007년 9월 말 현재 약 1,622MW이며, 지자체 및 풍력발전 업체들이 전국을 중심으로 상업용 풍력발전을 건설할 예정에 있다. 국내의 대표적인 대규모 풍력발전 단지는 대관령 그리고 영덕 풍력발전 단지이다. 영덕 풍력발전 단지는 (주)유니슨이 프로젝트 파이낸싱 계약 체결 및 해외자본 투자 계약 등으로 추진되었다. 총 사업비는 675억 원이며 프로젝트 파이낸싱으로 조달한 총 518억 원과 증자 참여를 통한 직접 계약으로 61억 원, 유니슨의 자체자금 96억 원이다. 영덕풍력발전 단지는 1.6MW급 풍력발전 24기, 시설 용량 39.6MW로 연간 9만6,680MW 규모의 전력을 생산하고 약 2만 가구에 전력을 공급할 예정이다. 대관령 풍력발전 단지는 신재생 에너지 발전을 위해 평창군 도암면 횡계리 일대에 2005년 3월부터 본격적인 공사를 추진하여 1차분 14기를 2005년 11월 준공한데 이어 나머지 35기에 대한 공사를 완료하고 2006년 10월 26일 준공식을 가졌다. 대관령 풍력발전 단지는 허브 높이 80m, 날개 직경 90m, 2MW급 풍력발전기 49기, 시설 용량 98MW로 발전량은 24만 4,400MWh로 연간 5만 가구에 전력을 공급할 수 있는 규모이다. 특히 이산화탄소 11만 8,000톤을 저감할 수 있는 국내 최대이자 세계 15위 규모의 상업용 풍력발전 단지이다.

** 표 10-4 ▌ 지역별 풍력발전 설치 용량(에너지 관리 공단, 2008)

지역별	규모별 보급 현황	총 시설 용량
제주 행원	600kW×2기(Vestas V42) 660kW×7기(Vestas V47) 225kW×1기(Vestas V27) 750kW×5기(NEG-Micon NM48)	9,795kW
제주 한경	1,500kW×4기(NEG-Micon)	6,000kW
제주 월정	1,500kW 1기	1,500kW
제주 월령	100kW 1기(Vestas)	100kW
전북 새만금	750kW×6기 850kW×4기(NEG-Micon)	7,900kW
경북 영덕	1,650kW×24기(NEG-Micon NM82)	39,600kW
경북 울릉도	600kW 1기(Vestas)	660kW
경북 포항	660kW 1기(Vestas)	660kW
경남 밀양	750kW 1기(한국화이바)	750kW
강원 대관령	2MW×49기	102,890kW
강원 태백	850kW×8기	6,800kW
강원 양양	1.5kW×2기	3,000kW
서울 난지도	-	100kW
합계	-	179,695kW

** 표 10-5 ▌ 국내 풍력발전 보급 시장 규모 예상치(에너지 관리 공단, 2008)

구분	단위	2007년	2008년	2009년	2010년	비고
누적 발전 용량 (신설 발전 용량)	MW	300 (100)	450 (150)	650 (200)	850 (200)	전략기수 경영연구소
연간 발전량	GMh	600	900	1,300	1,700	전력 생산량 2 GWh/MW
연간 매전 수익	억 원	600	900	1,300	1,700	발전 차액 보전 100원/kWh
누적 단지수 (신설 단지 수)	개소	30 (10)	45 (15)	65 (20)	85 (20)	단지 규모 10 MW/개소
누적 터빈 수 (신설 터빈 수)	기	300 (100)	450 (150)	650 (20)	850 (200)	터빈 용량 1기/MW
신설 터빈 시장	억 원	1,500	2,250	3,000	3,000	터빈/공사비 15억 원/MW
설치 고용 효과 (제작/운영)	명	1,500 (+130)	2,250 (+345)	3,000 (+665)	3,000 (+885)	적용 근거 EWEA(2005)

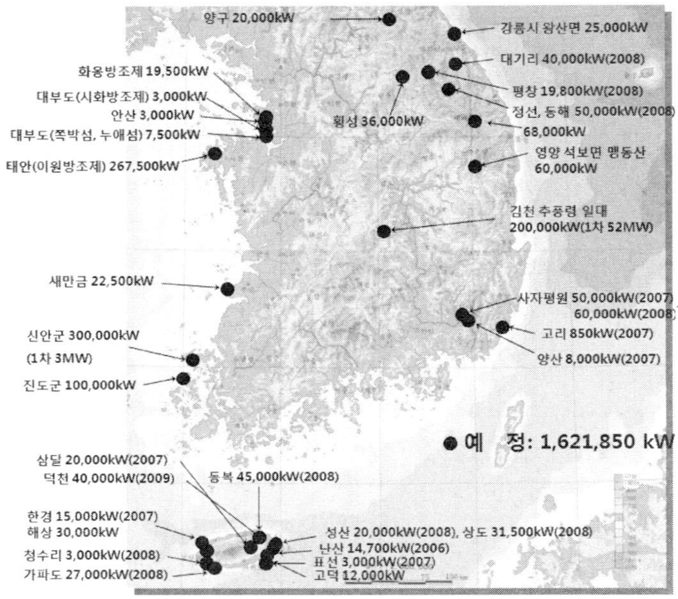

** 그림 10-12 ▌ 풍력발전 보급 예정 현황(2007년 9월)(에너지 관리 공단, 2008)

** 그림 10-11 ▌ 영덕 풍력단지(http://gwe.postech.ac.kr)

** 그림 10-13 ▌ 대관령 풍력단지(http://gwe.postech.ac.kr)

10.5.2 국외 풍력발전 사례

해외 풍력시장은 표10.6과 그림 10-14에서 보듯이 대표적인 국가인 독일, 스페인, 미국, 인도, 덴마크 등이 시장을 주도하고 있고, 후발국으로써 러시아, 남아공, 브라질, 멕시코 등이 시장 진입을 앞두고 있다. 유럽은 1991년 덴마크 Vindeby의 최초 해상 풍력 단지 건설을 시작으로 2010년까지 7,588MW 규모의 해상 풍력을 포함하여 육/해상 총 87,694MW의 풍력 설비 용량을 확보할 계획이다. 전 세계 풍력발전 누적 보급량은 2005년 말 60,000MW에 근접하고 있으며 그 증가폭은 더욱 커지고 있다. 풍력발전 주요국의 2006년 풍력발전 현황이 표 10-6에서 알 수 있으며, 대륙별 풍력발전 설비 보급량은 유럽이 41,044MW로 가장 많고 미주 그리고 아시아 순서이다. 주요 풍력발전 보급 국가로는 독일, 스페인, 미국, 덴마크 등이 있으며 독일의 경우 누적 보급량이 18,445MW로 전 세계 국가 중 가장 높은 풍력발전 보급률을 보이고 있다.

덴마크의 대형 해상 풍력 단지인(그림 10-15) 호른스레우는 2002년 스웨덴 국영기업 바텐팔이 2억 7,000만 유로 (당시 환율 기준 3,100억 원)를 들여 조성한 세계 최대 규모(160MW)의 해상 풍력 단지이다. 현재 덴마크 내 15만 가구 정도가 쓸 수 있는 연간 600GWh의 전력을 생산하고 있다. 2010년 완공 예정인 호르스레우2(덴마크 동 에너지사 보유)가 가동을 시작하면 400MW 규모로 커져 덴마크 전체 전력 수요의 2%를 담당하게 된다. 덴마크의 수도 코펜하겐에서 남쪽으로 150km를 떨어져 있는 니스테드(Nysted) 해상 풍력 단지(off shore windfarm)(그림 10-16)는 14만 5,000 가구가 쓸 수 있는 전기를 생산한다. 발전기 한 개의 용량은 2.3MW로 전체 72개 발전기의 총 발전량은 165.6MW에 달한다. 한국 소양강댐의 발전 용량(200MW)에 버금가는 규모다. 이 발전소가 1년 동안 생산해 내는 전기는 60만 MWh로 14만5,000 가구가 사용할 수 있는 양이다. 이곳 해상 풍력 단지에는 24㎢ 넓이의 바다 위에 이 같은 풍력발전기 9개가 8줄로 모두 72개가 설치돼 온 몸으로 바닷바람을 맞고 있다. 높이는 무려 110m, 타워 높이만 70m, 날개 길이는 40m이다. 이 풍력발전기는 초속 3m/s 정도의 미풍만으로도 거대한 터빈을 돌릴 수 있다. 최대 발전량은 초속 13m/s 정도의 바람에서 나온다.

바람만으로 전기를 만들기 때문에 이 해상 풍력 단지는 화력 발전 등 전통적인 방식으로 전기를 생산했을 경우와 비교해 연간 50만t의 이산화탄소 발생을 낮추며 440t의 산화질소, 490t의 이산화황 배출을 줄여준다. 사실 해상 풍력발전소 설치비는 육지에 설치하는 풍력발전소의 두 배에 달한다. 그럼에도 불구하고 덴마크 정부가 해상 풍력 단지를 적극 육성하는 데는 나름대로의 장점이 있어서다. 우선 바다는 육지보다 바람이 강해 육상 풍력 단지에 비해 1.5배의 전력을 생산한다. 바다에는 산이나 나무 건물 등이 없어 육지보다 바람이 더 자주 불고 세기도 강하기 때문이다. 따라서 비싼 설치비는 몇 년간의 전력 생산으로 충분히 상쇄할 수 있다. 또 육지에는 발전기를 설치할 장소를 확보하기가 쉽지 않고 인근 주민들의 반대도 거센 반면 바다는 상대적으로 이 같은 점에서 자유롭다는 장점이 있다.

덴마크 정부는 이 같은 이유로 2009년까지 200MW급 해상 풍력 단지를 추가로 건설하는 것을 비롯해 2030년까지 무려 4,000MW의 해상 풍력 단지를 조성할 계획이다. 이는 화력발전소 10개, 원자력발전소 4개에 해당하는 규모로 덴마크 전체 전기 소비의 40%를 충당할 수 있게 된다. 현재 풍력은 전체 덴마크 전력 소비의 20% 가량을 공급하고 있으며 이 중 해상 풍력 비중은 4~5%에 달한다.

** 표 10-6 ▌ 2006년 세계 풍력 발전 통계(에너지 관리 공단, 2008)

나라	총 풍력 발전	해상 풍력	발전 기수	풍력 발전의 비중(%)
독일	20,622	7	2,204	5.65
스페인	11,615	0	1,587	8.72
미국	11,575	0	2,454	0.77
일본	1,574	1	494	0.22
덴마크	3,137	423	5,274	16.78
네덜란드	1,559	108	1,792	2.37
캐나다	1,460	0	544	1.20

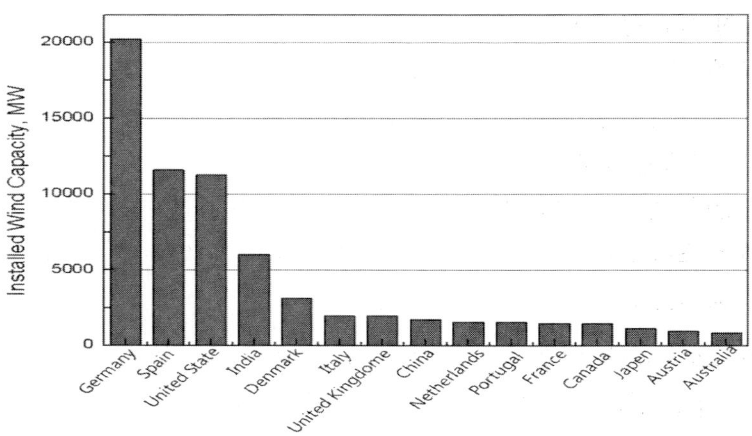

** 그림 10-14 ▌ 세계 풍력 발전 보급 주요 15개국의 2007년 1월까지의 현황(에너지 관리 공단, 2008)

** 그림 10-15 ▌ Horns Rev-Offshore windfarm, Denmark(http://gwe.postech.ac.kr)

** 그림 10-16 ▌ Nysted-Offshore windfarm, Denmark(http://gwe.postech.ac.kr)

10.6 기본 설계

풍력발전 도입을 계획할 경우의 일반적인 발전 도입의 순서를 그림 10-17에 나타낸다. 가장 먼저 입지 조사와 풍황의 정밀 조사를 하고 이를 바탕으로 적절한 풍력발전의 규모, 수량, 기종 선정을 한다. 그리고 측량 조사, 지질 조사, 공사 설계를 마치면 토목 공사에서 풍력발전 설치, 시운전을 거쳐 시운전 시 이상이 없을 경우 풍력발전 작동하여 전기를 각 가정 및 필요 장소에 공급한다.

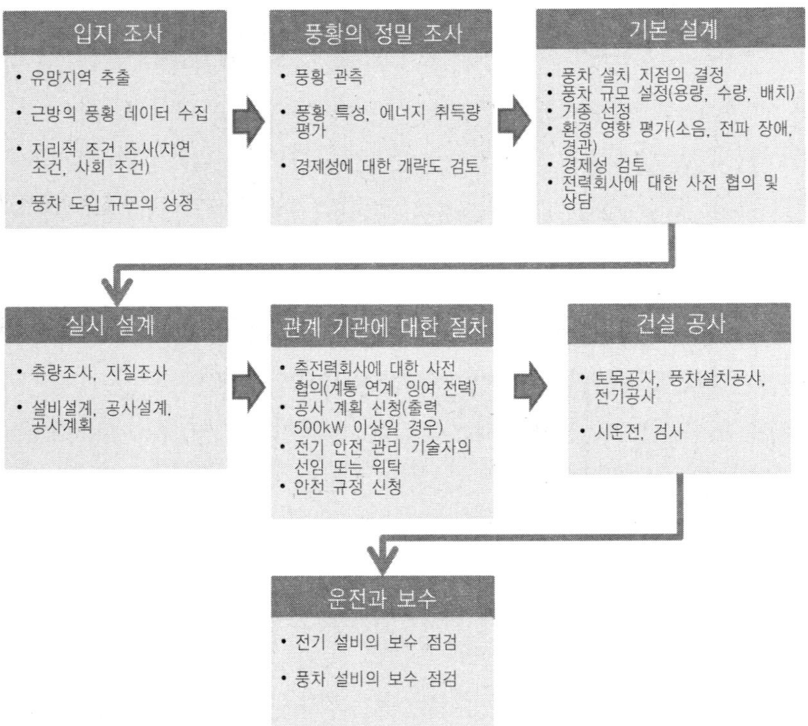

** 그림 10-17 ▌ 풍력발전 시스템의 도입 순서(이광식, 2009)

10.6.1 풍력발전 입지 조사

풍력발전의 에너지원이 되는 풍력 자원의 크기를 지도상에 등급별로 나눈 지도가 그림 10-18의 풍향 지도이다. 지역에 따라서 계절별 풍향이나 풍속이 크게 변화하는 경우 계절별 풍향 지도가 있으며, 그 지역의 풍력 에너지 특정을 아는 데 기초 자료가 된다. 세계 각국의 풍향의 형태에 따른 풍속은 일본의 경우는 쓰가루 반도 산악부와 닷피자키 연안부의 연간 평균 속도가 10m/s를 넘고 있다. 유럽의 경우 주로 북해 연안과 지중해의 일부 지역의 고도 50m에서는 연간 평균 속도가 8~9m/s와 9m/s이상으로 풍력 자원이 풍부한 지역으로 볼 수 있다. 독일, 덴마크를 비롯하여 서유럽 제국은 연안부에 가까운 해상 윈드팜의 프로젝트를 2006년부터 많이 계획되고 있다.

미국의 경우는 연간 평균 풍속이 7m/s 이상의 지역인 서쪽을 중심으로 전체를 걸쳐서 분포하고 있다. 풍향이 비교적 풍부하고 많은 윈드팜을 가진 캘리포니아는 풍력발전을 주력하고 있다. 미국의 경우는 고도 50m의 연간 평균 풍속이 7~7.5m/s의 지역을 2012년까지 풍력발전의 보급에 있어서 0.03달러/kWh를 실현을 목표로 하고 있다. 특히 유럽의 북해와 지중해의 경우 일부 고도 50m에서 연간 평균 풍속 9m/s 이상의 영역이 있다. 유럽에서는 북해 유전 기술, 경험 대부분이 살아 있어 해상풍력 발전은 앞으로 발전이 기대된다. 해상은 육상과 비교하여 풍속이 강하고 발전량이 크다는 것, 풍향 및 풍속이 안정되어 있다는 것에 의하여 설비 비용이 낮다는 것이 이점이다. 한편, 현재 수심은 25~35m 천해 해역의 해상에 설치되어 있고, 설비상 어려운 해상 환경과 기초 공사에 의하여 건설비용이 높아지는 단점이 있지만, 이미 덴마크나 네덜란드에서는 대규모의 해상 윈드팜이 건설되고 있으며, 지금부터는 독일 중심으로 2006년 이후부터 차차로 대형 윈드팜의 건설 계획이 실시로 옮겨지고 있다.

기상청은 풍력 지도를 개발하였는데 대관령의 경우 평균 6.53m/s로 풍력발전의 설치에 적합한 장소이며, 여수의 경우 6.1m/s로 풍력발전 설치에 적합한 연평균 풍속을 가지고 있었다. 특히 우리나라의 풍력 조사에서 풍력발전을 위한 7m/s 이상의 풍속을 가지는 지역은 향로봉 7.79, 미시령 8.8, 백령도 7.06, 백운산 8.34, 무등봉 7.74, 홍도 7.25, 흑산도 7.4, 진도 7.56 및 부산의 가덕도 주변이 7.56m/s로 풍력발전의 설치에 효과적인 장소로 나타났다.

입지 조사는 당연히 바람이 잘 부는 장소가 최적 조건이 되지만 그 밖에도 중요한 조건이 있다. 풍차 건설용 반입 도로가 있어야 하고 가까이 계통 연계할 수 있는 배전선과 송전선이 있어야 한다. 그리고 인근 민가의 상황, 사회적 요건, 풍황에 대한 개념이 있어야 한다. 풍황 정밀 조사는 후보지역 중에서 풍속과 풍향 등을 현지에서 자세히 관측하고 그 결과를 분석하는 것을 풍황 정밀 조사라고 한다. 그림 10-19는 관측 장치 설치 개요도이다. 풍황의 정밀 조사는 최근 1년간 실시하는 것이 원칙이다. 지역적 특성에 따라서 풍황 정밀 조사는 20~60m의 높이를 설치하여 조사가 이루어진다.

기본 설계와 실시 설계는 풍황 정밀 조사 결과 해당 지역이 풍력발전에 적합하다고 판단될 경우 물리적 요건과 경제적 요건 및 사회적 요건을 다 자세히 검토하기 위해 기본 설계와 실시 설계를 실시한다. 그리고 풍황의 정밀 조사 기관에서 이러한 "기본 설계" "시스템 설계"라고 하며 이러한 시스템 설계에도 필드 테스트 사업 보조금을 교부한다.

이러한 기본 설계에서 실시하는 주요 작업은 현지 측량 및 풍량 기초 설계를 위한 보링 조사, 공공전파, TV 전파에 대한 영향을 예측하기 위한 전파 장애 조사, 도입 풍차의 규모, 수량, 시장 등의 검토, 기본 설계(도면 및 시방서 작성), 공사계획서 작성, 종합 평가이다. 이러한 방법에 대해서도 풍력발전 도입 가이드북과 풍향 정밀 조사 매뉴얼 등이 풍력발전을 설계 및 시설하는데 자료로 구축되어 적용되고 있다. 그리고 이러한 자료에는 풍향 정밀 조사, 시스템 설계, 실시 계획에는 약간 차이는 있으나 풍력발전 실시설계 및 시설은 그림 10-20과 같은 절차에 의해서 설치되어진다.

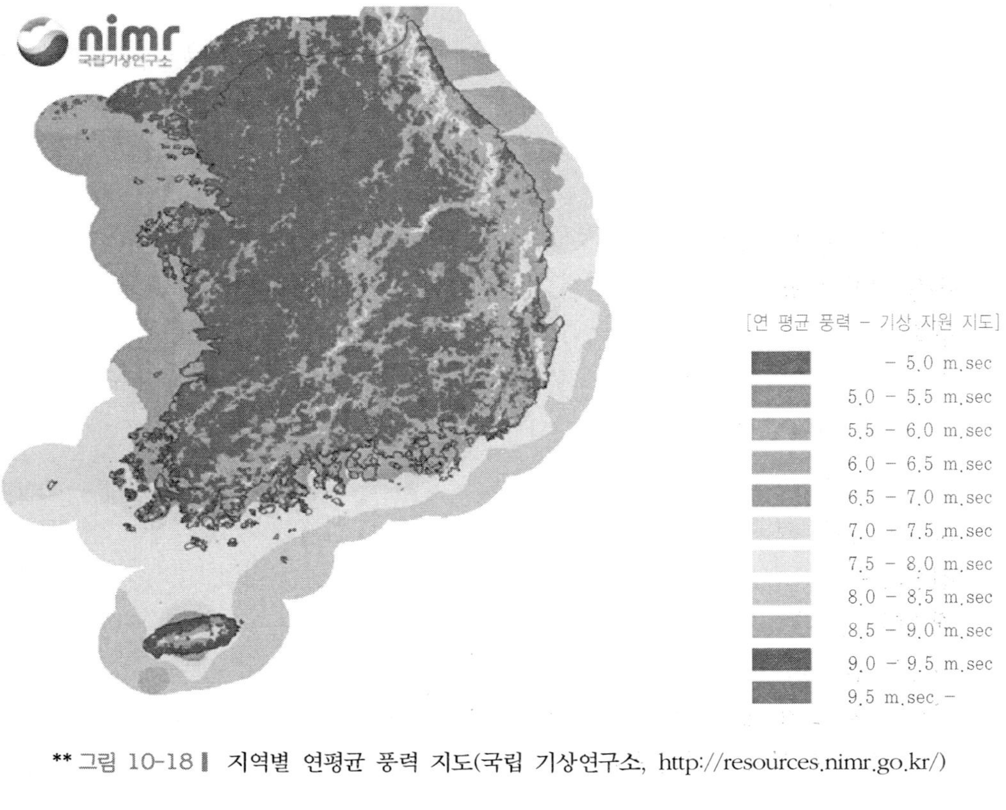

** 그림 10-18 ▌ 지역별 연평균 풍력 지도(국립 기상연구소, http://resources.nimr.go.kr/)

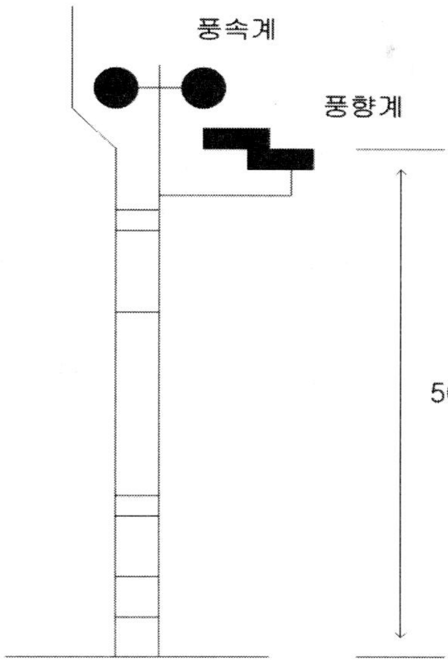

** 그림 10-19 ▌ 관측 장치 설치 개요도(이광식, 2009)

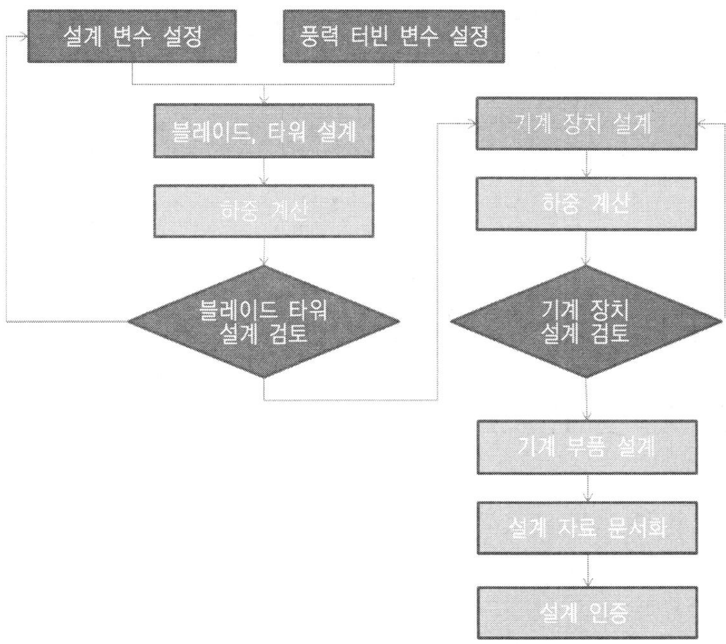

** 그림 10-20 ▌ 풍력발전 시설 설계 및 장치 시설 구성도(하상안, 2009)

10.6.2 풍력발전기 규모 결정

풍차는 블레이드의 직경이 2m 정도의 미니풍차로부터, 원격지에서 활용하는 소형 독립형, 또 상업적으로 사용되는 대형풍차까지 표 10-7과 같이 목적에 따라 구분되어 사용되고 있다. 또한 미국 캘리포니아주는 미니풍차나 소형 풍력발전 도입에 주력하고 있다. 풍력발전기의 규모는 발전 규모의 전력량(kW)에 따라 결정되어진다. Micro풍차의 크기는 출력 규모 0.1~1kW일 경우 풍차의 직경은 0~1m 정도로 결정되어진다. 미니 풍력발전의 경우 출력 규모가 1~8kW일 때 풍차 직경은 1~5m 범위로 결정된다. 소형풍차는 출력 규모 8~40kW일 때 풍차 직경은 5~7m이고, 중형풍차의 출력 규모 40~700kW일 때 풍차 직경 7~30m 및 대형 풍력발전의 경우 출력 규모 700~1,000kW일 때 풍력 회전자 직경이 30~70m까지 결정되어진다. 풍력발전의 회전자의 직경이 결정이 되면 풍력발전의 높이 등이 결정되어진다. 그림 10-21은 시간이 지남에 따른 풍력발전의 발전 용량의 변화를 나타내었다.

유럽의 대형 풍력발전의 설치 사례를 보면 10MW의 전력을 생산하는 규모의 발전소는 유럽인 4,000세대의 전력을 공급할 수 있는 규모이다. 이 규모의 발전 시설의 설치는 2개월이 소요되고, 발전 시설은 20~30년 정도의 수명이 유지하게 된다.

** 표 10-7 | 풍차의 규모와 용도(하상안, 2009)

규모	정격 출력	블레이드 직경	용도
마이크로풍차	5kW 미만	1.5m 이하	배터리 충전용
미니풍차	5kW 미만	2.5m 이하	산막 등
소형풍력	100kW 미만	16m 이하	원격지, 상업용
중형풍력	500kW 미만	16~40m 이하	사업용
대형풍력	1,000kW 미만	40~60m 이하	사업용
초대형풍력	1,000kW 이상	60~100m 이하	사업용

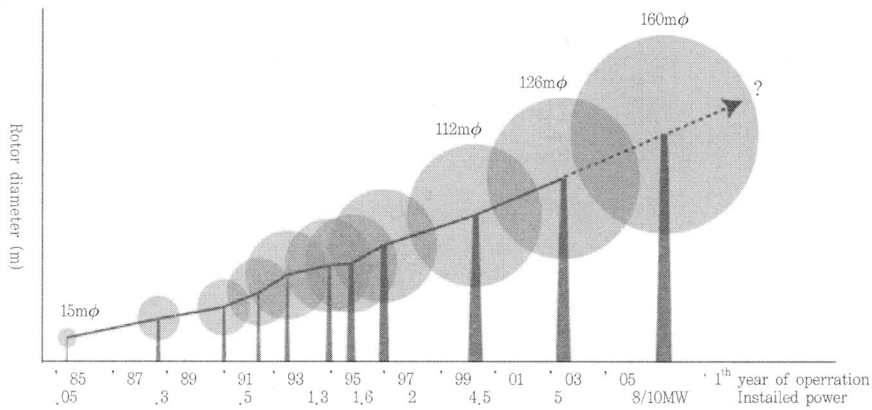

** 그림 10-21 ‖ 풍력 터빈 설비 용량의 변화(황병선, 2009)

10.6.3 풍력 터빈 설계

풍력 터빈은 로터 블레이드를 통해 외부 바람 자원으로 얻은 회전 운동 에너지를 이용해 에너지를 생산하는 전력 변화 장치이다. 이러한 풍력 터빈은 바람으로부터 회전 에너지를 만드는 회전자(Rotor), 전기를 생산하는 발전기(Generator), 회전자의 회전 에너지를 발전기로 전달하는 구동 장치(Drive Train), 이러한 주요 장치를 지면으로부터 높이 위치시키기 위한 타워(Tower)로 구성된다.

풍력 터빈의 설계는 IEC(International Electrotechnical Commission) 61400-1 규격에서 규정하는 풍력 터빈 전체 시스템의 구조에 대한 설계 기준은 다음과 같다. 식(10.2) 극한 강도 : 극한 풍속에 의한 풍력 터빈의 극한 강도는 아래와 같이 Safety Margin, SSt≥ 1.0의 조건을 만족해야 한다.

$$s_{at} = \frac{\sigma \times \Upsilon_F}{\sigma_a / \Upsilon_m} \geq 1.0 \tag{10.2}$$

σ는 하중, σ_a는 재료의 허용 응력, Υ_F는 하중의 안전계수, Υm는 재료의 안전계수이다. 식(10.3) 피로 강도는 20년 동안 반복적인 하중에 의한 풍력 터빈의 피로 강도 아래와 같이 Damage, D 1.0 조건을 만족해야 한다.

$$D = \sum_i \frac{n_i}{N_i} \leq 1.0 \tag{10.3}$$

여기서 n_i는 작용 하중의 빈도, N_i는 재료의 피로 수명이다. 설계 조건은 바람의 풍속, 풍향은 일정하지 않고 항상 변화하므로 풍력 터빈에 반복적으로 피로 하중을 유발시킨다. IEC 61400-1에서 풍력 터빈 수명이 최소 20년 이상이 되도록 설계 시 고려해야 하는 하중 조건은 아래 표10.8과 같이 정의되어진다.

** 표 10-8 ▌ 풍력 터빈의 설계 하중 조건(Design Load Cases; DLC)(하상안, 2009)

설계 조건	DLC	풍력 터빈 상태
1. 전력 생산	1.1~1.9	풍력에 따른 전력을 정상적으로 생산 중
2. 전력 생산/고장 발생	2.1~2.3	전력 생산 중 제어 및 보호 시스템 고장
3. 구동 장치	3.1~3.3	일정 풍속 이상에서 운전을 위해 구동 시작
4. 정상 정지	4.1~4.2	전력 생산 상태에서 정상적으로 정지하여 stand-by 상태로 전환
5. 비상 정지	5.1	운전자 또는 제어 시스템에 의해 브레이크가 작동되어 정지
6. 운전 정지(준비/휴기)	6.1~6.2	계통 단락 등에 의해 운전이 정지되어 준비 또는 휴기 상태
7. 운전 정지/유지보수	7.1	시스템에 고장이 발생하여 운전을 정지시켜 놓은 상태
8. 운반/조립/유지보수	8.1	풍력 터빈을 운반/조립/유지보수 중인 상태

10.6.4 풍력발전의 타워 설계

풍력 터빈 블레이드를 통하여 전달되는 풍하중과 나셀 및 블레이드의 무게를 지지하는 역할을 하는 타워는 전체 풍력발전기의 제작 비용의 약 20~25%를 차지하는 고가의 구조물이다. 타워는 풍력발전기의 구성요소 중에서도 가장 무겁고 크기가 큰 요소이다. 최근에 세계 대형 풍력발전기 시장의 큰 부분을 차지하는 2MW급 혹은 3MW급의 풍력발전기에 사용되는 타워의 경우에는 발전 단지에 따라 다르지만 약 80~100m의 길이와, 나셀과 블레이드를 포함한 구조물의 무게인 약 100t 이상의 무게를 지탱할 수 있도록 설계되어야 한다. 이런 풍력 터빈용 타워는 다양한 형태로 제작되지만, 그림 10-22와 같이 주로 격자(라티스)구조와 원통형상 구조가 대부분을 차지한다.

라티스타워는 싼 가격, 운반이 쉬움, 더욱이 아연 도색에 의해 비교적 쉽게 부식방지 조치를 할 수 있는 등의 이점이 있다. 반면에 미관을 해치고, 나셀까지 오르는 인간의 신체가 외부에 노출되는 위험이 있는 등의 결점이 있다. 원통형상 타워는 라티스타워보다 비싼 가격이지만, 미관을 해치지 않고 나셀까지 타워 내부를 통해 안전하게 도착할 수 있다. 대부분의 원통형상 타워는 철로 만들어져서 단면이 일정한 것, 도중에 직경이 변하는 것, 테이퍼형 등이 있다. 더욱이 대형타워에는 비교적 싼 가격의 콘크리트로 된 것도 있다. 그리고 구조적인 역할에서 주어지는 하중 특성과 함께, 형상, 제조 공정, 소재, 사용 환경 등에 따라서 다양한 설계 요구 조건들을 만족하여야 한다. 또한, 비교적 간단한 형상이지만 무게 때문에 최적 설계를 통해 무게 절감, 제조 공정의 단순화, 설치 용이성 향상 등으로 가격 경쟁력을 확보하면서 동시에 구조적 안전성을 확보하는 것이 상품 가치를 높이기 위한 주요요소가 된다.

본 절에서는 GL 규정을 기준으로 원통형상의 철 구조타워의 설계를 위한 절차를 간략히 소개한다. GL 절차서에 따르면 그림 10-23에서 보는 바와 같이 타워의 설계와 해석에서 주요 고려 사항은 크게 고유 진동수 해석, 설계 하중 해석, 강도해석, 구조 안정성 해석 등으로 분류할 수 있다.

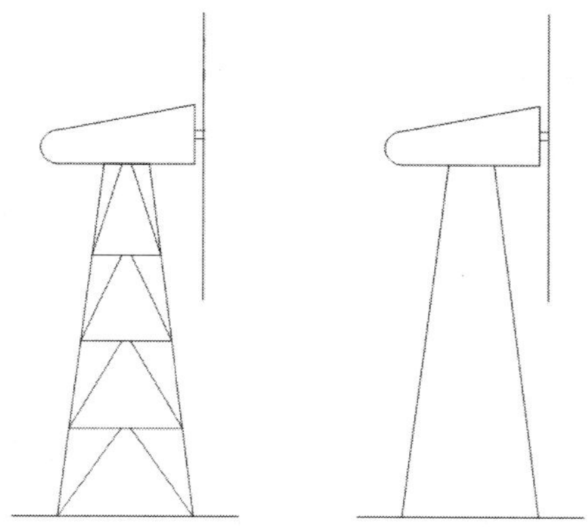

** 그림 10-22 ▌ 풍력발전 타워(고경남, 2009)

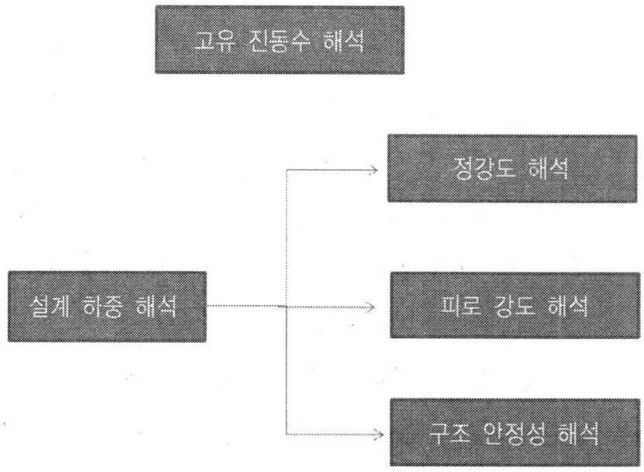

** 그림 10-23 ▌ 풍력발전 타워의 설계 절차(황병선, 2009)

10.6.5 풍력발전의 경제성

풍력발전의 경제성은 풍력발전의 kWh당 생산 단가는 풍력 터빈의 크기, 추기의 투자 금액, 발전 단지의 풍황 등에 따라서 달라지며 일률적인 제시는 매우 어렵다. 특히 우리나라의 경우 외국에서 수입되는 풍력 터빈과 복잡한 지형에서의 설치 비용 등을 고려하면 유럽의 발전 단가와 비교하기는 어렵다. 자연 에너지인 풍력은 설비 능력의 20~40% 정도가 설비 이용률이 되기 때문에 발전 단가는 110원/kWh가 넘는 경우가 많고, 비용 경쟁력이 부족하지만 풍향이 좋은 입지 선택, 기술의 진보에 의한 풍차의 대형화, 대규모 윈드팜 건설 등에 의해서 80원/kWh 정도로 발전 단가가 낮아질 전망이다. 그러나 풍력발전의 경제성은 기존 에너지보다 경제적일 가능성이 적고 보조금 등으로 사업화를 촉진하고 "환경 비용" 개념을 도입하므로 해외 여러 국가들과 어깨를 나란히 할 수 있는 수준이 될 것이라고 기대된다.

풍력발전의 건설 비용은 풍차의 대형화, 외국 메이커의 본격적인 참가, 착공 건수의 증가에 따른 스케일 이득 및 경쟁의 심화로 인해 4~5년 전보다 대폭적으로 저렴해졌다. 풍력선진국인 유럽과 미국의 발전 비용은 각종 보조 정책을 바탕으로 절감이 가능해 현재 7~8센트/kWh에서 거의 안정되었으나 4센트/kWh 정도를 목표로 하여 연구 개발이 지속적으로 이루어지고 있다. 일본에서의 평균적이 발전 비용은 330만원/kWh 정도로 알려져 있으나 도입 비용을 억제하고 바람 상황이 양호한 지역을 선정하면 대폭적인 절검이 가능하다. 표 10-9는 600kW 풍차에 대해 건설 단가를 약 330만원/kW 설비 비용률 18%로 한 경우 발전 비용 예를 다른 전원 종류와 비교하여 함께 표기한 것이다. 풍력발전 비용은 약 154원/kWh로 산정되어 수력과 비교적 유사한 수치를 나타내고 있다. 그림 10-24는 대형풍차를 대상으로 건설 단가와 발전 비용의 관계를 나타낸 것으로 연평균 풍속이 5m/s에서 6m/s 사이일 때 발전 비용이 급격하게 저하되는 상황을 보이고 있다. 풍력발전의 매전 단가는 약 121억 원/kWh로 보면 발전 비용을 매전 단가 이하로 낮추기 위해서는 연평균 풍속이 5m/s인 지점에서 건설단가를 약 165만 원/kW 이하, 연평균 풍속이 6m/s인 지점에서 건설단가를 약 275만 원/kW 이하로 낮추어야 한다. 우리나라는 요즘 국제 유가가 상승하면서 재생 에너지인 풍력발전을 대체에너지로 사용하자는 의견이 커지고 있다. 하지만 풍력발전 단가는 원자력의 2.7배 정도되면, 풍속이 3~25m/s 바람이 지속적으로 불어야 발전을 할 수 있다. 발전 단가를 비교하기 위해서 표 10-10의 영덕 풍력 단지와 울진원자력 발전 단가와 비교하면 풍력은 연간 이용률이 27.8%이다. 연중 100일 정도만 풍차를 돌리 수 있다는 뜻이다. kW당 건설비도 원자력에 비해 약 2.7배에 달하며 이용률을 고려하면 8.9배에 달한다. 또한 원자력발전소 2기에 해당되는 전기를 생산하려면 영덕 풍력 단지 181개(풍차 4,350기)가 필요하며 부지도 약 2,700만평이 필요하다. 따라서 발전 단가를 각 나라마다 계산할 경우 설치 장소의 풍향에 따른 설비 이용률과 건설비를 어디까지 계산에 넣을 것인가와 보조금과 유지 관리 비용 및 설비 횟수, 금리상승 등 여러 가지 요인을 포함하고 있으므로 발전 단가는 전액 부담, 민간 기업이 1/3을 보조받을 경우, 지방 공공단체 등이 1/2을 보조받을 경우를 검토하여 계산하여야 한다.

$$\text{풍력의 발전 단가} = (\text{건설비} \times 1\text{년간 부담률} + \text{유지관리비})/\text{연간 발전량} \tag{10.4}$$

풍력발전의 비용 경쟁력은 연간 설비 이용률은 정격출력으로 1년간(=8,760) 발전한 경우에 대한 실제의 연간 발전 전력의 비율이다.

$$\text{연간 설비 이용률}[\%] = \frac{\text{연간 발전 전력량} \times 100}{\text{정격 출력} \times 8{,}760\text{시간}} \tag{10.5}$$

연간 평균 풍속이 높은 장소는 연간 설비 이용률도 높아진다. 실측의 예에서 연간 평균 풍속이 5m/s, 6m/s, 7m/s 등으로 변화하면 연간 설비 이용률은 11%, 20%. 28%로 되어 각각 연 10%의 차이가 난다. 풍력발전에 적합한 장소로서는 허브의 높이에서 연간 평균 풍속이 6m/s를 넘는 것이 기준이고, 사업화에는 7m/s를 넘는 것이 바람직하다고 되어 있다. 풍력발전 단지의 실제로 이용되는 면적은 풍력발전기의 기초부와 도로, 계측 및 중앙 제어실 등으로 전체 단지 면적의 1%에 불과하며, 나머지 99%의 면적은 목축과, 농업 등의 다른 용도로 이용할 수 있는 장점을 지닌다. 일반적으로 발전 방식에 따른 소요 면적은 풍력 1,335m^2/GWh, 석탄 3,642m^2/GWh, 태양열 3,561m^2/GWh, 태양광발전 3,237m^2/GWh로서 풍력 발전이 가장 작은 면적을 차지한다. 또한, 풍력 발전은 공해 물질 저감 효과도 매우 커서 200kW급 풍력발전기 1대가 1년간 운전하여 400,000kWh의 전력을 생산한다면 약 120~200톤의 석탄을 대체하게 되며, 줄어드는 공해 물질의 배출량은 연간 SO_2 2~3.2톤, NOx 1.2~2.4톤, CO_2 300~500톤, 슬래그와 분진 16~28톤에 달하며, 부유 물질은 연간 약 160~280kg 정도 배출이 억제되는 효과가 있다.

풍력 발전의 경제성평가에 있어서 단가 면에서 아직은 경제성 평가에 미흡하지만, 표 10-11에 나타난 바와 같이 원가적 측면, 사회, 환경적 측면 및 경제적 측면에서 보면 미래지향적이고 잠재력이 있는 미래의 에너지로 평가할 수 있다.

**표 10-9 ▌ 전원 종류별 발전 단가(하상안, 2009)

전원 종류	1기당 출력	내용 연수	설비 이용율	건설 단가	발전 단가
수력	1-4만kW	40년	45%	660만원 정도	143원 정도
석유화력	60만kW	15년	70%	200만원 정도	110원 정도
LNG화력	60만kW	15년	70%	220만원 정도	100원 정도
석탄화력	60만kW	15년	70%	330만원 정도	110원 정도
원자력	110만kW	16년	70%	340만원 정도	100원 정도
풍력	600kW	15년	18%	330만원 정도	154원 정도

**표 10-10 ▌ 우리나라 풍력과 원자력 발전 단가 비교(하상안, 2009)

구분	영덕 풍력 단지	울진 원자력 발전 5,6호기	비고
기 수	24기	2기	-
기수당 출력	1,650kW	1,000,000kW	-
연간 발전량	96,680,000kWh	17,520,000,000kWh	-
공 사 비	67,500,000,000원	4,474,000,000,000원	-
kW당 건설 단가	698.2원	255.4원	2.7배
kW당 판매 단가	108원	40원	2.7
이 용 률	27.8%	90.0%	-
부 지	15만평	약 6만평(2개호기)	-

**표 10-11 ▌ 풍력발전의 경제성 평가(하상안, 2009)

원가적 측면	바람 : 무한정, 무비용의 청정 에너지원
	발전원별 전력 생산 단가의 가격 경쟁력 향상
	발전 시스템 설치의 소요 면적 최소
	시스템의 대용량화 구현
사회환경적 측면	지구 환경보호, 지구온난화 방지, 온실가스 감축 의무
	에너지 장기 수급의 안정성(화석 에너지 산업 대체 효과)
	도시, 산간, 오지의 전력 공급 가능
	화석 에너지 고갈에 대한 대체 에너지원
	토지적 합성-농업과 공업 활동에서의 비제한성
경제적 측면	풍력 단지(FARMS)조성으로 인한 관광 산업 활성화
	공급의 안정성-에너지 수입 의존도 감소
	시스템의 대용량화/기술 개발로 인한 대형시장 잠재력

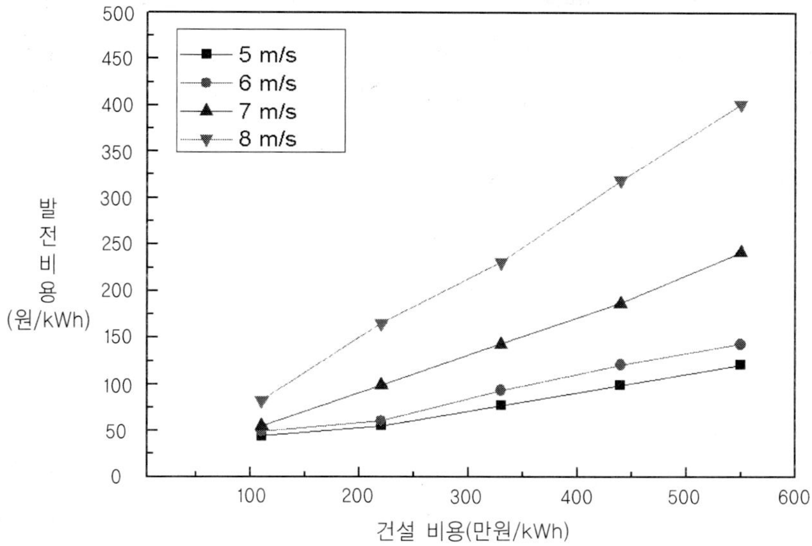

** 그림 10-24 ▮ 건설 비용, 풍속, 발전 비용 관계(하상안, 2009)

10.7 적용 설계 사례

10.7.1 100kW급 풍력발전 설계

본 설계는 "도서벽지 설치를 위한 100kW급 풍력발전 시스템 국산화 개발" 자료를 참조하여 설계하고자 한다(윤영슬 외, 2007). 풍력발전 시스템은 정격 출력 용량 100kW급으로, 주요 설치 예정 사이트는 도서벽지 및 산간 지역이다. 설계 초기에는 현재 국내 풍향 조건을 효과적으로 반영할 수 있는 IEC Ⅱ-a의 표준 클래스로 설계 진행할 것이다. 풍력발전 시스템은 바람의 에너지를 전기적 에너지로 변환 시킬 수 있는 시스템을 통칭함으로, 상기 개념에 부합되는 시스템이라면 모두 풍력발전 시스템이 될 수 있으므로, 설계의 다양성은 무궁무진하다.

본 설계의 목표는 추구한 항목은 시스템의 신뢰성, 시스템의 소음, 시스템의 효율, 계통 연계 안정성, 시각적 및 환경적인 요소, 유지보수 편이성, 비용이다. 이 설계 목표는 풍력 발전 시스템의 기술적인 성숙도가 높은 해외 개발 기종에 대해서도 현재까지 동일하게 적용되고 있는 설계 목표이다. 상기 설계 목표에 따라 국내 도서벽지 설치를 위한 100kW급 풍력발전 시스템은 아래와 같은 사양으로 확정되었다.

본 설계에서 채택한 풍력발전 시스템은 도서 벽지 및 산간 지역 운전을 적극적으로 고려하여 안정성 및 신뢰성 면에서 거의 완벽하게 검증된 Upwind 타입의 전형적인 Danish 타입의 드라이브 트레인을 채용한 모델로 선정하였다. 입지선정은 그림 10-25의 지역별 풍력 자원 지도를 바탕으로 4m/s 이상의 연평균 풍속을 유지하는 도서 벽지 및 산간 지역을 선정한다.

로터 직경은 일반적으로 각 용량별 날개 직경에 대한 시작점은 해외에서 수행된 많은 연구로 정형화되어 있다. 전체 풍력발전 시스템의 비용 중 약 20%를 차지하는 로터 블레이드는 그 직경 증가에 따른 면적의 세제곱에 비례하는 제작 비용 증가 효과가 발생한다는 것이 일반적인 정설로 경제성과 효율 면의 경계에서 각 용량별 로터 직경 시작점으로부터 적절한 조율이 필요하다. 로터 직경은 한진산업의 자료를 바탕으로 로터 직경을 20m로 선정하였다. 본 설계에서 채택한 로터 블레이드의 직경과 해외 유사 기종의 로터 직경의 비교는 표 10-12와 같다. 로터의 회전 속도는 풍력발전 시스템의 설계 시 드라이브 트레인부의 설계 비용 및 제작 비용을 결정하는 주요한 인자인 동시에 플랩 방향 모멘트에 의한 로터 블레이드 피로 강도 설계에 끼치는 영향성 또한 상당히 높다. 이중에서도 가장 중요한 설계 파라미터는 드라이브 트레인부의 전달 토크이다. 로터의 회전 속도가 증가함에 따라 전체 드라이브 트레인이 부담해야 할 전달 토크가 감소되기 때문에 드라이브 트레인 설계 및 제작 비용을 대폭적으로 감소시킬 수 있다. 하지만, 로터 회전 속도의 증가에 따라 로터 블레이드 단면 계수가 감소되는 역효과와 소음 증가 효과 발생되므로, 로터 블레이드의 구조 설계 및 공력 특성 설계 문제가 발생될 수 있다. 이 설계에서 채택한 로터 블레이드의 회전수가 해외 유사 기종의 로터 회전수와의 비교는 표 10-13과 같다

블레이드 수는 표 10-14와 표 10-15를 바탕으로 현대 풍력발전 시스템의 대부분은 수평축에 3개의 로터 블레이드를 채용하고 있다. 하지만, 미국을 중심으로 2개의 로터 블레이드를 채용한 수평축 풍력발전 시스템에 대하여 많은 연구가 진행되어 왔다. 날개수가 3개에서 2개로 줄어들면 기초부에 작용하는 모멘트를 감소시킬 수 있으므로, 기초부의 건설 비용은 약 1/4정도 감소하게 된다. 하지만, 그림 10-26에서와 같이 2개의 블레이드 시스템을 채용하면 3개의 블레이드에 비해 이론적으로 효율이 떨어지게 된다. 따라서 건설 비용을 투자를 늘리고 효율을 올리는 방안으로 3개의 블레이드로 설계하였다. 블레이드 설계는 풍력발전 시스템의 핵심 부품으로써, 풍력발전 시스템의 성능 및 경쟁력 향상뿐만 아니라 시스템 전체에 광범위한 영향력을 행사하므로, 가장 연구가 활발히 진행되고 있는 분야 중의 한 부분이다.

로터 블레이드의 설계를 위하여 앞서 선행된 개념 설계를 기초로 하여 제공되는 풍력발전 시스템의 파라미터와 로터 블레이드의 자체의 설계 파라미터는 해외 관련문헌 및 본 설계 수행을 통한 결과 표 10-16과 같이 정리할 수 있다. 설계 파라미터를 이용하여 로터 블레이드를 설계 시 설계 목표는 특정 풍속 분포에서 연간 발전량의 최대화, 최대 출력의 제어, 극한 하중 및 피로 하중에 대한 내구성, 로터 블레이드 팁 변형량의 제어(타워와의 충돌 방지), 공진 회피, 무게 및 제작 비용의 최소화이다. 로터 블레이드를 설계하기 위해 표 10-17에서와 같이 전체 풍력발전 시스템의 설계 개념 및 특성, 제어 시스템에 대하여 정확한 정보가 주어져야 함을 알 수 있다. 로터 블레이드의 설계는 크게 공력 설계와 구조 설계 두 부분으로 나눌 수 있으며, 공력 설계는 로터 블레이드 자체의 구조 설계뿐만 아니라 풍력발전 시스템의 구조 설계 및 피로 강도 설계에도 영향을 끼친다. 로터 블레이드의 공력 설계는 표면 형상의 최적화를 위한 일련의 설계 과정으로 설계 파라미터는 에어포일의 선정, Chord 길이의 선정, 비틀림각의 선정, 두께 분포와 같이 정리될 수 있다. 로터 블레이드의 1차 구조 설계는 블레이드 설계를 위한 초기 에어포일 데이터 전달, 로터 블레이드 1차 Geometry 설계, 블레이드 제작사의 출력 성능 계산, 로터 블레이드 Geometry 기본 구조 데이터 접수, 출력 성능 검토를 통한 설계 보완 사항 도출 및 feedback, 1차 하중 계산 수행, 1차 하중 계산 수행 결과 로터 블레이드 제작사로 전달, 1차 로터 블레이드 구조 설계 수행, 로터 블레이드 구조 설계 데이터 접수, 최종 하중 계산 수행을 설계 보완 사항 도출 및 feedback으로 설계 절차를 걸쳐 진행되었다.

타워 설계는, 일반적으로 제작 및 건설 비용은 10m당 $15,000의 비용이 드는 것으로 알려졌다. 먼저, 타워의 종류는 안정성과 미관을 고려한 원통형상을 선택하였다. 그리고 고도별 및 지역별 바람 특성에 따라서 타워의 최적 높이가 달라지게 된다. 지형의 형상이나 풍황에 따라 바람의 거칠기가 커지게 되면 타워도 높아져야 하는 특징이 있다. 또한, 타워의 총 비용과 풍속의 이익과의 관계를 고려하여 높이를 결정하게 되며, 일반적으로는 로터 블레이드의 지름 정도의 높이에 로터 회전축을 위치시키는 형태가 많이 사용되고 있다. 이를 바탕으로 타워의 높이는 40m 선정하였다.

풍력발전의 시공 순서는 그림 10-27과 같이 가장 먼저 풍력발전 설비의 위치에 토목 및 기초 공사를 통해 안정된 기초를 만든다. 그리고 풍력발전을 통해 생산된 전기를 소비자에게 공급할 수 있는 전기 시설을 갖추고 마지막으로, 블레이드 및 타워를 운반하여 조립한다.

** 표 10-12 ▌ 유사 기종별 직경 비교(http://www.hanjinind.co.kr)

모델명	용량(W)	로터 직경(m)
Northern Power	100	19.1
SUBARU	100	22
SEEWIND	110	22
Fuhrlander	100	21
HJWT	100	20

** 표 10-13 ▌ 유사 기종별 로터 회전수 비교(http://www.hanjinind.co.kr)

모델명	용량(W)	로터 회전수(RPM)
Northern Power	100	64
SUBARU	100	72
SEEWIND	110	41.4
Fuhrlander	100	47
HJWT	100	58.4

** 표 10-14 ▌ 날개수에 따른 구분(http://pishonenergy.co.kr/)

내용	블레이드별 구분
익단 손실	1-blade 〉 2-blade 〉 3-blade
비용 및 중량	3-blade 〉 2-blade 〉 1-blade
회전 속도	1-blade 〉 2-blade 〉 3-blade
주기적인 부하	1blade 〉 2-blade 〉 3-blade
소음	1-blade 〉 2-blade 〉 3-blade

** 표 10-15 ▌ 각 블레이드별 특징(고경남, 2006)

1-blade의 특징	2-blade의 특징 구분	3-blade의 특징 구분
소음/외관 상의 문제 발생	티터링 블레이드라고도 함	티터링 블레이드라고도 함
큰 요잉 모멘트 작용	티터링 모션 큼(힌지 필요)	대부분의 대형 풍력발전기에 채택
불규칙한 토크 발생	소음/외관 상 문제 발생	현재 가장 안정적인 시스템

표 10-16 | 설계 파라미터(윤영술, 2007)

No	주요변수
1	날개수
2	풍력발전기 형식(Upwind/DownWind/Vertical
3	Pitch/stall
4	Rigid / Flexible
5	flapwise 고유 진동수
6	edgewise 고유 진동수(1.5 X No.5)
7	Variable / fixed Speed 운전(Ref. Cp=0.5)
8	Max. Tip Speed(일반적으로, ≤85m/s)
9	공기 밀도
10	허브 높이
11	연 평균 풍속(at 10m height)
12	풍속 분포(With Rayleigh distribution)
13	수직 방향 풍속 분포
14	정격 풍속
15	정지 풍속(일반적으로, 3.5×연 평균 풍속)
16	타워 고유 진동수
17	요잉 속도

표 10-17 | 최종 로터 블레이드 구조 특성값

항목	사양
질량 with bolt(kg)	337
Static 모멘트(kgm)	977
1차 플랩 고유 주파수(Hz)	3.2
2차 플랩 고유 주파수(Hz)	10.4
1차 에지 고유 주파수(Hz)	5.1
2차 에지 고유 주파수(Hz)	17.8

** 표 10-18 ▌ 로터 블레이드의 최종 사양

항목	사양
허브 높이	30m
로터 직경	20m
정격 회전수	약 58.36rpm
발전기 정격 회전수	약 1815rpm
시동 풍속	3.5m/s
정격 풍속	13m/s
정지 풍속	25m/s
정격 출력	100kW
정격 전압	400V / 60Hz
운전 온도	−20℃~40℃
Wind Class	Ⅱ−A

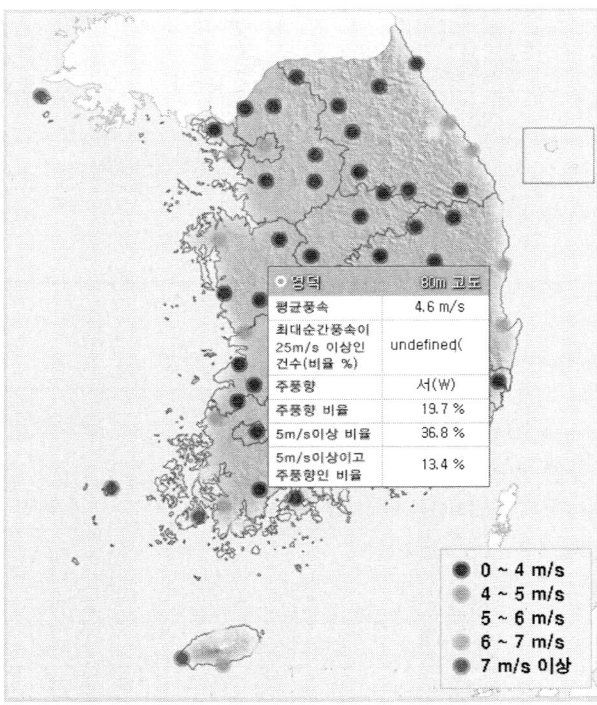

** 그림 10-25 ▌ 지역별 풍력 자원 지도(기상청, http://www.kma.go.kr/)

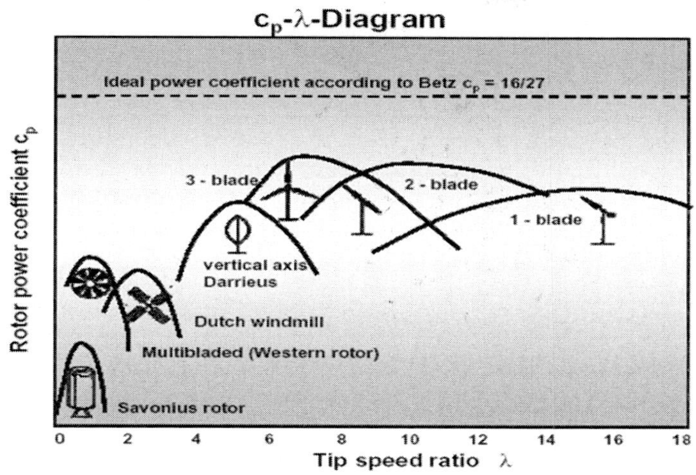

** 그림 10-26 ▌ 블레이드 개수와 효율(하상안, 2009)

(a) 토목 및 기초공사

(b) 전기공사

** 그림 10-27 ▌ 시공 순서도(계속)

Blade 운송 | Tower 및 Rotor설치 | Tower 및 Rotor설치

(c) 발전기 조립 및 설치

** 그림 10-27 ▌ 시공 순서도(에너지 관리 공단, 2008)

10.7.2 750kW Gearless형 풍력발전 설계

본 설계는 "750kW Gearless형 풍력발전기 기계 장치 설계" 자료를 참조하여 설계하고자 한다(변철진 외). 풍력발전 시스템은 정격 출력 용량 750kW급으로, 주요 설치 예정 사이트는 적당한 풍속과 소음과 공간에 지배받지 않는 지역으로 선정할 것이다. 풍력발전기는 바람 자원을 이용해 전력 에너지를 생산하는 전력 변환 장치로서 로터, 나셀, 타워 등으로 구성된다. 이러한 풍력발전기의 주요 기계 장치 요소품은 IEC 61400-1에서 규정하는 다양한 외부 풍하중 조건에 대한 극한 강도 및 20년의 피로 수명을 만족하도록 설계된다. 본 연구에서는 IEC 61400-1 및 GL 규정에 적합한 풍력발전기 기계 장치의 주요 설계 절차를 제시하고, 750kW Gearless형 풍력발전기의 주요 기계 장치 설계에 적용하였다. 각 기계 장치 구성품의 설계 하중은 IEC 61400-1에서 규정하는 Type class IA의 다양한 외부 풍하중 조건 및 시스템의 제어 알고리즘을 적용하여 수치적으로 계산된 시스템의 공력 하중을 적용하였으며, 시스템의 실제 운전 조건에 대한 하중 이력을 Rain-flow counting 알고리즘을 통해 20년에 대한 피로 하중으로 적용하였다. 그 결과 본 연구에서 제시된 설계 절차를 통해 IEC 61400-1 및 GL의 규정에 적합한 750kW Gearless형 풍력발전기의 기계 장치를 설계하였다.

풍력발전기 개발 시 가장 우선적으로 설계 대상 기종의 형식 등급(Type class), 로터 직경, 허브 높이, 출력 제어 방식 등에 대한 기본 설계 조건을 결정한다. 풍력발전기의 형식 등급은 IEC 61400-1 규격에서 정의하는 바와 같이 설계 조건의 평균 풍속, 돌풍, 난류 강도 등에 의해 결정된다. 풍력발전기의 블레이드 및 타워는 전체 시스템의 공력 특성에 가장 큰 영향을 미친다. 따라서 시스템의 기본 설계 조건을 적용해 블레이드 및 타워의 개념 설계를 수행하여 풍력발전기의 출력 및 공력 특성을 분석한 후 상세 설계 방향을 결정하게 된다. 그 후 IEC 61400-1, GL 규정의 설계 조건을 만족하도록 블레이드 및 타워의 설계 변경과 하중 계산 과정을 반복적으로 수행하여 상세 설계를 확정한다. 또한 상세 설계된 블레이드 및 타워를 적용하여 시스템의 공력 하중을 계산하여 각 기계 장치 구성품의 설계 하중을 계산한다. 동일한 방법으로 기계 장치 구성품의 설계 변경 및 하중 계산의 반복을 통해 IEC61400-1, GL 규격을 만족하는 최적 설계를 수행한다.

풍력발전기의 블레이드 및 타워는 전체 시스템의 공력 특성에 가장 큰 영향을 미친다. 따라서 시스템의 기본 설계 조건을 적용해 블레이드 및 타워의 개념 설계를 수행하여 풍력발전기의 출력 및 공력 특성을 분석한 후 상세 설계 방향을 결정하게 된다. 그 후 IEC 61400-1, GL 규정의 설계 조건을 만족하도록 블레이드 및 타워의 설계 변경과 하중 계산 과정을 반복적으로 수행하여 상세 설계를 확정한다. 또한 상세 설계된 블레이드 및 타워를 적용하여 시스템의 공력 하중을 계산하여 각 기계 장치 구성품의 설계 하중을 계산한다. 동일한 방법으로 기계 장치 구성품의 설계 변경 및 하중 계산의 반복을 통해 IEC61400-1, GL 규격을 만족하는 최적 설계를 수행한다. 풍력발전기의 설계 수명은 IEC 및 GL에서 20년으로 규정하고 있다. 하중 계산(Load calculation)은 20년의 수명기간 동안 인명 및 시스템의 안전은 물론 풍력발전의 효율성과 신뢰성을 확보하기 위한 종합적인 설계 정보를 계산하는 것으로서, 풍력발전기 설계 시 매우 중요한 절차이다. 이러한 하중 계산을 통해 풍력발전기가 수명기간 동안 노출될 수 있는 여러 가지 하중 조건들을 분석하여 구조적 건선성 평가 및 경제성 분석을 수행할 수 있다.

풍력발전기의 하중은 로터의 회전으로 인해 반복적인 특성을 가지고 있으며, 풍속 및 풍향의 변화와 전단 및 와류에 의해 하중의 크기와 특성이 달라진다. 따라서 IEC 61400-1 규격에서 정의하는 각 하중 조건에 따른 시스템의 하중 특성을 분석한 후 기계 장치의 거동 특성에 가장 큰 영향을 미치는 극한 하중 및 피로 하중을 고려해야 한다. 또한 대부분의 풍력발전기는 난류가 강한 지역에 설치되므로 피로와 같은 불규칙한 반복 하중에 대한 검증을 수행해야 한다. 본 연구에서 위와 같이 제안된 설계 절차를 적용하여 IEC 61400-1 규격 및 GL 규정을 만족하는 750kW

Gearless형 풍력발전기(모델명 : UNISON U50)의 기계 장치를 설계하였다. 먼저 입지 선정은 위의(100kW급 설계) 자료와 마찬가지로 시동 풍속 3m/s를 넘는 4m/s의 평균 풍속을 유지하는 곳으로 선정하였다. 그리고 블레이드의 개수는 현재 750kW급을 바탕으로 블레이드의 개수는 3개로 750kW에 적합한 직경 50m로 선정하였다.

본 연구에서 개발된 750kW 풍력발전기는 표 10-14, 표 10-15와 그림 10-26의 자료를 참고로 하여 UNISON U50은 3엽 날개, 전방위형(Upwind) 및 브레이드의 직경은 표 10-7과 유니슨(주)의 자료를 바탕 50m의 로터 직경을 갖는 수평축 풍력발전기이다. 로터 시스템과 나셀은 회전 중심 높이 50m인 원통형 타워 상단에 설치된다. 타워의 높이는 일반적으로 블레이드의 직경과 똑같이 함으로 50m로 선정하였다. 풍력발전기는 Active Yaw 장치, Active Blade Pitch Control 장치 및 전력 변환 장치가 구성되어 있다. 또한 동력 전달 장치에 증속 기어 박스가 없는 직접 구동형 풍력발전기로서 다극형 동기발전기가 채택되어 운전 풍속 전 범위 내에서 가변속으로 운전되도록 설계되었다. 그림 10-28은 개발된 시스템의 외형도이며, 그림 10-29는 U50 모델의 실제 나셀의 사진이다. 또한 시스템의 상세 제원은 표 10-19와 같다.

** 표 10-19 ▌ UNISON U50 풍력발전기의 주요 사양(http://www.unison.co.kr/)

주요 변수	사양
DesignClass	Class IA
정격 출력	750kW
로터 직경	50m
정격 회전수	9~28rpm, 25rpm(rated)
허브 높이	50m
작동 풍속	시동 풍속 : 3m/s 정격 풍속 : 12m/s 정지 풍속 : 25m/s
발전기	Radial flux, permanent
DriveTrain	Direct drive system
Yaw 제어	전기 모터
Power 제어	Pitch regulation
타워	Tubular steel tower
안전 시스템	Aerodynamic & Mechanical brake

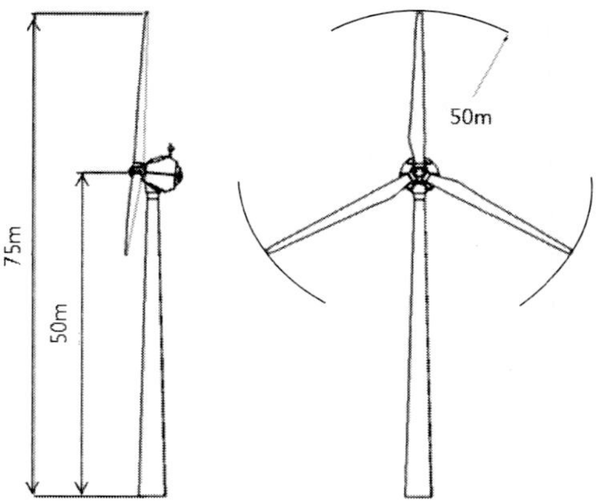

** 그림 10-28 ▌ 750kW Gearless 풍력발전 개념도(Unison U50)

** 그림 10-29 ▌ U50 모델의 나셀(http://www.unison.co.kr/)

연/습/문/제

01 풍력발전의 경제성 평가에 있어서 단가 면에서 아직은 경제성 평가에 미흡하지만, 원가적 측면, 사회환경적 측면 및 경제적 측면에서 보면 미래지향적이고 잠재력이 있는 미래의 에너지로 평가된다. 원가적측면, 사회환경적 측면 그리고 경제적 측면에 대해 각각 서술하라.

02 대관령 풍력발전 단지의 풍력발전기의 블레이드 길이가 45m이고, 그 곳의 평균 풍속이 5.5m/s이다. 대관령 풍력발전 단지의 바람이 풍력발전기의 블레이드에 작용하는 운동에너지는 얼마인가?(공기의 밀도: 1kg/m^3)

03 정격 출력 2MW의 풍력발전 장치가 있고, 각 단계의 효율은 Cp = 0.32, η_{gb}= 0.94, η_g= 096이다. 이 풍차의 소과 면적, 즉 로터 회전 면적은 얼마나 될까? 만일 로터가 수평축 프로펠러형일 때 로터 직경은 얼마인가? 단, 공기 밀도 ρ=1.29kg/m^3로 한다.

04 그린홈에 적합한 3kW급 풍력발전을 설계하라.

참고문헌

[1] 고경남, 허종철, 풍력공학입문, 문운당, 2006

[2] 변철진, 박진일, 류지윤, 김두훈, 정진화, 전중환, "750kW Gear less형 풍력발전기 기계 장치 설계"

[3] 윤영술, 김태종, 박진민, 김성열, "도서벽지 설치를 위한 100kW급 풍력 발전 시스템 국산화 개발", 2007

[4] 에너지 관리 공단 신재생 에너지 센터, "신재생 에너지 RD&D 전략 2030 시리즈(풍력)", 북스힐, 2008

[5] 이광식, "녹색성장을 위한 신에너지공학", (주)북스힐 2009

[6] 이장호, 김상진, "10kW급 소형 풍력 발전기 표준형 사용 시스템 개발", 2006

[7] 장태익, 정영관 공역, "신재생 에너지공학", (주)북스힐, 2007

[8] 하상안, "신재생 에너지 공학", 세종출판사, 2008

[9] 한국에너지기술평가원, "그린에너지 전력 로드맵", 2009

[10] 황병선, "최신풍력터빈의 이해", 아진, 2009

[11] http://www.kma.go.kr/weather/climate/wind_map.jsp

[12] http://www.knrec.or.kr/

[13] http://www.unison.co.kr/

[14] http://www.windfree.co.kr/

[15] http://blog.naver.com/ysh2084?Redirect=Log&logNo=62430841

[16] http://blog.naver.com/coolee111?Redirect=Log&logNo=32787366

[17] http://cafe.naver.com/withearth.cafe?iframe_url=/ArticleRead.nhn%3Farticleid=284

[18] http://cafe.naver.com/openfund.cafe?iframe_url=/ArticleRead.nhn%3Farticleid=82

[19] http://cafe.naver.com/uuss4.cafe?iframe_url=/ArticleRead.nhn%3Farticleid=837

[20] http://gwe.postech.ac.kr/index.php

[21] http://resources.nimr.go.kr/

[22] http://pishonenergy.co.kr/

용어정리

- **제동 장치**(brake) : 로터를 감속시키거나 회전을 정지시킬 수 있는 장치
- **제어 시스템**(control systems) : 풍력 기기나 운전 환경 상태에 대한 정보를 받아들여 풍력 기기의 운전 상태를(정해진) 한계 내로 유지하기 위해 조절하는 서브 시스템
- **시동 풍속**(Vin) : 허브 높이의 풍속으로서 풍력 기기가 발전을 개시하는 최저 풍속
- **종단 풍속**(Vout)[cut-out wind speed] : 허브 높이에서의 풍속으로서 풍력 기기가 발전하도록 설계된 최대 풍속
- **설계 한계**(design limits) : 설계에 사용되는 최대값 또는 최소값
- **설계 조건**(design situation) : 풍력 기기 운전의 다양한 모드(예를 들어 발전, 정지 등)
- **외부 조건**(external conditions) : 풍력 기기 운전에 영향을 주는 요소로서 바람의 조건 및 그 밖의 기상 조건(눈, 얼음 등), 전기적 부하 및 지내력(地耐力) 등
- **페일 세이프**(fail-safe) : 단순 고장이 중대한 결함으로 발전하는 것을 방지하기 위한 설계적 특질
- **돌풍**(gust) : 풍속의 일차적인 변화로, 상승 시간, 변동 폭 및 지속 시간으로 규정
- **수평축 풍력 기기**(horizontal axis wind turbines) : 날개 회전축이 바람의 흐름에 평행인 풍력 기기
- **허브**(hub) : 날개 또는 날개 조립 부품을 로터 축에 설치하는 고정 부품
- **허브 높이**(hub height) : 지표면으로부터 풍력 기기 로터의 중심까지의 높이. 수직 축 풍력기기인 경우 허브 높이는 적도 면의 높이
- **아이들링**(idling) : 풍력 기기 발전기가 저속 회전하고 발전을 하지 않는 상태
- **한계 상태**(limit state) : 구조물 및 그와 관련된 하중의 상태로, 이 상태를 넘으면 구조물이 설계 요구 사항과 맞지 않게 되는 상태(ISO 2394), 비고 : 설계 계산(즉 한계 상태에 대한 설계)의 목적은 한계 상태가 되는 확률을 해당 구조물에 정해진 어떤 값 이하로 억제
- **하중 조건**(load case) : 설계 상황과 외부 상태의 조합이며, 그 결과로서 구조에 일정한 부하가 걸리도록 설정된 조건
- **평균 풍속**(mean wind speed) : 풍속의 순간 값을 일정 시간 내에서 통계적으로 평균한 것. 일정 시간은 수초에서 수년 내의 시간
- **너셀**(nacelle) : 수평축 풍력기기의 타워 정상부에서 동력 전달 장치, 그 밖의 장치를 보관하는 동체
- **파킹**(parking) : 풍력 기기가 평상 정지 후로 되돌아가는 상태

- **출력**(power output) : 장치가 규정된 형태로 규정된 목적을 위해 공급하는 출력
- **보호 시스템**(protection system) : 풍력 기기가 설계 한도 이내에서 벗어나지 않도록 하는 시스템
- **정격 출력**(rated power) : 설비의 일정 운전 상태에서서 통상적으로 제조업자가 보증하는 출력의 양. 비고: 풍력 기기-정상 운전 조건 하에서 소형 풍력발전 시스템이 공급하도록 설계된 최대 연속 전력
- **정격 풍속**(ratedwindspeed : VR) : 풍력 기기의 정격 출력을 생산하는 지정 풍속
- **기준 풍속**(reference extreme wind speed : Vexr) : 10분 동안의 평균 풍속으로 높이는 허브 높이 재현 시간은 50년 주기
- **날개 회전 속도**(rotor speed) : 풍력 기기 로터의 회전 속도
- **안전 수명**(safe life) : 중대한 고장에 대해서 안정적으로 정해진 실용적 수명기간
- **정지(풍력 기기)**[shut down(wind turbines)] : 발전과 정지 또는 아이들링 사이에 있는 풍력 기기의 과도적 상태
- **지지 구조**(support structure) : 타워와 기초를 구성하는 풍력 기기의 부분
- **회전자 회전 면적**(swept area) : 회전 중에 날개의 끝이 그리는 원을 풍속 벡터와 수직인 면에 대해 투영한 면적
- **난류 강도**(turbulence intensity) : 풍속 표준 편차의 평균 풍속에 대한 비
- **윈드 시어**(wind shear) : 풍속과 수직인 면 내에서의 풍속 변화
- **풍속**(wind speed) : 공간 내 특정한 한 점에서의 풍속은 그 점을 둘러싸는 소량의 공기의 운동 속도. 비고 : 풍속이란 하나의 국소 풍속 벡터의 길이
- **풍력발전시스템**(wind turbine generator system) : 바람의 운동 에너지를 전기 에너지로 변환하는 장치
- **요 운동**(yawingfor) : 회전축이지지 구조상에서 수직 방향의 축을 중심으로 회전하는 것

제 11 장

제로 에너지 하우스

11.1 제로 에너지 하우스의 개요

요즘 세계는 곧 다가올 미래에 석유 및 천연가스 등과 같은 에너지원의 고갈에 대한 걱정과 현재 무분별한 에너지 사용으로 인한 환경의 파괴 등으로 많은 고통을 겪고 있다. 따라서 미국, 유럽 등의 선진국뿐만 아니라 우리나라 또한 에너지를 절감하기 위해 많은 노력을 기울이고 있으며 그에 대한 대안으로 대체 에너지의 연구 또한 많이 시도되고 있다. 대체로 건물에서 소비되는 에너지는 전체의 에너지 소비량에 비해 높은 비율을 보인다. 미국에서는 건물에서 소비되는 에너지가 미국 전체 에너지 소비량의 약 40%를 차지하는 것으로 보고되고 있다. 이것은 건물이 가장 높은 에너지 소비원인 동시에 향후 에너지를 절감할 수 있는 가능성이 가장 많은 부분 이라는 것을 뜻하기도 한다. 따라서 각국에서는 건물에서의 에너지 절감을 위한 많은 연구와 프로그램 등을 운영하고 있다(문현준,2006).

사실 우리나라는 이미 주거 형태가 대부분 수평과 수직으로 고립된 섬들이 연결되어 있는 것과 같은 아파트로 변했다. 이러한 아파트는 대규모이거나 대규모로 재개발 혹은 재건축으로 끊임없는 도시 공간을 만들고 또 변모시킨다. 또한 도시의 건물도 점점 더 고층화가 되어가고 서로 얽히고설킨 빌딩 숲을 이루고 있다. 이러한 아파트와 빌딩들은 과다한 에너지를 소비하여 실내외의 환경을 조절하고 주위의 자연환경과 조화를 이루지 못한다. 이와 같은 사실은 21세기의 초반에서 인류 역사상 가장 풍요로운 시기에 형성된 현대사회의 주거와 건축문화는 많은 에너지를 소비하고 이에 대한 결과로 주변의 자연환경과 조화되지 못하여 많은 환경적인 파괴와 해를 가져오게 됨을 의미한다. 따라서 이러한 문제를 해결하기 위해 선진국을 시작으로 태양열, 풍력, 수력, 수소 에너지까지 다양한 대체 에너지의 연구가 행해지고 있고 이미 선진국에는 실제 주거와 건축에 접목하여 지어진 일명 '제로 에너지 빌딩', '그린 홈', '패시브 하우스(Passive House)', 등과 같은 친환경 에너지 건물들이 많이 등장하였다. 우리나라 또한 태양열과 친환경 자재들을 사용한 건물들에 대한 관심이 늘어나면서 교외와 같은 시골에서 속속 등장하고 있다.

그림 11-1에서 확인할 수 있듯이 제로 에너지란 건축물 디자인의 효율화(Passive Design) 및 설비 기기의 효율화(Active Design)를 통해서 에너지 사용량을 큰 폭으로 절감한 후, 필요한 최소한의 에너지를 신재생 에너지로 자체 생산하여 충당함으로써 연간 전체 에너지 소비를 "0" 또는 그 이상(생산량이 소비량을 초과)으로 유지한다는 것으로, 먼저 그림 11-1의 중앙 도표와 같이 건축이 필요로 하는 에너지 양을 최소화한 후, 필요 불가결한 최소한의 에너지공급은 환경에 미치는 영향이 최소화될 수 있는 신재생 에너지를 통해서 자체적으로 생산 및 공급하는 것을 말한다. 제로에너지하우스(Zero Energy House : ZEH)란 제로 에너지의 개념을 주거공간에 도입하여 에너지 소비가 최소화되는 주택으로 정의 한다. 제로 에너지 하우스는 크게 두 가지 형태로 분류할 수 있다. 먼저 주거 공간 내부의 에너지가 외부로 빠져나가는 것을 최소화시키기 위한 형태가 있으며, 주거공간에서 소비되는 에너지를 자체적으로 생산하는 설비를 도입한 형태가 있다. 이들 모든 형태들의 공통점은 태양 에너지원을 주에너지원으로 이용한다는 것이다. 따라서 제로 에너지 하우스는 무한한 태양 에너지만을 이용해 건물 부하 독립을 이룬다는 뜻에서 제로 에너지 솔라 하우스(Zero Energy Solar House)로 명명할 수도 있다.

최근 정부에서도 재생 가능한 에너지를 이용한 주택에 대해 다양한 지원을 해오고 있다. 특히 에너지 관리 공단에서는 "그린 홈 100만호 보급 사업"을 추진 중에 있다. 표 11-1에서 지원 분야와 분야별 세부 설비들에 대한 지원 규모와 지원 비율을 나타내고 있으며 기준에 준하여 정부의 지원을 받는다. 이 사업은 2020년까지 국내의 신축되는 건물 중 신재생 에너지 주택을 100만호 보급을 목표로 태양광, 태양열, 지열, 소형 풍력, 바이오매스, 등의 신재생 에너지원을 주택에 설치 시 설치비의 최대 60%를 정부에서 무상 지원해 주는 것을 원칙으로 한다. 자세한 정보는 에너지 관리 공단 신재생 에너지 센터 홈페이지(www.energy.or.kr)에서 확인할 수 있다.

** 표 11-1 ▎ 그린홈 100만호 사업 지원 분야(에너지 관리 공단)

분야	구분	지원 규모	지원 비율	비고
태양광	고정식	3kW 이하/호	최대 60% 이내	계통 연계 기준
	추적식			
	BIPV			

분야	구분	지원 규모	지원 비율	비고
태양열	평판형	8~30㎡ 이하/호	최대 50% 이내	심야 전력 이용 설비 제외
	단일 진공관형			
	이중 진공관형			
바이오	목재 펠릿보일러	58.1kW 이하/호 (50,000kcal/h)	최대 50% 이내	-
소형 풍력	소형 풍력	3kW 이하/호	최대 60% 이내	계통 연계 기준
지열	수직 밀폐형	17.5kW 이하/호 (5RT 이하/호)	최대 50% 이내	심야 전력 이용 설비 제외

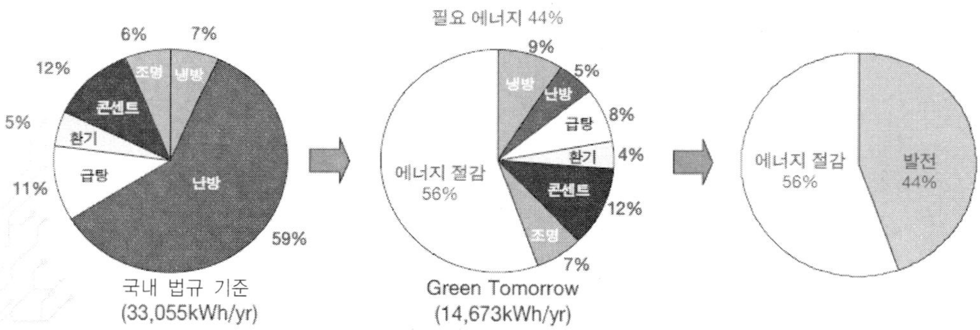

** 그림 11-1 ▌ 제로 에너지의 정의(Green Tomorrow, 2009)

11.2 제로 에너지 하우스의 기술

제로 에너지 하우스는 단열자재, 채광 설비 등의 적용으로 에너지 사용을 줄일 수 있도록 하여 종래의 난방에 소요되는 에너지의 90%, 냉방 에너지의 50% 이상을 감소시킬 수 있는 자연형 설비 기술(Passive Design)을 통해서 공동주택의 동절기 난방유 사용은 단위 ㎡당 연간 12~15리터, 단독주택의 경우 15~20리터이나, 1.5리터 난방유 사용으로도 동일한 난방 성능을 유지 할 수 있다. 뿐만 아니라 다양한 신재생 에너지 기술을 적용, 외부에서 에너지를 전혀 지원받지 않는 에너지 자급 주택으로 설계하여 지붕의 태양광발전을 통해 한 가정의 연평균 사용 전력량을 충당하고, 지열을 이용한 냉난방, 태양열을 이용한 급탕이 가능하게끔 해서 에너지 독립화를 추진하는 것이 제로 에너지 하우스의 최종적인 목표이다. 제로 에너지화를 추구하기 위한 기술은 표 11-2에서와 같이 크게 3가지로 분류되며 에너지의 사용에 따라 에너지 최소화 기술, 신재생 에너지 기술 그리고 에너지 사용의 효율을 올리는 친환경 가전기술이 있다.

** 표 11-2 | 제로 에너지 하우스 세부 요소 기술(에너지 관리 공단, 2009)

구분	세부 요소 기술
에너지 최소화 기술 (Passive Design)	단열 성능 강화 (이중 중공층 시멘트 블록, 블록형 및 열반사 단열재)
	3중 유리/초에너지 절약형 창호
	단열문
	외부 차양
	자연 환기/자연 채광
신재생 에너지 기술 (Active Design)	태양광(결정질, 박막형, BIPV)
	태양열
	지열
	연료전지
	팰릿보일러
	집광 채광 장치
	태양광 자전거 보관소
에너지 절약 가전 기술 (Certificate Design)	LED 조명
	고효율 가전(green IT)
	홈 네트워크/실시간 전력 감시 시스템
	고효율 펌프
친환경 기술 (Eco Design)	옥상 녹화
	우수 재활용
	배기열 회수 환기 장치
	무장애 공간
	건식 바닥 난방 시스템
기타	절전 콘센트
	온도/조명 조절 장치

11.2.1 자연형 설계 기술 (Passive Design)

단열의 주된 목적은 건물로부터의 열 손실이나 열 취득을 억제하여 냉난방 장치의 용량을 줄이고 연간 냉난방 에너지 소비량을 절약하는 것이다. 또 다른 단열의 목적은 실내 측 구조체 표면을 따뜻하게 하여 결로를 방지하는데 있다. 단열의 효과가 가장 높은 재료는 정지된 공기(Still Air)로 상온 20℃의 경우 열전도율이 0.0220/mh℃로서 어느 단열재보다 가장 좋다. 따라서 공기를 이용한 기포 콘크리트나 발포 폴리스틸렌 등과 같은 재료는 단열재의 기본이 된다.

주택의 시공에 있어 단열은 제로 에너지 하우스에 있어 가장 기본적인 사항 중에 하나이다. 단열 기술은 그림 11-2에서처럼 벽면이나 지붕 시공 시 단열재의 위치에 따라 외벽이나 천정의 구조체 안쪽에 단열재를 적용하는 내단열과 외벽이나 지붕의 구조체 바깥쪽에 단열재를 대어 시공하는 외단열, 외벽이 공간 쌓기로 되어 있는 중공벽인 경우 벽과 벽 사이에 단열재를 충진하여 시공하는 중간 단열로 분류한다. 단열 기술은 기본적으로 불연속 되는 곳이 없도록 시공되어져야 한다. 이 이유는 외부로 나가는 에너지의 손실을 최소화하기 위함이다. 단열 시공은 지붕과 벽, 바닥에 따라 단열 기술이 달라진다. 벽체는 건축공간을 구성하는 주요 구조 중 가장 많은 면적을 차지한다. 따라서 벽체를 통하여 손실되는 열량도 전체의 35% 정도로 다른 부위에 비해 가장 크므로 단열에서 가장 먼저 고려해야 할 곳이 벽체의 단열이라 할 수 있다. 그림 11-3(a)에서 벽체의 단열 방법을 나타내고 있다. 일반적으로 지붕과 천장을 통한 열 손실은 전체 열 손실의 약 25%를 차지한다. 지붕에 단열재를 시공하는 것은 천장 위, 지붕 속의 공간까지 냉난방하는 결과가 되어 에너지 낭비를 초래하므로 천장을 단열하는 것이 효과적이다. 그림 11-3(b)의 천장 단열은 천장위 단열과 지붕 단열로 그 방법을 달리할 수 있는데 천장 위를 단열하면 여름에는 환기구를 통해 지붕속의 열기를 외부로 방출할 수 있으며, 겨울에는 수증 기압이 낮은 저온의 외기가 도입되어 지붕 내부의 표면 결로가 방지될 수 있다. 천장 단열재는 모포형, 경입자형 및 판형 단열재 등이 사용된다. 콘크리트 기초를 단열하기 위해서는 압축 폴리스틸렌 같이 투습저항이 좋고 견고한 단열재를 사용하여야 한다. 그림 11-3(c)에서처럼 기초 층의 단열은 동결선 아래나 기초 상부까지 기초벽의 외부에 단열재를 부착시키는 방법과 슬래브 하부의 기초벽 내부에 설치하는 방법 등 두 가지가 있다. 기초와 슬래브의 모서리는 기초를 통해 발생되는 열교 현상 때문에 단열재를 기초벽의 외부에 위치시키는 것이 효과적이다

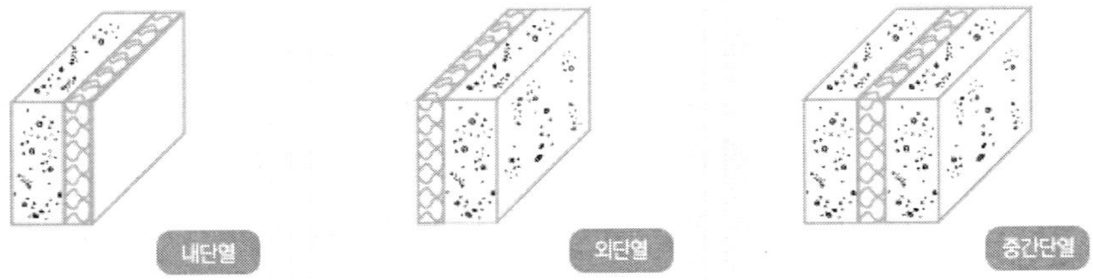

- 외벽이나 천정의 구조체 안쪽(실내 측)에 단열재를 대어 시공하는 방법
- 외벽이나 지붕의 구조체 바깥쪽(실외 측)에 단열재를 대어 시공하는 방법
- 외벽이나 공간 쌓기로 되어 있는 중공 벽인 경우 벽과 벽 사이에 단열재를 충진하여 시공하는 방법

** 그림 11-2 ▌ 주택 단열 시공 방법

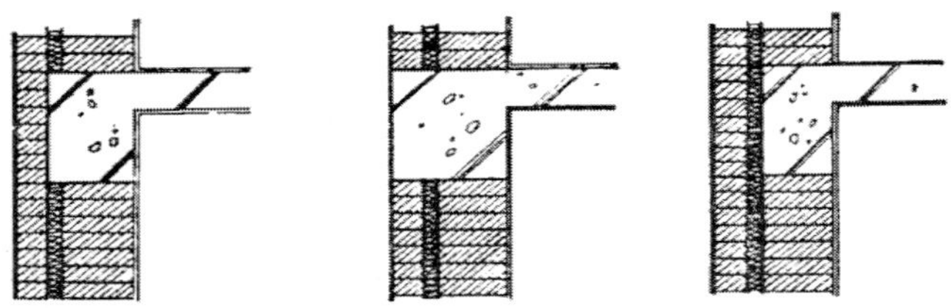

(a) 벽체단열

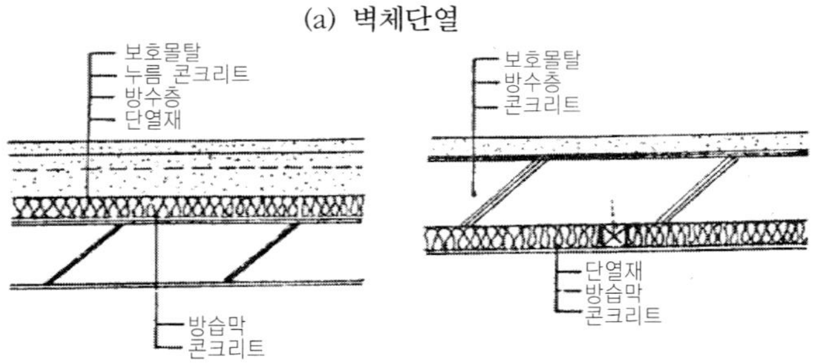

(b) 천장단열

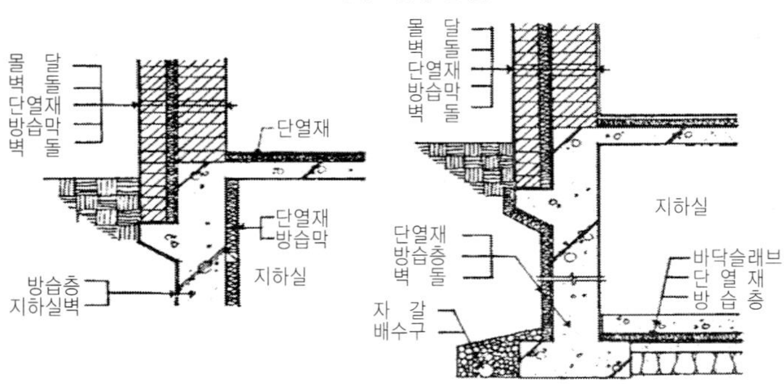

(c) 기초 및 바닥층 단열

** 그림 11-3 ▌ 제로 에너지 하우스의 구조별 단열(이언구, 1998)

공동주택에서 채광과 조망을 위해 반드시 필요한 요소는 창(窓)이다. 건축물에서 채광과 조망은 인간의 행복에 관여하는 기본 욕구이기에 많은 대가를 치루면서도 일정 수준 이상을 확보하려고 하는 이유도 거기에 있다. 그러나, 창은 건축물의 다양한 재료 중에서도 에너지 절약 측면에서 볼 때, 주택의 전체 에너지 손실 중 35% 이상을 차지할 만큼 많은 취약점을 갖고 있는 건축물 구성요소이다. 기밀화된 벽체에 비하여 상대적으로 낮은 단열 성능과 투명재의 특성상 하절기 일사에 의한 냉방 부하의 증가를 들 수 있겠다. 이에 따라 독일로 대표되는 유럽 대부분의 나라에서는 이미 오래전부터 국내보다 훨씬 강화된 기준으로 창호의 열관류율을 관리해 오고 있다. 그럼에도 불구하고 주택의 창은 개방감의 확보 등의 이유로 점차 확대되고 있는 것이 국내의 현실이다. 에너지 절감을 위해서는 창이 갖고 있는 고유한 기능을 침해하지 않는 범위에서 단열 성능을 개선하고 냉난방 부하를 어떤 식으로 저감시킬 것인가에 대한 고민이 필요한 이유가 여기에 있다. 미래 공동주택의 에너지 절약 기술은 창호을 어떻게 활용하는가에 따라 다양하게 변화하고 진보해 나갈 것이다. 창호 기술에는 삼중창, 이중 외피, 진공창 등 많은 기술들이 있으며 이중 일부를 소개하고자 한다.

그림 11-4의 삼중창은 3장의 유리로 조합되어 두 겹의 공기 단열층을 가지고 있어 기존 복층 유리보다 우수한 단열 성능을 가지며, 제작이 쉬워 점차로 확대 적용되는 창호이다. 기존 로이 복층 유리의 열관류율 1.8W/m²k 대비 열관류율 1.27W/m²K의 성능을 확보 단열 성능이 30% 이상 강화되었다. 국내 일부 오피스 건물 등에 적용 중인 삼중창호는 공동주택의 적용성을 위해 단열간봉의 적용과 단열 성능이 우수한 PVC 창틀, 복층 내부 공기층에 다양한 불활성 기체의 주입으로 좀더 단열 성능이 강화된 창호 개발을 위한 시뮬레이션이 진행 중에 있다. 표 11-3에서 삼중창과 이중창의 성능을 비교할 수 있으며 이중 유리에 비해 다소 많은 장점을 가지지만 고가의 설치비가 요구되므로 설계 시 경제적인 측면을 고려하는 것이 바람직하다.

그림 11-5에서 이중 외피창에 대한 구조를 나타내는데 기존의 외피에 두 번째 유리 외벽을 설치하여 자연 환기가 가능한 완충공간을 형성하여, 외부의 환경 변화에 적극적으로 대응할 수 있고, 겨울철의 온실 효과와 여름철의 차폐 효과를 통하여 에너지 소비를 줄일 수 있는 시스템이다. 외피와 내피 사이에 공기 단열층을 형성하고, 그 공기층에 블라인드가 설치된 유리로 구성된 이중 외피 시스템을 만들어 일사량에 따른 발열을 중공층에서 조절하여 하절기는 외부로 방출시키고, 동절기에는 내부 환기에 이용할 수 있다. 빛은 빛으로 존재할 때는 냉난방 부하의 측면에서 큰 의미를

갖지 못하지만 빛이 어떤 물체에 접하게 되면 열로 발산하게 된다. 단일유리로 투과된 빛은 실내 측에서 발산하게 되는데, 이중 외피 시스템은 공기층에 설치된 블라인드 부분에 의해 빛이 열로 변하는 위치가 실외 측에서 발생하게 된다. 하절기에 지속적으로 냉방이 필요한 경우에 유입된 일사량이 감소하게 되어, 8~9월 중 일반창호의 130.33kWh 대비 이중 외피 창호는 42.68kWh로 약 60% 이상의 소비 전력 절감의 효과를 얻을 수 있다. 유입되는 일사량이 반대로 겨울 중에는 중공층에서 발생한 열을 내부창을 통하여 환기시킴으로 결국 예열에 의한 자연 환기 효과를 개선하여 환기에 의한 열 손실을 감소시킨다. 그림 11-6에서처럼 진공창은 두 장의 유리 사이를 진공 상태로 유지하도록 개발된 진공창은 일반 복층 유리에 비하여 50% 이상의 단열 성능을 보여 냉난방비를 50% 이상 절감할 수 있다. 진공창의 열관류율은 0.8W/m²K로서 삼중창의 1.27W/m²K에 비해서도 월등한 수준의 단열 성능을 갖고 있다. 유리사이의 진공 상태의 확보와 유지를 위해 지름 0.5mm의 미세한 스텐간봉이 적용되어 복사, 전도, 대류에 의한 열 손실을 차단하여 이론적으로 0.6W/m²K 이하의 성능까지 가능할 것이다. 일반적인 복층 유리는, 두 장의 유리를 구조적으로 안정적인 간격을 갖도록 제작된 간봉에 의해 일정한 공기층을 갖게 된다. 간봉에는 공기층의 상대 습도를 낮추는 흡습제가 포함되어 있어, 두 장의 유리 사이 공기층에는 항상 건조한 공기가 존재하게 된다. 이밖에도 다양한 종류의 창호 방식이 있으나 많이 사용되는 창호를 중심으로 표 11-4에 성능별 비교를 나타내었다.

그림 11-7에서와 같이 가스 충진 유리는 이중 창호나 삼중 창호의 공기층에 불활성기체인 아르곤, 크립톤, 크세논가스 등을 주입하여 복층 유리의 외부 쪽 유리와 내부 쪽 유리의 온도 차에서 발생되는 열 교환 현상을 막아주어 결로 현상과 냉복사 현상을 억제하여 단열 효과를 높여주는 방식으로 제작된다. 이렇게 가스가 충진된 복층 유리는 자외선을 흡수하며 소리의 전달을 감소시켜 탁월한 방음 효과를 기대할 수 있으며, 특히 로이 유리와 병행하여 사용하면 단열 효과를 극대화시킬 수 있다. 아르곤 가스를 충진한 제품은 상용화하여 적용되고 있으며, 기타 가스를 주입, 안정적으로 유지하는 기술로 확대하고 있다. 주택의 현관문은 그동안 방화 및 방재의 역할에 중점을 두어 개발되고 발전해왔다. 주로 금속재의 재료가 사용되어 왔기에 편복도형 공동주택의 방화문에 많은 결로가 발생함에 따른 민원 등 결로 문제를 해결하지 못한 채 사용되어 왔다. 고단열, 고기밀 방화문은 금속재 내외부 판을 분리구조로 일반 방화문의 성능에 단열 성능과 소음 차단 성능을 개선한 현관문이다. 표 11-5를 보면 기존 일반 방화문의 열관류율 3~3.4W/m²K에 비해 0.75W/m²K의 성능

을 발휘한다. 구성 기술을 보면, 내화와 단열성, 차음성을 동시에 만족시키는 복합 신소재 기술, 결로 방지형 플랜지 힌지 기술 열교 발생 차단 접합부 설계 기술 고도의 정합성을 지닌 부품 조립 및 제조 기술이 적용되었다.

** 표 11-3 ▌ 삼중 유리의 성능 비교(알루이엔씨)

구분	삼중 유리 (52mm 1면 로이 코팅)	이중 유리 (24mm 1면 로이 코팅)	삼중/이중 유리 성능 비교
단열성	열관류율 1.27W/㎡h℃	열관류율 1.80W/㎡h℃	약 30% 향상
차음성	평균 29.7dB 차음 효과	평균 25.7dB 차음 효과	약 16% 향상
결로 저항성	결로 없음	간봉 주위 4면 결로 발생	혹한기 기준 비교 시 결로 저항성 확연히 드러남
사용 편의성	1회 개폐/청소 쉬움 Turn, Tilt 복합 기능 - 환기 효율 높음	2회 개폐/청소 불편 단순 환기 기능	편의성 높음
안정성	개폐 각도 조절 가능	추락 위험 가능성	안정성 높음

** 표 11-4 ▌ 진공창의 성능 비교(LG하우시스)

창호 형태	로이 복층	삼중 유리	진공 복층
단열 성능	1.7	1.0	0.6
절감율	23%	35%	50% 이상

** 표 11-5 ▌ 고단열 고기밀 방화문의 성능 비교(SY Steel)

성능 기준	기존 방화문	그린 방화문
방화 성능	비차열 60분	차열 60분
단열 성능	3.0~3.4W/㎡·K	0.75W/㎡·K
기밀 성능	12~20 등급	1등급
결로 방지 성능	-	-15℃ 기준 결로에 자유로움
차음 성능	500Hz 15dB	500Hz 40dB 이상

구분	24mm 복층 유리	24mm (로이) 복층 유리	52mm 삼중 유리
열해석 결과	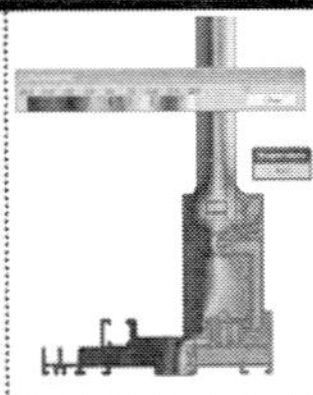	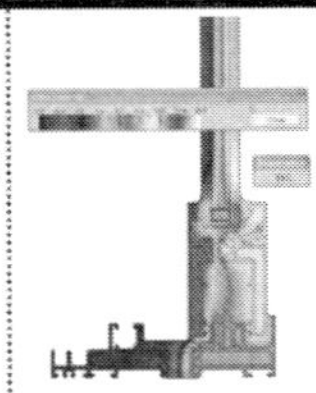	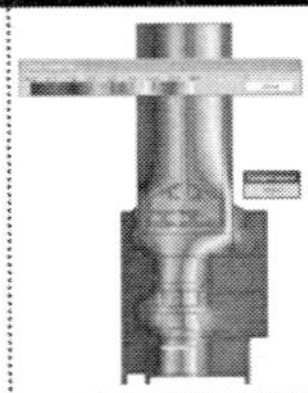
최저 표면 온도	4.0℃	8.6℃	12.6℃
결로 발생 여부	○	○	x

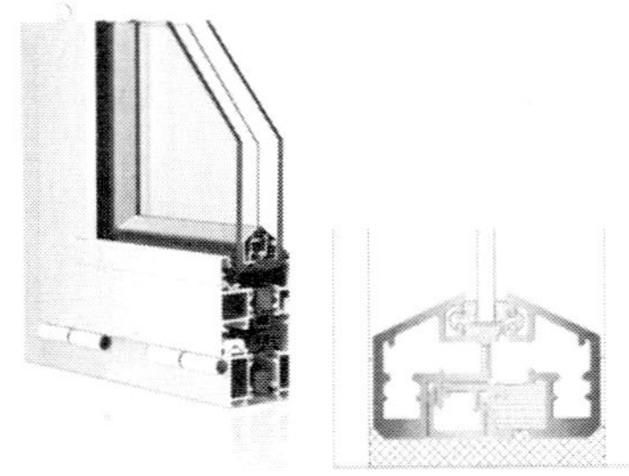

** 그림 11-4 ▌ 삼중유리의 열해석 시뮬레이션(알루이엔씨)

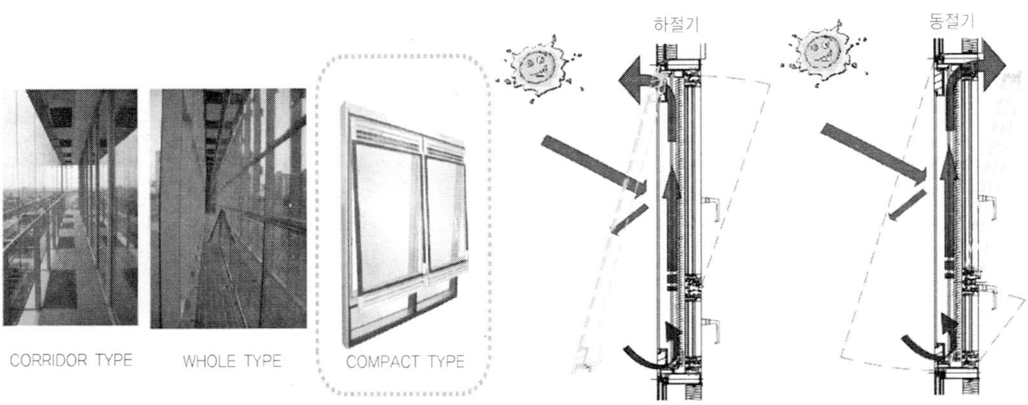

** 그림 11-5 ▌ 이중 외피창(삼우EMC)

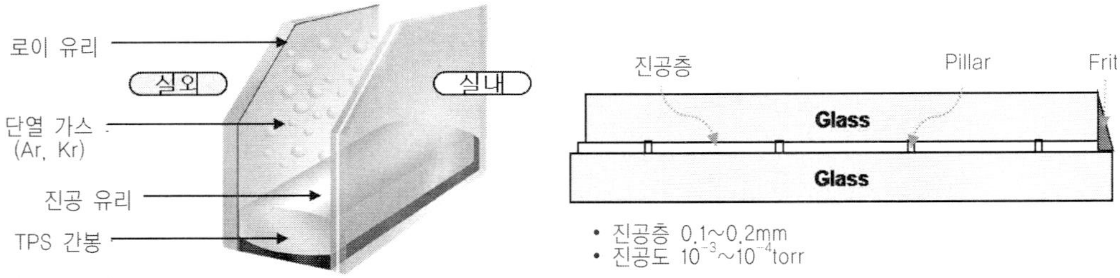

** 그림 11-6 ▌ 진공 창호의 구조(LG하우시스)

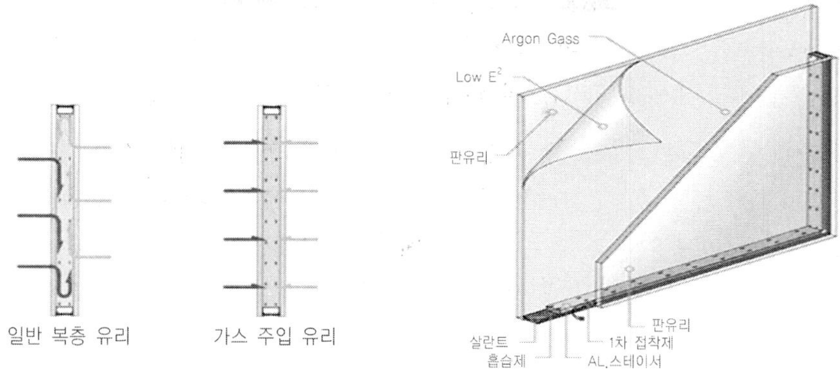

** 그림 11-7 ▌ 가스 충진 창호(KCC)

거주공간에서 직접 열을 획득하여 난방하는 방식으로, 남면 유리창의 위치와 크기에 대응할 수 있도록 축열 부위의 용량과 배치를 고려해야 한다. 가장 일반적인 축열 재료로는 조적조와 물을 많이 사용한다. 거주공간에 직접 열을 저장하는 방식은 그림 11-8처럼 두 가지 방식이 있다. 그림 11-8(a)에서와 같이 주거공간 내부에 고르게 축열재를 적용해 열을 획득하는 방법은 상대적으로 협소한 공간이나 일사량이 고르게 비치는 주거공간에 적합한 방식이다. 그림 11-8(b)에서는 특정 주거구조에 축열 시스템을 적용해 열을 획득하는 방법으로 일사량이 특정지역에 공급되거나 넓은 공간에 적합한 방식이다. 태양의 열 에너지를 별도의 구조물 벽이나 물벽(Water Wall)에 축열한 다음 자연 순환에 의해 실내의 난방 효과를 얻도록 한 방식이다. 즉 태양과 실내 공간 사이에 집열창을 바로 앞에 둔 축열벽(Trombe Wall)을 설치하여 주간에 집열된 태양열이 서서히 방출되도록 설계한 것으로 실내 난방은 태양 에너지의 간접 이용으로 이루어진다.

그림 11-9(a)는 축열벽 방식의 원리를 나타낸다. 축열벽 방식은 외측에서 일사를 받아 흡수된 열이 전도에 의해 벽을 통하여 실내로 방출되는 특성을 이용한 방식이다. 축열벽 상하에 환기구(Damper)를 설치하여 벽 외측의 공기층과 실내 사이에 자연 대류를 일으킴으로써 벽 외측의 열을 실내로 전달하는 것이 가능하지만 이것은 낮 동안이나 초저녁에만 가능하다. 그림 11-9(b)는 물벽 방식의 원리를 나타낸다. 열을 모으고 공급하는 기본적인 원리는 축열벽 식과 동일하지만 조적식 축열벽은 열 이동이 전도에 의하며 물벽은 주로 대류에 의한다. 그림 11-9(c)는 부착 온실 방식을 나타낸다. 부착 온실 방식은 직접 획득 방식과 간접 획득 방식을 조합한 것이다. 기본적으로 일사는 온실의 후면 벽에 흡수되어 열로 바뀌고, 이때 열의 일부가 건물로 전달된다. 건

물의 난방 열원이 보다 효과적이기 위해 온실과 인접 공간 사이의 칸막이 벽은 주로 열 용량이 큰 조적벽이나 물벽을 사용한다. 실내로부터 떨어져 있거나 단열된 집열부를 두고 난방이 필요할 때 독립된 대류 작용에 의하여 그 효과를 얻도록 한 것이다.

패시브형 기술을 통해서 고기밀, 고단열 환경을 조성한 뒤에 가장 중요시되는 것이 실내 환기 기술이다. 실내 환기 기술에는 설비형 기술과 자연형 기술이 있으나 본 장에서는 자연형 통풍 환기 기술에 대해 언급하고자 한다. 통풍 환기의 목적은 신선한 실외의 공기를 실내에 공급하는 것이며, 실내외 공기의 교체로 인한 열과 습기의 이동이 원활하게 이뤄지는 것을 지향한다. 통풍 환기는 기본적으로 주간의 통풍과 야간의 통풍으로 구분지어 설명할 수 있다. 전자는 주거공간 내에 인체 피부로부터의 증발을 증가시켜 재실자의 열적 쾌감을 높여주기 위해 온도가 가장 높은 낮에 외기를 실내로 도입하는 것이다. 실내로 도입된 외기는 재실자에게 직접 부딪쳐 피부에서의 증발 냉각을 촉진한다. 이 경우 주로 고온, 다습한 지역에 해당된다. 후자의 경우 다음날 주간을 위해 건물 구조체를 예냉시키기 위한 야간의 통풍을 말한다. 야간에는 비교적 찬 외기를 실내로 도입하여 건물을 식히게 된다. 주간에는 환기로 인한 열 획득을 최소화하기 위해, 창 크기를 작게 하거나 닫아두어 외기 도입을 최소화하며 야간에 식혀진 건물 구조체는 주간에 축열하여 실내를 시원하게 해주는 Heat sink로의 기능을 하게 된다. 주로 고온 건조한 지역에 이러한 통풍 기술이 적용된다(Baruchi Givoni, 1994).

(a) 분산형 축열,

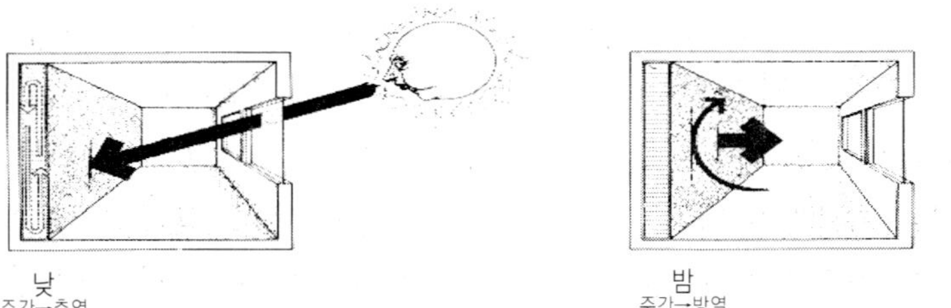

(b) 집중형 축열

** 그림 11-8 ‖ 자연형 직접 축열의 형태(원광대학교)

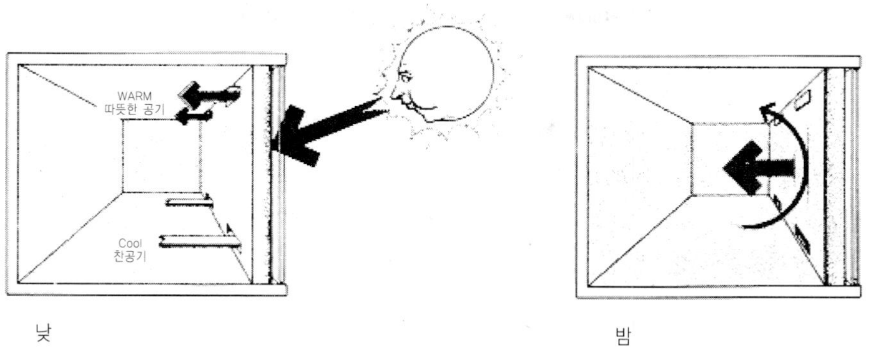

(a) 전도성 축열벽

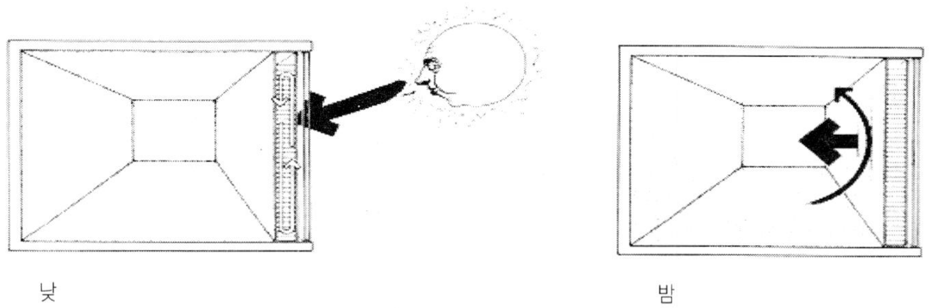

(b) 물벽

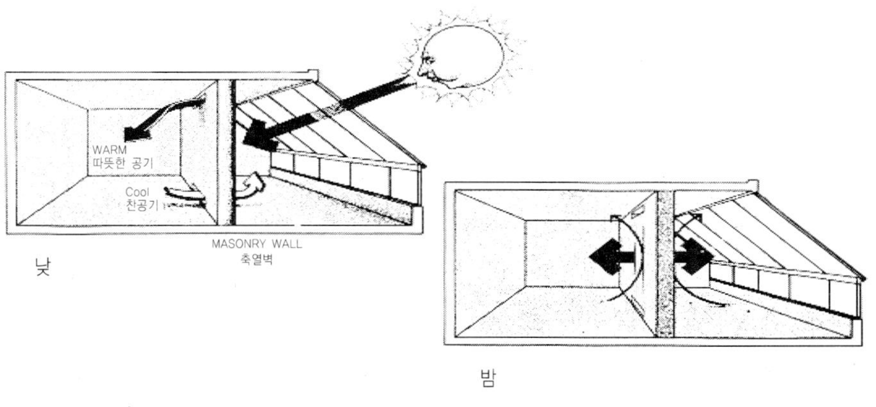

(c) 부착 온실

** 그림 11-9 ‖ 자연형 간접 축열 형태(원광대학교)

11.2.2 설비형 설계 기술 (Active Design)

자연형 가술이 자연에서의 에너지를 이용하고 또 얻은 에너지원의 손실을 최소화하기 위해 구조학적 재료적 측면에 초점을 두었다면 설비형 기술은 주거공간의 환경을 일정하게 유지하기 위해 인공적인 기계나 에너지를 이용한 설비들을 사용하는데 초점을 둔다. 에너지 설비로 가장 많이 쓰이는 태양열 설비와 태양광 설비가 있으며, 연료전지와 바이오매스와 같은 신에너지원을 이용한 설비, 그리고 주거공간을 일정하게 유지시켜 줄 수 있는 다양한 제어 설비가 있다.

태양열 설비는 태양 에너지를 이용한 설비 중 가장 흔히 사용되어온 설비로 태양의 빛 에너지를 열로 변환, 저장하여 실내에 공급하는 설비다. 그림 11-10과 같이 설비는 크게 빛을 열로 변환하는 태양열 집열기와 열을 저장하는 축열 탱크, 그리고 축열 탱크의 기능을 보완하는 보조 보일러로 구성되고 배관을 통해 한 시스템을 이룬다. 태양열 설비의 핵심은 태양 빛을 어떻게 잘 모을 수 있는 가에 대한 집열에 대한 기술과 집열된 열을 보조 에너지의 소비를 최소화하면서 저장할 수 있을가에 대한 기술이다. 또한 태양광과 기타 신재생 에너지원에 비해 낮은 설치와 입지조건의 제약이 적어 대체 에너지로의 가능성이 높으며 특히 주거공간에서 소비하는 에너지의 상당 부분이 난방과 온수에 이용된다는 사실을 바탕으로 태양열 설비를 적용한 제로 에너지하우스의 설계 및 건축 사례가 많이 보고되고 있다.

집열기는 입사되는 일사를 집열기 표면에 흡수시켜 열전기 에너지로 변환시키는 역할을 한다. 집광기는 보통 집열하기 전에 태양 에너지를 모으는 방식에 따라 집광형과 비집광형으로 나누는데 집광형과 비집광형으로 나누기 힘든 형태의 집열기도 있으므로 크게 중점을 두지는 않는다. 집열기는 일반적으로 덮개, 흡수체, 에너지 순환 장치, 절연체로 이루어진다. 덮개는 열 흡수면의 복사와 대류에 의한 열 손실을 최소화하기 위해 사용하는데 투명한 유리나 플라스틱을 사용한다. 유리와 플라스틱은 태양 복사선(단파장)에 대한 높은 투과율을 가진 반면 지구 복사(장파장)에 대해서는 높은 흡수율을 보임으로서 열을 가두는 역할을 하기 때문이다. 집열기는 태양광선에 수직인 경우 가장 효율적이다. 햇빛이 집열기에 닿는 각도가 30°보다 작을 때 반사에 의한 손실이 집열되는 것보다 많다. 흡수체는 일사 흡수율이 높고 방사율이 낮은 재료를 사용한다. 그리고 열 매체로서 가스나 액체를 사용하는 경우에는 열전도율이 좋은 것을 사용한다. 현재는 흡수체 표면의 열흡수율을 높이기 위해서 페인트나 선택 흡수막 코팅과 같은 화학 코팅 처리를 한다.

축열기는 낮 동안에 남는 열을 저장할 수 있게 하는 장치이다. 저녁이나 흐린 날이 계속될 때에도 필요한 에너지를 공급할 수 있게 열 저장소를 따로 설치한다. 단순한 벽돌이나 온수 저장 탱크, 또는 화학 상변화 물질, 배터리에 이르기까지 다양하다. 분배기는 집열기 및 축열 장치로부터 공급된 에너지를 주거공간 내 각 소비처에 분배하는 장치로서 덕트나 파이프에 의해 온풍이나 온수를 공급하기도 하고 전선을 통해 전기를 공급하는 등의 장치를 말한다. 온수 또는 온풍 공급 시 축열조의 온도는 낮은 범위(90°F~180°F)에 있기 때문에, 덕트의 크기나 방열 면적이 더 크게 요구된다. 대부분의 태양열 시스템은 집열기와 축열조로부터 에너지를 나르는 액체 순환 시설을 갖춘 에너지 운송 장치를 가지는데 집열기와 축열조를 통해 흐르는 열 매체의 양을 조절하는 기능을 동시에 가진다. 액체나 가스 시스템에서는 덕트, 펌프, 밸브, 배관, 송풍기 등으로 구성된다. 태양열 시스템의 고장이나 효과적으로 기능을 수행할 수 없는 상황에도 주택의 에너지 공급에 차질이 없게 주택의 전체 에너지 공급 용량에 맞는 보조 열원을 갖추어야 한다. 보조 열원으로서는 풍력 시스템이나 가스 공급 설비, 발전 설비 등으로 태양열 시스템과 연계하여 사용할 수 있게 설계하는 것이 바람직하다.

태양광 설비는 제로 에너지 하우스에서 소비되는 전력의 독립화를 가져다 줄 수 있다. 즉, 제로 에너지 하우스의 입지 환경이 어디든 태양이 비치는 환경만 만족된다면 주택을 건설할 수 있는 장점이 있다. 실리콘을 기본으로 한 태양전지가 태양빛을 받으면 내부의 전자가 이동을 해 전기를 발생시키는 원리로 발전을 하며 태양전지 여러 개를 직렬 연결해 하나의 어레이(Array)를 구축하고 이를 모듈화시켜서 전기를 생산할 수 있다. 이렇게 생산된 전기는 주거공간을 유지하는 설비나 또는 주거공간에서 생활하는 거주자들의 편의 가전제품을 돌리는데 사용되며 남는 전력은 계통 연계로 타 시설과 연결되어 거래가 가능하다. 태양광 기술 설비는 크게 태양빛을 전기로 바꿔주는 태양전지판의 효율을 향상시키는 기술과 발생한 전기를 분배할 수 있는 제어 기술, 마지막으로 태양이 없을 때 태양으로부터 얻은 전기를 저장할 수 있는 배터리 기술 등으로 분류 한다. 태양광 설비를 적용한 주거공간의 경우 설비 자체의 낮은 에너지효율로 아직 상용화된 대표적인 사례는 미미하며 연구용이나 컨셉용 주택으로 세계 여러 대학의 연구실과 기업을 중심으로 연구가 활발히 진행되고 있다.

** 그림 11-10 ▌ 태양열 시스템의 개념도와 적용사례(Solar Decathlon)

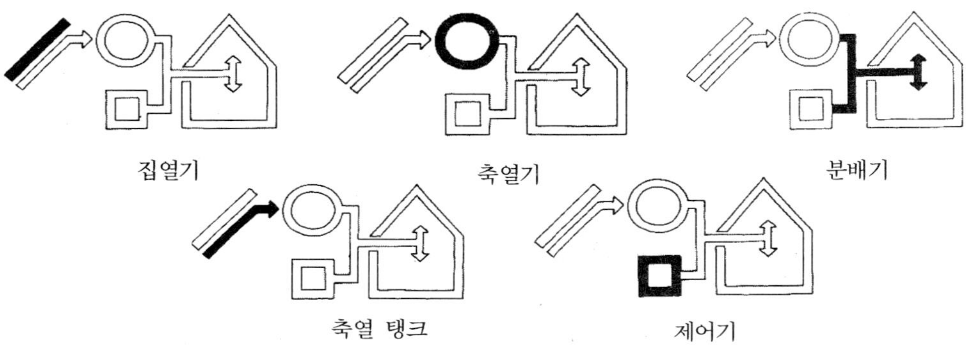

** 그림 11-11 ▌ 태양열 시스템 구성

제로 에너지 하우스는 태양 에너지를 이용한 것 외에도 여러 가지 에너지원을 이용해 주거공간에 필요한 에너지를 자체적으로 해결한다. 에너지원은 지열과 바이오매스, 그리고 수소 에너지로 분류 할 수 있다. 먼저 지열을 이용한 설비는 지구 내부에 존재하는 열 에너지를 이용해 냉방과 난방을 이용하는 것으로 설명할 수 있다. 지중으로 배관을 설치하여 내부의 온도와 지상 간의 온도 차를 통한 열 교환 방식을 이용한다. 지열 설비는 지중 배관의 설치에 따라 수직형과 수평형으로 나뉘며 주택의 입지 환경에 따라 설치 방식을 달리해 적용한다. 지열 설비의 핵심은 지중에 삽입하는 히트 파이프와 파이프로 유입된 열을 지상의 시스템과 연계해 주는 열 교환 기술이라 할 수 있다. 지열 시스템은 보통 건물의 지하에 설치하기 때문에 연약 지반이나 암반이 많은 지반에는 설치하는데 많은 비용이 들어 입지 환경의 제약이 따른다는 단점이 있으며 시공 시 함께 설비를 도입하기 때문에 건축 기간이 오래 걸린다는 단점을 가진다.

기존 주택은 모두 난방 시설을 갖추고 있으며 대표적인 보일러를 이용한 난방 시설이 대부분이다. 바이오매스를 이용한 난방 설비는 이 점을 이용한다. 보일러의 기존 연료인 가스나 석유, 석탄을 대신하여 온실 효과 배출이 0인 식물을 연료화시켜 이를 이용한 난방을 하는 것을 바이오매스 설비라고 한다. 바이오매스는 1차적인 상태와 2차적인 상태로 구분 지을 수 있다. 1차적인 상태는 바이오매스를 가공하지 않고 그대로 사용하는 것을 말하며 2차적인 상태는 바이오매스를 재차 가공하거나 가공에 의한 부산물 등을 이용하는 것을 말한다. 1차적인 바이오매스를 이용한 제로 에너지 하우스의 설비로는 전통적인 난방 방식인 온돌 시스템이 있고 서양의 벽난로와 같은 형태가 있다. 이는 땔감을 열원에 직접 공급하여 주거공간을 난방한다. 하지만 1차적인 바이오매스는 기존의 화석연료에 비해 열효율이 떨어지기 때문에 1차적인 바이오매스를 압축이나 재차 가공을 해서 활용하는 설비 기술이 연구되고 있다. 그중 대표적인 팰릿은 나무를 고압으로 압축해 화석연료와 비슷한 열효율을 내면서도 부산물인 재와 온실가스를 현저히 줄일 수 있다. 2차적인 상태의 바이오매스는 축산물이나 고체 바이오매스가 분해되면서 발생하는 에너지원으로 열 에너지와 부산가스를 통해 주거공간에서의 조리기구 열원이나 난방에 이용하는 형태로 제로 에너지 하우스를 설계 및 활용하고 있다.

수소를 이용하는 형태의 주택은 연료전지 설비를 이용한다. 연료전지 설비는 수소와 산소가 물로 형성되면서 발생하는 전기를 이용하는 설비를 말한다. 연료전지를 통한 발전은 태양열과 풍력과는 다르게 수소의 공급만 원활히 이루어지면 안정적이고 질 좋은 전력의 공급이 가능하기 때문에 에너지 독립을 추구하기위한 제로 에너지 하우스의 에너지원으로 적합하다고 할 수 있다. 연료전지는 직류 전기를 생산하므로 주거 내 전기 제품이나 계통을 위해서는 태양광발전과 마찬가지로 직류를 변환해 줄 수 있는 인버터가 필요하다. 연료전지의 자세한 내용은 본 책의 연료전지 내용을 참고하기 바란다.

11.2.3 에너지 절약 설계 기술(Certificate Design)

환경과 에너지가 사회적 이슈로 떠오르면서 가전 부문에서도 친환경성을 강조한 녹색 가전이 주목받고 있다. 지금까지는 환경과 인체에 유해한 물질이 없는 녹색가전에 중점을 뒀다. 하지만 최근 온실가스 저감에 대한 국제적 합의가 형성되고, 에너지원 고갈에 대한 우려가 확산되면서 에너지 절감을 강조한 녹색가전들이 다시금

강조되고 있다. 특히 글로벌 경제 위기를 극복하기 위한 방안으로 많은 기업들이 녹색가전을 주목하고 있다. 이번 위기를 통해 산업의 체질 개선을 꾀하는 선진국가들이 미래 육성 사업 중 하나로 환경을 택했기 때문이다. 녹색가전은 친환경 트렌드라는 다소 추상적인 관점에서 벗어나 수요 및 산업 정책, 그리고 기업 간 경쟁 측면에서 구체화되고 있다. 먼저 에너지 소비량이 꾸준히 증가하면서 녹색가전에 대한 사회적 요구가 점차 커질 전망이다. 국제 에너지 기구(IEA)에 따르면 OECD 국가 대부분에서는 가정용 가전기기가 전체 전기 소비량 중 30%를 차지하고 있으며, 이는 꾸준히 증가하고 있다. 주로 세탁기, 냉장고와 같은 대형가전보다는 PC, 모니터, 노트북 등 소형 가전에서 수요가 빠르게 늘고 있기 때문이다. 최근에는 디지털 TV, 홈엔터테인먼트 등 에너지를 소모하는 가전의 종류도 다양해지고 있다. 글로벌 경제 위기 후, 신흥국의 도시화와 중산층 성장은 미래가전 시장을 견인하는 동시에 에너지 소비 증가를 주도할 것이다. 이처럼 에너지 사용이 꾸준히 늘면서 녹색가전에 대한 관심도 더욱 커질 전망이다.

표 11-6(a)와 같은 고효율 가전 분야에 있어서 기업들은 이미 오래전부터 제품의 에너지 효율 개선에 주력해 왔다. 모바일 기기는 한 번 충전해서 오래 사용하는 것이 중요하기 때문이다. 또한 생활 가전은 항상 콘센트에 연결되어 있기 때문에 에너지 효율은 전기 요금과 직결될 뿐만 아니라, 냉장고, 세탁기 등은 한번 사면 오랫동안 사용한다. 따라서 에너지효율은 녹색가전의 주요 차별화 포인트가 되어 왔다. 이에 따라 다양한 절전 기술들이 개발되고 있다. 이미 반도체사인 인텔, AMD 등은 전력 소모량 절감을 제품 소구 포인트 중 하나로 내세우고 있다. 프린트기 중에서는 기존 온도보다 낮은 온도에서 사용할 수 있는 토너를 개발하여 에너지 사용을 15% 절감한 제품도 등장했다. 국내에서는 2010년부터 에어컨에서 시범적으로 적용될 예정이다. Top Runner 제도란 현재 시장에서 판매되는 제품 중 에너지 효율이 가장 높은 제품을 업계 표준으로 정하여, 일정 기간 내 에너지 효율을 개선하지 못하면 경고 조치를 받거나, 벌금을 내는 제도이다. 이는 저효율 제품을 자연스럽게 시장에서 퇴출시킬 뿐만 아니라, 기술 개발 속도에 맞춰 에너지 효율 기준을 높여가는 제도이다.

에너지 사용량을 줄이기 힘들다면 표 11-6(b)처럼 주어진 에너지를 효과적으로 사용하는 것도 중요하다. 단기적으로는 센서, 인공 지능 등이 에너지를 효율적으로 사용하도록 지원할 것이다. 사람이 없을 때는 밝기가 낮아지는 디밍(Dimming) 기능을 가진 조명 기구, 사람의 위치를 파악하여 바람을 보내는 로봇 에어컨 등이 대표적인사례이다. 장기적으로는 녹색가전이 전체 시스템을 지능적으로 조율하는 데 일조할 수도 있다. 대표적인 예로 소비자의 에너지 소비 패턴을 알려줌으로써 에너지 절감을 유도하는 스마트 미터기, 정전을 방지할 수 있는 Grid Friendly Appliance, 실시간 수요 제어 기기 등을 들 수 있다.우선 스마트 미터기는 원격 검침 기능에 소비자를 위한 부가 서비스를 더한 것이다. 원격 검침이란 검침원들이 가가호호 방문하던 전력 검침을 자동화한 것이다. 즉 전력회사가 통신 기능을 추가한 계량기에 통해 원격으로 전력 소비량을 읽어가는 것이다. 이때 소비자도 인터넷이나 가정 내 디스플레이 기기를 통해 전력 소비량을 실시간으로 확인함으로써 자발적으로 에너지를 절감할 수 있다. GE는 미국 가구의 25%가 스마트 미터기를 도입할 경우 자동차 170만대가 줄어드는 것과 같은 효과라고 추정하고 있다. 독일에서는 수요 절감을 위해 2010년부터 건물 신축 시 스마트 미터기 설치를 의무화했다.

지금까지 열(熱)은 주변에서 흔하게 찾을 수 있으면서도 가장 다루기 힘든 에너지원이었다. 석유, 석탄, 가스 등과 달리 저장이 어렵기 때문이다. 기껏해야 얼음을 얼려두거나, 단열재를 사용하여 열을 조금이라도 오래 잡아두는 수준에 불과하다. 물론 상황에 따라 얼음도 중요한 에너지원이 될 수 있다. 일례로 일본 홋카이도에서는 겨울에 내리는 눈을 모아서 쌀을 서늘하게 보관하는데 사용하기도 한다. 하지만 기후 조건과 시장 니즈가 일치하는 지역은 많지 않다. 최근에는 전기에만 의존하던 냉난방 기기들이 주변의 열을 활용하기 시작했다. 표 11-6(c)에서처럼 고효율을 넘어 버려지는 열까지 열펌프 혹은 폐열 회수기로 이용하는 것이 대표적인 사례이다. 지하에 묻어둔 관을 통해 일년내내 동일한 온도를 유지하는 땅 속의 열을 이용하는 지열펌프도 있다. 게다가 열펌프에 공기청정기, 습도 조절기 등의 기능을 추가하여 기기 한 대로 실내공기의 품질을 책임지는 컨버전스형 복합 공조기기도 등장하고 있다. 장기적인 관점에서 냉난방 에너지원으로 열이 전기를 대체하는 추세는 계속될 것이다. 가장 큰 이유는 가정용 열병합 발전의 보급이다. 열병합 발전이란 전기를 생산하는 과정에서 발생하는 폐열을 주변 지역 난방 및 온수로 제공함으로써 에너지 효율을 높이는 방식이다. 하지만 열은 배열 파이프의 단열효율 때문에 이동 거리가 제한된다. 따라서 지금까지 열병합 발전의 보급은 열을 대량으로 필요로 하는 산업시설, 비닐하우스 난방 등 농촌지역, 일부 도시인구 밀집 지역에 한정되어왔다. 하지만 최근 가정용 연료전지, 마이크로 가스 터빈, 엔진 등 소형화, 효율화된 열병합 기기가 등장하면서 일반 가정에서도 열을 활용할 수 있는 기회가 늘어날 것이며 이는 그림 11-12에서처럼 다양한 열병합 발전 시장 구도가 형성되는데 큰 역할을 할 것이다.

표 11-6(d)에서처럼 가전 기기가 에너지를 절감하는 가장 궁극적인 방법은 필요한 에너지를 자체 생산하는 것이다. 이는 제레미 레프킨이 쓴 수소 경제(Hydrogen Economy)에서 제시한 자가 발전과 일맥상통한다. 다만 모바일 기기에서는 연료전지보다 태양전지가 상용화되는 시점이 조금 더 빠른듯하다. 이미 휴대폰과 핸즈프리 키트 중 일부 제품에는 태양전지가 붙어 있다. 아직까지 효율이 낮아 배터리를 대체하기는 부족하지만, 대기시간이 긴 대부분의 소형 모바일 기기에서 보조 전원으로 사용 가능하다. 또한 가전과는 거리가 먼 창틀, 건물외장, 핸드백, 골프, 가방 등에도 태양전지가 붙기 시작하면서 향후 자가 발전이 가능한 제품의 범위는 확장될 수 있음을 시사한다. 또한 새로운 에너지원 개발은 신흥 시장 개척을 위한 주요 과제 중 하나일 수 있다. 때로는 가전보다 전기를 먼저 팔아야 하는 경우도 발생하기 때문이다. 일례로 올해 인텔이 기술을 통해 지구촌 문제를 해결하기 위해 주최하는 Inspire-Empowerment Challenge 수상작 4개 중 2개는 태양광 전지를 통해 노트북, PC 등을 사용하는 것이다. 또한 신흥국에서는 집마다 배터리를 구비하고, 공용의 발전용 자전거를 돌려 필요할 때 충전하는 마을도 있다. 이미 통신 시장에서 신흥국들이 유선전화 인프라를 구축하는 대신 바로 휴대폰으로 진입한 사례가 있다. 전력 시장에서도 신흥국들이 전력망 구축 비용을 감당하는 대신 소형 발전소와 가정용 배터리를 택할 수도 있다. 즉 신흥국의 녹색가전에 필요한 것은 전기플러그가 아니라 배터리와 소형발전기일 수 있다. 장기적인 관점에서는 생활 주변에서 진동, 열 등으로 낭비되던 에너지를 사용하여 전기를 생산하는 에너지 수확(Energy Harvesting) 기술도 주시할 필요가 있다. 아직까지 실효성 측면에서는 걸음마 단계지만 체온, 자동차 진동, 보행 등 주변 에너지를 활용할 수 있기 때문이다. 일례로 독일의 EnOcean사는 스위치를 누르는 힘으로 전기를 생산하는 무선 스위치를 상용화했다. 최근 에너지 수확 기술에 주목하는 것은 전력 소모량이 적은 무선 센서이다. 전력선이 닿지 않는 곳에 설치할 수 있으며, 기존 무선 센서에서 발생하던 배터리 교체 비용을 줄일 수 있기 때문이다. 미국에서는 교량 안전 모니터링 시스템 구축에 다리의 진동을 에너지원으로 이용하는 무선 센서를 도입하고 있다.

조명용 광원에 있어서 그 동안 세계적 기술 동향은 출력이 높고 수명이 길며, 고연색성을 목표로 했던 시기를 지나서 고효율화와 함께 에너지 절약 및 자원 절약을 중심으로 하는 단계를 거쳐, 최근에는 이와 더불어 쾌적성, 안전성, 지구 환경 보호를 주제로 하는 기술 개발이 이루어지고 있다. 지금까지의 대표적인 조명용 광원인 백열등, 형광등을 중심으로 한 조명 기술은 광 변환 효율, 연색성, 수명 향상과 응용성이 한계가 있기 때문에 대형 조명회사인 필립스, 오스람, GE 등을 중심으로 새로운 조명 기술 개발을 위한 연구를 경쟁적으로 추진 중에 있으며, 현재 저출력에는 LED를 대표로 하는 고휘도 반도체 광원이 두각을 나타내고 있다. 하지만 LED를 조명용으로 사용하기 위해서는 몇 가지 개선해야 할 사항이 있다. 첫째로 LED를 다수 결합하여 만든 LED 조명 제품은 사용자의 눈부심 현상을 초래하기 때문에 용도에 맞는 배광 설계 및 적정 출력 설계가 필요하다. 둘째로 LED는 직류로 구동되기 때문에 현재 사용되는 등기구와 같이 교류를 이용한 점등은 제약이 따르므로 전기적 특성에 부합하는 절전형 고효율 회로 기술이 요구된다. 세 번째로 LED가 기존 등기구보다 높은 효율을 가졌다고는 하나 공급되는 80%가 열 형태로 손실이 일어난다. 열은 LED 발광 및 내구성에 치명적인 저하를 가져오므로 열을 분산 제거 해주는 Heat Sink 기술이 요구된다. 그 밖에도 조명 제품을 성능 평가하는 기술이나 효과 분석 기술들이 이루어져야 한다.

이러한 새로운 광원의 특징은 기존 광원에 비해 수명이 월등하게 길고 경고하며, 연색성 또는 시인성이 높아 인간친화적이고, 무공해 물질을 사용하는 소형, 고휘도의 환경 친화적 광원으로 적용 분야에 따라 30~90%의 에너지 절약이 가능하다는 특징이 있다. 반도체 광원을 이용한 대표적인 사례로는 LED를 이용한 신호등이 있으며 그림 11-13에서와 같이 표시 및 지시용 조명 분야에서 실용화 및 연구 중에 있다. 본격적인 실용화로의 적용은 2008년으로 추정되었으나 LED의 수요에 대한 공급의 부족 현상과 LED에서 발생하는 고열의 제어로 인한 걸림돌로 다소 지연되고 있다. 일본의 경우 "21세기 빛 프로젝트"라는 명칭으로 1998년부터 연구를 시작해 2020년까지 200lm/W의 LED 상용 광원 개발 목표로 기술 개발을 하고 있다. 미국에서는 에너지국(DOE)이 중심이 되어 "Next Generation Lighting Initiative"가 상원에서 통과하여, 2020년까지 전체 조명의 50%를 LED로 전환하는 거대한 계획을 갖고 있다. 우선 단계적으로 2007년까지 50lm/W를 세워 추진 중에 있으며 2012년까지 150lm/W를 이루어 형광등을 완전히 대체할 수 있는 광원을 만들고 2020년도에 일본과 같은 200lm/W의 백색 광원을 만드는 것을 목표로 하고 있다. 세계의 주요 연구가 백색 광원에 집중되고 있는 것은 가장 많이 사용되고 있는 광원인 이유뿐만이 아니라 LED의 3색 광원의 집합체가 바로 흰색 광원이기 때문이다. 백색 LED가 무엇보다도 차세대 조명으로의 위상을 확립할 수 있다고 예상하는 근거로는 LED 기술의 눈부신 발달로 10년마다 발광효율이 30배씩 증가하였고, 칩 가격을 10년마다 1/10으로 하락시켰던 반도체 제조 기술의 발달을 고려할 수가 있다. 현재 백색

LED의 효율이 20~30lm/W로 일반 조명의 100lm/W 이상에는 부족하지만 지속적인 연구 개발로 조만간 상용화가 될 수 있을 것으로 본다.

** 표 11-6 ▌ 그린가전의 진화 방향(홍일선, 2009)

구분	에너지 절감	새로운 에너지원
미래 비전 기술	(b) 에너지 절감의 스마트화 - 스마스 미터기 - Grid Friendly Appliance - 실시간 수요 제어기	(d) 생활 주변 에너지원 발굴 - 연료전지, 태양 에너지 상용화 - 새로운 에너지원 개발 - 에너지 수확 기술
기존 상용 기술	(a) 고효율 가전의 지속 확대 - 절전 시스템 개발 - Top Runner 제도 - 고효율 전지 개발	(c) 폐열을 활용하는 가전 등장 - 열병합 발전+지역 발전 - 폐열 회수기 - 지열 펌프 시스템

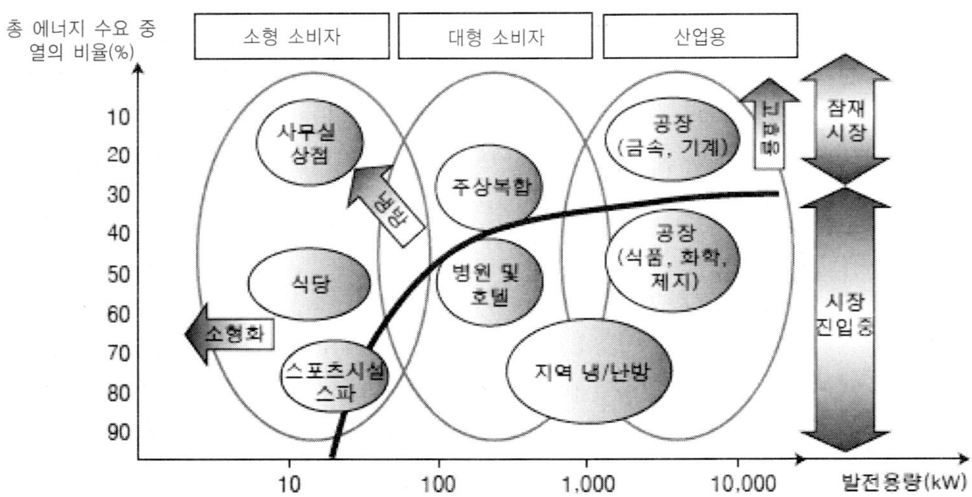

** 그림 11-12 ▌ 일본의 열병합 발전 시장 구조(홍일선, 2009)

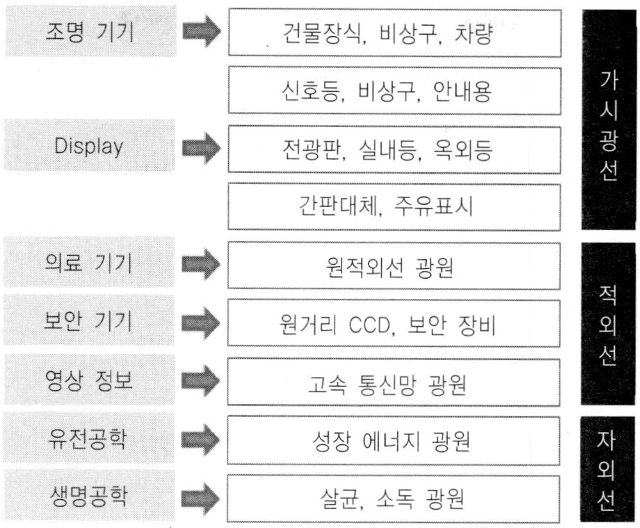

** 그림 11-13 ‖ LED 광원의 응용분야(정봉만, 2006)

11.2.4 친환경 설계 기술(Eco Design)

빗물 이용 기술로는 집수, 빗물저장, 빗물처리, 급수, 지하침투, 유지 관리 등을 들 수 있다. 이중에서 수자원의 유효 이용은 물론 외부공간을 대상으로 하는 녹지공간 및 친수공간의 창출과 직접 관련이 있는 부분은 빗물의 집수와 저장 부분이고, 홍수 유출량의 저감 및 지하수 함양은 지하 침투 부분과 직접 관련이 있다. 강수로 내린 빗물의 일부는 집수되어 수돗물 대체 용수로 이용되고, 집수되지 않은 빗물은 땅속으로 침투시킴으로서 하수도로 방류되는 빗물의 양을 가능한 한 경감시키는 동시에, 지하 부존량을 증대시켜 지하 생태계를 회복시키는 이수(利水) 및 환경보전을 고려한 기술이 빗물 이용을 위한 기술이다. 빗물 처리 시설은 기능면에서 주로 처리 시설, 저장 시설, 후처리 시설로 분류된다. 각 처리 대상 물질에 적용 가능한 처리 방법은 표 11-7과 같으며, 그림 11-14에는 빗물 처리의 대표적인 표준 처리 공정을 나타냈다. 빗물집수관은 집수 면으로 부터 강우를 집수하여 빗물 탱크에 반송하는 역할을 한다. 빗물 배수는 강우의 시간 중에 흐르는 연속 배수이므로 배수유량은 집수 면적과 그 지역의 최대 강우량에 의하여 결정한다. 빗물 탱크의 수량이 부족한 경우 일반 상수도 등을 급수하여 저수량을 확보해야 한다. 대규모 빗물 이용 설비에서는 빗물 탱크의 수위가 일정량 이하가 되면 탱크 내에 설치한 감지기에 의해 보급관의 밸브가 열려 자동으로 상수도가 보급되도록 하고 있다. 또한 수위계를 점검하여 필요에 따라 수동으로 상수를 보급하기도 한다.

모여진 빗물은 그림 11-15와 같이 저장 탱크에서 처리 과정을 거쳐 상수 대체 용수로 이용함과 동시에 빗물 탱크에서 넘치는 물이나 지표면에 내린 빗물을 침투 트렌치 등 침투 시설에 의해 땅속으로 침투시켜 지하수에 합류시킨다. 이는 단순히 치수(治水)상의 효과뿐만 아니라 지역 물 순환의 재생에도 도움이 된다. 도시에서는 지하로 빗물을 침투시킴으로써 고갈되어 가고 있는 지하수를 함양시키고 지반 침하를 방지하며, 생물을 번식하게 하고 대기를 정화시키는 효과가 있다. 빗물을 지하로 침투시키는 시설에는 침투 트렌치, 침투통, 투수성 포장 등이 있다. 이용 용도가 다른 경우는 빗물 탱크와 배수 처리 탱크를 각각 독립으로 설치하여 다른 처리수가 혼합 또는 혼입되지 않도록 한다. 그러나 이용 용도가 동일한 경우는 저류 탱크를 공동으로 할 수 있다. 저류 탱크에 보조 용수로서 접속하는 상수도 보급 배관에 처리수가 역류되지 않도록 역류 방지 대책을 세워야 한다. 다량의 강우가 발생할 때 저류 탱크가 만수 상태로 되는 경우 어느 쪽 탱크를 방류할 지를 설계 단계에서 검토 결정해야 한다. 배수 처리 설비의 유량 조정조에서 방류하는 것이 비용 절감 측면에서 유리하나, 처리 공정에 따라서는 운전을 장기간 정지했다가 재개할 경우 문제가 발생하는 경우도 있다. 배수 재이용 설비와 빗물 이용 설비는 각각 원수 유입 형태가 크게 다르며, 이용 상황에 따라서는 저류 탱크가 만수 상태로 되는 경우도 있다. 이러한 경우에는 배수 재이용 설비와 빗물 이용 설비의 처리 특성을 고려하여 시스템 전체의 제어를 검토함과 동시에 저류 탱크에서 공공 하수도로 방류될 수 있는 구조로 한다. 특히 배수 재이용 설비의 연속 운전에 대한 대응성, 빗물 탱크 용량, 공공 하수도, 하수로의 빗물 배출 능력 등을 충분히 검토하여 넘침 물에 의한 피해가 없도록 한다.

** 표 11-7 ▍ 빗물 처리를 위한 대표적인 표준 처리 공정(한국건설기술연구원)

구 분	주 요 처 리			저 장	후 처 리	
정 의	부유 물질의 비용해성 유기물과 무기물을 제거함			사용을 위한 저장	단시간의 중력침전으로 제거되지 않는 물질을 제거하고 위생상으로 안전한 수질이 되도록 함	
제거 물질	쓰레기, 낙엽, 휴지, 조약돌	모 래		-	실트, 점토	대장균
		굵은 모래	가는 모래			
제거 입자 지름(mm)	2.0 이하	2.0~0.42	0.42~0.074	-	0.074 이하	-
처리 방법	스크린	침사조	침사조	저장 탱크	침전조, 여과	염소 소독

NO	빗 물 처 리 공 정
1	집수 → 스크린 → 침사조 → 저장탱크 → 소독장치 → 저장탱크
2	집수 → 스크린 → 침사조 → 침전조 → 저장탱크 → 소독장치 → 저장탱크
3	집수 → 스크린 → 침사조 → 여과장치 → 저장탱크 → 소독장치 → 저장탱크
4	집수 → 스크린 → 침사조 → 침전조 → 저장탱크 → 여과장치 → 소독장치 → 저장탱크

** 그림 11-14 ▌ 빗물의 표준 처리 공정(한국건설기술연구원)

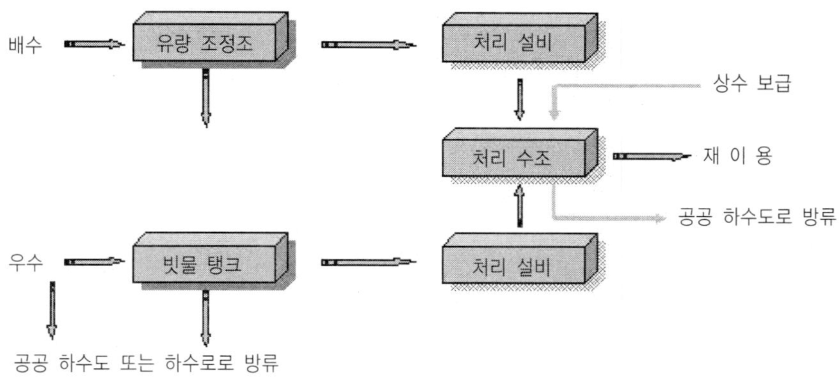

** 그림 11-15 ▌ 중수도와 빗물 이용 설비의 병용 시 계통도(한국건설기술연구원)

일반적으로 사용되는 "환기(Air Change)"는 "실내외의 공기를 교체하는 것"이라는 개념 전체를 기술하는 용어로서 극히 넓은 의미를 갖는다. 그외 용어는 전부 이 안에 포함된다고도 할 수 있다. 환기는 "실내의 공기 정화 또는 온열 환경 조건의 개선 등의 명확한 환경 개선을 목적으로 거주자가 의도적으로 실내외의 공기를 교체하는 행위"를 나타내는 용어이다. 이를 수행하기 위해서는 실내외를 연결하는 개구부를 설치함과 함께 동시에 두 개의 공간 사이의 압력 차를 둘 필요가 있으며, 그것을 기계의 힘에 의할 경우에는 기계 환기(Mechanical Ventilation) 또는 강제 환기(Forced Ventilation)라고 한다.

환기는 범위에 따라 전반 환기와 국소 환기로 나눌 수 있으며, 환기 방법으로는 자연 환기와 기계 환기로 구분할 수 있다. 본 해설서가 적용되는 신축 공동주택 등의 경우, 환기 횟수 기준(0.7회/h)을 만족한다면 자연 환기 또는 기계 환기 중 어느 쪽을 적용하여도 무방하다. 하지만 원칙적으로 자연 환기의 단점은 기계 환기에 의해 보완되어질 수 있다. 기계 환기는 요구되는 환기량을 적절히 제공할 수 있고 거주자와 오염물 부하 요구에 다양하게 응답할 수 있으며, 기후의 변화에 대응하기가 상대적으로 쉽다. 특히 최근 에너지 절약 등을 위하여 고기밀화된 건축물에서 매우 효과적으로 적용할 수 있다는 장점이 있다. 기계 환기 방식은 그 방법에 의해 그림 11-16에서처럼 외부 공기를 강제 공급하는 송풍기와 실내공기를 강제 배출하는 송풍기가 결합된 제 1종 환기 방식과, 외부공기를 강제 공급하는 송풍기와 실내공기가 자연 배출되는 배기구가 결합된 제 2종 환기 방식, 외부공기가 자연 도입되는 공기 흡입구와 실내공기를 강제 배출하는 송풍기가 결합된 제 3종 환기 방식으로 구분된다. 일반 공동주택의 경우, 제 3종 환기 방식이 대다수였으나, 최근 동시 급배기형 레인지 후드팬, 전열 교환형 환기팬 등의 채용에 의해 제 1종 환기도 증가하고 있는 추세에 있다. 또한, 각 세대마다 환기를 하는 세대별 환기 방식과 주동을 단위로 하는 공용 급배기경로를 확보해 환기를 하는 집합 환기 방식으로 구분할 수 있다. 집합 환기 방식은 기존에 많이 채용되었으나, 최근에는 입주자의 요구에 따라 세대별 환기 방식의 채택이 점차 증가하고 있다.

자연 및 기계 환기 설비를 적절히 조화시켜 환기 성능과 실내공기 환경을 효과적으로 유지하면서 건물 에너지 소비량을 최소화 할 수 있는 혼합형 환기 방식(Hybrid Ventilation System)이 최근 다양하게 개발 및 보급되고 있다. 하이브리드 환기 방식은 일반적으로 환기와 냉난방이 동시에 요구되는 건물에 대한 에너지 절약적인 접근 방법의 하나로 주로 사무소용 건물에 활용되어 오던 환기 방법이다. 이는 비교적 오랜 기간에 걸쳐서 도출된 환기 개념으로 최근 주거용 건물에 적용하기 시작되면서 재실자에게 쾌적한 실내공기 환경을 제공해 주는 것뿐만 아니라, 에너지 절약적인 측면에서도 적극적으로 검토되고 있는 환기 방식이라고 할 수 있다. 이러한 하이브리드 환기 방식은 운용적인 측면에서 자연환기와 기계 환기 방식이 독립적으로 운용이 되느냐 또는 동시 운용이 되느냐에 따라 구분되기도 하는데, 적용원리와 방법에 따라 크게 3가지로 대별할 수 있다. 그림 11-17(a)는 자연 및 기계 환기의 적절한 전환에 초점이 맞추어진 것으로 중간기에는 자연환기 설비를 적용하고, 하계와 동계에는 기계 환기 설비를 활용할 수 있도록 계획된 환기 방식이다. 또한, 재실자의 수가 증가하였을 때에는 기계 환기 설비를, 하계의 야간 냉각을 위해서는 자연환기를 선택적으로 사용할 수 있도록 되어 있다. 그림 11-17(b)는 배기 및 급기를 위한 보조팬을 자연 환기와 결합한 것으로 저압의 보조팬을 이용하여 자연 환기의 구동력이 약하거나 환기량을 늘려야 할 기간에 환기량을 적절히 증대할 수 있으며, 최근 가장 많이 개발, 적용되고 있는 방식이다. 그림 11-17(c)는 자연 환기의 구동력을 최대한 유효하게 활용하는 기계 환기 설비에 근거를 두고 있으며, 자연 환기의 구동력이 필요 환기량의 일부를 담당할 수 있도록 조절이 가능한 방식이다.

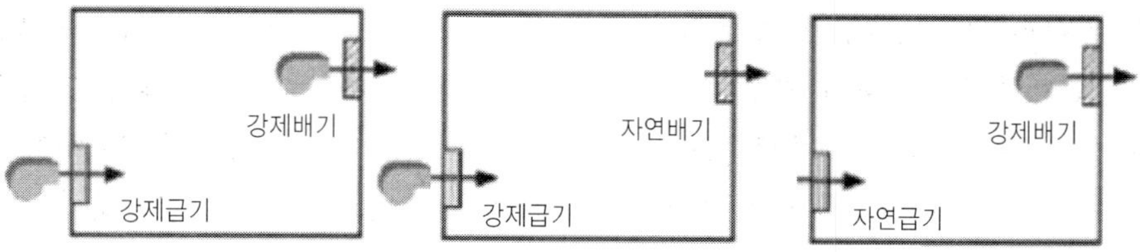

(a) 1종 환기 방식 (b) 2종 환기 방식 (c) 3종 환기 방식

** 그림 11-16 ▌ 기계 환기 방식의 종류(한국건설기술연구원)

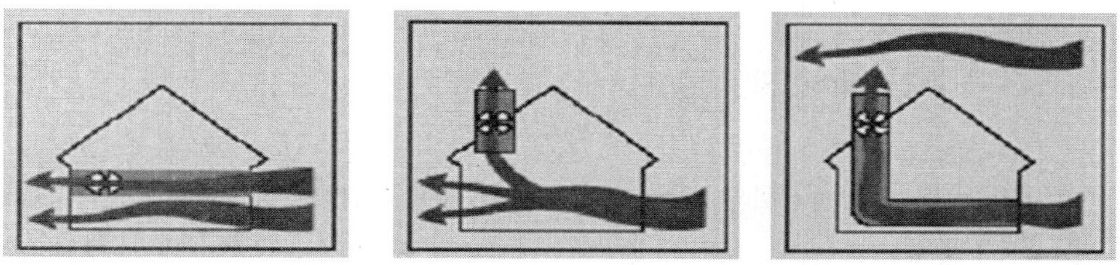

(a) 자연 환기+기계 환기 (b) 자연 환기+보조팬 (c) 연돌 효과+기계 환기

** 그림 11-17 ▌ 혼합형 환기 방식의 유형별 개념(한국건설기술연구원)

도심지 친환경적 측면이 부각되면서 건축과 조경 기술이 통합된 녹화 옥상 시스템 기술이 등장하였다. 구조체, 단열, 방수, 방근, 녹화층 등이 하나의 시스템으로 통합된 새로운 기술이다. 즉,기존 공법으로 건축 공사를 완료한 후 조경 기술자들이 녹화층을 추가하는 방식이 아니라, 녹화층과 구조체가 완전히 일체화된 새로운 옥상 조성 공법을 말한다. 이 기술은 토양층의 토심과 식생 그리고 관리 방식과 이용 여부에 따라 저관리 경량형 녹화 옥상 시스템(Extensive Green Roof System)과 관리 중량형(Intensive Green Roof System)으로 구분된다. 앞서 언급한 지하주차장 상부 인공지반의 경우 관리 중량형 녹화 옥상 시스템 기술이 적용되고, 사람의 이용이 없는 콘크리트 옥상에 생태적 기능을 부여하고자 할 경우 저관리 경량형 녹화 옥상 시스템을 적용한다.

그림 11-18에서 관리 중량형 공법의 구조 단면을 살펴보면 구조체 위에 방습층, 단열층, 방수층, 배수층(방수층 보호 기능), 토양 필터층, 토양층, 식생층의 순으로

조성하는 공법이다. 건축 분야에서 말하는 전형적인 외단열 공법이 적용된 녹화 옥상 시스템 기술로 단열층, 방수층, 배수층의 기능과 요구 성능을 모두 충족시킬 수 있는 요소기술의 개발이 공법의 핵심이다. 이 공법에서 방수층 상부의 배수층과 녹화층이 기존 콘크리트 옥상의 무근 콘크리트와 같이 자외선과 물리적 충격 그리고 온도 변화로부터 방수층을 보호한다. 동시에 콘크리트로 인해 발생되는 도시열섬 현상, 도시 홍수 등 도시 기후 변화 문제를 해결할 수 있다. 그러나 방수 기술의 관점에서 볼 때, 현장에서 주로 사용되는 폴리스티렌 단열재 위에 적용 가능한 방수 공법은 제한적 일 수밖에 없어 기술의 보편화에 어려움을 가지고 있는 것이 현실이다. 특히, 방수 공정은 일반적으로 기상 변화에 매우 민감하며, 이로 인한 공기 연장은 시공 비용 상승의 원인이 될 뿐만 아니라 향후 물리적 결함의 발생 가능성을 초래하기 때문에, 녹화 옥상 시스템의 원활한 보급을 위해서는 다양한 관점에서 시스템 기술의 개발이 필수적이며, 특히 우리나라의 시공 현장에서 보편적인 방수 공법을 준용한 녹화 옥상 시스템의 개발이 요구되고 있다고 판단된다.

그림 11-19에 있는 공법은 앞의 기술과 달리 구조체(슬래브) 위에 방수층을 두고 그 위에 단열층이 형성되는 지붕 공법은 기술적으로 역지붕에 해당한다. 이는 이미 구미에서 활용되고 있는 기술적 대안으로, 재료의 절약과 공기의 단축이 가능하여 경제성이 매우 높은 옥상 공법으로 자리 잡아가고 있다. 이런 배경에서 구조체 위에 방수 층을 두는 것을 기술적 전제로 우리나라의 현실에 적용 가능한 역지붕형 녹화 옥상 시스템의 개발 방향을 모색하였다. 한국건설기술연구원에서 제안한 녹화 옥상 시스템은 녹화 유형 구분의 관점에서 볼 때 사람들의 이용이 전제되지 않는 Extensive 형에 속한다. 또한 건축(단열) 공법의 관점에서 볼 때 외단열 공법에 해당되며 저관리 경량형 녹화 옥상 유형의 역지붕 녹화 옥상 시스템이라 할 수 있다.

옥상부 구조체는 콘크리트 슬래브가 일반적이다. 기존 옥상 조성 공법과 비교할 때 녹화 시스템 하중이 추가로 고려되어야 하나, 실제로는 녹화층이 보호층(무근 콘크리트층) 기능을 하므로 무근 콘크리트층의 무게만큼 전체 시스템 하중의 경감이 가능하다. 또한 필요에 따라서는 구조체 상부에 별도의 구배를 조성하여야 한다. 구조체 상부에 바로 방수층이 조성되고, 다시 상부의 단열층과 녹화층으로 보호되므로 상대적으로 다양한 방수 공법의 선택이 가능하다. 그러나 기본적으로 녹화용 방수에 요구되는 물성을 가지고 있어야한다. 분리막은 전체 시스템의 구성에서 가장 중요한 의미를 가진다. 분리 막의 일차적인 기능은 배수층을 통과한 우수가 단열층에 도달하지 않도록 배제하는 것이며, 동시에 단열층에 발생한 습기를 상부로 배출할 수 있어야 한다. 즉, 상부로부터의 우수 유입은 최소화하면서 하부에서 상부로 수증기가 통과할 수 있는 소재를 활용한다. 일반적인 녹화 시스템에서 배수층의 기능은 토양층의 과포화수를 배제하는 동시에 통기 기능을 가진다. 이와 함께 역전 지붕에는 별도의 기능이 요구된다. 단열층 상부의 분리막은 두께가 1mm 이하의 얇은 막으로 시공되므로, 배수층이 분리막에는 물론 단열재에 전달되는 물리적 충격이나 하중을 완화시키는 동시에 등분포 시킬수 있어야한다. 한편, 제안하고자 시스템에 가장 고유한 기능은 배수층이 분리막에서 배출되는 수증기의 흐름을 차단하지 말아야 한다는 점이다. 옥상 녹화에 바람직한 토양 필터의 사용이 가능하나, 시공성 관점에서 토양 필터는 배수 소재에 일체화되는 것이 바람직하다. 토양층과 식생층은 시스템의 특성으로 인해 특별히 요구되는 성능은 없다. 저관리 경량형에 적합한 토양 소재 및 식생 소재를 활용하면 된다. 역지붕형 녹화 옥상 시스템의 배수구는 기존과 완전히 다른 형태로 조성되어야 한다. 새로운 시스템은 우수의 배제면이 분리막 상부와 방수층으로 이원화되어 있으므로, 배수구도 당연히 이층 구조로 조성되어야 한다.

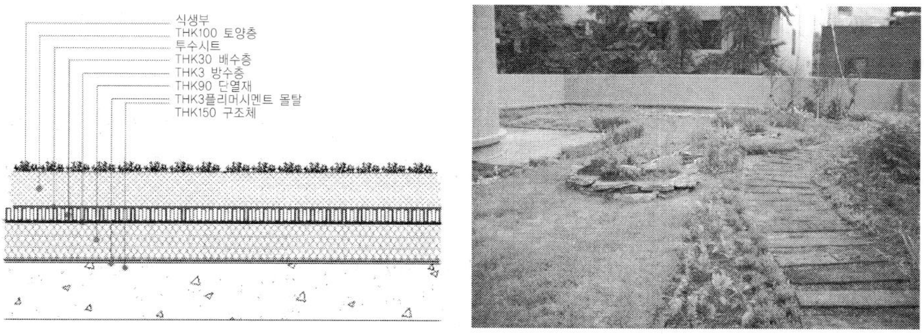

** 그림 11-18 ▌ 관리 중량형 옥상 녹화 공법과 사례(김현수, 2008)

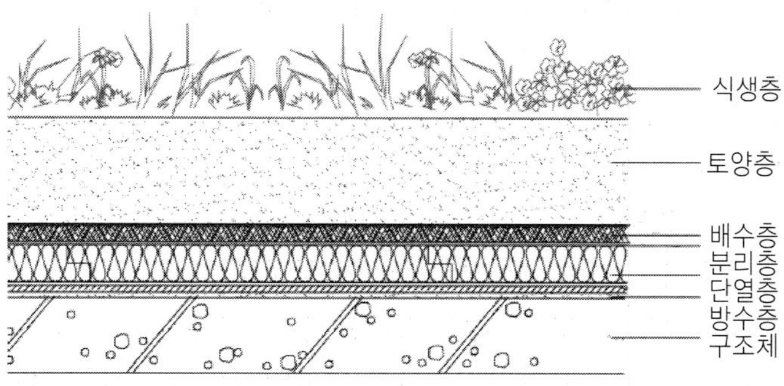

** 그림 11-19 ▌ 저관리 경량형 옥상 녹화 공법 개요도(김현수, 2008)

11.3 에너지 저소비·저탄소 사회로의 전환

11.3.1 KIER ZeSH(에너지 기술연구원)

제로 에너지 솔라 하우스(ZeSH)는 주택 부하 구성비에 맞는 절약 및 대체 에너지 핵심 요소 기술을 선별, 체계적인 단계별 기술적용을 통해, 화석연료나 외부 전원 공급 없이 주택 자체에서 모든 에너지를 자급하는 미래지향적 기술이다. 건물은 여러 요소 기술이 모인 통합시스템이기 때문에, 절약 대체 등 각종 요소기술의 산발적 적용을 통해서는 에너지 자립화가 불가능하다. 예를 들어 노후화된 주택에 난방 에너지 절감을 위해 태양열 집열기를 설치하는 것은 금이 간 물독에 계속 물을 붓는 격으로 그 효율성을 극대화하기 곤란하다. 태양열 난방 시스템의 효율을 극대화하기 위해서는 우선적으로 건물 자체의 단열 보강 및 기밀화를 통해 충분히 열 손실에 대한 대책을 수립한 후에 시스템을 적용해야 할 것이다. 건물은 다양한 형태의 에너지 부속 시스템이 서로 유기적 연관 관계로 결합되어 상호작용하고 있는 종합 시스템이기 때문에 기술 적용에 있어서도 우선순위에 따라 체계적으로 적용하는 것이 무엇보다도 중요한 것이다(그림11-20 참조).

그림 11-21은 ZeSH의 구현을 위해 수행되어야 할 기술 적용의 체계를 도식화한 것이다. ZeSH 설계를 위한 기술 적용의 1단계는 기후 디자인을 포함한 기존의 각종 에너지 절약 기술을 도입해 건물의 기본 부하를 최소화하는 것으로 대부분 건축 계획 및 설계를 통해 구현되는 기술들이다. 가장 대표적인 기술은 외피의 단열 보강과 기밀화이다. 2단계도 설계와 관련된 기술이지만 절약 차원을 넘어 자연 에너지를 적극적으로 활용하는 자연형 태양열 시스템, 또는 자연채광 시스템 등의 적용이 이 단계에서 적용되어야 할 것이다. 설계 기술이 주를 이루는 2단계까지의 기술 적용을 통해 기존 대비 최소 50% 이상의 부하 절감 효과를 기대할 수 있다. 한편 철저한 단열 보강과 기밀화 시공으로 인해 자연 침기량이 크게 감소됨에 따라 실내재실자의 건강을 위한 강제 환기의 필요성이 대두된다. 기존 일반주택의 경우 창이나 문틈을 통한 자연 환기량만으로 충분히 신선공기가 도입되었으나 태양열주택 및 ZeSH의 경우는 강제로 신선 공기를 공급해주어야 한다. 신선 공기의 도입은 곧바로 외기 환기 부하의 증가를 초래함으로 ZeSH의 경우 이 부하를 상쇄시키기 위해 배열회수 시스템의 도입이 필수적이다. 3단계까지 적용한 후 잔여부하에 대해서는 설비 시스템을 통해 해결해야 한다. 이 단계에서 설비형 태양열 시스템, 태양광발전 시스템 등 보

다 적극적인 자연 에너지 활용시스템이 적용되어야 할 것이다. 마지막 5단계는 태양 에너지와 같은 자연 에너지가 공급되는 않는 경우를 대비한 백업 시스템이 적용되어야 할 것이다. 기존 태양열 주택의 경우 심야전기나, 보일러 등이 여기에 해당하지만, ZeSH의 경우 순수히 자연 에너지만을 사용해야 하기 때문에 또 다른 대체 에너지 응용 시스템이 적용되어야 한다. ZeSH의 1단계 목표인 70% 열 부하 자립 데모주택의 건립을 위해 건축 기본 설계 단계부터 설계사무소와 연구소, 대학 등 3개 기관의 협력 하에 KIER ZeSH(Zero Energy Solar House) I에 대한 설계가 진행되었다.

그림 11-22(a)는 에너지 성능에 우선권을 둔 1차 설계안이다. 한편 1차 결과의 의견 수렴 과정에서 기존 태양열 주택의 의장적 문제점을 불식시키기 위해 다소 에너지 성능의 저하가 있더라도 외관이 최대한 기존의 일반주택과 다르지 않음을 부각시키자는 의견이 제기되어 최종적으로 그림 11-22(b)와 같은 설계안이 도출되었다. 최종 설계된 KIER ZeSH I은 설치 대지가 대전 연구 단지 내 한국 에너지 기술연구원의 태양 동산 부지이며, 지하 1층, 지상 2층의 주택으로 지하실 98㎡, 1층 94㎡, 2층 70㎡로 총 262㎡(80평)으로, 총 난방 면적은 138.6㎡(42평)이다. 제로 에너지 태양열 주택(ZeSH)의 에너지 절감량을 예측하기 위해서는 태양열 기술 및 기타 에너지 절약 기술이 적용되지 않은 일반적 주택에 대한 에너지 소비량 기준치가 먼저 평가되어야 한다. 표 11-8은 기준 모델과 ZeSH 설계 모델에 적용된 각 부위별 단열 두께 및 열관류율값 적용치를 요약한 것이다. KIER ZeSH I 설계를 진행하면서 에너지 성능을 최적화하기 위해서는 대지 분석을 포함해 장단변비, 지하실 유무, 방위영향, 일조권, 음영 효과 등 건축 설계 전 과정에 걸쳐 각종 에너지 성능 평가가 수행되어야 한다.

주택 열 부하 70% 자립을 위해 가장 핵심적으로 적용된 요소 기술은 기존 단열수준을 크게 보강한 슈퍼 단열(super insulation) 시스템 및 슈퍼 윈도(super window) 시스템, 남측 벽면을 이용한 자연형 태양열 시스템 및 기밀화 시공에 따른 강제 환기 배열회수 시스템의 효과 등을 들 수 있다. 표 11-9는 이들 핵심 요소 기술에 대해 각 기술별로 개별 적용한 경우와 여러 요소 기술을 통합 적용한 경우에 대해 각기 연간 에너지 소비량 원단위 절감 효과를 평가한 결과를 요약 제시하였다. ZeSH의 에너지 자립 목표는 열 부하 70% 자립률을 달성하는 것이다. ZeSH1의 실측 열 데이터 분석 결과에 요소 기술 중 절감 폭이 가장 큰 것은 슈퍼 단열로 적용 시 기존 부하 대비 약 49%의 절감 효과를 기대할 수 있는 것으로 나타났다. 기존 이중창을 모두 슈퍼 윈도로 대체할 경우는 약 15%의 절감 효과를 기대할 수 있는 것으로 나타났다. 1층 및 2

층 침실에 적용한 축열벽 방식의 자연형 태양열 시스템의 성능은 구성 방식에 따라 약 8~13%의 절감 효과를 기대할 수 있는 것으로 나타나, 슈퍼 단열 및 슈퍼 윈도의 적용 효과보다는 절감 폭이 상대적으로 작게 나타났다. 이는 자연형 태양열 시스템의 경우 약 15㎡의 부분적인 남측 집열 면에만 적용하였기 때문으로 판단된다. 단창 매스 월 대신 투명 단열 시스템을 적용할 경우 추가적으로 약 5%의 성능 개선 기대할 수 있는 것으로 나타났다. 반면 남측면 우측공간에 위치한 온실공간의 경우 약 4~5%의 에너지 절감 성능을 기대할 수 있는 것으로 나타나, 에너지 성능 개선에 큰 영향을 미치지는 못하는 것으로 판명되었다. 온실공간의 당초 계획 목적이 열적인 기대 효과보다는 기존주택과의 조형적 일치성을 위한 형상의 변화목적과 대규모 남측 집열면의 확보인 점을 고려한다면 수용할 만한 수준의 절감량을 평가된다. 특히 온실공간의 경우 배열회수 시스템과 연계하여 주택 내 신선 공기 도입을 위한 예열 부하용으로 활용되어야 할 것으로 판단된다.

한편 KIER ZeSH I에는 난방 및 급탕 부하 처리를 위해 총 24㎡ 규모의 설비형 태양열 집열 시스템이 설치되었다. 50℃ 온수를 250리터/일 사용하는 것으로 가정하고 하절기는 50% 사용 조건을 가정하여 수행한 난방 및 급탕 시뮬레이션 결과 난방의 경우 잔여 부하의 81%를 태양열에 의해 처리할 수 있으며, 급탕 부하는 93%의 태양 절감률(Solar Saving Fraction : SSF)을 기대할 수 있는 것으로 평가되었다. 표 11-10은 설비형 태양열 시스템을 포함한 KIER ZeSH I의 종합적 에너지 자립율 예측 결과를 정리한 것이다. 실측 조사 결과에 근거한 국내 일반주택의 연간 에너지 소비 원단위 중 난방 및 급탕 에너지의 구성비는 77%로 157kWh/㎡.yr이다. 이번 ZeSH에서 설정한 기준 주택의 조건을 대상으로 연간 에너지 성능 시뮬레이션한 결과에 따르면 연간 단위 면적당 난방 및 급탕 에너지 소비량은 118.3kWh/㎡.yr로 나타났다. 이는 실측 조사 결과의 부하 대비 약 75% 수준으로, 그 차이는 주로 실내 설정 온도, 단열 조건 등과 같은 해석 조건과 실제 운영상의 차이와 설비 시스템의 효율, 반송 손실 등이 고려되지 않은 순수 부하 값이기 때문이다. 설비형 태양열 시스템을 제외한 슈퍼 단열, 슈퍼 윈도, 배열회수, 자연형 태양열 시스템 등 건축 계획적 부하 저감 전략기술이 적용된 경우인 표 11-10의 ZeSH I (C)의 난방 에너지 소비량은 20.6kWh/㎡.yr으로 평가되었으며, 이는 기준주택의 난방에너지 사용량의 77%를 절감한 결과이다. 설비형 태양열 시스템의 평가 결과 난방 에너지의 81%를 태양열로 대체할 수 있는 것으로 평가되었기 때문에 실제 최종적인 난방 에너지 소비량은 3.9kWh/㎡.yr에 불과하다. 급탕의 경우 93%의 절감률이 적용될 경우 최종 부하는 2.0kWh/㎡.yr이다. 따라서 난방 및 급탕의 최종 열 부하는 5.9kWh/㎡.yr로 기준 주택의 열 부하 대비 95%의 자립률을 달성하는 것으로 평가되었다.

KIER ZeSH I은 한국 에너지 기술원 태양동산 내에 2002년 8월에 착공하여 약 5개월 간의 시공 과정을 거쳐 2002년 12월말에 준공되었다. 그림 KIER ZeSH I의 시공 과정을 예시한 사진이다. 2006년에 주요 설비 시스템에 대한 시범 운전을 수행을 완료 했으며, 또한 주택 전체의 에너지 성능 및 주요 시스템별 성능 측정 및 검증을 위한 계측 모니터링 시스템을 구축 가동 중에 있고 건물 내부의 발열 부하 조건 형성을 위해 기본적인 가전 기기가 설치되고, 실제 거주자의 입주시켜 최대한 사실적 조건하에서 건물의 성능을 모니터링해오고 있다. 그림 11-23은 모니터링 결과 에너지 절감률을 그래프로 도식화하였고 그림 11-24는 ZeSH1 시공 과정을 나타내고 있다.

100% 완전 에너지 자립의 실용화를 위해서는 태양전지나 연료전지와 같은 잔여 부하 처리 기술 분야의 상용화 및 경제성이 확립되어야 하기 때문에, 초반 단계에는 기존의 고전적 에너지 절약 기술 및 자연형, 설비형 태양열 시스템 기술을 중심으로 열 부하 자립 쪽에 우선권을 부여하였다. 이들 기술은 그동안 충분히 검증되고 실용화에 근접한 기술들로, 엔지니어링 기술에 중점을 둔 시스템 통합화 기술만 효과적으로 개발 제시된다면, 기술의 성공 가능성이 매우 높으며, 특히 보급을 위한 경제성 확보 측면에서도 매우 유리할 것으로 판단된다. 현재 추진하고 있는 보급형 ZeSH 개발 사업은 과거에 일반적으로 추진되던 바와 같이 표준화 도면을 작성 제시하여 획일화된 형태의 주택을 보급하고자 하는 것이 아니다. 주택 에너지의 자립을 위해서는 현재 제안한 기술 이외에 매우 다양한 종류의 에너지 요소 기술을 조합하여 달성할 수 있으며, 사실 이 자체가 창조적 설계 활동인 것이다. 따라서 본 연구에서 궁극적으로 달성하고자 하는 목표는 1~2개 유형의 ZeSH 표준 주택 모델 개발 제시가 아니라, 주택 에너지 자립화를 위한 접근방법론의 수립과, 산학연의 협업 체계를 위한 제반 문제의 해결, 통합화를 위한 엔지니어링 자료의 수립 등 자립화를 위한 방향성을 제시함으로서 다양한 형태의 독창적인 ZeSH 건물이 도출될 수 있도록 하는 것이다. 1단계 목표를 열 부하 70% 자립 수준으로 설정한 배경도 경제성 여부에 따라 낮은 수준의 자립률부터 보급하면서 궁극적으로 완전 자립화 기술을 구현하자는 의도인 것이다.

ZeSH 중장기 개발 목표의 1단계 사업인 70% 열 부하 자립 데모주택의 설계, 시공 및 성능 평가 결과에 대한 1차 추진 결과를 요약 제시하였다. 비정상 시간별 에너지 해석에 시뮬레이션을 통한 성능 예측 결과 KIER ZeSH를 위해 수립한 에너지 자립 시나리오 및 접근 방법이 논리적으로 타당하며, 적용 요소 기술을 통해 당초 목표한 70% 열 부하 자립을 달성할 수 있는 것으로 평가되었다. 건물 분야의 에너지 소비는 국가 총 에너지 소비의 25% 이상을 차지하는 매우 중요한 부문임에도 불구하고 대부분의 기술 내용이 건축 설계와 관련된 소프트웨어적 내용이며, 특히 모든 에너지 시스템이 서로 연결되어 복합적으로 영향을 미치기 때문에 단일 요소 기술의 적용을 통해서는 그 효과를 극대화하기 힘들며, 또한 정량적으로 얼마만큼의 절감 효과를 가져오는지에 대한 계량화에도 많은 어려움이 있어 왔다. 최근의 연구 개발 지원 경향이 상업화를 목표로 기업의 참여를 전제로 하고 있으며, 특히 정확하고 계량화된 연구 목표의 설정 및 하드웨어적인 제품을 결과물로 요구하고 있기 때문에, 설계 기술 및 종합적 엔지니어링 기술이 성공의 핵심 요건인 건물 분야는 연구 개발 사업 추진 및 시범 보급에 더욱 어려움을 겪고 있는 실정이다. 또한 1970년대 말 충분한 기술적 검토 없이 성급한 도입으로 인해 실패를 경험한 설비형 태양열 시스템의 전례로 인해 아직까지도 태양열 건물은 국내에서는 힘들다는 대국민적 인식이 자연 에너지 기술의 건물 응용 실용화를 더욱 어렵게하고 있다.

이러한 관점에서 기존의 절약 기술과 대체 에너지 활용 기술을 복합하여 새로운 접근 방식으로 추진하는 제로 에너지 태양열 주택(ZeSH)의 성공 여부는 향후 국내의 태양열 및 자연 에너지 활용 건물 분야의 활성화에 큰 영향을 미칠 것으로 기대된다. 현재 건립된 KIER ZeSH I은 총 10개년 계획 중 1단계로 열 부하 자립 70%를 목표로 하는 첫 번째 시범 건물로 콘크리트 중량 구조를 대상으로 한 것이다. 차기 모델로는 스틸하우스 또는 목조주택과 같은 건식 공법의 가구식 구조 주택의 시범건물을 기본으로 태양광발전 및 기타 설비형 자연 에너지 활용 시스템과 백업 시스템에 대한 적용 연구로 확대된 ZeSH 2단계가 준공을 앞두고 있다. 특히 그림 11-25와 그림 11-26에서 나타난 ZeSH 2단계 경우 국내에서 생산되는 에너지 절약 기기 및 건물관련 대체 에너지 기술과 친환경적 건축 소재를 적극 적용하여 다양한 형태의 적용 사례를 예시하는데 중점을 두고자 했다.

표 11-8 ▌ 일반주택 및 ZeSH 해석 모델의 구성요소별 단열재 두께와 열관류율(백남춘, 2003)

구성요소	기준 모델(일반주택)		설계 모델(KIER ZeSH)	
	단열재의 두께(mm)	열관류율(W/℃)	단열재의 두께(mm)	열관류율(W/℃)
외벽	50	0.43	250	0.11
지붕	50	0.5	400	0.07
천정(반자)	50	4.98	100	0.28
지하실 외벽	50	0.49	100	0.27
지하실 바닥	50	0.36	100	0.22
각실의 바닥	50	0.48	100	0.27
부착 온실의 바닥	50	0.49	50	0.49
2층 발코니의 바닥	50	0.45	200	0.14
창호	이중창	2.9	가스 충진 이중 로이 창	1.33
침기량	ACH = 0.5회/hr		ACH = 0.1~0.3회/hr	

표 11-9 ▌ ZeSH의 주요 적용기술별 난방 절감 효과(백남춘, 2003)

적용 기술				총 난방 에너지 (kWh)	총 난방 에너지 (kWh/m²)	절감량 (kWh/m²)	절감 비율 (%)
기준 모델				12,379	89.3	–	–
개별적 적용 해석	슈퍼 단열			6,417	46.3	46.03	49%
	슈퍼 윈도			10,570	76.3	13.1	15%
	침기량	0.1회/h		7,923	57.2	32.15	36%
		0.3회/h		10,235	73.9	15.5	17%
	자연형 시스템	단창 매스월(약 15m²)		11,392	82.2	7.1	8%
		이중 로이 유리 매스월(약 15m²)		11,114	80.2	9.1	10%
		투명 단열 매스월(약 15m²)		10,684	77.0	12.2	13%
	부착온실	예열 환기 (×)	이중유리(투명)	12,379	89.3	–	–
			투명단열(불투명)	12,401	89.5	–0.02	–1%
		예열 환기 (○)	이중유리(투명)	11,912	86.0	3.2	4%
			투명단열(불투명)	11,332	85.2	4.1	5%
통합 적 적용 해석	슈퍼 단열+침기량 0.1회/h			2,683	19.4	70.0	79%
	슈퍼 단열+침기량 0.3회/h			4,357	31.4	57.9	65%
	슈퍼 단열+침기량 0.1회/h+슈퍼 윈도			1,195	8.6	80.7	90%
	슈퍼 단열+침기량 0.3회/h+슈퍼 윈도			**2,851**	**20.6**	**68.7**	**77%**
	슈퍼 단열+침기량 0.1회/h+슈퍼 윈도+TIM			969	7.0	82.3	92%
	슈퍼 단열+침기량 0.3회/h+슈퍼 윈도+TIM			**2,266**	**16.4**	**73.0**	**81.6**

** 표 11-10 ▌ZeSH 1의 최종 열 부하 자립도 예측 결과(백남춘, 2003)

구분	국내 일반주택				기준 주택			ZeSHI		설비형 태양 절감율 SSF	ZeSHI[설비형]			
	원단위 kWh/m²·yr A		구성비		원단위 kWh/m²·yr B		(B/A)	원단위 kWh/m²·yr C	(C/B)		원단위 kWh/m²·yr D		(D/B)	
난방	128	157	63%	77%	89.3	118.3	75%	20.6	23%	81%	3.9	5.9	4%	5%
급탕	29		14%		29			–	–	93%	2.0		7%	
취사	17		8%	8%	17		–	–	–	–	–		–	–
전기	29		14%	14%	29		–	–	–	–	–		–	–
sum	203		100%	100%	164.3		81%	–	–	–	–		–	–

구분	A		구성비		B		(B/A)	C	(C/B)	SSF	D		(D/B)	
난방	128	157	63%	77%	128	157.3	100%	29.6	23%	81%	5.6	7.7	4%	5%
급탕	29		14%		29			–	–	93%	2.0		7%	

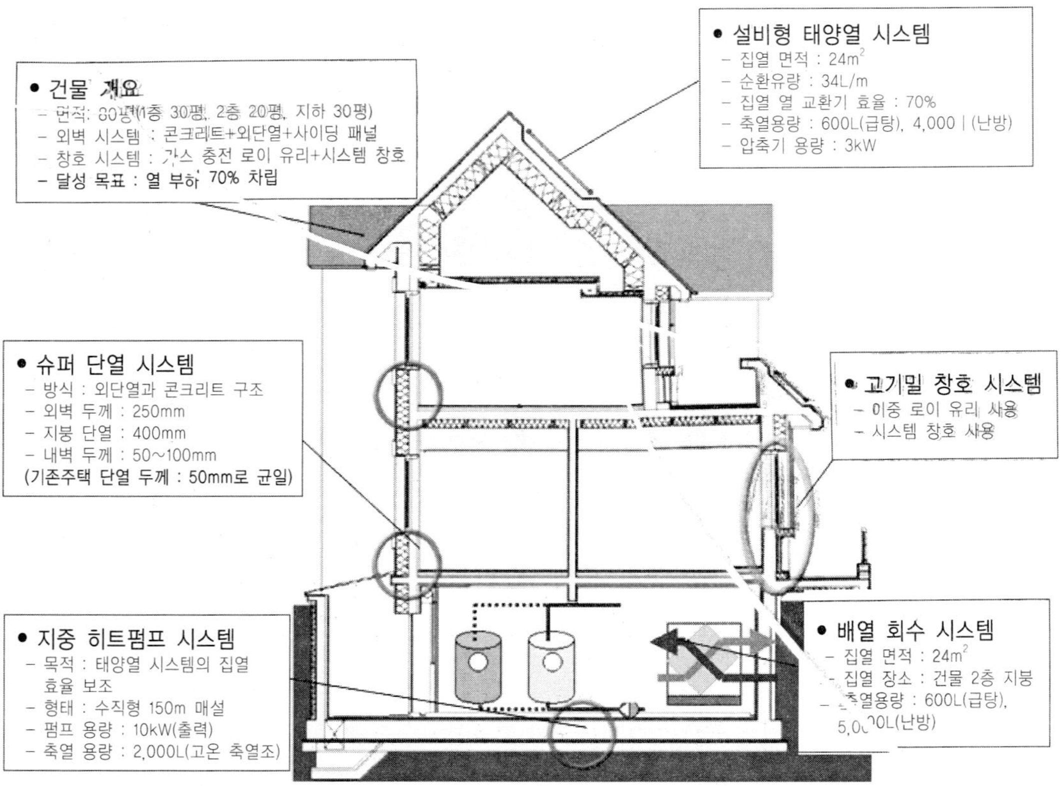

** 그림 11-20 ▌ZeSH의 전체 개념도(백남춘, 2003)

** 그림 11-21 ▌ ZeSH의 기술 적용 방법 및 우선순위(백남춘, 2003)

(a) 1차 설계안 : ZeSH1의 1차 기본안　　(b) 설계 수정안 : ZeSH1의 최종 설계안

** 그림 11-22 ▌ ZeSH1의 1차 기본안, 최종 설계안(백남춘, 2003)

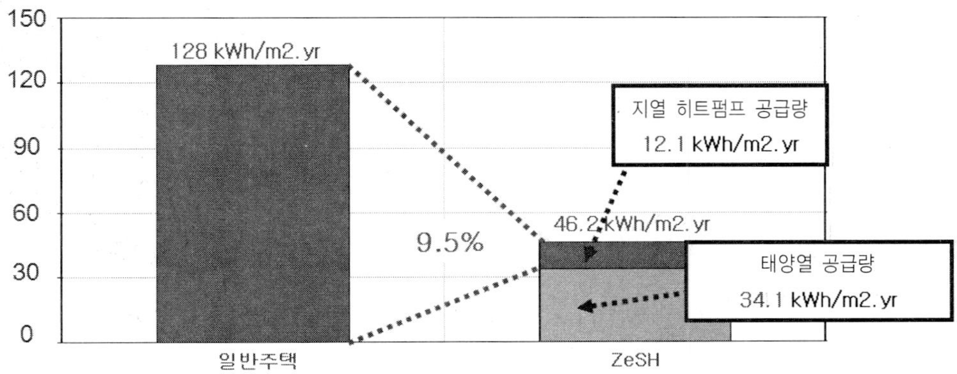

** 그림 11-23 ▌ 기존 주택 대비 에너지 절감률(김진호, 2005)

** 그림 11-24 ‖ ZeSH의 시공 과정(백남춘, 2003)

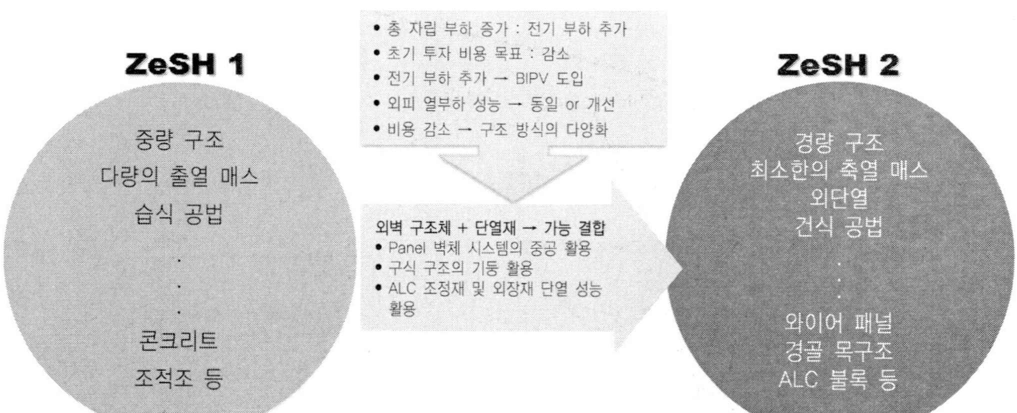

** 그림 11-25 ‖ ZeSH 1단계와 2단계와의 설계 차이점(백남준, 2009)

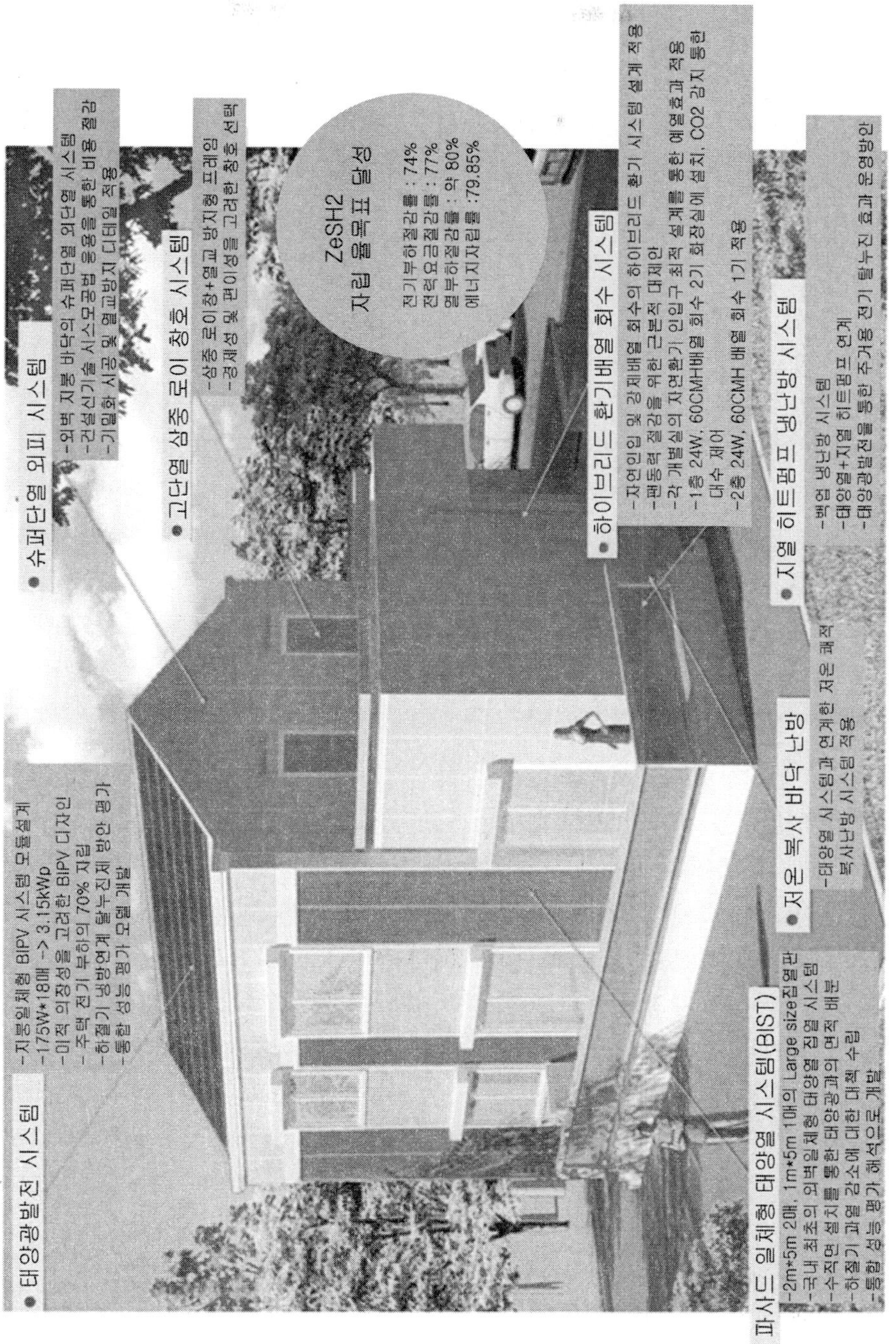

** 그림 11-26 ▌ ZeSH 2단계 설계 개념도(백남춘, 2009)

11.3.2 살둔 제로 에너지 하우스

제로 에너지 하우스가 되기 위한 기본 조건은 첫째, 남향이 되어야 하며 둘째, 동짓날을 기준으로 집안 끝까지 햇빛이 들어와야 하며 셋째, 유리창을 통해 들어오는 열(햇빛)과 나가는 열을 합리적으로 계산해야 하며 넷째, 열 저장체가 있어 에너지를 저장할 수 있어야 하고 마지막으로 제일 중요한 단열이 잘 갖추어졌을 때 80~90% 이상의 에너지를 절약할 수 있다. 살둔 제로 에너지 하우스에서 난방 기구 역할을 하는 것은 두 가지이다. 하나는 집 밖에 설치해놓은 태양열 집열판과 이와 연결된 지하의 열 교환기 시스템이다. 태양열을 이용해 -9.5℃의 외기가 열 교환기를 거쳐 15.4℃의 공기가 되어 집안으로 들어온다(24.9℃의 온도 차이가 난다). 집안 통풍구마다 설치한 온도계가 이를 설명해준다. 또 다른 하나로는 러시아 전통 방식으로 만든 페치카가 있다. 페치카는 거실과 주방 사이에 벽처럼 자리 잡고 있는데 그 안에 ㄹ자형 통로가 있다. 불을 피울 때 발생하는 1,000℃의 열이 이 통로를 지나면서 일부는 벽을 통해 발산되고, 가장 마지막 지점에 도달한 열은 40℃가량이 된다. 단적으로 표현하면 라디에이터와 같은 역할을 하는 것이다. 강원도 홍천천군 살둔면에 소재 한 살둔 제로 에너지 하우스는 패시브 설비에 초점을 맞춘 대표적인 국내 설계 사례로 다음과 같은 세부 시술을 적용했다.

살둔 제로 에너지 하우스의 가장 기본적인 개념은 고 단열 고기밀의 추구이므로 시공상의 현실을 최대한 감안하여 충분한 단열이 전 구간에 걸쳐 고르게 적용될 수 있는 자재 및 기법을 적용하고 결로를 방지하기 위한 고 기밀 시공을 창호에 적용하였다. 그림 11-27에서처럼 주택의 평면 구성에 반영한 고려사항은 겨울철 햇빛이 전 공간에 들어올 수 있도록 한 동·서향 방향의 배치, 실내 기류 흐름을 유도를 위한 배치, 낮 동안 자연 채광의 도입으로 인공 조명 부하를 최소화할 수 있는 배치이다. 창호는 남향의 유리창의 면적이 바닥 면적의 15%를 넘지 않도록 크기를 선정했으며 남향의 창호를 제외한 다른 방향의 창호는 면적을 최소화해서 설계하였다. 또한 자연 채광을 위해 고기밀의 창호를 사용하지 않는 대신에 열교 현상을 막고자 창호외부에 단열재와 강판으로 만들 덧문을 설치해서 낮에는 채광과 열원 직접 획득, 밤에는 덧문을 닫아 보온 성능 유지를 추구했다. 고기밀과 고단열을 만족시킨 후 가장 중요한 것은 환기이므로 지하에 열 회수 환기 장치를 설치해 환기 시 외부로 버려지는 열을 90% 넘게 회수할 수 있도록 했다. 또한 보조 열원을 두어 고기밀에서도 조금씩 빠지는 열 손실을 보완한다. 표 11-11에서는 살둔 제로 에너지 하우스에 적용된 자연형 기술들의 개요를 알 수 있다. 건물의 거의 모든 외벽은 고기밀 단열 패널을 235mm

의 두께로 시공했으며 열관류율을 줄일 수 있는 도료와 페인트를 사용했으며 열관류율의 한계를 가진 창호의 경우 창호 외부에 단열패널을 적용시킨 덧문을 설치하여 창호의 열 보존적 한계를 극복하고자 했다. 고기밀 실내의 쾌적한 환경을 유지시켜 주기 위한 방법으로는 표 11-12에서와 같이 페치카를 이용한 보조 난방 그리고 열교환 환기 시스템을 전원을 사용해 가동 중에 있다.

살둔 제로 에너지 하우스는 현재 무상으로 패시브 하우스 인증 제도 및 지원을 진행 중이며 인증 제도는 매우 기초적인 계획 단계부터 설계 및 시공 과정까지 단계별로 기준을 설정하고 설계자 및 시공사의 디자인 및 계획 등을 사전에 검증하고, 필요 시 수정 요구 및 조언을 제시하는 시스템으로 건축주와 설계자 그리고 업자가 과학적이고 합리적인 테두리 안에서 다양하고 창의적인 접근을 가능하게 해주는 방법으로 계획될 예정이다. 디자인 과정에서는 제시된 디자인과 자재 및 단열 정도를 컴퓨터 시뮬레이션을 통해 미리 점검하는 단계를 포함하고 있다. 하지만 단계별로 4인(건축주, 설계자, 시공업체, 살둔 제로 에너지 하우스 컨설팅)이 모여서 기준을 만족시키면서 제안을 공유하고 수정하는 작업이 정착되기에 여러 어려움을 겪고 있는 어려움이 있다. 또한 슈퍼 단열 패널(SIP)를 도입할 경우, 기본적인 토목 공사에 소비되는 비용이 기존 건축에 비해 높다는 어려움 또한 제로 에너지 건축에 걸림돌로 작용하고 있다. 살둔 제로 에너지 하우스에서는 기준 성립과 기술적 지원 및 조언 등을 통하여 민간 차원의 패시브 하우스 시장이 활성화되기를 간절히 희망하며, 그러한 뜻에서 언론 및 외부에 노출시키고 있지만, 이러한 주택의 가치를 건축주와 시장에서 제대로 파악하는 데에는 기존 생각보다 많은 시간이 걸릴 것으로 예상하고 있다.

** 표 11-11 ‖ Passive형 세부 기술 개요(이훈, 2009)

<table>
<tr><td rowspan="8">고단열 기술 요소</td><td>자 재</td><td colspan="2">11.1mm두께의 OSB 합판과 단열 스티로폼</td></tr>
<tr><td>외부벽 단열</td><td colspan="2">Size : 국내의 Styrofoam 기준 두께를 고려 900×2,700mm 적용
(향후 1,200×2,400mm 적용을 위한 공급이 수월할 것으로 판단됨)
NEOPOL : BASF에서 개발, 흑연가루 첨가로 동일 밀도의 Styrofoam에 비해 25% 높은 단열성. 두께 : 235mm, 비중 : 25kg/m³. 제작사 : 한남 기업</td></tr>
<tr><td rowspan="2">내부벽 단열</td><td>내부벽체</td><td>Super "R"+20mm Air-Space+석고보드 2장 설치 후 실내용 페인트</td></tr>
<tr><td>내부 칸막이</td><td>300×200×100mm 진흙벽돌</td></tr>
<tr><td>바닥 마감재</td><td colspan="2">기초+Super “R” Aluminium+150mm Extruded Styrofoam(비중 : 35kg/m³)+Excel Pipe+시멘트 Mortal+현무암 마감 (두께 : 20mm)
전체 80mm 두께의 바닥 Thermal Mass</td></tr>
<tr><td rowspan="2">마감재</td><td>외벽 마감</td><td>Styrofoam 50mm+Dry Bit (R=24)</td></tr>
<tr><td>지붕 마감</td><td>Super “R” Aluminum+OSB+방수 Sheet+Shingle</td></tr>
</table>

고기밀 창호 기술 요소	벽면 창호	LS System 창호(pair glass) 실내 축열 기능과 일사가 없는 저녁시간을 위한 덧문 도입해 기능 보조 Low E-Coating 창문면적 : 바닥대비 14%(남), 2% 이하(동), 5%(서), 2%(북)
	천장 창호	5개(거실2, 부엌1, 서재1, 안방1) 남향 실내 쪽으로 덧문(폴리우레탄, R24)을 설치하여 일사가 없을 시 단열효과 증대 덧문의 경우 광 센서에 의한 자동 작동 설비 추가 예정
	외부 덧문	Color 강판 두께 75mm, 폴리우레탄(1inch=8R)

** 표 11-12 ▌ Active형 세부 기술 개요(이훈, 2009)

열원 및 Eco 설비	태양열 온수난방	반사판 : 12㎡ 보일러 : Black Anodized Aluminum 온수 탱크 : 1,200리터×2, Stainless Steel 태양광 자동 추적 장치(Computer 수치 제어 및 광 Sensor 혼합 system)
	페치카	내화 벽돌(SK-34) 1,179장, 복사열을 48시간 이상 방출 15~20kg의 목재 : 완전 연소에 걸리는 시간이 약 2시간 내외. 연소에 필요한 산소는 지하 공간에서 예열된 외부 공기를 기계팬으로 공급
	환기 (HRV)	500㎥/per hour, 200W CO_2와 VOCs 통계로 작동 가능 열 회수율 90% 이상

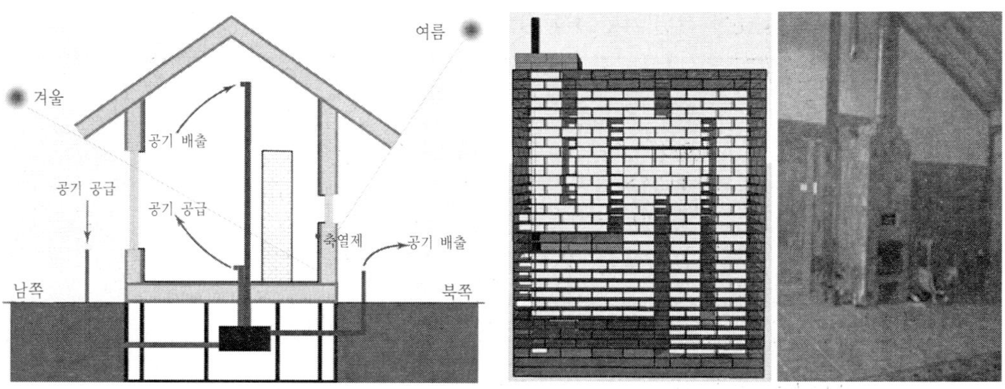

** 그림 11-27 ▌ 살둔 제로 에너지 하우스의 개념도와 보조 난방 페치카(이훈, 2009)

11.3.3 Eco 3L House(대림건설)

지구온난화와 고유가로 인해 요즘 건설업계의 세계적인 화두는 탄소 중립 및 저에너지 건축 분야로 관심이 집중되고 있다. 우리나라의 경우 에너지 수입 의존도가 97%를 넘고, 건물 분야의 에너지 소비는 국가 총 에너지 소비의 약 25%(영국 50%, 미국 33%, 독일 30%)를 차지하며, 이 중 18%가 주거건물 분야에서 소비되고 있다. 특히, 난방 및 급탕 분야의 비중이 80%를 상회하고 있다. 또한, 공동주택 거주자의 요구사항을 살펴보면 경제 수준 향상에 따라 보다 높은 쾌적성을 요구하고 있고, 이로 인하여 냉난방 비용의 증가가 예상되며, 향후에는 에너지 비용이 적게 드는 에너지 효율적인 건물에 대한 요구는 계속해서 늘어날 전망이다.

이에 국내의 대림산업은 2008년 7월 향후 2012년까지 냉난방 에너지 소비량을 최소화한 "ECO-3L House(에코 3리터 하우스) 개발 완료"라는 친환경·저에너지 비전(Vision)을 대덕 연구단지 내 건축 환경연구 센터에서 선포하였다. "ECO-3L House"는 대림산업 자체 개발한 ECO-3L House 기술과 냉난방 에너지 소비량에 가장 큰 영향을 미치는 열, 빛, 음, 공기질 등의 요인들을 제어할 수 있는 최고 수준의 친환경·저에너지 건축 기술들이 적용된 에너지 자립형 주택 기술의 집약체이다. 그림 11-28에서도 확인할 수 있듯이 ECO-3L House는 1m² 당 연간 3리터의 연료만으로 냉난방을 온전히 할 수 있도록 설계된 주택을 말한다. ECO-3L House에는 삼중 유리 및 슈퍼 단열재, 폐열 회수형 환기 시스템 등의 신기술이 적용된다. 이러한 설계 방식으로 연평균 17.5리터/m²의 등유를 소비하고 있는 일반 공동주택과 비교할 때 80% 이상의 에너지 절감 효과를 달성할 수 있다. ECO-3L House 기술을 완벽하게 적용할 경우 냉난방 에너지 소비량 제로를 뛰어넘어 자체 생산한 전기를 한국전력에 되팔아 냉난방 에너지 소비량을 마이너스 수준으로 만들 수 있다.

ECO-3L House의 연구 개발은 2003년부터 시작한 대림산업의 에코프로젝트 연속선상에 있으며, 2004년부터 용인 연수원을 시작으로 2005년 파일럿프로젝트를 수행하여 그림 11-29에서처럼 첫 결실을 얻었으며 이 시공 경험을 바탕으로 2006년 대전 대덕 연구 단지 내 대림 기술연구소 부지에 공동 주택형 ECO-3L House를 완성함으로써 계속해서 요소 기술을 확보해 가고 있다. 용인 기술연구소 ECO-3L House는 국내 최초로 단독 주택에 3L House 개념을 도입한 사례로서, 적용된 기술로는 슈퍼 단열, 3중 양면 Low-e 창호, 고기밀 시공, 거실공간의 이중 외피 시스템, 연료전지(PEMFC), 폐열 회수 환기 시스템(지중 덕트 연계), PCM 등이다.

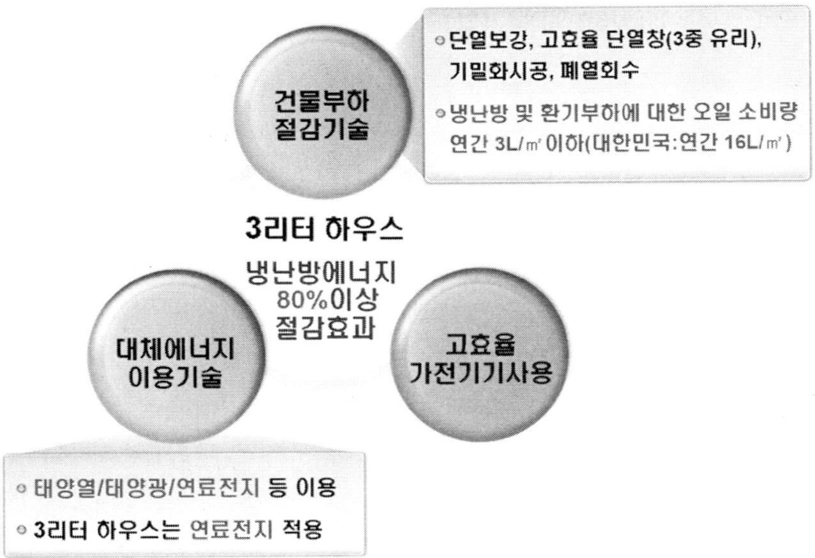

** 그림 11-28 ▌ 3L House의 개념(유형규, 2009)

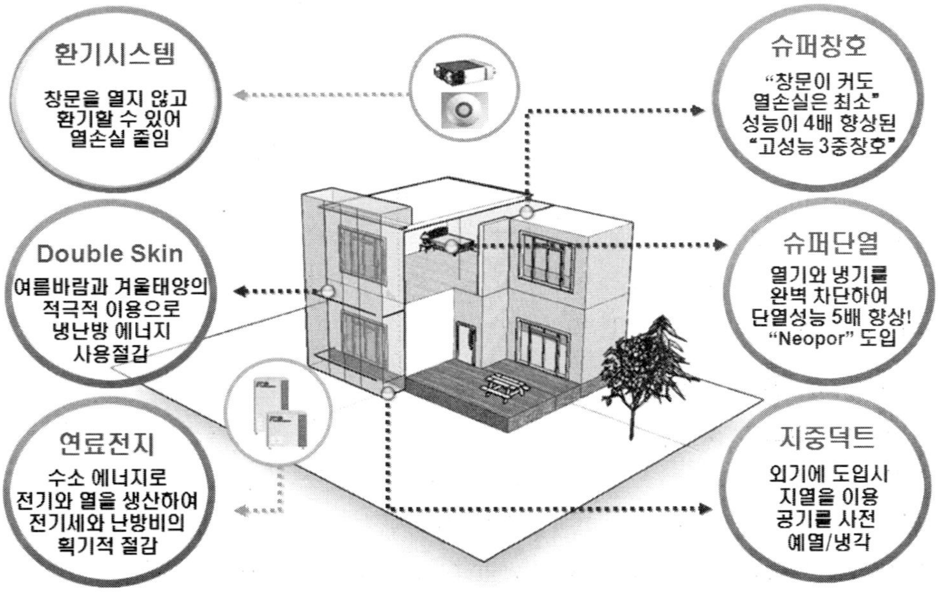

** 그림 11-29 ▌ 용인 3L 하우스 세부기술 개념도(유형규, 2009)

개발 초기 ECO-3L House와 관련한 기술은 건축 법규 이상의 성능을 확보함으로서 용적률 증가로 인한 사업성 저해, 법규 기준에 없는 성능에 대한 인식 및 신뢰성 부족, 보수적인 건설시장에서의 하자 발생 가능성 등으로 인해 개발 과정 중에 부정적인 시각이 지배적이었다. 또한, 성능에 적합한 자재 및 시스템(창호, 단열재, 기밀시공자재, 전열 교환기, 지중 덕트, 신재생 에너지 등)이 2005년 당시에는 국산화가 이루어지지 않아 모든 기술 요소들을 순차적으로 자체 개발할 수밖에 없었던 상황이었다.

이러한 문제점을 극복하기 위해 대림산업은 독자적인 연구 개발 로드맵을 작성하여 기술 개발을 추진해왔다. 기술 개발 로드맵은 태양열, 태양광, 지열 등 신재생 에너지 등 자연 자원을 에너지화하는 Ener System, 폐열 회수 환기 시스템과 같이 버려지는 자원을 새로이 재활용하여 에너지로 만드는 Anew System, 단열, 기밀 성능 향상과 같이 새어나가는 에너지를 최소화하여 에너지 소비를 줄여주는 HI-PER System, 천연 및 기능성 건축 자재를 사용하여 건물의 친환경성을 강조하는 Eco System으로 구성된다. 우선, 국내에서 가장 좋은 성능의 창호를 개발하게 되었고(HI-PER Window System ; High Performance Window System: 신기술471호), 후속적으로 Ener Wall System 개발(건식 슈퍼 외단열, 열교 방지 설계, 기밀시공), CoolMaru System (바닥 복사 냉난방 시스템), Ener Geo System(건물일체형 지열시스템) 등 저에너지 친환경 기술요소를 개발하여 세부적으로 20개 이상의 기술 상품을 보유하고 있다.

2006년부터는 상용화 연구를 위해 건축 환경연구센터를 건립하였으며, 그동안 쌓아온 설계 및 엔지니어링 기술에 대한 신뢰성을 확보할 수 있도록 통합 모니터링 시스템을 구축하였다. 그 결과 현재의 ECO-3L House 상품을 발표하였으며, 사업화를 할 수 있는 초석을 마련하게 되었다.

ECO-3L House의 기본 개념은 내부 발열과 자연형 태양열 획득을 통해 난방을 하고, 부족한 열량에 대해서만 난방 시스템을 통해 공급받는 것(통상적인 난방 시스템 생략 가능)을 원칙으로 한다. 따라서, 이를 충족시키기 위해서 열 손실을 최소로 하여야 하며 건물 외피의 열관류율 값은 0.15W/㎡K 이하를 만족시켜야 한다. 대림산업의 용인 및 대덕의 ECO-3L House는 약 0.08W/㎡K로 설계되었다. 또한, 열전달에 의한 손실은 일반 건축 요소를 통한 열류뿐만 아니라 우각부나 접합부에 나타나는 열교 현상을 통해서 나타나므로, 열교를 통한 열 손실(선형 열교계수)은 0.01W/mK 이하(벽체 부위)로 설계 및 시공되어야만 한다(열교 관련 국내 기준 없음). 건물 외피의 기밀은 매우 중요한 요소 중에 하나로 n50(실내 외 압력차 50Pa)

에서 0.6회/h 이하(일반주택 4~5회/h)가 되어야 한다(기밀 관련 국내 기준 없음). 따라서 이를 만족시키기 위한 기밀 시공 사례는 그림 11-30과 같다.

그림 11-31의 Ener Geo System(건물일체형 지열 시스템)은 공동주택의 기초로 사용하고 있는 PHC 파일 중공에 땅속의 에너지와 열 교환을 할 수 있는 파이프를 삽입하여 지열 시스템의 지중 열 교환기로 사용하는 기술이다. Ener Geo System의 가장 큰 장점은 건물 기초 구조를 그대로 사용하기 때문에 천공을 위한 별도의 부지를 확보할 필요가 없을 뿐 아니라, 별도 천공을 위한 비용과 에너지가 들어가지 않는 것이다. 기존 수직 밀폐형이 지중 열 교환기 설치에 전체 시공 비용의 40%~50%의 비용이 소요되는 것과 비교하여 천공이 필요 없기 때문에 30% 이상 시공비용을 절감할 수 있을 뿐만 아니라 성능 또한 획기적으로 개선하였다.

ECO-3L House 난방 요구량의 1/3은 창을 통한 자연형 태양열 획득에 의해 공급된다. 따라서 창은 투과율(g-value) 50% 이상, 여름철 과열 방지를 위해 개폐 가능하여야 하고 차양 장치의 설치가 필수적이며, 열관류율은 0.8W/m²K 이하로 설계되어야 한다. 창호의 열관류율을 만족하기 위하여 대림산업에서 개발한 삼중 유리에 양면 Low-e 코팅(3면, 5면)을 한 HI-PER Window System(신기술 471호)이 적용되었으며, 일반 삼중 창호와 대별되는 특징은 삼중 유리의 내부공간을 구성하도록 하는 공간에 있어, 중앙유리를 플로팅구조로 조립함으로서 일반적인 삼중 유리의 4면 접합 방식과 달리 2면 접착을 유지하게 되는 독특한 고안을 적용한 것이다(그림 11-32 참조). 따라서 일교차의 공기 팽창, 고지대의 저기압에서 발생하는 유리의 내구성 저하와 폭발 현상을 효과적으로 방지할 수 있도록 구성하였으며, 유리의 온도 편차에 따른 평활도 향상에도 큰 효과가 나타났다. 또한 창틀의 경우 열 손실의 불균형을 해소시키기 위해 열관류율 0.8W/m²K 이하로 설계되었으며, 그림과 같이 창틀 내부의 분절(4Zone 이상)을 실시한 PVC 창틀을 설치하였다. 창의 경우는 올바른 시공이 매우 중요하며, 외피 단열 라인에 설치하되 창틀 주위는 단열재를 중첩하여 열교를 최소로 해야 한다.

그림 11-33과 그림 11-34의 CoolMARU System은 기존 보일러를 대신하여 지열 시스템의 히트펌프에서 생산되는 냉온수를 이용하여 복사 냉난방이 가능하도록 구성하였다. 온돌은 대표적인 우리나라의 난방 방식으로 복사의 형태로 에너지를 공급하기 때문에 재실자의 쾌적성 면에서 다른 방식과 차별된다. 그러나 온돌을 이용한 복사 냉방 기술은 여름철 우리나라의 다습한 기후조건 때문에 발생하는 결로로 인하여 사실상 적용이 힘들었다. 그러나 ECO-3L House의 경우 외부에서 들어오는 부하를

크게 줄였고, 외단열 시스템 적용으로 인해 내부 열용량이 증대되었다. 실내에서 처리해야 하는 부하는 인체, 조명, 각종 기기 부하뿐이고, 바닥에 흐르는 냉수를 노점온도보다 높게 설정(고온 냉수: 20℃)하기 때문에 결로가 발생하지 않으면서 냉방이 가능하다. 또한, 지열 시스템을 폐열 회수 환기 시스템과 접목하여 여름철에 에어컨이 없이도 환기 시 지열 시스템에서 나오는 냉수를 이용하여 냉방을 하고, 겨울철에는 반대로 난방이 가능하도록 시스템을 구성하였다. 여기서 환기 시스템의 또 하나의 역할은 여름철 바닥 복사 냉방 시 실내에 있는 잠열을 제거하여 혹시나 발생할 수 있는 결로를 막는 역할을 겸하도록 구성하였다.

콘센트 박스 기밀　　천장 부위 기밀 테이핑　　창호 주변 기밀 시공

** 그림 11-30 ▌ 고단열, 고기밀 시공 사례(유형규, 2009)

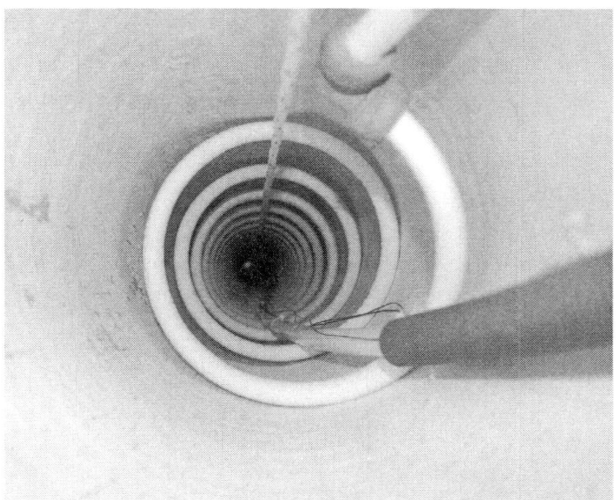

** 그림 11-31 ▌ 건물일체형 지열 시스템 Ener Geo System(유형규, 2009)

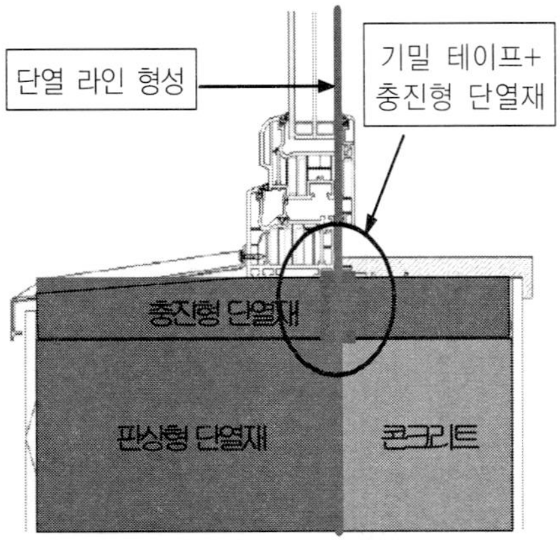

(a) 열교 방지 창호 시공

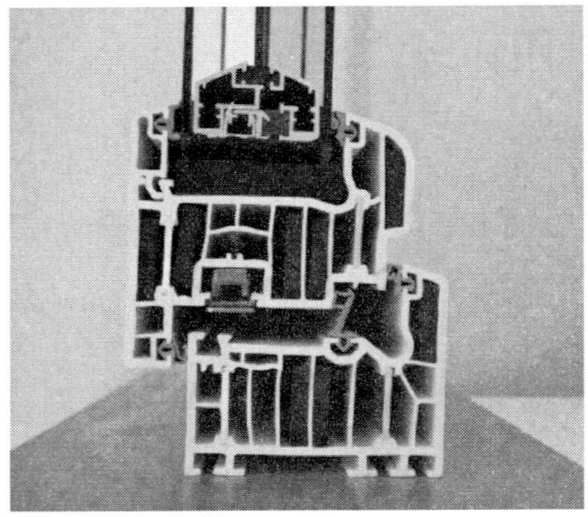

(b) 대림 삼중 창호 시스템

** 그림 11-32 ▌ 적용된 3중 창호 시스템(유형규, 2009)

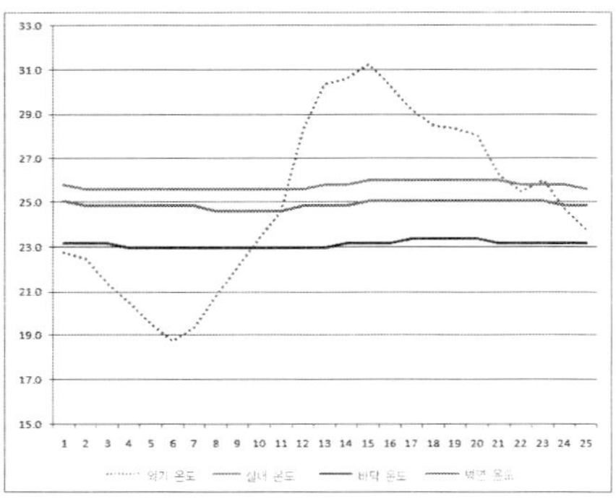

(a) 3L House 7월 실내 온도 변화

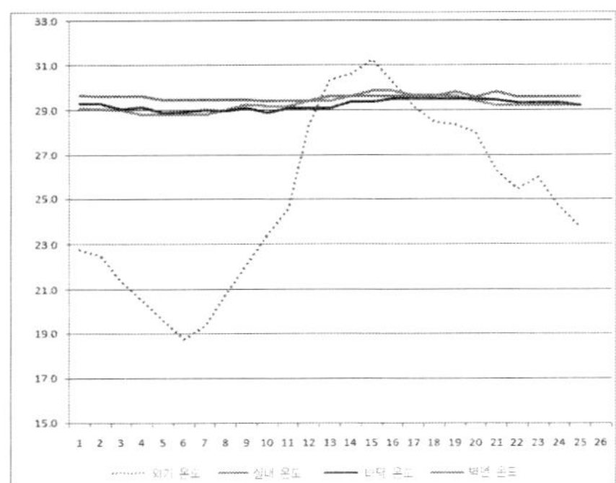

(b) 일반주택 7월 실내 온도 변화

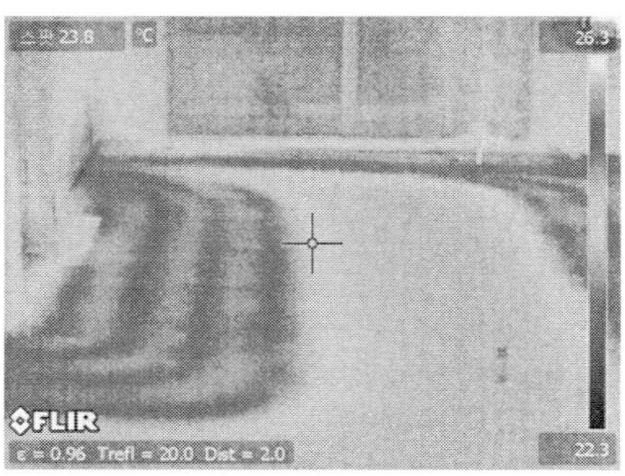

(c) 바닥 열화상 촬영

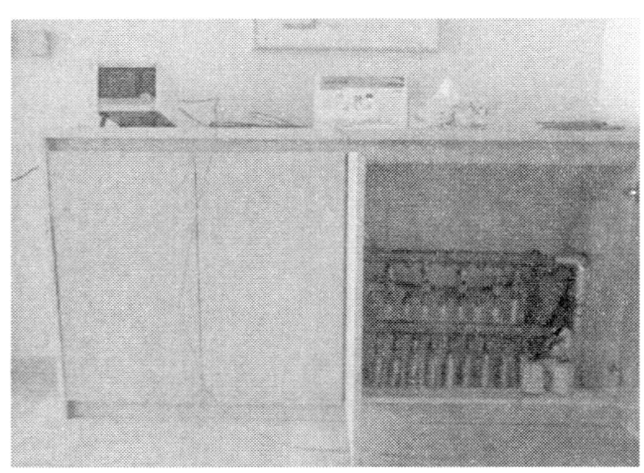

(d) 온도 센서를 이용한 모니터링 장치

** 그림 11-33 ▌ CoolMARU System 모니터링 및 결과(유형규, 2009)

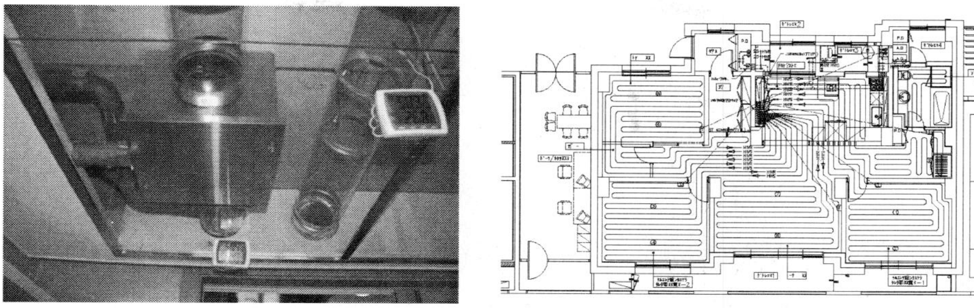

** 그림 11-34 ‖ CoolMARU System(유형규, 2009)

그림 11-35에서 있는 폐열 회수 환기 시스템(Anew Heat System)은 고 단열 고기밀화되어 가는 실내공간의 공기질 등의 문제점을 해결하기 위해 외부로부터 신선한 공기를 유입할 때 에너지 절약을 위한 급기 공기(실외 공기)와 배기 공기(실내 공기) 간의 열 교환을 적용시킨 시스템으로 버려지는 열을 회수하여 겨울철의 난방 에너지와 여름철의 냉방 에너지를 20%~30% 절약할 수 있다. 대림산업의 폐열 회수 환기 시스템은 주택 성능 등급 1등급을 만족시킬 수 있는 장치로서 고성능 외기 청정 필터와 전열 교환기(유효 전열 교환 효율 냉방 시 45%, 난방 시 70%), 저소음 절전형 고성능 팬, 역풍 방지 댐퍼 등으로 구성되며, CO_2 센서에 의해 자동 운전되는 방식이다. 또한 지열 히트펌프 시스템과 접목하여 여름에 에어컨 없이 지열 히트펌프 시스템의 냉수를 사용한 냉방을 하고, 겨울에는 반대로 온수를 이용하여 난방이 가능하도록 시스템을 구성하였다. 또한 폐열 회수 환기 시스템은 바닥 복사 냉난방 시스템(CoolMARU System)의 잠열 제거를 통한 결로 방지, 지중 덕트 시스템(Ener Geo Air System)과 연계하여 지중으로부터 오는 겨울에는 따뜻한 공기를 환기 장치에 공급하고, 여름에는 시원한 공기를 공급하여 환기 부하를 줄일 수 있도록 구성하였다.

그림 11-36의 바닥 충격음 저감 시스템(Mute Tech Floor)은 국내 최고 성능의 아파트 바닥 충격음 저감 기술로서, 한국건설기술연구원(이하 건기연)으로부터 층간 소음 1등급의 기술 성적서를 취득하였다. 대림산업은 특히, 층간 소음 2, 3, 4등급의 기술 인증서를 획득하고 있어 아파트 층간 소음 기술 인증서를 성능별로 모두 획득한 국내 최초의 건설회사이다. 또한 ECO-3L House에 사용되는 슈퍼 단열재를 완충재로 활용하여, 온돌 난방 시 에너지 절약적인 측면에서도 우수하며, 특히 리모델링 대상 아파트에 적용을 할 경우에도 현행 법정 층간 소음 기준인 중량 충격음 50dB 이하(층간 소음 4등급)를 충분히 만족할 수 있다는 장점이 있다.

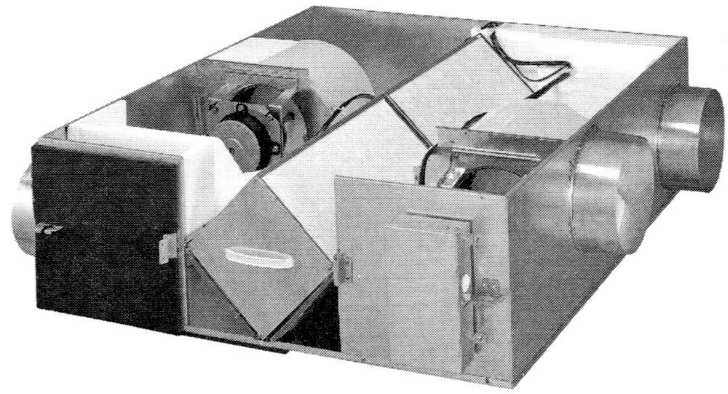

** 그림 11-35 ▌ 폐열 회수 환기장치(유형규, 2009)

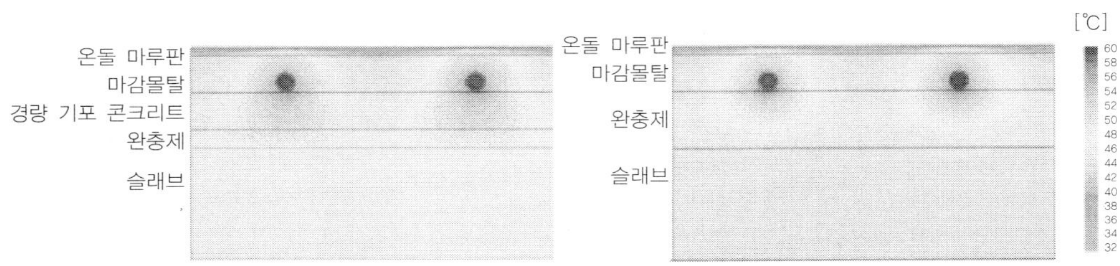

(a) 기존 공법　　　　(b) 신 개발 공법

슬래브의 온도가 낮을수록 세대 밖으로 에너지 손실이 적다는 의미

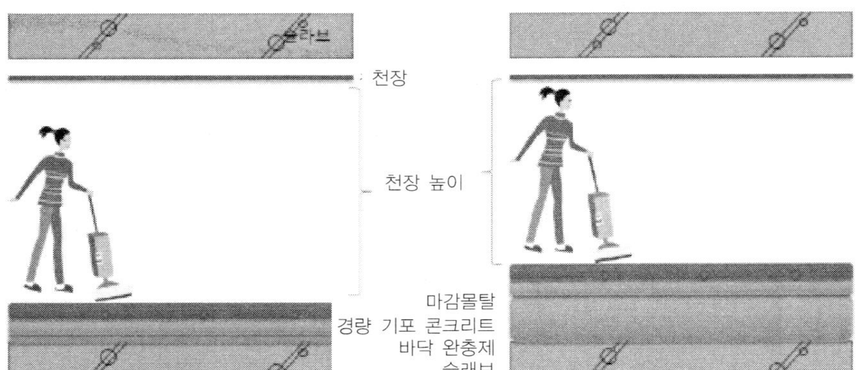

(c) 표준 바닥 완충층 적용　　　　(d) 바닥 완충층 두께 증가에 따른 부작용

바닥 완충층이 표준 바닥 완충층 두께를 만족하지 못할 경우에는 천장 높이가 줄어들게 됨

** 그림 11-36 ▌ 바닥 충격음 저감 공법 비교(유형규, 2009)

지금까지는 1970~1980년대에 건설된 아파트들은 슬래브 두께가 현행 표준 바닥 구조(210mm)의 60% 수준인 120mm로 건설되었기 때문에 리모델링을 하더라도 현행 법정 층간 소음 기준을 만족하기가 불가능했다(현행 법정 층간 소음 기준에서는 슬래브 두께 180mm에서 중량 충격음 50dB 이하를 만족하거나, 이를 지키지 못할 경우에는 슬래브 두께를 210mm의 표준 바닥 구조로 시공하도록 하고 있다.). 대림산업은 2년 전부터 슬래브 두께가 얇은 노후 아파트의 층간 소음 문제 해결에 연구 인력을 집중해 오고 있다.

11.3.4 Green Tomorrow(삼성물산)

Green Tomorrow를 도출한 제로 에너지의 개념은 '건축물 디자인의 효율화(Passive Design), 및 설비 기기의 효율화(Active Design)를 통해서 에너지 사용량을 큰 폭으로 절감한 후, 필요한 최소 에너지를 신재생 에너지로 자체 생산하여 충당함으로써 연간 전체 에너지 수지를 "0" 또는 그 이상으로 유지한다.'는 것으로 먼저 건축물이 필요로 하는 에너지 양을 최소화한 후 필요 불가결한 최소한의 에너지 공급은 환경에 미치는 영향이 적은 신재생 에너지를 통하여 자체 생산, 조달하는 것을 건물 계획의 근간으로 했다. 그림 11-37(a)는 Green Tomorrow의 조감도를 나타내며 11.37(b)는 실제 건축 모습이다. 건축물에 소비되는 에너지 사용량을 최소화하기 위해, 먼저 자연형 기술을 적용하였다. 이는 건축물의 방향 등 배치에서부터, 각 실의 배치, 창호의 선정 및 배치를 비롯하여, 축열재의 사용, 고단열 및 고기밀 외벽재의 적용을 모두 아우르는 것으로, 별도의 기계 및 전기 설비를 이용한 능동적 부하 처리 이전의 주택이 그 자체로써 적은 양의 에너지를 소비하면서도, 거주하기에 쾌적한 주거공간을 제공하도록, 설계자, 엔지니어 및 연구자가 공동으로 설계 단계에 참여함으로써 가능하였다.

건물에 적용한 설비형 기술은 그림 11-38에 개념도로 잘 나타나 있다. 태양광과 소형 풍력발전을 이용해 생산한 전력을 교류로 바꾸지 않고 직류 배전 시스템을 통해 실내의 가전 제품에 공급함으로서 인버터에 의한 전력 손실을 줄였다. 또한 지열 냉난방 설비를 도입해 난방에 소비되는 전력 부하를 줄이고자 했으며, 우천 시 빗물을 저장하여 물의 자급률 또한 높였다. 이처럼 Green Tomorrow는 표 11-13에서와 같이 국내 법규 기준을 훨씬 상회하는 외벽체의 단열 성능을 보유하도록 계획되었으며, 이는 국내외의 저에너지 주택 연구 사례, 자체 에너지 시뮬레이션 결과를 바탕으로 도출된 값이다. 부위별로 이와 같은 엄격한 열적 성능을 만족시키기 위해, 각 실의 필요 조건에 맞추어 다양한 단열재, 재료 및 공법을 적용했으며, 그림 11-39에는 적용된 단열재 중 얇은 두께로 동일한 단열 성능을 얻을 수 있는 진공 단열 보드와 타 단열재와의 두께 상대 비교를 나타내었다. 건물 주변의 기후 분석 결과에 따라 실과 건물 창호의 배치를 조정하여 그림 11-40에서처럼 실내로의 자연 채광이 쉽도록 계획하였으며 전면에서 유입된 외기가 주택 전체를 경유하여 후면으로 배기되도록 자연 완기의 개념을 도입하여 봄과 가을의 중간기 실내 환기를 촉진하고, 실내 발열에 따른 냉방 부하를 효과적으로 저감할 수 있도록 하였다.

건물의 창호는 열 성능 기준을 만족시키는 범위 내에서 실에 따라 삼중 유리, 이중 외피, 등의 다양한 형태로 설치하여, 향후 비교 평가가 가능하게 하였으며, 특히 주택 내의 한실에 적용된 이중 외피 내부의 공기는 그림 11-41에서처럼 자연적인 부력과 순환 동력을 이용해, 건물 구체 내에 순환시킨 후 바닥 축열재에 저장했다가 야간에 중간 벽 등에 순환시켜서 난방 에너지를 절감하는데 재사용되도록 설계하였다. Green Tomorrow 내 일부 천장재에는 축열을 통해 냉방 부하 저감에 기여하는 상변환 축열재를 설치하였다. 통상의 축열재가 두꺼운 두께를 이용하여 내부에 열을 모아두는데 반해, 상변화 축열재는 자재 내에 캡슐 형태로 포함된 PCM재의 상변환 과정을 통해서 열 에너지를 축적하고, 방출하기 때문에 얇은 두께로 동일한 효과를 낼 수 있는 장점이 있다.

실내 환경을 쾌적하게 조절하고, 생활에 필요한 각종 주거 기능을 제공하기 위한 기계, 전기 설비를 가장 에너지 효율적으로 설치하기 위한 액티브 디자인에는 직류 배전 및 가전 활용, 대기 전력 차단, 조명 제어와 고효율 열 회수 환기, Air Flow 윈도, 복사 냉난방 등의 설비 기기 효율화가 포함되어 있다. Green Tomorrow는 국내 최초로 모든 전력을 직류로 공급하여 가정 내에서 교류의 직류 변환에 따르는 에너지 손실 요인을 제거하였다. 부지 내에서 태양광발전 등 자체 생산되는 신재생 에너지를 주 에너지원으로 하는 계획 특성상, 직류 부하를 기반으로 하는 제품을 설치하고, 변환과정 없이 직접 공급함으로써 생산한 에너지를 보다 효율적으로 활용할 수 있으며 그림 11-42에서 확인할 수 있는 바와 같이 기존 시스템에 비해 훨씬 단순한 시스템 구성이 가능해진다. 대기 전력 차단 시스템은 배선 내 일괄 전력 차단 스위치를 설치해서 불필요한 가정 내 대기 전력을 차단하는 방식이며 이 외에도 효율적인 전기사용을 위해 인체 감지 및 조도 센서를 통해서 공실 조명은 소등하고, 단위 구역별로도 조도를 제어할 수 있도록 했으며, 소자 수명이 5만 시간 이상으로 장수명 활용을 기대할 수 있고, 형광등에 사용되는 수은을 사용하지 않아 친환경 조명원으로 각광받고 있는 LED 등기구를 적용하여 조명 에너지 사용에 효율을 기하는 동시에 친환경성을 부여하였다. 연간 에너지 수지를 제로화하기 위해 필요 불급한 최소 에너지는 신재생 에너지로 자체 생산하도록 하였으므로, 부지 내에서 생산하는 에너지의 종류 및 생산량은 전체 건물의 에너지 수급 계획에서 매우 중요한 부분을 차지한다. Green Tomorrow는 태양광, 태양열, 풍력 및 지중열 등 알려진 여러 형태의 신재생 에너지를 동시에 사용하되, 부지와 건물의 사용 특성 등을 고려하여 최적화 할 수 있도록 계획하였다. 그림 11-43처럼 태양광발전은 지붕 외에도, 창 블라인드에 건물 통합 형태(BIPV)로 다양하게 적용되었으며, 전력 생산에서 가장 높은 비중을 차지하는 지붕형 태양광발전의 경우 Peak치 기준으로 22kWh, 연간 21MWh의 전력이 생산 가능한 용량으로 설치되고 있다. 풍력발전은 수직형 풍력발전의 한 형태인 복합 다리우스형을 적용하여, 부지 내의 작은 풍량에서도 지속적으로 발전이 가능하도록 하였으며 Peak 기준 3kWh, 연간 0.2MWh의 전력 생산이 기대된다. 온열 및 냉열 공급에는 지중열 냉난방과 태양열 급탕이 적용되었는데, 지중열의 경우 150m 깊이의 열 교환기를 2공 천공하여 전체 6USRT 규모로 계획하였다. 이때, 부지 내 바닥 면적 약 25㎡ 규모의 통행로에 별도의 열교환 없이 지중열을 직접 이용하는 융설 설비를 설치하여 동절기와 하절기의 열 사용에 균형을 유지하도록 하였으며, 이와 같은 동절기 지중열 사용을 통해, 계절별 불균형 사용으로 인한 경년변화와 이에 따른 열용량 저하를 방지할 수 있을 것으로 기대된다. Green Tomorrow에 설치된 4㎡, 200L 규모의 태양열을 급탕에 활용할 수 있을 것으로 예상되며, 축열조와 발전된 전력으로 가동되는 전기온수기를 급탕 시스템 내에 함께 구성함으로써 효율적이면서 쾌적한 급탕 사용이 가능하도록 하였다.

** 표 11-13 ‖ "Green Tomorrow"와 국내 법규 상의 단열 기준 비교(신승호, 2009)

구분	열관류율 (U-value, W/㎡℃)	
	Green Tomorrow	국내 법규 기준
외벽	0.097	0.47
지붕(외기 직접 면하는 부위)	0.0777	0.29
지붕(외기 간접 면하는 부위)	0.089	0.52
창호 물성치	0.778	2.7
	창 면적비: 25% 차폐계수: 0.543	창 면적비: 25% 차폐계수: 0.85

(a) Green Tomorrow 조감도

(b) Green Tomorrow 건축 사례

** 그림 11-37 ▌ 삼성 "Green Tomorrow" 설계 조감도와 실 건축 모습(Green Tomorrow)

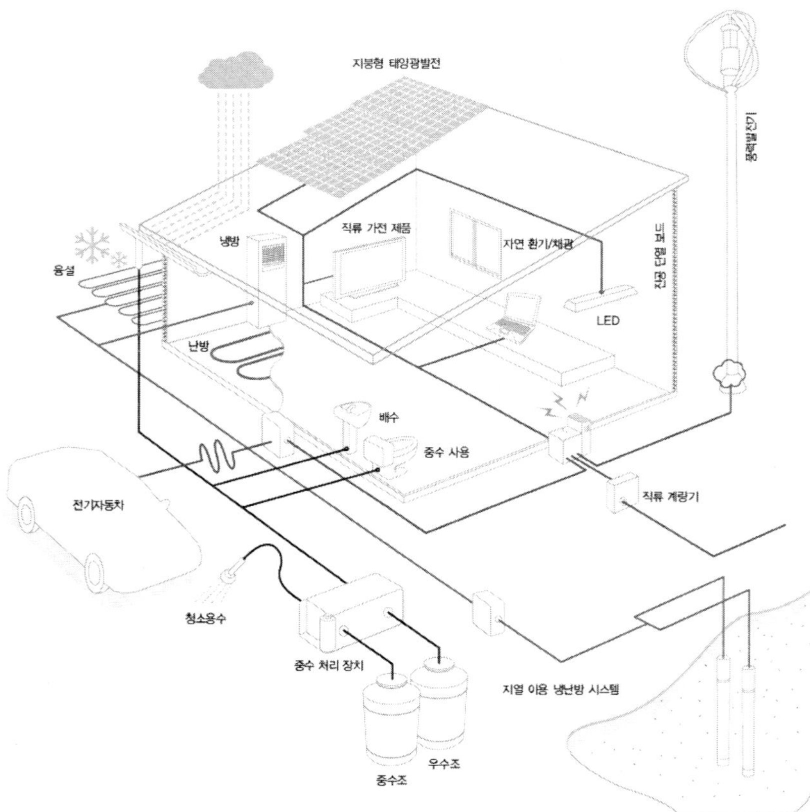

** 그림 11-38 ▌ Green Tomorrow 개념도(Green Tomorrow)

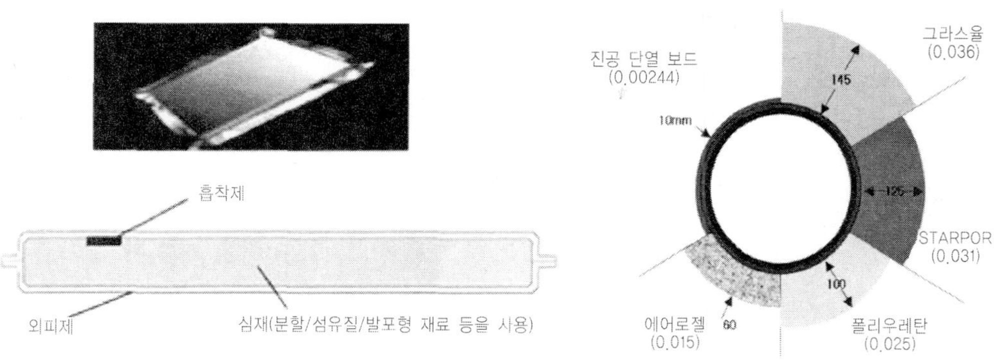

** 그림 11-39 ▌ 진공 단열 보드와 단열재 간 비교(신승호, 2009)

** 그림 11-40 ▌ 자연 환기 계획(신승호, 2009)

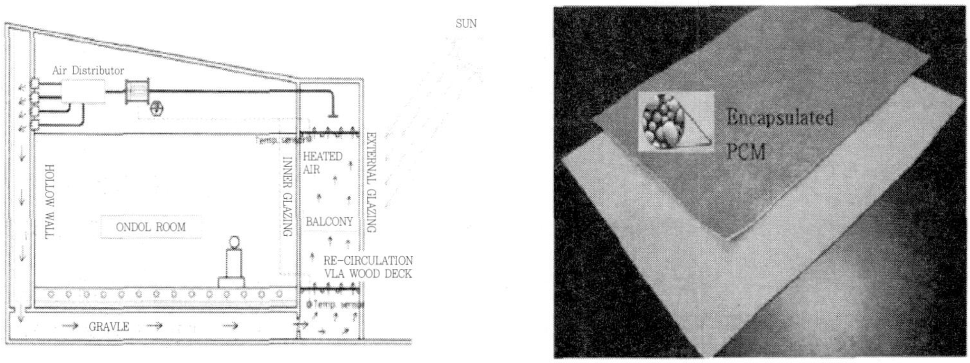

** 그림 11-41 ▌ 썬룸 공기 순환 및 상변화(PCM) 축열재의 적용(신승호, 2009)

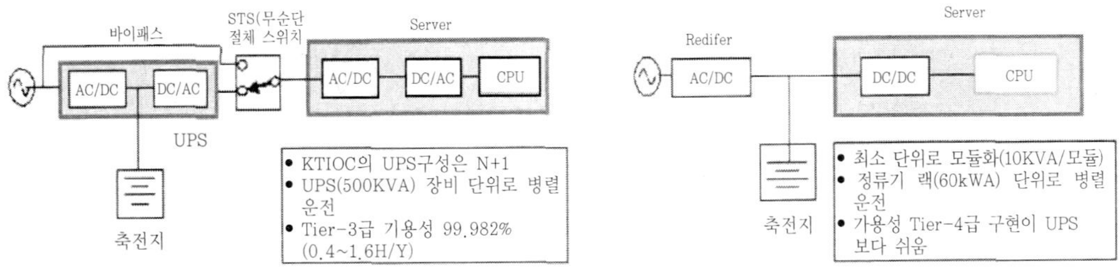

a) 교류 배전 시스템 b) 직류 배전 시스템

** 그림 11-42 ▌ 직류와 교류 배전 시스템의 비교(신승호, 2009)

a) 지붕형 PV b) 블라인드형 PV c) 발전량 시뮬레이션 결과

** 그림 11-43 ▌ 태양광발전 적용과 발전 시뮬레이션(신승호, 2009)

11.4 해외 제로 에너지 하우스 기술 적용 사례

해외의 제로 에너지 하우스의 보급 사례는 오랜 연구 사업 및 보급 정책의 결과로 무수히 많은 사례가 존재한다. 특히 유럽지역을 중심으로 한 많은 국가에서 설계 사례 및 건립 후 실측 모니터링에 따른 성능 평가서를 책자 형태로 제작 배포하고 있으며, 인터넷을 통해서도 손쉽게 태양열 및 패시브 설계를 기반으로 하는 보급 사례를 접할 수 있다. 그림 11-44는 대표적인 제로 에너지 하우스의 개념도를 보여준다.

영국의 북단에 위치한 Unst. Britain's에 건축된 실제 건축물로써 원래는 전형적인 유럽식 목조 주택이었으나 2001년에 제로 에너지 하우스로 새롭게 재건축을 실시해서 2005년에 패시브 하우스로 건축을 완료했고, 2007년 태양광발전과 소형 풍력

발전기 및 지역발전 시스템을 구축했다. “Zero Carbon House”(이하 ZCH)는 탄소 배출량 제로에 도전한다는 면에서 제로 에너지 하우스와 같은 의미이다. ZCH의 자연형 기술로 바닥과 벽면을 중심으로 한 두터운 단열과 그 속에 배관을 타설하여 난방 효율을 극대화시켰다. 2001년 완공 당시 ZCH는 패시브적인 측면만을 고려했기 때문에 지붕의 면적이 넓지 못했으며 기존의 스티로폼을 단열재로 이용해 단열을 실시했다. 2007년 태양광 설비를 추가하면서 집광 면적을 넓히기 위하여 지붕을 ㅅ자로 변경하고 열 차단 능력이 우수한 탄소 함유 단열재인 Neopol을 적용하여 140mm 두께로 건축하였다. 태양광으로부터 얻어지는 전력을 통해 물을 데워 단열재 속으로 순환시켜 난방을 실현하고 남는 열은 온실로 흐르게 하여 직접 식재료를 생산할 수 있게 했으며, 계통 연계 시스템으로 컴퓨터를 통해 건물 내부의 에너지 소비 유형을 분석할 수 있게 하였다. 현재 ZCH는 태양을 통한 발전으로 시간당 약 1.47kW의 발전이 이뤄지고 있지만 환경의 영향으로 발전효율이 그다지 높지 않아 도시 전력을 병행해서 이용하고 있는 상태이며 향후 주위의 균일한 북해 바람 자원을 활용하기 위해 소형 풍력발전기를 추가로 도입하여 전기자동차를 충전시키고 건물 부하를 충분히 충당 할 수 있는 탄소 배출 제로에 도전할 계획이다. ZCH 프로젝트가 완료되었을 때 ZCH에서 절감할 수 있는 탄소의 양은 연간 10ton으로 예상된다.

일찍이 북유럽과 영국에서는 1970년대 석유파동과 경제 공황 이후 제로 에너지 하우스에 대한 건축 사례가 많이 보고되어 왔으며, 최근에는 지구온난화에 대한 관심으로 미국에 이어 전 세계적으로 많은 제로 에너지 하우스가 건축되고 있다. 이중 일부를 표 11-14에 각 제로 에너지 하우스에 적용된 기술들을 정리하고 관련 링크를 기재했다. 공통적인 특징으로 고기밀 단열재를 이용해 에너지 손실을 최소화시키고 설비형 기술은 태양광 설비 기술을 공통적으로 적용하였다. 이 중에서 영국의 Integer House Project와 미국의 에너지부(DOE)에서 주관한 Solar Decathlon에 대해서 간단히 소개하고자 한다.

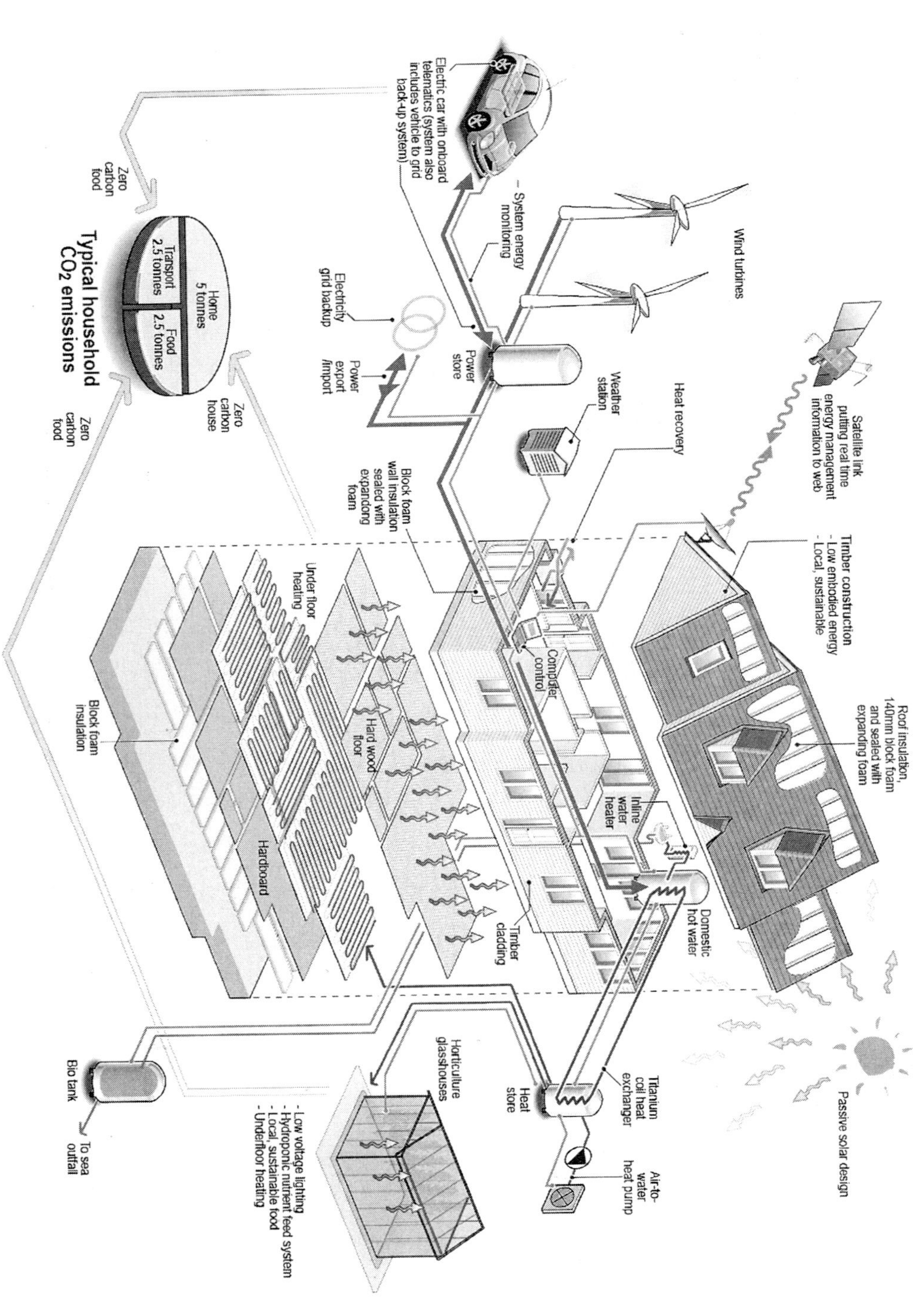

** 그림 11-44 ▌ Zero Carbon House 개념도(Shaw Marketing and Design Ltd, 2006)

표 11-14 해외의 제로 에너지 하우스 사례

사례	구분	내용
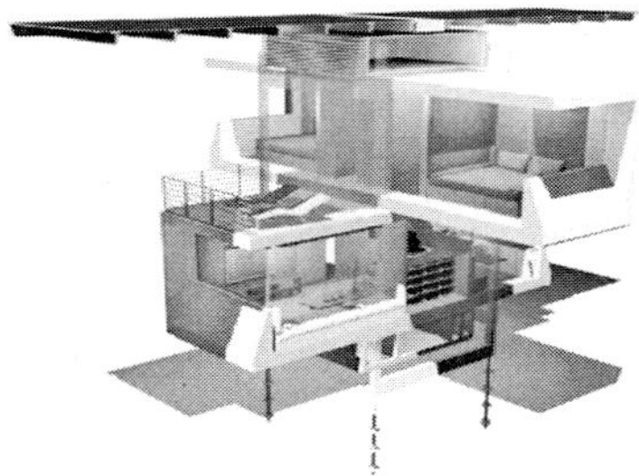 제로 하우스, 스코트 스팩스	개 요	* 조립식 모듈 구조 * 태양과 빗물을 이용 * 태양광발전 시스템 * 우수 집수 장치 설비 * 컴퓨터를 통한 환경 제어 설비 * 하수 여과 장치
	관련 링크	www.zerohouse.net
 Useful & Agreeable house : NMDA	개 요	* 알루미늄 패널 구조 * 우주형 일체 구조 * 태양광발전 시스템 * 옥상 녹화 설비 * 실내 환기 설비 * 주택 대비 60% 에너지 절감
	관련 링크	www.usefulandagreeable.com
 ZCH, Shaw Marketing and Design Ltd, 2006	개 요	* 패시브형 설비 기술 기본 * 풍력, 연료전지, 태양광발전 * 지붕 축열 및 바닥 축열 * 위성을 통한 원격 제어 기술 * 계통 연계 기술(smart grid)
	관련링크	www.zerocarbonhouse.com
 Integer Millennium house(영국)	개 요	* 패시브형 설비 기술 기본 * 부착 온실형 구조 * 태양열, 태양광 설비 * 경사 지형 이용(남향 개방) * 중수 이용 설비 * 환기 설비 시스템 * 지열 히트펌프 시스템
	관련 링크	www.integerproject.co.uk

11.4.1 영국 Integer House

1990년대 말에 들어와서 영국에서는 그린홈과 인텔리전트 빌딩의 기술들을 통합하는 하나의 건물 디자인을 형성하는 INTEGER 하우스의 프로젝트가 발생했다. 이 프로젝트는 1999년 INTEGER 팀이 6월에 시작해서 3개월 동안 건축되었고, 완전히 설비도 갖추고 성능 검사까지 완료하였다. 이 프로젝트는 시공 기술, 환경기술, 인공지능 기술의 3가지 분야에서 혁신적인 것이다. 표 11-15는 Integer 하우스들의 디자인 시공, 환경 기술 및 인공지능 기술을 포함한 적용 기술들을 나타낸다(www.greenspec.co.uk).

INTEGER 하우스에서는 습식 공법이 전혀 사용되지 않았다. 여기에는 고도의 외부 가공 조립식 제품이 사용되었는데 조립식 콘크리트 반지하실, 목재 패널 상부 구조, 상업용 유리구조 온실과 조립식 욕실 모듈 등이 그것들이다. 이렇게 하면 폐기물도 줄이고 현장에서 자재를 절단할 필요도 줄게 된다. 온실의 경우 간단하나 세련된 기술에 의해 재래식 공법의 비용보다 적은 비용으로 공간에 덮개할 수 있는 상업용 유리 온실 산업체의 표준 부자재를 사용하였다. 욕실은 위생도구, 배관, 전기, 타일, 선반, 등 완전히 마감된 목골조로 된 방의 상태로 현장에 반입된 것이다. 현장에서의 작업은 조립 제작보다는 오히려 조합에 초점이 맞춰져 있다. 이렇게 하여 더 나은 품질의 건물을 더 빠른 시공 속도로 완성할 수 있게 되었다. INTEGER 하우스는 미래 지향적 내구성을 가지고 있다. 장래에 성능 개선이 필요한 수선의 경우에 대비해서 떼어낼 수 있게 만든 목재 걸레받이가 그 집의 전선 배선 간선이 되게 하였다. 석고 보드 내벽 표면 뒤쪽에 공간을 거물 구조체에 손상을 주지 않고 장래에 추가로 스위치나 소켓을 설치할 수 있게 해준다. 또한 건축 시 전 과정을 컴퓨터로 모니터링하려 비생산적인 시간을 확인하고, 측정하고, 분석하였다. INTEGER는 기본적으로 저에너지 소비, 수자원 보존 및 지속 가능한 재료 사용을 원칙으로 한다. 재활용된 신문으로 만든 셀룰로오스 단열재를 사용하여 아주 높은 기준의 단열을 했으며 서남향의 온실은 자연형 태양열 집열기 역할을 하고 단열 주택에 덧붙은 온화한 기온의 부착형 온실을 제공해 준다. 이 주택은 재래 주택의 50% 미만의 에너지를 소비한다. 난방이 필요한 곳에서는 집 주위를 순환하고 있는 온수에 의해 바닥에 설치된 천연 컨벡터를 통해 제공된다. 급탕은 지붕 위에 설치한 진공관식 태양열 집열기로 공급되는데 흐린 날을 대비한 보조 보일러가 설치되어 있다.

냉수 공급에 있어서 자석식 물 처리 시스템이 석회 물때를 방지한다. 폭기식 스프레이 수도꼭지나 샤워 헤드도 물을 절약한다. 욕조나 세면기로부터 중수가 모여서 생물학적으로 처리된 후 화장실용으로 다시 사용된다. 지붕에서 채집된 우수는 조경

용 자동관개 시스템이나 주택 내 배관으로 공급된다. 이 집은 재래 주택보다 30%나 더 적은 물을 소비한다. 부엌이나 욕실에서 돌출된 연돌 효과를 이용한 덕트는 INTEGER 하우스를 자연 환기시킨다. 잔디를 입힌 지붕은 더 청결한 분위기를 돋우고 매력적이며 유지, 관리 비용이 덜 들고 재래 지붕 재료에 대해 천연적인 대안이 된다. 전기 사용에 있어서는 요금이 저렴한 전력 사용을 극대화하기 위해 컴퓨터화된 미터기를 사용한다. INTEGER 하우스는 토착식 물로 된 정원을 갖는다.

** 표 11-15 ▌ INTEGER 주택별 적용 기술

구분	Westlea HA INTEGER Home Cherhill	Primrose Field, Harlow	Alpine, Greenfields, Maidenhead
사진			
디자인 시공	• 한정된 습식 공법 • 외부 조립 목재 패널 • 재활용 신문으로 만든 셀룰로오스 단열재 • 중앙 집중 서비스 덕트 • 실치 및 수리 쉬움 • 중공벽 적용	• 한정된 습식 공법 • 쓰레기 발생량의 30~50% 감소 • 외부 조립-공사 기간 20% 단축 • 저내재 에너지 건축 재료 시용 • 재생 가능한 Western Red Cedar cladding 사용 - 외관 유지 관리가 필요 없고 매력적인 외관	• 남서향 - 자연형 태양열 집열 • 기존 주차 건물의 폐기물 이용 • 프리캐스트 콘크리트 슬래브 • 재생 가능한 Western Red Cedar cladding 사용 • 수명이 긴 Alpine Sedum 지붕 • 수직 코어 기능의 블록 이용 • 공장 생산의 목재 프레임 사용 • 내부에 금속문 적용
환경 기술	• 중수 이용 - 40% 물 소비 절약 • 우수 집수 장치 - 정원수 조달 • 굴뚝 효과의 자연 환기 장치 • 재활용 건축 자재 사용 • 에너지 절약형 조명 기구 • 장수명, 저내재 에너지, 관리 쉬운 건축재 사용 • 지붕 태양 집열 급탕기 • 솔라 스패이스 - 냉난방 부하 저감	• 단열의 강화 • 가스 지역 난방 시스템 적용 • 중수 이용으로 연간 물 사용량 약 30% 절감 • 하수로 흐르는 물의 양 감소	• 중수 시설 • UV light 이용한 살균 시스템 • 절수형 위생기구 • 재활용 셀룰로오스 단열재 사용 • 태양열 급탕 장치 • Photovoltaic panel 사용
인공 지능 기술	• 전화, 컴퓨터, CCTV, 에너지 관리를 위한 모든 케이블 탑제 • 간단하고 정확한 난방 조절 • 정교한 조명 조절 장치 • 이동 물체 감지 야간 전기 히터 • 계단과 식당 부분의 비상 조명 장치	• 집 전체의 네트워크 설비 • 보수 및 업그레이드가 편리한 제거 가능한 ornices • 전화 및 TV에 연결된 출입문 시스템	• 음성 정보, 오락용 네트워크 구축 • 전화 및 TV에 연결된 출입 장치 • 지능형 열량 조절 가능한 중앙 집중 보일러 • 열량 측정 및 빌딩 관리 시스템 • 광전지 - 잉여 전력 판매 • 원격 검침 장치

**** 표 11-16 ▌ INTEGER 주택별 적용 기술**

구분	The warden INTEGER Home Newbury, berkshire	Lyttleton Street, Lyng Estate, Sandwell	The INTEGER Millennium House, Watford
사진			
디자인 시공	• 환경친화, 유지보수 쉬운 건축 재료 사용 • 외부 가공 조립식 목재 패널 • 저포름 알데히드 목재 사용 • 재생 신문 단열재 사용 • 170mm 중공벽 적용 • 가변 벽체 사용 • 태양 집광형 창호 • 배선, 배관 개폐 가능하면서도 은폐 가능한 덕트 사용	• 다양한 평면의 조합 • 재생 셀룰로오스 단열재와 목재 • 관리가 쉬운 알루미늄 지붕 • 열 성능 보강의 이중 출입문 공간 및 솔라 스페이스 • 전기 배선, 데이터, 통신 설비	• 저내재 에너지, 장수명, 유지보수 쉬운 건축재료 사용 • 옥상 녹화 지붕 • 외부 가공 조립식 제품 • 컴퓨터 디자인 공법 • 습식 공법 제한 • 모듈화된 상업용 유리 구조 온실 부착 • 설비 장치 쉬운 코어 시스템 및 배선 시스템
환경 기술	• 단열 강화 • 자연형 굴뚝 효과 환기 시설 • 태양열 급탕 - 연간 요구량의 60% 충당 • 중수 시스템 - 물소비 40% 절감 • 에너지 절약형 white goods • 고효율 조명 장치	• 자연형 굴뚝 효과 환기 시설 • 태양열 급탕 시스템 • 중수 시스템	• 지열 이용 냉난방(50m 매설) • floor mounted trench heater를 통한 열공급 • 태양열 급탕 • 중수 이용 - 물 사용 30% 절약 • 우수 처리 시설
인공 지능 기술	• 데이터, 음성용 카테고리 5e 및 TV용 CT100 사용 • 중앙 집중 케이블 장치 • 초고속 데이터 네트워크 구축 • 모든 방에서 디지털 송수신 가능	• 풍부한 케이블 시스템 • 모든방의 2회선 전화선 • 중앙 집중식 보일러 시스템 • 최적 보일러 컨트롤 시스템 • 고효율 조명 기구	• 정교하면서 간단한 빌딩 관리 시스템 • 정원 물 공급 위한 습도 모니터링 • 지능형 보안 시스템 - 조명, 난방, 출입문 동시 관리 • 4단계 조정 가능한 조명 장치 • RFID형 출입문 개폐 방식 • 각방 조절 가능한 디지털 위성 방송 장치

11.4.2 미국 Solar Decathlon

2009년 10월 미국 수도 워싱턴의 의회 의사당과 워싱턴기념비 사이의 넓은 잔디 광장인 '내셔널 몰'에 각양각색의 집들이 들어서기 시작했다. 미국 에너지국이 주최하는 '솔라 데카슬론(Solar Decathlon)'에 참가한 전 세계 20개 대학팀이 태양광, 태양열 주택을 짓는 중이었다. 솔라 데카슬론은 일명 '태양 에너지 주택 경연 대회'로 2002년 1회를 시작으로 2년마다 개최되었으며, 2005년과 2007년에 이어 2009년에 4회를 맞았다. 대회의 기본적인 주제는 태양 에너지만 사용해 매일 2명이 씻고, 요리하고, TV를 보고, 컴퓨터를 사용하는 등 일상생활을 할 수 있는 집을 짓는 것이다. 건축, 커뮤니케이션, 조명 디자인, 냉난방 에너지 공급 능력 등의 점수를 합산해 최고점을 받은 팀에게 우승의 영예가 돌아간다. 육상 10종 경기를 뜻하는 '데카슬론'이란 말은 바로 10개 분야를 경연한다는 데서 붙었다. 10개의 평가 요소는 표 11-17에서처럼 건축 설계, 기술 설계, 전기·조명 설계, 공조 설계, 온수·난방 설계, 공간 설계, 가전 설계, 전시 능력, 시장 및 경제성, 에너지 자립성이며 1,000pts를 최고점으로 그중 에너지 자립성이 150pts로 평가 요소 중 점수 비중이 가장 높다. 건축 설계 평가는 건축 자재나 시공 방법에 따른 건축 요소와 전체적 도면 완성도, 설계 시의 독창성 등이 세부 평가 요소로 반영된다. 시장성 평가는 경제적으로 건축할만한 가치가 있을지를 판단하거나, 구조물로서 사용자의 안전과 편안함을 보장해줄 수 있는지에 대한 거주 적합성, 실내 디자인, 설계자의 참여 정도가 평가에 반영된다. 기술 설계는 설비의 효율 및 건물 부하에 만족할 만한 용량을 가지는지를 평가한다. 전시 능력은 경연 대회에 참가한 팀의 발표 자료 및 건물 모형 그림, 사진 등의 전시 준비 능력을 평가하고 관람객이나 심사위원들에 명확한 의사 전달을 하는 가에 대한 평가를 하는 것이다. 그 밖에 실내 부하를 평가하는 온수·난방 설계, 주거 설계, 가전 설계를 통해 건물이 부하 조건 속에서도 에너지 자립화를 추구하는지를 평가한다.

최근에 Solar Decathlon 2009는 코넬대, 아이오와대, 라이스대 등 미국 대학이 16개로 압도적으로 많이 참가했으며, 또 캐나다 온타리오주의 워터루대 등 3개 대학이 연합한 온타리오팀과 푸에르토리코의 푸에르토리코대, 독일 담스타트공대와 스페인 마드리드대도 참가했다. 하지만 아시아 지역에서는 참가한 대학이 없었다. 그림 11-45는 대회의 최종 평가표로 앞서 언급한 평가 항목을 8일부터 16일까지 누적하여 합산한 결과이다. 우승은 1,000점 만점에 908.29점을 기록한 독일의 담스타트공대가 차지했다. 상위에 오른 팀을을 보면 에너지 자립성이나 경제성에서 큰 점수를 얻었음을 알 수 있다. 그 대표적인 예로 독일의 담스탐트공대와 미국의 일리노이 주립대학을 들 수 있다. 담스타트공대는 3일 동안 비가 내려도 일상생활에 지장이 없도록 설계한 'SulPLUShome'으로, 2007년에 개최한 3회 대회에 이어 2009년에 개최한 4회 대회까지 2회 연속 우승을 차지했다. 또한 일리노이 주립대학은 저렴하거나 재활용 가능한 자재를 이용하여 그림 11-46에서 처럼 건축 소요 비용을 크게 줄였고 높은 점수를 받을 수 있었다. 이처럼 설계에 있어서 최적의 설계를 할 것인지 또는 최첨단의 설계를 할 것인지는 설계자의 선택이 요구된다.

** 표 11-17 | Solar Decathlon의 심사 기준(Solar Decathlon)

평가 요소	평가 점수	세부 평가 요소
건축 설계 (Architecture)	100pts.	건축 공법: 건축자재, 구조벽의 구성, 이음새 접합성 전체적 설계: 기술 요소를 수용할만한 건축적 설계 독창성(Inspiration): 소재의 차별화, 설계의 특이성
시장 경제성 (Market Viability)	100pts.	거주 적합성: 상주 가능 여부, 안전성, 편의성, 안락감 건축 실현성: 건축비용, 건축 기간, 건축 용이성 시장성: 내부 디자인, 설계자의 장인 정신, 상품성
기술 설계 (Engineering)	100pts.	기능성: 내부의 에너지 시스템을 설계에 반영 효율: 연 절약 에너지 산출 혁신적인 기술, 기술 작동 환경 범위
전기·조명 설계 (Lighting Design)	75pts.	전기 조명의 미적 효과 및 작동의 용이성 자연 채광 및 계절 대응성 통합 관리 운영 가능성
전시 능력 (Communications)	75pts.	전시물 계시 및 전시 능력 발표능력 및 관련 자료(사진, 모형 등) 준비성 의사 전달 능력 및 Web 자료 준비성
공조 설계 (Comfort Zone)	100pts.	실내 조건 온도: 22.2℃~24.2℃ 유지 상대 습도: 40%~50% 유지
온수·난방 (Hot Water)	100pts.	세면 및 취사 적합성 여부 일일 온수량: 60리터(15-gallon) 출구 온도: 40~43.3℃ 10분 간 유지
가전 설계 (Appliances)	100pts.	냉장고 온도: 1.11℃~4.44℃ 유지 냉동고 온도: -28.9℃~-1.5℃ 유지 10번의 세탁 성능 평가와 5번의 식기 세척 평가
주거 설계 (Home Entertainment)	100pts.	TV 가전, 컴퓨터 및 전자 기기의 작동 여부(가전 부하 평가) 생활 가능 여부: 파티, 식사, 손님 접대 용이성 취사 적합성 측정: 매일 2.3kg의 물을 끓여 완전 증발
에너지 자립성 (Net Metering)	150pts.	에너지 균형: 대회 기간 동안 탄소 소비 정도(100pts.) 에너지 추가 생산: 추가적인 에너지 생산 정도(50pts.)

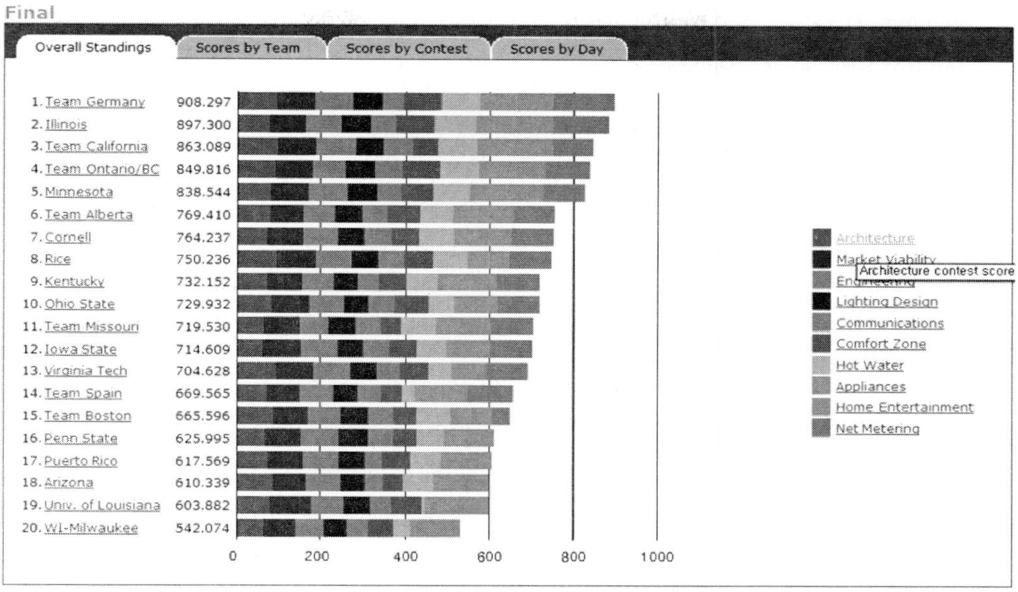

** 그림 11-45 ▌ Solar Decathlon의 항목별 평가결과(Solar Decathlon)

Team	Cost Category	Cost Range
Arizona	$$$	$450,000-$650,000
Cornell	$$$	$450,000-$650,000
Illinois	$$	$250,000-$450,000
Iowa State	$$	$250,000-$450,000
Kentucky	$$$	$450,000-$650,000
Minnesota	$$$	$450,000-$650,000
Ohio State	$$	$250,000-$450,000
Penn State	$$	$250,000-$450,000
Puerto Rico	$$$	$450,000-$650,000
Rice	$	up to $250,000
Team Alberta	$$$	$450,000-$650,000
Team Boston	$$$	$450,000-$650,000
Team California	$$$	$450,000-$650,000
Team Germany	$$$$	$650,000-$850,000
Team Missouri	$$	$250,000-$450,000
Team Ontario	$$$$	$650,000-$850,000
Team Spain	$$$	$450,000-$650,000
Univ. of Louisiana	$$	$250,000-$450,000
Virginia Tech	$$$	$450,000-$650,000
WI-Milwaukee	$$$	$450,000-$650,000

** 그림 11-46 ▌ 20개 참여 단체의 설계 비용(Solar Decathlon)

그림 11-47은 Solar Decathlon 2009의 대상 수상작인 독일 담스타트공대의 SurPLUSHome의 조감도와 실제 건축 사례를 보여준다. SurPLUSHome는 패시브적인 설계를 바탕으로 BIPV를 벽면에 적용한 큐브형 주택이다. 기본 콘셉트는 싱글 룸 개념을 기반으로 한다. 인테리어 디자인의 중심 요소로 멀티 구조 기능이 특징이다. 이 구조는 부엌, 계단과 목욕탕과 같은 기본 기능을 포함하고 공간 주변의 가능한 사용을 나타낸다. 게다가 가구의 기능과 건물이 조건에 부합한다. 싱글 공간을 2층으로 개방형으로 분할하여 1층은 거실과 부엌 및 다용도 기능을 수행하도록 설계되었고 2층은 침실의 공간으로 두어 따뜻한 공기가 상층부에 위치하는 물리적인 현상을 이용해 난방 부하를 최소화할 수 있도록 했다. 벽면과 지붕에는 중공층을 두었고 그사이 PCM(상변화 물질)을 적용해서 잠열에너지 형태의 저장이 가능하도록 해서 낮동안 에너지를 비축하였다가 밤에 열을 내부로 방출하게 설계했다. SurPLUSHome도 태양에너지를 이용한 액티브적인 기술들이 사용되었는데 바로 벽면과 지붕에 태양전지를 적용한 설계이다. 태양빛의 입사량이 가장 많은 지붕에는 단결정 실리콘 태양전지를 적용해 18%의 비교적 높은 효율로 전기를 생산하도록 했고, 벽면에는 두 가지의 태양전지를 적용했는데 박막형 태양전지와 염료감응형 태양전지를 분배해 적용하여 건물의 외관을 꾸며 미적 감각과 효율적인 에너지 획득이 가능하도록 했다. 에너지 독립화를 추구하기 위해서 고기밀 시공과 PCM을 이용해 에너지의 손실을 최소화했으며 외기를 이용한 자연 환기에 초점을 가장 크게 두고 있다. 또한 내부 환경을 유지하기 위한 환기 시스템이나 가전 기기들을 무리 없이 돌릴 수 있을 만큼의 태양광 설비를 지붕과 벽면에 배치해 내부의 인버터를 통해 공급하고 있다(그림 11-48 참조). SurPLUShome은 110V의 예비 전력 또한 설치하여 비상시 인버터와 연결해서 주거 공간 내에 전력이 공급되도록 한다. 그림 11-49는 SurPLUShome의 에너지원과 에너지를 활용하는 기술, 기술이 적용된 장치들 간의 관계를 전체적인 개념도로 나타내었으며 물과 태양만 있으면 실내의 모든 부하를 자체적으로 해결 가능하도록 하였다.

(a) SurPLUShome 조감도

(b) SurPLUShome 건축 사례

** 그림 11-47 ‖ Solar Decathlon 2009 대상(SurPLUShome)

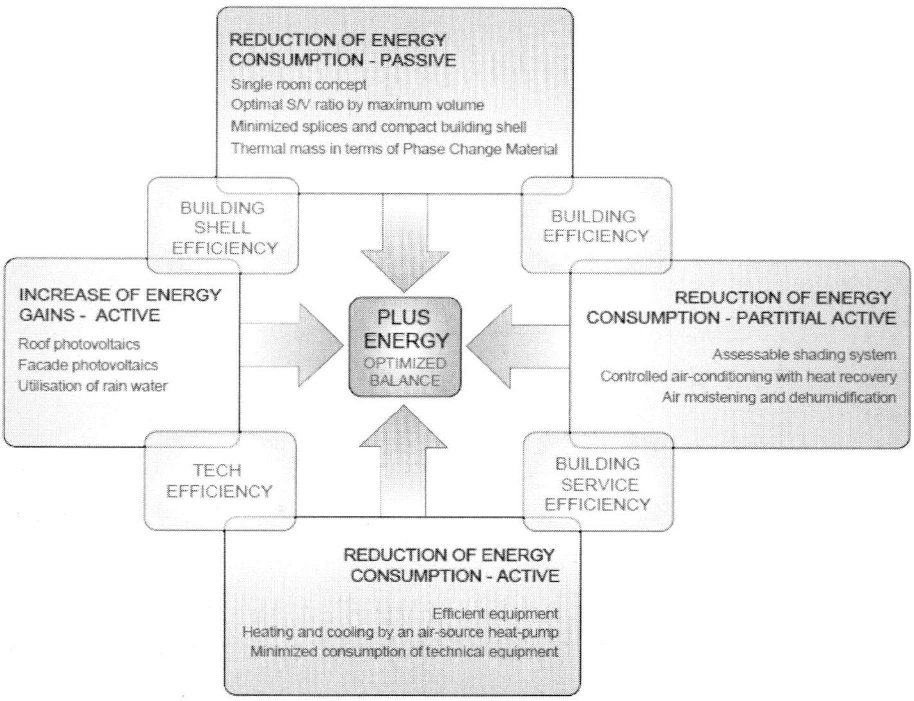

** 그림 11-48 ‖ 적용 기술 개요(SurPLUShome)

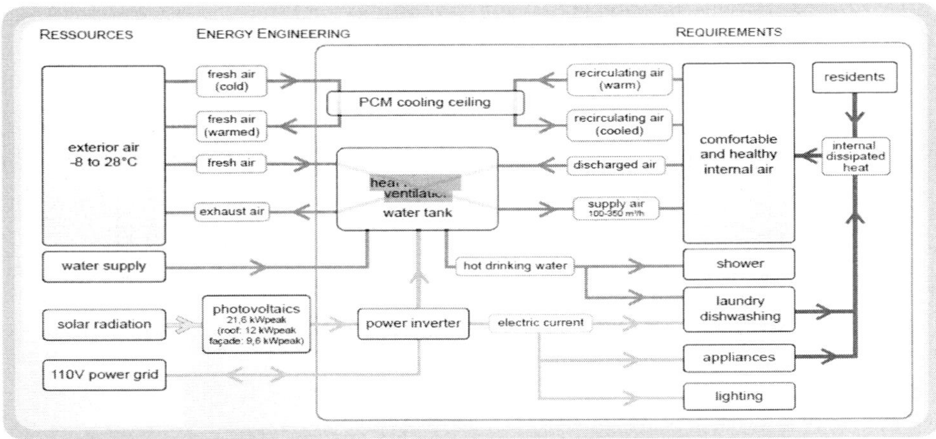

** 그림 11-49 ▌ SurPLUShome의 에너지 이용(SurPLUShome)

11.5 제로 에너지 하우스 설계 사례

설계하고자 하는 제로 에너지 하우스에서 중점 사항은 표 11-18에 요약 정리하였다. 고단열을 이용한 패시브 하우스의 구현하는 것이다. 설계를 하고자 하는 주거건물의 크기는 30평형의 단독주택이며 벽체와 지붕에 드는 단열 시공과 다른 신재생 에너지를 이용한 설치 비용만을 고려하여 설계한다. 다음으로 고려해야 할 것은 고단열 고기밀의 패시브 하우스의 특성상 실내 공기의 오염을 해결할 수 있는 강제 환기 시스템의 구현이 필요하다. 강제 환기 시스템의 선정 시 고려해야 할 사항은 환기용량은 얼마나 되는지, 열회수율은 얼마나 되는지, 30평형에 알맞은 시스템의 선정과 소비 에너지는 얼마나 되는 것이다. 아무리 고단열을 추구하는 패시브 하우스라고 하더라도 사람의 출입이나 환기 시스템에서의 에너지 손실, 창호에 의한 에너지 손실에 의해 실내 온도는 떨어질 수 있다. 이를 보완하기 위한 보조적인 에너지 공급원이 필요하며, 이는 살둔 제로 에너지 하우스에 적용된 페치카와 같은 원리의 펠릿보일러를 적용하고자 한다. 마지막 단계에서는 패시브 하우스의 설계를 완료한 후 필요한 전력량을 분석하고 이를 바탕으로 신재생 에너지를 이용한 발전을 적용해 패시브 하우스에서 플러스 하우스로 전환했으며 그 결과를 그림 11-50에 정리해 나타내었다. 자연형 기술의 적용으로 구조용 고단열재인 SIP를 벽과 천장에 동일한 두께 235mm로 마감하여 외부로의 침기와 내부에서의 열 손실을 최소화시켰다. 또한 창호로의 열 손실과 바닥으로의 열 손실을 고려해 보조 에너지 원으로 탄소 중립 에너지원인 팰릿보일러를 적용했다. 설비형 기술의 적용으로 시간 당 3kW 태양광발전과 열 회수 환기 장치를 적용해서 실내에 환경을 유지하며 필요한 에너지를 자체적으로 공급하고자 하였다.

** 표 11-18 ▌ 제로 에너지 설계 요약

- 30평형을 기본으로 한 패시브 하우스 설계
- 에너지 소비량 감축 방안 : 자연 채광, 보온성이 우수한 내장재 사용
- 고기밀, 고단열 소재와 더불어 바이오 에너지원 사용(pellet보일러)
- 태양광 입사량을 고려한 창호와 지붕의 면적 결정
- 환기 시스템의 전력은 태양광발전(40%)+심야전기(60%) 를 이용한다.
- 건축 비용은 일반 주택건축 방법과 유사하며 공통적으로 적용되는 공사 비용 및 인건 비용은 비교할 때 상쇄된다고 가정하고 단열과 신재생 보조 에너지원의 가격만으로 경제성을 검토한다.
- SIP(구조용 단열 패널)의 가격은 2.45m²당 15만원으로 책정
- 30평형 기준의 SIP 단열 패널 환산 시 벽면에 사용되는 패널 비용은 3.5m의 높이 가정 시 약 8,700,000원의 비용이 요구됨
- 지붕에도 SIP 패널을 적용하며 30평형에 맞추어 적용 시 8,700,000원의 비용이 요구됨

** 그림 11-50 ▌ 제로 에너지 하우스 설계 개념도

설계 결과는 표 11-18에서와 같이 고기밀과 환경 유지 설비를 적용해 약 5천2백여 만 원의 설치 비용을 산출했으며 설비 시스템의 설치 비용이 가장 많이 소비됨을 알 수 있다. 그림 11-51은 세계의 주거건물의 부하 구성비를 나타내고 있다. 에너지의 소비 중 평균적으로 76%에 해당되는 양이 난방과 급탕에 이용되고 있음을 확인할 수 있다. 아무리 효율이 좋은 발전 시스템이라고 해도 내부에서 발생하는 에너지가 외부로 흘러나가게 되면 일정 온도를 유지하기 위해 계속적인 에너지 공급이 필요하기 때문에 단열을 통한 내부의 에너지를 가두는 기술이 필요하다. 그림 11-52는 경남 김해 소재의 30평형 일반주택을 도안한 것이다. 남쪽과 동쪽으로 창을 크게 내었고 직사각형의 단독주택으로 지었다. 외부의 재료는 SIP 패널을 이용했으며 지붕 또한 SIP를 적용했다. 내부의 벽은 기존의 콘크리트구조를 이용한다고 가정한다. SIP 패널의 단가는 2.45㎡당 15만원으로 선정한다(한보엔지니어링 문의가격). 벽체의 높이는 2.89m이나 3.0m로 가정하고 설계한다. 또한 바닥의 기반 공사의 경우 토목공학적인 지식을 필요로 함으로 경제성 고려의 편의성을 위해서 지하로 잃는 열 손실은 미미하다고 가정한다. 창호의 경우 시스템 창호를 이용한다. 설계 대상 모델의 창문은 이중 시스템 창호로 되어 있으며 단열 패널의 적용 시 별도의 창문을 다시 설치하지 않고 그대로 사용하고자 한다. 창호의 단열 효과는 최대 15%의 절감율을 보이기는 하지만 단열재의 절감률 49%와 비교하면 상당히 작은 절감률이다(백남춘, 2003). 따라서 창호의 절감률을 포기하는 대신에 창호 위로 SIP를 이용한 덧문을 달아서 주간에는 자연 채광을 통한 내부 온도를 상승시키고 야간에는 손실 에너지를 줄이고자 한다. 덧문을 설치할 때의 침기량은 단열 패널만을 사용할 때보다 많아지는 것이 사실이나 이는 실험적으로 밝혀낼 수 있으므로 설계에 있어서 침기량이 없다고 가정하고 설계한다.

** 표 11-19 ▌ 설계의 주요사항 정리(물가: 2009년 기준)

설계 사항	설계 내용	초기 설치 비용
고단열 외장재	외장 벽재에 58장의 SIP 단열 패널 지붕밑 창호 덧문에 58장의 SIP 단열 패널 적용	16,200,000원
열회수 환기 장치	232W의 소비 전력을 가지는 ERV 시스템 연결 배관 및 설치 비용 고려	2,000,000원
바이오매스 난방	난방 면적 30평형의 팰릿보일러 사용 우드팰릿	4,568,000원
태양광발전	3kW급 태양광발전 시설 인버터	28,650,000원
최종 초기 설비 투자 비용		**51,418,000원**

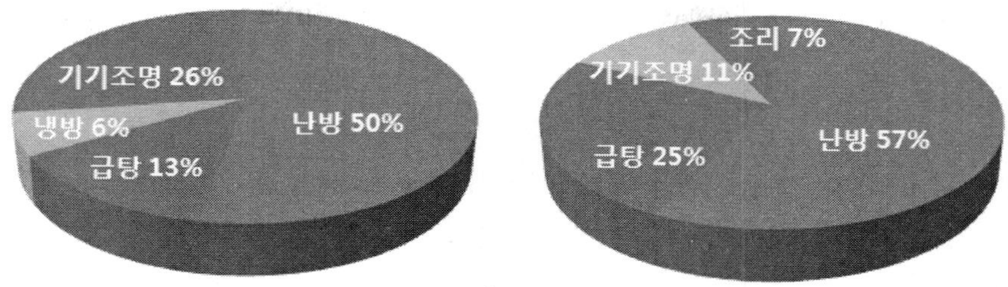

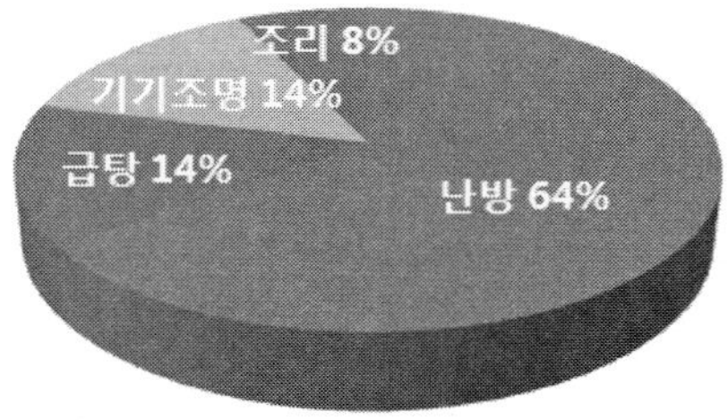

	난방 + 급탕
미국	68%
유럽	82%
한국	78%

** 그림 11-51 ▌ 대륙별 에너지 소비 구성

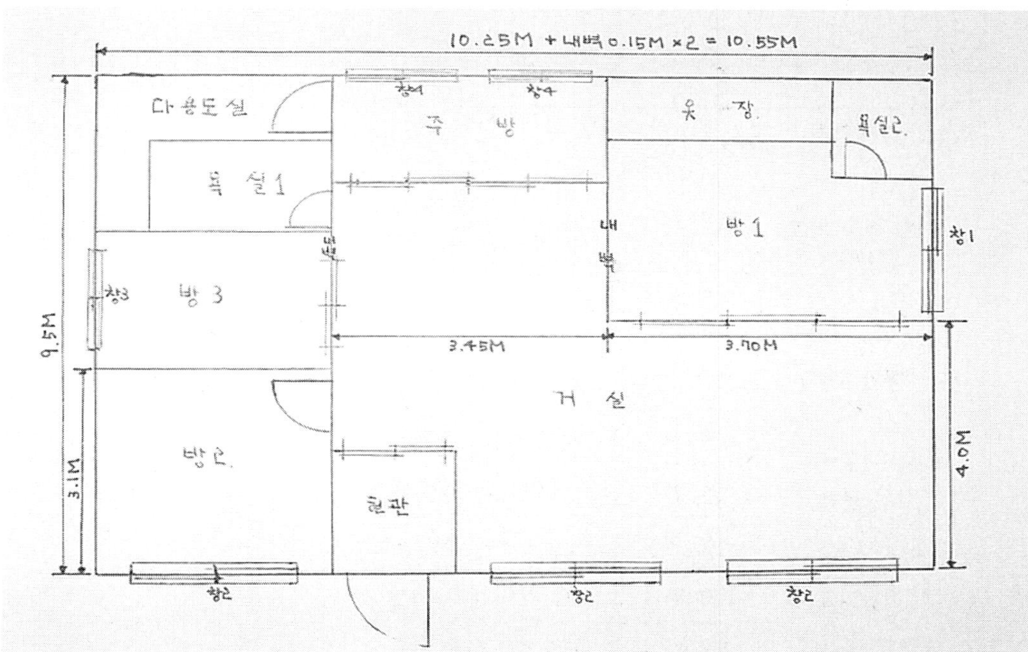

** 그림 11-52 ▌ 김해시 소재 일반주택 모델의 평면도

열 회수 환기 장치에서 확인해야 하는 것은 소비 전력과 공급되는 풍량 그리고 에너지의 열 교환효율이다. 그림 11-53은 설계에 적용하고자 하는 ERV 시스템의 제품사양을 나타내며 시간당 소비 전력은 232W, 풍량은 459cm/hr이다. 이는 환기가 중요하므로 환기 강도 강에 따른 설계치임을 밝힌다. 건설교통부령 제 497호, 건축물의 설비 기준 등에 관한 규칙 제 11조에 따르면 4가지의 적정 필요 환기량 계산법이 명시되어 있으며 샘플의 대상 공간은 주택과 사무실에 한정한다. 30평형(99㎡)기준으로 조건별 필요 환기량은 표 11-20과 같으며 표 11.21에서 표 11-23까지 데이터를 참고해 계산하였다. 최적의 설계는 건물의 전체 공간의 환기를 실시하는 것이다. 이 경우 매시간 891cmh의 외부 공기가 유입되어야 한다. ERV로 유입되는 외기가 약 460cmh임을 보면 2배에 가까운 요구량이다. 설계의 주안점은 쾌적한 실내 환경을 구축하는 것이 아님을 인지하고 사람이 주택 내에서 일상생활에 지장이 없을 정도의 공기질을 만족시키면 된다고 가정하고 1인당 점유 기준에 따른 환기량을 고려해 볼 때 1대의 ERV 시스템을 적용하고자 한다. 기기의 단가는 150만 원이며 덕트 및 관로 시공비로 50만 원의 추가 비용이 발생한다. ERV의 설비 금액은 200만 원으로 정한다(DMC Korea 문의 가격).

** 표 11-20 ▌ 환경 기준에 따른 요구 환기량

환기 기준	기준에 따른 환기 요구량 계산	
1인 점유 면적 (㎡)	필요 환기	20(cmh)×실 면적 ㎡/1인당 점유 면적 (20cmh : 성인남자 앉은 자세 시 CO_2 배출량을 기준으로 한 필요 환기량)
	적용 환기	20cmh×99㎡/5㎡=396cmh
환기 횟수 (회)	필요 환기	시간당 필요 환기 횟수(회/h)×실의 용량 ㎥ (체 =실의 넓이 30평(99㎡)×천정고 3.5m=347㎥)
	적용 환기	필요 환기량=0.7(회/h)×347㎥=243cmh
실 면적 (㎡)	필요 환기	실 면적당 환기량×실 면적
	적용 환기	9㎥/㎡h×99㎡=891cmh
수용 인원 (명)	필요 환기	1인당 필요 환기량×인수(人)
	적용 환기	36cmh×5人=180cmh

** 표 11-21 ▌ 장소별 1인 점유 면적(한국건설기술연구원, 2006)

구분	1인당 점유 면적(m^2)
교회, 집회장, 체육관	0.5~1
극장, 영화관, 연회장	0.5~1
여관, 호텔, 모텔	10
병원, 진료소, 사무실	5
백화점	2
음식점, 레스토랑	2

** 표 11-22 ▌ 장소별 환기량(한국건설기술연구원, 2006)

실의 구분		실면적당 환기량($m^3/m^2 \cdot h$)
사무실	개인실	6.0
	일반실	7.2
점포, 매장		9.1
레스토랑		30~17.7
연회장		37.5
호텔객실		3.0
극장, 공연장, 교회		50.0~37.5
회의실		30
이용실, 미용실		6.0
주택, 아파트		9.0
식당	영업용	30.0
	비영업용	15.0
휴게실		15.0

** 표 11-23 ▌ 수용 인원별 필요 환기량(한국건설기술연구원, 2006)

다중이용시설 구분		필요 환기량(m^3/인$\cdot h$)
지하시설	지하역사	25 이상
	지하도 상가	36 이상
문화 및 집회시설		29 이상
판매 및 영업시설		29 이상
의료시설		36 이상
교육연구 및 복지시설		36 이상
자동차 관련 시설		27 이상
그밖의 시설(찜질방, 산후조리원)		25 이상

제품 사양			
전원	220V, 60Hz		
환기 모드	전열 환기		공기청정
풍량 구분	강	약	-
소비 전력(W)	232	170	165
풍량(m^2/h)	459	335	280
기외 정압(mmAq)	10	10	10
열 교환효율 ERV(%)	85	87	-
소음(dB)	35	35	35
제품 크기(mm)	가로 582×세로 452×높이 748		
제품 중량(Kg)	18		

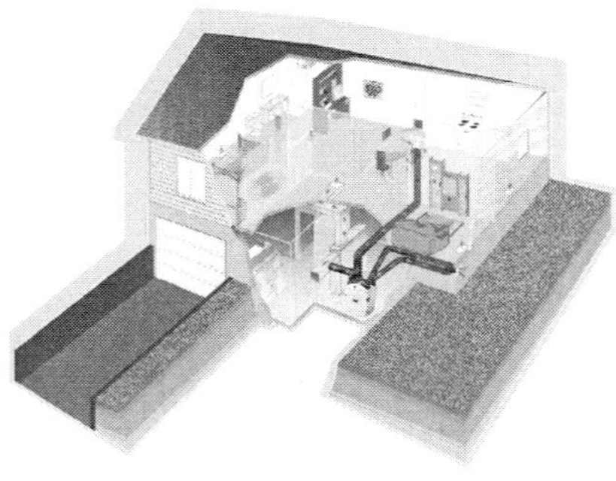

** 그림 11-53 ▌ ERV의 제품 사양과 주택 적용 시 흐름도(DMC Korea)

주된 난방기구로 사용되지는 않지만 겨울철이나 이상 기후를 대비하기 위해 30평형 팰릿보일러를 적용하고자 한다. 현재 적용 대상의 집의 경우 동절기 주간 3시간, 야간 4시간의 보일러를 가동하고 있으며 낮 시간대에는 심야에 축열된 온수로 난방을 실시한다. 고단열 패시브 하우스로 설계 시 낮에 소모되는 난방 에너지를 줄일 수 있으며 태양이 지는 저녁부터 다음날까지 2시간의 난방을 실시한다고 가정하고 팰릿의 소모량을 계산했다. 국내산 팰릿의 경우 kg당 320원이 소요되며 시간당 최대 4kg의 팰릿을 연소시킨다고 했을 때 팰릿의 소모량은 1일 2시간 기준(30분씩 4번)으로 7kg의 팰릿을 소비하며 월 210kg의 팰릿을 사용함을 예측할 수 있고 표 11-24의 표를 이용하여 팰릿의 소비량에 따른 연료비를 계산할 수 있다. 주택에 적용할 시스템의 소요되는 전력을 태양광발전을 통해서 공급한다. 이를 위해서는 가장 먼저 주택에 쓰이는 시스템의 전기 소비량에 대해 알아야 한다. 태양광발전으로 얻어진 전기 에너지는 ERV 열 회수 환기 장치와 팰릿보일러의 전원으로 사용할 것이다. ERV의 경우 한 시간의 가동을 할 경우 232W의 전력을 소비한다. 20시간 동안 환기 시스템을 가동했을 때 환기 시스템의 하루 4.64kW를 소비하며 한 달에 139.2kW의 전력을 소비한다. 팰릿보일러의 경우 착화에 드는 에너지와 가동 시 제어 및 유지에 드는 에너지로 나눌 수 있다. 표 11-25의 팰릿보일러 제원으로부터 기동할 때 드는 전력은 1kW이며 제어 및 유지에 드는 에너지는 0.1kW이다. 4번의 기동을 하므로 4kW와 4시간 가동하므로 0.4kW의 전력이 사용되며 일일 사용 전력량은 4.4kW를 소비한다. 한 달에 132kW의 전력을 소비한다.

패시브 하우스를 구현하기 위한 최소한의 에너지 소비량은 이 두 가지의 시스템의 소비 에너지 양을 합한 것이다. 따라서 한 달에 271.2kW의 전력이 필요로 하다. 여기서 실제 부하로 인한 효율 감소의 원인을 고려할 경우 10%의 추가적 에너지 소비를 고려할 때 최종적인 한 달 소비 전력은 298.5kW로 정한다. 태양광발전의 경우 고정식의 경우 kW당 955만원, 추적식의 경우 1,169만 원의 설치 비용이 필요하다(2008년 기준). 주택용 3kW의 경우 일사량이 최대일 때 시간 당 3kW의 전력을 말하며 태양광발전의 경우 일사량 및 기후 요건이 변화에 따라 다르므로 우리나라의 경우 평균 하루 일사량을 3.5~4시간으로 보고 하루 평균 전력 10~12kW, 한 달에 300~360kW 정도의 전력을 생산할 수 있다. 추적식 태양광발전 3kW의 경우에는 한 달에 400~450kW 정도의 전력을 생산 할 수 있다. 정리하면 고정식발전의 경우 3kW 발전 용량의 설비 단가는 2,865만 원이며 추적식 발전의 경우 3,507만 원의 설비 단가가 적용된다. 시스템에 적용할 정도의 발전 용량만 있으면 되기 때문에 고정식 발전 설비를 선정하기로 한다. 3kW 태양광발전 설비의 최종 설치 단가는 2,865만 원이다. 이 데이터의 근거 자료는 에너지 관리 공단에서 배포한 표 11-26을 참고하였다.

** 표 11-24 ▌ 제조국별 펠릿의 가격(펠릿코리아)

구분	캐나다	중국	러시아	국내산
가격(원/kg)	580원/kg	350원/kg	450원/kg	320원/kg
품명	연료용 우드펠릿	연료용 우드펠릿	연료용 우드펠릿	연료용 우드펠릿
크기(mm)	6mm	6mm	6mm	6mm
포장	20kg/PP마대	20kg/PP마대	20kg/PP마대	20kg/비닐포대
품질	DIN+급 (프레미엄급)	DIN+급 (프레미엄급)	DIN+급 (프레미엄급)	DIN+급 (프레미엄급)

** 표 11-25 ▌ 펠릿보일러의 제품 사양(펠릿코리아)

모델명	KES-150	KES-300
가격(₩)	3,500,000	4,500,000
난방출력	8,600kcal/h	21,500kcal/h
난방면적(m^2)	50	99
크기(W×L×H)	600×800×900	670×830×900
소모전력	전기열풍 1,000W	
연료소모량	최소 2.0kg/h 최대 2.5kg/h	최소 2.8kg/h 최대 4.0kg/h
펠릿저장탱크	60kg	300kg
사용압력	개방식	개방식

** 표 11-26 ▌ 신재생 에너지별 설비 분석(에너지 관리 공단)

분 류	태양열 온수	태양열 온수+난방	태양광	지열 냉난방	풍력발전
설치비 (만원)	300(3, 4인) ~ 550(8, 9인)	700~830 (15~45평)	955/kW(고정) 1163/kW(추적)	410/RT (10평당 1RT)	2000 (3kW 기준)
투자 회수 기간	6년 ±α	6년 ±α	10년 ±α	3~6년 ±α	10~15년 ±α
연간 에너지 절감 효과	35% 절감 (가스 온수기에 비교)	1년에 유류비를 50% 겨울 30% 절감	3kW 설비 시 월 전력 요금 4만원선 감소	냉방 시 45~55% 절감 난방 시 65~75% 절감	오지나 도서지역의 발전 및 바람이 많은 지역에 경제성
시스템 용도	급탕	급탕, 난방	발전	냉난방, 급탕	발전
장점	가장 경쟁력 있는 선택	동절기, 흐린 날에 기존 열원과 병행	우리나라에서 최적한 발전	가장 비용 효율적인 공조 시스템	부지의 효율적 이용 및 수려한 미관
단점	동절기, 흐린날에 영향이 큼	난방을 위한 보조 열원 필요	설치 면적이 큼 (3kW에 7~8평 소요)	가정용 설비로는 적합성을 검토	입지 조건이 한정
입지 조건	일조량이 많은 지역	일조량이 많은 지역	일조량이 많은지역	지층 안정 지역	풍량 많은 지역
유지 보수	적음	적음	적음	적음	낮은 유지 비용
수명	집열판 20~30년	집열판 20~30년	15~20년 ±α	30~50년 ±α	20~30년 ±α

RETScreen International은 신재생 에너지를 열원으로 이용하는 각종 시스템에 대한 신재생 에너지 이용과 관련된 각종 정보를 제공하기 위해 캐나다 Natural Reasources Canada(NRCan)의 CANMET Energy Diversification Research Laboratory(CEDRL)에서 개발 보급하고 있는 개방된 프로그램이다. 이 프로그램은 건물에 적용될 에너지원별 시스템에 대한 에너지 생산량 분석, 비용 분석, 온실가스 저감량 분석, 비용 분석을 할 수 있도록 표준화된 통합 분석 프로그램으로서 다양한 모듈로 구성되어 있다. 각 모듈 프로그램들은 마이크로소프트사의 엑셀 스프레트시트를 기반으로 개발되어 여러 장의 워크시트로 구성이 되어 있다. 이 워크시트들은 에너지원 및 시스템별로 표준화된 형식을 가지고 있으며 동일한 계산 알고

리즘으로 되어 있다. 또한 이들 소프트웨어들과 함께 계산에 필요한 제품 사양, 기상 자료, 가격 등에 관한 DB 자료와 온라인 매뉴얼, 관련 웹사이트, 사례 분석과 교육 과정을 포함하고 있으며, 세계 여러 나라들에서는 공개되어 있는 이 프로그램을 신재생 에너지의 보급을 위해 적극적으로 이용하고 있다. 국내에서도 에너지 관리 공단에서 신재생 에너지의 보급을 활성화시키기 위하여 설계자, 이용자 등에게 평가 도구로서 제공하고 있다. RETScreen의 시스템 성능 평가 과정은 그림 11-54에 크게 다섯 단계로 구분하여 진행되도록 이루어져 있는데, 각 단계마다 독립적인 워크시트로 구성되어져 있다. 또한 각각의 단계마다 성능 평가에 필요한 변수들의 입력으로 해당 단계에서 평가할 수 있는 내용에 대한 결과를 얻을 수 있으나, 각 워크시트가 독립적으로 평가되기 보다는 매크로로 연결되어 다음 단계, 또는 그 다음 단계의 결과를 도출하는데 변인으로 작용하도록 구성되어져 있다. 자세한 프로그램의 정보는 (www.retscreen.net)에 접속하여 활용할 수 있다.

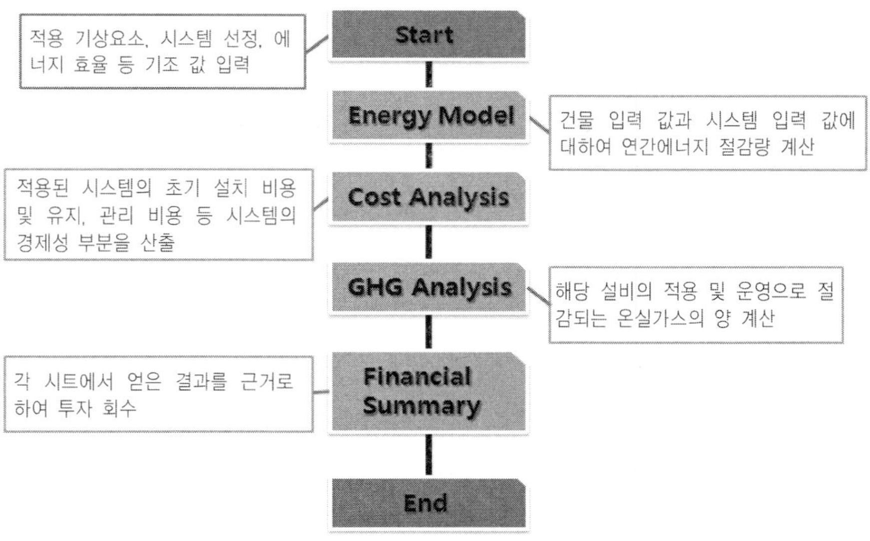

** 그림 11-54 ‖ RETScreen 이용 경제성 분석 흐름도

01 Green Tomorrow 제로 에너지 하우스의 설계내용과 성능을 바탕으로 최신 신기술을 적용하여 에너지 자립이 가능한 제로 에너지 하우스를 재설계하고 경제성을 분석하라.

02 현재 살둔 제로 에너지 하우스는 제로 에너지 실현이 불가능하다. 그 원인을 분석하고 제로 에너지를 구현하도록 살둔 제로 에너지 하우스를 재설계하고 경제성을 분석하라.

03 본인의 집의 연간 에너지 사용량 패턴을 조사하고, Low Energy House가 되기 위한 방안을 적용하여 재설계하고 경제성을 분석하라.

04 50년 후 제로 에너지 하우스를 예측하고 그에 필요한 요소 기술과 경제성을 분석하라.

참고문헌

[1] 김용경 , "주택 환경 기술", 설비저널, pp.3~33, 2007.3

[2] 김진호, 박준언, 김홍제, 윤응상, 유창균, 백남춘 "제로에너지 솔라하우스의 태양열원식 히트펌프 시스템 난방 성능 분석 연구", 한국태양 에너지학회, 2005

[3] 김현수, "옥상 녹화 기술개발", 지반환경, pp.19~25, 2008

[4] 김효진, "그린홈의 진화, 그리고 미래", 에너지 기후변화, pp.70~85, 2009.8

[5] 문현준, "미국에서의 건물에너지 절감 연구동향 및 제로에너지주택 성능 분석", 연구보고서, 2006

[6] 백남춘, 윤종호, 윤응상 , "제로에너지 태양열주택의 실증시험 연구", 에너지기술연구원, 2003

[7] 백남춘, "에너지 자립형 태양 에너지주택 상용화 모델 개발", 에너지기술연구원, 2009

[8] 서승직, "2010 건축설비계획", 일진사, 2장, 2010

[9] 신승호, 최종영, 양기영, "한국형 제로에너지하우스「Green Tomorrow」구축사례", 설비저널, 2009.6

[10] 알루이엔씨 www.aluenc.com

[11] 에너지 관리 공단, "국내 최초 그린홈 제로하우스 시범주택 준공식 개최", 2009.7

[12] 원광대 건축음향 연구실 http://sound.wonkWang.ac.kr

[13] 유형규, "Low Energy Building", 부산대학교 차세대 냉동공조시스템 기술인력 양성센터, 2009.6

[14] 윤성환, "그린빌딩의 이해", 부산대학교 차세대 냉동공조시스템 기술인력 양성센터, 2009.9

[15] 윤종호, 김병호, 백남춘, "한국에서 제로에너지 하우스의 현황과 전망", 대한설비공학회, 2002

[16] 이언구, "건축환경계획론", 태림문화사, 1998.2.

[17] 이승언, "건축물의 녹색성장-건물에너지효율", 에너지관리, pp.40~55, 2009.6

[18] 이훈, "살둔 제로 에너지 하우스", 부산대학교 차세대 냉동공조시스템 기술인력 양성센터, 2009.6

[19] 이화여대 친환경 건축연구실, http://greenbuilding.ewha.ac.kr

[20] 장승찬, "미래형 고효율 건축물 동향", 에너지관리, pp.109~121, 2009.5

[21] 정봉만, 정학근, "LED 조명기술 현황과 전망", 조명·전기설비학회지, 2009

[22] 조경민, 이태구, "저에너지 주택설계를 위한 단열구조 및 디자인요소에 관한 연구", 2004

[23] 펠릿코리아, www.pelletkorea.co.kr

[24] 한국건설기술연구원, "신축공동주택등 환기설비 설치기준 해설서", 건설교통부, 2006.6

[25] 홍일선, "녹색 가전의 미래 진화 방향", LG Business Insight, pp.35~40, 2009.6

[26] Baruchi Givoni, "Passive and Low energy Cooling of building", John wiley & sons, 1994

[27] DMC Korea, http://www.wellbeingair.co.kr

[28] Green Tomorrow, "Green Tomorrow", 삼성건설기술 특집호, 2009

[29] Green Tomorrow web, www.greentomorrow.co.kr

[30] Integer project, www.greenspec.co.uk

[31] KCC, www.kccworld.co.kr

[32] KG-HP, www.kg-hp.com

[33] LG하우시스 www.lghausys.com

[34] Retscreen(에너지경제성평가), www.retscreen.net

[35] Shaw Marketing and Design Ltd, Zero Carbon House(www.zerocarbonhouse.com)

[36] Solar Decathlon, www.solardecathlon.gov

[37] SurPLUSHome, www.solardecathlon.tu-darmstadt.de(1st, place in decathlon 2009)

[38] SY Steel www.sy-steel.com

제 12 장

핵융합

12.1 개요

태양과 별에서 방출되는 에너지가 핵융합으로부터 나온다는 사실을 깨달은 것은, 다음에 설명되다시피 과학이 크게 세 단계의 발전을 거친 후의 일이었다. 먼저 1905년에 아인슈타인은 질량이 에너지로 변환될 수 있다는 유명한 정리를 이끌어냈다. 그로부터 10년이 조금 더 지난 후, 프랜시스 애스턴은 원자의 질량을 정밀하게 측정하고 헬륨 원자 하나의 질량은 수소 원자 네 개의 질량보다 약간 작음을 보였다. 이 두 가지 결정적인 결과를 바탕으로 1920년경에 아서 에딩턴과 몇몇 사람들이 만일 네 개의 수소 원자가 결합되어 헬륨 원자 하나를 만든다면 태양이나 별에서 질량이 에너지로 변환될 수 있을 것이라고 생각하였다. 단 하나 심각한 문제는 고전 물리학에 의하면 태양은 핵융합이 일어날 정도로 충분히 뜨겁지 못하다는 것이었다. 핵융합을 물리적으로 완전히 이해한 것은 1920년대 말 양자역학이 완성된 후의 일이다.

'우주의 에너지가 어디서부터 왔는가?'에 대한 답을 얻은 후, 물리학자들은 어떻게 서로 다른 원자들이 생겨나게 되었는지에 대해 의문을 갖기 시작하였다. 여기서도 역시 핵융합이 답이었다. 수소가 융합하여 헬륨을 형성하는 것은 길고도 복잡한 연결고리의 시작일 뿐이었다. 나중에 헬륨 원자 세 개가 결합하여 탄소 원자를 형성하며, 더 무거운 원소들은 모두 다 일련의 더 복잡한 반응에 의해 생성된다는 것이 밝혀졌는데, 이러한 결론에 도달하는 데는 핵 물리학자들이 결정적인 역할을 하였다. 실험실 가속기를 이용하여 서로 다른 핵 반응을 연구함으로써 핵 물리학자들은 각각의 조건하에서 가장 잘 일어날 수 있는 반응이 무엇인지를 추론할 수 있었다. 이러한 자료를 천문학자들이 만든 별의 모형에 적용시킴으로서 별의 생명주기에 대한 일관된 설명이 가능해졌으며, 우주에 존재하는 모든 원자들이 만들어지는 과정을 알게 되었다.

12.2 핵융합의 역사

맨해튼 프로젝트에 의해 처음으로 (핵분열)원자 폭탄을 제작하였던 과학자들은 핵융합 반응도 잘 이해하고 있었다. 이들이 에너지원으로서 핵융합을 개발할 가능성에 대해 논의하였던 것은 분명하나, 이를 위한 실질적인 계획이 수립되지는 않았다. 왜냐하면 핵융합이 기술적으로 어렵다는 것을 알고 있었기 때문이다. 그럼에도 불구하고 제 2차 세계대전이 끝난 뒤 오래지 않아 핵융합 에너지를 제어하여 활용하겠다는 생각이 진지하게 고려되었고, 영국의 리버풀 대학과 옥스퍼드 대학, 런던 대학 등에서 이에 대한 연구가 시작되었다. 이에 대한 열렬한 옹호자로 물리학자인 조지 톰슨이 있었다. 그는 전자를 발견한 J. J. 톰슨의 아들로서, 후에 노벨상을 수상하였다. 핵융합을 실현하기 위한 방법을 간략히 설명하자면, 수소 기체를 가열하여 충돌하는 원자들이 핵융합을 일으키기에 충분할 만큼 높은 온도로 만드는 것이었다. 자기장을 이용해 뜨거운 연료를 가두어 놓으면 핵융합이 일어나기에 적당한 시간을 벌 수 있을 것으로 생각되었다. 초기인 1950년대에는 핵융합에 대한 연구가 영국과 미국, 소련 등에서 비밀리에 추진되었지만, 1958년에 기밀에서 해제된 뒤에는 세계의 기술 선진국 대부분에서도 핵융합 연구가 시작되었다. 가장 가능성이 높은 것은 수소의 두 가지 드문 형태인 중수소와 삼중 수소 사이의 반응이다. 중수소는 자연 상태의 물에 존재하므로 쉽게 구할 수 있다. 삼중 수소의 경우에는 자연 상태로는 존재하지 않고 발전 시설의 부산물로 만들어진다. 즉, 반응 상자를 둘러싼 공간에 가벼운 금속인 리튬을 넣어두고, 이를 핵융합 반응 중 증식주기 단계에서 생성물과 반응시키면 삼중 수소가 만들어진다. 이처럼 핵융합에 이용되는 기본 연료는 리튬과 물인데 두 가지 모두 어렵지 않게 구할 수 있다. 에너지의 대부분은 열의 형태로 방출되며, 그 열을 모으면 어떤 다른 기존의 발전소에서와 마찬가지로 수증기를 만들거나 터빈을 회전시키는 데 이용할 수 있다. 핵융합 발전소로 제안된 배열에 대한 도식도가 그림 12-1에 소개되어 있다.

그러나 연구를 진행하면서 알게 되었듯이 뜨거운 연료를 가열하고 자기장을 이용하여 한곳에 모으는 것은 처음 예상보다 훨씬 더 어려웠다. 그럼에도 불구하고, 1952년에 실시된 수소 폭탄의 폭발 실험이 극적인 계기가 되어 핵융합 에너지를 평화적으로 이용하려는 연구가 많은 관심을 얻게 되었다. 이로 인해 핵융합을 성공시킬 수 있는 두 번째 접근 방법이 제안되었는데, 이는 연료가 다른 곳으로 이동하기 전에 연료를 가열시켜 제어된 핵융합을 일으키는 것이었다. 1960년에 발견된 레이저가 이 방법을 이용할 수 있는 길을 터주었다. 레이저를 이용하면 아주 센 에너지 덩어리를 작은 표적에 집중 사격할 수가 있다. 이 방법의 비결은 작은 폭발을 계속해서 연달아 일으켜 조그만 연료 덩어리나 연료 캡슐을 재빨리 가열하고 압축시키는 것이다. 여기서는 핵융합 연료가 단지 자신의 관성만으로 작은 공간에 가두어지므로 이 방법을 관성 가둠이라 부른다. 초기에는 이런 전문적 기술을 연구하는 것은 이미 핵무기를 보유하고 있는 국가로 제한되었다. 일부 자세한 사항은 여전히 비밀에 부쳐지고 있으나, 오늘날에는 다른 국가들도 순수하게 평화적인 목적으로 연구에 참여하고 있다.

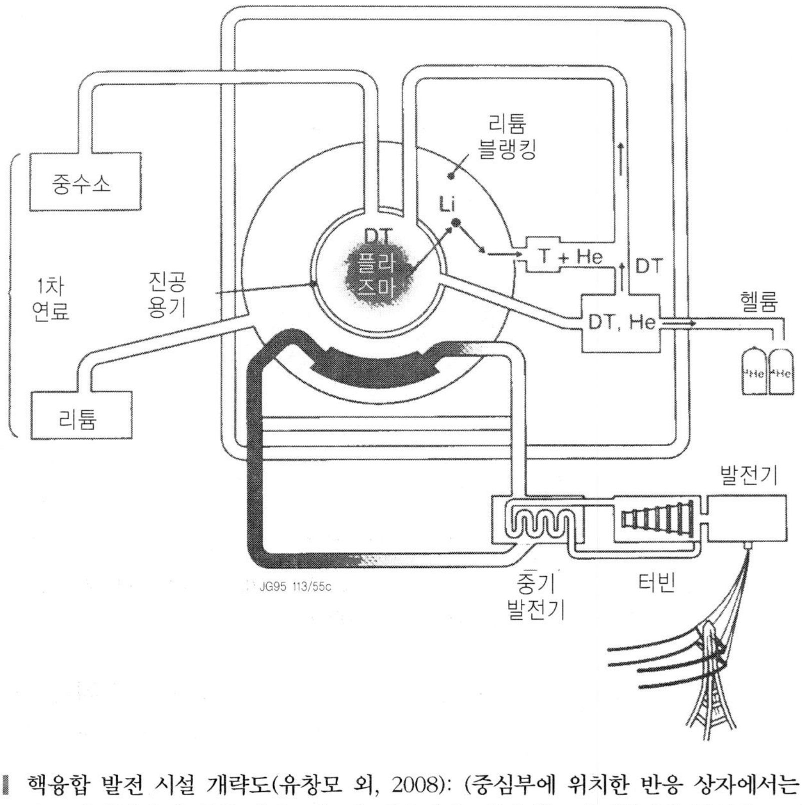

** 그림 12-1 ▌ 핵융합 발전 시설 개략도(유창모 외, 2008): (중심부에 위치한 반응 상자에서는 매우 높은 온도의 중수소와 삼중 수소 연료가 연소된다. 에너지는 대전입자와 중성자 그리고 복사선의 형태로 방출되어 반응 용기를 에워싸고 있는 리튬 블랭킷에서 흡수되며, 중성자는 리튬을 삼중 수소 연료로 변환시킨다. 핵 에너지를 전기로 변환시키는 데는 보통 수증기를 발생시키는 발전소 설비가 그대로 이용된다. 핵융합으로부터 발생되는 폐기물은 헬륨이다.)

12.3 핵융합의 모형

많은 에너지 방출과 함께 무겁고 큰 핵이 작고 가벼운 조각으로 분해되는 핵분열(Nuclear Fission) 반응은 핵자(nucleon)의 결합 에너지(binding energy)를 방출하는 수많은 핵 반응의 한 종류일 뿐이다. 핵 반응에 있어서 반응 전의 반응물의 질량보다 반응 생성물의 질량의 합이 작으면 아인슈타인의 이론에 따라 막대한 열과 빛, 즉 에너지를 방출하게 된다. 같은 이유로 핵융합 반응에서도 작고 가벼운 핵들이 반응 융합하여 크고 무거운 생성물을 형성할 때 질량의 결손이 생기면, 언제든지 에너지를 방출하게 된다. 이와 같은 핵융합 반응은 태양이나 별들의 주요 에너지 생성원이다.

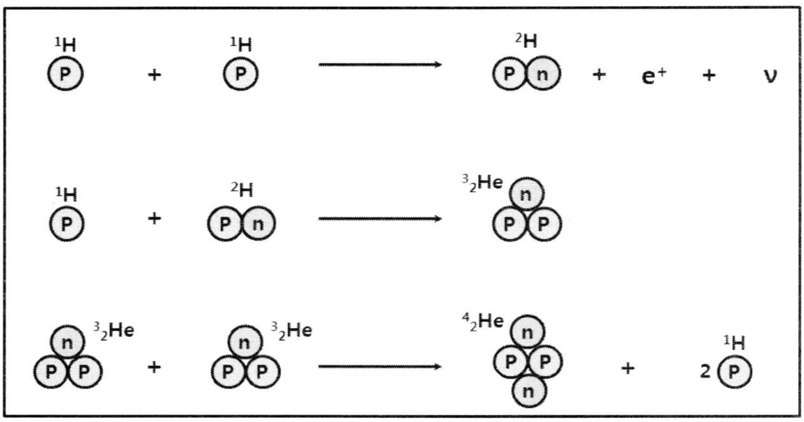

** 그림 12-2 ‖ 양자-양자 순환 과정(The proton-proton cycle): 4개의 양자가 한 개의 헬륨과 두 개의 양자를 생성하는 핵융합 반응(이광식 외, 2003)

지구로부터 1억 5천만km 떨어진 태양으로부터 직각으로 조사되는 빛의 에너지는 $1m^2$당 약 1.4kW이다. 따라서 태양으로부터 방출되는 에너지의 총량은 4×10^{26}W이다. 이처럼 내부 온도가 1.6×10^7K 이하인 태양이나 별에서의 에너지생 성의 기본 과정은 그림 12-2에 나타낸 바와 같이 양자 - 양자 순환 과정(Proton-proton cycle)으로 알려진 수소핵의 융합에 의한 것이다. 2개의 양자(proton)가 융합되면 식(12.1)과 같이 중양자(deuteron)와 양성의 베타 입자(positive beta particle)와 중성미자(neutrino)가 생성되며, 이때 방출되는 에너지는 0.93MeV이다.

$$^{1}H + {}^{1}H \rightarrow {}^{2}H + e^{+} + \nu \tag{12.1}$$

중양자와 양자가 융합하여 3He가 생성되고, 3He들이 융합하면서 다시 양자와 4He를 생성하게 된다. 이전 과정에서 방출되는 총 에너지는 24.7MeV이다(그림 12-2). 물론 이것은 핵분열시의 방출 에너지 200MeV보다는 상당히 작다. 그러나, 일반 화학 반응에 의해 방출하는 에너지보다는 몇천 배 높은 값이다. 24.7MeV는 4×10^{12}J이므로 태양이 4×10^{26}W를 방출하기 위해서는 그림 12-2의 반응이 초당 10^{38}번 일어난다는 것을 의미한다. 태양은 70%의 수소와 28%의 헬륨, 기타 물질 2%로 구성되어 있으므로 앞으로 수십억 년 더 현재와 같은 상태로 에너지를 방출할 것이다.

$$^{6}_{3}Li + {}^{1}_{0}n \rightarrow {}^{3}_{1}H + {}^{4}_{2}He \tag{12.2a}$$

$$^{7}_{3}Li + {}^{1}_{0}n \rightarrow {}^{3}_{1}H + {}^{4}_{2}He + {}^{1}_{0}n \tag{12.2b}$$

그림 12-2에서와 같이 간단한 화학 반응 모델에 의해 핵융합을 이해하기는 쉬운 일이나, 실제로 핵융합을 실현시키기는 대단히 어렵다. 각 양자는 양전하를 띠고 있기 때문에 서로 전기적으로 반발하게 된다. 그러나 핵 사이의 거리가 2×10^{-13}cm 이내이면 반대로 강한 인력이 발생하여 핵융합 반응이 일어난다. 그러므로, 핵융합을 위해서 공급해야 할 에너지는 당연히 양자 간의 반발력보다 커야 할 뿐 아니라 양자들이 핵력의 영향권 안으로 들어가게 할 수 있는 충분한 에너지가 필요하다. 그러나 양자들이 핵력의 영향권에 있다 하더라도, 다양한 종류의 핵 반응 때문에 핵융합은 쉽게 일어나지 않는다. 태양의 경우는 섭씨 수백만°나 되는 열 에너지원이지만, 핵융합 반응은 중심부에 국한되어 일어난다. 태양의 중심부만이 높은 온도와 동시에 핵융합의 확률이 높은 양자의 밀도를 갖고 있기 때문이다.

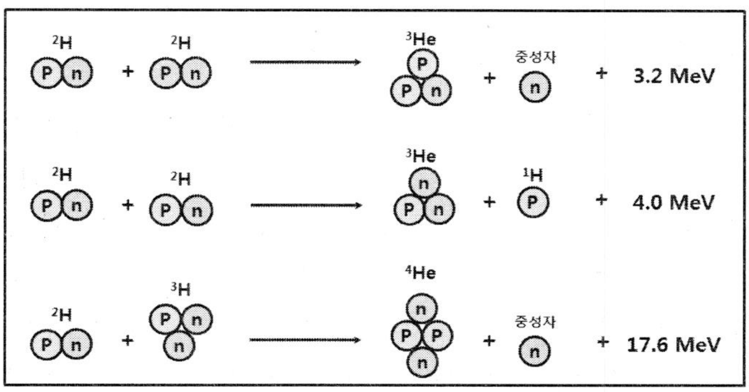

** 그림 12-3 ‖ 중양자-중양자 및 중양자 - 삼중 양자 핵융합 반응(이광식 외, 2003)

이처럼 핵융합 반응은 그 확률이 대단히 낮고, 높은 온도가 요구되기 때문에 지구 상에서 이용 가능한 에너지원으로 수소의 양자에 의한 핵융합은 거의 불가능하다. 그러나 두 양자의 융합과 같이 에너지를 방출하면서도 반응 확률이 높은 여러 핵융합 반응들이 있다. 그 중에서도 2개의 중양자(deuteron)의 융합이나, 중양자와 삼중양자(triton)의 융합이 관심의 대상이 되고 있다. 수소의 동위 원소 7,000개당 1개(약 0.015%)가 중수소(deuterium)이며 물 속에는 많은 양의 수소가 녹아 있으므로 바다는 거의 무한대의 중수소원이 되기 때문이다. 삼중 수소를 자연에서 회수하기는 대단히 비경제적이다. 그러나 식(12.2)와 같이 2종의 리튬(lithium) 동위 원소와 중성자의 반응에 의해 얻을 수 있다. 이들 중 중수소와 삼중 수소에 의한 핵융합이 더욱 관심을 끌고 있다. 그 이유는 그림 12-3에서 나타낸 바와 같이 방출 에너지가 상당히 크고, 상대적으로 그 융합 온도가 약 섭씨 4,000만°로 낮기 때문이다. 이와 같이 핵융합 온도를 반응이 일어날 수 있는 충분한 시간 동안 만들어낸다는 것이 기술적으로 가능하지 않을 것으로 생각되지만, 실제로 많은 연구가 되어 왔고, 또 진행되고 있다.

핵융합 에너지는 21세가 꿈의 에너지로 통한다. 인류의 에너지 문제를 해결해 줄 근본적인 해결책이 된다는 뜻으로, 핵융합은 쓰레기로 물만을 남기게 되므로 환경오염 및 지구온난화 문제도 없기 때문이다. 또한 핵분열처럼 방사능 유출의 위험도 없고, 군사적 사용 가능성도 없다. 상기에서 기술한 바와 같이 태양이 이같이 핵융합으로 열과 빛을 내기 때문에 핵융합 실험 장치는 '지상의 인공 태양'으로 불리기도 한다.

12.4 핵융합의 방법

12.4.1 핵융합 발전의 기본 조건

지구 상의 모든 물질은 원자라는 아주 작은 알갱이들이 모여서 이루어져 있다. 공기 중에 있는 산소나 질소도 모두 작은 원자로 구성되어 있으며, 원자는 중심부에 원자핵과 그 주위를 도는 전자들로 구성되어 있다. 우라늄(235U)과 같은 무거운 원자핵이 외부에서 중성자가 와서 부딪치면 두 개 이상으로 쪼개지는 성질이 있는데 이를 핵분열이라고 하며, 이 반응 과정에서 질량 결손이 생기게 되고 이때 없어진 열량은 아인슈타인의 질량 에너지 변환 공식 ($E=mc^2$)에 따라 많은 에너지가 방출된다. 핵분열이 일어날 때에는 많은 에너지와 함께 2~3개의 중성자도 함께 생성된다. 그 중성자는 다른 원자핵에 흡수되며 또다시 핵분열이 일어나고 이런 방법으로 연속적으로 핵분열이 일어나는 현상을 핵분열 연쇄 반응이라고 한다. 이 핵분열 반응을 연쇄적으로 일으키는 것이 잘 알려진 원자폭탄이고, 폭발에 이르지 못하게 제어해서 발전에 응용하는 것이 우리가 흔히 부르는 원자력발전이다. 핵융합 반응은 핵분열 반응과 동일한 물리적 원리를 이용하는 현상으로 수소의 동위 원소들과 같은 가벼운 원소들의 핵이 초고온 상태에서 서로 결합하여 헬륨과 같은 좀 더 무거운 원소의 핵을 형성하는 반응을 말하며, 이때에도 질량 결손에 의해 생겨나는 에너지는 방출되는 입자들의 운동 에너지로 나타나게 되는데 이 핵융합 반응을 연쇄적으로 일으켜 폭발에 이르게 하는 것이 잘 알려진 수소폭탄이고, 이를 제어된 방법에 의해 에너지화하려는 것이 핵융합 에너지 개발의 목표이다. 가장 적합한 핵융합의 연료로 주목받는 원소는 물속에 존재하는 '중수소'이다. 물 1L에는 약 0.034g의 '중수소'가 존재하는데 이 양만 가지고도 서울, 부산 간을 세 번 정도 왕복할 수 있는 300L의 휘발유와 동일한 에너지를 낼 수 있다. 지구 상에 존재하는 물의 양을 감안할 때 이 '중수소'의 양은 거의 무한에 가깝다고 말할 수 있다. 예를 들어 지구 상의 1m 깊이의 바닷물을 모두 사용한다면 인류가 2,000만년을 쓸 수 있는 에너지를 얻을 수 있는 것이다. 특히 주목할 점은 바닷물 1L 속에 있는 '중수소'를 추출하는데 드는 비용은 약 10원 정도에 불과하고 이 추출 과정은 주위 환경에 아무런 해를 끼치지 않는다는 점이다. '중수소'와 '삼중 수소' 1g을 융합할 경우 10,000L의 중유를 태운 것과 같은 열량을 낼 수 있다. 이는 곧 300g의 삼중 수소와 200g의 중수소만을 가지고도 고리 원자력발전소보다 약 2배 큰 1,000,000kW급 핵융합 발전소를 하루 동안 가동시킬 수 있음을 의미한다. 핵융합 반응은 비교적 가벼운 원자핵 사이에서 일어나며, 일반적으로 거의 모두가 발열 반응이다. 그러나 핵융합 반응을 우리들의 에너지원으로 이용하려면 현실적으로 해결해야 할 몇 가지 기본적인 조건들을 고려하여야만 한다.

- **반응에 이용되는 원소가 자원으로 풍부하게 존재하여야 한다.**
- **핵융합 반응이 비교적 쉽게 일어날 수 있어야 한다.**
- **반응이 일어날 때 방출되는 에너지가 커야 한다.**

위 조건들은 에너지를 활용하는 면에서 매우 기본적인 사항임에도 불구하고, 실재로 실현하는 과정에서 여러 가지 물리적, 공학적, 경제적인 난제들을 만나게 된다. 따라서 이러한 문제점을 해결하기 위한 여러 가지 조건들을 다룸으로 핵융합 발전을 이루어가는 과정들을 알아야 한다.

(1) 핵의 질량과 결합 에너지

원자는 핵과 전자로 이루어져 있다. 전자가 핵을 중심으로 서로의 에너지를 교환하며 도는 것이다. 바로 이같이 서로 다른 두 개체가 결합하여 운동하는 것을 유지하는 에너지가 결합 에너지이다. 결합 에너지는 꼭 원자 내에서만 있는 것은 아니다. 우리가 살고 있는 지구와 태양과도 중력 상호작용에 의한 결합 에너지가 있으며, 지구와 달의 관계도 마찬가지이다. 원자핵과 전자의 결합 에너지는 전자기 상호작용으로 설명될 수 있으며, 핵자끼리의 결합 에너지는 핵력의 작용에 의한다고 말할 수 있다. 이러한 핵자의 결합 에너지는 핵반응 때에 중요한 역할을 하게 되며, 항성의 에너지원과 같은 거대한 에너지원의 근원이 된다.

(2) 핵의 질량

핵 반응을 이해하기 위해서는 정확한 핵의 질량을 측정하는 것이 매우 중요하다. 핵의 질량을 정확히 결정하기 위해서는 질량 분석법이나 핵 반응에서 에너지 균형과 같은 물리적인 방법들을 동원해야 한다. 이로부터 원자의 질량에 관한 정보를 제공받을 수 있으며, 핵의 질량을 구하려면 전자의 질량을 Z번 빼주면 된다. 실제로 전자와 핵자와의 상호작용도 계산되어야 하지만 보통 핵자의 것과 비교할 때 충분히 무시될 수 있을 만큼 작은 양이다.

(3) 핵의 질량 결손

헬륨 원자의 질량과 그 구성 핵자의 질량 합을 비교해 보면 다음의 식(12.3)과 같다.

$$\text{헬륨 원자의 질량} : 4.0026033\ \text{u} \tag{12.3a}$$

$$\text{구성원의 질량 합} : 2e + 2p + 2n = 4.0329812\ \text{u} \tag{12.3b}$$

$$\text{구성원의 질량 합} - \text{헬륨 원자의 질량} = 0.0303779\ \text{u} \tag{12.3c}$$

이러한 질량 결손은 헬륨 원자뿐만 아니라 모든 원자핵에 대해서 나타나는 일반적인 현상이다. 즉 핵의 질량이 그 구성 핵자의 질량보다 ΔM 만큼 작음을 나타내게 된다. 그 원인은 핵 내의 에너지와 질량 사이의 등가성에 있다. 예를 들어 헬륨핵 내에 있는 4개의 핵자 중 하나를 생각해 보자. 그 핵자는 그 핵에 안정되게 결합되어 있으므로, 나머지 3개의 핵자가 가지는 알짜인력을 나타내는 일종의 인력퍼텐셜 내에서 움직이고 있어야 한다. 뿐만 아니라 그 핵자는 결합되기 위해서 $E<0$인 음의 에너지를 가져야 한다. 이 핵자 하나를 원자핵으로부터 제거하여 자유 핵자로 만들 때 필요한 에너지는 $|E|$가 된다. 반대로 $r \rightarrow \infty$로부터 와서 다른 핵자와 결합하여 핵을

형성할 경우, 그 에너지는 |E|만큼 다른 형태의 에너지로 방출하게 된다. 그러한 상황은 핵 내에 있는 나머지 입자들에 대해서도 마찬가지이다. 이처럼 자유핵자의 분산된 계가 결합하여 하나의 핵을 형성할 때, 그 계의 총 에너지는 그 핵의 결합에너지 ΔE만큼 감소해야 할 것이다. 그 계의 총 에너지에서 ΔE만큼 감소하면 상대성이론에 따라 그 질량에서도 ΔM만큼 감소하게 된다. 헬륨 핵의 질량 결손을 에너지로 환산하면 다음의 식(12.4)와 같다.

$$\triangle E = \triangle(mc^2) = \frac{0.0303779 \times (1.66053 \times 10^{-27}) \times (2.998 \times 10^8)^2}{1.602 \times 10^{-19}} = 28.3012\,MeV \qquad (12.4)$$

하나의 핵자가 가지는 평균 결합 에너지는 위 값을 핵자의 수 4로 나누면 7.0753MeV가 된다. 기체 운동론에 의하면 원자 내부 운동의 1eV는 대략 kT로 표현할 수 있고, 이때 k는 볼츠만 상수인 1.381×10^{-23}J/K이다. 즉 헬륨 핵에서 하나의 핵자를 자유 핵자로 만드는 데 필요한 온도는 무려 800억 K가 넘는다.

(4) 핵자 당 평균 결합 에너지

핵의 가장 중요한 특징 중의 하나는 그 핵의 핵자 당 평균 결합 에너지이다. 원자들의 결합 에너지의 현상은 핵 내에 있는 양성자들 사이의 쿨롱 반발력과 핵 표면의 표면 장력 효과와 더불어 양성자와 중성자의 비대칭 현상으로 설명할 수 있다. 이러한 현상은 핵 반응으로부터 에너지를 생산하는데 매우 중요하다. 즉, 핵 반응이 일어날 때 결합 에너지가 큰 원소로 변환되는 경우에는 발열 반응이 되며, 이때 변환에 의해 생긴 원소는 반응전의 원소에 비해 더 안정된 원소가 된다. 원자력 발전에 이용되는 우라늄의 핵분열 반응을 살펴보자. 우라늄 - 235는 천연우라늄 속에 1/140 정도로 존재하는 우라늄 동위 원소이다. 우라늄 - 235는 중성자를 흡수하면 곧 바로 두개의 주기율표의 중간 원소가 생성된다.

질량수가 75와 139 사이의 핵자 당 평균 결합 에너지는 약 8.5MeV 정도이고 우라늄-235의 핵자 당 결합 에너지는 7.6MeV이다. 이는 반응 후 생성된 핵자들이 더 단단히 속박되어 있다는 뜻이며, 핵자당 결합 에너지가 7.6MeV에서 8.5MeV로 증가하면서 핵자당 0.9MeV의 에너지를 방출하게 된다.

12.4.2 플라즈마 융합

일반적인 불꽃의 온도는 약 1,000℃이며, 이 온도에서 불꽃 속의 원자 에너지는 약 0.1eV이다. 이 에너지는 원자 속의 전자들을 모든 전자를 제거하는데 충분하지 못하다. 핵융합에 사용되는 열 에너지는 원료 기체의 원자들로부터 모든 전자를 제거할 수 있을 만큼 커야 한다. 이렇게 충분한 에너지에 의해 원료 기체로부터 전자가 방출되면, 자유전자와 양이온의 혼합 상태가 되는데 이것을 플라즈마(plasma)라 부른다. 핵융합은 바로 플라즈마 속의 양이온들이 반응하여 결합하는 것이다. 그러나 자유전자와 양이온은 자연적으로 다시 결합하려 할 것이고, 양이온들은 서로 반발할 것이다. 따라서 핵융합 반응이 지속적으로 일어나기 위해서는 충분한 에너지를 공급해 주어 양이온의 밀도를 일정시간 이상 유지시켜 주어야 하는데 이를 밀폐 시간(confinement time)이라고 한다.

핵융합 반응은 한번 시작되면, 에너지 손실보다 에너지의 생산량이 크기 때문에 반응은 계속 진행된다. 그러나 어떤 산화 과정이든 전도와 대류 등에 의한 에너지의 손실이 중요하듯이. 핵융합 발전에서도 빠르게 움직이는 이온화된 핵들에 의한 에너지 손실을 줄이는 것이 중요한 문제이다. 핵융합 연구의 목적은 바로 이와 같은 에너지 손실을 줄이고 이용 가능한 에너지를 얻는 데 있는 것이다. 핵융합이 실제 에너지원으로서의 사용 가능성을 결정해 주는 가장 중요한 과학 기술 분야는 다음과 같다.

- **점화 온도(ignition temperature) 기술** : 플라즈마 제동 복사(bremsstrahlung)에 의한 에너지 손실보다 큰 에너지(바로 이 전이가 일어나는 온도가 점화 온도이다.), 즉 플라즈마 속의 양이온들이 전기적 반발력을 극복하고 서로 접근하여 반응을 일으킬 수 있을 만큼 충분한 운동 에너지를 줄 수 있는 온도가 필요하다.
- **플라즈마 내의 양이온 밀도(density) 유지기술** : 플라즈마 내의 양이온 밀도는 양이온 사이의 충돌이 자주 일어날 수 있을 만큼 충분해야 한다.
- **플라즈마 밀폐 시간(confinement time) 유지기술** : 충분한 플라즈마 양이온 밀도와 더불어 양이온들의 접촉에 의한 핵융합 반응의 확률을 높이기 위해서는 플라즈마 상태가 충분한 시간 지속되어야 한다.

현재 점화 온도 기술은 상당한 수준에 올라 있다. 중양자-삼중양자 융합에 있어서 최소 점화 온도는 섭씨 4천만°이지만 실제 핵융합 반응기에서는 이 온도의 2배 이상 높은 온도인 약 1억°가 필요하다. 이것은 이온 온도(ion temperature) kT로 환산하면 약 10keV에 해당한다(k는 Boltzman's constant). 미국 프린스턴 대학교 플라즈마 물리연구소에서는 TFTR(Tokamak Fusion Test Reactor)을 이용해서 이미 극히 짧은 시간이나마 반응기 온도를 섭씨 3억°까지 올린 바 있다.

플라즈마를 핵융합 반응 온도로 유지하기 위해 공급되는 에너지와 플라즈마 내에서 융합에 의해 생산되는 에너지가 같을 때 이것을 임계점(break-even point)이라 하는데, 이때 주어진 플라즈마 온도와 이온 밀도에서 요구되는 밀폐 시간은 일반적으로 영국의 핵물리학자 로손이 제시한 기준(Lawson Number)에 의해 예측된다. 로손의 계산에 의하면 중양자와 삼중양자의 핵융합 반응을 이용하기 위해서는 밀폐계수(Confinement quality parameter), 즉 그림 12-4에 나타낸 바와 같이 양이온의 밀도와 밀폐 시간의 곱이 적어도 10^{20}[sec/m^3] 이상이어야 한다. 만약 양이온의 밀도가 10^{21}[sec/m^3]이면, 적어도 0.1sec의 밀폐 시간이 필요하게 되는 것이다. 그러므로, 핵융합 발전에 대한 연구는 양이온의 밀도와 밀폐 시간의 곱을 최대화하는 방법과 점화 온도를 얻는 방법에 중점을 두고 있다.

플라즈마 반응기 안에서 반응기 벽과 접촉 없이 고온의 플라즈마 상태를 상당 시간 지속시키는 것은 점화온도를 얻는 것보다 어렵다. 문제는 플라즈마가 고온이기 때문에 이 열에 의한 반응기의 융해 가능성 때문이 아니고, 핵융합 반응에 충분한 양이온의 수를 유지시키는 것이다. 즉 플라즈마가 반응기 벽과 충돌하면 자발적인 융합 반응에 필요한 에너지를 잃게 되어 반응은 중단된다. 플라즈마가 대단히 빠르게 감소하는데, 그 원인은 플라즈마의 불안정성에 의한 것으로 아직까지 이론적인 근거가 밝혀지지 않은 상태로 많은 연구가 진행 중이다. 이 문제는 현재 자기장 밀폐 방식(magnetic confinement)과 관성 밀폐 방식(inertial confinement) 등 크게 2가지 방법에 의해 연구되고 있다. 여기서는 자기장 밀폐 방식 방법에 대하여 논하고, 관성밀폐 방식은 레이저 융합에서 설명 하고자 한다.

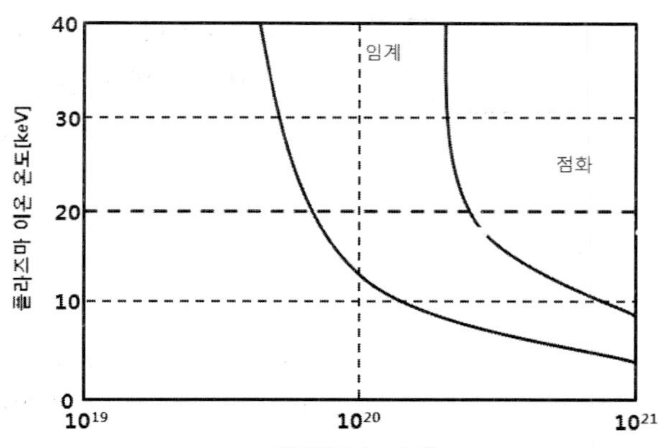

** 그림 12-4 ▌ 핵융합로의 임계점과 점화에 대한 조건(이광식 외, 2003)

12.5 핵융합에서의 플라즈마 밀폐 방식

열 핵융합을 위한 플라즈마 밀폐 방식은 주로 자기장을 이용한 밀폐 방법, 즉 **자기장 밀폐 방법**(Magnetic confinement)이 주로 연구되어지고 있다. 그러나 이 외에도 금속 용기 중심에 고체상의 연료(예를 들면 고체중수소)로 팰릿(pellet)이라 불리는 직경 1~2mm의 작은 공을 만들어 위치시키고 여기에 거대한 출력을 갖는 레이저 빔을 작용하는 방법이 있다. 이 경우 팰릿은 순간적으로 초고온·고밀도의 플라즈마로 되어 표면부터 팽창하기 시작하는데, 플라즈마가 완전히 팽창·확산하기 전의 아주 짧은 시간 내에 핵융합 반응이 일어나도록 한다. 이를 **관성 밀폐 방식**(Inertial confinement)이라고 한다.

12.5.1 자기장 밀폐 방식(Magnetic Confinement)

먼저 자기장을 이용한 플라즈마 밀폐 장치를 생각하기 위해, 플라즈마로 채워진 원통관이 있다고 하고 이 원통관 둘레에 도선을 감아서 코일을 만든다. 코일에 전류가 흐르면 전자석이 되어 원통관 내에 축 방향의 자력선을 갖는 자기장이 만들어진다. 모든 플라즈마 입자들이 정규 운동을 한다면 강한 자기장에 의하여 벽에 충돌하지 않게 되고 따라서 에너지 손실은 없을 것이다. 그러나 원통관의 축 방향으로는 자유롭게 움직이므로 유한한 원통관의 끝을 통하려는 플라즈마 입자들이 빠져나가게 된다. 이 손실을 막는 방법으로는 두 가지를 생각할 수 있다. 하나는 원통관을 구부려 양 끝을 맞대는 것이다. 이렇게 하면 원통관은 도넛 모양의 형태를 갖게 된다. 따라서 여기서는 자연히 원통관의 끝을 통하여 빠져나가는 플라즈마 입자들은 없게 된다. 다른 하나는 원통관의 양 끝보다 강한 자장을 만들어주는 것이다. 이렇게 함으로써 플라즈마 입자가 보다 강해진 자장 영역으로 들어오면 원통관 내로 되돌려 보내지게 된다. 전자와 같은 폐쇄형 구조를 토로이달 자장 용기(Toroidal Magnetic Trap), 후자의 개방형 구조를 자기거울(Magnetic Mirror)이라 부르는데 고온 플라즈마 밀폐의 기본이 되는 구조이다.

자기장에 의한 플라즈마 연구는 토카막(Toroid Kamera magnit Katushka : Tokamak : Toroidal Magnetic Chamber란 의미의 러시아어)이라 불리는 토로이드 모양(도넛 모양)의 토카막 장치를 이용하는 방법이 가장 활발하게 연구되고 있다. 이 방법은 전하가 자기장(magnetic field) 내에서 운동할 때 힘을 받는다는 물리적인 원리를 이용하여 양이온과 장치 벽과의 충돌을 방지하는 방법이다. 그림 12-5처럼 물체의 운동 방향과 직각으로 힘을 가하면 그 물체는 원 운동을 하게 된다. 지구 주위로 원 운동을 하는 인공위성의 궤도는 좋은 예가 될 것이다. 만약 하전 입자가 자기장에 직각인 방향으로 운동할 때 입자는 그림 12-6과 같이 자기장과 직각이면서도 동시에 운동 방향과 직각인 방향으로 작용하는 힘을 받게 된다. 따라서 입자는 원 운동을 하게 된다. 자기장의 세기가 커질수록, 입자가 받는 힘은 커지게 되어 궤도의 반경은 작아지게 된다.

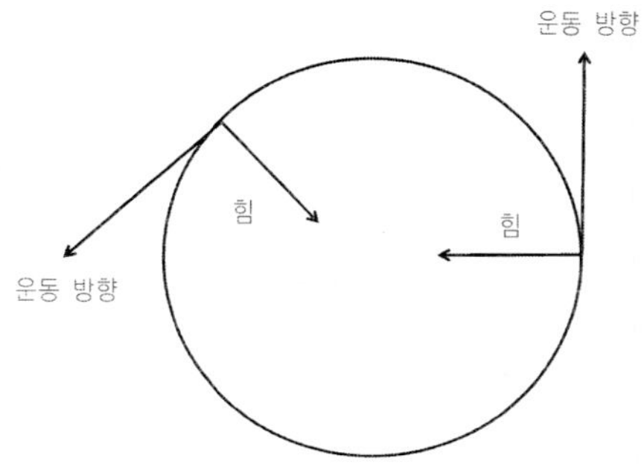

"물체에 작용하는 힘이 운동 방향과 직각일 때 물체는 원 운동을 하게 된다."

** 그림 12-5 ▌ 물체의 원 운동(이광식 외, 2003)

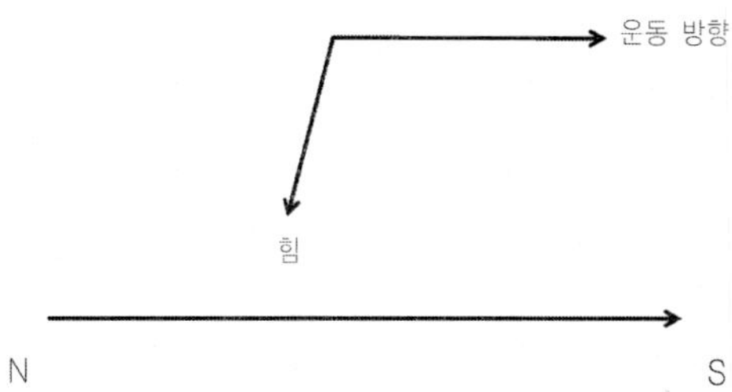

** 그림 12-6 ▌ 자기장에 직각인 방향으로 운동하는 하전체의 원 운동(이광식 외, 2003)

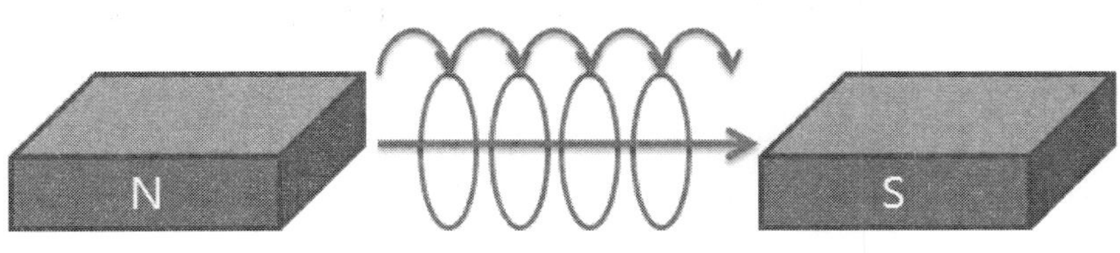

** 그림 12-7 ▌ 자기장에 직각이 아닌 방향으로 운동하는 하전체의 나선형 운동(이광식 외, 2003)

만약 입자의 운동 방향이 자기장과 직각이지 않으면서 받는 힘이 운동 방향과 자기장에 직각이면 입자는 그림 12-7과 같이 나선 운동을 하게 된다. 이 원리가 플라즈마 속에서 이온의 밀도와 온도를 제어하는 데 이용되고 있는 것이다. 따라서 토카막의 이온 밀폐 원리는 그림 12-8에 나타낸 바와 같이 원형 단면을 갖는 플라즈마 환으로 플라즈마 환속에 강한 토로이드형의 자기장(toroidal magnetic field)을 형성 시킨다. 또한 토로이드형 전기장에 의해 플라즈마 내를 흐르는 토로이드형 전류를 유도하여, 이 전류에 의해 폴로이드형 자기장(poloidal magnetic field)을 형성시킨다. 또한 토로이드형 전기장에 의해 플라즈마 내를 흐르는 토로이드형 전류를 유도하여, 이 전류에 의해 폴로이드형 자기장(poloidal magnetic field)을 형성시킨다. 두 전자장에 의해 나선형의 전자장이 형성되어 플라즈마를 밀폐시킬 수 있는 것이다. 토카막은 지난 1960년대 소련의 쿠르차토프 원자력연구소(I. V. Kurchatov Institute of Atomic Energy)에서 처음 개발된 이후, 현재 세계 여러 곳에서 이 방법을 이용해서 핵융합 연구가 활발하게 진행되고 있다. 토카막 이외의 자기장을 이용한 이온 격납 방법으로는 mirror machine, high-density pinch라 불리는 방법들이 연구되어 왔으며, 최근에는 stellarator, reversed-field pinch, compact tori 등의 방법이 토카막과 함께 새로이 연구되고 있다. 표 12-1에는 지난 30년 동안 세계 도처에 설치된 자기장을 이용한 융합 장치들의 이름, 크기 및 위치를 나타내었다.

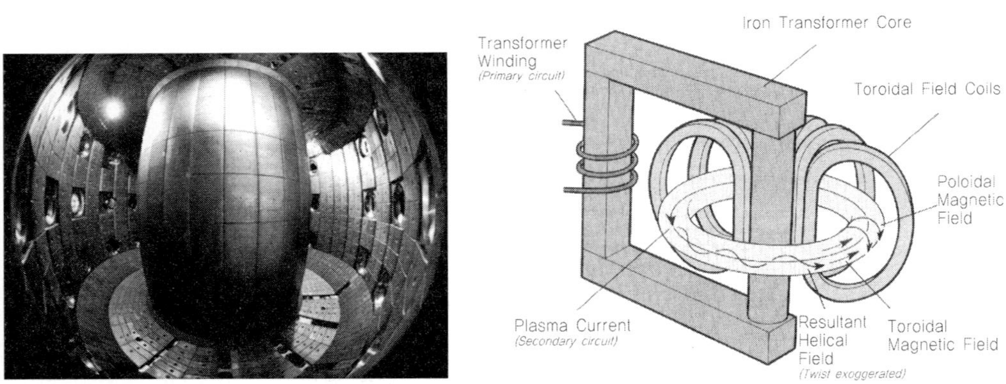

** 그림 12-8 ▌ 전형적인 토카막 장치 및 기본 구성도(유창모 외, 2008)

** 표 12-1 ‖ 자기장(밀폐 방식)을 이용한 주요 융합로의 크기 및 위치(이광식 외, 2003)

Reactor Model	Plasma volume (m^3)	Location
Tokamaks	–	–
ST(C–Stellerator rebuit as Tokamak)	0.4	미국(Princeton)
Doublet–II	1.2	미국(San Diego)
ATC(adiabatic Toroidal Compression Experiment)	0.07	미국(Princeton)
Alcator(High–field Tokamak with cryogenic magnets)	0.1	미국(Cambridge)
Omark(Oak Ridge Tokamak)	0.8	미국(Oak Ridge)
TFR(Tokamak Fusion Reactor)	0.8	프랑스
PLT(Princeton Large Torus)	5	미국(Princeton)
T–10(Tokamak–10)	30	rnthfus
D–III(Doublet–III)	22	미국(San Diego)
JT–60(Japanese Tokamak)	60	일본
TFTR(Tokamak Fusion Test Reactor)	35	미국(Princeton)
JET(Joint European Tokamak)	180	영국
T–20(Tokamak–20)	400	구소련
EPR(Experimental Power Reactor)	500	–
Mirrors	–	–
2XIIB(Beam–driven mirror machine)	0.006	미국(Livermore)
MFTF(Tandem Mirror Experiment)	0.1	미국(Livermore)
TMX(Mirror Fusion Test Facility)	1.700	미국(Livermore)
Pinches	–	–
Scyllac(Toroidal Z–pinch)	0.8	미국(Los Alamos)
ZT–II(Toroidal theta pinch)	0.9	미국(Los Alamos)

12.5.2 관성 밀폐 방식(Inertial confinement)

핵융합 목적을 달성하기 위해서는 플라즈마의 밀도와 밀폐 시간 그리고 온도의 세 가지 양이 일정 조건을 만족시켜야 한다. 임계 조건을 예로 들면 D–T 반응에서 플라즈마 온도를 10KeV라고 하면 밀도와 밀폐 시간의 곱 $n\tau E$는 약 $10^{14}sec/cm^3$이 된다. 자장 밀폐 방식의 핵융합에서는 플라즈마 밀도가 $10^{14}/cm^3$에서부터 높을 때는

10^{17}/cm^3까지 된다. 따라서 요구되는 플라즈마의 밀폐 시간도 1/100초에서 1초 정도이면 된다. 그러나 관성 밀폐 방식의 핵융합에서는 플라즈마 밀도가 자장 밀폐 방식에서보다 훨씬 높은 것이 특징이다.

보통 고체의 밀도는 n_0*4.5×10^{22}/cm^3 정도인데 지금 이 밀도로서 1억°의 플라즈마가 되었다고 하면 임계 조건을 만족시키는 밀폐 시간은 τE=10^{14}/(4.5×10^{22})=2.2×10^{-9}sec로서 충분하게 된다. 그런데 이와 같은 고밀도·고온의 플라즈마를 자장 용기 내에서 실현시킨다는 것은 플라즈마의 압력이 너무 커서 불가능하다. 이때의 플라즈마의 압력은 무려 수십억 기압이 되고, 이것을 밀폐하기 위한 자장을 계산해 보면 수만 T가 필요함을 알 수 있다. 현재 기술로 실현 가능한 자기장은 아무리 짧은 시간 동안이라도 수백 T를 넘기지를 못한다. 따라서 이와 같은 고밀도 플라즈마를 자기장으로 밀폐하는 일은 불가능한 것이다. 관성 밀폐의 아이디어는 여기에서 시작된다. 즉, 거대 출력의 레이저 광선을 쬐여서 순식간에 고체 또는 그 이상의 고밀도 플라즈마를 만드는 동시에 핵융합 온도까지 가열시키려 하는 것이다. 물론 이렇게 하여 만들어진 고밀도 플라즈마는 매우 높은 압력 때문에 급속히 팽창한다. 그러나 이때 플라즈마 입자는 관성 때문에 흩어지는데 매우 짧기는 하지만 약간의 시간을 요하게 된다. 이 시간을 이용하여 핵융합 반응을 달성시키고자 하는 것이다. 이러한 방식의 핵융합에서 팰릿의 플라즈마 밀도는 고체 밀도의 1,000~10,000배가 될 것이 요구되는 것으로 알려졌다. 짧은 시간 동안에 핵융합 반응이 폭발적으로 수행된다는 점에서 이는 극소형의 수소폭탄이라고도 말할 수 있다. 단지 기폭제가 원자핵이 아니고 레이저라는 점이 다를 뿐이다.

관성 밀폐 방식에서의 레이저 융합은 자기장을 이용한 플라즈마 밀폐 방식과는 근본적으로 다른 방법으로, 고출력의 레이저를 이용하여 플라즈마를 밀폐하고 가열하여 핵융합 반응을 얻게 된다. 그림 12-9에 레이저에 의한 핵융합 반응로를 나타내었다. 레이저광의 펄스는 강도(intensity)가 같은 작은 펄스로 나뉘어 증폭된다. 증폭된 광들은 거울이나 렌즈를 거쳐 팰릿으로 제조된 연료를 구심점으로 여러 방향에서 일정하게 조사된다. 연료 팰릿은 중수소-삼중 수소 연료를 플라스틱이나 유리 등으로 제조된 반경이 약 1mm인 작은 셀(cell) 안에 담지 시킨 것이다.

레이저에 의한 에너지는 먼저 팰릿의 최외각층을 이온화시킨다. 그러나 흡수된 에너지는 일정한 임계 반경 내의 내부 연료에는 전혀 영향을 주지 못한다. 조사된 에너지는 중수소-삼중 수소 연료 주위의 플라즈마층에 흡수되기 때문이다. 에너지를 흡수한 플라즈마층은 용발하여 급격히 팽창한다. 팽창하는 플라즈마 속의 이온들의 이탈 속도는 약 1,000[km/sec이다. 이때 플라즈마가 팽창하는 방향의 반대 방향인 팰릿의 내면으로 관성(Newton의 제 3법칙)에 의한 강한 반발력이 발생하여 급격히 안쪽으로 전파된다. 이 힘은 남아 있는 연료 내부의 입자들의 속도를 약 10억 분의 1초 동안에 초속 수백 km로 가속시킨다. 따라서 팰릿은 반경이 50분의 1정도로 압축된다. 최대로 압축되면 계속해서 핵 중심으로 전달되는 여분의 운동 에너지는 팰릿의 온도를 상승시키게 되고, 팰릿이 점화 온도에 도달하면 융합 반응이 일어나게 되는 것이다.

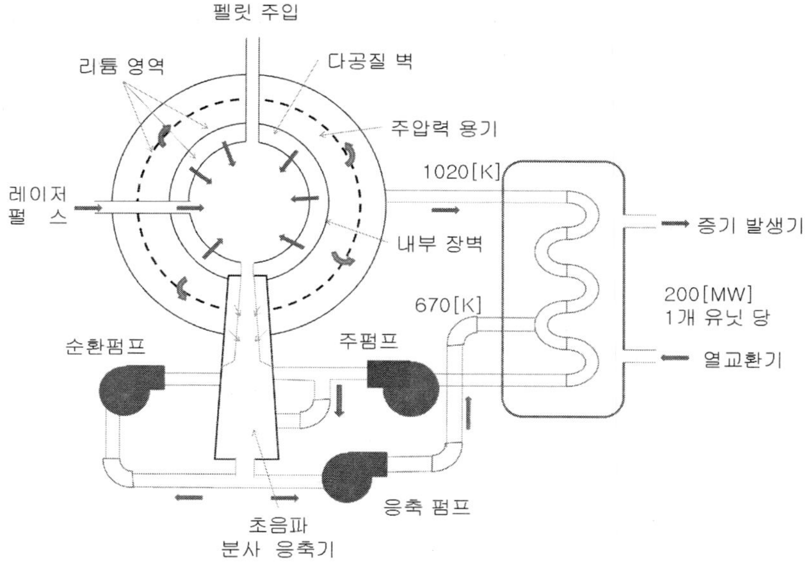

** 그림 12-9 ‖ 레이저 융합 발전의 기본 개념도(이광식 외, 2003)

이때 방출에너지의 80%를 차지하는 중성자의 운동 에너지는 리튬층으로 흡수되어 이용하게 된다. 반면 20%의 에너지를 갖고 방출되는 알파 입자는 주변의 밀도가 높은 연료층과 충돌하여 에너지를 전달하면서 정지하게 된다. 방출 에너지의 일부가 연료에 재흡수되는 것은 예열의 효과, 즉 연료 연소의 효율을 높여주는 대단히 중요한 현상이다. 이때, 연료를 압축하는 데 필요한 에너지보다 알파 입자에 의해 연료에 흡수되는 에너지가 커지게 될 때가 팰릿의 점화점이 된다. 이처럼 레이저 융합의 핵심은 연료를 극한 밀도(10^{26} particles/cm^3)로 압축하는 기술이다. 자기장에 의한 융합의 경우, 플라즈마 밀도는 레이저에 의한 연료 중심부 밀도의 100억분의 1정도이다. 그렇다면, 왜 레이저 융합을 위해서 연료의 압축이 필요한지 레이저 격납시간,

연료의 밀도와 방출 에너지에 대해 알아본다.

10^6J의 에너지를 낼 수 있는 레이저가 있다고 하자. 이는 중양자-삼중양자 연료 1mg을 점화 온도 108K로 올리는 데 필요한 에너지이다. 관성에 의한 밀폐에서 연료의 연소효율은 밀폐 시간과 핵융합 시간을 비교하여 예측할 수 있다. 점화 온도에서 반경 1mm인 팰릿의 밀폐 시간은 2×10^{-10}sec이다. 핵융합 시간은 액체 밀도 상태 연료인 경우 밀폐 시간의 1,000배 정도인 2×10^{-7}sec이다. 즉 약 0.1%의 연료가 연소될 것이다. 이때 방출 에너지는 에너지는 레이저에 의해 주어진 에너지의 3분의 1정도이다. 그러나 팰릿의 반경이 약 10분의 1로 작아지면(부피로는 1,000분의 1) 밀폐 시간은 10분의 1로 작아진다. 그러나, 연소 시간은 1,000분의 1로 감소한다. 따라서 연소효율은 100배인 10%까지 증가하여 레이저에 의한 에너지의 30배에 달하는 에너지를 얻을 수 있다. 이런 이유에서 레이저에 의해 가해 주는 에너지보다 많은 에너지를 얻으려면 연료의 극한적인 압축이 필수적이다.

방사선광은 레이저뿐 아니라 여기 상태의 전자 및 이온을 이용할 수 있다. 일반적인 물리 실험실에서 이용되는 네온(neon)과 헬륨(helium)에 의한 가스레이저(gas laser)의 출력은 0.001~0.002watt 정도이다. 그러나 핵융합에 사용되는 레이저는 아주 짧은 시간에 강력한 에너지를 방축하게 된다. 예를 들어 10^{-10}초 동안에 1,000J의 에너지를 방출한다면 이것은 1,014watt이다. 현재 이 보다 10 내지 100배 강력한 레이저가 연구되고 있다. 현재 레이저에 의한 핵융합은 실용화까지는 생각할 수 없는 단계이나 많은 연구가 지속적으로 진행되고 있다.

12.6 핵융합 반응 기본 설계

12.6.1 두 핵을 접근시키기

핵융합 반응이 시작되기 위해서는 두 원자핵이 각각의 크기 정도 거리까지 가까이 다가가야 한다. 그러나 원자핵의 경우, 그 안의 양성자 때문에 양전하를 띠는데, 같은 부호의 전하끼리는 서로 밀치는 전기력이 작용하므로 두 원자핵이 아주 가까이 다가가기는 어렵다. 전기력이 작용하므로 두 원자핵이 아주 가까이 다가가기는 어렵다. 두 원자핵이 아주 가까이 근접했을 때만 서로 잡아당기는 핵력이 밀치는 전기력을 상쇄할 만큼 강하게 작용한다. 이러한 효과를 보이기 위해 그림 12-10에서는 퍼텐셜 에너지를 두 원자핵 사이의 거리에 따라 그려 놓았다. 퍼텐셜 에너지는 언덕 위에 놓인 공이 갖는 것과 같은 형태의 에너지이다. 두 원자핵을 가까이 가져가는 것은 마치 골프공을 언덕 위로 굴려 올려서 언덕 꼭대기에 뚫린 구멍 안에 입어 넣는 것과 같다. 이때는 공이 구멍 안에 들어가기 전 단계인 언덕을 오를 수 있을 정도의 충분한 에너지를 가져야 한다. 핵융합의 경우 골프장의 경우보다 훨씬 더 가파르고, 구멍은 골프장에서 볼 수 있는 구멍보다 더 깊고 더 작다. 다행히도 우리에게는 물리라는 도우미가 있다. 이렇게 가까운 거리에서 원자핵이 어떻게 행동하는지를 결정하는 양자역학의 법칙에 의하면, 공은 언덕 꼭대기까지 올라가 구멍으로 들어가는 것이 아니라 언덕의 중간 부분을 뚫고 구멍으로 들어갈 수 있다. 따라서 핵융합이 더 쉬워지기는 하나, 핵융합이 일어날 정도로 가까이 다가가기 위해서는 높은 에너지가 필요하다.

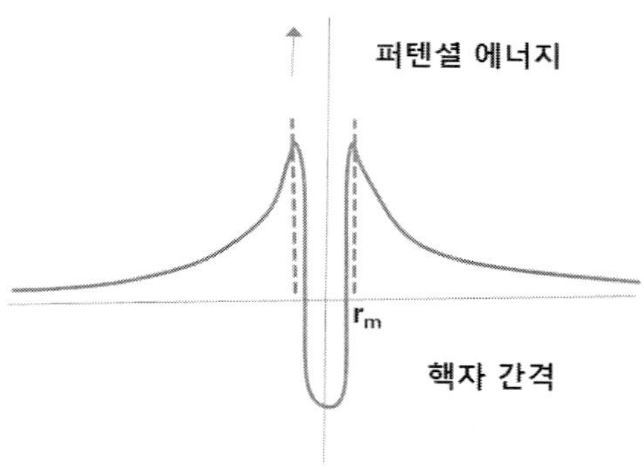

** 그림 12-10 ▌ 두 원자핵 사이의 거리에 따라 퍼텐셜 에너지를 그린 그림(유창모 외, 2008)

물리학자들은 원자 정도 크기의 입자 에너지를 표시할 때, 그 에너지를 얻게 될 때까지 가속시키는 데 필요한 전위차를 사용한다. 핵융합이 가능할 정도로 가속시키는 데는 십만 볼트가 필요하다. 핵융합이 일어날 확률은 반응 단면적으로 표시된다. 반응 단면적이란 단순히 공이 겨눈 구멍의 크기를 측정하는 것이다. 가장 일어날 확률이 높은 반응 세 개의 단면적을 그림 12-11에 보였다. 핵융합을 골프에 비유하면, 원자핵이 겨눈 구멍의 유효한 크기가 부딪치는 원자핵의 에너지에 따라 달라진다. DT 반응에서는 원자핵을 십만 볼트(100keV의 에너지에 대응)로 가속시켰을 때에 그 반응 단면적이 가장 크며, 더 높은 에너지로 갈수록 다시 작아진다. 그림 12-11을 보면 왜 DT 반응이 가장 유리한지를 알 수 있다. 낮은 에너지에서 가장 높은 확률(가장 큰 단면적)을 보이는 것이 바로 DT 반응이기 때문이다. 그러나 이 반응조차도 구멍의 면적은 10^{-28}제곱미터 정도로 매우 작다.

수십만 볼트는 일반적으로 가정에서 쓰는 수백 볼트에 비하면 아주 큰 값이다. 하지만, 1930년 케임브리지 대학의 러더퍼드 연구소에서 존 코크로프트와 어니스트 월턴이 이 정도의 전위차로 입자를 가속시킬 수 있는 장치를 고안하여 건설하였으며, 오늘날에는 이 장치를 보통의 물리연구에서 흔히 볼 수 있다. 실제로 양성자나 중성자 내의 구조를 연구하는 물리에서는 입자를 기가볼트(수십억 볼트)의 에너지까지 가속시키는 장치를 사용하며, 테라볼트(수조 볼트)의 에너지 까지 가속시키는 장치도 건설을 구상하고 있다.

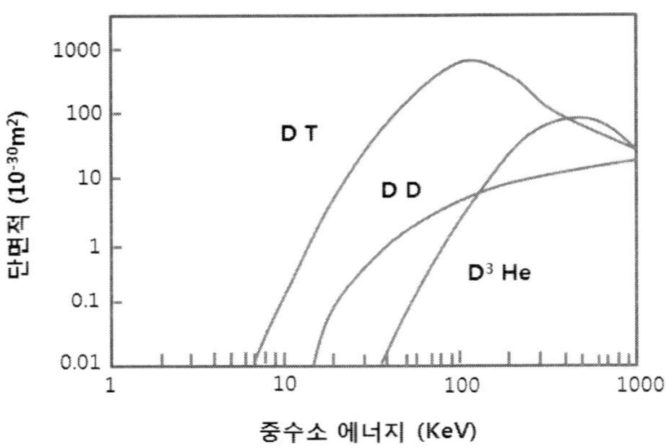

** 그림 12-11 | 중수소 이온의 에너지에 따른 핵융합 반응이 일어날 확률(반응 단면적) 중수소+중수소(DD), 중수소+삼중 수소(DT), 중수소+헬륨-3(DHe)의 세 반응에 대해 그렸다. 낮은 에너지에서는 DT 반응의 확률이 다른 두 반응에 비해 월등히 높다(유창모 외, 2008)

실험실에서는 핵융합을 일으킬 만한 에너지까지 원자핵을 가속시키는 것이 별로 어렵지 않다. 가속된 중수소핵을 삼중 수소에 포함시켜 고체 과녁에 때리는 방법이 주로 사용된다. 이런 방법을 1934년 영국 케임브리지에서 마커스 올리펀트와 폴 하텍이 앞서 언급했던 단면적을 측정하였다. 문제는 핵융합을 일으키기 위해 원자핵이 맞추어야 하는 구멍의 단면적이 아주 작고, 원자핵이 올라가야 하는 언덕이 아주 가파르다는 데 있다. 가속된 입자의 대부분은 언덕을 다 올라가지 못하고 중간에 내려오는 바람에 핵융합이 일어날 정도로 충분히 과녁 원자핵에 가까이 다가가지 못한다. 따라서 입자들을 가소시키기 위해 투자했던 에너지만 잃어버리게 되고, 쏘아 올린 원자핵의 100만분의 1정도만 실제로 핵융합을 일으킨다. 핵융합은 골프에 다시 비유한다면 높은 언덕 위에 위치한 작은 구멍에 운이 좋아 골프공이 들어가기만을 바라며 공을 계속 쳐대는 것과 같다. 1억 개의 골프공을 치더라도 그 중에 극소수만이 구멍에 들어가고, 대부분은 언덕을 넘은 뒤 어디에 떨어졌는지도 모를 것이다. 핵융합의 경우, 문제는 잃어버린 공의 수가 아니라 공과 함께 잃어버리는 에너지에 있다.

핵융합을 실현시키려면 더 좋은 방법을 찾아야만 한다. 분명한 것은 에너지를 잃지 않기 위해서는 굴러 떨어지는 공을 모아서 구멍에 들어갈 때까지 다시 언덕으로 돌려보내야 한다는 것이다. 쉽게 이해하기 위해 이번에는 골프장을 떠나 실내로 들어가 당구를 쳐보자. 공을 세게 치면, 공은 당구대의 이곳저곳을 부딪치며 에너지를 잃지 않고 굴러다닌다(당구대와 공 사이의 마찰을 무시할 경우). 아주 많은 공을 동시에 굴려도 서로 부딪치면서 에너지를 잃지 않는다. 때로는 두 공이 적당한 에너지로 충돌해 융합을 일으키기도 한다. 하지만, 그렇게 융합이 이루어질 확률은 1억분의 1이라는 것을 명심해야 한다.

공이 마구잡이로 움직이며 충돌하는 것은 기체의 운동과 흡사하다. 기체 입자는 주로 분자들인데 마구잡이로 서로 충돌하기도 하고 담겨 있는 용기의 벽에 부딪치기도 하지만 총량적으로 에너지를 잃지는 않는다. 개개의 입자들은 끊임없이 충돌하면서 에너지를 교환하므로 에너지가 높은 입자도 생기고 낮은 입자도 생긴다. 하지만 평균에너지는 일정하다. 이런 평균 에너지를 측정한 것이 온도이다.

이제까지의 논의를 살펴보면 핵융합을 일으키기 위해 더 좋은 방법이 있을 것도 같다. 바로 중수소와 삼중 수소의 혼합기체를 필요한 온도로 가열하는 것이다. 열핵융합으로 알려진 이 방법은 개개의 입자를 가속시켜 서로 충돌시키거나 정지해 있는 과녁에 때리는 반응과는 분명히 다르다. 충분히 큰 비율의 핵이 핵융합을 일으키기 위해서는 2억℃ 정도의 에너지가 필요하다. 이 정도의 온도가 얼마나 높은 온도인지를 한 번 알아보자. 얼음은 0℃에서 녹고, 물은 100℃에서 끓는다. 또, 철은 1,000℃에서 녹으며 모든 물질은 3,000℃ 정도면 다 기화되어 버린다. 태양의 중심부의 온도가 대략 1,400만℃ 정도인데, 핵융합에서 언급하는 온도는 무려 그 열 배 이상에 해당한다. 2억℃의 온도를 우리가 보통 쓰는 온도계로 측정하려면 온도계의 길이는 무려 400km에 달할 것이다!

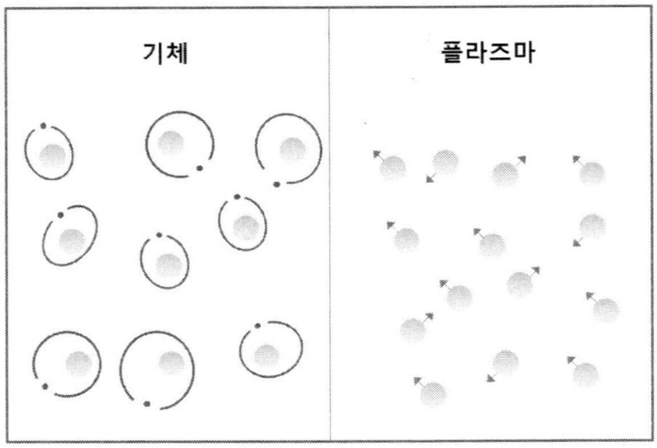

** 그림 12-12 ▌ (대부분의 경우 기체는 분자로 이루어져 있지만, 이 그림에서는 원자로 이루어진) 기체가 높은 온도로 가열되면, 음전하를 띤 전자와 양전하를 띤 핵 또는 이온으로 분리된다(유창모 외, 2008)

뜨거운 기체 안에서는 입자들끼리 충돌하면서 전자가 원자로부터 떨어져 나가 기체는 원자핵과 전자가 혼합된 상태이다. 그림 12-12에 나타낸 바와 같이 이때 기체는 이온화되는데, 이를 플라즈마라한다. 플라즈마는 물질의 네 번째 상태라고도 하는데, 고체가 녹아서 액체가 되고, 액체가 증발해서 기체가 되고, 기체가 이온화되어서 플라즈마가 된다. 일상에서 기체가 이온화되어 있는 상태는 많이 볼 수 있다. 형광 램프라든지 노출된 불꽃에서도 그런 상태가 존재하는데 , 물론 노출된 불꽃에서는 전체 기체 중 이온화된 부분의 비율은 얼마되지 않는다. 별과 별 사이의 공간에 존재하는 모든 물질도, 비록 입자 밀도가 일반적으로 아주 낮긴 하지만, 완전히 이온화되어 있는 플라즈마의 형태로 존재한다. 플라즈마가 물질의 기본 상태 중 하나이므로 이에 대하 연구하는 것은 고체나 액체, 기체를 연구하는 것과 마찬가지로 순수과학이다. 핵융합이 일어날 정도의 높은 온도에서는 플라즈마가 완전히 이온화되어 음전하를 띈 전자와 양전하를 띤 원자핵으로 혼합되어 있다. 플라즈마에는 같은 수의 양전하와 음전하가 있어야 하는데, 그렇지 않다면 균형을 이루지 못한 전기력이 플라즈마를 더 빠르게 팽창시켜 버린다. 양전하를 띤 원자핵을 이온이라 부르며 앞으로는 이 용어를 쓴다. 플라즈마는 대전된 입자들로 구성되어 있기 때문에 전기를 전달하는 성질이 있다. 핵융합이 일어나는 온도에서 수소 플라즈마의 전기 전도도는 상온에서 구리의 전기 전도도보다 10배 가량 높다.

그러면 플라즈마를 담을 용기는 어떠한가? 이온의 온도가 아주 높기 때문에 일상적인 그릇에 뜨거운 플라즈마를 담을 수는 없다. 심지어 가장 잘 녹지 않는 물질인 흑연이나 도자기류, 또는 텅스텐과 같은 물질조차도 그런 온도에서는 증발해 버린다. 이를 해결하기 위해서는 두 가지 방법이 있다. 하나는 자기장을 이용해 뜨거운 연료와 용기 사이에 장벽을 만드는 것이다. 대전된 이온과 전자는 자기장을 가로질러 움직이지 못한다. 자기장을 가로지르려할 때 마다 원을 따라 회전할 수밖에 없기 때문이다. 전하는 자기장 방향으로 자유롭게 움직일 수 있다. 따라서 이온이나 전자는 자기장 안에서 자기장을 따라 나선을 그리며 움직일 수밖에 없다. 이런 방법으로 자기장을 통해 전하들을 벽과 부딪치지 않게 인도할 수 있다. 이런 방법을 자장 밀폐(magnetic confinement)이라 한다. 두 번째 방법은 핵융합 연료를 재빨리 압축하고 가열하여, 연료가 팽창해서 벽을 건드리기 전에 핵융합이 일어나도록 하는 것이다. 이러한 방법을 관성 밀폐(inertial confinement)이라 한다. 이 방법이 수소 폭탄의 원리이며, 레이저를 이용해 핵융합 에너지를 만들어내려는 시도에 사용되고 있다.

12.6.2 핵융합로 체계 설계

핵융합발전 설비에 있어서 중요 요소는 상기에서 논의한 플라즈마를 밀폐할 수 있는 자기장을 형성시키는 방법과 플라즈마 상태를 일정시간 확보하는 기술 외에 플라즈마를 싸고 있는 리튬 차폐층(lithium blanket)의 설계이다.

중성자와 알파 입자를 생성하는 핵융합 반응이 플라즈마 안에서 일어나면 에너지는 여러 형태로 방출된다. 우리가 관심을 갖고 있는 에너지는 플라즈마 중심부에서 튀어나오는 중성자가 갖고 있다. 왜냐하면, 중수소-삼중 수소 융합의 경우 생성 에너지의 80%가 중성자의 운동 에너지로, 나머지 20%는 알파 입자의 운동 에너지로 방출되기 때문이다. 따라서 중성자의 운동 에너지를 열로 회수하는 설비가 필요한데, 이것이 바로 리튬 차폐층이다. 중성자는 전기적으로 중성이므로 전기장에 의해 그 속도를 조절할 수 없으며, 플라즈마 내부에서 튀어나와 차폐층의 리튬핵과 반응을 한다. 이 반응에서는 헬륨과 삼중 수소가 반응 생성물로 남게 된다. 이 생성물들은 전하를 갖고 있어 쉽게 리튬층에서 정지되며 리튬층의 온도를 높인다. 액체 리튬의 열은 열 교환기를 통해서 제거되며 계속 순환하게 된다. 삼중 수소는 회수되어 반응기의 연료로 다시 사용된다. 이상과 같이 핵융합로 건설에는 과학적인 면과 기술적인 면, 그리고 경제적인 면에서 해결해야 할 많은 문제점이 있지만, 핵융합에 대한 지속적인 관심은 다음과 같은 장점이 있기 때문이다.

1) **방사성 폐기물의 축적을 피할 수 있다.** 주요 반응 생성물은 중성자, 방사능이 없는

헬륨, 수소의 핵자와 방사능이 있는 삼중 수소핵이다. 삼중 수소는 아주 적은 에너지의 방사선을 베타입자 형태로 방출한다. 그러나 삼중 수소의 방사성은 대단히 미약하며 현재의 기술 수준으로도 안전하게 처리 가능한 것으로 알려져 있다. 또한 삼중 수소는 연료로 다시 사용하게 된다. 많은 양의 방사성 물질을 반응 생성물로 남기는 핵분열로에 비하여 대단히 안전한 것이다. 따라서 소련의 체르노빌(Chernobyl) 원전사고(1986년 4월)나 미국의 스리마일 섬(Three Mile Island) 원전사고(1979년 3월)와 같은 방사능 누출 사고의 위험은 전혀 없다.

2) **핵폭발을 일으킬 만큼 많은 핵연료가 필요 없다.** 핵융합은 핵분열처럼 임계질량이 요구되지 않고 플라즈마의 밀도가 아무리 높아도 연쇄 반응을 일으킬 수 있는 양이 존재하는 경우가 없다.

3) **물에서부터 중수소의 형태로 연료를 얻기 때문에 연료 공급에 문제가 없다.**

4) **다른 연료(화석연료 등)의 공급이 필요치 않아 이산화탄소, 이산화황 등 지구온난화 및 대기 오염물질의 배출이 없다.**

5) **열역학적으로 상당히 효율이 높은 시스템이다.**

이상의 장점과 더불어, 핵융합로 설계에 있어서 몇 가지 고려해야 할 사항은 다음과 같다. 첫째, 중성자와 구조물과의 계속적인 충돌로 인하여 방사능을 방출하거나 구조물을 약화시킨다. 따라서 플라즈마를 싸고 있는 구조물의 가장 안쪽 벽은 5년에 1번 정도 교체해 주어야 하는 문제가 있다. 둘째 리튬으로부터 재생된 삼중 수소 역시 수소와 마찬가지로 한곳에 보전하기 힘들고, 어느 정도 보전 용기 벽 속으로 확산되어 산소와 반응하여 물을 형성한다. 따라서 삼중 수소의 방사성은 물의 형태로 생물학적 피해를 줄 수도 있다.

12.6.3 손익 분기점

가장 기본적인 문제 중 하나는 핵융합의 순 에너지(나오는 에너지에서 들어가는 에너지를 뺀 에너지)가 더 많게 될 조건을 알아내는 것이다. 핵융합 반응일 일어날 수 있는 적절한 온도까지 연료를 가열하는 데 에너지가 필요할 뿐 아니라, 뜨거운 플라즈마는 여러 방법으로 에너지를 잃는다. 작동하는 데 들어가는 에너지보다 더 적은 에너지를 생산하는 핵융합 발전소는 분명 우리의 관심사이다. 1950년대 중반,

하웰에 있는 영연방 원자력 에너지 연구 시설(UK Atomic Energy Research Establishment)의 물리학자 존 로슨은 "플라즈마 밀도와 가둠 시간의 곱을 특정한 값보다 더 크게 유지하는 것이 필수적이다."라고 말했다. 플라즈마 밀도(대개 n으로 표시)란 1세제곱미터의 부피에 들어 있는 이온의 개수를 말한다. 에너지 가둠 시간(대개 τ_E로 표시)에 대해서는 좀 더 미묘하여 자세히 설명할 필요가 있다. 이는 플라즈마에서 에너지가 빼앗기는 비율을 의미하는데, 플라즈마의 총 에너지를 에너지 손실률로 나눈 값으로 정의한다. 마치 집에서 중앙 난방을 껐을 때 집이 식는 시간 상수에 빗대어 생각해 볼 수 있다. 물론 플라즈마를 식도록 놓아두면 안 된다. 플라즈마는 높은 온도로 유지시켜야 한다. 따라서 에너지 가둠 시간은 자장 가둠이 얼마나 효율적인지를 측정하는 척도라 할 수 있다. 집이 잘 단열되어 있을수록 더 천천히 식는 것처럼, 핵융합 플라즈마에 있어 에너지 가둠 시간은 자기장으로 잘 단열되어 있을수록 더 좋아진다. 로슨은 모든 핵융합 에너지가 열의 형태로 발생하며 특정한 효율(대략 33%로 봤는데, 이는 발전소의 전형적인 값)인 전기로 변형될 수 있다고 가정하였다. 이 전기가 다시 플라즈마를 가열하는 데 이용된다. 오늘날에는 자장 가둠 핵융합을 약간 다른 가정을 통해 계산하는데 여전히 비슷한 결과를 얻는다.

DT 반응에서는 흔히 알파 입자라고 알려진 헬륨 원자핵과 중성자가 만들어진다. 핵융합 반응에 의해 방출되는 에너지의 20%는 알파 입자가, 80%는 중성자가 갖는다. 중성자는 전기적으로 중성이므로 자기장에 의해 영향을 받지 않고 플라즈마를 빠져나와 주변 구조물로 진행하면서 속도가 줄어든다. 중성자는 주변 구조물에 에너지를 전달하고, 리튬과 반응하여 삼중 수소 연료를 생성해낸다. 핵융합 에너지는 열로 변환되고 곧이어 전기로 변환되는데, 이것이 발전소의 출력이다. 알파 입자는 양의 전하를 가지므로 자기장에 갇히고, 그 에너지는 플라즈마를 가열하는 데 쓰인다. 처음에는 플라즈마의 온도를 높이기 위해 외부에서 에너지를 가해 주어야 하지만, 점차로 플라즈마의 온도가 올라가면서 핵융합 반응률이 증가하며 알파 입자의 에너지가 플라즈마의 온도를 높이는 데 쓰이게 된다. 결국에는 알파 입자의 에너지로만 충분히 플라즈마를 데울 수 있게 되며, 핵융합 반응은 스스로 유지된다. 이 시점을 점화라고 한다. 이는 가스 횃불이 석탄불이나 바비큐를 지피는 것과 정확히 같은 이치이다. 가스 횃불은 석탄이 충분히 높은 온도에 도달해서 연소가 자체적으로 유지될 때까지 외부에서 열을 가해 주는 역할을 한다.

자장 가둠을 이용해 점화를 시키려면 알파 입자에 의한 가열 속도와 플라즈마에서 에너지를 잃는 속도가 같아야 한다. 이는 로슨이 제안했던(33%가 아니라) 20%의 핵융합 에너지가 플라즈마를 가열하는 데 사용된다는 이전 주장보다는 좀더 설득력이 있다. 위의 점화에 필요한 조건은 로슨의 조건과 같은 형태이며, 이 둘은 종종 혼동되기도 한다. 그림 12-13과 같이 밀도와 가둠 시간의 곱이 일정한 값보다 커야 하는데, 이 곱은 플라즈마의 온도에 의존하며 DT 반응에서는 30keV(대략 3억℃)정도에서 최소값을 갖는다.

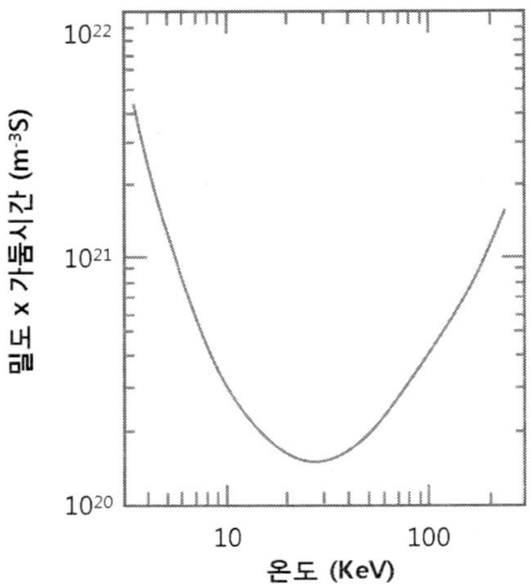

** 그림 12-13 ▌ 점화 조건 : 플라즈마 점화를 달성하기 위해 필요한 밀도와 가둠 시간의 곱인 $n\tau E$ 값을 플라즈마 온도 T의 함수로 그린 것. 곡선은 약 30KeV(대략 섭씨 3억도에 해당)에서 최저값을 보인다(유창모 외, 2008).

점화 조건을 "$1m^3$당 입자수×초"로 표시하면 아래의 식(12.5)와 같다.

$$n\times\tau_E > 1.7\times10^{20}m^{-3}s \tag{12.5}$$

그러나 핵융합 단면적이나 다른 인자들이 온도에 의존하는 방식 때문에 약간 낮은 온도에서 점화시키는 것이 가장 좋다고 알려졌다. 10~20keV(1억~2억℃)범위에서는 점화 조건이 온도를 포함하는 약간 다른 형태로 나타내면 식(12.6)과 같다.

$$nT\tau_E > 3\times10^{21}m^{-3}keVs \tag{12.6}$$

와 같이 쓸 수 있다. 단위는 "$1m^3$당 입자 수×킬로전자볼트×초"이다. 물리를 전공으로 하지 않는 사람들에게 좀더 의미가 통하는 단위로 바꾸어 표현해 보자. 밀도와 온도의 곱은 플라즈마의 압력이다. 따라서 점화 조건은 "플라즈마의 압력(P)×에너지 가둠 시간(τE)은 5보다 크다"이다. 단위는 이제 "바×초"이며, 1바는 지구의 대기압과 비슷하다. 플라즈마 압력과 가둠 시간과의 관계가 그림 12-14에 나타나 있다.

자장 가둠 핵융합의 경우, 에너지 가둠 시간이 5초이고 플라즈마의 압력이 1바이면 위의 조건을 만족한다. 매우 뜨거운 플라즈마의 압력이 대기압과 비슷하다는 것은 놀랄 만한 사실이지만, 압력은 밀도와 온도의 곱이기 때문에 아주 낮은 밀도가 매우 높은 플라즈마의 핵융합 온도와 균형을 이루었기 때문임을 고려하면 쉽게 납득할 수 있을 것이다. 관성 가둠의 경우, 가둠 시간은 훨씬 짧다. 보통 10억분의 1초보다 짧으며 그에 따라 압력은 더 높아야 하므로 대기압의 50억배 정도 되어야 한다. 따라서 핵융합 연료는 밀도가 물의 밀도보다 1,000배 가량 높아질 때까지 압축되어야 한다.

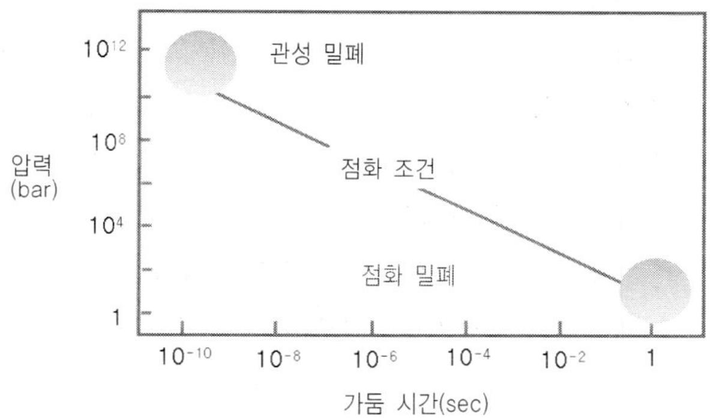

** 그림 12-14 ‖ 핵융합을 일으키는 데 필요한 조건을 나타내기 위해 플라즈마 압력(bar의 단위로)을 가둠 시간(초 단위로)에 대한 함수로 그렸다. 관성 가둠 핵융합의 영역과 자장 가둠 핵융합의 영역이 그려져 있다. 두 경우 모두 온도가 10~20KeV(대략 1~2억℃)가 되어야 한다(유창모 외, 2008).

n과 T와 τ, 이렇게 세 양의 곱은 핵융합 실험 결과들의 우수성을 비교하는 데 쓰인다. 물론 이런 비교는 온도가 10~20KeV의 영역 내로 국한된다. 점화를 향한 길은 멀고도 어려웠지만, 현재로서는 목적지가 보이는 데까지 와 있다. 몇몇 실험에서는 온도가 30KeV(3억℃) 이상에 도달했고, 가둠 시간과 밀도로 원하는 영역 내에 도달했다. 자장 가둠의 경우에는 가장 최근의 결과로, 뒷 장에서 소개되겠지만, 세 양의 곱 nTτ가 점화에 필요한 값으로부터 불과 5분의 1 정도 모자라는 값을 얻고 있다. 관성 가둠의 경우에도 가장 좋은 결과는 자장 가둠의 10분의 1 정도까지 이르렀다.

12.7 최근 연구 동향

그림 12-15에 핵융합발전 연구 결과 추이 및 예상치를 나타내었다. 이 그림에서 1991년 유럽연합은 JET라는 토카막 장치를 제작하여 1.7MW의 전력을 얻는데 성공하였고, 미국 프린스턴 연구소의 TFTR, 일본 원자력 연구소의 JT90 등도 비슷한 수준의 성과를 얻었음을 알 수 있다. 1993년에는 프린스턴 대학교 플라즈마 물리연구소에서는 TFTR을 이용하여 중양자-삼중양자 플라즈마를 이용하여 실험에 투입된 에너지는 28MeV였지만, 4초동안 6.2MW의 파워를, 1994년에는 10.7MW를 얻었다. 이와 같은 실험에서의 핵융합 에너지 생성은 핵융합로의 과학적 실증을 증명하는 것이다. 그러나 핵융합발전이 실용화되려면 핵융합에 의해 생성된 에너지가 스스로 핵융합을 지속시킬수 있는 점화 온도에 도달할 수 있어야 한다. 이를 위해서는 초전도 자석 및 초고온 재료의 개바링 필수적이다. 1980년대 초반에 건선된 기준의 대형 핵융합로(TRTR, JET, JT-60 등)들은 전자석을 이용하고 있지만, 국제원자력기구 주관으로 1998년에 건설에 들어갈 예정인 차세대 핵융합로인 국제 열핵융합 실험로(International Termonuclear Experimental Reactor : ITER)는 초전도 자석을 이용하게 된다.

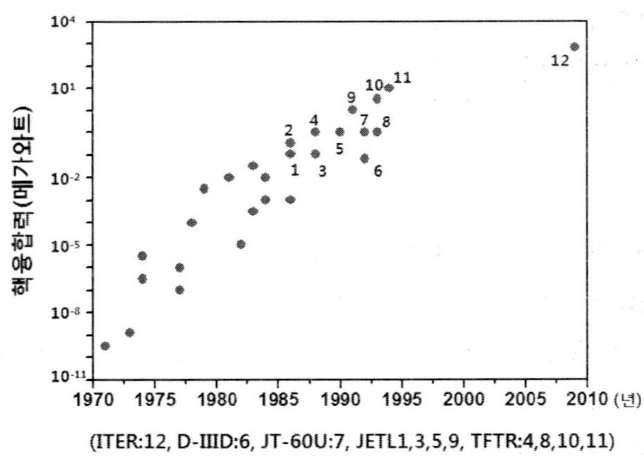

** 그림 12-15 ‖ 세계 주요 핵융합 실험로의 발전 추이(이광식 외, 2003)

ITER은 미국, 유럽, 일본 및 러시아의 공동투자에 의한 것이며, 출력 1백 50만 kW급으로 2008년경에 운전 예정으로 알려졌다. ITER의 건설은 1백 30만kW의 열을 제거할 수 있는 용수 확보, 당 25톤의 건물 하중을 견딜 수 있는 지질, 23만kW

의 전력, 건설부지 약 70만m^2 등이 필요한 등 어려운 입지조건이 요구되고 있다. ITER 계획이 예정대로 진행된다면 2010년경에는 플라즈마의 불안정성 해석, 알파 입자나 헬륨 핵의 거동 연구 등 핵융합에 대한 기초과학의 진보뿐 아니라. 실제 에너지원으로서의 상업적 기능에 대한 많은 정보를 얻을 수 있을 것으로 기대된다.

국내에서는 원자력연구소의 'KT-1' 토카막, 1995년 6월 가동에 들어간 기초과학지원연구소의 '한빛'등 소형의 토카막을 통하여 핵융합의 기초 연구를 수행하고 있다. 특히 한빛'은 태양의 내부 온도에 가까운 섭씨 1천만°(최대 5천만°)의 플라즈마를 발생시킬 수 있어 플라즈마 물리, 핵융합 관련기술 연구에 많은 기여를 하고 있다. 또한 1995년 7월 미국을 방문 중이던 대통령이 재미과학자와의 간담회에서 '핵융합 기술개발 계획'을 발표하면서 대규모 핵융합 연구 장치 건설 계획이 본격 추진되고 있다. 그러나 핵융합 연구 장치 건설에 대한 많은 반대 의견도 제시되고 있다. 기초과학 연구 인력과 연구비가 부족한 실정에서 막대한 비용을 들여 최첨단 연구 장치를 건설하는 것은 많은 낭비와 부작용을 가져올 것이라는 것이다. 이에 대해 실무 과학자들은 차세대 초전도 토카막 핵융합 개발에는 초전도 토카막 장치 설계 및 운전 기술, 초고온 플라즈마의 가열 및 진단 기술 등 직접적인 핵융합 기술뿐만 아니라, 초고진공 기술, 초고온 신소재 기술, 대형 장치 정밀 측정 기술, 대출력 고주파 가열 기술 등의 첨단 기술이 총 동원되므로 21세기 초반에 핵융합 분야에서 선진국 대열에 진입하기 위해서는 지금부터 연구 장치를 건설해야 한다고 주장하고 있다. 이상의 찬반양론 속에서 정부는 세계적 수준의 콤펙트형 초전도 토카막 핵융합 연구 장치 건설에 대한 2단계 건설 계획을 추진 중이다. 장치 설계 및 기반 기술 투자는 1단계 기간인 1995년부터 1997년까지 계획하고 있으며, 2단계 장치 건설은 2001년까지로 총 투자 규모는 1,200억 원이다. 이 장치가 완성되면 자체 핵융합 연구를 통하여 ITER 가동 시점인 2010년경까지 선진국 수준의 연구 능력을 확보한 후 직접 참여한다는 계획이다.

01 고온 플라즈마 밀폐 방법에 있어 자기장 밀폐 방식과 관성 밀폐 방식에 대해 간단히 논하시오.

02 일련의 팰릿 연소 과정을 갖는 관성핵융합을 이용하는 발전소가 세워진다고 가정할 때, 필요한 팰릿의 연소 속도을 계산하시오.

① 2mm 직경의 구에 5:5의 중수소-삼중 수소가 175kg/m3의 밀도로 채워진 팰릿이 있어 이의 연료 연소 비율이 15%라 할 때 한 개의 팰릿이 방출하는 에너지는 얼마인가?

② 팰릿의 연료 연소 비율이 10%으로 낮아진다면, 한 개의 팰릿이 방출하는 에너지는 얼마이며, 만일 열출력이 2,700MW로 설계된 발전소가 있다면 이러한 팰릿을 초당 몇 개씩 연소시켜야 하는가?

③ ①문제에 기인하여 구형 팰릿의 직경에 따른 방출 에너지 값을 그래프로 나타내 보시오. (구형 팰릿의 직경은 0.5, 1, 3, 5, 10mm이다.)

03 그림 12-1을 참고하여 핵융합 발전 시설 개략도를 창의적으로 설계해 보시오.

참고문헌

[1] 박덕규, "꿈의 에너지 핵융합", 전파과학사, 1997

[2] 박덕규, "플라즈마 및 핵융합 물리학", 형설출판사, 1985

[3] 설재춘, 김웅채, "세계 핵융합 연구동향과 KSTAR", 초전도와 저온공학, 11권, 1호, 2009

[4] 유창모, 윤진희, 차동우,"핵융합 - 우주의 에너지", 북스힐, 2008

[5] 이광식, 고희석, 박희로, 김인식, 송현직, "에너지공학의 기초", 북스힐, 2002

[6] CM Braams, PE Stott, "Nuclear Fusion, Half a Century of Magnetic Confinement Fusion Research", Institute of Physics, 2002

[7] HG Wells, "The World Set Free", Macmillan, 1914

[8] JL Bromberg, "Fusion, Science, Politics and the Invention of a New Energy Source", MIT Press, 1982

[9] J Linle, "Inertial Confinement Fusion, The Quest for Ignition and Energy Gain Using Indirect Drive", Springer Verlag, 1998

[10] J Weise, "La fusion Nucleaire", Presses Universitaires de France, 2003

[11] J Wesson, "Tokamaks", 3rd ed., Clarendon Press, 2003

[12] P-H Rebut, L' Energie des Etoiles, "La Fusion Nucleaire Controlee", Editions Odile Jacob, 1999

[13] R Herman, Fusion, "The search for Endless Energy", Cambridge University Press, 1990

[14] TK Fowler, "The Fusion Quest", The John Hopkins University Press, 1997

용어정리

- **로슨 조건** : 융합 플라스마가 가열에 필요한 에너지보다 더 많은 에너지를 생산해 낼 수 있는 조건, 초기에는 융합 에너지를 전기로 전환하는 효율이 33%이며, 이를 다시 다음 펄스를 가열하기 위해 사용하는 것으로 가정하였었다. 요즘에는 자장 가둠에서 알파 입자에 의해 자체 가열되어 점화되는 정상 상태 점화 조건
- **맨해튼 프로젝트** : 제 2차 세계 대전 기간 동안 미국이 영국과 캐나다의 협조 아래 수행한 인류 최초의 핵무기 개발 계획의 암호명이다. 미국의 물리학자 로버트 오펜하이머가 미군의 감독 하에 지휘를 맡았다. 이때 로스앨러모스가 최초로 지도에 등장하게 되었으며, 이 로스앨러모스는 폭탄의 연구소였으며, 지금은 미국의 국립 연구소 중 하나이다. 1945년, 미국은 맨해튼 계획의 결과물로 세 개의 폭탄을 설계, 제조, 폭발시켰다. 첫 번째는 플루토늄 폭탄으로, 7월 16일 뉴맥시코주 에서 최초의 핵실험인 트리니티 시험이 시행되었다. 이 트리니티 폭탄은 20킬로톤을 기록하였고, 폭탄이 떨어진 장소가 그라운드 제로가 되었다. 두 번째 폭탄은 우라늄 폭탄인 리틀 보이로 15킬로톤의 위력을 내었으며, 8월 6일 히로시마시에 투하되어 8만명의 사람들을 죽이고, 6만명의 사람들에게 죽음의 재로 인한 암을 안겨 주었다. 세 번째는 플루토늄 폭탄인 팻 맨으로 21킬로톤의 위력을 가졌으며, 사흘 후인 8월 9일 나가사키시에 투하되었다. 이 폭탄은 히로시마 때보다는 피해가 작은 사망 3만9천 명, 죽음의 재로 인한 사망 7만 5천 명을 기록
- **블랭킷** : 핵융합 발전소 안에서 플라즈마를 감싸고 있는 고리 모양의 영역. 이 영역에서 중성자가 리튬과 상호작용하여 삼중 수소 핵을 만들며, 감속되면서 에너지가 열로 전환
- **알파 입자** : 헬륨 핵; 무거운 원소가 방사선이 붕괴할 때 방출되며 많은 경우 핵융합 반응 이후 마지막으로 남는 안정된 비방사성 생성물
- **열핵융합** : 상당한 양의 에너지를 발생하는 핵융합으로 플라즈마 안의 모든 입자들이 높은 온도로 균일하게 가열
- **용발** : 일반적으로 높은 출력의 가열에 의한 고체 표면의 융해에 이은 증발 및 침식 현상
- **점화** : 자장 가둠에서, 핵융합 에너지의 20%를 갖고 나오는 알파 입자를 이용하여 가열할 때, 여기서 소모되는 에너지와 융합으로부터 생성되는 에너지가 평형을 이룰 조건에 도달
- **제동복사** : 전자기 이론에 따르면 가속이나 감속되는 전자는 전자기파를 발생시킨다. 빠르게 움직

이던 전자가 금속 등에 부딪쳐 갑자기 멈추면 감속이 있다. 이처럼 빠르게 움직이던 전자가 멈출 때 발생하는 복사

- **쿠르차토프 연구소** : 러시아 모스크바에 있는 원자 에너지 연구소. 러시아의 융합 연구를 이끌고 있으며, 학자 이고르 쿠르차토프의 이름을 땄다. 이곳에서 토카막이 발명되고 개발
- **캡슐** : 융합 연료의 작은 알. 보통 얼린 DT로서, 관성 가둠 융합을 위해 플라스틱 껍질에 감싸짐
- **폴로이드** : 직선 솔레노이드가 도넛 모양으로 구부러졌을 때, 방위각 좌표를 폴로이드 혹은 극각 좌표라 한다. 따라서 토로이드가 가늘어지는 부분, 또는 토카막에서는 폴로이드 자기장은 플라즈마 내의 토로이드 전류에 의해 생성되는 자기장의 한 성분
- **플라즈마** : 기체 상태의 물질에 계속 열을 가하여 온도를 올려주면, 이온핵과 자유전자로 이루어진 입자들의 집합체가 만들어진다. 물질의 세 가지 형태인 고체, 액체, 기체와 더불어 '제4의 물질 상태'
- **토로이드 자기장** : 토카막이나 스텔러레이터에서 주 자기장의 주성분. 보통 플라즈마를 담고 있는 용기 둘레를 감싸는 커다란 자기코일에 의해 생성
- **토로이드 핀치** : 토로이드 방향의 플라즈마 전류가 플라즈마를 가열함과 동시에 폴로이드 방향의 감싸는 자기장까지 제공하는 최초의 토로이드-가둠 형태
- **토카막** : 핵융합 때 물질의 제4상태인 플라스마 상태로 변하는 핵융합 발전용 연료기체를 담아두는 용기(容器)로서, 기본적으로 토로이드 형태의 장치 내부에 나선형 자기장을 형성하기 위해 유도 전기장을 사용
- **핵자** : 원자핵을 구성하는 기본 입자로, 양성자(proton)와 중성자(neutron)

GSAT 34 s L86-3032Y01-00067-6

제 13 장

가스 하이드레이트 시스템

13.1 개요

13.1.1 가스 하이드레이트란?

가스 하이드레이트(Gas Hydrate)는 그림 13-1과 같이 물 분자들의 수소 결합으로 이루어진 내부 공간(공동)에 기체 분자들이 포집되어 형성되는 고체 화합물로, 주로 고압과 저온에서 형성된다. 가스 하이드레이트 형성에 있어 3차원 격자를 형성하는 물 분자를 주체(Host)라고 부르며 이렇게 형성된 공동(Cavity)에 포집되는 가스 분자를 객체(Guest)라고 부른다. 1810년 Sir Humphrey Davy에 의하여 클로린 하이드레이트 (Chlorine Hydrate : $Cl_2 \cdot 6H_2O$)의 존재가 확인된 이후 현재까지 130개 이상의 가스 분자들이 하이드레이트를 형성하는 것으로 보고되었다(Sloan, 1998). 그림 13-2는 주체 분자의 종류에 따른 하이드레이트의 분류로 대표적인 주체 분자로 물을 사용한다.

초기 가스 하이드레이트는 천연가스 수송 파이프 내에 플러깅(Plugging) 문제를 야기하는 해로운 물질로 인식되어 이를 방지하기 위해 객체 가스분자에 따른 안정영역 평가와 함께 형성 억제제(Inhibitor) 개발 연구 등을 통하여 가스 하이드레이트에 대한 기초 지식이 축적되었다. 이후 막대한 양의 천연가스가 가스 하이드레이트의 형태로 대양의 심해저 및 대륙의 동토 층에 부존되어 있는 것으로 밝혀지면서, 이를 미래 에너지원으로 활용하기 위한 연구가 수행되었다. 현재 지구 상에 가스 하이드레이트 형태로 부존되어 있는 천연가스의 양은 모든 화석연료의 양을 더한 것보다 최소 2배 이상이 될 것으로 추산되고 있으며, 현재까지 수행된 연구를 통하여 이러한 에너지원을 직접 활용하는 것도 조만간 현실로 다가올 것이라 전망하고 있다.

한편, 이러한 연구와 더불어 많은 양의 기체를 작은 부피의 고체 내로 저장할 수 있는 크러스레이트의 특성을 이용하여 현재 지구온난화 기체인 이산화탄소를 대규모 저장・격리하기 위한 연구도 진행 중에 있다. 또한 이산화탄소 처리 공정의 경제성을 더욱 증진시키기 위한 목적에서 이산화탄소를 지구상에 부존되어 있는 가스 하이드레이트층 내로 주입하여 이산화탄소의 격리·저장과 동시에 천연가스를 추출하는 연구도 활발히 진행 중에 있다. 최근 연구에서는 미래 에너지원으로 각광받고 있는 수소를 비교적 낮은 압력에서 가스 하이드레이트 형태로 저장하였으며, 이러한 크러스레이트 포접화합물에 대한 응용 연구 영역이 더욱 확대되고 있다.

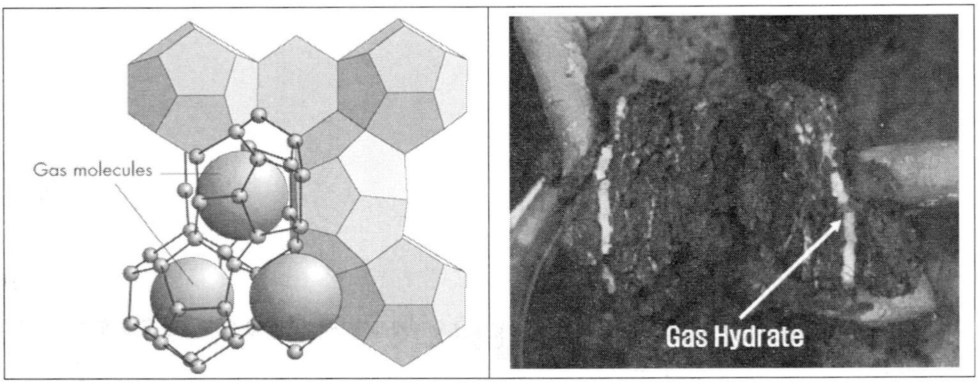

** 그림 13-1 ‖ 가스 하이드레이트

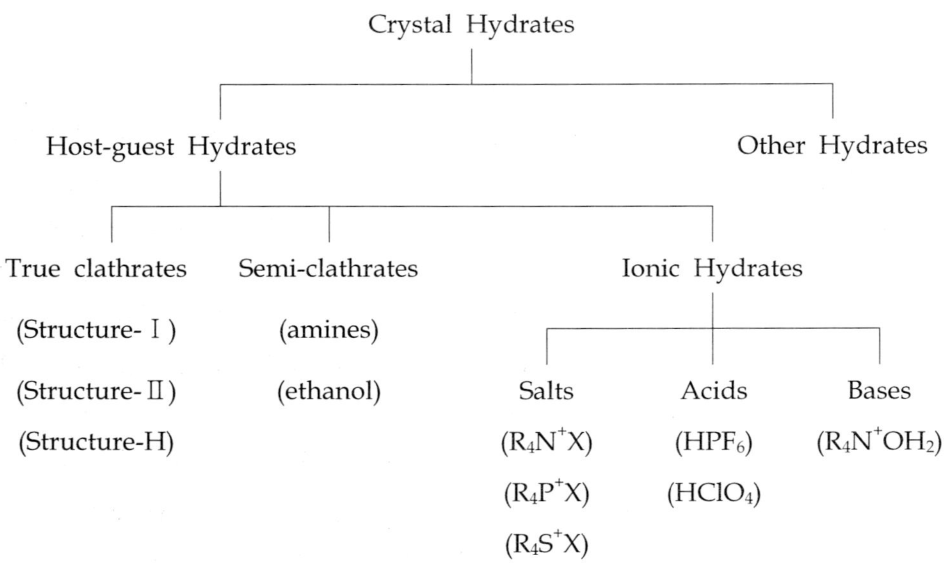

** 그림 13-2 ‖ 하이드레이트 분류(Ripmeester et al., 1994)

13.1.2 가스 하이드레이트의 연구의 필요성

가스 하이드레이트에 포획된 메탄의 추정 매장량은 10^4Gt으로 유전, 컨덴세이트전 및 천연가스전에 포함된 메탄 양의 약 25배 이상으로 막대하다. 하이드레이트의 대부분(약 98%)은 우리나라 동해와 같이 수심이 깊은 해저의 천부 퇴적층에 부존되어 있다. 또한 가스 하이드레이트의 구성 성분인 메탄가스는 다른 화석 에너지에 비해 이산화탄소를 적게 배출하는 특성을 가지고 있다. 현재 확인된 재래형 석유와 천연가스의 매장량에는 한계가 있으며, 기후 협약에 의해서 청정 에너지원의 수요는 지속적으로 증가할 전망이다. 따라서 가스 하이드레이트는 21세기의 청정 에너지원으로 큰 잠재력을 가지고 있다. 그림 13-3은 대표적인 가스 하이드레이트 연구의 필요성을 나타내고 있다.

고체 상의 가스 하이드레이트는 투수율이 낮기 때문에 재래형 천연가스의 방출을 막는 덮개 역할을 한다. 가스 하이드레이트는 물의 빙점보다 높은 온도에서도 생성될 수 있으며, 온도·압력의 변화에 따라서 쉽게 해리되는 특성을 가지고 있다. 반면, 특수한 지역에서 천연가스의 수송 시 가스관 내부에서 발생하는 하이드레이트에 의하여 여러 가지 문제점이 발생될 수 있다.

영구 동토지역과 심해저 천부 퇴적층에 부존되어 있는 가스 하이드레이트는 지각변동, 온도 상승 및 해수면 변화에 의하여 지반 침하, 해저 붕락 등을 초래하며, 광케이블이나 구조물 등의 손상을 초래할 수 있다. 가스 하이드레이트가 해리되면 온난화 가스인 메탄가스가 대기로 방출되어 온실 효과를 증가시킨다(Max et al., 1997). 미국지질조사소는 50년 후 대기 중의 메탄 양은 현재 농도의 약 2배에 달할 것이며, 주된 원인 중 하나가 가스 하이드레이트 해리에 의한 것이라고 보고하였다.

이밖에 가스 하이드레이트 관련 기술은 해수의 담수화, 천연가스의 수송과 저장 그리고 온난화 가스의 처리와 격리, 폐수의 처리, 휘발성 유기화합물 제거 등 다방면에 활용된다. 이중 가스 하이드레이트 형태로의 천연가스의 저장과 선적에 대한 연구가 1980년대부터 일본, 미국을 중심으로 매우 광범위하게 수행되고 있으며, 근래에는 온난화 가스인 이산화탄소를 해양 및 지중에 격리시키는데 하이드레이트 기술이 활용되고 있다.

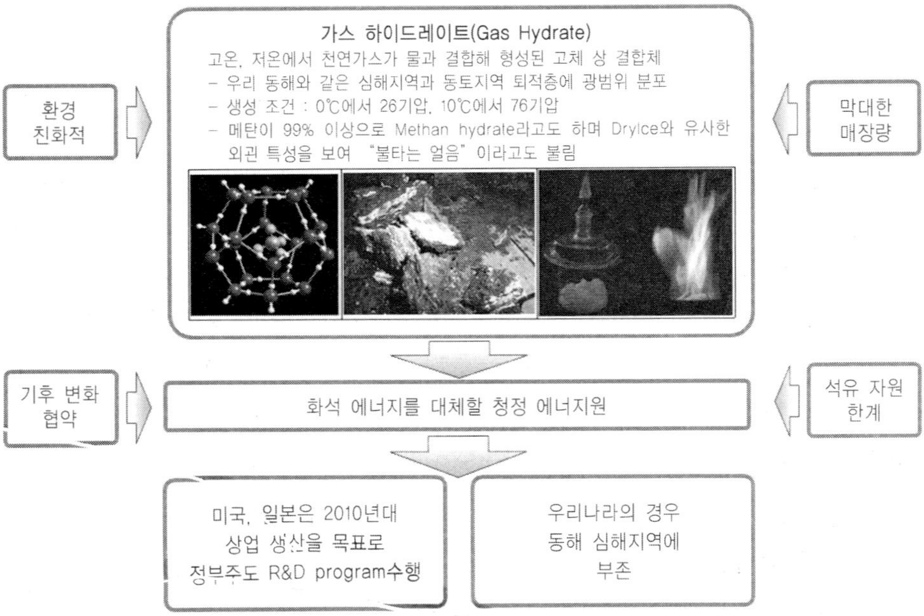

** 그림 13-3 ▌ 가스 하이드레이트 연구의 필요성

13.1.3 가스 하이드레이트 기원 및 연구 동향

메탄가스는 수백만 년 전부터 동식물의 유해가 해저에서 생물학적인 분해 과정을 거치면서 형성된 물질이다. 메탄가스가 포화된 심해저에서는 압력이 매우 높으며 온도가 낮기 때문에 기체분자인 메탄과 물 분자가 자연스럽게 결합하여 고체 상태인 메탄 하이드레이트를 형성하게 된다.

국내에서의 가스 하이드레이트에 관한 기초 연구는 1996년 한국지질자원연구원에 의하여 과학기술부와 국무총리실 기관 고유 사업의 일환으로 수행되었다. 1997년부터 가스 하이드레이트 탐사 기술 확보와 하이드레이트가 부존될 수 있는 물리적인 조건을 규명하기 위하여 한국지질자원연구팀에서는 탐해 2호를 이용하여 제한된 지역에서 탐사를 수행하였다. 국내의 경우 가스 하이드레이트에 대한 어느 정도의 체계적인 연구는 2000년부터 시작된 것으로 볼 수 있다(류병재 외, 2002).

연구를 통하여 가스 하이드레이트 물성 및 상평형 측정, 제조 및 파이프라인 막힘 억제에 대한 연구 등 개발과 이용에 필요한 기초 연구가 이루어졌으며, 동해 퇴적층의 지질 · 지화학 특성과 함께 가스 하이드레이트의 안정영역, 생성 잠재력 및 부존

유망지역 등이 규명되었다.

그림 13-4와 같이 2007년 석유공사, 가스공사, 지질자원연구원으로 구성된 가스 하이드레이트 개발 사업단이 동해상(포항 동북방 135㎞ 지점)에서 국내 최초로 자연 상태의 가스 하이드레이트 실물을 채취하였다. 지난 2005년부터 관련 개발·탐사를 시작해 미국·일본·인도·중국에 이어 세계 5번째로 실물 채취에 성공했으며 국내에 차세대 에너지 자원이 부존한다는 사실이 최초로 확인된 것과 순수 국내 기술로 관련 탐사에 성공했다는데 큰 의미를 부여하였다. 가스 하이드레이트는 부존 량이 막대해 미래 에너지원으로 급부상 중이며 전 세계 10조톤, 국내 동해에만 국내 가스 소비량 30년 분에 달하는 6억 톤이 분포된 것으로 추정하고 있다. 또한 장기적으로 2015년 상업 생산을 위해 탐사·시추 작업은 물론 상업생산에 필요한 분리 및 저장 기술 개발을 계획하고 있다.

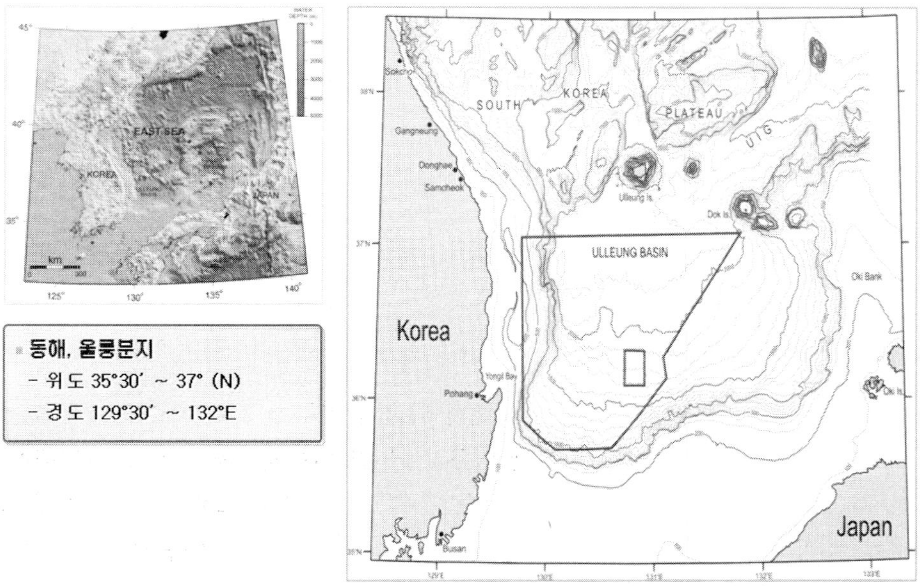

** 그림 13-4 ▌ 국내 가스 하이드레이트 부존 지역(가스하이드레이트 개발사업단)

이밖에 가스 하이드레이트 기술을 이용한 이산화탄소의 심해 저장을 위한 연구가 1994년부터 한국과학기술원에 의하여 시작되었다. 이 연구를 통하여 이산화탄소 하이드레이트가 생성되고 안정한 상태로 존재할 수 있는 온도, 압력 조건이 규명되었으며, 얻어진 실험 데이터를 예측해 줄 수 있는 열역학 모델이 개발되었다. 또한 하이드레이트 기술을 이용하여 이산화탄소의 선택적 회수 및 고정화에 대한 분리 기술이 개발된 바 있다.

미국의 경우 자체 평가를 통하여 가스 하이드레이트가 자국 내에도 많이 부존되어 있다는 것을 확인하였다. 이에 미국에서 현재 수행되고 있는 가스 하이드레이트에 대한 R&D 프로그램은 대부분 연방정부 주도로 추진되고 있으며, 목적은 가스 하이드레이트로부터 가스를 안전하고 경제적으로 생산함으로써 원활한 에너지 수급과 동시에 기후 변화 및 오염 그리고 지질 재해의 요인을 제거하여 환경의 질을 향상시키는데 있다. 국가 가스 하이드레이트 R&D 프로그램의 최종 목표는 기술을 개발하여 2015년 자국에 부존(알라스카 Kuparuk Field 등)되어 있는 가스 하이드레이트의 상업적 생산에 있다.

에너지원의 부존이 빈약한 일본의 경우 에너지원의 안정적 확보는 매우 중요한 국가적 과제이다. 따라서 가스 하이드레이트에 대한 국가 차원의 R&D는 미국보다도 더 적극적이고 신속하게 진행되고 있다. 일본의 가스 하이드레이트 연구는 Nankai Trough에서 1970년대 말과 1980년대 초 일본지질조사소가 수행한 해저 지질도 작성사업 및 일본석유개발주식회사가 수행한 석유탐사 사업을 통하여 시작되었다. 이후 탐사 자료에 대한 재처리 및 재해석 작업을 실시하여 가스 하이드레이트 부존지역을 확인하였다. 1990년 가스 하이드레이트의 연구, 탐사 및 개발에 대한 타당성 연구가 응용 에너지 연구소에 의하여 착수되었으며, 이 연구를 통하여 외국은 물론 자국의 가스 하이드레이트 관련 정보가 취득되고 종합되었다. 현재 2010년대에 상업적인 생산을 목표로 경제 산업성의 가스 하이드레이트 R&D 프로그램인 '일본 메탄 하이드레이트 개발 프로그램'이 2001년에 착수되었다.

유럽에서의 가스 하이드레이트에 대한 다국적 연구는 동부 지중해 남부 터키해역의 가스 하이드레이트 부존에 대한 연구로, 유럽 연합의 5차 기본 프로그램에 의하여 지원되는 'Anaximander Project'이다. 이 연구의 일환으로 2004년 10월 그리스 해양 연구 센터 소속의 R/V AEGAXO를 이용하여 시료를 채취하였다. 과거 이 해역에서는 재래형 방법으로 시료가 채취된 바 있으나 손상되지 않은 코어와 보존된 가스 하이드레이트 시료를 채취하지 못하였다. 따라서 이 연구 항해에는 그리스, 독일, 네델란드, 및 스페인의 8개 대학과 연구기관의 과학자들이 승선하여 최신 장비를 통해 메탄을 함유한 퇴적물과 가스 하이드레이트 시료를 채취하였으며, 메탄의 존재 및 가스 하이드레이트의 형성·해리에 관련이 있는 심해 생물계에 대한 연구를 수행하였다. 그림 13-5는 전 세계의 가스 하이드레이트 부존지역 및 생산 가능 지역을 나타내고 있다.

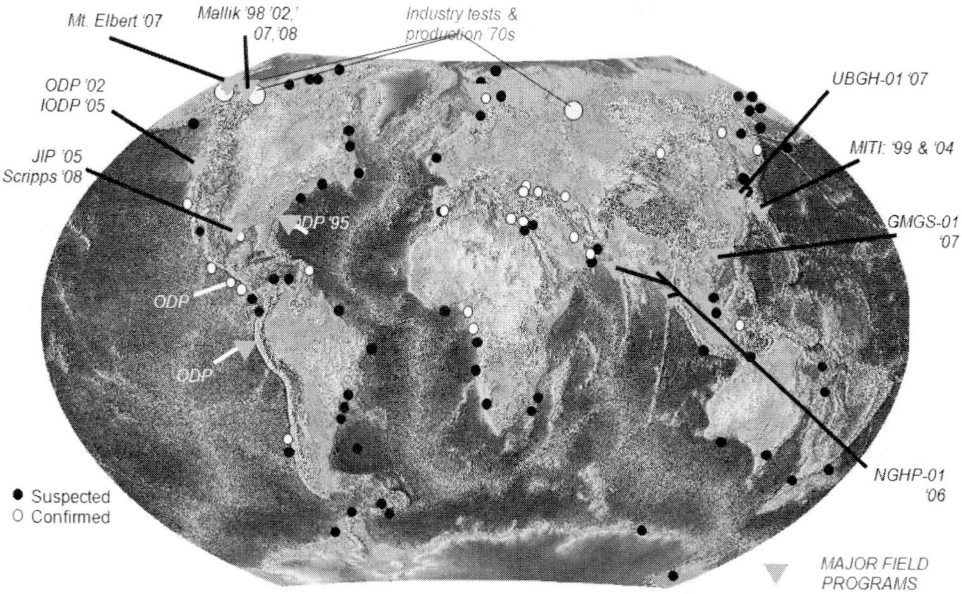

** 그림 13-5 ▌ 전 세계 가스 하이드레이트 부존 지역(Tim Collett, 2009)

가스 하이드레이트 탐사 방법은 대표적으로 지구 물리 탐사와 지질·지화학 탐사로 대변된다. 지질·지화학 탐사의 경우 가스 및 간극수 분석 혹은 퇴적물 분석을 통하여 퇴적층 내 가스 하이드레이트 존재를 알아본다. 지구 물리 탐사에는 물리 검층, 탄성파 탐사, 해저면 측사기 또는 다중 채널 음향 측심기를 이용한 해저 지형 조사, MT 탐사 등이 있으며(Sloan, 1990, 1998), 이들 탐사는 천연가스 하이드레이트가 가지는 특이한 물리적·음향학적 특성을 이용한다(Collett, 1983; Davison et al., 1983; Dillon and Paull, 1983; Pearson et al., 1983; Kvenvolden and McDonald, 1985; Prensky, 1995). 천연가스 하이드레이트 존재를 확인하기 위하여 음향 측심기 단면도에서 수층에 나타나는 가스 플럼 현상을 확인하여 부존 가능 지역을 판단하거나, 탄성파 탐사 자료에서 BSR을 확인하는 방법이 보편적으로 이용되고 있다(류병재 외, 2002; 2005).

13.2 가스 하이드레이트 공동 및 결정구조

13.2.1 공동(Cavity)

가스 하이드레이트의 결정구조는 수소 결합으로 이루어진 물 분자에 의하여 형성된 다면체(Polyhedra)의 공동(Cavity)으로 구성되어 있다. 그림 13-6과 같이 현재까지 알려진 공동의 유형에는 5^{12}(Pentagonal Dodecahedron), $5^{12}6^{2}$ (Tetrakaidecahedron) $5^{12}6^{4}$(Hexakaidecahedron), $5^{12}6^{8}$(Icosahedron), $4^{3}5^{6}6^{3}$ (Irregular Dodecahedron)이 있다. "nimi" 표기법은 Jeffrey(1984)에 의해 제안되었으며, $5^{12}6^{2}$는 12개의 5각면(Pentagonal Face)과 2개의 6각면(Hexagonal Face)으로 구성된 14면체의 공동을 의미한다. 표 13-1은 결정구조에 따른 공동들의 Unit Cell을 나타낸 것이다.

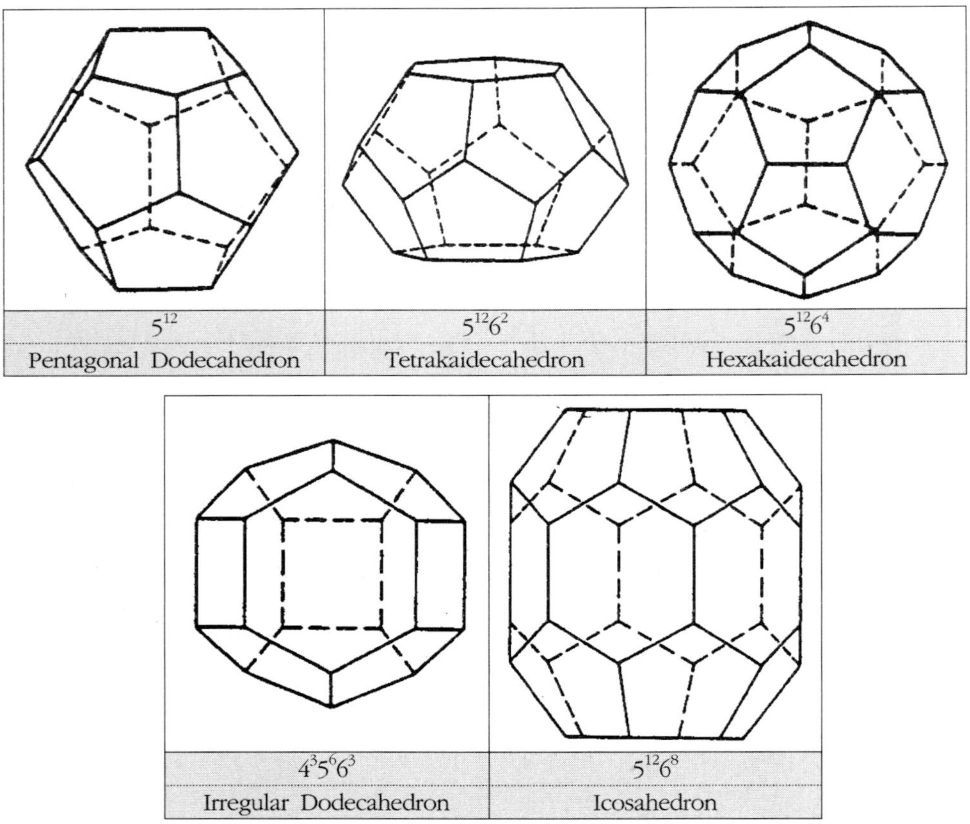

** 그림 13-6 ▌ 하이트레이트 공동 구조(Sloan, 1998)

** 표 13-1 ‖ 하이트레이트 공동 분류(Sloan, 1998)

Hydrate Crystal Structure	I		II		H		
Cavity	Small	Large	Small	Large	Small	Medium	Large
Description	5^{12}	$5^{12}6^{2}$	5^{12}	$5^{12}6^{4}$	5^{12}	$4^{3}5^{6}6^{3}$	$5^{12}6^{8}$
No. of Cavities / Unit Cell	2	6	16	8	3	2	1
Average Cavity Radius(Å)	3.95	4.33	3.91	4.73	3.91	4.06	5.71

13.2.2 결정구조

가스 하이드레이트는 형성되는 공동들의 종류에 따라 구조-I, 구조-II, 및 구조-H로 나누어진다. 일반적으로 구조-II와 구조-H 하이드레이트가 구조-I 하이드레이트에 비해 안정하다. 2개의 5^{12} 공동과 6개의 $5^{12}6^{2}$ 공동으로 구성된 가스 하이드레이트 구조-I은 1965년 Mc-Mullan과 Jeffrey의 XRD 연구 결과 밝혀졌으며, 일반적으로 가스 분자의 직경이 5.8Å 미만인 메탄, 에탄, 질소, 황화수소, 이산화탄소 등이 구조-I을 형성한다(그림 13-7).

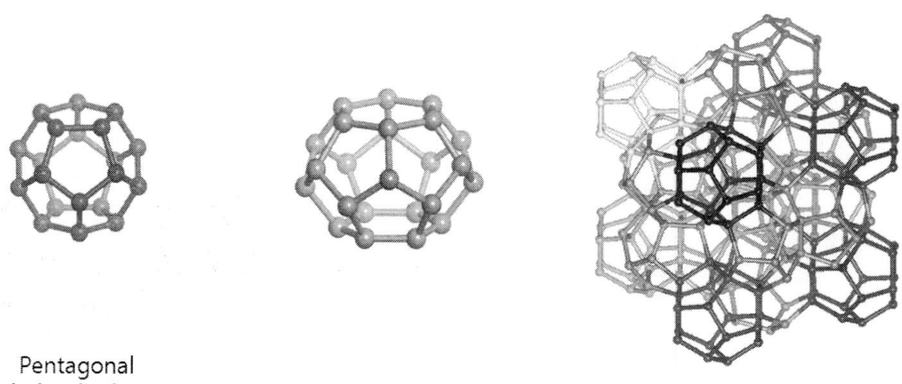

Pentagonal dodecahedron　　Tetrakaidecahedron　　Structure I

** 그림 13-7 ‖ 가스 하이드레이트 결정구조(구조-I)

가스 하이드레이트 구조-II는 16개의 5^{12}와 8개의 $5^{12}6^{4}$ 공동으로 구성되어 있다. 가스 하이드레이트 구조-II에는 가스 분자의 직경이 5.9~6.9Å인 프로판과 이소-부탄 등이 포획된다(그림 13-8).

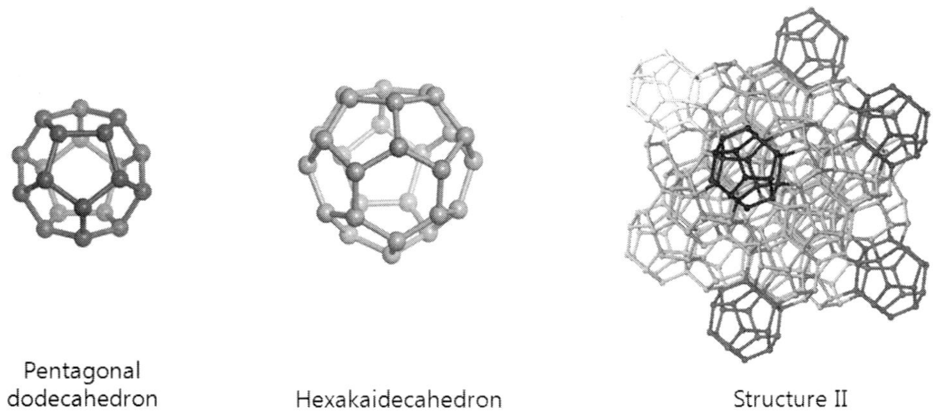

** 그림 13-8 ▌ 가스 하이드레이트 결정구조(구조-II)

현재까지 확인된 대부분의 자연 상태의 가스 하이드레이트는 거의 메탄으로 구성되어 있고, 구조-I을 형성한다. 1987년 전까지는 n-Butane보다 큰 가스 분자들은 하이드레이트를 형성하지 못하며, Isopentane과 Methyl-Cyclopentane 등은 구조-II를 형성하는 것으로 알려져 왔다. 그러나 1987년 NMR 및 XRD 측정에 의해 3개의 5^{12} 공동, 2개의 $4^3 5^6 6^3$ 공동 및 1개의 $5^{12} 6^8$ 공동으로 구성되는 구조-H의 존재가 밝혀졌다. 가스 하이드레이트 구조-H가 안정하기 위해서는 2개의 객체 분자가 존재하여야 하며, 네오핵산 등의 큰 탄화수소 분자들이 구조-H를 형성한다(그림 13-9).

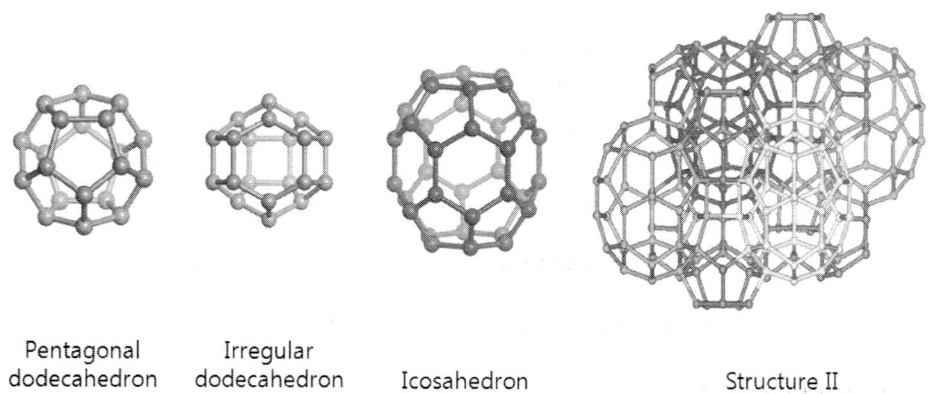

** 그림 13-9 ▌ 가스 하이드레이트 결정구조(구조-H)

그림 13-10은 객체 분자의 크기에 따른 구조를 나타낸 것으로, 객체 분자와 공동의 크기 비(R=가스 분자 직경/공동 직경)는 가스 하이드레이트 구조를 결정하는 지침이

며, 결정구조는 하이드레이트 상(Hydrate Phase)의 평형 압력과 온도를 결정한다.

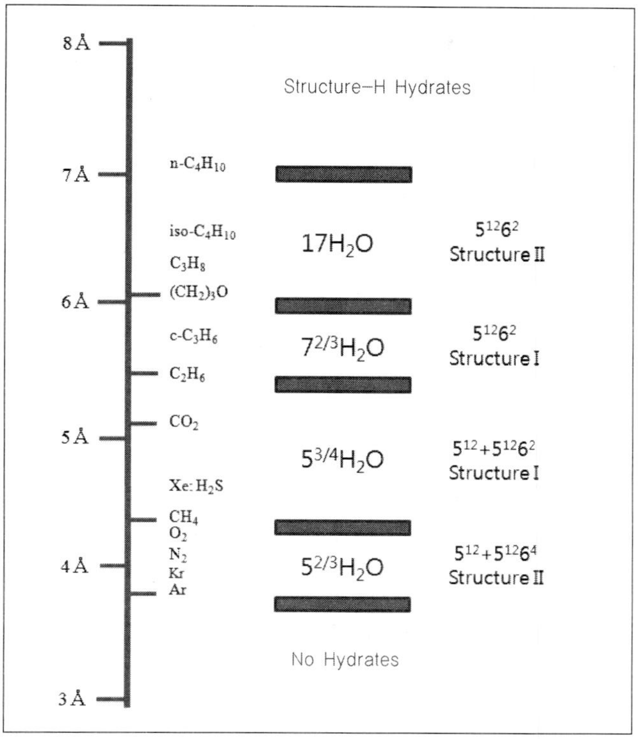

** 그림 13-10 ▌ 객체 분자 및 가스 하이드레이트 결정구조(Mehta and Sloan, 1996; Sloan, 1998)

13.3 가스 하이드레이트 연구 분야

13.3.1 열역학(Thermodynamics)

가스 하이드레이트로 제조하여 수송, 저장하기 위한 가장 중요하면서도 기본이 되는 것이 열역학적 상평형 조건이다. 열역학적 상평형 조건은 기체인 천연가스가 고체인 가스 하이드레이트로 전환되기 위한 온도와 압력을 제공할 뿐만 아니라 안정한 상태를 유지할 수 있는 영역을 알려준다. 이 정보를 바탕으로 하이드레이트의 생성/해리 속도, 하이드레이트로 전환 시 기체의 조성 변화 및 구조 변화 파악을 위한 연구가 진행될 수 있다. 가스 하이드레이트의 상평형 자료를 획득하기 위해서는 실험적으로 측정하거나 열역학적 모델을 이용하여 계산하는 방법이 있다.

하이드레이트 상을 포함하는 다양한 상평형 계산에는 각 상에서 성분의 화학 퍼텐셜이 같아야 한다는 열역학적 원리가 적용된다. 하이드레이트 상을 포함하는 계의 상평형을 계산하기 위한 열역학적 모델이 많은 연구자들에 의해 유도되고 개선되었으며 관련된 결과가 문헌에 발표되었다. 일반적으로 많이 사용되는 열역학적 모델은 흡착 이론에 근거해서 통계열역학적으로 유도된 van der Waals와 Platteeuw(1959)의 모델을 이용하고 있다.

열역학적 관점에서 볼 때 주어진 온도에서 하이드레이트가 생성되고 해리되는 압력은 서로 같아야 한다. 그러나 하이드레이트가 생성되는 현상은 실험적으로나 이론적으로나 매우 복잡한 양상을 보이기 때문에 정확한 생성 조건을 예측하기가 어려우며, 해리 조건과 다소 차이를 보인다. 따라서 이러한 상평형 영역을 찾기 위한 여러 가지 실험 방법들이 고안되었다.

상평형 조건을 규명하는 실험 방법에는 등온 실험, 등압 실험, 등적 실험이 있다. 등온 실험은 반응기 내부의 온도를 고정하여 하이드레이트 해리가 일어나는 압력을 찾는 실험이다. 그리고 등압 실험은 반응기 내부의 압력을 일정하게 고정하여 하이드레이트의 해리가 일어나는 온도를 찾아내는 방법이다. 마지막으로 등적 실험은 반응기 내부의 부피를 일정하게 유지함으로써 해리가 일어나는 압력과 온도를 찾는 방법이다. 등적 실험은 육안으로 하이드레이트를 직접 관찰할 수 없는 경우에 사용할 수 있는 장점이 있다.

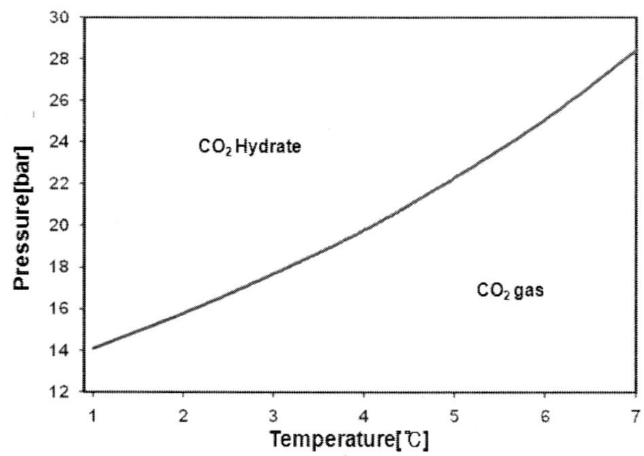

** 그림 13-11 ▌ CO_2 하이드레이트 상평형 그래프(Sloan, 1998)

그림 13.11은 CO_2 기체에서의 하이드레이트 상평형 그래프를 나타낸 것이다.

라인을 바탕으로 위쪽 영역은 가스 하이드레이트 영역 그리고 아래쪽 영역은 가스 상태의 영역을 나타낸다.

13.3.2 동역학(Kinetics)

동역학에는 열역학과 달리 시간의 개념이 포함된다. 하이드레이트가 얼마나 빨리 생성되고 해리되는지는 실제 공정에서 매우 중요한 문제이다. 동역학 실험은 실제 공정에서 하이드레이트를 이용하기 위한 실질적 데이터를 제공할 뿐만 아니라 실효성 검증을 위한 경제성 분석에 가장 중요한 인자로 작용한다. 그림 13-12는 일반적인 하이드레이트 동역학 실험을 보여준다.

동역학 실험의 초기에는 물에 대한 가스의 용해도로 인해서 그래프가 급격하게 증가하는 구간이 발생한다. 즉 그래프의 증가는 물속에 존재하는 가스 몰수의 증가를 의미한다. 가스의 용해가 끝나면 압력이 평형을 이루게 되어 그래프에서 평형인 구간을 확인할 수 있다. 이후 하이드레이트 생성 시, 물속으로 가스의 지속적인 포획이 일어나 그래프가 급격하게 증가하는 것을 확인할 수 있다. 그림 13-12에서 나타난 것과 같이 약 15분 이후 그래프의 급격한 증가가 일어났고, 이 시간을 Induction Time 혹은 핵 생성 시간이라 한다. 대부분의 가스의 경우 비슷한 그래프 거동을 보인다.

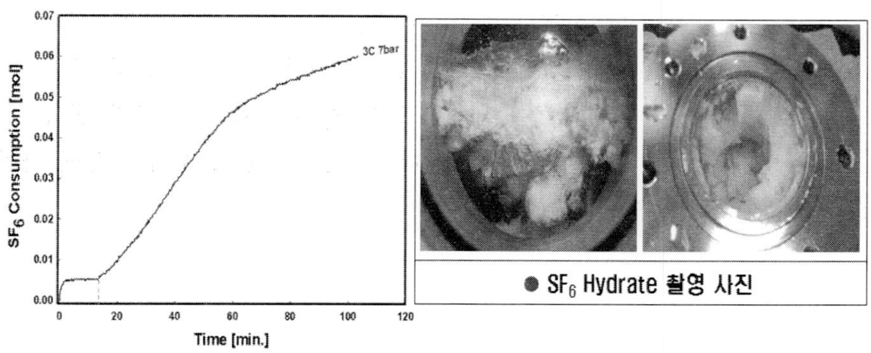

** 그림 13-12 ▌ SF_6 하이드레이트 속도 그래프

일반적으로 가스 하이드레이트 형성을 촉진시키는 가장 중요한 요건은 기/액 접촉 면의 확대 및 물 내에 가스의 용해도를 증가시키는 것이다. Tween 20, SDS와 같은 계면활성제는 친수성기와 소수성기로 이루어진 화합물로 물의 표면장력을 저하시키는 물질로 알려졌다. 수용액에서 계면활성제의 농도가 일정량 이상으로 높아지

면, 단순분산 상태였던 계면활성제가 집합체(미셀, Micelle)를 형성한다. 이때의 농도를 임계 미셀 농도(Critical Micelle Concentration : CMC)라고 한다. 계면활성제 첨가로 인하여 임계 미쉘 농도 이상이 되면, 수용액의 성질이 변화되면서 기체의 용해도가 증가하게 되어 하이드레이트의 생성 속도가 증가 된다.

13.3.3 형태학(Morphology)

가스 하이드레이트의 생성은 미시적 관점에서는 최소한 두 종류의 분자들이 특정한 배열로 재편성되는 과정이며, 거시적으로는 열 및 물질 전달이 필수적으로 수반되는 상변화 과정이다. 형태학(Morphology)은 생성되거나 분해되는 하이드레이트와 주변의 상 사이 경계의 모양과 크기에 관심을 두고, 결정의 핵들이 어떻게 생성되고 성장하며 서로 간섭하는지를 연구하는 분야이다. 형태학 연구의 결과는 하이드레이트의 미시 구조와 거시적 거동을 연계하는 정보를 제공한다.

그동안 시도된 형태학 연구는, 기체 상태의 객체 분자에 노출된 수액적의 표면, 액체 이산화탄소와 물의 계면, 또는 수중의 나그네 분자 기포 표면 등에서 막 형태로 생성되는 하이드레이트 거동 관찰이 주류를 이루고 있다. 한국생산기술연구원은 물방울 표면에서 하이드레이트 막의 생성 과정과 이후 기체 영역으로 진행되는 하이드레이트의 성장을 관찰하여 보고하였다. 그림 13-13은 메탄-프로판 하이드레이트의 물방울에서의 하이드레이트 성장 거동이다. 각각 다른 크기의 물방울을 올려놓고 하이드레이트 형성 조건인 273.85K에서 4MPa를 부여하였다. 그림에서 볼 수 있듯이 물방울 입자의 크기가 작으면 작을수록 더 많은 하이드레이트가 생성되며, 또한 더 많이 성장하는 것을 단적으로 보여준다. 이는 비표면적 증가로 인해 하이드레이트가 형성되는 핵 형성 사이트가 더 많아졌기 때문이다.

** 그림 13-13 ▌ 물방울 크기에 따른 하이드레이트 성장 거동

13.3.4 분광학(Spectroscopy)

가스 하이드레이트의 열역학적 상평형, 생성 속도 등의 거시적인 관찰과 더불어 고체 하이드레이트 상을 직접 분석하는 미시적인 방법들이 최근에 많이 시도되고 있다. 대표적으로 고체의 하이드레이트 상을 분석하는 방법으로는 회절법과 분광법이 있다. 회절법으로는 X-선 회절법이 대표적이며 분광법으로는 NMR과 라만(Raman)이 주로 사용된다. 그림 13-14는 라만 분광기를 이용한 가스 하이드레이트 분석을 나타낸 것으로 특히 라만 분광기를 이용한 분석은 NMR 분석에 비하여 측정과 해석이 쉬우며, In-Situ 측정이 가능하다는 장점을 가지고 있다. 이러한 기기 분석을 통하여 하이드레이트의 구조 규명은 물론 각 공동의 점유율 그리고, 하이드레이트의 형성 및 해리 과정을 측정할 수 있다.

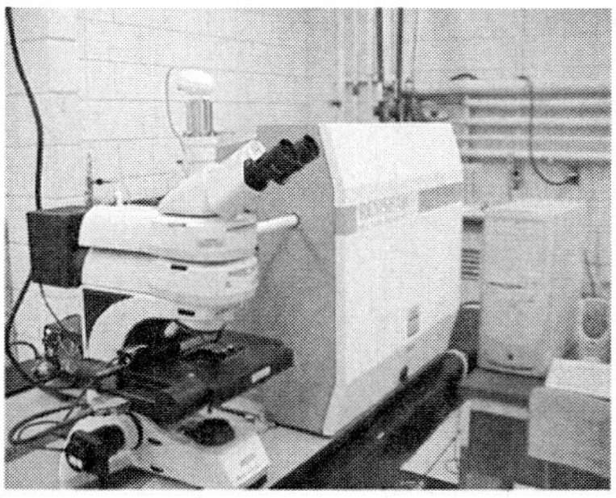

** 그림 13-14 ▌ 라만 분광기를 이용한 가스 하이드레이트 분석(Clarke and Bishnoi, 2005)

13.4 에너지 저소비·저탄소 사회로의 전환

13.4.1 Nature Gases Hydrate [NGH]

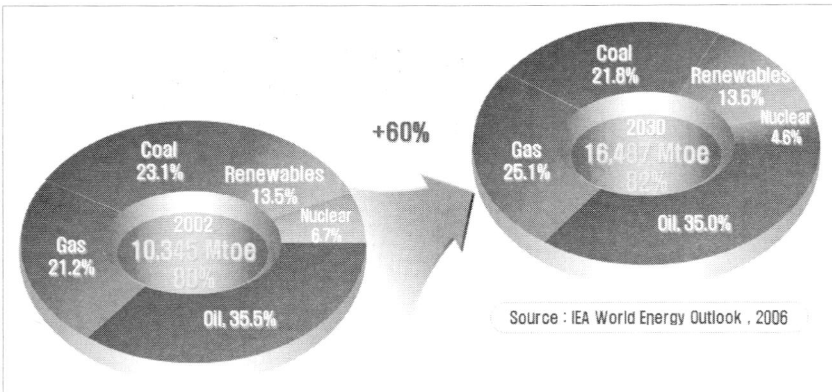

** 그림 13-15 ▌ 1차 에너지 수요 전망(IEA World Energy Outlook, 2006)

그림 13-15와 같이 1차 에너지의 수요는 점차 가스가 늘어나는 방향으로 전망되고 있다. 대부분 에너지 가스는 천연가스로, 천연가스의 주성분은 메탄(CH_4)이고, 나머지는 에탄(C_2H_6), 프로판(C_3H_8) 등으로 구성되어 있으며, 일반적으로 −162 ℃에서 액화시킨 상태(LNG)로 운반, 저장되고 있다. 표 13-2는 LNG와 NGH의 경제성을 비교한 것으로, 천연가스를 고체인 가스 하이드레이트 (Natural Gas Hydrate : NGH)로 만들어서 수송, 저장하는 방법은 천연가스의 생산, 운반, 재 가스화 등의 일련의 공정과 비교해볼 때 LNG 방법보다 약 24% 이상의 경비를 절감할 수 있다고 보고되고 있다(Kanda, 2006).

그림 13-16은 가스 하이드레이트의 가스 저장 능력을 보여주는 것으로 천연가스를 가스 하이드레이트로 전환·제조하여 다시 이용할 경우 1cc의 하이드레이트를 통해 약 170cc의 천연가스를 방출할 수 있다. 이러한 사실을 기초로 하여, 최근 천연가스의 고밀도 저장, 제조에 관한 연구가 많이 수행되고 있으며 또한 경비 절감이 가능하기 때문에 그림 13-17과 같이 경제성의 이유로 개발되지 못한 중소형 가스전을 개발할 수 있다.

일반적으로 천연가스를 액화하는데 드는 비용은 2000년 톤당 $200에서 현재 톤당 $1,000에 근접하고 있기 때문에 국제 LNG 시장의 성장에 가장 큰 장애로 부각되고 있다 (Reuters UK, 2007).

우리나라는 일본에 이어 세계 2위의 액화천연가스(LNG) 수입 국가이며 또한 세계 최대의 LNG 운반선 생산 국가임을 고려할 때 천연가스 수송시장을 겨냥한 NGH 관련 기술도 새로운 대안으로 주목받고 있다.

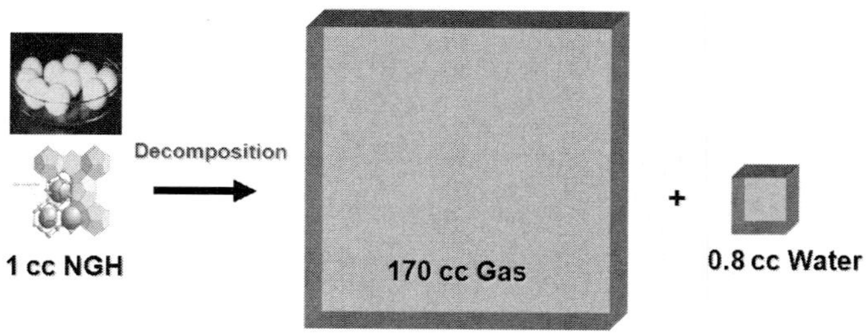

** 그림 13-16 ▌ 가스 하이드레이트의 저장 능력

** 표 13-2 ▌ LNG와 NGH의 경제성 비교(천연가스 40억 m3/yr를 6,475km 수송시 , Bø rrehaug 1996)

구 분	LNG	NGH	Difference
Production	1,220$(51%)	792$(44%)	428$(35%)
Shipping	750$(32%)	704$(39%)	46$ (6%)
Regasification	400$(17%)	317$(17%)	83$(21%)
Total	2,370$(100%)	1,813$(100%)	557$(24%)

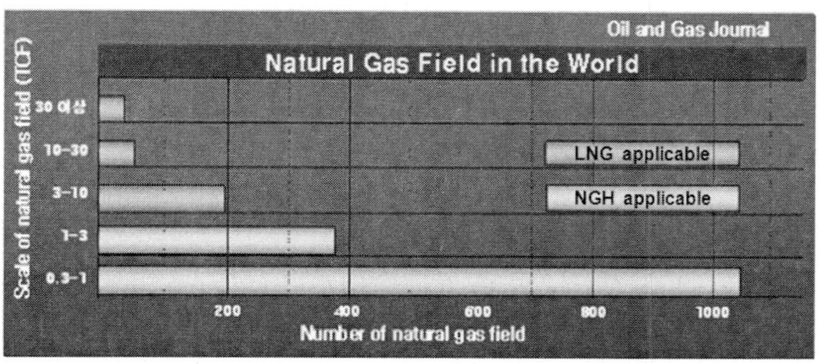

** 그림 13-17 ▌ 중소형 가스전의 분포(Oil and Gas Journal 1993)

가스 하이드레이트의 자원으로서 중요성이 일찍 부각되면서 많은 연구가 선행 되었지만, 천연가스 수송 매체로서의 응용은 노르웨이 NTNU(Norwegian University of

Science and Technology) Gudmundsson 교수의 자기 보존 효과(Self Preservation Effect) 이론이 제시되면서 활발하게 연구되었다. 기존에는 가스 하이드레이트의 안정을 위해 저온, 고압의 조건이 반드시 필요했지만, 상압에서도 −10℃ 이하의 조건이 충족되면 하이드레이트 입자 표면에서 생성되는 얼음 막으로 인해 하이드레이트가 meta−stable 상태로 유지되는 것이 자기 보존 효과이다. 1990년 이 현상의 발견으로 가스 하이드레이트에 천연가스를 저장, 수송할 수 있는 가능성이 확인되었으며, 이후 일본과 미국을 중심으로 관련 기술이 활발히 연구되기 시작했다.

NGH 제조 시스템의 경우 NGH의 연속 생산을 위해 다양한 방법이 개발되어 왔다. 그림 13−18과 같이 일본의 Mitsui, Mitsubishi Heavy Industry (MHI), JFE에서는 각각 Bubbling/Stirring 반응기, Water−Spraying 반응기, Micro−Bubble with Tubular 반응기 등의 효과적인 NGH 생성 방법을 제시하고 있다.

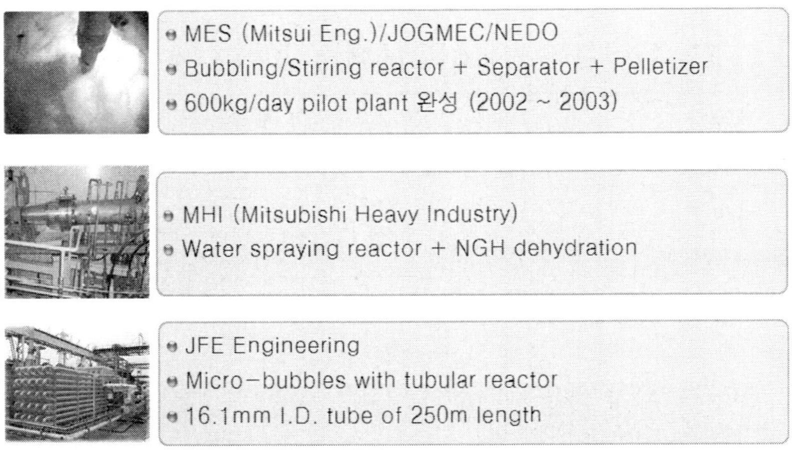

** 그림 13-18 ▌ NGH 반응기의 종류(JOGMEC, Japan)

그림 13−19는 Mistui사의 NGH 생산 방법으로 세 가지 방법 중 스케일 업에 성공한 첫 번째 방법으로서, 이 반응기를 적용한 NGH 생산 파일럿 플랜트 연구가 2002년부터 2003년까지 NEDO와 JOGMEC의 지원 하에 이루어졌다. 현재 지바현에 600kg/day의 NGH 파일럿 플랜트를 건설하여, 순수 메탄가스와 물을 이용한 하이드레이트 생산 및 Pelletizing 연속 공정 개발에 성공하였다. 이 설계 기술을 바탕으로 천연가스와 같은 성분의 혼합 가스를 이용한 NGH 생산 공정 개발을 2005년에 착수하여 실증 플랜트로 5ton/day 규모의 NGH 생산을 목표로 하고 있다.

** 그림 13-19 ▌ Pelletizing 연속 공정 플랜트(Kanda, 2006)

미국에서의 NGH 제조는 일본과는 달리 계면활성제를 이용한 NGH 제조 및 저장, 가스화 공정 연구를 진행하였다. 제조 반응기는 먼저 개념 설계에서부터 5,000scf의 천연가스 저장 공정을 염두에 두었으며, Stirring 없이 1.6℃, 550psi의 물에 계면활성제를 녹이고 천연가스와 반응시켜 NGH를 생성하였다. 실제 반응기와 설치 모습은 그림 13-20에서 확인할 수 있으며, 반응기는 1인치의 공간을 두고 냉매(Glycol용액) 재킷에 둘러싸여 있고, 30개의 열 교환 튜브가 삽입 되어 있다. 이 튜브에 흐르는 냉매를 통해 반응 기내의 용액을 냉각시킬 수 있으며, NGH는 이 튜브 표면에서 생성되기 시작한다.

** 그림 13-20 ▌ 계면활성제를 이용한 NGH 제조 및 저장, 가스화 공정 플랜트(DOE, U.S.A)

제조된 NGH 수송은 차량과 선박을 이용할 수 있는데, LNG선을 대체할 수 있는 NGH 수송선 개념이 그림 13-21과 같이 일본 Mitsui사에서 연구되고 있으며, 1단계 연구로 NGH 수송선의 개념 설계가 2001년에서 2003년까지 이루어졌다. NGH 수송선은 구획으로 나누어진 선창에 독립된 각각의 NGH 저장 탱크를 수용하는 형태로 이루어지며, 효과적인 NGH 선적 및 하역을 위해 별도의 Loader를 설치하는 것으로 설계되어 있다.

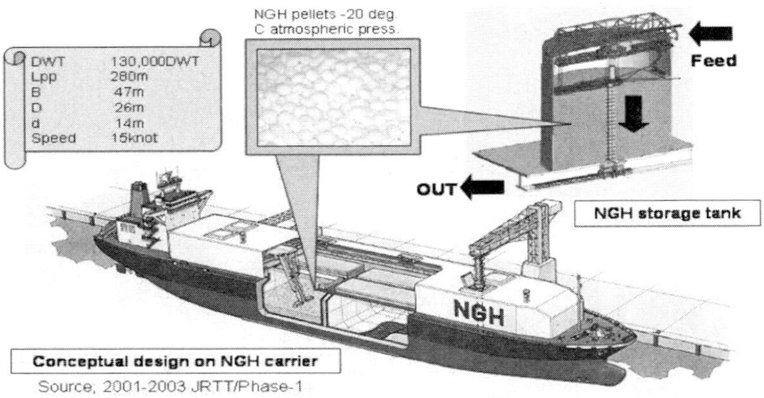

** 그림 13-21 ‖ NGH 수송선 (Kanda, 2006)

또한 그림 13-22는 NGH 수송선 개발과 더불어 해상 가스 하이드레이트 생산 기지 (FPSO)와 NGH 수송선을 연결하고, NGH를 선적할 수 있는 시스템의 개발도 병행한 시스템을 나타내고 있다(NGH Chain System).

** 그림 13-22 ‖ NGH Chain System(Mitsui, Japan)

NGH를 이용한 천연가스 수송 기술이 주목을 받으면서 중동 국가들도 자국 내 가스전에서 개발된 천연가스를 NGH를 이용해 전 세계로 판매하는 것에 대한 경제성 평가를 실시하고 있는 상황이다. 여기에는 노르웨이 또는 일본에서 제안하고 있는 NGH 수송 기술이 사용되고 있다.

국내 가스 하이드레이트 관련 연구는 1994년 이후 기초 연구가 시작되었으며, 동해 지역의 가스 하이드레이트 발견 이후 탐사 및 개발 연구가 본격화되면서 국내 연구 방향은 대부분 가스 하이드레이트의 생산 기술 확보를 위한 연구에 초점이 맞추어져있다. 가스 하이드레이트 정밀 탐사, 가스 하이드레이트 유동 시뮬레이션 연구, 가스 하이드레이트 물성 및 상평형 측정 연구 등이 이루어지고 있다. 또한 최근 한국 생산기술연구원을 중심으로 NGH에 의한 천연가스 저장/운송 및 NGH 이용 기술 개발 국가 과제를 수행하고 있다.

13.4.2 가스 하이드레이트 형성 원리를 이용한 CO_2 분리 및 회수 기술

교토 의정서 발효에 따라 우리나라의 기후 변화 협약 체결이 현실적으로 다가왔으며, 국가경제 및 산업에 막대한 영향을 끼칠 것으로 전망되고 있다. 이를 해결하기 위한 최선의 방편으로 범지구적인 CO_2 처리 기술 개발이 시행되고 있다. 선진국에서는 일부, 화력 발전소 및 제철소 등 이산화탄소 대량 발생원에 효율적으로 적용하기 위한 기술 개발을 서두르고 있으나 국내에서는 아직 유기적인 체계를 갖추지 못하고 있다. 그림 13-23은 지구온난화로 인한 90년 동안의 알래스카 빙하의 변천을 단적으로 보여준다.

** 그림 13-23 ▌ 알래스카의 빙하 변천 사진

그림 13-24에서 볼 수 있는 바와 같이 전력 부문은 온실가스, 즉 CO_2의 최대 배출원이다. 우리나라에서는 2004년 기준으로 연간 5.9억톤의 온실가스를 배출 하였으며 이 가운데 5.1억톤 가량이 CO_2로 배출되었다. 전력 분야에서 배출되는 CO_2는 연간 1.5억톤 수준으로 석탄, 경유 및 천연가스를 연료로 사용하는 화력발전소에서 배출되고 있다. 연료별 발전 분야의 CO_2 배출량은 석탄 화력이 가장 우세하며 한국전력 산하 전체 발전회사들의 CO_2 배출량의 약 78%를 차지하고 있다. 따라서 석탄화력발전 시설에 대한 CO_2의 회수 기술 개발을 CO_2 감축의 최우선 사업으로 추진하고 있다. 그림 13-25와 같이 전력 분야의 CO_2 회수 기술은 크게 연소 후 포집(Post- Combustion Capture), 순산소연소(Oxy-Fuel Combustion) 및, 연소 전 탈탄소화(Pre-Combustion Decarbonization)로 구분될 수 있다.

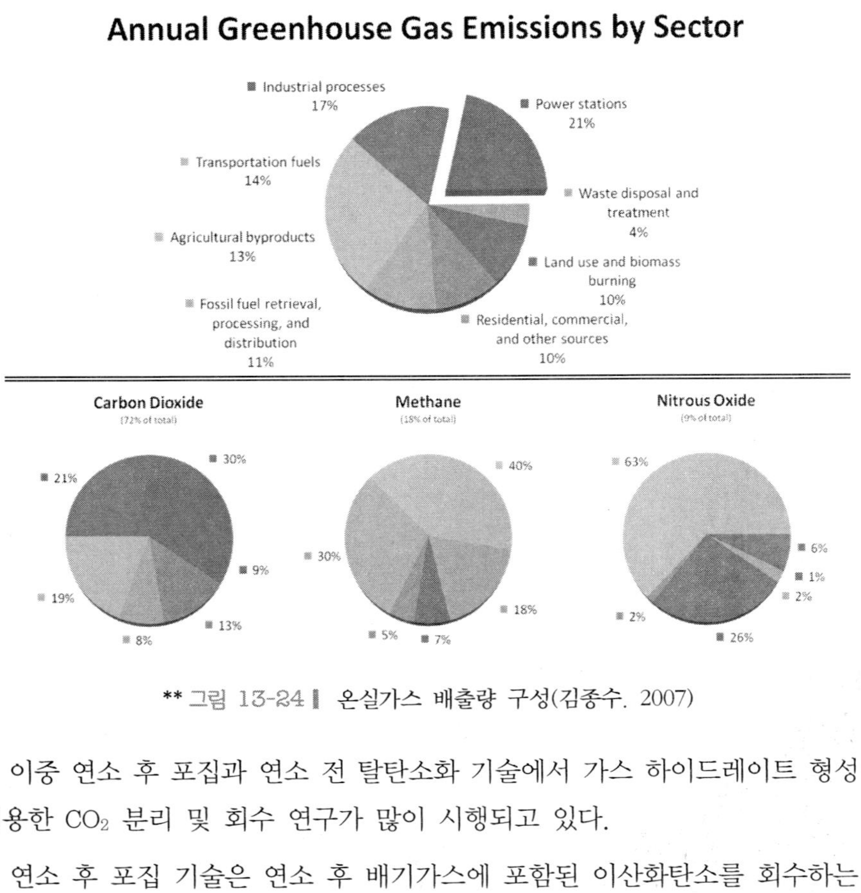

** 그림 13-24 ▌ 온실가스 배출량 구성(김종수, 2007)

이중 연소 후 포집과 연소 전 탈탄소화 기술에서 가스 하이드레이트 형성 원리를 이용한 CO_2 분리 및 회수 연구가 많이 시행되고 있다.

연소 후 포집 기술은 연소 후 배기가스에 포함된 이산화탄소를 회수하는 기술이며 기존 공정에 적용하기 가장 쉬운 기술로 흡수제를 이용하여 이산화탄소를 흡탈착 및 분리하는 방법이 대세를 이루고 있다. 하지만 최근 가스 하이드레이트를 이용하여 발전소 혹은 제철소로부터 나오는 배기가스(연소 후 포집 기술)에서 이산화탄소를 선택적으로 분리하는 공정이 제안되었다. 배기가스는 일반적으로 15~20mol%의 이산화탄소와 5~9mol%의 산소, 나머지 대부분은 질소 등으로 이루어진다. 따라서 간단한 전처리 과정을 거치게 되면 이 배기가스는 이산화탄소와 질소의 이성분 혼합가스로 생각되어질 수 있으며, 하이드레이트 형성을 통해 혼합가스에서 대상 물질인 이산화탄소를 고농도로 농축할 수 있다.

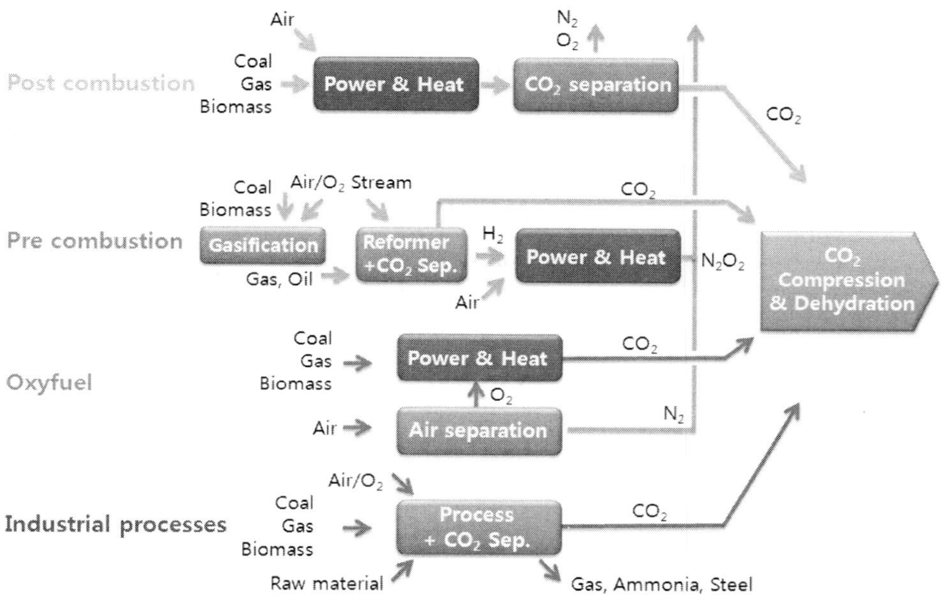

** 그림 13-25 ▌ 발전 분야와 산업 분야의 CO_2 회수 기술(김종수. 2007)

또한, 연소 전 탈탄소화 기술에 맞춰 하이드레이트 형성 원리를 이용한 CO_2 분리 및 회수 연구가 최근 수행되고 있다.

연소 전 탈탄소화 기술은 석탄가스화 복합발전(IGCC) 기술과 연계하여 CO_2를 회수할 수 있는 방법으로 가스화된 석탄가스에 Water-Gas Shift(수성가스 변위)반응과 CO_2 분리로 얻어진 탈 탄소화된 연료를 이용하여 전력을 생산한다. 이때 발생하는 기체는 조성은 약 40% CO_2와 60% H_2이다. 이 기술의 핵심은 생성된 CO_2/H_2 혼합 기체로부터 CO_2를 분리하는 공정으로, 현재까지 알려진 차세대 회수 기술로는 Membrance Reactor, SOFC, Oxygen Ion Transfer Membrane(OTM), 그리고 가스 하이드레이트가 있다. 가스 하이드레이트 형성 원리를 이용한 연소 전 탈탄소화 방법은 약 40% 농도의 이산화탄소 혼합 기체와 공정 내 발생하는 높은 자체 압력(2.5~5.0 MPa)을 이용하여 쉽게 하이드레이트를 형성할 수 있으며 가스의 선택적 분리 또한 매우 쉽다.

그림 13-26은 하이드레이트 형성 원리를 이용한 연소 전 탈탄소화 기술에서의 CO_2 회수에 대한 개념도를 나타낸 것이다. 하이드레이트의 경우 혼합된 가스 조성에서 선택적인 가스 분리가 가능하다. 이는 각각의 가스 조성에 따라 하이드레이트를 형성하는 온도, 압력 조건이 다르기 때문이다. 예를 들어 1℃의 온도에서 CO_2의 경우 하이드레이트를 형성하기 위하여 약 2MPa 압력이 필요하지만 H_2의 경우 200MPa의 높은 압력이 필요하다. 이러한 차이를 이용하면 하이드레이트의 형성 온도 및 압력 변화를 통하여 CO_2만을 고상화시킬 수 있다.

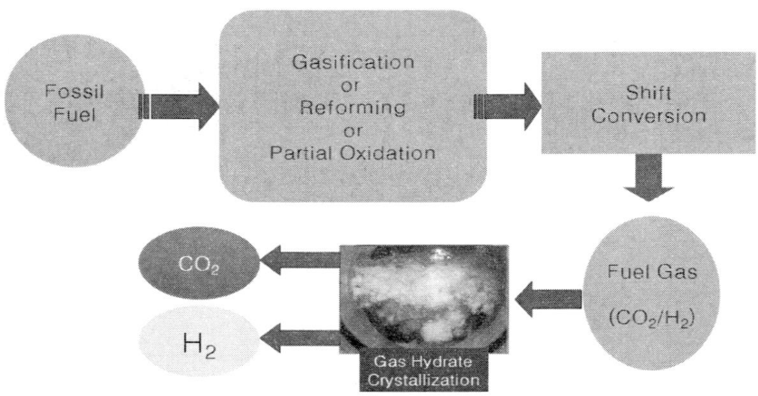

** 그림 13-26 ▎ 하이드레이트를 이용한 CO_2 회수 개념도

그림 13-27은 캐나다 U.B.C. 대학 연구팀의 회수 공정도로 초기 0.6℃, 7.5MPa의 높은 압력에서 2단계 공정을 통하여 약 99% 조성의 이산화탄소를 획득할 수 있었으며 또한 C3H8 첨가를 통하여 공정 압력을 낮추었다. 국내의 경우 부산대학교 연구팀에서는 하이드레이트 형성 촉진제인 THF(Tetrahydrofuran) 및 TBAB (Tetrabutyl Ammonium Bromide)를 첨가하여 THF, TBAB 농도에 따른 상평형 및 속도론 실험을 수행하였으며 단일 공정에서 약 90% 이상의 CO_2를 회수하였다.

앞으로 가스 하이드레이트를 이용한 기술은 연소 전 탈탄소화 기술에서의 CO_2 회수 분리에 대한 핵심 연구임과 동시에 탄소 배출권 규제에 실질적인 기여를 할 수 있을 것으로 기대된다.

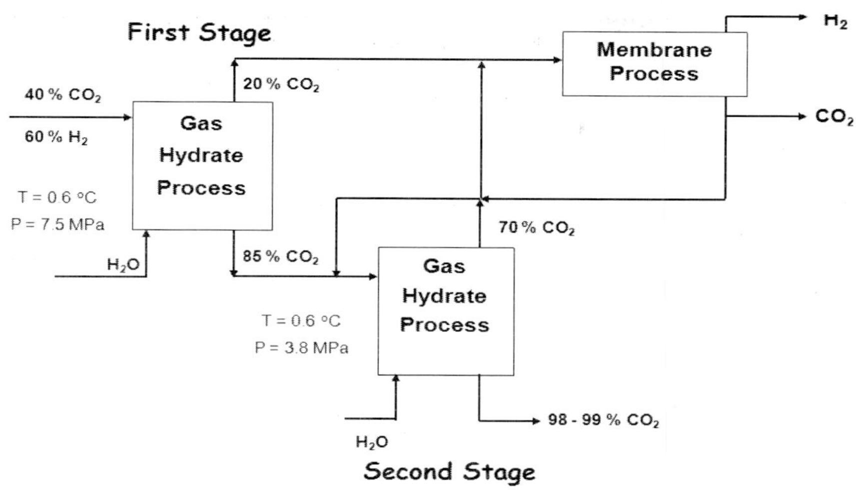

** 그림 13-27 ‖ 하이드레이트를 이용한 CO_2 회수 공정도

13.4.3 가스 하이드레이트를 이용한 해수담수화 기술

해수담수의 비약적인 발전은 제2차 세계대전이 일어난 1940년대로 사막지역에 위치한 군인들에게 물을 공급하기 위한 장치의 필요로 연구가 활발히 시작되었다. 미국정부에서는 1950년대에 몇 개의 기구를 창설하여 30년 동안 연구를 하였으며, 대규모의 증발법에 의한 담수화 플랜트는 1960년 중동 쿠웨이트에 4,000m^3/day 용량을 갖는 해수담수화 플랜트가 최초이다. 1970년대 다단 플래시 증발법에 의한 담수화 플랜트가 주류를 이루어 설치되었지만, 증발법은 에너지 비용이 많이 들기 때문에 1980년대 후반 원유 가격의 폭등으로 중동 등지에서 일시적으로 담수화 설비의 증가세가 둔화되었다. 하지만 1990년대 이후 역삼투법이 발전함에 따라 다단 플래시 증발법과 역삼투법이 전체 담수화 플랜트의 주류를 이루어 하루에 수십만톤의 담수를 생산할 수 있는 담수화 플랜트가 건설되고 있는 실정이다.

그림 13-28은 해수담수화 동향을 나타낸 것으로, 전 세계 담수 설비의 용량은 약 2,000만m^3/day 정도이고, 전체 플랜트 수는 약 8,000여개로, 중동국가와 미국이 절반 이상을 차지하고 있다.

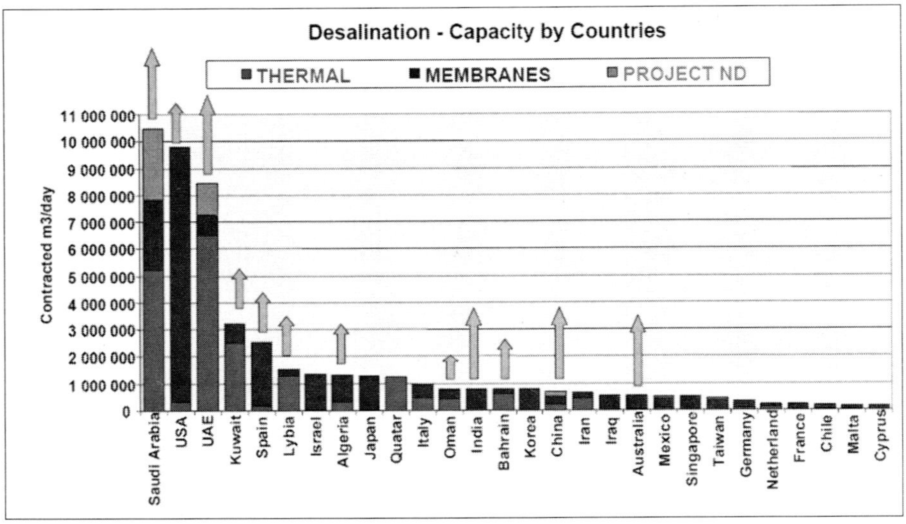

** 그림 13-28 ▌ 전 세계 해수담수화 동향(V. Bonnéye, 2008)

그림 13-29는 전통적인 해수 담수화 종류를 나열한 것이다. 현재까지 공업화된 해수의 담수화 과정은 역삼투(Reverse Osmosis)를 이용한 막 분리 방법과 수증기를 이용한 증발과 응축 방법으로 대별되나 이들 방법들은 각각 서로 상반되는 장단점을 갖고 있어 개선되어야 할 점들이 많이 있다. 역삼투법을 이용한 막 분리 방법은 시설비 및 운전비가 저렴한 장점은 있으나 해수의 담수화 시 막에 부하되는 압력이 70~100기압에 이르고 있어 이에 견딜 수 있는 막의 제작이 쉽지 않다. 또한 유입해수에 포함되어 있는 각종 부유물로 인하여 막 자체가 쉽게 비활성화되므로 이를 방지하기 위하여 유입 해수 정제에 많은 비용을 투자해야 된다는 점과 막 자체의 수명이 유입 해수 정제 정도에 따라 2~3년 정도 밖에 이르지 못하는 단점을 갖고 있다. 이와는 반대로 수증기를 이용한 해수 담수화 공정은 15~20년 간 장치를 사용할 수 있다는 장점을 가지고 있지만, 수증기를 생산하기 위한 연료비, 즉 운전비와 증발기 및 응축기 등의 시설투자비가 많이 소요되는 단점이 있다.

** 그림 13-29 ▌ 전통적인 해수 담수화 종류

가스 하이드레이트의 형성 원리를 이용한 해수담수화 방법은 앞서 말한 두 가지 방법에서의 장점을 그대로 유지할 수 있을 뿐만 아니라 각각의 단점 또한 잘 보완할 수 있다는 특징을 가지고 있다.

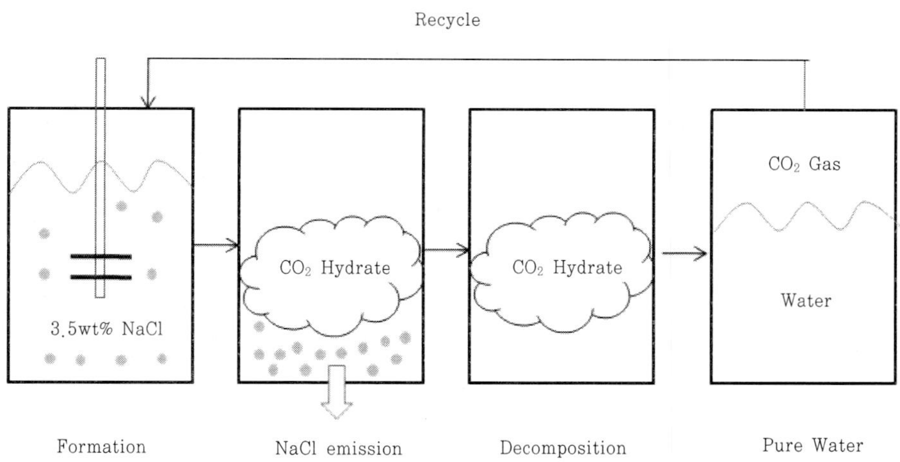

** 그림 13-30 ▌ Hydrate 원리를 이용한 해수담수화

그림 13-30은 하이드레이트 형성 원리를 이용한 해수담수화의 개념도이다. 이론적으로 하이드레이트의 경우 순수물과 가스와의 물리적 결합에 의해 생성되기 때문에 이 과정에서 NaCl 이온은 배제된다. 따라서, 고상화되지 않는 NaCl 용액을 밖으로 배출하고 하이드레이트를 해리시키면 순수한 물과 가스를 얻을 수 있다. 또한 가스는 재사용이 가능하다.

최근 한국생산기술연구원에서 그림 13-31과 같이 해수담수 장치를 고안하였고, 가스 하이드레이트 형성 원리만을 이용하여 약 80% 이상의 염분 제거율을 보였다.

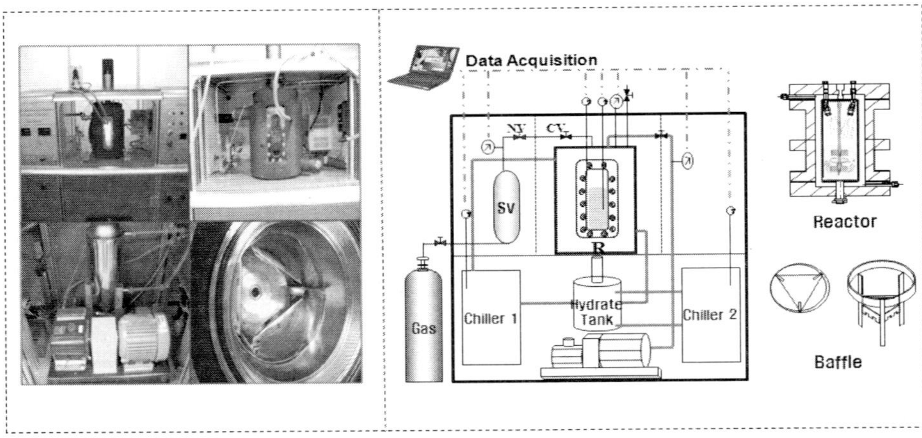

** 그림 13-31 ‖ 해수담수화 장치 모식도

13.4.4 가스 하이드레이트를 이용한 수소 저장 기술

수소는 에너지 수급의 최종 목표점이지만 저장의 어려움 때문에 실용화가 지연되고 있다. 현재까지 알려진 수소 저장 기술로는 고압 수소 저장, 저온액체 수소 저장, 수소 저장 합금(금속수화물), 나노재료 수소 저장 등이 있다. 하지만 고압 방식의 경우 낮은 수소 저장 밀도 및 안전성이 문제시 되고 있으며, 액화 저장 방식은 초저온(33K 이하)이기 때문에 실용 기술로는 적당하지 않다. 또한 금속 수화물 형태의 저장 방식은 가역 반응이 어렵고 나노 재료를 이용한 방법 또한 재생성과 제조 비용 등을 고려할 때 실용화에는 더 많은 연구가 필요하다.

최근 금속붕소수소화물($LiBH_4$등)을 이용한 수소 저장 방법이 각광을 받고 있는데 최대의 단점은 화학적으로 결합되어 저장된 수소를 탈착시키기 위해서는 300℃ 이상의 상당히 높은 온도가 요구된다는 점이다.

따라서 상압·저온에서 물리적 결합에 의한 가역적 수소 저장 기술 개발이 성공적으로 이루어질 경우, 이의 경제적, 산업적 측면에서의 파급 효과는 크다고 할 수 있다.

가스 하이드레이트 원리를 이용한 수소 저장 기술이 기술이 주목을 받고 있는데, 최근 THF(tetrahydrofuran)을 촉진제로 하는 수소 하이드레이트의 수소 저장량은 최고 4.0wt%가 나왔다(Lee et al., 2005). 그림 13-32는 Hydrate 원리를 이용한 수소 저장 기술을 나타낸 것으로, 앞으로 수소 하이드레이트에서 첨가제 THF를 대체하여 보다 더 저 압력과 안정성을 주는 Promoter 적용 기술이 성공적으로 이루어질 경우, 파급 효과는 매우 커질 것으로 전망된다.

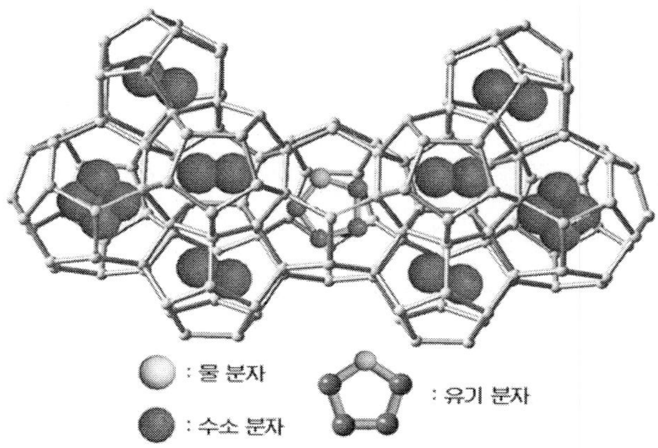

** 그림 13-32 | Hydrate 원리를 이용한 수소 저장 기술

13.5 가스 하이드레이트를 이용한 해수담수화 설계

13.5.1 해수담수화 기본 설계

가스 하이드레이트 형성 원리를 이용한 해수 담수화 시스템 설계를 위해서는 그림 13-33과 같은 기본적인 Concept Map 설계부터 우선적으로 수행 되어야 한다. 그림 13.33은 Compact한 담수화 시스템으로 Batch형 반응기를 통해 하이드레이트를 제조하고 탈수, 분리하는 방법을 채택하고 있다. 이 시스템의 핵심은 하이드레이트를 만드는 반응기(그림 13-33⑰)로 공급된 탱크(그림 13-33⑱)의 압력 변화를 통해 소모된 가스의 양과 함께 담수를 얻을 수 있다. 해수 담수 장치를 설계하기 위해서는 각 장치 요소(펌프, 반응기, 압축기)의 구동 전기료와 시설비(인권비, 토지 사용료)의 경제성 분석이 우선시 되어야 한다. 하지만 현재까지 하이드레이트 방식을 이용한 해수담수 장치의 상용화는 전무한 실정이다. 이에 본 기본 설계에는 반응기 자체만의 시스템을 전제로 하고, 실험실 스케일을 바탕으로 소모된 가스의 양과 함께 담수량을 계산한다.

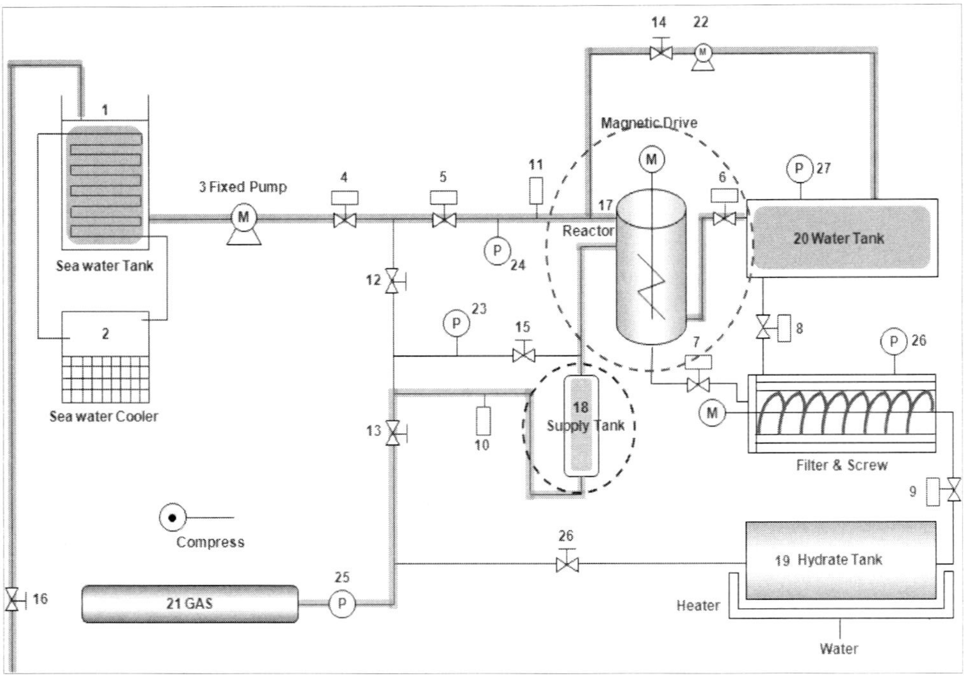

** 그림 13-33 ▌ Hydrate 원리를 이용한 해수담수화 시스템

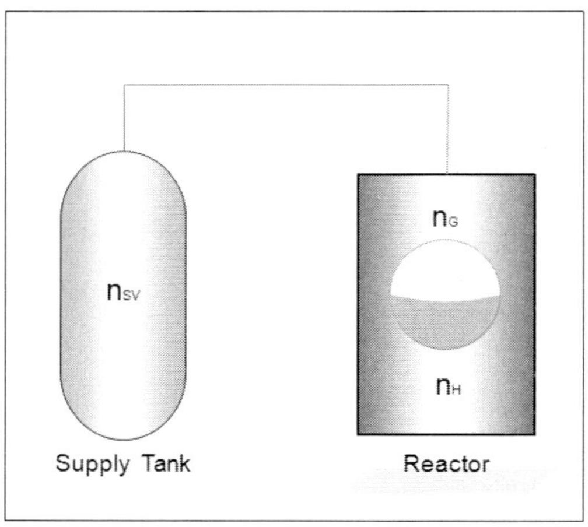

** 그림 13-34 ▌ Hydrate 반응기와 공급 탱크

하이드레이트 제조는 반응기(R)에서 일어나며 반응기(R)는 항상 정온과 정압을 유지한다. 하이드레이트 생성 시 수소 결합에 포획되는 가스의 영향으로 반응기의 압력은 감소하고, 공급 탱크(SV)를 통해 감소한 양만큼의 가스를 충진시켜 준다.

즉, 공급 탱크(SV)의 압력 변화를 통하여 생성된 하이드레이트 양을 추정할 수 있다. 기본적으로 실제 기체 상태 방정식을 이용하여 다음과 같은 Mass Balance를 세울 수 있다.

그림 13-34는 닫힌 계이며, 온도 변화 및 시간에 따른(0~t초) 몰수의 변화는 없다고 가정한다. 가정에 의해 시간이 0에서 t로 변화도 전체 기체 몰수의 합은 일정하다.

$$n_{G,0}+n_{SV,0}+n_{H,0}=n_{G,t}+n_{SV,t}+n_{H,t} \tag{13.1}$$

여기서 n_G는 반응기의 기체 몰수, n_H는 반응기의 하이드레이트 상에 존재하는 기체 몰수, n_{SV}는 공급 탱크의 기체 몰수를 의미한다.

위의 식(13.1)을 하이드레이트 상에 대하여 전개하면 다음과 같다.

$$n_{H,t}-n_{H,0}=n_{G,0}-n_{G,t}+n_{SV,0}-n_{SV,t} \tag{13.2}$$

식(13.2)로 유도된 하이드레이트 상에 대한 물수의 변화는 실제 기체 방정식($PV=nZRT$)을 이용하여 계산할 수 있다.

$$\Delta n_H=n_{H,t}-n_{H,0}=\left(\frac{P_GV_G}{ZRT}\right)_{G,0}-\left(\frac{P_GV_G}{ZRT}\right)_{G,t}+\left(\frac{P_{SV}V_{SV}}{ZRT}\right)_{SV,0}-\left(\frac{P_{SV}V_{SV}}{ZRT}\right)_{SV,t} \tag{13.3}$$

이때 반응기는 항상 정압과, 정온을 유지하기 때문에 식(13.4)와 같이 된다.

$$\left(\frac{P_GV_G}{ZRT}\right)_{G,0}-\left(\frac{P_GV_G}{ZRT}\right)_{G,t}=0 \tag{13.4}$$

식(13.3)에 식(13.4)를 대입하면 다음과 같이 정리할 수 있다.

$$\Delta n=V_{SV}\left(\frac{P_{SV}}{ZRT}\right)_{SV,0}-V_{SV}\left(\frac{P_{SV}}{ZRT}\right)_{SV,t} \tag{13.5}$$

여기서 Z는 압축 인자이고, R은 기체상수(8314 $cm^3\cdot kPa\cdot mol^{-1}\cdot k^{-1}$), PSV는 공급 탱크의 압력(kPa), TSV는 공급 탱크의 온도(K, constant), VSV는 공급 탱크의 부피(cm^3, constant)를 의미한다.

식(13.5)를 통해서 공급 탱크의 t시간 후의 압력 변화(P)와 가스의 압축 인자(Z) 값을 대입하면 하이드레이트 상에 대한 몰수의 변화를 계산할 수 있다.

추가적으로 압축 인자 Z를 구하는 식은 다음과 같다.

$$Z = Z_0 + \omega Z_1 \tag{13.6}$$

$$Z_0 = 1 + B_0 \frac{P_r}{T_r} \qquad Z_1 = B_1 \frac{P_r}{T_r} \tag{13.7}$$

$$B_0 = 0.083 - \frac{0.422}{T_r^{1.6}} \qquad B_1 = 0.139 - \frac{0.172}{T_r^{4.2}} \tag{13.8}$$

$$P_r = \frac{P_{SV}}{P_c} \qquad T_r = \frac{T_{SV}}{T_c} \tag{13.9}$$

P_c는 임계 압력(kPa), T_c는 임계 온도(K), ω는 acentric factor(constant by molecule)를 의미한다(J. M. Smith, Introduction to Chemical Engineering Thermodynamics, 2001).

** 표 13-3 ▌ 기체의 임계 온도, 임계 압력, acentric factor (J. M. Smith., 2001)

Name	T_C/K	P_C/kPa	ω
Methane	190.6	4,600	0.008
Ethane	305.4	4,880	0.098
Propane	369.8	4,250	0.152
n-butane	425.2	3,800	0.193
Isobutane	408.1	3,650	0.176
n-Pentane	469.6	3,370	0.251
Isopentane	460.4	3,380	0.227
Neopentane	433.8	3,200	0.197
n-Hexane	507.4	2,970	0.296
n-Heptane	540.2	2,740	0.351
n-Octane	568.8	2,480	0.394
Argon	150.8	4,870	0.000
Bromine	584.0	10,300	0.132
Chlorine	417.0	7,700	0.073
Helium	5.2	227	-0.387
Hydrogen	33.2	1,300	-0.220
Krypton	209.4	5,500	0.000
Neon	44.4	2,760	0.000

Name	T_C/K	P_C/kPa	ω
Nitrogen	126.2	3,390	0.040
Oxygen	154.6	5,050	0.021
Xenon	289.7	5,840	0.000
Ammonia	405.6	11,280	0.250
Carbon dioxide	304.2	7,380	0.225
Carbon monoxide	132.9	3,500	0.049
Chloroform	536.4	5,500	0.216
Water	647.3	22,050	0.340

가스 하이드레이트는 구조에 따라 각각 다른 Unit Cell을 가지고 있다. 예를 들어 구조-I 의 경우 6개의 $5^{12}6^{2}$공동과 2개의 5^{12}공동 그리고 46개의 물 분자로 이루어진다. 수소와 질소와 같은 저분자를 제외하고는 일반적으로 하나의 공동에는 한 개의 기체 분자가 자리한다.

표 13-3은 기체의 임계 온도, 임계 압력을 나타내었고, 표 13-4는 하이드레이트를 형성하는 구조에 따라 특성을 나타내었다. 또한 표 13-5와 표 13-6은 기체 분자의 종류에 따라 형성되는 구조 및 기체들이 차지하는 공동을 표기하였다.

즉, 하이드레이트를 만들기 위해 소모되는 기체 분자의 몰수를 알면 구조와 공동 점유에 따라 소모되는 물의 양 역시 알 수 있다. 하지만 Unit Cell의 경우 가스 분자에 의하여 하이드레이트 공동이 완전히 충진되었을 때, 이상적인 값을 의미하며 실제 거동과 차이를 나타낸다.

** 표 13-4 ▌ **하이드레이트 구조에 따른 특징**(Sloan, 1998)

Structure	I	II	H
Crystal System	body-centered cubic	diamond cubic	hexagonal
Space Group	Pm3n	Fd3m	P6/mmm
Lattice Description	body centered	diamond	
Lattice Parameter(Å)	a=12	a=17.3	a=12.26 c=10.17
Ideal Unit Cell Formula	$6X \cdot 2Y \cdot 46H_2O$	$8X \cdot 16Y \cdot 13_6H_2O$	$1X \cdot 3Y \cdot 2Z \cdot 34H_2O$
Energy Density(kcal/m_3)	5.32·105	$1.46 \cdot 10_6$	$1.90 \cdot 10_6$
Volume of methane(m_3)	56.02 (5_{12})	154.08 (5_{12})	200.93 (5_{12}, $4_35_66_3$)

※ X and Y refer to large voids and 12-hedra, respectively ; Z indicates the $4^35^66^3$ cavity.

표 13-5 | 구조-I 과 II 에서의 객체 분자와 공동의 크기 비(Sloan, 1998)

R= (Molecular Diameter) / (Cavity Diameter)

Molecule	Guest Diam. (Å)	Structure I		Structure II	
		5^{12}	$5^{12}6^2$	5^{12}	$5^{12}6^4$
He	2.28	0.447	0.389	0.454	0.342
H_2	1.72	0.533	0.464	0.542	0.408
Ne	2.97	0.582	0.507	0.592	0.446
Ar	3.8	0.745	0.648	0.757*	0.571*
Kr	4.0	0.784	0.683	0.797*	0.601*
N_2	4.1	0.804	0.700	0.817*	0.616*
O_2	4.2	0.824	0.717	0.837*	0.631*
CH_4	4.36	0.855*	0.744*	0.868	0.655
Xe	4.58	0.898*	0.782*	0.912	0.687
H_2S	4.58	0.898*	0.782*	0.912	0.687
CO_2	5.12	1.00	0.834*	1.02	0.769
C_2H_6	5.5	1.08	0.939*	1.10	0.826
c-C_3H_6	5.8	1.14	0.990*	1.16	0.871*
$(CH_2)_3O$	6.1	1.20	1.04	1.22	0.916*
C_3H_8	6.28	1.23	1.07	1.25	0.943*
i-C_4H_{10}	6.5	1.27	1.11	1.29	0.976*
n-C_4H_{10}	7.1	1.39	1.21	1.41	1.07

* : indicate the cavity occupied by the simple hydrate former

표 13-6 | 구조-H 에서의 객체 분자와 공동의 크기 비(Sloan, 1998)

R=(Molecular Diameter) / (Cavity Diameter)

Molecule	Guest Diam. (Å)	Structure-H 5^{12}	Structure-H $5^{12}6^2$	Structure-H 5_{12}
		Methane	Methane	Lage Guest
2-Methylbutane	7.98	0.868	0.820	0.926
2,2-Dimethylbutane	7.99	0.868	0.820	0.927
2,3-Dimethylbutane	7.97	0.868	0.820	0.925
2,2,3-Trimethylbutane	8.00	0.868	0.820	0.928
3,3-Dimethylpentane	8.44	0.868	0.820	0.979
Methylcyclopentane	7.86	0.868	0.820	0.912
Ethylcyclopentane	8.98	0.868	0.820	1.04

Molecule	Guest Diam. (Å)	Structure-H		
		5^{12}	$5^{12}6^{2}$	5_{12}
		Methane	Methane	Lage Guest
Methylcyclopentane	8.59	0.868	0.820	0.997
cis-1,2-Dimethyl-cyclohexane	8.52	0.868	0.820	0.988
1,1-Dimethyl-cyclohexane	8.40	0.868	0.820	0.974
Ethylcyclohexane	9.77	0.868	0.820	1.13
Cycloheptane	7.62	0.868	0.820	0.884
Cyclooctane	7.96	0.868	0.820	0.923
Adamantane	7.45	0.868	0.820	0.864

a : large mole cule diameters from commercial softwater SYBYL and SPARTAN

b : cavity radii from Table minus 1.4Å

13.5.2 하이드레이트 해수담수화의 경제성 분석

가스 하이드레이트 담수화 장치의 에너지를 계산하기 위해서는 하이드레이트에 대한 열역학적 평형 상태도가 요구된다. 열역학적 계산 결과를 근거로 담수화 장치 내부의 온도 압력에 따른 에너지 흐름을 분석하여 경제성 평가를 수행한다. 경제성 분석의 결과로 가장 작은 에너지로 가장 높은 효율을 가지는 공정을 개발하게 된다.

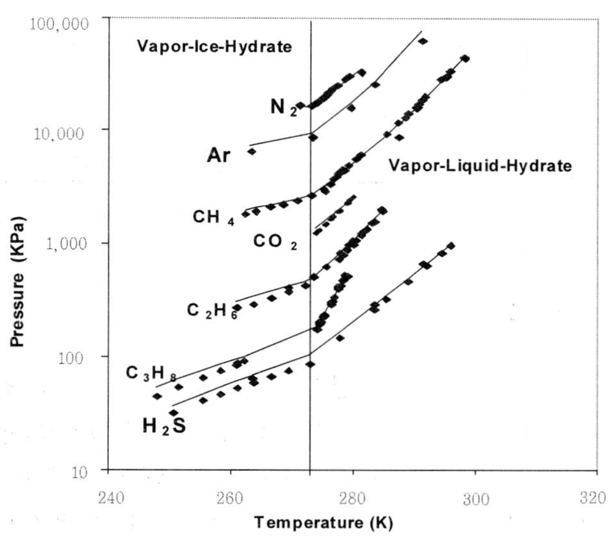

** 그림 13-35 ▌ 가스 하이드레이트 상평형(Lee and Holder, 2002)

그림 13-35에서 직선으로 표현된 부분은 열역학적 계산 방법을 이용하여 이론적인 상평형 값을 계산한 결과이다. 그래프에서 점으로 표시된 부분은 실제 실험으로 측정한 열역학적 상평형점이다.

주어진 온도에서의 해수담수화를 위한 하이드레이트의 평형 압력, 혹은 주어진 압력에서의 평형 온도를 계산함으로써 하이드레이트 담수화 반응기의 온도 압력 조건을 예측하여 반응에 필요한 에너지 흐름을 계산한다. 각각의 공정에 따른 Energy Balance 식에 근거한 에너지 계산 후 가스 하이드레이트 시스템 전체적인 에너지 계산이 이루어진다(Over All Energy Balance). 아래의 표 13-7은 에너지 계산을 통한 경제성 분석을 요약한 것이다. 표에서 나타나듯이 담수 생산 용량이 1000ton/day일 때, MSF의 단가는 1.97＄/ton이고 SWRO의 단가는 0.95＄/ton이다. MSF의 경우보다는 SWRO의 단가가 2배 이상 낮은 것을 알 수 있다. Hydrate 방식을 이용한 담수화 방식은 1,000ton/day 일 때 0.4303＄/ton과 0.4392＄/ton으로써 SWRO 방식에 비해서 2배 이상 낮은 가격을 나타낸다. 따라서 Hydrate 방식을 이용한 해수담수화는 MSF의 경우에 비해서 약 4배 이상의 효율을 나타내는 것을 확인할 수 있다.

표 13-7 ▌ 담수화 방법에 따른 경제성 분석 결과

Capacity(ton/day)	10,000	50,000	275,000	500,000
MSF*	1.9700	1.2300	0.7400	0.6200
SWRO*	0.9500	0.700	0.5000	0.4500

Capacity(ton/day)	5,000	10,000	13,000	50,000
CO_2 Hydrate*	0.5118	0.4303	0.4030	0.2878
SF6 Hydrate*	0.5223	0.4392	0.4114	0.2937

*Product Cost : ＄/ton

13.5.3 해수담수화 적용 사례

그림 13-36과 같이 Ashkelon은 현재까지 건설되어 운전되고 있는 역삼투를 이용한 해수담수화 플랜트 중에서는 가장 대규모이며(320,000ton/day), 유닛의 크기로 가장 대형(4.5MIGD)이다. 처리수 톤당 에너지 소모량도 낮으며(3.9kWh/m^3) 이는 대형 플랜트이기 때문에 효율적인 생산이 가능하다. 표 13-8은 Israel의 Ashkelon 플랜트의 공정 특징을 나타낸 것이다.

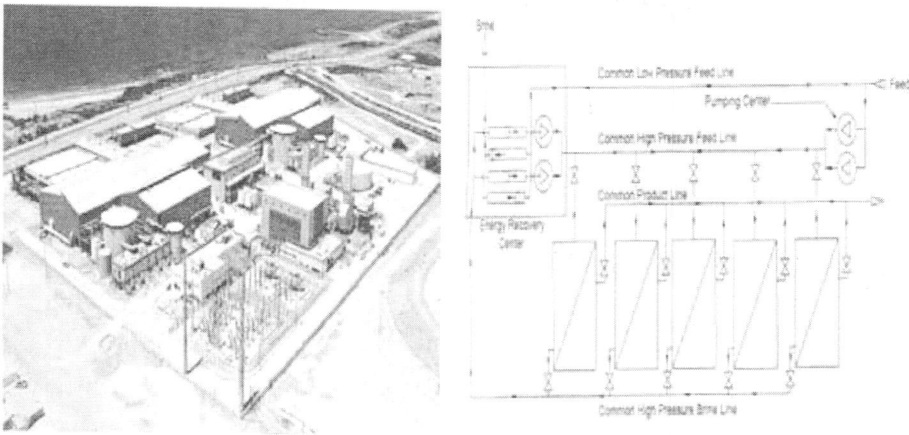

** 그림 13-36 ‖ Ashkelon 플랜트 사진 및 공정 구성(Ashkelon, Israel)

** 표 13-8 ‖ Ashkelon 공정 특징(Ashkelon, Israel)

Total Capacity	326,144m^3/d
Date commissioned	July/December 2005
Product recovery	40.7%
Feedwater TDS	40,679mg/L (design)
Product water TDS	300mg/L
Feedwater Temperature	27℃
RO process description	4-stage, partical 2-pass
Number of trains	32
Operating pressure	69.3bar@27℃
Energy consumption	3.9kWh/m^3
Energy recovery device	DWEER Isobaric
Seawater intake	700m, offshore submerged
Pretreatment system	FeCl3 -coagulation - dual media gravity filters
Post-treatment system	Lime stabilization
Concentrate disposal	Return to sea
EPC	IDE/Veolia
Project consultant	Adan Technical & Economic Svs
Capital cost	$ 212million
Total water cost, tariff	$ 0.53/m^3

그림 13-37의 Fujairah는 증발법과 역삼투법을 병행하여 운전하는 하이브리드 형태의 해수담수화 플랜트로서 세계 최대 규모이다(140,000ton/day). 하이브리드 방식은 증발법과 역삼투법의 장점을 조합할 수 있기 때문에 향후에 그 도입이 활성화될 것으로 예상된다. 표 13-9는 Fujairah 플랜트의 공정 특징을 나타낸 것이다.

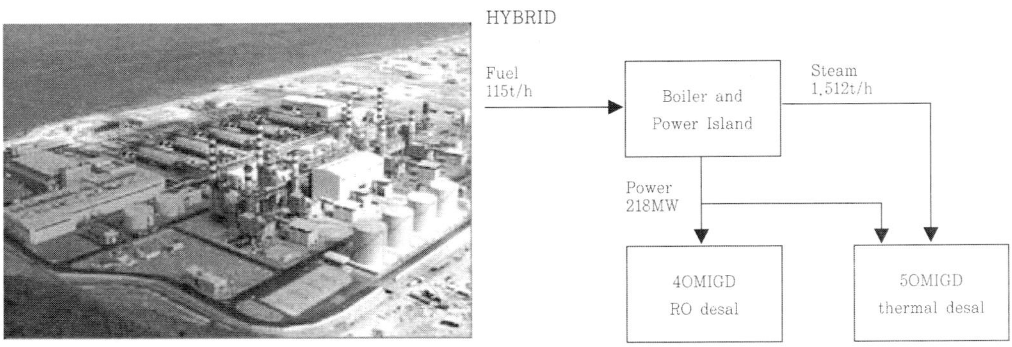

** 그림 13-37 ▌ Fujairah 플랜트 사진 및 공정 구성(Fujairah, United Arab Emirated)

** 표 13-9 | Fujairah 공정 특징(Fujairah, United Arab Emirated)

Total electrical productrion, gross, net		660/500MW	
Desalination plant commissioned		2003	
Design seawater TDS		40,000mg/L	
Design weawater temperature		33℃	
Seawater SDI		10～20	
Total seawater intake flow		140,000m^3/d	
Total concentrate discharge		117,100m^3/d	
Desal/Power plant capital cost		$804million	
Blended product water TDS, pH		200mg/L, 8.0pH	
MSF Plnat		SWRO	
Total capacity	284,000m^3/d	Total capacity	170,000m^3/d
Units/capacity	556,800m^3/d	SWRO supplier	Doosan
Performance ration	8.0	Pretreatment	Dual media filter
MSF supplier	Doosan	Energy recovery	Pelton wheel
Top brine temperature	109℃	1st pass trains～ recovery	18～43%
Steam supply pressure	3.3bar	1st pass product TDS	590mg/L
Steam flow	302ton/h/unit	2nd pass tranis～ recovery	8～90%
Distillate TDS	〈25mg/L	2nd pass product TDS	180mg
Specific Energy Consumption	4.3kWh/m^3	Specific Energy Consumption	4.8kWh/m^3

01 그림 13-34와 같은 닫힌 계에서 하이드레이트를 이용한 해수 담수화 실험을 수행하였다. CO_2 기체를 사용하였고 274.15K, 2MPa의 정온, 정압 조건에서 약 두 시간 동안 하이드레이트를 형성 시킨 후 반응을 멈추었다. 공급 탱크(518cm^3) 압력이 7MPa에서 3MPa로 변화하였을 때 만들어진 하이드레이트의 몰수는 얼마인가?

02 위의 문제 1.에서 형성된 CO_2 하이드레이트는 구조-I에 큰 공동만 차지한다고 가정한다. 이때 얻을 수 있는 담수의 양은 얼마인가?

(가정 1 하이드레이트 형성에 관여한 물은 모두 담수로 변화하였다.)
(가정 2 CO_2 가스는 구조-I에 큰 공동에만 포획된다.)

03 하이드레이트 형성 원리를 이용하여 해수담수를 실시할 경우 담수량을 증진시킬 수 있는 방법에 대하여 토론하시오(속도론 및 형태학적 관점).

참고문헌

[1] 가스하이드레이트 개발 사업단, http://www.gashydrate.or.kr

[2] 김종수, "기후변화와 CO_2 회수 기술", News & Information for Chemical Engineers, Vol. 25, No. 5, pp. 450-458, 2007

[3] 류병재, 서상용, 오재호, 김원식 외, "가스 하이드레이트 탐사 및 개발 연구", 한국지질자원연구원 연구보고서 (KR-02(c)-08), 353p. 2002

[4] 류병재, "천연가스 하이드레이트의 특성, 형성·부존 및 탐사·개발", 지질학회지, Vol. 41, No. 4, pp555-578, 2005

[5] Ashkelon, Israel, http://www.water-technology.net/projects/israel

[6] Børrehaug, A. and Gudmundsson J.S., "Gas Transportation in Hydrate Form", EUROGAS 96, 3-5 June, Trondheim, 35-41, 1996

[7] Clarke, M. A., Bishnoi, P. R., "A High-Pressure Optical Sampling Cell for the Application of Raman Microscopy in Gas Hydrate Formation and Decomposition Kinetics", Proceedings of the Fifth International Conference on Gas Hydrates, June 12-16, Trondheim, Norway, 2005

[8] Collett, T.S.: "Prudhoe Bay, Alaska. M.S. Thesis, Univ. Alaska", USA, 1983

[9] Davison, D.W., El-Defrawy, M.K., Fuglem, M.O. and Judge, A.S.: Proceedings of 3rd International Conference on Permafrost Vol. 1, pp938-943, 1983

[10] Dillon, W.P. and Paull, C.K. "Marine Gas Hydrate-II : Geophysical Evidence", In: Cox JL (Ed) Natural Gas Hydrates, Properties, Occurrence and Recovery, Plenum Press, New York, pp73-90, 1983

[11] DOE, "DOE's ultra clean fuels program" , U.S.A, 2003-2005

[12] Fujairah, United Arab Emirated, http://en.wikipedia.org/wiki/Fujairah_power_and_desalination_plant

[13] International Energy Agency, World Energy Outlook , IEA Books, Paris, 2006

[14] Jefferey, G.A., "Inclusion Compounds", 1, Acad. Press, 135, 1984

[15] JOGMEC, "Study of Mixed Gas Hydrate", Japan Oil, Gas and Metals national corporation, 2004-2005

[16] Kanda, H., "Economic study of natural gas transportation with Natural Gas Hydrate(NGH) Pellets", The 23rd World Gas Conference, 2006

[17] Kvenvolden, K.A. and MacDonald: Initial Report, DSDP 84 (Huene, R., Aubouin, J. et al. eds.), U.S Govt. Printing Office, Washington, D.C., pp667-682, 1985

[18] Lee H., Lee J. W., Kim D. Y. et al., "Tuning clathrate hydrates for hydrogen storage", Nature., vol. 434, pp743-746, 2005

[19] Lee, S.-Y. and Holder, G. D., " Model for Gas Hydrate Equilibria Using a Variable Reference Chemical Potential: Part 1", AIChE. J., Vol 48, pp161-167, 2002

[20] Max, M.D., Lowrie, A., Oceanic Methane Hydrate Development: Reservoir Character and Extraction. Offshore Technology Conference, Houston Texas, May 5-8, pp235-240, 1997

[21] Mehta, A. P., Sloan, E. D.,"Improved thermodynamic parameters for prediction of structure H hydrate equilibria", AICHE Journal, Vol. 42, Issue.7, pp 2036-2046, 1996

[22] Mistui, "Off-loading system of NGH-FPSO", S&O Foundation, Japan, 2003-2005

[23] Pearson, C.F., Halleck, P. M., McGulre, P. L., Hermes, R. and Mathews, M., "Natural gas hydrate deposits: a review of in situ properties", J. Phys. Chem., Vol. 87, pp4180-4185, 1983

[24] Prensky, S.E.: Presented at the Meeting of the Soc. of Prof. Well Log Analysts, 1995

[25] Reuters UK, "Rising costs threaten global LNG growth-industry", 14 Mar. 2007, http://uk.reuters.com/article/idUKL1459801520070314

[26] Ripmeester, J. A., Ratcliffe, C. A., Klug, D. D., Tse, J. S., "Molecular Perspectives on Structure and Dynamics in Clathrate Hydrates", (First) International Conference on Natural Gas Hydrates, Annals of New York, pp 161–176, 1994

[27] Sloan, E.D, Proceeding of 69th Ann. Conv. – Gas Process Assn., 69, 8, 1990

[28] Sloan, E. D., "Clathrate Hydrates of Natural Gases", 2nd ed., Marce Dekker, New York 1998

[29] Smith, J. M. , H. C. Van Ness and M. M. Abbott, Introduction to Chemical Engineering Thermodynamics, McGraw–Hill, Boston , 2001

[30] Tim Collett. ACS Presentation, 2009

[31] van der Waals, J. H. and Platteeuw, J. C., "Clathrate Solutions", Adv. Chem. Phys., Vol. 2, pp1–22, 1959

[32] V. Bonn ye, DEGREMONT – Desalination – Market & Technologies , 2008

용어정리

- **공동**(cavity) : 물 분자의 수소 결합으로 생긴 내부의 구멍[빈 부분].
- **플러깅**(plugging) : 점토나 어떤 물질에 의해 관이나 입구가 막히는 현상.
- **포접 화합물**(clathrate) : 원자가 화학 결합에 의하여 3차원 골격구조를 만들고, 그 격자 내에 적당한 크기의 틈이 생길 때 다른 원자 또는 분자가 화학 결합에 의하지 않고 들어가서 거의 일정한 조성의 결정구조가 되는 물질.
- **투수율**(permeability) : 암석 내를 유체가 얼마나 쉽게 통과할 수 있느냐를 나타내는 값.
- **간극수**(pore water) : 토양을 형성하는 입자 사이의 틈(공극)으로 흡착된 물.
- BSR(bottom-simulating reflector) : 해저 모방 반사면.
- **연소 후 포집**(Post-Combustion Capture) : 화력발전소 배연가스(Flue Gas)와 같이 화석연료 연소 후 발생시키는 가스 혼합물로부터 CO_2를 모으는 연소 후 기술.
- **순산소 연소**(Oxy-FuelCombustion) : 연료를 공기 대신 산소만으로 연소시키는 순산소 연소 기술.
- **연소 전 탈탄소화**(Pre-Combustion Decarbonization) : 연료를 연소하기 전 미리 반응 처리해 CO_2와 수소로 전환한 후 CO_2/H_2 혼합가스를 분리·연소해 배기가스 중 CO_2만을 모으는 연소 전 기술.
- **다단 플래시 증발법**(Multiple-Stage Flash Distillation) : 현재 대용량 담수화 장치에 가장 널리 사용되는 담수화 기술로 전 세계 담수화 용량의 약 60% 정도를 차지하고 있음. 어떤 온도의 액체를 그 온도에 대응하는 포화증기압 이하로 급 감압하면 액체는 유지하고 있던 열을 증발잠열로 소비하게 되어 자기 증발 혹은 플래시 증발을 발생.
- **역삼투막**(Reverse osmotic membrane) : 식염분자 정도의 크기를 가진 무기염을 용액으로부터 분리하는 역삼투에 사용되는 막을 이용, 염류 수용액의 삼투압에 대항하여 100kg/㎠ 정도의 압력을 가해서 물을 막에 투과시켜 순수를 얻는 방법.
- **수소 저장 합금**(metallic alloy for hydrogen storage) : 수소 흡수 저장 합금이라고도 함. 온도를 낮추거나 압력을 높이면 수소를 흡수하여 금속 수소화합물로 되고 그와 동시에 열을 내는 성질이 있으며, 반대로 온도를 올리거나 압력을 낮추면 다시 수소를 방출하고 열을 흡수하는 성질이 있음.
- **압축 인자**(Compressibility factor) : 기호 z. 실제 기체가 이상 기체로부터 벗어난 정도를 나타낸 값으로 압력 p, 절대온도 T에서 기체 1몰의 부피를 v, 기체상수를 R이라 할 때 $z=pv/RT$.
- **임계 압력**(Critical pressure) : 물체가 임계 상태에 도달하였을 때의 압력. 일정한 온도에서 기체를 액화시키는 데 필요한 최소의 압력.
- **임계 온도**(Critical temperature) : 물체가 임계 상태에 도달하였을 때의 온도. 이 온도 이하가 아니면 기체에 아무리 압력을 가하여도 액화되지 않음.

부 록

부록1 에너지·기후 변화 상식

□ 1차 에너지와 최종 에너지

○ 1차 에너지(Primary Energy) : 가공되지 않은 상태에서 공급되는 에너지 (석유, 석탄, 원자력, 천연가스, 수력, 태양열 등)

☞ 1차 에너지 소비는 에너지의 국내 생산 및 순수입, 재고의 증감을 포함한 1차 에너지 공급량과 동일한 개념으로 최종 에너지 소비와 전환 손실을 합한 양과 동일

○ 최종 에너지(Final Energy) : 최종 소비 부문(산업·수송·가정·상업)의 에너지 이용 설비에 알맞은 형태로 사용되는 에너지로서, 1차 에너지 중 일정한 전환 과정을 거쳐서 다른 형태의 에너지로 전환된 것(전력, 석유제품 등)

□ 에너지 관련 단위

○ 석유 환산톤(toe : ton of oil equivalent) : 석유·가스·전기 등 모든 에너지에 공통 적용되며, 원유 1톤에 해당하는 열량으로 약 10^7kcal를 1toe로 정의

– 원유 1톤(1toe) = 7.33배럴 =1,165.4ℓ = 5.83드럼 = 41,860.5 MJ

> ※ 1toe는 얼마나 많은 양인가?
> · 일반승용차(연비 11km/ℓ)가 서울-부산을 17번 왕복할 수 있는 휘발유량
> · 일반가정*(308kWh/월)에서 약 1년 3개월 동안 쓸 수 있는 전력량(*아파트,4인 기준)

*1배럴 : 159ℓ(2ℓ PET병 80개 정도), 1드럼 = 200ℓ, 1PJ(10^9MJ) = 23,889toe

○ 비·티·유(British Thermal Unit : BTU) : 열량을 나타내는 단위의 하나로 1BTU = 252cal

□ 원유의 유종별(WTI, Brent, Dubai) 구분

○ WTI유(Western Texas Intermediate): 서부텍사스와 멕시코지역에서 산출되는 저유황 경질 원유로 뉴욕상업거래소(NYMEX)와 미주지역 석유시장에서 거래되는 모든 원유의 가격을 결정하는 기준 유종

○ Brent유: 영국 북해지역에서 생산되는 원유로 북해를 유럽과 아프리카 지역에서 거래되는 원유 가격을 결정하는 기준 유종

○ Dubai유: 중동 UAE에서 생산되는 중동의 대표적인 중질 원유이며, 오만 원유와 함께 아시아 시장에서 거래되는 원유 가격을 결정하는 기준 유종

※ 우리나라의 경우 원유의 중동 의존도(86.3%, 2008년)가 높아 Dubai유가 기준 유종

□ 기후 변화 협약(UNFCCC)의 의미

○ (개요) 1992년 6월에 브라질의 리오 "유엔 환경 개발회의(UNCED)"에서 CO_2 등 온실가스 증가에 따른 지구온난화 및 이상 기후 현상을 예방하기 위한 목적으로 채택된 범지구적 환경 협약

○ (의미) 협약의 구체적 이행 시 온실가스 배출 규제에 따른 경제 활동 및 산업 발전의 위축, 온실가스 감축 첨단 기술 보유국과의 경쟁력 차이에 따른 무역장벽형성 등의 문제로 이어지는 경제 협약 및 기술 협약의 성격을 지님

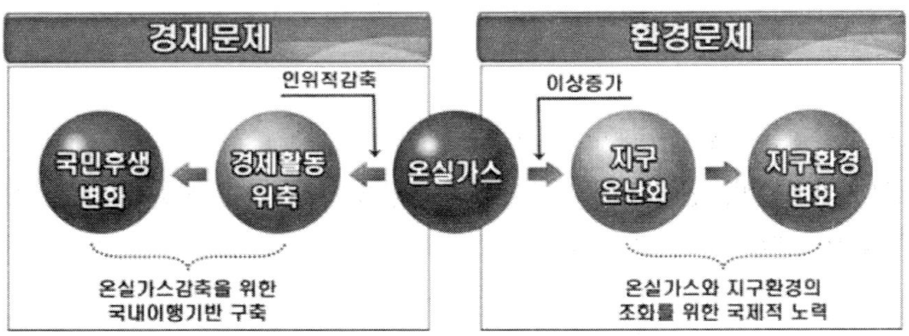

※ UNFCCC(United Nations Framework Convention on Climate Change) : 기후 변화에 관한 기본 협약, 기후 변화 협약

□ 교토 의정서(Kyoto Protocol)란?

○ (개요) 1997.12월 선언적인 기후 변화 협약만으로는 지구온난화 방지가 불충분하다고 인식, 선진국의 구속적인 온실가스 감축 의무를 규정한 교토 의정서를 채택(現, 192개국 비준), 2005.2.16 발효

○ (의미) 교토 의정서가 채택됨에 따라 의지 표명 수준이었던 기후 변화 협약이 누가, 얼마만큼, 어떻게 할 것인가에 대한 구체적인 방법이 명시된 법적 구속력이 있는 국제 협약으로 거듭남

□ 협약과 의정서의 차이

협약(Convention)은 일반적인 원칙을 다룬 문서이고 의정서(Protocol)를 통해 구체적인 지침을 수립한다. 의정서는 법률에 대한 시행령의 관계와 마찬가지로 협약을 구체적으로 이행하기 위한 내용을 담은 문서

참고 UN 기후 변화 협약 관련 기구 및 소개

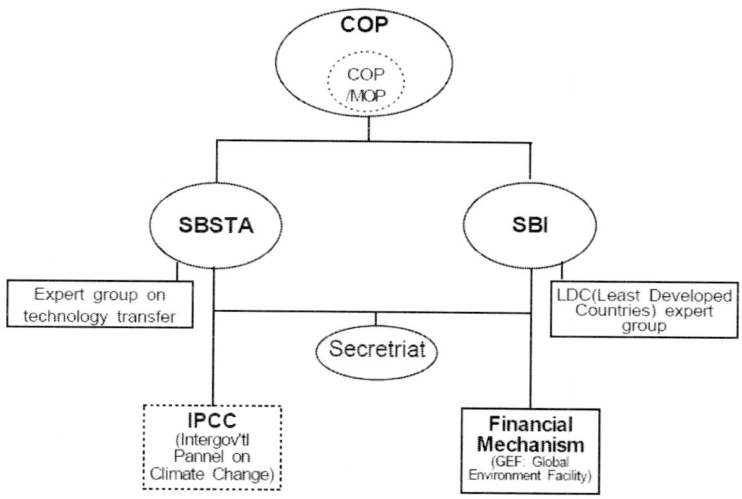

◈ 당사국 총회(Congerence of Parties)

· 기능 : 협약의 최고기구로 협약 이행 상황 점검 및 이행에 필요한 조치 결정, 교토 의정서 당사국 회의(Meeting of Parties : MOP)로도 기능

· 개최 : 매년 1회 2주간 사무국이 위치한 독일(Bonn), 당사자국 요청 시 장소 변경 (2005년은 2005.11.28~12.9, Montreal, Canada)

◈ 과학 기술 자문 부속 기구(Subsidiary Body for Scientific and Technological Advice : SBSTA)

· 기능 : 당사자 총회와 보조 기관에 과학·기술 문제에 관한 자문 제공

· 개최 : 1년 2회, 1회는 SBI와 동일 기간, 나머지 1회는 COP와 동일 기간

◈ 이행 부속 기구(Subsidiary Body for Implementation : SBI)

· 당사자 총회의 효과적인 협약 이행 상황 평가 및 검토 지원(개최는 SBSTA와 동일)

◈ 사무국(Secretriat): 당사국 총회와 총회보조 기관의 회의 준비 및 기타지원 (Bonn, 독일)

◈ 기후 변화 협약에 관한 정부 간 협의체(Intergov'tl Pannel on Climate Change : IPCC)

· 1988에 세계 정상 기상 기구(WMO)와 유엔 환경 계획(UNEP)에 의해 설립되어 기후 변화에 관련된 과학적·기술적 사실에 대한 평가를 제공

◈ 재정 체계(Financial Mechanism) : 개도국에 대한 기술 이전 및 재원 제공

부록2 에너지 1 Toe 가격

○ Toe 가격은 국내 1차 에너지 수입량과 수입액으로부터 산출한 거시적 관점의 가격과 최종 에너지 이용에 있어서 에너지원별 시장 가격(요금)을 토대로 산정된 미시적 관점의 가격으로 구분할 수 있음. 단 거시적 관점의 Toe 가격은 화석연료 1차 에너지 수입을 기준으로 책정함에 따라 원자력 부문이 제외되어 산출(2008년 원자력 점유 비중: 1차 에너지의 13.5%, 원료는 수입액의 0.5%)

① 1차 에너지 수입 기준 : 555,000원/toe('09.6월 기준)

구분	단위	2006년	2007년	2008년	2008년 진공 복층
에너지 수입액 (A) (원자력 제외)	억$	852	945	1,408	3년('06~'08) 평균가격 (원/toe)
	억원	814,042	878,011	1,544,950	
에너지 수입량 (B) (원자력 제외)	천toe	187,992	197,581	197,217	
1toe 단가 (A/B)	$/toe	453	478	714	548
	원/toe	433,019	433,374	788,446	555,280
※ 참고 : 연평균 환율	원/$	955	929	1,105	-

출처) 에너지 관리 공단('08년 4/4분기 에너지 소비통계) 한국무역협회, 외환은행

② 최종 에너지 가격(요금)기준('09.6월 기준)

구분	고유 단위별 에너지 가격(A)		고위 발열량(B)		석유 환산 가격 (원/toe) (C=A/(b÷10^7))
	('06~'08 연평균)	단위	–	단위	('06~'08 연평균)
휘발유	1,570	원/ℓ	8,000	kcal/ℓ	1,962,000
경 유	1,369	원/ℓ	9,050	kcal/ℓ	1,512,000
B-C	568	원/ℓ	9,900	kcal/ℓ	573,000
전력(평균)	78	원/kWh	860	kcal/kW	903,000
도시가스(평균)	583	원/m^3	10,550	kcal/m^3	553,000

출처) 한국석유공사, 에너지경제연구원, 한국전력

주) 1toe는 약 10^7kcal

부록3 Toe를 tCO_2로 환산하는 방법

□ 에너지원의 파악이 가능한 경우

○ 에너지원별 소비량에 대해 순발열량*을 적용하여 원유 환산톤(toe)을 계산하고 IPCC에서 권고한 에너지원별 온실가스 배출계수를 이용

→ 즉, 휘발유 1toe 소비 시 CO_2는 2.871톤 배출

* 순발열량(Net Calorific Value) : 연소 시 발생하는 수증기의 잠열을 제외한 발열량

〈에너지원별 온실가스 배출 환산계수(단위 : tCO_2/toe)〉

구분	석유					석탄		LNG
	휘발유	경유	LPG	등유 (실내, 보일러)	중유 (B-A-B-C)	무연탄 (국내, 수입)	유연탄	
환산계수	2.871	3.069	2.614	2.977	3.208	4.033	3.883	2.336

주) IPCC 탄소 배출계수를 이산화탄소(CO_2)로 환산 적용한 값

* 에너지 소비량(toe)은 「에너지기본법 별표 에너지 열량 환산 기준」의 원별 순발열량을 적용

※ 계산 예) B-C 1,000kℓ 사용 시의 온실가스 배출량은?

1,000kℓ×0.935(B-C의 순발열량 석유 환산계수) = 935toe

∴ 935toe×3.208 = 2,999.5 tCO_2

〈(참고) 에너지원별 CO_2 배출 규모〉

석유					석탄(1kg 당)		도시가스 (1N m^3당)
휘발유 (1ℓ 당)	경유 (1ℓ 당)	LPG (1kg 당)	보일러등유 (1ℓ 당)	중유(B-C) (1ℓ 당)	국내 무연탄	유연탄 (연료용)	
2.1kg	2.6kg	2.9kg	2.5kg	3.0kg	1.9kg	2.3kg	2.2kg

○ 전기의 온실가스 배출계수 : 0.4448tCO_2e/MWh(2.0688tCO_2e/toe)

– 1kMh당 CO_2 444.8g 배출('07년 기준, 전력거래소)

○ 증기의 온실가스 배출계수

구 분	배출계수
산업용 증기	0.060tCO_2/GJ (0.2512 tCO_2/Gcal)
증기(산업용 이외), 온수, 냉수	0.057tCO_2/GJ (0.2386 tCO_2/Gcal)

출처) 일본 온실가스 배출량 산정·보고·공표 제도

* (참고) 1GJ = 0.0239toe(1kca = 4.1868KJ)

□ 에너지원의 파악이 불가능한 경우

○ 국내 1차 에너지 소비에 대한 CO_2 배출 집약도는 2.165tCO_2/toe('06년 기준)

– 최종 에너지 소비(전력 부문 등의 전환 손실 제외) 기준 시 2.911tCO_2/toe

〈국내 에너지 소비 실적에 기초한 온실가스 배출계수〉

구 분		단위	2004년	2005년	2006년
1차 에너지 소비량 Ⓐ		백만toe	220.2	228.6	233.4
1차 에너지 소비량에서 원자력, 신재생 및 몰입 에너지(제품 원료용) 제외 Ⓑ		백만toe	152.7	156.3	158.8
최종 에너지 소비량 Ⓒ		백만toe	166.0	170.9	173.6
화석연료 사용에 의한 CO_2 배출량* Ⓓ		백만tCO_2	489.0	498.5	505.4
이산화탄소 집약도	1차 에너지 대비(Ⓓ/Ⓐ)	tCO_2/toe	2.221	2.181	2.165
	(원자력·신재생·납사 제외 시 Ⓓ/Ⓑ)	tCO_2/toe	(3.202)	(3.189)	(3.183)
	최종 에너지 대비(Ⓓ/Ⓒ)	tCO_2/toe	2.946	2.917	2.911

출처) 지식경제부('09.2)

* 화석연료 사용에 의한 CO_2 배출량은 '에너지 연소에 기인한 이산화탄소배출'로 비이산화탄소기체(CH_4, N_2O, 불화가스 등)는 제외된 값임

(참고) 석유 환산톤(toe) 및 이산화탄소 배출량(tCO_2) 자동계산 사이트 :
(에너지 관리공단) http://co2.kemco.or.kr/directory/toe.asp

* 일반 현장에서 화석 연료에 따른 CO_2 배출량 산정 시 3.183tCO_2/toe 적용

부록4 에너지 열량 환산 기준 및 IPCC 탄소 배출계수

□ 에너지 열량 환산 기준(에너지 기본법 시행 규칙 [별표] 〈신설 2006.9.4〉)

에너지원	제품	단위	총발열량 기준			순발열량 기준		
			kcal	MJ환산	석유환산계수	kcal	MJ환산	석유환산계수
석유류	원유	kg	10,750	45.0	1.075	10,100	42.3	1.010
	휘발유	ℓ	8,000	33.5	0.800	7,400	31.0	0.740
	실내등유	ℓ	8,800	36.8	0.880	8,200	34.3	0.820
	보일러등유	ℓ	8,950	37.5	0.895	8,350	35.0	0.835
	경유	ℓ	9,050	37.9	0.905	8,450	35.4	0.845
	B-A 유	ℓ	9,300	38.9	0.930	8,750	36.6	0.875
	B-B 유	ℓ	9,650	40.4	0.965	9,100	38.1	0.910
	B-C 유	ℓ	9,900	41.4	0.990	9,350	39.1	0.935
	프로판	kg	12,050	50.4	1.205	11,050	46.3	1.105
	부탄	kg	11,850	49.6	1.185	10,900	45.7	1.090
	나프타	ℓ	8,050	33.7	0.805	7,450	31.2	0.745
	용제	ℓ	7,950	33.3	0.795	7,350	30.8	0.735
	항공유	ℓ	8,750	36.6	0.875	8,200	34.3	0.820
	아스팔트	kg	9,900	41.4	0.990	8,350	39.1	0.835
	윤활유	ℓ	9,250	38.7	0.925	8,650	36.2	0.865
	석유코크	kg	8,100	33.9	0.810	7,850	32.9	0.785
	부생연료1호	ℓ	8,850	37.0	0.885	8,350	35.0	0.835
	부생연료2호	ℓ	9,700	40.6	0.970	9,200	38.5	0.920
가스류	천연가스(LNG)	kg	13,000	54.5	1.300	11,750	49.2	1.175
	도시가스(LNG)	Nm^3	10,550	44.2	1.055	9,550	40.0	0.955
	도시가스(LPG)	Nm^3	15,000	62.8	1.500	13,800	57.8	1.380
석탄류	국내무연탄	kg	4,650	19.5	0.465	4,600	19.3	0.460
	수입무연탄	kg	6,550	27.4	0.655	6,400	26.8	0.640
	유연탄(연료용)	kg	6,200	26.0	0.620	5,950	24.9	0.595
	유연탄(원료용)	kg	7,000	29.3	0.700	6,750	28.3	0.675
	아역청탄	kg	5,350	22.4	0.535	5,000	20.9	0.500
	코크스	kg	7,050	29.5	0.705	71,000	29.3	7.000
기타	전력	kWh	2,150	9.0	0.215	2,150	9.0	0.215
	신탄	kg	4,500	18.8	0.450	–	–	–

〈비고〉 1. "총발열량" 이라 함은 연료의 연소 과정에서 발생하는 수증기의 잠열을 포함한 발열량을 말한다.
2. "순발열량" 이라 함은 총발열량에서 수증기의 잠열을 제외한 발열량을 말한다.
3. "석유 환산계수" 라 함은 에너지원별 발열량을 1kg=10,000kcal로 환산한 값을 말한다.
4. 최종 어네지 사용 기준으로 전력량을 환산하는 경우에는 1kWh=860kcal를 적용한다.
5. 에너지원별 실측 결과는 50kcal에서 반올림한다.
6. 석탄의 발열량은 인수(引受)식 기준을 적용하여 측정한다.
7. 1cal=4.1868J로 한다.
8. MJ=10^6J로 한다.
9. Nm^3은 0℃, 1기압 상태의 체적을 말한다.

* toe · tCO_2 자동 계산 사이트 : http://co2.kemco.or.kr/directory/toe.asp

□ IPCC 탄소 배출계수(CARBON EMISSION FACTOR: CEF)

연료구분			탄소 배출계수		
			kg C/CJ	*(ton C/toe)	(TJ/10^3TON)
액체화석 연료	1차 연료	원유	20.00	0.829	–
		천연액화가스(NGL)	17.20	0.630	–
	2차 연료	휘발유	18.90	0.783	44.80
		항공가솔린	18.90	0.783	44.59
		등유	19.60	0.812	44.75
		항공유	19.50	0.808	–
		경유	20.20	0.837	43.33
		중유	21.10	0.875	40.19
		LPG	17.20	0.713	47.31
		납사	(20.00)(a)	0.829	45.01
		아스팔트(Bitumen)	22.00	0.912	40.19
		윤활유	(20.00)a	0.829	40.19
		Petroleum Coke	27.50	1.140	31.0
		Refinery Feedstick	(20.00)(a)	0.829	44.80
고체화석 연료	1차 연료	무연탄	26.80	1.100	–
		원료탄	25.80	1.059	–
		연료탄	25.80	1.059	–
		갈탄	27.60	1.132	–
		Peat	28.90	1.186	–
	2차 연료	BKB $ Patent Fuel	(25.80)(a)	1.059	–
		Coke Oven / Gas Coke	29.50	1.210	–
		Coke Oven Gas	13.0(b)		–
		Blast Furnace Gas	66.0(b)		–
기체 화석연료		LNG(dry)	15.30	0.637	–
바이오 매스 (CO_2 배출량 계산 시 불포함)		고체바이오매스	29.90	1.252	–
		액체바이오매스	(20.00)(a)	0.837	–
		기체바이오매스	(30.60)(a)	1.281	–

〈출처〉 Revised 1996 IPCC Guidelines for National Greenhouse Gas Inventories

주) 41,868 TJ/106 적용하여 계수 환산

* 에너지원별 IPCC Guideline에서 제시하고 있는 용도별 연소율 적용

※ * toe·tCO_2 자동 계산 사이트 : http://co2.kemco.or.kr/directory/toe.asp

부록5 에너지·기후 변화 관련 용어

○ 가채연수

확인 매장량(reserve : R)을 그 해의 생산량(production : P)으로 나눈 수치로, 통상 R/P로 나타낸다. 현 상태로 향후 몇 년 생산이 가능한가를 나타냄.

○ 감축 목표(Quantified Emission Limitation and Reduction Objectives: QELROs)

기준연도의 온실가스 배출량과 대비, 양적으로 설정된 배출 목표를 의미함. 현행 교토 의정서는 각국의 사정에 따라 1990년 배출량 대비 8% 감축에서부터 10% 증가까지 허용함.

○ 공시 판매 가격

OPEC(석유 수출국 기구)에 가맹되어 있는 산유국이 소비국에 판매하는 석유 가격으로 OPEC 총회에서 정식으로 결정하는 가격을 공시 판매 가격(Official Sales Price)라고 한다. 정부 판매 가격(GSP)라고도 불리며, FOB(Free On Board : 본선인도) 가격으로 표시되고 있음.

○ 교토 의정서

교토 회의에서 채택된 의정서로 법적 구속력을 갖는 국제적 합의서로, 총 27조와 부속서로 구성

○ 국제 환경 협약(International Environmental Agreement)

환경을 보호하기 위해 체결되는 양자 간·다자간 국제 협약으로서 주로 지구적 차원의 환경을 보전하기 위한 국가별 의무 또는 노력을 규정하고 있음. 현재 170여개의 국제 환경 협약이 체결되어 있으며 주요한 협약으로는 기후 변화 협약, 멸종 위기에 처한 동식물 보호 협약(CITES), 바젤 협약, 몬트리올 의정서, 생물 다양성 협약 등이 있음.

○ 궁극 가채 매장량

석유와 가스가 지하 저유암층(貯留岩層)에 존재하는 양을 매장량이라 하지만, 실제로 유전을 개발한 경우, 지표로 추출해 낼 수 있는 가채 매장량은 실존하는 석유 총 매장량의 일부에 지나지 않는다. 이중에서 채취의 경제적 기술적 조건을 무시하고 물리적으로 추출이 가능한 매장량을 궁극 가채 매장량(穹極加採埋臧量)이라고 부르고 있음.

○ 그린 라운드(Green Round)

그린라운드란 환경과 무역의 연계에 관한 다자 간 협상이란 뜻으로 사용되는 것으로, 이는 환경 보호를 목적으로 하는 환경 정책 수단의 효율성을 높이기 위해 무역규제 조치를 시행하는 환경 정책과 무역의 연계를 의미하는 용어이며, 1991년 미국 상원의원 M. Baucus가 워싱턴의 국제경제연구소에서 행한 연설에서 최초 사용한 용어임.

○ 기준연도(Historical Base Year)

감축 목표 설정 시 이용되는 특정 연도를 지칭함.
선진국의 경우 1990년을 기준연도로 사용함.

○ 기준 배출량(Baseline)

당사국의 배출량 추이(Trends)를 의미함. 기준 배출량은 경제 성장률, 에너지 사용 증가율, 그리고 에너지 효율개선 및 에너지 절약 등의 요인에 의해 증가, 감소 혹은 일정한 추세를 보임. 특히 공동이행(JI), 청정개발체제(CDM) 프로젝트 수행 결과가 추가적인 점을 증명하기 위해 프로젝트 이행 이전의 기준 배출량이 결정되어야 함.

○ 기후 변화(Climate Change)

기후 변화 협약상 기후 변화의 개념은 비교 가능한 기간 동안 관측된 자연적 기후가 변성에 추가하여 직간접적인 인간 활동으로 지구대기 구성이 변화되어 발생하는 기후 변화를 말함.

○ 기후 변화에 관한 정부 간 협의체(Intergovernmental Panel on climate Change : IPCC)

1988년 WMO(세계 기상 기구)와 UNEP(UN 환경 계획)에 의해 설립된. 기후 변화에 관련된 과학적·기술적 사실에 대한 평가를 제공함.

○ 기후 변화 협약(United Nations Framework Convention on Climate Change : UNFCCC)

CO_2, CH_4, N_2O 등 온실 효과를 나타내는 가스에 의해 지구 온난화 현상이 심각한 지구 환경문제로 대두되면서 체결된 국제 협약으로 각국의 온실가스 배출을 규제하기 위한 기본 협약임. 각국은 기후 변화를 방지하는 전략 및 계획을 수립하여 시행하도록해야 하며, 선진국은 CO_2 등 온실가스의 배출량을 2000년까지 1990년 수준으로 억제토록 노력할 것을 규정하고 있음. 1991년 UNCED 회의 시 채택되어 2005년 8월 현재 189개국 가입하였으며, 우리나라는 1993년 12월 14일 가입하였음.

○ 납사, 나프타(Naphtha)

넓은 의미로는 휘발성 석유류를 총칭하며, 좁은 의미로는 원유에서 직접 생산되는 유분으로, 납사의 증류 구간은 30℃~120℃이며 분자 당 4 내지 12개의 탄소를 포함하고 있는 석유제품으로서 개질하여 휘발류로도 전환될 수 있다. 우리나라에서는 방향족(BTX)과 올레핀(NCC)을 생산하기 위해 투입하는 중요한 석유화학의 원료이다. 외국에서는 이의 생산을 위해 중질중유, LPG, 천연가스, 정제가스, 디젤 등도 많이 사용되고 있다. 납사는 석유화학산업의 주요 원료이며 우리나라 석유화학산업은 세계적으로도 큰 규모를 자랑하고 있다. 이에 따라 우리나라는 연간 1억 bbl의 납사(2003년 기준)를 순수입하고 있다. 정유 부문(국내 생산 및 수입)으로부터 납사를 공급받은 석유화학 부문은 이를 NCC 공정(올레핀)과 BTX공정(방향족탄화수소)에서 증기 분해하여 에틸렌, 프로필렌, 벤젠, 톨루엔 등 고부가 가치의 기초석유화학제품을 생산한다. 이중 끓는점이 100℃ 이하인 것을 경질납사(Light Straight Run Naphtha : HSR)라 함.

○ 당사국(Party)

기후 변화 협약을 비준한 국가(또는 지역경제통합기구)로서 규정에 의하여 법적인 의무를 가지게 됨.

○ 당사국총회(Conference of the Parties : COP)

기후 변화 협약 관련 최종 의사 결정 기구로서 대체로 협약의 진행을 전반적으로 검토하기 위해 1년에 한번 모임을 가짐

○ 매립지가스(Land Fill Gas : LFG)

쓰레기 매립지에 매립된 폐기물 중 유기물질이 혐기성 분해 과정에 의해 분해되어 발생되는 가스를 말하며 그 성분은 주로 메탄(CH_4: 40~60%)과 이산화탄소(CO_2: 30~50%)로 구성되어 있음.

○ 메이저

거대 자본을 배경으로 채유에서 판매에 이르는 각 단계를 세계적인 규모로 완전히 장악하여 종합경영을 하는 석유회사를 메이저 또는 국제 석유 자본이라 함.

○ 바이오 가스(Biogas)

혐기적 소화 작용으로 바이오매스에서 생성되는 메탄과 이산화탄소의 혼합 형태인 기체를 말한다. 이러한 혼합 기체로부터 분리된 메탄을 바이오메탄가스라고 한다. 그외 바이오 가스의 형태는 퇴비가스, 습지가스, 폐기물 등으로부터 자연적으로 생성되는

것과 제조된 가스도 있음.

○ 바이오 에너지

동식물 또는 파생 자원(바이오매스)을 직접 또는 생·화학적, 물리적 변환과 정을 통해 액체, 기체, 고체연료나 전기·열 에너지 형태로 이용하는 것. 연료용 알콜, 메탄가스, 매립지가스(LFG), 바이오디젤 등을 생산하여 에너지원으로 활용하는 기술로서 차량용, 난방용 연료 및 발전 분야 등에 이용이 가능함.

○ 바이오디젤

자연에 존재하는 각종 기름(fat, lipid) 성분을 물리적 화학적 처리 과정(에스테르공정)을 거쳐 석유계 액체연료로 변환시킨 것을 말함. 특히 BIODIESEL이란 용어는 오스트리아 "BIOENERGIE社"에서 개발한 등록 상표로서 일반적으로 각종 동식물유로부터 전환된 디젤을 지칭하는 일반 용어로 사용되고 있으나 상표명에 대한 법적 권리는 등록 회사에 귀속하고 있음.

○ 바이오에탄올

에탄올은 화학적 합성도 가능하지만 생물 공정으로도 생산되고 있다. 술을 제조하는 공정에서와 마찬가지로 당을 생성하는 작물로부터 추출된 당을 효모나 박테리아로 발효를 통하여 생산되는 것임. 옥수수와 같은 전분을 원료로 하는 경우에는 산이나 아밀라제로 불리는 효소로 먼저 전분을 포도당으로 전환하여 발효하게 됨.

○ 바이오매스

원래 바이오매스의 뜻은 생물량 또는 생물 현존량을 나타내는 말이나 생물체 및 그의 활동에 수반되어 생기는 유기물의 총체를 말함. 그러나 최근에는 에너지, 화학공업 원료 등에 사용될 수 있는 것을 망라해서 동식물의 자원을 지칭하며 또한 이것으로 생기는 폐기물도 포함된다. 바이오 에너지는 유가리, 아오산코 등의 연료용 식물의 재배 등을 행하면 대량의 에너지를 얻을 수가 있다. 농산물의 폐기물로는 설탕수수대와 부스러기외 우돈(牛豚) 등의 가축분뇨 쓰레기도 있음.

○ 발열량

단위량의 연료가 일정 조건 하에서 완전 연소한 경우에 내는 열량. 가열성 연료의 경우 발열량은 두 가지로 정의된다. 첫째는 총발열량으로서 완전 연소 시의 이론적 최대 방출열량을 의미하고(연소 중 발생하는 수증기의 증발에 의한 잠열을 포함) 둘째로는(회수할 수 없는 것으로 간주되는) 총 발열량에서 연료의 연소 시 생성된 물의 증발 잠열을 제외한 순발열량이다. 세계 동력 회의 권고안을 포함하여 IEA와

IPCC의 경우 에너지 발란스에서는 순발열량이 통상적으로 사용된다.

○ 배럴

석유 용량의 단위이지만, 본래는 「중간 부분이 부풀은 통」의 의미. 미국 펜실베니아주의 E.L.도르크가 1859년 처음으로 석유의 기계 채유에 성공해 50갤런의 나무통에 채워 판매했다. 당시는 수송 중의 취급이 조악했었기 때문에 도중에 석유가 새러 42갤런 정도가 되는 경우가 많아, 이것이 현재 1배럴=42갤런의 기원이 되었음. 환산율은 1배럴=42갤런=5.6146ft^3=159ℓ

○ 배출권 거래(Emission Trading : ET)

교토 의정서 제 17조에 규정되어, 온실가스 감축 의무가 있는 선진국 간 배출 쿼터를 부여한 후, 동 국가 간 배출 쿼터의 거래를 허용하는 제도임.

○ 배출 한도량(Assigned Amount)

의무 이행 기간 동안 각국이 배출할 수 있는 온실가스 총량을 의미하고 있으며, 현행 교토 의정서는 1990년 배출량×감축 목표×의무 이행 기간(5년)으로 각국의 배출 한도량을 계산함.

○ 부생가스

석탄에 열을 가했을 때 부산물로 생성되는 가스로 주로 제철공장의 공정 등에서 많이 생성됨.

○ 부속기구(Subsidiary Body : SB)

당사국 총회를 보조하기 위한 위원회를 일컬음. 기후 변화 협약에 의해 규정된 2개의 영구적인 부속 기구로 SBI와 SBSTA가 있음.

○ 부속서 I 국가(Annex I)

기후 변화 협약상 구속력 있는 감축 의무를 부담하는 국가를 의미함. 기후 변화 협약 채택 당시에는 35개국이었으나, 1997년 제 3차 당사국 총 회시에는 크로아티아, 슬로바키아, 슬로베니아, 모나코, 리히텐스타인 등 5개국이 추가되어 현재는 40개국에 이르고 있음.

○ 분산형 전원(Dispersed Generation System)

원자력이나 대용량 화력 등과 같은 집중적이고 대용량이 아닌 소용량의 전력 저장 시스템이나 발전 시스템을 일컫는 말로서, 수력, 태양광, 바이오, 풍력 등의 신재생 에너지 전원, 소용량의 열병합발전 시스템, 전기 등을 이용한 전력 저장 시스템을 예로 들 수 있다. 기존의 전력회사의 대규모 집중형 전원과는 달리 소규모로서 소비지 근방에 분산 배치가 가능함.

○ 비당사국(Non-Party)

기후 변화 협약을 비준하지 아니한 국가로 업저버로 회의에 참가할 수는 있음.

○ 비준(Ratification)

협약 혹은 의정서의 채택사항을 확인하는 절차에 불과한 서명(Signature)과는 달리 협약 혹은 의정서에 따른 법적 의무를 부담하겠다는 선언을 의미함.

○ 석유 환산톤(toe/ton of oil equivalent)

각각 다른 종류의 에너지원들을 원류 1tin이 발열하는 칼로리를 기준으로 표준화한 단위를 말함.

○ 석탄가스화 복합발전(Integrated Gasification Combined)

석탄을 가스화하여 정제한 후 가스 터빈 연료로 사용하여 발전하고 그 배열을 이용하여 증기를 발생시킴으로서 증기터빈을 구동하는 복합발전 시스템.

○ 소수력발전

설비 용량 10,000kW 이하의 수력발전. 여타 신재생 에너지원에 비해 에너지 밀도가 높고 경제성이 우수한 에너지원이며, 소수력발전 시스템은 수차, 발전기 및 전력 변환 장치 등으로 구성되어 있음.

○ 수소 경제

현재의 석유 중심의 화석 경제 체제가 무공해, 무한 에너지원인 수소 중심 경제 체제로 전환된 사회(Jeremy Rifkin, The Hydrogen Economy, 2002).

○ 수소 에너지

수소를 연소시켜서 얻는 에너지. 이 에너지는 원료에 자원적인 제약이 없고, 태워도 생성물은 물뿐이므로 깨끗하며 자연의 순환을 교란시키지 않고, 파이프 수송이 가능하므로 경제적으로 효율적 수송이 가능하며, 에너지 저장의 수단이 된다는 특색이 있다. 열원으로서의 이용 이외에 자동차연료, 항공기연료 등으로 이용 분야가 넓음.

○ 수입 의존도

한 나라의 경제가 외국으로부터의 수입에 의존하고 있는 정도를 나타내는 지표를 말하고, 평균 수입 성향이라고도 함. 일반적으로 국민 소득 혹은 국민 총 생산에 점하는 수입액의 비율로 표시되지만, 기준 시 가격에 의한 경우는 실질 의존도, 시가 가격에 의한 경우는 명목 수입 의존도라고 각각 불리고 있음.

○ 신재생 에너지

우리나라에서 신재생 에너지는 『신 에너지 및 재생 에너지 개발·이용·보급 촉진법 제 2조』 에 의해 기존의 화석 연료를 변환시켜 이용하거나(신 에너지) 햇빛·물·지열·강수·생물유기체 등을 포함하는 재생 가능한 에너지를 변환시켜 이용하는 에너지(재생 에너지)로서, 태양, 바이오, 풍력, 수력, 연료전지, 석탄 액화·가스화 및 중질잔사유 가스화, 해양, 폐기물, 지열, 수소 등 11개 분야를 말함.

* 신 에너지 : 연료전지, 석탄 액화·가스화 및 중질잔사유 가스화, 수소에너지 등 3개 분야

* 재생 에너지 : 태양열, 태양광, 바이오, 풍력, 수력, 지열, 해양, 폐기물 등 8개 분야

○ 연료전지

연료(주로 화석 연료로부터의 수소)와 산화제(주로 공기 중으로부터의 산소)를 화학적으로 반응시켜 이 에너지를 전기로 하여 직접 얻어내는 직류발전 장치. 연료의 에너지를 열이 아닌 전기 에너지로 이용하는 것.

○ 열병합발전(Cogeneration / Co-Gen)

발전을 통하여 전력을 생산함과 동시에 고압 스팀 및 온수를 생산하는 시설을 말함.

○ 에너지원 단위

경제 활동에 투입된 에너지 소비의 효율성을 평가하는 지표로 국제적으로 통용.

$$\text{에너지원 단위 (toe/천\$)} = \frac{\text{에너지 소비량(toe)}}{\text{총 부가가치(GDP, 천\$)}}$$ ☞ 에너지효율

○ 에너지 탄성치

에너지의 수요 규모와 경제 성장률은 일국의 경제 규모, 산업구조, 국민생활 등과 밀접히 연결되어 있다. 에너지 탄성치는 경제 성장률과 에너지 소비 증가율의 비이다. 따라서 일반적으로 에너지 사용의 효율이 높을수록 이 수치는 작게 됨.

○ 온도 차 발전

해양 표면층의 온수(예:25~30℃)와 심해 500~1,000m 정도의 냉수(예:5~7℃)의 온도차를 이용하여 열 에너지를 기계적 에너지로 변화시켜 발전하는 기술.

○ 의무 구매 제도(Feed-In Tariff : FIT)

전력판매사가 정부가 정한 기준 가격으로 신재생 에너지 전력을 의무 구매하고, 이

를 전기요금에 흡수하는 제도

○ 의무 이행 기간(Commitment Period)
목표를 달성하는 기간을 의미하며, 현행 교토 의정서의 경우 5년 단위로 의무 이행 기간을 설정하였으며, 2008~2012년을 1차 의무 이행 기간으로 규정하고 있음. 차기 공약 기간은 현재('09.6) 협상 진행 중임. Commitment Period/ Compliance Period와 같은 의미로 사용됨.

1차 의무이행 기간	2차 의무이행 기간	3차 의무이행 기간
2008~2012	2013~2017	2018~2022

○ 의정서(Protocol)
법률과 시행령의 관계와 마찬가지로 협약을 구체적으로 이행하기 위한 내용을 담은 문서를 지칭함.

○ 1차 에너지
가공되지 않은 상태에서 공급되는 에너지. 석유, 석탄, 원자력, 천연가스, 수력, 지열, 태양열 등을 말한다. 이에 반해 1차 에너지를 전환·가공해 얻을 수 있는 전력, 도시가스, 석유제품 등을 2차 에너지라 부름.

○ 자연 감축량(Hot-Air)
Hot-Air는 의무 이행 당사국 내에서의 자연 감축량을 의미한다. 감축 의무를 받은 선진국 중에서 러시아나 시장 경제 전환 국가, 그리고 동독 같은 국가들은 경제 상황 변화로 인해 의무 이행 기준연도인 1990년에 비해 온실가스 배출량이 상당량 자연 감축된 것으로 알려졌다.

○ 제 1차 석유 위기
1973년 10월의 제 4차 중동전쟁을 계기로 아랍제국은 「석유를 무기」로 하는 전략을 취해 원유의 생산을 삭감했다. 이 때문에 세계경제는 큰 타격을 받았으며, 이 사태를 제 1차 석유 위기라 함.

○ 제 2차 석유 위기
1978년 말부터 1979년에 걸친 이란혁명의 진전에 따라 석유 수급이 어렵게 되어 가격인상이 이어졌기 때문에 1980년 초에는 석유의 공시 가격이 전년의 2배 이상이 되었다. 이를 제 2차 석유 위기라 함.

○ 조류발전

자연적인 조류(조수의 흐름)를 이용해 발전하는 기술.

○ 조력발전

조석을 동력원으로 하여 해수면의 상승 하강 운동을 이용하여 전기를 생산하는 발전 기술.

○ 중질잔사유

원유를 정제하고 남은 최종 잔재물로서, 감압 증류 과정에서 나오는 감압잔사유 및 아스팔트와 열 분해 공정에서 나오는 코크. 타르. 피치 등을 말함.

○ 지구 환경 기금(Global Environment Facility : GEF)

GEF는 세계은행(World Bank), UN환경계획(UNEP)에 의해 1990년 설립되었다. 잠정적으로 협약의 재정 메커니즘을 운영하고 있으며, 전 세계 기후 변화 방지를 위한 개발도상국가의 프로젝트에 기금을 출연하고 있다.

○ 지구온난화지수(Global Warming Potential : GWP)

지구온난화지수는 각각의 기체들을 기준이 되는 기체들과 비교했을 때 대기하 층에서 성층권까지의 상대적 가열정도의 척도로서 나타내어진 것이다. 이산화탄소 1kg과 비교하였을 때 어떤 온실 기체가 대기로 방출된 후 특정 기간 동안 그 기체 1kg의 가열 효과가 어느 정도인가를 평가하는 척도이다. 1995년 발간된 IPCC 2차 보고서에 의하면, 100년을 기준으로 CO_2를 1로 볼 때 CH_4가 21, N_2O가 310, HFCs가 1,300, PFCs가 7,000, SF_6가 23,900이다.

○ 지열 에너지

지열은 지하의 물체가 갖는 열을 말한다. 지열은 지구가 생성될 때 있던 열로 아직 방열되지 않은 상태이거나 우라늄이나 토륨같은 방사성 원소의 붕괴에 의하여 생기는 것이라고 생각할 수가 있다. 일본과 같이 화산이 많은 고온 지열지대는 지하에 용융암석의 활동에 의한 것으로 여기에 물을 주입하여 증기를 생산하고 이것으로 증기 터빈을 돌려서 발전에 이용할 수가 있고 이런 시스템을 지열발전소라고 한다. 보통 화산이 없는 지대에서는 약 3,000미터 지하로 들어가면 약 섭씨 100°가 된다. 지역에 따라서는 이보다 온도가 높을 수도 있다. 파리같은 곳에서는 약 1,500미터 정도에서 약 70° 전후의 열을 퍼올려 지역 난방에 사용함.

○ 청정 개발 체제(CDM)

교토 의정서 제 12조에 규정되어, 선진국인 A국이 개도국인 B국에 투자하여 발생된 온실가스 배출량 감축분을 자국의 감축 실적에 반영할 수 있는 제도임.

○ 청정기술(Clean Technology)

저오염 및 저공해 공정 기술(Low Pollution Technology)로 통칭되며, 사후 처리 기술(End of pipetechnology)의 상대적 개념으로 사용됨.

○ 최종 에너지(Final Energy)

산업·수송·가정·상업 활동으로 최종 소비 부문의 에너지 이용 설비에 알맞은 형태로 사용되는 에너지로서, 전력.석유제품처럼 1차 에너지 중 일정한 전환 과정을 거쳐서 다른 형태의 에너지로 전환된 에너지

○ 추가 감축 / 추가성(Additionality)

교토 의정서에서 사용되고 있는 용어로써, 공동 이행(JI), 청정 개발 체제(CDM) 프로젝트 이행에 따른 온실가스 감축분이 그 프로젝트를 수행하지 않았을 때, 자연적인 감축분에 비해 더 많은 추가적인 감축 효과를 가져와야 한다는 내용임.

○ 탄소시장

온실가스 배출권을 거래하는 시장을 의미하며, 크게 할당량 거래 시장(allowances market)과 프로젝트 거래시장(Project-based market으로 구분.

○ 탄소 중립 프로그램

기업 및 단체의 일상활동에서 발생하는 CO_2 배출량을 토대로 부문별 중립 목표를 선언하고, CO_2 배출을 상쇄시키는 자발적 프로그램.

○ 탄소 캐시백 프로그램

저탄소 제품 구매 및 실천 매장 등을 이용하는 구매자에게 탄소 포인트를 제공함으로써 소비 형태의 변화를 도모코자 하는 자발적인 참여 프로그램.

○ 탄소 펀드

온실가스 감축 사업에 투자하여 확보한 탄소 배출권을 배출권 거래시장에 판매한 후 얻은 수익을 투자자들에게 배분하는 펀드.

○ 태양광발전

태양광을 흡수하여 기전력을 발생시키는 광전 효과(photo-voltaic effect)를 이용하여 태양광 에너지를 직접 전기 에너지로 변환시키는 발전 방식.

○ 태양전지

광전 효과를 응용함으로써 태양 에너지를 직접 전기 에너지로 변환할 수 있는 소자

* 광전 효과(光電效果; photoelectric effect) : 일반적으로 물질이 빛을 흡수하여 자유로 이 움직일 수 있는 전자, 즉 광전자(光電子)를 방출하는 현상

○ 태양열 모듈(Photovoltaic Modules)

태양전지를 실제 사용시에는 모듈의 형태로 제조하는데, 태양전지를 직병렬 연결하여 장기간 자연 환경 및 외부 충격에 견딜 수 있는 구조로 만들어진 형태. 전면에는 투과율이 좋은 강화유리, 뒷면에는 Tedlar를 사용하고, 태양전지와 앞뒷면의 유리, 테들러는 EVA를 사용하여 접합시키는데 이를Lamination 공정이라 함.

○ 태양열 에너지

태양으로부터 방사되는 복사 에너지를 흡수, 저장 및 열변환 등을 통해 얻어지는 무공해, 무한정의 청정 에너지원으로, 태양열 이용시스템은 집열부, 축열부 및 이용부로 구성되어 있음.

○ 태양열 집열기 (Solar collector)

태양으로부터 오는 에너지를 흡수하여 열 에너지로 전환하여 열 전달 매체에 전달될 수 있도록 고안된 장치.

○ 태양열발전소(Solar Thermal Power Station)

태양열을 열 매체에 전달하여 수집된 열 에너지를 전기 에너지로 바꾸도록 설계된 발전 시설.

○ 파력발전

입사하는 파랑에저니를 터빈 같은 원동기의 구동력으로 변환하여 발전하는 기술

○ 폐기물 에너지

사업장, 가정에서 발생되는 가연성 폐기물 중 에너지 함량이 높은 폐기물을 열 분해, 고형화, 연소 등의 가공처리를 통해 고체연료, 액체연료, 가스연료, 폐열 등으로 생산하여 생산 활동에 재이용할 수 있는 재생 에너지.

○ 풍력발전

바람의 힘을 회전력으로 전환시켜 발생되는 전력을 전력 계통이나 수요자에 직접 전력을 공급하는 기술로서, 시스템은 풍차, 동력 전달 장치, 발전기, 축전지 및 전력 변환 장치로 구성되어 있음.

○ 프로젝트 거래시장

온실가스 감축 프로젝트를 실시해 거둔 감축량에 따라 획득한 크레디트을 배출권 형태로 거래하는 시장으로 CDM*과 JI*가 대표적임.

* Clean Development Mechanism : 선진국이 개발도상국에 투자하여 감축한 온실가스의 일정량을 자국의 실적으로 인정하는 제도로, 개도국이 자체적으로 사업을 시행하여 선진국에 배출권을 판매할 수도 있음
* 1차 CDM시장 : CER의 원소유주와 구매자간에 거래하는 시장
* 2차 CDM시장 : CER의 구매자가 또 다른 구매자를 찾아 거래하는 시장
* Joint Implementation : 선진국이 다른 선진국에 투자하여 감축한 온실가스의 일정량을 자국의 실적으로 인정하는 제도
* GIS(Green Investment Sheme) : 사회주의 경제 체제의 붕괴로 인해 온실가스가 자연적으로 줄어든 구 동구권 국가들이 AAU를 판매해서 얻은 수입을 자국의 온실가스를 줄이는 용도로 사용토록 하는 제도

○ 해양 에너지

조석, 조류, 파랑, 해수 수온 밀도차 등 여러 가지 형태로 해양에 부존하는 에너지원.

○ 흡수원(Sink)

대기 중 온실가스를 흡수하여 지구온난화 현상을 줄이는 행동으로 교토 의정서에서는 신규조림, 수종 갱신 등으로 흡수원을 규정함.

○ 히트펌프

냉동기의 응축기로부터 방열되는 열을 난방용으로 사용하도록 한 장치를 히트펌프라고 한다. 히트펌프는 증발기 측에서 후레온이 증발하면서 저온부로부터 열을 빨아들이고 증발된 증기가 압축기에 의하여 압축되면서 고온부인 응축기에서 응축한다. 이때 발생되는 열을 이용하며 열을 빨아들이는 저온부로는 자연 에너지인 대기가 될 수도 있고 폐열원, 태양 에너지가 될 수도 있다. 저온부를 땅에 묻으면 지열을 이용할 수도 있음.

○ 할당량 거래시장

온실가스 배출량이 할당된 국가나 기업들이 할당량 대비 잉여분과 부족분을 거래하는 시장으로서 EU ETS*와 미국의 CCX*가 대표적임

* EU Emissions Trading Scheme : EU가 교토 의정서에 의한 온실가스 감축 목표를 효과적으로 달성하기 위하여 기업들로 하여금 배출권을 거래할 수 있도록 2005년부터 가동한 세계최대의 탄소시장
* Chicago Climate Exchange : 2003년 개장하였으며 참여주체들은 자발적이지만 법적 의무가 따르는 배출량을 부여받아 배출권을 거래

○ CES(Community Energy System)

Co-gen을 이용하여 생산한 전기, 열을 지역 내 건물 또는 산업체에 공급.

즉, 소규모 집단 에너지.

○ Certified Emission Reduction : CER

○ CNG (Compressed Natural Gas)
압축 천연가스. 기체상태 천연가스를 200kg/cm^{2}의 고압에서 용기에 저장하여 연료로 사용.

○ Green Village
신재생 에너지로 필요한 에너지를 자급자족하는 약 50호 규모의 환경친화적인 시범마을.

○ IEA(International Energy Agency, 국제 에너지 기구)
제 1차 석유 위기 후의 국제 에너지 정세에 대응해 가기 위해 미국의 제창에 의해 1974년 11월에 설립된 국제기구. 사무국은 파리의 경제 협력 개발 기구 본부 내에 있으며, 현재 가맹국은 26개국이며 한국은 2002년 3월 가입하였다. IEA는 사무국, 이사회, 5개의 상설 그룹과 위원회로 구성되어 있다. 설립 당초는 OPEC의 원유 공급 삭감과 가격인상에 대응하는 것이 큰 목적이었지만, 최근에는 비상 시의 석유융통과 재생 에너지 개발 협력 등에 중점이 놓여지고 있음.

○ IGCC(Integrated Gasfication Combined Cycle, 가스화 복합발전)
석탄, 중진잔사유 등의 저급원료를 고온, 고압하에서 가스화시켜 일산화탄소(CO)와 수소(H_2)가 주성분인 가스를 제조하여 정제한 후 가스터빈 및 증기터빈을 구동하는 발전 기술.

○ IPCC(Intergovernmental Panel on Climate Change, 기후 변화에 관한 정부 간 패널)
인간활동의 확대에 수반된 대기환경의 변화가 기후, 식량, 에너지, 수자원 등 사회 모든 분야에 중대한 영향을 미치고, 경제의 지속적 성장을 저해할지도 모른다는 공통 인식 하에 국제적 대처를 검토하는 정부 간 회의. 1988년 11월 제1회 회의가 제네바에서 개최되어 3개의 위원회가 설치되었다. 이 활동은 21세기 에너지 정책과 환경 정책의 지침이 됨.

○ Korea Certified Emission Reduction : KCER

○ LCA(Life Cycle Assessment)
물품의 생산에서 폐기에 이르기까지의 자원 소비량, 환경오염량 등을 조사, 분석하여 평가하는 방법.

○ LFG (Land-Fill Gas)
매립지 가스.

○ LNG(Liquefied Natural Gas)
액화천연가스로 천연가스(탄화수소를 주성분으로 하는 가연성 기체)를 냉각해 액체로 한 것. 주성분은 메탄(CH_4)으로 −162℃로 액화하면 체적은 원래의 1/600로 되어, 그 상태로 전용 탱크로 수송되어 반지하 또는 지상의 대형 단열 탱크에 저장.

○ LPG(Liquefied Petroleum Gas, 액화석유가스)
일반적으로 프로판가스로 불리고 있다. 석유생산, 석유정제 또는 석유화학공업의 과정에서 부생되는 탄화수소를 분리 추출해, 상온 상압에서 가스 상태의 프로판, 부탄 등의 혼합 기체를 가압 또는 냉각해 액화한 것. 가정용, 공업용, 내연기관용 연료, 도시가스 원료로서 사용되고 있음.

○ OPEC(Organization of Petroleum Exporting Countries, 석유 수출국 기구)
1960년 9월 이라크, 쿠웨이트, 사우디아라비아, 베네수엘라, 이란의 5개국의 의해 설립되었으며, 본부는 빈에 있다. OPEC 설립의 직접적인 원인을 1959년과 1960년의 2회에 걸친 원유 공시 가격의 대폭적인 인하가 메이저에 의해 일방적으로 행해진 데에 있다. 정식적으로는 산유국 간의 석유정책협조와 이를 위한 정보 수집, 의견 교환을 위한 기관이다. 현재의 가맹국은 위 5개국 이외에 카타르, 인도네시아, 리비아, 아랍에미레이트연방, 알제리아, 나이지리아, 에콰도르, 가봉으로 13개국임.

○ RDF(Refuse Derived Fuel)
폐기물 고형연료. 종이, 나무, 플라스틱 등의 가연성 폐기물을 파쇄, 분리, 건조, 성형 등의 공정을 거쳐 제조한 고체연료.

○ RPF (Refuse Plastic Fuel)
폐플라스틱 고형연료제품. 가연성폐기물(지정폐기물 및 감염성폐기물을 제외한다)을 선별·파쇄·건조·성형을 거쳐 일정량 이하의 수분을 함유한 고체상태의 연료로 제조한 것으로 중량기준으로 폐플라스틱의 함량이 60% 이상 함유된 것을 말함.

○ RPS(Renewable Portfolio Standards)
신재생 에너지 발전 의무 할당제. 발전 사업자의 총 발전량, 판매 사업자의 총 판매량의 일정 비율을 신재생 에너지원으로 공급 또는 판매하도록 의무화하는 제도(미국, 영국, 일본, 호주, 덴마크 등이 최근 도입 운영)

○ RPA(Renewable Portfolio Agreement)

신재생 에너지 공급 협약. 발전자회사별로 중장기 신재생 에너지 개발 공급 계획을 수립하여 정부와 협의 후, 자발적으로 협약 체결·시행

○ UNCED(UN Conference on Environment and Development, 유엔 환경 개발 회의)

1972년 유엔 인간 환경 회의 이후 20년만에 개최된 환경에 관한 유엔 회의. 1992년 6월 3일부터 14일에 걸쳐 브라질 리우데자네이로에서 각국 대표들과 민간단체들이 지구 환경보전을 위해 개최되어, 각국 원수 또는 정부수뇌가 출석했기 때문에 지구 서미트라고도 불림.

부록6 에너지·기후 변화 관련 인터넷 웹사이트

가. 국내 에너지 관련 기관

기 관 명	웹사이트 주소
지식경제부	http://www.mke.go.kr/
한국전력공사	http://www.kepco.co.kr/
한국가스공사	http://www.kogas.or.kr/
한국석유공사	http://www.knoc.co.kr/
한국전기안전공사	http://www.kesco.or.kr/
한국광물자원공사	http://www.kores.or.kr/
한국가스안전공사	http://www.kgs.or.kr/
한국원자력문화재단	http://www.knef.or.kr/
대한전기협회	http://www.electricity.or.kr/
환경관리공단	http://www.keco.or.kr/
에너지경제연구원	http://www.keei.re.kr/
한국에너지기술연구원	http://www.kier.re.kr/
한국전기연구원	http://www.keri.re.kr/
한국원자력연구소	http://www.kaeri.re.kr/
한국지질자원연구원	http://www.kigam.re.kr/
한국과학기술정보연구원	http://www.kisti.re.kr/
한전KPS주식회사	http://www.kps.co.kr/
한국석유공사 석유정보망	http://www.petronet.co.kr/
종합기업서비스전산망	http://www.innonet.net
한국지역난방공사	http://www.kdhc.co.kr/
한국산업안전보건공단	http://www.kosha.or.kr/
한국생산기술연구원	http://www.kitech.re.kr/
한국산업기술진흥원	http://www.kiat.or.kr/
한국신재생에너지협회	http://www.knrea.or.kr/
한국신재생에너지학회	http://www.ksnre.or.kr/

나. 해외 에너지·기후 변화 관련 유관 기관

국 가	기 관	웹사이트 주소
네덜란드	에너지·환경공사	http://www.senternovem.nl/
네덜란드	에너지절약·환경기술센터	http://www.cedelft.nl/
네덜란드	에너지연구재단	http://www.ecn.nl/
뉴질랜드	에너지절약청	http://www.eeca.govt.nz
독일	에너지관리공사	http://www.dena.de/en/
덴마크	에너지청 (Danish Energy Agency)	http://www.ens.dk/en-us/Sider/forside.aspx
러시아	에너지효율센터	http://www.cenef.ru
미국	에너지부	http://www.energy.gov/
미국	에너지정보청	http://www.eia.doe.gov/
미국	에너지절약연대(Washington DC)	http://www..ase.org/
미국	에너지부 효율 재생에너지국	http://www.eere.energy.gov/
미국	환경보호청	http://www.epa.gov/
미국	로렌스버클리연구소	http://www.lbl.gov/
미국	국립신재생에너지연구소	http://www.nrel.gov
미국	에너지경제효율협회	http://www.aceee.org/
미국	갤리포니아 에너지위원회	http://energy.ca.gov/
스웨덴	에너지관리청	http://www.stem.se
영국	에너지·기후변화부	http://www.decc.gov.uk/
영국	에너지절약트러스트	http://www.est.org.uk
영국	미래에너지솔루션	http://www.future-energy-solutions.com
일본	경제산업성 자원에너지청	http://www.enecho.meti.go.jp/
일본	에너지절약센터	http://www.eccj.or.jp/
일본	신에너지·산업기술종합기구	http://www.nedo.go.jp/
일본	신에너지재단	http://www.nef.or.jp/
일본	에너지경제연구소	http://www.ieej.or.jp/
일본	경제단체연합회	http://www.keidanren.or.jp/
이탈리아	국가신기술·에너지·환경청	http://www.enea.it/
중국	ESCO협회	http://www.emca.cn
중국	국가발전개혁위원회	http://www.sdpc.gov.cn/

국 가	기 관	웹사이트 주소
칠레	칠레에너지위원회	http://www.cne.cl/
캐나다	천연자원부	http://www.nrcan-rncan.gc.ca/com/
캐나다	천연자원부 에너지효율청	http://oee.nrcan.gc.ca/english/index.cfm
캐나다	에너지센터	http://www.centreforenergy.com/
핀란드	에너지효율정보센터	http://www.motiva.fi/fi
핀란드	기술개발센터	http://www.tekes.fi
핀란드	기술연구센터	http://www.vtt.fi
프랑스	환경·에너지 관리청	http://www.ademe.fr
헝가리	에너지센터	http://www.energycenter.hu
호주	에너지·유틸리티·지속가능발전부	http://www.deus.nsw.gov.au
호주	온실가스청	http://www.greenhouse.gov.au
EU	유럽연합 에너지정책	http://ec.europa.eu/energy/index_en.htm

다. Energy Center & Institutes

기관 및 프로그램	웹사이트 주소
American Petroleum Institute	http://www.api.org/
Florida Solar Energy Center	http://www.fsec.ucf.edu/en/
California Institute for Energy Efficiency	http://eetd.lbl.gov/
Centre for Alternative Technology	http://www.foe.co.uk/
Center for Renewable Energy and Sustainable Technology(CREST)	http://solstice.crest.org/
Centre for the Analysis and Dissemination of Demonstrated Energy Technologies -Energy Efficiency Centre	http://www.caddet-ee.org/
Edison Electric Institute	http://www.eei.org/
Electric Power Research Institute(EPRI)	http://www.epri.com/
Energy Center of Wisconsin	http://www.ecw.org/
Florida Solar Energy Center	http://www.fsec.ucf.edu/
Iowa Energy center	http://www.energy.iastate.edu/
지구환경정보센터	http://www.geic.or.jp/
국제에너지기구	http://www.iea.org/
세계에너지협의회	http://www.worldenergy.org/

찾아보기

[숫자, 영문]

[ㄱ]

[ㅈ]

[ㅎ]

정가 32,000원

신재생에너지 시스템 설계

2010년 4월 26일 초판 인쇄
2010년 4월 30일 초판 발행

저 자 : 이 재 근 · 김 양 도 · 윤 석 영

저자와의 협의하에 인지생략

발행자 : 우 명 찬 · 송 준
발행처 : 홍릉과학출판사
주 소 : ㊐ 142-885 서울시 강북구 인수동 455-60
등 록 : 1976년 10월 21일 제5-66호
전 화 : 999－2274~5, 996－8341, 903－7037
팩 스 : 905-6729
ISBN : 978-89-7283-867-8

hongpub@hongpub.co.kr
www.hongpub.co.kr